地下空间逆作法关键技术及应用

杨学林　著

中国建筑工业出版社

图书在版编目（CIP）数据

地下空间逆作法关键技术及应用 / 杨学林著. — 北京：中国建筑工业出版社，2023.3
ISBN 978-7-112-28371-2

Ⅰ. ①地… Ⅱ. ①杨… Ⅲ. ①地下建筑物-逆作法
Ⅳ. ①TU94

中国国家版本馆 CIP 数据核字（2023）第 031592 号

本书主要阐述地下空间逆作法关键技术与工程实践，内容包括逆作法工艺原理和逆作工况设计、周边围护结构与水平支撑结构整体分析计算、竖向支承体系与节点构造设计、上部结构与地下结构同步逆作施工全过程模拟分析方法、逆作基坑施工与监测、既有建筑地下逆作增层等，书中部分内容为作者科研团队多年来在地下空间逆作技术领域的最新科研成果和应用实践。书中第 8 章精选了 8 个典型逆作法工程案例，详细介绍了各案例的工程概况、逆作流程及工况设计、竖向支承结构设计、水平支撑结构及节点构造设计、现场施工与监测数据等，每个项目均有各自特点，具有较好的代表性，充分反映了现阶段地下空间逆作技术的创新成果与工程实践，对同类工程的设计和施工具有较强的借鉴作用。

责任编辑：刘瑞霞　武晓涛　梁瀛元
责任校对：姜小莲

地下空间逆作法关键技术及应用
杨学林　著
*
中国建筑工业出版社出版、发行（北京海淀三里河路 9 号）
各地新华书店、建筑书店经销
北京鸿文瀚海文化传媒有限公司制版
北京圣夫亚美印刷有限公司印刷
*
开本：787 毫米×1092 毫米　1/16　印张：30¾　字数：744 千字
2023 年 2 月第一版　2023 年 2 月第一次印刷
定价：**99.00** 元
ISBN 978-7-112-28371-2
（40763）

前言

随着中国城市化进程的不断发展，城市土地资源和空间发展的矛盾和问题日益突出，如何建设具有中国特色的资源节约型城市，已成为我国城市建设面临的重大课题。合理开发和利用城市地下空间，是当前解决城市土地资源和空间发展矛盾的有效途径之一。城市建筑物密集，市政道路及管线设施众多，大型城市地下空间结构的建造施工和深基坑开挖是一项综合性很强的系统工程。由于其问题的复杂性，在大型地下空间结构施工建造过程中日益暴露出来的因基坑土方开挖、围护结构施工、降水等引起的城市环境效应问题越来越受到工程技术人员和政府管理部门的重视。我国沿海城市软土分布广泛，超深、超大基坑开挖等工程施工行为引起地基土卸荷扰动，易诱发工程灾害，如2008年杭州地铁1号线湘湖站北2基坑坍塌事故共造成21人死亡，教训极其惨痛。

地下空间逆作法建造技术是相对于传统施工方法顺作法而言的，其基本原理是利用地下室基坑四周的围护墙和坑内竖向立柱作为逆作阶段的竖向承重体系，利用地下室自身结构层梁板作为基坑内支撑体系，以±0.000层（也可以是地下一层）为起始面（即界面层），由上而下进行地下结构的逆作施工，同时由下而上进行上部主体结构的施工，组成上部结构和下部结构平行立体的作业施工。逆作技术由于采用地下楼层结构作为基坑水平支撑结构，支护刚度和承载力大大增强，可显著提高基坑支护结构稳定性和地下施工安全性，最大程度减小开挖施工对周围环境的影响；逆作技术先施工起始层结构，然后在下面进行土方开挖和施工，可大大降低施工噪声对周边居民的影响程度；通过地上和地下结构同步施工或局部地上结构先行施工，可有效缩短工期，实现业主对工期的特殊需求；利用地下室主体结构兼作施工阶段的基坑支护结构体系，可真正实现地下空间开发与建造的绿色环保理念。

逆作技术由于作业流程上的“倒置”，使基坑支护体系布置、水平和竖向传力路径、变形机理、挡墙土压力分布等与传统顺作基坑显著不同，逆作阶段竖向支承结构（立柱+立柱桩）的承载力、稳定性和调垂定位精度要求更高。逆作基坑由于受地下作业环境限制，土方开挖、出土速度、支撑和基础底板承台的施工速度等相对较慢，围护结构无支撑暴露时间相对较长，因而软土流变效应的影响也更为显著。

本书主要阐述逆作法工艺原理及逆作工况设计、周边围护结构与水平支撑结构设计、竖向支承体系与节点构造设计、逆作基坑支护体系受力计算、上部结构与地下结构同步逆作施工的全过程模拟分析方法、逆作基坑施工、既有建筑地下逆作增层等内容，同时引用了作者科研团队多年来在地下空间逆作技术领域的最新科研成果和工程应用实践。

全书共8章。第1章主要介绍逆作法工艺原理及作业流程，逆作法分类、选型和发展概况，以及既有建筑地下逆作开挖增层的进展等。第2章主要阐述逆作基坑支护结构分析计算，包括周边挡墙-水平支撑结构独立分析法和整体分析法、上部结构与地下结构同步逆作施工的全过程模拟分析，以及逆作基坑支护结构受力特点、土压力计算、坑边留土和

被动区加固的 m 参数计算、考虑软土流变效应影响、考虑坑底工程桩作用的抗隆起和抗承压水突涌稳定分析等逆作基坑分析中的相关问题。第 3 章主要介绍竖向支承结构逆作设计，阐述了竖向支承结构的选型和布置原则、竖向支承结构（立柱和立柱桩）稳定分析、开挖卸荷条件下立柱桩的承载力与沉降计算等。第 4 章主要介绍水平支撑结构逆作设计，包括水平支撑结构的选型与布置、水平支撑结构计算和连接构造设计、水平支撑结构伺服加载与变形控制技术等。第 5 章主要介绍周边围护墙（桩）结构设计，阐述了逆作基坑周边围护结构选型，包括现浇地下连续墙、预制地下连续墙、预制-现浇咬合地下连续墙和灌注桩排桩墙、型钢水泥土连续墙等其他围护桩（墙）形式，重点介绍地下连续墙“二墙合一”的设计与构造、临时围护桩（墙）的设计与构造等。第 6 章主要介绍逆作施工，包括竖向支承结构施工、水平支撑结构施工、地下连续墙施工、地下水控制、取土口设置和土方开挖、通风和照明等。第 7 章主要介绍既有建筑地下逆作开挖增层关键技术，阐述了既有建筑增建地下空间的工程意义、逆作增层的工艺原理和需解决的关键技术问题，核心技术包括开挖卸荷条件下既有工程桩的变形和承载性状分析、新增锚杆静压桩与既有工程桩协同工作条件、既有建筑基础整体托换系统设计及承载力稳定性分析方法、新增地下室承重构件（柱、墙）之间差异变形计算及控制技术等。

第 8 章共介绍了 8 个典型逆作工程案例。杭州西湖凯悦大酒店为浙江省首个上部结构与地下结构同步施工的逆作工程项目，限于当时的技术条件，采用了“一柱多桩”形式的临时钢格构柱作为竖向支承结构；中国丝绸城采用“一柱一桩”形式的钢管混凝土柱作竖向支承结构，实现上部 8 层框架结构与地下 3 层结构同步施工；杭州萧山国际机场三期工程陆侧交通中心地下 4 层，地下总建筑面积达到 39 万 m^2，为实现 2022 年杭州亚运会之前交付使用，采用了双层栈桥层式逆作技术，基坑土方采用水冲法开挖施工，解决了大跨度预应力结构和 SRC 大跨度转换框架的逆作施工；杭州武林广场地下商城采取周边逆作、中部顺作的顺逆结合工艺，竖向支承结构采用大直径钢管混凝土柱和大直径旋挖入岩扩底桩；富力杭州未来科技城项目 T2 塔楼为 27 层混凝土框架-核心筒结构，逆作施工阶段外框结构由下方的“一柱一桩”钢管混凝土柱支承，核心筒结构由下方的“一柱多桩”钢格构柱支承；湖滨三期西湖电影院周边地块紧贴运行盾构隧道，采用分坑逆作，实现了上部钢框架结构与地下结构的同步施工；杭州景芳园地下立体停车库基坑深度达 46m，周边井筒式地连墙“二墙合一”结构和水平地下结构采用逆作建造技术；杭州甘水巷 3 号组团既有建筑地下逆作增层工程为地下空间逆作技术的延伸应用，该工程由前后排列的 3 幢 2 层（局部 1 层）坡屋顶建筑组成，建设于 2009 年，现浇钢筋混凝土框架结构，天然地基柱下独立基础。为提升该组团建筑整体使用功能，该项目于 2014 年实施了增建增层，即在已建 3 号组团建筑群下方逆作开挖增建一层整体地下室，该技术在保留既有建筑的前提下，采用增层或增建地下空间的改造方式代替过去大拆大建的建造模式，可实现节约资源、提升功能、保护环境的效益最大化。上述工程案例均具有较好的代表性，充分反映了现阶段地下空间逆作技术的创新成果与工程实践，对同类工程的设计和施工具有较强的借鉴作用。

本书中引用了作者作为负责人完成的科研项目“软土地层地下空间逆作施工变形控制关键技术及应用”的部分成果。参与第 8 章典型逆作法工程案例设计的还有我的同事陈东博士、曹国强教高、刘兴旺博士、冯永伟教高、李瑛博士、周平槐教高、祝文畏教高、陈劲教高、林政博士等。汉嘉设计集团楼东浩总工、岩土科技股份有限公司潘金龙总经理和杜晓飞高工，以及宏润建设集团和浙江华东工程安全技术有限公司为本书工程案例提供了部分资料，在此一并向上述同行专家和相关单位表示衷心感谢。感谢我院复杂结构研究中心高超、瞿浩川两位同事和浙江大学博士研究生杨凯文为本书校对工作所付出的辛勤劳动。感谢中国建筑工业出版社为本书出版给予的大力支持。

由于作者工程经历和学术水平所限，书中疏漏和不当之处在所难免，敬请读者批评指正。

杨学林

2022 年 10 月于杭州

目 录

第1章 概述

1.1 逆作法工艺原理及作业流程

随着中国城市化进程的不断发展，城市土地资源和空间发展的矛盾和问题日益突出，如何建设具有中国特色的资源节约型城市，已成为我国城市建设面临的重大课题。合理开发和利用城市地下空间，是当前解决城市土地资源和空间发展矛盾的有效途径之一。城市建筑物密集，市政道路及管线设施众多，大型城市地下空间结构的建造施工和深基坑开挖是一项综合性很强的系统工程。由于其问题的复杂性，在大型地下空间结构施工建造过程中日益暴露出来的因基坑土方开挖、围护结构施工、降水等引起的城市环境效应问题越来越受到工程技术人员和政府管理部门的重视。

深基坑支护结构和地下工程施工可分为顺作法（敞开式开挖）和逆作法施工两种。敞开式开挖是传统的深基坑开挖施工方法。但是随着大城市的基坑向“大、深、紧、近”[1-3]的方向发展和环境保护要求的提高，顺作法施工无法满足要求，逆作法成为软土地区和环境保护要求严格条件下基坑施工的重要方法。逆作法施工和顺作法施工顺序相反，在支护结构及工程桩完成后，并不是进行土方开挖，而是直接施工地下结构的楼板，或者开挖一定深度再进行地下结构的顶板、中间柱的施工，然后再依次逐层向下进行各层的挖土，并交错逐层施工地上各层楼板。上部结构的施工可以在地下结构完工之后进行，也可以在下部结构施工的同时从地面向上进行，上部结构施工的时间和高度可以通过整体结构的施工工况计算（特别是计算地下结构及基础受力）来确定[4]。

逆作法的设想是1933年首次在日本提出的，并于1935年成功应用于东京都千代田区第一生命保险相互会社本社大厦。1950年意大利米兰的ICOS公司首先开发了排桩式地下连续墙，随后又开发了两钻一抓的地下连续墙施工方法，地下连续墙的成功开发使逆作法在地下水位以下施工成为可能。进入20世纪60年代，低振动、低噪声的挖掘机得到开发利用，并引入反循环工法等，机械的进步使得逆作法在更大范围内推广。20世纪70年代以后，由于打桩机的发展使支承立柱的施工精度大大提高，逆作法所需的临时支承柱费用大幅度降低，使逆作法受到越来越多国家和地区的工程师的青睐。逆作法设计理论和施工工艺方面研究较多的国家有日本、美国和英国等[5]。在实际工程方面，日本、美国、英国、法国、德国等国家，以及我国大陆、台湾和香港地区都有应用[6]。

我国逆作法的推行和发展，受日本类似工程的影响较大。早在1955年哈尔滨地下人防工程中首次应用逆作法施工。1958年地下连续墙在我国开始被采用，促进了逆作法的推广。随后对逆作法开始了不断的探索、试验、研究和工程实践，1989年建设的上海特种基础工程研究所办公楼，地下2层，是我国第一个采用封闭式逆作法施工的工程。目前已较广泛应用于高层和超高层的多层地下室、大型地下商场、地下车库、地铁、隧道、大型污水处理池等结构。上海、天津、北京、广州、深圳、杭州、重庆、南京等城市均出现了逆作法工程实例，工程实例已达数百项，如广州的名盛广场、北京的王府井大厦、深圳的赛格广场、上海的长峰商城项目等[6]。浙江地区也有多个应用逆作法技术建造的深基坑工程，如 20 世纪 90 年代的杭州延安路香港服装店、杭州西湖凯悦大酒店、杭州解百商城等项目，近 10 年来逆作法项目迅速增加，代表性的工程项目有杭州中国丝绸城、宁波慈溪财富中心、杭州地铁 1 号线武林广场站、杭州国际金融会展中心、杭州武林广场地下商城（地下空间开发）项目、杭州湖滨三期西湖电影院、浙江大学医学院附属妇产科医院妇女保健大楼等。

目前国内根据工程经验总结编制的逆作法规程主要有：行业标准《地下建筑工程逆作法技术规程》JGJ 165-2010[7]、上海市标准《逆作法施工技术标准》DG/TJ 08-2113-2021[8]、浙江省标准《建筑基坑工程逆作法技术规程》DB33/T 1112-2015[9] 等；逆作法施工工法主要有：上海市《地下建（构）筑物逆作法施工工法》YJGF 02-96[10]、广州市《地下室逆作法施工工法》YJGF 07-98[11] 等。

逆作法技术是相对于传统施工方法顺作法而言的，其基本原理是利用地下室基坑四周的围护墙和坑内的竖向立柱作为“逆作”阶段的竖向承重体系，利用地下室自身结构层的梁板作为基坑围护的内支撑，以±0.000 层（也可以是地下一层）为起始面（即界面层），由上而下进行地下结构的逆作施工，同时由下而上进行上部主体结构的施工，组成上部、下部结构平行立体作业。

这里以杭州西湖凯悦大酒店（图 1.1.1）3 层地下室深基坑工程为例，阐述逆作法建造的作业流程。该工程坐落于杭州西湖东岸，东贴东坡路，南为平海路，西临湖滨路，北靠学士路。工程由宾馆区、商场和公寓区组成，地下三层，基坑南北向长 110～170m，东西向宽约 135m，土方开挖面积达 17500m^2，开挖深度 14.65m。

图 1.1.1　杭州西湖凯悦大酒店实景照片

本工程地下室及上部结构逆作法施工的作业流程可分如下 7 种典型工况（图 1.1.2）：

工况 1：为加快进度，先明挖至地下一层楼板（标高－4.000m、－5.000m、－6.000m）底，周边放坡保留三角土，以控制地下连续墙侧向变形。如图 1.1.2（a）所示。

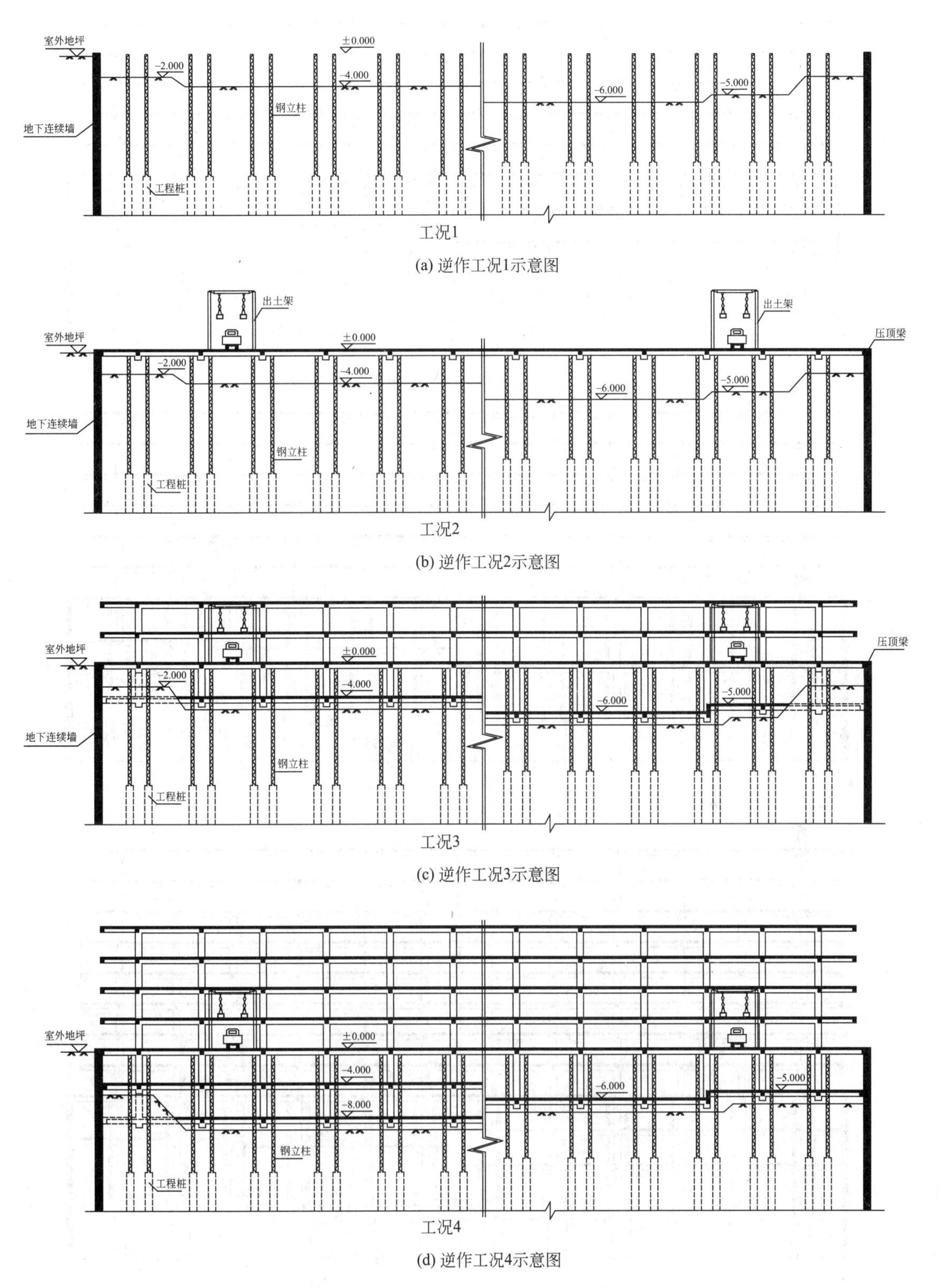

(a) 逆作工况1示意图

(b) 逆作工况2示意图

(c) 逆作工况3示意图

(d) 逆作工况4示意图

图 1.1.2　杭州西湖凯悦大酒店地下地上同步逆作施工工况示意图

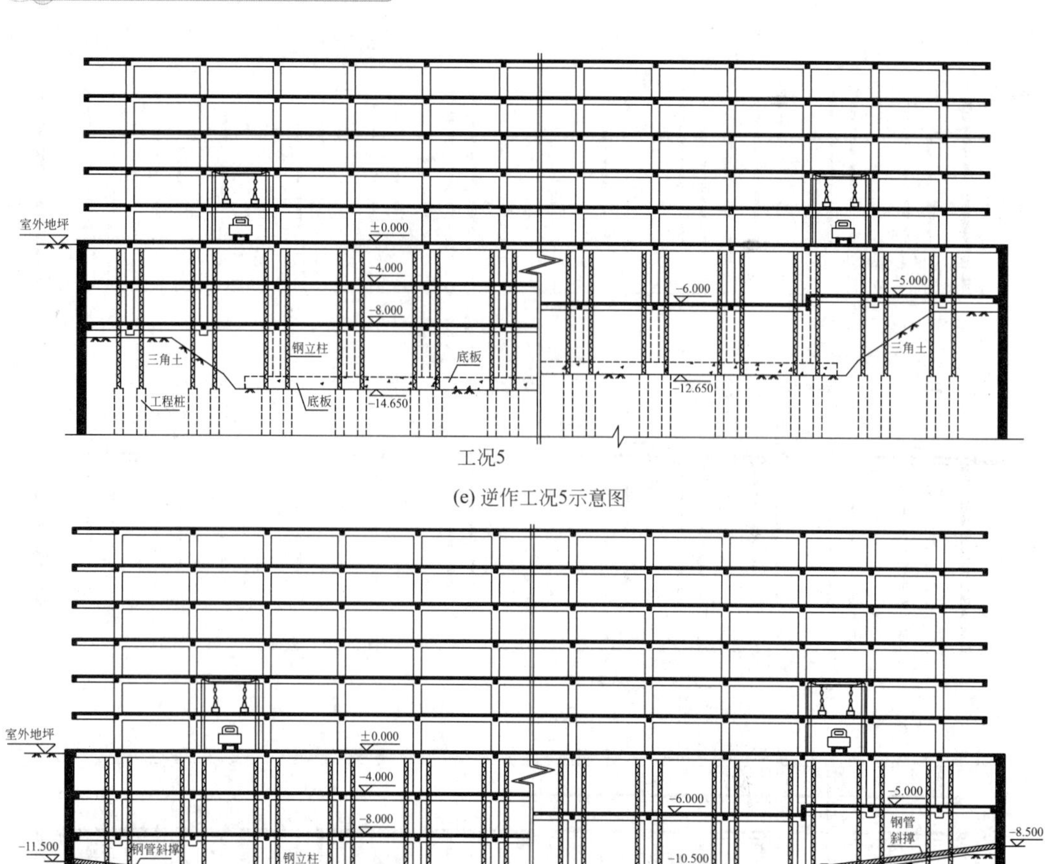

(e) 逆作工况5示意图

(f) 逆作工况6示意图

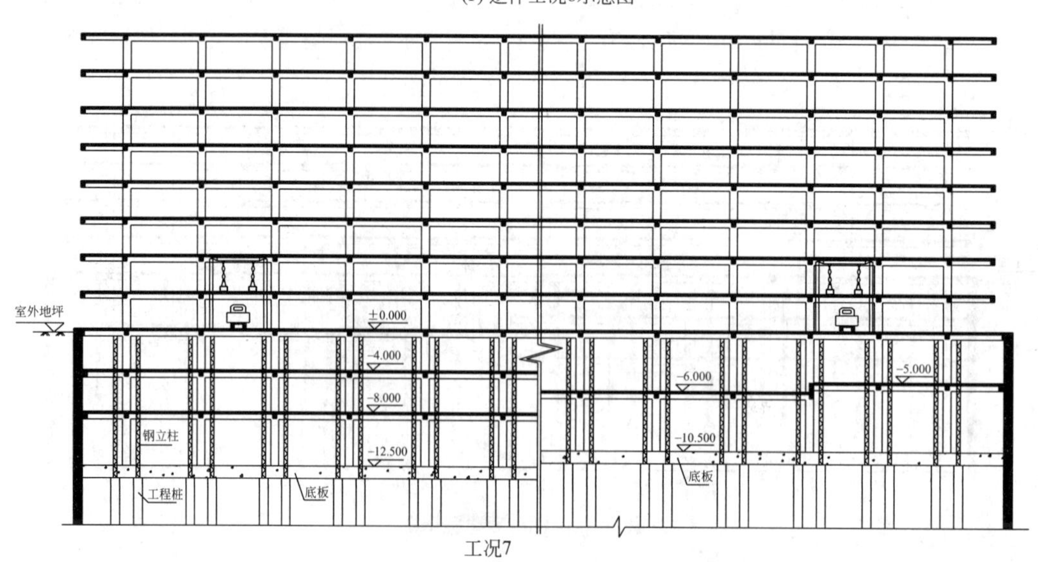

(g) 逆作工况7示意图

图 1.1.2　杭州西湖凯悦大酒店地下地上同步逆作施工工况示意图（续图）

工况 2：施工±0.000 层楼板（地下室顶板）及地下连续墙压顶梁，安装地面出土架。如图 1.1.2（b）所示。

工况 3：±0.000 层楼板混凝土达到设计强度后，施工地下一层楼板（标高−4.000m、−5.000m、−6.000m）的中心部位；当中心部位达到设计强度后，分段、对称开挖周边保留的三角土，边开挖边施工周边楼板；同时施工地面以上第 1～2 层结构。如图 1.1.2（c）所示。

工况 4：地下一层楼板混凝土达到设计强度后，继续开挖宾馆区土方至地下二层楼板（标高−8.000m）底，周边放坡保留三角土；浇筑宾馆区地下二层中心部位−8.000m 标高楼板；待达到设计强度后，分段、对称开挖周边保留的三角土，边开挖边施工周边−8.000m 标高楼板；同时施工地面以上第 3～4 层。如图 1.1.2（d）所示。

工况 5：−8.000m 标高楼板混凝土达到设计强度后，继续开挖土方，宾馆区开挖至−14.650m 标高，商场公寓开挖至−12.650m 标高，周边放坡保留三角土，以控制地下连续墙侧向变形；浇筑中心部位的底板混凝土；同时施工地面以上第 5 层结构。如图 1.1.2（e）所示。

工况 6：中心部位底板混凝土达到设计强度后，周边设置临时钢斜撑，上端支承在地下连续墙上，下端支承在中心部位的底板上；同时施工地面以上第 6 层结构。如图 1.1.2（f）所示。

工况 7：分段、对称开挖周边保留的三角土，边开挖边浇筑周边−12.500m、−10.500m 标高的底板混凝土；底板达到设计强度后，同时施工地面以上第 7～8 层结构。如图 1.1.2（g）所示。

1.2 逆作法分类与选型

1.2.1 逆作法技术应用形式分类

逆作法工艺是利用主体地下水平结构的全部或一部分作为支护结构，自上而下施工地下结构并与基坑开挖交替实施的施工工法。根据基坑水平支撑体系是全部利用地下主体结构还是部分利用地下主体结构，可将逆作法分为全逆作法和部分逆作法；根据地下结构逆作施工过程中，是否同步施工地上结构，可将逆作法分为上下同步逆作法和下部逆作法。

（1）全逆作法（full top-down method）

基坑全部区域利用地下室楼盖结构替代水平内支撑，自上而下施工地下结构并与基坑开挖交替实施的施工工法。

（2）部分逆作法（partial top-down method）

基坑部分区域利用地下室楼盖结构替代水平内支撑，自上而下施工地下结构并与基坑开挖交替实施的施工工法。逆作区域结构和基础底板完成后，再顺作施工其余区域的地下结构。

（3）上下同步逆作法（synchronous construction of superstructure and substructure）

向下逆作施工地下结构的同时，同步向上顺作施工界面层以上结构的施工工法。界面层（interface layer）即地上地下结构同步施工时首先施工的地下水平结构层，即主体结构顺作与逆作的分界层，通常为地下室顶板层，也可以是地下一层。

采用全逆作法施工，除了施工必须留设的临时洞口外，地下全部梁板结构采用逆作，基坑内土方全部暗挖，施工速度慢，施工环境恶劣，对施工组织要求相对较高。浙江较早采用逆作施工的地下工程，大多采用全逆作法。如最早的杭州西湖凯悦大酒店，地下三层结构采用全逆作法施工，并采用地上结构和地下结构同步施工。

又如杭州中国丝绸城地上 8 层、地下 3 层，基坑开挖深度 14.05m，采用地下连续墙二墙合一、利用三层地下室梁板结构作为水平支撑体系，上、下部同步施工的全逆作法方案。并首次在浙江采用钢管混凝土柱作为逆作阶段的竖向支承结构，钢管柱直径 ϕ650mm，“一柱一桩”，下部立柱桩采用大直径钻孔灌注桩，桩径 ϕ1000mm～ϕ1500mm，桩端进入中等风化泥质粉砂岩，并采用了桩端和桩侧注浆措施来提高立柱桩的承载力和控制立柱桩的沉降。除利用位于地下建筑平面中部的自动扶梯作为主要出土孔外，其余水平结构基本采用逆作施工（图 1.2.1），并利用传送带作为地下土方的主要出土方式（图 1.2.2）。

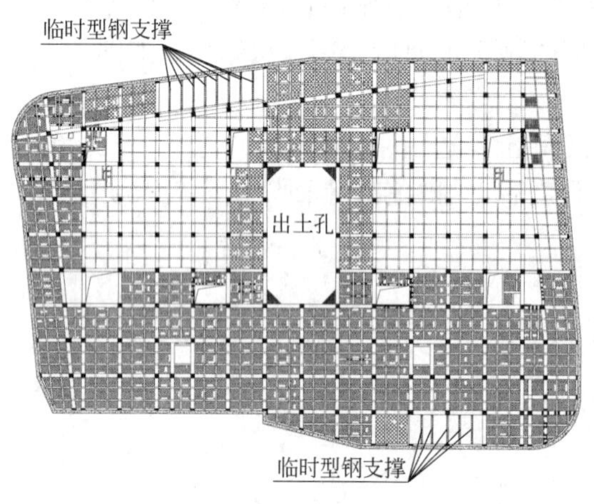

图 1.2.1　中国丝绸城地下结构逆作平面示意

图 1.2.2　中部出土口利用传送带出土照片

杭州地铁 1 号线武林广场站是杭州地铁 1 号线和 3 号线的换乘站，由车站主体结构和 5 个出入口组成，车站总长 161.75m，车站标准段为地下三层五跨岛式站台结构，有效站台宽度最大为 29.3m，顶板覆土约 4.0m。车站两端为地下四层五跨结构，顶板覆土约 1.5m。车站底板埋深约 26.4m。基坑围护挡墙为 1.2m 厚地下连续墙二墙合一，地下结构采用全逆作法施工。竖向支承结构采用 ϕ900mm 钢管混凝土柱作为竖向立柱、ϕ1600mm 旋挖扩孔桩作为下部立柱桩。车站标准段结构典型剖面图如图 1.2.3 所示。

部分逆作法，又称“顺逆结合法”，是近年来逆作技术应用的发展方向。其主要特点是，在能满足基坑支护结构水平刚度的前提下，尽可能多地留设顺作区域。这些顺作区域可作为逆作阶段的土方开挖临时出土坡道、机械设备和材料运输出入口，这样可充分结合逆作和顺作的各自优势，大大提高挖土和出土效率，改善地下逆作施工作业条件。

对于超大面积基坑，特别是地上建筑由高层或超高层建筑组成时，高层、超高层建筑区域内的地下构件，采用逆作法施工的实施难度大、成本高，因此，实际工程中，通常先

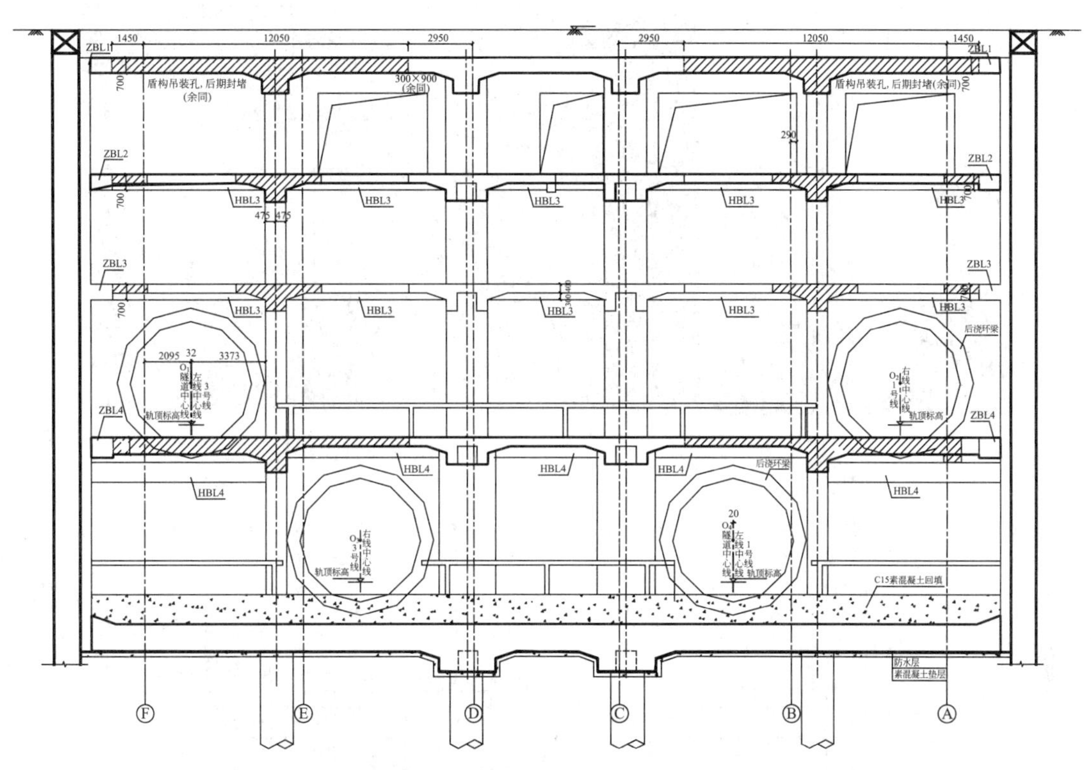

图 1.2.3 杭州地铁 1 号线武林广场站逆作法基坑典型剖面图

采用逆作法施工裙楼地下室，高层、超高层塔楼范围作为出土口，待裙楼地下室施工完毕进入上部结构施工的某一阶段，再顺作法施工塔楼部分，如图 1.2.4 所示。

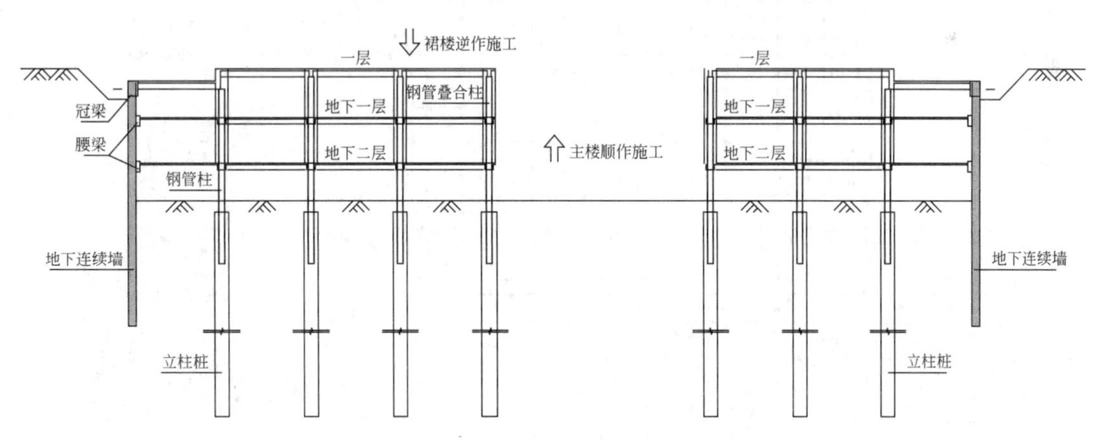

图 1.2.4 部分逆作法（顺逆结合法）示意图

如慈溪财富中心工程，地上共由 5 栋 30 层住宅和公寓楼组成，下部设有 5 层裙房。塔楼采用框架-剪力墙结构，高 100m。地下 3 层，基坑开挖深度约为 13m（最深处 16.67m），开挖面积约为 1.82 万 m^2。地下结构采用“顺逆结合法”施工，利用地下室结构楼板作为支护结构的水平支撑体系（图 1.2.5），其中位于南侧的 B、C 幢和北侧的 D、E 幢高层建筑区域，采用顺作施工，其余区域采用逆作，图 1.2.6 和图 1.2.7 分别为逆作

图 1.2.5　慈溪财富中心效果图及地下室逆作开挖照片

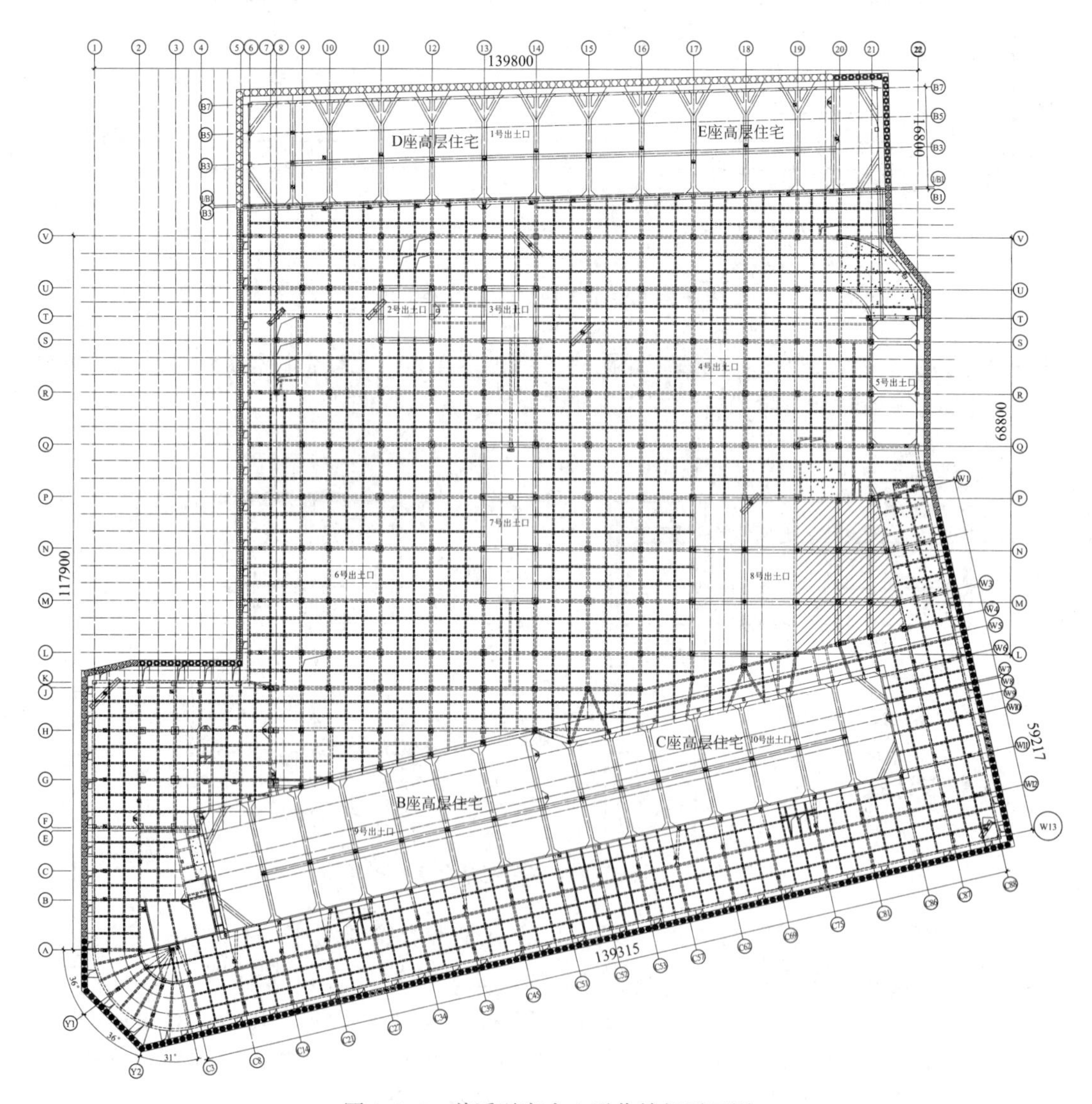

图 1.2.6　慈溪财富中心逆作楼板平面图

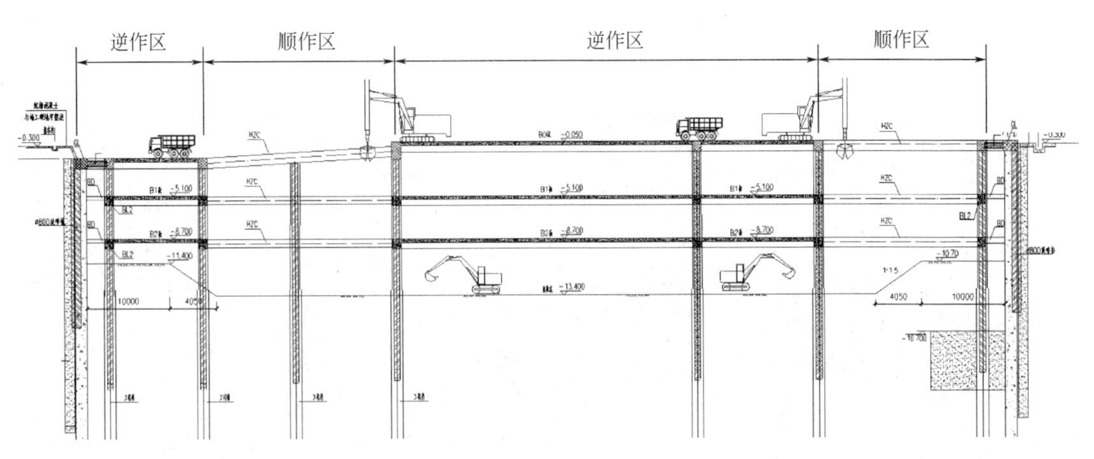

图 1.2.7 慈溪财富中心地下室逆作施工剖面图

结构平面图和剖面图。地下室施工阶段，顺作区域作为施工出土口，并增设临时混凝土支撑，确保水平结构传力连续。施工顺序为先施工逆作区域，待逆作区域地下结构及基础底板完成后，再顺作施工南、北侧的 4 幢高层建筑。

当工程进度受高层塔楼控制时，业主希望先施工高层塔楼区域，后施工塔楼以外的裙楼区域，此时也可考虑先采用顺作法施工塔楼地下室结构，裙楼范围作为塔楼施工的周转场地，待主楼完成地下结构施工、进入上部结构施工的某一阶段时，再逆作施工裙楼地下结构。

如上海环球金融中心地下室基坑平面呈不规则长方形，地下室外墙周长约 614.1m，基坑总面积约 22468m^2。其中，塔楼基坑采用 100m 内径的圆形围护结构，面积 7854m^2，周长 314.16m。开挖深度 17.85～18.35m，电梯井深坑位于基坑中部，面积 2116m^2，周长 216m，开挖深度 21.15～25.89m。在塔楼与裙房之间设置直径达 100m 的地下连续墙作临时围护结构，以期达到分区、分期施工的目的。塔楼区先期顺作法施工，在塔楼区周边底板结构或加强垫层结构施工并达到设计强度后，再开挖电梯井深坑。当塔楼区主体结构施工至地面层（±0.000）时，裙房区再进行逆作法施工[12]，如图 1.2.8 所示。

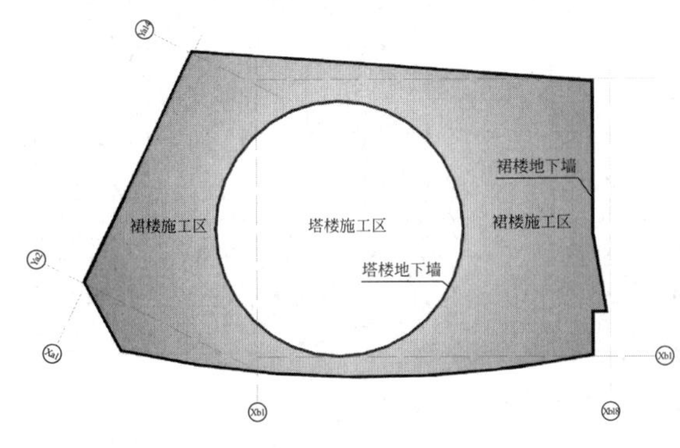

图 1.2.8 上海环球金融中心塔楼与裙楼基坑分区及开挖照片

上海中心大厦基坑工程同样采用“分区施工、顺逆结合”方法施工，主楼先顺作，裙楼后逆作；塔楼下面为直径 121m 的圆状基坑，采用明挖顺作法施工，开挖深度约

31.1m；裙房基坑呈不规则的四边形（扣除中间圆状塔楼基坑），采用逆作法施工，开挖深度 26.70m。图 1.2.9 为塔楼与裙楼地下室分阶段施工的照片[13]。

图 1.2.9　上海中心大厦塔楼与裙楼地下室分阶段施工的照片

需要说明的是，上述分类方法可能互相交叉，比如杭州西湖凯悦大酒店工程，地下结构采用全逆作法施工，在逆作地下结构的同时，同步施工地上结构，因此又属于“上下同步逆作法施工”。

又如，杭州国际金融会展中心，设三层地下室（局部为四层），地下室平面尺寸约为 645m×245m，基坑周长 1780m，地下室建筑面积达 450000m^2。设计采用地下连续墙“二墙合一”、利用三层地下室梁板结构作为基坑水平支撑体系的逆作法施工。地下结构楼板设置大开口，开口面积约占总基坑面积的 1/4，开口区域顺作，其余区域逆作，且逆作区域上下同步施工，因此可归为“部分逆作法施工”，同时又是“上下同步逆作法施工”，见图 1.2.10 和图 1.2.11。

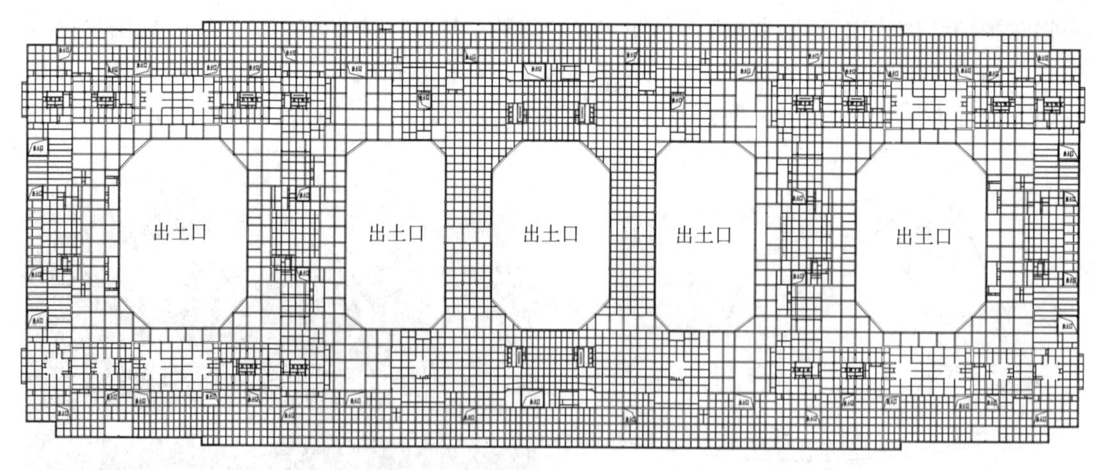

图 1.2.10　杭州国际金融会展中心逆界面层结构平面

杭州武林广场地下商城（地下空间开发）工程地下共 3 层，其中地下一层、地下二层为商场，地下三层为停车库及地铁区间，地铁 1 号线区间（已建）和地铁 3 号线区间（同期建设）的结构高度均为 13.0m 左右，基坑开挖深度 23～27m。设计采用结构楼板作为

图 1.2.11 杭州国际金融会展中心上下同步逆作施工照片

基坑的水平内支撑体系（自上而下共三道），采用逆作法施工，其中在基坑平面的中部留设大洞作为施工洞口，该洞口范围地下结构采用顺作法施工（图 1.2.12）。竖向支承结构采用“一柱一桩”的形式，其中竖向立柱采用钢管混凝土柱，下部立柱桩采用大直径钻孔灌注桩，以中风化岩层为持力层，桩径 1600mm，桩底扩径至 2800mm（AM 桩）。图 1.2.13 为逆作基坑剖面示意图，该工程可归为“部分逆作法施工”。

1.2.2 逆作法形式选择

逆作法基坑工程施工受周边环境条件、施工作业条件、主体结构体系及经济指标及施工工期要求等条件约束，应事先进行多方案比选，综合考虑各种因素后确定最佳方案。基坑逆作方案选型一般可考虑以下原则：

（1）对全埋式地下室结构或上部建筑为多层、小高层结构，且采用框架结构体系时，可选用全逆作施工方案。

（2）当上部建筑由多层裙楼和高层或超高层塔楼组成时，宜采用裙楼结构逆作、塔楼结构顺作的部分逆作法方案；在施工顺序组织上，宜采用先裙楼结构逆作施工、后塔楼结构顺作施工的方案。

（3）当建设工期由塔楼结构工期控制时，可采用先顺作施工塔楼结构、后逆作施工裙楼结构的方案，但应对塔楼基坑进行先期围护；也可采用塔楼地上结构和地下结构同步逆作施工的方案。

（4）对多层裙楼或小高层结构，当施工工期要求较高时，宜采用上、下结构同步施工的逆作法方案。

（5）在利用地下主体梁板结构作为基坑水平支撑结构、并满足基坑受力和变形控制要

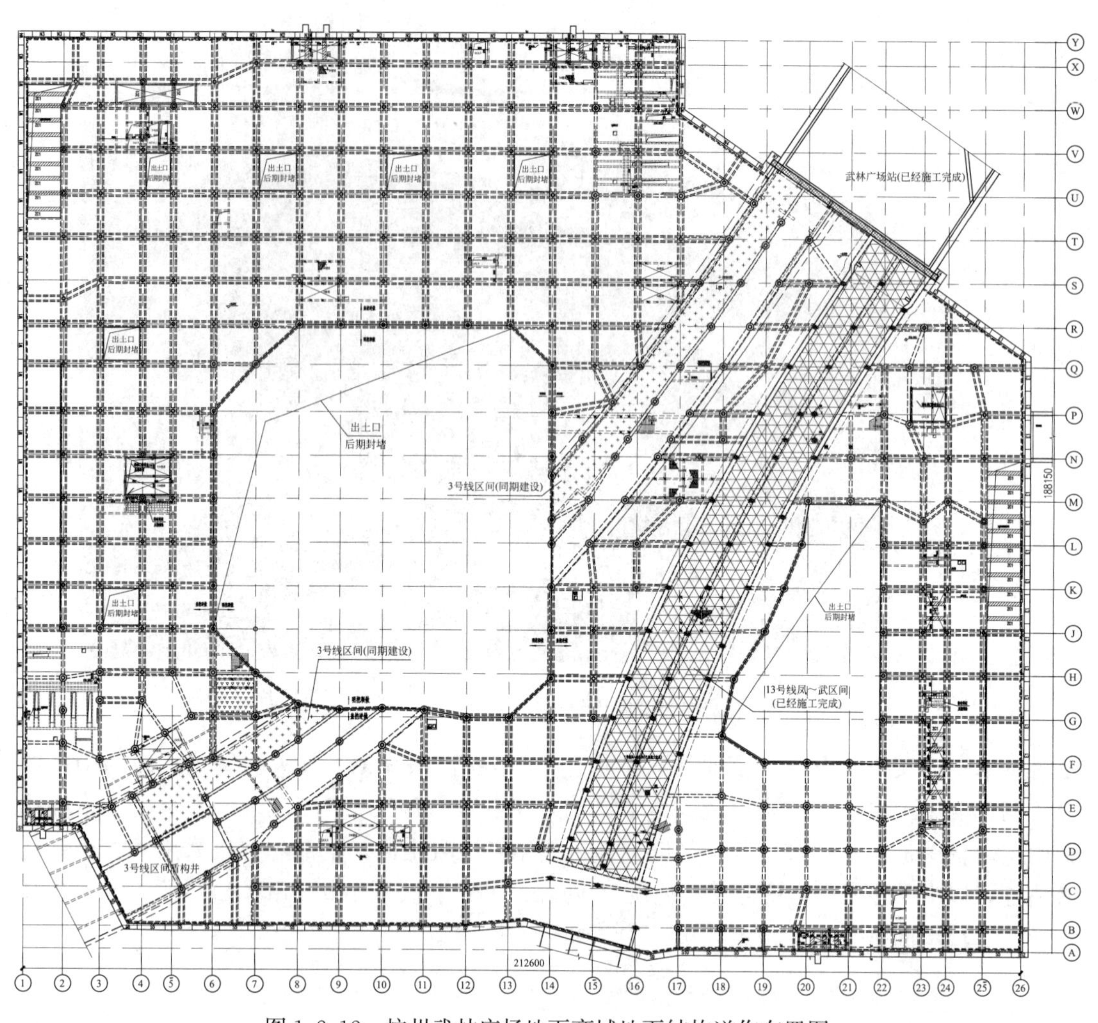

图 1.2.12　杭州武林广场地下商城地下结构逆作布置图

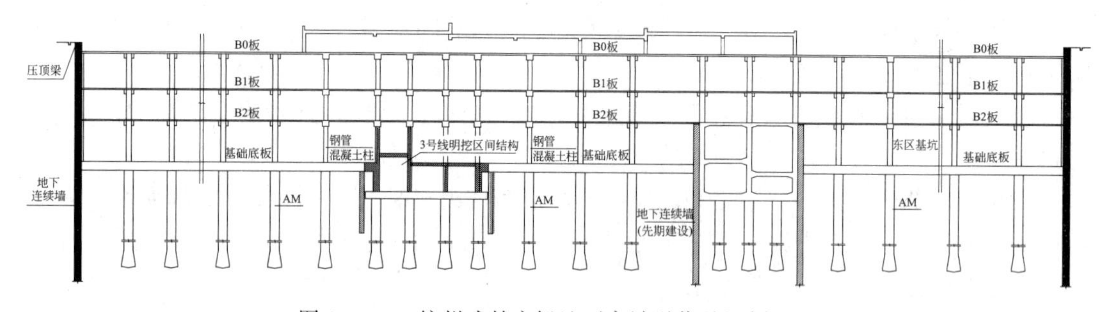

图 1.2.13　杭州武林广场地下商城逆作基坑剖面图

求的前提下，宜尽可能预留出更多的顺作区域，即“顺逆结合”的施工方式。顺作区域可作为逆作阶段的临时出入口，有条件时宜通过顺作区域使出土坡道延伸至坑底，以提高出土效率，缩短逆作工期。

1.3 地下空间逆作技术应用优势和存在问题分析

1.3.1 地下空间逆作技术应用优势分析

地下空间逆作技术近年来得到了快速发展和大量应用，在提高深基坑工程支护安全性、缩短建设工期、满足分期建设（先地上后地下）等特殊需求、减小地下施工噪声对环境影响、实现基坑工程绿色支护等方面，具有突出优势。

1. 显著提高软土地层基坑工程的稳定性

我国软土分布广泛，特别是东南沿海主要城市多为软弱土地层，对地下空间开发建造产生较大影响。以浙江省为例，杭州淤泥质土层厚度可达25～30m，典型软土最大含水率接近50%左右；温州淤泥和淤泥质软土厚度最大超过40m，典型淤泥土的最大含水率超过70%。图1.3.1为杭州某基坑工程软土地层开挖照片，如不事先采取铺设路基板等措施，挖机会严重下陷。

图1.3.1 杭州某基坑工程软土地层开挖照片

对于深厚软土地层的基坑工程，大面积深开挖等工程施工行为引起地基土卸荷扰动，易诱发工程灾害，如2008年杭州地铁1号线某基坑整体坍塌造成21人死亡，教训极其惨痛（图1.3.2）。图1.3.3为2008年温州永嘉某基坑局部坍塌引起邻近住宅小区地面塌陷，该基坑开挖深度约9m，地表4m以下为15m厚的深厚淤泥层，土层含水量接近70%；图1.3.4为2007年杭州城西某三层地下室基坑局部坍塌，该基坑场地为深厚淤泥质软土地基，土层含水量大于50%，采用三轴水泥搅拌桩SMW工法型钢水泥土挡墙结合3道钢结构内支撑；图1.3.5为2011年杭州某基坑局部坍塌引起河水倒灌，已接近完工的地下主体结构及地基受河水浸泡而重新返工。

因此，传统敞开式明挖基坑施工风险相对较大，特别是随着城市化步伐的加快，越来越多的工程项目建造在用地愈发紧张的密集城市中心，基坑规模越来越大，深度越来越深，紧邻市政管线和交通枢纽，施工场地紧张，施工条件复杂，工期紧迫，变形控制要求高，这种情况下顺作明挖法施工体现出明显不足。地下空间逆作技术可显著提高基坑支护结构稳定性和地下施工安全性，利用主体结构兼作施工阶段的支撑体系，可真正实现地下空间开发与建造的绿色环保理念。截至目前，采用逆作法施工的基坑工程中，尚未见出现整体失稳破坏酿成重大安全事故的报道。

图 1.3.2　2008 年杭州某基坑整体坍塌

图 1.3.3　2008 年温州某基坑局部坍塌引起小区地面塌陷

图 1.3.4　2007 年杭州城西某软土地基三层地下室基坑局部坍塌

图 1.3.5　2011 年杭州某基坑局部坍塌引起河水倒灌

2. 上下同步逆作施工，显著缩短建设工期

采取地上结构和地下结构同步逆作施工，可提高施工速度，缩短建设工期。如杭州西湖凯悦大酒店（图 1.1.1），地下 3 层，地上 8 层，钢筋混凝土框架结构，采用上部结构与地下结构同步逆作施工，当完成地下 3 层基础底板混凝土浇筑时，上部 8 层结构同步封顶（图 1.3.6），显著缩短了主体结构建造工期。中国丝绸城项目（图 1.3.7）也是地下 3 层、地上 8 层的商业建筑，同样采取上部结构与地下结构同步逆作的施工方式，有效缩短了建设工期（图 1.3.8）。

富力杭州中心由 3 幢超高层塔楼和商业综合体组成（图 1.3.9），其中 T1 塔楼地上 59 层，建筑高度 280m；T2 塔楼地上 27 层，建筑高度 120m；T3 塔楼地上 38 层，建筑高度 160m；下设 4 层地下室（局部一层），基坑挖深 18～21m，分 4 个区（图 1.3.10）。为满足特殊工期要求，T2、T3 塔楼所在 A1 区基坑采用逆作施工，T2 塔楼采取地上和地下同

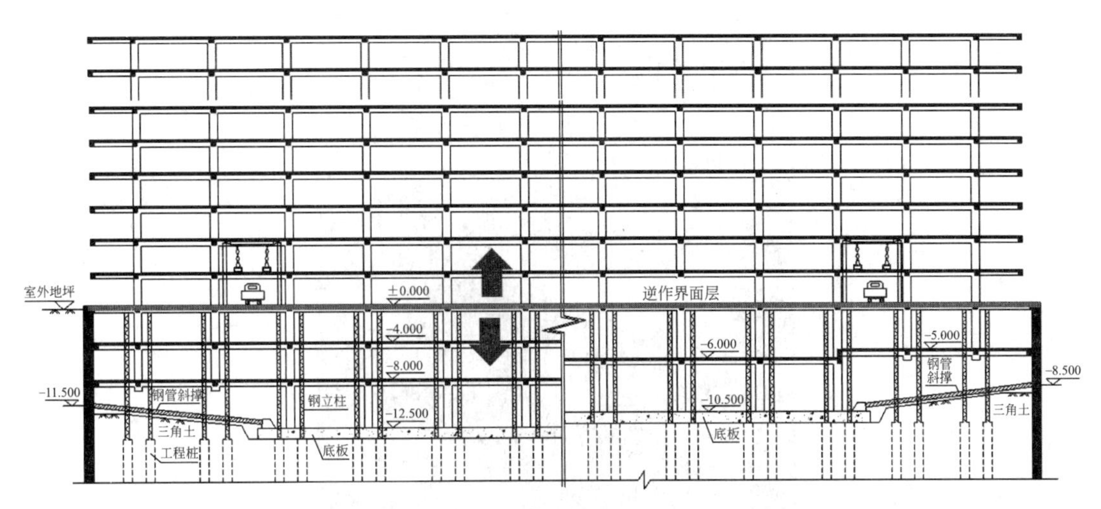

图 1.3.6 杭州西湖凯悦大酒店上下同步逆作施工示意图

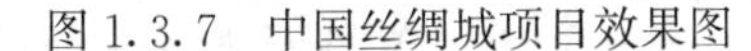

图 1.3.7 中国丝绸城项目效果图

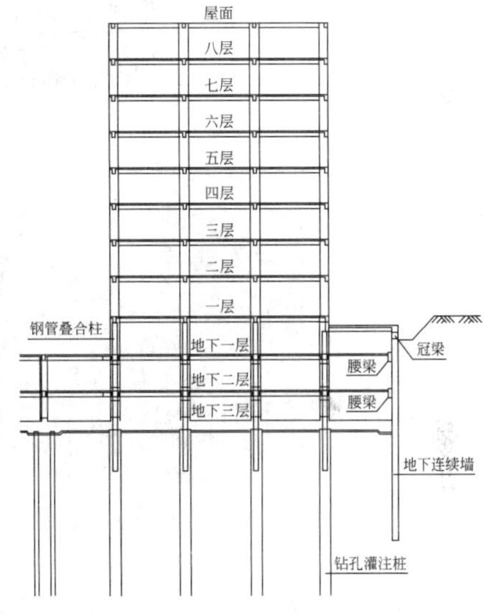

图 1.3.8 上下结构同步逆作施工示意图

步施工，T3 塔楼采用顺作，其周边地下室采用逆作。根据地方政府有关规定，T2 塔楼结构施工至第 15 层是开发商可以预售的必要条件之一，本项目采用上下结构同步逆作施工技术（图 1.3.11），可实现提前 10 个月预售的特殊建设工期目标。

南京青奥中心超高层双塔建筑（图 1.3.12）为满足施工工期要求，也采用了上下同步逆作施工。其中 1 号塔楼地下 3 层，地上 58 层，结构高度 239.55m；2 号塔楼地下 3 层，地上 68 层，结构高度 297.15m；裙房 4 层，结构总高度 26m。两栋塔楼均采用框架-核心筒结构，框架柱为方钢管混凝土柱，楼面梁为钢梁，核心筒为钢筋混凝土。在桩基施工阶段，将塔楼地下 3 层外框架方钢管及核心筒下的转换圆钢管插入工程桩内，工程桩混凝土与钢管柱内混凝土一次性同时浇筑，工程桩施工完成后，按照地下 1 层结构层、±0.000 标高结构层的施工顺序依次施工，待完成±0.000 标高结构层施工后，同时施工地上各楼

图 1.3.9 富力杭州中心效果图

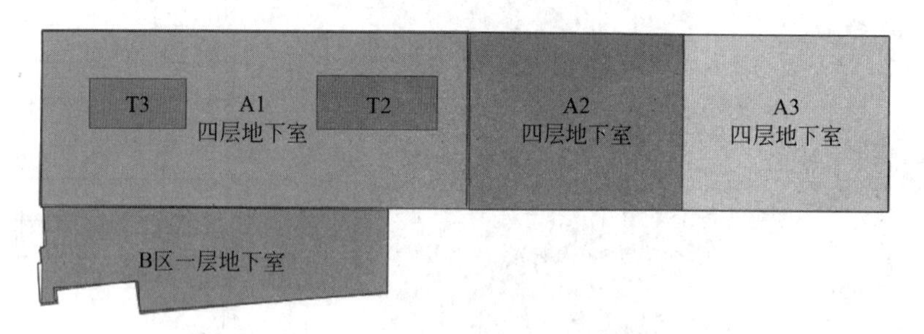

图 1.3.10 富力杭州中心地下室基坑分区图

层和地下 2 层、地下 3 层，地下室底板筏板达到设计强度时，主体塔楼高度不超过 15 层。

工程桩采用钻孔灌注桩，桩径为 1.2m 和 2.0m 两种，单桩承载力特征值分别为 20000kN 和 40000kN；1 号塔楼筏板厚度为 3.3m，2 号塔楼筏板厚度为 3.7m。由于外框柱尺寸为 1.4m×1.4m 方钢管混凝土柱，在每根外框柱下布置了直径 2.0m 的工程桩，以利于外框柱钢管插入工程桩内，其余位置均为直径 1.2m 的工程桩。桩端持力层为$⑤_3$层中风化泥岩，桩入岩深度不小于 5 倍桩径，桩径为 1.2m 和 2.0m 的工程桩，有效桩长分别约为 56m 和 61m，图 1.3.13 为 2 幢塔楼的桩位布置平面图[14]。该项目 2012 年 4 月开工，2014 年 7 月 31 日青奥会前夕完成双塔楼主体结构施工，采用上下同步逆作施工技术大大缩短了主体结构的建设工期。

3. 实现分期建设（先地上后地下）等特殊需求

采用逆作技术可实现先施工地上结构、后施工地下结构的分期建设特殊工序要求。杭州市临安滨湖新城城中街地下车库工程，市政道路横穿项目地块中央，采用先施工道路范围的地下室结构顶板，再在顶板面铺设地下市政管线设施和道路路面，一年后再开挖道路

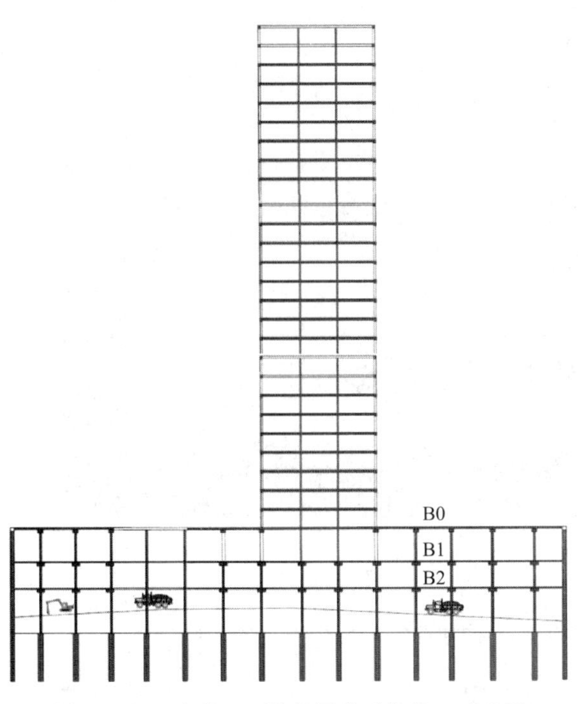

图 1.3.11 主楼上下结构同步逆作施工示意图

图 1.3.12 南京青奥中心超高层双塔建筑

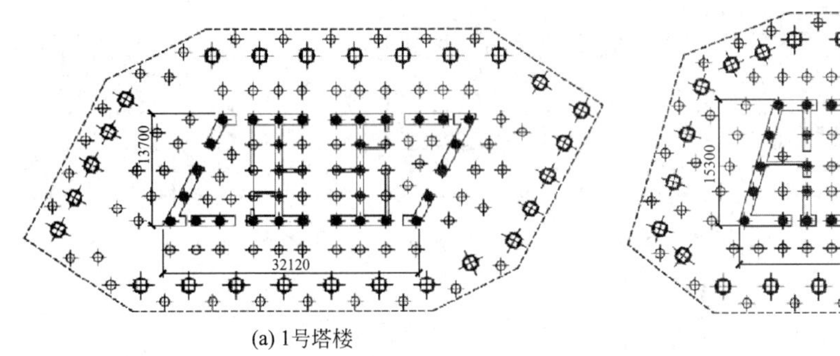

(a) 1号塔楼　　(b) 2号塔楼

图 1.3.13 南京青奥中心乙幢塔楼桩位布置平面图

下方的土体，与道路两侧形成整体地下室。本项目采用局部逆作技术，实现市政道路提前一年完成通车的分期建设特殊需求。见图 1.3.14～图 1.3.17。

杭州卓越-恒兴大厦由 2 幢 230m 高的办公及公寓、1 幢 100m 高的酒店和 24m 高的大底盘裙房组成，下设整体 3 层地下室。业主希望将西南角的酒店配套及商业裙房地上部分先行施工，作为项目建设期间的销售展示中心。为此，采用逆作技术，先施工西南角部分的裙房上部结构（图 1.3.18 所示区域），上部结构完成装修先投入使用，然后再施工地下三层结构。图 1.3.19 为裙房逆作区的地下和地上典型结构平面。

4. 地铁车站采用盖挖逆作，最大程度减小对城市道路通行的影响

城市轨道交通特别是地铁车站的施工，对道路交通影响非常大。地铁车站采用盖挖逆作技术，可最大程度减轻对城市道路路面的通行压力。图 1.3.20 为杭州某地铁车站基坑

图 1.3.14 临安滨湖新城城中街项目效果图

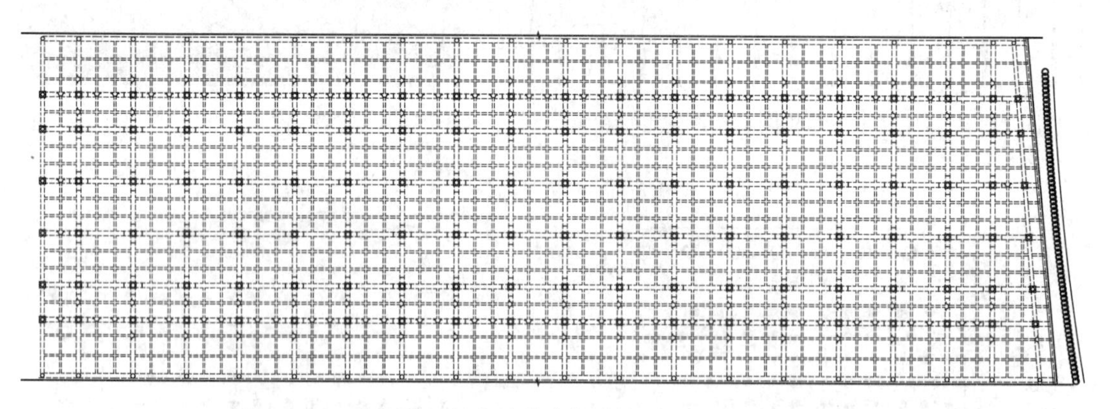

图 1.3.15 先行施工的市政道路范围的地下室顶板结构平面图

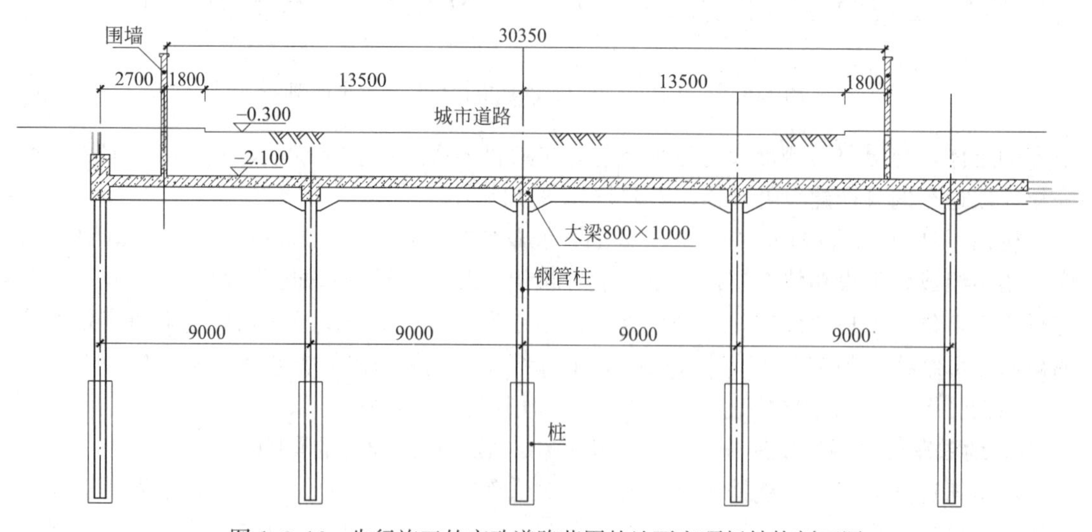

图 1.3.16 先行施工的市政道路范围的地下室顶板结构剖面图

图 1.3.17　市政道路下方地下室开挖和底板施工照片

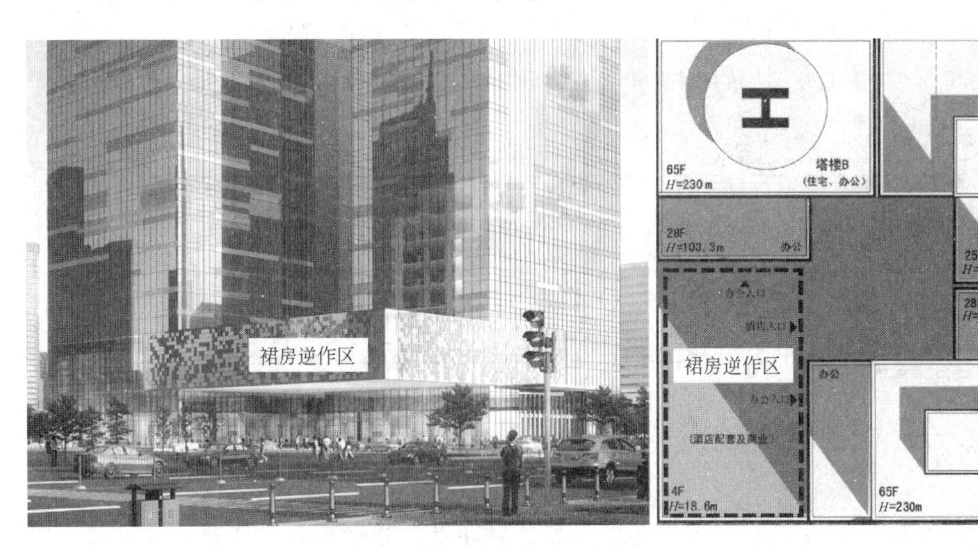

图 1.3.18　杭州卓越-恒兴大厦西南角裙房逆作区位置示意

支护平面图，图 1.3.21 为该地铁车站盖挖逆作的施工流程示意图。主要施工工况如下：

（1）首先施工车站左半侧的地连墙、立柱和立柱桩，以及中间部位的 SMW 工法型钢水泥土墙，设置临时水平钢支撑，再开挖第一层土至顶板结构底，施工左半幅结构顶板。左半侧施工期间，车辆从右半侧通行。

（2）左半侧顶板以上土方回填，迁移管线至管廊内，施工道路路面，恢复左半侧道路通行；施工右半侧的地连墙、立柱和立柱桩，开挖第一层土至顶板结构底，施工右半幅结

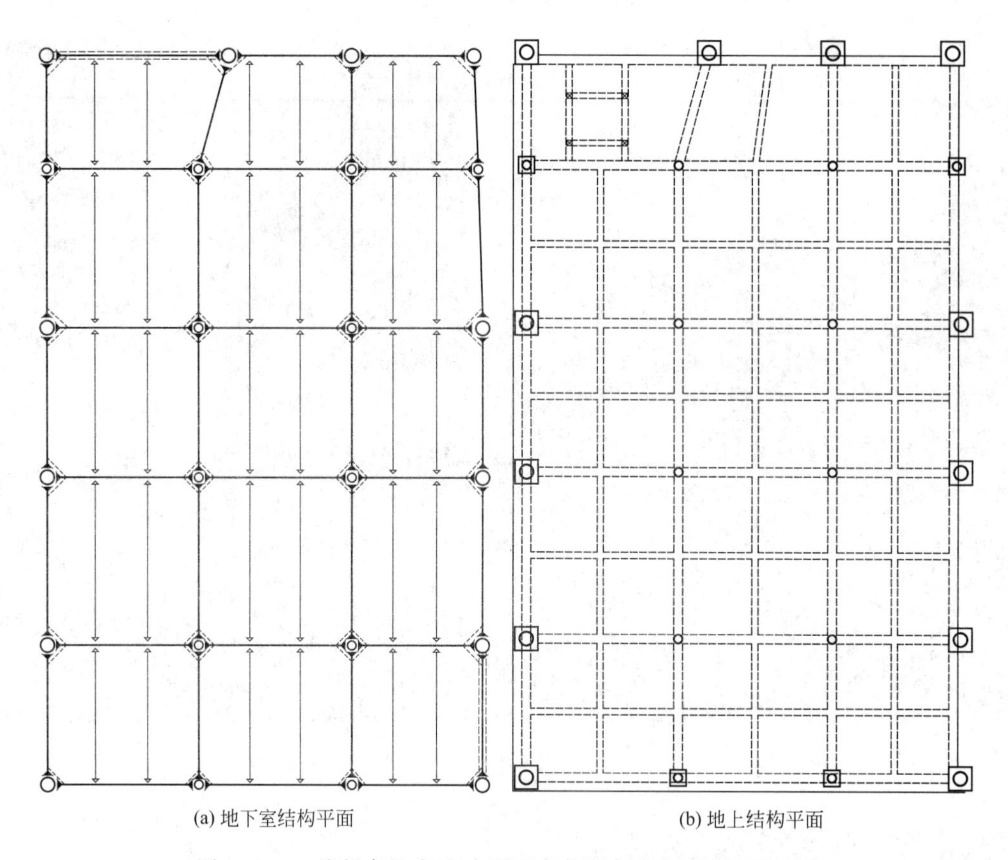

图 1.3.19　杭州卓越-恒兴大厦西南角裙房逆作区结构平面图

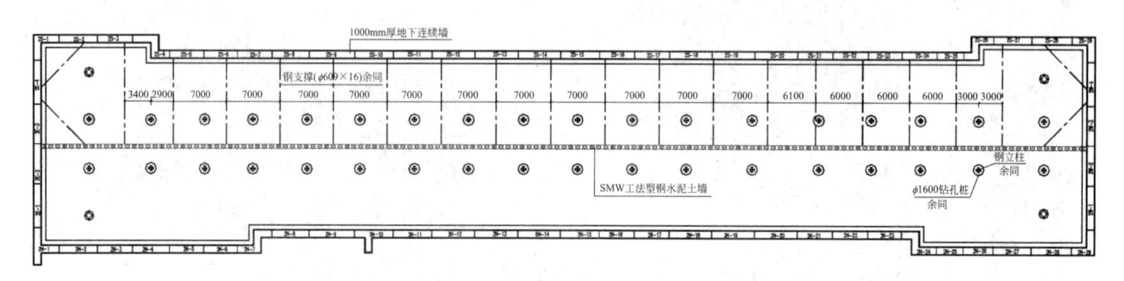

图 1.3.20　杭州某地铁车站基坑支护平面图

构顶板。

（3）逆作开挖和施工下部结构。先开挖第二层土体，浇筑负一层中板；开挖第三层土，架设第一道钢支撑；开挖第四层土，施作负二层中板；开挖第五层土，架设第二道钢支撑；开挖第六层土，施工垫层、防水层，浇筑结构底板。

5. 先施工顶板，最大程度减小地下施工扬尘噪声污染

对于明挖顺作基坑，如周边紧邻建筑物，基坑施工作业对楼内居民的生活起居影响会非常大。图 1.3.22 所示为杭州某地下室基坑，地下 3 层，开挖深度约 15m，周边紧贴一幢 10 层的建筑物，无地下室，采用预制方桩基础，桩长 10m。该建筑物基础与基坑地连墙之间的净距最小仅为 1m 左右。楼内居民每天看着下方基坑开挖施工，有种自家房屋

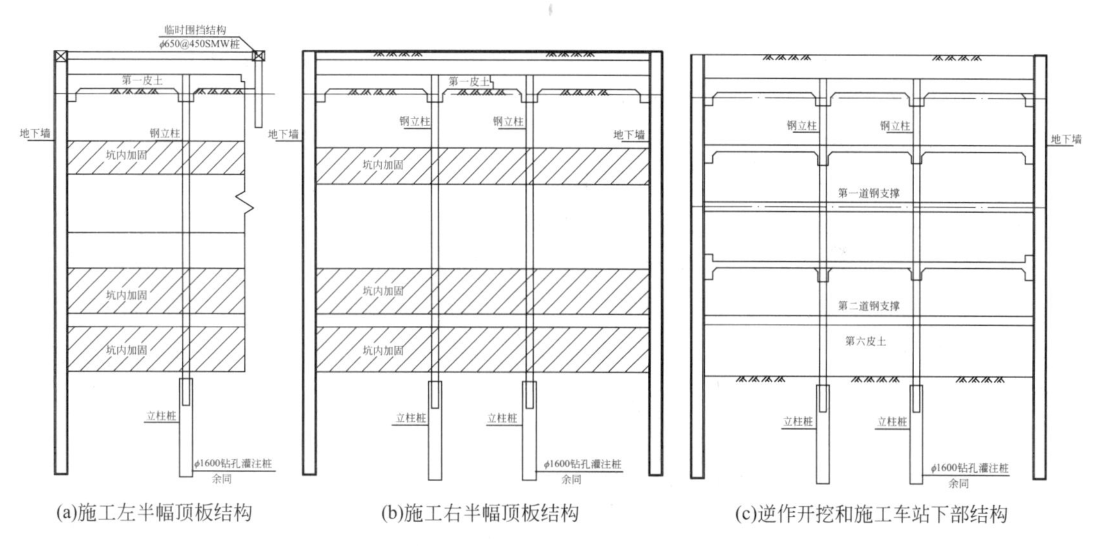

(a)施工左半幅顶板结构　(b)施工右半幅顶板结构　(c)逆作开挖和施工车站下部结构

图 1.3.21　杭州某地铁车站盖挖逆作施工流程示意图

“墙脚”被掏空的感觉，加上基坑开挖施工产生的噪声，楼内居民心理上和生理上都较难接受，因此对工程施工意见很大。

若采用逆作技术，先施工地下室顶板结构，然后在顶板以下逆作开挖土方和施工地下结构，则情况就完全不同。一方面，由于在顶板以下开挖和施工，楼内居民不能直接看到下面施工的场景，消除了居民心理上的担心顾虑；另一方面，先行施工的顶板结构可隔断大部分的地下施工噪声，最大程度减轻了施工噪声对楼内居民生理上的影响，如图 1.3.23 所示。

图 1.3.22　杭州某明挖基坑照片

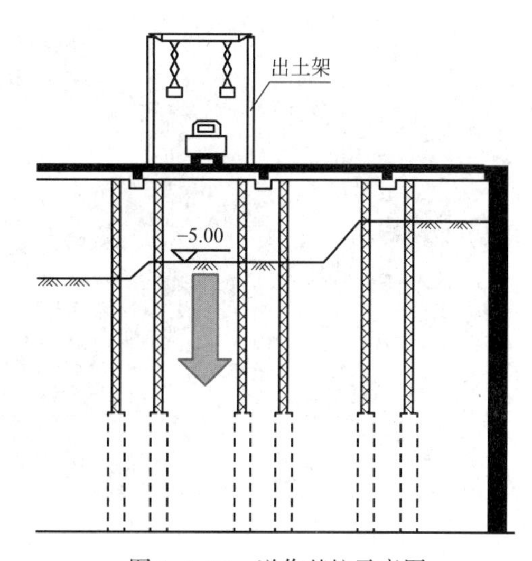

图 1.3.23　逆作基坑示意图

杭州萧山国际机场三期工程陆侧交通中心，位于老航站楼与新建 T4 航站楼之间，其东侧、东南侧为已建的 T1、T2 和 T3 航站楼，北侧为新建地铁站，南侧为新建高铁站，西侧为同步建设的 T4 航站楼。交通中心设整体四层地下室，基坑开挖深度为 19m，基坑平面尺寸约 430m×280m，平面面积约 11.2 万 m^2。图 1.3.24 为交通中心及周边工程的基坑分区平面图。交通中心工程量大、工期紧张、周边环境复杂，为满足项目施工组织、交通组织，以及机场及地铁“不停航、不停运”的要求，基坑东部临近现有航站楼部分范围（C 区基坑）采用逆作法施工，以最大程度减小对东侧和东南侧运营航站楼的影响，减轻施工作业噪声对过往旅客的干扰[15]。图 1.3.25 为交通中心 C 区基坑顶板以下逆作开挖和结构施工的照片。

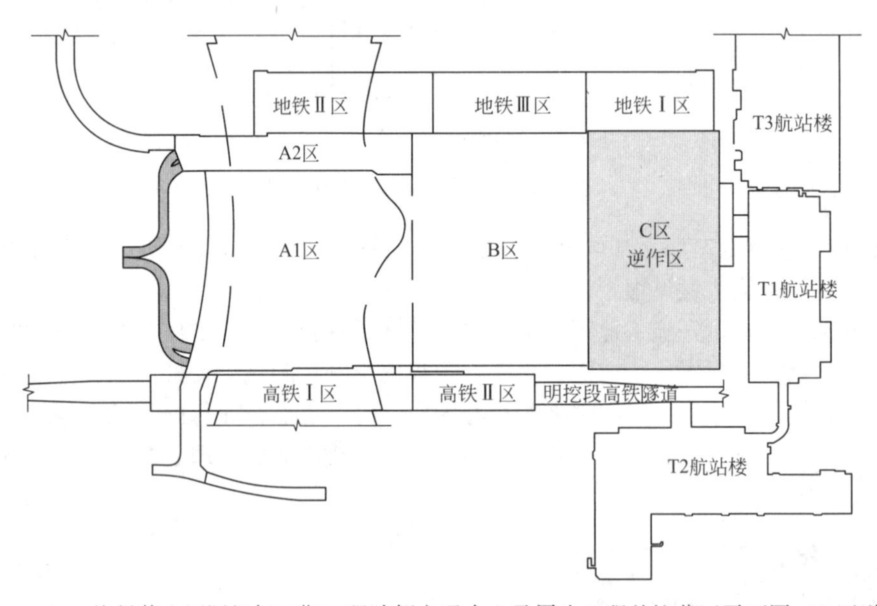

图 1.3.24 杭州萧山国际机场三期工程陆侧交通中心及周边工程基坑分区平面图（C 区逆作）

图 1.3.25 交通中心 C 区基坑逆作开挖和结构施工照片

6. 延伸应用于既有建筑地下增层

将逆作技术延伸至既有建筑地下开挖增层，为城市地下空间开挖建造提供了新的途径。近20多年来，国内城市地下空间开发和利用得到快速发展，地下空间建造规模越来越大。从节约资源和有效保护城市环境出发，我们也应尽快改变当前大拆大建的城市建设模式。目前国内已有多个利用逆作技术在既有建筑下方进行开挖和增建地下空间的工程案例，如北京市音乐堂地下增层、中国工商银行扬州分行办公楼3层框架结构裙房地下增层、济南市商埠区某仿德式历史建筑地下增层、济南市原修女会院修女楼地下增层、杭州市玉皇山南综合整治工程甘水巷3号组团地下增层、浙江饭店地下增层、杭州百货大楼增建地下通道等。

既有建筑下方开挖和增建地下空间，可视为基坑工程逆作法技术应用的延伸，其总体作业流程也是先施工周边围护结构和竖向支承体系（即基础托换系统），再逆作开挖下部土方，边开挖边施工地下结构（兼作基坑水平支撑结构），开挖至基底标高时浇筑基础底板，最后施工地下室外墙及竖向承重构件（框架柱、剪力墙等）。当地下室竖向构件达到设计强度后，凿除新建地下室层高范围内的临时托换构件（如锚杆静压桩、原工程桩等），完成新建地下室的增建工作。既有建筑地下增层或局部增建地下空间，实施难度比常规逆作法工程更大，需解决的关键技术问题有：（1）竖向支承体系（上部结构的临时托换系统）的竖向和水平向承载力与变形问题；（2）对桩基础既有建筑，地下开挖卸荷对既有工程桩承载特性的影响问题，以及新增锚杆静压桩与既有工程桩的协调变形和协同工作问题；（3）新增地下室墙柱之间竖向差异变形对上部结构影响及变形控制问题。关于既有建筑地下逆作开挖增层，详见本书第7章的介绍。

7. 基坑支护与主体结构相结合，实现绿色支护

对于软土地层的建筑深基坑工程，由于混凝土支撑体系刚度大、冗余度高、稳定性好、对平面形状不规则基坑适应性强，目前大多仍采用混凝土支撑为主，但混凝土支撑结构作为临时支护构件，后期拆除的代价及由此产生的环境问题日益突出。图1.3.26为传统明挖顺作基坑中的临时混凝土支撑体系，这些临时支撑构件最后都是要拆除的。

图1.3.26 传统明挖顺作基坑中的临时混凝土支撑体系

逆作法基坑工程最大程度实现了支护结构与主体结构相结合，利用地下水平梁板结构兼作基坑工程的水平内支撑体系，利用地下连续墙兼作基坑支护的挡墙和地下室永久外墙，利用结构柱和工程桩兼作水平支撑系统的竖向支承桩-柱。这些结构构件在施工阶段被用作支护体系的结构构件，在使用阶段为永久结构构件，避免了传统明挖顺作基坑工程临时混凝土支撑结构拆除所带来的大量建筑垃圾、扬尘和噪声污染，可最大程度实现基坑工程的绿色支护理念（图 1.3.27）。

图 1.3.27　逆作基坑利用结构梁板代替水平支撑体系

根据浙江杭州多个逆作基坑工程的节能评估报告[16]，相比传统的施工工艺，平均节材比可达 80%，节能比可达 62.0%，节水比可达 41.3%，减排比可达 69.3%（碳排放），节地比可达 28.1%，粉尘浓度减低比 96.3%，垃圾减排比 89.6%和噪声减低比 70.6%。

1.3.2　地下空间逆作技术存在问题分析

“稳定”和“变形”是软土地层地下空间施工所面临的最突出问题。与传统顺作工艺相比，地下空间逆作施工可显著提高基坑稳定性，但变形控制和环境保护问题仍十分突出。目前软土地层地下空间逆作施工存在的主要工程问题如下[17-18]：

（1）与顺作施工相比，逆作施工开挖速度慢、水平支撑结构施工时间长，使软土流变效应影响更为显著，导致基坑实际变形远大于计算值，变形控制问题比顺作基坑有时更加突出。如杭州凯悦大酒店逆作施工期间地连墙最大变形达到 145mm，武林广场地下商城逆作基坑的地连墙变形达到 120mm。

土压力作为支护结构的荷载，与挡墙变形存在耦合效应；地下室结构梁板兼作水平支撑结构，楼板开洞、高差、错层对其支护变形产生显著影响；坑边预留土坡、分块跳挖等措施以及密集的坑底工程桩加筋作用，对基坑变形存在较显著影响。

由于软土流变问题和逆作施工过程的复杂性，现有分析计算理论难以得到符合实际的变形结果，基坑稳定分析方法也难以反映逆作基坑支护结构的受力特点。

（2）支承桩沉降变形对逆作结构和同步施工的上部结构产生不利影响，如杭州凯悦大酒店和中国丝绸城逆作工程，因支承桩-柱差异沉降（变形）造成局部结构构件变形和开裂。深大基坑开挖卸荷效应显著降低竖向支承桩的承载力和刚度，逆作支承桩承载力和沉降计算如不考虑开挖卸荷影响，立柱稳定性如采用基于经验的长度系数法，均将导致竖向支承桩-柱计算变形（沉降）不能真实反映实际受力状态。

（3）软土地层地下空间逆作施工时，基坑挡墙大多采用地连墙，地连墙成槽诱发的土体变形不可忽视，并对周边环境构成威胁。如杭州地铁武林广场站地连墙成槽施工导致临近的浙江展览馆（历史保护建筑）下沉约40mm，造成墙体开裂。

（4）混凝土水平支撑结构虽然刚度大，但收缩徐变效应显著，即使混凝土轴压应力不再增加，其变形也会随时间继续增加，却又缺乏主动控制变形的手段。

（5）采用逆作技术对既有建筑进行地下增层可改变传统大拆大建模式，为城市地下空间开发建造提供新途径，但既有建筑地下逆作增层的技术难度大，如何控制开挖增层工况下既有建筑竖向和水平变形，确保上部结构安全，尚缺乏相关研究成果。

针对上述问题，作者科研团队近几年在逆作基坑变形分析与控制方面开展了一些研究，相关成果在后面章节加以介绍。

1.4 逆作法技术应用延伸——既有建筑地下开挖增层

近20多年来，国内城市地下空间开发和利用得到快速发展，地下空间建造规模越来越大。城市地下空间的开发和利用，已成为世界性发展趋势，并逐步成为衡量城市现代化的重要标志。同时，从节约资源和有效保护城市环境出发，我们也应尽快改变当前大拆大建的城市建设模式。对市内、特别是城市中心地带的既有建筑进行增层或增建地下空间等方面的改造，可充分利用现有城市设施，节省城市配套设施费，节省拆迁、建筑垃圾清运和征地成本，且施工周期短，对周边环境影响小。若能与抗震加固和改造技术相结合，可在增加建筑使用面积、提升建筑使用功能的同时，还可改善既有建筑的结构受力性能，增强房屋抗震能力。因此，从节约资源、提升功能、保护环境等方面综合考虑，在保留既有建筑的前提下，采用增层或增建地下空间的改造方式代替过去的大拆大建模式是城市建设发展的一个合理选择，对促进我国新型城市化进程具有重要意义。

既有建筑地下逆作增层具有广泛的应用前景，目前国内外已有多个利用逆作技术在既有建筑下方进行开挖和增建地下空间的工程案例。

1912年德国柏林的波兹坦Huth酒店，为一栋6层的历史建筑，因战后柏林的城市发展需要，该建筑被纳入城市重建规划之中，成为波兹坦广场上的唯一历史建筑。现需对该建筑地下修建一条地下走廊，主要连接波兹坦广场上的火车站和广场上的购物商场，采用钢骨架结构对既有建筑进行加固处理，再用钢筋混凝土托换桩进行托换，在保护既有建筑的基础上实现了既有建筑地下增层，见图1.4.1。

1996年加拿大蒙特利尔市地铁修建完毕，20世纪70年代蒙特利尔市中心区初步形成了单个的地下商场，80年代，众多地下商场进行地下水平拓展，各商场实现贯通，形成地下商业走廊，90年代，已形成的地下走廊与上部新兴建筑、原地铁相连。各地下建筑之间联系紧密，同时地下建筑与地上建筑之间的联系也因此增强，成为多功能的综合性服务区，见图1.4.2。

位于北京市中山公园内的北京市音乐堂（原中山音乐堂）于20世纪50年代加建而成，原建筑面积2800m^2，无地下室。主体结构采用框排架结构，由22根直径750mm的圆柱和2根750mm×750mm的方柱支承现浇钢筋混凝土梯形屋架和现浇屋面板，除2根

图 1.4.1　波兹坦 Huth 酒店托换结构

图 1.4.2　蒙特利尔地古教堂托换

方柱采用混凝土独立基础外，其余 22 根圆柱均采用毛石混凝土刚性独立基础。20 世纪 90 年代后期改扩建时，北京城建七公司研究应用了“整体基础托换与地下加层技术”，成功保留了原结构的独立柱及混凝土桁架屋盖，并向地下扩层，增建了 6.3m 深的筏形基础地下室约 4000m^2，又将原结构改建成有两层看台的框架结构，改建后总建筑面积达 11200m^2，满足了业主对新建筑的结构安全和各项使用功能要求[19]。

增建地下室时，采用“两桩托一柱”的整体基础托换方案，即沿基础轴线方向每一基础两侧进行人工挖孔灌注桩，再在±0.000 处设承台（转换大梁），承台相连并形成整体（图 1.4.3），然后分块开挖地下室，形成地下加层。该工程还以地下加层为背景形成了《整体基础托换与地下加层施工工法》（YJGF 09-2000）[20]。

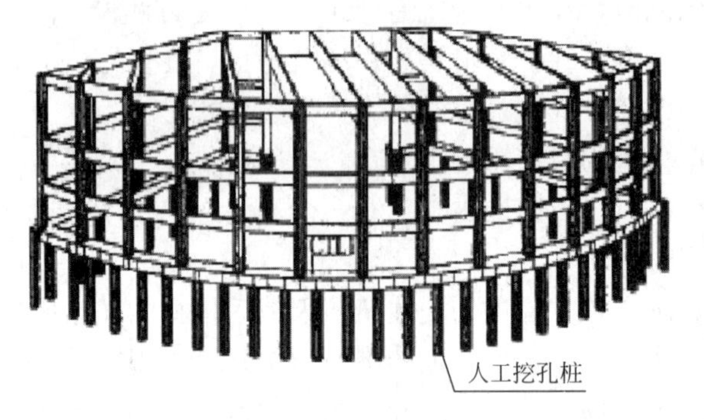

(a) 改建示意图

(b) 基础托换照片

图 1.4.3　北京市音乐堂地下增层工程

中国工商银行扬州分行办公楼建成于 1997 年，主楼 27 层，辅楼为 3 层（局部 4 层）。辅楼建筑面积 5360m^2，无地下室，采用框架结构，一层层高为 3.6m，原基础为柱下锥形钢筋混凝土独立基础，埋深为－2.2～－3.5m。为解决停车难问题，2011 年在对辅楼进行改造时，采用静压锚杆桩托换技术[21]，成功在辅楼下面增建了一层 3.6m 高的地下车库，实现了既有建筑物地下空间的二次开发，新增地下室建筑面积 1800m^2，增加停车位 80 个，见图 1.4.4。

济南商埠区某医院历史悠久，是具有保护价值的砌体结构建筑，建筑面积约 165m^2，局部一层地下室，拟对原建筑进行三层地下室加层。该地下增层工程施工中，因原建筑时

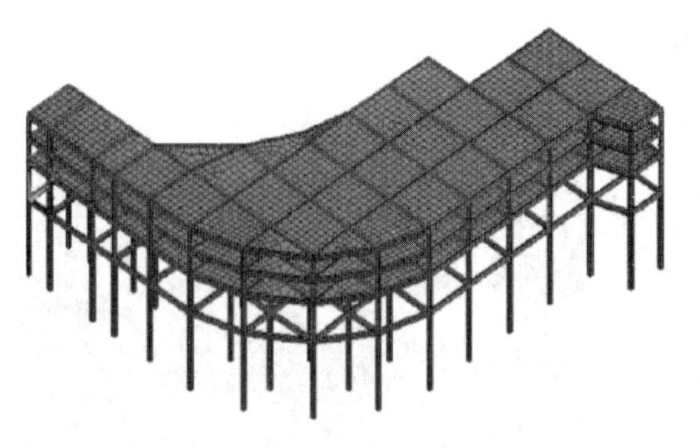

图 1.4.4 中国工商银行扬州分行办公楼上部结构与托换结构示意图

间久远多处破损，对其进行混凝土板墙加固处理，再将托换梁两侧夹住托换墙体，同时在石砌外墙墙缝处锚入钢筋，锚入端作弯钩与板墙整浇。托换桩采用桩长 20m、直径 146mm、壁厚 12mm 的泥浆护壁钻孔微型钢管桩，其施工作业对建筑物的扰动较小，可靠近托换构件施工，然后开挖地下室土体，托换结束对新建地下室进行施工后回收托换桩完成改造，见图 1.4.5 和图 1.4.6[22]。

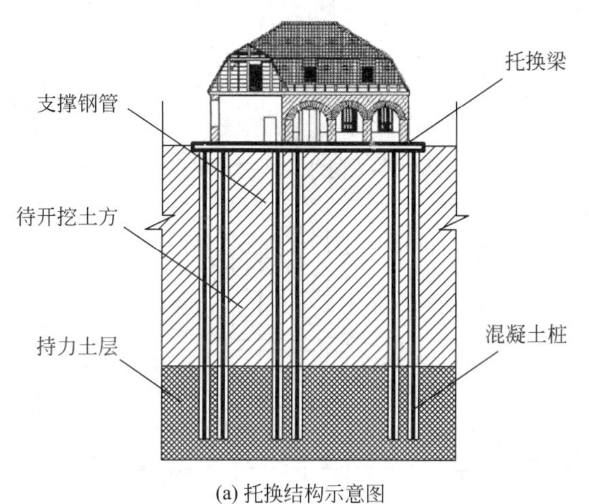

(a) 托换结构示意图

(b) 托换结构施工

图 1.4.5 济南商埠区某医院地下增层

杭州市玉皇山南综合整治工程甘水巷 3 号组团由前后排列的 3 幢 2 层（局部 1 层）坡屋顶建筑组成，建于 2009 年，结构体系采用现浇钢筋混凝土框架结构，基础为天然地基柱下独立基础，持力层为②-2 黏质粉土层，柱下独立基础和基础梁的底标高均为－1.800m。为提升该组团建筑整体使用功能，该项目于 2014 年进行了增建地下室工程，即在已建的 3 号组团建筑物下方开挖增建一层地下室，新增建地下室建筑面积约 1700m^2。设计采用锚杆静压钢管桩作为逆作施工阶段上部既有建筑的临时竖向支承体系（基础托换系统），在基础底板及地下室竖向承重构件（框架柱、周边外墙）施工前，上部结构及地下结构的全部荷重均由临时竖向支承体系承担，施工结束后，再将上述全部荷重托换转移至新增地下室竖向承重构件上，并最终将地下室层高范围内的钢管桩割除，以保证新增地下室的有效使用功能。

锚杆静压钢管桩直径 250mm，内灌细石混凝土，以每根框架柱为一组，每组布置 4

(a) 地下增层前的照片

(b) 地下增层后的照片

图 1.4.6　济南商埠区某医院实景照片

根钢管桩，以原柱下独立基础为静压沉桩施工作业面。考虑到原建筑首层室内地面为实土夯实地坪，为确保建筑物下部土方开挖阶段上部结构的受力和稳定要求，先施工地下室顶板结构。每组静压钢管桩顶部均伸至地下室顶板结构，并与局部加厚顶板（混凝土承台）连为一体，形成整体受力的竖向支承体系（基础托换系统），见图 1.4.7 和图 1.4.8。

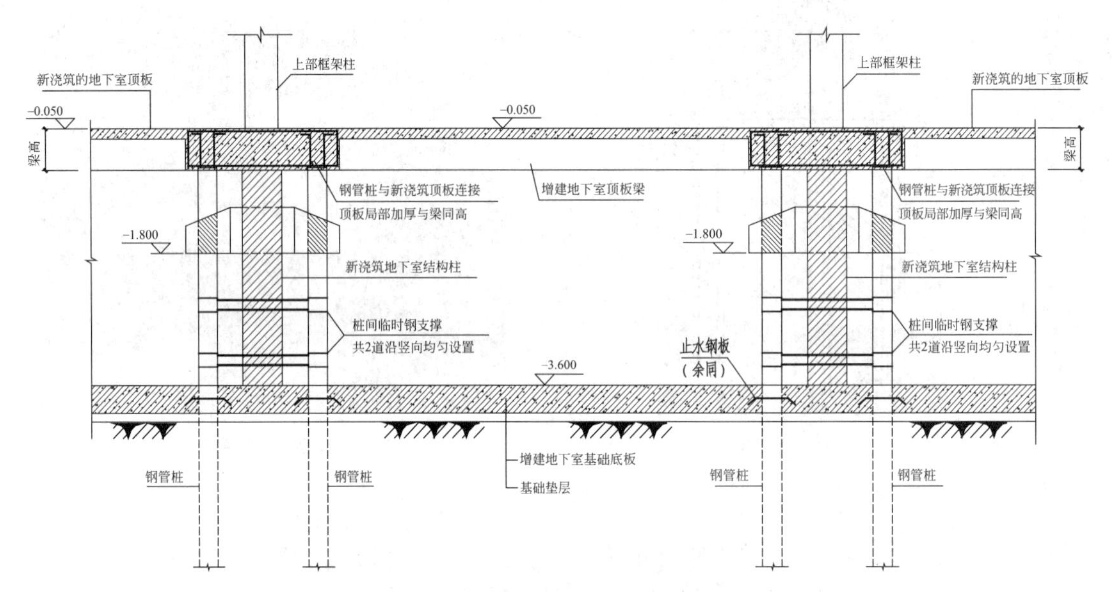

图 1.4.7　杭州玉皇山南甘水巷 3 号组团增建地下室剖面

浙江饭店为高层酒店建筑，地处杭州市商业中心延安路与凤起路交叉口，建于 1997 年，建筑平面呈 L 形，地上 13 层，地下 1 层。上部结构为钢筋混凝土框架-剪力墙体系。因酒店经营需要，拟考虑在原地下一层的正下方增建地下二层作为停车库，新增地下二层建筑面积 2525.6m^2，层高 5.27～6.77m，可新增停车位 121 个。该工程利用原工程桩（钻孔灌注桩）及后增锚杆静压钢管桩共同作为既有建筑的竖向支承体系（基础托换系统），采用暗挖逆作方式进行下部土方开挖，边挖边施工水平内支撑，待开挖至设计基底标高后，施工基础承台和底板，再进行地下二层墙、柱等竖向承重构件的托换施工，最后凿除地下二层层高范围内的原工程桩和钢管桩[23]，见图 1.4.9～图 1.4.11。

图 1.4.8 杭州玉皇山南甘水巷 3 号组团增建地下室施工阶段的“一柱四桩”式竖向支承体系

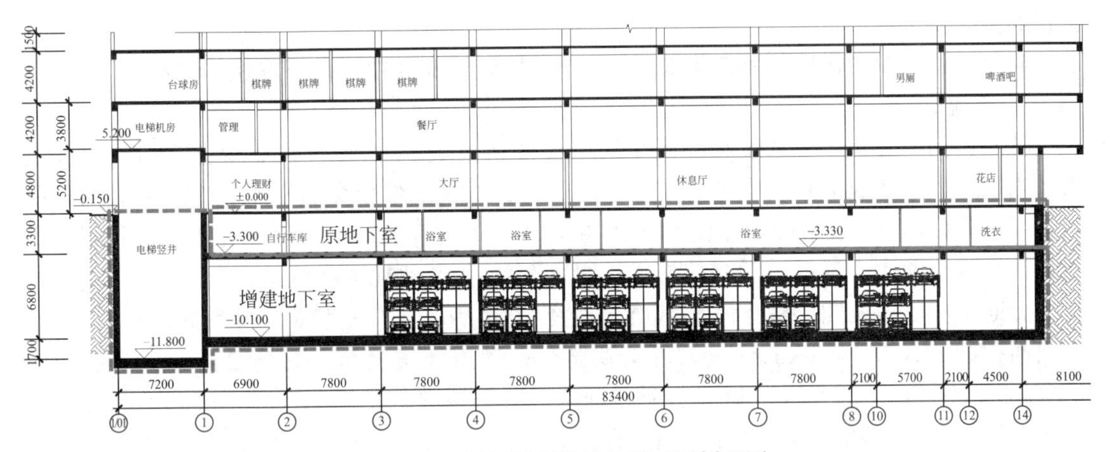

图 1.4.9 浙江饭店增建地下二层剖面图

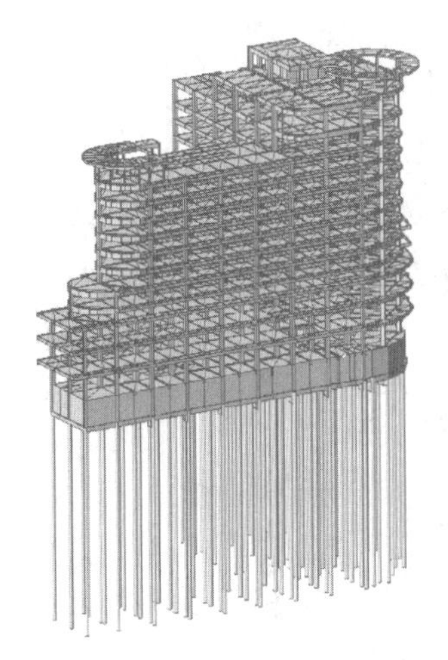

图 1.4.10 浙江饭店地下增层计算模型

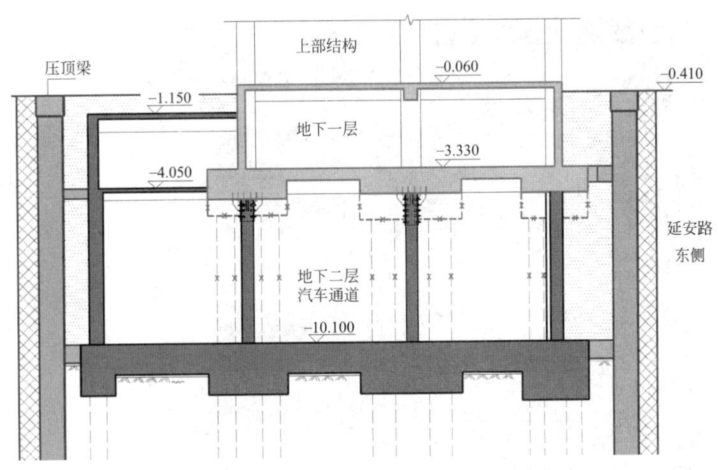

图 1.4.11 新增地下二层结构柱托换示意

1.5 逆作工程设计中结构师与岩土师的分工界面

基坑工程逆作法技术本质上是一种地下结构的施工工法，因而需要设计与施工的密切配合；基坑工程逆作法技术的核心是利用主体结构构件兼作支护结构，因而需要岩土工程师与结构工程师的密切配合。总体上讲，逆作基坑自身的稳定性、变形及对周边环境影响的把控，应由岩土工程师负责，因支护结构受力需要而增设的临时构件（施工结束需要拆除），也应由岩土工程师负责设计；逆作基坑支护结构中的永久性结构构件，由结构工程师和岩土工程师共同负责设计。

对于逆作阶段兼作支护结构的永久结构构件，需要结构工程师与岩土工程师之间的密切配合，但又要有相对明确的分工界面，避免结构专业图纸与基坑支护专业图纸之间出现“错漏碰缺”等问题。这个分工界面，需要岩土工程师和结构工程师根据每个逆作项目的具体情况，协商确定。既要有相对明确的分工界面，又要做到分工不分家。下面为某实际工程的分工界面，可供参考。

实例：杭州萧山国际机场三期工程 T4 航站楼陆侧交通中心地下室逆作工程

1. 工程概况

杭州萧山国际机场三期工程陆侧交通中心计划将于 2022 年杭州亚运会之前建成并投入使用，建成后将成为集“空地铁”于一体的复合式大型综合交通枢纽。交通中心工程西侧为同步建设的 T4 航站楼，东侧和东南侧为使用中的 T1、T2 和 T3 航站楼，北侧为新建地铁站（交通中心施工期间提前投入运行），南侧为新建地下高铁站。

交通中心整体设四层地下室，基坑开挖深度为 19m，基坑平面尺寸约 430m×280m，平面面积约 11.2 万 m^2。工程量大、工期紧张、周边环境复杂。为满足 T1～T3 航站楼“不停航、不停运”的要求，基坑东部邻近现有航站楼部分范围（C 区基坑）采用逆作法施工，以最大程度减小对东侧和东南侧运营航站楼的影响。C 区（逆作区）平面尺寸约 150m×280m，图 1.5.1 和图 1.5.2 分别为交通中心基坑平面图和典型支护剖面图。

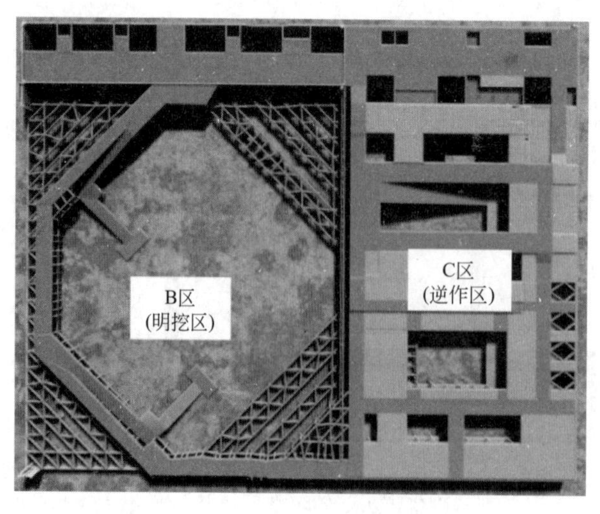

图 1.5.1 交通中心基坑平面示意图

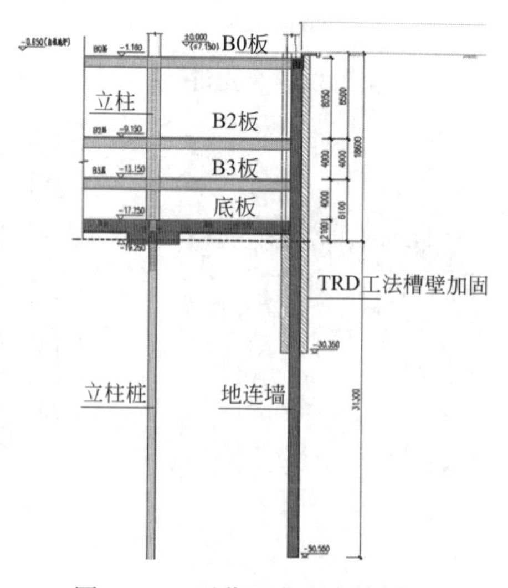

图 1.5.2 逆作区典型支护剖面

为提高出土效率，采用“跳板”（跳开B1板）施工，逆作施工顺序为B0板→B2板→B3板→基础承台及底板，最后施工B1板。逆作界面层为B0板。结构主要柱网尺寸为9m×12m，局部为9m×18m和18m×18m。基坑挡墙采用地下连续墙（二墙合一），成槽施工前采用TRD工法进行槽壁预加固。竖向立柱分为角钢格构式立柱和圆钢管混凝土立柱两种。为满足逆作阶段竖向立柱和立柱桩承载力，需要在18m跨度中部增设临时立柱（立柱桩均利用工程桩）。其余情况详见第8章工程实例中的详细介绍。

2. 总体原则

施工工况：构件（含永久和临时）承载力、变形、抗裂由岩土工程师负责；

使用工况：构件（仅含永久）承载力、变形、抗裂由结构工程师负责。

3. 配合流程

（1）结构师首先根据建筑师要求，按使用工况分析计算后，绘制地下结构各层模板图和桩位图，并提交岩土工程师。模板图包括B0层、B1层、B2层、B3层结构平面图和竖向构件平面图。竖向构件应考虑柱内钢立柱（格构柱或钢管柱）的作用，格构柱和钢管柱截面尺寸事先由结构工程师根据逆作阶段竖向荷载预估确定，其中逆作界面层和各层板上的施工活荷载，由岩土工程师根据施工组织方案确定。

（2）岩土工程师按施工工况（各工况包络）分析计算后，确定需加大截面的构件（包括各逆作层结构梁的截面尺寸、楼板厚度、立柱截面规格、立柱桩的桩径和桩长、地连墙厚度），以及需要新增的临时构件，并反馈给结构专业。因支护受力需要加大截面的梁，宜加大梁宽，不宜增加梁高，避免影响楼层净高。

（3）结构工程师根据岩土工程师的反馈意见，重新复核计算，调整结构模板图，并提交建筑师和机电工程师。

（4）建筑师和机电工程师根据各自专业要求，对建筑平面功能、楼层净高、设备管井和机电管线预留洞口位置及尺寸等进行复核；明确岩土工程师提出的新增构件中，哪些构件可以保留，哪些构件因影响建筑使用功能而必须拆除（施工完成后需拆除的构件为基坑支护临时构件）。

（5）结构工程师根据建筑师、机电工程师的复核意见，绘制最终版结构模板图，模板图不含后期拆除的临时构件；根据使用工况计算结果（结合抗震计算和抗震构造），按最终版结构模板图，绘制竖向构件、B0～B3层梁板、桩基、基础承台和底板等结构设计施工图。

（6）岩土工程师按施工工况计算结果（各工况包络），复核结构专业施工图配筋是否满足支护受力要求，绘制施工阶段的基坑支护结构设计图纸。对需要加大配筋的永久结构构件，反馈给结构工程师。

4. 分析计算分工

（1）施工工况计算

方案设计阶段，初步确定支护结构和水平结构构件截面尺寸时，采用周边围护挡墙和内支撑结构分开计算。围护挡墙采用竖向平面弹性地基梁法计算，其中的水平支撑结构弹簧刚度应根据迭代反算结果确定；水平支撑结构应采用三维空间模型，考虑竖向荷载（包括施工活荷载）和周边水平荷载的组合作用，同时应考虑楼板面内刚度及变形的影响，楼板存在高层或错层时，应按真实情况建模分析，不得并层计算。

施工图设计阶段，应采用周边围护挡墙和水平支撑结构整体模型计算。应考虑竖向荷载和周边水平荷载的联合作用，周边外墙水土压力按水土分算原则确定；土压力计算宜考虑挡墙变形影响；土压力分项系数取 1.3，超载引起的土压力分项系数取 1.5；宜考虑收缩和温度效应及立柱差异沉降引起的附加内力。

支护结构内力变形计算均应考虑分步开挖、分步设置水平支撑结构的施工过程影响，并应考虑结构楼板支模方式对支护结构计算工况的影响。

构件设计：应满足承载力、变形，永久构件尚应满足抗裂要求；

荷载组合和施工阶段裂缝宽度控制：应按浙江省标准《建筑基坑工程逆作法技术规程》DB 33/T 1112-2015[9] 的相关规定进行验算；

钢立柱计算：计算长度按浙江省标准《建筑基坑工程逆作法技术规程》取值，同时考虑初始缺陷和基坑侧移影响（×1.2）；增设临时钢立柱时，应注意复核对梁纵筋配筋方式的改变。

（2）使用工况计算

采用地下室结构和上部结构整体三维模型进行分析；考虑竖向荷载、风荷载和地震作用；考虑周边外墙水土压力作用（按静止土压力计算，考虑水土分算，水土压力分项系数 1.3；地面超载取 20kPa，超载引起的土压力分项系数 1.5）；考虑收缩和温度效应；考虑抗震等级及抗震构造。

为满足水平力传递可靠，满足顶板嵌固端要求，南侧利用人防墙，北侧利用楼电梯间增设剪力墙。

构件截面尺寸及配筋：应满足承载力、变形、抗裂要求。

5. 施工图绘图分工界面

（1）地连墙截面厚度和配筋：由岩土工程师根据施工包络工况下的承载力、变形和抗裂验算确定，配筋图绘制在基坑支护专业图纸（简称基护图）中；结构专业复核使用工况并进行会签（如需增加配筋，提交围护一并绘制），结构专业图纸（简称结施图）中仅绘制地连墙轮廓线。

（2）混凝土内衬墙厚度和配筋：结施图中绘制，基护图中仅示意轮廓线。

（3）竖向立柱图纸：由岩土工程师和结构工程师共同计算确定，基护图中绘制（结构工程师会签）；结施图中应画出柱内格构柱和钢管柱的轮廓线。结施图中不反映临时钢立柱。

（4）结构柱、墙（楼电梯间剪力墙、人防墙）配筋：结施图中绘制，基护图中仅示意轮廓线。柱承载力计算应考虑柱内钢立柱的作用。

（5）底板与地连墙防水连接节点、内衬墙与地连墙抗剪钢筋：结施图中绘制。北侧底板与地铁底板整体连接节点（地连墙凿除，下部做 500mm 高底板作超前止水），−9.000m 标高连通口节点构造，由结构工程师在结施图中绘制。

（6）竖向混凝土构件（柱、墙、内衬墙）在施工阶段的施工缝位置及插筋详图：由岩土工程师在基护图中绘制。

（7）B0、B1、B2、B3 层结构平面图和配筋图：

1）先期施工水平结构构件：基护图中绘制；后期施工水平结构构件：结施图中绘制。

基护图和结施图均采用“平法”绘制，梁、板在基护图和结施图中统一编号。临时支撑构件应独立编号，并绘制在基护图中，结施图中不体现。

2）结构梁遇钢立柱，梁端统一采用水平加腋，加腋尺寸和配筋在结施图中绘制，基护图中的水平支撑在结构平面图中仅示意轮廓线；加腋梁与钢立柱的节点大样图，由结构专业绘制，钢立柱在节点范围应设置栓钉。

3）楼板高差、后浇带部位在施工阶段的临时加强做法：基护图中绘制。

4）逆作阶段预留洞口部位暂不施工的梁、板构件：基护图中画出预留洞口位置和尺寸线，预留洞口范围内的结构构件，属于后期施工的结构构件，基护图中不反映。洞口周边预留插筋、抗剪埋件、止水构造做法等，由岩土工程师在基护图中表述。预留洞口四角增设的水平加腋，在基护图中表述。

5）局部缓粘结预应力梁、SRC转换框架：结施图中绘制，结构工程师和岩土工程师共同商定张拉时间，确保张拉期内完成张拉。预应力大梁张拉前，跨中临时钢格构柱与梁底应采取分离措施。

6）地连墙压顶梁截面和配筋：基护图中绘制（结构工程师会签），结施图中仅示意轮廓线；

7）楼层框架梁与地连墙连接、楼层边梁与地连墙连接节点：结施图中绘制；

8）结构图、基护图中均应标注："实际施工时，应仔细核对结施图和基护图，构件配筋应按结施图、基护图中配筋标注值的大者确定"。

（8）立柱桩：由结构工程师统一绘制在结构专业的桩位图中（岩土工程师会签），并与其他工程桩独立编号；基护图中应加标注：立柱桩详见结施图。

本工程立柱桩均利用工程桩，立柱桩直径、长度、入持力层深度、单桩承载力特征值 R_a 取值等，按施工工况和使用工况的包络值进行设计，由结构工程师和岩土工程师共同计算确定；宜考虑基坑大面积开挖卸荷对 R_a 取值的影响。

（9）钢立柱：在结施图中绘制（岩土工程师会签）。钢立柱承载力和稳定性应按施工工况和使用工况进行包络设计。钢立柱在施工阶段为格构柱和钢管混凝土柱，使用阶段外包混凝土形成钢骨混凝土结构柱。

（10）地下各层属超长结构，混凝土收缩徐变变形较大，采取合理分块施工等措施十分有效。具体分块及施工流程由岩土工程师确定，并在基护图中明确。

（11）施工工况图：本工程分坑及逆作流程复杂，由岩土工程师绘制施工工况图。

参考文献

[1] 杨学林，周平槐．逆作地下室设计中的若干关键问题［J］．岩土工程学报，2010，32（S1）：238-244．

[2] 杨学林．浙江沿海软土地基深基坑支护新技术应用和发展［J］．岩土工程学报，2012，34（S1）．

[3] 王卫东，吴江斌，黄绍铭．上海地区建筑基坑工程的新进展与特点［J］．地下空间与工程学报，2005，1（4）：547-553．

[4] 徐至钧，赵锡宏．逆作法设计与施工［M］．北京：机械工业出版社，2002．

[5] 谢小松．大型深基坑逆作法施工关键技术研究及结构分析［D］．上海：同济大学，2007．

[6] 王卫东，王建华．深基坑支护结构与主体结构相结合的设计、分析与实例［M］．北京：中国建筑工业出版社，2007．

[7] 中华人民共和国住房和城乡建设部．建筑工程逆作法技术标准：JGJ 432-2018 [S]．北京：中国建筑工业出版社，2018.
[8] 上海市城乡建设和交通委员会．逆作法施工技术标准：DG/TJ 08-2113-2021 [S]．上海：同济大学出版社，2021.
[9] 浙江省住房和城乡建设厅．建筑基坑工程逆作法技术规程：DB33/T 1112-2015 [S]．北京：中国计划出版社，2015.
[10] 上海市第二建筑有限公司．地下建（构）筑物逆作法施工工法（YJGF 02-96，2005-2006 年度升级版）[R].
[11] 广州市第四建筑工程有限公司．地下室逆作法施工工法（YJGF 07-98）[R].
[12] 顾倩燕，姚根洪，汪贵平．上海环球金融中心基坑围护设计 [J]．上海建设科技，2004（2）：34-36.
[13] 徐磊，花力，孙晓鸣．上海中心大厦超大基坑主楼区顺作裙房区逆作施工技术 [J]．建筑施工，2014，36（7）.
[14] 董贺勋，刘文斑，任庆英，等．南京青奥中心超高层双塔全逆作地下室桩基设计 [J]．建筑结构，2014，44（1）：58-60.
[15] 陈东，杨学林，刘兴旺，等．杭州萧山国际机场 T4 航站楼陆侧交通中心基坑逆作法设计 [J]．建筑结构，2022，52（15）.
[16] 软土地层地下空间逆作施工变形控制关键技术低碳绿色评估报告 [R]．浙江省建筑科学研究院有限公司，2022.5.
[17] 杨学林．基坑工程设计、施工和监测中应关注的若干问题 [J]．岩石力学与工程学报，2012，31（11）：2327-2333.
[18] 杨学林，周平槐．“逆作法”基坑竖向支承系统设计计算研究．建筑结构，2012，42（8）.
[19] 邱仓虎，詹永勤，等．北京市音乐堂改扩建工程的结构设计 [J]．建筑科学，1999，15（6）：28-32.
[20] 北京城建第七建设工程有限公司．整体基础托换与地下加层施工工法（YJGF 09-2000）[J]．施工技术，2002，31（5）：45-46.
[21] 文颖文，胡明亮，韩顺有，等．既有建筑地下室增设中锚杆静压桩技术应用研究 [J]．岩土工程学报，2013，35（S2）：224-229.
[22] 贾强，张鑫，夏风敏，等．济南商埠区历史建筑地下增层工程设计与施工 [J]．山东建筑大学学报，2014，29（5）：464-469.
[23] 杨学林，祝文畏，周平槐．某既有高层建筑下方逆作开挖增建地下室设计关键技术 [J]．岩石力学与工程学报，2018，37（S1）：3775-3786.

第2章　逆作基坑支护结构分析计算

2.1　逆作基坑支护结构的受力特点

逆作基坑由于施工次序上的“倒置”，其支护结构布置方式、传力路径、变形机理、出土流线等显著不同于传统顺作基坑。与顺作法相比，逆作法基坑支护结构内力的变形分析主要有如下不同点：

（1）逆作法基坑支护结构中的部分或大部分构件，在永久使用阶段将作为主体结构构件，其承载力、稳定性和变形验算，应分别满足逆作施工阶段和使用阶段的承载力极限状态和正常使用极限状态的计算要求，按不利工况进行包络设计。

（2）逆作基坑水平支撑结构除周边水平荷载外，竖向荷载也较大，特别是界面层需考虑较大的施工荷载，部分构件的截面设计受竖向荷载作用下的截面弯矩和抗裂要求等因素控制，因此其内力变形需按水平和竖向荷载共同作用下的三维空间结构模型进行计算。

（3）逆作基坑利用地下主体结构楼盖系统作为水平支撑结构，由梁和板共同作用，对于水平荷载来说，板的作用更为主要，同时水平支撑结构大多存在开大洞、楼面高差或错层等情况，使逆作基坑水平支撑结构受力更为复杂。对于超长地下水平结构，混凝土温度和收缩徐变效应影响有时不能忽视。

（4）与顺作施工相比，逆作施工开挖速度慢、水平支撑结构施工时间长，使软土流变效应影响更为显著，导致基坑实际变形远大于计算值，变形控制问题比顺作基坑有时更加突出。如杭州凯悦大酒店逆作施工期间地连墙最大变形达到145mm，武林广场地下商城逆作基坑的地连墙变形达到120mm。为控制周边围护墙变形，经常需要在基坑周边预留土坡、采用盆式分区开挖，或增设斜抛撑后分小块开挖，边挖边施工周边垫层和基础底板。支护结构计算应能反映这一开挖特点。

（5）立柱桩在逆作施工阶段承受竖向荷载非常大，其沉降变形对逆作结构和同步施工的上部结构可能产生不利影响，如某些逆作工程因立柱桩-柱差异沉降（变形）造成局部结构构件变形和开裂。深大基坑开挖卸荷效应可导致立柱桩极限承载力和刚度降低，立柱桩设计计算应考虑开挖卸荷的影响。

（6）对于逆作法基坑工程而言，往往被应用于周边环境复杂、需严格控制变形的深大基坑，周边挡墙变形不容许土体达到经典土压力理论要求的极限平衡状态，土压力作为荷载，与挡墙变形存在耦合效应，土压力计算时需考虑这一因素。

（7）软土地层地下空间逆作施工时，基坑挡墙大多采用地连墙，地连墙成槽诱发的土体变形不可忽视，并对周边环境构成威胁。如杭州地铁武林广场站地连墙成槽施工导致邻近的浙江展览馆下沉约40mm，造成墙体开裂。因此，宜采取措施控制围护挡墙的施工变形。

2.2 周边挡墙-水平支撑结构独立分析法

逆作基坑的支护结构体系，由周边围护挡墙、水平内支撑结构及周围土介质组成，是一个完整的空间受力体系，严格的力学分析应将其作为整体进行计算，并考虑周围土体因开挖卸荷产生超静负孔压的消散及土体固结的影响[1]。但由于问题的复杂性及三维模型土介质参数取值的困难，设计工程计算时常对分析模型作一些简化处理。目前支护结构内力变形的计算方法主要有极限平衡法（国内采用较多的为等值梁法）、竖向弹性地基梁法和平面或空间有限元法。极限平衡法假定围护墙两侧的土压力分别达到主动土压力和被动土压力，不考虑挡墙与土的共同作用，因而难以反映围护墙的真实受力状态；考虑土与结构相互作用的平面或空间有限元法，由于参数准确取值比较困难，目前一般仅作为工程设计的一种补充分析手段；竖向弹性地基梁法力学模型简单实用，并能较好地模拟周边挡墙与土的共同工作，因而容易被工程界接受，现行行业标准和某些省市的地方标准均推荐采用此方法[2-5]。但内支撑的弹簧刚度取值，应考虑内支撑与周边挡墙之间的变形协调问题[6]。

为进一步简化计算，实际工程中一般将周边挡墙-土介质体系和水平内支撑结构体系分开单独计算，即在计算挡墙-土介质体系时，以水平弹性支座模拟水平内支撑结构的作用；在计算水平内支撑结构时，其水平外荷载以挡墙-土介质体系模型计算得到的支座弹簧反力为基础。

2.2.1 平面弹性地基梁法

1. 分析模型与计算过程

基坑工程实际施工时，土方开挖一般是分层进行的，水平支撑也是分阶段设置的，即每道水平支撑的设置是在挡墙产生一定的变形（初变形 δ_{i0}）之后进行的，因此还必须考虑分步开挖、逐道支撑等动态施工因素的影响[7]。

如对于一个设置两道水平支撑的基坑支护结构，土方开挖一般分以下三步（三种工况）进行（图 2.2.1）：

工况 1：开挖至第一道支撑处，挡墙处于悬臂状态，在开挖面处产生侧向位移 δ_{10}；

工况 2：设置第一道支撑后开挖至第二道支撑标高，此时围护墙在第一道支撑点的侧向位移为 δ_1，但支撑的实际水平位移不是 δ_1，而是 $\delta_1-\delta_{10}$；

工况 3：设置第二道支撑，开挖至坑底，此时围护墙在第二道支撑点的侧向位移为 δ_2，而第二道支撑的实际水平位移为 $\delta_2-\delta_{20}$。

挡墙-土体系的计算模型如图 2.2.2 所示，并采用如下假定：

（1）土体作为线弹性体，按实际分层情况考虑；

（2）水平支撑的作用以弹性支座模拟，取支撑体系在该作用点的等效刚度；

（3）坑后主动土压力按朗肯理论计算，可根据土体性质采用水土分算或水土合算，考虑到坑内被动区一侧若不考虑土体位移时可以平衡主动侧开挖面以下的部分土压力，主动侧土压力在开挖面以下取矩形分布，其值取为开挖面处的土压力。关于逆作基坑主动土压力的计算，详见本书第 2.5 节的讨论。

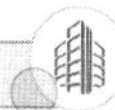

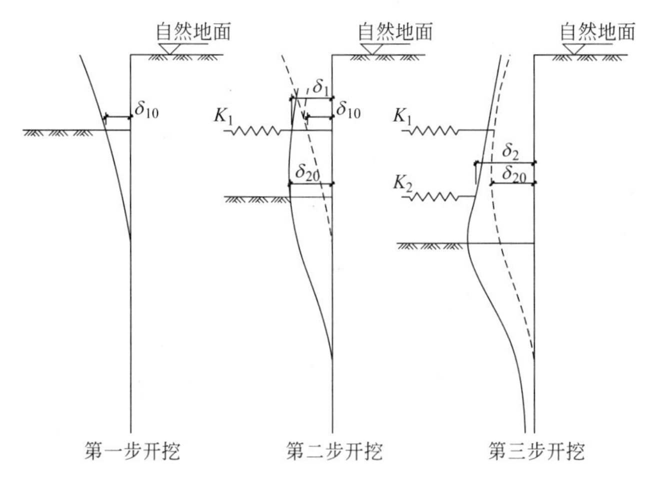

图 2.2.1　基坑实际挖土步骤示意

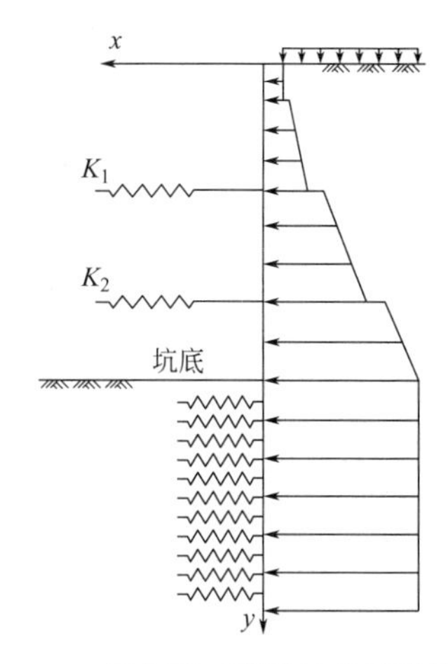

图 2.2.2　竖向平面弹性地基梁计算模型

(4) 坑内开挖面以下的土体抗力以水平弹簧模拟，弹簧刚度根据各层土体性质确定。关于逆作基坑被动区土体弹簧刚度的取值，详见本书第 2.5 节的讨论。

采用杆系有限元法求解，将墙体划分为 N 个单元、$N+1$ 个节点，其中支撑点、开挖面、土层分界点均按节点考虑。开挖面以上墙体为梁单元，以下墙体为弹性地基梁单元。梁单元刚度矩阵为：

$$[K]^{e}=\frac{EI}{L^{3}}\begin{bmatrix}12 & 6L & -12 & 6L\\ 6L & 4L^{2} & -6L & 2L^{2}\\ -12 & -6L & 12 & -6L\\ 6L & 2L^{2} & -6L & 4L^{2}\end{bmatrix}\tag{2.2.1}$$

式中，E 为墙体弹性模量；I 为墙体截面惯性矩；L 为单元长度。

由于墙体单元长度较小，被动侧土弹簧在同一单元内可按均布考虑。为考虑土体支承作用对梁单元的弯曲影响，本书采用文克尔地基上的正交格形梁推导的统一考虑梁刚度和地基竖向支承刚度、转动支承刚度的地基梁单元刚度矩阵[8]，当不考虑梁的扭转时，取弹性地基梁单元的综合刚度矩阵为：

$$[K^{*}]^{e}=\frac{2EI}{L^{3}}\begin{bmatrix}\gamma_1 & L\beta_1 & -\gamma_2 & L\beta_2\\ L\beta_1 & L^{2}\alpha_1 & -L\beta_2 & L^{2}\alpha_2\\ -\gamma_2 & -L\beta_2 & \gamma_1 & -L\beta_1\\ L\beta_2 & L^{2}\alpha_2 & -L\beta_1 & L^{2}\alpha_1\end{bmatrix}\tag{2.2.2}$$

其中：

$$\alpha_1=\frac{\mathrm{ch}\lambda\,\mathrm{sh}\lambda-\cos\lambda\sin\lambda}{\mathrm{sh}^{2}\lambda-\sin^{2}\lambda}\cdot\lambda\tag{2.2.3}$$

$$\alpha_2=\frac{\mathrm{ch}\lambda\sin\lambda-\mathrm{sh}\lambda\cos\lambda}{\mathrm{sh}^{2}\lambda-\sin^{2}\lambda}\cdot\lambda\tag{2.2.4}$$

$$\beta_1=\frac{\mathrm{ch}^{2}\lambda-\cos^{2}\lambda}{\mathrm{sh}^{2}\lambda-\sin^{2}\lambda}\cdot\lambda^{2}\tag{2.2.5}$$

$$\beta_2=\frac{2\mathrm{sh}\lambda\sin\lambda}{\mathrm{sh}^{2}\lambda-\sin^{2}\lambda}\cdot\lambda^{2}\tag{2.2.6}$$

$$\gamma_1=2(\alpha_1\beta_1-\alpha_2\beta_2)\tag{2.2.7}$$

$$\gamma_2 = 2(\alpha_1\beta_2 - \alpha_2\beta_1) \tag{2.2.8}$$

$$\lambda = L \cdot \sqrt[4]{\frac{kB}{4EI}} \tag{2.2.9}$$

式中，B 为墙体计算宽度，通常取 1m，对排桩挡墙取桩的中心距。

单元上的荷载为梯形分布，设起点值 q_1，终点值 q_2，则单元等效节点荷载矩阵为：

$$\{P\}^e = \left[\frac{7q_1+3q_2}{20}L \quad \frac{3q_1+2q_2}{60}L^2 \quad \frac{3q_1+7q_2}{20}L \quad -\frac{2q_1+3q_2}{60}L^2\right]^T \tag{2.2.10}$$

由 $[K]^e$、$[K^*]^e$ 和 $[P]^e$ 可集成弹性地基梁的整体刚度矩阵 $[K]$ 和荷载向量 $[P]$。根据计算假定，支撑以水平弹簧模拟，设围护墙在各道支撑作用点的节点编号依次为 i_1、i_2、…，则支撑的水平集中反力 $[R]^b = \{R_1 \quad R_2 \quad \cdots\}^T$ 为：

$$[R]^b = [K_b]^b(\{U\}^b - \{\delta_0\}^b) \tag{2.2.11}$$

其中：

$$[K_b]^b = \begin{bmatrix} k_{b1} & & & \\ & 0 & & 0 \\ & & k_{b2} & \\ & 0 & & 0 \\ & & & & \ddots \end{bmatrix}$$

$$\{U\}^b = \{v_{i1} \quad \theta_{i1} \quad v_{i2} \quad \theta_{i2} \quad \cdots\}$$

$$\{\delta_0\}^b = \{\delta_{10} \quad 0 \quad \delta_{20} \quad 0 \quad \cdots\}$$

式中，k_{b1}、k_{b2}、…分别为第一道、第二道、……内支撑在计算点的等效刚度，可按式（2.2.18）计算；v_i、θ_i 分别为第 i 节点的水平位移分量和转角分量；δ_{10}、δ_{20}、…分别为第一道、第二道、……内支撑设置前，围护墙在该支撑作用点的初变位（图 2.2.1）。

根据节点平衡条件，可得到围护墙的整体平衡方程：

$$([K]+[K_b])\{U\} - [K_b]\{\delta_0\} = \{P\} \tag{2.2.12}$$

式中，$\{U\}$ 为节点位移向量；$[K_b]$ 和 $\{\delta_0\}$ 分别由 $[K_b]^b$ 和 $\{\delta_0\}^b$ 按阶数 $2(N+1)$ 扩充而成，$\{U\}$ 和 $\{\delta_0\}$ 的表达式为：

$$[U] = \{v_1 \quad \theta_1 \quad v_2 \quad \theta_2 \quad \cdots \quad v_{i1} \quad \theta_{i1} \quad \cdots \quad v_{i2} \quad \theta_{i2} \quad \cdots\}^T_{2N+2} \tag{2.2.13}$$

$$[\delta_0] = \{0 \quad 0 \quad 0 \quad 0 \quad \cdots \quad \delta_{10} \quad 0 \quad \cdots \quad \delta_{20} \quad 0 \quad \cdots\}^T_{2N+2} \tag{2.2.14}$$

$[K_b]$ 中仅与位移分量 v_{i1}、v_{i2}、…对应的主元素为 k_{b1}、k_{b2}、…，其余元素均为零。记：

$$\begin{aligned}\{P_0\} &= [K_b]\{\delta_0\} \\ &= \{0 \quad 0 \quad 0 \quad 0 \quad \cdots \quad k_{b1}\delta_{10} \quad 0 \quad \cdots \quad k_{b2}\delta_{20} \quad 0 \quad \cdots\}^T_{2N+2}\end{aligned} \tag{2.2.15}$$

挡墙平衡方程式（2.2.12）可写成：

$$([K]+[K_b])\{U\} = \{P\} + \{P_0\} \tag{2.2.16}$$

由此式可求解 $\{U\}$，再利用非节点处截面位移、内力与节点位移 $\{U\}$ 的关系，可进一步计算任意截面处的位移和内力。

2. 挡墙与水平支撑结构之间的变形协调问题

根据图 2.2.1 的分析，支撑体系周边的水平位移与围护墙的侧向变形应满足以下的变形协调关系：

$$\delta_{bi} = \delta_i - \delta_{i0} \tag{2.2.17}$$

式中，δ_{bi} 为第 i 道支撑的周边水平位移；δ_i 为围护墙在第 i 道支撑点的侧向变形；δ_{i0} 为围护墙在第 i 道支撑点的初变位（图 2.2.1）。

由于支撑和围护墙单独分析，计算变形能否协调，即能否满足式（2.2.17），完全取决于支撑点的弹簧刚度的取值是否正确。根据竖向围护挡墙分析中的假定 2，支撑点等效刚度的物理定义应为：为使水平内支撑的周边某点产生法向的单位水平位移，需施加在该点的水平作用力。

直接利用内支撑体系作为平面框架的计算结果，可得到沿基坑周边不同截面点的支撑刚度。为此可令内支撑周边水平线荷载 $q=1$，得到周边不同截面点的水平位移 δ_{bi}，其倒数即为该截面点的支撑等效刚度，即

$$k_{bi} = 1/\delta_{bi} \tag{2.2.18}$$

有了计算截面点的支撑等效刚度 k_{bi}，即可按式（2.2.16）求解该计算点围护墙的内力和变形。

当周边水平线荷载不平衡时（如坑内挖土面有高差的情况），应考虑刚体位移对支撑刚度计算的影响，可先按规程给出的材料力学公式[1-4] 近似计算支撑刚度，对挖土面标高不同的围护墙分别计算，并求得不同计算点的支撑弹簧反力，并作为内支撑结构的水平外荷载计算支撑体系的水平位移，某计算点的水平外荷载与计算位移的比值即可作为该计算点的支撑等效刚度。

3. 计算实例

上海某基坑开挖深度 11.6m，采用带撑支护结构，围护墙为一排 ϕ1100 大直径钻孔灌注桩，二排 ϕ700 水泥搅拌桩作止水帷幕，坑内设两道钢筋混凝土支撑，上道撑中心标高 −3.500m（假设地面标高为±0.000），下道撑中心标高 −8.000m。土方开挖分三步进行，相应地，开挖阶段的围护墙计算分以下三种工况：工况 1 为挖土至 −3.500m 标高，围护墙处于悬臂状态；工况 2 为在第一道支撑作用下挖土至 −8.000m 标高；工况 3 为在第二道支撑作用下挖土至基底 −11.600m 标高。图 2.2.3 和图 2.2.4 为围护墙在工况 3 时的计算弯矩和变形图，其中图 2.2.3 为按本书方法考虑分步开挖影响的计算结果，计算时利用了工况 1 和工况 2 求得的 δ_{10} 和 δ_{20}，图 2.2.4 为不考虑分步开挖影响的计算结果，二者采用的计算参数完全相同。工况 3 的计算结果与实测结果详细列于表 2.2.1。计算结果对比分析表明，若不考虑分步开挖的影响，两道支撑的计算轴力严重失真，第二道支撑计算轴力远远大于实测轴力，而墙身计算变形远小于实测变形；按本书方法考虑分步开挖影响后，可大大改善计算结果，支撑计算轴力和墙体计算变形与实测较为接近。

计算结果与实测结果比较 **表 2.2.1**

计算模式	工况 3				实测结果（挖土至基底时）		
	F_1 (kN/m)	F_2 (kN/m)	M_{max} (kN·m/m)	d_{max} (mm)	F_1 (kN/m)	F_2 (kN/m)	d_{max} (mm)
不考虑分步开挖影响	37.51	850.03	829.26	12.94	280.0～350.0	360.0～450.0	26.70
考虑分步开挖影响	265.22	400.26	1035.8	24.28			

注：实测 F_1、F_2 分别为第一道支撑测点 1-1 号和第二道测点 2-1 号的观测轴力除以支撑间距后的均布支撑反力，实测 d_{max} 为测斜孔 B1 在 6 月 27 日观测的最大侧移，B1 孔位于基坑北侧的中部。

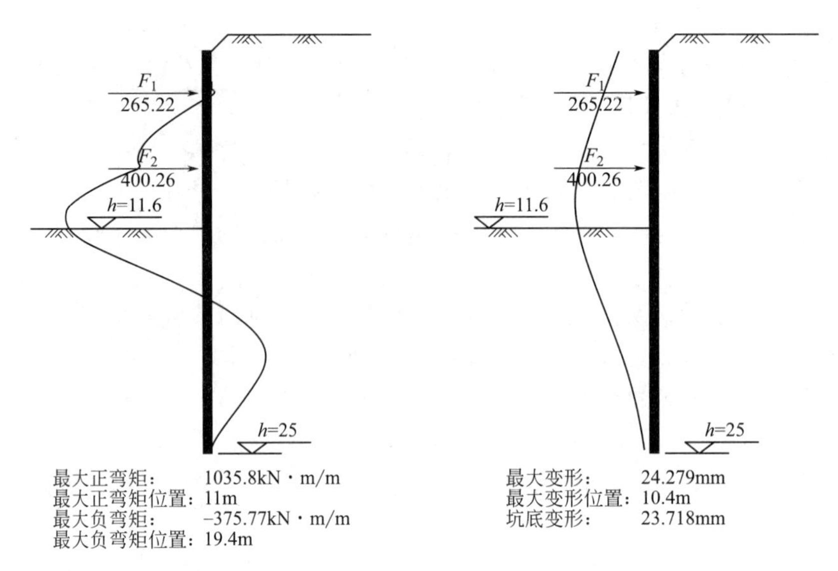

图 2.2.3　周边挡墙在工况 3 时的计算弯矩和变形图（考虑分步开挖）

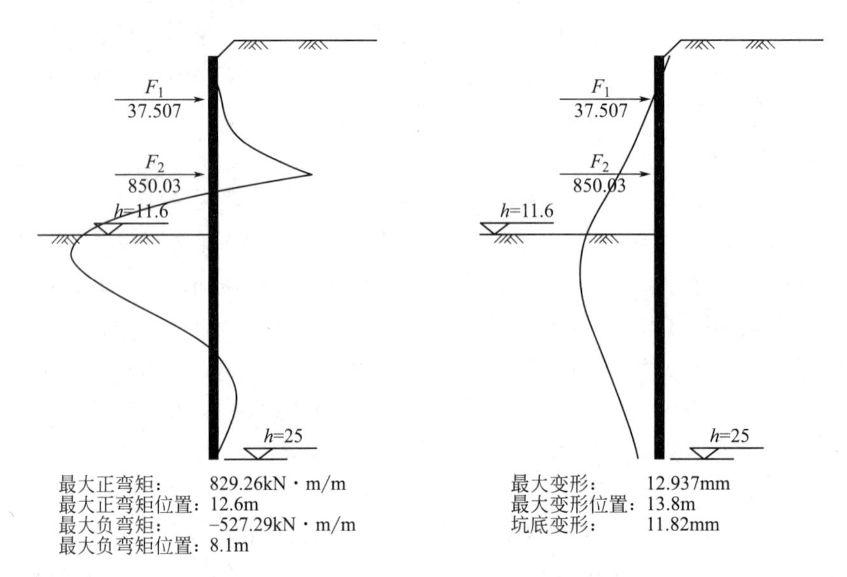

图 2.2.4　周边挡墙在工况 3 时的计算弯矩和变形图（不考虑分步开挖）

4. 全量法和增量法

在深基坑支护工程中，不同开挖阶段，基坑挡墙、水平支撑结构和土体所形成的结构体系不断变化，土压力也随着开挖的进行而不断变化，如何能确切模拟分步开挖过程的受力状况和变形特点，并考虑各个施工阶段之间受力的连续性，其基本方法有增量法和全量法两种。

所谓全量法，就是在施工的各个阶段，外力是实际作用在围护结构上的有效土压力、水压力和其他荷载，在水平支撑处，应考虑设置支撑前该点墙体已产生的位移，如图 2.2.1 中的 δ_{10} 和 δ_{20}，分别为第一道和第二道水平支撑设置的初位移。式（2.2.16）即为全量法计算，由此就可直接求得当前施工阶段完成后围护结构的实际位移和内力。全量法

也需要根据每步开挖工况，分工况进行计算，得到前一开挖工况下的挡墙在下一道支撑设置点的初位移，才能进行下一开挖工况的计算。

所谓增量法计算，就是在施工的各个阶段，对该阶段形成的结构体系施加相应的荷载增量，该增量荷载对该体系内各构件产生的内力与结构在以前各阶段中产生的内力叠加，作为构件在该施工阶段的内力，这样就能基本上真实地模拟基坑开挖的全过程。因此，在增量法中，外力是相对于前一个施工阶段完成后的荷载增量，所求得的围护结构的位移和内力也是相对于前一个施工阶段完成后的增量，当墙体刚度不发生变化时，与前一个施工阶段完成后已产生的位移和内力叠加，可得到当前施工阶段完成后体系的实际位移和内力。

2.2.2 平面有限单元法

前面所述的平面弹性地基梁法，是将土与结构的共同工作问题简化为结构计算问题，即将土的作用简化为荷载和土弹簧作用于支护结构。该简化模型能较好解决支护结构内力和变形计算问题，但无法求解土体的变形。当基坑周边存在既有建（构）筑物、地下市政管线和地铁隧道等设施时，弹性地基梁法无法定量评估基坑开挖卸荷引起土体变形及对周边环境产生的影响。

数值分析方法不但可以求解基坑支护结构的内力和变形，还可计算得到不同位置的土的应力和变形，根据坑后土体水平和竖向变形（沉降），定量评估基坑开挖对周边环境产生的影响程度。

平面有限元法跟平面弹性地基梁类似，也是将周边挡墙-土介质体系和水平内支撑结构分开单独计算，即在建立平面有限元模型时，水平内支撑结构采用水平弹簧单元来模拟；在计算水平内支撑结构时，将平面有限元模型得到的支承弹簧反力作为水平支撑结构体系的外荷载。

基坑工程平面有限元法应选择具有平面特征的剖面进行分析，如对于长条形基坑或边长尺寸较大的方形基坑，一般可选择基坑中部位置作为计算剖面。平面有限元模型应包含节点、单元、边界条件。节点决定模型的位置，单元决定形状和材料特性，边界条件决定连接状态。

平面有限元模型的单元类型包括平面应变单元、板单元、梁单元、杆单元和接触面单元等。地下连续墙或排桩墙可采用板单元或梁单元模拟；土体可采用平面应变单元模拟；水平支撑结构采用弹簧单元模拟，弹簧刚度取值同弹性地基梁法，按式（2.2.18）计算；土体与支护挡墙属于两种性能差异较大的不同材料，且地连墙或排桩表面残留泥皮使接触截面抗剪强度降低[9]，土单元与挡墙界面应设置接触面单元，模拟两者截面之间的剪切滑动。

对于基坑开挖问题，如图2.2.5所示的平面有限元模型中，支护结构受力后主要表现为弹性变形，因此可选用弹性模型进行模拟；地铁盾构隧道变形要求非常严格，盾构隧道在侧方基坑开挖过程中的变形处于弹性阶段，故隧道管片一般也采用弹性模型，考虑到管片拼装等因素，对其弹性模量宜进行一定的折减。由于在模型中基坑为全断面，故内支撑和结构楼板可采用点对点的弹性杆单元模拟，地下连续墙和隧道衬砌采用板单元模拟。土体材料应选择能反映开挖特点的本构模型，如采用小应变土体硬化模型（HSS模型）等。

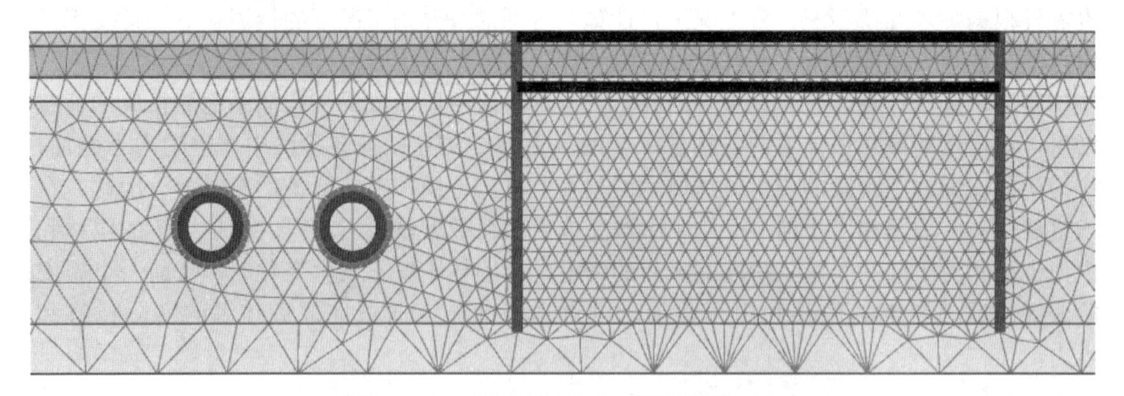

图 2.2.5　基坑开挖平面有限元模型示例

基坑模型的计算范围不宜太小，避免影响计算结果的精度，但也不宜过大。基坑模型边界包括下边界和侧边界，下边界可根据底部土层性质确定，当存在岩层或坚硬土层时，便可作为计算模型的下边界，下边界施加竖向约束；侧边界宜设置在 2～3 倍计算开挖深度以外，侧边界上需施加水平向约束。初始地应力可按照自重应力的计算公式得到各点的应力状态，作为有限元模型的初始应力场。当基坑周边存在既有建（构）筑物时，尚应考虑既有建（构）筑物的存在对初始地应力场的影响。

平面有限元法可得到支护结构的内力和变形、土体变形、周边环境如地下隧道的应力和变形等计算结果，图 2.2.6 为某基坑开挖的平面有限元分析计算得到的变形云图，可定量评价基坑开挖对邻近地下隧道的影响程度。

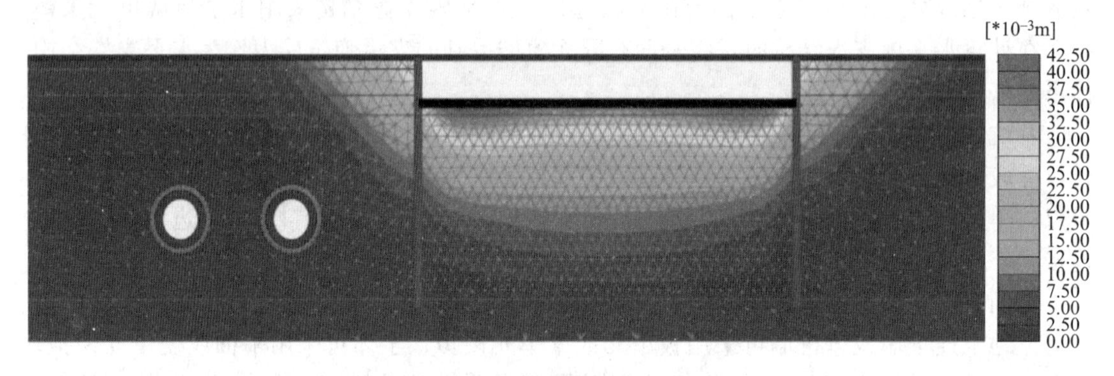

图 2.2.6　基坑开挖平面有限元分析得到的变形云图

基坑工程问题的求解，由于岩土材料特性、地下水及地形等因素的不确定性，因而其分析结论受输入条件的影响较大。因为岩土的构成十分复杂，要完全真实模拟岩土材料的刚度特性是非常困难的，在明确分析目的的情况下，对分析模型作适当简化是必要的。另外，使用有限元法分析岩土工程问题时，应对有限元理论和分析方法具有一定程度的了解，这样才能在建立岩土问题模型时做到合理简化。

数值分析中的关键问题之一是采用合适的土的本构模型和参数。目前已有很多岩土软件进入了工程应用，如对岩土本构模型的适用性及其参数缺乏了解，盲目使用可能导致分析结果严重偏离实际并误导设计。数值分析中本构模型的选择，既要避免采用过于简化的模型，从而不能真实反映问题的主要特点；又要避免采用太复杂的模型，以致需要确定过多的参数，从而给实际应用带来更大难度。当基坑支护体系空间效应明显或需要更全面的计算结果时，可考虑采用三维有限元法进行分析。有关基坑开挖问题的有限元求解，可参见本书第2.4节土-结构共同工作的有限单元法。

2.2.3 逆作基坑水平支撑结构的分析方法

1. 逆作基坑水平支撑结构的受力特点

逆作法基坑水平支撑结构除须承受基坑四周的水平力作用外，还要考虑各层的施工荷载，特别是逆作界面层，还要满足材料运输堆放、出土、重型车辆行车等施工荷载的要求；对于超长结构，宜考虑混凝土收缩及温差所产生的附加应力的影响。因此，在逆作施工的各工况阶段，地下室各楼层板处在一个非常复杂的受力阶段。与顺作基坑水平内支撑相比，逆作基坑水平支撑结构具有以下显著不同点：

(1) 顺作基坑水平内支撑以承受周边围护墙传来的水平荷载为主，竖向荷载一般较小，其内力变形通常采用周边均布水平荷载作用下的平面框架模型进行计算；而逆作基坑水平支撑结构除周边水平荷载外，竖向荷载也较大，特别是界面层需考虑较大的施工荷载作用，部分构件的截面设计受竖向荷载作用下的截面弯矩和抗裂要求等因素控制，因此其内力变形须按水平和竖向荷载共同作用下的三维空间结构模型进行计算。

(2) 顺作基坑水平内支撑结构为临时构件，仅需满足施工阶段的受力变形要求即可；而逆作基坑水平支撑结构多与地下室水平楼盖结构相结合，除需满足施工阶段的受力变形要求外，尚需满足作为永久结构构件的截面承载力、变形、抗裂、防水、耐久性等要求。

(3) 利用地下室结构楼板作水平支撑结构，支撑体系面内刚度大，对控制基坑变形十分有利；但反过来水平支撑结构的混凝土徐变、收缩和温差效应显著增加，特别是对于超长水平支撑结构，必要时宜考虑混凝土收缩、徐变和温度效应的影响。

2. 逆作基坑水平支撑结构分析方法

水平支撑结构应按施工工况和使用工况分别进行计算。施工工况下，计算模型应包括先期地下水平结构和临时支撑构件；正常使用工况下，计算模型应包括先期地下水平结构和后期施工地下水平结构，同时去掉临时支撑构件。

关于水平支撑结构的荷载和作用、计算分析要求、效应组合和构件截面计算等，详见本书第4章第4.2节的相关内容。这里主要阐述水平支撑结构内力变形计算的分析方法。

(1) 分析模型

水平支撑结构分析模型可分为单层模型和多层整体模型。单层模型是将地下每层水平支撑结构独立出来进行单独分析（图2.2.7），多层整体模型是将地下各层水平支撑结构和竖向立柱作为整体模型进行分析（图2.2.8）。

当地下结构层数少、竖向立柱刚度相对较大时，可不考虑竖向立柱变形对水平结构受力的影响，此时可采用单层模型进行分析，每根立柱处设置竖向约束；当地下结构层数多、荷载大或上下结构同步施工时，立柱竖向变形对水平结构受力会产生较大影响，此时应采用多层整体模型加以分析，竖向立柱底部可假设为铰接支座。

作用于水平支撑结构上的荷载主要包括周边水平荷载和竖向荷载，水平荷载为通过挡墙传来的水土压力，根据平面弹性地基梁法或平面有限元法计算得到的支撑弹簧反力确

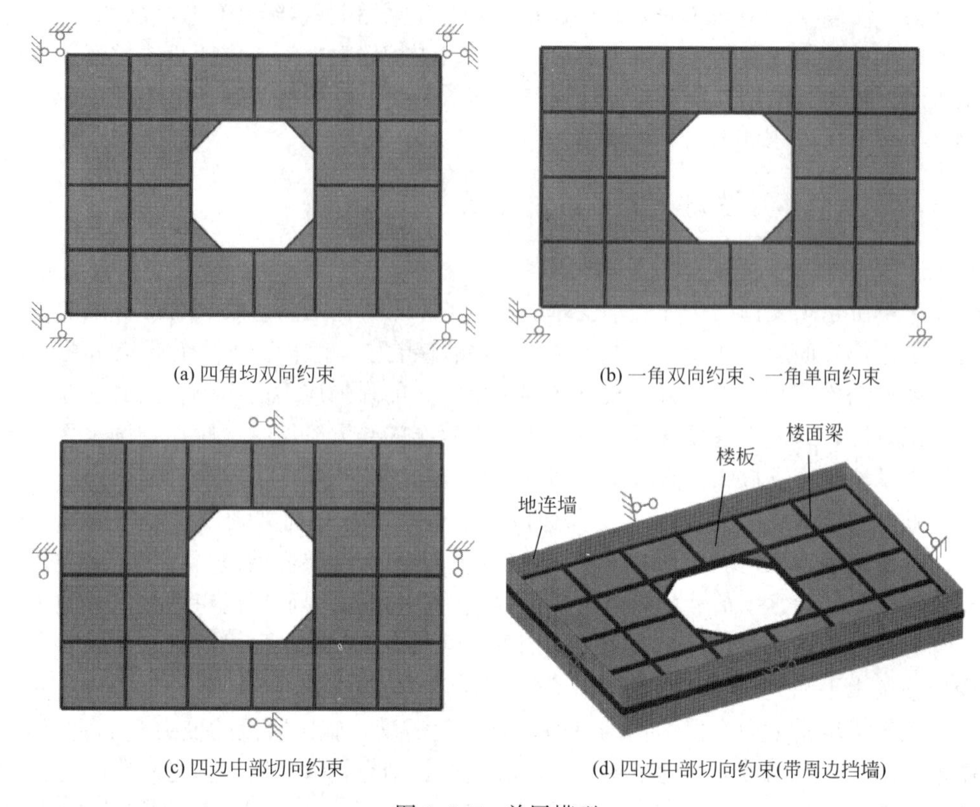

(a) 四角均双向约束　(b) 一角双向约束、一角单向约束

(c) 四边中部切向约束　(d) 四边中部切向约束(带周边挡墙)

图 2.2.7　单层模型

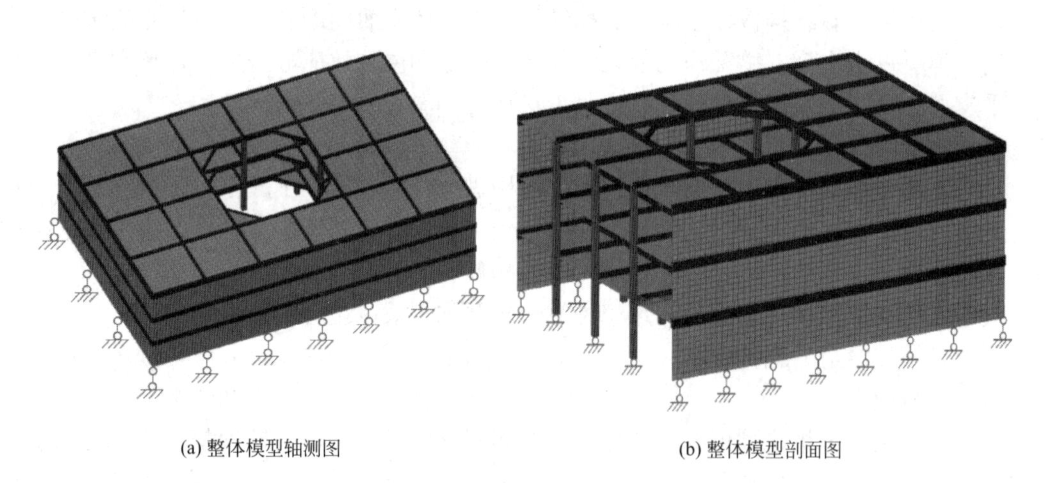

(a) 整体模型轴测图　(b) 整体模型剖面图

图 2.2.8　多层整体模型

定；竖向荷载包括水平结构自重、施工荷载等，必要时还需考虑温度收缩效应的影响。

分析模型应能反映水平支撑结构在竖向和水平荷载作用下的真实受力状态，水平结构梁可采用梁单元来模拟，楼板可采用板单元或平面应力单元模拟，无梁楼盖的柱帽可采用厚板单元或壳单元模拟。分析模型应考虑各种施工洞口的影响，当水平支撑结构存在较大高差或形成错层时，结构模型应能反映楼板高差和错层的受力特点，不应合并成一个平面层进行分析。

（2）边界处理

由于同一基坑不同部位开挖深度可能不同，或实际施工采取不同步、不对称开挖，作用于水平支撑结构上的周边水平荷载有时不一定完全对称，会引起水平结构整体“漂移”，即产生刚体位移，因此，需要在模型中设置一定的水平约束，避免产生水平刚体位移。水平约束应设置在无位移或预计计算位移很小的位置，如基坑的四个角部或对称平面中部的切向方向。水平约束设置数量通常为不交于一点的 3 个约束即可满足静定要求，不宜设置过多的约束，约束设置不当可能造成计算结果的不合理。

如图 2.2.7（a）所示，四角均设置了双向水平约束，水平结构在水土压力作用下的平面内压缩变形受到角部支座的抑制，无法自由变形，造成计算结果明显不合理，水平楼板平面内出现了大面积拉应力（图 2.2.9a），显然与实际不符。如采用两个角点约束，一端双向约束、另一端单向约束（图 2.2.7b）或四边中部设置切向约束（图 2.2.7c），则计算结果比较合理，楼板面内均为受压，无拉应力出现，且应力计算结果比较接近，见图 2.2.9（b）和图 2.2.9（c）。

实际上，水平支撑结构在水土压力作用下，产生平面内压缩变形的过程中会受到周边挡墙（特别是地下连续墙）的切向方向上的约束作用。为考虑这种切向约束影响，可将挡墙参与模型计算，如图 2.2.7（d）所示，挡墙高度取本层结构面标高以上和以下各 1/2 的层高，计算挡墙平面内刚度时按实际厚度取值，计算平面外刚度时挡墙厚度取零，即不考虑挡墙平面外的抗弯和剪切刚度。该模型计算得到的楼板平面内应力计算结果如图 2.2.9（d）所示，结果表明，由于挡墙在切向方向的约束作用，楼板平面内压应力明显减小，显著小于单层模型图 2.2.9（b）和（c）的应力结果，该结果应该更符合真实情况。

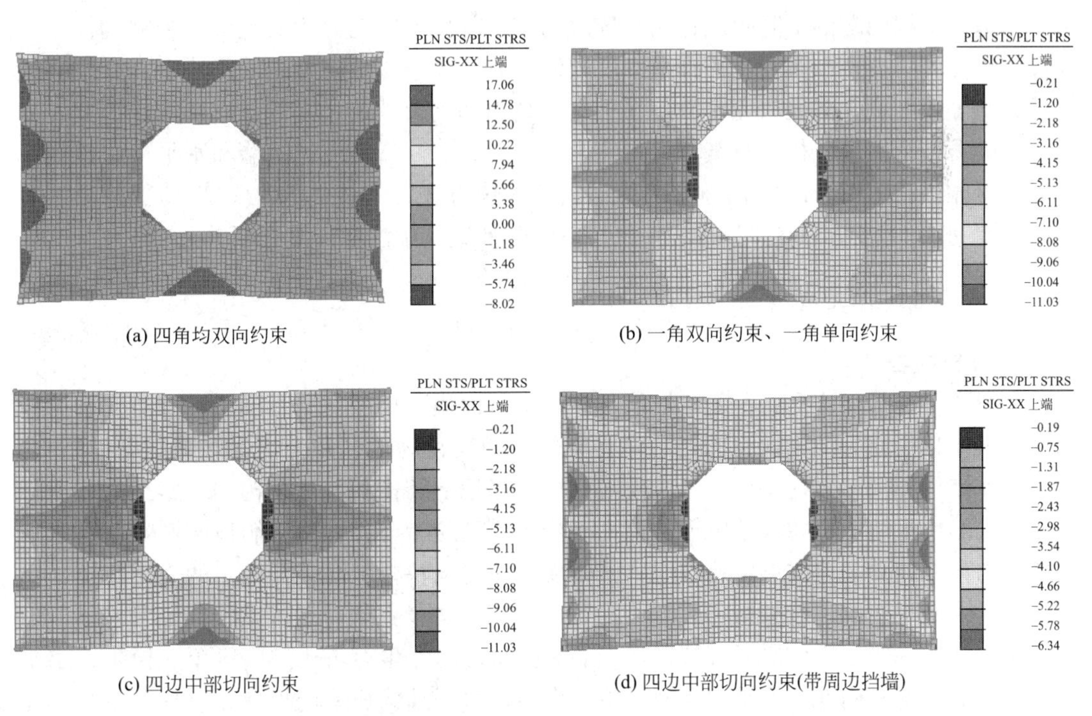

图 2.2.9　单层模型楼板面内应力计算结果（正表示拉、负表示压）

对于多层整体模型，竖向立柱底部可设置铰接支座，周边挡墙的底部可设置竖向约束（两个水平方向自由），各层水平支撑结构也应设置相应的约束，宜采用在各层水平结构中部切向约束设置单向约束。周边挡墙仅考虑面内刚度作用，不考虑面外刚度，即面内板厚取实际厚度，面外板厚取零。

（3）立柱桩不均匀沉降影响

上下结构同步施工时，立柱和立柱桩承担的竖向荷载比较大，立柱桩之间的差异沉降会在地下和地上水平结构中产生附加内力，严重时可能导致水平梁板结构开裂。为考虑立柱桩不均匀沉降的影响，可先计算立柱桩在地下结构和地上结构荷载作用下的沉降，然后将立柱桩的沉降作为立柱底部的强制位移，按地下和地上结构整体模型分析强制位移产生的附加内力。关于立柱桩的沉降计算，可参见本书第3章第3.3节的介绍。

2.3 周边挡墙-水平支撑结构整体分析法

平面弹性地基梁法和平面有限元法都属于挡墙-水平支撑结构独立分析法，都是将周边挡墙-土介质体系和水平内支撑结构体系分开单独计算，即在计算挡墙-土介质体系时，以水平弹性支座模拟水平内支撑结构的作用；在计算水平内支撑结构时，以挡墙-土介质体系模型计算得到的支座弹簧反力作为其水平外荷载。

独立分析法使基坑支护问题计算得到了简化，并能获得较合理的计算结果，是目前普遍采用的计算方法，其中的平面弹性地基梁法也是现行行业标准《建筑基坑支护技术规程》JGJ 120-2012和很多地方标准推荐的计算方法。但独立分析法也存在一些问题：（1）无法考虑基坑工程问题的空间效应；（2）选取的支护剖面不能充分代表基坑支护结构体系不同部位的受力特点；（3）内支撑弹簧刚度取值具有较大经验性，即使采用式（2.2.18）计算得到的等效刚度，也无法完全满足水平支撑结构和周边挡墙之间的变形协调。因此，如要更准确、更全面地分析计算基坑支护体系的受力状态，需将支护挡墙和水平支撑结构体系作为整体进行分析，即挡墙-水平支撑结构整体分析法。

挡墙-水平支撑结构整体分析法，包括空间弹性地基梁法和三维有限单元法。

2.3.1 空间弹性地基梁法

1. 分析模型

空间弹性地基梁法是将平面弹性地基梁法由平面模型拓展到空间模型，土与支护结构的共同工作仍简化为结构计算问题，即将土的作用简化为荷载和土弹簧作用于支护结构；水平支撑结构和竖向立柱均参与整体模型计算，当地上结构和地下结构同步施工时，逆作阶段施工的地上结构也并入整体模型计算。分析模型应考虑各种施工洞口的影响，当水平支撑结构存在较大高差或形成错层时，结构模型应能反映楼板高差和错层的受力特点，不应合并成一个平面层进行分析。

基坑挡墙一般采用板单元模拟，当挡墙为排桩墙时，也可采用空间梁单元模拟；水平结构梁和临时支撑构件，可采用空间梁单元模拟，水平结构板采用板单元或平面应力单元模拟；竖向立柱采用梁单元模拟。周边挡墙面内和面外刚度均按实际厚度计算。竖向立柱底部可设置铰支座，周边挡墙底部可设置竖向约束（两个水平方向自由），挡墙内侧开挖面以下为土弹簧。如图 2.3.1 所示。坑内开挖面以下的土体抗力以水平弹簧模拟，弹簧刚度根据各层土体性质确定，详见本书第 2.5 节的讨论。

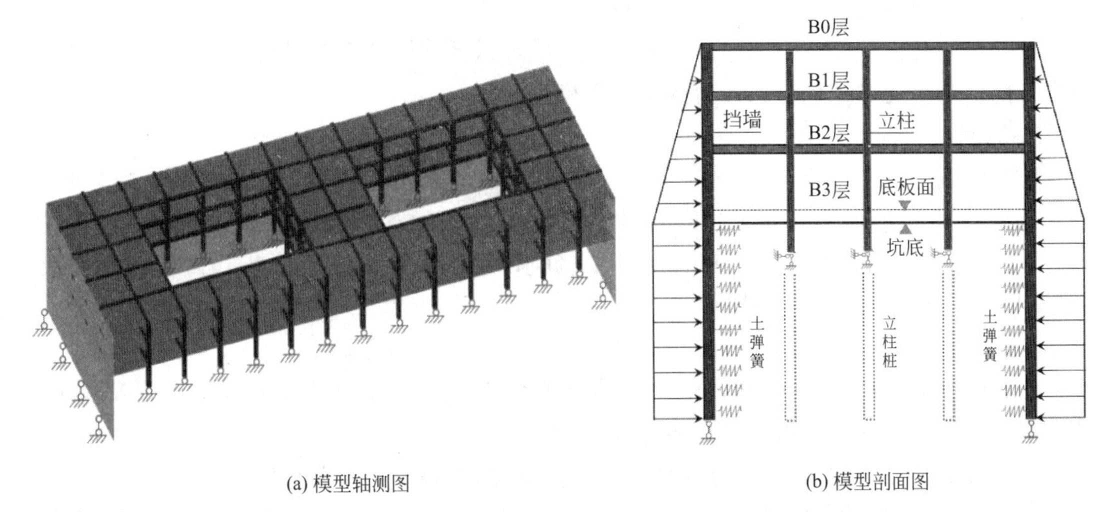

(a) 模型轴测图　　(b) 模型剖面图

图 2.3.1　空间弹性地基梁法计算模型

作用于支护结构上的荷载包括周边水平荷载和竖向荷载，水平荷载为作用在挡墙外侧的水土压力，逆作基坑主动土压力的计算详见本书第 2.5 节的讨论；竖向荷载包括水平支撑结构自重和施工荷载等；对超长水平结构宜考虑温度收缩效应的影响。上下结构同步施工时，如需考虑立柱桩不均匀沉降的影响，可先计算立柱桩在地下结构和地上结构荷载作用下的沉降，然后将立柱桩的沉降作为立柱底部的强制位移，按地下和地上结构整体模型分析强制位移产生的附加内力。

2. 分步开挖分析

不同开挖阶段，挡墙、水平支撑结构和土体所形成的结构体系是不断变化的，土压力和作用在挡墙上的土弹簧也是随着开挖的进行而不断变化的，因此，空间弹性地基梁法也须考虑分步开挖、水平支撑结构分层设置的实际情况。对于空间结构问题，比较合适的方法是增量法，即针对某一开挖工况，对该工况下形成的支护结构体系施加相应的荷载增量，该增量荷载作用下产生的内力和变形，与前一工况产生的内力和变形进行叠加，作为该工况下的支护结构内力和变形，从而实现对基坑开挖全过程的力学模型。

为进一步阐述采用增量法模拟基坑开挖的过程，假设地下室层数为 n 层，地下室顶板层（B0 层）为逆作施工的界面层。具体模型分析过程如下：

（1）进行第一次开挖，开挖至 B0 层短排支模架垫层面标高，施加挡墙外侧水土压力，设置开挖面以下土弹簧单元，计算该开挖工况下的支护结构内力和变形。

（2）施工 B0 层水平结构，由于坑内开挖面标高不变，挡墙外侧水土压力荷载，即荷载增量为零，土弹簧设置也保持不变。若水平支撑结构为轴力伺服混凝土支撑体系（见本书第 4.4 节），则应计算预加轴力作用下支护结构的内力和变形。

（3）进行第二次开挖，开挖至 B1 层短排支模架垫层面标高，施加作用于挡墙外侧的水土压力增量，重新设置坑内开挖面以下的土弹簧单元，计算本开挖工况下的支护结构内力和变形。若水平结构采用无排支模或垂吊支模施工，此时无“超挖高度”，开挖标高为水平结构底加上模板高度。

（4）立模施工 B1 层水平结构，重复上述（2）～（3），直至开挖至坑底标高，计算得到最后开挖工况下支护结构的内力和变形。

对于专业分析软件，可通过“生死单元”或“激活和钝化”等功能，实现对基坑土方分步开挖、水平支撑结构分层设置的全过程模拟。

3. 算例

某 3 层地下室，层高均为 5m，底板厚度 1.2m，基坑开挖深度 16.3m，基坑挡墙采用地下连续墙（二墙合一）。地下结构采用逆作施工，水平结构采用短排架支模施工，每层水平结构施工的超挖高度为 1.8m。采用空间弹性地基梁法进行分析，计算模型如图 2.3.1 所示。施工和模拟过程如下：

（1）施工地下连续墙、立柱桩和立柱；

（2）开挖至－1.800m 标高，施加挡墙外侧水土压力，设置开挖面以下土弹簧单元，计算第 1 次开挖后支护结构的内力和变形。

（3）施工顶板结构。坑内开挖面标高不变，挡墙外侧水土压力荷载增量为零。

（4）顶板结构养护并达到设计强度后，开挖第一层土方至－6.800m 标高，施加作用于挡墙外侧的水土压力增量，重新设置坑内开挖面以下的土弹簧单元，计算本工况下的支护结构内力和变形。

（5）施工 B1 层水平结构，坑内开挖面标高不变，挡墙外侧水土压力荷载增量为零。

（6）B1 层结构养护并达到设计强度后，开挖第二层土方至－11.800m 标高，施加作用于挡墙外侧的水土压力增量，重新设置坑内开挖面以下的土弹簧单元，计算本工况下的支护结构内力和变形。

（7）施工 B2 层水平结构，坑内开挖面标高不变，挡墙外侧水土压力荷载增量为零。

（8）B2 层结构养护并达到设计强度后，开挖第三层土方至－16.300m 标高，施加作用于挡墙外侧的水土压力增量，重新设置坑内开挖面以下的土弹簧单元，计算开挖至坑底标高后的支护结构内力和变形。

（9）施工基础底板，本工况坑内开挖面标高不变，挡墙外侧水土压力荷载增量为零。

图 2.3.2 为开挖至－11.800m 标高和开挖至坑底标高时的地下连续墙侧向变形图，图 2.3.3 为不同位置地下连续墙的侧向变形图。重点考察图 2.3.2 所示模型中的 3 个典型

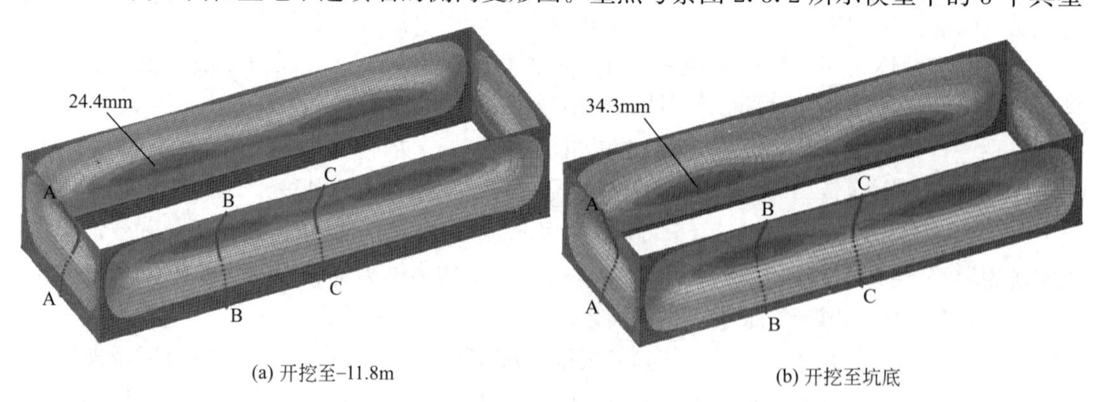

(a) 开挖至-11.8m

(b) 开挖至坑底

图 2.3.2　不同开挖阶段地下连续墙的侧向变形（mm）

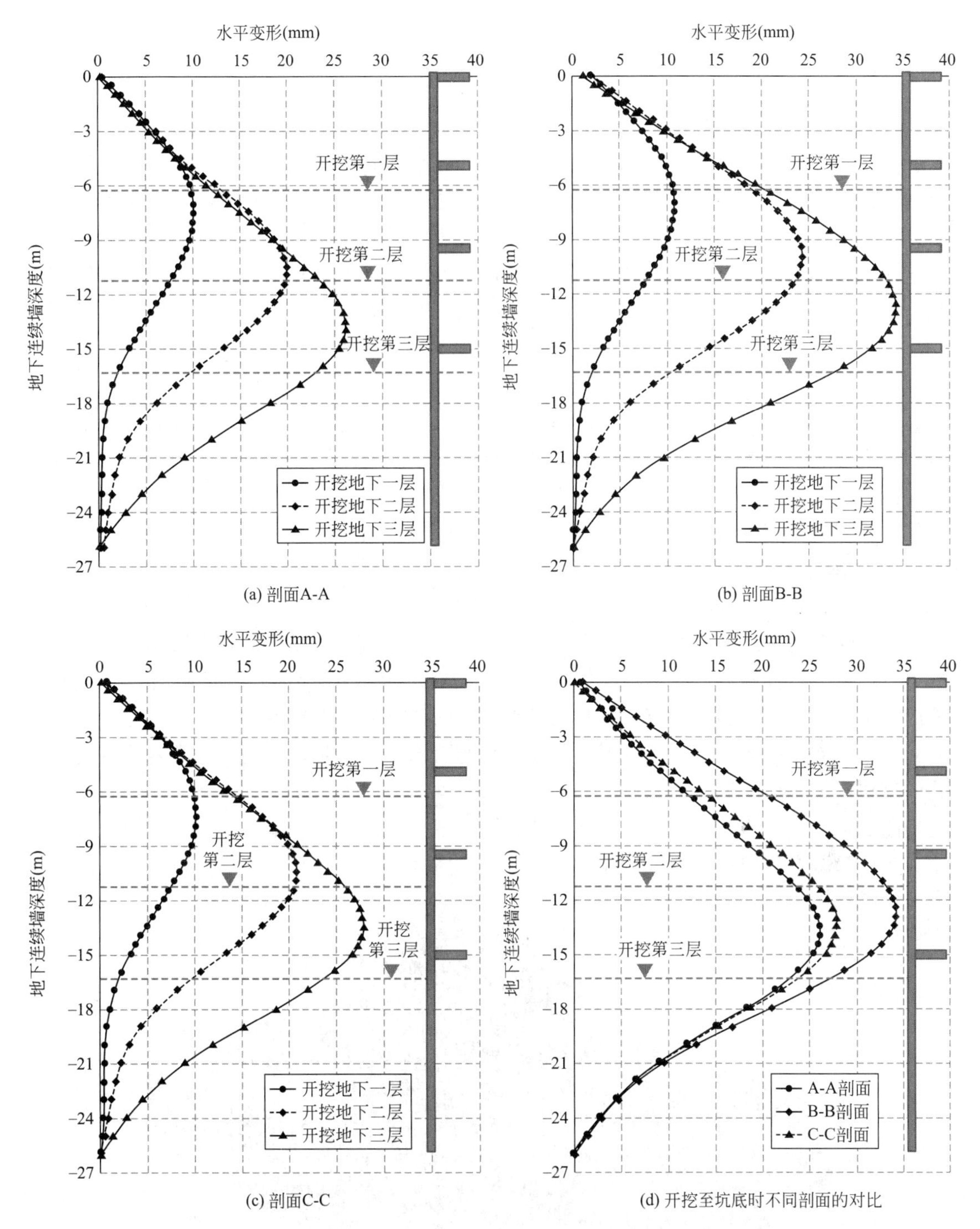

图 2.3.3　不同位置地下连续墙的侧向变形

断面，其中，A-A 断面位于基坑平面的短边，地下连续墙侧向变形最小，说明基坑支护结构空间效应明显；B-B 剖面处于水平结构开口部位，受到水平楼板侧向约束较弱，该部位地下连续墙的侧向变形最大。

2.3.2 三维有限单元法

平面弹性地基梁法和空间弹性地基梁法一样，都是将土与结构的共同工作问题简化为结构计算问题，即将土的作用简化为荷载和土弹簧作用于支护结构。简化模型能较好解决支护结构内力和变形计算问题，但无法求解土体的变形，无法定量评估基坑开挖对周边既有建（构）筑物、道路市政管线、地下隧道等设施的影响。基坑工程有限元分析方法不但可以求解基坑支护结构的内力和变形，还可计算得到不同位置的土的应力和变形，根据坑后土体水平和竖向变形（沉降），定量评估基坑开挖对周边环境产生的影响程度。基坑工程有限元分析方法可分为平面有限元法和三维有限元法。平面有限元法已在前面进行过阐述。

三维有限元分析时应力和应变均包含全部 6 个分量，土体应采用实体单元，如八节点实体单元（六面体单元）、六节点实体单元（三角棱柱单元）；地下连续墙或排桩墙可采用板单元模拟，水平结构梁和立柱可采用空间梁单元，地下结构楼板可采用板单元或平面应力单元模拟；土体与挡墙界面设置接触面单元，如 Goodman 接触面单元，模拟两者截面之间的剪切滑动。

对于基坑开挖问题，支护结构受力后主要表现为弹性变形，因此可选用弹性模型进行模拟；土体材料应选择能反映开挖特点的本构模型，如小应变土体硬化模型（HSS 模型）等。基坑模型的下边界可根据底部土层性质确定，一般可将岩层或坚硬土层作为计算模型的下边界，下边界施加竖向约束；侧边界宜设置在 2～3 倍计算开挖深度以外，侧边界上需施加水平向约束。初始地应力可按照自重应力的计算公式得到各点的应力状态，作为有限元模型的初始应力场。当基坑周边存在既有建（构）筑物时，尚应考虑既有建（构）筑物的存在对初始地应力场的影响。

图 2.3.4 为杭州某 5 层地下室基坑的三维有限元分析模型，基坑开挖深度约 30m，土层分布以深厚淤泥质软土为主，地表 1～2m 为粉质黏土硬壳层，下面为 20～25m 的淤泥

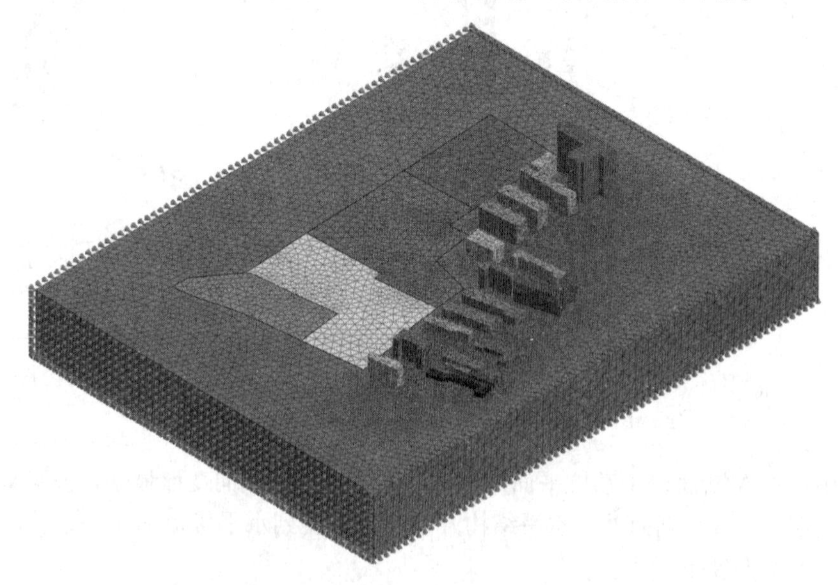

图 2.3.4 基坑三维有限元整体模型

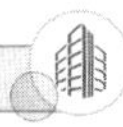

质黏土。地下连续墙、围护桩、水平支撑结构等材料弹性模量大，受力后主要表现为弹性变形，因此选用各向同性的弹性模型进行模拟；内支撑杆件采用空间梁单元模拟，地下连续墙和围护桩均采用板单元模拟；周边建筑物大部分为浅基砖混结构，将 2.8m 层高砖混结构建筑物等效为 3D 实体单元，实体单元重度根据计算等效为 7.2kN/m^3。图 2.3.5 为地下连续墙的侧向变形 U_x（东西向），最大侧向变形为 8.2cm；图 2.3.6 为基坑东侧浅基础建筑的总变形。

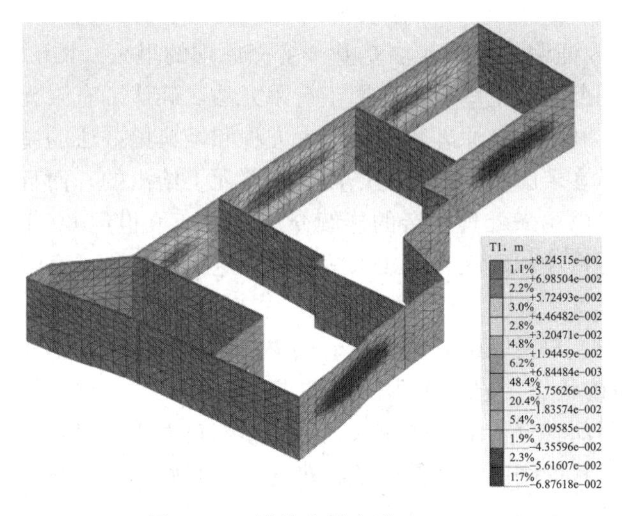

图 2.3.5　挡墙水平变形 U_x（m）

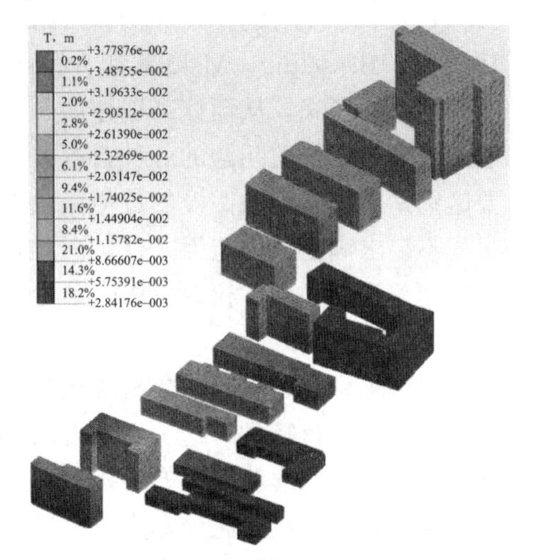

图 2.3.6　基坑东侧周边环境总变形（m）

三维有限元法分析时所采用的基本理论和土的本构模型，与平面有限元分析方法基本相同。数值分析中的关键问题是选择合适的土的本构模型和参数，本构模型过于简化，不能真实反映问题的主要特点，本构模型若太复杂，则需要确定的参数过多，实际应用难度大。有关基坑开挖问题的有限元求解，可参见本书第 2.4 节土-结构共同工作的有限单元法。

2.4　土-结构共同工作的有限单元法

2.4.1　有限元法基本原理和求解时应注意的问题

1. 有限元法基本原理

由于岩土工程问题的复杂性，工程师常采用数值方法来求解。常用的数值方法主要有：(1) 差分法，将问题的常微分方程或偏微分方程化为差分方程，结合初始条件和边界条件，求解线性代数方程；(2) 有限元法，离散求解区域，成为有限数目的单元，对于边界复杂以及材料非线性等，具有较大灵活性；(3) 边界元法，将微分方程转化为边界积分方程，使用类似于有限元法的离散技术来离散边界，离散化所引起的误差仅来源于边界，计算精度相对较高；(4) 变分法，属于泛函极值问题，为差分法和有限元法提供基本公式推导，其自身也是一种古老的数值方法；(5) 加权残值法，引入试函数和权函数，从微分方程直接求解出近似解。

有限元法的基本思想是将连续的求解区域离散为一组有限个、且按一定方式相互连接在一起的单元组合体，用在每个单元内假设的近似函数来分片表示求解域上待求的未知场函数，近似函数通常由未知场函数及其导数在单元各节点的数值插值函数来表示，从而使一个连续的无限自由度问题变成离散的有限自由度问题。

从应用数学角度看，有限元基本思想的提出可追溯到 Courant 在 1943 年的工作，他第一次尝试采用定义在三角形区域上的分片连续函数和最小位能原理相结合，来求解 St. Venant 扭转问题。1960 年 Clough 第一次提出了“有限单元法”这一名称。1963—1964 年，Besseling、Melosh 和 Jones 等人证明了有限元法是基于变分原理的里兹（Ritz）法的另一种形式，从而使得里兹法分析的所有理论基础都适用于有限元法，确认了有限元法是处理连续介质问题的一种普遍方法。利用变分原理建立有限元方程和经典里兹法的主要区别是，有限元法假设的近似函数不是在求解域上给出的，而是在单元上给出的，而且事先不要求满足任何边界条件，因此它可以用来处理复杂的连续介质问题。20 世纪 60 年代后期，开始利用加权余量法来确定单元特性和建立有限元求解方程，进一步扩展了有限元法的应用。

岩土工程问题有限元模型应包含节点、单元、边界条件。节点决定模型的位置，单元决定形状和材料特性，边界条件决定连接状态。岩土工程问题的求解，由于岩土材料特性、地下水及地形等因素的不确定性，因而其分析结论受输入条件的影响较大。因为岩土的构成十分复杂，要完全真实模拟岩土材料的刚度特性是非常困难的，在明确分析目的的情况下，对分析模型作适当简化是必要的。另外，使用有限元法分析岩土工程问题时，应对有限元理论和分析方法具有一定程度的了解，这样才能在建立岩土问题模型时做到合理简化。

2. 常用单元类型

岩土工程问题有限元分析所采用的单元类型一般有实体单元、平面应变单元、板单元、平面应力单元、接触单元、梁单元、桁架单元、只受压和只受拉单元等。

（1）实体单元：是利用四节点、六节点或八节点构成的三维实体单元，用于模拟实体结构（土体）或厚板（如地下连续墙）结构。根据单元边线上是否设中间节点，可分为高阶单元和一般单元。实体单元具有 3 个平动自由度，无旋转自由度。一般来说，八节点单元（六面体单元）和高阶单元的位移和应力结果均比较准确，四节点单元（三角锥单元）和六节点单元（三角棱柱单元）的位移结果比较准确，应力结果精度稍差。实体单元可与板单元、平面单元、梁单元、桁架单元、接触单元等混合使用，但由于实体单元没有旋转自由度，因此与上述具有旋转自由度的单元连接时，应通过增设约束条件（如主从节点功能）或加设刚臂的方法，约束连接节点的旋转自由度。

（2）平面应变单元：分为三角形单元和四边形单元，具有平面内的抗压、抗拉和剪切刚度，以及厚度方向的抗压和抗拉刚度。平面应变单元没有厚度方向的应变项，但具有厚度方向的应力项。对于沿长度方向截面大小及内力变化不大的结构，可采用平面应变单元模拟。从应力计算结果考虑，四边形单元要比三角形单元更好一些，单元形状比宜尽量接近于 1.0。平面应变单元可与梁单元、桁架单元、接触单元等混合使用。

（3）板单元：是由同一平面上的 3、4、6、8 个节点构成的单元，每个节点具有 x、y、z 三个轴线方向的平动自由度和绕 x、y 轴的旋转自由度，可考虑平面内受拉、受压和

剪切，平面外受弯和厚度方向的剪切，故可用于模拟基坑挡墙、水平结构板等。板单元宜尽量使用 4 节点单元，特别是在应力变化较大或需要较为精确结果的部位。使用板单元模拟曲面时，相邻单元之间的夹角宜不超过 10°，对分析精度要求较高的部位，夹角宜控制在 2°～3°范围内。当用于模拟地下连续墙等厚度较厚的平面构件时，应采用基于厚板理论开发的板单元。厚板单元的中和面发生变形时，法线上的节点在变形后仍然在同一直线，但变形的直线不一定垂直于中和面。

（4）平面应力单元：是由同一平面上的 3、4、6、8 个节点构成的三维平面应力单元，只能承受面内方向的荷载，一般用于模拟厚度相等、面外无荷载作用的薄板。该单元无厚度方向的应力，但由于泊松比效应存在厚度方向的应变。平面应变单元可分为三角形单元和四边形单元，具有平面内的抗压、抗拉和剪切刚度，没有旋转自由度，因此与没有旋转自由度的单元连接时容易发生奇异。四边形单元位移和应力结果均较好，三角形单元位移结果较好，但应力结果计算精度相对较低，因此，当需要得到较精确的应力分析结果，除平面形状过渡部位采用三角形单元外，其余部位宜尽量采用四边形单元。

（5）接触单元：Goodman 等人[10] 于 1968 年提出了无厚度的接触面单元，能够较好地反映接触面切线应力和变形，可用于模拟两种不同材料之间或刚度差异较大材料之间可以滑动的接触问题。一般来说，采用等参数单元调节刚度得到适当的数值也可以实现接触单元的效果，但接触单元不必细分单元，可以使用细长的单元。接触单元的正应力和剪应力的本构关系如下：

$$\begin{Bmatrix}\Delta\sigma\\ \Delta\tau\end{Bmatrix}=\begin{bmatrix}k_{\mathrm{n}} & 0\\ 0 & k_{\mathrm{s}}\end{bmatrix}\cdot\begin{Bmatrix}\Delta\varepsilon\\ \Delta\gamma\end{Bmatrix} \tag{2.4.1}$$

式中，k_{n} 为轴向刚度；k_{s} 为剪切刚度。

（6）梁单元：由 2 个节点构成，一般用于模拟长度与截面边长之比较大的构件。梁单元的每个节点具有 6 个自由度，当自由度数不同的单元相互连接时，有时也可以使用梁单元作为连接单元。作用在梁单元上的荷载类型可以是集中荷载、均布线荷载、温度梯度荷载、预应力荷载等。梁单元一般应采用可考虑剪切变形的铁摩辛柯（Timoshenko）梁，当梁的一端为铰接或滑动连接时，可通过释放梁端约束来实现。当梁单元与板单元或平面应力单元连接时，由于这些平面单元无面内旋转自由度，所以梁单元与这些面单元连接时无法传递单元平面内的梁单元弯矩，此时可使用刚臂进行连接，刚臂与梁单元采用刚接，与平面单元的连接位置可释放旋转自由度和轴向位移自由度。

（7）桁架单元：由 2 个节点构成的线单元，只能传递轴向拉力和轴向压力，可用于模拟锚杆、梁端铰接的钢梁或钢支撑。桁架单元没有旋转自由度，故桁架单元之间相互连接时容易发生奇异，模型中应予以避免。

（8）只受拉和只受压单元：由 2 个节点构成的线单元，是桁架单元的特殊形式。只受拉单元只能传递轴向拉力，可用于模拟支承弹簧（如用于代替水平支撑结构的弹簧）或锚杆、锚索等。只受拉单元包括只能承受拉力的杆单元和钩，钩具有一定初始间距，当相对位移超过了初始间距时，单元刚度才开始参与工作。只受压单元只能传递轴向压力，可用于模拟接触面和弹性地基。只受压单元包括只能承受压力的桁架单元和间隙，间隙具有一定的初始间隙，当节点间相对位移超过了初始间隙时，单元刚度才开始参与工作。

3. 基坑开挖问题有限元求解时应注意的几个问题

（1）关于有限元网格划分

选择适当的网格密度能够帮助程序的收敛，网格划分太稀会导致误差较大，划分太密会花费大量时间，计算成本较高。通常下列部位应加密网格划分：

1）几何不连续位置，或者边界不规则位置。

2）材料刚度或特性值变化的位置。对于基坑工程，如支护结构为较刚性的材料，土体为柔性材料，两者接触部位应力变化幅度往往较大，该部位网格划分应加密，离支护结构较远部位网格划分可稀疏一些。

3）荷载变化较大的位置。对于基坑工程，土方开挖属于卸载问题，坑内开挖区域网格密度对计算结果影响较大，划分时应适当加密。

4）可能发生应力集中位置，或需要得到较精细的应力应变计算结果的位置。

（2）关于网格形状

单元形状的良好程度对数值计算的稳定性和收敛性具有重要影响。确定单元形状时应考虑下列因素：

1）单元的尺寸和形状宜尽量一致，相邻单元尺寸差异不要超过1/2。

2）单元的形状比最好为1∶1，不宜超过1∶5。

3）四边形单元角度最好为90°，尽可能在45°～135°之间；三角形单元的角度最好为60°，尽可能在30°～150°之间。

4）在需要单元尺寸变化的位置，尺寸变化应尽量满足对数分布。

（3）关于边界范围

从理论上讲，有限元模型的边界范围越大，计算结果越合理，但同时会显著增加单元数量和计算时长。确定计算模型下边界时，主要应考虑基坑底部的土层性质，当下部存在岩层或坚硬土层时，便可作为计算模型的下边界。下边界可施加竖向约束，也可同时施加竖向和水平面向约束。基坑模型的侧边界确定相对较复杂，需考虑所采用的土的本构模型和分析所关注的重点等，一般情况下，侧边界应设置在2倍计算开挖深度以外。必要时可通过对计算结果的收敛性分析进行确定，即选取不同边界范围的模型分别进行计算，分析比较计算结果的一致性，若计算结果一致性较好，说明选取的边界范围是合适的，否则应继续扩大侧边界范围。基坑工程模型的侧边界可施加水平向约束。

（4）关于初始地应力模拟

地层本身存在着应力场，在基坑开挖以前，地层处于静止平衡状态。这种由于岩体自重和地质构造作用而形成的应力场称为初始应力场。基坑工程是在处于静力平衡状态的应力场中修建的，基坑开挖必然会对初始应力场的平衡造成破坏，导致岩体各点的应力状态发生变化，产生位移，并经过应力重分布后，达到新的平衡。初始应力场是客观存在的，而产生地应力的原因是非常复杂的，一般根据成因不同，把原始应力分为自重应力和构造应力。在模拟基坑的开挖计算时，确定初始应力场的分布是进行后续迭代计算的基础，当初始应力场与实际情况相符时，才可能得到接近真实情况的解答。

初始地应力的模拟方法主要有两种：一是按照自重应力的计算公式得到各点的应力状态，然后直接输入到各个单元的初始应力场数组中，形成假想的初始应力场；二是在部分边界上施加面荷载，而在内部施加自重荷载，把求解得到的应力场作为初始应力场。

当基坑周边存在既有建（构）筑物时，会改变初始地应力场，基坑开挖分析时尚应考虑既有建（构）筑物的存在对初始地应力场的影响。常用的建模分析做法是，先模拟既有建（构）筑物的施工过程所产生的地应力场，消除位移场，将此时的状态作为基坑开挖分析的初始状态。

2.4.2　土的本构模型

由于土体变形特性的复杂性，至今提出了几百种土体本构模型，但每种本构模型都是反映土的某一类或几类现象，因此每一个具体模型的应用都有其局限性。虽然土的本构模型有很多种，基于应用的方便性，实际商业岩土软件中涉及的土体本构模型仍只有少数几种。

本构模型是描述材料应力-应变关系的数学模型，材料的应力-应变关系也称作本构关系。岩土材料应力-应变关系复杂，具有非线性、弹塑性、黏塑性、剪胀性、各向异性等特性，同时应力路径、土的组成、状态、温度都对其有着明显的影响。土体的本构模型可以分为弹性模型、弹塑性模型、黏弹塑性模型、内时塑性模型以及损伤模型等，但迄今为止，一种本构模型只能模拟特定加载条件特定土类的主要特性，还不能表示任一加载条件下各类土体的所有性状。

经验表明，有的模型虽然理论严密，但往往由于参数取值不当，而使计算结果不合理；相反，有些模型尽管形式简单，但由于参数物理意义明确，容易确定，计算结果反而更接近实际。因此，选择本构模型时，应在精确性和可靠性之间寻找合适的点，根据实际问题以及所要分析的重点，选择适合求解问题的本构模型。

目前常用的本构模型有：线弹性模型、各向同性 Duncan-Chang（DC）模型（非线性弹性模型）、Mohr-Coulomb（MC）塑性模型、Drucker-Prager（DP）模型、修正剑桥模型（MCC）、Hardening-Soil（HS）模型等。这几种常用的本构模型又可分为 3 大类，即弹性类模型、弹-理想塑性类模型和应变硬化类的弹塑性模型。

1. 线弹性模型

基坑周边挡墙结构、水平支撑结构等钢筋混凝土材料，其本构模型可采用线弹性模型。各向同性线弹性本构模型表达式为：

$$\boldsymbol{\sigma}=\boldsymbol{D}^{\mathrm{el}}\boldsymbol{\varepsilon}^{\mathrm{el}} \tag{2.4.2}$$

式中，$\boldsymbol{\sigma}$、$\boldsymbol{\varepsilon}^{\mathrm{el}}$ 为应力、应变张量；$\boldsymbol{D}^{\mathrm{el}}$ 为刚度矩阵，按下式计算：

$$\boldsymbol{D}^{\mathrm{el}}=\frac{E}{(1-2\nu)(1+\nu)}\begin{bmatrix} 1-\nu & \nu & \nu & 0 & 0 & 0 \\ \nu & 1-\nu & \nu & 0 & 0 & 0 \\ \nu & \nu & 1-\nu & 0 & 0 & 0 \\ 0 & 0 & 0 & \frac{1}{2}-\nu & 0 & 0 \\ 0 & 0 & 0 & 0 & \frac{1}{2}-\nu & 0 \\ 0 & 0 & 0 & 0 & 0 & \frac{1}{2}-\nu \end{bmatrix} \tag{2.4.3}$$

各向同性线弹性模型刚度、柔度矩阵可以通过杨氏模量 E、泊松比 ν 确定。E、ν 和

剪切模量 G 的关系式为：

$$G=\frac{E}{2(1+\nu)} \tag{2.4.4}$$

2. Duncan-Chang 模型（DC 模型）

Duncan-Chang[11] 模型属于非线性弹性模型。土体常规三轴试验保持 σ_3 不变，施加轴向应力（$\sigma_1-\sigma_3$）时，Kondner（1963）[12] 发现可用双曲线方程来拟合土体的应力-应变曲线，如图 2.4.1 所示：

$$\sigma_1-\sigma_3=\frac{\varepsilon_1}{a+b\varepsilon_1} \tag{2.4.5}$$

式中，ε_1 为轴向应变；a、b 为纵坐标 $\varepsilon_1/(\sigma_1-\sigma_3)$ 与横坐标 ε_1 关系曲线上的纵坐标截距、斜率。

按照初始切线模量 E_i 的定义，当 $\varepsilon_1 \to 0$ 时，由上式得：

$$E_i=\left.\frac{d(\sigma_1-\sigma_3)}{d\varepsilon_1}\right|_{\varepsilon_1\to 0}=\frac{1}{a}$$

而当 $\varepsilon_1\to\infty$ 时：

$$(\sigma_1-\sigma_3)_{ult}=\left.\frac{\varepsilon_1}{a+b\varepsilon_1}\right|_{\varepsilon_1\to\infty}=\frac{1}{b}$$

$(\sigma_1-\sigma_3)_{ult}$ 为应力-应变关系曲线的渐近线，即强度极限值。将 a、b 代入式（2.4.5）得到：

$$\sigma_1-\sigma_3=\frac{\varepsilon_1}{\dfrac{1}{E_i}+\dfrac{\varepsilon_1}{(\sigma_1-\sigma_3)_{ult}}} \tag{2.4.6}$$

Janbu[13] 通过试验研究在 1963 年指出，土的初始模量都是侧限压力的指数函数，并可用下式表示：

$$E_i=K\cdot P_a\left(\frac{\sigma_3}{P_a}\right)^n \tag{2.4.7}$$

式中，P_a 为大气压力，$P_a=0.1$MPa；K、n 为土的无量纲模量参数和无因次指数，是决定于土质的试验常数。在双对数纸上点绘 $\lg(E_i/P_a)$ 与 $\lg(\sigma_3/P_a)$ 的关系，可近似得到一直线，其截距为 K，斜率为 n。根据 Duncan 等人[11] 的研究，砂土和卵砾石土的 n 一般为 0.4～0.6，软黏土的 n 一般为 0.5～0.8，硬黏土的 n 一般为 0.3～0.6。

土的非线性特性就是指变形模量 E 随应变 ε_1 或（$\sigma_1-\sigma_3$）而变化，常用切线模量 E_t。对式（2.4.6）求导可得到切线模量：

$$E_t=\left[1-\frac{\sigma_1-\sigma_3}{(\sigma_1-\sigma_3)_{ult}}\right]^2 E_i \tag{2.4.8}$$

实际土样破坏时的应力称为破坏应力差（$\sigma_1-\sigma_3$）$_f$，它总是比应力差极限值（$\sigma_1-\sigma_3$）$_{ult}$ 小，令：

$$(\sigma_1-\sigma_3)_f=R_f\cdot(\sigma_1-\sigma_3)_{ult} \tag{2.4.9}$$

式中，R_f 称为破坏比，其值一般为 0.6～0.9，对软土取高值，对砂土等取低值。

设土体的黏聚力和内摩擦角分布为 c 和 φ，根据 Mohr-Coulomb 破坏准则，土的抗剪强度可表示为：

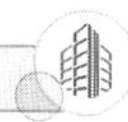

$$(\sigma_1-\sigma_3)_f=\frac{2c\cos\varphi+2\sigma_3\sin\varphi}{1-\sin\varphi} \tag{2.4.10}$$

将式（2.4.10）代入式（2.4.8）得到：

$$E_t=K\cdot P_a\left(\frac{\sigma_3}{P_a}\right)^n\left[1-\frac{R_f(1-\sin\varphi)_3}{2c\cos\varphi+2\sigma_3\sin\varphi}(\sigma_1-\sigma_3)\right]^2 \tag{2.4.11}$$

当土体卸载和再加载时，其弹性模量 E_{ur} 可取为常数（图 2.4.1），且与围压 σ_3 相关，可用下式表示：

$$E_{ur}=K_{ur}\cdot P_a\left(\frac{\sigma_3}{P_a}\right)^n \tag{2.4.12}$$

式中，K_{ur} 为卸载和再加载的模量参数。

当 $(\sigma_1-\sigma_3)<(\sigma_1-\sigma_3)_0$，且 $(\sigma_1-\sigma_3)<(\sigma_1-\sigma_3)_f$ 时，应采用 E_{ur}，否则应采用 E_t。这里的 $(\sigma_1-\sigma_3)_0$ 为历史上曾经达到的最大应力。

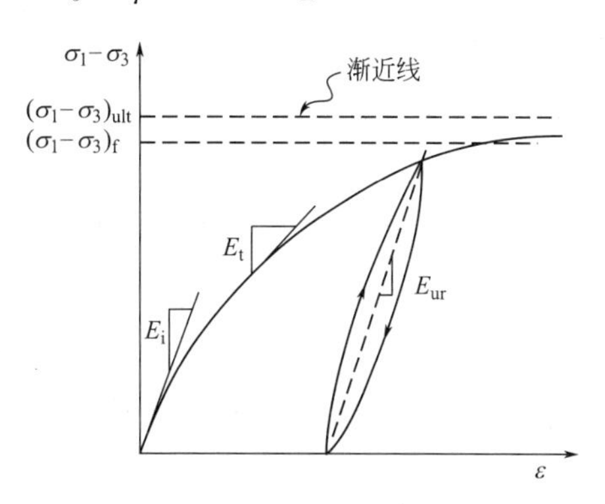

图 2.4.1 Duncan-Chang 模型应力-应变关系

3. Mohr-Coulomb 模型（MC 模型）

Mohr-Coulomb 模型属于弹-理想塑性模型。弹塑性模型理论可以分为：塑性增量理论和塑性全量理论。塑性全量理论又称塑性形变理论，具有一定的使用条件。一般在满足比例加载或简单加载的条件下，应用塑性形变理论计算出来的结果比较接近实际情况。塑性增量理论又称为塑性流动理论，应变增量为弹性应变增量和塑性应变增量之和。塑性增量理论主要包括三个部分：屈服面理论、流动法则理论和加工硬化（或者软化）理论。应用塑性增量理论计算塑性应变时，首先需确定材料的屈服条件，其次需确定材料是否服从相关联流动法则，最后需要确定材料的硬化（或软化）规律。

Mohr-Coulomb 模型参数数量少，物理意义明确，是当前岩土工程中应用较广泛的模型之一。土体任何受力面的极限抗剪强度可用 Coulomb 定律表示：

$$\tau_n=c+\sigma_n\tan\varphi \tag{2.4.13}$$

式中，φ 为土体内摩擦角；c 为土体黏聚力；σ_n 为受力面上的正应力。

式（2.4.13）用主应力 σ_1、σ_3 表示为（图 2.4.2）：

$$\frac{1}{2}(\sigma_1-\sigma_3)=c\cos\varphi+\frac{1}{2}(\sigma_1+\sigma_3)\sin\varphi \tag{2.4.14}$$

Mohr-Coulomb 屈服条件在三维应力空间 q-p 的表达式为：

$$F=R_{mc}q-p\tan\varphi-c=0 \tag{2.4.15}$$

其中，R_{mc} 按下式计算：

$$R_{mc}(\Theta,\ \varphi)=\frac{1}{\sqrt{3}\cos\varphi}\sin\left(\Theta+\frac{\pi}{3}\right)+\cos\left(\Theta+\frac{\pi}{3}\right)\tan\varphi \tag{2.4.16}$$

式中

$$\cos(3\Theta)=\left(\frac{r}{q}\right)^3 \tag{2.4.17a}$$

$$p=-\frac{1}{3}(\sigma_1+\sigma_2+\sigma_3) \tag{2.4.17b}$$

$$q=\sqrt{\frac{3}{2}(s:s)} \tag{2.4.17c}$$

式中，Θ 为广义剪应力角；r 为应力偏张量第三不变量；s 为应力偏量。

关于流动法则，Mohr-Coulomb 模型屈服面存在尖角（图 2.4.3），如采用相关联的流动法则（塑性势面与屈服面相同），将会在尖角处出现塑性流动方向不唯一的现象，导致数值计算烦琐，收敛缓慢。为避免以上问题，某些商用软件采用连续光滑的椭圆函数作为塑性势面，塑性势函数方程为：

$$G=\sqrt{(\varepsilon c_0 \tan\psi)^2+(R_{\mathrm{mw}}q)^2}-p\tan\psi \tag{2.4.18}$$

式中，ψ 为剪胀角；c_0 为初始黏聚力，即没有塑性变形时的黏聚力；ε 为子午面上的偏心率，$\varepsilon=0$ 时，塑性势面在子午面上是一条倾斜向上的直线；R_{mw} 由下式计算：

$$R_{\mathrm{mw}}=\frac{4(1-e^2)\cos^2\Theta+(2e-1)^2}{2(1-e^2)\cos\Theta+(2e-1)\sqrt{4(1-e^2)\cos^2\Theta+5e^2-4e}}R_{\mathrm{mc}}\left(\frac{\pi}{3},\ \varphi\right) \tag{2.4.19}$$

式中，e 是 π 面上的偏心率，主要控制了 π 面上 $\Theta=0\sim\pi/3$ 的塑性势面形状，默认值为：

$$e=\frac{3-\sin\varphi}{3+\sin\varphi} \tag{2.4.20}$$

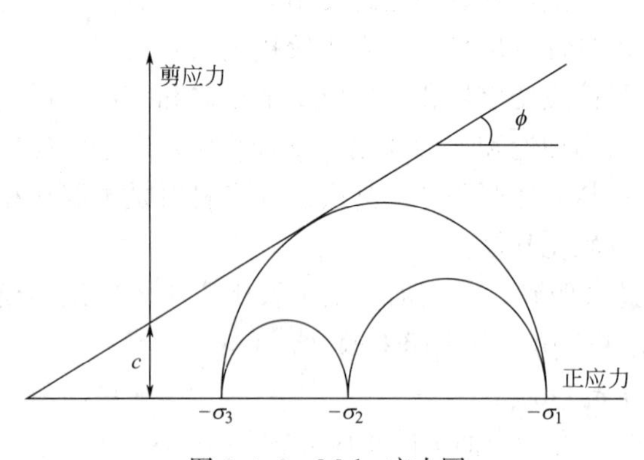

图 2.4.2 Mohr 应力圆

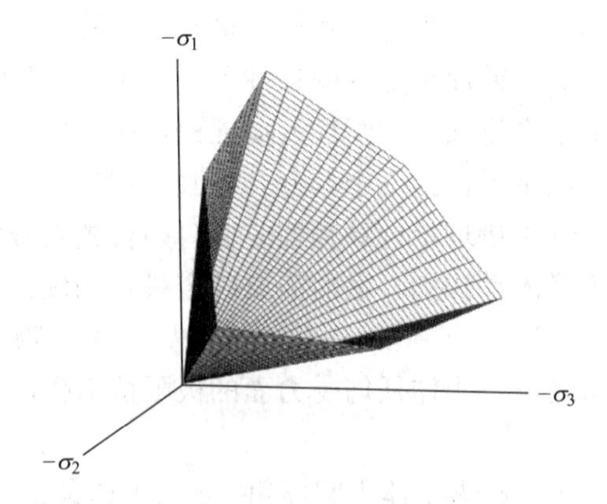

图 2.4.3 Mohr-Coulomb 屈服面（$c=0$）

4. Drucker-Prager 模型（DP 模型）

DP 模型同样属于弹-理想塑性模型。MC 模型的屈服面在主应力空间中为六棱锥形，其角点为屈服面函数的奇异点，导致屈服面函数在角点处关于应力的偏导数是不唯一的，因而会带来数值计算的困难。DP 模型采用圆锥形屈服面代替 MC 模型的六棱锥形屈服面。

对经典 Drucker-Prager 模型作进一步扩展，屈服面在 π 平面上的形状可通过线性、双曲线和指数函数模型模拟。线性函数模型屈服面如图 2.4.4 所示，屈服函数方程为：

$$F=t-p\tan\beta-d=0 \tag{2.4.21}$$

$$t=\frac{1}{2}q\left[1+\frac{1}{K}-\left(1-\frac{1}{K}\right)\left(\frac{r}{q}\right)^3\right] \tag{2.4.22}$$

式中，β 为屈服面在 p-t 应力空间上的倾角；d 为材料的黏聚力，与材料的硬化参数有关。

当由单轴压缩试验参数 σ_c 确定时：

$$d=\left(1-\frac{1}{3}\tan\beta\right)\sigma_{\mathrm{c}} \tag{2.4.23}$$

当由单轴压缩试验参数 σ_{t} 确定时：

$$d=\left(\frac{1}{K}+\frac{1}{3}\tan\beta\right)\sigma_{\mathrm{t}} \tag{2.4.24}$$

当由纯剪切试验参数 τ 确定时：

$$d=\frac{\sqrt{3}}{2}\left(1+\frac{1}{K}\right)\tau \tag{2.4.25}$$

式中，K 为拉伸屈服应力和三轴压缩屈服应力之比。

线性 Drucker-Prager 模型的塑性势面如图 2.4.5 所示，塑性势函数方程为：

$$G=t-p\tan\psi \tag{2.4.26}$$

由于塑性势面与屈服面不相同，流动法则为非关联法则。

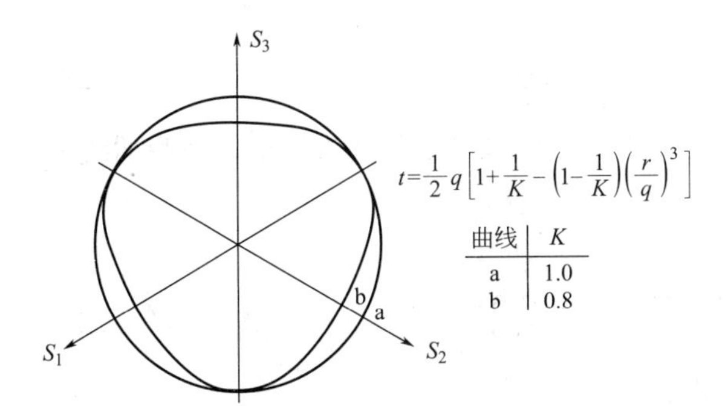

图 2.4.4 线性 Drucker-Prager 模型屈服面

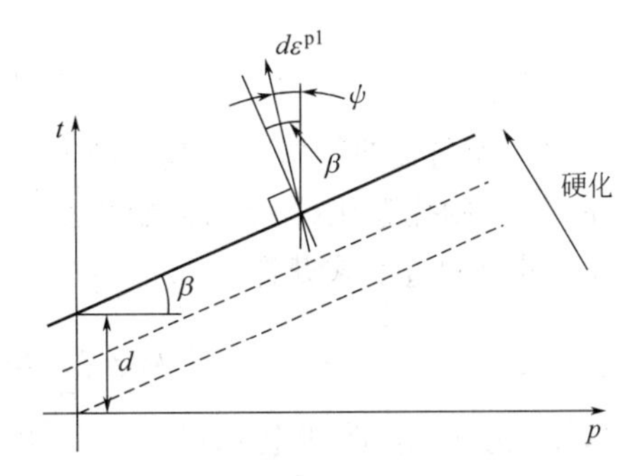

图 2.4.5 线性 Drucker-Prager 模型的塑性势面

5. 修正剑桥模型（MCC 模型）

修正剑桥模型（MCC 模型）属于硬化类弹塑性模型。英国剑桥大学 Roscoe 及其同事（1958—1963）通过正常固结土和超固结黏土试样的排水和不排水三轴试验[14]，根据饱和黏土有效应力和孔隙比的唯一关系提出土体临界状态模型——剑桥模型[14]。剑桥模型认为在状态边界面内，土体变形为完全弹性。Roscoe 和 Burland（1968）[15] 对剑桥模型进一步修订，认为在状态边界面内时，当剪应力增加时不产生塑性体积变形，但产生塑性剪切变形，见图 2.4.6。

某些商用软件，如 ABAQUS 中所包含的 clay plasticity 模型是对修正剑桥模型的扩展，屈服面方程为：

$$\frac{1}{\beta^2}\left(\frac{p}{a}-1\right)^2+\left(\frac{t}{Ma}\right)^2-1=0 \tag{2.4.27a}$$

$$t=\frac{q}{2}\left[1+\frac{1}{K}-\left(1-\frac{1}{K}\right)\left(\frac{r}{q}\right)^3\right] \tag{2.4.27b}$$

式中，M 为临界状态线的斜率；β 为控制屈服面形状的参数，在 $t>Mp$ 一侧，该值等于 1。

修正剑桥模型硬化模式采用指数形式，屈服面的大小可以通过初始硬化参数和塑性体积应变来确定：

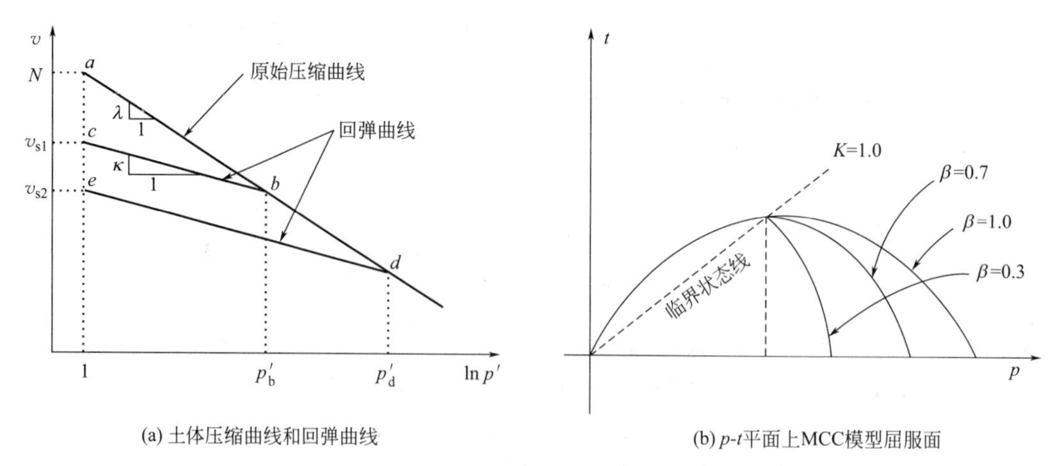

(a) 土体压缩曲线和回弹曲线

(b) p-t平面上MCC模型屈服面

图 2.4.6　修正剑桥模型屈服面

$$a = a_0 \exp\left[(a+e_0)\frac{1-J^{\mathrm{pl}}}{\lambda-\kappa J^{\mathrm{pl}}}\right] \tag{2.4.28}$$

式中，J^{pl} 为名义塑性体积应变，$J^{\mathrm{pl}}=(1+e)/(1+e_0)$；$\lambda$、$\kappa$ 分别为压缩、回弹曲线斜率；e_0 为初始孔隙比；a_0 为初始状态的函数。

a_0 可以通过下式获得：

$$a_0 = \frac{1}{2}\exp\left(\frac{e_1-e_0-\kappa\ln p_0}{\lambda-\kappa}\right) \tag{2.4.29}$$

式中，e_1 为 e-ln$p$ 曲线上 ln$p=0$ 处的孔隙比。

6. Hardening-Soil 硬化土模型（HS 模型）

Hardening-Soil 模型（HS 模型）同样属于硬化类弹塑性模型。HS 模型为商用软件 Plaxis 软件中的本构模型，由 Schanz[16] 于 1999 年提出。HS 模型在 Duncan Chang 模型的基础上采用了塑性理论，可以同时考虑剪切硬化和压缩硬化，并采用 Mohr-Coulomb 破坏准则。

对土体施加偏应力（$\sigma_1-\sigma_3$）时，土体表现出刚度下降，产生塑性应变。在固结排水试验中竖向应变（$-\varepsilon_1$）和偏应力（$\sigma_1-\sigma_3$）之间的关系用双曲线拟合，即三轴排水试验的剪应力 q 与轴向应变 ε_1 成双曲线关系。HS 模型的基本思想与 DC 模型相似，但 HS 模型采用弹塑性来表达这种关系，而不是像 DC 模型那样采用变模量的弹性关系来表达。HS 模型考虑了土体的剪胀和中性加荷，因而克服了 DC 模型的不足。与理想弹塑性模型不同的是，HS 模型在主应力空间中的屈服面并不是固定不变，它会随着塑性应变的发生而膨胀。为什么叫它硬化模型，就是在该模型中考虑了土体的硬化，尤其是对于黏土。硬化实际上分为两种主要的类型，它们分别是剪切硬化模型和压缩硬化模型。其中，剪切硬化的作用主要是用来模拟主偏量加载带来的不可逆的应变；压缩硬化主要是用来模拟各向同性中主压缩带来的不可逆塑性应变。

HS 模型适合于多种土类（软土和较硬土层）的破坏和变形行为的描述，并且适合于岩土工程中的多种应用，如堤坝填筑、地基承载力、边坡稳定分析及基坑开挖等。

Kondner（1963）在一个排水三轴试验过程中，观察到轴向的应变与偏应力之间的关系可以用双曲线拟合，后来这个双曲线的发现用在了著名的双曲线模型（DC 模型）。根据

标准排水三轴试验得到的应力-应变双曲线关系（图 2.4.7），得到剪应力 q 与应变 ε_1 可由下式表示：

$$-\varepsilon_1=\frac{1}{2E_{50}}\cdot\frac{q}{1-q/q_a}\quad(\text{对 } q<q_f)\tag{2.4.30}$$

式中，E_{50} 为标准排水试验在主加载达到 50％极限荷载时对应的割线模量，主要反映的是主偏量加载引起的塑性应变；q_a 为抗剪强度的渐近值；q_f 为极限偏应力。

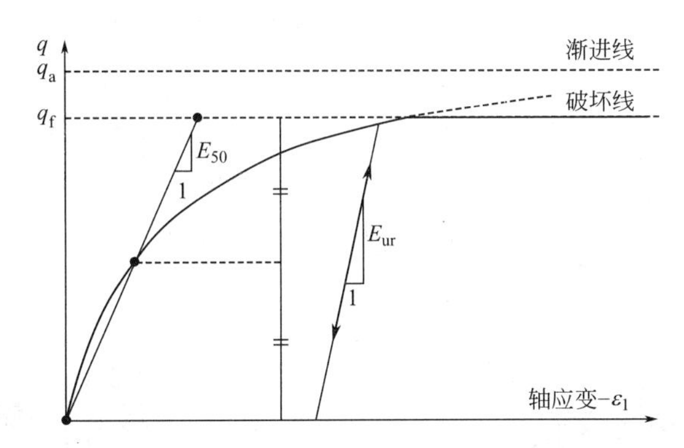

图 2.4.7　标准排水三轴试验主加载下双曲线的应力-应变关系

根据 Mohr-Coulomb 准则，可得到极限偏应力：

$$q_f=(c\cot\varphi-\sigma_3)\frac{2\sin\varphi}{1-\sin\varphi}\tag{2.4.31}$$

式中，c 为 Mohr-Coulomb 强度参数的黏聚力；φ 为 Mohr-Coulomb 强度参数的内摩擦角。

极限偏应力与抗剪强度渐近值的比值为破坏比 R_f：

$$R_f=\frac{q_f}{q_a}\tag{2.4.32}$$

参数 E_{50} 是主加载下与围压相关的刚度模量，它由下面的方程给出：

$$E_{50}=E_{50}^{ref}\left(\frac{c\cos\varphi-\sigma_3\sin\varphi}{c\cos\varphi+p^{ref}\sin\varphi}\right)^m\tag{2.4.33}$$

式中，E_{50}^{ref} 为对应于参考围压 p^{ref} 的参考刚度模量，对应于 50％极限荷载时的割线模量；σ_3 为三轴试验中的围压；p^{ref} 为参考围压，通常取 100kPa；m 为与应力水平相关的幂指数，主要反映的是刚度依据某个幂率的应力相关性，这也是比一般本构先进的地方，考虑了土体刚度随压力的变化而变化。一般情况下，对于软土可取 $m=1.0$；根据 Janbu (1963) 的建议，对于砂土和粉土可取 $m=0.5$。

为了考虑土体的卸载和卸载-再加载过程，需要用到另外一个与应力相关的刚度模量：

$$E_{ur}=E_{ur}^{ref}\left(\frac{c\cos\varphi-\sigma_3\sin\varphi}{c\cos\varphi+p^{ref}\sin\varphi}\right)^m\tag{2.4.34}$$

式中，E_{ur} 为土体的卸载-再加载模量。

与弹性模型不同的是，弹塑性 HS 本构模型不包括三轴割线模量 E_{50} 和一维压缩下的固结仪加载刚度 E_{oed} 的一个固定关系，可以独立输入。其中，E_{oed} 方程如下：

$$E_{oed}=E_{oed}^{ref}\left(\frac{c\cos\varphi-\sigma_3\sin\varphi}{c\cos\varphi+p^{ref}\sin\varphi}\right)^m\tag{2.4.35}$$

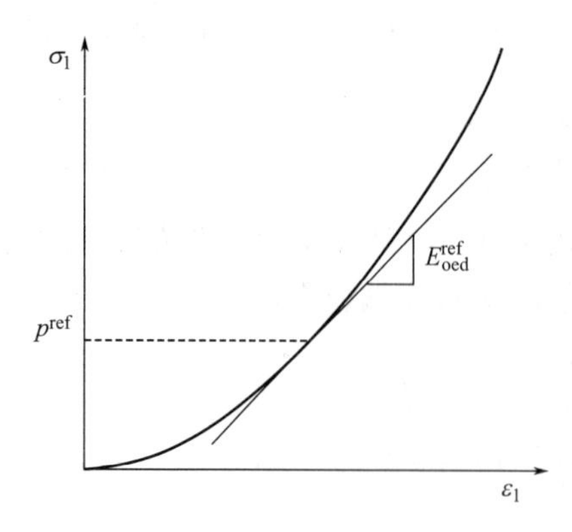

图 2.4.8　固结仪加载刚度的定义

式中，E_{oed} 为图 2.4.8 所示的切线刚度模量；E_{oed}^{ref} 为竖向应力$-\sigma_1=p^{ref}$ 时的切线刚度。需要注意的是，这里使用的是 σ_1，而不是 σ_3，也就是考虑的是主加载，即控制的是土体的压缩变形。

硬化土模型的主应力空间的屈服面如图 2.4.9 所示，明显不同的就是增加了一个帽盖形的屈服面。前面的模型简介里已经提到，硬化土本构的优点就是考虑了土体的硬化规律。其中，从每个参数的物理意义上讲，割线模量控制了土体在主加载时的剪切硬化，而固结仪模量考虑了土体的压缩硬化。与此同时，土体硬化本构的主应力空间的屈服面不是固定的，它是可以随着应变而变化的。

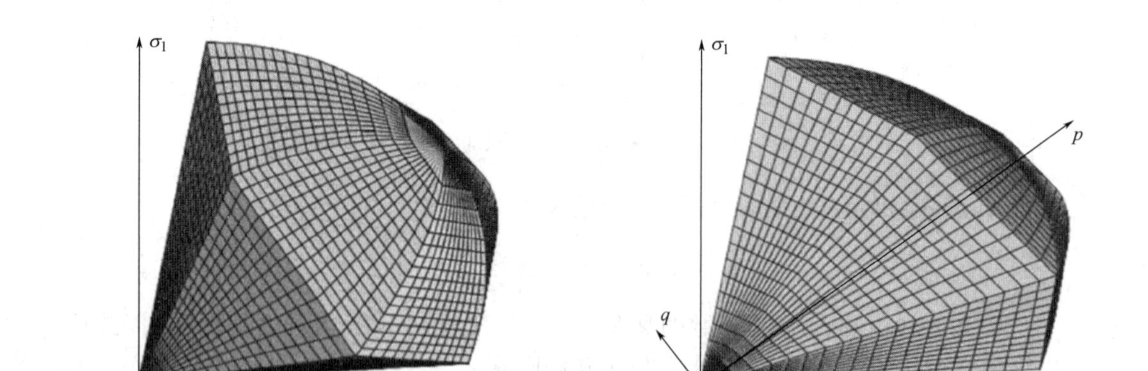

图 2.4.9　主应力空间中的 HS 模型屈服面

可见，HS 模型采用三个不同的输入刚度可以将土体刚度描述得更为准确：三轴加载刚度 E_{50}、三轴卸载刚度 E_{ur} 和固结仪加载刚度 E_{oed}。Plaxis 帮助文件中建议使用者采用 $E_{ur}=3E_{50}$ 和 $E_{oed}=E_{50}$ 作为不同土体类型的平均值，但是对于非常软的土或者非常硬的土，通常需要给出不同的 E_{oed}/E_{50} 比值。

HS 模型共有 11 个参数，包括 3 个 Mohr-Coulomb 强度参数：有效黏聚力 c、有效内摩擦角 φ、剪胀角 ψ；3 个基本刚度参数：三轴排水试验的参考割线刚度 E_{50}^{ref}、固结试验的参考切线刚度 E_{oed}^{ref}、卸荷再加荷模量 E_{ur}^{ref}；4 个高级参数：刚度应力水平相关幂指数 m、卸荷再加荷泊松比 ν_{ur}、参考应力 p^{ref}、破坏比 R_f、正常固结条件下的侧压力系数 K_0，这些参数可以通过常规三轴试验和固结试验来确定。

7. Hardening-Soil-Small 小应变硬化土模型（HSS 模型）

Mair（1993）[17] 曾经报道了各种岩土问题中土体的应变范围及其刚度变化的情况，如图 2.4.10 所示。Atkinson 和 Sallfors（1991）[18] 分为了三类：（1）非常小的应变，它所包括的应变范围为小于或者等于 10^{-6}；（2）小应变，其中所指的应变范围为 $10^{-6}\sim10^{-3}$；（3）大应变，其所属的范围为大于 10^{-3}。在基坑工程中，土体的应变范围一般为 10^{-5}，因此土体的应变属于小应变的范畴。

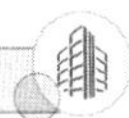

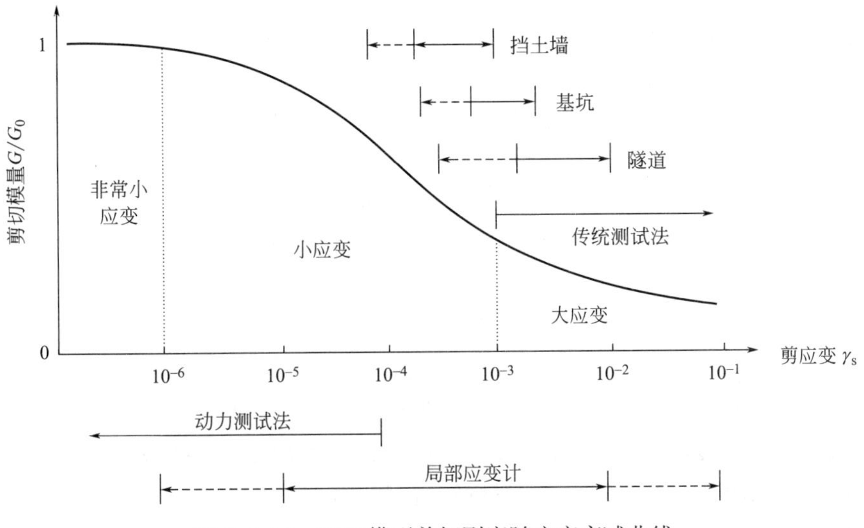

图 2.4.10　HSS 模型剪切刚度随应变衰减曲线

HSS 模型继承了 HS 模型的所有特征，而且考虑了小应变阶段土体刚度增加的特性。这是因为土体在应变很低的时候，表现出了较高的刚度，并且刚度随应变呈非线性的变化。除了反映土体小应变特性的参数外，HSS 模型的其余参数与 HS 模型参数是一样的。由于 HSS 模型在描述土体剪切硬化、压缩硬化、加卸载、小应变等方面的优势，较其他本构模型而言更适合于模拟基坑开挖问题。

与 HS 模型参数相比，HSS 模型中只增加了两个参数，用于描述小应变刚度行为。一个是初始小应变模量 G_0，另一个是剪切应变水平 $\gamma_{0.7}$，为割线模量减小到 70％时的应变水平。

初始小应变模量 G_0 按下式计算[19]：

$$G_0=G_0^{\mathrm{ref}}\left(\frac{c\cos\varphi-\sigma_3\sin\varphi}{c\cos\varphi+p^{\mathrm{ref}}\sin\varphi}\right)^m \tag{2.4.36}$$

式中，G_0^{ref} 为参考压力为 p^{ref} 时的初始剪切模量。

HSS 模型之所以能够反映土体在小应变时候的特性，主要是刚度矩阵会根据土体在变形过程中的应变幅值来判断土体的状态是否处于小应变，根据不同的应变状态从而再依据相应的幂指数关系来计算其中不同应力状态的刚度，进而继续求解出土体内部各个点的变形。

$$G=\begin{cases}G_0\left(\dfrac{\gamma_{0.7}}{\gamma_{0.7}+\alpha\gamma_{\mathrm{hist}}}\right), & \gamma_s<\gamma_c\\[2ex] \dfrac{E_{\mathrm{ur}}}{2(1+\nu_{\mathrm{ur}})}, & \gamma_s\geqslant\gamma_c\end{cases} \tag{2.4.37}$$

从上式中可以看出，当剪应变小于 γ_c 时，就需要考虑土体的小应变特性，当剪应变大于 γ_c 时，就需要考虑土体的大应变变形特性。

$$\gamma_{\mathrm{hist}}=\sqrt{3}\ \frac{\|H\Delta e\|}{\|\Delta e\|} \tag{2.4.38}$$

式中，γ_{hist} 为剪切应变标量；Δe 为当前的应变增量；H 为代表应变历史的对称张量；$\alpha=$

0.385。实际软黏土的小应变刚度可以与分子间的体积损失以及土体骨架的表面力相结合。当荷载方向相反的时候，土体刚度会恢复到依据初始土体刚度确定的最大值。紧接着，随着反向荷载的加载，刚度又会逐渐减小。

在 HSS 模型中，应力-应变关系可以用割线模量简单表示为：

$$\tau = G_s \gamma = \frac{G_0 \gamma}{1 + 0.385\gamma/\gamma_{0.7}} \tag{2.4.39}$$

式中，G_s 为小应变割线剪切模量；G_0 为小应变初始剪切模量；γ 为土体剪应变；$\gamma_{0.7}$ 为割线模量减小到 70%时的剪应变。

对剪切应变进行求导，可以得到切线剪切模量 G_t：

$$G_t = \frac{G_0}{(1 + 0.385\gamma/\gamma_{0.7})^2} \tag{2.4.40}$$

HSS 模型中小应变刚度减小曲线有一个下限，它可以由常规实验室试验得到。切线剪切模量的下限是卸载再加载模量，与材料参数相关：

$$\begin{cases} G_t > G_{ur} \\ G_{ur} = \dfrac{E_{ur}}{2(1+\nu_{ur})} \end{cases} \tag{2.4.41}$$

截断剪切应变计算公式为：

$$\gamma_{\text{cut-off}} = \frac{1}{0.385}\left(\sqrt{\frac{G_0}{G_{ur}}} - 1\right) \cdot \gamma_{0.7} \tag{2.4.42}$$

在 HSS 模型中，实际准弹性切线模量是通过切线刚度在实际剪应变增量范围内积分求得的。HSS 模型中使用的刚度减小曲线如图 2.4.11 所示。

HSS 模型主应力空间屈服面如图 2.4.12 所示，通过对比图 2.4.9 可以发现，HSS 模型屈服面与 HS 模型是不同的，这是因为 HSS 模型中选取的屈服准则并不是 Mohr-Coulomb，而是选用了松岗-中井屈服准则（MN 准则）[20-21]。即在 HSS 模型中，反映土体剪切硬化的锥体屈服面由 HS 模型的棱锥形变成了圆锥形，反映压缩硬化的帽盖屈服面也比 HS 模型中的帽盖屈服面更加光滑。

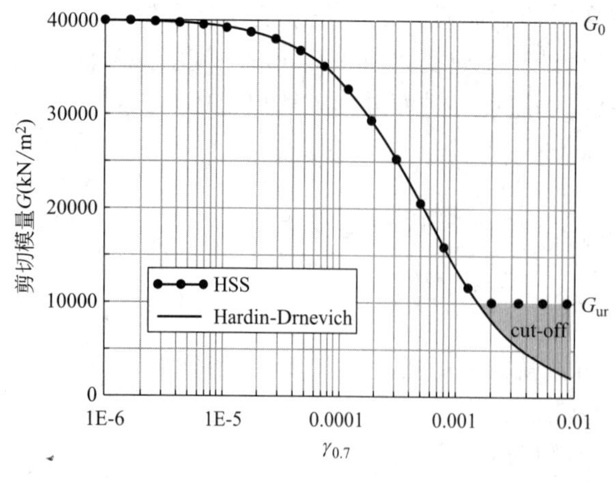

图 2.4.11 HSS 模型小应变减小曲线以及截断

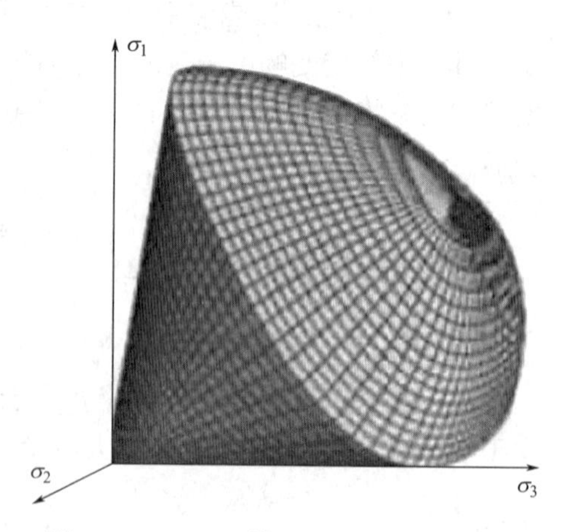

图 2.4.12 HSS 模型主应力空间屈服面

2.4.3　本构模型比较与选择

1. 土本构模型的比较

前面分别阐述了弹性类模型、弹-理想塑性类模型、硬化类弹塑性模型三大类本构模型。弹性类模型的本构关系简单，如线弹性模型遵从虎克定律，只有 2 个参数，即弹性模量 E 和泊松比 ν。线弹性模型是最简单的应力-应变关系，但不能描述土体很多重要的特征，主要应用于早期的有限元分析及解析方法中，可用来近似模拟较硬的材料，如岩石或者钢筋混凝土材料。

弹-理想塑性类模型包括 MC 模型和 DP 模型。MC 模型综合了虎克定律和 Coulomb 破坏准则。MC 模型有 5 个参数，即控制弹性行为的 2 个参数：弹性模量 E 和泊松比 ν，以及控制塑性行为的 3 个参数：有效黏聚力 c、有效内摩擦角 φ 和剪胀角 ψ。MC 模型采用了弹塑性理论，相对于弹性模型而言具有质的飞跃，是岩土工程中应用得最多的模型。MC 模型能较好地描述土体的破坏行为，但因模型在达到抗剪强度之前的应力-应变关系符合虎克定律，因而不能较好地描述土体在破坏之前的变形行为，且不能考虑应力历史的影响及区分加荷和卸荷。相对而言，MC 模型能较好地模拟土体的强度问题，对于应变问题，实际分析应用时需要加以改进。

MC 模型的屈服面在有效主应力空间中为六棱锥，其角点处将成为屈服面函数的奇异点，因而会带来数值计算上的一定困难。为了避免这个问题，Drucker 和 Prager 考虑将 MC 模型的屈服面函数作适当的修改，采用圆锥形屈服面来代替 MC 模型的六棱锥形屈服面。虽然 DP 模型易于程序的编制，但它并不适合于描述土的真实行为。MC 模型的缺陷同样适用于 DP 模型。相对而言，在模拟岩土材料时，MC 模型较 DP 模型更加合适。

硬化类弹塑性模型包括 MCC 模型和 HS 模型、HSS 模型。MCC 模型为修正剑桥模型，需 4 个模型参数，即原始压缩曲线的斜率 λ、回弹曲线斜率 κ、CSL 线的斜率 M、弹性参数泊松比 ν。此外，修正剑桥模型尚需 2 个状态参数，即初始孔隙比 e_0 和前期固结压力 P_0。MCC 模型为等向硬化的弹塑性模型，采用帽子屈服面，以塑性体应变为硬化参数，能较好地描述黏性土在破坏之前的非线性和依赖于应力水平或应力路径的变形行为。MCC 模型从理论上和试验上都较好地阐明了土体的弹塑性变形特性，是应用最为广泛的软土本构模型之一。HS（Hardening-Soil）模型是一种改进了的模拟岩土行为的模型。对于 MC 模型来说，极限应力状态是由摩擦角 φ、黏聚力 c 以及剪胀角 ψ 来描述的。但是，对比 MC 模型，HS 模型还可以用来解决模量依赖于应力的情况。这意味着所有的刚度随着压力的增加而增加。HS 模型是硬化模型，不能用来说明由于岩土剪胀和崩解效应带来的软化性质，即不能用来模拟滞后或者反复循环加载情形。由于材料刚度矩阵在计算的每一步都需要重新形成和分解，HS 模型通常需要较长的计算时间。

HSS（HS-Small）模型在 HS 模型的基础上进一步修正得到，修正后的 HSS 模型不仅继承了 HS 模型可以同时考虑剪切硬化和压缩硬化，且还可以考虑剪切模量在微小应变范围内随应变衰减的行为。因此，HSS 模型较 HS 模型具有更好的适用性，计算结果能给出更为合理的基坑挡墙变形及坑后土体变形。HSS 本构模型的参数较多，不仅包含了 HS 模型的参数，还包含了小应变参数。各地区如要获取较完整的 HSS 模型参数，还需要大量工程实例以及室内试验的数据积累。

徐中华等[22] 曾进行基坑工程选用 MCC、HS、MC 不同本构模型的分析比较。采用上述三种模型进行围护结构变形计算时，结果较为接近，但墙后地表竖向位移却呈现不同的结果。前两者得到与工程实际相符合的凹槽形沉降，而后者的墙后地表沉降表现为回弹，与工程实际不符。作者设计团队在多次基坑开挖对周边环境的影响分析中也发现上述问题，这主要是由于 HS 模型、MCC 模型在卸荷时较加荷具有更大的模量，而 MC 模型的加荷和卸荷模量相同，且没有考虑应力路径的影响。实际工程应用时，若数值模型参数不作一定修正，采用 MC 模型计算得到的坑底回弹量将明显偏大。

2. 土本构模型的选择

采用弹性模型不能较好地模拟主动土压力和被动土压力，一般不适合于敏感环境下基坑工程的分析。DP 模型为非线性弹性模型，其在一定程度上改善了土体的应力-应变关系，但仍不能反映土体的塑性性质，因而一般只适合于初步分析。

基坑开挖主要是卸荷问题，本构模型需能区分加荷和卸荷的刚度差异。采用弹-理想塑性的 MC 或 DP 模型不能区分加荷和卸荷，不能反映软黏土的硬化特征，且其刚度不依赖于应力历史和应力路径，虽然这两个模型在有些情况（如在合适的计算参数的条件）下能获得一定满意度的墙体变形结果，但难以同时给出合理的墙后土体变形性态。总体而言，MC 模型或 DP 模型不太适合于敏感环境下的基坑开挖数值分析。由于 MC 模型是岩土工程中应用得最多的模型，很多商业岩土软件均含有该模型，设计人员在具体应用过程中，应根据实际工况调整 MC 模型的参数，使之能反映土体的变刚度情况时，也可用于模拟较复杂的岩土问题。

能考虑软黏土硬化特征、能区分加荷和卸荷的区别且其刚度依赖于应力历史和应力路径的硬化类模型，如 MCC 模型和 HS 模型，能同时给出较为合理的墙体变形及墙周土体变形情况，适合于敏感环境下的基坑开挖数值分析。

能反映土体在小应变时的变形特征的高级模型如 MIT-E3、HSS 模型、切线刚度模型等，应用于基坑开挖分析时具有更好的适用性，小应变模型能给出更合理的墙周土体沉降范围。但高级模型的参数一般较多，且往往需要高质量的试验来确定参数，直接应用于工程实践尚存在一定的距离。

表 2.4.1 为各模型反映的土体特性对比表。在不考虑模型参数的影响下，根据模型本身的特点，可以大致判断各种本构模型在基坑开挖分析中的适用性，如表 2.4.2 所示。弹性模型由于不能反映土体的塑性性质、不能较好地模拟主动土压力和被动土压力，因而不适合于基坑开挖的分析。弹-理想塑性的 MC 模型和 DP 模型采用单一刚度，往往导致很大的坑底回弹，难以同时给出合理的墙体变形和墙周土体变形。能考虑软黏土应变硬化特征、能区分加荷和卸荷的区别，且其刚度依赖于应力历史和应力路径的硬化类模型，如 MCC 模型和 HS 模型，可同时给出较为合理的墙体变形及墙周土体变形情况。对于敏感环境条件下的基坑数值分析，从满足工程需要和方便易用的角度出发，采用 MCC 模型和 HS 模型分析较为合适。HSS 本构是对 HS 本构的一种改进，所以它不仅具有 HS 本构的先进性，考虑了土体的剪切硬化和压缩硬化的特性，而且通过小应变参数，考虑了土体的小应变特性，就是当土体在小应变范围时，土体刚度实际上比我们在常规试验中测到的刚度要大，从理论上讲，采用 HSS 本构能够更加准确地预测基坑开挖对周围环境的影响。

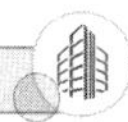

各本构模型反映的土体特性对比表　　表 2.4.1

模型	弹/塑性	剪切硬化	压缩硬化	剪胀性	小应变	屈服准则
各向同性	弹性	是	否	否	否	
DC	弹性	是	否	否	否	M-C
MC	理想弹塑性	是	否	是	否	M-C
DP	弹塑性	是	否	是	否	M-C
HS	塑性	是	是	是	否	M-C
HSS	塑性	是	是	是	是	MN

各本构模型在基坑数值开挖分析中的适用性　　表 2.4.2

本构模型的类型		不适用	适合于初步分析	适合于较准确工程分析	适合于高级分析
弹性模型	线弹性模型	√			
	横观各向同性	√			
	DC 模型		√		
弹-理想塑性模型	MC 模型		√		
	DP 模型		√		
硬化模型	MCC 模型			√	
	HS 模型			√	
小应变模型	HSS 模型				√
	MIT-E3 模型				√
	切线刚度模型				√

2.4.4　HS 和 HSS 模型各参数含义及试验获取方法

参数选择的重要性早就被岩土工程界所共识。即使有了比较合理的理论和计算方法，尤其是有了比较先进的土的本构模型，如果有关参数选取不适当，算得的结果也是不可靠的，所以深基坑开挖变形分析也就不一定得到好的结果。

HS 模型包括 11 个参数：有效黏聚力 c'、有效内摩擦角 φ'、剪胀角 ψ、三轴固结排水剪切试验的参考割线模量 E_{50}^{ref}、固结试验的参考切线模量 E_{oed}^{ref}、与模量应力水平相关的幂指数 m、三轴固结排水卸载再加载试验的参考卸载再加载模量 E_{ur}^{ref}、卸载再加载泊松比 ν_{ur}、参考应力 p^{ref}、破坏比 R_f、正常固结条件下的静止侧压力系数 K_0。

HSS 模型参数包含了 11 个 HS 模型参数和 2 个小应变参数：小应变刚度试验的参考初始剪切模量 G_0^{ref} 和当割线剪切模量降低为 0.7 倍初始剪切模量 G_0 时对应的剪应变 $\gamma_{0.7}$。

下面介绍 HS 和 HSS 本构模型参数的选取以及相关的试验验证。

1. 强度参数

与强度相关的参数，包括 3 个 Mohr-Coulomb 基本强度参数黏聚力 c、内摩擦角 φ 和

剪胀角 ψ，以及破坏比 R_f。测定土体抗剪强度指标一般通过室内试验测定，但室内试验测定土体的抗剪强度指标应根据土体的实际固结情况和排水条件而定。对于黏性土的有效应力强度指标可以通过三轴排水试验或者直剪仪的慢剪试验确定，也可以通过三轴固结不排水试验确定，但应同时测量孔隙水压力，对砂土无条件实测时可以采用静力触探试验或标准贯入试验的经验资料确定。

除了重超固结黏土外，一般黏土的剪胀角很小，分析时一般可将这类土的剪胀角设为0°。对于松散的石英砂，摩擦角可能小于30°，此时剪胀角为负值，但是并不是很大，此时剪胀角也可以设为0°，即存在以下关系：

$$\psi=\begin{cases}\varphi-30^\circ & (\varphi>30^\circ)\\ 0^\circ & (\varphi\leqslant 30^\circ)\end{cases} \tag{2.4.43}$$

工程实践中强度指标的选取具有一定困难，试验的排水条件和应力路径与工程实际很难一致，所以在选取土体的黏聚力和内摩擦角时均以岩土勘察报告的建议值选取，对于剪胀角的选取可按式（2.4.43）确定。

2. 刚度参数

从测量的难度上看，土体的刚度参数的测定要比强度参数的测定困难，因为土体的刚度参数会依据土体应力状态的改变而不同，并且不同的应力路径的不同也会导致刚度参数值的不同。下面主要介绍相关刚度参数的一些选取方法。

（1）参考割线模量 E_{50}^{ref}

E_{50}^{ref} 是标准排水三轴试验条件下，参考围压为100kPa时对应于50%破坏荷载时的割线模量，从它的屈服方程和HSS本构模型介绍中可以看出，决定了剪切屈服面的塑性应变大小，即可以考虑土体的剪切硬化。这个参数可以从三轴排水试验中得到。

（2）参考切线模量 E_{oed}^{ref}

E_{oed}^{ref} 实际属于压缩模量的一种，其试验方法相对比较简单，物理意义比较明确。在岩土工程勘察报告中通常会有黏性土的压缩模量，但对于砂土一般不会提供，而是在勘察报告中会提供SPT（标准贯入试验）值。但是，从物理意义上讲，勘察报告中给出的压缩模量与 E_{oed}^{ref} 是有区别的。我们常说的压缩模量是100～200kPa两级荷载下的平均压缩模量，但是后者指的是应力-应变曲线上的切线模量。如PLAXIS参考手册中建议，认为两者基本相等。但考虑实际取土时会对土体产生一定的扰动，试验拟合出来进行计算的 E_{oed}^{ref} 要小于真正的值，所以也有其合理性。

（3）参考卸载再加载模量 E_{ur}^{ref}

E_{ur}^{ref} 和上述的两个强度参数一样，也是在标准排水试验围压为100kPa时测出的卸荷再加荷时的模量，当卸载再加载模量没有试验数据时，在PLAXIS中，默认取值为3倍的 E_{50}^{ref}。

（4）加载泊松比 ν 和卸载泊松比 ν_{ur}

在岩土工程中，土体的泊松比反映的是土体侧向变形的一个参考指标，在实际工程中必须考虑该参数。在一些情况下，泊松比对土体的刚度和应力路径的影响会很大。在固结试验的时候，泊松比与侧压力系数的关系式如下所示：$K_0=\nu/(1-\nu)$。对于正常固结的加载来讲，泊松比的作用会比较小，但是对于卸载问题来讲，它会变得很重要，用较小的 ν_{ur} 会使得在卸载作用相同大小的力的时候，相应的侧压力会降低较小。

（5）HS模型其他参数

HS模型其他参数包括：与模量应力水平相关的幂指数 m、参考应力 p^{ref}、正常固结条件下的静止侧压力系数 K_0。

参考应力一般取 $p^{ref}=100$kPa。静止侧压力系数 K_0 的确定方法可以参考文献［23］，也可由 $K_0=1-\sin\varphi'$[24] 计算得出。对于幂指数 m，根据Janbu[13] 的研究，对于砂土和粉土，与模量应力水平相关的幂指数 m 一般可取为0.5；对于黏性土，m 的取值范围为0.5～1.0[19]，上海地区黏性土的 m 值可取为0.8[25]。

3. HSS模型的小应变参数

小应变参数 G_0^{ref} 和 $\gamma_{0.7}$ 是HSS模型的重要参数。Hardin等[26] 通过大量试验，给出了如下确定 G_0^{ref} 的计算公式。

$$G_0^{ref}=33\times\frac{(2.97-e_0)^2}{1+e_0} \tag{2.4.44}$$

式中，e_0 为土体的初始孔隙比。

根据Brinkgreve等[19] 的介绍，$\gamma_{0.7}$ 可以表达为：

$$\gamma_{0.7}=\frac{1}{9G_0}\{2c'[1+\cos(2\varphi')]+\sigma_1'(1+K_0)\sin(2\varphi')\} \tag{2.4.45}$$

式中，G_0 为初始小应变模量，按式（2.4.36）计算；σ_1' 为土体的竖向有效应力，计算时可取对应土层中间位置点的竖向有效应力。

对于HSS本构模型中小应变参数，需要特殊的土工试验才能够确定，目前国内还没有形成统一的测量方案。测定小应变参数的方法有扭剪试验、弯曲元试验和共振柱试验等一些方法，如陈东等[27] 采用弯曲元试验方法，首先将弯曲元用于试样剪切波速 V_s 的无损检测，再通过之前测得的试样密度 ρ，结合式（2.4.44）可获得小应变（10^{-6}～10^{-7}）时的剪切模量。

$$G_{max}=\rho V_s^2 \tag{2.4.46}$$

2.4.5　杭州典型软土的参数取值研究

近年来国内外学者对HSS模型参数进行了较多的研究。梁发云等[28] 用离心机试验、实测数据与HSS模型分别计算深基坑的变形，HSS模型得出了与实测数据以及离心机试验相近的结果，证明HSS模型在基坑计算中的准确性。随后各地对于当地以及周围土体的HSS模型参数进行实验测量并统计其参数间的比例关系，并用测量的参数对当地工程进行了模型分析：管飞[29] 对昆山市中山路与前进西路交叉路口东北侧的基坑采用HSS模型进行分析，证明了HSS模型在深基坑应用中的可靠性；葛世平等[30] 等利用HSS模型对大面积加卸载对软土地基上的地铁隧道的影响进行了分析，说明HSS模型在分析隧道建设中土体变形上有很好的应用前景；丁钰津等[31] 对浦东世纪大都会的基坑用HSS模型进行分析，得出的结果与实测数据相近，进一步确定了HSS模型的适用性；王卫东等[32] 采用反分析法，利用现有试验数据以及工程数据通过软件反复计算拟合实际数据以得出小应变参数；李忠超[33] 的方法与其类似；而夏云龙[34] 则是用固结试验以及三轴剪切试验的数据通过经验公式以及推导得出小应变参数。

王卫东等[35-36] 针对上海典型软土，进行了模型参数的相关性和敏感性分析，获得了上海典型土层 HSS 模型参数。对于黏土、淤泥质黏土和淤泥质粉质黏土：$E_{oed}^{ref}=0.9E_{s1\text{-}2}$，$E_{50}^{ref}=1.2E_{oed}^{ref}$，$E_{ur}^{ref}=7E_{oed}^{ref}$，$G_0^{ref}=(3.5\sim5.0)E_{ur}^{ref}$，$\gamma_{0.7}=(1.5\sim2.8)\times10^{-4}$；对于粉细砂：$E_{oed}^{ref}=E_{s1\text{-}2}$，$E_{50}^{ref}=E_{oed}^{ref}$，$E_{ur}^{ref}=4E_{oed}^{ref}$，$G_0^{ref}=5.0E_{ur}^{ref}$，$\gamma_{0.7}=(0.6\sim3.0)\times10^{-4}$。利用上述关系式参数计算的上海典型基坑工程变形与实测结果吻合较好。

刘畅[37] 针对天津滨海软土，采用土体硬化模型模拟，由三轴固结排水试验得到参数 E_{50}^{ref}，由高压固结试验得到参数 E_{oed}^{ref} 及 $E_{s1\text{-}2}$。试验结果表明 E_{50}^{ref} 和 E_{oed}^{ref} 及压缩模量 $E_{s1\text{-}2}$ 在各个土层总体变化趋势一致；天津滨海新区 50m 范围内各土层的 E_{50}^{ref} 值总体上大于压缩模量 $E_{s1\text{-}2}$，E_{50}^{ref} 为 $E_{s1\text{-}2}$ 的 1.5～2.0 倍，一维压缩试验求得的 E_{oed}^{ref} 值等于或略大于 E_{50}^{ref}，E_{oed}^{ref} 约为 $1.0\sim1.5E_{50}^{ref}$。

杭州市区地处长江三角洲南翼，钱塘江下游北岸，杭州湾西端，长江三角洲区域杭嘉湖平原的西南部，地形地貌十分复杂。第四纪以来，杭州市气候变化剧烈，海水面升降频繁，加上新构造运动的影响，使得杭州市沉积土成因类型繁多，厚度变化大。同时古苕溪、古钱塘江多次改道，冲刷切割，也使得地层相变多而复杂。杭州地基为典型的软土地基，软土厚度达 30～50m，地基土体具有含水量高、强度低、压缩性高、渗透系数低、变形稳定历时较长等特点。自中更新世以来，杭州地区土层一直处于沉降阶段，自上而下沉积了 12 大层（表 2.4.3），其中第一软土层是在全新世中期由于杭州湾受镇海海侵影响而形成的，第二软土层是在全新世早期，由于杭州湾受富阳海侵所形成的。第一、第二软土层均为淤泥质黏土层，且层厚较大，其土质特点是天然含水高、压缩性高、承载力低，是影响工程性质最明显的土层。杭州典型软土在低围压下会出现剪缩现象，总体上呈应变硬化型。

杭州典型软土层分布及埋深 **表 2.4.3**

层序	土的名称	厚度(m)	土层状况
1	人工填土	1～7	杂填土层
2	粉土、粉砂黏土	6～10	粉土、粉砂黏土
3	淤泥质黏土	6～10	第 1 软土层
4	粉土、粉质黏土	5～8	第 1 硬土层
5	淤泥质黏土	2～10	第 2 软土层
6	黏土及粉土夹层	3～4	第 2 硬土层
7	黏土、粉质黏土	3～8	黏土、粉质黏土
8	塘江河洪冲积层	4～6	第 3 硬土层
9	黏土	2～5	局部分布
10	山前洪、坡积及古河谷冲积层	—	分布于山前与古河谷地带，局部分布
11	网纹黏土，含砾黏土、膨胀土	—	局部分布
12	基岩及基岩风化层	—	基岩

夏云龙[34] 针对杭州典型软土层分布及埋深，首先对不同深度杭州黏土进行了多种室内试验，得到了杭州黏土的具体试验结果。在此基础上，结合 PLAXIS 软件，使用土体硬

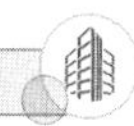

化模型和小应变硬化模型，模拟了杭州黏土的试验结果，总结得到了杭州多层黏土的本构模型参数。杭州典型黏土参数 E_{50}^{ref} 的取值范围为 1.5～2.4MPa，E_{oed}^{ref} 的取值范围为 1.3～1.9MPa，E_{ur}^{ref} 的取值范围为 4.8～10.5MPa，G_0^{ref} 的取值范围为 3.4～23.5MPa，$\gamma_{0.7}$ 的取值范围为（1.6～9.4）$\times 10^{-4}$。

陈东等[27] 针对杭州地区基坑工程中常遇到的软弱土层：①$_1$ 砂质粉土、③$_1$ 粉砂、④$_3$ 淤泥质粉质黏土、⑥$_2$ 淤泥质黏土，开展了基本物理学指标试验，测得了土样的含水量、密度、相对密度和孔隙比，进行了标准固结试验、三轴固结排水剪切试验和加载-卸载-再加载试验，得到了 HSS 模型所需的试验参数，如表 2.4.4 所示。其中，小应变剪切模量 G_0^{ref} 是通过弯曲元测得小应变剪切波速，再利用式（2.4.45）计算得到。

杭州典型土层试验所得的 HSS 模型参数　　表 2.4.4

土层序号	土层名称	厚度（m）	$E_{s1\text{-}2}^{ref}$（MPa）	E_{oed}^{ref}（MPa）	E_{50}^{ref}（MPa）	E_{ur}^{ref}（MPa）	G_0^{ref}（MPa）	p^{ref}（kPa）	R_f
②$_1$	砂质粉土	5.2	15.4	15.9	13.1	72.1	48.1	100	0.68
③$_1$	粉砂	10.0	10.5	10.2	8.3	47.8	67.4	100	0.64
④$_3$	淤泥质粉质黏土	7.2	2.1	2.3	3.2	16.1	31.9	100	0.83
⑥$_2$	淤泥质黏土	4.8	2	1.8	2.2	16.7	44.5	100	0.65

在获得杭州典型软弱土模型参数的基础上，陈东等又对 HS 和 HSS 模型参数的相关性进行了分析。图 2.4.13 为参数 $E_{s1\text{-}2}$ 与 E_{oed}^{ref} 的相关性分析结果，图 2.4.14 为参数 E_{50}^{ref} 与 E_{oed}^{ref} 的相关性分析结果，图 2.4.15 为参数 E_{ur}^{ref} 与 E_{oed}^{ref} 的相关性分析结果，同时对参数 m、ν_{ur}、$\gamma_{0.7}$、R_f 进行了分析，最终得到了杭州典型软土层土体 HS 和 HSS 模型参数的取值建议值（表 2.4.5）。

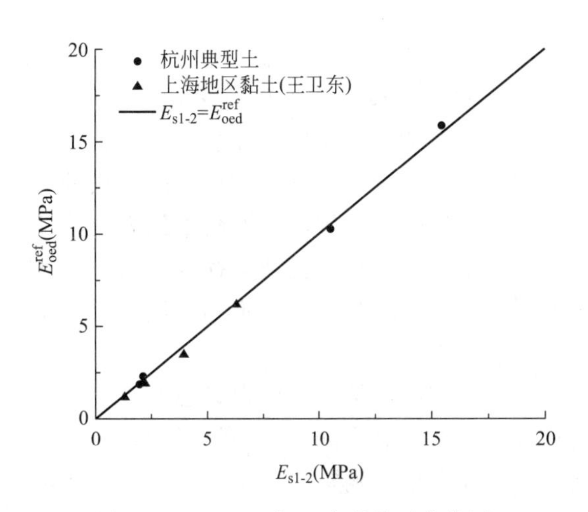

图 2.4.13　$E_{s1\text{-}2}$ 与 E_{oed}^{ref} 的关系曲线图

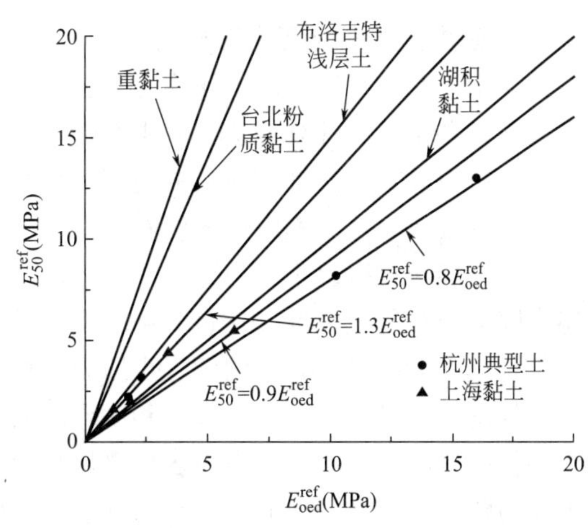

图 2.4.14　E_{50}^{ref} 与 E_{oed}^{ref} 的关系曲线图

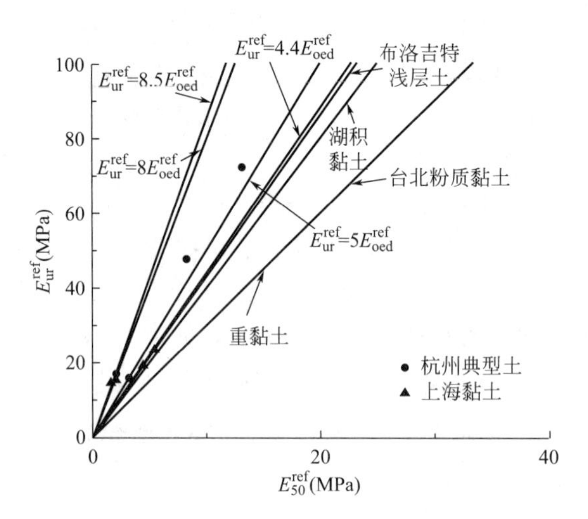

图 2.4.15 E_{ur}^{ref} 与 E_{oed}^{ref} 的关系曲线图

杭州典型软土层土体 HS 和 HSS 模型参数取值建议值 **表 2.4.5**

土层名称	ψ (°)	E_{oed}^{ref} (MPa)	E_{50}^{ref} (MPa)	E_{ur}^{ref} (MPa)	G_0^{ref} (MPa)	$\gamma_{0.7}$ (10^{-4})	ν_{ur}	K_0	m	R_f
砂性土	$\varphi'-30$	$1.0E_{s1\text{-}2}$	$0.85E_{oed}^{ref}$	$5E_{oed}^{ref}$	$1.5E_{ur}^{ref}$	0.6～3.0	0.2	$1-\sin\varphi'$	0.5	0.6
黏性土	0	$1.0E_{s1\text{-}2}$	$1.3E_{oed}^{ref}$	$8E_{oed}^{ref}$	$2.3E_{ur}^{ref}$	1.5～2.8	0.2	$1-\sin\varphi'$	0.8	0.9(④)、0.6(⑥)

2.5 逆作基坑支护结构分析计算中的相关问题

2.5.1 关于土压力计算问题

1. 国内外关于土压力理论的研究

作用于基坑挡墙上的土压力计算是个十分复杂的问题，根据不同的计算理论和假定，可得出多种土压力计算方法，其中有代表性的经典理论如朗肯土压力、库仑土压力。由于每种土压力计算方法都有各自的适用条件与局限性，也就没有一种统一的且普遍适用的土压力计算方法。从工程应用角度看，由于朗肯土压力理论概念明确，与库仑土压力理论相比，具有能直接得出土压力分布的优点，从而更适合于结构计算，受到工程设计人员的普遍青睐。现行行业标准《建筑基坑工程技术规程》JGJ 120-2012[2] 和上海市、浙江省的基坑工程地方标准均推荐采用朗肯土压力计算理论[3-5]。

但基于极限平衡理论的朗肯和库仑两大经典土压力理论，是针对极限状态下平动模式刚性挡墙提出的，不能考虑更多挡墙位移模式和位移量大小对主动土压力的影响，得到的土压力随深度线性分布的规律也与许多室内模型试验和现场实测资料不符。对于变形要求严格的逆作基坑来说，经典理论计算的土压力与实测土压力偏差则更大。

国内外学者对刚性挡墙土压力进行了大量试验和理论研究，证明主动土压力大小、分布与挡墙位移量和位移模式密切相关。Chang（1997）[39]、Zhang（1998）[40]、徐日庆（2000）[41] 和梅国雄（2001）[42-43] 等得到的土压力分布，始终介于静止土压力和库仑主动

状态之间，与绕顶转动（RT 模式）下在墙顶附近由于土拱作用而使土压力呈现增大效应甚至超过静止土压力的室内模型试验结果不一致。

另外，采用逆作法的基坑一般为深大基坑，周边挡墙大多采用地下连续墙或排桩墙，挡墙厚度与墙体高度相比较小，在水土压力作用下易产生挠曲变形，一般称为柔性挡墙，其土压力分布和大小与重力式挡土墙等刚性挡土墙相比，具有较显著的不同。

当前对土压力的研究成果大多集中在刚性挡墙，对柔性挡墙土压力的研究相对较少，但也取得了一定进展。Milligan（1983）[44] 对砂性土内撑式柔性挡土墙滑裂面的发展进行了模型试验，陆陪毅（2003）[45] 对柔性挡土墙悬臂和单锚两种模式下的土压力分布进行了室内试验，指出土压力分布并非直线分布，在拉锚附近土压力出现 R 形分布。蔡奇鹏（2007）[46] 采用有限元法对柔性挡墙进行了数值模拟，应宏伟（2008）[47] 对鼓形变位模式下柔性挡墙的主动土压力分布进行研究。Zhang（1998）通过三轴试验得到砂土的土压力系数与土体轴向和侧向应变增量比的关系，给出了任意变位模式的位移统一表达式，引入内摩擦角发挥值概念，提出了任意位移状态土压力的计算方法。徐日庆（2000）和梅国雄（2001）根据主动土压力随位移的变化规律分别提出了反映位移效应的土压力假想计算公式。

应宏伟（2014）[48] 采用中间状态系数来统一反映挡墙位移模式和位移量的影响，提出了任意位移柔性挡墙主动土压力合力系数的计算公式；在求得合力基础上，将土体简化为非线性弹簧和刚塑性体的组合体，提出了任意位移下的土压力分布和合力作用点高度的计算方法。计算结果表明，随着柔性挡墙位移量的增大，土压力合力逐渐减小，合力作用点位置随挡墙位移形态的变化而改变，土压力分布的非线性程度逐渐增大。

关于非极限状态下土压力计算取值问题，各规范规程在推荐采用朗肯土压力理论的同时，也对中间状态土压力计算提出了原则性的规定。

如行业标准《建筑基坑工程技术规程》JGJ 120-2012 规定[2]：当需要严格限制支护结构的水平位移时，支护结构外侧的土压力宜取静止土压力；有可靠经验时，可采用支护结构与土相互作用的方法计算土压力。

行业标准《建筑工程逆作法技术标准》JGJ 432-2018 规定[38]，作用在基坑围护结构上的土压力的计算模式，应根据围护结构与土体的位移情况以及采取的施工措施确定，并应符合下列规定：(1) 基坑开挖阶段，作用在围护结构外侧的土压力宜取主动土压力；需要严格限制支护结构的水平位移时，围护结构外侧的土压力可取静止土压力；(2) 采用围护结构与主体结构相结合的设计时，地下结构正常使用期间作用在围护结构外侧的土压力应取静止土压力。

浙江省标准《建筑基坑工程逆作法技术规程》DB33/T 1112-2015 规定[4]：当支护结构预估位移达到相应土体的极限状态位移时，可采用主动、被动土压力；当支护结构未达到相应土体的极限状态位移时，宜采用静止土压力与主动、被动土压力之间的土压力值；当支护结构的水平变形有严格限制时，宜采用静止土压力。

上海市标准《基坑工程技术标准》DG/TJ 08-61-2018 规定[5]：计算作用在基坑围护结构上的土压力时，应根据围护结构与土体的位移情况和采取的施工措施等因素，确定土压力计算模式，分别按静止土压力、主动土压力、被动土压力及与基坑侧向变形条件相应的土压力计算。

上海市土木工程学会标准《轴力自动补偿钢支撑技术规程》T/SSCE 0001-2021 规定[49]，土压力计算模式应根据围护结构与土体的位移情况确定：（1）基坑水平变形控制标准小于 $0.001H$ 时（H 为基坑开挖深度），外侧土压力应按静止土压力计算；（2）基坑水平变形控制标准介于 $0.001H \sim 0.003H$ 时，外侧土压力宜按静止土压力计算，有经验时也可按主动土压力计算；基坑水平变形控制标准大于 $0.003H$ 时，外侧土压力可按主动土压力计算。

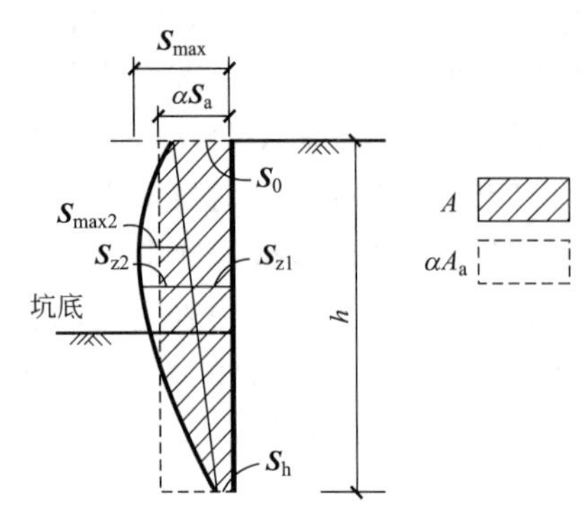

图 2.5.1　不同位移模式下 A 值面积图

2. 土压力中间状态系数的定义

图 2.5.1 为柔性挡墙典型位移曲线。设 h 为挡墙高度，z 为计算点深度，s_z 为计算点水平位移值，该曲线可简化为线性分布位移 s_{z1} 和鼓形分布位移 s_{z2} 两部分之和。设 s_{max} 为墙体最大位移值，z_m 则为相应深度，s_{ave} 为挡墙平均位移值，s_a 为平动模式（T 模式）下土体达到主动极限状态的位移值，填土为无黏性土，内摩擦角为 φ，墙-土界面摩擦角为 δ。

对于柔性挡墙的任意位移曲线，Zhang 等[40]提出可采用以下位移方程模拟：

$$s_z = f(z) = s_{z1} + s_{z2} \tag{2.5.1}$$

$$s_{z1} = s_0 - \frac{z}{h}(s_0 - s_h) \tag{2.5.2}$$

$$s_{z2} = s_{max2}\frac{z^n(h-z)^m}{z_{m2}^n(h-z_{m2})^m} \tag{2.5.3}$$

式中，s_0 和 s_h 分别为墙顶和墙底位移；s_{max2} 为鼓形分布的最大位移值；z_{m2} 为相应深度；m 和 n 为控制曲线形状的参数。

柔性挡墙任意位移曲线都可以表示成关于深度 z 的函数。特别地，当 $m=0$，$n=0$ 时，s_z 退化为线性位移模式，根据不同的 s_0 和 s_h 值，位移曲线即为平动（T）、绕底转动（RB）和绕顶转动（RT）等模式。

经典土压力理论认为，当刚性挡墙偏离土体方向平移（T 模式）且位移量达到 s_a 时，墙后土体达到主动极限状态，墙背土压力达到极值（主动土压力）P_a，对应的主动土压力系数为 K_a。当墙体平移量大于 s_a 时，土压力保持不变。研究表明[50-51]，在 RB 和 RT 模式下，墙体位移随深度变化，砂土达到主动极限状态的界限相对不明显，且极限平均位移 s_{ave} 与 T 模式有区别，如 RB 模式下土压力趋于稳值所需的挡墙平均位移量约为 T 和 RT 模式下的 2 倍（表 2.5.1）。

刚性挡墙在平动位移模式下，当平移位移量小于 s_a 时，土压力系数介于静止土压力系数 K_0 和主动土压力系数 K_a 之间，处于非极限状态（或称为中间状态）。因墙体各点位移相等，描述中间状态的量化标准显然可以直接取 s/s_a，s 为墙体实际位移。

对于具有更复杂形态的任意位移柔性挡墙，不妨定义 ψ 为中间状态系数[48]：

$$\psi = \frac{A}{\alpha A_a} \tag{2.5.4}$$

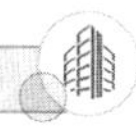

刚性挡墙不同模式极限状态的平均位移[51]　　表 2.5.1

位移模式	S_{ave}/h	
	数值分析	试验结果
T	0.051%	0.050%
RB	0.10%	0.095%
RT	0.060%	0.050%

式中，A_a 为 T 模式主动极限位移沿深度的包络面积，即 $A_a = s_a \times h$；α 为与挡墙位移模式有关的主动极限位移修正系数。Matsuzawa（1996）[51] 通过数值模拟研究了不同模式极限状态的平均位移，从表 2.5.1 的结果可知，RB 模式取 $\alpha=2$，T 和 RT 模式取 $\alpha=1$；对于任意位移曲线，以位移最大值处的相对深度来计算 α 值，即 $\alpha=1+(h-z_m)/h$。A 为当前墙体位移包络线落在矩形 αA_a 内的面积，即图 2.5.1 中的各位移模式下对应的阴影面积。

显然，中间状态系数 ψ 介于 0 和 1 之间，当 $\psi=0$ 时，为静止土压力状态，对应的土压力合力系数为 K_0；当 $\psi=1$ 时，为主动极限状态，对应的土压力系数为 K_a。

由图 2.5.1 的几何关系可得：

当 $s_{max} \leqslant \alpha s_a$ 时，

$$\psi = \frac{A}{\alpha A_a} = \frac{\int_0^h f(z)\mathrm{d}z}{\alpha s_a h} \tag{2.5.5}$$

当 $s_{max} > \alpha s_a$ 时，

$$\psi = \frac{A}{\alpha A_a} = \frac{\int_0^{z_1} f(z)\mathrm{d}z + \int_{z_2}^{h} f(z)\mathrm{d}z + \alpha s_a (z_2 - z_1)}{\alpha s_a h} \tag{2.5.6}$$

式中，z_1 和 z_2 为方程 $f(z)=\alpha s_a$ 的解。这样，位移模式和位移量对土压力的影响可用中间状态系数 ψ 来统一反映。

3. 土压力合力系数

根据已有试验及数值分析结果，土压力随着位移的增大而减小，但并非简单的线性关系。文献 [40]、[41]、[43] 分别提出了某深度土压力强度随位移量变化的非线性表达式。借鉴文献 [40]，可得到不同位移下的主动土压力合力系数公式：

$$K = K_0 - (K_0 - K_a) \cdot \psi^{\beta} \tag{2.5.7}$$

式中，K 为土压力合力系数；β 为反映土压力和位移量间非线性程度的参数，可取 $\beta=0.5$。

结合式（2.5.5）～式（2.5.7），即可求得任意位移下的土压力系数 K。表达式清晰简洁，以相对明确的 T 模式刚性挡墙达到主动状态的极限位移量 s_a 和柔性挡墙的整体位移曲线作为判别中间状态的量化标准，同时反映了 K 随位移改变而呈非线性变化的特征。对于较简单的 T 模式，式（2.5.7）可具体表示为：

$$K = \begin{cases} K_0 - (K_0 - K_a) \cdot \psi^{\beta} & (s_{max} < s_a) \\ K_a & (s_{max} \geqslant s_a) \end{cases} \tag{2.5.8}$$

显然上式反映了 T 模式时土压力合力随位移增加而非线性减小，土压力系数逐渐趋于稳定并达到主动极限状态的规律。

4. 挡墙任意位移条件下的土压力分布

设 p_z 为深度 z 处的侧土压力强度值，则：

$$p_z = p_0 - k_z \times \left(\frac{s_z}{\alpha s_a}\right)^{\beta} \tag{2.5.9}$$

式中，p_0 为深度 z 处的静止土压力强度，$p_0 = K_0 \gamma z$；参数 α 和 β 意义同上；k_z 为土体刚度系数，设沿深度线性分布，$k_z = a$（$z - b$），即：

$$p_z = p_0 - a(z - b) \times \left(\frac{s_z}{\alpha s_a}\right)^{\beta} \tag{2.5.10}$$

式中，b 为反映墙顶土拱作用范围的参数，RT 模式时，取 $b = h/3$；T 和 RB 模式时，则取 $b = 0$。而针对一般情况，可取 $b = z_m/3$。

将式（2.5.10）沿深度进行积分即可得到合力值 P：

$$P = \int_0^h p_z \mathrm{d}z = P_0 - a\int_0^h (z - b)\left(\frac{s_z}{\alpha s_a}\right)^{\beta} \mathrm{d}z \tag{2.5.11}$$

由式（2.5.8）所求的土压力合力系数 K 值，又可得：

$$P = \frac{1}{2}\gamma h^2 K \tag{2.5.12}$$

联立方程式（2.5.11）、式（2.5.12）即可解得参数 α：

$$a = \frac{1}{2}\gamma h^2 \frac{K_0 - K}{\displaystyle\int_0^h (z - b)\left(\frac{s_z}{\alpha s_a}\right)^{\beta} \mathrm{d}z} \tag{2.5.13}$$

式（2.5.10）即为土压力强度 p_z 的通式，其中 K 值按式（2.5.8）计算。在求得主动土压力合力分布情况下，可得合力作用点高度为：

$$h_b = \frac{1}{P}\int_0^h p_z (h - z) \mathrm{d}z \tag{2.5.14}$$

式中，P 按式（2.5.12）计算，p_z 按式（2.5.10）计算。

对于黏性土柔性挡墙的土压力，计算思路和无黏性土地基基本相同。可将式（2.5.11）中的任意位移形态下的主动土压力合力 P 定义为下式，其余求解过程不变：

$$P = P_0 - (P_0 - P_a) \times \psi^{\beta} \tag{2.5.15}$$

式中，P_0、P_a、P 分别为静止状态、主动极限状态和任意位移状态下的柔性挡墙土压力合力，值得注意的是黏性土的主动土压力合力 P_a 应考虑黏聚力和拉裂区的影响。

通过选取不同的 m 值和 n 值，即可拟合各种位移曲线图，以 $K_a = 0.33$ 和 $K_0 = 0.5$ 为例，计算相应情况下的土压力分布，见图 2.5.2 和图 2.5.3。从图 2.5.2 可见，当挡墙最大位移量 s_{max} 相同时，随着 s_{max} 处的相应深度 z_m 的增加，墙顶附近局部土压力逐渐增大，并最终大于静止土压力，而墙底附近局部土压力则逐渐减小，并最终小于库仑主动土压力。土压力分布从 RB 模式下的呈向下凹的非线性分布过渡到 RT 模式下的向上凸的非线性分布，合力作用点高度也逐渐增大。

从图 2.5.3 可见，当挡墙位移模式保持相同的中间鼓胀形的情况下，随着最大位移量 s_{max} 增加，挡墙土压力逐渐减小。挡墙中部位移量变化较大处，土压力也减小得更加明显，甚至小于库仑主动土压力。土压力分布曲线逐渐呈现 R 形分布。合力作用点高度则变

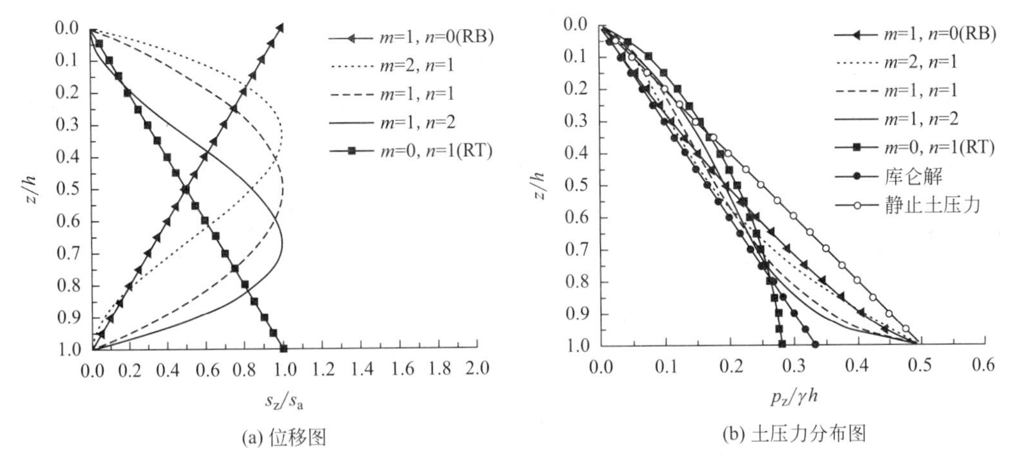

图 2.5.2　不同位移模式下的土压力分布

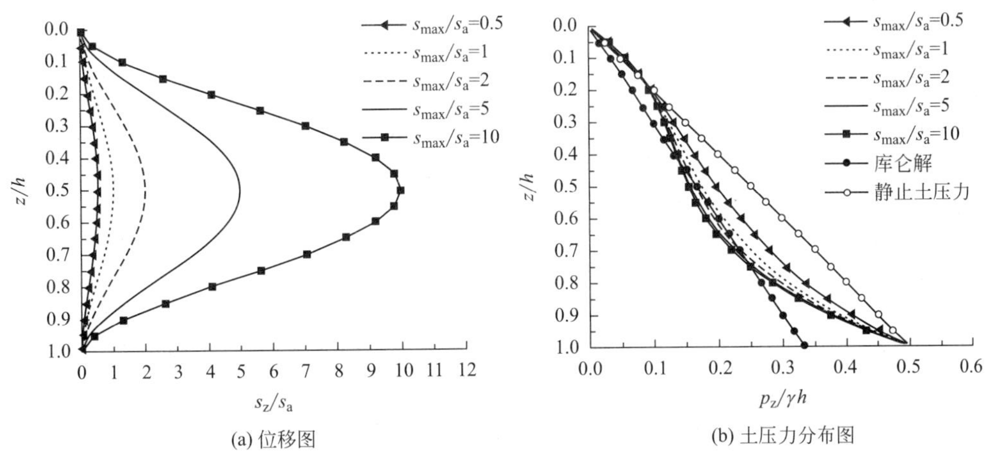

图 2.5.3　不同位移量下的土压力分布

化不明显，保持在 1/3 墙高处。

5. 与试验结果的比较

以陆陪毅（2003）的试验模型为算例，参数 $\gamma=16\text{kN/m}^3$、$\varphi=31°$、$\delta=20°$，取 $s_a=0.0005h=0.1\text{cm}$，不同开挖深度 d 下，位移曲线各不相同，如图 2.5.4 所示。本书方法、Zhang（1998）和徐日庆（2000）方法与试验数据得到的三种不同位移曲线下的土压力分布分别见图 2.5.5～图 2.5.7。

从以上结果可见，在鼓形位移曲线下，本书方法得到的土压力呈 R 形分布，与试验结果更为接近，更能真实反映墙顶附近的土拱效应和墙中部土压力减小的现象，这是经典土压力理论和已有其他方法无法得到的。并随着位移量的增大，土压力的非线性程度也越来越高。

6. 挡墙变形相关土压力的求解

经典土压力理论如朗肯土压力、库仑土压力，所计算的都是极限状态下的土压力值，与围护体变形大小无关。但式（2.5.10）给出的是中间状态主动土压力，是基于围护体变

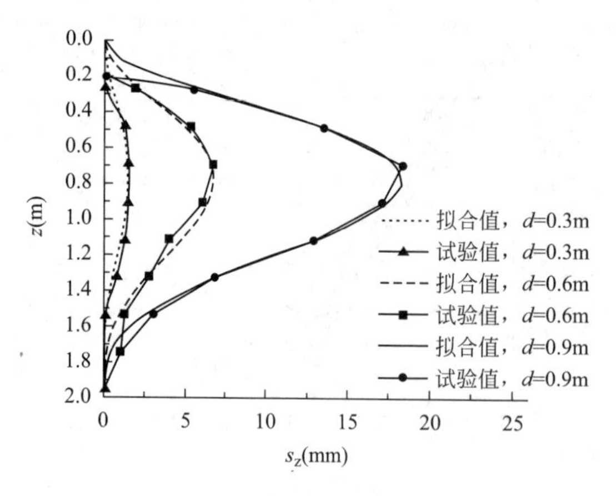

图 2.5.4 算例支护墙位移图

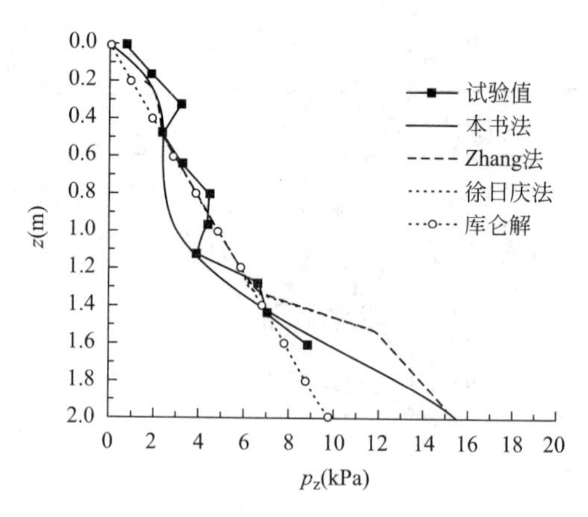

图 2.5.5 算例开挖 30cm 土压力分布

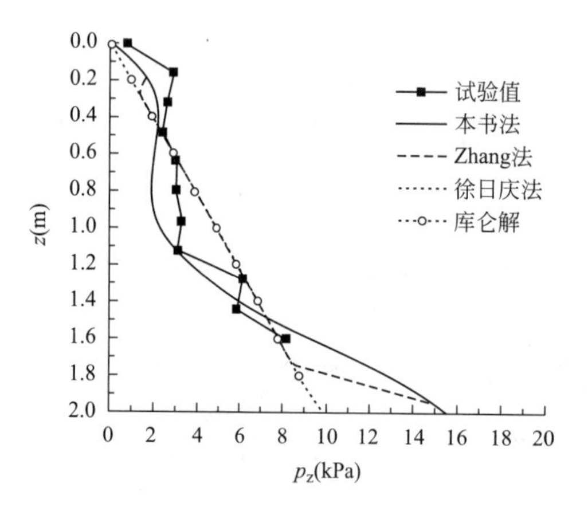

图 2.5.6 算例开挖 60cm 土压力分布

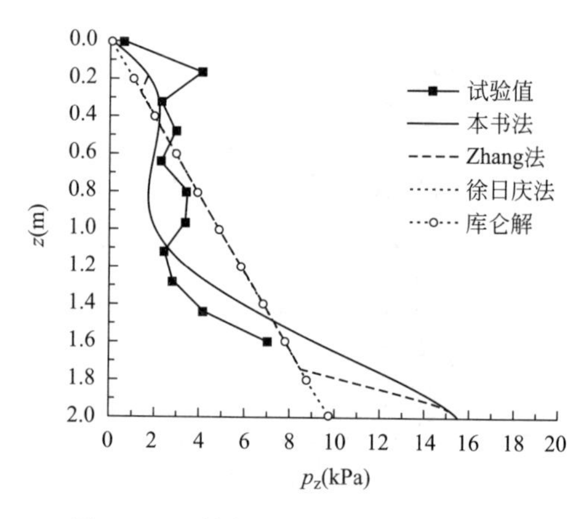

图 2.5.7 算例开挖 90cm 土压力分布

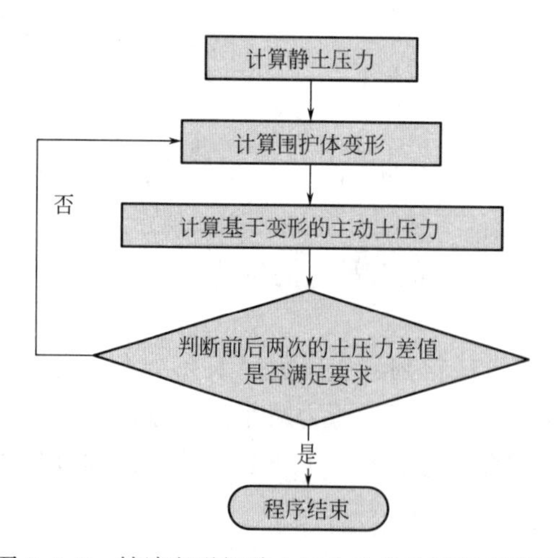

图 2.5.8 挡墙变形相关土压力迭代计算程序框图

形的一种土压力模型。式中 s_z 为某一深度处基坑挡墙的侧向变形，在计算过程中，基坑挡墙变形的改变会对土压力产生影响，而土压力的变化又会引起挡墙变形的改变，且不同位置的围护结构也会产生相互影响，因此，土压力大小和分布与挡墙变形是相互耦合的，所以整个计算过程需采用迭代计算。迭代计算时，初始步采用静止土压力计算挡墙变形，然后进行土压力与挡墙变形的迭代计算。在此过程中，主动土压力不断更新，最终趋于稳定。迭代流程如图 2.5.8 所示。

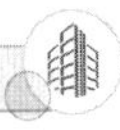

2.5.2 关于被动区土体水平抗力比例系数（m 参数）取值问题

采用平面或空间弹性地基梁法时，开挖面以下被动区土体水平抗力系数的比例系数 m 参数取值（对应于土弹簧刚度的大小），对支护结构内力变形计算影响显著。

1. 标准规范对 m 参数的推荐值

根据行业标准《建筑桩基技术规范》JGJ 94-2008[52]，地基土水平抗力系数的比例系数 m，宜通过单桩水平静载试验确定，并按式（2.5.16）计算。考虑到实际工程通过单桩水平静载试验确定 m 参数代价较大，规范补充规定：当无静载试验资料时，可按表 2.5.2 取值。

由于土体 m 值与荷载呈非线性关系，低荷载水平下 m 值较高；随荷载增加，桩侧土的塑性区逐渐扩展，m 值随之降低。因此，m 取值应与允许位移相适应。实际基坑工程挡墙变形往往大于表 2.5.2 所列的桩顶位移，因而 m 参数应小于表中取值。

$$m=\left(\frac{H_{\mathrm{cr}}}{\chi_{\mathrm{cr}}}v_{\mathrm{x}}\right)\cdot\frac{1}{b_{0}(EI)^{2/3}} \tag{2.5.16}$$

地基土水平抗力系数的比例系数 m 值（灌注桩） **表 2.5.2**

地基土类别	m(MN/m^4)	桩顶水平位移(mm)
淤泥;淤泥质土;饱和湿陷性黄土	2.5～6	6～12
流塑、软塑状黏性土;e>0.9 粉土;松散粉细砂;松散、稍密填土	6～14	4～8
可塑状黏性土、湿陷性黄土;e=0.75～0.9 粉土;中密填土;稍密细砂	14～35	3～6
硬塑、坚硬状黏性土、湿陷性黄土;e<0.75 粉土;中密的中粗砂;密实的老填土	35～100	2～5
中密、密实的砾砂、碎石类土	100～300	1.5～3

行业标准《建筑基坑工程技术规程》JGJ 120-2012 给出了 m 参数取值的规定：土的水平反力系数的比例系数宜按桩的水平荷载试验及地区经验取值，缺少试验和经验时，可按下列经验公式计算：

$$m=\frac{1}{v_{\mathrm{b}}}(0.2\varphi^{2}-\varphi+c) \tag{2.5.17}$$

式中，v_{b} 为挡墙在基坑底面处的水平位移量（mm），当此处的水平位移不大于 10mm 时，可取 10mm；φ 为土的内摩擦角（°）；c 为土的黏聚力（kPa）。

经验公式（2.5.17）是根据大量实际工程的单桩水平载荷试验，按公式（2.5.16），经与土层的 c、φ 值进行统计建立的。但根据软土地区基坑工程经验，采用该公式计算的软弱土层的 m 参数取值偏大，计算得到的基坑支护结构变形远小于实测值。

浙江省标准《建筑基坑工程技术规程》DB33/T 1096-2014，根据浙江地区大量基坑工程实测变形和反演分析，得到如表 2.5.3 所示的各类土 m 参数取值范围。

浙江地区基坑水平基床反力系数的比例系数 m[3] **表 2.5.3**

地基土分类	m(kN/m^4)
流塑的黏性土	500～2000
软塑的黏性土、松散的粉性土和砂土	2000～4000

续表

地基土分类	m(kN/m^4)
可塑的黏性土、稍密～中密的粉性土和砂土	4000～6000
坚硬的黏性土、密实的粉性土、砂土	6000～10000
深层搅拌或高压喷射注浆法加固水泥土（置换率>25%，水泥掺量>15%）	2000～6000

注：1. 采用深层搅拌或高压喷射注浆法加固的土体的 m 值应根据加固置换率（与加固宽度、被动滑裂面范围、加固密度等因素有关）和水泥掺量酌情选取。
2. 对淤泥质土层，m 应根据每步开挖过程中无支撑暴露时间及挡墙暴露宽度选取，一般暴露时间及宽度越大，m 越小。

上海市标准《基坑工程技术标准》DG/TJ 08-61-2018，根据上海地区大量基坑工程实测变形和统计分析，得到如表 2.5.4 所示的各类土 m 参数取值范围。

上海市基坑工程水平向基床系数沿深度增大的比例系数 m[5]　　表 2.5.4

地基土分类		m(kN/m^4)
流塑的黏性土		1000～2000
软塑的黏性土、松散的粉性土和砂土		2000～4000
可塑的黏性土、稍密～中密的粉性土和砂土		4000～6000
坚硬的黏性土、密实的粉性土、砂土		6000～10000
水泥土搅拌桩加固置换率>25%	水泥掺量<8%	2000～4000
	水泥掺量>13%	4000～6000

2. 考虑被动区加固的 m 参数取值

当开挖深度范围内土方以淤泥、淤泥质土为主时，特别是坑底以下仍为深厚软弱土时，对被动区土体进行加固，可提高被动区土体的刚度和抗力，增大基坑稳定性，显著减小支护结构内力及变形，保护周边环境安全。

基坑被动区土体加固可采用深层搅拌桩、高压喷射注浆法等方法，加固方法的选择应综合考虑土质条件、加固深度、环境要求、场地条件及工期等因素。一般的注浆法适用于浅层填土和松散砂性土的加固；普通水泥搅拌桩适用于浅层软土的加固，三轴水泥土搅拌桩的加固深度宜控制在 25m 之内，一般不超过 30m；高压喷射注浆法的适用范围较广，场地条件紧张、加固深度要求高、地下障碍物复杂时，较其他加固方法有明显优势。

加固体平面布置宜采用裙边结合墩、裙边、裙边结合抽条、满堂等形式（图 2.5.9）。基坑平面尺寸较大时，宜采用裙边或裙边结合墩的布置方式，加固体的宽度不宜小于相应范围基坑开挖深度的 0.4 倍；基坑平面形状为狭长形，且短边尺寸不大时，宜采用裙边结合抽条的布置方式；基坑平面尺寸较小，变形控制要求严格时，可采用满堂布置。当加固体范围较大时，为节省费用，可采用格栅式排列，如图 2.5.10 所示。

当基坑挖深较深时，可考虑在基坑开挖一定深度后，再进行加固体施工，不仅可减小加固施工难度，有利于保证加固体质量，同时也可节省造价。

基坑被动区加固深度范围内，水泥土与土复合层抗剪强度指标的确定以及侧向基床比例系数 m 的取值是工程上最为关心的问题。目前很多研究人员通过有限元软件数值模拟

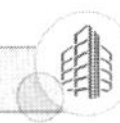

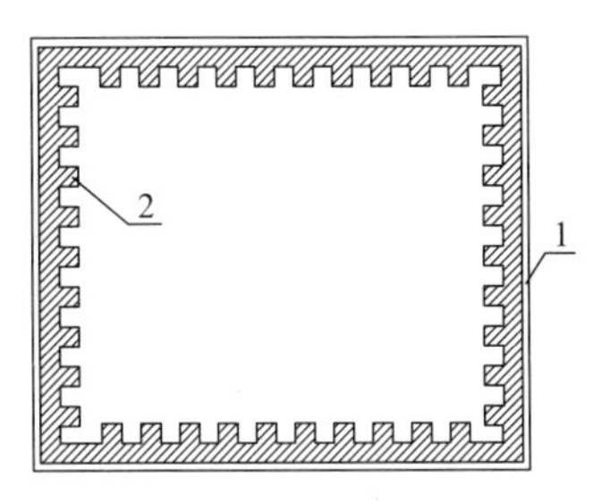

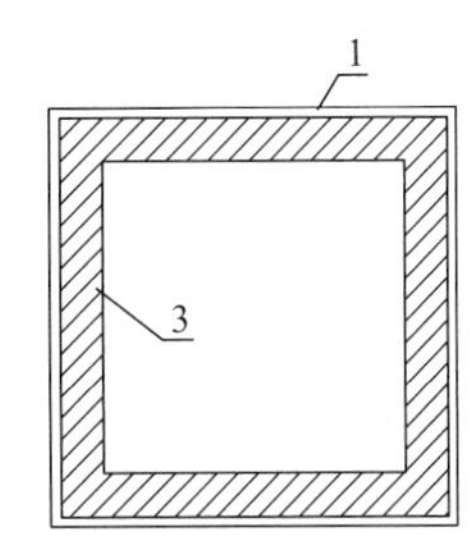

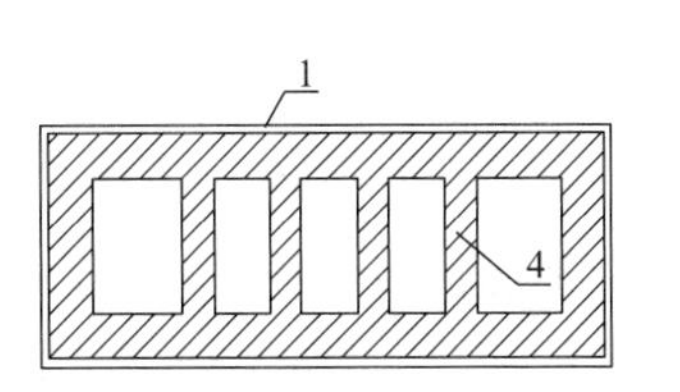

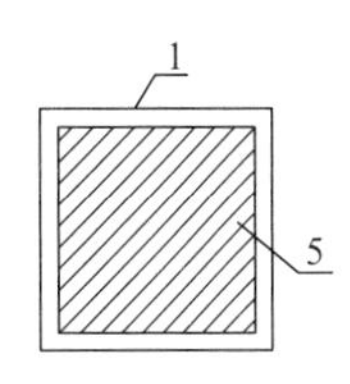

1—围护墙　2—裙边结合墩加固　3—裙边加固　4—裙边结合抽条加固　5—满堂加固

图 2.5.9　被动区加固体的平面布置形式

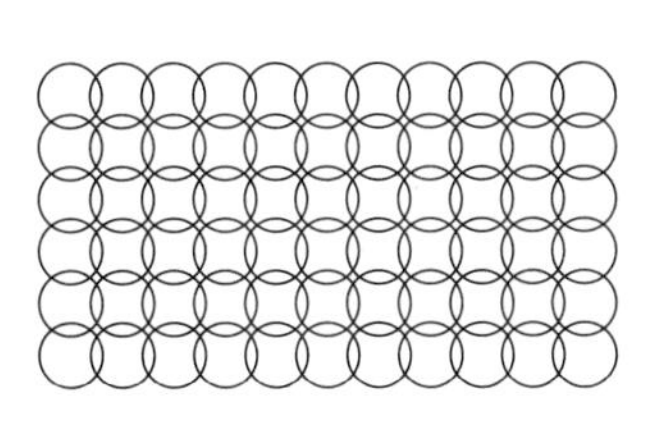

(a) 桩位满堂式布置图

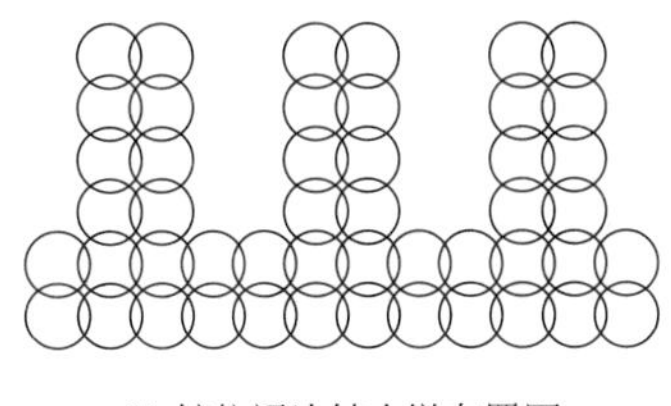

(b) 桩位裙边结合墩布置图

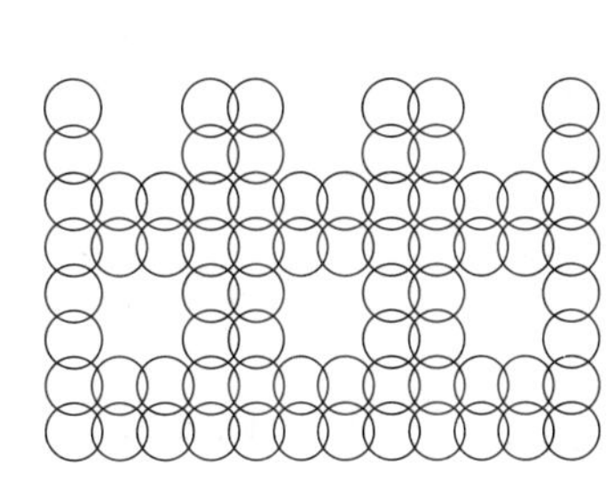

(c) 桩位格栅式布置图

图 2.5.10　基坑被动区土体加固的桩位排列方式

分析坑内加固范围对支护变形影响的规律。魏祥等[54] 通过有限元软件分析基坑被动区加固对桩基的影响，得出随着基坑加固深度和宽度的增大，桩身侧向位移显著减小，但加固宽度和加固深度存在一个最优取值范围的结论。李志伟等[55] 针对开挖段被动区加固建立有限元模型计算分析，罗战友等[56] 以竖向弹性地基梁法为基础建立有限元分析模型，也发现被动区加固存在最优加固深度与加固宽度；当加固深度与加固宽度小于最优值时，支护结构的水平位移将随着加固深度与加固宽度的增加而显著减小，当超过最优值时，加固效果提高不明显。

杨光华等[57] 对加固体进行静力平衡分析，计算出加固体的最优有效加固宽度，当实际加固宽度不同时，提出了一种修正 m 值的计算方法，并通过有限元计算进行验证。

对于实际加固宽度为 l 时，可以按式（2.5.18）的线性插值来计算有限宽度加固体的 m 值，也即考虑了加固体宽度的影响。

$$m=\begin{cases} m_0+(m'-m_0)\dfrac{l}{l_0} & (l<l_0) \\ m' & (l\geqslant l_0) \end{cases} \tag{2.5.18}$$

式中，m 为有限加固宽度 l 时的水平抗力比例系数值；m_0 为天然土的 m 值，可根据土体的 c、φ 按式（2.5.17）计算；m'为无限加固宽度时的加固体 m 值，可根据加固体的 c、φ 按式（2.5.17）计算；l 为有限加固宽度；l_0 为加固体的最优有效加固宽度。

浙江省标准《建筑基坑工程技术规程》DB33/T 1096-2014，对基坑被动区加固后的 m 参数取值提供了参考方法。首先，关于水泥土与土的复合层的抗剪强度指标，假定复合层的内摩擦角与土相同，复合层黏聚力 c_{sp} 按下式计算[3]：

$$c_{sp}=0.25q_u\cdot I_r+c_s(1-I_r) \tag{2.5.19}$$

式中，q_u 为水泥土无侧限抗压强度；I_r 为加固深度范围水泥土的置换率；c_s 为土的黏聚力，公式右边的 0.25 为经验系数。

根据日本的有关资料，当水泥土无侧限抗压强度 $q_u=500\sim4000\text{kPa}$ 时，其黏聚力 $c=100\sim1100\text{kPa}$，一般约为 q_u 的 20%～30%，内摩擦角 $\varphi=20°\sim30°$。公式中 0.25 的经验系数，与日本的试验资料相吻合。

被动区水泥土加固体置换率 I_r 的确定，以裙边加墩的平面布置形式，而加固深度小于围护墙插入深度的情况为例，参照图 2.5.11 确定如下：

$$I_r=\frac{\text{水泥土加固体体积}}{\text{加固深度范围被动土体积}}=\frac{(a\times b+s\times t)\times h_0}{D\times\tan(45°+\varphi_s/2)\times S\times h_0} \tag{2.5.20}$$

式中，t 为加固体的裙边宽度；a、b 为墩的高度和宽度；s 为墩的中心距；h_0 为加固深度。

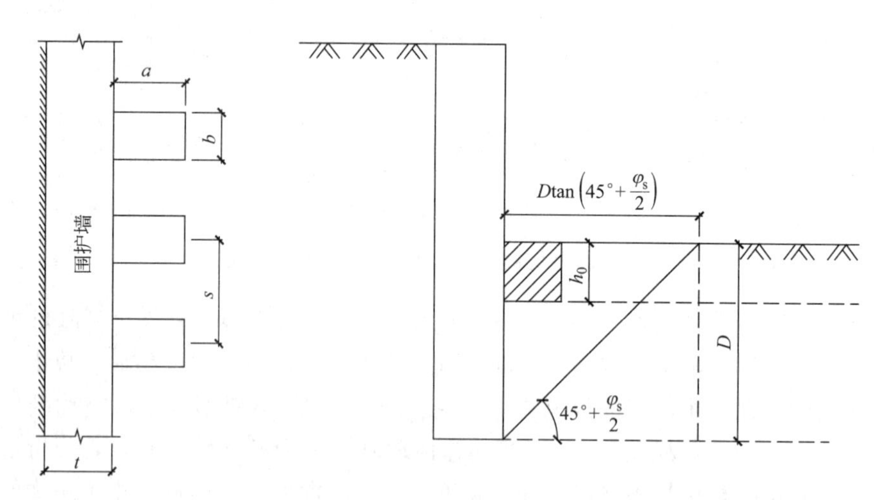

图 2.5.11　基坑被动区土体加固体的水泥土置换率计算示意图

算例：土的抗剪强度指标 $c_s=10\text{kPa}$，$\varphi_s=10°$；水泥土的无侧限抗压强度 $q_u=800\text{kPa}$，$I_r=0.25$，则加固深度范围内水泥土与土复合层的黏聚力 c_{sp} 为：

$$c_{sp}=0.25q_u\cdot I_r+c_s(1-I_r)=0.25\times800\times0.25+10\times(1-0.25)=57\text{kPa}$$

取 $\varphi_{sp}=\varphi_s=10°$

关于水泥土加固体与土复合层侧向基床比例系数 m 的确定，可按以下工程上常用的公式计算：

$$m_{sp}=m_p\cdot I_r+m_s(1-I_r)$$

式中，m_{sp} 为复合层的 m 值；m_p 为水泥土加固体的 m 值；m_s 为土的 m 值。根据杭州市地铁 1 号线有关车站坑底软黏土采用高压旋喷桩满堂加固，由实测资料反分析得到的 m_p 值约为 7000kN/m^4，对流塑状黏性土 $m_s=500\sim2000\text{kN/m}^4$（表 2.5.3），如取水泥土加固体置换率 $I_r=0.25$，则由上式可算得 $m_{sp}=2125\sim3250\text{kN/m}^4$。

3. 考虑坑边留土（盆式开挖）效应的 *m* 参数取值

逆作基坑土方开挖难度大、速度慢、周期长，为控制周边围护墙变形，常在基坑周边预留三角土坡、采用盆式开挖，以减小挡墙无支撑暴露时间。如杭州西湖凯悦大酒店，开挖至基底标高这一工况下，周边地连墙的暴露高度最大，为控制地连墙变形，最后一层土

方开挖采用盆式开挖，周边预留三角土坡，并增设钢斜撑后再分小块开挖周边三角土，边挖边施工周边垫层和基础底板，如图 2.5.12 所示。

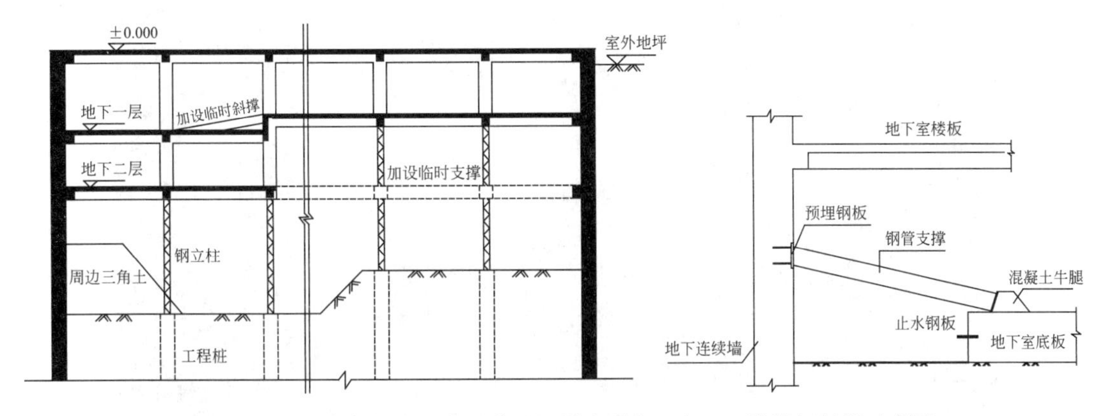

图 2.5.12　西湖凯悦大酒店逆作基坑周边预留三角土、增设钢斜撑示意图

杭州国际金融会展中心、杭州萧山国际机场交通中心等逆作基坑工程，也都采取了盆式开挖、保留周边三角土的施工措施，有效控制了地连墙的变形，如图 2.5.13、图 2.5.14 所示。

图 2.5.13　杭州国际金融会展中心逆作基坑周边预留三角土

工程经验表明，利用土方开挖施工的“时-空效应”，采用盆式开挖预留周边三角土坡，是解决逆作基坑出土速度慢，“跳板”开挖导致挡墙暴露高度大、暴露时间长的有效手段之一，对减小周边地下连续墙变形、坑后地表沉降和坑内隆起具有明显作用。那么，在逆作基坑支护结构分析计算时如何考虑这种有利作用，是我们需要解决的问题。

浙江省标准《建筑基坑工程逆作法技术规程》DB33/T 1112-2015[4] 给出了考虑预留三角土坡作用的计算方法，及采用等效开挖深度的方法，来计算逆作基坑支护结构的内力和变形。根据对数十个工程案例的有限元分析结果进行统计分析，并结合大量工程经验，等效开挖深度可按公式（2.5.21）计算，计算简图如图 2.5.15 所示。坑边预留土可采用放坡或设置重力式挡墙，当采用放坡方式留土时，对于淤泥及淤泥质土，要求 $W \geqslant X-3H_2$；对于可塑、硬塑性黏土或粉、砂性土，要求 $W \geqslant X-H_2$。

图 2.5.14　杭州萧山国际机场交通中心逆作基坑周边预留三角土

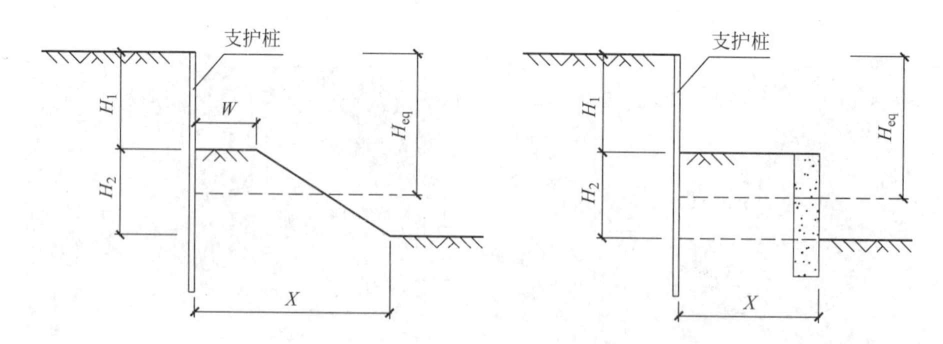

图 2.5.15　逆作基坑考虑周边预留土的等效计算深度示意

$$H_{eq}=H_1+H_2-aX \tag{2.5.21}$$

式中，H_{eq} 为等效开挖深度（m）；H_1 为基坑深度（m）；H_2 为坑中坑深度或坑内留土高度（m）；W 为留土顶部宽度（m）；X 为留土底部宽度（m）；a 为折算系数，对于淤泥及淤泥质土，当采用放坡方式留土时，a 可取 0.1～0.15，当采用搅拌桩或旋喷桩留土时，a 可取 0.2；对于可塑、硬塑性黏土或粉、砂性土，当采用放坡方式留土时，a 可取 0.2～0.3。

逆作基坑支护结构分析计算时考虑坑边留土作用的另一种方法，是采用土体等效侧向抗力比例系数 m 值。具体方法是利用数值软件模拟基坑盆式开挖工况（图 2.5.16），同时基于弹性地基梁法计算得到的基坑变形结果，反演得到对应盆式开挖条件下的土体等效 m 参数取值。针对杭州地区典型淤泥质黏土与砂质粉土，分析基坑坑边留土高度、宽度、坡率等因素对等效 m 参数取值的影响，最终得到考虑盆式开挖逆作基坑坑边留土高度、宽度、坡率影响的等效 m 参数拟合公式[58]。

图 2.5.17 为坑边留土宽度变化对挡墙最大水平变形的影响，图 2.5.18 为不同留土宽度反分析得到的等效 m 值。可以发现，当坑边留土高度和坡率一定时，留土的顶宽越大，

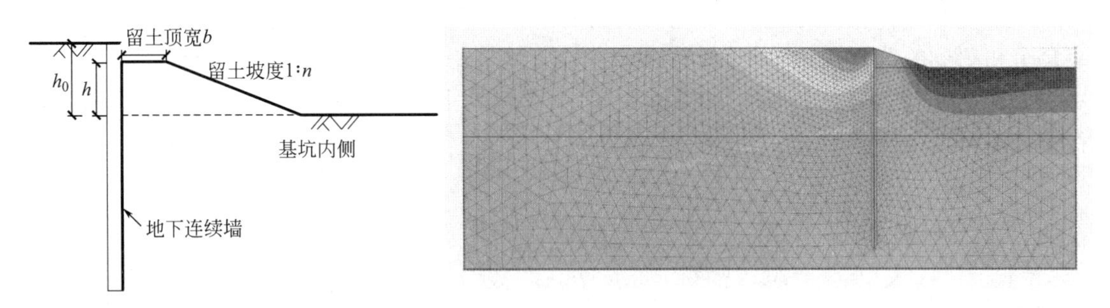

图 2.5.16 盆边开挖坑边留土示意及有限元计算模型及结果

留土对减小地连墙水平位移的作用越大，反分析得到的土体等效 m 值也越大，对比无留土时地连墙的最大水平位移可以得到，留土对减小地连墙水平位移作用显著。对于实际工程，可根据变形控制要求确定对应的留土宽度。

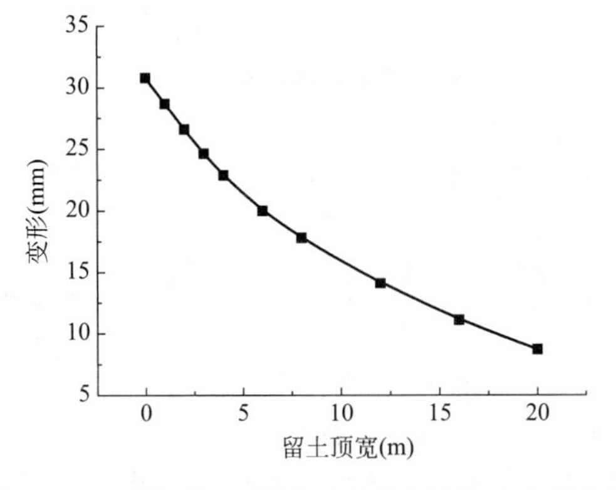

图 2.5.17 不同留土宽度对应的挡墙最大水平变形

图 2.5.18 不同留土宽度对应的等效 m 值

图 2.5.19 为坑边留土高度变化对挡墙最大水平变形的影响，图 2.5.20 为不同留土高度反分析得到的等效 m 值。可以发现，当盆边留土顶宽和留土坡率一定时，随着留土高度的增大，留土的体积也线性增大，抵抗地连墙水平位移的能力越好，地连墙最大水平位移也近似呈线性减小，反分析得到的土体等效 m 值则呈二次函数增大。

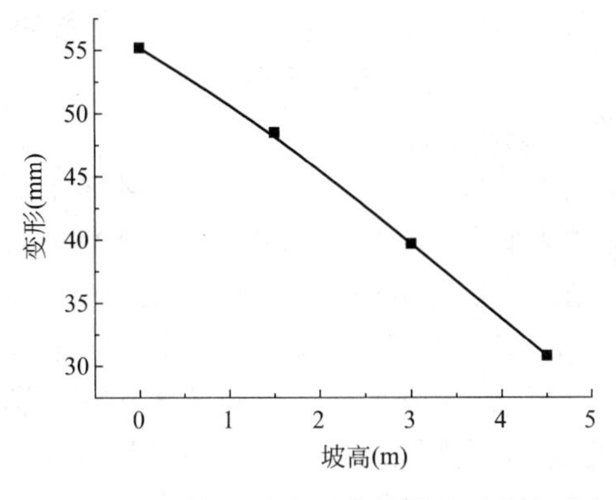

图 2.5.19 不同留土宽度对应的挡墙最大水平变形

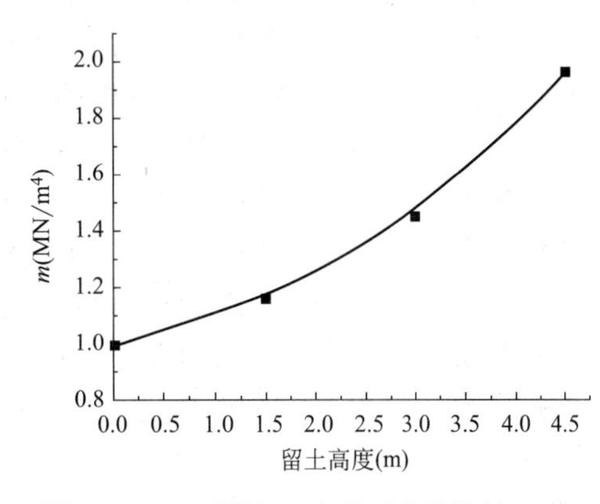

图 2.5.20 不同留土高度对应的等效 m 值

图 2.5.21 为坑边留土坡率变化对挡墙最大水平变形的影响，图 2.5.22 为不同留土坡率反分析得到的等效 m 值。可以发现，当坑边留土的顶宽和留土高度一定时，留土的坡率越大，地连墙的最大水平位移越小，反分析得到的土体等效 m 值越大，等效 m 值随着留土坡率增大呈线性增大。

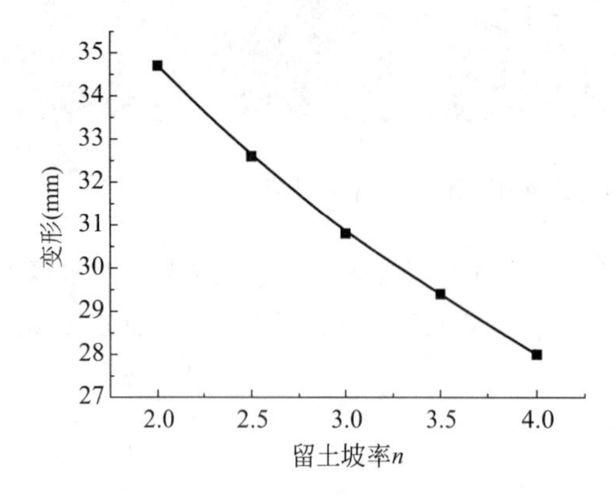

图 2.5.21　不同留土坡率对应的挡墙最大水平变形

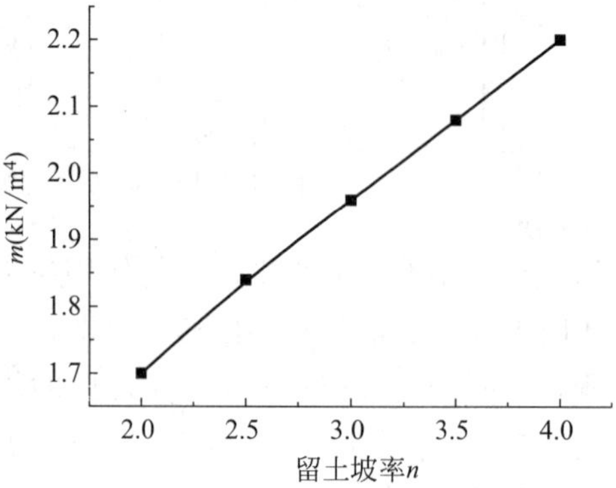

图 2.5.22　不同留土坡率对应的等效 m 值

根据上述针对杭州典型淤泥质黏土的反分析拟合结果，可得到土体等效 m 值关于坑边留土高度、宽度、坡率的关系式：

$$m=\left[1.97\mathrm{e}^{0.3983\left(\frac{b}{h_0}\right)}+0.7877\left(\frac{h}{h_0}\right)^2+0.1634\frac{h}{h_0}+0.248n-1.714\right]m_0 \quad (2.5.22)$$

式中，m_0 为初始基床系数的比例系数；h_0 为当前工况基坑开挖深度；b 为坑边留土的顶面宽度（m），一般为 $0\leqslant b\leqslant 20\text{m}$；$h$ 为盆边留土高度（m）；n 为留土坡率。

同样的方法，可反分析得到杭州典型砂质粉土的等效 m 值关于坑边留土高度、宽度、坡率的关系式：

$$m=\left[4.285\frac{b}{h_0}+1.750\left(\frac{h}{h_0}\right)^2+2.750n^{1.28}-1.750\right]m_0 \quad (2.5.23)$$

4. 考虑坑底工程桩作用的 m 参数取值

逆作法技术一般用于周边环境复杂的深大基坑，上部高层区域工程桩布置一般非常密集，裙房或纯地下室区域由于地下室埋深大，抗拔桩布置一般也比较密集，因此坑底工程桩数量往往很大。坑底密集布置的工程桩对提高基坑稳定性、减小挡墙变形具有一定的有利作用。如何定量分析坑底工程桩的这种有利作用，下面通过修正坑底土体侧向抗力的比例系数 m 值，以间接考虑坑底工程桩对抑制挡墙变形的贡献。

具体方法是利用有限元软件，建立带坑底工程桩的数值模型，对比考虑与不考虑工程桩作用的分析结果，定量评价坑底工程桩作用对挡墙变形、坑底隆起和坑后地表沉降等影响。同时基于弹性地基梁法计算得到的基坑变形结果，反分析得到考虑坑底工程桩作用的土体等效 m 参数取值[58]。算例的基坑宽度为 100m，开挖深度 25m，地连墙深 45m，墙厚 1.0m，坑内设置 5 层混凝土内支撑，土层分布为 2 层。为分别研究杭州典型淤泥质黏土地层和粉砂土地层的情况，分两种计算模型。模型 1：上层土为杭州典型的淤泥质黏土，层厚 35m，下层土为性质良好的黏土；模型 2：上层土为杭州典型的粉砂土，层厚也为 35m，下层土与模型 1 相同。图 2.5.23 为考虑坑底工程桩作用的土-支护结构有限元模型。

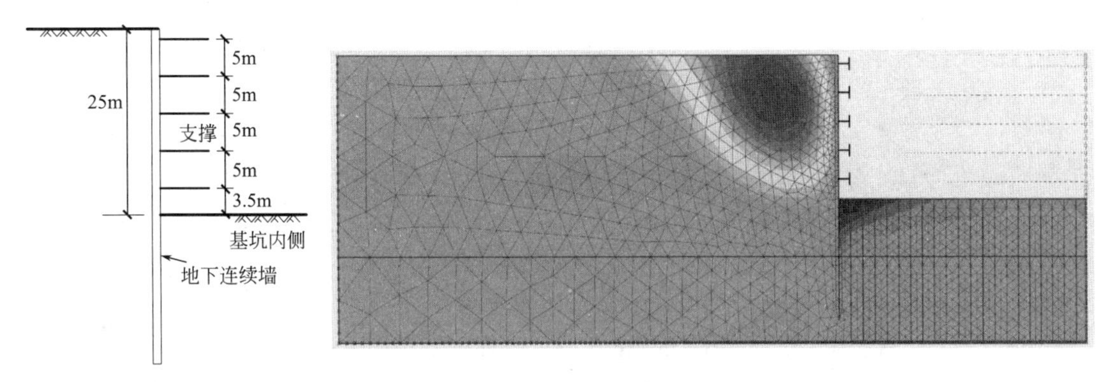

图 2.5.23 考虑坑底工程桩作用的土-支护结构有限元模型及计算结果

模型 1 的计算结果表明，当不考虑坑底工程桩作用时，坑后地表最大沉降量为 69.8mm，位于约 0.8 倍基坑开挖深度处；坑底最大隆起量为 37.2mm，位于基坑开挖面边缘附近，随着远离基坑边缘而减小。

考虑坑底工程桩作用时，设桩径为 0.8m，桩间距为 2.4m 时，则计算得到的坑后地表最大沉降同样位于约 0.8 倍基坑开挖深度处，但沉降量减小为 61.5m，较不考虑工程桩作用的地表最大计算沉降减小了 11.9%；坑底最大隆起量为 34.3mm，较不考虑工程桩时的最大隆起量减小了 7.8%。

再来看坑底工程桩作用对挡墙（地下连续墙）变形的影响。当不考虑坑底工程桩作用时，地下连续墙的最大水平变形为 90.3mm，最大变形出现在开挖面偏下的位置。考虑坑底工程桩作用时，设桩径为 0.8m，桩间距为 2.4m 时，则计算得到的地连墙最大水平变形为 73.9mm，较不考虑工程桩作用时减小了 18.2%，最大变形同样出现在开挖面偏下的位置。计算结果对比分析表明，坑底工程桩能在一定程度上减小地连墙的最大水平位移和基坑变形。

模型 2 的计算结果表明，当不考虑坑底工程桩作用时，地下连续墙的最大水平变形为 41.7mm，最大变形发生在基坑开挖面以下；设工程桩的桩径为 0.8m，桩间距为 2.4m，则考虑工程桩作用时的地连墙最大变形为 36.2mm，较不考虑工程桩作用时减小了 13.2%，最大变形发生在开挖面以下。说明对于粉砂土地层，坑底工程桩也能在一定程度上减小地连墙的最大水平变形。但是，同样情况下，粉砂土地层中工程桩抑制基坑变形的作用相对要小一些。

图 2.5.24 为模型 1 在不同距径比（坑底工程桩中心距与桩径的比值）时，计算得到的地连墙最大水平变形，可见，坑底工程桩的桩间距越小，布桩越密集，桩基对抑制地连墙变形的作用越大；当坑底工程桩距径比在 5 以内时，抑制效果相对较明显。

表 2.5.5 和图 2.5.25 为模型 1 基坑开挖深度对坑底工程桩抑制地连墙变形效果的影响分析。计算结果表明，坑底工程桩对地连墙最大水平位移的抑制作用，随开挖深度的增加而基本呈线性增大。

表 2.5.6 为模型 2 在不同开挖工况（对应不同开挖深度）时地连墙的最大水平变形计算结果。可见，对于粉砂土地层的基坑来说，坑底工程桩对地连墙最大水平变形的抑制作用主要体现在接近最终开挖面附近的最后一个工况，由于粉砂土基坑土质条件较好，当开

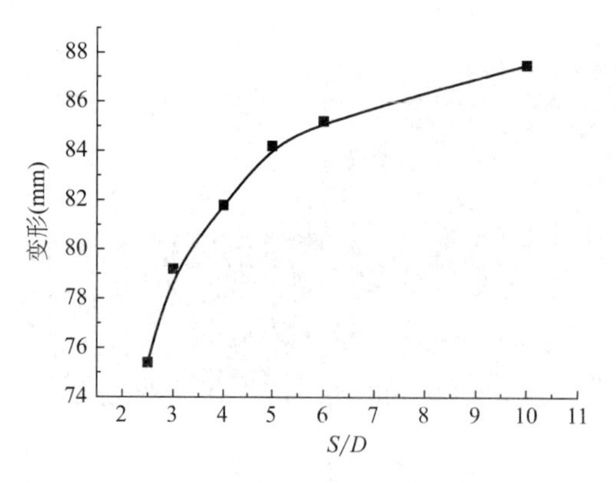

图 2.5.24　不同距径比时地连墙最大水平变形

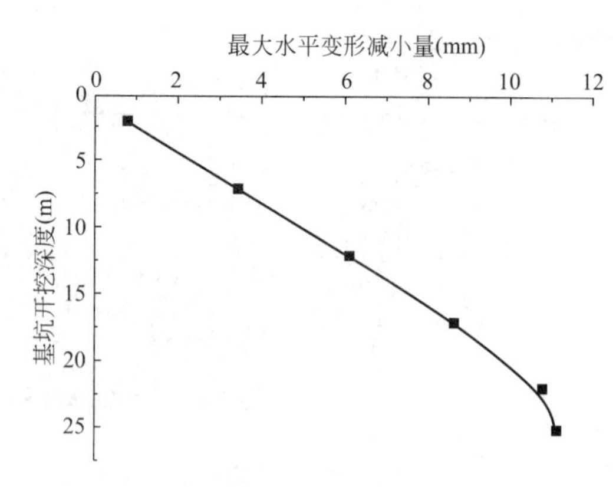

图 2.5.25　挖深对工程桩抑制地连墙变形的影响

模型 1：不同开挖工况时（对应不同开挖深度）地连墙的最大水平变形（mm）　表 2.5.5

开挖工况(开挖深度)	不考虑工程桩作用	考虑工程桩作用	位移减小量
开挖 2.0m	13.8	13.0	0.8
开挖 7.0m	48.8	45.4	3.4
开挖 12.0m	70.2	64.1	6.1
开挖 17.0m	82.7	74.1	8.6
开挖 22.0m	88.9	78.1	10.8
开挖 25.0m	90.3	79.2	11.1

模型 2：不同开挖工况时（对应不同开挖深度）地连墙的最大水平变形（mm）　表 2.5.6

开挖工况(开挖深度)	不考虑工程桩作用	考虑工程桩作用	位移减小量
开挖 2.0m	3.4	3.4	0.0
开挖 7.0m	12.5	12.5	0.0
开挖 12.0m	20.8	20.7	0.1
开挖 17.0m	29.1	28.4	0.7
开挖 22.0m	37.8	34.0	3.8
开挖 25.0m	41.7	36.2	5.5

挖基坑上层土层时，地连墙最大水平位移较淤泥质黏土基坑小，工程桩对上层土层的变形约束小，作用不明显。因此，对于以粉砂土为主的基坑，工程桩作用主要体现在基坑开挖的最后阶段。

图 2.5.26 为基坑反分析得到的考虑工程桩作用的坑底土体等效 m 值，可见，坑底工程桩间距越小，布桩越密集，坑底土体等效 m 值越大；当工程桩的距径比达到 10 时，土体的等效 m 值接近初始值 m_0，说明此时坑底工程桩的贡献已接近为 0。

最后，针对杭州淤泥质软弱土地层和粉砂土地层，通过多个算例的拟合分析，可得到考虑坑底工程桩作用的土体等效 m 值与工程桩布桩密度（距径比）的关系式：

对于杭州典型淤泥质软土地层：

$$m=\left[1+1.208(S/D)^{-1.318}\right]\cdot m_0 \tag{2.5.24}$$

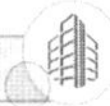

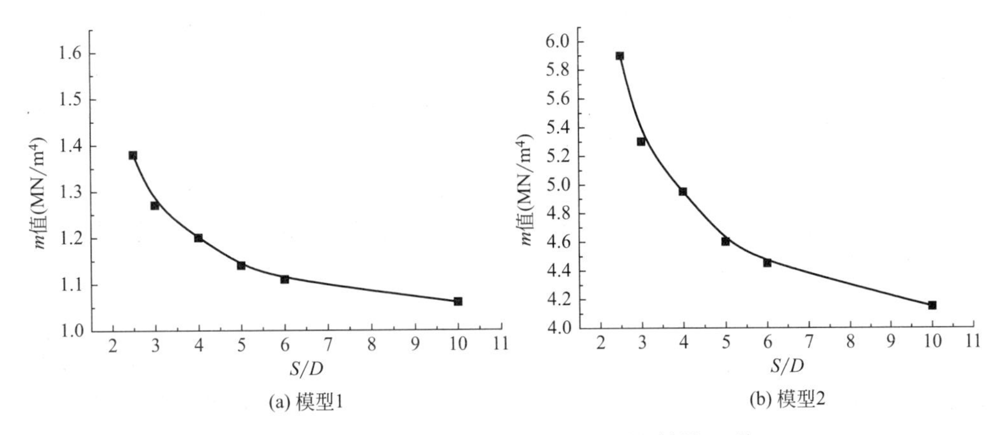

图 2.5.26　不同距径比时反分析得到的等效 m 值

对于杭州典型粉砂土软土地层：

$$m=[1+(0.890e^{-0.327(S/D)})]\cdot m_0 \tag{2.5.25}$$

式中，S 为坑底工程桩的中心距；D 为桩径；m_0 为不考虑坑底工程桩作用的坑底土体初始侧向抗力比例系数。

5. 考虑软土流变影响的 m 参数取值

软塑和流塑状软黏土具有明显的流变特性，需要考虑软弱土的时效特性对基坑开挖变形的影响。实际工程中，为计算方便，常采用等效 m 参数来间接考虑软土流变效应的影响。如浙江省基坑规程[3] 对被动区土体抗力的比例系数 m 参数取值，有这样的规定：对淤泥质土层，m 应根据每步开挖过程中无支撑暴露时间及挡墙暴露宽度选取，一般暴露时间及宽度越大，m 越小。

根据基坑支护结构实测变形数据，利用数值软件和软土流变模型，可计算基坑挡墙变形随蠕变时间的变化规律。同时，结合现行规程推荐的弹性地基梁法，反分析得到考虑流变影响的等效 m 参数。杭州典型软土考虑流变影响的等效 m 参数分析，详见 2.5.3 节第 3 部分的内容。

2.5.3　软土流变效应影响及控制

1. 软土流变研究现状

土作为一种三相体系介质，它由土颗粒作为基本骨架，水与土颗粒之间由于物理化学作用，形成强结合水和弱结合水，因而土不仅具有弹性、塑性，还具有黏滞性即流变性，是一种黏弹塑性体。土体变形和应力与时间的关系统称为土的流变，其研究内容一般包括：

（1）蠕变：在常应力作用下，变形随时间发展的现象；

（2）应力松弛：在应变水平不变条件下，应力随时间不断衰减的现象；

（3）长期强度：土体抗剪强度随时间而变化的现象，通常情况下强度随时间而降低，但也有强度随时间而增加的情况；

（4）应变率（或荷载率）效应：不同的应变或加荷速率下，土体表现出不同的应力-应变关系和强度特性。

土的流变学研究是从1953年第三届国际土力学和基础工程会议开始的，在以后的历届会议上，有关土的流变研究主要侧重于本构模型的建立、本构方程的解析和工程问题的应用。对于流变学的研究应该从微观和宏观这两个角度出发，但由于科学仪器的限制，现在宏观方面的研究进行得较多，也取得了较大的成果。

Singh A 和 Mitchell J K（1968）[59] 提出了被广泛应用的 Singh-Mitchell 蠕变模型，他们进行了排水和不排水三轴试验，采用单级常应力加载。此模型采用指数描述应力-应变关系，用幂函数描述应变-时间关系，最终得出一个应变率-应力水平-时间方程。

Mesri（1981）[60] 在 Singh-Mitchell 模型的基础上，提出了著名的 Mesri 蠕变模型，他对重塑高岭土进行了不排水三轴试验，采用多级常应力和常应变率加载，量测孔隙水压力。此模型使用双曲线形式来表达应力-应变-时间的关系，可以描述从零应变到破坏应变的应变硬化行为，还可以利用常规双曲线应变硬化模型和 Singh-Mitchell 蠕变模型中的参数。

Borja 等（1992）[61] 建立了蠕变和应力松弛的统一模型，其体应变部分使用次压缩法则，而偏应变部分则借鉴了转置 Singh-Mitchell 方程，从而得出一个应力-应变-时间公式，很好地预测了海滨淤泥的三轴试验结果。

Morsy 等（1995）[62] 报道了加拿大一个大坝，在25年里的沉降变形超过1m，因为量测其孔压变化很小，可以判定这不是固结，而是蠕变变形。在临界状态土力学、次固结理论和 Taylor Singh-Mitchell 蠕变方程的基础上，提出一个蠕变模型，模拟了大坝基础的蠕变变形。

我国对土的流变学研究也较早，1959年陈宗基从宏观和微观两个方面先后提出了黏土的流变本构方程、二次时间效应及片架结构理论。此后武汉岩土力学研究所、南京水利科学研究所、河海大学、清华大学、同济大学及浙江大学等科研单位及高等院校都进行了土的流变学研究，取得了一定的成果。

武汉岩土力学研究所（1980）通过室内试验研究了上海浅层土的单剪流变特性，并指出上海浅层土具有流变性质，同时还说明了上海地面沉降主要归结为浅层土的流变性质。

侯学渊等（1987）[63] 通过对军都山隧道的黄土室内流变试验和隧洞现场流变试验，指出军都山黄土具有蠕变和应力松弛特性，且其本构模型服从 Bingham 模型。

夏明耀等（1989）[64] 在 K_0 固结仪上进行了饱和软土的流变试验，最后发现在排水、不排水情况下饱和软土表现出明显的蠕变特性，稳定蠕变与时间的平方根成正比；在排水剪应力松弛时，土的静止土压力系数会随时间而增大。

陈军等（1993）[65] 对上海暗绿色粉质黏土和淤泥质黏土进行了室内流变试验，建立了经验模型，并结合模型对建筑物的沉降进行了预测。

孙钧等（1993）[66] 对上海地区软黏土的流变问题进行了比较深入的理论分析和试验研究，并得出了较为丰富的成果，为上海地区黏土流变问题的解决提供了一些方法和建议，也为以后对此问题的进一步研究提供了基础和方向。

夏冰（1994）[67] 较为系统地分析了上海地区软黏土的流变特性，且对不同类型的土总结出了合适的流变模型，并把它应用于基坑工程变形分析中，取得了较为满意的结果。

谢宁等（1996）[68] 对上海地区几种典型的饱和软黏土做了大量的蠕变和应力松弛试验，分析总结了主要的流变特性，研究结果表明上海地区饱和软黏土流变特性很显著，且

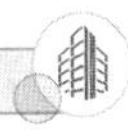

是非线性的，不同土类的流变特性有相同和不同之处，最后建立了反映蠕变和应力松弛统一的非线性流变经验本构关系，讨论了长期强度问题。

谢宁（1999）[69] 对土的室内流变试验包括蠕变试验和应力松弛试验进行了研究探讨。阐述了流变仪的改装、流变试验的方法、试验数据的处理等，指出土的室内流变试验存在时间尺度效应问题，并讨论分析了时间尺度效应与土流变试验分级加载的关系以及分级加载或加应变的方式和标准。

李军世、孙钧（2001）[70] 采用 Mesri 双曲线型应力应变硬化模型描述土体的弹塑性性质，采用 Singh-Mitchell 应变速率-时间关系函数描述土体的蠕变特性，结合上海淤泥质黏土的有关室内试验，分析得到了上海淤泥质黏土的 Mesri 蠕变模型形式。

刘建航、刘国彬等[71-72] 通过对上海十多年来大量深基坑工程流变现象的研究，在经济和便利的工程应用的前提下，提出了经验流变模型-时空理论，采用目前较通用的弹性杆系有限元计算模型和参数项目，但将被动土压力的弹性基床系数修改成为考虑开挖过程的时空效应的等效基床系数 k_h。k_h 是基坑开挖时间、空间、开挖深度、土质参数、支护结构、施工工序和施工参数的函数，是由大规模的现场试验、室内试验并结合程序反分析、理论研究得到的半理论半经验的参数。该理论不仅能描述时间效应，还可以兼顾空间效应，特别是在模型中嵌入了施工参数，为理论模型和工程应用开辟了一条简便的新思路。

陈晓平、朱鸿鹄等[73-74] 也对珠三角软土进行了研究，发现软土存在着明显的流变性质，尤其是近海和三角洲地区的软土含水量较大，流变性质更加明显。

张惠明等（2002）[75] 通过现场实测研究了深圳软土的固结变形特性，给出了深圳黏土卸载后的次固结系数的计算式，并结合一系列次固结试验提出了卸除超载后软基在永久荷载下的工后沉降的分析方法。

袁静（2001）[76] 基于岩土流变模型研究现状，把流变模型划分为 4 类：元件模型、屈服面模型、内时模型和经验模型，对各类模型进行了比较分析，认为元件模型较适用于岩石，屈服面模型适用于软土，内时模型适用于循环与振动加载，经验模型适用于实际工程。

徐浩峰等[77] 通过对某软土地基深基坑工程监测资料的分析，分析了土体的流变效应，经过曲线拟合得到了软土的流变率。

2. 岩土分析软件 PLAXIS 软土流变模型和流变参数反分析

岩土分析软件 PLAXIS 中的软土流变模型是以体积流变为硬化规律扩展到三维应力空间的。一维流变模型采用 Busiman（1936）提出的常有效应力作用下的蠕变经验方程：

$$\varepsilon = \varepsilon_c - C_B \lg\left(\frac{t}{t_c}\right) \quad (t > t_c) \tag{2.5.26}$$

式中，ε_c 为固结结束时的应变；t 为从加载开始量测的时间；t_c 为主固结结束的时间；C_B 为材料常数。值得注意的是，应变在这里以受拉为正，故式中为负值。

基于 Busiman 蠕变经验方程和 Bjerrum（1967）发表的蠕变方面的成果，Garlanger（1972）提出了如下一维流变方程：

$$e = e_c - C_a \lg\left(\frac{\tau_c + t'}{\tau_c}\right) \tag{2.5.27}$$

式中，e 为孔隙比；e_c 为固结后的孔隙比；固结时间由 τ_c 参数取代 t_c，$t'=t-t_c$ 为有效流变时间，$C_a=C_B\ (1+e_0)$。

根据经典文献的理论，有：

$$\varepsilon=\varepsilon^{e}+\varepsilon^{c}=-A\ln\left(\frac{\sigma'}{\sigma'_0}\right)-B\ln\left(\frac{\sigma_p}{\sigma_{p0}}\right) \tag{2.5.28}$$

式中，σ'_0 表示加载以前的初始有效应力；σ' 表示最终有效加载压力；σ_{p0} 和 σ_p 分别表示加载以前和固结结束的预固结压力。

为了得到 τ_c 的解析表达式，PLAXIS 软件采用了“所有非弹性应变都与时间相关”这一基本观点。这样，总应变是弹性应变和时间相关的流变应变之和。除此之外，还采用了 Bjerrum 的观点，预固结应力完全依赖于在这个时间过程中积累的流变应变量。因此，联合式（2.5.27）、式（2.5.28），并进行微分后得到：

$$\dot{\varepsilon}=\dot{\varepsilon}^{e}+\dot{\varepsilon}^{c}=-A\frac{\dot{\sigma}'}{\sigma'}-\frac{C}{\tau_c+t'} \tag{2.5.29}$$

这就是 PLAXIS 软件的一维流变微分方程。

在 PLAXIS 软件中，为了将一维模型推广得到应力和应变的一般状态，根据屈服函数定义了一个新的应力度量：

$$p^{eq}=p'+\frac{q^2}{M^2(p'+c\cot\varphi)} \tag{2.5.30}$$

式中，p' 为平均应力；q 为偏应力；M 为临界状态线的坡度。注意到对于正常固结土，有 $\sigma'_2=\sigma'_3=K_0^{NC}\sigma'_1$，结合式（2.5.30）有：

$$\begin{aligned} p^{eq}&=\sigma'\left[\frac{1+2K_0^{NC}}{3}+\frac{3(1-K_0^{NC})}{M^2(1+2K_0^{NC})}\right] \\ p_p^{eq}&=\sigma_p\left[\frac{1+2K_0^{NC}}{3}+\frac{3(1-K_0^{NC})}{M^2(1+2K_0^{NC})}\right] \end{aligned} \tag{2.5.31}$$

省略一维微分方程的弹性应变，并将式（2.5.31）代入式（2.5.29）得：

$$-\varepsilon_v^c=\frac{C}{\tau}\left(\frac{p^{eq}}{p_p^{eq}}\right)^{\frac{B}{C}} \tag{2.5.32}$$

式中，$p_p^{eq}=p_{p0}^{eq}\exp\left(\frac{-\varepsilon_v^e}{B}\right)$。

与一维模型不同的是，三维模型为了适应临界状态土力学体系，改用了材料参数 λ^*、κ^* 和 μ^*，分别是修正压缩指数、修正膨胀指数和修正蠕变指数。这些指数与参数 A、B 和 C 之间的关系有：

$$\kappa^*=\frac{3(1-\nu_{ur})}{(1+\nu_{ur})}A;\ B=\lambda^*-\kappa^*;\ \mu^*=C \tag{2.5.33}$$

指数 λ^* 和 κ^* 按硬化土模型参数取值，它们与硬化土模型参数的换算关系为：

$$\lambda^*=p_{ref}/E_{oed}^{ref} \tag{2.5.34}$$

$$\kappa^*=3p_{ref}(1-2\nu_{ur})/E_{ur}^{ref} \tag{2.5.35}$$

软土修正蠕变指数 μ^* 根据经验来取值，一般而言，它与修正压缩指数 λ^* 存在如下关系：

$$\mu^*=(0.03\sim0.05)\lambda^* \tag{2.5.36}$$

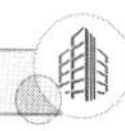

上述即为 PLAXIS 软件平台所采用的以体积流变为硬化规律的软黏土流变模型。

在数值模拟中，参数选取的恰当与否是数值模型能否成功模拟实际工程情况的关键。为得到能模拟杭州地区典型软黏土的模型参数，首先以硬化土模型参数为参考，根据式(2.5.34)、式(2.5.35)、式(2.5.36)算得软土流变模型指数 λ^*、κ^* 和 μ^*，以此作为材料参数的初始值，建立 PLAXIS 流变模型，计算基坑土方开挖过程中土体的侧向变形及其随蠕变时间的发展规律。再以基坑工程监测数据为参考，从监测数据中可得土方开挖完成时土体的侧向变形及其随蠕变时间的发展规律（在某一工况土方开挖至楼板结构逆作施工完成之前即是土体的蠕变时间），并与数值计算获得的计算结果进行对比。如实际监测数据与数值模型计算结果不相符合，则对流变模型参数进行调整（以各测斜点的平均值为标准）再进行试算，直至两者趋于接近为止。

以杭州武林广场地下商城逆作基坑工程为例，该工程的场地土层性质、典型地质剖面和各土层主要物理力学指标详见本书第 8 章的工程实例介绍。部分测斜点的监测数据见表 2.5.7。根据软土流变模型可知，开挖完成时的土体侧向变形主要受修正膨胀指数 κ^* 和修正压缩指数 λ^* 影响，而修正流变指数 μ^* 则控制着基坑开挖完成后土体侧向变形的发展速率。根据上述软土流变模型和反分析方法，最终可得到符合实际的典型软黏土的主要流变参数值，反分析流程图如图 2.5.27 所示，最后得到的本场地淤泥质黏土和黏土的主要流变参数见表 2.5.8。

杭州武林广场地下商城基坑部分测斜点水平位移监测数据　　表 2.5.7

测斜点监测周期	CX 2(mm)	CX 3(mm)	CX5(mm)	CX6(mm)
第 085 周	35.63	32.04	—	—
第 086 周	38.69	33.74	37.45	54.34
第 087 周	39.57	36.27	39.62	57.02
第 088 周	39.43	37.48	43.27	59.82
第 089 周	41.64	39.29	44.94	61.48
第 090 周	42.65	40.82	46.50	62.77
第 091 周	—	—	48.33	66.94

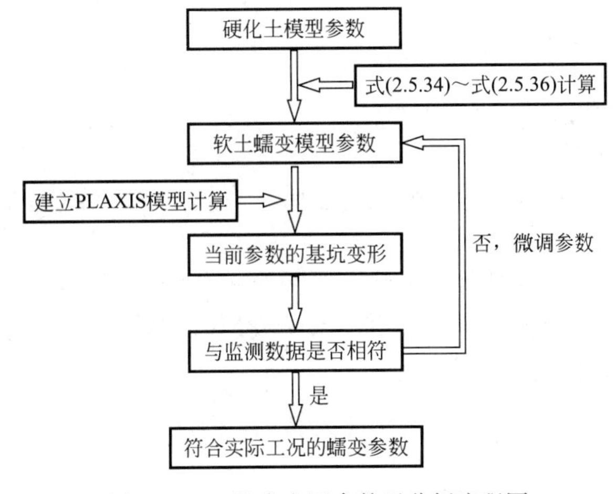

图 2.5.27　流变主要参数反分析流程图

反分析后的软土流变模型主要参数 表 2.5.8

土层名称	淤泥质黏土	黏土
修正膨胀指数 κ^*	0.0072	0.0015
修正压缩指数 λ^*	0.008911	0.00333
修正蠕变指数 μ^*	0.0004	0.016665

3. 无支撑暴露时间对 m 参数的影响

软塑和流塑状软黏土具有明显的流变特性，需要考虑软弱土的时效特性对基坑开挖变形的影响。实际工程中，为计算方便，常采用等效 m 参数来间接考虑软土流变效应的影响。如浙江省基坑规程[3] 对被动区土体抗力的比例系数 m 参数取值，有这样的规定：对淤泥质土层，m 应根据每步开挖过程中无支撑暴露时间及挡墙暴露宽度选取，一般暴露时间及宽度越大，m 越小。

根据基坑支护结构实测变形数据，利用数值软件和软土流变模型，反分析得到反映软土流变的主要参数 λ^*、κ^* 和 μ^*，取蠕变时间为单变量，分析基坑侧向变形随蠕变时间（暴露时间）的变化规律。同时，结合现行规程推荐的弹性地基梁法，反分析得到考虑流变影响的等效 m 参数随蠕变时间（暴露时间）的变化规律。

为获得杭州典型软土地层基坑工程时间效应的一般规律，供其他工程设计和施工参考，仍以杭州武林广场地下商城逆作基坑为例，图 2.5.28 为地连墙最大水平位移随暴露时间的变化，图 2.5.29 为反分析得到的等效 m 值随暴露时间的变化。从计算结果可以发现，软黏土基坑挡墙水平位移和土体的等效 m 值均随无支撑暴露（土体流变）时间增大而呈对数形式变化，暴露时间越长，基坑变形越大，对应的土体等效 m 值越小。

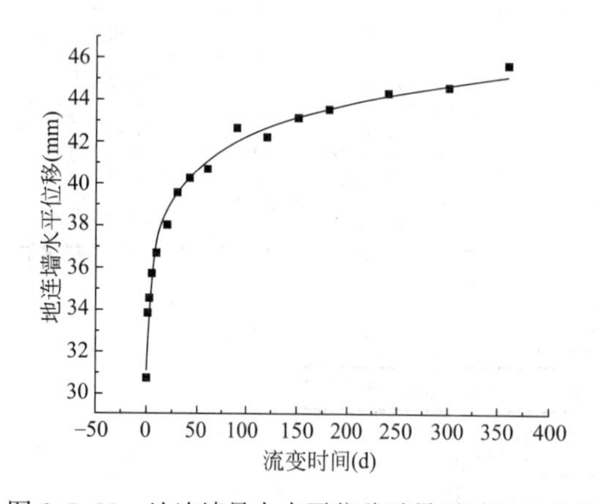

图 2.5.28 地连墙最大水平位移随暴露时间的变化

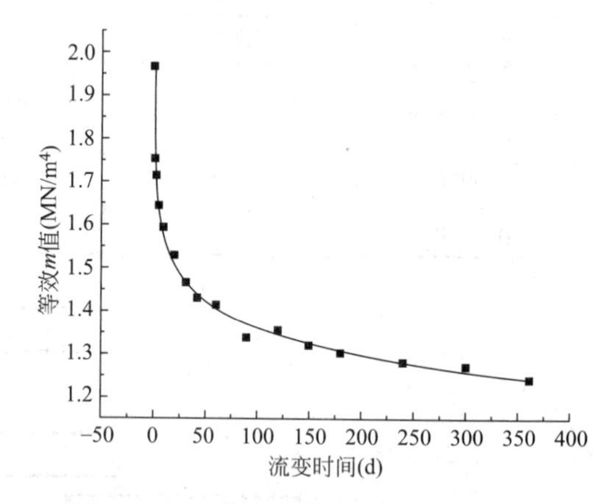

图 2.5.29 等效 m 值随暴露时间的变化

根据杭州武林广场地下商城等多个软土地层基坑工程的挡墙变形与流变时间关系的实测数据，基于弹性地基梁模型反分析得到等效 m 参数，最终拟合得到如下考虑软土流变影响的典型软土等效 m 值的关系式[58]：

$$m = m_0\left[1 - \alpha\ln\left(1 + \beta\frac{t}{t_0}\right)\right] \tag{2.5.37}$$

式中，m_0 为软黏土初始基床系数的比例系数；t 为某施工工况下挡墙的暴露时间（d）；t_0

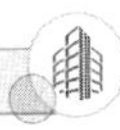

为参考时间，一般取1d；α、β为与蠕变有关的系数，可根据当地经验确定，也可根据基坑开挖实测数据反演确定。对杭州主城区典型淤泥质黏土，α、β建议取0.048和6.71。

4. 软土流变效应影响控制措施

软土地层深基坑工程，由于混凝土支撑结构施工时间较长，特别是逆作基坑土方开挖速度慢、水平支撑结构施工时间长，使软土流变效应影响更为显著，导致基坑实际变形远大于计算值，变形控制问题有时比顺作基坑更加突出。如杭州西湖凯悦大酒店地下3层，基坑开挖深度14.65m，采用地下连续墙二墙合一支护，上下部结构同步逆作施工，周边地连墙的最大侧向变形达到145mm；武林广场地下商城逆作基坑，地下3层，基坑开挖深度23m，周边地连墙的最大侧向变形达到120mm。

对于软土基坑来说，利用基坑施工的时空效应，尽最大程度减小流变效应不利影响，对基坑变形控制具有重要意义。为控制软土流变效应的不利影响，可采取以下措施：

（1）基坑施工空间效应方面的措施

软土蠕变变形与土的应力水平呈非线性关系。土体应力水平较低时，只出现衰减稳定蠕变；应力水平较高时，会同时出现衰减稳定蠕变和非稳定等速蠕变；应力水平很高时，蠕变变形会急剧增加。利用基坑施工的空间效应，就是尽可能减小开挖卸荷产生的土体应力水平，减小蠕变变形。采用分坑、分区、分块、分层开挖和“跳挖”等措施，可显著降低开挖卸荷产生的土体应力水平，从而减小流变影响。

1）分坑施工。对于深大基坑，采取分坑分期施工，可利用基坑支护体系的空间效应，减小开挖卸荷引起的土体应力水平，从而显著减小软土流变效应的不利影响。

如湖滨三期西湖电影院周边地块项目，位于杭州市湖滨核心商业街区，原上部建筑为西湖电影院及东坡剧院，改建工程设整体三层地下室，采用逆作法施工。基坑东侧为城市的主干道延安路，地下市政管线分布密集，道路下方为运行的地铁1号线盾构隧道，基坑与盾构管片外边界最小距离仅7.6m。由于盾构位于深厚软土地层，变形控制标准高，类似项目按5mm（盾构结构水平变形不超过5mm）控制。为此，结合地下室平面形状，在基坑近邻（8）轴线位置设置分隔墙，将基坑划分为一期和二期基坑，沿延安路地铁盾构一侧形成小基坑，利用基坑空间效应减小基坑变形，同时在小基坑内采用三轴水泥搅拌桩进行满堂加固，以进一步控制变形，确保运营地铁盾构的安全。分隔墙采用800mm厚地下连续墙，先施工东侧靠近延安路一侧小基坑（一期基坑），后施工西侧的二期基坑。一期和二期基坑逆作完成后，再将地下室深度范围内的分隔墙分层凿除，使一期和二期基坑连为整体地下室。通过分坑施工等时空效应措施，成功控制了盾构隧道的变形，根据实测结果，隧道沉降累计最大值约3.4mm，水平位移最大值3.6mm，水平收敛累计值3.0mm。

2）先撑后挖，分层、分区、分块开挖。必须坚持“先撑后挖”的原则，尽可能采取分层、分区、分块的开挖原则。应严格按设计工况要求“分层分块”开挖，禁止“先挖后撑”等超挖行为。如某些采用多道钢管内支撑的地铁基坑，钢管支撑间距往往很密，一般仅2～3m，“先撑后挖”难度确实很大，多数施工单位采用“先挖后撑、随挖随撑”的开挖方式。经对杭州地铁1号线湘湖站北2基坑发生事故后的调查复核发现，这种“先挖后撑”的挖土方式与设计工况相比，围护墙和支撑内力大幅增加，基坑“抗踢脚”稳定系数显著降低，当原有设计安全储备被消耗殆尽后就很容易引发基坑事故。对于这种杆件间距过小的钢支撑布置形式，确实存在值得改进的地方，但在设计未作复核和调整前，施工方必须严格按设计工况“先撑后挖”的要求进行施工。

3）盆式开挖，周边分块跳挖。采取盆式开挖，先预留基坑周边土方；周边三角土宜分小块开挖，控制每块边长不超过15～20m，宜采取“跳挖”措施。

（2）基坑施工时间效应方面的措施

软土流变随时间而增大，当土体应力水平较高时，流变变形随时间呈非线性增长。基坑变形控制的时间效应措施，就是采取措施缩短支撑施工和挡墙暴露的时间，抑制流变随时间的增长。

1）内支撑结构分区分块施工，随挖随撑。混凝土内支撑结构应采用分区分块、随挖随撑的施工方式，分块大小应以每个区块支撑结构能形成相对独立受力体系为原则。

土方开挖和支撑应以“每个区块支撑最快形成独立传力体系”为最高原则。如图2.5.30所示为某软土基坑的混凝土支撑结构平面布置图，对于中部对撑，如按“①→②→③”的次序开挖土方和施工支撑，支撑形成独立传力体系的速度很慢，两侧支护挡墙无支撑暴露时间很长，对基坑变形控制十分不利。正确的做法是，按“②→①＋③”的次序开挖土方和施工支撑，即先开挖和施工中间②区块对撑，此时保留两边土方，然后同步开挖和施工两端①和③区块的对撑。对于大角撑体系，应按“①→②→③＋④”的次序开挖土方和施工支撑，施工②区块支撑时，保留③和④区块的土方。

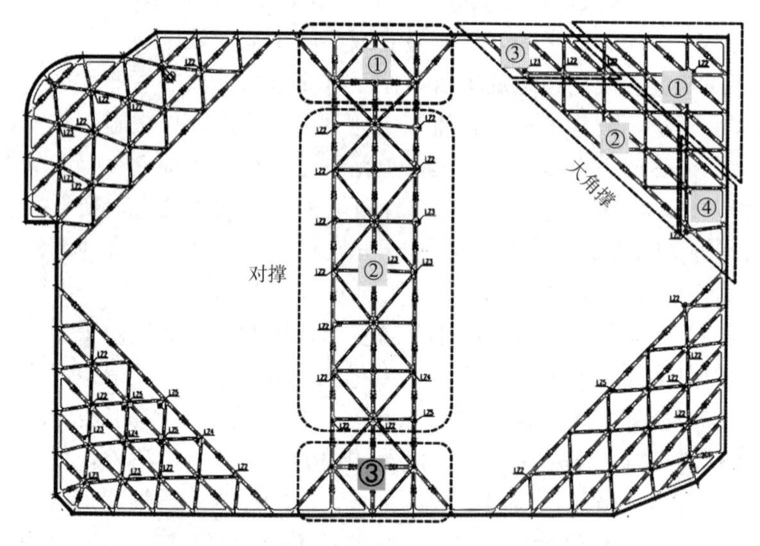

图2.5.30　某软土基坑混凝土内支撑平面图

2）快挖快撑，控制支撑施工和挡墙暴露时间

土方开挖速度应服从内支撑施工为前提，不宜过快，也不可过慢，在支撑施工速度有保证的前提下，应尽量做到“快挖快撑”，严格控制每道支撑体系、每个独立区块支撑结构的施工时间。当坑底以下为软弱土层时，最后一层土方沿基坑周边应小段开挖，每挖一段，就铺设一块基础垫层，基础垫层应加厚并设置钢筋网片，严格控制每段加厚垫层的浇筑时间，如控制不超过24h。

杭州中心6层地下室深基坑工程，开挖深度30.2m，主楼核心筒最大开挖深度达

36.0m。场地为海积平原地貌单元：表层 2～4m 深度为杂填土、粉土；4～25m 深度范围内为具高压缩性的流塑状淤泥质粉质黏土层；25～35m 为软塑～硬可塑状粉质黏土；35m 以下为粉砂、圆砾层；42m 以下为风化岩层。基坑周边环境复杂，围护外边线距离武林广场车站结构外边线最近仅 3.0～4.0m（且通过连接通道与既有车站联通）；距离地铁 1 号线武林广场～西湖文化广场区间隧道最近约 6.2m，距 3 号线武林广场～西湖文化广场区间隧道最近约 31.0m。基坑周边环境如图 2.5.31 所示，内支撑平面布置见图 2.5.32。整个基坑共划分为 A1、A2、B1、B2、D 5 个分基坑，先施工一期 B2 基坑，再施工二期 B1 基坑，最后施工 A2、D 基坑和 A1 基坑。

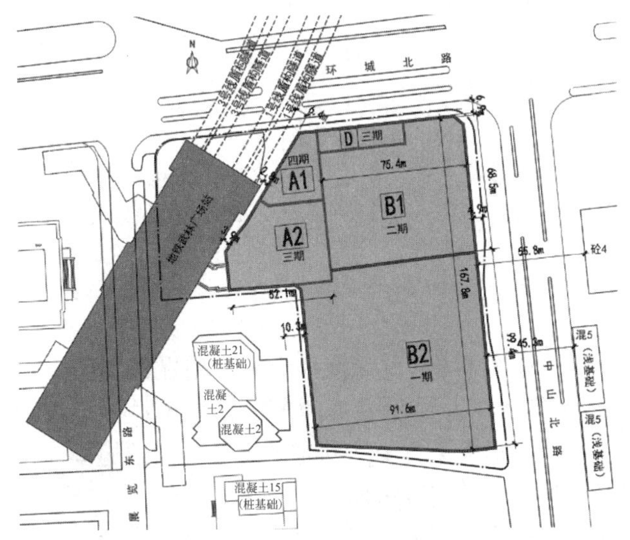

图 2.5.31　杭州中心 6 层地下室基坑环境图

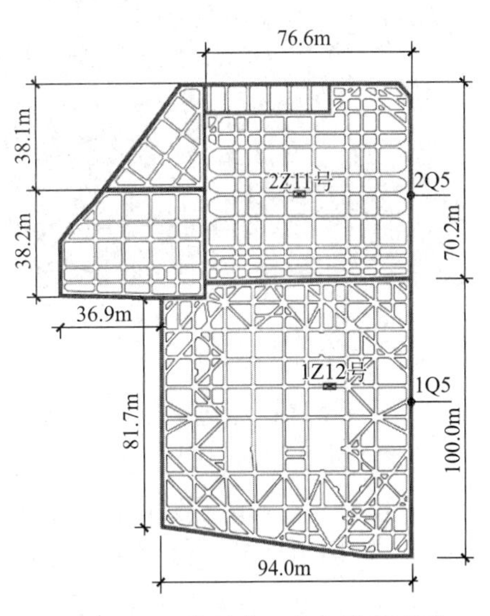

图 2.5.32　杭州中心内支撑平面图

由于混凝土内支撑施工进度比较缓慢，且对该软土地层的时空效应把握缺乏经验，基坑水平变形速率偏大，B2 坑开挖到第三道支撑底时，东侧深层土体水平位移甚至已超过 40mm，至地下室完成施工止，B2 坑的最大侧向变形达到 160mm。经实测结果反分析，发现土体蠕变是造成基坑变形偏大主要原因的结论。

B1 坑施工得益于 B2 坑施工累积的经验[79]，通过研究各种工况下的土体蠕变效应，提出了后续各道支撑的施工控制时间，明确了土方开挖和支撑架设的协调施工要求，指导了 B1 坑的施工过程，使得 B1 坑的累计变形相比 B2 坑显著减小（图 2.5.33）。图 2.5.34 为 B1 坑东侧深层土体水平位移在各工况下的变形曲线，该点也是 B1 坑变形最大的位置，变形量约为基坑开挖深度的 1.6‰，其余位置最大变形量均在 40～50mm 之间[80]。

（3）提高支护结构刚度和被动区土体抗力的措施

1）加大挡墙和水平支撑结构的刚度，如增加地下连续墙的厚度，采用 T 形或 Π 形地连墙；加大围护桩的直径，采用双排桩等；基坑外侧设置隔离桩等。

2）采用深层水泥土搅拌桩、高压喷射注浆法对被动区土体进行预加固，提高被动区土体刚度。

3）设置地中壁。在基坑预计侧向变形较大的部位，如基坑中间部位，采用地下连续墙等作为地中壁，利用地中壁的平面内刚度，为基坑每侧中部挡墙提供侧向支撑。

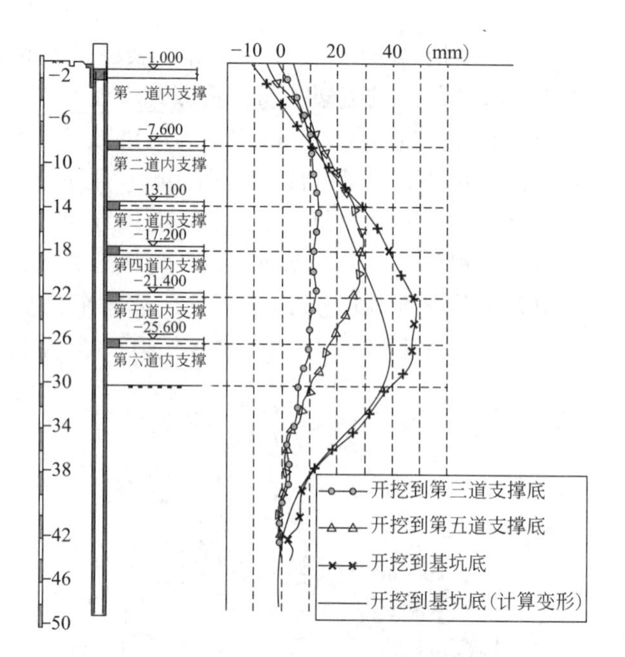

图 2.5.33 B1 坑内支撑照片

图 2.5.34 B1 坑东侧土体深层水平位移实测曲线

4）采用轴力伺服混凝土水平支撑结构。随着基坑开挖深度加大，作用在混凝土支撑上的水土压力不断增大，与此同时支撑产生轴力，并伴随变形的产生，整个过程是被动的。混凝土支撑结构收缩徐变效应显著，进一步加大了支护结构变形。混凝土结构构件在压应力作用下，即使应力不再增加，但其变形会随时间继续加大。

基坑挡墙侧向变形包括水平支撑结构的轴向弹性压缩变形、混凝土支撑的收缩徐变变形、支撑设置前挡墙已经存在的侧向变形。对混凝土水平支撑结构进行伺服加载，可实现对支护结构变形的主动控制。对水平混凝土支撑结构进行伺服加载，可使支撑结构提前建立预压应力，消除支撑结构在后续开挖工况的弹性压缩变形；在后续开挖工况下，支撑结构在水土压力作用下产生收缩徐变变形，可通过二次或多次加载，消除混凝土支撑的收缩徐变变形；伺服加载产生的预压力，能抵消或部分抵消支撑结构设置时挡墙已产生的初始变形。

如杭州望江新城始版桥未来社区 SC0402-R21/R22-06 地块，设 3 层地下室，基坑开挖深度 14.4m，基坑周边紧邻建筑物和城市道路，其中西侧邻近地铁 7 号线盾构隧道。基坑工程采用钻孔灌注桩排桩墙、三轴水泥搅拌桩止水帷幕结合三道混凝土水平内支撑进行支护，其中西侧采用 1000mm 厚地下连续墙“二墙合一”、TRD 工法水泥土墙止水帷幕结合三道混凝土水平内支撑进行支护。为确保西侧盾构隧道安全，基坑西侧采用带伺服加载装置的双围檩混凝土支撑系统，通过对内支撑结构多次伺服加载，实现了对邻近地铁盾构隧道一侧支护结构的变形主动控制，最终使该侧地下连续墙最大侧向变形小于 10mm，有效解决了深厚软弱地基基坑变形控制的难题，确保了地铁设施和周边环境安全。

有关轴力伺服混凝土水平支撑结构的设计，详见本书第 4 章 4.4 节的介绍。

（4）动态设计和信息化施工

基坑设计施工图应对分步分块开挖的要求、每一步开挖深度和宽度、每一工况下支

撑（包括基础垫层和底板）设置时间和围护墙无支撑允许暴露时间等具体要求予以明确，确保施工单位能根据图纸理解设计意图并按设计要求实施挖土施工。对周边环境复杂、需严格控制变形的深大基坑工程，应根据每一步工况下的变形监测结果反分析推算下一步工况时的内力和变形，必要时应及时调整计算参数和设计措施，实施动态设计[81]。

由于基坑工程不确定因素多，作为施工方仅按图纸施工尚不够，还必须事先制定详细应对突发事件的应急预案；必须根据每一步开挖工况时的监测结果复核下一步开挖的可行性和安全性，遇异常情况应会同设计方及时调整挖土方案和作业流程，并采取合理可靠的加强措施，实行信息化施工。

2.5.4 坑底工程桩对基坑稳定性的影响分析

深基坑工程挖土深度大，由于卸土过多，引起墙前和墙后的竖向压力差，在墙后土重及地面荷载作用下引起坑底隆起，当压力差大于地基承载力时，基坑就会失稳，导致坑底隆起破坏。因此，基坑抗隆起验算是基坑工程设计中一项重要的验算，特别对软土深基坑尤为重要。另外，坑底土体产生隆起的同时，可能导致坑外土体产生较大的塑性区，并引起地面沉降，因此，基坑抗隆起稳定性与坑后地表沉降之间存在一定的关联。

对于高层建筑基坑或超深基坑工程，坑底工程桩（包括抗压桩和抗拔桩）往往比较密集，且通常是在基坑开挖以前施工完成。坑底工程桩客观上会对基坑开挖的性状产生一定影响。由于桩的强度和刚度比较大，因此也在一定程度上提高了坑底土的整体力学性能，从而减小了围护墙位移。当基坑开挖引起基底隆起时，由于受到工程桩的约束，桩与土之间存在摩阻力，工程桩对被动区土体具有一定的拉锚作用，有利于控制基底隆起，从而提高了抗隆起稳定性。

1. 现有抗隆起稳定分析方法及比较

对于采用支撑-挡墙支护结构的基坑，现行规范、规程[2-5] 推荐的抗隆起稳定验算方法主要有两种：(1) 挡墙底部地基承载力验算模式（图 2.5.35）；(2) 圆弧滑动法验算模式（图 2.5.37）。如行业标准《建筑基坑支护技术规程》JGJ 120-2012 规定：基坑抗隆起稳定应按地基承载力模式进行验算；当坑底以下为软土时，尚应按圆弧滑动法进行验算。上海市标准《基坑工程技术标准》DG/TJ 08-61-2018 和浙江省标准《建筑基坑工程技术规程》DB33/T 1096-2014 规定，基坑抗隆起稳定应按地基承载力模式和圆弧滑动法同时进行验算。

(1) 挡墙底部地基承载力验算模式

按挡墙底部地基承载力模式验算时，计算简图如图 2.5.35 所示，按下式验算：

$$K_{\mathrm{L}}=\frac{\gamma_2 D N_{\mathrm{q}}+c_{\mathrm{cu}} N_{\mathrm{c}}}{\gamma_1(H+D)+q} \tag{2.5.38}$$

式中，γ_1 和 γ_2 分别为坑外地表至挡墙底部以及坑内开挖面至挡墙底部各土层的加权平均重度；N_{c} 和 N_{q} 为 Prandtl-Reissner 地基承载力系数，根据挡墙底部地基土的特性计算。N_{c} 和 N_{q} 的表达式分别为：

$$N_{\mathrm{q}}=\mathrm{e}^{\pi\tan\varphi_{\mathrm{cu}}}\tan^2\left(\frac{\pi}{4}+\frac{\varphi_{\mathrm{cu}}}{2}\right) \tag{2.5.39}$$

$$N_c = \frac{N_q - 1}{\tan\varphi_{cu}} \tag{2.5.40}$$

行业标准[2] 和某些地方标准[3-4] 采用地基承载力模式验算抗隆起稳定时，采用的表达式都同式（2.5.38），但安全系数取值有所不同。如行业标准[2] 要求的安全系数为 1.8（一级）、1.6（二级）、1.4（三级）；上海市标准[5] 要求的安全系数为 2.5（一级）、2.0（二级）、1.7（三级）；浙江省标准[3] 要求的安全系数同行业标准。

式（2.5.38）中，分子为按照 Prandtl-Reissner 无重介质地基承载力公式计算的单位宽度的地基极限承载力，且未考虑土体重度的影响，分母为坑外从地表到挡墙底部单位宽度的土体重度以及外荷载。可以发现，按照地基承载力模式验算基坑抗隆起稳定性的计算公式包含了以下假定：

1）挡墙在水平方向上不发挥抗力。

2）基坑的隆起破坏只发生在支护墙体底部以下的土体，不考虑墙体底部以上土体的抗剪强度。

不难发现，式（2.5.38）实则是解决了挡墙底部单位面积上的地基承载力问题，并且计算极限承载力时未考虑土体重度的影响。如果考虑到土体重度的影响，采用 Taylor-Prandtl-Reissner 地基极限承载力公式，按挡墙底部地基承载力模式验算坑底抗隆起稳定性的安全系数计算公式为：

$$K_{RL} = \frac{\gamma_2 D N_q + c_{cu} N_c + 0.5 B_1 \gamma_{sat} N_\gamma}{\gamma_1 (H + D) + q} \tag{2.5.41}$$

式中，γ_{sat} 为土体的饱和重度；B_1 为基坑外主动区土楔的宽度（等同于地基承载力计算时的基础宽度），B_1 与基坑宽度 B 的关系可由图 2.5.36 确定；重度参数 N_γ 可按照 Meyerhof 的推荐公式。B_1 和 N_γ 的表达式如下：

$$B_1 = \frac{B\cos\left(\frac{\pi}{4} + \frac{\varphi_{cu}}{2}\right)}{\exp\left(\frac{\pi}{2}\tan\varphi_{cu}\right)\cos\left(\frac{\pi}{4} - \frac{\varphi_{cu}}{2}\right)} \tag{2.5.42}$$

$$N_\gamma = \exp(0.66 + 5.11\tan\varphi_{cu})\tan\varphi_{cu} \tag{2.5.43}$$

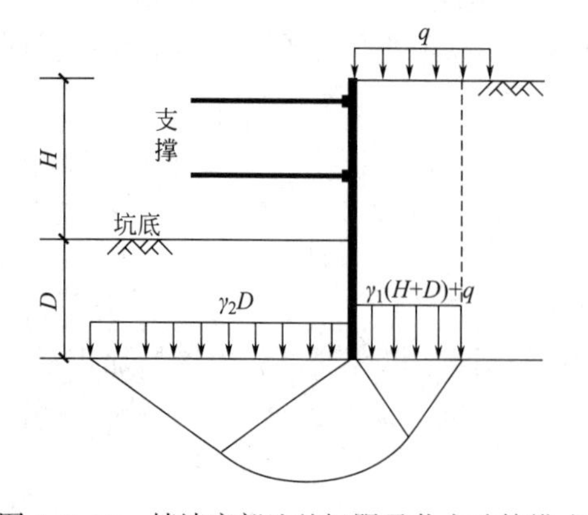

图 2.5.35　挡墙底部地基极限承载力验算模式

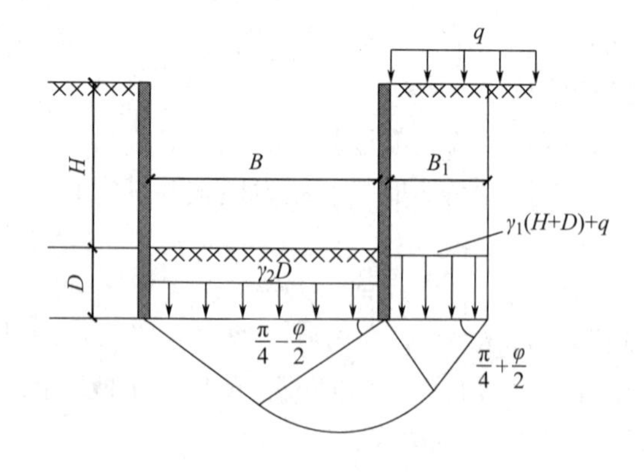

图 2.5.36　考虑 N_γ 影响的地基承载力模式

（2）不同规范的圆弧滑动法验算模式比较

对于软土地层的基坑工程，圆弧滑动法是抗隆起稳定验算的主要方法。下面先分别介绍行业标准、浙江省地方标准和上海市地方标准关于圆弧滑动法的验算规定，然后对比分析它们之间的差异。

行业标准[2]规定：当坑底以下为软土时，对于支撑式和拉锚式挡土结构，尚应以最下层支点为转动轴心（图 2.5.37）的圆弧滑动模式按下列公式验算抗隆起稳定性：

$$\frac{\sum\left[c_j l_j+\left(q_j b_j+\Delta G_j\right)\cos\theta_j\tan\varphi_j\right]}{\sum\left(q_j b_j+\Delta G_j\right)\sin\theta_j}\geqslant K_{\mathrm{RL}} \tag{2.5.44}$$

式中，K_{RL} 为抗隆起稳定安全系数，不应小于 2.2（一级）、1.9（二级）、1.7（三级）；c_j、φ_j 分别为第 j 土条在滑弧面处的黏聚力和内摩擦角；l_j、b_j 分别为第 j 土条的滑弧长度和宽度；q_j 为作用在第 j 土条上的附加分布荷载标准值；ΔG_j 为第 j 土条的自重，按天然重度计算。

浙江基坑规程[3]规定：应验算开挖阶段各设计工况绕最下道支撑或锚杆圆弧滑动的抗隆起稳定性，计算简图如图 2.5.38 所示。

$$\frac{2\sum\left(\alpha_{\mathrm{A}i}-\alpha_{\mathrm{B}i}\right)\tau_i}{\left(q_{\mathrm{k}}+\gamma_3 h\right)}\geqslant K_{\mathrm{r}} \tag{2.5.45}$$

式中，K_{r} 为抗隆起稳定安全系数，不应小于 1.6（一级）、1.5（二级）、1.4（三级）；τ_i 为最下一道支撑底部至围护墙底端深度范围第 i 计算土层（对应图 2.5.38 中 A_i 与 B_i 深度范围的土层）中间深度点的抗剪强度的 1.5 倍取值（kPa），按勘察报告提供的相应深度十字板抗剪强度取值，也可采用按固结快剪强度指标计算得到的抗剪强度，被动区范围应综合考虑卸载、超固结因素后对强度进行修正，计算土层厚度不宜超过 1m；$\alpha_{\mathrm{A}i}$、$\alpha_{\mathrm{B}i}$ 分别为滑弧面与第 i 土层的交点 A_i、B_i 与最下层支点的连线与垂直面的夹角（rad）；γ_3 为地面至基坑开挖面范围，各土层天然重度的加权平均值（kN/m^3）。

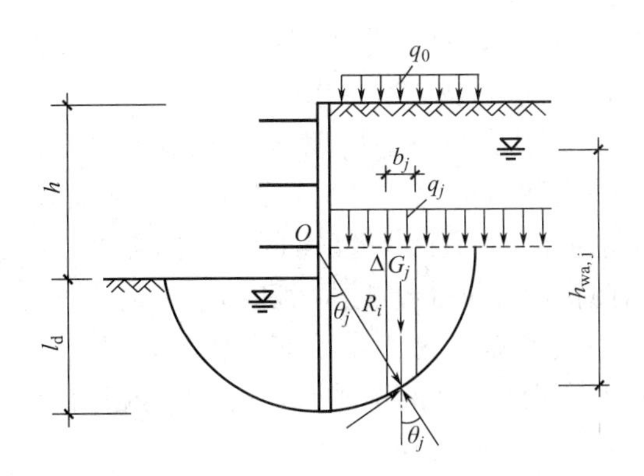

图 2.5.37　行业标准圆弧滑动法计算简图

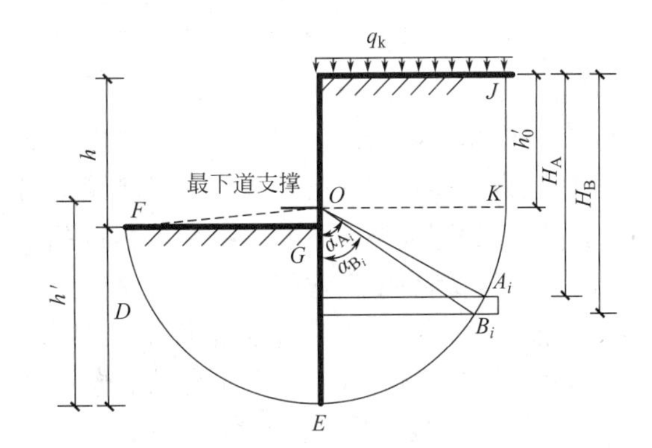

图 2.5.38　浙江规程圆弧滑动法计算简图

浙江基坑规程在条文说明指出，关于软黏土地基不同深度土的天然强度，可以通过原位十字板剪切试验得到，也可以通过土样直剪固结快剪试验强度指标和其有效上覆土压力计算得到。

对坑底深度处为淤泥质土、淤泥的土层，经 137 个工程统计，其按固结快剪指标计算的土的天然抗剪强度 S_u 与其有效上覆压力 σ'_{vc} 的比值 $S_u/\sigma'_{vc}=0.2\sim0.47$，处于很有限的范围，见图 2.5.39，平均值 $(S_u/\sigma'_{vc})_{均}=0.32$。参照 Roye Hunt 的《Geotechnical Engineering Analysis and Evaluation》著作，对正常和稍超固结黏性土，根据十字板剪切试验和室内 K_0 三轴试验所得到的 $S_u/\overline{p}_0=0.16\sim0.6$（$\overline{p}_0$ 为有效上覆压力），平均值取 $(S_u/\overline{p}_0)_{NC}=0.33$。上述两者抗剪强度 S_u 与有效上覆压力的比值十分接近，说明按直剪固结快剪指标计算土层天然抗剪强度并应用于稳定分析是合适的。

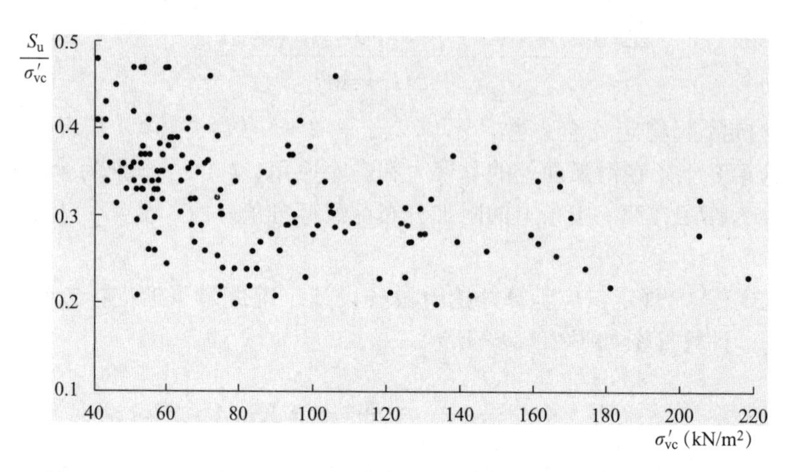

图 2.5.39　土的天然抗剪强度 S_u 与其有效上覆压力 σ'_{vc} 的比值统计图

当计算被动区范围的抗滑动力矩时，如采用十字板剪切强度，应考虑基坑开挖后坑底土体抗剪强度的降低，计算采用的抗剪强度应乘以折减系数 ζ_i，ζ_i 可按下式计算：

$$\zeta_i=\frac{c_i+\sigma_{i1}\tan\varphi_i}{c_i+\sigma_{i2}\tan\varphi_i} \tag{2.5.46}$$

式中，c_i、φ_i 分别为计算点处土的黏聚力（kPa）、内摩擦角（°）；σ_{i1}、σ_{i2} 分别为被动区计算点处分别从基坑坑底和自然地面起算的自重应力（kPa）。

同时，可考虑坑底以下土体超固结状态对强度的影响，对抗剪强度乘以 1.0～1.2 的调整系数，基坑面积大、暴露时间长时取低值。由于开挖卸载，坑底以下土体由正常固结状态变成超固结状态。理论上，对坑底以下土层应在卸荷条件下进行固结快剪试验，即试样在压力下固结完毕后，先在不排水条件下卸去一定数量的固结压力，再进行不排水剪切，以得到卸载条件下的固结快剪强度指标（所得到的黏聚力大于正常固结土的黏聚力，而内摩擦角则小于正常固结土的内摩擦角），并由此指标计算被动土压力和用于稳定计算。到目前为止，尚未见有卸载条件下的试验结果。对坑底以下超固结状态黏性土，Mayne（1980）根据所收集的 96 个土样的试验资料，提出了超固结土的不排水强度 S_u 与超固结比 OCR 的经验关系，表示为：

$$(S_u/\sigma'_{vc})_{OC}/(S_u/\sigma'_{vc})_{NC}=OCR^m \tag{2.5.47}$$

式中，$OCR=(\sigma'_{vc})_{NC}/(\sigma'_{vc})_{OC}$；$(\sigma'_{vc})_{NC}$ 为开挖前正常固结土的有效上覆压力；$(\sigma'_{vc})_{OC}$ 为开挖后超固结土的有效上覆压力；m 为经验系数，取 0.64。由上式即可算得坑底下考虑超固结效应土的不排水强度。

举例说明：淤泥质黏土的强度指标 $c=12\text{kN/m}^2$，$\varphi=10°$，$\gamma=18\text{kN/m}^3$，设地下水位面在地表，基坑开挖深度 $h=10\text{m}$，坑内地下水在坑底面。试计算坑底下 $Z'=5\text{m}$ 即地

表下 $Z=15\text{m}$ 处土的抗剪强度。则：

$(\sigma'_{vc})_{OC}=\gamma' Z'=8\times5=40\text{kN/m}^2$

$(\sigma'_{vc})_{NC}=\gamma' Z=8\times15=120\text{kN/m}^2$

$OCR^m=(120/40)^{0.64}=2.02$

$(S_u/\sigma'_{vc})_{NC}=c/\gamma' Z+\tan\varphi=12/120+\tan10°=0.28$

$(S_u)_{NC}=0.28\times(\sigma'_{vc})_{NC}=0.28\times120=33.2\text{kN/m}^2$

由式（2.5.47）得 $(S_u/\sigma'_{vc})_{OC}=(S_u/\sigma'_{vc})_{NC}\times OCR^m=0.28\times2.02=0.57$

则，$(S_u)_{OC}=0.57\times(\sigma'_{vc})_{OC}=0.57\times40=22.8\text{kN/m}^2$

如不考虑坑底下土的超固结效应，按此计算坑底下5.0m处土的抗剪强度为：

$$S_u=c+\gamma' Z'\tan\varphi=12+40\times\tan10°=19.1\text{kN/m}^2$$

上海基坑标准[5] 规定：板式支护体系按圆弧滑动模式验算绕最下道内支撑点的抗隆起稳定性时，应符合下列公式要求，计算简图见图2.5.40。

$$\frac{M_{RLk}}{\gamma_S M_{SLk}}\geqslant\gamma_{RL}\tag{2.5.48}$$

式中，γ_{RL} 为抗隆起稳定安全系数，取2.2（一级）、1.9（二级）、1.7（三级）；M_{RLk} 和 M_{SLk} 分别为抗滑力矩与滑动力矩，可分别表示为：

$$M_{RLk}=M_{sk}+\sum_{j=1}^{n_2}M_{RLkj}+\sum_{m=1}^{n_3}M_{RLkm}\tag{2.5.49}$$

$$M_{SLk}=M_{SLkq}+\sum_{i=1}^{n_1}M_{SLki}+\sum_{j=1}^{n_4}M_{SLkj}\tag{2.5.50}$$

$$\begin{aligned}M_{RLkj}=\sum\int_{\alpha_A}^{\alpha_B}[&(q_{1fk}+\gamma D'\sin\alpha+\gamma h'_0-\gamma H_A)\sin^2\alpha\tan\varphi_k+\\&(q_{1fk}+\gamma D'\sin\alpha+\gamma h'_0-\gamma H_A)\cos^2\alpha K_a\tan\varphi_k+c_k D^2]d\alpha\end{aligned}\tag{2.5.51}$$

$$\begin{aligned}M_{RLkm}=\sum\int_{\alpha_A}^{\alpha_B}[&(q_{2fk}+\gamma D'\sin\alpha+\gamma h'_0-\gamma H_A)\sin^2\alpha\tan\varphi_k+\\&(q_{2fk}+\gamma D'\sin\alpha+\gamma h'_0-\gamma H_A)\cos^2\alpha K_a\tan\varphi_k+c_k D^2]d\alpha\end{aligned}\tag{2.5.52}$$

$$M_{SLkq}=\frac{1}{2}q_k D'^2\tag{2.5.53}$$

$$M_{SLki}=\frac{1}{2}\gamma D'^2(H_B-H_A)\tag{2.5.54}$$

$$M=\sum\frac{1}{2}\gamma D'^3\left[\left(\sin\alpha_B-\frac{\sin^3\alpha_B}{3}\right)-\left(\sin\alpha_A-\frac{\sin^3\alpha_A}{3}\right)\right]\tag{2.5.55}$$

$$K_a=\tan^2\left(\frac{\pi}{4}-\frac{\varphi_k}{2}\right)\tag{2.5.56}$$

$$\alpha_A=\arctan\left[\frac{H_A-h'_0}{\sqrt{D'^2-(H_A-h'_0)^2}}\right]\tag{2.5.57}$$

$$\alpha_B=\arctan\left[\frac{H_B-h'_0}{\sqrt{D'^2-(H_B-h'_0)^2}}\right]\tag{2.5.58}$$

式中，M_{sk} 为挡墙的容许力矩标准值；γ 为对应土层的天然重度；c_k、φ_k 为滑裂面上地基土对应的黏聚力标准值和内摩擦角标准值；q_{1fk} 和 q_{2fk} 分别为坑外和坑内对应土层的上覆压力标准值（kPa）；n_1 为坑外最下道支撑以上的土层数，n_2 为坑外最下道支撑以下至墙底的土层数，n_3 为坑内开挖面以下至墙底的土层数，n_4 为坑外最下道支撑下至开挖面之间的土层数；其余参数详见计算简图 2.5.40。

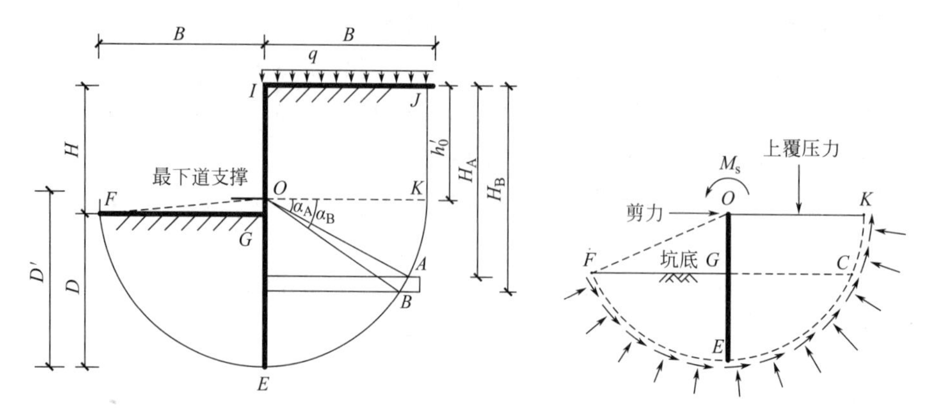

图 2.5.40　基坑抗隆起稳定性分析的圆弧滑动法计算示意图

当为均质土层或将土层均质化后，M_{RLk} 和 M_{SLk} 的计算可简化为：

$$M_{RLk}=K_a\tan\varphi\left\{\frac{\pi}{4}(q_k+\gamma_0 h_0')R^2+\gamma_0 R^3\left[\frac{1}{3}+\frac{1}{3}\cos^3\alpha-\frac{1}{2}\left(\frac{\pi}{2}-\alpha_0\right)\sin\alpha+\frac{1}{2}\sin^2\alpha\cos\alpha\right]\right\}$$
$$+\tan\varphi\left\{\frac{\pi}{4}(q_k+\gamma_0 h_0')R^2+\gamma_0 R^3\left[\frac{2}{3}+\frac{2}{3}\cos\alpha-\frac{\sin\alpha}{2}\left(\frac{\pi}{2}-\alpha\right)-\frac{1}{6}\sin^2\alpha\cos\alpha\right]\right\}$$
$$+cR^2(\pi-\alpha)+M_{sk} \tag{2.5.59}$$

$$M_{SLk}=\frac{1}{3}\gamma_0 R^3\sin\alpha_0+\frac{1}{6}\gamma_0 R^2 h_e\cos^2\alpha_0+\frac{1}{2}(q+\gamma_0 h_0')R^2 \tag{2.5.60}$$

式中，c、φ 为土的黏聚力标准值和内摩擦角标准值，取均质化后的土层加权平均值；γ_0 为土层的加权平均重度；$\alpha=\alpha_0$，见图 2.5.41，单位为弧度；h_e 为最下道支撑中心线至坑底的垂直距离，即 $h_e=R-D$。

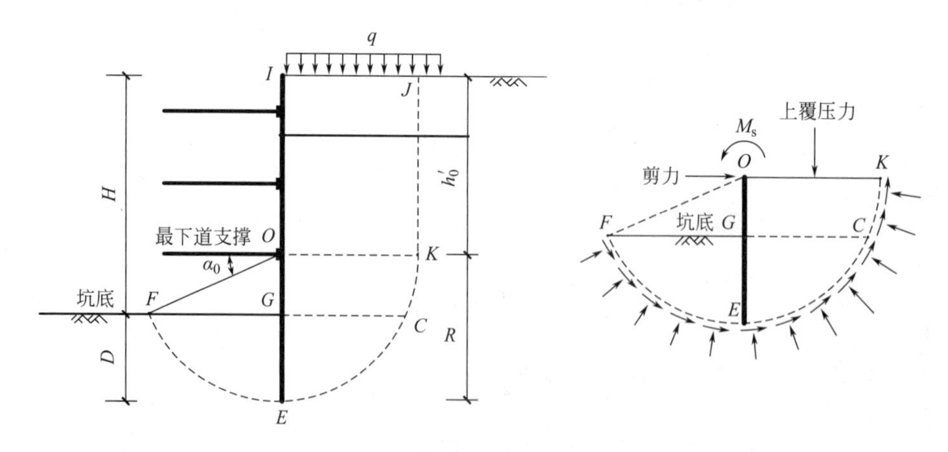

图 2.5.41　均质土层中圆弧滑动法抗隆起稳定分析示意图

比较行业标准 JGJ 120-2012、浙江基坑规程 DB33/T 1096-2014、上海基坑标准 DG/

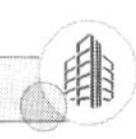

TJ 08-61-2018，在采用圆弧滑动法验算坑底抗隆起稳定时，均基于下列同样的假定：1）滑裂面绕最下道支撑点，且通过挡墙墙底；2）稳定安全系数定义相同，等于抗滑力矩除以滑动力矩；3）不考虑最下支撑点标高以上的土体强度，即忽略垂直滑动段的抗滑贡献。

上述 3 本标准的对比详见表 2.5.9，不同点主要体现在以下方面：

1）安全系数取值不同。行业标准和上海基坑标准均取：2.2（一级）、1.9（一级）、1.7（三级），浙江基坑规程取 1.6（一级）、1.5（一级）、1.4（三级）。

2）滑裂面上的法向应力计算方法不同。行业标准只考虑土体竖向自重应力引起的法向分量（同基坑整体稳定分析），使计算的抗滑力矩偏小，对于软土地层基坑工程，常导致计算的安全系数偏小，即使增加挡墙深度也无法满足规范要求；上海基坑标准不仅考虑土体竖向自重应力引起的法向分量，同时考虑水平向土压力引起的法向分量，计算结果相对比较合理。

3）上海基坑标准考虑挡墙的抗弯承载力，行业标准和浙江基坑规程均不考虑挡墙抗弯承载力。

行业标准与浙江、上海地方标准之间关于圆弧滑动法的对比　　表 2.5.9

标准	行业标准 JGJ 120-2012	浙江基坑规程 DB33/T 1096-2014	上海基坑标准 DG/TJ 08-61-2018
验算公式	$\frac{\sum[c_j l_j+(q_j b_j+\Delta G_j)\cos\theta_j\tan\varphi_j]}{\sum(q_j b_j+\Delta G_j)\sin\theta_j}\geqslant K_{\mathrm{RL}}$	$\frac{2\sum(\alpha_{\mathrm{A}i}-\alpha_{\mathrm{B}i})\tau_i}{(q_{\mathrm{k}}+\gamma_3 h)}\geqslant K_{\mathrm{r}}$	$\frac{M_{\mathrm{RLk}}}{\gamma_{\mathrm{S}}M_{\mathrm{SLk}}}\geqslant\gamma_{\mathrm{RL}}$
安全系数取值	2.2、1.9、1.7 （一级、二级、三级）	1.6、1.5、1.4 （一级、二级、三级）	2.2、1.9、1.7 （一级、二级、三级）
假定 滑裂面	绕最下道支撑点 且经过挡墙的墙底	绕最下道支撑点 且经过挡墙的墙底	绕最下道支撑点 且经过挡墙的墙底
最下道支撑以上 的土体强度	不考虑	不考虑	不考虑
挡墙抗弯承载力	不考虑	不考虑	考虑
滑裂面土的 抗剪强度	采用抗剪强度指标计算	采用抗剪强度指标计算 或采用十字板剪切强度	采用抗剪强度 指标计算
滑裂面上的 法向应力	只考虑土体竖向自重应力引起的法向分量（同基坑整体稳定分析）	未具体规定法向应力计算方法。采用十字板剪切强度时，需考虑卸荷和超固结因素的影响	同时考虑土体竖向自重应力和水平向土压力引起的法向分量

2. 坑底工程桩对抗隆起稳定性的作用分析

当基坑内存在工程桩时，工程桩对基坑抗隆起稳定性的作用表现在两方面，竖向：由于桩土之间附着力的作用，桩身对周围土体的下拉作用可以帮助抵抗坑内土体隆起；水平向：当坑底土体有向内向上隆起趋势时，工程桩的作用类似于弱抗滑桩，可以帮助阻止基坑底部土体向内水平位移，减小基坑支挡墙的“踢脚”可能性，从而增强基坑抗隆起能力。

在抗隆起稳定分析考虑水平向土压力时，现行上海基坑标准偏安全地将坑内坑外均视为主动土压力，与发生坑底土体隆起极限状态时的实际情况不符。图 2.5.42 为采用有限元强度折减法计算得到的土体达到隆起失稳状态时的位移云图，可以看出，当基坑坑底存在较密集的工程桩时，由于工程桩的水平向约束作用，基坑内侧被动区土体在破坏时可以接近甚至达到被动极限状态。

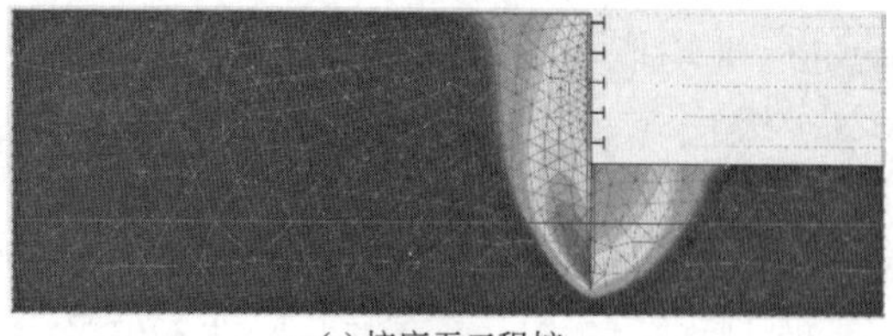
(a) 坑底无工程桩

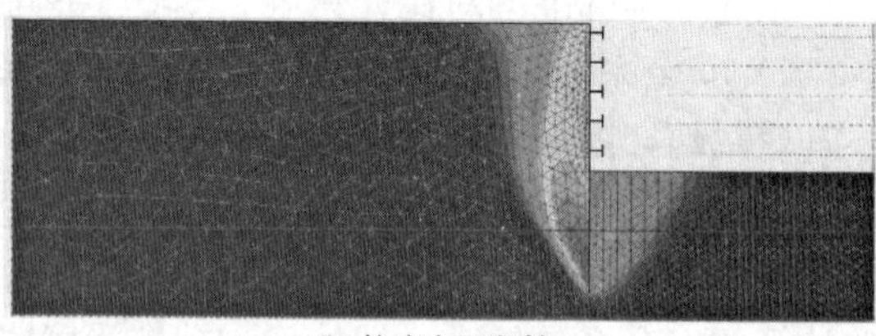
(b) 坑底有工程桩

图 2.5.42 基坑隆起失稳时的位移云图

为考虑逆作法基坑坑内工程桩对抗隆起稳定安全性的贡献，对现行上海基坑标准的坑底土体抗隆起稳定验算公式进行以下修正[58]：

（1）随着桩的密度的增大，在隆起破坏极限状态时，坑内土压力系数由主动土压力系数线性增大至被动土压力系数，桩基距径比减小到 3 时，坑内土压力系数达到被动值。

（2）竖直方向上，考虑工程桩和桩侧土之间附着力的贡献。

改进的抗隆起稳定分析模型如图 2.5.43 所示，具体验算公式如下：

$$F_s = \frac{M'_{RLk}}{\gamma_S M_{SLk}} \tag{2.5.61}$$

式中，F_s 为考虑坑底工程桩作用后的基坑抗隆起稳定安全系数；M'_{RLk} 为考虑坑底工程桩水平向作用的抗滑力矩，其余符号含义同式（2.5.48）。M'_{RLk} 可表示为：

$$M'_{RLk} = M_{sk} + \sum_{j=1}^{n_2} M_{RLkj} + \sum_{m=1}^{n_3} M'_{RLkm} + M_{RQ} \tag{2.5.62}$$

式中，M_{sk} 为挡墙的容许力矩标准值；M_{RLkj} 为坑外最下道支撑以下第 j 层土产生的抗隆起力矩标准值，按式（2.5.51）计算；M'_{RLkm} 为考虑坑底工程桩作用后，坑内开挖面以下第 m 层土产生的抗隆起力矩标准值；M_{RQ} 为考虑坑底工程桩竖向下拉作用产生的抗隆起力矩标准值。

M'_{RLkm} 和 M_{RQ} 分别按下列公式计算：

$$\begin{aligned} M'_{RLkm} = \sum \int_{\alpha_A}^{\alpha_B} [& (q_{2fk} + \gamma D' \sin\alpha + \gamma h'_0 - \gamma H_A) \sin^2\alpha \tan\varphi_k + \\ & (q_{2fk} + \gamma D' \sin\alpha + \gamma h'_0 - \gamma H_A) \cos^2\alpha K_Q \tan\varphi_k + c_k D^2] \mathrm{d}\alpha \end{aligned} \tag{2.5.63}$$

$$M_{RQ} = \frac{c \pi D'^3}{4n^2 d} \tag{2.5.64}$$

其中：

$$K_Q = K_a + \frac{9(K_p - K_a)}{n^2} \tag{2.5.65}$$

$$K_a = \tan^2\left(\frac{\pi}{4} - \frac{\varphi_k}{2}\right) \tag{2.5.66}$$

$$K_p = \tan^2\left(\frac{\pi}{4} + \frac{\varphi_k}{2}\right) \tag{2.5.67}$$

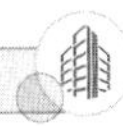

式中，D'为最下道支撑点至挡墙底的垂直距离；c 为桩侧土的黏聚力；n 为坑底工程桩的距径比（$n=s/d$），s 为桩的中心距，d 为桩径。其余符号含义同式（2.5.48）～式（2.5.58）。

采用本书修正公式计算得到的基坑抗隆起稳定安全系数与数值方法结果对比，见图 2.5.44 和表 2.5.10。可见，修正公式计算的基坑抗隆起稳定安全系数，与 PLAXIS 有限元强度折减法数值计算结果能较好地吻合。坑底工程桩的距径比越小，桩的密度越大，则基坑抗隆起稳定性安全系数越大；当坑底工程桩的距径比为 3 时，基坑抗隆起稳定安全系数由不考虑工程桩作用时的 2.66 提高到 3.46。

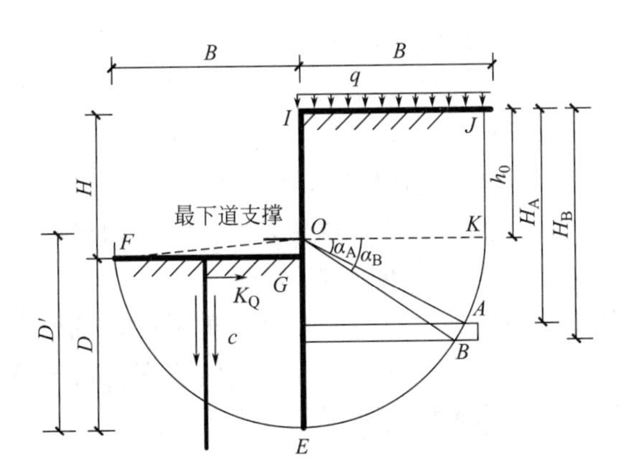

图 2.5.43　考虑坑底工程桩作用的抗隆起分析示意图

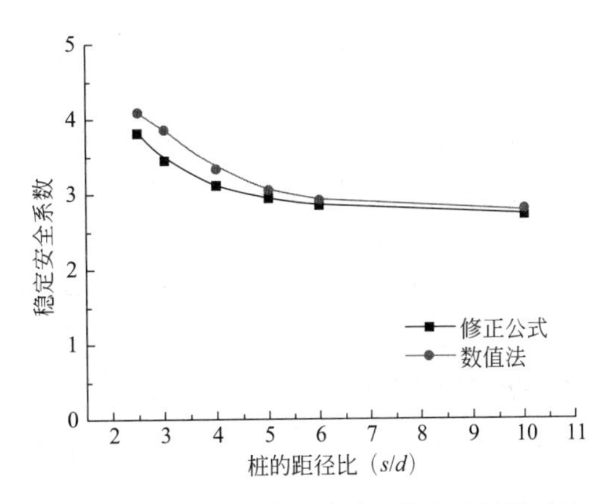

图 2.5.44　抗隆起修正公式与数值法结果对比

坑底工程桩不同桩距径比时软土基坑的抗隆起安全系数　　**表 2.5.10**

桩的距径比（$n=s/d$）	修正公式	数值法
不考虑坑底工程桩作用	2.64	2.66
10	2.72	2.79
6	2.85	2.91
5	2.94	3.05
4	3.10	3.33
3	3.46	3.86
2.5	3.82	4.09

3. 坑底工程桩对抗承压水突涌稳定性的作用分析

当基坑坑底下卧承压含水层时，开挖土方减小了含水层上覆隔水层的厚度，随着隔水层厚度的减小，作用于基坑底板的承压水水头压力容易顶裂或顶起基坑底板，即发生基坑突涌。随着近年来我国地下轨道交通、人防工程等基础设施的快速发展，深基坑工程日益增多，深基坑开挖施工的地质条件和环境也日益复杂，其工程事故也日益增多，由此带来的损失也越来越大，而在深基坑工程中，由于承压水而产生的事故占了很大一部分，特别是沿江沿海地区，承压水处理难度大，并且一旦发生事故，后果往往很严重。

目前对于承压水基坑突涌稳定性的判断分析方法，不论是现行的基坑规程，还是一般教科书和设计施工手册里均采用经典的压力平衡理论，其中浙江基坑规程[3] 计算方法见

图 2.5.45。

承压水基坑抗突涌按下式验算，K_w 取 1.1。

$$\frac{D\gamma}{h_w\gamma_w} \geqslant K_w \tag{2.5.68}$$

当基坑坑底土体采取满堂加固措施后，抗承压水稳定性按下式验算，K_w 取 1.2。

$$\frac{D\gamma + \alpha\beta c}{h_w\gamma_w} \geqslant K_w \tag{2.5.69}$$

$$\beta = \frac{l_s D}{S} \tag{2.5.70}$$

式中，K_w 为抗承压水稳定安全系数；D 为承压含水层顶面至坑底的土层厚度（m）；α 为折减系数，取 0.5～1.0，基坑面积小、深度浅、土性差时取低值；β 为空间效应系数；l_s 为整体破坏范围的平面周长，$l_s = 2(l+b)(m)$； S 为整体破坏范围的平面面积，$S = lb(m^2)$； c 为破裂面的各层土的黏聚力（采用固快指标）加权平均值（kPa）；γ 为承压含水层顶面至坑底土层的天然重度（kN/m^3），对于成层土取按土层厚度加权的平均天然重度；h_w 为承压含水层顶面的压力水头高度（m）；γ_w 为水的重度（kN/m^3）。

式（2.5.69）考虑了基坑的尺寸效应以及基坑四周接触面上的土体抗剪强度，抗剪强度大小取土体黏聚力加权平均值。式（2.5.68）、式（2.5.69）适用于基坑坑底上层土整体性好、渗透性小的情况下，将坑底土层作为一个整体来抵抗承压水水头压力。

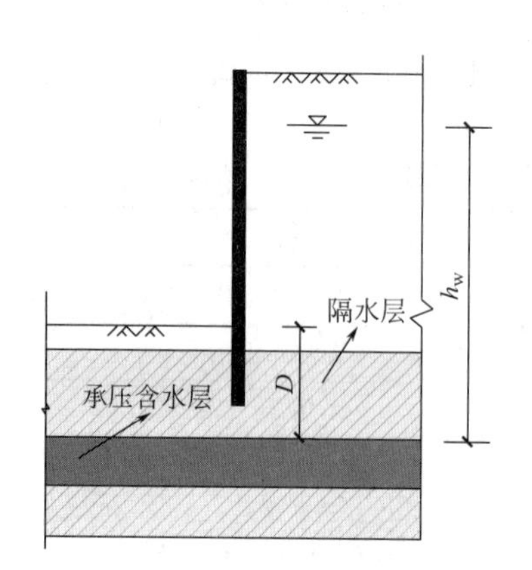

图 2.5.45　坑底抗承压水突涌稳定验算

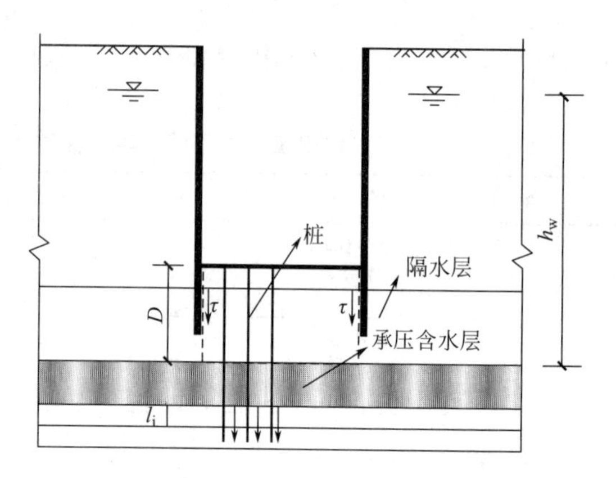

图 2.5.46　考虑尺寸效应和工程桩作用的抗突涌稳定验算

当坑底布置较密集的工程桩时，工程桩也可提供一定的摩擦力来抵抗承压水的水头压力，见图 2.5.46。此时，坑底抗承压水突涌稳定性可按下式验算[58]：

$$\frac{D\gamma S + \alpha\beta c S + Q_t}{h_w\gamma_w S} \geqslant K_w \tag{2.5.71}$$

$$Q_t = \sum q_u \tag{2.5.72}$$

$$q_u = \min(q_{u1},\ q_{u2}) \tag{2.5.73}$$

$$q_{u1} = \sum \lambda_i q_{sik} u_i l_{i1} \tag{2.5.74}$$

$$q_{u2} = \sum \lambda_i q_{sik} u_i l_{i2} \tag{2.5.75}$$

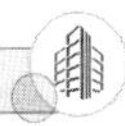

式中，Q_t 为基坑内桩基抗拔承载力；q_u 为单桩的抗拔承载力；λ_i 为抗拔系数，与坑底土性有关；q_{sik} 为桩侧表面第 i 层土的极限侧阻力标准值；u_i 为桩身周长；l_{i1} 为承压含水层顶面以上部分第 i 层土的桩长；l_{i2} 为承压含水层顶面以下部分第 i 层土的桩长。

对于上覆层整体性差、渗透性大的情况，当上覆层最薄弱处的渗透力大于其有效重度时，上覆层会发生破坏，而此时按式（2.5.68）、式（2.5.69）和式（2.5.71）来计算判别基坑底部整体上不一定会发生突涌破坏。因此，对于这种情况若仅采用上式验算会偏于不安全，应采用上覆土层有效重度平衡渗透力的方法计算判别其安全性，即：

$$K=\frac{\gamma'}{\gamma_w J} \tag{2.5.76}$$

式中，γ'为上覆土体有效重度；γ_w 为水的重度；J 为水力坡降。

式（2.5.76）适用于整体性差、渗透性大的土层。当基坑坑底存在多层土时，可求得其等效垂直渗透系数，按平均水力坡降计算。

2.6　上部结构与地下结构同步逆作施工的全过程模拟分析

2.6.1　高层建筑结构顺作施工模拟分析

1. 考虑施工过程的模拟分析方法

高层建筑竖向荷载中恒载一般占 85%以上，当这些恒载一次施加于结构上时，竖向构件（柱、墙、支撑）之间的轴向变形差异往往很大，导致弹性计算的内力和变形值失真，如出现核心筒周围柱的计算轴力偏小，甚至出现受拉的情况，或框架梁在中间支座没有负弯矩等不合理现象。然而在实际施工过程中，竖向恒载是一层一层施加的，结构构件是逐层施工并逐层进行找平的，如图 2.6.1 所示，因而，实际的轴向变形差异要比一次加载计算的差异值小得多。

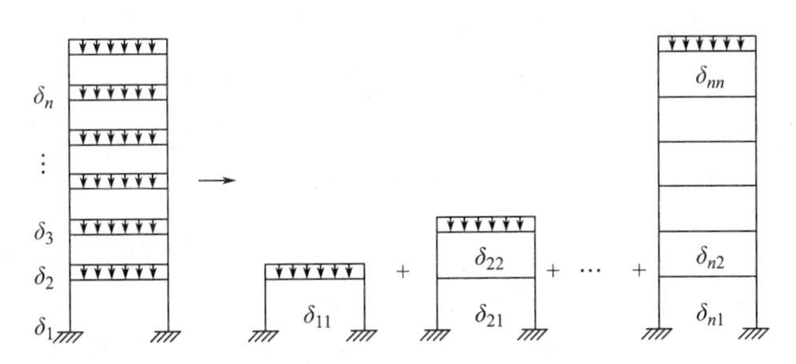

图 2.6.1　分层集成刚度、分层加载和分层找平的施工过程示意

观察高层建筑的整个施工过程，一个 n 层的高层结构，第 n 层施工期间的竖向累积变形 ΔH_n 是由两个时段的变形组成：第一部分是已发生的变形值，即在施工第 n 层以前下部楼层产生的累积变形 ΔH_{1n}；第二部分是即将发生的变形，是施工完本层并继续往上施工直至完工这段时间内的累积变形 ΔH_{2n}，即：

$$\Delta H_n=\Delta H_{1n}+\Delta H_{2n}=\sum_{i=1}^{n-1}\Delta\varepsilon_i(t_{n-1},\ t_i)H_i+\sum_{i=1}^{n}\Delta\varepsilon_i(t_n,\ t_i)H_i \tag{2.6.1}$$

式中，$\Delta\varepsilon_i(t_{n-1},\ t_i)$ 为第 i 层从施工完毕（t_i 时刻）到施工完第 $n-1$ 层（t_{n-1} 时刻）时段

内发生的竖向应变变化；$\Delta\varepsilon_i(t_n, t_i)$ 为第 i 层从施工完毕到整个结构施工完成（t_n 时刻）时段内发生的竖向应变变化；H_i 为第 i 层的层高。

在实际工程中，在施工第 n 层前为了控制的方便一般先将下部 $n-1$ 层已经发生的累积竖向变形进行找平补偿，以使楼层实际标高达到设计标高，然后继续本层的施工。此时 ΔH_{1n} 已通过找平被补偿，累积变形只剩下后续发展的 ΔH_{2n}，即考虑施工模拟计算所得的变形量。假设施工中不进行找平补偿，则 ΔH_{1n} 与 ΔH_{2n} 均必须考虑，最后的变形就是总累积竖向变形，即对应于按"一次加载"计算所得的总变形。

图 2.6.2 为某高层建筑周边框架柱的竖向计算变形，可清楚地反映 ΔH_n（按一次加载计算的总变形）、ΔH_{1n}（施工过程中的找平变形量）、ΔH_{2n}（考虑施工模拟后的计算变形）三者之间的关系。由于施工过程中的逐层找平，核心筒、外框柱实际产生的竖向变形应为总变形 ΔH_n 扣除找平变形 ΔH_{1n} 的变形，即 ΔH_{2n}。

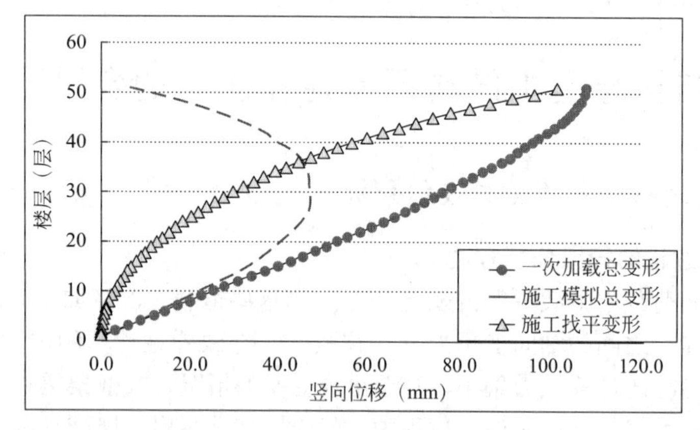

图 2.6.2　一次加载、施工找平及施工模拟变形量三者之间的关系

2. 施工过程影响分析

图 2.6.3 为某 50 层超高层建筑的施工模拟分析结果，采用框架-核心筒结构体系，图 2.6.3（a）为外框柱（边柱）各楼层竖向弹性变形的计算结果，可以看到，采用"一次加载"模式计算时，外框柱竖向变形随楼层高度增大，顶层达到最大，约为 60mm；而采用分层施工、分层加载的"施工模拟"方法计算时，柱的竖向变形不是顶层最大，而是中部楼层最大，且变形量显著减小，最大约 28mm，这是由于分层施工时要进行找平，使下部结构楼层的竖向变形对上部未施工结构层不产生影响。

具有转换、高位连体、设置加强层、悬挑等复杂类型的高层建筑，采用不同的施工方法和施工工序，均会对结构的实际内力和变形产生显著影响。先看一个简单的算例。

图 2.6.4（a）所示为底部带转换层的高层结构立面图，底层柱 900mm×900mm，转换梁 600mm×1500mm，其余各层柱 700mm×700mm，梁 300mm×700mm，采用一次加载和施工模拟方法计算的内力、变形见图 2.6.4（b）。可见，计算结果有显著差异，上部楼层中间支座梁端弯矩出现反号，一次加载计算结果为正弯矩，施工模拟分析结果为负弯矩。对于底部转换梁，一次加载模式计算得到的转换梁跨中节点竖向位移 δ_1 和跨中弯矩 M_1，与施工模拟的计算结果相比，δ_1 偏小约 28%，M_1 偏小约 29%。这说明，一次加载模式由于采用了一次形成的结构总刚度矩阵，夸大了上部结构的刚度贡献，低估了不落地

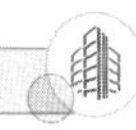

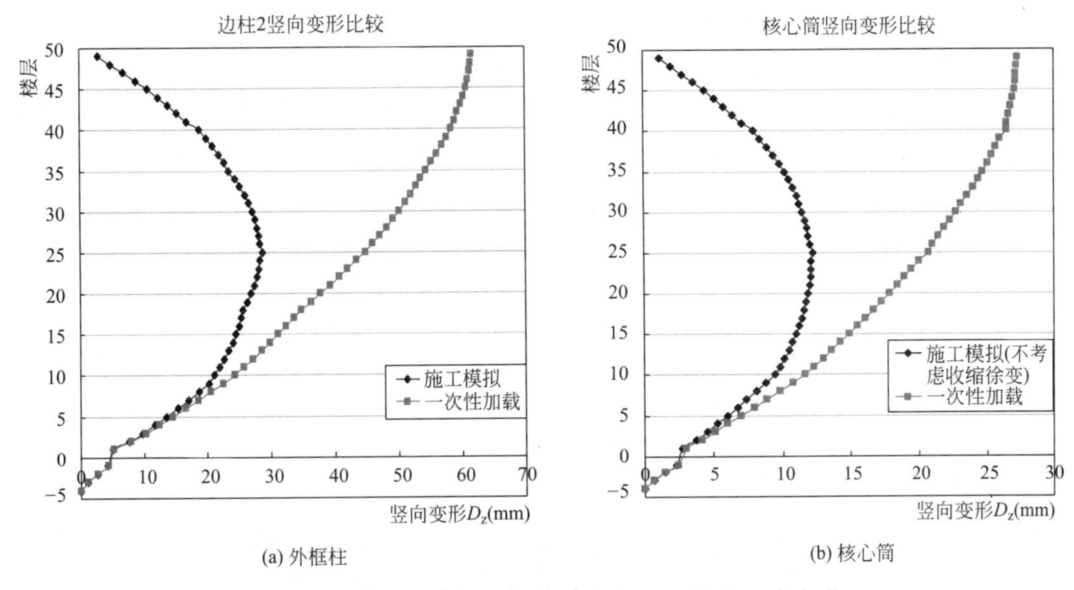

(a) 外框柱　　(b) 核心筒

图 2.6.3　某 50 层超高层建筑核心筒和外框柱竖向变形

(a) 模型立面图

节点号	一次加载		分层施工分层加载	
	δ_i (mm)	M_i (kN・m)	δ_i (mm)	M_i (kN・m)
10	−13.98	151.8	−1.66	−72.4
9	−13.94	174.8	−3.28	−43.1
8	−13.87	171.8	−4.86	−15.2
7	−13.77	174.5	−6.41	15.3
6	−13.64	177.1	−7.49	47.5
5	−13.48	180.3	−9.48	82.3
4	−13.28	185.0	−11.04	119.1
3	−13.06	186.6	−12.65	157.5
2	−12.80	210.8	−14.28	222.3
1	−12.52	3614.5	−17.49	5102.0

(注：δ_i为节点i的竖向位移，M_i为第i层左跨梁右端弯矩，M_1为转换梁的跨中弯矩)

(b) 计算结果比较

图 2.6.4　底部带转换层结构施工模拟与一次加载结果对比

的中柱的轴向刚度，使中柱计算轴力、转换梁跨中节点竖向位移和跨中弯矩的计算结果都偏小，将导致转换构件的设计偏于不安全。

下面来看竖向构件之间的差异变形对转换结构内力计算结果的影响。某超高层建筑底部采用转换桁架进行局部抽柱转换（图 2.6.5）。表 2.6.1 给出了按一次加载与考虑施工模拟分析的内力结果，可见一次加载模型（即不考虑施工过程影响），将明显低估转换结构构件的内力。与考虑施工模拟计算结果比较，按一次加载计算的转换梁弯矩仅为55%～75%，被转换框架柱（即不落地柱）的计算轴力仅为65%左右，腹杆计算弯矩及轴力仅为60%～65%。因此，对存在转换构件的高层建筑必须正确进行施工模拟分析，以反映实际重力荷载下结构刚度生成的全过程，以免低估弹性阶段重要构件在重力荷载作用下的计算内力，从而造成转换结构设计不安全。

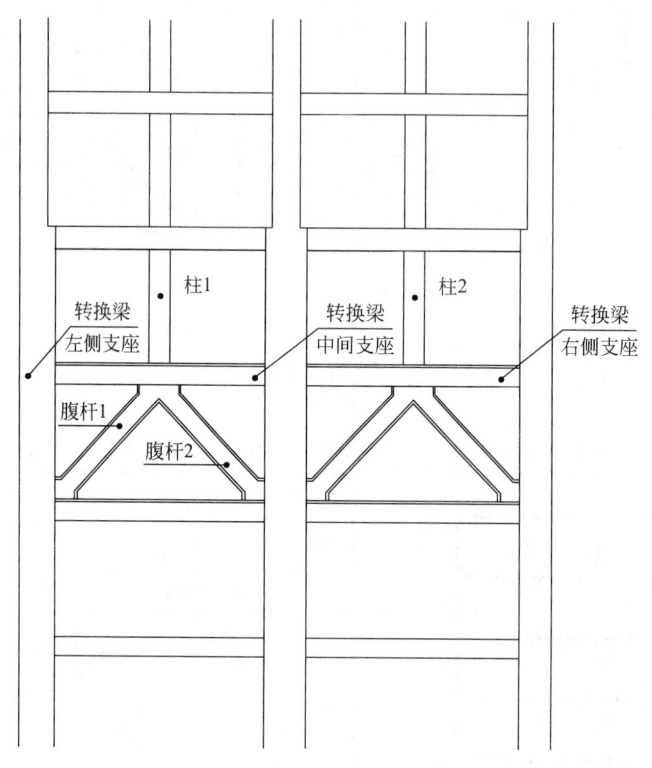

图2.6.5　转换桁架立面图

恒载作用下一次加载和施工模拟分析的转换桁架构件内力计算结果比较　　表2.6.1

构件位置	一次加载分析 K_1		施工模拟分析 K_2		K_1/K_2	
	轴力(kN)	弯矩(kN·m)	轴力(kN)	弯矩(kN·m)	轴力比	弯矩比
转换梁左侧支座	223.9	−688.3	277.6	−956.3	80.66%	71.98%
转换梁中间支座	−548.9	−423.8	−771.8	−746.9	71.12%	56.74%
转换梁右侧支座	267.8	−742.1	255.8	−1036.8	104.69%	71.58%
柱1	−5703.1	—	−8889.1	—	64.16%	—
柱2	−5661.1	—	−8656.8	—	65.39%	—
腹杆1	−4161.1	−363.3	−6410.5	−591.5	64.91%	61.42%
腹杆2	−2867.7	−220.1	−4649.4	−358.5	61.68%	61.39%

3. 施工次序优化

既然结构施工次序对其内力和变形会产生显著影响，那就可以对结构构件的安装次序进行分析和优化，实现结构构件的内力和变形满足我们设计的某种需求。最简单的例子，

就是超高层建筑加强层的伸臂桁架构件，通常会要求伸臂桁架斜腹杆后安装，可显著减小因核心筒与外框柱在重力荷载作用下竖向变形差异而引起的伸臂桁架构件巨大附加内力。

杭州望朝中心为 288m 的超高层建筑，结构外框柱分主柱和次柱，主柱和次柱均为 8 根，主柱布置在建筑平面的角部，次柱布置于建筑平面周边中间。次柱不落地，通过跨度约 36m 的空腹桁架进行转换，如图 2.6.6 所示。如按正常施工次序，空腹桁架杆件内力非常大，桁架端部的上弦杆、下弦杆和斜腹杆应力比均大于 1.0，其中下弦杆应力比达到 1.38，且此时杆件钢板厚度已达到 100mm。

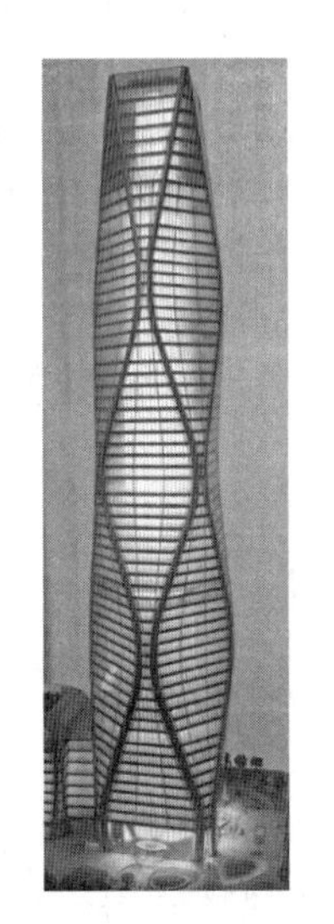

外框柱融合层

图 2.6.6　杭州望朝中心底部空腹转换桁架立面图

为减小转换桁架杆件内力，可通过优化施工次序来实现。具体做法是，核心筒照常施工，外框结构从下到上先安装空腹桁架、主柱、次柱、钢梁，等外框结构施工至外框柱融合层（建筑第 17 层），再铺设各层钢筋桁架楼承板、浇筑混凝土楼板，工序调整后，空腹桁架杆件内力显著减小，杆件最大应力比由 1.38 减小至 0.87。

图 2.6.7 为某总部大楼两幢建筑之间的高空钢连廊，跨度 60m，施工安装阶段，共设置 4 根临时支撑架进行分段吊装和高空对接安装。由于连廊钢桁架仅为一层高度，跨高比较大，重力荷载作用下竖向变形（挠度）较大，导致下弦层楼板面内拉应力非常大，容易引起楼板开裂。因此在施工次序上，要求待钢结构桁架和次钢梁安装完成后，先拆除临时支撑架，然后同步浇筑连廊上下层楼板混凝土，这样楼板混凝土终凝前其自重全部由桁架承担，可显著减小楼板终凝后的平面内应力。

4. 混凝土收缩和徐变变形

高层建筑竖向构件在重力荷载作用下产生的竖向变形，除弹性压缩变形外，还存在混凝土收缩、徐变效应引起的变形。当超高层建筑竖向抗侧力构件由不同材料构成时，收缩和徐变变形在竖向构件之间存在较大差异，对结构内力和变形产生较显著影响。如对于框架－核心筒结构，核心筒通常采用混凝土结构，外框结构如采用钢结构或组合结构，宜进行混凝土收缩和徐变效应的影响分析；对于具有转换、加强层、连体、悬挑等复杂类型的超限高层结构，也应计入竖向收缩及徐变的影响，进行较精确的施工模拟计算。关于混凝土收缩和徐变效应分析，可参考相关文章。

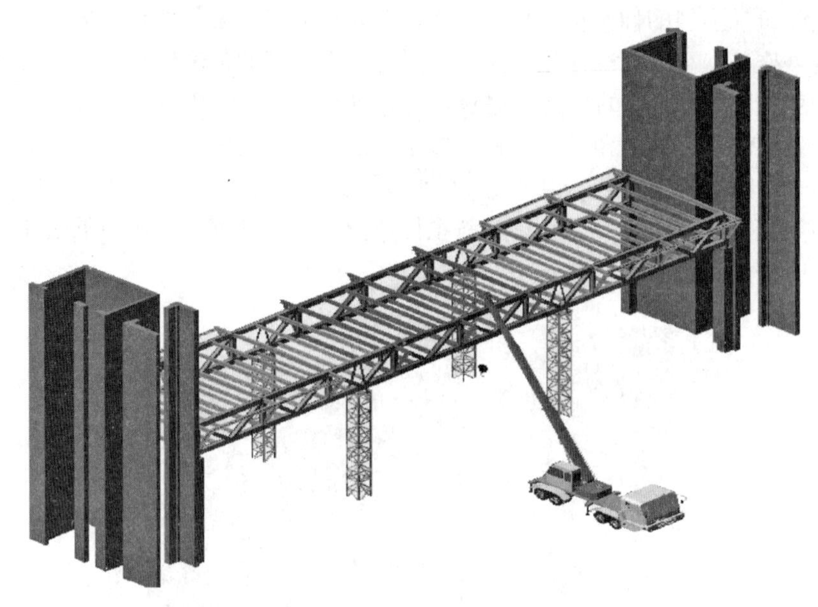

图 2.6.7　60m 钢连廊安装示意图

2.6.2　上部结构与地下结构同步逆作施工的全过程模拟分析

1. 逆作条件下竖向构件的受力特点

高层建筑上下结构同步逆作施工时，结构施工次序与顺作施工方式具有较大差异，从而影响结构内力和变形。与常规顺作方式相比，高层建筑逆作条件下，其竖向构件受力具有以下特点：

(1) 结构楼层施工次序上的不同。正常顺作时，先施工基础底板，再从基础开始由下向上逐层施工，结构分析模型是逐层施工、逐层加载（结构自重）和逐层找平；逆作施工时，先施工逆作界面层，界面层以上同顺作，界面层以下由上向下逐层施工，最后施工基础底板。这种结构楼层施工次序上的变化，会影响墙柱等竖向抗侧力构件的受力和变形，并进而影响水平结构的受力。

(2) 逆作时地下竖向构件组合截面分两次施工。逆作阶段地下和地上结构由钢立柱支承，逆作结束、基础底板施工完成后，再对钢立柱外包混凝土进行回筑，形成最终的框架柱和剪力墙。如图 2.6.8 所示，逆作阶段混凝土核心筒由钢格构柱支承，基础底板完成后，再由下向上逐层浇筑地下核心筒结构的混凝土，形成内埋格构柱的剪力墙；对于外框柱也一样，逆作阶段为钢管混凝土立柱，逆作结束基础底板完成后，再逐层回筑钢管立柱的外包混凝土，形成永久结构外框柱，如图 2.6.9 所示。这种竖向抗侧力构件组合截面分阶段施工，会显著影响竖向构件的受力和变形。

(3) 逆作阶段增设的临时立柱，重力荷载传力路径局部改变，可能影响结构的最终受力状态。如杭州凯悦大酒店采用临时钢立柱作为逆作施工的竖向立柱，在界面层设置转换承台支承同步施工的上部结构荷重（图 3.1.11）。杭州萧山国际机场 T4 航站楼交通中心逆作地下室工程，部分区域柱网尺寸达到 18m，为满足逆作施工阶段的受力要求，在预应力主梁的跨中增设了临时格构柱（图 4.1.13），以满足框架主梁在预应力筋张拉之前的承

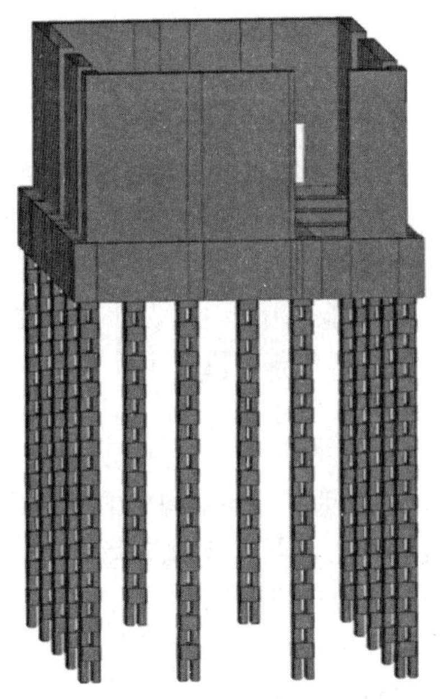

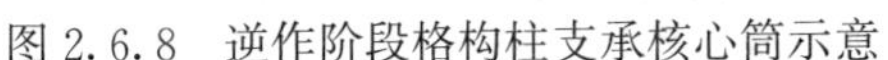
图 2.6.8 逆作阶段格构柱支承核心筒示意

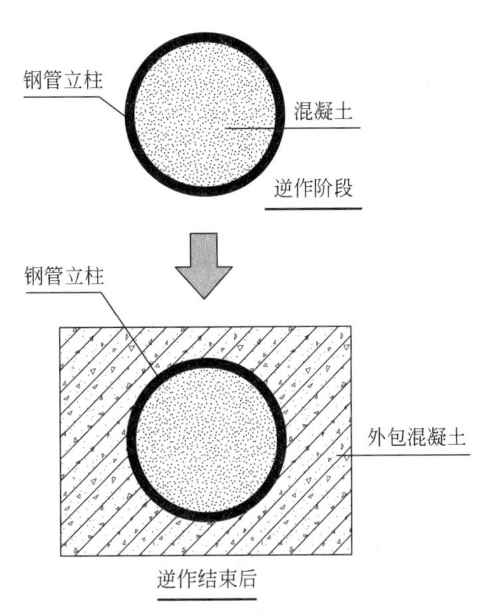

图 2.6.9 逆作钢管立柱外包混凝土形成外框柱

载力和变形要求。富力杭州中心逆作阶段核心筒由永久钢格构柱和部分临时格构柱联合支承。当逆作阶段上部结构需同步施工层数较多时，结构柱采用“一柱一桩”支承可能难以满足受力要求，此时可采用永久钢管立柱与临时立柱共同支承上部荷载。

临时立柱在逆作结束、基础底板完成后需要拆除，拆除后其轴力会转移至永久结构的竖向构件上，这种轴力转换会引起荷载的重新分配，最终引起与顺作方式施工不同的受力状态。

2. 高层建筑上下同步施工全过程模拟分析方法

（1）结构模型和施工过程模拟分析

高层建筑逆作并采用上下同步施工时，宜采用空间弹性地基梁法，并考虑施工次序进行全过程模拟分析。分析模型应包括逆作界面层、界面层以上结构、界面层以下水平结构和竖向立柱和基坑挡墙。水平结构梁、柱和竖向立柱可采用空间梁单元模拟；结构楼板可采用板单元或平面应力单元模拟；基坑挡墙可采用板单元模拟，当挡墙为排桩墙时，也可采用空间梁单元模拟。边界条件的设置同空间弹性地基梁法。结构计算模型应考虑各种施工洞口、楼板高差或错层等实际情况。

作用于上部结构的荷载包括竖向荷载和水平荷载，水平荷载主要为风荷载，逆作施工阶段一般不考虑地震作用，正常使用阶段需同时考虑风和地震作用。上部结构竖向荷载包括结构自重、填充墙和粉刷层等内装修荷载、外立面幕墙荷载、楼面活荷载等。作用于地下结构的荷载包括作用在挡墙上的水土压力、水平结构和竖向立柱自重、施工荷载等。施工过程模拟仅针对上述荷载中的永久荷载。

对于界面层以上的上部结构，属于顺作施工，与常规高层结构的模拟方法一样，考虑分层施工、分层加载和分层找平的特点，按 2.6.1 节的方法进行模拟分析。

对于界面层以下的水平结构和支护挡墙，应考虑分步开挖、水平结构分层设置的实际情况，施工过程模拟基本同空间弹性地基梁法。逆作结束、基础底板施工完成后，进行后期结构的二次施工，自基础从下到上依次回筑地下结构中的预留洞口、竖向立柱的外包混凝土等，待回筑完成后，继续施工上部结构的剩余楼层，直至结构封顶，同时可拆除地下结构中的临时构件。

考虑上述施工过程影响的全过程模拟分析时，宜采用增量法。对于专业分析软件，可通过“生死单元”或“激活和钝化”等功能，实现对基坑土方分步开挖、水平支撑结构分层设置、上部结构分层施工、地下临时支护拆除的全过程模拟。

立柱桩通常不参与结构计算，如需考虑立柱桩不均匀沉降的影响，可先计算立柱桩沉降，然后将各立柱桩之间的差异沉降作为立柱底部的强制竖向位移，进一步计算强制位移作用下的附结构附加内力和变形。

(2) 竖向构件回筑模拟

逆作结束、基础底板施工完成后，自基础从下到上逐层回筑地下结构中的竖向构件，如图 2.6.8 和图 2.6.9 所示，逐层回筑竖向立柱的外包混凝土，形成型钢混凝土永久结构柱，自下而上逐层浇筑墙体混凝土，形成内置钢管或钢格构柱的混凝土剪力墙。

竖向构件回筑模拟可采用联合截面法，将结构柱截面或剪力墙横截面定义为若干分截面。如对图 2.6.9 所示的钢管混凝土叠合柱，定义为由子截面 1（钢管）、子截面 2（钢管内的混凝土）和子截面 3（钢管外的混凝土）组成的联合截面，3 个子截面一旦组成联合截面，子截面之间满足变形协调条件。在基础底板完成前，该结构柱由子截面 1 和子截面 2 组成联合截面，子截面 3 不参与工作；当基础底板施工结束、竖向构件回筑完毕后，该结构柱中的 3 个子截面全部参与工作。

对于如图 2.6.8 所示的核心筒剪力墙也一样，可将核心筒各墙肢定义为由子截面 1（钢格构柱）和子截面 2（混凝土部分）组成的联合截面，逆作施工阶段，由子截面 1 支承界面层以上的核心筒荷载，逆作结束、剪力墙混凝土浇筑完成后，核心筒各墙肢中的子截面 1 和子截面 2 全部参与工作。

(3) 临时构件拆除模拟

等地下逆作结构中的竖向构件二次回筑完成后，可逐步拆除临时立柱和临时水平支承构件。在逆作阶段的施工模拟时，临时立柱和临时水平支撑构件均应参与结构分析，逆作结束这些临时构件被拆除后，就不再参与结构的后续模拟分析。对于专业分析软件，可采用“杀死”单元或“钝化”单元，去除上述临时构件后再进行结构的后续分析。

上述考虑施工过程影响的模拟分析，应仅针对作用在结构上的永久荷载，包括结构自重、施工阶段同步施加的装修荷载，其中作用在挡墙上的水土压力也应视作永久荷载参与分析。逆作结束、基础底板施工完成后，开挖卸荷效应产生的土体变形逐渐趋于稳定状态，土压力渐渐转变为静止土压力，地下水位也逐渐回复到常年静止水位，应将此时的水土压力与逆作阶段的水土压力差值，作为后续结构模拟分析的增量荷载。

对于作用在结构上的各楼层活荷载、水平风荷载和地震作用，应视为结构建成后一次性施加的，不参与施工过程的模拟分析，但在结构设计时应考虑上述荷载效应的组合，按不利效应组合进行结构构件的截面设计。

3. 实例

(1) 结构模型

以富力杭州中心 T2 塔楼地下室逆作、上下结构同步施工为例。该工程整体设 4 层地下室（局部一层），基坑挖深 18～21m，分 4 个区（图 1.3.12）。T2、T3 塔楼所在的 A1 区基坑采用逆作施工，其中 T2 塔楼采取地上和地下同步施工，T3 塔楼采用顺作，其周边地下室采用逆作。T2 塔楼地上 27 层，建筑高度 120m；T3 塔楼地上 38 层，建筑高度 160m。

T2 塔楼采用框架-双核心筒结构体系，标准层结构平面见图 2.6.10。逆作界面层为地下一层楼板（B1 层楼板），逆作施工阶段，核心筒在界面层以下采用角钢格构柱支承，结构柱采用钢管混凝土立柱支承，如图 2.6.11 所示。图 2.6.12 为 A1 区基坑及 T2 塔楼结构模型图，T3 塔楼由于采用顺作，单独进行结构分析。

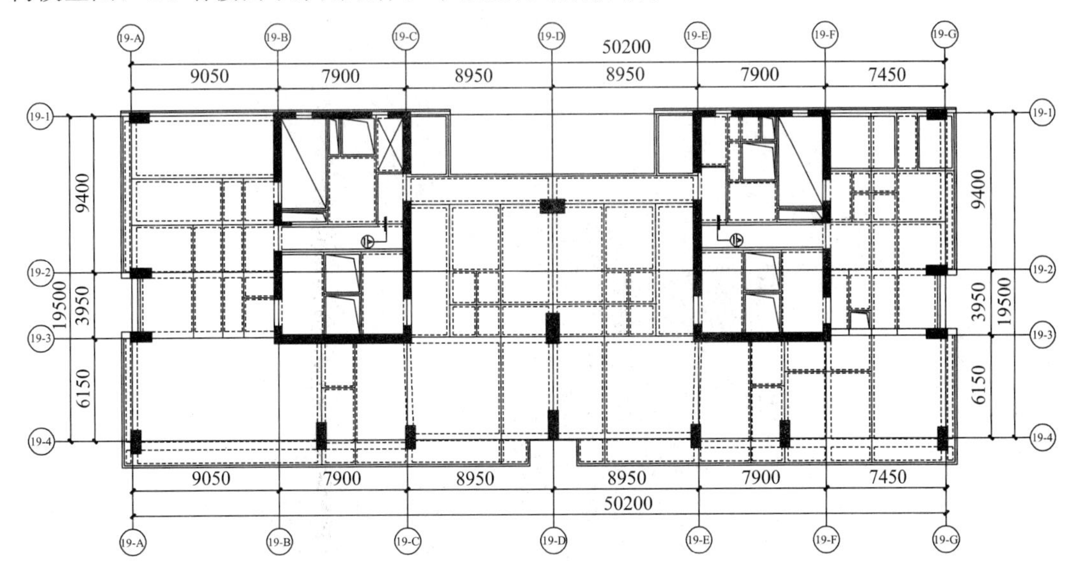

图 2.6.10 T2 塔楼标准层结构模型图

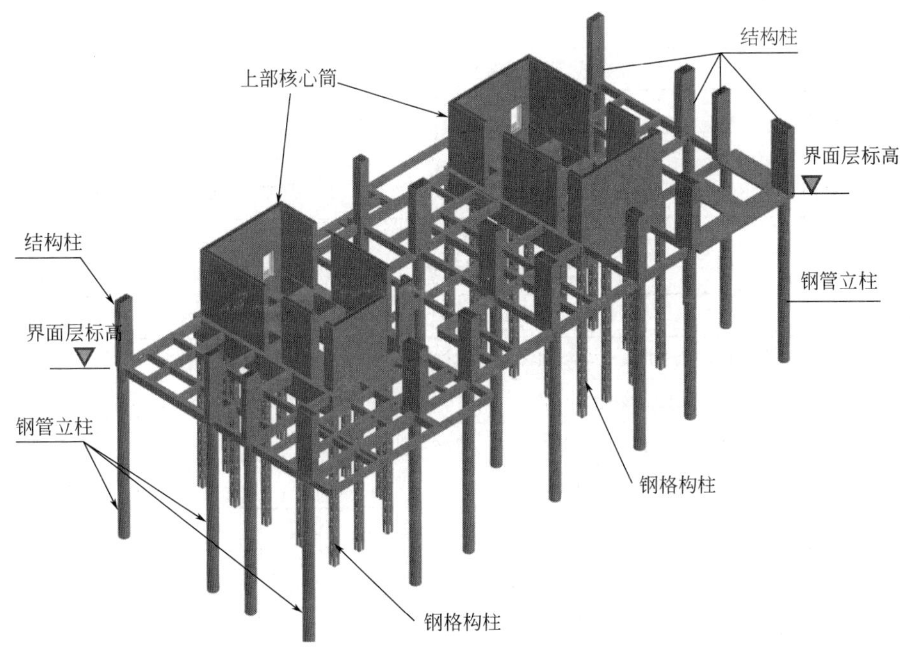

图 2.6.11 T2 塔楼界面层以下竖向立柱布置示意图

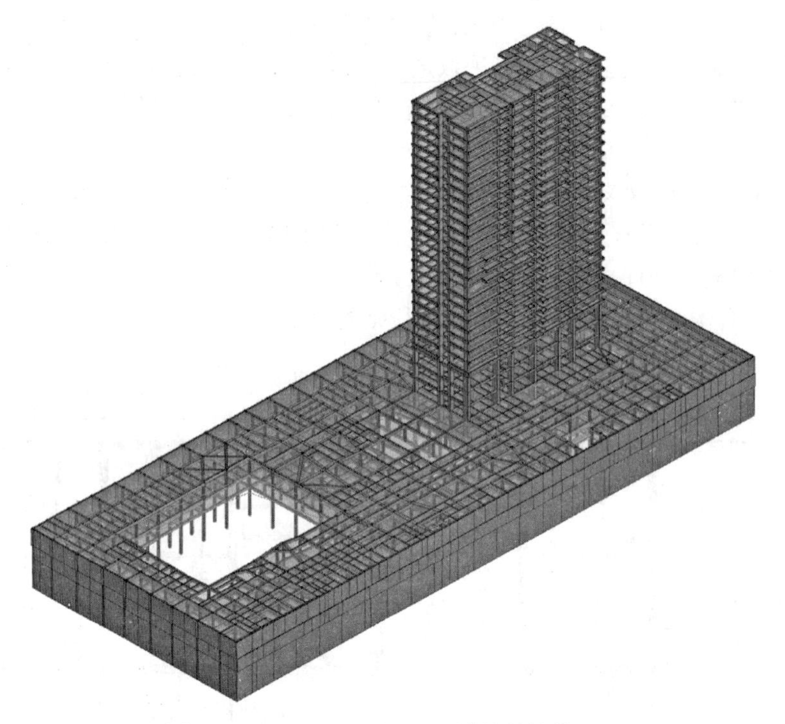

图 2.6.12　A1 区基坑及 T2 塔楼结构模型图

(2) 结构柱各子截面应力分布研究

为了研究逆作界面层上下结构同步施工、竖向立柱二次回筑等施工过程对整体结构内力变形分布的影响，采用 Midas Gen 软件对施工阶段全过程进行模拟分析，建立三个分析对比模型如表 2.6.2 所示，各模型对应的施工步骤如表 2.6.3 所示。

三个分析对比模型　　　**表 2.6.2**

模型	施工顺序	截面时序
模型一	逆作	分步形成
模型二	逆作	一次形成
模型三	顺作	一次形成

三种对比模型施工步骤表　　　**表 2.6.3**

施工阶段	模型一	模型二	模型三
1	B4～B2 层圆钢管与内混凝土，B4～B2 层格构柱	B4～B2 层钢骨柱与剪力墙	基础底板～屋面层依次顺作施工
2	B1 层楼板	B1 层楼板	
3	B0 层楼板，B1～B0 层结构柱外包混凝土，核心筒剪力墙混凝土	B0 层楼板	
……	……	……	
8	第 5 层楼板	第 5 层楼板	
9	B2 层楼板，第 6 层楼板	B2 层楼板，第 6 层楼板	
……	……	……	

续表

施工阶段	模型一	模型二	模型三
17	第 14 层楼板	第 14 层楼板	基础底板～屋面层依次顺作施工
18	基础底板,第 15 层楼板	基础底板,第 15 层楼板	
19	B4～B3 层结构柱回筑,核心筒剪力墙混凝土	—	
20	B3 层楼板	B3 层楼板	
21	B3～B2 层结构柱回筑,核心筒剪力墙混凝土回筑	—	
22	B2～B1 层结构柱回筑,核心筒剪力墙混凝土回筑	—	
23	第 16 层楼板	第 16 层楼板	
……	……	……	
35	屋面结构	屋面结构	
36	拆除临时格构柱	—	

圆钢管混凝土柱布置图如图 2.6.13 所示，以 B4～B3 层结构柱 KZ1（截面如图 2.6.14 所示）为例，定义 KZ1 为由子截面 1（钢管）、子截面 2（钢管内的混凝土）和子截面 3（钢管外的混凝土）组成的联合截面。其 3 个子截面于各施工阶段的轴力与应力发展曲线如图 2.6.15 和图 2.6.16 所示。从模拟计算结果可以看出：

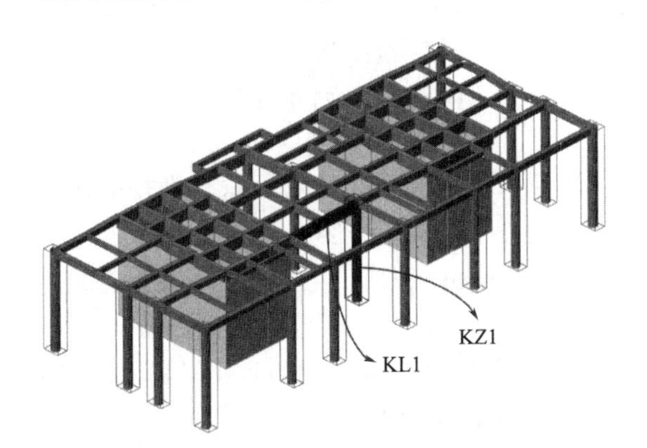

图 2.6.13　圆钢管混凝土柱布置图

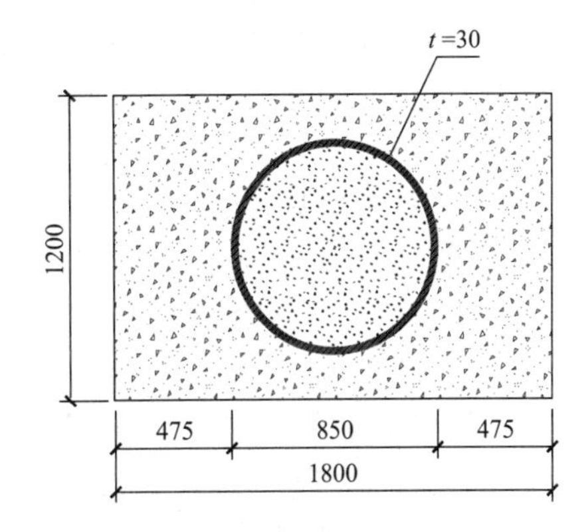

图 2.6.14　KZ1 截面

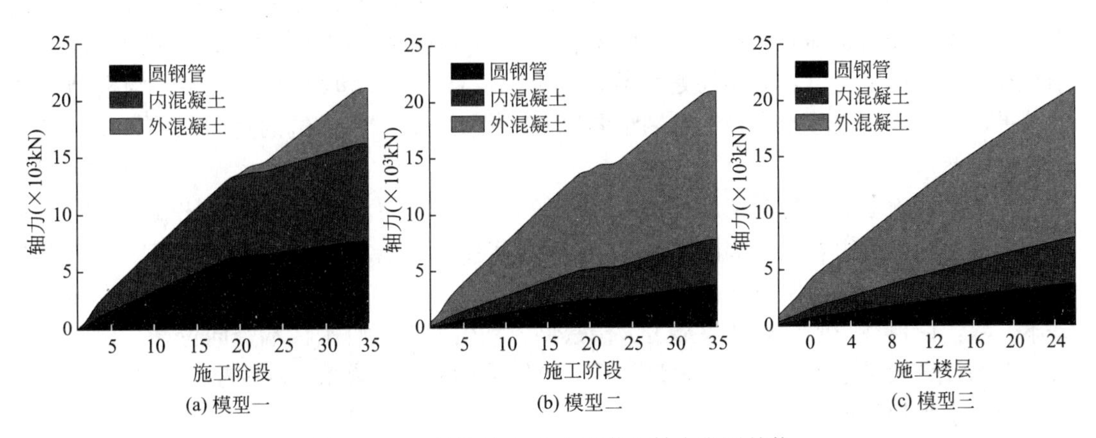

图 2.6.15　结构柱 KZ1 各子截面轴力发展趋势

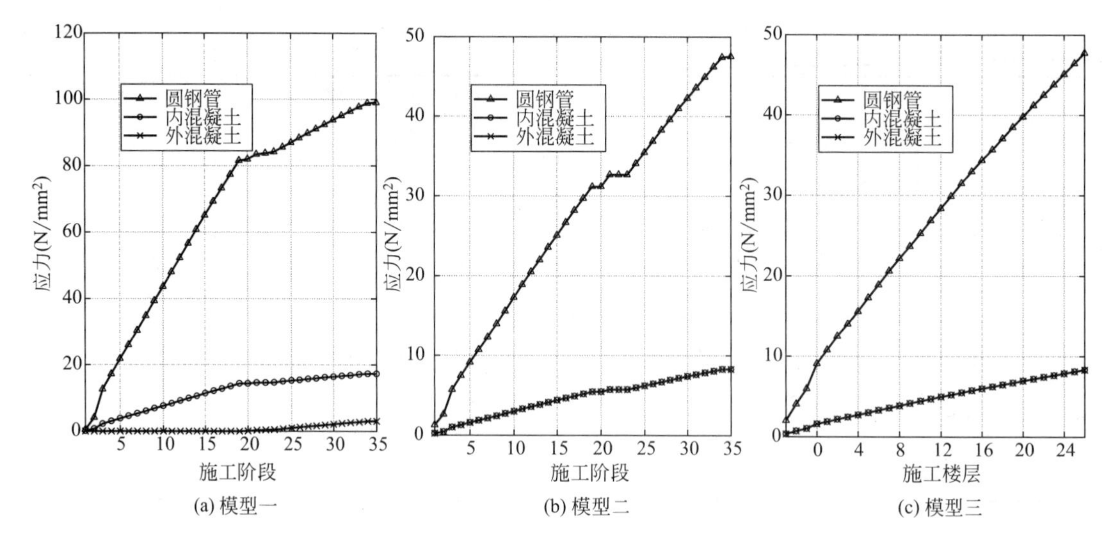

图 2.6.16 结构柱 KZ1 各子截面应力发展趋势

1）对于模型一，KZ1 在基础底板施工完成前（对应施工阶段 1～施工阶段 18），子截面 1 和子截面 2 的轴力平稳上升，二者内力分配比例为 1∶1.1；KZ1 外包混凝土二次回筑后（对应施工阶段 19～施工阶段 22），3 个子截面开始协同受力；施工后期（施工阶段 23～施工阶段 36），逆作区竖向构件已浇筑完成，圆钢管和内外混凝土轴力以 1∶1.1∶3.6 的比例平稳上升。最终阶段，圆钢管的应力为 99N/mm^2，内混凝土和外混凝土的应力分别为 17.3N/mm^2 和 3.05N/mm^2。

2）对于模型二与模型三，KZ1 截面和核心筒剪力墙均为一次成型，这与常规顺作工程相同。因此，在整个施工阶段，圆钢管和内外混凝土分担轴力始终以 1∶1.1∶3.6 的比例平稳上升。最终阶段，圆钢管的应力分别为 47.5N/mm^2 和 48.7N/mm^2，内外混凝土的应力分别为 8.29N/mm^2 和 8.51N/mm^2。

施工完成后，3 个不同模型对应的 KZ1 总轴力分别为 20994kN、20939kN 和 21027kN，基本一致，但模型一与模型二、三相比，柱轴力在子截面间的分布差异较显著。

（3）柱端与墙端差异变形研究

本节以 KL1（图 2.6.13）两端竖向构件为研究对象，分析构件截面浇筑时序以及逆作工序对墙柱竖向位移的影响，三个模型各层 KL1 两端竖向位移如图 2.6.17 所示。计算结果显示，各模型无论是墙端还是柱端，其竖向位移均呈“鱼腹形”。模型二与模型三计算结果，柱端竖向位移始终大于墙端竖向位移；模型一柱端与墙端的竖向位移大小在二层出现了逆转。

为了更清晰地显示各模型计算结果的规律，将三个模型 KL1 墙端与柱端的竖向位移分别绘制于同一图中，结果如图 2.6.18 所示。计算结果显示，在高楼层区域，三个模型的计算结果基本一致。但在低楼层区域，对于墙端竖向位移，模型二与模型三的计算结果基本一致，但模型一的计算结果显著大于模型二和模型三；对于柱端竖向位移，模型二与模型三的计算结果基本一致，但模型一的计算结果同样大于模型二和模型三。

（4）水平构件内力分布影响研究

前面分析结果显示，三个模型之间柱端与墙端竖向变形存在较大差异，这种差异会进

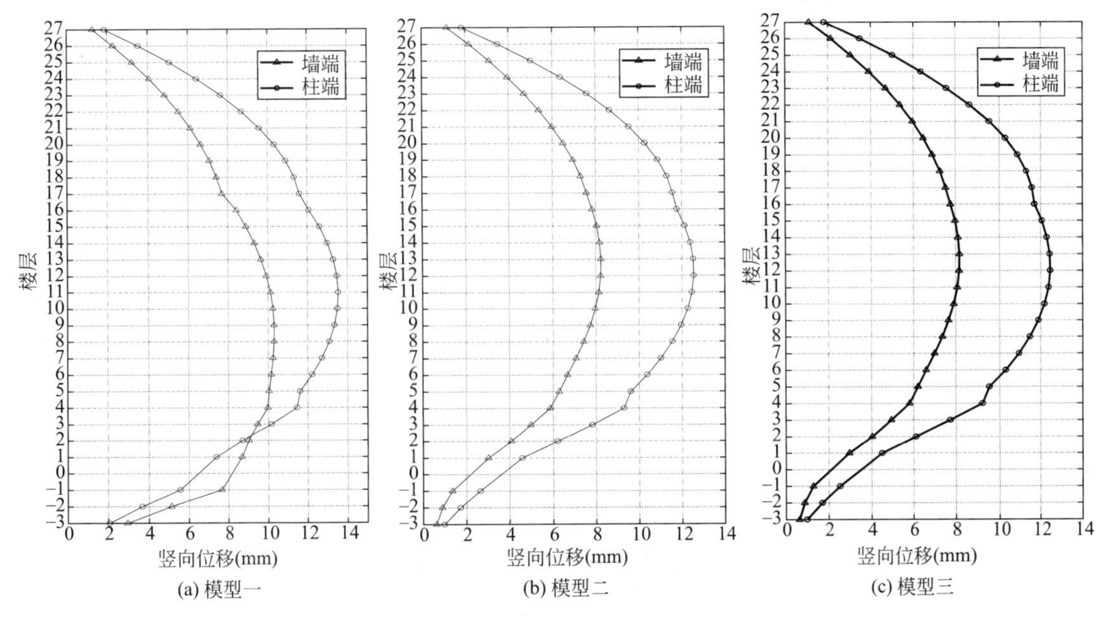

图 2.6.17　结构梁 KL1 两端的竖向位移分布

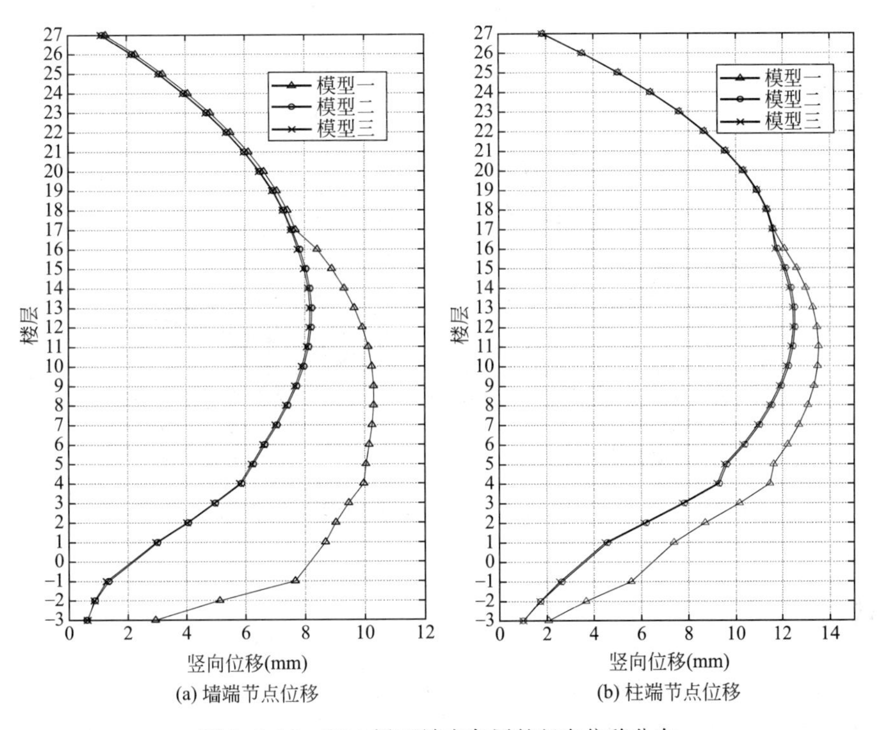

图 2.6.18　KL1 梁两端在各层的竖向位移分布

一步引起水平构件的附加内力。以 KL1 梁为研究对象，KL1 梁在各层的梁端弯矩分布如图 2.6.19 所示。计算结果显示：

1）在高楼层区域，三个模型的计算结果基本一致。这是因为施工至 15 层后，逆作区竖向构件外包混凝土均已施工完毕，由于施工找平，逆作阶段竖向构件产生的变形不影响上部结构，因而从第 16 层开始，上部楼层施工条件对三个模型来说是一致的，故上部楼层梁端弯矩也是一致的。

2）在低楼层区域，模型二与模型三的计算结果基本一致，但模型一的计算结果与模型二和三之间存在差异，KL1 梁在墙边的梁端弯矩小于模型二和三，在柱边的梁端弯矩大于模型二和三。

3）对于底部三层，模型二与模型三的计算结果也存在差异，这是因为模型二采用了逆作施工顺序，底部三层楼板浇筑时没有找平这一工序。

4）分析结果表明，对于上下同步逆作施工的高层建筑结构，常规的施工模拟分析方法存在误差，应采用模型一的方法，考虑实际逆作工序和竖向构件二次回筑的特点，对地下结构进行施工全过程的模拟分析。

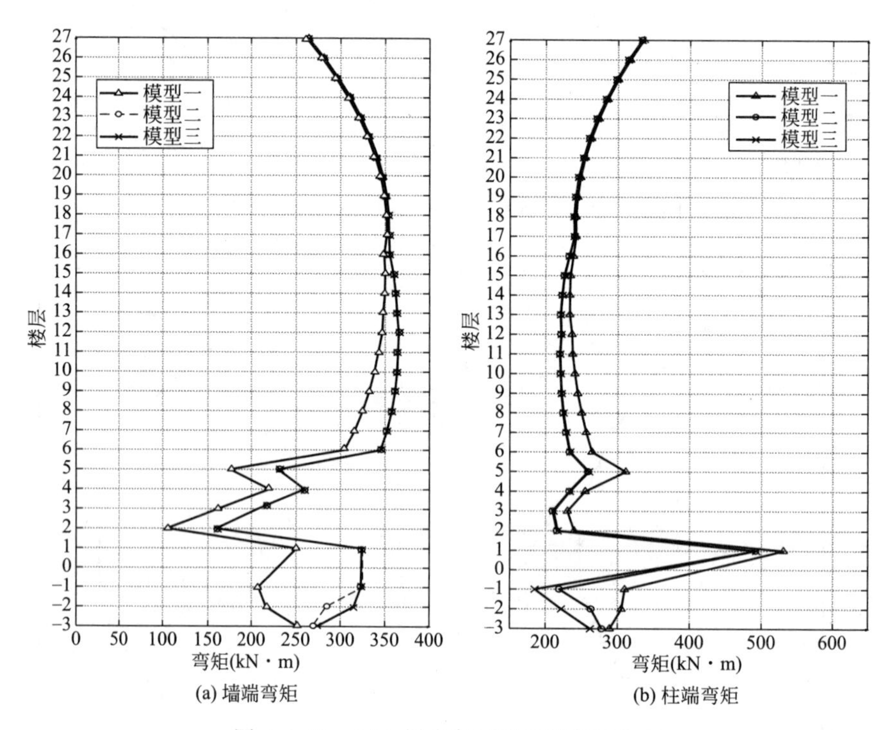

图 2.6.19　KL1 梁在各层的梁端弯矩分布

参考文献

[1] 刘建杭，候学渊．基坑工程手册［M］．北京：中国建筑工业出版社，1997.

[2] 中华人民共和国住房和城乡建设部．建筑基坑支护技术规程：JGJ 120-2012［S］，北京：中国建筑工业出版社，2012.

[3] 浙江省住房和城乡建设厅．建筑基坑工程技术规程：DB33/T 1096-2014［S］．杭州：浙江工商大学出版社，2014.

[4] 浙江省住房和城乡建设厅．建筑基坑工程逆作法技术规程：DB33/T 1112-2015［S］．北京：中国计划出版社，2015.

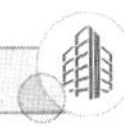

[5] 上海市住房和城乡建设管理委员会．基坑工程技术标准：DG/TJ 08-61-2018 [S]. 上海，2018.
[6] 杨学林，施祖元，益德清．深基坑支护结构变形协调分析 [C] //第二届结构与地基国际学术研讨会论文集，香港，1997：1：758-763.
[7] 杨学林，施祖元，益德清．带撑支护结构受力计算 [J]. 建筑结构，1997，30 (5)：36-39.
[8] 中国船舶工业总公司第九设计院．弹性地基梁及矩形板计算 [M]. 北京：国防工业出版社，1983.
[9] 娄奕红，等．基坑开挖地表沉陷分析方法 [J]. 公路，2002 (12)：51-54.
[10] Goodman R E，Taylor R L，Brekke T L. A model for mechanics of jointed rock [J]. Joural of Soil Mechanics and Foundation Division，ASCE，1968，94 (3)：637-659.
[11] Duncan J M，Chang C Y. Nonlinear analysis of stress and strain in soil [J]. Journal of Soil Mechanics and Foundation Division，ASCE，1970，96 (5)：1629-1653.
[12] Konder R L. Hyperbolic stress-strain response：cohesive soils [J]. Journal of Soil Mechanics and Foundation Division，ASCE，1963，89 (1)：115-143.
[13] Janbu N. Soil compressibility as determiner by oedometer and triaxial tests [C] //European Conference on Soil Mechanics and Foundation Engineering，Volume 1. Wissbaden，Germany，1963：19-25.
[14] Roscoe K H，Schofield A N. Mechanical behavior of an idealised wet clay [C] //Proceedings of the Second European Conference on Soil Mechanics and Foundation Engineering，Volume 1. Wissbaden，1963：47-54.
[15] Roscoe K H，Burland J B. On the generalized stress-strain behavior of wet clay [C] //Engineering Plasticity. Cambridge：Cambridge University Press，1968.
[16] Schanz T，Vermeer P A，Bonnier P G. The hardening soil model-formulation and verification [C] //Beyond 2000 in Computational Geotechnics. Balkema，Rotterdam，1999：281-296.
[17] Mair R J. Unwin Memorial Lecture 1992：Deveelopment in Geotechnical Engineering research：application to tunnels and deep excavation [C] //Proceedings of the Istitution of Civil Engineers，1993，93 (2)：27-41.
[18] Atkinson J H，Sallfors G. Experimental determination of stress-strain-time characteristics in laboratory and in-situ tests [C] //Proceding of 10th European Conference on Soil Mechanic sand Foundation Engineering，Balkema，Rotterdam，Netherlands，1991：915，956.
[19] Brinkgreve R B J，Broere W. Plaxis material models manual [M]. Netherlands：[s. n.]，2006.
[20] Hajime Matsuoka. Stress-strain Relationships of Sands Based on the Mobilized Plane [J]. Soils and Foundations，1974，14 (2)：47-61.
[21] Hajime Matsuoka，Teruo Nakai. Stress-deformation and Strength Characteristics of Soil Under There Different Principal Stresses [J]. Japan Society of Civil Engineers，1974，232 (10)：59.
[22] 徐中华，王卫东．敏感环境下基坑数值分析中土体本构模型的选择 [J]. 岩土力学，2010，31 (1)：258-264，326.
[23] 黄绍铭，高大钊．软土地基与地下工程 [M]. 2版．北京：中国建筑工业出版社，2005.
[24] Gao D Z，Wei D D，Hu Z X. Geotechnical properties of Shanghai soils and engineering applications [C] //CHANEY RONALD C. Marine Geotechnology and Nearshore/offshore Structures. Philadelphia：ASTM，1986：161-178.
[25] 徐中华，王建华，王卫东．主体地下结构与支护结构相 结合的复杂深基坑分析 [J]. 岩土工程学报，2006，28 (增刊)：1355-1359.
[26] Hardin B O，Black W L. Closure to vibration modulus of normally consolidated clays [J]. Journal of the Soil Mechanics and Foundations Division，1969，95 (SM6)：1531-1537.
[27] 陈东，等．杭州地区基坑开挖数值分析中土体硬化模型（HS&HSS）参数试验研究及工程应用

[R]. 浙江省建筑设计研究院，2018.
[28] 梁发云，褚峰，宋著，等．深基坑变形特性的离心模型试验、数值计算与现场实测对比分析 [J]. 长江科学院院报，2012 (1)：74-78.
[29] 管飞．基于 HSS 本构模型的软土超大型深基坑 3D 数值分析 [J]. 岩土工程学报，2010 (S1)：177-180.
[30] 葛世平，谢东武，丁文其．大面积加卸载对软土地铁隧道的影响 [J]. 土木工程学报，2011 (S2)：127-130.
[31] 丁钰津，褚峰，梁发云．HSS 模型在紧邻地铁深基坑工程分析中的应用 [J]. 山西建筑，2014 (6)：60-62.
[32] 王卫东，王浩然，徐中华．上海地区基坑开挖数值分析中土体 HS-Small 模型参数的研究 [J]. 岩土学，2013 (6)：1766-1774.
[33] 李忠超．软黏土中轨道交通地下深开挖工程变形及稳定性研究 [D]. 杭州：浙江大学，2015.
[34] 夏云龙．考虑小应变刚度的杭州黏土力学特性研究及工程应用 [D]. 上海：上海交通大学，2014.
[35] 王卫东，王浩然，徐中华．开挖数值分析中土体硬化模型 HSS 参数的试验研究 [J]. 岩土力学，2012，33 (8)：2283-2289.
[36] 王卫东，王浩然，徐中华．上海地区基坑开挖数值分析中土体 HS-Small 模型参数的研究 [J]. 岩土力学，2013，34 (6)：174.
[37] 刘畅．考虑土体不同强度于变形参数及基坑支护空间影响的基坑支护变形于内力研究 [D]. 天津：天津大学，2008.
[38] 中华人民共和国住房和城乡建设部．建筑工程逆作法技术标准：JGJ 432-2018 [S]. 北京：中国建筑工业出版社，2018.
[39] Chang M F. Lateral earth pressure behind rotating wall [J]. Canadian Geotechnical Journal，1997，34 (2)：498-509.
[40] Zhang J M，Shamoto Y，Tokimatsu K. Evaluation of earth pressure under any lateral deformation [J]. Soils and Foundations，1998，38 (1)：15-33.
[41] 徐日庆．考虑位移和时间的土压力计算方法 [J]. 浙江大学学报，2000，34 (4)：370-375.
[42] 梅国雄，宰金珉．考虑位移影响的土压力近似计算方法 [J]. 岩土力学，2001，22 (1)：83-85.
[43] 梅国雄，宰金珉．考虑变形与时间效应的土压力计算方法研究 [J]. 岩土力学与工程，2001，20 (S1)：1079-1082.
[44] Milligan G W E. Soil deformations near anchored sheet-pile walls [J]. Géotechnique，1983，33 (1)：41-55.
[45] 陆培毅，严驰，顾晓鲁．砂土基于室内模型试验土压力分布形式的研究 [J]. 土木工程学报，2003，36 (10)：84-88.
[46] 蔡奇鹏．刚性与柔性挡墙的土压力研究 [D]. 杭州：浙江大学，2007.
[47] 应宏伟，蔡奇鹏．鼓形变位模式下柔性挡土墙的主动土压力分布 [J]. 岩土工程学报，2008，30 (12)：1805-1810.
[48] 应宏伟，朱伟，郑贝贝，等．柔性挡墙的主动土压力计算及分布研究 [J]. 岩土工程学报，2014，36 (S2)：1-6.
[49] 上海市土木工程学会．轴力自动补偿钢支撑技术规程：T/SSCE 0001-2021 [S]. 上海，2021.
[50] Fang Y S，Ishibashi I. Static earth pressures with various wall movements [J]. Journal of Geotechnical Engineering，1986，112 (3)：317-333.
[51] Matsuzawa H，Hararika H. Analyses of active earth pressure against rigid retaining walls subjected to different modes of movement [J]. Soils and Foundation，1996，36 (3)：51-65.

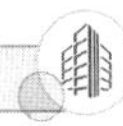

[52] 中华人民共和国建设部．建筑桩基技术规范 JGJ 94-2008 [S]，北京：中国建筑工业出版社，2008.

[53] 冯俊福，俞建霖，杨学林，等．考虑动态因素的深基坑开挖反演分析及预测 [J]. 岩土力学，2005，26（3).

[54] 魏祥，杜金龙，杨敏. 被动区加固对基坑外桩基础的变形影响分析 [J]. 岩土工程学，2008，30（S1）：37-40.

[55] 李志伟，侯伟生，叶爱丽，等. 深基坑开挖段被动区加固的位移控制效果分析 [J]. 岩土工程学报，2012，34（S1）：621-627.

[56] 罗战友，刘薇，夏建中. 基坑内土体加固对围护结构变形的影响分析 [J]. 岩土工程学报，2006（S1）：1538-1540.

[57] 杨光华，张文雨，陈富强，等．软土基坑被动区土体不同加固宽度的 m 值计算方法研究．广东水利水电 [J]. 2020（2).

[58] 浙江省建筑设计研究院，浙江大学，同济大学，等．软土地层逆作基坑施工变形控制关键技术及应用 [R]. 2021.

[59] Singh A，Mitchell J K. General stress-strain-time function for soils [J]. Journal of the clay mechanics and foundation division，1968，94（SM1）：21-46.

[60] Mesri G，Febres-Cordero E，Shields D R，et al. Shear stress-strain-time behaviour of clays. [J]. Geotechnique，1981，31（4）：537-552.

[61] Borja R I. Generalized creep and stress relaxation model for clays [J]. Journal of geotechnical engineering. 1992，118（11）：1765-1786.

[62] Morsy M M，Morgenstern N R，Chan D H. Simulation of creep deformation in the foundation of Tar Island Dyke [J]. Canadian geotechnical journal，1995，32（6）：1002-1023.

[63] 侯学渊，夏明耀．黄土流变特性与应用研究 [J]. 岩土工程学报，1987.

[64] 夏明耀，等．饱和软黏土固结、蠕变变形和松弛规律 [J]. 同济大学学报，1989，17.

[65] 陈军．上海地区饱和软黏土流变特性的实验与理论研究 [D]. 上海：同济大学，1993.

[66] 孙钧，等．饱和软黏土流变特性及其在地基与地下工程中的应用研究 [R]. 同济大学岩土工程研究所，1993.

[67] 夏冰．上海地区饱和软黏土流变特性及其对基坑工程的影响 [D]. 上海：同济大学，1994.

[68] 谢宁，孙钧．上海地区饱和软黏土流变特性 [J]. 同济大学学报（自然科学版)，1996（3).

[69] 谢宁．土的室内流变试验探讨 [J]. 岩土工程师，1999，11（1).

[70] 李军世，孙钧．上海淤泥质黏土的 Mesri 蠕变模型 [J]. 土木工程学报，2001（6).

[71] 刘建航，刘国彬，范益群．软土基坑工程中时空效应理论与实践（上）[J]. 地下工程与隧道，1999（3）：7-12.

[72] 刘建航，刘国彬，范益群．软土基坑工程中时空效应理论与实践（下）[J]. 地下工程与隧道，1999（4）：10-14.

[73] 陈晓平，黄国怡，梁志松．珠江三角洲软土特性研究 [J]. 岩石力学与工程学报．2003（1).

[74] 朱鸿鹄，陈晓平，程小俊，等．考虑排水条件的软土蠕变特性及模型研究 [J]. 岩土力学，2006（5).

[75] 张惠明，徐玉胜，曾巧玲．深圳软土变形特性与工后沉降 [J]. 岩土工程学报，2002（4).

[76] 袁静，龚晓南，益德清．岩土流变模型的比较研究 [J]. 岩石力学与工程学报，2001（6).

[77] 徐浩峰，应宏伟，朱向荣．某深基坑工程监测与流变效应分析 [J]. 工业建筑，2003（7).

[78] 袁静，刘兴旺，施祖元，等．软土地基基坑工程的流变效应分析研究 [J]. 建筑结构，2009，39（6).

[79] 程康，徐日庆，应宏伟，等．杭州软黏土地区某 30.2m 深大基坑开挖性状实测分析 [J]. 岩石力学

与工程学报，2021，40（4）：851-863.

[80] 上海勘察设计研究院（集团）有限公司. 杭政储出［2011］43号地块商业金融用房项目基坑及周边环境监测总结报告［R］. 2021.8.

[81] 杨学林. 基坑工程设计、施工和监测中应关注的若干问题［J］. 岩石力学与工程学报，2012，31（11）：2327-2333.

第3章　竖向支承结构逆作设计

3.1　竖向支承结构的选型和布置原则

竖向支承体系的设计是基坑“逆作法”设计的关键环节之一。在地下室逆作期间，由于基础底板尚未封底，地下室墙、柱等竖向构件尚未形成，地下各楼层和地上计划施工楼层的结构自重及施工荷载，均需由竖向支承结构承担，因此，竖向支承结构设计是逆作基坑设计的关键环节之一，需综合考虑主体结构布置、逆作形式及逆作施工期间的受荷大小等因素。

竖向支承结构一般由立柱和立柱桩组成。立柱通常采用角钢格构柱、H型钢柱、钢管柱或钢管混凝土柱等形式；立柱桩一般采用混凝土灌注桩，如钻（冲）孔灌注桩、人工挖孔桩、旋挖扩底灌注桩等。图3.1.1为常见格构柱和钢管柱示意图。

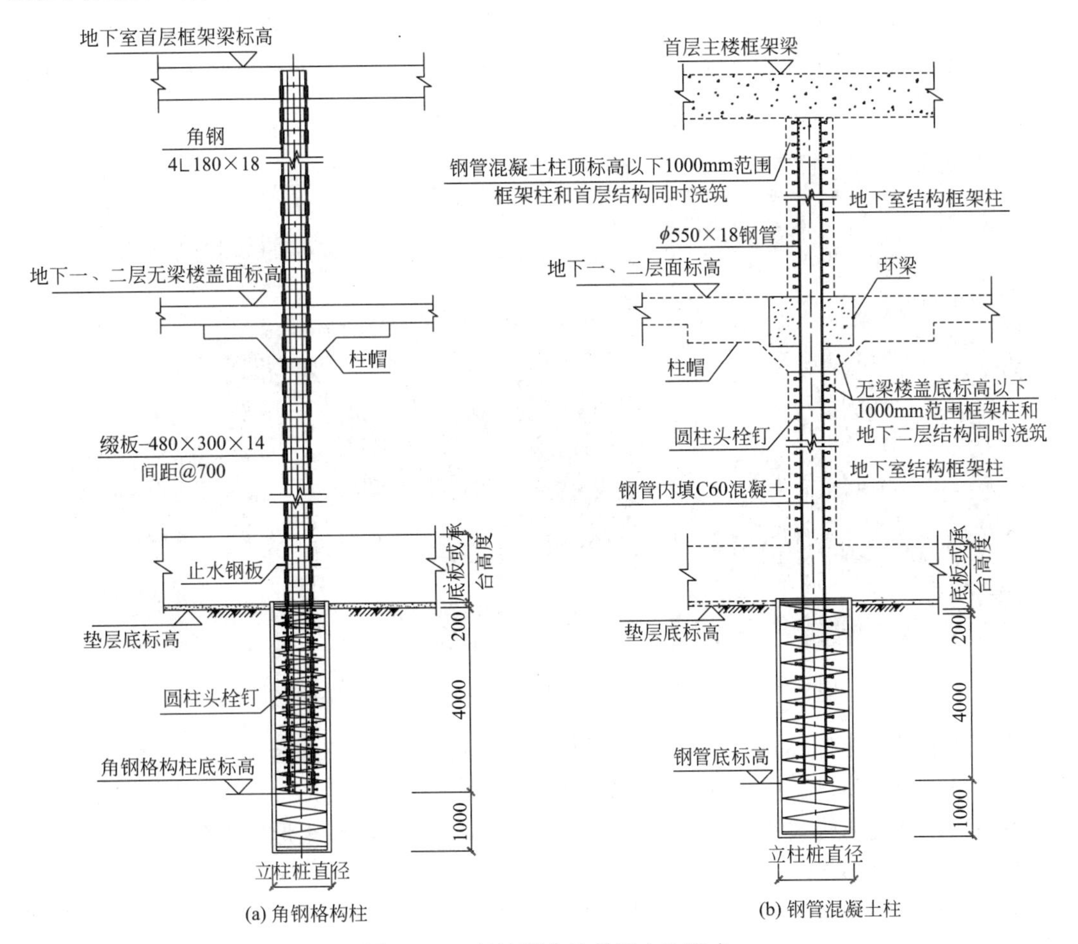

图3.1.1　基坑逆作法常见立柱形式

立柱和立柱桩的承载力、稳定性和变形，应分别满足逆作施工阶段和永久使用阶段的承载力极限状态和正常使用极限状态的设计要求。对外包混凝土形成主体结构框架柱的立柱，永久使用阶段的截面验算应考虑钢立柱的作用，按型钢混凝土组合柱进行设计。

竖向支承结构设计应包括下列内容：(1) 立柱、立柱桩的选型及布置；(2) 立柱的承载力及稳定性计算；(3) 立柱桩的承载力及桩身强度计算；(4) 立柱的变形和立柱桩的沉降验算；(5) 立柱与立柱桩之间的连接构造设计。

3.1.1 竖向立柱常用结构形式

竖向支承柱可选用角钢格构柱、H 型钢柱、钢管柱或钢管混凝土柱等形式。采用角钢格构柱作立柱时，地下主体水平结构、基础承台或底板与立柱之间的节点处理相对简单，梁纵筋穿立柱比较方便，因此当竖向支承结构受力不大时，可选用角钢格构柱作立柱。但当地上和地下同步施工或地下室层数较多时，立柱在基坑逆作施工阶段承受的竖向荷载较大，则应采用承载力更高的钢管柱或钢管混凝土柱作为竖向立柱。

1. 型钢格构式立柱

工程中最常用的格构柱为采用 4 根等边角钢拼接而成的格构柱，为了便于避让水平结构构件的钢筋，钢立柱拼接采用从上而下平行、对称分布的钢缀板，而非交叉、斜向分布的钢缀条。钢缀板的宽度应略小于钢立柱断面宽度，其高度、厚度和竖向间距应根据立柱稳定性计算确定。缀板间距除满足计算要求外，尚应尽量设置于能够避开水平结构构件主筋的标高位置。

图 3.1.2　慈溪财富中心项目逆作基坑格构式钢立柱照片

基坑开挖时，在各层结构梁板位置需要设置抗剪栓钉，以传递竖向荷载。图 3.1.2 为浙江慈溪财富中心项目逆作基坑中采用的角钢格构式立柱照片；图 3.1.3 为杭州国际金融会展中心逆作基坑格构式立柱照片，图 3.1.4 为格构柱外包混凝土形成永久柱。

2. 钢管混凝土立柱

基坑工程采用钢管混凝土立柱一般内插于其下的灌注立柱桩中，施工时先将立柱桩钢筋笼及钢管置入桩孔之中，再浇筑混凝土形成桩基础与钢管混凝土柱。钢管可以根据工程

图 3.1.3 杭州国际金融会展中心逆作基坑格构式立柱照片

图 3.1.4 格构柱外包混凝土形成永久柱

需要定制，直径和壁厚的选择范围比较大。钢管混凝土柱内通常填充强度等级不低于C40的混凝土。由于钢管混凝土立柱在逆作结束后要么直接用作结构柱，要么外包混凝土后作为结构柱，如果其位置或垂直度偏差过大，均比较难处理，因此钢管混凝土立柱对施工精度的要求很高。

杭州中国丝绸城逆作基坑采用直径为650mm的钢管混凝土柱，壁厚16～25mm。开挖阶段暴露的钢管柱如图3.1.5（a）所示，由于逆作完成后需外包混凝土形成永久结构柱（图3.1.5b），因此柱顶已预留好柱纵筋。钢管混凝土柱与底板钢筋通过接驳器连接，地下一、二层框架梁钢筋通过焊接在钢管柱上的钢牛腿连接。在基础底板中间位置增设环形钢牛腿，以实现剪力的传递。

(a) 刚开挖

(b) 外包混凝土形成永久结构柱

图 3.1.5 杭州中国丝绸城逆作基坑钢管混凝土立柱照片

杭州地铁1号线武林广场站采用直径为900mm的钢管柱，并且在使用阶段不再外包混凝土，因此其柱顶节点做法既要保证承载能力的安全，也要满足建筑外观要求。在与楼板连接的柱顶位置，环向一周均匀设置钢牛腿，建成后如图3.1.6所示。

杭州武林地下商城逆作基坑竖向立柱采用钢管混凝土柱，钢管直径750mm，壁厚25mm。钢管混凝土立柱插入下部灌注桩内2.45m，插入范围内钢管壁设置栓钉。为确保水平结构与竖向立柱节点核心区连接可靠，钢管混凝土柱在各楼层标高位置设置剪力键，水平结构梁与钢管混凝土柱之间采用环梁或双梁节点构造。钢管柱外壁粉刷钢丝网水泥砂浆，作为永久结构柱的防腐防火保护（图3.1.7）。

南京青奥中心逆作工程，超高层塔楼核心筒采用600mm和900mm直径圆钢管混凝土柱作为竖向立柱，外框柱采用□1300mm×50mm、□1400mm×50mm和□1600mm×50mm的方钢管混凝土柱作为竖向立柱。

图3.1.6　杭州地铁1号线武林广场站逆作钢管柱

图3.1.7　杭州武林地下商城逆作钢管混凝土柱

3. 灌注桩立柱（桩柱合一）

灌注桩立柱是在灌注桩成孔施工时，钢筋笼下放和混凝土浇筑达到结构标高，开挖后进行表面修饰，其高出底板部分直接作为永久结构柱使用，也称为“桩柱合一”。作为永久结构的一部分，桩柱合一将原本地面立模施工的结构柱用水下浇筑混凝土的桩代替，故对于混凝土的浇捣质量、施工偏差要求很高，同时为了保证该构件与基础承台以及结构梁板的连接，构造上也需采取相关措施，增加了桩内预留钢筋的留设，施工难度较大。

既有建筑地下室扩建、逆作开挖增加地下室层数时，原桩基开挖后作为地下增层的框架柱，也属于桩柱合一。此时可在开挖后凿除原有工程桩的保护层，然后外包混凝土，增大截面以提高承载力，如图3.1.8所示。而原工程桩可以通过顶部和底部的钢牛腿与新增承台钢筋连接，同时增设图3.1.9中的抗剪件和对销螺栓传递剪力。

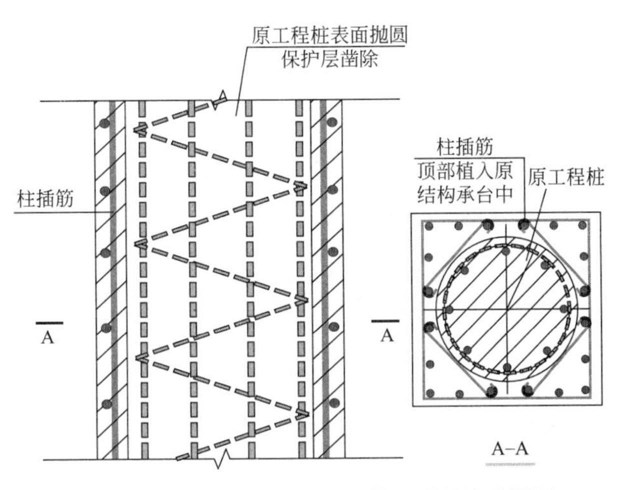

图 3.1.8　灌注桩作为结构柱使用时的构造详图

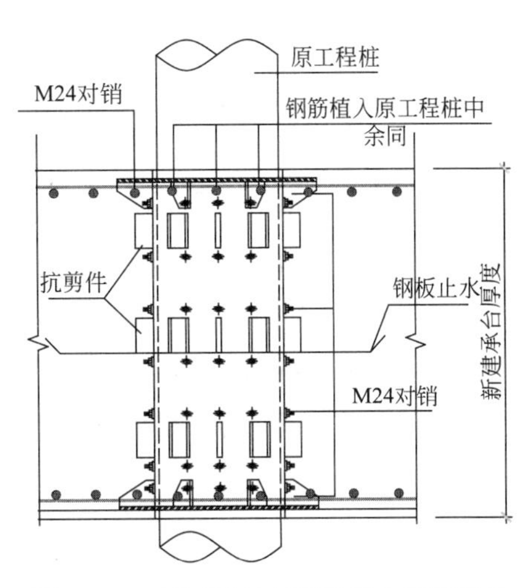

图 3.1.9　原工程桩与新砌增台连接节点

3.1.2　立柱布置方式及要求

竖向支承体系的布置方式，通常有“一柱一桩”和“一柱多桩”两种形式。“一柱一桩”，即在一根结构柱位置布置一根立柱和立柱桩的形式；当一柱一桩无法满足逆作施工阶段的承载力和沉降要求时，也可采用一根结构柱位置布置多根立柱和立柱桩（即“一柱多桩”）的形式。采用一柱多桩时，立柱桩仍然采用主体结构的工程桩，即柱下独立承台为多桩承台，而立柱为临时构件，在基坑逆作阶段结束后需予以拆除。

当竖向立柱和立柱桩结合地下主体结构柱及其工程桩进行布置，并采用“一柱一桩”的形式时，逆作阶段先期施工的地下主体水平结构的支承条件与永久使用状态比较接近，逆作阶段结构自重、施工荷载的传力路径直接，结构受力合理，且造价省，施工方便；另外，随着施工工艺和施工技术的发展，目前对竖向立柱的平面定位和垂直度控制精度已完全可满足其作为主体结构的设计要求。因此，竖向支承结构宜优先考虑与主体结构柱（或墙）相结合的方式进行布置。

当立柱采用“一柱多桩”形式布置时，一般采用角钢格构柱作为临时竖向立柱，地下室各楼层荷载需通过每层设置临时承台（或承台梁）均匀传递至各立柱；当地上、地下结构同步施工时，尚需在界面层位置设置转换厚板或转换梁（图 3.1.10），对逆作阶段上部结构框架柱在逆作阶段承担的荷载进行托换。转换厚板高度大于主体结构框架梁高度时，一般需要在逆作施工完成后对转换厚板底部进行凿平处理，使其与框架梁底齐平，因此，主体结构框架梁配筋应事先贯通转换厚板。

临时钢立柱、界面层转换厚板（或转换梁），在地下室主体结构构件施工完成并达到设计强度后方可拆除，临时立柱应按“自上而下、对称分批”的原则进行拆除，确保钢立柱对称卸载，使钢立柱承担的荷载平稳转换到结构柱上，图 3.1.11 为逆作阶段的临时钢立柱及钢立柱割除后的照片。地下室各楼层的临时承台（或承台梁）高度一般小于结构框架梁高度，或与框架梁等高，通常无需凿除。

由于格构式钢立柱仅起临时支承作用，故其平面定位、垂直度控制偏差可相对放宽一

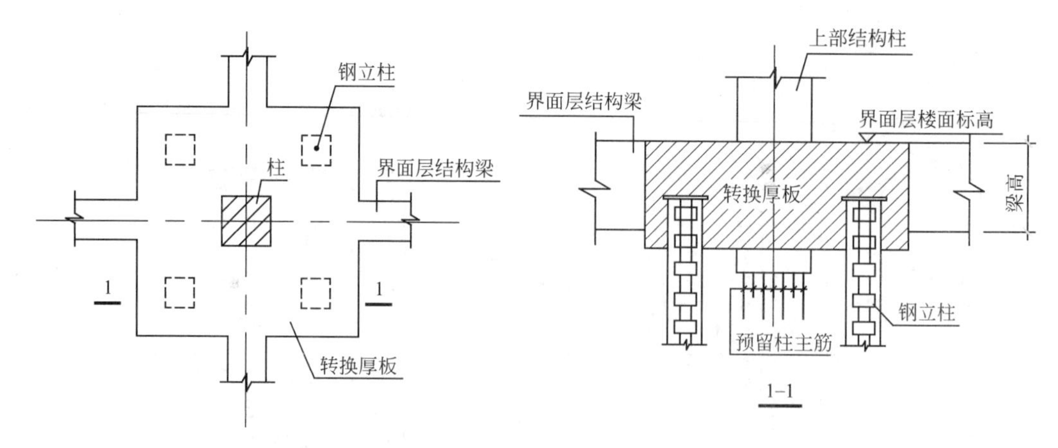

图 3.1.10　逆作阶段的临时钢立柱和转换厚板

图 3.1.11　逆作阶段的临时钢立柱及钢立柱割除后的照片

些，施工难度较小。由于角钢格构柱遇基础梁、楼层梁穿筋比较方便，因此当竖向支承结构受力不大（如仅地下室结构采用逆作施工）时，可选用角钢格构柱作立柱。但当地上和地下同步施工或地下室层数较多时，立柱在基坑逆作施工阶段承受的竖向荷载较大，此时宜采用承载力更高的钢管柱或钢管混凝土柱作为竖向立柱。

钢管柱或钢管混凝土柱适用于一柱一桩的情况，逆作期间钢管柱承担地下各楼层和地上计划施工楼层的结构自重及施工荷载，使用阶段作为永久结构柱，因此其平面定位和垂直度控制精度要求高、难度大。

杭州丝绸城三层地下室逆作施工期间采用一柱一桩作为竖向支承体系，钢管混凝土柱（图 3.1.12）直径 ϕ650mm，壁厚 16～25mm，下部插入直径为 ϕ1000～ϕ1500mm 的钻孔灌注桩内≥5.0m，桩端进入中风化泥质粉砂岩，并结合桩端和桩侧后注浆技术以提高立柱桩竖向承载力和控制沉降，使用阶段再在钢管混凝土柱外侧外包混凝土形成型钢混凝土柱构成地下室的永久结构框架柱。

杭州地铁 1 号线武林广场站基坑挖深超过 28m，逆作法施工，采用一柱一桩作为竖向支承体系，竖向立柱采用 ϕ900mm×16mm 钢管混凝土柱（图 3.1.13），钢管下部插入混凝土桩内，混凝土桩直径 ϕ1600mm，以中风化凝灰质粉砂岩为桩端持力层，为提高单桩承载力，桩底采用 AM 工法旋挖钻孔液压扩底。

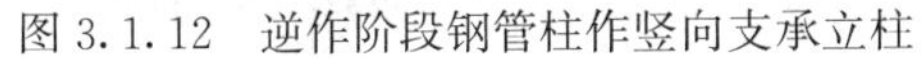

图 3.1.12　逆作阶段钢管柱作竖向支承立柱

图 3.1.13　使用阶段钢管柱作永久结构柱

3.1.3　剪力墙（核心筒）逆作的竖向支承结构布置

从已有基坑逆作法工程实践来看，主体结构剪力墙（筒体）采用逆作的工程较少，多数工程的剪力墙（筒体）在完成基础承台、底板后再进行顺作施工。当剪力墙（筒体）周边的水平梁板结构在逆作阶段需同步施工并作为基坑水平支撑结构时，应在施工水平结构时预留剪力墙插筋（图 3.1.14）。界面层应设置托梁、转换梁或转换厚板等水平转换构件，将上部剪力墙承担的荷载转换至下部竖向立柱上（图 3.1.15）。托梁宜结合界面层主体框架梁或剪力墙暗梁进行布置，其高度不宜小于竖向立柱间跨度的 1/8，宽度应大于上部墙肢厚度（每边伸出不小于 50mm）。剪力墙的竖向分布钢筋应穿越托梁并向下延伸至梁底标高以下一定长度，延伸长度应能满足界面层以下后期施工剪力墙竖向钢筋的连接要求，如图 3.1.16 所示。

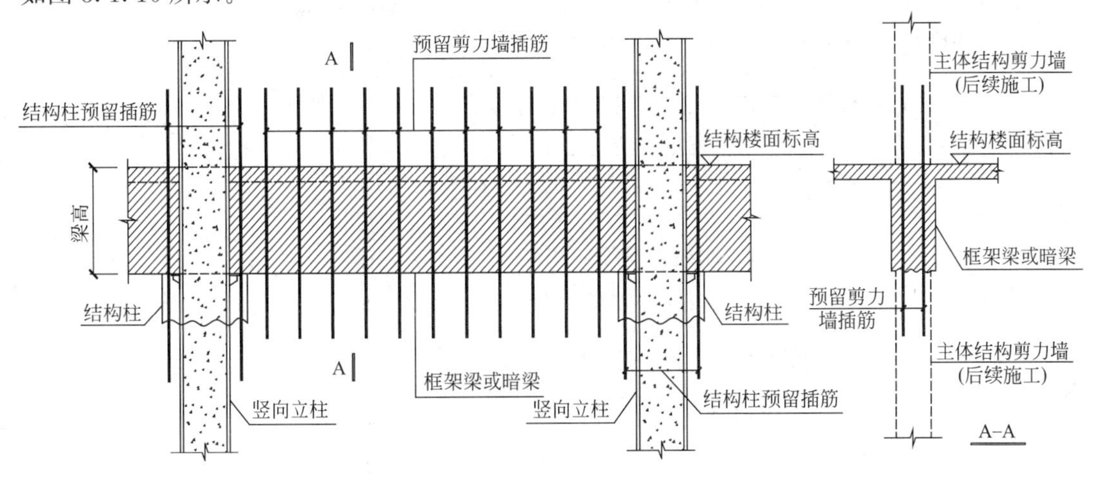

图 3.1.14　后施工剪力墙预留插筋示意图

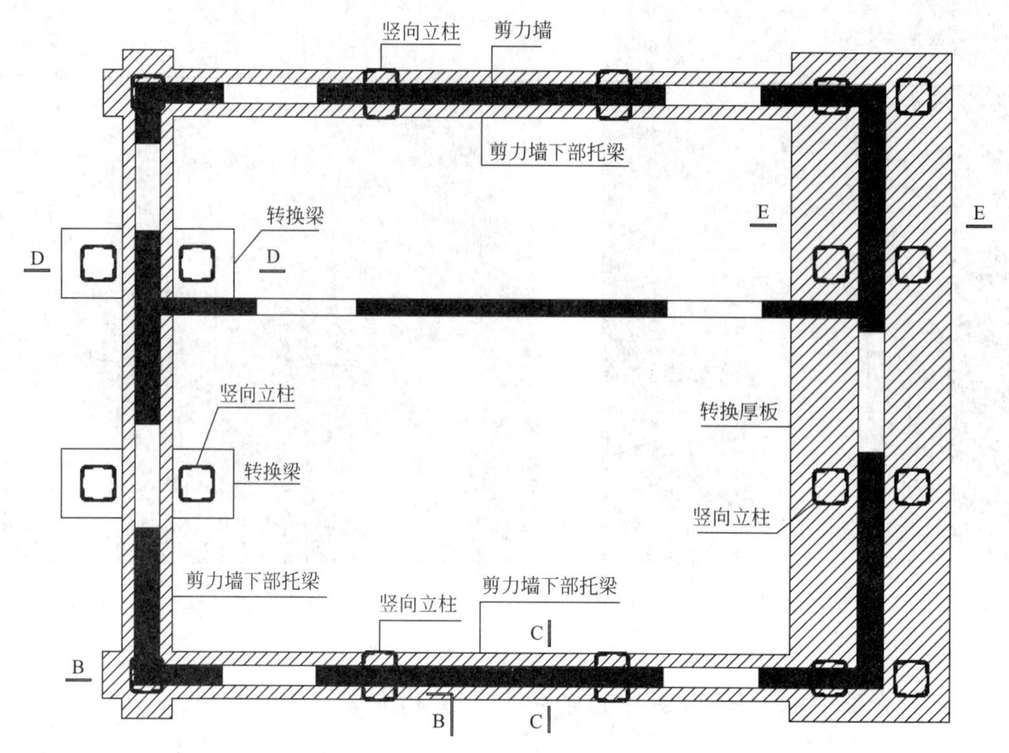

图 3.1.15　逆作剪力墙竖向立柱布置及在界面层托换平面示意图

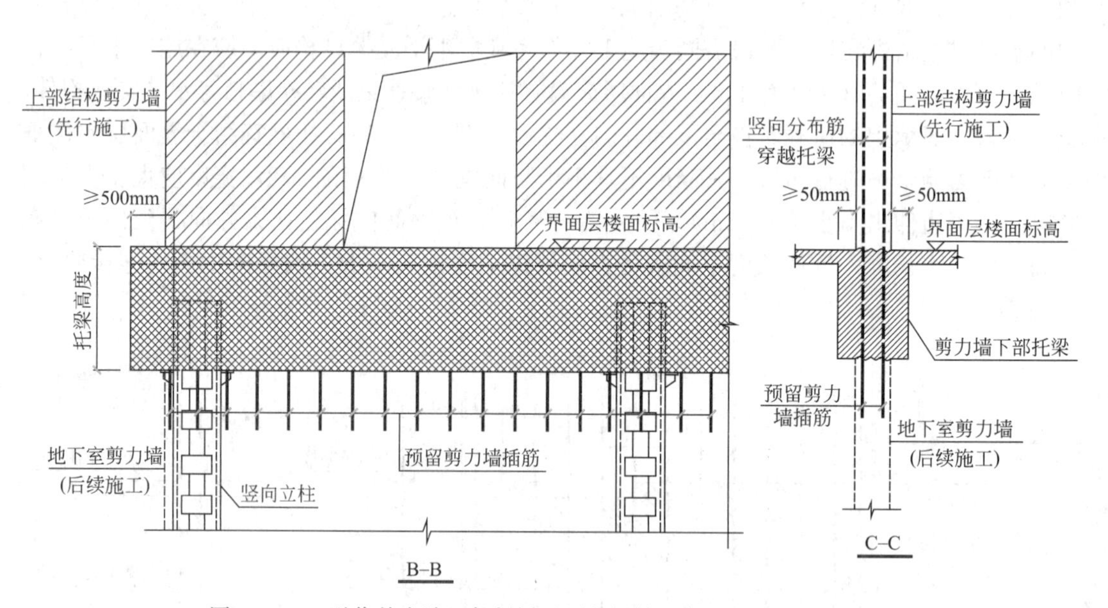

图 3.1.16　逆作剪力墙下部托梁及预留插筋示意（B-B、C-C 剖面）

当竖向立柱沿墙肢两侧对称布置时，应在界面层设置临时转换梁或转换厚板进行托换（图 3.1.17）。转换梁高度应大于剪力墙下部托梁高度至少 100mm，宽度应大于竖向立柱宽度至少 300mm。

为方便主体结构剪力墙及界面层托梁、转换梁或转换厚板的钢筋穿越和施工，竖向立

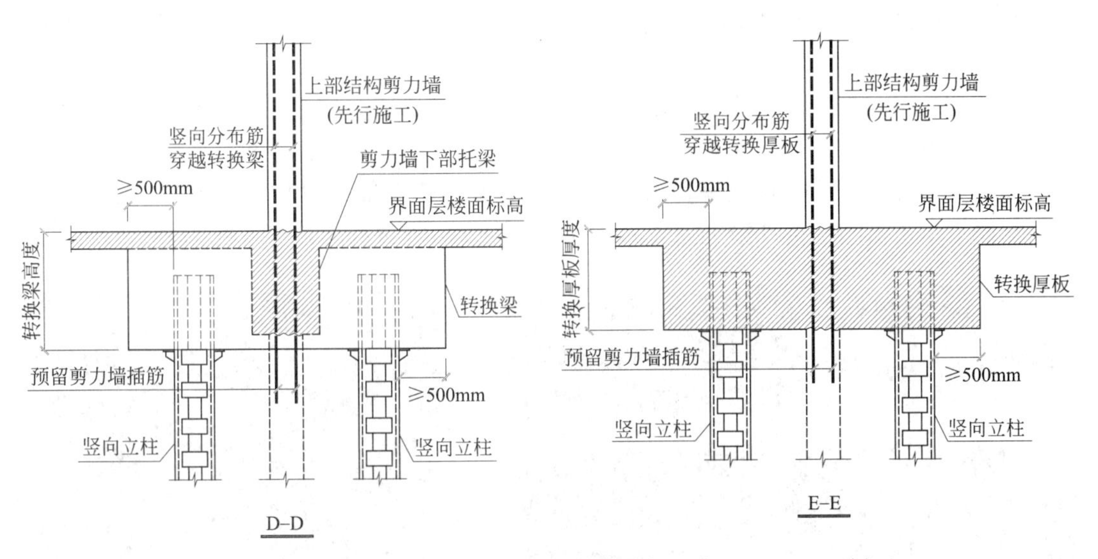

图 3.1.17 逆作剪力墙下部转换梁和转换厚板示意（D-D、E-E 剖面）

柱宜优先考虑采用角钢格构柱。如富力杭州未来中心 T2 塔楼核心筒上下同步逆作时，核心筒下方采用角钢格构柱支承，图 3.1.18 为主楼核心筒在界面层（B1 板）的转换梁施工照片，图 3.1.19 为核心筒上下同步逆作施工的支承结构立面示意图。

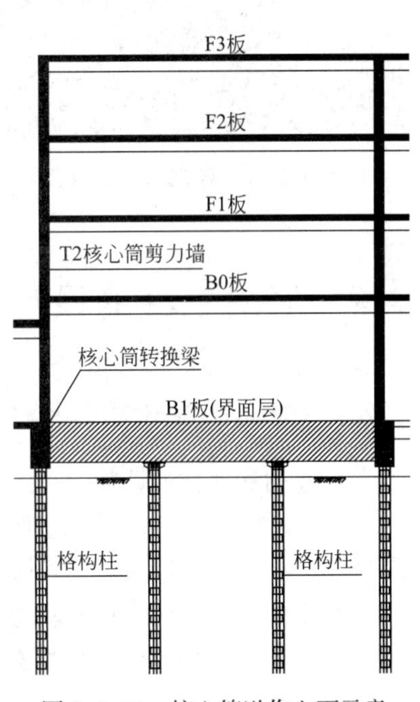

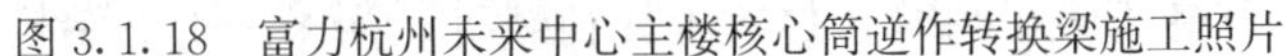

图 3.1.18 富力杭州未来中心主楼核心筒逆作转换梁施工照片

图 3.1.19 核心筒逆作立面示意

当地下室墙体厚度不小于 $d+200$mm（d 为竖向立柱沿墙体厚度方向的外包尺寸），或核心筒周边设置框架柱时，也可采用钢管混凝土柱或型钢柱。如杭州国际金融会展中心核心筒四角布置框架柱，框架柱为钢管混凝土叠合柱，逆作施工阶段核心筒由钢管混凝土立柱支承，见图 3.1.20 和图 3.1.21。又如，南京青奥中心超高层塔楼核心筒外墙较厚，在核心筒需要设置边缘构件的位置布置了直径 900mm 和 600mm 的圆形钢管混凝土柱，与其下 ϕ1200mm 的灌注桩形成一柱一桩的支承体系。

当上部结构同步施工的楼层较多时，剪力墙（筒体）承担的水平荷载较大，为确保其底部水平剪力可靠传递至界面层以下的结构，剪力墙（筒体）宜向下施工一层，或在立柱之间设置竖向支撑。临时转换厚板或转换梁以及剪力墙下部托梁伸出墙肢厚度方向的部分，在地下室主体结构构件施工完成并达到设计强度后方可拆除。

图 3.1.20　杭州国际金融会展中心逆作照片

图 3.1.21　核心筒逆作转换梁照片

3.2　竖向立柱的设计计算

3.2.1　竖向立柱计算和构造

1. 竖向钢立柱的计算

竖向立柱和立柱桩是逆作期间支承地下和地上结构的关键构件，必须满足承载力、稳定性和变形（沉降）要求。竖向立柱和立柱桩在逆作阶段竖向荷载，应包括竖向恒载、活荷载和附加竖向荷载。竖向荷载的效应组合应符合现行国家标准《建筑结构荷载规范》GB 50009 的相关规定。竖向荷载应包括结构自重、临时支撑构件自重、施工阶段的装修荷载等；竖向活荷载应包括施工机械和施工人员荷载、材料堆放荷载等；当采用上下结构同步施工时，尚应考虑水平风荷载作用在上部结构引起的附加轴力。

逆作施工期间，各工况下立柱的内力和变形，应采用对应于该工况下已施工的地下结构、临时支撑构件和地上结构，按空间整体模型进行分析计算。

竖向立柱应按双向偏心受压构件进行截面承载力计算和稳定性验算，立柱内力设计值应取逆作施工期间各工况下的最不利内力组合设计值，并应计入立柱轴向压力在偏心方向

因存在初始偏心距引起的附加弯矩。初始偏心距应根据立柱平面位置和垂直度允许偏差确定，且不应小于 30mm 和偏心方向截面尺寸的 1/25 两者中的较大值。

侧向约束是决定竖向立柱稳定承载力的主要因素，因此，如何确定竖向钢立柱的计算长度，是一个非常复杂的问题。逆作施工期间，竖向立柱上部受已施工完成楼盖结构的侧向约束，下部受未开挖土体的约束。由于不同土方开挖阶段、不同施工工况条件下立柱的侧向约束是变化的，立柱的稳定承载力也不断变化，因此竖向立柱的计算长度确定和稳定承载力计算必须按照不同工况条件、不同侧向约束条件分别进行分析，并按最不利工况进行截面设计。关于竖向立柱在分步开挖条件下的承载力和稳定性计算，详见第 3.2.2 节的介绍。实际工程中，为方便计算，也可采用基于经验的方法确定立柱的计算长度，如浙江省标准《建筑基坑工程逆作法技术规程》DB33/T 1112-2015[1] 给出了如下方法：

（1）对相邻两道水平支撑之间的立柱可取该两道水平支撑的垂直中心距离；

（2）对各种开挖工况下的最下一道水平支撑至开挖面之间的立柱，可取该道支撑中心线至开挖面以下 5～8 倍立柱直径（或边长）处的垂直距离；

（3）当开挖至最终基底标高时，最下一道水平支撑至最终开挖面之间的立柱可取该道支撑中心线至立柱桩顶以下 3～5 倍立柱直径（或边长）处的垂直距离。

对于角钢格构柱、H 型钢柱、钢管柱，在轴向压力和双向弯矩作用下的截面承载力和稳定性，应按现行国家标准《钢结构设计标准》GB 50017 的方法进行计算。圆钢管混凝土立柱的正截面偏心受压稳定承载力可按下列公式计算：

$$N \leqslant \varphi_l \varphi_e N_0 \tag{3.2.1}$$

$$\varphi_l = 1 - 0.115\sqrt{l_0/D - 4} \tag{3.2.2}$$

$$\varphi_e = \frac{1}{1 + 1.85\dfrac{e}{r_c}} \tag{3.2.3}$$

当 $\theta \leqslant 1/(\alpha-1)^2$ 时：

$$N_0 = 0.9 f_c A_c (1 + 0.85\alpha\theta) \tag{3.2.4}$$

当 $\theta > 1/(\alpha-1)^2$ 时：

$$N_0 = 0.9 f_c A_c (1 + 0.7\sqrt{\theta} + \theta) \tag{3.2.5}$$

$$\theta = \frac{f_a A_a}{f_c A_c} \tag{3.2.6}$$

式中，N_0 为钢管混凝土轴心受压短柱的承载力设计值；θ 为钢管混凝土构件的套箍系数；α 为与混凝土强度等级有关的系数，混凝土强度等级不大于 C50 时取 2.00，混凝土强度等级大于 C50 时取 1.80；f_a 为钢管的抗拉、抗压强度设计值；A_a 为钢管的横截面面积；f_c 为钢管内混凝土的轴心抗压强度设计值；A_c 为钢管内混凝土的横截面面积；l_0 为钢管混凝土立柱的计算长度；D 为钢管混凝土立柱的外径；φ_l 为考虑钢管混凝土立柱长径比影响的承载力折减系数，当 $l_0/D \leqslant 4$ 时，取 $\varphi_l = 1.0$；φ_e 为考虑偏心影响的承载力折减系数；e 为偏心距，取 $e = e_0 + e_a$，$e_0 = M/N$，M 为柱端弯矩设计值的较大值，e_a 为初始偏心距；r_c 为钢管内混凝土横截面的半径。

当钢管混凝土立柱的剪跨比小于 2 时，尚应验算立柱的横向受剪承载力，并应满足下列要求：

$$V \leqslant (V_0 + 0.1N)(1 - 0.45\sqrt{\lambda}) \tag{3.2.7}$$

$$V_0 = 0.2 f_c A_c (1 + 3\theta) \tag{3.2.8}$$

式中，V 为横向剪力设计值；V_0 为钢管混凝土立柱受纯剪时的承载力设计值；λ 为钢管混凝土立柱的剪跨比。计算剪跨比时，宜采用上、下柱端组合弯矩设计值的较大值及与之对应的剪力设计值，截面有效高度取钢管混凝土立柱的外径。

2. 竖向钢立柱的构造

立柱的平面定位中心偏差不应大于 5mm，垂直度偏差不应大于 1/300。圆形钢管立柱、圆形钢管混凝土立柱的钢管宜采用直缝焊接管或无缝管，焊缝应采用对接熔透焊，焊缝强度不应低于管材强度，焊缝质量应符合一级焊缝标准。

角钢格构柱应符合下列构造要求：

（1）角钢格构柱的长细比（对虚轴取换算长细比）不应大于 $100\sqrt{235/f_y}$。

（2）宽度较大或缀件面剪力较大的格构式柱，宜采用缀条柱，斜缀条与构件轴线间的夹角应在 40°～70°范围内。缀条柱的分肢长细比 λ_1 不应大于构件两方向长细比（对虚轴取换算长细比）较大值 λ_{max} 的 0.7 倍。

（3）缀板柱的分肢长细比 λ_1 不应大于 $40\sqrt{235/f_y}$，并不应大于 λ_{max} 的 0.5 倍（当 $\lambda_{max} < 50$ 时，取 $\lambda_{max} = 50$）。缀板柱中同一截面处缀板（或型钢横杆）的线刚度之和不得小于柱较大分肢线刚度的 6 倍。

圆钢管立柱的长细比不应大于 $120\sqrt{235/f_y}$；钢管外径与壁厚的比值 D/t 不宜大于 $80\varepsilon_k(\varepsilon_k = 235/f_y)$，$f_y$ 为钢材屈服强度。

圆钢管混凝土立柱应符合下列构造要求：

（1）钢管壁厚 t 不宜小于 8mm。

（2）钢管外径与壁厚的比值 D/t 不宜大于 $100\varepsilon_k(\varepsilon_k = 235/f_y)$。

（3）套箍系数 θ 不应小于 0.5，不宜大于 2.5。

（4）立柱长径比 l_0/D 不应大于 20。

（5）轴向压力偏心率 e/r_c 不宜大于 1.0，不应大于 1.5。

（6）混凝土强度等级不应低于 C30。

3.2.2 分步开挖条件下钢立柱的稳定计算

侧向约束是决定竖向立柱稳定承载力的主要因素。逆作法施工期间，竖向立柱上部受已施工完成楼盖结构的侧向约束，下部受未开挖土体的侧向约束。由于不同土方开挖阶段、不同施工工况条件下立柱的侧向约束是变化的，立柱的稳定承载力也不断变化，因此竖向立柱的计算长度确定和稳定承载力计算必须按照不同工况条件、不同侧向约束条件分别进行分析，并按最不利工况进行截面设计[2-3]。

中心受压细长直杆线弹性失稳对应的临界荷载 P_{cr} 为（即欧拉公式）：

$$P_{cr} = \frac{\pi^2 E_{sc} I_{sc}}{(\mu L_{sc})^2} \tag{3.2.9}$$

式中，$E_{sc}I_{sc}$ 为截面抗弯刚度；L_{sc} 为计算长度；μ 为计算长度系数。

则计算长度系数公式为：

$$\mu=\frac{\pi}{L_{sc}}\sqrt{\frac{E_{sc}I_{sc}}{P_{cr}}} \tag{3.2.10}$$

目前对于竖向立柱计算长度和稳定承载力的计算尚无准确方法。采用梁单元模拟立柱和下部混凝土立柱桩，采用弹簧单元模拟周围土体的侧向约束作用，据此建立有限元模型，可计算获得立柱的轴压屈曲荷载，然后通过欧拉公式（3.2.9）的反推式（3.2.10）可获得立柱的计算长度系数 μ[4-6]。

结构稳定问题按屈曲性质可分为第一类失稳（分支失稳）和第二类失稳（极值点失稳），线性特征值屈曲分析属于第一类失稳。对于特征值屈曲分析，轴压屈曲荷载取第一阶屈曲模态对应的临界荷载；线性屈曲分析获得的承载力为理想状态下的结果，一般相较实际情况稍有偏大。对于非线性屈曲分析，轴压屈曲荷载则通过荷载-位移变化曲线的极值点获得；由于初始缺陷的存在，立柱实际承载力一般比理想特征值屈曲分析时的临界轴压荷载要小一些。

1. 计算模型

本节采用线性特征值屈曲（分支失稳）分析方法研究地基土分步开挖、侧向约束动态变化条件下竖向立柱的承载力和稳定性。

以某3层逆作基坑为例，采用一柱一桩竖向支承结构，考虑逐层动态施工条件变化，分析不同施工条件时竖向立柱的屈曲临界荷载和计算长度系数的变化情况。竖向立柱、立柱桩、框架梁均采用梁单元进行模拟，周围土体对立柱和立柱桩的作用采用单向弹簧单元模拟，弹簧间隔取1.0m；立柱桩下端和水平框架梁两端均为固接；弹簧一端与立柱和立柱桩连接，另一端固接。竖向支承结构计算模型如图3.2.1所示，其中，$n=1$、$n=2$分别表示立柱顶部仅受地下一层梁板结构、地下一～二层梁板结构约束的状态；$n=3$表示开挖至基底的状态，此时立柱顶部受梁板约束，底部受立柱桩和桩侧土体的约束。

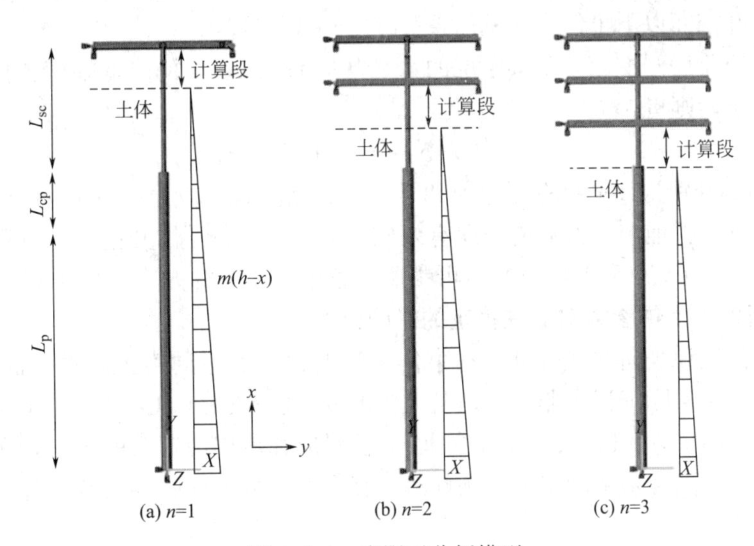

图3.2.1　有限元分析模型

竖向立柱各层两侧均考虑有框架梁，C35混凝土，截面尺寸800mm×650mm，抗弯刚度E_bI_b，长度$L_b=8.4$m，两端固支；各层层高$H_0=5.0$m，立柱总长$L_{sc}=3H_0=15.0$m，立柱插入下部立柱桩的深度$L_{cp}=5.0$m，桩长$L_p=30.0$m。立柱采用钢管混凝土柱，钢管 ϕ650mm×16mm，Q345B 钢，C60 混凝土，抗弯刚度 $E_{sc}I_{sc}$；立柱插入桩段的抗弯刚度 $E_{cp}I_{cp}$；工程桩直径 ϕ1300mm，C30 混凝土，抗弯刚度 E_pI_p，桩底视为固支；土深度 h 随逐层动态施工条件而变化，立柱顶部施加轴压荷载 P。

2. 土体水平弹性抗力

立柱桩和竖向立柱入土部分均受到周边土体的水平弹性抗力，而土的水平弹性抗力可视为横向分布荷载，其通用计算表达式为：

$$q=b_0k_1(x_0+x)^n y^{m_1} \tag{3.2.11}$$

以桩为例，式中各参数的意义：b_0 为桩的计算宽度，计算方法可参考《建筑桩基技术规范》JGJ 94-2008；k_1 为地基系数；x_0 为地面处抗力不为零时的虚拟桩长，通常砂性土 $x_0=0$，黏性土 $x_0\neq0$；x 为桩的入土深度；y 为桩的水平位移。根据指数 n 值的不同，可分为线弹性地基反力法（$n=1$）和非线弹性地基反力法（$n\neq1$）；在线弹性地基反力法中，根据 m_1 值的不同，又可分为张氏法、k 法、m 法和 c 法等[7-8]。

本书采用 m 法，假定桩侧土地基系数随深度呈线性增加，即式（3.2.11）中的指数 $m_1=1$，土体对立柱桩和竖向立柱的水平弹性抗力为：

$$k(z)=mzb_0 \tag{3.2.12}$$

式中，m 为土体水平抗力系数的比例系数；z 为计算点深度；b_0 为立柱桩和竖向立柱的等效宽度。

水平基床系数 $k(z)$ 取值大小，反映了开挖面以下土体对竖向立柱的侧向约束作用和程度，并显著影响立柱的稳定性和轴向极限承载力。由于基坑开挖是一个动态变化的过程，因此土体对立柱的侧向约束也是动态变化的。随着分步开挖的不断进行，开挖面以上土体对立柱的侧向约束作用随之消失，开挖面以下土体的侧向约束也会因为卸荷效应而降低，即随着开挖面以上土体的卸荷效应，开挖面以下土体处于超固结状态，此时应考虑开挖卸荷效应对开挖面以下土体水平基床系数 $k(z)$ 的影响。

假定开挖卸荷后开挖面以下某土层的水平基床系数 $k(z)$ 的降低幅度与该土层侧向应力减小幅度同步，则有：

$$k(z)=mzb_0\cdot\sigma_{v1}\cdot OCR^{\alpha}/\sigma_{v0} \tag{3.2.13}$$

式中，σ_{v0} 和 σ_{v1} 分别为计算点在开挖前和开挖后的竖向有效应力；OCR 为土的超固结比，等于计算点位置开挖前与开挖后的竖向有效应力之比；α 为土体开挖卸荷过程中土体的卸载系数。σ_{v0}、σ_{v1}、OCR 和卸载系数 α 可参照本章第 3.4 节的方法进行计算。

3. 开挖面以下土体参数对立柱稳定的影响分析

土体对立柱桩和竖向立柱的侧向约束作用的变化是通过周边土体水平抗力系数 m 值的改变来确定。在实际工程中非岩石地基土体的 m 值一般为 $0.1\times10^3\sim6.0\times10^3\,\text{kN/m}^4$。

图 3.2.2 给出了 $n=1$、2、3 时立柱桩-立柱对应临界屈曲荷载的第 1 阶屈曲模态和变形曲线。可知，不同地基土动态施工条件时，竖向立柱的屈曲临界荷载和计算长度系数均有较大差异。

图 3.2.3 和图 3.2.4 分别给出了不同地基土比例系数 m 值时，临界轴压荷载系数 α 和计算长度系数 μ 的变化情况。其中 $n=1$、2、3 对应不同的地下室逆作施工层数情况。由计算结果可知，地下室逆作施工层数 n 值不同时，临界荷载系数均随 m 值的增大而增大，计算长度系数则随着 m 值的增大而减小，变化趋势基本相同。这是由于 m 值越大，地基

土对桩-柱的侧向约束越大，竖向立柱下端的约束越接近固接，立柱下端侧移的减小继而引起竖向立柱反弯点的相应上升，计算长度系数也越小，轴压承载能力则越高。由于立柱下端侧移的影响，本例中不同 m 值时均有计算长度系数大于 1.0（其中 1.0 可视为两端铰支情况）。当 $m=0.1\times10^3\mathrm{kN/m^4}$ 和 $m=6.0\times10^3\mathrm{kN/m^4}$ 时计算长度系数分别为 1.884 和 1.605（$n=1$）、1.706 和 1.392（$n=2$）、1.206 和 1.043（$n=3$）。

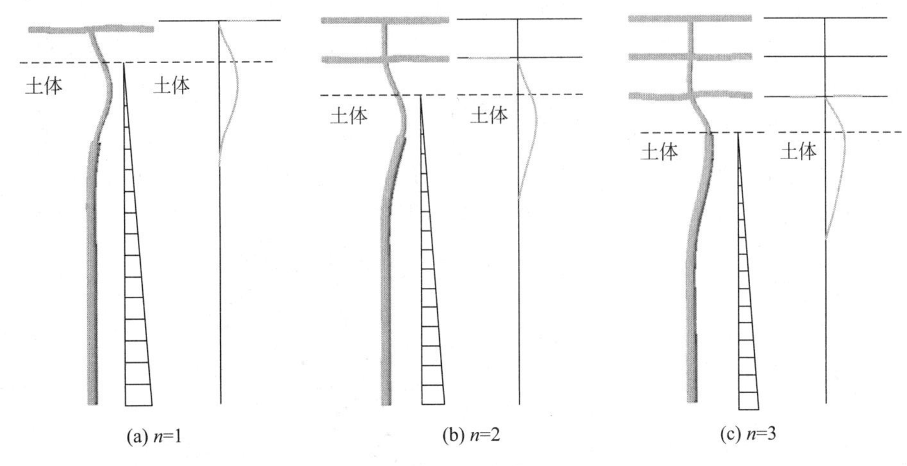

图 3.2.2 竖向钢管立柱第 1 阶屈曲模态

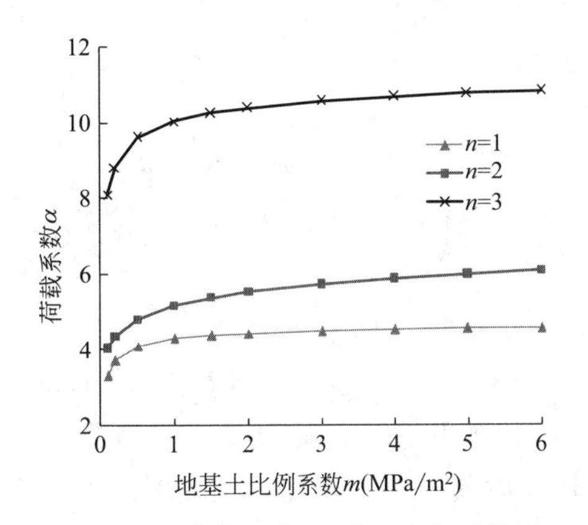

图 3.2.3 荷载系数-地基土比例系数图

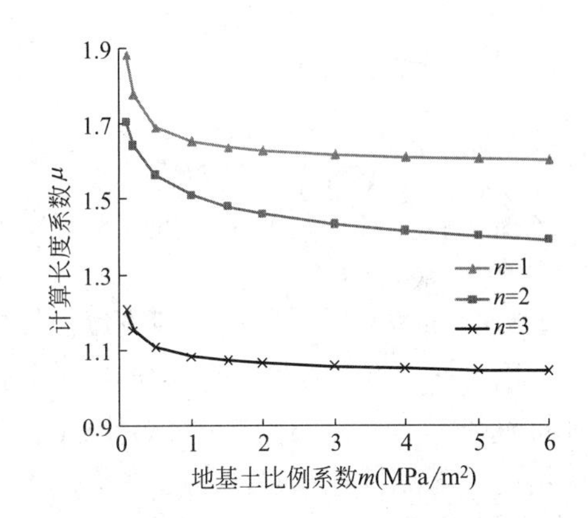

图 3.2.4 计算长度系数-地基土比例系数图

对于相同的 m 值时，随着逆作施工层数的增加，临界荷载系数逐渐增大，相应的计算长度系数也逐渐减小，且 $n=3$ 时要比 $n=1$、$n=2$ 时的变化大得多。表明逆作施工初期（$n=1$ 时）竖向立柱最容易出现轴压失稳情况，而逆作施工后期（$n=3$ 时）竖向立柱的轴压稳定性最高，且要比初期轴压稳定性好得多。以 $m=1.0\times10^3\mathrm{kN/m^4}$ 为例，$n=1$、2、3 时的临界荷载系数分别为 5.304、5.161、10.037，即随着逐层往下的动态施工条件的变化，竖向立柱受到的侧向约束逐渐增大，屈曲临界荷载也增大，对应的计算长度系数分别为 1.654、1.511、1.083。因此，当采用上部结构和地下室结构同步逆作施工时，宜施工至地下二层楼板结构后再施工上部结构。

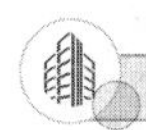

4. 水平支撑结构约束刚度的影响分析

水平梁的抗弯刚度是通过对竖向立柱端部转动约束的强弱变化从而影响竖向立柱的轴压稳定性。图 3.2.5 和图 3.2.6 分别给出了 $m=1.0\times10^3\text{kN/m}^4$ 情况下，不同梁柱线刚度比 k_0 时，临界轴压荷载系数 α 和计算长度系数 μ 的变化情况，其中 $k_0=i_b/i_{sc}=(E_bI_b/L_b)/(E_{sc}I_{sc}/L_{sc0})$。可见，水平梁板刚度对立柱临界荷载和计算长度影响显著。不同逆作施工层数 n 值时，轴压荷载系数 α 均随着 k_0 值的增大而增大，μ 则随着 k_0 值的增大而减小，变化趋势基本相同。这是由于 k_0 值增大时，水平梁对立柱端部转动约束增大，继而引起立柱反弯点往中间移动，计算长度系数减小，轴压承载能力则增大。

逆作施工层数 n 对立柱承载力的影响显著。随着 n 的增大，立柱侧向约束逐渐增大，α 逐渐增大，μ 则逐渐减小，且 $n=3$ 时相对 $n=1$、$n=2$ 时的变化大得多。$n=1$ 时立柱稳定承载力较低，故上下同步施工时，宜施工至地下二层楼板结构后再施工上部结构；$n=3$ 时立柱同时受上端水平梁板和下部立柱桩的约束，临界荷载显著提高。

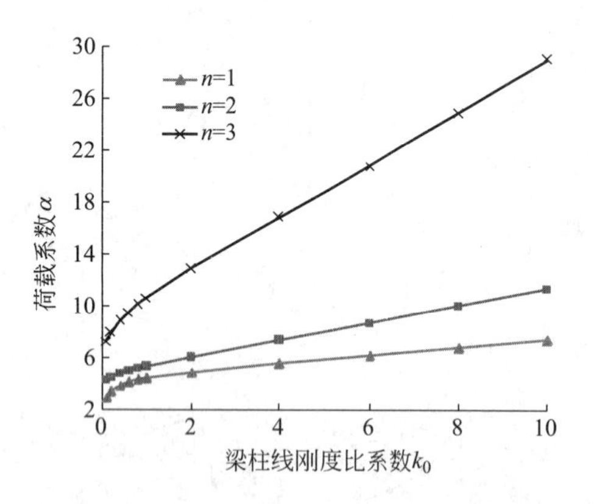

图 3.2.5　荷载系数-梁柱线刚度比系数图

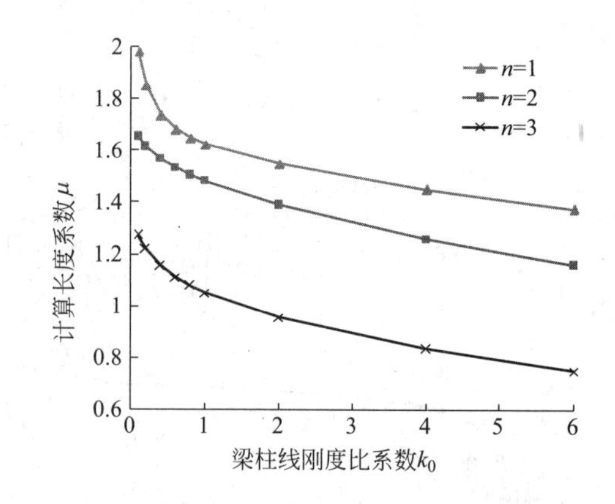

图 3.2.6　计算长度系数-梁柱线刚度比系数图

5. 下部立柱桩桩径（抗弯刚度比）的影响分析

图 3.2.7 和图 3.2.8 分别给出了地基土比例系数 $m=1.0\times10^3\text{kN/m}^4$ 情况下，不同立柱桩直径 D（对应不同桩-柱线刚度比）时，临界轴压荷载系数 α 和计算长度系数 μ 的变化情况。可见，下部立柱桩的桩径对竖向钢立柱的临界荷载和计算长度影响显著。不同逆

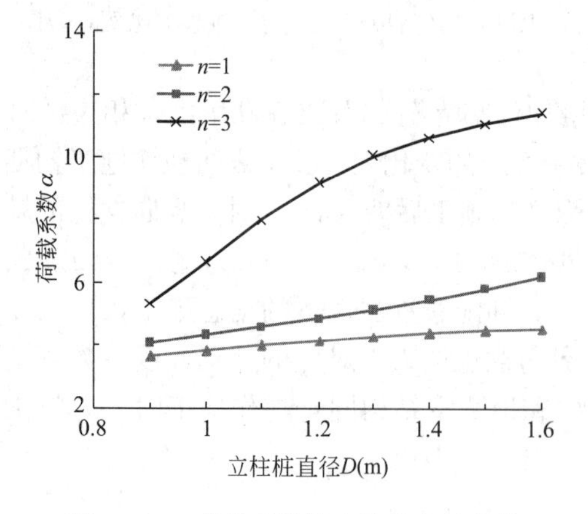

图 3.2.7　荷载系数随立柱桩直径变化

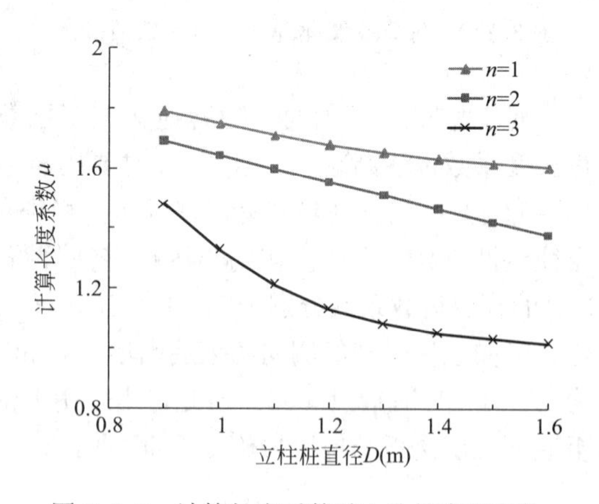

图 3.2.8　计算长度系数随立柱桩直径变化

作施工层数 n 值时，α 均随着 D 值增大而增大，μ 则随着 D 值增大而减小，变化趋势基本相同。这是由于 D 值增大时，立柱桩对立柱端部侧向约束增大，立柱反弯点往中间移动，计算长度系数减小，轴压承载能力则增大。这是由于桩径 D 值越大，立柱桩对竖向钢立柱端部的侧向约束越大，立柱计算段的反弯点往中间移动，则计算长度系数也越小，轴压承载能力则越高。本例中，当 D＝900mm 和 D＝1600mm 时计算长度系数分别为 1.791 和 1.606（n＝1）、1.693 和 1.378（n＝2）、1.482 和 1.017（n＝3）。

6. 立柱插入立柱桩深度的影响

图 3.2.9 给出了 m＝1.0MPa/m^2 情况下，不同立柱插入比 λ 时，临界轴压荷载系数 α 的变化情况，其中 $\lambda = L_{cp}/L_{sc0}$。可见，不同开挖工况下，立柱插入深度对稳定承载力影响较小，故对计算长度系数 u 影响也较小。

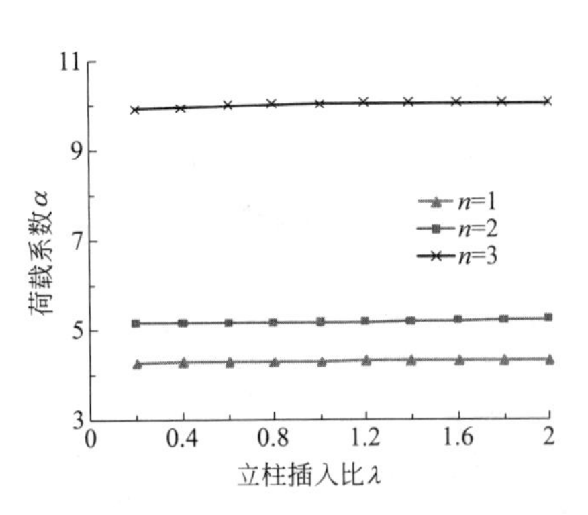

图 3.2.9　立柱荷载系数随立柱插入比的变化

3.2.3　初始缺陷和基坑侧向变形对立柱承载力的影响

1. 初始缺陷对立柱稳定承载力的影响

非线性屈曲分析属于极值点失稳，在分析中考虑了几何大位移对临界屈曲荷载的影响[6]。由于构件失稳前后的变形形态不一致，需施加一定的初始几何缺陷才可获得构件失稳后的平衡路径。本节仍以第 3.2.1 节中逆作法 3 层地下室情况为例，采用一柱一桩竖向立柱，考虑逐层动态施工条件的变化。

桩-柱的初始几何缺陷形式可采用一致模态缺陷变形，一般以桩-柱的第 1 阶轴压屈曲变形模态作为初始几何缺陷形式，最大变形值取为缺陷幅值；基坑侧移变形是考虑地下某一层（或某多层）立柱端部梁板侧移引起的桩-柱几何变形形式作为初始几何缺陷形式，立柱端部侧移值取为缺陷幅值。缺陷幅值一般可取为桩-柱总长度的 1/200～1/1000，以使得缺陷的影响不可忽略。含初始缺陷的立柱实际承载力一般要比理想特征值屈曲轴压荷载小一些。

考虑一般的地基土比例系数 m＝1.0MPa/m^2。n＝1、2、3 时初始几何缺陷形式分别对应逆作施工至地下一层、地下 n 层、地下最底层情况下的第 1 阶屈曲模态。缺陷幅值取 w＝50mm、150mm、250mm 进行分析，其中 50mm 即为桩-柱总长度 50m 的 1/1000。

图 3.2.10 和图 3.2.11 分别给出了 n＝3 时不同缺陷幅值下，临界轴压荷载系数和计算长度系数随立柱顶部节点轴向位移 v 的变化情况；n＝1、2 时变化情况类似。可见，不同逆作施工层数 n 值时，随轴压荷载的增大，不同缺陷幅值下均具有明显拐点（即极值点），含初始缺陷的桩-柱非线性临界屈曲荷载均稍小于特征值屈曲荷载值，对应非线性计算长度系数则稍大于线性计算长度系数。实际工程中的桩-柱一般均存在各种初始几何缺陷，因而非线性屈曲分析所得临界轴压荷载更为接近实际情况。相同 n 值时，临界屈曲荷载随初始缺陷幅值增大而逐渐减小，即初始缺陷越大，立柱轴压稳定性越差。

本例中各缺陷幅值 w＝50mm、150mm、250mm 时的临界轴压荷载系数和临界计算长度系数如表 3.2.1 所示。可知，缺陷幅值 w＝50mm、150mm、250mm 时，非线性计算长度系数为线性计算长度系数的 1.03～1.06 倍、1.12～1.15 倍、1.18～1.22 倍。实际工程中的初始缺陷幅值一般小于 100mm，因而实际工程中可对立柱计算长度乘以放大系数 1.15，以考虑初始缺陷的影响。

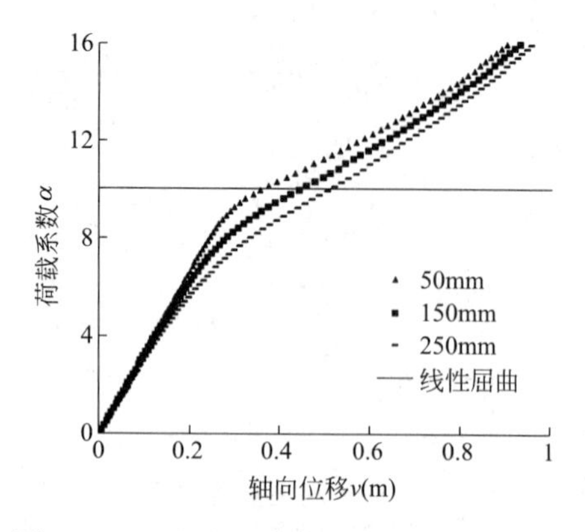

图 3.2.10 竖向立柱荷载系数-轴向位移图

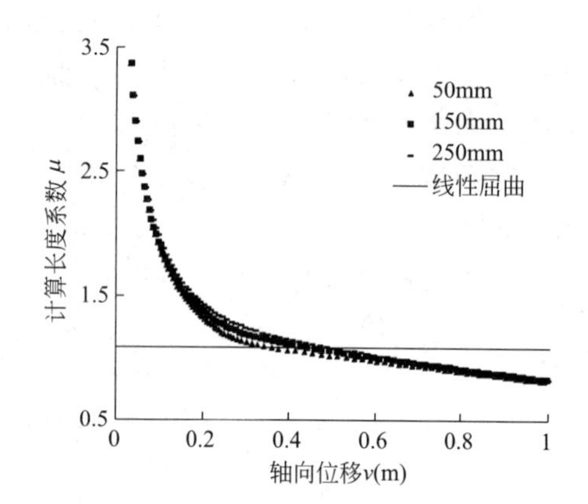

图 3.2.11 竖向立柱计算长度系数-轴向位移图

不同缺陷幅值时的荷载系数和计算长度系数 **表 3.2.1**

逆作层数			$n=1$			$n=2$			$n=3$		
缺陷幅值(mm)			50	150	250	50	150	250	50	150	250
线性		荷载系数	4.304			5.161			10.037		
		长度系数	1.654			1.511			1.083		
非线性	一致模态	轴压位移(m)	0.16			0.16			0.28		
		荷载系数	4.012	3.467	3.062	4.646	4.030	3.590	8.958	7.990	7.251
		长度系数	1.717	1.843	1.961	1.592	1.709	1.844	1.147	1.214	1.274
	侧移变形	轴压位移(m)	0.14			0.15			0.28		
		荷载系数	4.294	4.224	4.171	4.928	4.822	4.734	9.486	9.257	9.028
		长度系数	1.656	1.670	1.681	1.546	1.563	1.577	1.114	1.128	1.142

2. 基坑侧移变形的影响

考虑一般的地基土比例系数 $m=1.0\text{MPa/m}^2$。$n=1$、2、3 时初始几何缺陷形式分别对应逆作施工至地下一层、地下 n 层、地下最底层情况下，仅地下一层、地下 n 层、地下最底层立柱端部梁板侧移引起的桩-柱变形形式。缺陷幅值取 $w=50$mm、150mm、250mm 进行分析。

图 3.2.12 和图 3.2.13 分别给出 $n=3$ 时不同缺陷幅值下，临界荷载系数和计算长度系数随立柱顶部节点轴向位移 v 的变化；$n=1$、2 时变化情况类似。可见，基坑侧移变形对立柱稳定承载力的影响与一致模态缺陷情况类似，但影响程度要小得多。表明初始缺陷形式越接近第一阶屈曲模态，则对立柱稳定承载力影响越大。

本例中各缺陷幅值 $w=50$mm、150mm、250mm 时的临界轴压荷载系数和临界计算长度系数如表 3.2.1 所示。可知，缺陷幅值 $w=50$mm、150mm、250mm 时，非线性计算长度系数为线性计算长度系数的 1.0～1.03 倍、1.01～1.05 倍、1.01～1.06 倍。实际

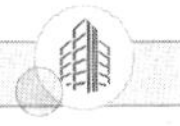

工程中的初始缺陷幅值一般小于 100mm，因而实际工程中可对立柱计算长度乘以放大系数 1.05，以考虑基坑侧移变形对立柱稳定承载力的影响。

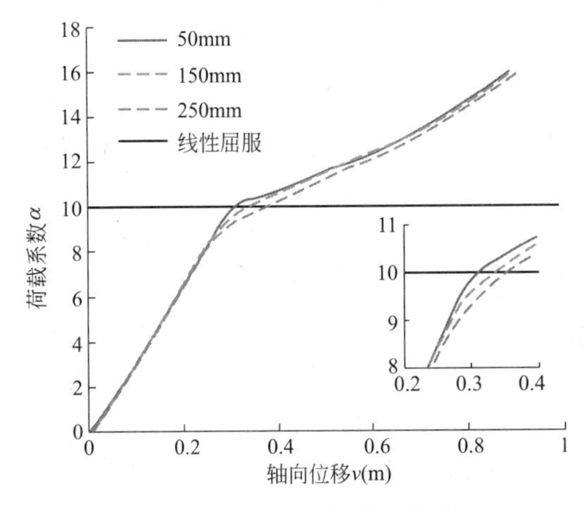

图 3.2.12　荷载系数-轴向位移图

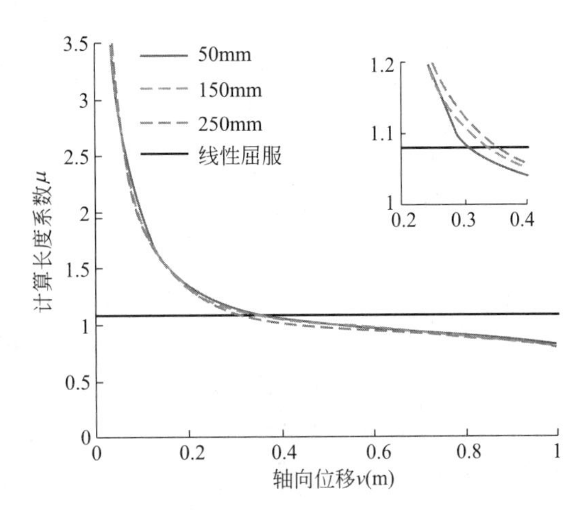

图 3.2.13　计算长度系数-轴向位移图

3.2.4　竖向立柱插入立柱桩深度计算

在地下室逆作法施工中，目前常用的竖向支承立柱主要有圆钢管（混凝土）立柱和角钢格构式立柱两大类。竖向立柱插入下部立柱桩混凝土内的深度，应满足钢立柱轴向压力向立柱桩可靠传递的要求，并通过计算确定[1]。

1. 圆钢管（圆钢管混凝土）立柱

对于圆钢管（混凝土）立柱，其轴向压力由插入长度范围内的栓钉抗剪承载力之和、立柱底部底板的混凝土承压力共同承担，插入立柱桩内的深度可按下式计算：

$$l_{\mathrm{d}} \geqslant \frac{(N - f_{\mathrm{c}}A_{\mathrm{b}})s_{\mathrm{h}}s_{\mathrm{v}}}{\pi D N_{\mathrm{v}}^{\mathrm{s}}} \tag{3.2.14}$$

$$N_{\mathrm{v}}^{\mathrm{s}} = 0.43A_{\mathrm{st}}\sqrt{E_{\mathrm{c}}f_{\mathrm{c}}} \leqslant 0.7\gamma f A_{\mathrm{st}} \leqslant 0.7f_{\mathrm{u}}A_{\mathrm{st}} \tag{3.2.15}$$

式中，l_{d} 为插入立柱桩内的深度；N 为钢立柱底端的轴向压力设计值；A_{b} 为立柱承压底板面积；s_{h}、s_{v} 为栓钉环向间距、竖向间距；D 为钢管外径；$N_{\mathrm{v}}^{\mathrm{s}}$ 为单个圆柱头栓钉的受剪承载力设计值；A_{st} 为栓钉钉杆截面面积；f_{u}、f 为栓钉材料的极限抗拉强度最小值、抗拉强度设计值；γ 为栓钉材料的极限抗拉强度最小值与屈服强度之比；E_{c} 为灌注桩桩身混凝土弹性模量；f_{c} 为灌注桩桩身混凝土抗压强度设计值。

2. 角钢格构式立柱

对于角钢格构式立柱，其轴向压力由立柱底部混凝土承压力、格构柱表面与混凝土之间的粘结力共同承担，插入立柱桩内的深度可按下式计算：

$$l_{\mathrm{d}} \geqslant \frac{N - f_{\mathrm{c}}A_{\mathrm{g}}}{u\tau} \tag{3.2.16}$$

式中，A_{g} 为角钢格构柱的横截面面积；u 为角钢格构柱各分肢横断面周边长度之和；τ 为格构柱表面与混凝土之间的粘结强度设计值，可近似取混凝土抗拉强度设计值的 0.7 倍，即 $\tau = 0.7f_{\mathrm{t}}$。

3.3 立柱桩的设计计算

逆作法工程中，立柱桩必须具备较高的承载能力，同时钢立柱需要与下部立柱桩具有可靠的连接。立柱桩应尽量结合主体结构工程桩进行布置，可根据逆作施工阶段的结构平面布置、施工要求和荷载大小，对主体结构局部工程桩的平面定位、桩径和桩长进行适当调整，使桩基设计能同时满足逆作施工阶段和正常使用阶段的受力要求。

逆作法工程中，利用主体结构工程桩的立柱桩设计，应综合考虑基坑开挖阶段和永久使用阶段的设计要求。立柱桩的设计计算方法与主体结构工程桩相同。单桩竖向承载力静载荷试验一般在基坑开挖前进行，为此需将试验桩的桩顶标高延伸至自然地坪，承载力试验结果应扣除基坑开挖段的土体侧摩阻力。考虑到立柱桩的上部为钢立柱，在地面进行静载荷试验有困难，为此可利用相邻的工程桩（非立柱桩）的试桩结果作为立柱桩单桩承载力的取值依据。目前并未要求对基坑立柱桩进行专门的载荷试验，因此在工程设计中需要保证立柱桩的设计承载力具备足够安全度，并应提出全面的成桩质量检测要求。

3.3.1 立柱桩选型及布置要求

1. 立柱桩选型

逆作阶段竖向荷载较大，特别是上下结构同步逆作施工的工程，对立柱桩的竖向抗压承载力要求非常高，同时为确保上部钢立柱与下部立柱桩之间能连接可靠、方便施工，一般多采用灌注桩作为立柱桩。实际工程中，为节约工程造价，一般都利用工程桩兼作立柱桩。

（1）灌注桩

灌注桩可采用钻（冲）成孔灌注桩、旋挖成孔灌注桩，当下部土层性质较好、持力层埋深较浅时，也可采用人工挖孔灌注桩。

如杭州中国丝绸城逆作工程，采用直径 ϕ1000～ϕ1500mm 大直径钻孔灌注桩作为立柱桩，与 ϕ650mm 钢管混凝土立柱构成“一柱一桩”形式的竖向支承体系。立柱桩的桩端进入中等风化泥质粉砂岩，并采用桩端和桩侧注浆措施以提高立柱桩的承载力，控制立柱桩的沉降，立柱插入立柱桩内不小于 5m，立柱底端以下 3m 起至桩顶段采用 C60 水下混凝土，当立柱桩直径小于 1300mm 时，采用局部扩径处理，见图 3.3.1。

南京青奥中心逆作工程[9]，采用桩径为 1.2m 和 2.0m 的钻孔灌注桩作为两种立柱桩，桩端持力层为 5-3 层中风化泥岩，桩端入岩深度不小于 5 倍桩径，有效桩长分别约为 56m 和 61m，单桩承载力特征值分别达到 20000kN 和 40000kN。超高层塔楼外框柱下方布置了 2.0m 直径的钻孔灌注桩，以利于外框柱（1.4m×1.4m 方钢管混凝土柱）插入立柱桩内；核心筒立柱为 600mm 和 900mm 直径圆钢管混凝土柱，对应立柱桩为 1.2m 直径的钻孔灌注桩。

（2）旋挖入岩扩底灌注桩

当地下室结构层数较多，或地上、地下结构同步施工时，对立柱桩的承载力要求将很高。若采用“一柱一桩”形式，逆作阶段上部结构允许施工楼层数往往受到下部立柱桩单

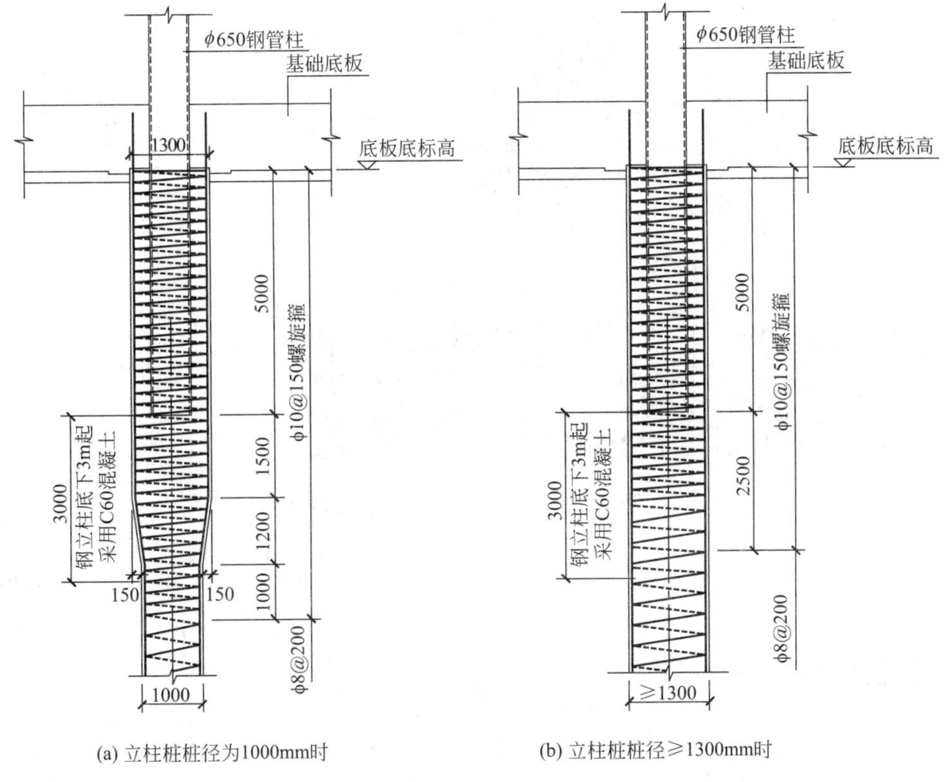

图 3.3.1　杭州中国丝绸城逆作工程的立柱与立柱桩连接详图

桩承载力的限制；若采用“一柱多桩”形式，则需要在结构界面层设置转换构件，对上部框架柱进行托换，上部荷载传递不直接，受力复杂，逆作施工结束后尚需要割除临时钢立柱和转换构件，并完成全部荷载由临时钢立柱至结构框架柱（墙）的转换。

入岩扩底是提高单桩承载力的一种有效手段，杭州等地已有多个工程采用旋挖扩底灌注桩技术，大大提高了单桩竖向承载力特征值。

AM 全液压扩底灌注桩工法采用全液压快换铲斗扩底切削挖掘，扩底时使桩底端保持水平扩大，克服了现有扩底灌注桩施工工法的局限性，整个旋挖扩孔过程由计算机自动操作和追踪显示，具有成孔速度快，成孔、扩孔及桩身施工质量稳定等优点。利用钻进挖掘设备上的计算机管理施工映视装置系统对桩孔的深度和底部扩径进行检测，同时可检测桩孔中的沉渣，如图 3.3.2 所示。如杭州地铁 1 号线武林广场站，采用直径 1600mm 的钻孔灌注桩，桩端进入中风化基岩并扩底至 2600mm，单桩竖向抗压承载力极限值达到 42000kN 以上（图 3.3.3），桩端入岩和扩底，大大提高了桩端阻力，端阻比达到 0.45 左右，显著高于非扩底嵌岩桩（图 3.3.4）。

（3）槽壁灌注桩

采用槽壁桩作竖向立柱桩，已在天津富润中心超高层塔楼钢筋混凝土核心筒逆作施工中得到成功应用[10-11]。该项目以地下一层为分界面，以下各层全逆作。壁桩在基坑开挖前随桩基施工一并施工到地下一层。为了方便施工，壁桩平面可以在核心筒墙体的基础上进行适当增减，未对齐部分基坑开挖后局部修补，壁柱平面图如图 3.3.5 所示。

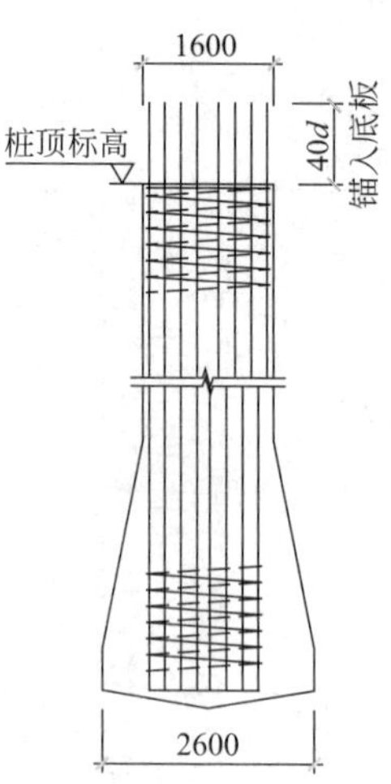

图 3.3.2 杭州地铁 1 号线武林广场站 AM 旋挖入岩扩底桩

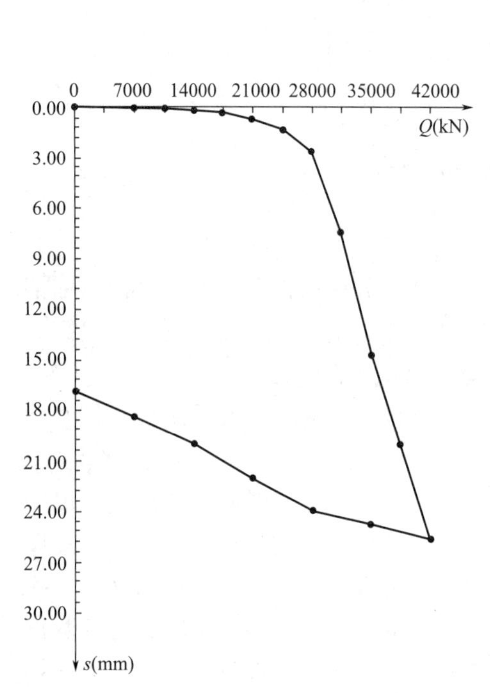

图 3.3.3 单桩静载荷试验 Q-s 曲线

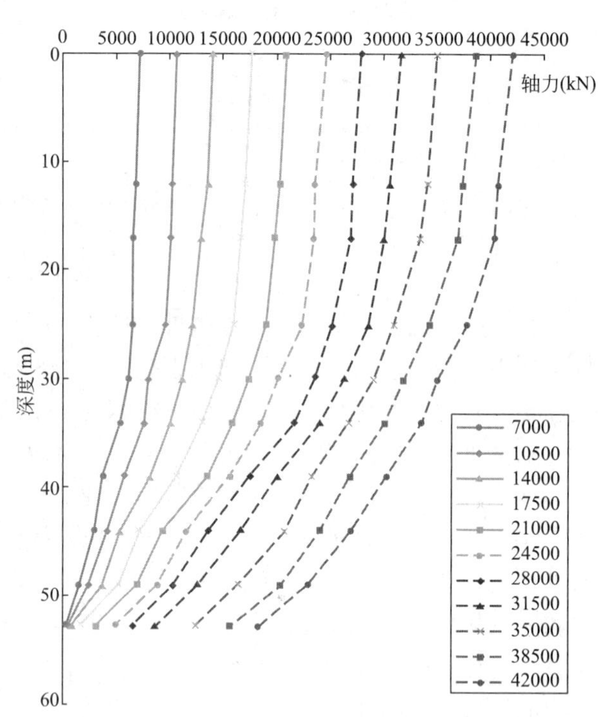

图 3.3.4 单桩桩身轴力分布曲线

壁桩在基础以下部分按照桩基配筋，基础以上部分按地下室结构构件进行配筋，相应暗柱纵筋和箍筋、水平筋、拉筋等均需在壁桩施工时预留或预埋，施工难度非常大。另外，为保证上部顺作法施工部分能顺利进行，同时加强各单片壁桩墙之间的整体性，在地下一层楼面位置沿着核心筒周圈及各纵向壁桩墙设置通长冠梁。槽壁桩宜进行桩侧和桩端后注浆，其竖向抗压承载力可按桩基规范中的桩基承载力经验公式进行估算，但应对侧阻和端阻进行适当折减，有条件时宜采用现场静载荷试验进行验证。

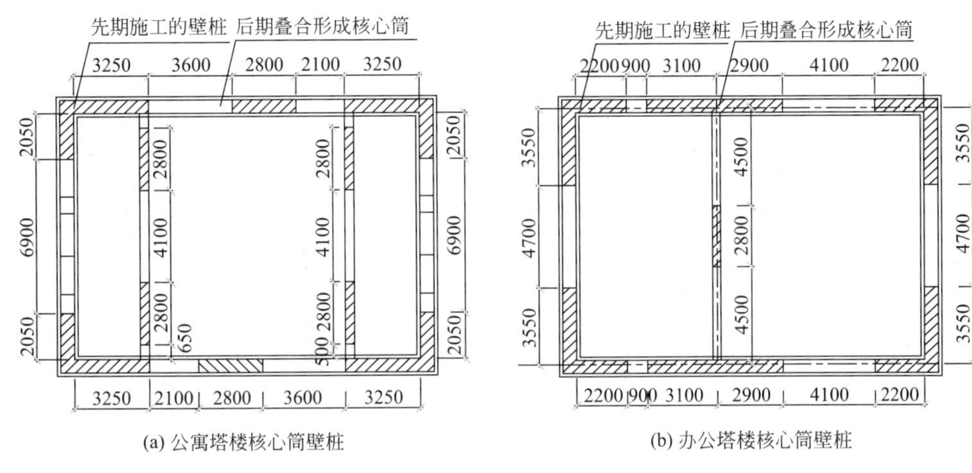

图 3.3.5　天津富润中心核心筒壁桩平面布置图

（4）锚杆静压钢管柱

在既有建筑地下逆作开挖和增层时，若原基础为天然浅基础，通常采用锚杆静压钢管桩作为立柱和立柱桩，对上部建筑进行整体托换。如杭州甘水巷 3 号组团地下增层工程，采用锚杆静压钢管桩作为逆作施工阶段上部结构的临时竖向支承结构体系，钢管桩直径 250mm，壁厚 8mm，内灌细石混凝土。钢管桩桩端进入 5-1 全风化砂岩层至 5-2 强风化砂岩层，单桩竖向抗压承载力特征值 400kN。以每根框架柱为一组，每组布置 4 根钢管桩，以原柱下独立基础为静压施工作业面。在基础底板及地下室竖向承重构件（框架柱、周边外墙）施工前，上部结构及地下结构的全部荷重均由临时竖向支承结构承担。施工结束后，新增地下室的结构柱轴力通过承台传递给钢管柱，同时割除地下室室内的钢管柱，将全部荷重重新转移至新增地下室的结构柱上。

济南商埠区某医院地下增层工程施工中，托换桩采用桩长 20m、直径 146mm、壁厚 12mm 的泥浆护壁钻孔微型钢管桩，其施工作业对建筑物的扰动较小，可靠近托换构件施工[12]。浙江饭店地下 12 层，地下 1 层，拟增建地下 2 层，采用锚杆静压钢管桩联合既有工程桩（钻孔灌注桩）作为逆作开挖增层阶段的竖向支承结构体系[13]。

2. 立柱桩布置要求

立柱桩宜结合主体结构工程桩进行布置，可根据逆作施工阶段的结构平面布置、施工要求和荷载大小，对主体结构局部工程桩的平面定位、桩径和桩长进行适当调整，使桩基设计能同时满足逆作施工阶段和正常使用阶段的受力要求。在基坑逆作阶段，立柱和立柱桩承担的竖向荷载大，且逆作阶段先行施工的地下和地上结构对立柱桩的差异沉降十分敏感，因此立柱桩的桩基设计等级应为甲级。

立柱桩的中心距不宜小于桩身直径的 3 倍，端承型桩和嵌岩桩的中心距不宜小于桩身直径的 2.5 倍；扩底灌注桩的扩底直径不应大于桩身的 3 倍，桩中心距不宜小于扩底直径的 1.5 倍，当扩底直径大于 2m 时，扩底之间的净距不宜小于 1.5m。

当采用“一柱多桩”形式布置时，宜使桩群承载力合力点与主体结构柱的截面中心线对齐。当坑底标高以下存在较厚的淤泥、淤泥质土等软弱土层时，在桩承台及基础底板施工完成前，立柱桩正截面受压承载力验算时宜考虑压屈影响，可在上式计算得到结果的基

础上乘以稳定系数 φ。立柱桩稳定系数 φ 可按《建筑桩基技术规范》JGJ 94-2008 的方法计算。

立柱桩的承载力和沉降均应满足设计要求。计算立柱桩桩身强度时，可计入纵向钢筋的有利作用，按下式验算立柱桩桩身受压承载力：

$$N \leqslant \psi_c f_c A_c + 0.9 f'_y A'_s \tag{3.3.1}$$

式中，N 为荷载效应基本组合下的桩顶轴向压力设计值；ψ_c 为成桩工艺系数，可取 0.7～0.8；f_c 为混凝土轴心抗压强度设计值；A_c 为桩身混凝土截面面积；f'_y 为桩身纵筋抗压强度设计值；A'_y 为桩身纵筋截面面积。

对于软土地层，深基坑开挖卸荷引起的坑底土体回弹量往往较大，可能使立柱桩桩身产生拉力。因此，立柱桩桩身配筋尚需考虑桩身受拉作用的影响。采用灌注桩作立柱桩时，桩身配筋构造除应符合《建筑桩基技术规范》JGJ 94-2008 的规定外，钢筋笼长度宜通长配置，配筋率宜考虑坑底土体回弹隆起等因素的影响，按计算确定。

3.3.2 立柱桩沉降计算与相应控制措施

1. 立柱桩沉降计算

立柱桩沉降应根据逆作施工阶段和正常使用阶段的不同受力工况，分别进行验算。同时，应考虑正常使用阶段工况下，立柱桩与其他工程桩（逆作期间不受荷桩）之间的协同工作。当立柱桩动态监测沉降超过限值时，宜对主体结构内力和变形进行复核。对基础沉降敏感的结构，应按照立柱桩的差异沉降允许值或立柱桩的实测沉降值，对主体结构内力和变形进行复核。

立柱桩沉降可采用基于 Mindlin 应力解的分层总和法进行计算。第 i 根桩的桩顶沉降 s_i 为：

$$s_i = s_{bi} + s_{ei} \tag{3.3.2}$$

式中，s_i 为第 i 根桩的桩顶沉降；s_{bi} 为第 i 根桩的桩端沉降；s_{ei} 为第 i 根桩的桩身压缩。

设桩顶作用荷载为 Q，桩端平面以下沿着桩身轴线的竖向附加应力可以分解为三个部分：均匀分布的桩端阻力 αQ 产生的附加应力 σ_{zp}、沿深度方向均匀分布的桩侧摩阻力 βQ 产生的附加应力 σ_{zsr}、沿深度方向线性分布的桩侧摩阻力 $(1-\alpha-\beta)Q$ 产生的附加应力 σ_{zst}，如图 3.3.6 所示。

对于图 3.3.6 所示桩侧阻力沿桩身均匀分布和线性变化的情况，在桩顶荷载 Q_i 作用下，桩顶以下深度 z 处的桩身轴力 $Q_i(z)$ 为：

$$Q_i(z) = \left(1 - \frac{\beta}{l}z - \frac{1-\alpha-\beta}{l^2}z^2\right)Q_i \tag{3.3.3}$$

则桩身压缩 s_{ei} 为：

$$\begin{aligned} s_{ei} &= \frac{1}{E_c A_p}\int_0^l Q_i(z)\mathrm{d}z \\ &= \frac{Q_i}{E_c A_p}\int_0^l \left(1 - \frac{\beta}{l}z - \frac{1-\alpha-\beta}{l^2}z^2\right)\mathrm{d}z = \frac{Q_i}{E_c A_p}\left(1 - \frac{\beta}{2} - \frac{1-\alpha-\beta}{3}\right) \end{aligned} \tag{3.3.4}$$

式中，E_c 为桩身混凝土弹性模量；A_p 为桩的横截面面积。

对于端承桩，$\alpha=1$，$\beta=0$，则桩身压缩为：

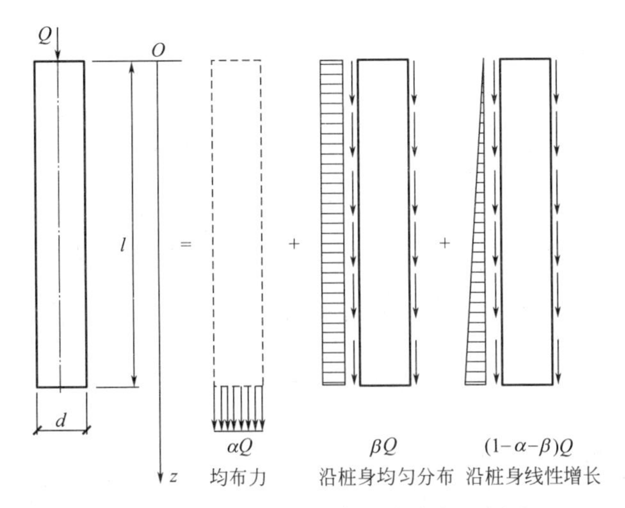

图 3.3.6　桩端阻力、侧阻力分布示意图

$$s_{ei}=\frac{Q_i}{E_c A_p} \tag{3.3.5a}$$

对于摩擦桩且侧阻力均匀分布时，$\alpha=0$，$\beta=1$，则桩身压缩为：

$$s_{ei}=\frac{1}{2}\cdot\frac{Q_i}{E_c A_p} \tag{3.3.5b}$$

对于摩擦桩且侧阻力线性增长时，$\alpha=0$，$\beta=0$，则桩身压缩为：

$$s_{ei}=\frac{2}{3}\cdot\frac{Q_i}{E_c A_p} \tag{3.3.5c}$$

第 i 根桩的桩端沉降按下式计算：

$$s_{bi}=\sum_{k=1}^{m}\frac{\sigma_{zk,i}}{E_{sk}}\Delta z_k \tag{3.3.6}$$

$$\sigma_{zk,i}=\sigma_{zk,ii}+\sum_{j=1}^{n}\sigma_{zk,ij(j\neq i)} \tag{3.3.7}$$

式中，$\sigma_{zk,i}$ 为各基桩对第 i 桩桩端平面以下计算点产生的附加竖向应力之和，应力计算点取桩身轴线上第 k 计算土层 1/2 厚度处；E_{sk} 为第 k 计算土层的压缩模量（MPa），采用土的自重压力至土的自重压力加附加压力作用时的压缩模量；Δz_k 为第 k 计算土层的厚度（m）；m 为沉降计算深度范围内土层的计算分层数，分层数应结合土层性质，分层厚度不应超过计算深度的 0.3 倍；n 为总桩数；$\sigma_{zk,ii}$ 为第 i 桩自身在计算点产生的附加竖向应力；$\sigma_{zk,ij}$ 为第 j 桩对第 i 桩在计算点产生的附加竖向应力（$j\neq i$）。

第 i 桩自身在计算点产生的附加竖向应力，可按《建筑桩基技术规范》JGJ 94-2008 中给出的考虑桩径影响的方法计算：

$$\sigma_{zk,ii}=\frac{Q_i}{l^2}\left[\alpha I_{p,ii}+\beta I_{sr,ii}+(1-\alpha-\beta)I_{st,ii}\right] \tag{3.3.8}$$

式中，Q_i 为第 i 桩的桩顶作用荷载；α、β 分别为第 i 桩的端阻力占总荷载的比例和均匀分布侧阻力占总荷载的比例；l 为第 i 桩的为桩长；$I_{p,ii}$、$I_{sr,ii}$、$I_{st,ii}$ 分别为本桩桩端阻力、矩形分布侧阻和三角形分布侧阻在计算点产生的竖向附加应力系数，根据《建筑桩基技术规范》JGJ 94-2008 按下式计算：

$$I_{\mathrm{p},ii}=\frac{l^2}{\pi\cdot r^2}\cdot\frac{1}{4(1-\mu)}\left\{2(1-\mu)-\frac{(1-2\mu)(z-l)}{\sqrt{r^2+(z-l)^2}}-\frac{(1-2\mu)(z-l)}{z+l}\right.$$
$$+\frac{(1-2\mu)(z-l)}{\sqrt{r^2+(z+l)^2}}-\frac{(z-l)^3}{[r^2+(z-l)^2]^{3/2}}+\frac{(3-4\mu)z}{z+l}$$
$$-\frac{(3-4\mu)z(z+l)^2}{[r^2+(z+l)^2]^{3/2}}-\frac{(5z-l)l}{(z+l)^2}+\frac{l(z+l)(5z-l)}{[r^2+(z+l)^2]^{3/2}}$$
$$\left.+\frac{6lz}{(z+l)^2}-\frac{6zl(z+l)^3}{[r^2+(z+l)^2]^{5/2}}\right\}\tag{3.3.9a}$$

$$I_{\mathrm{sr},ii}=\frac{l}{2\pi r}\cdot\frac{1}{4(1-\mu)}\left\{\frac{2(2-\mu)r}{\sqrt{r^2+(z-l)^2}}-\frac{2(2-\mu)r^2+2(1-2\mu)z(z+l)}{r\sqrt{r^2+(z+l)^2}}\right.$$
$$+\frac{2(1-2\mu)z^2}{r\sqrt{r^2+z^2}}-\frac{4z^2[r^2-(1+\mu)z^2]}{r(r^2+z^2)^{3/2}}-\frac{4(1+\mu)z(z+l)^3-4z^2r^2-r^4}{r[r^2+(z+l)^2]^{3/2}}$$
$$\left.-\frac{r^3}{[r^2+(z-l)^2]^{3/2}}-\frac{6z^2[z^4-r^4]}{r(r^2+z^2)^{5/2}}-\frac{6z[zr^4-(z+l)^5]}{r[r^2+(z+l)^2]^{5/2}}\right\}\tag{3.3.9b}$$

$$I_{\mathrm{st},ii}=\frac{l}{\pi r}\cdot\frac{1}{4(1-\mu)}\left\{\frac{2(2-\mu)r}{\sqrt{r^2+(z-l)^2}}+\frac{2(1-2\mu)z^2(z+l)-2(2-\mu)z(4z+l)r^2}{lr\sqrt{r^2+(z+l)^2}}\right.$$
$$+\frac{8(2-\mu)zr^2-2(1-2\mu)z^3}{lr\sqrt{r^2+z^2}}+\frac{12z^7+6zr^4(r^2-z^2)}{lr(r^2+z^2)^{5/2}}$$
$$+\frac{15zr^4+2(5+2\mu)z^2(z+l)^3-4\mu zr^4-4z^3r^2-r^2(z+l)^3}{lr[r^2+(z+l)^2]^{3/2}}$$
$$-\frac{6zr^4(r^2-z^2)+12z^2(z+l)^5}{lr[r^2+(z+l)^2]^{5/2}}+\frac{6z^3r^2-2(5+2\mu)z^5-2(7-2\mu)zr^4}{lr(r^2+z^2)^{3/2}}$$
$$\left.-\frac{zr^3+(z-l)^3r}{l[r^2+(z-l)^2]^{3/2}}+2(2-\mu)\frac{r}{l}\ln\frac{[\sqrt{r^2+(z-l)^2}+z-l][\sqrt{r^2+(z+l)^2}+z+l]}{(\sqrt{r^2+z^2}+z)^2}\right\}$$
$$\tag{3.3.9c}$$

式中，μ 为地基土的泊松比；r 为桩身半径；z 为计算点离桩顶的竖向距离。

第 j 桩对第 i 桩在计算点产生的附加竖向应力（$j\neq i$）按下式计算：

$$\sigma_{zk,\ ij}=\frac{Q_j}{l^2}[\alpha I_{\mathrm{p},\ ij}+\beta I_{\mathrm{sr},\ ij}+(1-\alpha-\beta)I_{\mathrm{st},\ ij}]\tag{3.3.10}$$

式中，Q_j 为第 j 桩的桩顶作用荷载；α、β 分别为第 j 桩的端阻力占总荷载的比例和均匀分布侧阻力占总荷载的比例；l 第 j 桩的为桩长；$I_{\mathrm{p},ij}$、$I_{\mathrm{sr},ij}$、$I_{\mathrm{st},ij}$ 分别为第 j 桩的桩端阻力、矩形分布侧阻和三角形分布侧阻在第 i 桩桩端以下计算点产生的竖向附加应力系数，分别按下式计算：

$$I_{\mathrm{p},\ ij}=\frac{1}{8\pi(1-\mu)}\left[\frac{(1-2\mu)(b-1)}{A^3}-\frac{(1-2\mu)(b-1)}{B^3}+\frac{3(b-1)^3}{A^5}\right.$$
$$\left.\frac{3(3-4\mu)b(b+1)^2-3(b+1)(5b-1)}{B^5}+\frac{30b(b+1)^3}{B^7}\right]\tag{3.3.11a}$$

$$I_{\mathrm{sr},\ ij}=\frac{1}{8\pi(1-\mu)}\left\{\frac{2(2-\mu)}{A}-\frac{2(2-\mu)+2(1-2\mu)(b^2/a^2+b/a^2)}{B}\right.$$

$$
+\frac{2(1-2\mu)(b/a)^2}{F}-\frac{a^2}{A^3}-\frac{4b^2-4(1+\mu)(b/a)^2b^2}{F^3}
$$

$$
-\frac{4b(1+\mu)(b+1)(b/a+1/a)^2-(4b^2+a^2)}{B^3}
$$

$$
\left.-\frac{6b^2(b^4-a^4)/a^2}{F^5}-\frac{6b[ba^2-(b+1)^5/a^2]}{B^5}\right\} \tag{3.3.11b}
$$

$$
I_{st,ij}=\frac{1}{4\pi(1-\mu)}\left[\frac{2(2-\mu)}{A}-\frac{2(2-\mu)(4b+1)-2(1-2\mu)(1+b)b^2/a^2}{B}\right.
$$

$$
-\frac{2(1-2\mu)b^3/a^2-8(2-\mu)b}{F}-\frac{ba^2+(b-1)^3}{A^3}
$$

$$
-\frac{2(1-2\mu)b^3/a^2-8(2-\mu)b}{F}-\frac{ba^2+(b-1)^3}{A^3}
$$

$$
-\frac{2(1-2\mu)b^3/a^2-8(2-\mu)b}{F}-\frac{ba^2+(b-1)^3}{A^3}
$$

$$
-\frac{4\mu ba^2+4b^3-15ba^2-2(5+2\mu)(b/a)^2(b+1)^3+(b+1)^3}{B^3}
$$

$$
-\frac{2(7-2\mu)ba^2-6b^3+2(5+2\mu)(b/a)^2b^3}{F^3}-\frac{6ba^2(a^2-b^2)+12(b/a)^2(b+1)^5}{B^5}
$$

$$
\left.+\frac{12(b/a)^2b^5+6ba^2(a^2-b^2)}{F^5}+2(2-\mu)\ln\left(\frac{A+b-1}{F+b}\times\frac{B+b+1}{F+b}\right)\right] \tag{3.3.11c}
$$

式中，$A^2=[a^2+(b-1)^2]$；$B^2=[a^2+(b+1)^2]$；$F^2=a^2+b^2$；$a=R/l$；$b=z/l$；μ 为地基土的泊松比；R 为计算点离第 j 桩桩身轴线的水平距离；z 为计算点离桩顶的竖向距离；l 为第 j 桩的桩长。

2. 立柱桩沉降控制措施

在逆作施工阶段，立柱桩在上部荷载作用下将发生竖向变形（沉降），由于此时地下室基础底板尚未形成，与永久使用阶段相比，缺少基础筏板对沉降变形的协调作用，结构在逆作阶段对立柱桩不均匀沉降尤其敏感。由于立柱桩之间受荷不均匀，或立柱桩与周边地连墙之间底部持力层性质存在差异，都可能导致立柱桩之间、立柱桩与周边地连墙之间产生不均匀沉降，从而使水平结构梁板产生附加内力，引起裂缝，甚至影响结构安全。因此，立柱桩除满足承载力要求外，还必须控制不均匀沉降，使相邻立柱桩之间、立柱桩与地连墙之间的差异沉降控制在允许范围内。在主体结构基础底板施工之前，相邻立柱之间、立柱桩与邻近围护墙之间的差异沉降不宜大于其水平距离的 1/400，且不宜大于 20mm。

立柱桩应选择较硬土层作为桩端持力层。同一沉降单元的立柱桩，桩端持力层性质宜一致，不应选用压缩性差异较大的土层作桩端持力层，并宜采取桩端后注浆等减小沉降的措施。

采用灌注桩作立柱桩时，桩端沉渣厚度对立柱桩沉降控制具有重要意义，可采用桩底后注浆、桩底和桩侧同时注浆等措施，提高单桩极限承载力，控制桩顶沉降。

近年来，地下室越建越深，软土地基超深开挖产生的卸载效应，显著减小桩身法向应力，导致桩侧摩阻力下降，从而使桩的极限承载力（抗压、抗拔）和竖向刚度显著降低。

因此，深厚软土地基深基坑工程中的立柱桩设计，应充分考虑开挖卸荷、坑底土体回弹隆起对桩侧摩阻力和单桩承载力的影响，具体详见本书第3.4节的相关内容。

3.4 开挖卸荷条件下立柱桩的承载力与沉降计算

深基坑上覆土层大面积开挖后，开挖面以下土体竖向应力降低，导致桩土界面法向应力降低。同时，桩周土体应力场和位移场发生改变，桩顶的上覆土层大面积大深度卸荷开挖后引起的土体回弹必将对已存在的坑底桩基产生影响。这一影响主要体现在以下三个方面[14-15]：

(1) 开挖面以下的土体将产生卸荷回弹，对桩身在桩顶以下很长范围内产生上拔作用，而桩身下部土体则会对桩产生向下的摩擦力以平衡土体回弹。桩身上部表现为桩周土体的回弹位移大于桩的位移，桩身承受向上的正摩阻力作用；桩身下部表现为土体回弹位移小于桩的位移，对桩产生向下的负摩阻力，正、负摩阻力最终达到平衡，桩在正、负摩阻力的作用下产生回弹，并在桩身产生拉力，如图3.4.1所示。

(2) 大面积开挖卸荷后，坑底土体有效应力减小，桩土界面的法向应力和桩端土层上覆压力也随之降低，将导致桩的侧阻力和端阻力减小，使坑底工程桩（立柱桩）的竖向极限承载力及轴向刚度显著下降。

(3) 由于群桩的遮帘效应及桩与桩相互作用，开挖卸荷后坑内不同位置的土体，其回弹变形量不同，基坑内边桩、角桩与中心桩的桩侧摩阻力及桩身拉力分布规律有很大不同，进而影响到群桩在承载阶段的受力变形特性。

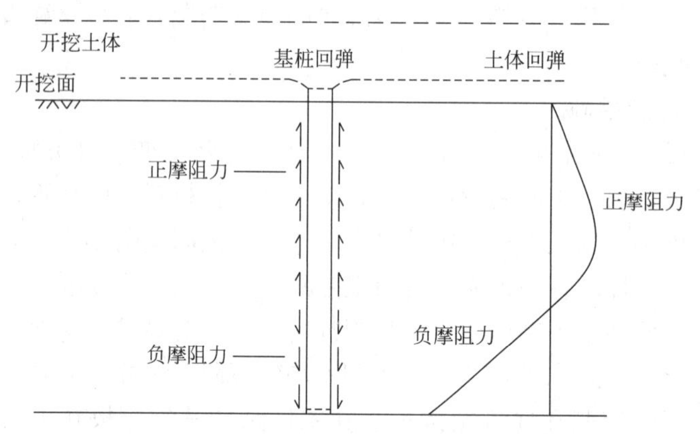

图3.4.1 大面积深开挖对坑底基桩影响示意图

3.4.1 基坑开挖卸荷的回弹变形

黄绍铭等（2005）[16] 指出，基坑开挖不仅涉及土力学的强度、变形和稳定性问题，而且涉及土与结构的共同作用问题。因此，基坑工程的核心问题根本上说是开挖卸荷后地基土与各种结构的相互作用问题。

正确地预估坑底回弹量的大小，对立柱桩和工程桩的设计有重要的指导意义。在坑底土体回弹量的计算方法方面，国内很多学者都对这一课题进行过研究，并形成了较为系统的计算方法。这些方法主要是建立在现场原位测试、室内试验模拟、经验估算及理论分析

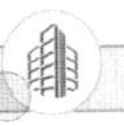

等基础上。

《建筑地基基础设计规范》GB 50007-2011 规定，当建筑物地下室基础埋置较深时地基土的回弹变形量按下式计算：

$$s_c = \psi_c \sum_{i=1}^{n} \frac{p_c}{E_{ci}}(z_i \bar{\alpha}_i - z_{i-1}\bar{\alpha}_{i-1}) \tag{3.4.1}$$

式中，ψ_c 为回弹量计算的经验系数，无地区经验时取 1.0；p_c 为基坑底面以上土的自重压力（kPa），地下水位以下应扣除浮力；E_{ci} 为土的回弹模量（kPa），按现行《土工试验方法标准》GB/T 50123-2019 中土的固结试验回弹曲线的不同应力段计算；

日本建筑基础构造设计规范（1974）[17] 给出了分层总和法来计算坑底回弹，如式(3.4.2) 所示，即根据每层土的孔隙比、回弹指数、原地层的上覆荷重等参数计算每层土的回弹，然后求和得到总回弹量。但由于其计算参数选取困难，不便于工程实际应用。

$$\delta = \sum \frac{C_{si} h_i}{1 + e_{oi}} \lg\left(\frac{P_{Ni} + \Delta P_i}{P_{Ni}}\right) \tag{3.4.2}$$

式中，C_{si} 为坑底开挖面以下第 i 层土的回弹指数；e_{oi} 为相应于第 i 层土的孔隙比；h_i 为第 i 层土的厚度（m）；P_{Ni} 为第 i 层土层中心的原有土层上覆荷重（kN/m^2）；ΔP_i 为挖去的第 i 层土的荷载（kN/m^2）。

同济大学对基底隆起进行了系统的模拟试验研究，提出了如下的经验公式[17]：

$$\delta = -29.17 - 0.167\gamma H' + 12.5\left(\frac{D}{H}\right)^{-0.5} + 5.3\gamma c^{-0.04} \cdot (\tan\varphi)^{-0.54} \tag{3.4.3}$$

式中，H' 为等效开挖深度（m），$H' = H + p/\gamma$；H 为基坑开挖深度（m）；p 为地表超载（t/m^2）；c、φ、γ 为土的黏聚力（kg/cm^2）、内摩擦角（°）、重度（kN/m^3）；D 为墙体入土深度（m）；

宰金珉（1997）[18] 提出简化方法：

$$S_0^t = 2.3Q(1-\mu^2)/(\pi E_0) = 0.732Q(1-\mu^2)/E_0 \tag{3.4.4}$$

式中，Q 为单位开挖厚度的总质量；E_0 为回弹模量；μ 为土体的泊松比；

徐彪（2004）[19] 提出简化方法：

$$\delta = \sum_{i=1}^{n} (\sigma_H / E_{uri}) H_i \tag{3.4.5}$$

式中，σ_H 为基坑卸荷量的平均值；E_{uri} 为第 i 层土的卸荷模量，$E_{uri} = K_{ur}(1 - \sin\varphi_i)\sum \gamma_i H_i$，$K_{ur}$ 为卸荷模量系数。

刘国彬（1997）[20-21] 等根据大量实测资料，提出了残余应力概念：基坑开挖后在开挖面以下深度范围内仍然有残余应力存在，把残余应力存在的深度定义为残余应力影响深度。开挖回弹量的计算仍采用分层总和法的原理，并依照开挖面积、卸荷时间、墙体插入深度进行修正。

董建国等（1997）[22] 指出：高层建筑桩基础沉降的分析通常只在附加荷载下计算最终沉降量，而未考虑开挖阶段土体卸荷对桩基础的影响。由于回弹模量明显大于压缩模量，加上坑底工程桩的约束作用，开挖卸荷引起的土体回弹变形与未考虑工程桩存在时有明显的差异。

工程实例表明，采用不同方法计算基坑卸荷回弹，其结果差异极大。李德宁[23] 提出，对于无桩顺作法的基坑开挖，坑底回弹变形在上海地区可用（0.5%～1.0%）D 来进行估算，北京地区基本在（0.15%～1.0%）D 之间，其中 D 为基坑开挖深度。考虑工程桩的影响，戴标兵[24] 提出上海地区带桩基坑坑底回弹变形量为（0.15%～0.25%）D。对上海环球金融中心基坑开挖工程，坑底回弹以 0.15%D 进行预估，基坑开挖约 18.0m，则其回弹变形预测值为 2.70cm，与实测值较为接近。表 3.4.1 为上海环球金融中心不同计算方法计算结果与实测值对比汇总。

上海环球金融中心塔楼区基坑不同方法所得基坑回弹结果[25] **表 3.4.1**

方法	地基规范	日本规范	模型试验法	有限元法	有限元法	实测值
回弹量（cm）	14.52	10.96	22.91	19.80（未考虑桩）	6.10（考虑桩和降水）	2.20

杭州国大城市广场地下 5 层，2010 年开始建造，是当时浙江第一个 5 层地下室，基坑开挖深度 29～30m，地处深厚淤泥质软土地层，对立柱桩变形（沉降）的全过程监测发现，几乎所有立柱桩均发生一定程度的上抬，最大上抬量达到 15mm，见图 3.4.2 和图 3.4.3。

图 3.4.2　杭州国大城市广场基坑施工照片

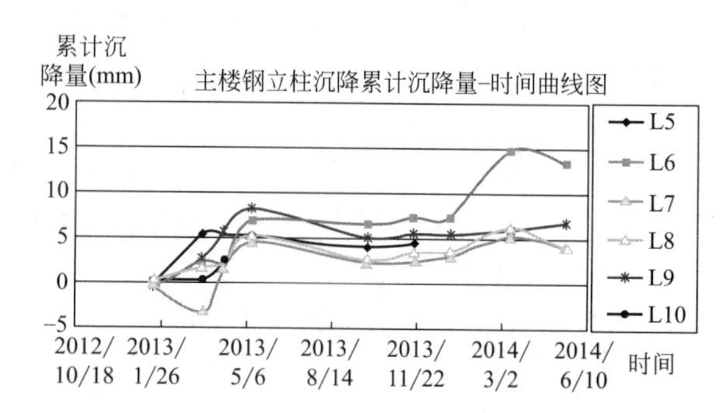

图 3.4.3　立柱桩变形（沉降）监测结果

3.4.2　开挖卸荷对坑底工程桩的影响

Iwasaki 等（1994）[26] 针对坑底土体回弹对基桩的影响作了报道。该工程为在一个既有的三层地下商场和地铁隧道下方修建新的隧道，为此需先采用桩基础支承已有结构，再进行新隧道的土体开挖。经对桩身轴力的监测发现，随着开挖深度的增加，桩顶反力和桩身上部轴力持续增加，桩身下部出现拉力。这是由于开挖面以下土体回弹（实测最大回弹为 29mm），带动基桩产生向上的隆起，但桩顶受到既有结构的约束，导致桩顶受压而轴力变大，同时土体回弹对上段桩产生上拔作用，导致桩身下部产生拉力。

朱火根（2005）[27] 报道了上海某基坑开挖土体回弹导致坑内工程桩被拉断的事故。该基坑开挖深度 13m，坑内共有 278 根基桩，有效桩长 30～37m，钢筋笼长 13m。基坑开挖后，经低应变动测发现 30%的工程桩在钢筋笼底部断裂。

陈孝贤（2006）[28] 报道了厦门某基坑开挖 7m 深后，25%的工程桩发生断裂，经分析认为坑内土体回弹是造成事故的主要原因。

我国《建筑桩基技术规范》JGJ 94-2008未考虑土体卸荷回弹对桩基础的影响，《建筑地基基础设计规范》GB 50007-2011对有地下室基础且埋置较深时的地基土回弹再压缩变形量的计算公式中也未考虑桩基础存在的影响。针对开挖卸荷回弹对桩基础的影响，欧洲岩土工程设计规范Eurocode7（2004）[29] 作出了如下规定：当考虑桩的隆起或桩身产生的上拔力时，可将地基的变形视为作用效应。隆起发生于施工过程中，此时桩可能尚未承受上部结构荷载，有可能导致无法承受的隆起或桩身结构破坏。

针对土体位移作用下被动桩与周围土体相互作用机理方面，已有学者开展了大量的研究，主要集中于隧道开挖或基坑开挖对邻近桩基础的影响，并取得了一定的研究成果。然而，针对基坑开挖与坑底桩基础的相互作用的研究尚不系统。从目前整个研究现状上看，针对基坑开挖与坑底桩基础的相互作用的分析方法可以归纳为四类：现场实测、室内试验方法、数值模拟方法和极限平衡理论分析法等。

（1）现场实测

1977年Burland等[30] 在地下车库的修建中，注意到由于18.5m的开挖，导致基坑土体的回弹，最终使桩基上拔13～16mm的现象。

Franke等（1990）通过对法兰克福超固结硬黏土地基中的超高层桩基础承载力的监测。发现由于基坑开挖卸荷，使桩基础产生了初始拉应力，拉应力的大小在170～250kPa。

Sommer（1993）报导了一个在德国法兰克福市256m高层中的桩基础在基坑开挖完成后的试桩结果，作者发现，当基坑开挖至14m后试桩，在桩身内出现了1500kN的拉力，Sommer认为是由于开挖卸荷后土体回弹对桩基的作用。

天津市曾于1996年进行了开挖前后的试桩对比试验。在某开挖深度为7m的深基坑的工程桩进行了设计试桩。设计要求进行两组试验共计16根试桩：一组是3根，在地表做静载荷试验，桩长50.6m，桩径800mm，在基坑开挖深度范围内桩外侧设双层套管，以消除基坑开挖范围内的桩侧摩阻力；另一组13根桩，开挖至坑底后再做静载荷试验。试验结果表明，在相同荷载下，坑内试桩的沉降要比地面试桩的沉降大50%。

（2）室内试验方法

郑刚等（2010）[31] 采用离心机模型试验进行研究，试验采用砂土，分别考察了光滑桩和粗糙桩在原型开挖为20m开挖条件下的抗压承载力。试验表明，深开挖对于光滑桩可以显著减小桩的承载力和刚度，同时也观察到桩在开挖后有明显的桩身拉力。由于砂土的剪胀性，深开挖对粗糙桩的承载力会有一定的提高。

陈锦剑等（2010）[32] 对砂土地基开挖卸荷条件下的单桩竖向抗压承载特性进行了模型试验研究，研究了桩周土体开挖卸荷对单桩竖向抗压承载特性的影响。

郦建俊等（2010）[33] 针对深基坑开挖条件下的抗拔桩的承载特性进行了离心模型试验，并采用极限平衡法和数值方法对离心模型试验进行了分析。

罗耀武等（2011）[34] 采用模型试验研究了砂土地基中基坑开挖对抗拔桩承载特性的影响，在试验过程中考虑了基坑开挖的深度、直径及坑底面以下有效桩长不同的情况。

刁钰[35] 采用离心机对开挖条件下的抗压桩进行了模型试验，试验所用土体为砂土，试验结果表明，深开挖显著降低了桩的竖向承载力和刚度，同时在试验中观测到开挖后模型桩身出现了明显的拉应力。

纠永志和黄茂松[36] 通过室内模型试验对开挖卸荷条件下饱和软黏土中单桩竖向承载

特性进行了研究。在考虑开挖引起土体应力状态和强度特性变化的基础上，提出了开挖条件下竖向受荷单桩非线性计算方法，并与试验结果进行了对比。试验和理论分析表明：开挖卸载将引起桩顶刚度和极限承载力的降低，并且开挖深度越大降低幅度越大，合理的预测方法应该既要考虑开挖卸荷引起的桩侧土上覆压力的减少，又要考虑桩侧土体 K_0 值和不排水抗剪强度的提高。

（3）数值分析方法

Zeevaert（1985）[37] 提出了考虑卸荷条件下，桩土相互作用减弱，计算桩身相应拉力的方法。

Lee 等（2001）[38] 利用有限单元法通过在地面施加荷载并逐渐减小荷载的值，来模拟分析开挖的过程，同时分析了单桩和群桩在开挖条件下的承载性能，并指出桩身受开挖而产生的拉应力的最大值不是出现在基坑开挖卸荷完毕，而是当基坑卸荷至某一值时。

胡琦等（2008）[39] 建立了考虑开挖应力路径对桩土界面影响的模型，计算表明深开挖可降低抗拉桩和抗压桩的侧阻力和刚度。

叶真华等（2009）[40] 通过 ANSYS 软件计算模拟了基坑开挖的过程，得出了有桩基和无桩基时基坑坑底的隆起趋势，并讨论了桩距、桩长和荷载水平的影响。

陈明（2013）[41] 考虑了桩-土之间的相对滑移作用，修正了桩土界面线弹性-完全塑性的桩土界面荷载传递计算模型，深入分析了开挖过程对桩顶回弹、桩身拉伸等方面的影响。结果表明：开挖对立柱桩的影响有明显的空间效应，开挖对中心桩的影响最大，角桩最小；开挖使立柱桩的桩身内产生了拉力，最大拉力值位置随桩数的增加而上移；桩顶回弹量随桩数的增加而减小，但当桩数增加到一定数量时，减幅将变得很小。

郑刚等（2009）[42] 针对超深开挖对抗压单桩的竖向荷载传递及沉降的影响机理进行了有限元分析，采用经实际工程算例验证的土参数、桩土接触面参数和桩身材料参数，在均质土中建立了轴对称有限元模型，对三种不同的试桩方法进行了研究（图 3.4.4）。通过三种不同试桩方法的模拟，对比分析受力沉降关系、轴力、摩阻力、桩土相对位移、桩身沉降和桩周土沉降等结果（图 3.4.5、图 3.4.6），对桩在超深开挖后加载的荷载传递机理和沉降机理进行了研究，得到以下结论：

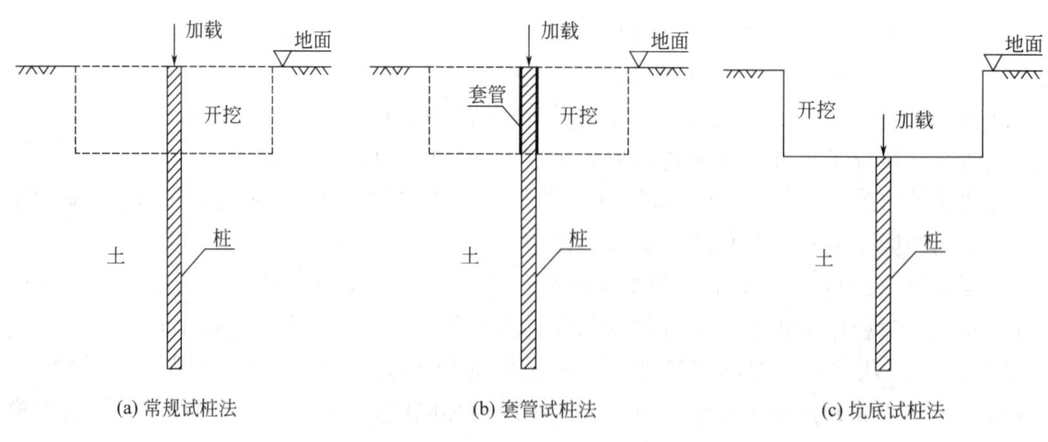

(a) 常规试桩法　(b) 套管试桩法　(c) 坑底试桩法

图 3.4.4　不同试桩方法示意图

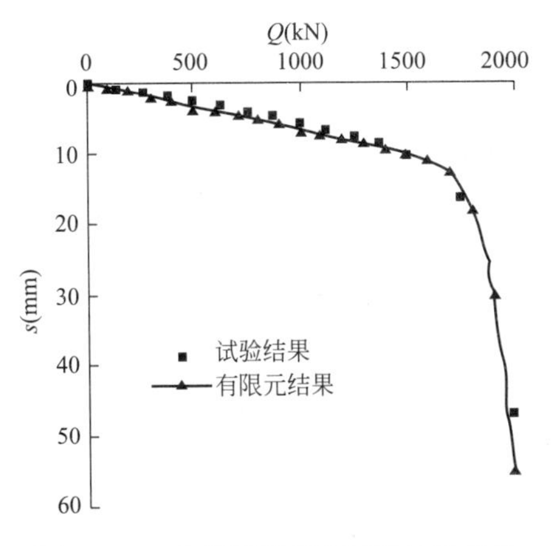

图 3.4.5　有限元模拟和试验结果对比

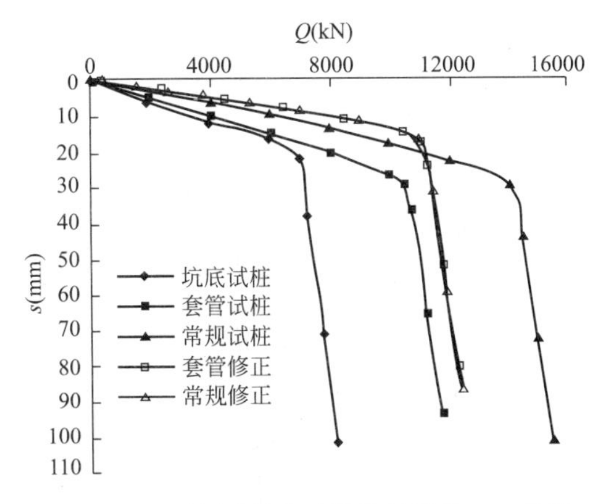

图 3.4.6　不同试桩方法数值计算的 Q-s 曲线

1）超深开挖产生的显著回弹效应使加载前桩身全长受拉，超深开挖可在桩身中产生较大的拉力。因此，在超深开挖条件下，桩身中下部钢筋不能随意减少。超深基坑开挖的隆起效应必须作为一个作用在桩基设计时加以考虑。

2）与常规试桩法和套管试桩法中的桩在基坑底以下相同桩长的桩相比较，超深开挖产生的卸载效应会减小桩身法向应力，导致侧摩阻力下降，使桩的极限承载力降低。

3）与常规试桩法和套管试桩法中的桩在基坑底以下相同桩长的桩相比较，超深开挖后桩的竖向刚度减小，相同荷载下沉降加大。

周平槐、杨学林[44] 对杭州中国丝绸城逆作基坑立柱桩在开挖卸荷效应影响下的回弹和桩身轴力进行了数值分析。该工程地上 8 层，地下 3 层，基坑南北长 138m，东西宽 93m，开挖深度 14.05m，最深处 17.10m。基坑影响深度范围内的地基土主要为黏质粉土和砂质粉土，土性相对较好。基坑支护结构采用地下连续墙作为挡土结构和止水帷幕，兼作地下室外墙，三层地下室梁板作为水平内支撑，上部 8 层框架结构与地下 3 层结构同步施工。

竖向支承结构采用“一柱一桩”的布置形式。立柱为钢管混凝土柱，直径 650mm，壁厚 16～25mm；立柱桩采用钻孔灌注桩，桩径 1000～1600mm；钢管混凝土立柱插入立柱桩深度为 5.0m。立柱桩的桩端持力层为 10-c 中等风化含角砾粉砂岩或 11-c 中等风化泥质粉砂岩，桩全截面进入持力层 2.0m。

为了比较不同施工方法和施工次序对坑底立柱桩回弹变形的影响，建立如图 3.4.7 所示四种计算模型：(a) 地下室顺作，开挖考虑坑底工程桩的影响；(b) 地下室逆作，上下结构同步施工；(c) 仅地下室逆作；(d) 仅地下室逆作，在桩顶施加地下室楼盖传来的竖向集中荷载，不计入地下室结构的刚度贡献。

不同开挖方式所对应的坑底回弹变形如图 3.4.8 所示，地下室开挖考虑桩基的约束作用后，坑底回弹最大值从 26.3mm 降到 18.2mm；在坑底存在工程桩的位置，坑底土体回弹变形明显受到抑制而变小。

考虑逆作和上下同步施工时，地下室楼板和上部结构的楼板荷载会通过框架柱传递到立柱桩上，与此同时，立柱桩还受到地下室和上部结构的约束，计算结果表明，立柱桩桩顶没有产生回弹，表现为向下的沉降，坑底桩间土体回弹量也显著减小，最大回弹量不超

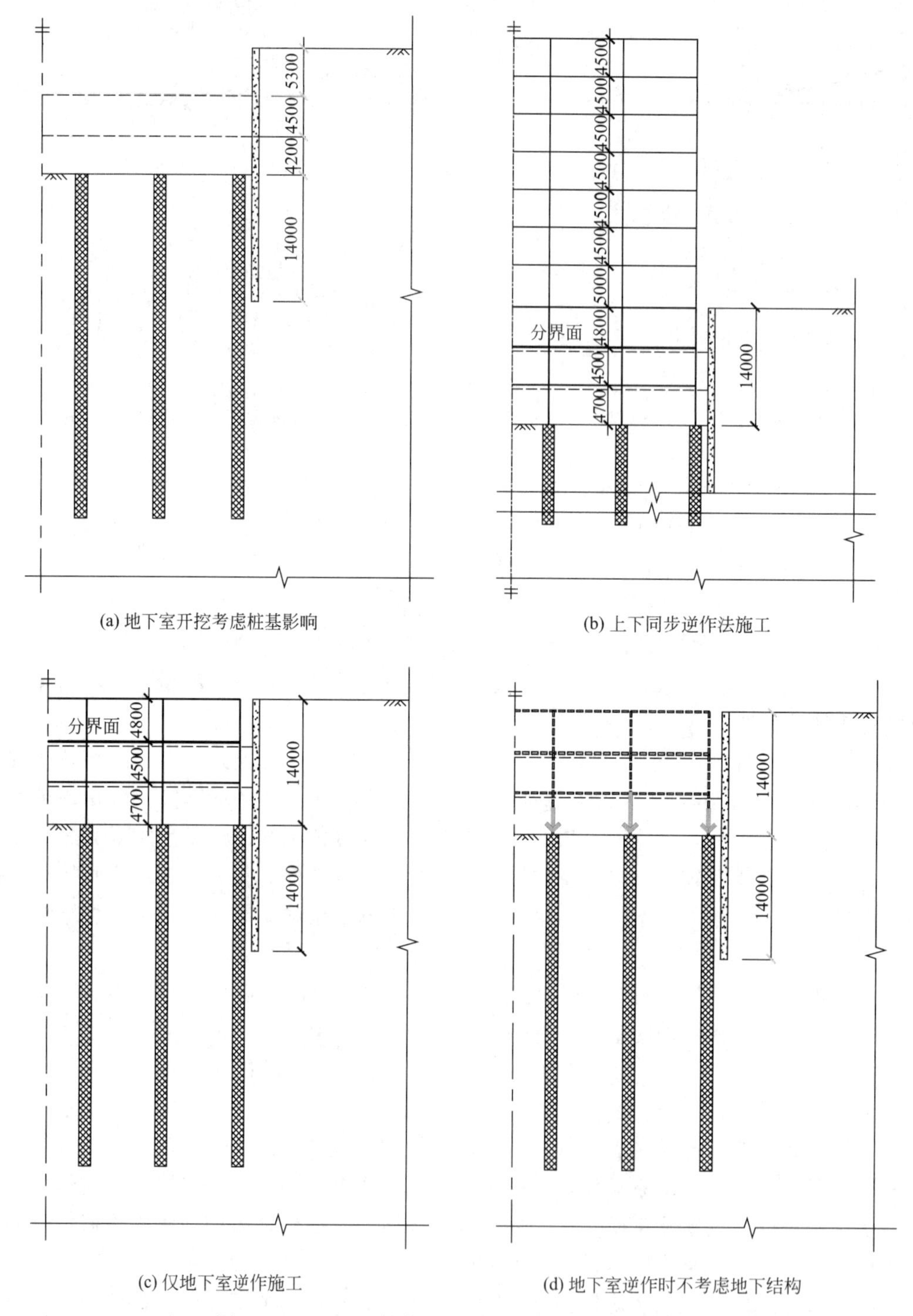

图 3.4.7　地下室结构不同施工次序对应的计算模型

过 5mm。

比较顺作和逆作施工全过程桩身轴力的变化，计算结果如图 3.4.9 所示。图 3.4.9（a）为地下和地上结构同步逆作施工时的立柱桩轴力变化情况，可以看到，立柱桩全过程处于受压状态，且随着地下和地上结构的施工加载，立柱桩桩身轴压力不断加大。

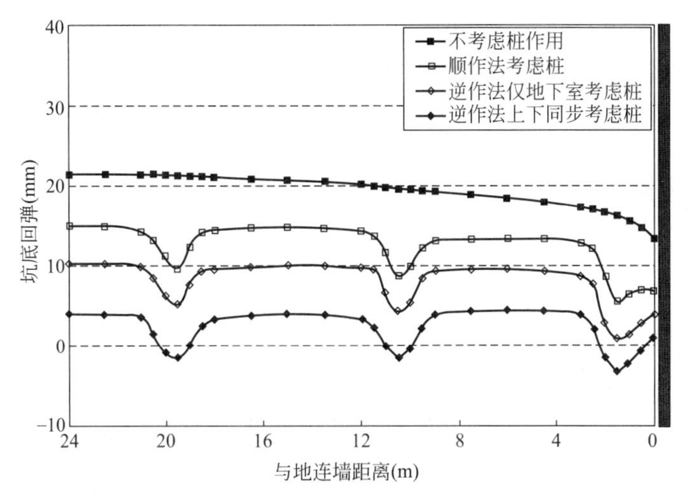

图 3.4.8 不同计算模型对应的坑底回弹量（mm）

图 3.4.9（b）为顺作施工过程中立柱桩的桩身轴力的变化，很明显，地下一层开挖时桩身上部已经开始受拉，但拉力较小，仅为 20kN；开挖到坑底时桩身大部分受拉，最大拉力为 218kN，出现在桩身中点处，靠桩端 1/3 桩长范围内，最大拉力约为 220kN，换算成拉应力约为 0.367MPa，未超过混凝土的抗拉设计强度。

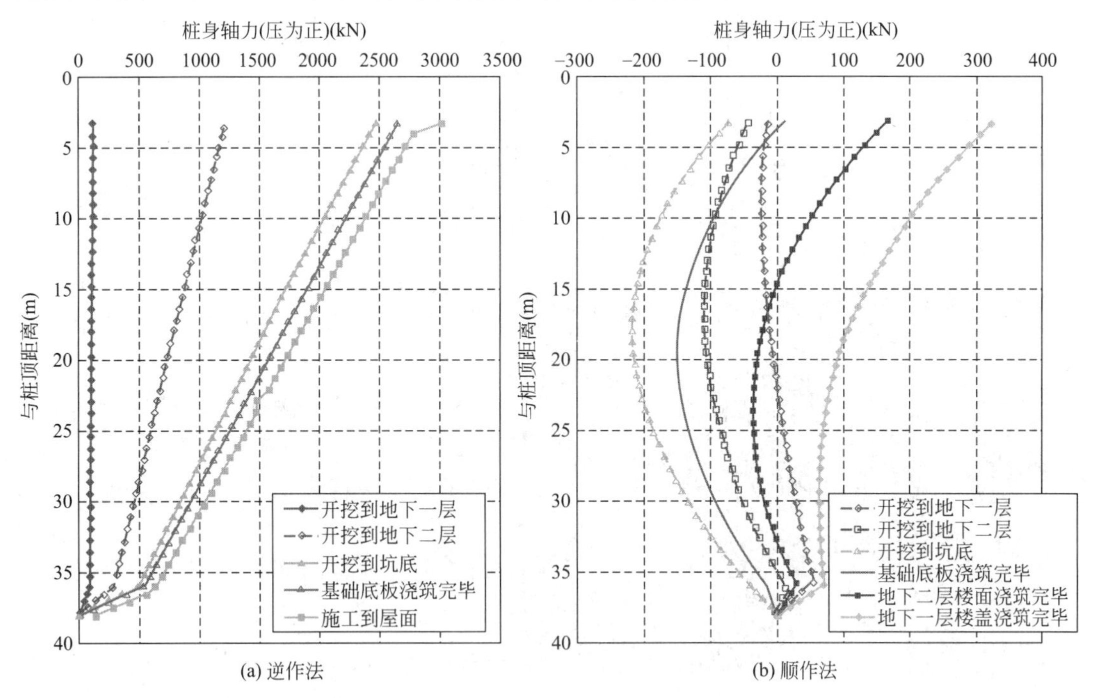

图 3.4.9 顺作和逆作施工对坑底立柱桩桩身轴力的影响分析比较

3.4.3 开挖卸荷条件下立柱桩（工程桩）承载特性研究

1. 模型试验研究

这里介绍同济大学黄茂松、纠永志开展的室内模型试验情况[36,43,44]。采用室内模型模拟开挖条件下桩基的承载特性，对开挖的模拟常用的方法是开挖模型箱内土体，土体的开挖深度较小，与实际工程中的开挖量相差较大，很难对实际工程中的情况进行模拟。为此，采用 DGJ-250 型离心机预固结加荷装置（图 3.4.10）对土体进行定量的加压固结和卸载，该装置加载量大并且能够精确地控制土体的固结压力和卸载量，能够较好地模拟实际工程中土体的开挖卸载。

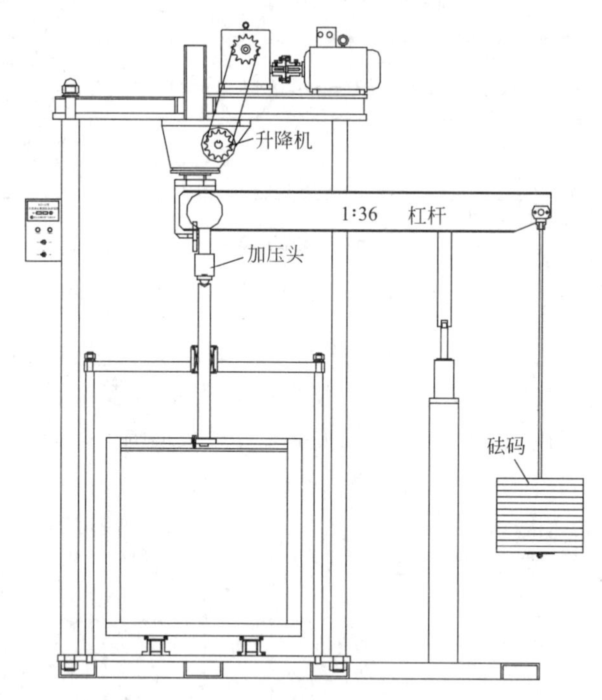

图 3.4.10　DGJ-250 型离心机固结加荷装置

图 3.4.11　模型箱传压板照片模型桩

试验在 0.9m×0.7m×0.7m 的钢制模型箱内完成，采用 DGJ-250 型离心机固结加荷装置通过土压力加载盖板（图 3.4.11）对模型箱内土体进行加压。在加载板的加载柱两侧各设置一个预留孔，在对土体进行固结时通过小盖板将预留孔封上。

模型桩采用铝合金空心管制作，弹性模量 69GPa，长 50cm，直径 3cm，壁厚 3mm。为了方便应变片导线引出，桩顶 3cm 以下对称设置两个 10mm 的圆形孔洞。桩身应变片从桩端以上 3cm 处每隔 8cm 设置一对轴向应变片，采用四分之一桥连接方式。

试验土体材料选用 1250 目煅烧高岭土，为了加速土体的固结，在模型箱底部填充 5cm 的砂土，并在模型箱四周布设砂桩。将高岭土配置成泥浆，通过搅拌机进行搅拌，待搅拌均匀后把泥浆倒入模型箱中。完成泥浆搅拌后，即可使用固结加荷装置进行固结。首

先，将装好泥浆的模型箱推到预压装置上。然后修剪砂桩并在泥浆上面铺一层滤纸，滤纸上再铺一层砂土，最后放上荷载传递盖板，将荷载传递轴杆与固结仪加压点定好位后，即可开始进行固结，预压固结压力为242kPa，卸荷后的土压力为92.5kPa，卸荷后土体超固结比$OCR=2.62$。

为了确定试验用高岭土的力学参数，对高岭土进行了三轴固结不排水剪切试验和K_0加卸载试验，通过对试验结果进行拟合可得三轴压缩条件下的临界状态比$M=1.41$，土体有效内摩擦角$\varphi'=34.8°$。图3.4.12为K_0加卸载条件下的e-$\ln p'$曲线，图3.4.13为K_0加卸载条件下K_0系数随竖向应力的变化。由试验结果可得e-$\ln p'$空间中正常固结线和回弹线的斜率，分别为$\lambda=0.126$和$\kappa=0.029$，正常固结土体的侧压力系数为：$K_{0nc}=0.58$。

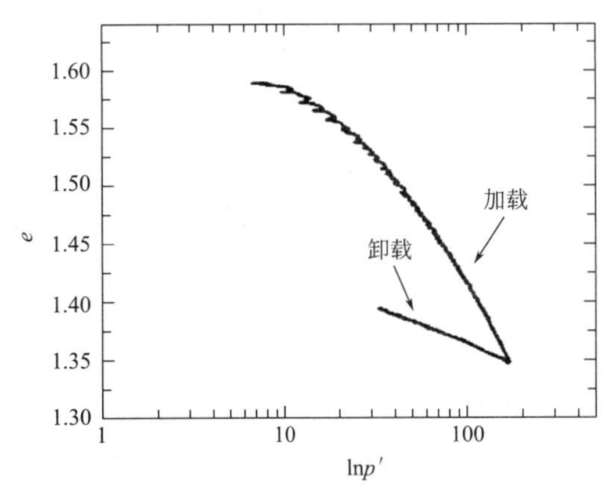

图3.4.12　K_0加卸载条件下e-$\ln p'$曲线

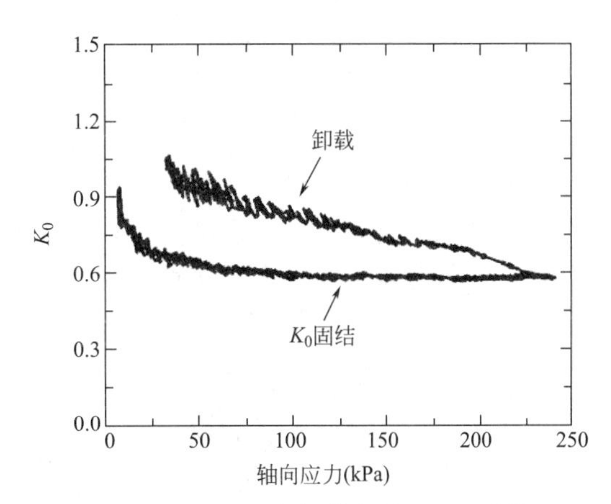

图3.4.13　K_0加卸载条件下K_0系数随竖向应力的变化

等模型箱中土体固结完成后，打开模型箱中土压力加载盖板上的预留孔，沿孔中心位置把桩压入模型箱的土中，桩入土长度为35cm。

为保证试验效果，对于正常固结土体中模型桩试验，将桩打入土体中后，静置48h，以消去打桩效应，然后对模型桩进行加载试验；对于超固结土体中模型桩试验，先在一定固结压力下的正常固结土中打入单桩，静置48h以消去打桩效应，然后对桩周土体卸载到预定的上覆压力和土体超固结比，等卸载后的桩周饱和软黏土体回弹稳定后，再对模型桩进行加载试验，以确保桩周土体的应力状态变化过程与实际工程一致。模型桩加载试验如图3.4.14所示。试验共分两组：

第一组：对正常K_0固结土体中的单桩进行静力加载试验，上覆压力为242kPa；

第二组：对K_0卸载后处于K_0超固结状态下的土体中的单桩进行竖向静力加载试验，上覆压力为92.5kPa，土体超固结比$OCR=2.62$。

卸载前后单桩静载试验的荷载-沉降曲线如图3.4.15所示。从图中可以看出，对于上覆压力为242kPa时，正常固结土和卸载后超固结比为$OCR=2.62$时两根模型桩的荷载-沉降曲线比较一致，卸载后超固结比为$OCR=2.62$时的模型桩极限承载力要明显小于卸载前（$OCR=1$），并且相同荷载下卸载后的桩顶位移要明显大于卸载前，即开挖卸载后桩顶刚度将会降低。从图中还可以得出，在模型桩桩顶荷载不太大时，模型桩的荷载-沉降曲线成线性关系，因此桩承受荷载不超越线性段时，基桩的变形可按弹性进行计算。

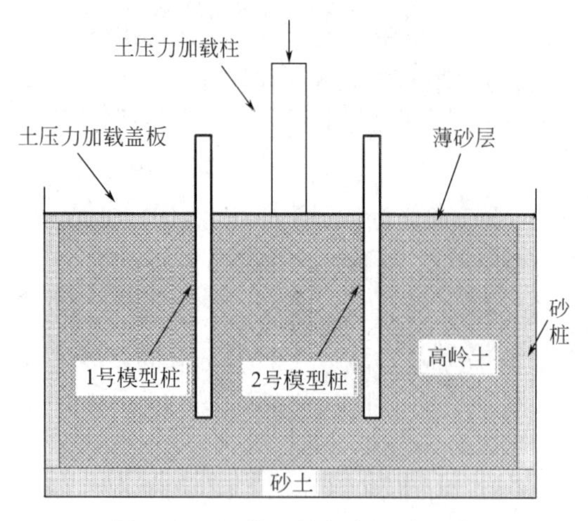

图 3.4.14　模型桩加载试验示意

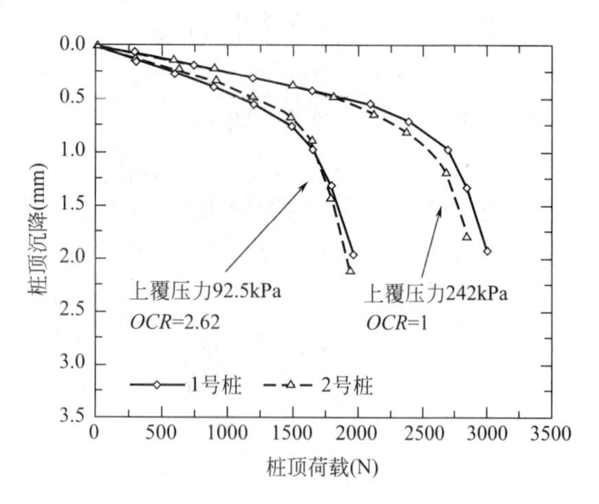

图 3.4.15　模型桩荷载-沉降曲线

开挖前后的桩身轴力分布图如图 3.4.16 和图 3.4.17 所示，从图中可以看出随着桩顶荷载的增大，沿桩身轴力逐渐增大，并且随着埋深的增加，桩身轴力逐渐减小，当达到破坏荷载时桩身轴力曲线逐渐接近直线。

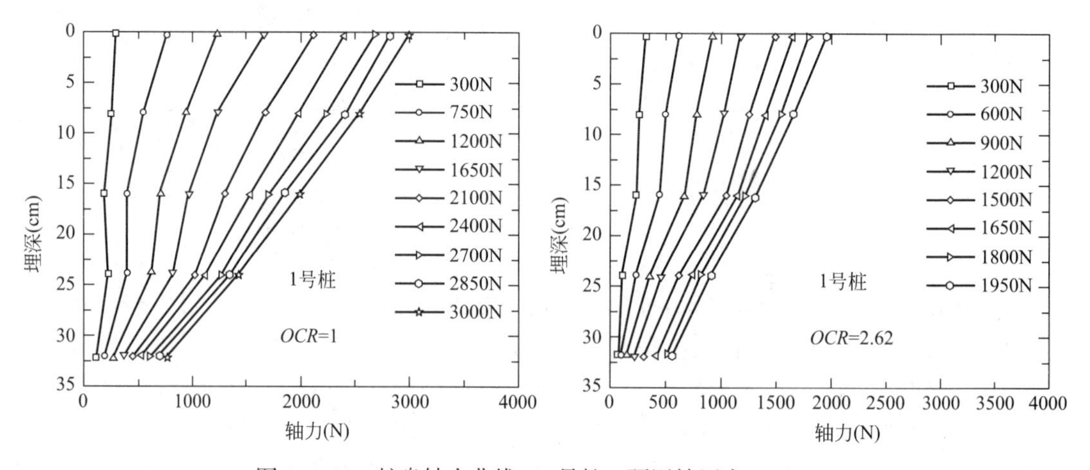

图 3.4.16　桩身轴力曲线（1 号桩，预固结压力 242kPa）

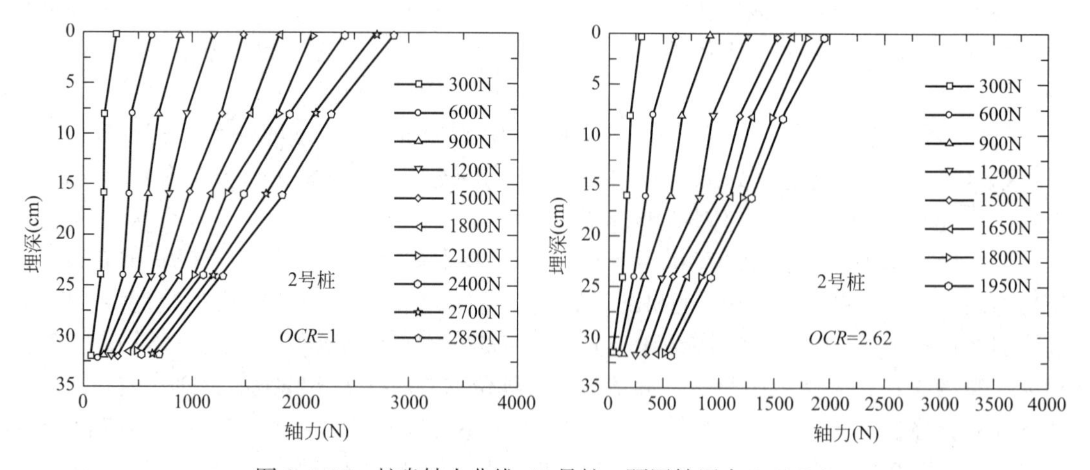

图 3.4.17　桩身轴力曲线（2 号桩，预固结压力 242kPa）

2. 现场试验研究

高德置地广场项目位于杭州市钱江新城核心区，南临富春江路，北靠市民路，东侧为解放东路，西边为香樟路。总面积约为 43 万 m^2，塔楼 A 高 52 层，总高度为 219m；办公楼（塔楼 B）高 17 层，高 91.5m；其余为 4 层商业裙房；地下 4 层，底板面标高为 −20.000m（相对标高）。±0.000 相当于黄海高程 7.500m，见图 3.4.18。

场区属钱塘江现代江滩地貌，后经围垦吹填成陆。场地原地形大部为垃圾堆放场、鱼塘等，后因建设钱江新城而回填。除江干渠沿拟建场地东北侧穿过，其他大部地势较平坦，整个场地的地面高程在 4.770 ～7.470m。江干渠渠宽约 14m，为新近开挖修葺，浆砌石驳坎。施工期间河水水位在 3.80～4.40m 之间变化。本场区属第四纪钱塘江现代江滩，地貌形态单一。场地浅表层为分布有厚 1.0～11.3m 不等的填土，其下为厚度 13～19m 的粉土和粉砂层。以下为厚度 2.0～8.5m 的流塑状的淤泥质土，下部为可塑状粉质黏土，再下部为软土成因的灰色黏土，其下为含砾粉细砂层和圆砾层。基岩为钙质石英粉砂岩（包括钙质石英粉砂岩、含泥钙质石英砂岩、岩屑砂岩、泥质粉砂岩等，因岩石力学性质相近，为便于叙述，以下归并统称为钙质石英粉砂岩）。场地典型地质剖面见图 3.4.19。

图 3.4.18　杭州高德置地广场照片

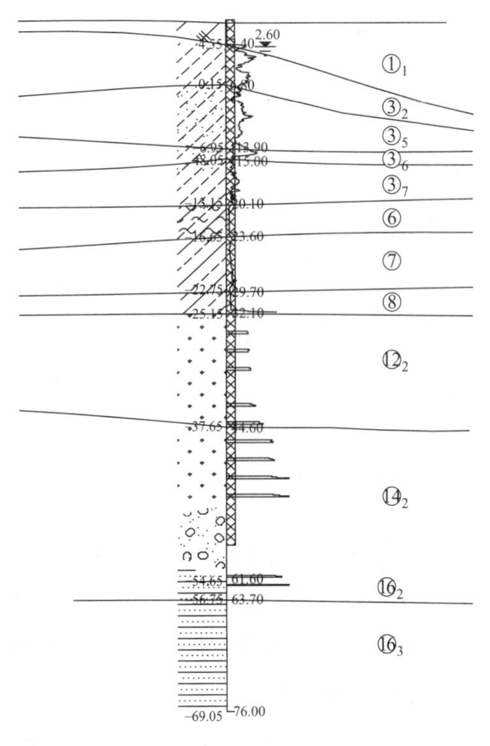

图 3.4.19　典型地质剖面图

基础采用钻孔灌注桩，桩径为 800mm 和 900mm 两种，以⑭2 圆砾层作为持力层，桩端进入持力层不小于 2m，同时采用桩底灌浆。塔楼 A 桩基直径均为 900mm，有效桩长约为 40m，抗压承载力特征值取为 6800kN。

2011 年 10 月 14 日～11 月 4 日对杭州高德置地广场 A 区的 5 根工程抗压桩进行了单

桩竖向抗压静载检测。试桩编号依次为 SZ13～SZ17。通过在灌注桩中预埋的钢管，测量各级荷载作用下桩底相应沉降。此外，SZ14 和 SZ16 还通过埋设的钢筋计测量基桩轴力。钢筋计对称埋设在主筋上（即用钢筋计替换原主筋），基坑底部以下桩身每个截面埋设 2 只、基底以上埋设 4 只以准确确定土的摩阻力。沿桩身共设有 10 个钢筋计测点。最大加载量为 17000kN。

在地表进行的 5 根工程抗压桩静载检测，所得的 Q-s 曲线如图 3.4.20 所示。试桩 SZ17 加载到第九级荷载 13600kN 时桩顶沉降急剧增大，5min 之内累计沉降达到 82.22mm，压力无法维持，试桩破坏；其余试桩均表现为缓变型，取 $s=0.05D$（D 为试桩直径）对应荷载为试桩的极限承载力。

2013 年 8 月 19 日～9 月 25 日对杭州高德置地广场 A 区的 8 根工程抗压桩进行了单桩竖向抗压静载抽查检测。检测时基坑开挖已接近坑底，最大加载量为 8800kN。开挖到约第三道支撑后进行的 8 根桩静载检测，所得 Q-s 曲线如图 3.4.21 所示。

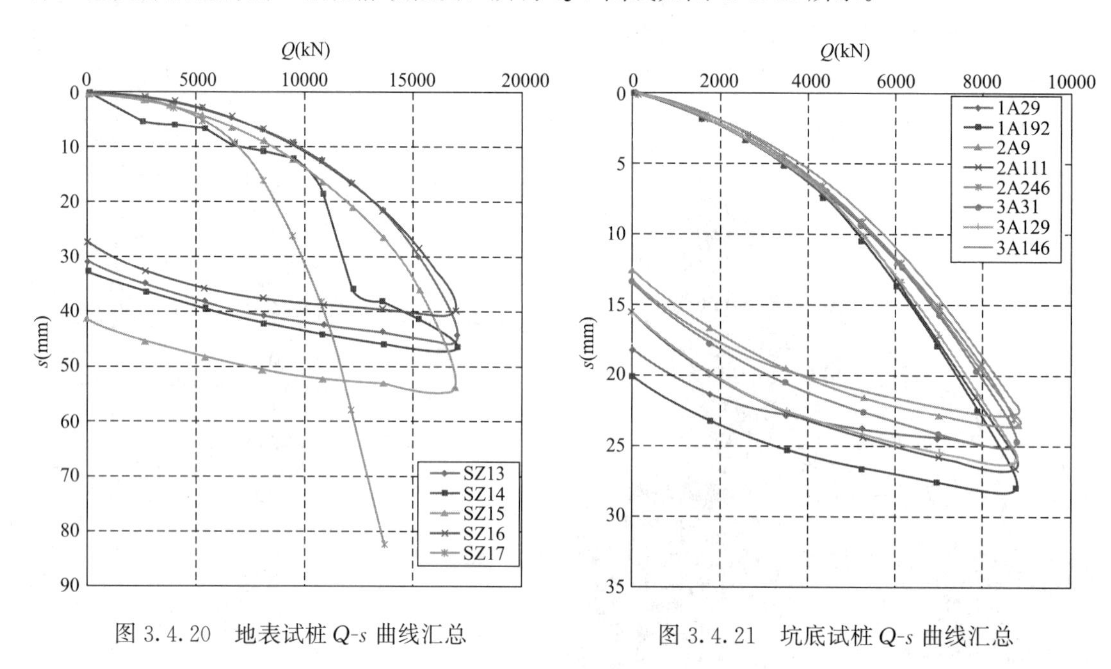

图 3.4.20　地表试桩 Q-s 曲线汇总

图 3.4.21　坑底试桩 Q-s 曲线汇总

试桩 SZ13 和 1A29、SZ14 和 2A111 在平面图上距离较近，桩侧土层基本相同，因此重点比较这 4 根试桩的结果。通过插值法求得同一级荷载对应下的桩顶沉降，如表 3.4.2 所示。除去个别数据点，多数情况下同级荷载对应的桩顶沉降，坑底试桩是地表试桩的 1.8～3.0 倍，荷载越大比值越大。

同级荷载下桩顶沉降比较（mm）　　**表 3.4.2**

荷载(kN)	1760	2640	4400	6160	7040	8800
坑底 1A29	1.59	2.91	6.65	12.15	15.57	24.72
地表 SZ13	0.63	0.95	2.33	4.22	6.29	7.90
坑底/地表	2.524	3.063	2.854	2.879	2.943	3.129
坑底 2A111	1.77	3.24	7.54	13.76	17.61	26.53

续表

地表 SZ14	3.33	5.00	6.01	8.09	9.67	11.38
坑底/地表	0.532	0.648	1.255	1.701	1.821	2.331

3. 理论计算

（1）开挖卸载条件下单桩的回弹变形计算[46]

开挖卸载条件下的单桩承载特性分析包括两个步骤，即第一步对开挖卸载后桩周土体回弹对单桩的影响进行求解，第二步在第一步的基础上对开挖条件下承受竖向荷载的单桩进行求解。

首先，对开挖卸载后桩周土体回弹对单桩的影响进行求解，桩身控制方程为：

$$\frac{\mathrm{d}^2 w(z)}{\mathrm{d}z^2}-\frac{U_{\mathrm{p}}}{E_{\mathrm{p}}A_{\mathrm{p}}}\tau(z)=0 \tag{3.4.6}$$

式中，$w(z)$ 为深度 z 处的桩身位移；U_{p} 为桩横截面周长；E_{p} 和 A_{p} 分别为桩的弹性模量和横截面积；$\tau(z)$ 为深度 z 处桩周摩阻力。

开挖卸载时的桩土界面模型如图 3.4.22 所示。假设卸载过程中桩侧正、负摩阻力均符合 Kraft 等（1981）[45] 提出的荷载传递函数形式：

$$\tau(z)=\begin{cases}\dfrac{G_{\mathrm{s}}s(z)}{r_0\ln\left(\dfrac{r_{\mathrm{m}}/r_0-\psi}{1-\psi}\right)} & [s(z)\geqslant 0]\\[2ex] -\dfrac{G_{\mathrm{s}}|s(z)|}{r_0\ln\left(\dfrac{r_{\mathrm{m}}/r_0-\psi}{1-\psi}\right)} & [s(z)<0]\end{cases} \tag{3.4.7}$$

$$\psi=\frac{\tau(z)R_{\mathrm{f}}}{\tau_{\mathrm{f}}} \tag{3.4.8}$$

式中，$s(z)$ 为桩土相对位移 $s(z)=w(z)-w_{\mathrm{s}}(z)$，$w_{\mathrm{s}}(z)$ 为桩所处位置深度 z 处的开挖卸载回弹后的自由土体位移场；G_{s} 为土小应变时的初始剪切模量；r_0 为桩截面半径；r_{m} 为桩沉降的影响半径；R_{f} 为应力应变曲线拟合常数，可取 0.9～1.0；τ_{f} 为桩侧极限摩阻力。

桩侧极限摩阻力引用 Tomlinson（1957）给出的计算公式[47]：

$$\tau_{\mathrm{f}}=\alpha c_u \tag{3.4.9}$$

式中，τ_{f} 为桩侧极限摩阻力；α 为折减系数，α 采用 Lacasse 和 Boisard（1994）[48] 和 API（1993）[49] 给出的计算公式：

$$\alpha=\begin{cases}0.5\left(\dfrac{\sigma'_{\mathrm{v0}}}{c_{\mathrm{u}}}\right)^{0.5} & (c_{\mathrm{u}}/\sigma'_{\mathrm{v0}}\leqslant 1.0)\\[2ex] 0.5\left(\dfrac{\sigma'_{\mathrm{v0}}}{c_{\mathrm{u}}}\right)^{0.25} & (c_{\mathrm{u}}/\sigma'_{\mathrm{v0}}>1.0)\end{cases} \tag{3.4.10}$$

开挖卸荷后处于 K_0 超固结状态的土体不排水抗剪强度，采用纠永志和黄茂松提出的公式[43]：

$$\frac{(c_{\mathrm{u}}/\sigma'_{\mathrm{v0}})_{\mathrm{OC}}}{(c_{\mathrm{u}}/\sigma'_{\mathrm{vm}})_{\mathrm{NC}}}=OCR^{1-\frac{\tilde{\kappa}}{\lambda}} \tag{3.4.11}$$

式中，为 λ 和 κ 分别为 $e\text{-}\ln p'$ 空间中正常固结线和回弹线的斜率，$\tilde{\kappa}$ 为 $e\text{-}\ln\sigma'_{v0}$ 空间中回弹线的斜率，$\tilde{\kappa}=\tilde{\beta}\kappa$。其中：

$$\tilde{\beta}=\frac{\ln\left(\frac{1+2K_{0nc}}{1+2K_0}\right)+\ln(OCR)}{\ln(OCR)} \tag{3.4.12}$$

式中，K_0 系数为超固结比的静止侧压力系数，采用文献［43］提出的公式：

$$K_0=K_{0nc}\cdot OCR^{\xi\cdot\sin\phi'} \tag{3.4.13}$$

$$\xi=\frac{1+OCR}{a\cdot OCR-1} \tag{3.4.14}$$

式中，a 为拟合参数。

桩侧土体的初始切线刚度为：

$$k_z=U_p\left.\frac{\partial\tau(z)}{\partial s(z)}\right|_{s(z)=0}=\frac{2\pi G_s}{\ln(r_m/r_0)} \tag{3.4.15}$$

桩侧土体的割线刚度为：

$$k'_z=\frac{U_p\tau(z)}{s(z)} \tag{3.4.16}$$

令 $\lambda'=\sqrt{\frac{k'_z}{E_pA_p}}$，则桩身控制方程变为：

$$\frac{d^2w(z)}{dz^2}-\lambda'^2[w(z)-w_s(z)]=0 \tag{3.4.17}$$

对于坑底工程桩，桩顶尚未作用有荷载；对于逆作基坑立柱桩，桩顶作用有竖向荷载 P_0，桩顶边界条件为：

$$\begin{cases}P(z=0)=P_0 & \text{（逆作基坑立柱桩）}\\ P(z=0)=0 & \text{（坑底工程桩桩）}\end{cases} \tag{3.4.18}$$

对于桩端，桩底端承力可表示为：

$$P(l)=\begin{cases}\frac{s_b(l)}{1/K_{bz}+s_b(l)/q_{ult}} & (s_b(l)\geqslant 0)\\ 0 & (s_b(l)<0)\end{cases} \tag{3.4.19}$$

式中，$P(l)$ 为桩底端阻力；q_{ult} 为极限端阻力；l 为桩长；K_{bz} 为桩端土的初始切线刚度；$s_b(l)$ 为桩端和桩端土之间的相对位移，由下式求出：

$$s_b(l)=w(l)-w_s(l) \tag{3.4.20}$$

桩端土的初始切线刚度为：

$$K_{bz}=\left.\frac{\partial P(l)}{\partial s_b(l)}\right|_{w(l)=0} \tag{3.4.21}$$

$$K_{bz}=\frac{dE_b}{1-\nu_b^2}\left(1+0.65\frac{d}{h_b}\right) \tag{3.4.22}$$

式中，E_b、v_b 分别为桩端土体的弹性模量、泊松比；h_b 表示桩端到基岩的深度，d 为桩直径。

对开挖条件下的单桩采用有限差分进行求解，将桩沿桩长进行 n 等分，对桩身控制方程和边界条件进行差分离散，组成方程组，写成矩阵的形式如下式所示：

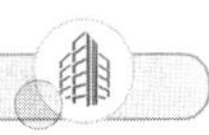

$$[K'_z]\{w\}=\{F'_z\} \tag{3.4.23}$$

式中，$\{w\}$ 为桩身节点竖向位移向量；$\{F'_z\}$ 为桩身节点竖向荷载向量；$[K'_z]$ 为桩身刚度矩阵。对式（3.4.23）进行求解，便可得到沿桩身竖向位移：

$$\{w\}=[K'_z]^{-1}\{F'_z\} \tag{3.4.24}$$

单桩回弹非线性分析的求解过程如下：

1）将开挖部分底面的自重应力反向加载于开挖后的层状体系顶部，利用层状体系表面作用均布荷载的基本解[50-51]，求出开挖卸载回弹后沿桩身处的自由土体位移场 $w_s(z)$；

2）设置沿桩身节点位移 $w=0$，由桩周土体自由位移场 $w_s(z)$ 求桩土相对位移 $s(z)=w(z)-w_s(z)$，进而求出桩身节点割线柔度；

3）由式（3.4.24）求出沿桩身节点的位移 w^k；

4）用新求出的桩身节点位移 w^k，求出桩土相对位移和桩侧土体的割线刚度。利用新的割线刚度求出新的桩身节点位移 w^{k+1}；

5）取 $|w^{k+1}-w^k|$ 作为迭代控制误差，若误差大于限定值，则重复第 3)～5) 步计算，直至迭代误差小于限定值。

（2）考虑开挖卸载回弹影响的单桩承载特性分析[46]

开挖后土体回弹将会使桩身产生拉力，在桩身的中性点（即摩阻力为零的点）以上桩周土对桩作用正摩阻力，中性点以下桩周土对桩作用负摩阻力，开挖后的基桩承受竖向荷载时，中性点以上的桩段桩土之间相互剪切方向不变，中性点以下的桩周负摩阻力和桩土相对位移将逐渐减小，即桩土之间相对移动的方向和开挖卸荷时桩土之间相互移动的方向相反，桩土界面之间将会出现反向剪切的过程（图 3.4.22）。

假设在反向剪切过程中，剪应力减小到零之前，剪应力和桩土相对位移近似成线性关系，剪应力减小到零时，相对位移并没有减小到零，即在反向剪切过程中桩土界面之间存在残余相对位移；在反向剪切过程中当剪应力减小到零后继续进行反向剪切时，剪应力与桩土相对位移的关系呈现出和初始剪切相似的特性，并且剪应力的峰值和初始剪切时基本相等，即反向剪切过程中桩土界面的极限抗剪强度并没有降低。开挖卸荷条件下，单桩回弹和再加荷时的桩土界面模型如图 3.4.23 所示。

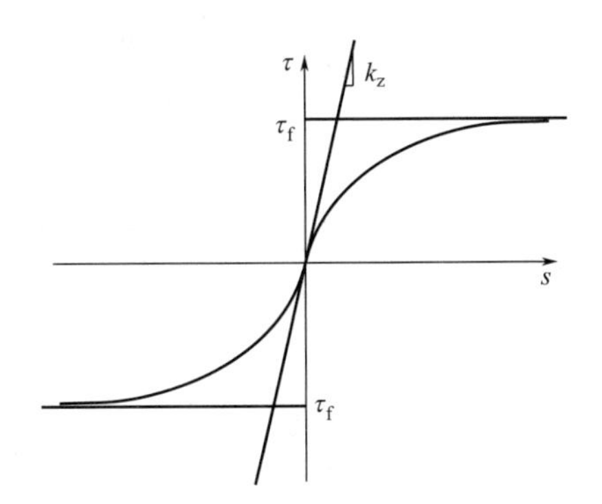

图 3.4.22　开挖卸载时桩土界面模型

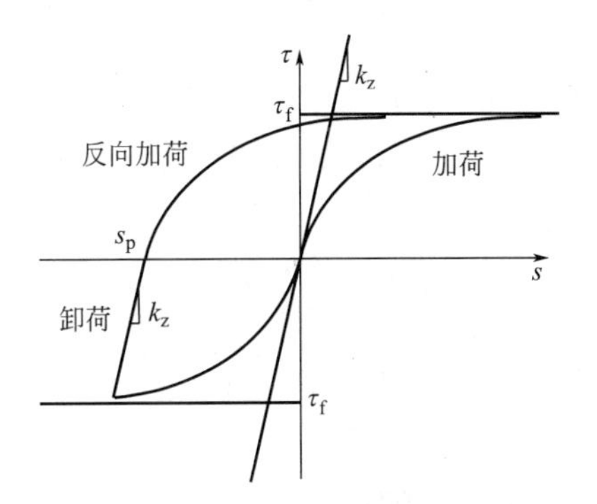

图 3.4.23　考虑开挖影响的竖向受荷桩桩土界面模型

开挖后对单桩施加竖向荷载时桩节点总位移为：

$$w=w_{guc}+w_{src} \tag{3.4.25}$$

式中，w_{guc} 开挖卸载引起土体回弹使桩产生的位移；w_{src} 为开挖后对桩加载时的桩身的新增的位移。

桩土相对位移为：

$$s(z)=\begin{cases}w_{guc}+w_{src}-w_s(z) & [w_{guc}-w_s(z)\geqslant 0]\\ w_{guc}+w_{src}-w_s(z)-s_p(z) & [w_{guc}-w_s(z)<0]\end{cases} \tag{3.4.26}$$

式中，$s_p(z)$ 为桩土界面残余相对位移。

$$s_p(z)=w_{guc}-w_s(z)-\frac{\tau[w_{guc}-w_s(z)]}{k_z} \tag{3.4.27}$$

开挖卸载后，桩土之间将会产生一个中性点（摩阻力为零的点），对于中性点以上的桩土界面，桩土相对位移 $w_{guc}-w_s(z)>0$，桩侧产生正摩阻力，当桩顶再加载时依然是加载过程，即：

$$\tau(z)=\frac{G_s[w_{guc}+w_{src}-w_s(z)]}{r_0\ln\left(\frac{r_m/r_0-\psi}{1-\psi}\right)}[(w_{guc}-w_s(z))>0] \tag{3.4.28}$$

对于中性面以下的点，卸载后桩土界面桩土相对位移 $w_{guc}-w_s(z)<0$，桩侧产生负摩阻力，当桩顶加载时，处于中性点以下的桩土界面将将随着桩顶加载而逐渐卸载，桩土界面的剪应力卸载至零后，若继续加载桩土界面剪应力将会进入加载过程，并产生正摩阻力，其桩土界面荷载传递模型如下：

$$\tau(z)=\begin{cases}k_z[w_{guc}+w_{src}-w_s(z)-s_p(z)] & [w_{guc}+w_{src}-w_s(z)<s_p(z);w_{guc}-w_s(z)<0]\\ \dfrac{G_s[w_{guc}+w_{src}-w_s(z)-s_p(z)]}{r_0\ln\left(\frac{r_m/r_0-\psi}{1-\psi}\right)} & [w_{guc}+w_{src}-w_s(z)>s_p(z);w_{guc}-w_s(z)<0]\end{cases} \tag{3.4.29}$$

桩身控制方程为同样可表示为：

$$\frac{d^2w(z)}{dz^2}-\lambda'^2s(z)=0 \tag{3.4.30}$$

对于桩顶，边界条件为：

$$w_{src}(z=0)=w_0 \tag{3.4.31}$$

式中，w_0 为已知的再加载位移。

对于桩端，桩底端承力可表示为：

$$P(z=l)=\begin{cases}\dfrac{s_b(l)}{1/K_{bz}+s_b(l)/q_{ult}} & [s_b(l)\geqslant 0]\\ 0 & [s_b(l)<0]\end{cases} \tag{3.4.32}$$

式中，$s_b(l)$ 为桩端和桩端土之间的相对位移，由下式求出：

$$s_b(l)=w_{guc}(l)+w_{src}(l)-w_s(l) \tag{3.4.33}$$

桩端土的初始切线刚度为：

$$K_{bz}=\frac{\partial P(l)}{s_b(l)}\bigg|_{w(l)=0} \tag{3.4.34}$$

$$K_{bz}=\frac{dE_b}{1-\nu_b^2}\left(1+0.65\frac{d}{h_b}\right) \tag{3.4.35}$$

式中，E_b、ν_b 分别为桩端土体的弹性模量、泊松比；h_b 表示桩端到基岩的深度；d 为桩直径。

桩端土的割线刚度为：

$$K'_{bz}=\begin{cases}\dfrac{1}{1/K_{bz}+s_b(l)/q_{ult}} & [s_b(l)\geqslant 0]\\ 0 & [s_b(l)<0]\end{cases} \tag{3.4.36}$$

式中，q_{ult} 为极限端阻力；l 为桩长；$s_b(l)$ 为桩端竖向桩土相对位移；$P(l)$ 为桩端阻力。

采用有限差分法对桩进行求解，将桩沿桩长进行 n 等分，并在桩的底部增加一个虚拟等分节点 $n+1$，每等分的长度为 h。对桩身控制方程和边界条件进行差分离散，组成方程组，写成矩阵的形式如下式所示：

$$[K''_z]\{w_{src}\}=\{F''_z\} \tag{3.4.37}$$

式中，$\{w_{src}\}$ 开挖后单桩承受荷载时产生的沿桩身节点的竖向位移向量；$\{F''_z\}$ 为桩身节点竖向荷载向量；$\{w_{src}\}=\{w_{src,0}\quad w_{src,2}\quad\cdots\quad w_{src,i}\quad\cdots\quad w_{src,n-1}\quad w_{src,n}\}^T$；$[K''_z]$ 为桩身刚度矩阵。

对式（3.4.37）进行求解，便可得到开挖条件下单桩承受竖向荷载时沿桩身竖向位移：

$$\{w_{src}\}=[K''_z]^{-1}\{F''_z\} \tag{3.4.38}$$

考虑开挖卸载回弹影响的竖向受荷单桩的非线性求解过程如下：

1）求出开挖卸载后的桩侧自由土体位移场 $w_s(z)$ 和土体回弹引起的桩身竖向位移 w_{guc}；

2）求出桩土相对位移进而求出桩周土体割线柔度，求出桩端土体的割线刚度，运用式（3.4.34）求出沿桩身节点的位移 w^k_{src}；

3）用新求出的桩身节点位移 w^k_{src} 求出桩土相对位移、桩侧和桩端土体的割线刚度。利用新的桩土相对位移和割线刚度求出新的桩身节点位移 w^{k+1}_{src}；

4）取 $|w^{k+1}_{src}-w^k_{src}|$ 作为迭代控制误差，若误差大于限定值则重复 2)～3）直至迭代误差小于限定值。

这样桩身轴力可由以下表达式求得：

对于桩身节点 i，

$$P_i=E_pA_p\frac{(w_{guc,i+1}+w_{src,i+1})(w_{guc,i-1}+w_{src,i-1})}{2h}\quad(i=1,2,\cdots,n-1) \tag{3.4.39}$$

对于桩顶（向前差分格式），

$$P_0=E_pA_p\frac{(w_{guc,1}+w_{src,1})(w_{guc,0}+w_{src,0})}{h} \tag{3.4.40}$$

对于桩端，

$$P_n=\begin{cases}\dfrac{w_{guc,n}+w_{src,n}-w_{s,n}}{1/K_{bz}+(w_{guc,n}+w_{src,n}-w_{s,n})/q_{ult}} & (w_{guc,n}+w_{src,n}-w_{s,n}\geqslant 0)\\ 0 & (w_{guc,n}+w_{src,n}-w_{s,n}<0)\end{cases} \tag{3.4.41}$$

（3）算例

以图 3.4.12 所示的模型桩荷载-沉降曲线为例，对理论计算结果与模型试验结果进行对比[46]。三轴试验测得模型试验所用土体参数为：$\lambda=0.126$，$\kappa=0.029$，$K_{0nc}=0.58$。通过对模型试验在上覆压力为 242kPa 时正常 K_0 固结土中单桩荷载沉降曲线进行反分析，得到模型试验所用土体参数如下：土体不排水抗剪强度为 94kPa，土体弹性模量取 $210c_u$，桩端极限端阻力取 $9c_u$；开挖卸荷后土体不排水抗剪强度 c_{uOC} 由式（3.4.11）求出，土体弹性模量取 $210c_{uOC}$，开挖卸荷后桩端极限端阻力取 $9c_{uOC}$。采用上述参数，用前述理论计算方法得到的桩顶荷载一沉降曲线与试验结果对比如图 3.4.24 所示。

从图 3.4.24 可以看出，对于开挖卸载后的单桩极限承载力，考虑土体回弹和不考虑土体回弹的计算结果相近，并略小于试验结果。但是对于桩顶刚度，考虑土体回弹的计算结果要明显低于不考虑土体回弹的计算结果，并且考虑土体回弹的计算结果和试验结果比较吻合，即桩周土体的卸荷回弹将会引起单桩桩顶刚度的明显降低，在对开挖条件下的单桩进行分析时，不能忽略土体回弹对单桩承载特性的影响。

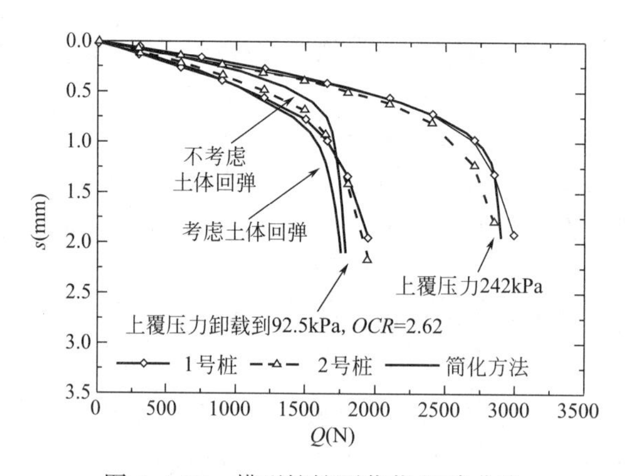

图 3.4.24　模型桩桩顶荷载-沉降曲线

3.4.4　开挖卸荷条件下立柱桩（工程桩）极限承载力简化计算

1. 开挖后桩侧摩阻力折减系数的简化计算

开挖卸荷对坑底工程桩（立柱桩）极限承载力的影响，包括桩侧阻力的减小和桩端阻力的降低。对于深厚软土地层，工程桩或立柱桩的长度一般较长，开挖卸荷效应对基桩极限承载力的影响主要反映在桩侧阻力的减小，对桩端阻力影响相对较小。这里主要提出开挖卸荷条件下桩侧摩阻力的简化计算方法。

桩侧阻力的静力计算公式主要有 α 法、β 法和 λ 法，都是半经验公式，其中 β 法适用于黏性土和非黏性土，α 法和 λ 法只适用于黏性土。

α 法是 1971 年由 Tomlinson 提出，计算公式为[47]：

$$q_{su}=\alpha c_u \tag{3.4.42}$$

式中，α 为与土的密实度和桩的打入方法有关的系数；c_u 为桩侧土平均不排水抗剪强度。

β 法是 1968 年由 Chandler 提出，计算公式为[52]：

$$q_{su}=K\cdot\tan\delta\cdot\sigma'_v=\beta\sigma'_v \tag{3.4.43}$$

式中，σ'_v为计算点的竖向有效应力；K 为桩侧土的侧压力系数；δ 为桩土接触界面的摩擦角。

λ 法由 Vijayvergiya 和 Focht 提出，计算公式为：

$$q_{su}=\lambda(\sigma'_v+2c_u) \tag{3.4.44}$$

式中，λ 为系数，随桩入土深度而变化，至 20m 以下基本保持常量。

α 法没有直接表示出桩侧阻力的深度效应；λ 法反映了侧阻的深度效应和竖向有效应力的影响随深度增加而递减的现象，但目前国内对系数 λ 的确定缺乏统计数据；β 法表达了桩侧摩阻力与桩周竖向有效应力成正比，具有明显的深度效应，且计算公式简单，因此本书选取 β 法计算桩的侧摩阻力。

土体在增层开挖之前，桩-土体系经历了相当长时间的固结，超静孔隙水压力已经充分消散，相当于正常固结土的静止侧压力系数，故有：$K=K_0^{NC}$；开挖卸荷后，土体中的应力和超静孔隙水压力还没来得及达到新的平衡，相当于超固结土的静止侧压力系数，即：$K=K_0^{OC}$。

对于桩土接触面摩擦角 δ 与土的有效内摩擦角 φ' 的关系，Potyondy 认为对于不同的桩土条件，δ/φ' 可在 0.6～0.9 之间取值[53]；黄茂松等[54] 对上海软土地区取 $\delta=0.6\varphi'$，桩侧注浆后可近似取 $\delta=0.8\varphi'$。

开挖前，某一深度 z 处的桩侧极限摩阻力为：

$$f_{s0}=K_0^{NC}\cdot\sigma'_{v0}\cdot\tan\delta \tag{3.4.45}$$

式中，f_{s0} 为开挖前计算点的桩侧极限摩阻力；K_0^{NC} 为正常固结土的静止侧压力系数；σ'_{v0} 为开挖前计算点的竖向有效应力。

开挖卸荷后，某一深度 z 处的桩侧极限摩阻力为：

$$f_{s1}=K_0^{OC}\cdot\sigma'_{v1}\cdot\tan\delta \tag{3.4.46}$$

式中，f_{s1} 为开挖卸荷后计算点的桩侧极限摩阻力；K_0^{OC} 为开挖卸荷后超固结土的静止侧压力系数；σ'_{v1} 为开挖后计算点的竖向有效应力。

考虑开挖卸荷效应，坑底工程桩（立柱桩）的桩侧极限摩阻力折减系数为：

$$\frac{f_{s1}}{f_{s0}}=\frac{K_0^{OC}}{K_0^{NC}}\cdot\frac{\sigma'_{v1}}{\sigma'_{v0}} \tag{3.4.47}$$

2. 开挖后土的静止侧压力系数

正常固结土的静止侧压力系数，在没有试验数据时，可根据 Jaky 提出的公式计算：

$$K_0^{NC}=1-\sin\varphi' \tag{3.4.48}$$

大面积深开挖将导致开挖面以下土体处于超固结状态，超固结土的静止侧压力系数受超固结比 OCR 的影响，竖向应力和水平应力之间成非线性关系。

超固结土的静止土压力系数，根据 Mayne 和 Kulhawy（1982）提出的公式[55]，可取：

$$K_0^{OC}=K_0^{NC}\cdot OCR^{\sin\varphi'} \tag{3.4.49}$$

式中，φ'为土的有效内摩擦角；OCR 为土的超固结比，定义为 K_0 固结卸载前、后竖向有效应力的比值。

纠永志、黄茂松（2017）[43] 对超固结软黏土的静止土压力系数进行了研究，并与 Mayne 和 Kulhawy 公式进行了对比，发现当超固结比较小时，式（3.4.49）的值要小于实测值，当超固结比大于 3 时，式（3.4.49）的值要明显高于实测值，并且超固结比越大和实测值相差也越大。为此，纠永志、黄茂松提出了如下预测超固结软黏土的侧压力系数：

$$K_0^{OC}=K_0^{NC}\cdot[f(OCR)]^{\sin\varphi'} \tag{3.4.50a}$$

$$f(OCR)=OCR^{\frac{1+OCR}{a\cdot OCR-1}} \tag{3.4.50b}$$

式中，a 为拟合参数，取 $a=1.86$。式（3.4.50a）为 $f(OCR)=OCR$ 时的特殊形式。

式（3.4.50a）也可表示为：

$$K_0^{OC}=K_0^{NC}\cdot OCR^{\xi\cdot\sin\varphi'} \tag{3.4.51a}$$

$$\xi=\frac{1+OCR}{a\cdot OCR-1} \tag{3.4.51b}$$

此外，已有研究成果表明，土体被动土压力系数 K_p 为超固结土静止土压力系数的上限值。通过 K_p 可以计算出土体超固结比 OCR 的临界值 OCR_{lim}。当土体竖向卸荷程度较大，超固结比大于 OCR_{lim} 时，土体将会产生被动破坏。

被动土压力系数为：

$$K_p=\tan^2(45+\varphi'/2) \tag{3.4.52}$$

代入到式（3.4.49）可得土体超固结比 OCR 的临界值：

$$OCR_{lim}=\left[\frac{1+\sin\varphi'}{(1-\sin\varphi')^2}\right]^{(1/\sin\varphi')} \tag{3.4.53}$$

3. 坑底土体竖向有效应力的简化计算

将式（3.4.51）代入式（3.4.47），得到：

$$\frac{f_{s1}}{f_{s0}}=\frac{\sigma'_{v1}}{\sigma'_{v0}}\cdot OCR^{\xi\cdot\sin\varphi'} \tag{3.4.54}$$

由上式可知，在计算开挖卸荷后桩侧摩阻力的折减系数时，首先需要计算坑底以下不同深度点的土体竖向有效应力 σ'_{v0}。开挖前，假设土体已固结，计算点深度 z 处的竖向有效应力为：

$$\sigma'_{v0}=\overline{\gamma}'z \tag{3.4.55}$$

式中，z 为土层计算点至地表的垂直深度；$\overline{\gamma}'$ 为计算点深度范围内土层的平均有效重度。

对于无限尺寸的基坑，开挖卸荷产生的竖向附加有效应力为：

$$\Delta\sigma'_{v(R=\infty)}=-\overline{\gamma}'h \tag{3.4.56}$$

式中，h 为基坑开挖深度。开挖后计算点深度 z 处的竖向有效应力为：

$$\sigma'_{v1(R=\infty)}=\overline{\gamma}'(z-h) \tag{3.4.57}$$

上式适用于开挖尺寸无限大的基坑。对于有限开挖尺寸的基坑，开挖面以下各点的应力状态是不一样的，接近基坑中心位置因开挖卸荷引起的竖向有效应力减小幅度最大，靠近坑边位置减小幅度最小。

为计算开挖卸荷引起不同部位土体竖向有效应力的变化，可将基坑开挖卸荷视为在开挖面施加向上的均布荷载，大小为 $\overline{\gamma}'h$，利用经典 Mindlin 应力解，通过积分可得到考虑开挖卸荷引起的坑底以下各计算点的竖向附加应力及竖向有效应力，再利用式（3.4.54）计算不同位置、不同深度桩-土界面的侧摩阻力折减系数。

半无限弹性体地基内受矩形竖向均布荷载作用下，角点下某点 $M(0,0,z)$ 的竖向附加应力 σ_z 表达式为：

$$\sigma_z=\frac{p}{8\pi(1-\mu)}\left\{2(1-\mu)\cdot\arctan\left[\frac{ab}{(z-h)\sqrt{a^2+b^2+(z-h)^2}}\right]\right.$$
$$+2(1-\mu)\cdot\arctan\left[\frac{ab}{(z+h)\sqrt{a^2+b^2+(z+h)^2}}\right]$$
$$+\frac{ab(z-h)\left[a^2+b^2+2(z-h)^2\right]}{\left[a^2+(z-h)^2\right]\left[b^2+(z-h)^2\right]\sqrt{a^2+b^2+(z-h)^2}}$$
$$+\frac{ab\left[h+(3-4\mu)z\right]\left[a^2+b^2+2(z+h)^2\right]}{\left[a^2+(z+h)^2\right]\left[b^2+(z+h)^2\right]\sqrt{a^2+b^2+(z+h)^2}}$$
$$\left.+\frac{2azh(z+h)\left[2b^3+3a^2b+3b(z+h)^2\right]}{\left[a^2+(z+h)^2\right]^2\left[a^2+b^2+(z+h)^2\right]^{3/2}}+\frac{2bzh(z+h)\left[2a^3+3ab^2+3a(z+h)^2\right]}{\left[b^2+(z+h)^2\right]^2\left[a^2+b^2+(z+h)^2\right]^{3/2}}\right\}\tag{3.4.58}$$

式中，a 和 b 分别为矩形荷载的长度和宽度；μ 为泊松比；h 为荷载作用深度；z 为计算点深度；p 为荷载强度，如图 3.4.25 所示。

基于式（3.4.58），采用角点法可求解基坑一次性开挖条件下，坑底以下土体的卸荷附加应力。但在实际工程中，往往采取分层开挖，以缓慢释放坑底卸荷附加应力，控制基坑底部土体的回弹变形。童星等[51] 分析比较了分层开挖和一次性开挖对坑底卸荷应力的影响。假定基坑平面尺寸为 32m×32m，开挖深度为 10m，分层开挖，计算模型如图 3.4.26 所示，分 5 层开挖，每层厚度均为 2m。图 3.4.27 和图 3.4.28 分别为一次性开挖和分层开挖时的卸荷附加应力计算结果。从图中可知，一次性开挖和分层开挖计算得到的卸荷应力，虽有一定差异，但差异并不大。图 3.4.29 为分层开挖时各层开挖对应的卸荷应力，图 3.4.30 为分层开挖与一次性开挖的卸荷应力差值，可见，采用一次性开挖模型计算的卸荷应力略偏大，但差值较小。因此，针对工程应用而言，可采用偏于安全的一次性开挖模型计算坑底卸荷应力。

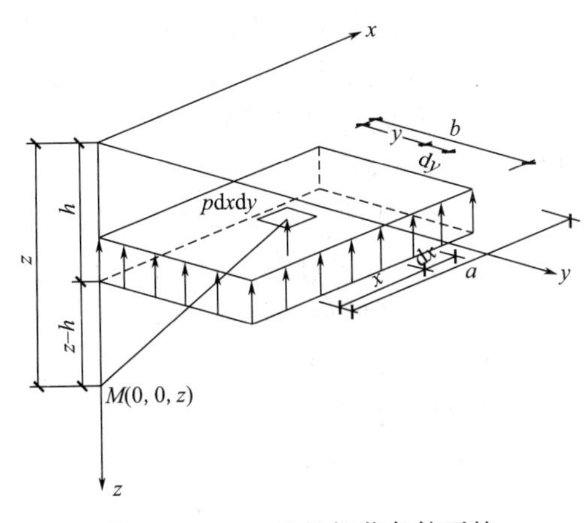

图 3.4.25　一次性卸荷条件下的附加应力计算模型

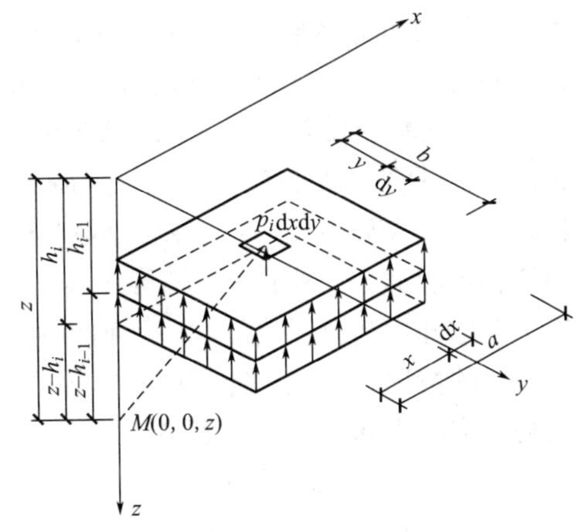

图 3.4.26　分层卸荷条件下的附加应力计算模型

由于 Mindlin 应力解公式繁杂、冗长，计算参数众多，工程技术人员深感使用不便。针对不同的实际工程问题，有学者试图通过建立 Mindlin 解与布氏（Boussinesq，1885）应

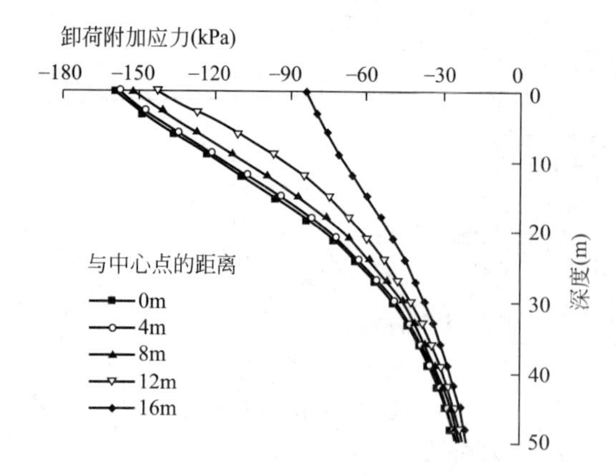

图 3.4.27　一次性卸荷附加应力随深度的分布

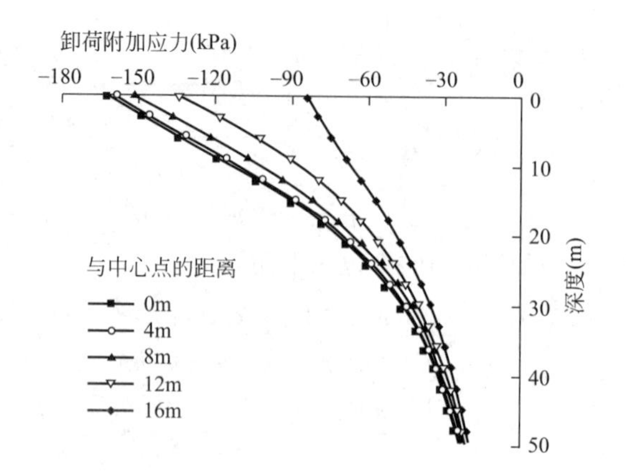

图 3.4.28　分层卸荷附加应力随深度的分布

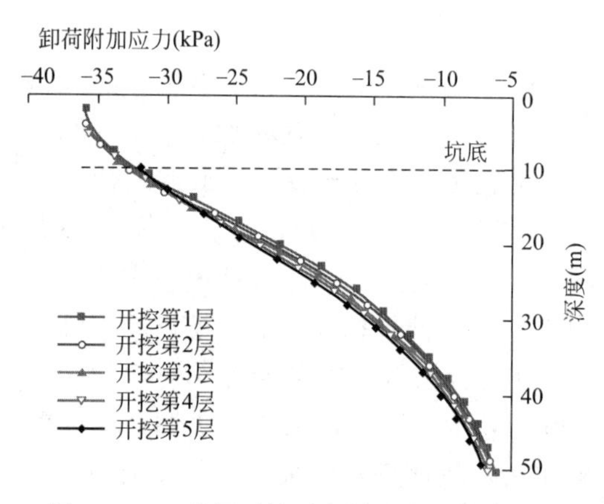

图 3.4.29　分层开挖时各层对应的卸荷应力

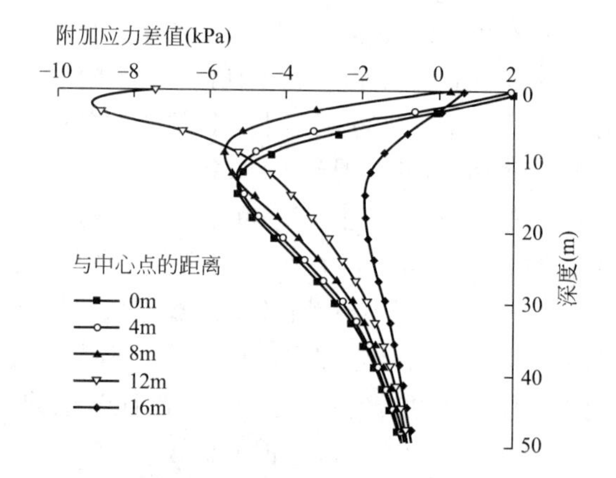

图 3.4.30　分层开挖与一次性开挖的卸荷应力差值

力解之间的相关关系，提出利用布氏解代替 Mindlin 解求解土体附加应力的方法。如《建筑桩基技术规范》JGJ 94-2008 通过大量算例分析，得到 Mindlin 解与布氏解之间的相关关系，引入等效沉降系数，提出了等效作用分层总和法，用于群桩基础沉降的计算，但由于布氏解在计算桩端以下附加应力时所存在的理论缺陷和基于有限算例得到的等效沉降系数，存在较大局限性，对于长桩特别是超长桩等情况，沉降计算结果并不理想。又如，周平槐、杨学林[57] 利用布氏解替代 Mindlin 解求解基坑开挖产生的坑底卸荷附加应力，提出了考虑开挖卸荷影响的坑底工程桩桩侧摩阻力折减等效算法，但该等效算法仅适用于某些特定的情况。因此，针对地基内部分布荷载作用下土体附加应力的计算问题，若能像布氏解一样将附加应力系数表格化，将大大方便工程技术人员使用。

为此，令 $k=a/h$，$n=b/a$，$m=(z-h)/a$，即 $a=kh$，$b=na=nkh$，$z=h+ma$，代入式（3.4.58）可得：

$$\sigma_z=\frac{p}{8\pi(1-\mu)}\left\{2(1-\mu)\cdot\arctan\left(\frac{n}{m\sqrt{1+n^2+m^2}}\right)\right.$$
$$\left.+2(1-\mu)\cdot\arctan\left[\frac{nk^2}{(2+mk)\sqrt{(1+n^2)k^2+(2+mk)^2}}\right]\right.$$

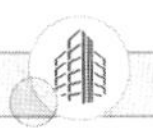

$$
\begin{aligned}
&+\frac{nm(1+n^2+2m^2)}{(1+m^2)(n^2+m^2)\sqrt{1+n^2+m^2}}\\
&+\frac{nk^2[1+(3-4\mu)(1+mk)][(1+n^2)k^2+2(2+mk)^2]}{[k^2+(2+mk)^2]\;[n^2k^2+(2+mk)^2]\sqrt{(1+n^2)k^2+(2+mk)^2}}\\
&+\frac{2k^2(1+mk)(2+mk)[(2n^3+3n)k^2+3n(2+mk)^2]}{[k^2+(2+mk)^2]^2[(1+n^2)k^2+(2+mk)^2]^{3/2}}\\
&+\left.\frac{2nk^2(1+mk)(2+mk)[(2+3n^2)k^2+3(2+mk)^2]}{[nk^2+(2+mk)^2]^2[(1+n^2)k^2+(2+mk)^2]^{3/2}}\right\}
\end{aligned}
\tag{3.4.59}
$$

由上式可知，竖向均布荷载作用下土体某一深度点的竖向附加应力 σ_z 与荷载作用面相对尺寸系数 k、n 和相对深度系数 m 以及土的泊松比 μ 有关，荷载作用面深度 h 隐含在上述相关系数中。土的泊松比 μ 取值对 σ_z 值影响幅度很小，在其他条件相同的情况下，由于 μ 值的不同而引起的误差一般都很小。为方便应用，这里暂不考虑 μ 取值影响，统一按 $\mu=0.35$ 进行分析。为此，σ_z 可近似用下式表示：

$$\sigma_z=\sigma_z(m,\ n,\ k)=\alpha_z(m,\ n,\ k)\cdot p \tag{3.4.60}$$

式中，$\alpha_z(m,\ n,\ k)$ 为地基内部竖向均布荷载作用下的角点竖向附加应力系数。

对于地基内部正方形竖向均布荷载，由于 $n=1$，则荷载作用面角点以下某一深度点的竖向附加应力 $\sigma_{z,a\times a}$ 仅与参数 m 和 k 有关。$\sigma_{z,a\times a}$ 可表示为：

$$\sigma_{z,a\times a}=\alpha_{z,a\times a}(m,\ k)\cdot p \tag{3.4.61}$$

利用式（3.4.59）和式（3.4.60）可计算得到对应不同参数 m 和 k 的正方形角点附加应力系数 $\alpha_{z,a\times a}(m,\ k)$，并编制成可供实际工程直接查表的表格，如表 3.4.3 所示。

对于矩形平面，角点下方某一深度点的竖向附加应力 $\sigma_{z,a\times b}$ 可表示为：

$$\sigma_{z,a\times b}=\alpha_{z,a\times b}(m,\ n,\ k)\cdot p \tag{3.4.62}$$

式中，$\alpha_{z,a\times b}(m,\ n,\ k)$ 为矩形平面（$a\times b$）的角点附加应力系数，可由式（3.4.59）和式（3.4.60）计算得到。显然，$\alpha_{z,a\times b}(m,\ n,\ k)$ 与 3 个参数 m、n、k 均相关，无法直接编制成表格。为此，将 $\alpha_{z,a\times b}(m,\ n,\ k)$ 用下式表示：

$$\alpha_{z,a\times b}(m,\ n,\ k)=\xi(m,\ n,\ k)\cdot\alpha_{z,a\times a}(m,\ k) \tag{3.4.63}$$

式中，$\xi(m,\ n,\ k)$ 称为矩形平面角点附加应力系数的修正系数，按下式计算：

$$\xi(m,\ n,\ k)=\frac{\alpha_{z,a\times b}(m,\ n,\ k)}{\alpha_{z,a\times a}(m,\ k)} \tag{3.4.64}$$

通过大量试算可以发现，$\xi(m,\ n,\ k)$ 随参数 m、n 显著变化，但参数 k 对其计算结果影响非常小。为便于表格编制，忽略参数的影响，并采用其平均值（即均化修正系数）$\bar{\xi}$ 来代替，即：

$$\xi(m,\ n,\ k)\approx\bar{\xi}(m,\ n) \tag{3.4.65}$$

为进一步减小误差，将参数 k 分为 3 个变化区间，即 $k=0.25\sim1.0$、$k=1.0\sim2.0$ 和 $k=2.0\sim5.0$，分别计算均化修正系数 $\bar{\xi}(m,\ n)$，并编制相应的表格，见表 3.4.4～表 3.4.6。

地基内部正方形竖向均布荷载作用下的角点竖向附加应力系数 $\alpha_{z,a\times a}$ 表 3.4.3

m \ k	0.25	0.5	0.75	1.0	1.2	1.4	1.6	1.8	2.0	2.2	2.5	2.8	3.0	3.2	3.5	3.8	4.0	4.5	5.0
0.01	0.131	0.148	0.169	0.189	0.203	0.215	0.224	0.230	0.236	0.239	0.243	0.246	0.247	0.248	0.249	0.249	0.249	0.250	0.250
0.1	0.129	0.144	0.164	0.184	0.197	0.208	0.217	0.224	0.230	0.234	0.239	0.242	0.243	0.244	0.246	0.247	0.247	0.248	0.249
0.2	0.125	0.140	0.159	0.177	0.190	0.200	0.209	0.216	0.222	0.227	0.232	0.235	0.237	0.239	0.241	0.242	0.243	0.244	0.245
0.3	0.122	0.136	0.153	0.170	0.182	0.192	0.201	0.208	0.213	0.218	0.223	0.227	0.229	0.231	0.233	0.235	0.236	0.238	0.239
0.4	0.117	0.131	0.147	0.163	0.174	0.183	0.191	0.198	0.203	0.208	0.214	0.218	0.220	0.222	0.224	0.226	0.227	0.229	0.231
0.5	0.112	0.125	0.140	0.155	0.165	0.174	0.181	0.188	0.193	0.197	0.203	0.207	0.209	0.211	0.214	0.216	0.217	0.219	0.221
0.6	0.106	0.119	0.133	0.147	0.156	0.164	0.171	0.177	0.182	0.186	0.191	0.196	0.198	0.200	0.202	0.204	0.206	0.208	0.210
0.7	0.100	0.112	0.126	0.138	0.147	0.154	0.161	0.166	0.171	0.175	0.180	0.184	0.186	0.188	0.190	0.192	0.194	0.196	0.198
0.8	0.094	0.106	0.118	0.130	0.138	0.145	0.151	0.156	0.160	0.164	0.168	0.172	0.174	0.176	0.178	0.180	0.181	0.184	0.186
0.9	0.088	0.099	0.111	0.121	0.129	0.135	0.141	0.145	0.149	0.153	0.157	0.160	0.162	0.164	0.166	0.168	0.169	0.172	0.173
1	0.082	0.092	0.103	0.113	0.120	0.126	0.131	0.135	0.139	0.142	0.146	0.149	0.151	0.153	0.155	0.157	0.158	0.160	0.161
1.1	0.076	0.086	0.097	0.106	0.112	0.117	0.122	0.126	0.129	0.132	0.136	0.139	0.140	0.142	0.144	0.145	0.146	0.148	0.150
1.2	0.071	0.080	0.090	0.099	0.104	0.109	0.114	0.117	0.120	0.123	0.126	0.129	0.130	0.132	0.134	0.135	0.136	0.138	0.139
1.3	0.066	0.075	0.084	0.092	0.097	0.102	0.106	0.109	0.112	0.114	0.117	0.120	0.121	0.122	0.124	0.125	0.126	0.128	0.129
1.4	0.061	0.070	0.078	0.086	0.091	0.095	0.098	0.101	0.104	0.106	0.109	0.111	0.112	0.114	0.115	0.116	0.117	0.119	0.120
1.5	0.057	0.065	0.073	0.080	0.085	0.088	0.092	0.094	0.097	0.099	0.101	0.103	0.105	0.106	0.107	0.108	0.109	0.110	0.111
1.6	0.053	0.061	0.068	0.075	0.079	0.082	0.085	0.088	0.090	0.092	0.094	0.096	0.097	0.098	0.099	0.100	0.101	0.102	0.103
1.7	0.049	0.057	0.064	0.070	0.074	0.077	0.080	0.082	0.084	0.086	0.088	0.090	0.090	0.091	0.092	0.093	0.094	0.095	0.096

续表

m \ k	0.25	0.5	0.75	1.0	1.2	1.4	1.6	1.8	2.0	2.2	2.5	2.8	3.0	3.2	3.5	3.8	4.0	4.5	5.0
1.8	0.046	0.053	0.060	0.065	0.069	0.072	0.075	0.077	0.078	0.080	0.082	0.083	0.084	0.085	0.086	0.087	0.088	0.089	0.089
1.9	0.043	0.050	0.056	0.061	0.065	0.067	0.070	0.072	0.073	0.075	0.076	0.078	0.079	0.079	0.080	0.081	0.082	0.083	0.083
2	0.040	0.047	0.053	0.058	0.061	0.063	0.065	0.067	0.069	0.070	0.072	0.073	0.074	0.074	0.075	0.076	0.076	0.077	0.078
2.2	0.035	0.041	0.047	0.051	0.054	0.056	0.058	0.059	0.060	0.061	0.063	0.064	0.065	0.065	0.066	0.066	0.067	0.067	0.068
2.4	0.031	0.037	0.042	0.045	0.048	0.050	0.051	0.052	0.053	0.054	0.055	0.056	0.057	0.057	0.058	0.058	0.059	0.059	0.060
2.5	0.029	0.035	0.039	0.043	0.045	0.047	0.048	0.049	0.050	0.051	0.052	0.053	0.054	0.054	0.055	0.055	0.055	0.056	0.056
2.6	0.028	0.033	0.037	0.041	0.043	0.044	0.046	0.047	0.048	0.048	0.049	0.050	0.050	0.051	0.051	0.052	0.052	0.053	0.053
2.8	0.025	0.030	0.034	0.036	0.038	0.040	0.041	0.042	0.043	0.043	0.044	0.045	0.045	0.045	0.046	0.046	0.046	0.047	0.047
3	0.022	0.027	0.030	0.033	0.034	0.036	0.037	0.038	0.038	0.039	0.039	0.040	0.040	0.041	0.041	0.041	0.041	0.042	0.042
3.5	0.018	0.021	0.024	0.026	0.027	0.028	0.029	0.029	0.030	0.030	0.031	0.031	0.031	0.031	0.032	0.032	0.032	0.032	0.033
4	0.014	0.017	0.020	0.021	0.022	0.023	0.023	0.023	0.024	0.024	0.024	0.025	0.025	0.025	0.025	0.025	0.025	0.026	0.026
4.5	0.012	0.014	0.016	0.017	0.018	0.018	0.019	0.019	0.019	0.020	0.020	0.020	0.020	0.020	0.020	0.021	0.021	0.021	0.021
5	0.010	0.012	0.014	0.015	0.015	0.015	0.016	0.016	0.016	0.016	0.017	0.017	0.017	0.017	0.017	0.017	0.017	0.017	0.017

均化修正系数 $\bar{\xi}$（m，n）（k=0.25～1.0） **表 3.4.4**

m \ n	1	1.2	1.4	1.5	1.6	1.8	2	2.2	2.5	2.8	3	3.5	4	4.5	5
0.01	1.000	1.022	1.041	1.050	1.057	1.071	1.082	1.092	1.103	1.112	1.119	1.133	1.143	1.151	1.157
0.1	1.000	1.024	1.044	1.053	1.061	1.075	1.087	1.097	1.109	1.119	1.125	1.139	1.149	1.158	1.164
0.2	1.000	1.027	1.048	1.057	1.066	1.081	1.093	1.104	1.117	1.128	1.134	1.147	1.158	1.167	1.174
0.3	1.000	1.030	1.053	1.063	1.072	1.089	1.102	1.114	1.128	1.139	1.146	1.158	1.170	1.179	1.186
0.4	1.000	1.035	1.061	1.072	1.082	1.099	1.114	1.127	1.142	1.154	1.161	1.174	1.186	1.196	1.203
0.5	1.000	1.040	1.071	1.083	1.094	1.113	1.129	1.143	1.160	1.173	1.180	1.195	1.207	1.217	1.225
0.6	1.000	1.047	1.082	1.096	1.109	1.129	1.148	1.163	1.181	1.196	1.204	1.220	1.232	1.243	1.252
0.7	1.000	1.055	1.095	1.111	1.125	1.149	1.169	1.186	1.206	1.222	1.231	1.249	1.262	1.274	1.283
0.8	1.000	1.063	1.109	1.127	1.143	1.170	1.193	1.212	1.234	1.252	1.262	1.281	1.296	1.309	1.319
0.9	1.000	1.071	1.123	1.144	1.163	1.193	1.219	1.240	1.265	1.285	1.296	1.318	1.334	1.348	1.359
1	1.000	1.079	1.138	1.162	1.183	1.218	1.246	1.270	1.298	1.320	1.333	1.357	1.375	1.391	1.403
1.1	1.000	1.087	1.153	1.179	1.203	1.242	1.275	1.301	1.333	1.358	1.371	1.398	1.419	1.436	1.450
1.2	1.000	1.095	1.167	1.197	1.223	1.267	1.304	1.333	1.369	1.397	1.412	1.442	1.465	1.484	1.499
1.3	1.000	1.102	1.181	1.214	1.243	1.292	1.333	1.366	1.406	1.437	1.454	1.487	1.513	1.534	1.551
1.4	1.000	1.109	1.194	1.230	1.262	1.317	1.362	1.398	1.443	1.477	1.496	1.533	1.563	1.586	1.604
1.5	1.000	1.115	1.207	1.246	1.281	1.341	1.390	1.431	1.480	1.518	1.539	1.580	1.613	1.639	1.659
1.6	1.000	1.121	1.219	1.261	1.299	1.364	1.418	1.463	1.517	1.559	1.582	1.628	1.665	1.693	1.715
1.7	1.000	1.126	1.230	1.275	1.316	1.387	1.445	1.494	1.553	1.600	1.625	1.677	1.717	1.748	1.772
1.8	1.000	1.131	1.241	1.289	1.332	1.408	1.471	1.525	1.589	1.640	1.668	1.725	1.770	1.803	1.830
1.9	1.000	1.136	1.251	1.301	1.348	1.429	1.497	1.554	1.624	1.680	1.711	1.774	1.822	1.859	1.888
2	1.000	1.140	1.260	1.313	1.362	1.448	1.521	1.582	1.658	1.719	1.752	1.822	1.875	1.915	1.944
2.2	1.000	1.148	1.277	1.334	1.388	1.484	1.566	1.636	1.724	1.794	1.834	1.917	1.978	2.026	2.055
2.4	1.000	1.154	1.291	1.353	1.411	1.515	1.606	1.685	1.784	1.866	1.913	2.008	2.080	2.132	2.165
2.5	1.000	1.157	1.297	1.361	1.421	1.530	1.625	1.708	1.813	1.901	1.951	2.053	2.130	2.183	2.220
2.6	1.000	1.160	1.303	1.369	1.430	1.543	1.642	1.729	1.841	1.934	1.987	2.096	2.179	2.234	2.273
2.8	1.000	1.164	1.313	1.382	1.448	1.568	1.675	1.770	1.893	1.997	2.056	2.179	2.269	2.332	2.379
3	1.000	1.168	1.322	1.394	1.463	1.590	1.704	1.807	1.941	2.055	2.121	2.258	2.356	2.428	2.482
3.5	1.000	1.176	1.340	1.418	1.493	1.634	1.764	1.883	2.042	2.179	2.259	2.426	2.553	2.651	2.725
4	1.000	1.181	1.353	1.435	1.515	1.667	1.808	1.939	2.118	2.275	2.368	2.568	2.726	2.850	2.947
4.5	1.000	1.184	1.361	1.447	1.530	1.690	1.840	1.982	2.176	2.351	2.457	2.688	2.875	3.026	3.147
5	1.000	1.187	1.368	1.455	1.541	1.707	1.865	2.015	2.223	2.413	2.530	2.788	3.003	3.183	3.332

均化修正系数 $\bar{\xi}$（m，n）（k=1.0～2.0）　　表 3.4.5

m \ n	1	1.2	1.4	1.5	1.6	1.8	2	2.2	2.5	2.8	3	3.5	4	4.5	5
0.01	1.000	1.025	1.041	1.047	1.053	1.060	1.065	1.069	1.072	1.074	1.075	1.076	1.077	1.077	1.077
0.1	1.000	1.028	1.047	1.054	1.060	1.069	1.075	1.079	1.083	1.086	1.087	1.088	1.089	1.089	1.089
0.2	1.000	1.032	1.054	1.062	1.069	1.079	1.087	1.092	1.097	1.100	1.101	1.103	1.104	1.105	1.105
0.3	1.000	1.036	1.061	1.071	1.079	1.092	1.100	1.107	1.113	1.117	1.118	1.121	1.122	1.123	1.123
0.4	1.000	1.042	1.071	1.082	1.091	1.106	1.116	1.124	1.132	1.136	1.138	1.142	1.143	1.144	1.145
0.5	1.000	1.048	1.082	1.094	1.105	1.123	1.135	1.144	1.153	1.159	1.162	1.166	1.168	1.169	1.170
0.6	1.000	1.055	1.094	1.109	1.121	1.141	1.156	1.167	1.178	1.185	1.188	1.193	1.196	1.197	1.198
0.7	1.000	1.062	1.107	1.124	1.139	1.162	1.179	1.192	1.205	1.214	1.218	1.224	1.227	1.229	1.230
0.8	1.000	1.070	1.120	1.140	1.157	1.184	1.204	1.219	1.235	1.245	1.250	1.258	1.262	1.265	1.266
0.9	1.000	1.078	1.134	1.157	1.176	1.207	1.230	1.248	1.267	1.279	1.285	1.295	1.300	1.303	1.305
1	1.000	1.085	1.149	1.174	1.196	1.231	1.258	1.278	1.300	1.315	1.322	1.333	1.340	1.344	1.346
1.1	1.000	1.093	1.163	1.191	1.215	1.255	1.286	1.309	1.334	1.352	1.360	1.374	1.382	1.387	1.389
1.2	1.000	1.100	1.176	1.207	1.235	1.280	1.314	1.341	1.370	1.390	1.400	1.417	1.426	1.432	1.435
1.3	1.000	1.106	1.189	1.224	1.254	1.303	1.342	1.372	1.406	1.429	1.441	1.460	1.471	1.478	1.482
1.4	1.000	1.113	1.202	1.239	1.272	1.327	1.370	1.404	1.442	1.468	1.482	1.505	1.518	1.526	1.531
1.5	1.000	1.119	1.214	1.254	1.289	1.350	1.397	1.435	1.478	1.508	1.523	1.550	1.566	1.575	1.581
1.6	1.000	1.124	1.225	1.268	1.306	1.371	1.424	1.465	1.513	1.547	1.565	1.595	1.614	1.625	1.632
1.7	1.000	1.129	1.235	1.281	1.322	1.392	1.449	1.495	1.548	1.586	1.606	1.641	1.662	1.675	1.684
1.8	1.000	1.134	1.245	1.293	1.337	1.412	1.474	1.524	1.582	1.625	1.647	1.686	1.711	1.726	1.736
1.9	1.000	1.138	1.254	1.305	1.351	1.431	1.498	1.552	1.616	1.663	1.688	1.732	1.760	1.777	1.789
2	1.000	1.142	1.263	1.316	1.364	1.450	1.520	1.579	1.648	1.700	1.727	1.777	1.808	1.828	1.841
2.2	1.000	1.149	1.278	1.335	1.389	1.483	1.562	1.629	1.710	1.772	1.805	1.865	1.905	1.930	1.948
2.4	1.000	1.155	1.291	1.352	1.410	1.512	1.601	1.676	1.768	1.840	1.878	1.951	1.999	2.031	2.053
2.5	1.000	1.157	1.297	1.360	1.419	1.526	1.618	1.697	1.795	1.872	1.914	1.993	2.046	2.081	2.106
2.6	1.000	1.160	1.302	1.367	1.428	1.539	1.635	1.718	1.821	1.903	1.948	2.034	2.091	2.131	2.158
2.8	1.000	1.164	1.312	1.380	1.445	1.562	1.666	1.756	1.870	1.962	2.013	2.112	2.181	2.228	2.261
3	1.000	1.167	1.320	1.391	1.459	1.583	1.693	1.791	1.915	2.018	2.075	2.187	2.267	2.322	2.362
3.5	1.000	1.174	1.337	1.414	1.487	1.625	1.750	1.863	2.012	2.138	2.210	2.358	2.466	2.546	2.604
4	1.000	1.180	1.349	1.430	1.508	1.657	1.794	1.920	2.089	2.236	2.323	2.504	2.643	2.748	2.828
4.5	1.000	1.183	1.358	1.442	1.524	1.681	1.827	1.964	2.151	2.317	2.416	2.629	2.797	2.929	3.032
5	1.000	1.186	1.365	1.452	1.536	1.699	1.854	1.999	2.201	2.383	2.493	2.735	2.931	3.090	3.216

均化修正系数 $\bar{\xi}$ (m，n) (k=2.0～5.0) **表 3.4.6**

m \ n	1	1.2	1.4	1.5	1.6	1.8	2	2.2	2.5	2.8	3	3.5	4	4.5	5
0.01	1.000	1.007	1.011	1.012	1.012	1.013	1.014	1.014	1.014	1.014	1.014	1.014	1.014	1.014	1.014
0.1	1.000	1.010	1.015	1.017	1.018	1.019	1.020	1.021	1.021	1.021	1.021	1.021	1.021	1.021	1.021
0.2	1.000	1.014	1.022	1.024	1.026	1.028	1.030	1.031	1.031	1.032	1.032	1.032	1.032	1.032	1.032
0.3	1.000	1.019	1.030	1.034	1.037	1.040	1.043	1.044	1.045	1.046	1.046	1.047	1.047	1.047	1.047
0.4	1.000	1.026	1.041	1.046	1.050	1.055	1.058	1.061	1.063	1.064	1.064	1.065	1.065	1.065	1.065
0.5	1.000	1.033	1.053	1.059	1.065	1.072	1.077	1.081	1.084	1.085	1.086	1.087	1.087	1.088	1.088
0.6	1.000	1.041	1.066	1.075	1.082	1.092	1.099	1.104	1.108	1.110	1.111	1.113	1.113	1.114	1.114
0.7	1.000	1.049	1.081	1.092	1.101	1.114	1.123	1.129	1.135	1.138	1.140	1.142	1.143	1.144	1.144
0.8	1.000	1.058	1.096	1.110	1.121	1.138	1.149	1.157	1.165	1.169	1.171	1.174	1.176	1.177	1.177
0.9	1.000	1.066	1.111	1.128	1.141	1.162	1.177	1.187	1.196	1.202	1.205	1.209	1.212	1.213	1.213
1	1.000	1.075	1.127	1.146	1.162	1.187	1.205	1.218	1.230	1.238	1.241	1.247	1.250	1.251	1.252
1.1	1.000	1.083	1.142	1.164	1.183	1.213	1.234	1.249	1.265	1.275	1.279	1.286	1.290	1.292	1.294
1.2	1.000	1.091	1.156	1.182	1.204	1.239	1.264	1.282	1.301	1.313	1.319	1.328	1.333	1.335	1.337
1.3	1.000	1.098	1.171	1.199	1.224	1.264	1.293	1.315	1.337	1.352	1.359	1.370	1.376	1.380	1.382
1.4	1.000	1.105	1.184	1.216	1.244	1.289	1.322	1.347	1.374	1.392	1.400	1.414	1.422	1.426	1.429
1.5	1.000	1.111	1.197	1.232	1.263	1.313	1.351	1.380	1.411	1.432	1.442	1.458	1.468	1.473	1.477
1.6	1.000	1.117	1.209	1.247	1.280	1.336	1.379	1.411	1.447	1.472	1.484	1.504	1.515	1.522	1.526
1.7	1.000	1.122	1.220	1.261	1.298	1.358	1.406	1.442	1.483	1.511	1.525	1.549	1.563	1.571	1.576
1.8	1.000	1.127	1.231	1.275	1.314	1.380	1.432	1.473	1.519	1.551	1.567	1.595	1.611	1.620	1.627
1.9	1.000	1.132	1.241	1.287	1.329	1.400	1.457	1.502	1.553	1.590	1.608	1.640	1.659	1.671	1.678
2	1.000	1.136	1.250	1.299	1.343	1.419	1.481	1.531	1.587	1.628	1.649	1.685	1.707	1.721	1.730
2.2	1.000	1.144	1.266	1.320	1.369	1.455	1.526	1.584	1.652	1.703	1.729	1.775	1.804	1.822	1.834
2.4	1.000	1.150	1.281	1.339	1.392	1.487	1.567	1.634	1.713	1.773	1.805	1.863	1.900	1.923	1.939
2.5	1.000	1.153	1.287	1.347	1.403	1.502	1.586	1.657	1.742	1.807	1.842	1.906	1.947	1.973	1.991
2.6	1.000	1.156	1.293	1.355	1.413	1.516	1.604	1.679	1.770	1.840	1.878	1.948	1.993	2.023	2.043
2.8	1.000	1.160	1.304	1.369	1.430	1.541	1.637	1.720	1.822	1.903	1.947	2.029	2.085	2.122	2.147
3	1.000	1.164	1.313	1.381	1.446	1.564	1.667	1.757	1.871	1.961	2.012	2.108	2.173	2.218	2.249
3.5	1.000	1.172	1.331	1.406	1.477	1.610	1.729	1.836	1.975	2.090	2.156	2.286	2.380	2.447	2.496
4	1.000	1.178	1.345	1.424	1.500	1.645	1.777	1.898	2.059	2.196	2.276	2.442	2.565	2.658	2.726
4.5	1.000	1.182	1.355	1.438	1.518	1.671	1.814	1.946	2.126	2.283	2.377	2.575	2.729	2.847	2.938
5	1.000	1.185	1.362	1.448	1.531	1.692	1.843	1.985	2.180	2.354	2.460	2.688	2.871	3.016	3.131

对于地基内部竖向均布荷载作用下，荷载作用面以下任一点的附加应力可利用“角点法”进行查表计算。如图 3.4.31 所示，在地基内部深度 h 处矩形竖向均布荷载 p 作用下，对于作用面中的任一点 O 点，可求得该点以下任意深度 z 处的竖向附加应力为：

$$\begin{aligned}\sigma_{z,O} &= \sigma_{z,O}^{\mathrm{I}} + \sigma_{z,O}^{\mathrm{II}} + \sigma_{z,O}^{\mathrm{III}} + \sigma_{z,O}^{\mathrm{IV}} \\ &= p[\bar{\xi}(m_{\mathrm{I}}, n_{\mathrm{I}}) \cdot \alpha_{z,a\times a}(m_{\mathrm{I}}, k_{\mathrm{I}}) + \bar{\xi}(m_{\mathrm{II}}, n_{\mathrm{II}}) \cdot \alpha_{z,a\times a}(m_{\mathrm{II}}, k_{\mathrm{II}}) \\ &\quad + \bar{\xi}(m_{\mathrm{III}}, n_{\mathrm{III}}) \cdot \alpha_{z,a\times a}(m_{\mathrm{III}}, k_{\mathrm{III}}) + \bar{\xi}(m_{\mathrm{IV}}, n_{\mathrm{IV}}) \cdot \alpha_{z,a\times a}(m_{\mathrm{IV}}, k_{\mathrm{IV}})]\end{aligned}$$

式中，正方形角点附加应力系数 $\alpha_{z,a\times a}$ 可直接查表 3.4.3 得到；均化修正系数 $\bar{\xi}$ 可分别查表 3.4.4～表 3.4.6 得到。其中：

$$m_{\mathrm{I}} = z/\overline{OD},\ k_{\mathrm{I}} = \overline{OD}/h,\ n_{\mathrm{I}} = \overline{OB}/\overline{OD}$$

$$m_{\mathrm{II}} = z/\overline{OF},\ k_{\mathrm{II}} = \overline{OF}/h,\ n_{\mathrm{II}} = \overline{OD}/\overline{OF}$$

$$m_{\mathrm{III}} = z/\overline{OH},\ k_{\mathrm{III}} = \overline{OH}/h,\ n_{\mathrm{III}} = \overline{OB}/\overline{OH}$$

$$m_{\mathrm{IV}} = z/\overline{OH},\ k_{\mathrm{IV}} = \overline{OH}/h,\ n_{\mathrm{IV}} = \overline{OF}/\overline{OH}$$

对于非矩形竖向均布荷载作用面，如图 3.4.32 所示的 L 形作用面中的任一点 O，同样可利用角点法和查表求得该点在作用面以下任意深度 z 处的附加应力。

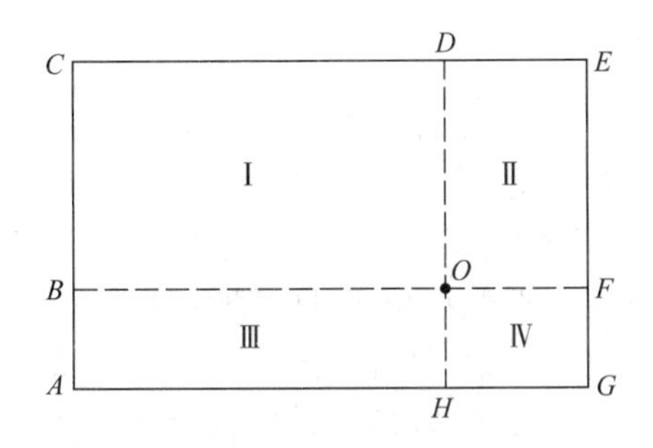

图 3.4.31　矩形平面任一点计算示意

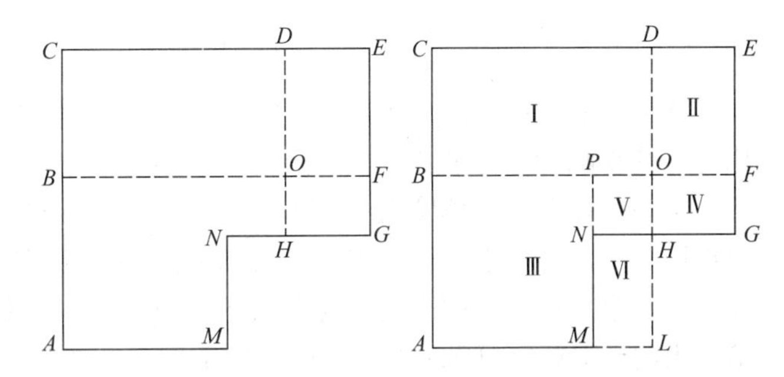

图 3.4.32　L 形平面以下任一点计算示意

对于参数 k 小于 0.25 的情况，也可采用表 3.4.4 进行查表计算，误差并不大。经过大量的查表试算，查表法计算结果与理论结果之间的误差均较小，绝大多数情况下，误差在 5%以内。需要说明的是，上述表格均是针对泊松比等于 0.35 计算得到的，由于泊松比影响非常小，故能较好满足实际工程精度要求。如需更精准的计算，也可根据不同 μ 值编制更多的表格。

算例：某基坑平面尺寸为 60m×90m（图 3.4.33），开挖深度 $h=20\text{m}$ 开挖深度范围内土体平均有效重度为 $\bar{\gamma}'=15\text{kN/m}^3$，为计算开挖卸荷引起坑底以下土体的竖向附加应力，可将土体开挖卸荷视为在基坑底部施加一个垂直向上的分布荷载 $q=\bar{\gamma}'h=300\text{kN/m}^2$。图 3.4.34 为采用查表法计算得到的坑底以下不同深度处的竖向卸荷附加应力与理论解的对比，可见两者计算结果吻合良好，结果误差均小于 2%。

4. 开挖影响计算深度 H_c

当基坑开挖时，位于基坑底部被动区的土体由于上部土体的卸除，在一定深度范围内将会产生回弹变形，其应力场和土体的强度也会发生变化。研究发现，这一变化只局限在开挖基坑底部一定深度范围内，称这一改变土体性状的深度范围为卸荷影响深度。

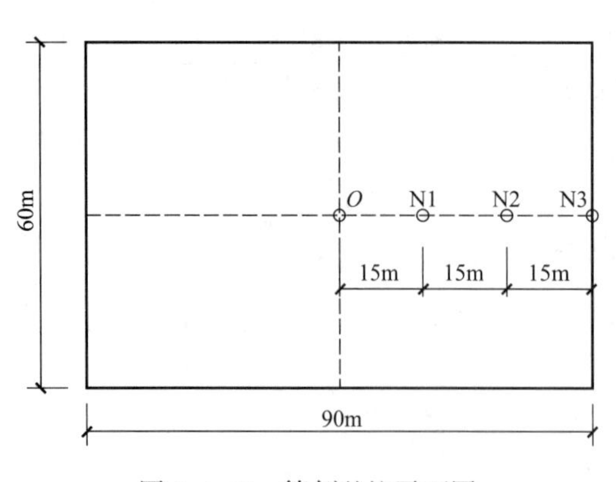

图 3.4.33　算例基坑平面图

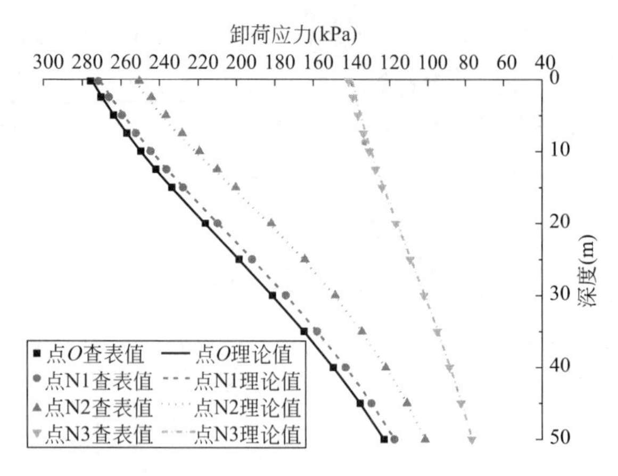

图 3.4.34　算例查表法与理论解对比

李超[56] 通过研究认为，基坑大面积开挖均匀卸荷的情况下，坑底土体回弹变形的极限深度为 $2h$（h 为开挖深度），并认为实际工程中基坑回弹变形的极限深度为 $1.5h$。刘国彬建议把残余应力系数为 0.95 时的深度作为开挖卸荷影响深度，并根据上海地区大量工程实例得出如下经验公式[21]：

$$H_c = \frac{h}{0.0612h + 0.19} \tag{3.4.66}$$

基于 Mindlin 解计算开挖后桩侧摩阻力时，也只需要计算一定深度范围即可，该深度称为开挖影响计算深度 H_c，并定义为开挖前后侧摩阻变化率为 5%时对应的深度。

影响开挖前后桩侧摩阻力的因素主要有开挖深度 h、开挖宽度 a、土体内摩擦角 φ 和泊松比 μ。周平槐等[57] 通过逐一讨论各参数对 H_c 的影响，近似得出了 H_c 的计算公式。同时为了避免坑底处卸荷附加应力大于自重应力，从距坑底 $0.05h$ 处开始计算。上述计算结果表明，开挖深度和宽度对 H_c 的影响明显，土体内摩擦角的影响较小，而泊松比的影响可以忽略。

5. 工程实例

杭州萧山国际机场总平面图如图 3.4.35 所示，典型地质剖面图如图 3.4.36 所示各土层物理力学指标见表 3.4.7。已建的 T1 和 T3 为国内航站楼，T2 为国际航站楼。新建 T4 航站楼采用集中式主楼加指廊构型，分为主楼和南北候机指廊，其中北侧布置 4 根指廊、南侧布置 3 根指廊。主楼面宽约 440m，进深约 160m，指廊宽度均为 42m。航站楼与交通中心通过连廊相连。

陆侧交通中心位于新建 T4 航站楼与已建 T1、T2、T3 航站楼围合区域，为整个航站区提供社会车辆停靠、各类公交大巴运行、高铁地铁轨交系统集成，实现航站楼与各类交通方式之间的高效换乘，包括进出航站楼的各换乘空间设施（站点）、社会车辆停车库、各类公交巴士车辆的候车/停蓄车设施，以及串联这一系列空间设施的交通换乘通道。

交通中心包含换乘中心、停车库、旅客过夜用房、机场业务用房；换乘中心地下 4 层，地上 2 层；停车库地下 4 层，地上 1 层；酒店、办公等单体从停车库大底盘上升出，地上 10 层。换乘中心与停车库的典型柱网尺寸为 18m×18m，采用钢筋混凝土框架结构，桩筏基础。交通中心基坑平面尺寸约 420m×285m，基坑开挖面积约 11.2 万 m^2，开挖深度约 19m。

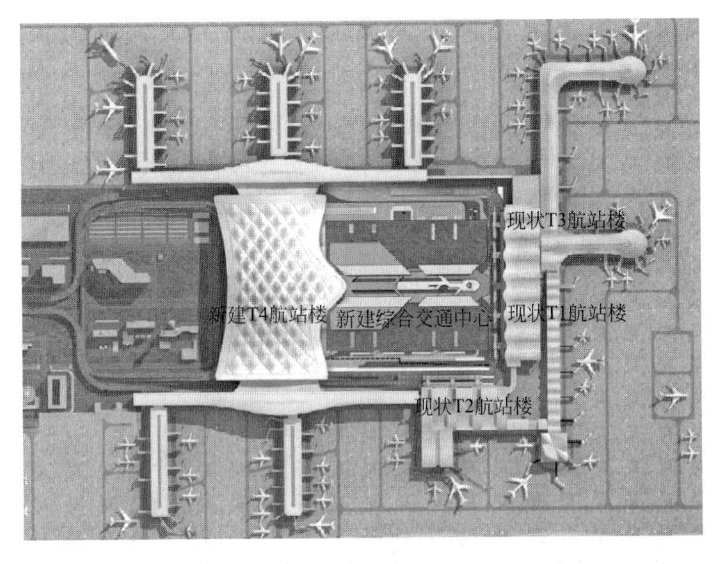

图 3.4.35　杭州萧山国际机场 T4 航站楼及陆侧交通中心总平面

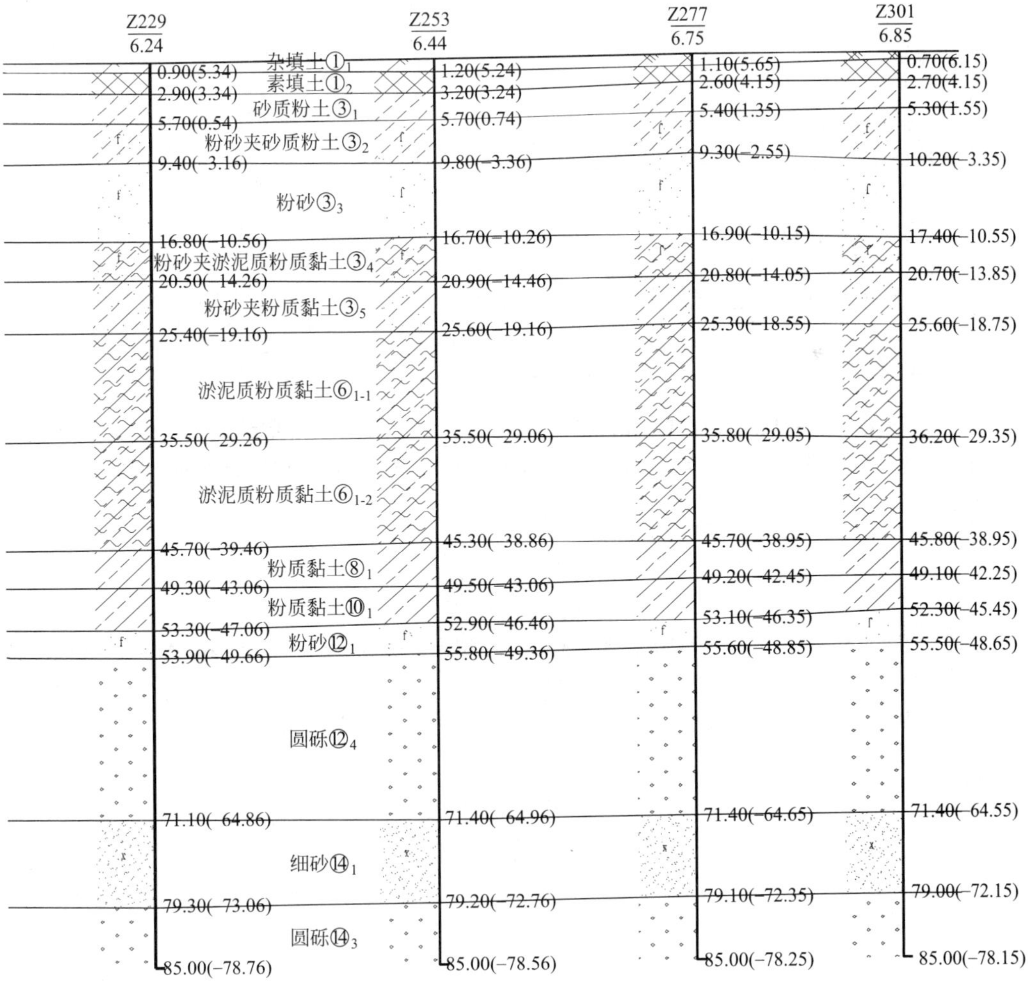

图 3.4.36　萧山机场 T4 航站楼陆侧交通中心工程典型地质剖面图

基坑平面形状为矩形，利用查表法可计算得到各计算点的卸荷应力，利用开挖卸荷后各计算点的竖向有效应力，按公式（3.4.54）可计算坑底不同位置基桩的侧摩阻力折减系数，进而求得折减后的单桩抗压和抗拔极限承载力。开挖后基桩侧摩阻力折减系数 f_{s1}/f_{s0} 的计算过程见表 3.4.8 和表 3.4.9，表中 $f_{s1}f_{s0}$ 为考虑开挖卸荷影响后的桩侧摩阻力折减系数。从计算结果可以看出，开挖卸荷引起的基底土体竖向附加应力随深度不断减小，桩侧摩阻力折减系数随深度增大，从接近坑底的 0.120 逐渐增大到桩端位置的 0.892。

对于基坑中央区域，抗压桩的桩侧总极限摩阻力折减系数为 0.75，单桩抗压承载力折减系数为 0.827（桩端持力层较深，故不考虑桩端阻力减小）；抗拔桩的桩侧总极限摩阻力折减系数为 0.759，计入桩体自身有效重量后的单桩抗拔承载力特征值折减系数为 0.789。

各土层物理力学参数 **表 3.4.7**

层号	土层名称	含水量	重度	钻孔灌注桩设计参数			直剪固结快剪	
		W_0	γ	q_{sik}	q_{pk}	λ_i	c	φ
		%	kN/m^3	kPa	kPa	—	kPa	°
①$_1$	杂填土		(17.5)				(2)	(8)
①$_2$	素填土	30.2	(18.7)				(2)	(13)
③$_1$	砂质粉土	27.0	18.7	32		0.70	3	23
③$_2$	粉砂夹砂质粉土	25.5	19.1	40		0.70	2	27.5
③$_3$	粉砂	23.2	19.2	44		0.60	3	28
③$_4$	粉砂夹淤泥质黏土	26.4	18.8	36		0.65	3	21
③$_5$	砂质粉土夹粉砂	25.6	19.0	48		0.70	2	29
⑥$_{1-1}$	淤泥质粉质黏土	42.9	17.3	15		0.60	12.5	9.7
⑥$_{1-2}$	淤泥质粉质黏土	39.1	17.4	16		0.60	13	10
⑧$_1$	粉质黏土	32.5	17.6	28		0.75	19	12.5
⑩$_1$	含砂粉质黏土	25.4	18.9	38		0.75	26	14
⑫$_1$	粉砂	21.1	19.4	48		0.60	1	30
⑫$_4$	圆砾		20.5	130	5000	0.75	3	35

开挖卸荷后坑底工程桩（立柱桩）侧摩阻力折减系数 f_{s1}/f_{s0} 的计算过程表 **表 3.4.8**

层号	土层名称	层厚	有效重度	qsi	λ_i	效Φ（°	效Φ（°	有效重度	计算厚度	层底标高	计算点深度	σ_{v0}	相对深度	系数α1	$\Delta\sigma_{v1}$	σ_{v1}	OCR	sinΦ'	OCR$^\alpha$	fs1/fs0
							/	0	0	0	0	0.00								
1-1	杂填土	0.9	7.5				/	8	0.90	0.9	0.45	3.60								
1-2	素填土	2	8.7				/	8	2.00	2.9	1.90	15.20								
3-1	砂质粉土	2.8	8.7				/	7.7	1.40	4.3	3.60	28.59								
							/	7.7	1.40	5.7	5.00	39.37								
3-2	粉砂夹砂质粉土	3.7	9.1				/	8.7	3.70	9.4	7.55	60.86								
3-3	粉砂	7.4	9.2				/	7.7	3.70	13.1	11.25	91.20								
							/	7.7	3.70	16.8	14.95	119.69								
3-4	粉砂夹淤泥质土	3.7	8.8	20	0.65	21	/	7.7	1.00	17.8	17.30	137.78	挖深h=							
							/	7.7	1.20	19	18.40	146.25	19.000	150.8700						
							21	7.7	1.50	20.5	19.75	156.65	0.039	0.9975	-150.87	5.78	27.125	0.358	3.262	0.120
3-5	粉砂夹粉质黏土	4.9	9	48	0.70	29	29	7.7	2.40	22.9	21.70	171.66	0.142	0.9961	-150.87	20.79	8.257	0.485	2.781	0.337
							29	7.7	2.50	25.4	24.15	190.53	0.271	0.9936	-150.87	39.66	4.805	0.485	2.140	0.445
6-1-1	淤泥质粉质黏土	10.1	7.3	15	0.60	12	12	7.1	2.50	27.9	26.65	209.03	0.403	0.9905	-150.87	58.16	3.594	0.208	1.305	0.363
							12	7.1	2.50	30.4	29.15	226.78	0.534	0.9866	-150.87	75.91	2.988	0.208	1.255	0.420
							12	7.1	2.50	32.9	31.65	244.53	0.666	0.9819	-150.87	93.66	2.611	0.208	1.221	0.468
							12	9	2.60	35.5	34.20	265.10	0.800	0.9766	-150.87	114.23	2.321	0.208	1.191	0.513
6-1-2	淤泥质粉质黏土	10.2	7.4	16	0.60	13	13	9	2.50	38	36.75	288.05	0.934	0.9672	-150.87	137.18	2.100	0.225	1.182	0.563
							13	9	2.50	40.5	39.25	310.55	1.066	0.9621	-150.87	159.68	1.945	0.225	1.161	0.597
							13	8.9	2.50	43	41.75	332.93	1.197	0.9525	-150.87	182.06	1.829	0.225	1.145	0.626
							13	8.9	2.70	45.7	44.35	356.07	1.334	0.9425	-150.87	205.20	1.735	0.225	1.132	0.652
8-1	粉质黏土	3.6	7.6	28	0.75	16	16	8	1.80	47.5	46.60	375.28	1.453	0.9337	-150.87	224.41	1.672	0.276	1.152	0.689
							16	8	1.80	49.3	48.40	389.68	1.547	0.9268	-150.87	238.81	1.632	0.276	1.144	0.701
10-1	粉质黏土	4	8.9	38	0.75	17	17	9.6	2.00	51.3	50.30	406.48	1.647	0.9195	-150.87	255.61	1.590	0.292	1.145	0.720
							17	9.6	2.00	53.3	52.30	425.68	1.753	0.9118	-150.87	274.81	1.549	0.292	1.136	0.734
12-1	粉砂	2.6	9.4	48	0.60	33	33	9.9	2.60	55.9	54.60	448.15	1.874	0.9029	-150.87	297.28	1.508	0.544	1.250	0.829
12-4	圆砾	10	10.5	130	0.75	40	40	10.00	2.00	57.9	56.90	471.02	1.995	0.8945	-150.87	320.15	1.471	0.643	1.282	0.871
							40	10.00	2.00	59.9	58.90	491.02	2.100	0.8835	-150.87	340.15	1.444	0.643	1.266	0.877
							40	10.00	2.00	61.9	60.90	511.02	2.205	0.8728	-150.87	360.15	1.419	0.643	1.252	0.882
							40	10.00	2.00	63.9	62.90	531.02	2.311	0.8621	-150.87	380.15	1.397	0.643	1.240	0.887
							40	10.00	2.00	65.9	64.90	551.02	2.416	0.8514	-150.87	400.15	1.377	0.643	1.228	0.892

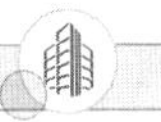

开挖卸荷后坑底工程桩（立柱桩）抗压桩、抗拔桩单桩承载力折减系数计算表　　表 3.4.9

fs1/fs0	qsi	λ_i	前Σqsi	后Σqsi	前Σqsi	后Σqsi
		桩径D=	0.80			
		端阻qa=	5000.00			
	桩自重	G'=	281.42			
0.120	20.00	0.65	75.36	9.06	48.98	5.89
0.337	48.00	0.70	289.38	97.48	202.57	68.24
0.445	48.00	0.70	301.44	134.24	211.01	93.96
0.363	15.00	0.60	94.20	34.19	56.52	20.51
0.420	15.00	0.60	94.20	39.58	56.52	23.75
0.468	15.00	0.60	94.20	44.04	56.52	26.43
0.513	15.00	0.60	97.97	50.28	58.78	30.17
0.563	16.00	0.60	100.48	56.54	60.29	33.92
0.597	16.00	0.60	100.48	60.00	60.29	36.00
0.626	16.00	0.60	100.48	62.93	60.29	37.76
0.652	16.00	0.60	108.52	70.79	65.11	42.47
0.689	28.00	0.75	126.60	87.23	94.95	65.42
0.701	28.00	0.75	126.60	88.79	94.95	66.60
0.720	38.00	0.75	190.91	137.48	143.18	103.11
0.734	38.00	0.75	190.91	140.06	143.18	105.05
0.829	48.00	0.60	313.50	260.03	188.10	156.02
0.871	130.00	0.75	653.12	568.92	489.84	426.69
0.877	130.00	0.75	653.12	572.80	489.84	429.60
0.882	130.00	0.75	653.12	576.33	489.84	432.25
0.887	130.00	0.75	653.12	579.56	489.84	434.67
0.892	130.00	0.75	653.12	582.54	489.84	436.90
		Σqsi=	5670.84	4252.87	4050.45	3075.41
	抗拔桩	Σqsi=	2025.22	1537.70	0.759	考虑卸荷/
		Rb=	2306.65	1819.13	0.789	不卸荷之比
	抗压桩	Σqsi=	2835.42	2126.44	0.750	考虑卸荷/
		Qpa=	1256.00	1256.00		不卸荷之比
		Ra=	4091.42	3382.44	0.827	

3.4.5 开挖卸荷条件下立柱桩（工程桩）沉降计算

1. 考虑开挖卸荷的立柱桩（工程桩）沉降计算方法

立柱桩（工程桩）的桩顶沉降等于桩端沉降和桩身弹性压缩之和，即第 i 桩的桩顶沉降 s_i 为：

$$s_i = s_{bi} + s_{ei} \tag{3.4.67}$$

式中，s_{bi} 为第 i 桩的桩端沉降；s_{ei} 为第 i 桩的桩身压缩，可按式（3.3.4）计算。

软土地基高层建筑为满足桩基沉降，桩端需要进入下部坚硬土层或岩层，桩一般都比较长。对于单桩来说，桩顶轴力作用下的桩顶沉降主要为桩身弹性压缩，桩端土沉降一般较小，这可以从大量的单桩静载荷试验结果得到验证；但对于群桩来说，需要考虑桩与桩之间的相互影响，即“群桩效应”，群桩中各单桩的桩顶沉降主要为桩端以下土层的压缩变形，即桩端沉降 s_{bi}，而桩身压缩 s_{ei} 的占比一般非常小，这是群桩沉降和单桩沉降之间的显著不同之处。

深基坑开挖引起坑底土体卸荷回弹，使坑底工程桩产生上抬趋势，并在桩身产生一定的轴向拉力，但这种轴向拉力引起的桩身伸长量一般不大，与群桩桩顶沉降量比可予以忽略，同时假定坑底土体回弹不会导致坑底工程桩桩端与土体脱空（长桩在逆作条件下一般不会桩端产生脱空）。考虑开挖卸荷影响后，群桩的桩端沉降 s_{bi} 仍采用基于 Mindlin 应力解的分层总和法进行计算：

$$s_{bi}=\begin{cases}\sum_{k=1}^{m}\dfrac{\sigma_{zk,i}}{E_{sk}}\Delta z_k & (\sigma_{zk,i}\leqslant\sigma_{\text{unload\_}zk,i})\\ \sum_{k=1}^{m}\dfrac{\sigma_{\text{unload\_}zk,i}}{E_{\text{rc\_}sk}}\Delta z_k+\sum_{k=1}^{m}\dfrac{\sigma_{zk,i}-\sigma_{\text{unload\_}zk,i}}{E_{sk}}\Delta z_k & (\sigma_{zk,i}>\sigma_{\text{unload\_}zk,i})\end{cases}\tag{3.4.68}$$

式中，$\sigma_{zk,i}$ 为各基桩对第 i 桩桩端平面以下计算点产生的附加竖向应力之和，按式（3.3.7）计算，应力计算点取桩身轴线上第 k 计算土层 1/2 厚度处；$\sigma_{\text{unload\_}zk,i}$ 为第 i 桩桩端平面以下计算点的竖向卸荷应力，应力计算点取桩身轴线上第 k 计算土层 1/2 厚度处，可按本书第 3.4.4 节的查表法计算或直接基于 Mindlin 应力解编程计算；E_{sk} 为第 k 计算土层的压缩模量（MPa），采用土的自重压力至土的自重压力加附加压力作用时的压缩模量；$E_{\text{rc\_}sk}$ 为第 k 计算土层的回弹再压缩模量（MPa）；Δz_k 为桩端以下第 k 计算土层的厚度（m）；m 为沉降计算深度范围内土层的计算分层数。

在逆作施工阶段，基础筏板尚未施工，群桩中各单桩的桩顶沉降可直接利用式（3.4.67）和式（3.4.68）计算得到。逆作结束、群桩基础筏板施工完成后，需要考虑群桩-筏板-上部结构之间的共同工作。为考虑群桩-筏板-上部结构之间的共同工作，可采用如下分析流程进行迭代计算：

（1）建立高层建筑群桩-筏板-上部结构的计算模型，其中筏板采用考虑剪切变形的厚板单元模拟，桩采用竖向弹簧单元代替，并假设每根桩的竖向刚度初始值为 K_{0i}（第 i 桩的初始刚度）。

（2）利用群桩-筏板-上部结构模型，可计算得到每一节点反力 F_i，该反力 F_i 即为作用于第 i 桩的桩顶集中力。

（3）计算每根桩在桩端以下土体的附加应力 $\sigma_{zk,i}$ 和卸荷应力 $\sigma_{\text{unload\_}zk,i}$，附加应力 $\sigma_{zk,i}$ 包括本桩荷载引起的附加应力和周围邻桩引起的附加应力。

（4）按照有限压缩层模型，利用式（3.4.67）和式（3.4.68）计算群桩中每根单桩的桩顶沉降 s_i； 根据 $K_i=F_i/s_i$ 计算得到每一根桩的新的单桩刚度 K_i。

（5）将新的单桩刚度 K_i 重新代入计算模型，并重复上述步骤（2）～（4）。一般情况下，只要重复上述迭代过程 3～5 次，即可使群桩中各单桩的桩顶沉降与对应节点的筏板竖向变形趋于一致，此时计算得到群桩基础沉降即为最终沉降。

2. 基于载荷试验考虑侧摩阻力分布的桩基沉降计算

桩端阻力比和桩侧摩阻力分布对桩基沉降计算结果影响显著。基于静载荷试验数据，根据正常使用条件下桩顶工作荷载对应的实测端阻比和侧摩阻力分布，可使桩基沉降计算更符合实际情况。但传统 Geddes 方法利用 Mindlin 应力公式积分计算桩端平面以下土体附加应力时，只给出了桩侧阻力均匀分布和线性分布两种最简单的情形。可实际桩侧阻力分布要复杂得多，特别是对于长桩和超长桩，当单桩达到极限承载力时，桩端土层承载力和下部土层侧摩阻力常常未能得到充分发挥，有时甚至不发挥作用。因此，有必要基于单桩静载荷试验的实测端阻比和侧摩阻力分布进行桩基沉降计算。

基于单桩静载荷试验实测数据，将桩侧摩阻力分布划分为若干段，如图3.4.37所示。假设桩顶作用力为Q，桩端阻力为αQ，第i层侧摩阻力为$\beta_i Q$，则该层侧摩阻力引起的附加应力为：

$$\sigma_{zs,i}=\frac{\beta_i Q}{(l_i+h_i)^2}I_{s1}(l_i+h_i)-\frac{\beta_i Q}{l_i^2}I_{s1}(l_i) \tag{3.4.69}$$

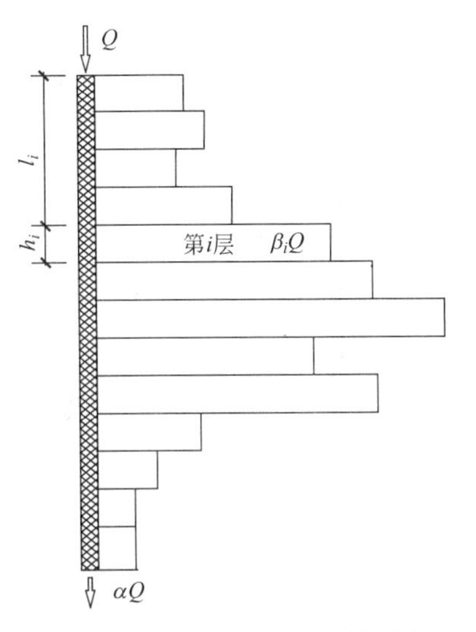

图3.4.37 桩侧摩阻力分布示意

式中，$\sigma_{zs,i}$ 为第i层侧摩阻力$\beta_i Q$产生的附加应力；$I_{s1}(l_i+h_i)$为自桩顶至第i层底的均匀分布侧摩阻力对应力计算点的Mindlin应力影响系数；$I_{s1}(l_i)$为自桩顶至第i层面的均匀分布侧摩阻力对应力计算点的Mindlin应力影响系数。对本桩，应考虑桩径影响，按式（3.3.8）计算；对邻桩，可不考虑桩径影响，按式（3.3.10）进行计算。

将桩侧各分段的侧摩阻力产生的附加应力叠加，最终可得到桩侧任意分布摩阻力产生的总的附加应力σ_{zs}：

$$\sigma_{zs}=\sum_{i=1}^{m}\sigma_{zs,i}=\sum_{i=1}^{m}\left[\frac{\beta_i Q}{(l_i+h_i)^2}I_{s1}(l_i+h_i)-\frac{\beta_i Q}{l_i^2}I_{s1}(l_i)\right] \tag{3.4.70}$$

式中，m为桩侧土分层数。

3. 计算实例

由于暂没有高层建筑上下结构同步逆作的沉降监测数据，这里以杭州某超高层建筑实测桩基沉降进行分析和对比。该超高层建筑位于杭州市钱江世纪城，其中塔楼地上61层，建筑高度288m，塔楼范围地下3层，塔楼以外范围地下4层，地下室基坑开挖深度均为18.0m。地下室平面尺寸约135m×75m，目前塔楼结构已封顶，内部填充墙及楼板粉刷层等已施工完成。

场地土层分布自上而下依次为：①素填土、②-1砂质粉土、②-2砂质粉土、②-3砂质粉土、②-4粉砂、②-5黏质粉土、③淤泥质黏土、④粉质黏土、⑥细砂、⑧-1圆砾、⑧-1a粉质黏土（局部分布）、⑧-2圆砾、⑩-1强风化砂砾岩、⑩-2中风化砂砾岩。工程桩采用直径900mm旋挖成孔灌注桩，以⑧-2圆砾层为桩端持力层，并采用桩端后注浆工艺，有效桩长36m。根据地勘参数结合地区经验，桩基沉降计算时⑧-2圆砾层的压缩模量取60MPa。图3.4.38为塔楼及地下室桩位平面布置图。

图3.4.39（a）为不考虑深基坑开挖卸荷影响的塔楼筏板计算沉降，筏板中心区域最大计算沉降为41.75mm；图3.4.39（b）为考虑开挖卸荷影响的塔楼筏板计算沉降，筏板中心区域最大计算沉降减小为29.48mm，减小幅度约为29.4%。

表3.4.10为各监测点实测沉降值与本书方法计算沉降结果的对比，16个监测点的实测沉降的平均值和最大值分别为19.54mm和24.89mm，采用本书方法计算得到的对应位置的沉降平均值和最大值分别为22.62mm和28.28mm，可见本书计算结果与实测沉降非常接近。而不考虑开挖卸荷影响时，对应位置的沉降平均值和最大值分达到34.48mm和39.94mm，远远大于实测沉降，说明基坑开挖卸荷带来的影响不可忽略，本书考虑开挖卸

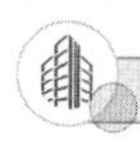

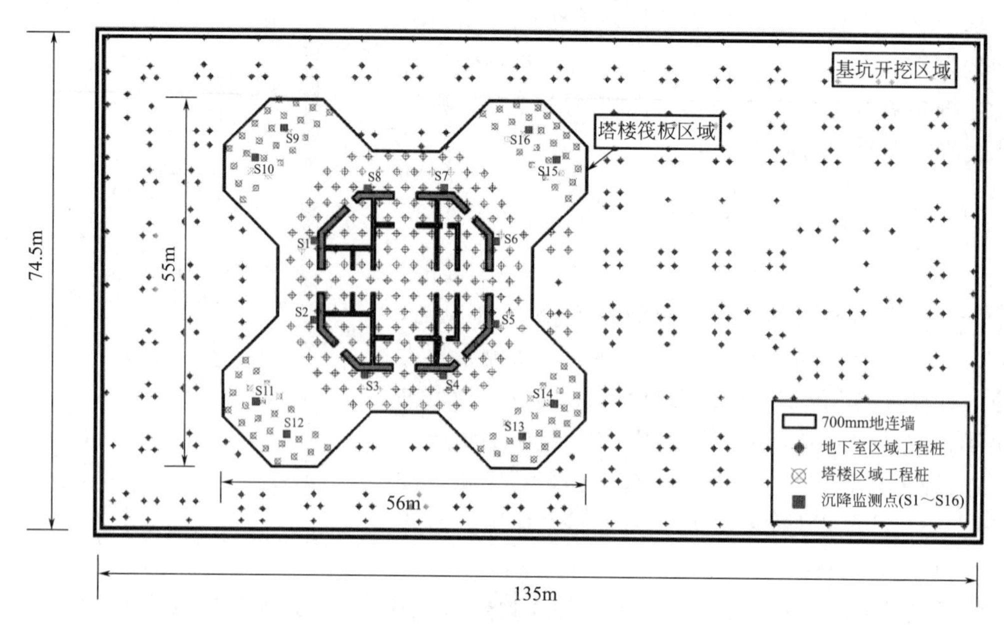

图 3.4.38　基坑开挖区域桩位图及沉降监测点分布

荷影响的高层建筑群桩沉降计算结果更符合实际情况。

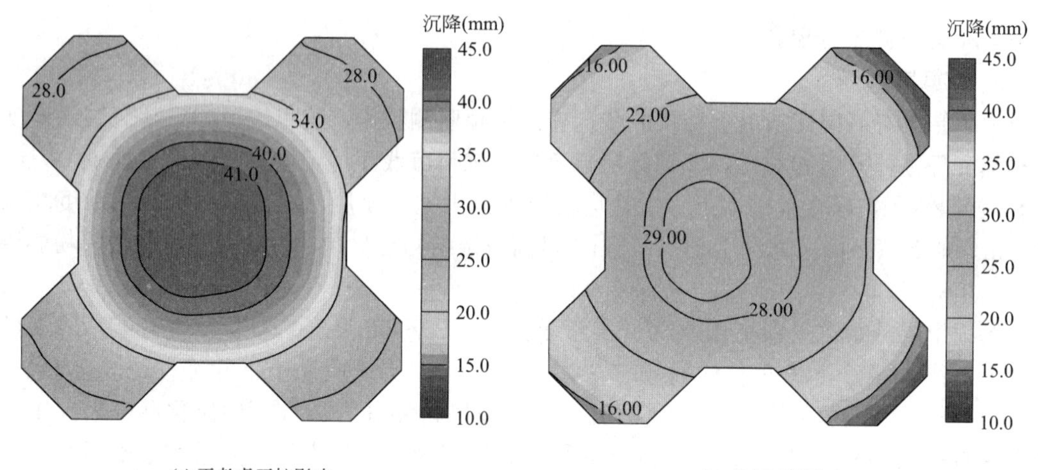

图 3.4.39　塔楼筏板计算沉降

各监测点实测沉降值与本书方法计算结果对比（mm）　　表 3.4.10

监测点编号	实测沉降	考虑开挖影响	不考虑开挖影响
1	21.76	28.15	39.92
2	24.33	28.28	39.94
3	21.23	27.32	39.09
4	24.89	26.49	38.71
5	17.17	26.23	38.99

续表

监测点编号	实测沉降	考虑开挖影响	不考虑开挖影响
6	24.18	25.99	38.90
7	24.88	26.25	38.80
8	21.50	26.98	39.08
9	16.65	19.05	29.95
10	17.37	19.35	30.16
11	16.17	19.56	29.95
12	17.00	19.19	29.57
13	15.59	17.36	29.30
14	15.97	17.33	29.62
15	16.69	17.12	29.91
16	17.33	17.28	29.81
平均值	19.54	22.62	34.48
最大值	24.89	28.28	39.94

注：沉降监测点编号见图 3.4.38。

参考文献

[1] 浙江省住房和城乡建设厅．建筑基坑工程逆作法技术规程：DB33/T 1112-2015 [S]．北京：中国计划出版社，2015.

[2] 杨学林，周平槐．“逆作法”基坑竖向支承系统设计研究 [J]．建筑结构，2012，42（8）：99-103.

[3] 杨学林，王震．动态施工条件下竖向立柱的承载力和稳定性研究 [J]．岩土力学，2016，37（S2）.

[4] 周淑芬，李晓红，王成．考虑桩侧土抗力时超长桩的临界荷载计算 [J]．地下空间与工程学报，2005，1（6）：882-884.

[5] Reddy A S，Valsangkar A J. Buckling of fully and partially embedded piles [J]．ASCE Journal of Soil Mechanics and Foundation Division，1970，96（6）：1951-1965.

[6] 赵明华，汪优，黄靓．基桩屈曲的几何非线性有限元分析 [J]．岩土力学，2005，26（增刊）：184-188.

[7] 浙江省住房和城乡建设厅．建筑基坑工程技术规程：DB33/T 1096-2014 [S]．杭州：浙江工商大学出版社，2014.

[8] Budkowska B B，Szymczak C. Initial post-buckling behavior of piles partially embedded in soil [J]．Computers and Structures，1997，62（5）：831-835.

[9] 董贺勋，刘文斑，任庆英，等．南京青奥中心超高层双塔全逆作地下室桩基设计 [J]．建筑结构，2014，44（1）：58-60.

[10] 吴昭华，孙芬，邹安宇，等．天津富润中心超高层结构设计 [J]．建筑结构，2013，43（11）：42-49.

[11] 严开涛，万怡秀，吴昭华，等．软土地区超高层全逆作法工程实践 [J]．建筑结构，2013，43（11）：50-54.

[12] 贾强，张鑫，夏风敏，等，济南商埠区历史建筑地下增层工程设计与施工 [J]．山东建筑大学学报，2014，29（5）：464-469.

[13] 杨学林，祝文畏，周平槐．某既有高层建筑下方逆作开挖增建地下室设计关键技术 [J]. 岩石力学与工程学报，2018，37（S1）：3775-3786.

[14] 刁钰．超深开挖对坑底抗压桩竖向承载力及沉降特性影响研究分析 [D]. 天津：天津大学，2011.

[15] 陈明．深开挖条件下坑底抗压桩承载变形特性与计算方法研究 [D]. 上海：同济大学，2013.

[16] 黄绍铭，高大钊．软土地基与地下工程 [M]. 2版．北京：中国建筑工业出版社，2005.

[17] 刘国彬，王卫东．基坑工程手册 [M]. 2版．北京：中国建筑工业出版社，2009.

[18] 宰金珉．开挖回弹量预测的简化方法 [J]. 南京建筑工业学院学报，1997（2）：23-27.

[19] 徐彪，刘佳．对深基坑坑底隆起问题的探讨 [J]. 广西工学院学报，2004，15（1）：66-68.

[20] 刘国彬，侯学渊．软土基坑隆起变形的残余应力分析法 [J]. 地下工程与隧道，1996（2）：2-7.

[21] 刘国彬，黄院雄，侯学渊．基坑回弹的实用计算法 [J]. 土木工程学报，2000，33（4）：61-67.

[22] 董建国，赵锡宏．高层建筑地基基础-共同作用理论与实践 [M]. 上海：同济大学出版社，1997.

[23] 李德宁，上海环球金融中心塔楼基坑回弹变形研究 [J]. 中国水运，2005，16（3）：338-340.

[24] 戴标兵，范庆国，赵锡宏．深基坑工程逆作法的实测研究 [J]. 工业建筑，2005，35（9）：54-59.

[25] 田振，顾倩燕．大直径圆形深基坑基底回弹问题研究 [J]. 岩土工程学报，2006，28（增刊）：1360-1364.

[26] Iwasakiy，Watanabe H，Fukuda M，et al. Construction control for underpinning piles and their behaviour during excavation [J]. Geotechnique，1994，44（4）：681-689.

[27] 朱火根，孙加平．上海地区深基坑开挖坑底土体回弹对工程桩的影响 [J]. 岩土工程界，2005，8（3）：43-46.

[28] 陈孝贤．深基坑开挖坑底土体隆起对工程桩影响的探讨 [J]. 福建建设科技，2006（3）：15-16.

[29] Eurocode 7. Geotechnical designs [S]. London，2004.

[30] Burland J B，Hancock R J R. Underground car park at the House of Commons，London：Geotechnical aspects [J]. The Structural Engineer，1977，55（2）：87-100.

[31] Zheng G，Peng S Y，Diao Y，et al. In-flight investigation of excavation effects on smooth single piles [C] //7th International Conference on Physical Modelling in Geotechnics. Zurich，Switzerland，2010，2：847-852.

[32] 陈锦剑，吴琼，王建华，等．开挖卸荷条件下单桩承载力特性的模型试验研究 [J]. 岩土工程学报，2010，32（增刊2）：85-88.

[33] 郦建俊，黄茂松，王卫东，等．开挖条件下抗拔桩承载力的离心模型试验 [J]. 岩土工程学报，2010，32（3）：388-396.

[34] 罗耀武，胡琦，陈云敏，等．基坑开挖对抗拔桩极限承载力影响的模型试验研究 [J]. 岩土工程学报，2011，33（3）：427-432.

[35] 刁钰．超深开挖对坑底抗压桩竖向承载力及沉降特性影响研究 [D]. 天津：天津大学，2011.

[36] 纠永志，黄茂松．开挖条件下黏土中单桩竖向承载特性模型试验与分析 [J]. 岩土工程学报，2016，38（2）：202-209.

[37] Zeevaert L. Foundation engineering for difficult subsoil conditions [M]. New York：Van Nostrand Reinhold Company，1985.

[38] Lee C J，Al-Tabbaa A，Bolton M D. Development of tensile force in piles in swelling ground [C] //Proceedings of the Third International Conference on Soft Soil. Hong Kong，2001. 1：345-350.

[39] 胡琦，凌道盛，陈云敏，等．深基坑开挖对坑内基桩受力特性的影响分析 [J]. 岩土力学，2008，29（7）：1965-1970.

[40] 叶真华，唐世栋，苏玉杰．桩基存在对基坑坑底变形性状的作用分析 [J]. 探矿工程，2009（10）：45-48.

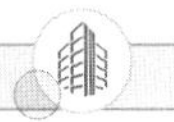

[41] 陈明，李镜培．软土地区开挖过程对立柱桩的影响分析［J］．路基工程，2013（4）：85-88.

[42] 郑刚，刁钰，吴宏伟．超深开挖对单桩的竖向荷载传递及沉降的影响机理有限元分析［J］．岩土工程学报，2009，31（6）：837-845.

[43] 纠永志，黄茂松．超固结软黏土的静止土压力系数与不排水抗剪强度［J］．岩土力学，2017，38（4）：951-957.

[44] 浙江省建筑设计研究院，浙江大学，同济大学，等．软土地层逆作基坑施工变形控制关键技术及应用［R］．2021.

[45] Kraft L M , Ray R P, Kagawa T. Theoretical t-z curves［J］. Journal of the Geotechnical Engineering Division, ASCE, 1981, 107（11）: 1543-1561.

[46] 纠永志，祝彦知．开挖条件下非均质地基中单桩竖向承载特性非线性分析［J］．岩土力学，2017，38（6）：1666-1674.

[47] Tomlinson M J. The adhesion of piles driven in claysoils［C］// Proceedings of the 4th International Conference onSoils Mechanics and Foundation Engineering. Vol 2. London: Thomas Telford Ltd, 1957: 66-71.

[48] Lacasse S, Boisard P. Consequence of the new API RP2A guideline for piles in soft clays［C］//Proceedings of the 13th international Conference on Soil Mechanics and Foundation Engineering. New Delhi, India, 1994: 527-530.

[49] American Petroleum Institute（API）. Recommended Practice for Planning, Designing and Constructing Fixed Offshore Platforms［M］. 20th ed. Dallas, 1993.

[50] Huang M, Mu L. Vertical response of pile-raftfoundations subjected to tunnelling-induced ground movements in layered soil［J］. International Journal for Numerical and Analytical Methods in Geomechanics, 2012, 36（8）: 977-1001.

[51] 童星，袁静，姜叶翔，等．基于 Mindlin 解的基坑分层卸荷附加应力计算及回弹变形的多因素影响分析［J］．岩土力学，2020，41（7）：2432-2440.

[52] Chandler R J. The shaft friction of piles in cohesive soils in terms of effective stresses［J］. Civil Engineering and Public Works Review, 1968, 63: 48-51.

[53] Potyondy J G. Skin friction between various soils and construction materials［J］. Geotechnique, 1961, 11（4）: 339-345.

[54] 黄茂松，郦建俊，王卫东，等．开挖条件下抗拔桩的承载力损失比分析［J］．岩土工程学报，2008，30（9）：1291-1297.

[55] Mayne P W, Kulhawy F H. K_0-OCR relationship in soil［J］. Journal of Geotechnical Engineering Division, ASCE, 1982, 108（6）: 851-872.

[56] 李超．桩式基础托换在地下加层工程中的应用研究［D］．南京：东南大学，2008.

[57] 周平槐，杨学林．考虑开挖卸荷影响的桩侧摩阻力等效计算方法［J］．岩土力学，2016，37（10）：2953-2960.

第4章　水平支撑结构逆作设计

地下结构梁板等内部水平构件兼作为基坑工程施工阶段的水平支撑系统的优点，主要体现在两个方面：一方面利用地下结构梁板具有平面内巨大结构刚度的特点，可有效控制基坑开挖阶段围护体的变形，保护周边环境；另一方面，还可以节省大量临时支撑的设置和拆除，也可避免围护体的二次受力和二次变形对周边环境以及地下结构带来的不利影响。

水平支撑结构设计应包括下列内容[1]：

（1）水平支撑结构体系的选择及布置；

（2）水平支撑结构体系的内力和变形计算；

（3）水平支撑结构的承载力极限状态和正常使用极限状态的验算；

（4）水平支撑结构的连接构造设计。

4.1　水平支撑结构的选型与布置

4.1.1　水平支撑结构类型

1. 混凝土梁板结构

梁板结构体系是地下结构最常用的结构形式。梁板体系作为水平支撑比较适于逆作法施工，其结构受力明确，可根据施工需要在梁间开设施工孔洞以利于挖土及运输施工材料，并在梁周边预留钢板止水片，同时预留出结构梁板钢筋，在逆作法施工结束后再浇筑封闭。

也可采用楼板后作的梁格体系，在开挖阶段仅浇筑框架梁作为内支撑，基础底板完成后再封闭楼板结构。该方法可减少施工阶段竖向支承的竖向荷载，同时也便于土方开挖，不足之处在于楼板二次浇筑，存在止水和连接的整体性问题。

按有无次梁和次梁的布置方式，可分为十字次梁楼盖、双次梁楼盖、主梁＋大板楼盖、主梁＋加腋大板楼盖等梁板结构（图 4.1.1～图 4.1.4），其中后两种无次梁。图 4.1.5 为杭州萧山国际机场交通中心逆作区地下室的混凝土梁板结构照片。

当立柱为钢管混凝土柱，且框架梁宽度比较小时，为解决梁柱节点部位钢筋穿越困难的问题，有时也会采用混凝土双梁结构体系，即将框架梁一分为二，分成两根梁从钢管立柱的侧面穿过，图 4.1.6 为杭州武林地下商城逆作地下室采用的双梁楼盖体系的照片；当上部结构柱无法落至基础时，就需要在逆作界面层或下面楼层设置转换梁，图 4.1.7 为杭州国际金融会展中心在逆作界面层（B0 板层）的混凝土转换梁照片。

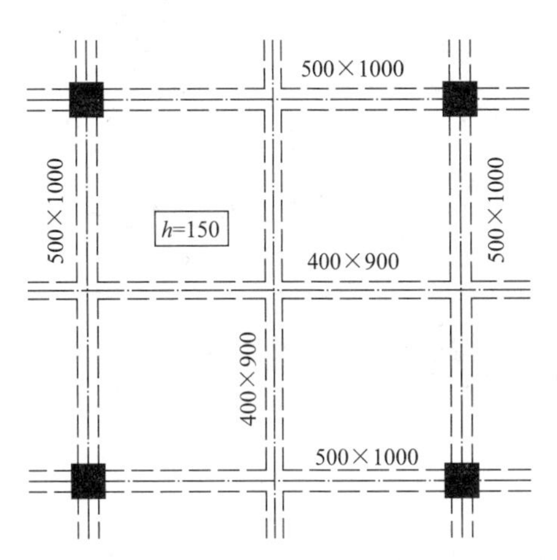

图 4.1.1　十字次梁楼盖结构

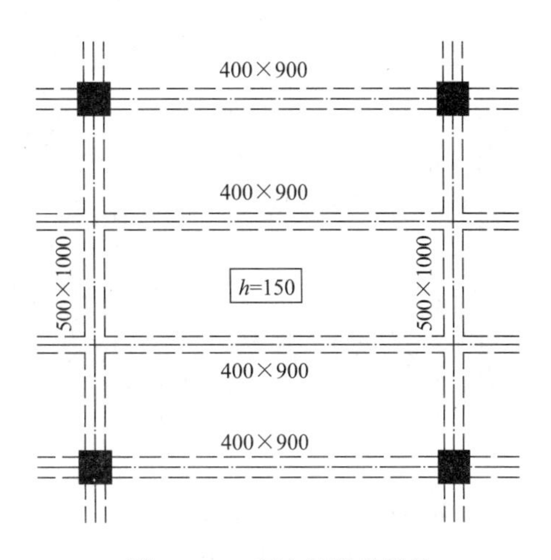

图 4.1.2　双次梁楼盖结构

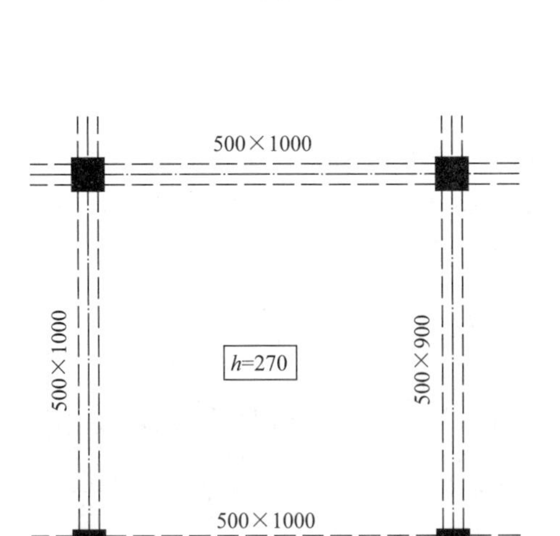

图 4.1.3　主梁+大板结构

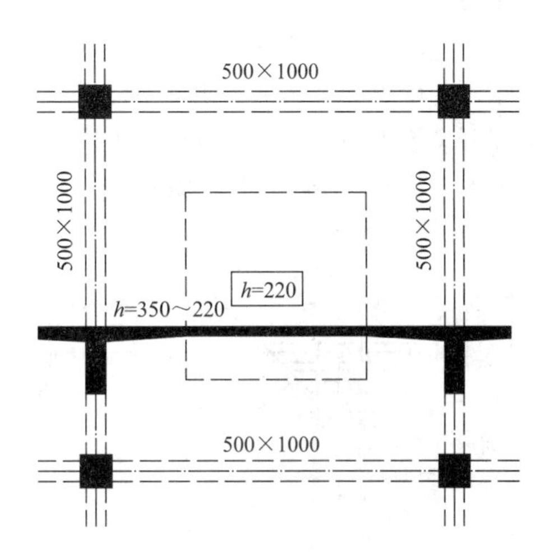

图 4.1.4　主梁+加腋大板结构

图 4.1.5　混凝土梁板结构照片

图 4.1.6　混凝土双梁结构照片

图 4.1.7　混凝土转换梁结构照片

2. 混凝土无梁楼盖结构

无梁楼板也是工程中常用的一种楼盖结构体系。无梁楼板结构体系的楼板直接支承在柱上，其传力途径由板直接传递至柱或剪力墙上，因此楼板厚度较相同柱网尺寸的梁板结构体系要厚，对承受水平压力有利，因而比较适宜作为逆作地下室的水平支撑结构。当荷载及跨度较大时，如柱端弯矩较大或柱顶处楼板厚度无法满足冲切要求，可在柱顶处设置柱帽，柱帽可采用单倾角柱帽、变倾角柱帽、平托板柱帽和倾角托板柱帽，如图 4.1.8 所示。无梁楼盖开设施工洞口时，一般需设置边梁，并附加止水构造，图 4.1.9 为杭州国际金融会展中心逆作无梁楼板结构（带柱帽），图 4.1.10 为施工洞口设置混凝土边梁的照片。

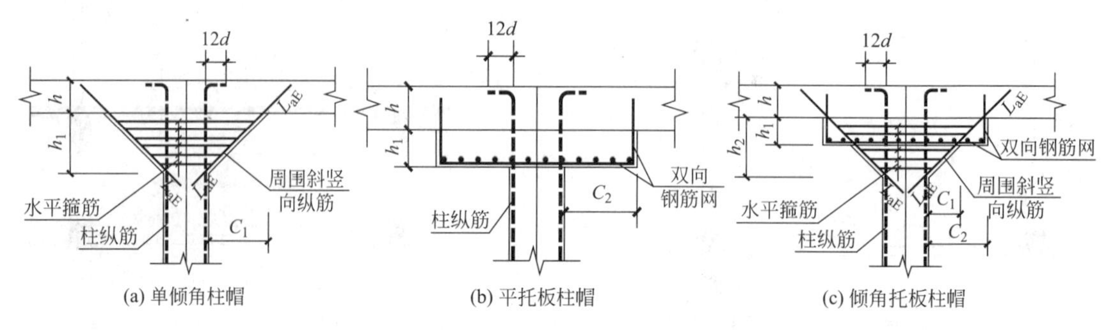

图 4.1.8　无梁楼盖的常用柱帽形式

图 4.1.9　带柱帽的无梁楼板照片

图 4.1.10　无梁楼板洞口周边增设边梁的照片

3. 预应力混凝土楼盖结构

对于柱网尺寸较大的地下室结构，常采用预应力梁，以减小梁高，满足楼层净高需要。当利用地下室预应力楼盖结构作为逆作基坑的水平支撑结构时，立柱-梁节点核心区内的预应力构造十分复杂（图 4.1.11），施工难度较大，工程中应尽量避免逆作区采用预应力梁板体系，或将预应力楼盖区域作为预留洞口，采用顺作施工。

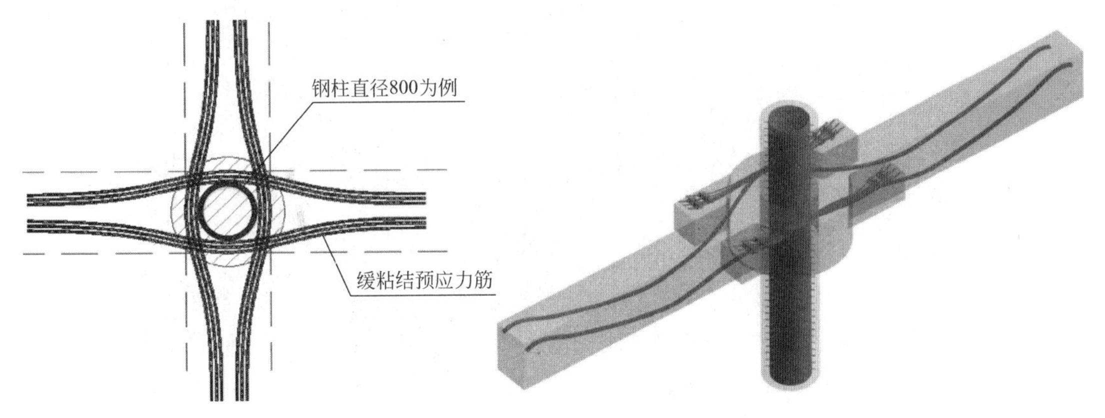

图 4.1.11 预应力梁与钢管混凝土立柱节点核心区内的预应力筋构造示意

杭州萧山国际机场 T4 航站楼交通中心逆作地下室工程，部分区域柱网尺寸达到 18m，框架主梁布置了缓粘结预应力筋（图 4.1.12）。如先张拉预应力筋，再开挖下部土方，势必影响逆作速度和工程进度，为此在预应力主梁跨中增设临时格构柱（图 4.1.13），以满足框架主梁预应力筋张拉之前，在自重和施工荷载作用下的承载力和变形要求。

图 4.1.12 缓粘结预应力主梁逆作的照片

预应力筋张拉会使大梁跨中产生上拱，但跨中临时格构柱的存在，会限制梁的上拱，最终影响预应力筋的张拉效果。因此，预应力筋张拉时，必须先去除跨中格构柱的这种约束作用，同时又要保留格构柱对大梁的竖向支承作用，即需要格构柱具有“只受压、不受拉”的功能。为此，作者发明了可调式立柱，即“用于逆作基坑的可调式格构钢立柱（专利号：ZL202011125008.2）”“可适应逆作基坑顶板预应力梁张拉变形的竖向支撑结构（专利号：ZL202011124996.9）”。

图 4.1.13 预应力主梁逆作阶段的跨中临时支撑照片

4. 钢梁或型钢混凝土梁楼盖结构

对于柱网尺寸较大的地下室结构，除采用预应力梁外，也经常采用钢梁或型钢混凝土大梁，以满足楼层净高需要。由于立柱与立柱桩采用一体化施工，钢管立柱的平面定位和垂直度控制精度比钢结构正常安装施工的精度稍差，对水平钢梁或型钢混凝土梁内钢骨与钢立柱的连接节点安装，有时会产生一定困难。

杭州萧山国际机场 T4 航站楼交通中心工程，上部酒店和办公采用小柱网，需要在 B0 层进行转换，由于地下室柱网跨度达到 18m，故采用 SRC 转换梁进行托柱转换。图 4.1.14 为 B0 层（界面层）逆作梁板结构中的 18m 跨度 SRC 转换梁示意，图 4.1.15 为现场施工照片。图 4.1.16 为界面层角钢格构柱与钢梁连接节点示意；图 4.1.17 为 30m 跨度钢梁与 SRC 梁连接的照片，其中 SRC 梁为逆作施工，钢梁为后安装施工。

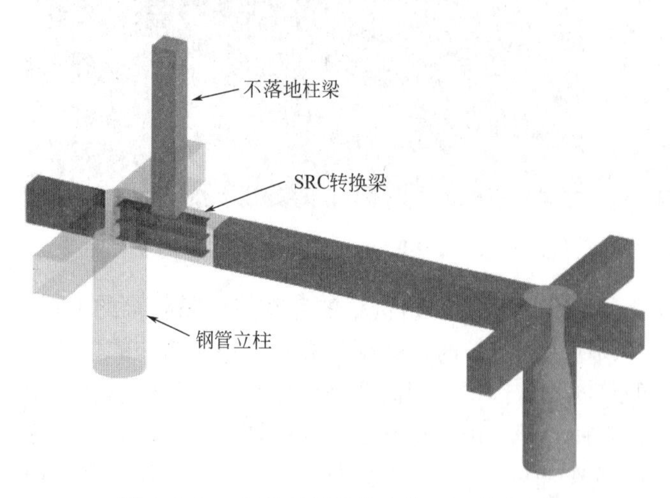

图 4.1.14 逆作梁板结构中的 SRC 转换梁

图 4.1.15 SRC 转换大梁现场照片

图 4.1.16 界面层格构柱与钢梁节点示意

图 4.1.17 30m 跨钢梁与 SRC 梁连接

4.1.2 水平支撑结构布置

水平支撑结构布置，包括确定逆作界面层（即起始层）的位置、逆作区域、先期施工结构与后期施工结构的范围、预留洞口数量和位置及尺寸、机械运输通道和栈桥荷载、为满足支护结构受力和变形控制需增设的临时支撑构件等。

1. 布置原则

(1) 水平支撑结构宜选择梁板体系或无梁楼盖体系，不宜采用空心楼盖体系。

(2) 预应力混凝土楼盖、钢梁或型钢混凝土梁楼盖等区域，宜尽量避开，或作为预留施工洞口，采用后期顺作的方式施工。

(3) 预留洞口的位置应根据主体结构平面布置以及施工平面组织等综合确定，尽量利用主体结构设计的无楼板区域、电梯间以及楼梯间。

(4) 水平结构宜处在同一结构面上，当存在较大面积的楼板高差或缺失时，应采取相应加强措施。

(5) 当地下室层高较高时，或采用“跳板”方式开挖施工时，应采取预留周边土方、设置临时斜抛撑或临时水平支撑等减少挡墙变形的措施。

(6) 作为水平支撑结构在满足水土压力可靠传递，水平支撑结构承载力和变形能得到有效保证的条件下，宜尽量缩小逆作水平结构（即先期施工结构）的范围，扩大施工洞口尺寸，以最大程度提高开挖出土速度和逆作施工效率。

2. 界面层布置

界面层是逆作施工的起始层，即地下主体结构顺作与逆作的分界层，也是地上和地下结构同步施工时首先施工的地下水平结构层。界面层通常设置在地下室顶板层（B0 层），也可设置在地下一层楼板（B1 层）。

如杭州凯悦大酒店地处杭州湖滨商圈，紧邻西湖，四周为道路和老旧建筑，地下 3 层和地上 8 层结构同步逆作施工时，界面层设置在 B0 层（图 1.1.2），可最大程度减小地下开挖施工对周边环境变形、扬尘和噪声污染的影响。

杭州萧山国际机场三期工程陆侧交通中心，地下 4 层，东侧和东南侧紧贴已建 T1、T 2 和 T 3 航站楼，为满足项目施工组织、交通组织，以及机场及地铁“不停航、不停运”的要求，基坑东部临近现有航站楼范围（C 区基坑）采用逆作法施工（图 1.3.25 和图 1.3.26），并首先施工地下室顶板层（B0 层），以最大程度减小对东侧和东南侧运营航站楼的影响，减轻施工作业噪声对过往旅客的干扰。由于逆作C区西侧的B区为明挖区，B0层和B2层以下土方开挖，均可利用西侧B区临时出土坡道直接出土，大大提高逆作区域的挖土深度和出土效率。图4.1.18为逆作C区的B2层水平支撑结构平面示意，西侧临时出土坡道直接延伸至C区的B2层标高；图4.1.19和图4.1.20分别为B0层和B2层以下土方开挖示意图。

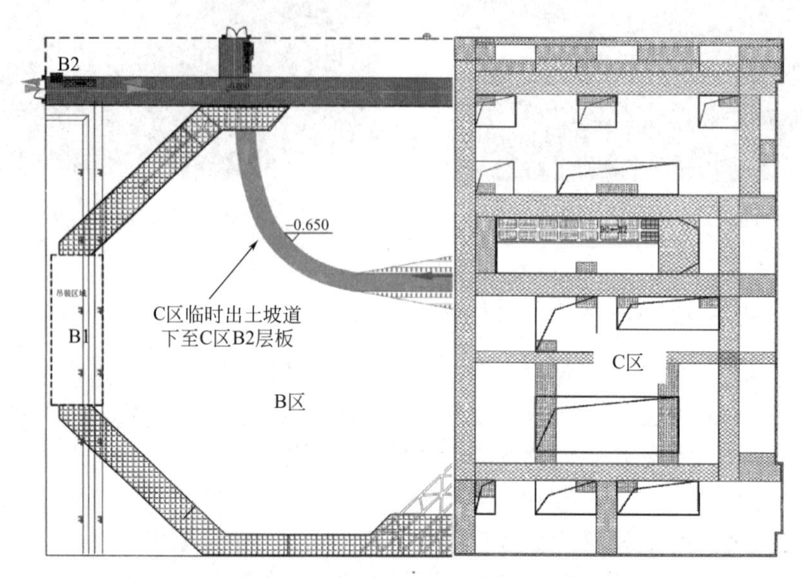

图4.1.18　杭州萧山国际机场三期交通中心逆作C区B2层水平结构平面示意

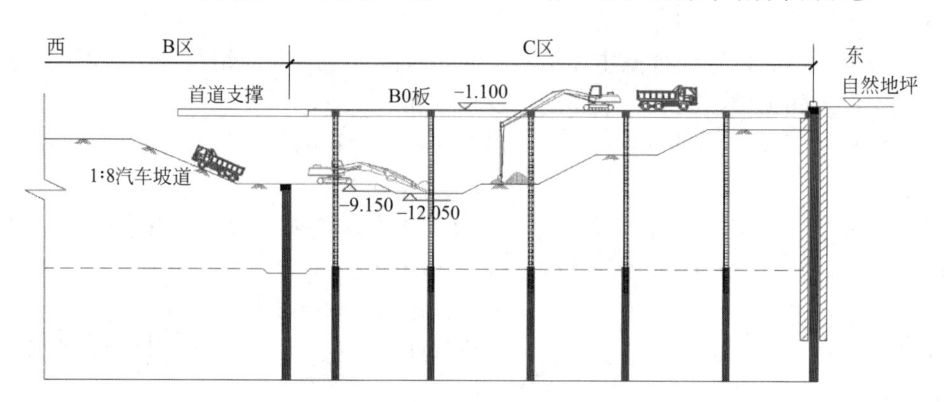

图4.1.19　B0层以下土方开挖示意图

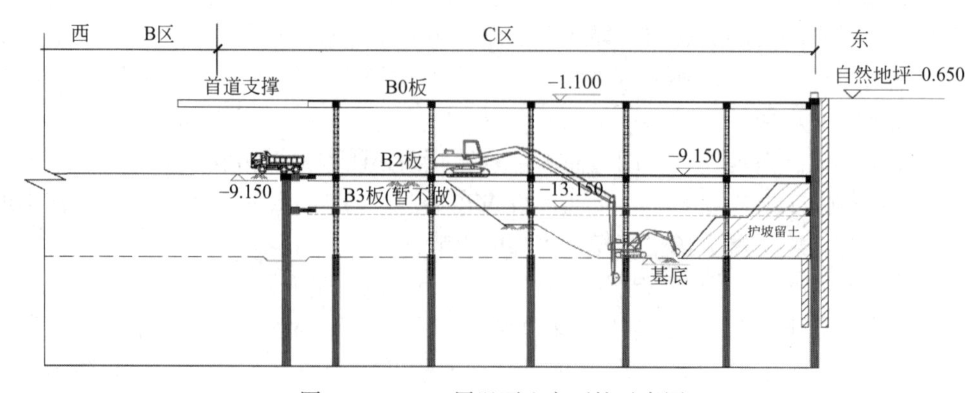

图4.1.20　B2层以下土方开挖示意图

在周边环境允许、基坑挡墙悬臂状态下变形能得到有效控制的条件下，也可利用地下一层（B1层）作为上下施工的界面层。如杭州中国丝绸城逆作基坑工程，以B1层作为地下3层和地上8层结构同步施工时的界面层，地下室顶板层（B0层）采用顺作。由于第一层土方开挖后，周边地连墙处于悬臂状态，为减小挡墙侧向变形，基坑周边保留了一定范围的土方，待B0层施工完成后再开挖，见图4.1.21。

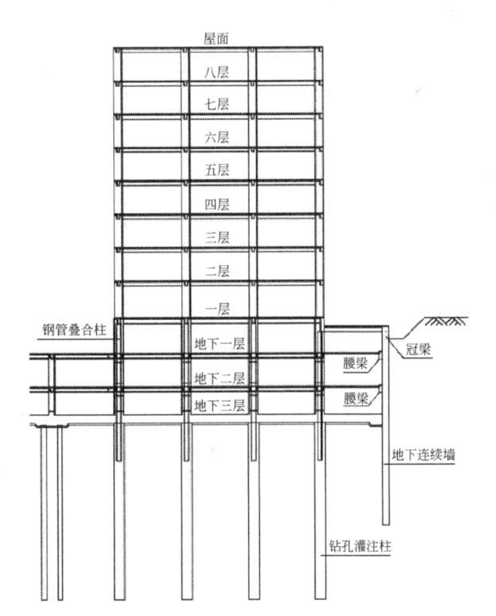

图4.1.21　中国丝绸城B1层作为界面层的施工照片

对于软土地层，为控制第一层土方开挖时挡墙悬臂工况下的变形，可利用B0层和B1层作为联合界面层。如富力杭州中心A1区由T2、T3塔楼、裙房和周边地块组成，地下4层，基坑挖深18～21m，采用逆作施工，其中T2塔楼采取地上和地下同步施工，T3塔楼采用顺作施工，其周边地下室采用逆作，如图1.3.10～图1.3.12所示。为控制第一层土方开挖时，周边地连墙在悬臂工况下的变形，先施工B0层的周边结构，作为地连墙的第一道水平支撑，再开挖土方，施工中间T2塔楼区域的B1层板，也就是利用B0层板的周边结构、B1层板的中间区域结构，联合作为上下结构同步施工的界面层。由于T2塔楼两个核心筒的逆作转换层设置在B1层，上述施工工序设计，可实现T2塔楼核心筒转换层采用顺作施工，大大加快塔楼向上施工的速度。图4.1.22为联合利用B0层周边结构和B1中间结构作为界面层，实现上下结构同步施工的典型工况示意图。

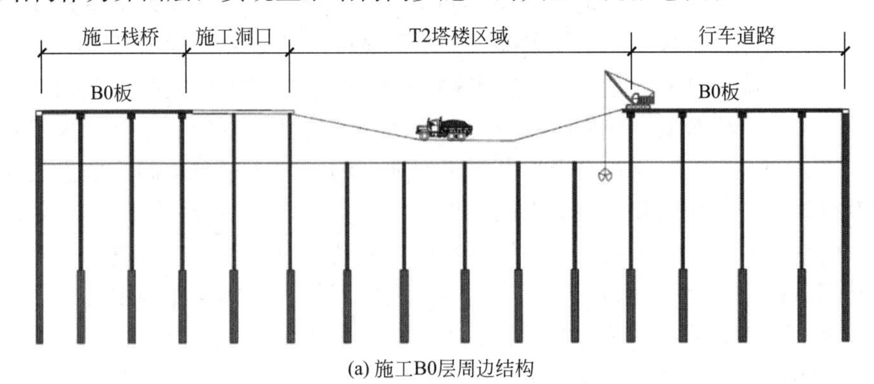

(a) 施工B0层周边结构

图4.1.22　富力杭州中心B0和B1联合界面层的逆作工况示意

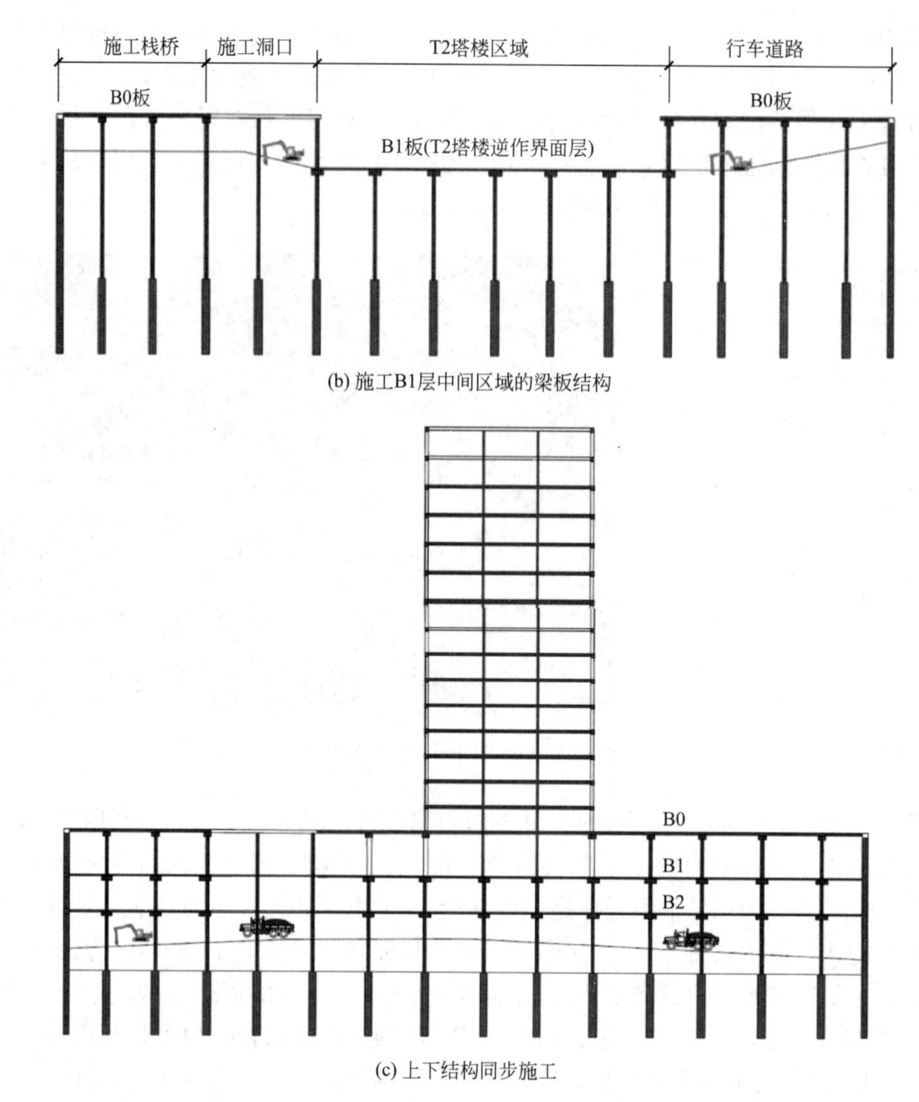

(b) 施工B1层中间区域的梁板结构

(c) 上下结构同步施工

图 4.1.22　富力杭州中心 B0 和 B1 联合界面层的逆作工况示意（续图）

3. 施工洞口的布置

逆作法施工时，界面层以下地下结构土方均采用暗挖法施工，在地下室逆作施工时需进行施工设备、土方、模板、钢筋及混凝土的上下运输，所以需要预留若干上下贯通的竖向运输通道。为了确保已完成结构满足受力要求的情况下尽可能地提高挖土效率，水平支撑结构应结合主体结构布置、逆作阶段受力和变形、周边环境保护及施工等因素合理确定各类预留洞口、逆作范围、逆作界面层及施工作业层的平面布置等。洞口数量、大小以及平面布置直接影响逆作期间基坑变形控制效果、土方工程的效率和结构施工速度。

出土口应尽量利用主体结构本身开洞的区域，或利用自动扶梯、楼电梯井等位置。如杭州中国丝绸城逆作工程，利用位于地下建筑平面中部的自动扶梯作为主要出土口，并利用传送带作为地下土方的主要出土方式，如图 1.2.1 和图 1.2.2 所示。

出土口呈矩形时，为避免逆作施工阶段结构在水平力作用下出土口四角产生较大的应力集中而导致局部破坏，可在出土口四角增设三角形梁板，如图 4.1.23 所示。当采用大面积圆形出土口时，其周边需设置一圈闭合的圆环梁，圆环梁作为逆作阶段圆形大空间出土口的环形支撑。圆环周边如有楼电梯间、设备孔等结构开口，可采用临时封板进行封闭，以改善圆环的受力特性。逆作法施工阶段出土口周边有施工车辆的行走，因此可将出土口边梁设计为上翻梁，以避免施工车辆、人员坠入基坑等事故的发生。

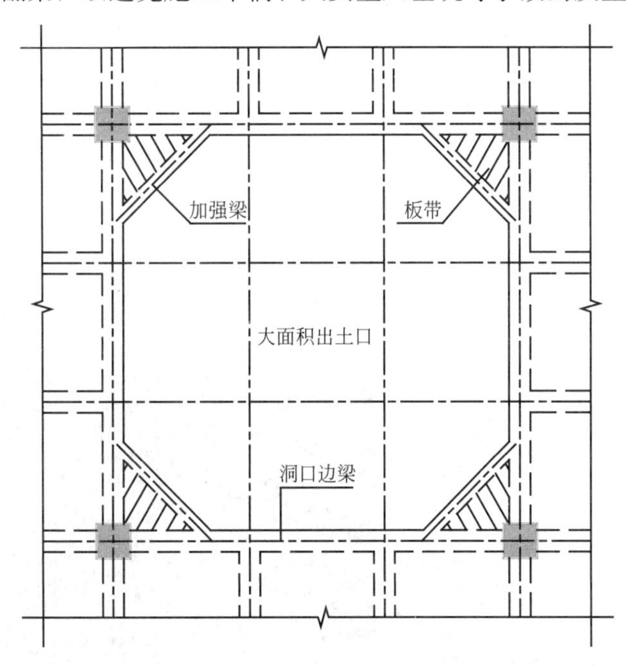

图 4.1.23 大面积出土口四角加强措施

当首层结构在永久使用阶段需承受较大的荷载时，由于出土口区域的结构梁分两次浇筑，削弱了连接位置结构梁的抗剪能力，所以在出土口周边的结构梁内可预留槽钢作为与后接结构梁的抗剪件，如图 4.1.24 所示。

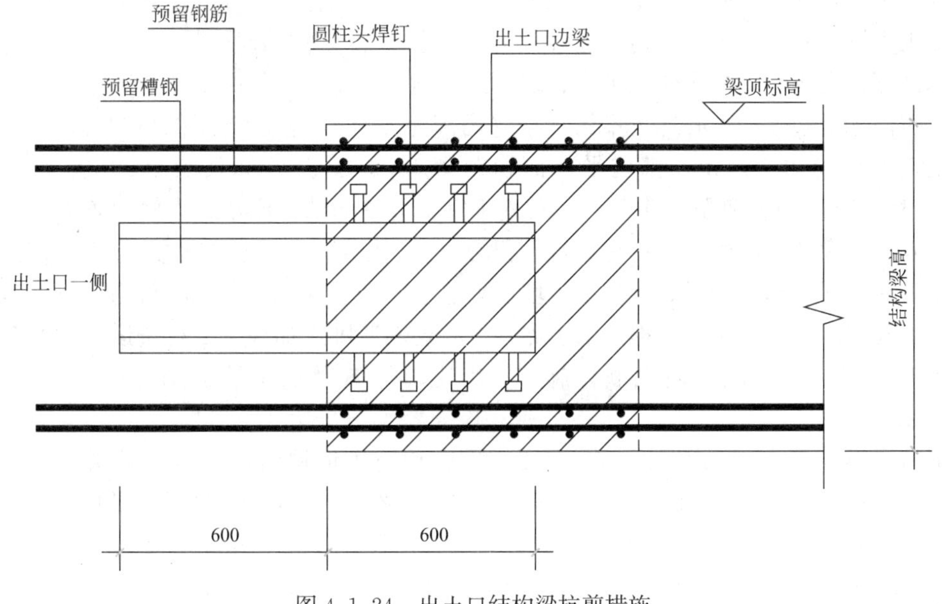

图 4.1.24 出土口结构梁抗剪措施

为最大程度提高逆作开挖出土速度和施工效率，在满足水土压力可靠传递、水平支撑结构承载力和变形能得到有效保证的前提下，宜尽量缩小逆作范围，扩大施工洞口尺寸。采用大开口水平结构作为逆作基坑的水平支撑，或基坑周边区域逆作、中间区域顺作的“顺逆结合”方式，是近年来逆作技术的发展趋势。

如杭州武林广场地下商城利用地下室顶板（B0 层板）、地下一层楼板（B1 层板）、地下二层楼板（B2 层板）作为逆作基坑的 3 道水平支撑结构，结合建筑平面功能特点，三道水平支撑结构均在中间区域开设大洞口，作为逆作施工期间的出土栈桥坡道，另外，周边根据施工需要设置若干大小不一的出土口。大开洞部位结构待基坑开挖至基底标高后，采用顺作法自下而上进行浇筑施工，见图 4.1.25。

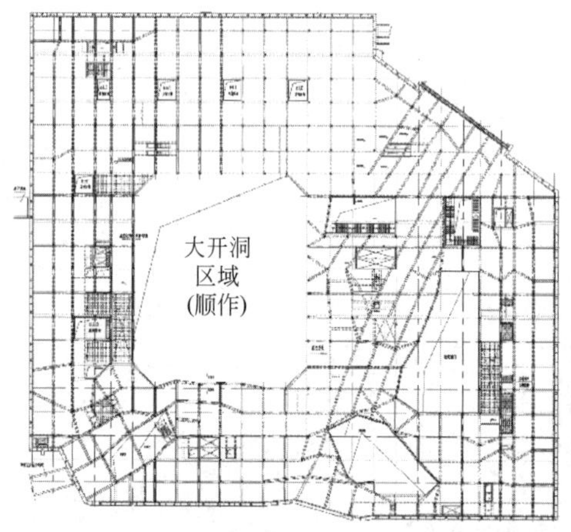

图 4.1.25　杭州武林广场地下上层 B0 层结构平面和出土坡道照片

又如慈溪财富中心工程，地下结构采用“顺逆结合”法施工，利用地下室结构楼板作为支护结构的水平支撑体系，其中位于南侧的 B、C 幢和北侧的 D、E 幢高层建筑区域，采用顺作施工，其余区域采用逆作。地下室施工阶段，顺作区域作为施工洞口，并增设临时混凝土支撑，确保水平结构传力连续。施工顺序为先施工逆作区域，待逆作区域地下结构及基础底板完成后，再顺作施工南、北侧的 4 幢高层结构，见图 1.2.5～图 1.2.7。

杭州国际金融会展中心地下室为 3 层（局部为 4 层），总建筑面积约 82 万 m^2，其中地下建筑面积约 45 万 m^2。基坑平面面积约为 15.6 万 m^2，周长约 1780m，开挖深度 16.05～16.35m。在逆作施工期间，各层地下室梁板中部结合原建筑中庭设置 5 个较大面积的大开口，大开口的面积约占总基坑面积的 1/4，大大减小了逆作范围，节省工程造价，同时也为在大开口部位设置下坑的出土坡道创造了有利条件，施工车辆可通过下坑坡道直接下至坑底挖运土方，极大地提高了土方开挖和运输速度，加快了工程进度，大开口区域结构待地下室逆作完成后向上顺作施工。出土口布置及出土坡道照片见图 4.1.26 和图 4.1.27。

富力杭州中心 A1 区由 T2、T3 塔楼、裙房和周边地块组成，地下 4 层，基坑挖深 18～21m，采用逆作施工。由于工程形象进度由 T2 塔楼控制，故 T2 塔楼及周边地库采用逆作，上下同步施工，T3 塔楼范围采用顺作施工（图 4.1.28）。这种顺逆结合的方式，既满足了 T2 塔楼的特殊工期要求，又大大方便了地下开挖作业，节省了工程造价。

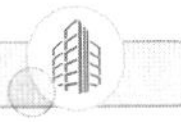

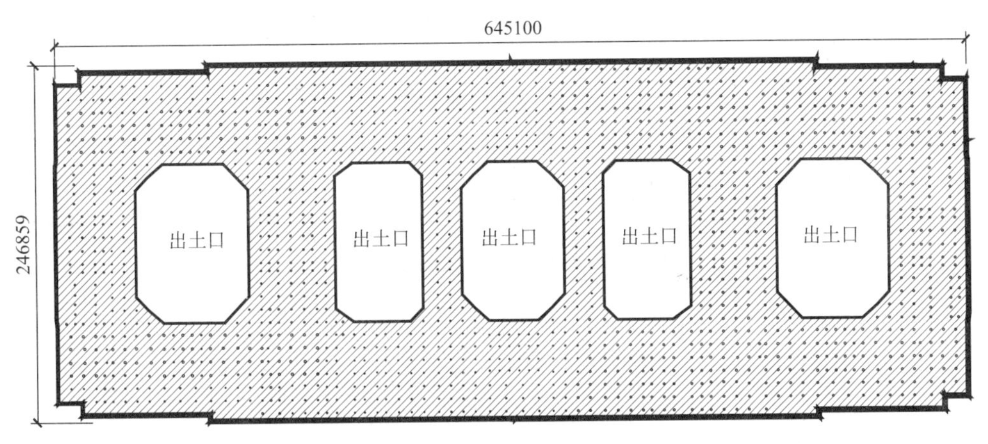

图 4.1.26 杭州国际金融会展中心逆作基坑出土口设置示意

图 4.1.27 大开口区域出土坡道施工照片

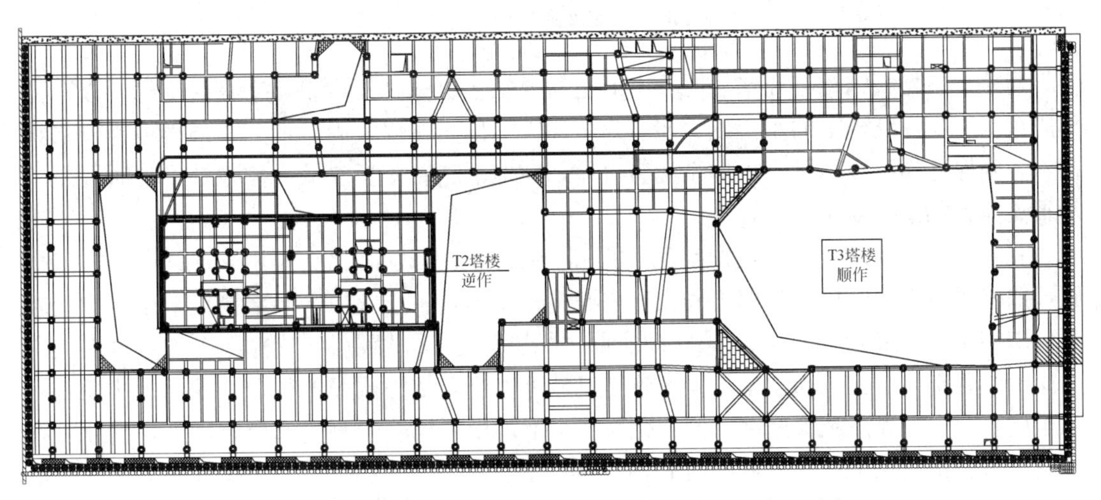

图 4.1.28 富力杭州中心地下室逆作区结构平面布置示意

4. 临时支撑构件的布置

地下各层结构除承受较大的施工荷载及自重外，还承受挡土结构传来的水平力，这就要求相邻出土口之间以及基坑周边的结构梁板保持完整，无较大的缺失区域，以形成有效的传力带。如果结构平面用作施工场地，可对缺失区域进行临时性封闭，待逆作施工结束，且地下室形成并达到一定整体刚度后再凿除；若结构平面不作为施工场地，则可根据计算通过设置临时支撑，形成完整的水平传力体系。图 4.1.29 为慈溪财富中心逆作阶段在主楼顺作区域设置的临时水平支撑。逆作阶段汽车坡道往往也需要采取如图 4.1.30 所示的临时支撑措施。

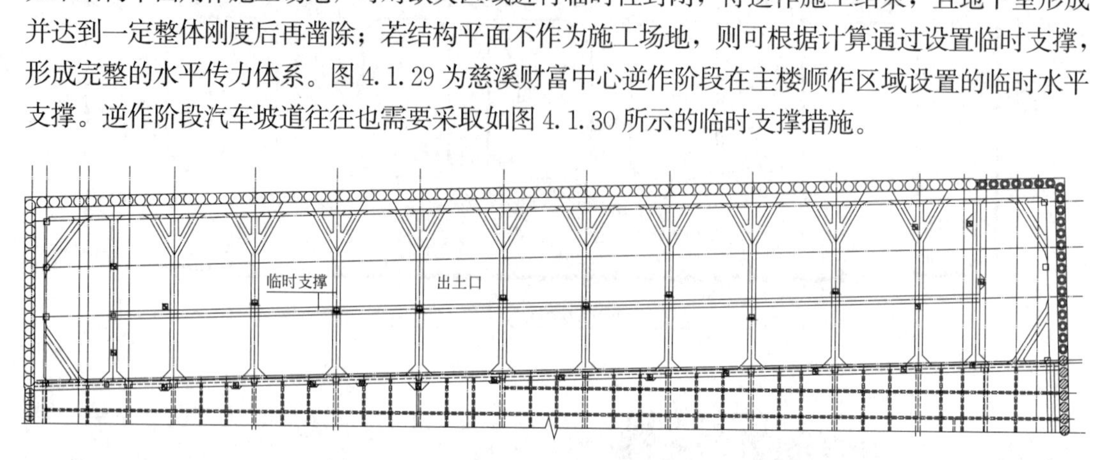

图 4.1.29　大面积出土口设置临时水平支撑

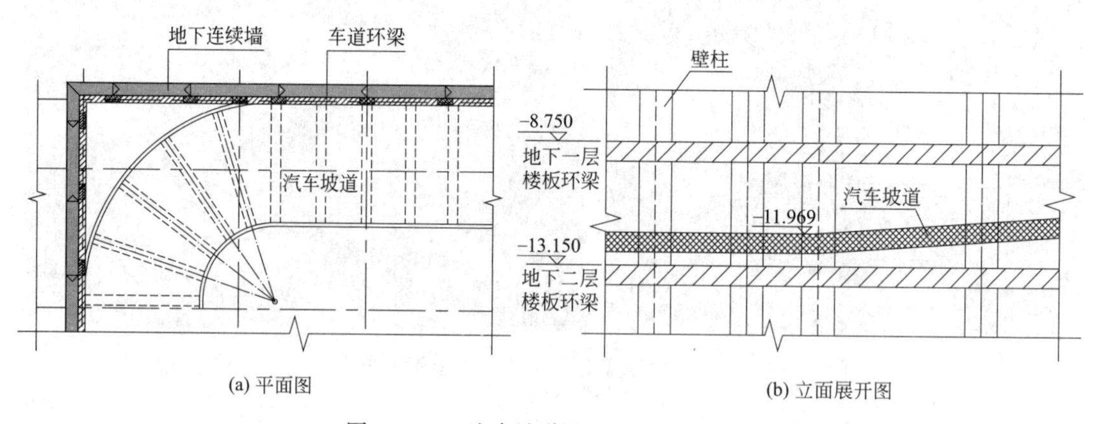

图 4.1.30　汽车坡道设置临时水平支撑

当地下室楼板结构存在错层时，有时也需要在错层标高处增设水平临时支撑，以确保作用在水平支撑结构上的水土压力能可靠传递。如杭州凯悦大酒店地下二层楼板为错层结构，为确保逆作阶段基坑支护体系受力可靠，在地下二层楼板空缺一侧增补了临时混凝土水平支撑，如图 2.5.12 所示。

有时为进一步改善地下逆作空间，提高挖土和出土效率，常采用隔层逆作的施工措施，如杭州萧山国际机场三期工程交通中心逆作基坑，B0 层和 B2 层结构板采用逆作先施工，B1 层和 B3 层后施工（顺作），即所谓“跳层”施工。“跳层”支撑布置方案可大大增加挖土作业空间，挖机和运土车辆等施工机械可直接在结构楼板上行走，或通过栈桥直接下至坑底，大大提高施工速度。但“跳层”会增加周边挡墙的无支撑暴露高度，为此可在基坑周边保留反压土坡、增设临时斜抛撑等措施，如图 4.1.31 所示。杭州萧山国际机场三期工程交通中心采用“跳板”支撑布置方案（图 4.1.32）后，导致水平支撑间距过大，特别是 B2 板与基底之间的间距超过 10m，为控制挡墙变形，加强基坑稳定性，在基坑南

侧和东侧采用反压土坡、增设临时钢管斜抛撑进行加强（图 4.1.33）。杭州国际金融会展中心、富力杭州未来中心等逆作基坑，为提高施工效率，也都采取了局部“跳板”的支撑布置方案，并采取了类似坑边三角土坡反压、增设临时斜抛撑等加强措施。

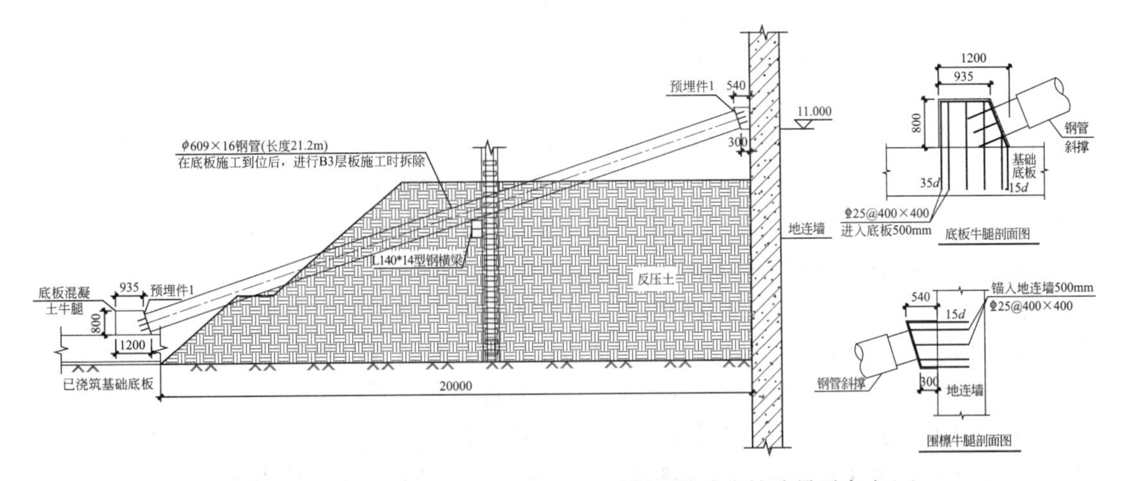

图 4.1.31 基坑周边预留土坡和临时斜抛撑减小挡墙暴露高度

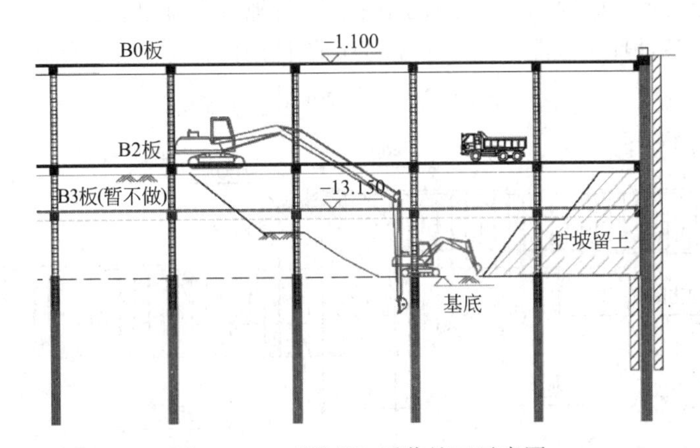

图 4.1.32 “跳板”逆作施工示意图

图 4.1.33 挡墙周边反压土坡照片

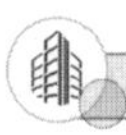

对于软土地层的逆作基坑，为控制周边挡墙变形，也常在基坑周边预留三角土坡、采用盆式开挖，以减小挡墙无支撑暴露时间。如杭州凯悦大酒店，开挖至基底标高这一工况下，周边地连墙的暴露高度最大，为控制地连墙变形，最后一层土方开挖采用盆式开挖，周边预留三角土坡，并增设钢斜撑后再分小块开挖周边三角土，边挖边施工周边垫层和基础底板，如图 2.5.12 所示。

斜抛撑宜采用型钢支撑，也可采用混凝土支撑；斜抛撑与水平面的夹角不宜大于 35°，软土地区不宜大于 26°；斜撑长度超过 15m 时，宜在斜撑中部位置加设竖向立柱；应设置可靠的斜撑支座或基础，其位置不应妨碍主体结构的正常施工；斜撑基础与围护结构之间的水平距离，应满足基坑内侧预留土坡的稳定要求和围护结构侧向变形的控制要求。

5. 水平结构高差部位的加强措施

实际工程中，地下室楼层结构的布置，往往不是一个理想的完整平面，常出现局部结构存在高差或错层的现象，周边水、土压力通过挡墙最终传递给该楼层，高差和错层位置势必产生应力集中，易造成结构开裂，此时应视具体情况，采取相应的设计措施。

当结构楼板高差较大、形成错层结构时，应对错层结构复核楼板在水土压力作用下的内力和变形，根据需要采用增设临时支撑等措施，确保楼板结构平面内传力可靠。当楼板高差不大时，可在高差处增设临时斜板、采用加腋梁等措施进行加强。图 4.1.34 为框架梁两侧存在高差时结构加腋处理示意图，图 4.1.35 为钢管柱两侧存在高差时结构加腋处理示意图。

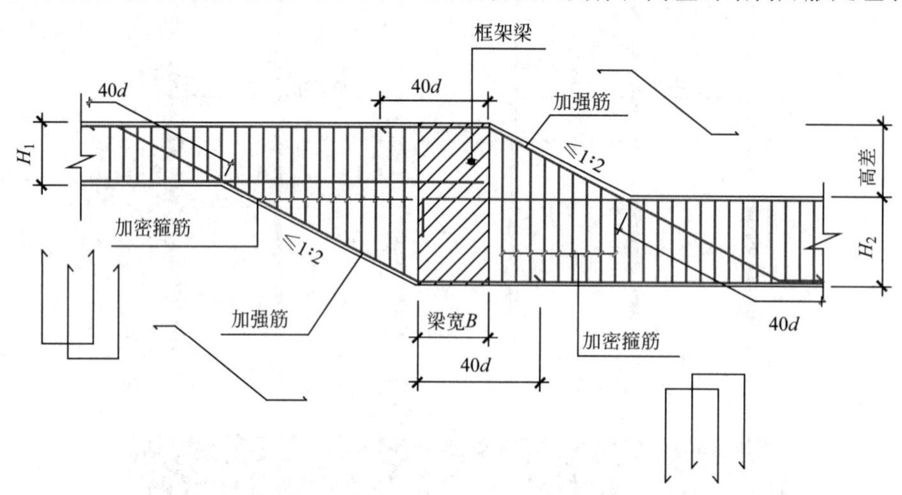

图 4.1.34　框架梁处高差加腋大样

6. 结构缝和后浇带位置的处理

超高层建筑通常会在主楼和裙楼之间设置沉降后浇带，超长地下室考虑到大体积混凝土的温度应力及收缩等因素，也会间隔一定距离设置后浇带。逆作法施工中地下室各层结构作为基坑开挖阶段的水平支撑系统被后浇带隔断，水平力无法传递，因此必须采取措施以解决后浇带位置的水平传力问题。图 4.1.36 是通过在处于后浇带范围的框架梁或次梁内设置小截面型钢以传递水平力，型钢的截面较小，相应抗弯刚度远小于框架梁或次梁，因此不会约束后浇带两侧的自由沉降。图 4.1.37 所示节点构造则是在缝两侧预留埋件，上部和下部焊接一定间距布置的型钢，待地下室结构整体形成后割除型钢，恢复结构的沉降缝。

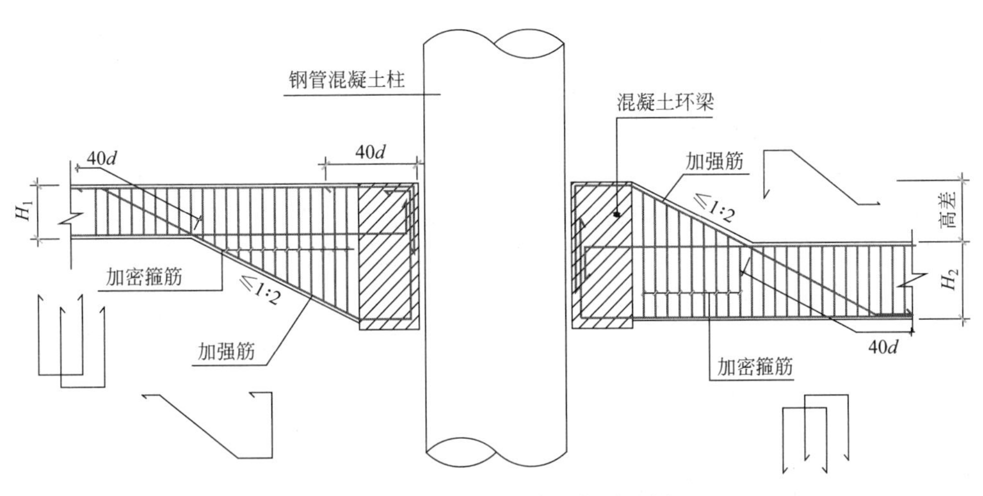

图 4.1.35　钢管柱处高差加腋大样

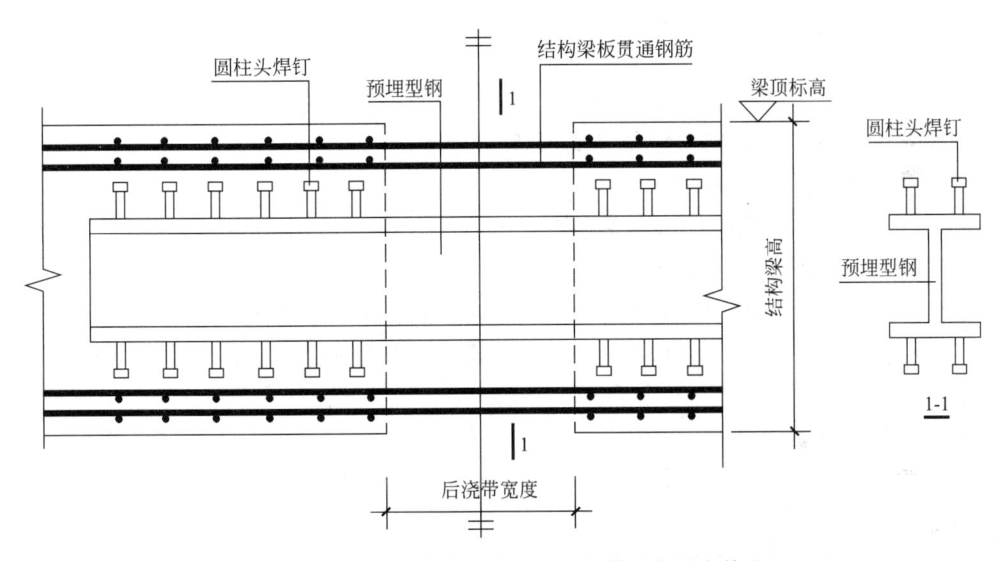

图 4.1.36　后浇带位置设置型钢以满足水平力传递

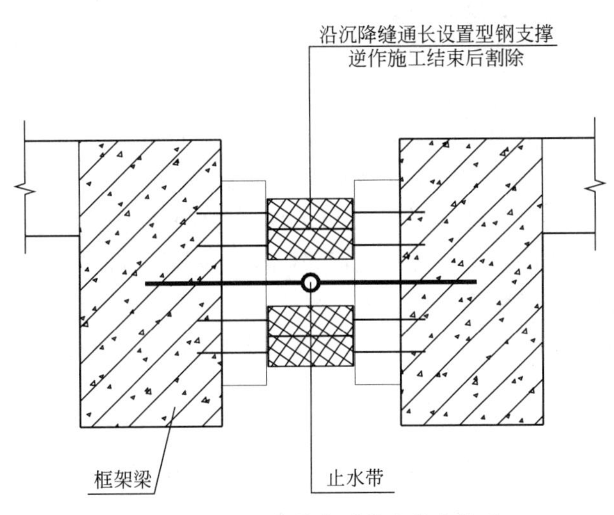

图 4.1.37　沉降缝水平传力节点构造

后浇带两侧的结构楼板在施工重载车辆的作用下易产生裂缝，可考虑在后浇带两侧内退一定距离增设边梁，对楼板自由边进行收口，以改善结构楼板的受力状态。后浇带两侧的竖向支承采用增设临时立柱可以减少梁板跨度，但将增加工程量，当后浇带数量较多时其增加的工作量尤为可观。此时，可考虑在后浇带两侧采取跨越的方式进行处理，即在后浇带两端框架梁位置设置高出结构板面的混凝土支座，在支座上间隔布置型钢梁，然后在型钢梁上铺设钢板，使后浇带两侧底部架空。当横跨后浇带两侧的钢栈桥自重较大时，尚须在后浇带两侧的永久钢立柱上设置一些斜向钢支撑，以减少结构的悬臂长度。这种方法既可节省后浇带两侧增设的钢立柱和立柱桩，又可重复回收利用钢栈桥的钢材料，经济性较好。

4.2 水平支撑结构计算

4.2.1 荷载和作用

水平支撑结构所受的荷载，应区分施工阶段和使用阶段两种工况。

1. 施工阶段水平支撑结构应考虑的荷载

（1）水、土压力

水土压力通过基坑周边挡墙传递给水平支撑结构。一般情况下，宜采用周边挡墙-水平支撑结构整体分析方法，计算作用在水平支撑上的水土压力荷载；当采用周边挡墙-水平支撑结构独立分析方法时，应通过单位水平均布荷载作用下的支撑结构变形，反算确定各位置的水平支撑弹簧刚度，再将支护挡墙计算模型中得到的弹簧反力作为水平支撑结构的水土压力荷载。

（2）自重荷载

自重荷载包括地下楼盖结构的构件自重、地下临时支撑构件的自重、上下同步施工时的上部结构自重。

地下楼盖结构的构件自重，仅考虑施工阶段完成的先期地下结构的构件自重，不包括后期地下结构的构件自重。先期地下结构是指逆作阶段基础底板未形成之前施工的地下水平结构和地下竖向结构；后期地下结构是指基础底板施工完成之后再进行施工的地下水平结构和地下竖向结构。

地下临时支撑构件，是为了保证支护结构体系的整体性和水土压力传递可靠性，而增设的临时支撑构件，这些构件在施工完成后是需要凿除的。对于因施工阶段支护受力需要而进行截面加强的永久结构构件（图 4.2.1），其自重应按加强后的截面计算。宜采用加大截面宽度的方式进行加强，避免加大梁高而影响楼层净高，如加大截面后影响建筑使用空间，加大部分应在后续进行凿除。

上下同步施工时，上部结构自重按逆作阶段基础底板未形成之前可施工的最高楼层计算。

（3）活荷载

施工阶段的活荷载主要为施工人员和设备的荷载，包括取土、运土、材料运输和堆放等作用于施工平台和栈桥上的荷载。逆作界面层的施工活荷载应按实际情况考虑，并不应

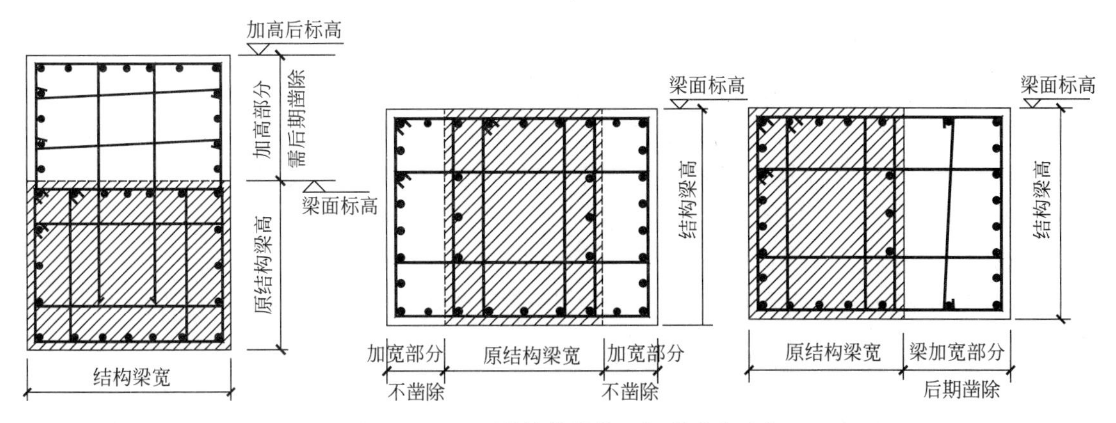

图 4.2.1　地下结构构件截面加强形式示意

小于 10kPa；其余各层楼面施工活载可按实际考虑，但不应小于 3kPa。施工材料堆载、施工平台和栈桥上的机械车辆荷载，应综合考虑施工组织、场平布置等因素另行确定，车辆运输通道的施工荷载按实计算，并不宜小于 30kPa。

对搬运和装卸材料、车辆启动和刹车等的动力效应，当按静力方法计算时，应将材料或车辆设备的自重乘以 1.1～1.3 的动力系数。

当地上地下同步施工时，应考虑作用在地上结构上的水平风荷载。为安全起见，可按 50 年一遇的基本风压计算风荷载；正常情况下，逆作施工期不会太长，故可不考虑逆作阶段上部结构的地震作用。

（4）非荷载作用

对于超长水平支撑结构，宜考虑温度作用对支撑结构的影响。支护结构构件温度作用计算应考虑气温变化、太阳辐射等因素的影响。温度作用效应计算时，最大升温工况和最大降温工况下的均匀温度作用标准值，可按现行国家标准《建筑结构荷载规范》GB 50009 的规定计算。

除温度作用外，尚应考虑立柱桩之间、立柱桩与围护墙之间的差异沉降、竖向支承结构转换等引起的水平结构附加内力。

2. 使用阶段水平支撑结构应考虑的荷载

正常使用工况下的水平支撑结构应考虑的荷载，应按《建筑结构荷载规范》GB 50009 和相关结构设计标准执行，主要包括：

（1）水、土压力

正常使用工况下的土压力，应按静止土压力计算。土压力计算应考虑周边地面超载，无特殊情况下地面超载不宜小于 20kPa。

（2）自重荷载

自重荷载包括先期地下结构、后期地下结构和地上结构的全部自重，以及建筑内部隔墙、室内装修和外立面幕墙等的全部装修荷载，不包括施工阶段增设的临时支撑构件。对施工阶段进行截面加强的永久结构构件，应考虑保留部分自重，扣除后期凿除的部分自重。

（3）活荷载

正常使用阶段的活荷载，包括楼面活荷载、雪荷载、风荷载等，按《建筑结构荷载规范》GB 50009 和相关结构设计标准的规定执行。

（4）非荷载作用

温度作用计算应考虑气温变化、太阳辐射等因素的影响。温度作用效应计算时，最大升温工况和最大降温工况下的均匀温度作用标准值，可按现行国家标准《建筑结构荷载规范》GB 50009 的规定计算。对于超长水平结构，宜同时考虑混凝土收缩、徐变效应的影响。

（5）地震作用

地震作用按现行国家标准《建筑抗震设计规范》GB 50011 的有关规定计算。

4.2.2 水平支撑结构计算分析要求

水平支撑结构计算分析，应针对施工工况和使用工况分别计算，并应采用三维空间有限元整体模型进行分析计算[2]。

施工工况下，计算模型应包括先期地下结构、临时支撑构件和竖向立柱；上下结构同步施工时，应包括逆作阶段基础底板浇筑前完成的上部结构；结构楼板可采用板单元或壳单元进行模拟，并参与结构整体计算；当水平支撑结构采用梁板体系且楼板开口较多时，计算模型应能反映洞口的楼板受力和刚度的削弱；当水平支撑结构存在较大高差或形成错层时，结构模型应能反映楼板错层的受力特点，不应合并成一层进行计算。

当采用地上和地下结构同步施工时，应对同步施工的上部结构楼层与地下水平支撑结构进行整体分析计算。

宜采用周边挡墙-水平支撑结构整体分析方法。当采用周边挡墙-水平支撑结构独立分析方法时，应通过单位水平均布荷载作用下的支撑结构变形，反算确定各位置的水平支撑弹簧刚度，再将支护挡墙计算模型中得到的弹簧反力施加在水平支撑结构上。

当地下水平结构采用短排架支模方式施工时，支护挡墙计算模型中的计算开挖深度，应考虑各工况下的短排架高度。

应进行立柱桩的沉降计算，并考虑立柱桩之间、立柱桩与地连墙之间的差异沉降引起主体结构构件的附加内力和变形。

4.2.3 水平支撑构件设计

1. 效应组合

逆作施工阶段水平支撑结构的构件设计时，作用组合的效应设计值应符合下列规定[1]：

（1）承载力极限状态下，对永久结构构件，其基本组合的效应设计值 S_d 可采用下式：

$$S_d=\sum_{i=1}^{n}\gamma_{G_i}S_{G_{ik}}+\gamma_{Q_1}S_{Q_{1k}}+\sum_{j=2}^{m}\gamma_{Q_j}\psi_{cj}S_{Q_{jk}} \tag{4.2.1}$$

对临时支撑构件，其基本组合的效应设计值 S_d 也可采用简化规则按下式确定：

$$S_d=\gamma_F S_k \tag{4.2.2}$$

式中，γ_{G_i} 为第 i 个永久荷载的分项系数；$S_{G_{ik}}$ 为第 i 个永久荷载标准值 G_{ik} 计算的荷载效应值；γ_{Q_1} 为第 1 个可变荷载（主导可变荷载）的分项系数；$S_{Q_{1k}}$ 为第 1 个可变荷载（主导可变荷载）Q_{1k} 计算的荷载效应值；γ_{Q_j} 为第 j 个可变荷载的分项系数；$S_{Q_{jk}}$ 为第 j 个可变荷载

标准值 Q_{jk} 计算的荷载效应值；ψ_{cj} 为第 j 个可变荷载 Q_j 的组合值系数，按现行国家标准《建筑结构荷载规范》GB 50009 的规定采用；γ_F 为临时支撑结构构件基本组合的综合分项系数；S_k 为标准组合的效应设计值，按式（4.2.3）计算。

（2）正常使用极限状态下，标准组合的效应设计值 S_d 应按下式确定：

$$S_d=\sum_{i=1}^{n}S_{G_{ik}}+S_{Q_{1k}}+\sum_{j=2}^{m}\psi_{cj}S_{Q_{jk}} \tag{4.2.3}$$

正常使用极限状态下，准永久组合的效应设计值 S_d 应按下式确定：

$$S_d=\sum_{i=1}^{n}S_{G_{ik}}+\sum_{j=1}^{m}\psi_{qj}S_{Q_{jk}} \tag{4.2.4}$$

式中，ψ_{qj} 为第 j 个可变荷载的准永久值系数，按现行国家标准《建筑结构荷载规范》GB 50009 的规定采用。

（3）逆作施工阶段基坑支护设计时，基本组合的荷载分项系数应按下列规定采用：

1）当永久荷载效应对结构不利时，永久荷载分项系数的取值，对由可变荷载效应控制的组合，应取 1.3；

2）当永久荷载效应对结构有利时，永久荷载分项系数取值不应大于 1.0；

3）楼面活荷载、施工荷载、风荷载等可变荷载的分项系数，应取 1.5；当可变荷载对结构有利时，应取 $\gamma_Q=0$；

4）作用于水平支撑结构上的土压力（含基坑周边地面堆载引起的侧压力）、水压力，其分项系数应取 1.3；基坑周边施工荷载、运输车辆等引起的侧压力，其分项系数应取 1.5；

5）对于临时支撑构件，其基本组合的综合分项系数 γ_F 取值应不小于 1.3。

水平结构变形应按正常使用极限状态下荷载效应的标准组合进行计算。对于与主体地下结构相结合的结构构件，其变形控制值不应大于主体结构设计对其变形的限值。

逆作施工阶段，对于与主体地下结构相结合的钢筋混凝土结构构件，其最大裂缝宽度应按荷载效应的标准组合进行计算，最大裂缝宽度限值可按现行国家标准《混凝土结构设计规范》GB 50010 对主体结构构件最大裂缝宽度限值的 1.5 倍采用。

2. 构件计算

水平支撑结构应根据逆作施工阶段的平面布置和工况，按水平向荷载和竖向荷载双向作用进行承载力和变形计算，并应同时满足逆作施工阶段和永久使用阶段的承载力极限状态和正常使用极限状态的设计要求。

逆作阶段地下水平结构构件的截面承载力计算应符合下列要求：

（1）各层水平支撑结构中的结构梁和板、临时支撑，均应根据各施工工况下的最不利内力组合，按偏心受压构件进行截面承载力计算。

（2）对同层楼板结构存在高差的部位，应验算该部位构件的受弯、受剪和受扭承载力；对结构楼板开洞部位周边的楼板，宜根据有限元分析结果进行补充复核。

（3）围檩梁和压顶梁的截面承载力可按水平方向的受弯构件计算；当围檩梁（或压顶梁）与水平支撑斜交或作为边桁架的弦杆时，其截面承载力应按偏心受压构件计算。

（4）现浇钢筋混凝土围檩梁、压顶梁在水平面内的支座弯矩、钢筋混凝土支撑梁在竖向平面内的支座弯矩，可乘以 0.8～0.9 的调幅系数，但跨中弯矩应根据平衡条件相应增加。

（5）钢筋混凝土构件及其连接的受压、受弯、受剪、受扭承载力计算，应符合现行国家标准《混凝土结构设计规范》GB 50010 的有关规定；钢构件及其连接节点的受压、受弯、受剪、受扭承载力计算及其各类稳定性验算，应符合现行国家标准《钢结构设计标准》GB 50017 的有关规定。

水平支撑结构构件在进行偏心受压承载力计算时，计算长度可按下列规定确定：

（1）在竖向平面内，取相邻立柱的中心距。

（2）在水平面内无楼板时，取与该构件相交的相邻横向水平支撑梁的中心距。

（3）当纵向和横向支撑梁的交点处未设置立柱时，在竖向平面内，现浇钢筋混凝土构件的受压计算长度取构件全长，钢构件的受压计算长度取构件全长的 1.2 倍。

（4）当围檩梁、压顶梁按偏心受压构件计算时，钢筋混凝土围檩梁、压顶梁的受压计算长度应取相邻水平支撑梁的中心距，钢围檩梁的受压计算长度取相邻水平支撑梁中心距的 1.5 倍。

水平支撑结构构件按偏心受压构件计算时，偏心弯矩除竖向荷载和水平荷载产生的弯矩外，尚应考虑其轴向力对构件初始偏心距的附加弯矩。钢筋混凝土支撑梁的初始偏心距可取构件计算长度的 3/1000、偏心方向构件截面尺寸的 1/30 和 20mm 的较大值；钢支撑梁初始偏心距可取支撑计算长度的 3/1000 和 40mm 的较大值。

3. 构造要求

水平支撑结构采用现浇钢筋混凝土时，其构造宜符合下列规定：

（1）钢筋混凝土强度等级不宜低于 C30，楼板厚度不宜小于 120mm；当上部结构为高层建筑时，地下室顶板厚度不宜小于 160mm；当作为上部结构嵌固层时，该楼层在上部结构相关范围以内应采用现浇梁板结构，其楼板厚度不宜小于 180mm，应采用双层双向配筋，且每层每个方向的配筋率不宜小于 0.25%。

（2）支撑梁的截面高度不宜小于其竖向平面内计算跨度的 1/18；围檩梁、压顶梁的截面宽度不宜小于其水平计算跨度的 1/10，截面高度不宜小于相邻支撑构件的截面高度。

（3）围檩梁、压顶梁和支撑梁交接节点应按刚节点处理。

（4）围檩梁应紧贴围护墙设置，当围檩梁与围护墙之间需要传递水平剪力时，应在围护墙上沿围檩梁长度方向预留由计算确定的剪力筋或剪力槽。

（5）格梁式节点处宜设置水平加腋。

（6）格梁式梁、围檩梁、压顶梁的纵向钢筋直径不宜小于 16mm，沿截面四周纵向钢筋的最大间距不宜大于 200mm，箍筋直径不宜小于 8mm，间距不宜大于 200mm。

与混凝土支撑相比，钢结构支撑的整体刚度更依赖于构件之间的连接构造，因此，钢结构内支撑设计时，除计算截面承载力和验算变形外，必须重视钢结构的节点构造设计，并符合下列规定：

（1）钢构件受压杆件的长细比不应大于 150，受拉杆件的长细比不应大于 200。

（2）考虑到逆作施工时施工偏差较大等原因，钢构件之间连接宜采用可以调节的节点形式，并宜留有足够的调整空间，拼接点强度不应低于构件截面强度；当采用高强度螺栓连接时，螺栓孔应预先留设，禁止现场开孔。

（3）纵横构件宜设置在同一标高。当纵横构件交汇点不在同一标高连接时，其连接构

造应满足构件在平面内的稳定要求。纵横向钢支撑采用工厂制作的十字节点进行连接，节点受力可靠，整体性好；当采用上下重叠连接时，虽然施工方便，但支撑体系整体性较差，应尽量避免。

(4) 钢支撑（梁）与竖向立柱采用钢托架进行连接时，钢托架应满足对钢支撑（梁）在节点位置的约束要求。

(5) 钢支撑与钢围檩之间的连接节点受力复杂，应力比较集中，为防止钢围檩梁产生失稳，减小节点处的变形，应在钢支撑与钢围檩的连接节点或转角位置，型钢构件的翼缘和腹板加焊加劲板，加劲板厚度不应小于 10mm，焊缝高度不应小于 6mm。

(6) 围护墙表面一般不平整，特别是采用钻孔灌注桩排桩作围护墙时，为使钢围檩与围护墙之间接合紧密，防止围檩截面产生扭曲，应在钢围檩与围护墙之间采用不低于 C25 的细石混凝土填实。

4.3　水平支撑结构连接构造

4.3.1　水平支撑结构与周边挡墙的连接构造

不同形式的基坑周边挡墙，水平支撑结构与挡墙的连接所涉及的问题以及具体节点处理方式也不尽相同。水平支撑结构与竖向支承结构和周边挡墙之间的连接构造，应做到构造简单、传力明确、便于施工。

1. 水平支撑结构与地下连续墙（二墙合一）的连接

当基坑周边挡墙采用地下连续墙“二墙合一”进行支护时，地下室各楼层的水平结构梁板应与地连墙之间进行可靠连接。通常在各楼层标高处设置混凝土边梁，边梁钢筋与地连墙内的预埋钢筋（水平扳直）进行焊接（图 4.3.1），楼板钢筋锚固于边梁内。地下室各楼层的框架主梁的上、下纵筋与地连墙一般均通过预埋钢筋接驳器进行连接，如图 4.3.2 所示。为保证地下室的永久干燥，在离地连墙内侧 20～30cm 处砌筑一道砖衬墙，砖衬墙内壁做防潮处理，砖衬墙与地下墙之间在每一楼面处设置导流沟，各层导流沟用竖管连通，当外墙有细微渗漏水进入时，可通过导流沟和竖管引至集水坑统一排出。

当地连墙内侧为混凝土叠合墙时，可不再设置边梁，水平结构板钢筋直接锚入叠合墙内即可，但各楼层框架主梁受力纵筋应与地连墙通过预埋接驳器进行连接，叠合墙与地连墙之间应事先预埋抗剪钢筋（开挖后扳直锚入后浇墙内），保证叠合面抗剪承载力。水平结构逆作施工时，与地连墙连接节点处应预留叠合墙竖向钢筋的插筋，如图 4.3.3 和图 4.3.4 所示。

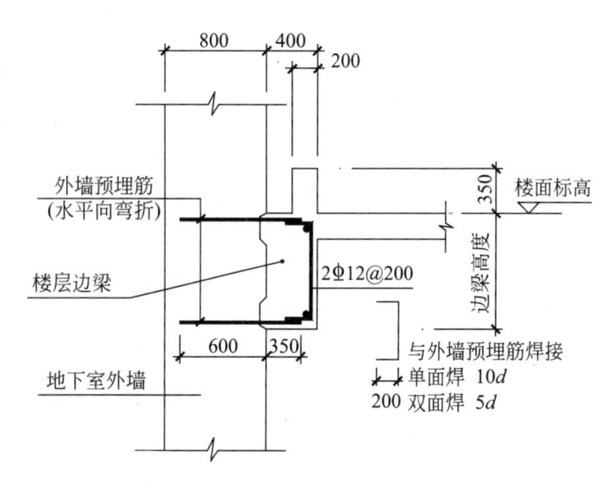

图 4.3.1　楼层边梁与地连墙的连接构造

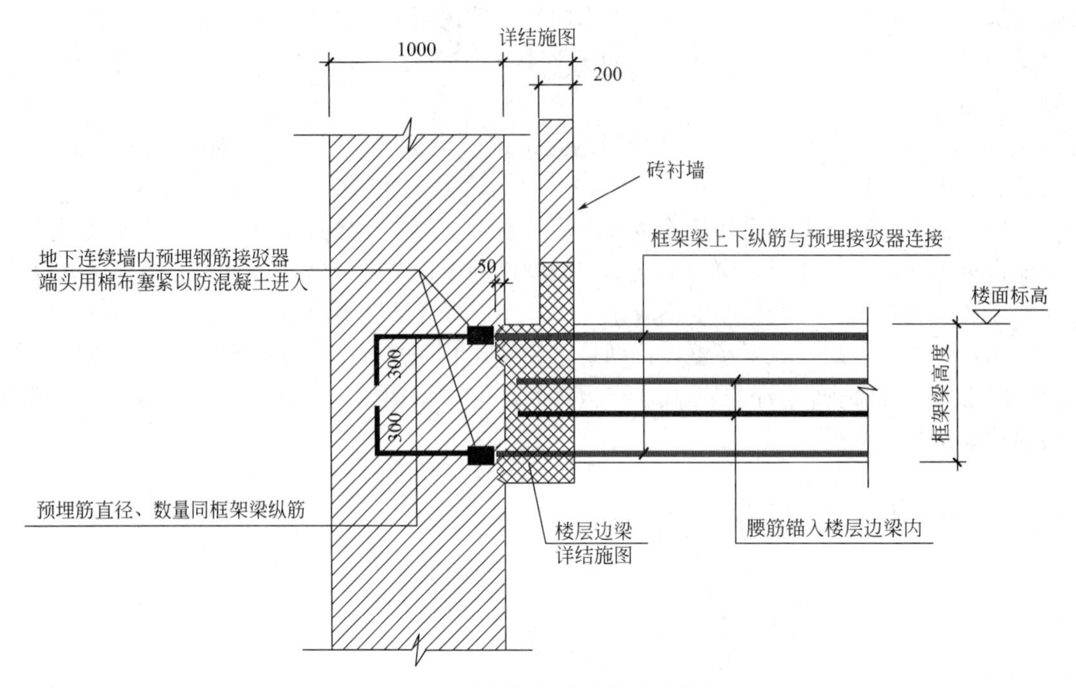

图 4.3.2 主梁与地连墙的连接构造

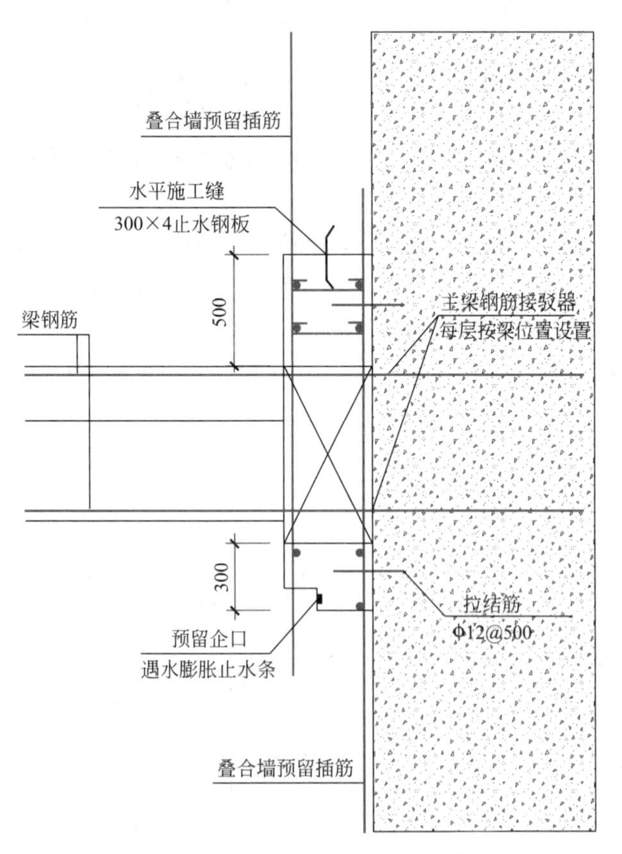

图 4.3.3 中间楼层叠合墙预留插筋构造

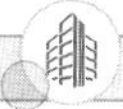

图 4.3.4　叠合墙预留插筋的照片

2. 水平结构与临时围护结构的连接

当基坑周边采用临时排桩墙等挡墙时，挡墙与结构外墙分开，结构外墙可采用顺作施工，也可采用逆作施工。从结构受力、构造要求以及防水的角度出发，结构外墙与相邻结构梁板须整体连接。

当结构外墙采用顺作时，逆作施工地下各层结构的边跨位置须内退结构外墙一定的距离，逆作施工结束后，结构外墙和相邻的结构梁板一起浇筑。逆作施工阶段，临时挡墙与内部结构之间，应另行增设水平支撑，水平支撑可采用钢支撑、钢筋混凝土支撑或型钢混凝土组合支撑等形式。内部结构周边一般应设置通长的闭合边梁，边梁的设置可提高逆作阶段内部结构的整体刚度，改善边跨结构楼板的支承条件，并为支护体系提供较为有利的支撑作用面。水平支撑中心应尽量与内部结构梁中心对齐，否则应验算边梁的受弯、受剪、受扭承载力，必要时尚应对边梁进行局部加强。图 4.3.5 为结构外墙顺作时，水平结构与临时挡墙之间的连接节点构造示意。

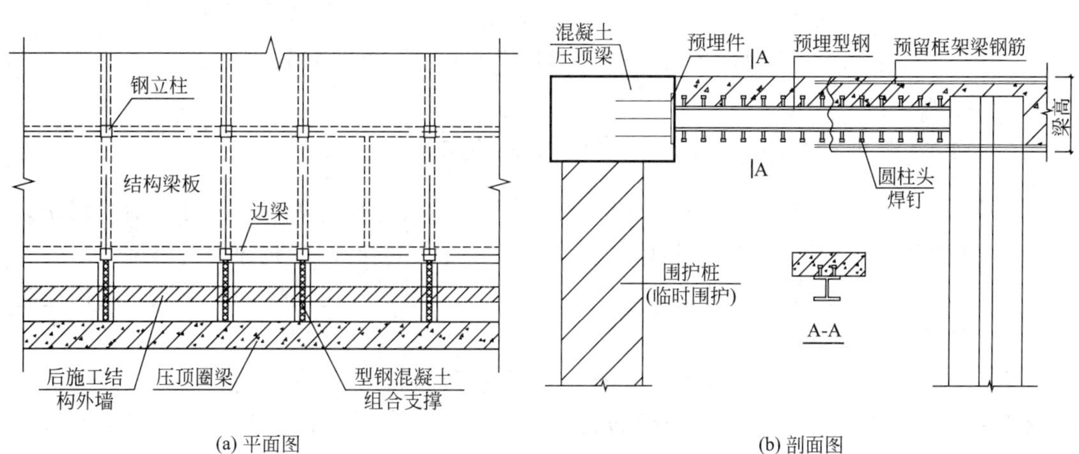

图 4.3.5　水平结构与临时挡墙连接节点示意（结构外墙顺作）

边跨结构存在二次浇筑的工序要求，因此在逆作阶段先施工的边梁与后浇筑的边跨结构接缝处存在止水问题。一般情况下可先凿毛边梁与后浇筑顶板的接缝面，然后嵌固一条通长布置的遇水膨胀止水条。如结构防水要求较高时，还可在接缝位置增设注浆管，待结构达到强度后进行注浆充填接缝处的微小缝隙，可达到很好的防水效果。

周边设置的支撑系统需待临时围护结构与结构外墙之间密实回填后方可进行割除，支撑穿结构外墙处也应进行止水处理。不同支撑材料其穿结构外墙的止水处理方式也不尽相同。比如H型钢支撑，可在H型钢穿外墙板位置焊接一圈一定高度的止水钢板，隔断地下水沿型钢渗入结构内部的渗透路径；采用钢管支撑时，可将穿外墙板段钢管支撑换成H型钢，以满足止水节点处理的要求；当为混凝土支撑时，可在穿外墙板位置设置一圈遇水膨胀止水条，或可在结构外墙上留洞，洞口四周设置刚性止水片，待混凝土支撑凿除后再封闭该处外墙。

当结构外墙采用逆作时，结构外墙应划分为先期施工段和后期施工段。先期施工段与水平梁板结构一起一次性浇筑，并预留好外墙的上下插筋和止水钢板，如图4.3.6所示。先期施工外墙段的外侧与临时挡墙之间应同步施工水平传力板带，确保水土压力可靠传递。

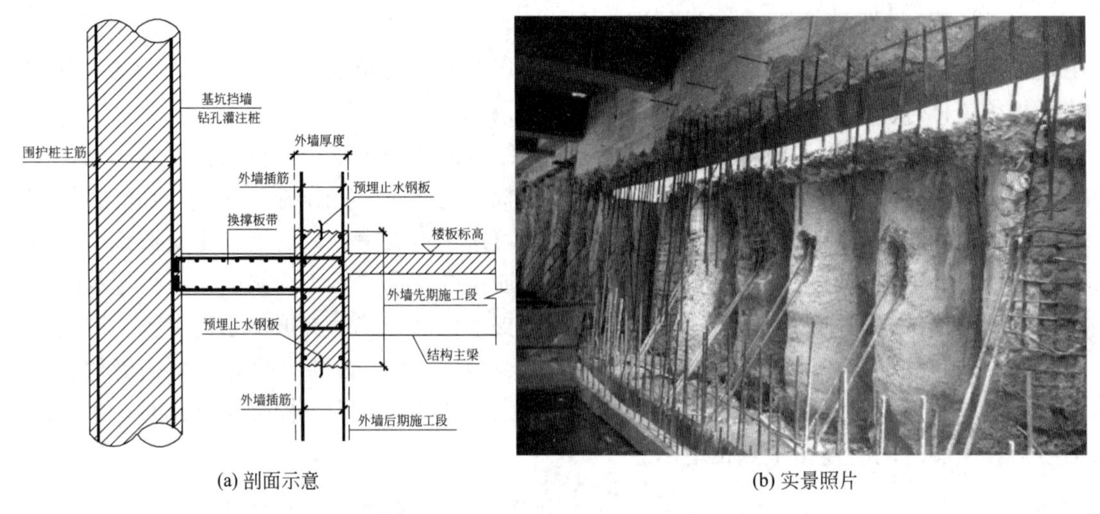

(a) 剖面示意　　(b) 实景照片

图4.3.6　水平结构与临时挡墙连接节点示意（结构外墙逆作）

4.3.2　水平支撑结构与竖向支承结构的连接构造

逆作法工程中，梁柱节点位置由于竖向支承钢立柱的存在，使得该位置框架梁钢筋穿越钢立柱的问题十分突出，支护设计与主体结构设计在方案前期应充分沟通协调。水平支撑结构与竖向立柱之间的连接构造，应同时满足剪力和弯矩传递的要求，并应做到构造简单、传力明确、便于施工。

水平支撑结构采用梁板体系时，框架梁截面宽度宜大于竖向支承钢立柱的截面尺寸或在梁端宽度方向加腋，便于梁纵向钢筋贯穿通过；钢筋混凝土梁、无梁楼板与角钢格构柱、H型钢柱连接时，水平构件的剪力传递宜采用栓钉、钢牛腿，也可采用其他符合受力要求的连接方式传递剪力。

角钢格构柱中角钢肢宽及缀板会阻碍梁主筋的穿越，钢筋混凝土梁、无梁楼板与角钢格构柱连接时，水平构件的弯矩传递可采用下列连接方式：

（1）梁端水平加腋法：通过梁侧面水平加腋的方式扩大梁柱节点位置梁的宽度，使梁主筋从角钢之间和角钢格构柱侧面绕行贯通的方法，绕筋的斜度不应大于1/6，并应在梁变宽度处设置附加箍筋（图4.3.7a）。

（2）传力钢板连接法：在角钢格构柱上焊接连接钢板，将受角钢格构柱阻碍的水平构件纵向钢筋与传力钢板焊接。

（3）钻孔钢筋连接法：在角钢格构柱的缀板或角钢上钻孔穿钢筋（图4.3.7b），适用于框架梁宽度小、主筋直径较小且数量不多的情况，其钻孔的位置、数量应通过计算确定，考虑钻孔损失后的截面应满足承载力要求。

（4）首层结构梁与格构柱连接，可通过锚筋连接，格构柱不必伸入梁内。锚筋与格构柱顶的封头钢板塞焊连接，锚筋锚入梁内不小于 $35d$（d 为锚筋直径），封头钢板与格构柱角钢之间设加劲板，如图4.3.7（c）所示。

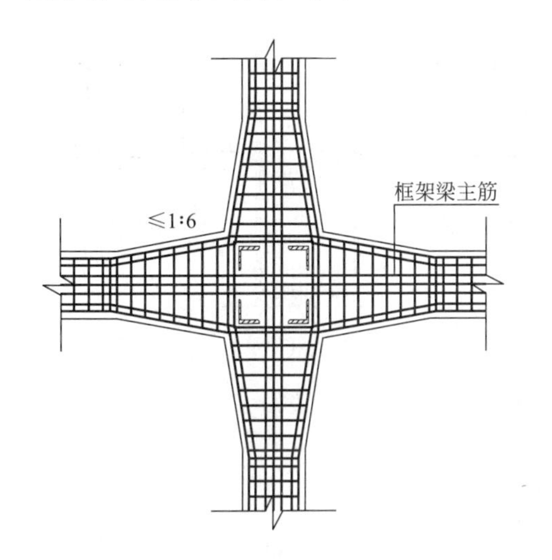

(a) 梁端水平加腋节点

(b) 钻孔穿筋连接

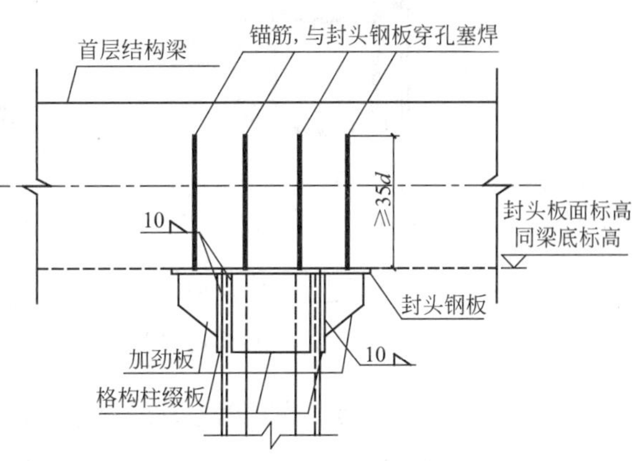

(c) 首层结构梁与格构柱连接节点

图4.3.7 水平梁与角钢格构柱的连接

与角钢格构柱不同的是，钢管混凝土柱由于为实腹式，其平面范围内梁的主筋均无法穿越，梁柱节点处理难度更大。在工程中应用比较多的连接节点主要有如下几种：

（1）钢牛腿连接节点。框架梁与钢管柱、钢管混凝土柱的连接采用钢牛腿时，牛腿高度不宜小于 0.7 倍梁高，梁纵向钢筋中一部分钢筋可与钢牛腿焊接，钢牛腿长度应满足焊接长度要求；其余纵向钢筋可连续绕过钢管，绕筋的斜度不应大于 1/6，并应在梁变宽度处设置附加箍筋。从梁端至钢牛腿端部以外 2 倍梁高范围内，应按钢筋混凝土梁端箍筋加密区的要求配置箍筋，如图 4.3.8 所示。由于钢管混凝土立柱处于受力状态，钢牛腿不应直接与立柱的柱壁进行焊接，设计时可采用外贴钢环板等加强措施，外贴钢板加强带需在工厂加工制作，如图 4.3.9 所示。图 4.3.10 为杭州中国丝绸城逆作基坑梁柱节点钢牛腿连接照片。

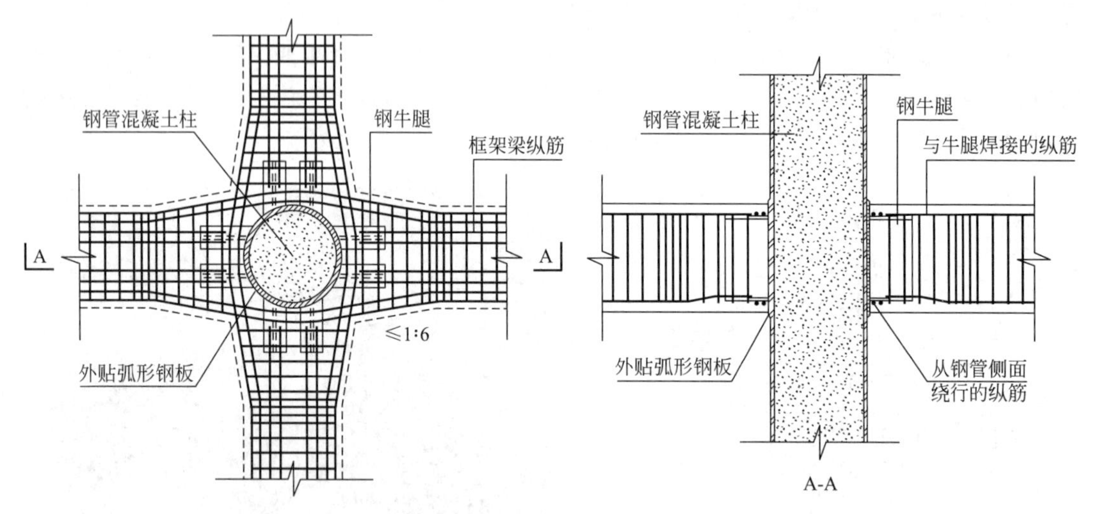

图 4.3.8　混凝土梁与钢管混凝土立柱采用钢牛腿连接示意图

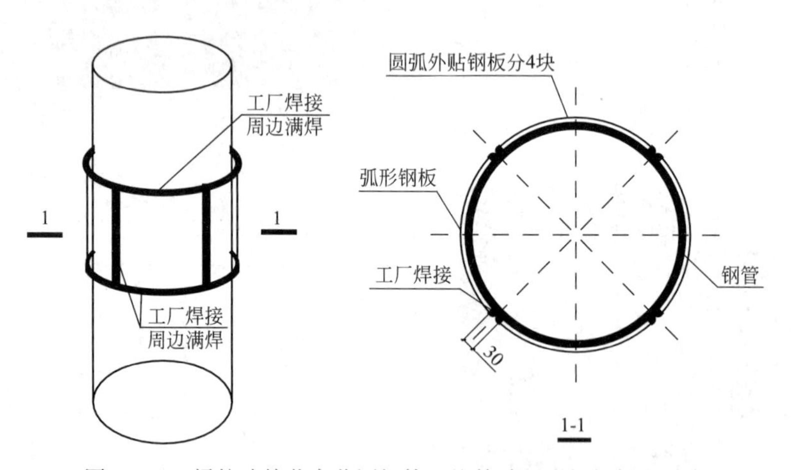

图 4.3.9　梁柱连接节点范围钢管立柱外贴弧形钢板加强示意

（2）混凝土环梁节点。在钢管立柱的周边设置一圈刚度较大的钢筋混凝土环梁，形成一个刚性节点区，利用这个刚性区域的整体工作来承受和传递梁端的弯矩和剪力。环梁和钢管柱通过钢筋、栓钉或钢牛腿等方式形成整体连接，其后框架梁主筋锚入环梁即可，不必穿越钢管柱。可用在钢管柱直径较大、框架梁宽度较小的情况，见图 4.3.11、图 4.3.12。

图 4.3.10　杭州中国丝绸城逆作基坑梁柱节点钢牛腿连接照片

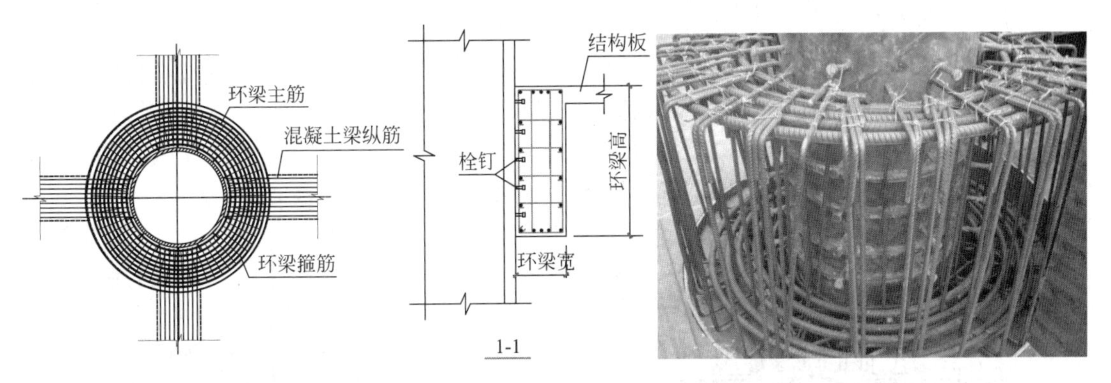

图 4.3.11　混凝土梁与钢管混凝土立柱之间的环梁节点（一）

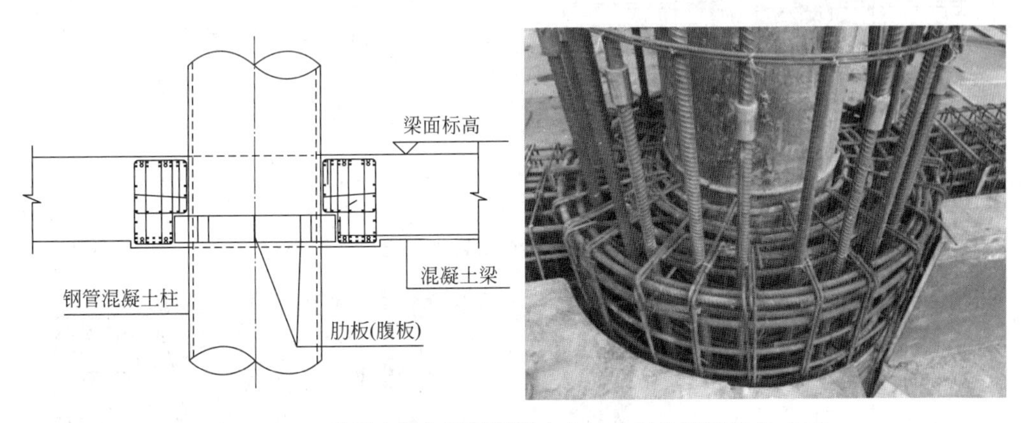

图 4.3.12　混凝土梁与钢管混凝土立柱之间的环梁节点（二）

环梁的截面的高度宜比框架梁高 50mm，环梁的截面宽度宜不小于框架梁宽度；框架梁的纵向钢筋在环梁内的锚固长度应满足规定；环梁上、下环筋的截面积应分别不小于框架梁上、下纵筋截面积的 70%；环梁内、外侧应设置环向腰筋，腰筋直径不宜小于 16mm，间距不宜大于 150mm；环梁按构造设置的箍筋直径不宜小于 10mm，外侧间距不宜大于 150mm。

(3) 双梁连接节点。将原框架梁一分为二，分成两根梁从钢管柱侧面穿过，适用于框架梁宽度和钢管直径比较小的情况，节点构造见图 4.3.13。双梁的纵向钢筋应从钢管侧面平行通过，节点处宜增设斜向构造钢筋，井式双梁与钢管之间应浇筑混凝土。

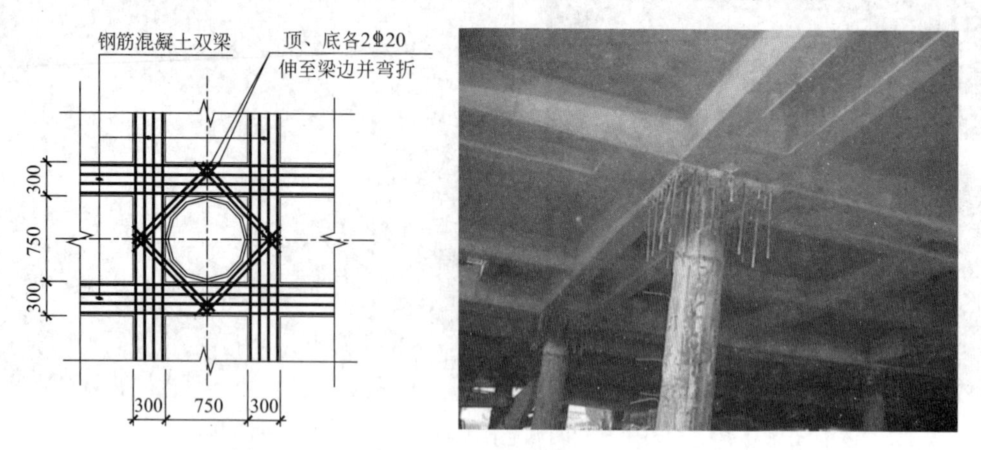

图 4.3.13　混凝土双梁与钢管混凝土立柱连接节点

（4）外加强环或加劲连接板连接节点。在梁柱连接节点处设置外加强环或竖向布置的加劲连接板，结构梁纵筋与外加强环或竖向加劲连接板进行焊接连接。该节点既兼顾了节点结构受力的要求，同时较大程度地降低了施工难度，但节点用钢量大且焊接工作量多，适用于梁纵筋数量较多且需多排放置的情况。如图 4.3.14 和图 4.3.15 所示。

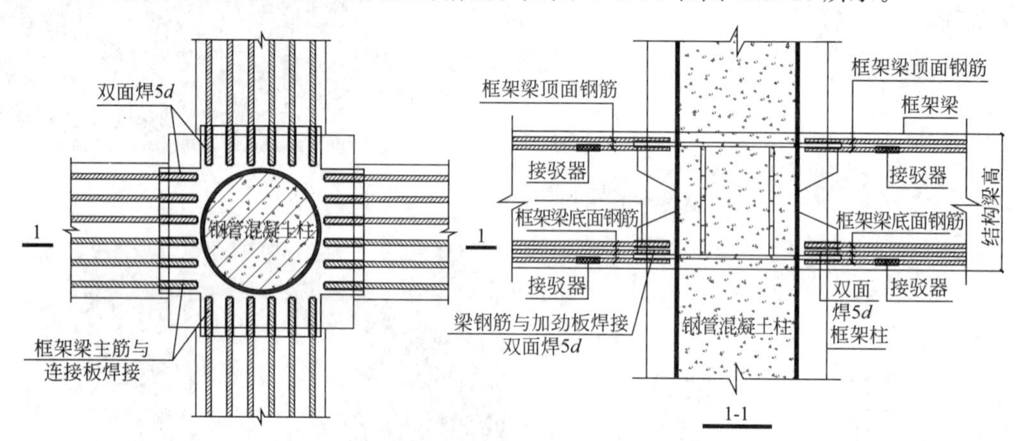

4.3.14　圆管柱与结构梁筋通过外加强环连接示意

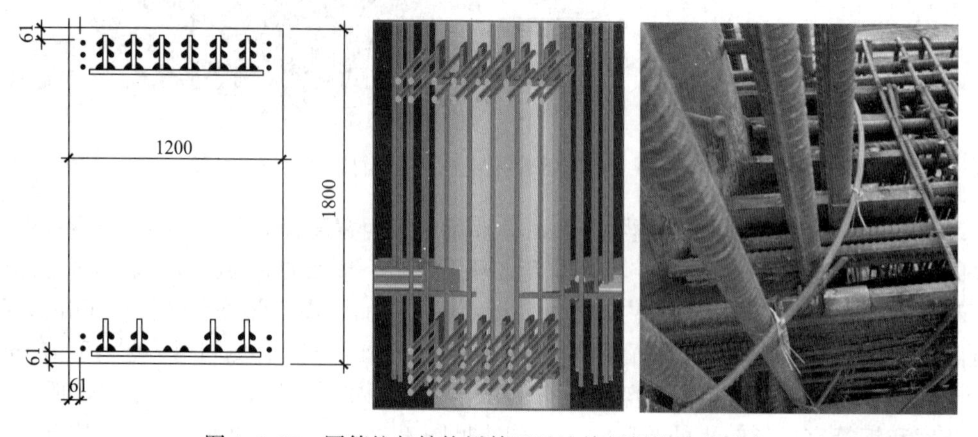

图 4.3.15　圆管柱与结构梁筋通过连接板焊接连接示意

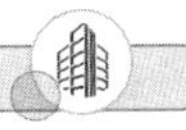

（5）无梁楼板连接节点。当水平结构为无梁楼盖体系时，一般在梁柱节点位置设置一定长宽的柱帽，逆作施工阶段竖向支承钢立柱的尺寸一般占柱帽尺寸的比例较小，因此，无梁楼盖体系梁柱节点位置钢筋穿越矛盾相对普通梁板体系易于解决，节点构造如图 4.3.16 所示。

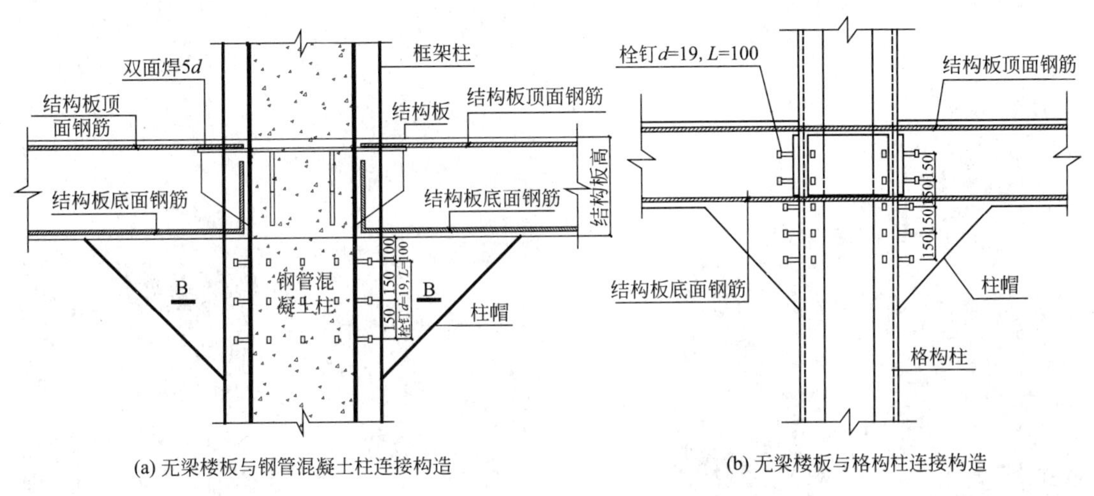

(a) 无梁楼板与钢管混凝土柱连接构造　　(b) 无梁楼板与格构柱连接构造

图 4.3.16　无梁楼盖结构体系梁柱节点连接

4.3.3　水平支撑结构与后期回筑构件之间的连接构造

后期回筑构件是指基础底板完成后再进行施工的地下结构构件，如钢立柱外包混凝土形成钢骨混凝土结构柱，剪力墙、人防墙、地连墙内侧的叠合墙等的后浇段，逆作期间开设的临时施工洞口位置的后期浇筑构件等。水平支撑结构在逆作施工时，应该事先考虑与后期回筑构件的节点连接措施，如预留好插筋，便于与回筑构件受力钢筋进行搭接、焊接或机械连接，有防水要求的部位，应采取预埋止水钢板等措施。

图 4.3.17 为杭州萧山国际机场三期交通中心工程逆作结构柱的预留插筋照片；图 4.3.18 为结构柱回筑段钢筋连接照片，回筑完成后形成钢管混凝土叠合柱，作为永久结构柱；图 4.3.19 为慈溪财富中心工程结构外墙逆作段的预留插筋照片；图 4.3.20 为结构外墙回筑段的钢筋连接照片，外墙回筑完成后，形成整体的永久结构外墙。由于外墙有防水要求，外墙在逆作阶段的先期施工段，除需要预留出插筋外，还要预埋好钢板止水带。图 4.3.21 为杭州萧山国际机场三期交通中心工程地连墙内侧的混凝土叠合墙，在水平施工缝处的预留插筋和止水带照片。

逆作施工阶段，水平楼盖结构需要开设比较多的临时施工洞口，逆作结束后，需要回筑洞口部位的水平梁、板构件，为此，需要在临时洞口周边先预留出梁和板的插筋，以便与回筑构件钢筋进行连接，如图 4.3.22 所示。

4.3.4　顺逆交界处的节点构造

顺逆交界处的连接方式，通常有两种方式：一种是顺作区和逆作区同步开挖，交界部位无分割墙；另一种是采用分坑施工，即顺逆交界部位设置临时分割墙（桩），先施工逆作基坑、后施工顺作基坑，也可以先施工顺作基坑、后施工逆作基坑，顺逆交界部位的临时分割墙（桩）后期需要凿出，顺逆区域水平结构连为整体。

图 4.3.17 结构柱预留插筋照片

图 4.3.18 结构柱回筑段钢筋连接照片

图 4.3.19 结构外墙逆作段预留插筋照片

图 4.3.20 结构外墙回筑段钢筋连接照片

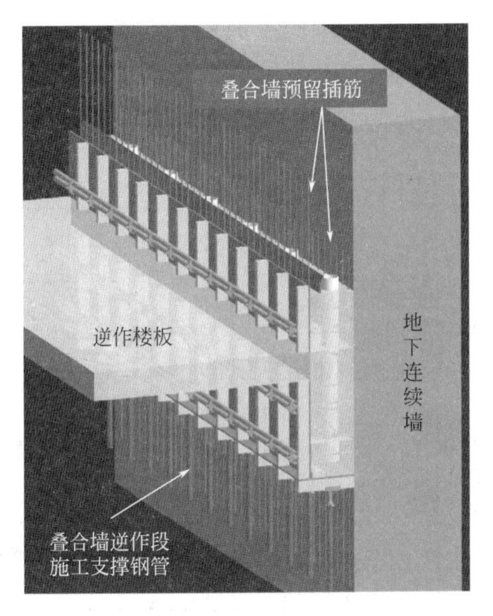

图 4.3.21　混凝土叠合墙水平施工缝处的预留插筋和止水带

图 4.3.22　水平结构施工洞口周边预留插筋照片

对于顺逆同步开挖的情况，由于交界部位无分割墙，只要在先期施工的水平结构构件预留出连接钢筋就可以了，对于地下室顶板、外墙、底板等有防水要求的交界部位，尚应预埋好止水钢板等。

对于采用分坑施工的顺逆交界部位，则问题相对复杂一些，需要事先设计好先期施工结构、后期施工结构、临时分割墙、换撑传力构件之间的相互关系。临时分割墙可采用地下连续墙、钻孔灌注桩、型钢水泥土搅拌墙等多种围护形式。对于先行施工的基坑，需要在水平结构与分割墙（桩）的围檩梁（或压顶梁）之间设置传力构件，确保水土压力荷载的有效传递。通常可采用以下两种做法：

（1）在结构主梁中预埋型钢，型钢一端与分割墙围檩梁或压顶梁连接，另一端埋入结构主梁内，主梁受力纵筋应预留出连接钢筋，以便与后期施工的主梁钢筋进行可靠连接，

如图 4.3.23（a）所示。

（2）在先期施工的水平结构端部设置钢筋混凝土边梁，在边梁和分割墙之间设置水平型钢支撑，通过型钢支撑将水土压力荷载传递至分割墙上，型钢支撑在平面上避开框架梁预留钢筋的位置，如图 4.3.23（b）所示。

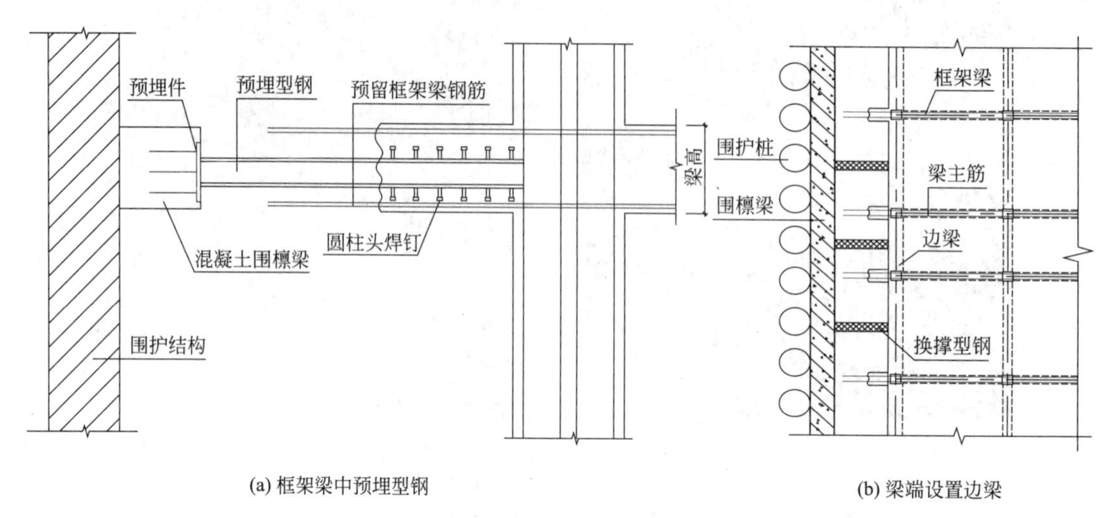

图 4.3.23　施工阶段顺作区水平力传递方式

4.3.5　基础底板节点构造

基础底板节点构造主要包括与周边挡墙和竖向立柱的节点处理。若立柱为角钢格构柱，承台或底板受力钢筋可避开角钢，从两肢角钢中间穿越，遇缀板可钻孔穿过，格构柱在承台或底板的 1/2 厚度处采取加焊止水钢板等防水措施。

基础承台或底板与钢管立柱之间的连接，宜增设栓钉、钢牛腿或钢板传力环等抗剪构件，并避免与钢管立柱管壁在现场直接焊接，无法避免时应采取事先在该部位的钢管外侧设置外贴弧形钢板进行加强等措施（图 4.3.9）。如杭州武林广场地下商城，竖向立柱为圆钢管混凝土柱，钢管直径 750mm，壁厚 25mm，基础承台与立柱之间通过设置钢筋混凝土环梁进行连接，底板受力钢筋锚入环梁内。为提高钢管立柱与混凝土环梁之间的受剪承载力，设置了钢板传力环（环形钢牛腿），钢板传力环与钢管立柱均在工厂加工制作，如图 4.3.24 和图 4.3.25 所示。

杭州中国丝绸城逆作工程，竖向立柱采用钢管混凝土柱，直径 ϕ650mm，钢管立柱下部插入钻孔灌注桩内不小于 5m，钢管立柱底端以下 3m 起至桩顶段采用 C60 水下混凝土，钢管立柱插入段设置栓钉，确保立柱轴力均匀传递给混凝土立柱桩。基础底板钢筋与钢管立柱之间采用接驳器进行连接，钢管立柱在焊接接驳器处，预先加焊外贴钢板（环形钢牛腿），加强底板与钢管立柱连接截面的受剪承载力，如图 4.3.26 所示。由于钻孔灌注桩直径较小，环形钢牛腿和接驳器均需要在现场焊接，为此事先在工厂采用如图 4.3.9 所示外贴钢板，对钢管立柱的连接部位进行加强。

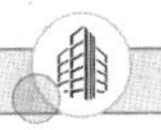

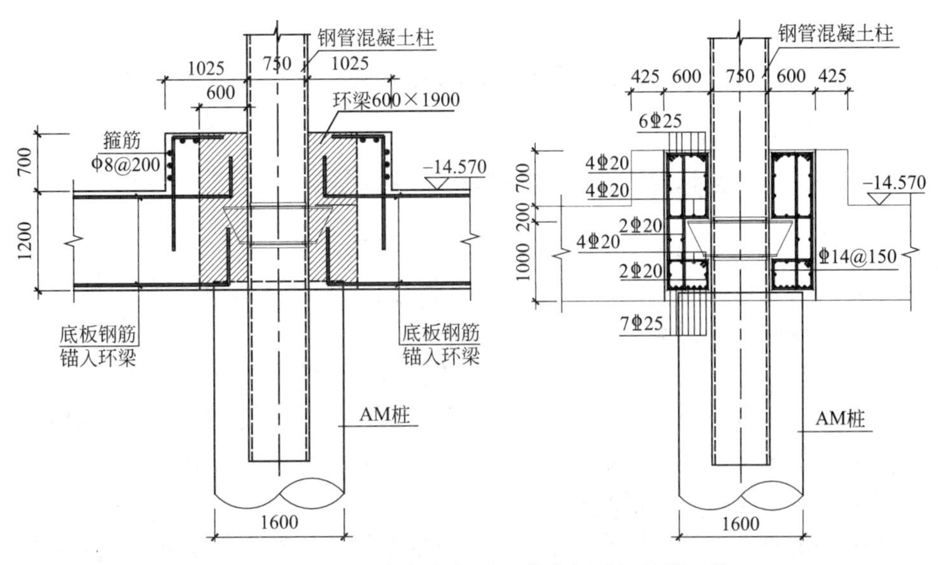

图 4.3.24 基础底板与钢管立柱之间采用环梁连接

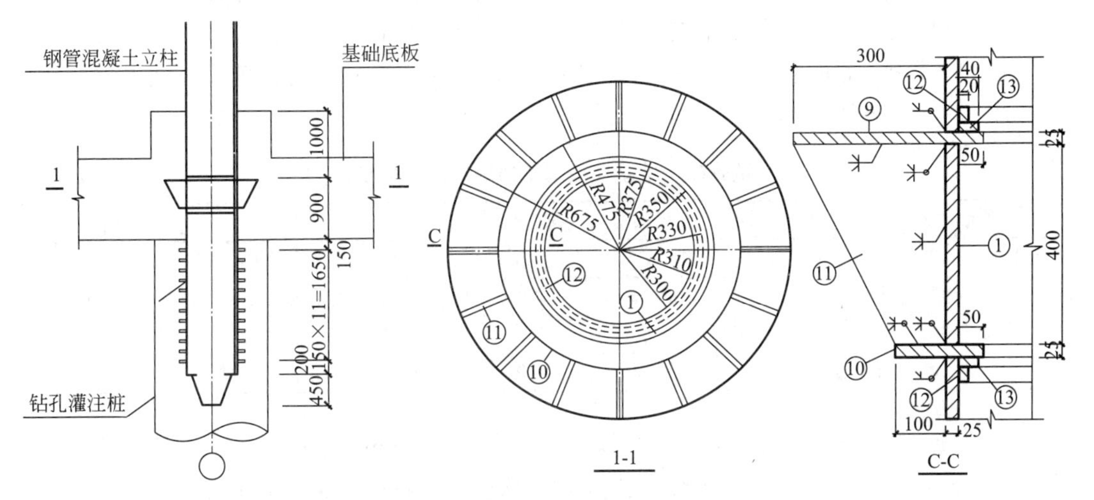

图 4.3.25 基础底板环梁内的环形钢牛腿示意

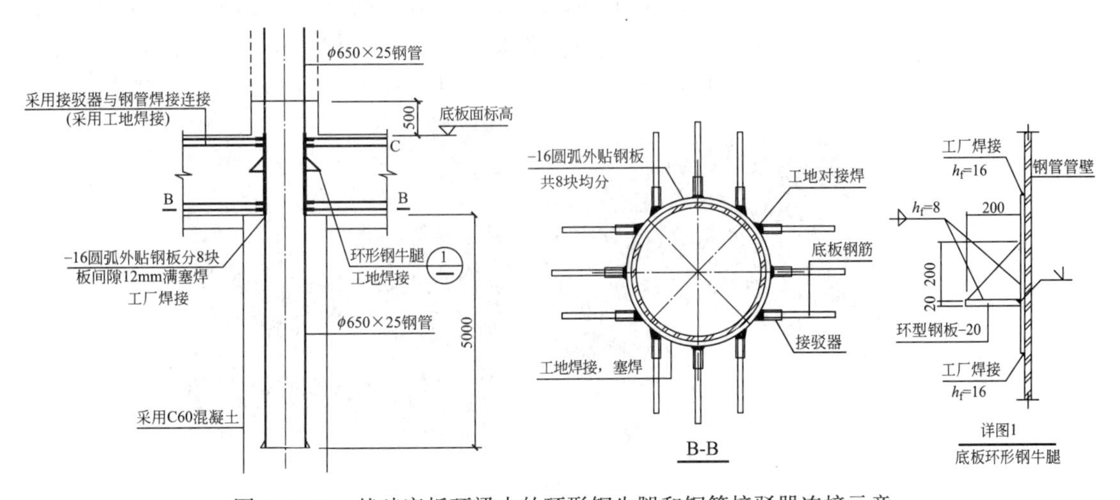

图 4.3.26 基础底板环梁内的环形钢牛腿和钢筋接驳器连接示意

4.4 混凝土水平支撑结构伺服加载与变形控制

4.4.1 混凝土水平支撑结构的变形问题

与钢结构支撑相比，混凝土支撑结构的最大优点是：

（1）支撑结构冗余度高，整体性强，基坑稳定性好。如对于浙江软土地层的基坑工程，支撑体系出现整体失稳破坏的大多为钢支撑基坑。

（2）与周边挡墙之间（排桩墙、地连墙）连接方便，节点可靠，可承受拉力。杭州地铁1号线湘湖站北2基坑坍塌事故调查分析报告中的建议部分提到：对有多道钢支撑的基坑围护体系，应加强支撑体系的整体稳定性，考虑到基坑工程施工中第一道支撑可能产生拉应力，建议第一道支撑采用钢筋混凝土支撑。

（3）可利用混凝土支撑设置施工栈桥，解决狭小场地的基坑工程施工空间问题。

（4）有利于支护结构与主体结构的相结合，如地下室结构逆作或上下结构同步施工等。

与钢结构支撑相比，混凝土支撑结构的缺点也十分明显，主要为：

（1）支撑施工时间长，形成受力体系慢，使挡墙无支撑暴露时间延长，软土流变效应影响加剧，导致基坑变形加大（表4.4.1）。

杭州软土地基典型基坑挡墙侧向变形统计　　表4.4.1

项目名称	地下室数	开挖深度	施工方式	支护形式	最大侧向变形
杭州西湖凯悦大酒店	3	14.65m	逆作	地连墙+结构梁板	145mm
武林广场地下商城	3	23.0m	逆作	地连墙+结构梁板	120mm
杭州中心	6	30.6m	顺作	地连墙+6道混凝土支撑	160mm
杭州恒隆广场A坑	5	29.8m	顺作	地连墙+5道混凝土支撑	106mm

如杭州西湖凯悦大酒店地下3层，基坑开挖深度14.65m，采用地下连续墙二墙合一支护，上下部结构同步逆作施工，周边地连墙的最大侧向变形达到145mm；武林广场地下商城逆作基坑，地下3层，基坑开挖深度23m，周边地连墙的最大侧向变形达到120mm；杭州中心地下6层，基坑开挖深度30.6m，采用地下连续墙二墙合一支护，设6道混凝土水平内支撑（图4.4.1），周边地连墙最大侧向变形达到160mm；杭州恒隆广场地下5层，基坑开挖深

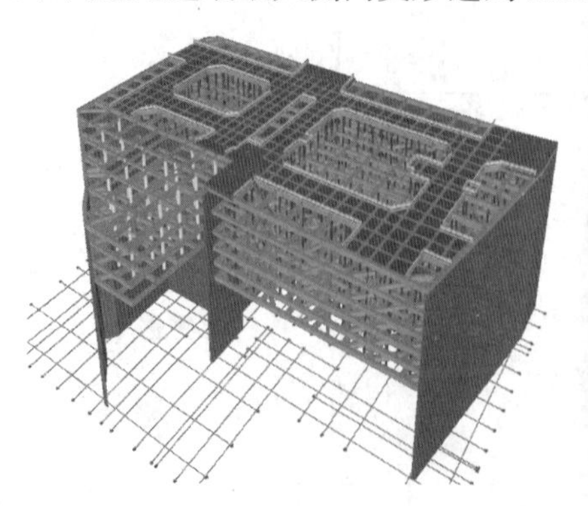

图4.4.1　杭州中心6层地下室基坑水平支撑结构模型及照片

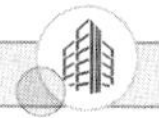

度 30m，A 坑设 5 道混凝土支撑，周边地连墙最大侧向变形为 106mm。

（2）混凝土支撑结构收缩徐变效应显著，进一步加大了支护结构变形。混凝土结构构件在压应力作用下，即使应力不再增加，但其变形会随时间继续加大。如杭州国际金融会展中心 3 层地下室，地下室建筑面积达到 45 万 m^2，基坑平面尺寸约 650m×250m，采用逆作法施工，见图 4.4.2。经分析计算，水平支撑结构的总变形（弹性压缩＋收缩徐变变形）达到 80mm。

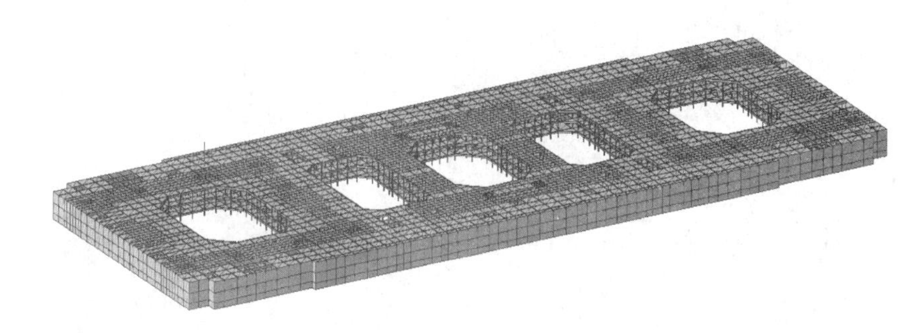

图 4.4.2　杭州国际金融会展中心水平支撑结构平面及计算模型

（3）随着基坑开挖深度加大，作用在混凝土支撑上的水土压力不断增大，与此同时支撑产生轴力，并伴随变形的产生，整个过程是被动的。限于技术条件，无法像钢支撑结构一样事先施加预压轴力，无法对支护结构变形进行主动控制。

（4）混凝土支撑结构服役完成后需要凿除，产生大量建筑垃圾和环境噪声。采用主体永久结构兼作临时支护结构的逆作技术，可较彻底地解决该问题。

上述第（1）～（3）关于混凝土支撑的问题，归根结底为支护结构的变形控制问题。尽管混凝土支撑存在上述多方面的不足，但由于其在支护结构体系整体稳定性方面的独特优势，目前软土地层的建筑基坑工程绝大多数仍采用混凝土支撑体系。

4.4.2　混凝土支撑伺服加载装置

针对混凝土支撑存在的问题，作者课题组研发了带伺服加载装置的混凝土支撑结构，包括带变形补偿装置的双围檩混凝土内支撑系统（发明专利号：ZL 201910990040.8）、逆作基坑水平梁板结构变形控制装置（发明专利号：ZL 201910990048.4）。图 4.4.3 为带伺

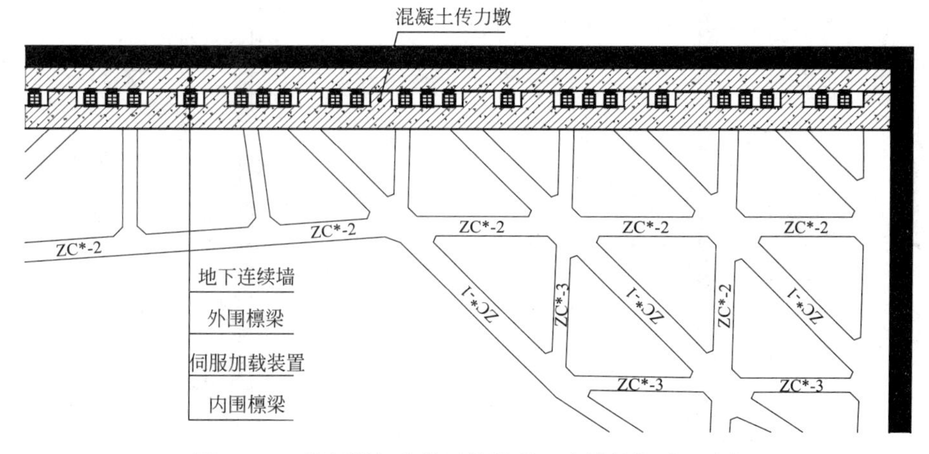

图 4.4.3　带伺服加载装置的混凝土支撑结构平面示意

服加载装置的混凝土支撑结构平面示意。外围檩梁与基坑周边挡墙（地下连续墙或排桩墙）连接，内围檩梁与水平支撑体系连接。内、外围檩梁之间设置伺服加载装置，伺服加载时产生的预压力，通过外围檩梁均匀传递给挡墙，通过内围檩梁均匀传递给内支撑结构。图 4.4.4 为带伺服加载装置的双围檩混凝土支撑系统应用照片。

图 4.4.4　带伺服加载装置的双围檩混凝土支撑系统应用照片

混凝土支撑作用点处的挡墙侧向变形，包括支撑结构的轴向弹性压缩变形、混凝土的收缩徐变变形、支撑设置前挡墙已经存在的侧向变形 Δ_i（图 4.4.5）。对混凝土水平支撑结构进行伺服加载，可实现对支护结构变形的主动控制，其基本原理为[4]：

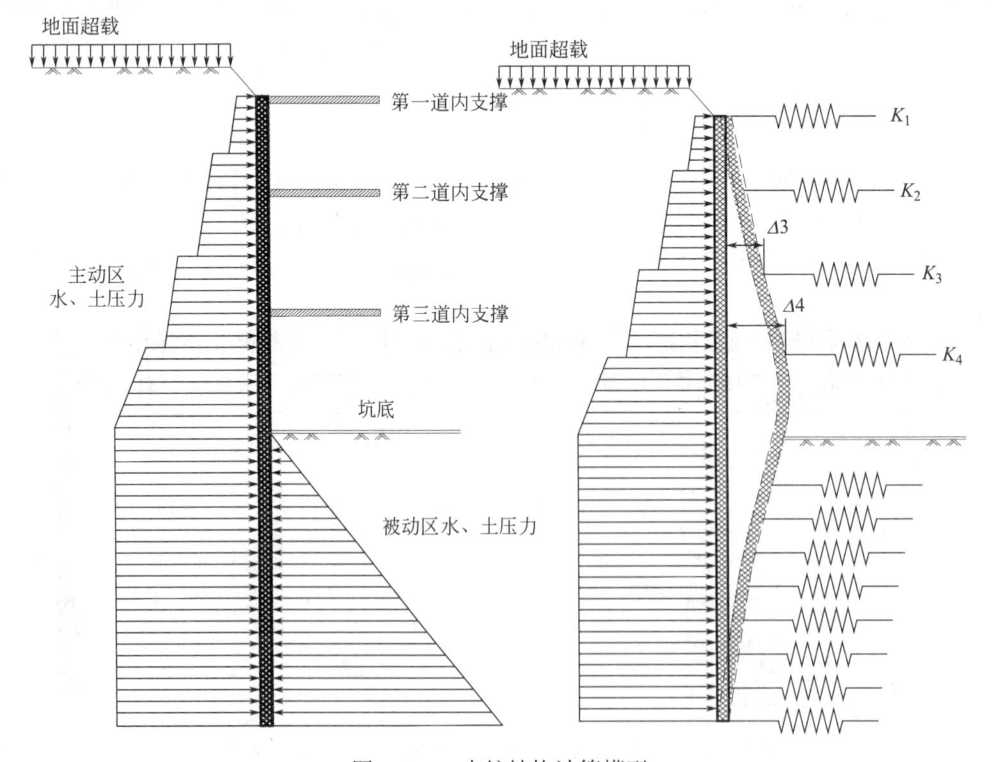

图 4.4.5　支护结构计算模型

(1) 当某一层支撑结构施工完成、混凝土达到设计强度后，即可进行第一次伺服加载，使该层支撑结构提前建立预压应力，以提前消除支撑结构在后续开挖工况的侧向水土压力作用下的弹性压缩变形。

(2) 后续开挖工况下，支撑结构在水土压力作用下产生收缩徐变变形，可通过二次或多次加载，消除混凝土支撑的收缩徐变变形。

(3) 伺服加载产生的预压力，通过外围檩梁均匀传递给挡墙，能抵消或部分抵消支撑结构设置时挡墙已产生的侧向变形 Δ_i。

内、外围檩梁之间同时设置混凝土传力墩，传力墩类似悬臂的混凝土牛腿，支座一端既可与内围檩梁连为整体，也可与外围檩梁连为整体；传力墩的悬挑端与围檩梁之间留有30～50mm的空隙，混凝土浇筑时设置木板或泡沫板填充。当伺服千斤顶加载时，传力墩与围檩梁之间的缝隙会加大，加载完成后，可将隔离木板或泡沫板拆除，并灌注高强灌浆料充填，如图4.4.6所示。当伺服千斤顶卸载时，伺服轴力转移至传力墩；伺服千斤顶再次加载时，传力墩悬臂端又会产生新的缝隙，可再次用高强灌浆料充填。若本层支撑结构后续不再需要进行伺服加载，可将伺服千斤顶移至下层支撑使用。

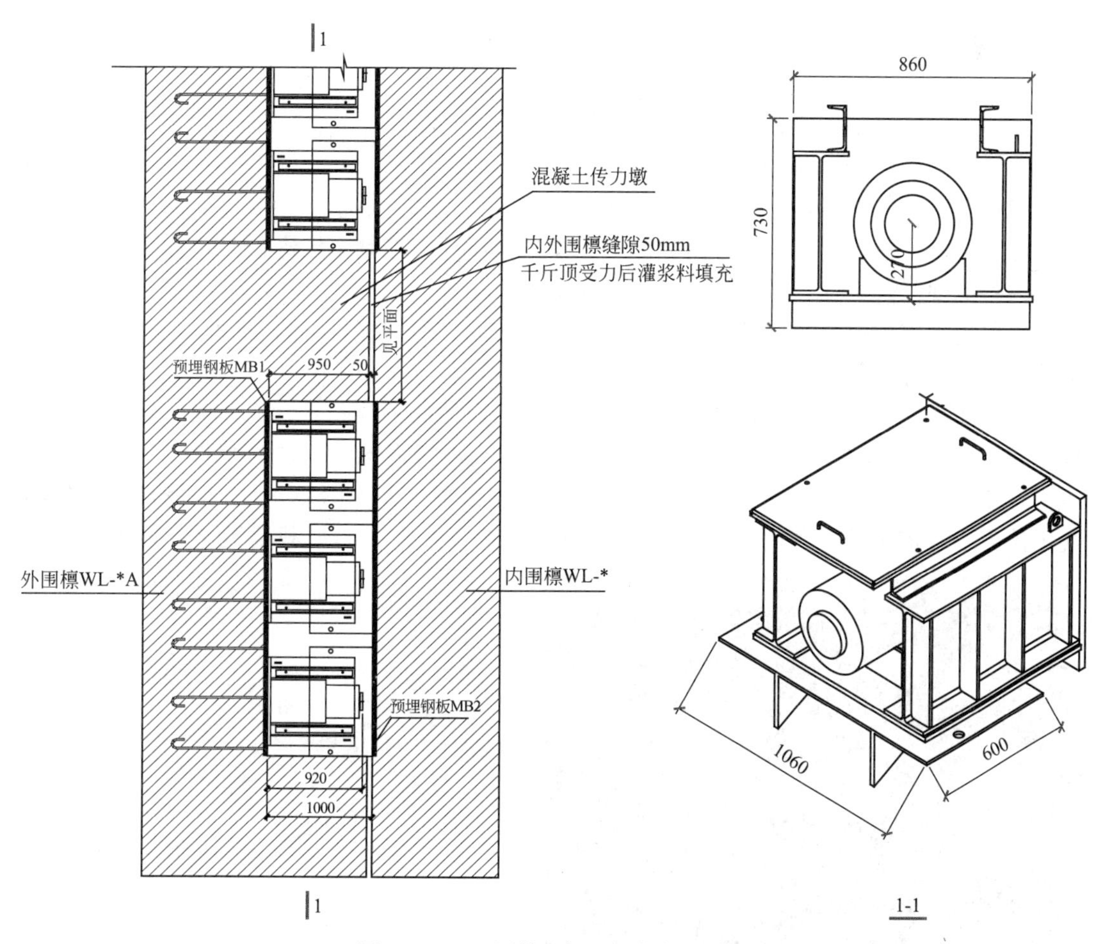

图4.4.6 双围檩与伺服加载装置详图

对于逆作基坑工程，可利用地下室水平结构内预留的后浇带，布置伺服加载装置。后浇带两侧应布置刚度较大的宽梁，宽梁作用类似于双围檩。宽梁之间同样应设置混凝土传力墩。水平梁板结构在后浇带处的钢筋应断开，后期再采用搭接方式进行连接。

伺服千斤顶加载和卸载由计算机系统（伺服控制系统）统一控制。伺服控制系统的现场控制及执行单元由监控室（主机与显示屏）、数控泵站、伺服千斤顶组成。监控室与数控泵站采用无线传输，数控泵站与千斤顶之间采用高压油管连接。单个数控泵站可控制多个千斤顶（图 4.4.7）。在施工现场，无线伺服泵站可以对每个伺服千斤顶进行精准调整，主控电脑根据轴力、温度及变形数据实时分析处理，实现现场设备 24h 智能伺服控制。

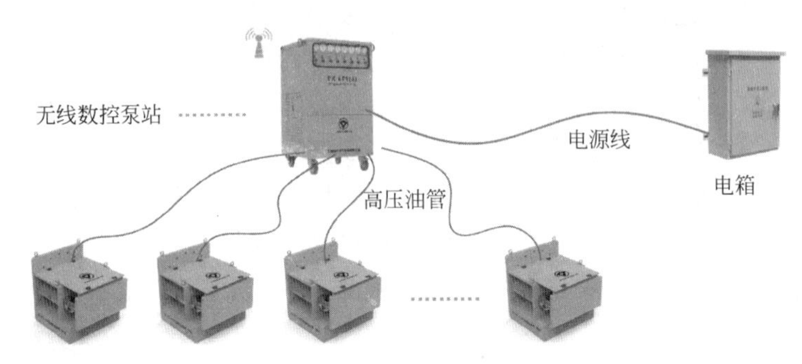

图 4.4.7　伺服加载装置构成

计算机伺服控制系统具备以下功能：

（1）人工设定支撑轴力等技术参数；

（2）实时采集支撑轴力等施工过程数据；

（3）对监控数据进行自动分析处理，并操控液压动力控制系统进行实时自动调节；

（4）实现监控数据、系统设备故障自动报警；

（5）实现监控数据及设备状态的实时监控显示，历史数据存储、查询、上传及打印，报警项目查看等。

伺服加载装置带自锁装置，螺纹机械锁位于千斤顶的两侧。正常工作时，螺母和钢端板之间保持 0.5mm 间距。当千斤顶失效时，支撑头被慢慢压缩，此时螺母和钢短板接触压实，使支撑头不再继续被压缩，保障轴力不再继续损失，见图 4.4.8。双围檩之间的混凝土传力墩和伺服千斤顶的自锁功能，使混凝土支撑系统中的加载装置具有多重保险功

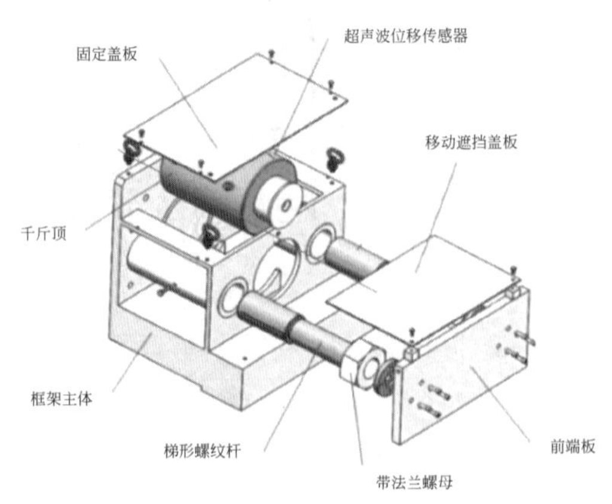

图 4.4.8　伺服千斤顶

能，如遇伺服千斤顶突然失效，也能保证支撑系统内的预加轴力不受损失。

4.4.3　混凝土支撑伺服加载实例

杭州望江新城始版桥未来社区 SC0402-R21/R22-06 地块，设 3 层地下室，基坑开挖深度 14.4m，开挖面积约 3 万 m²，基坑周长约 740m。场地工程地质和水文地质条件复杂，基坑周边紧邻建筑物和城市道路，地下市政管线分布密集，其中西侧邻近地铁 7 号线盾构隧道（图 4.4.9）。采用钻孔灌注桩排桩墙、三轴水泥搅拌桩止水帷幕结合三道混凝土水平内支撑进行支护，其中西侧采用 1000mm 厚地下连续墙“二墙合一”、TRD 工法水泥土墙止水帷幕结合三道混凝土水平内支撑进行支护（图 4.4.10）。

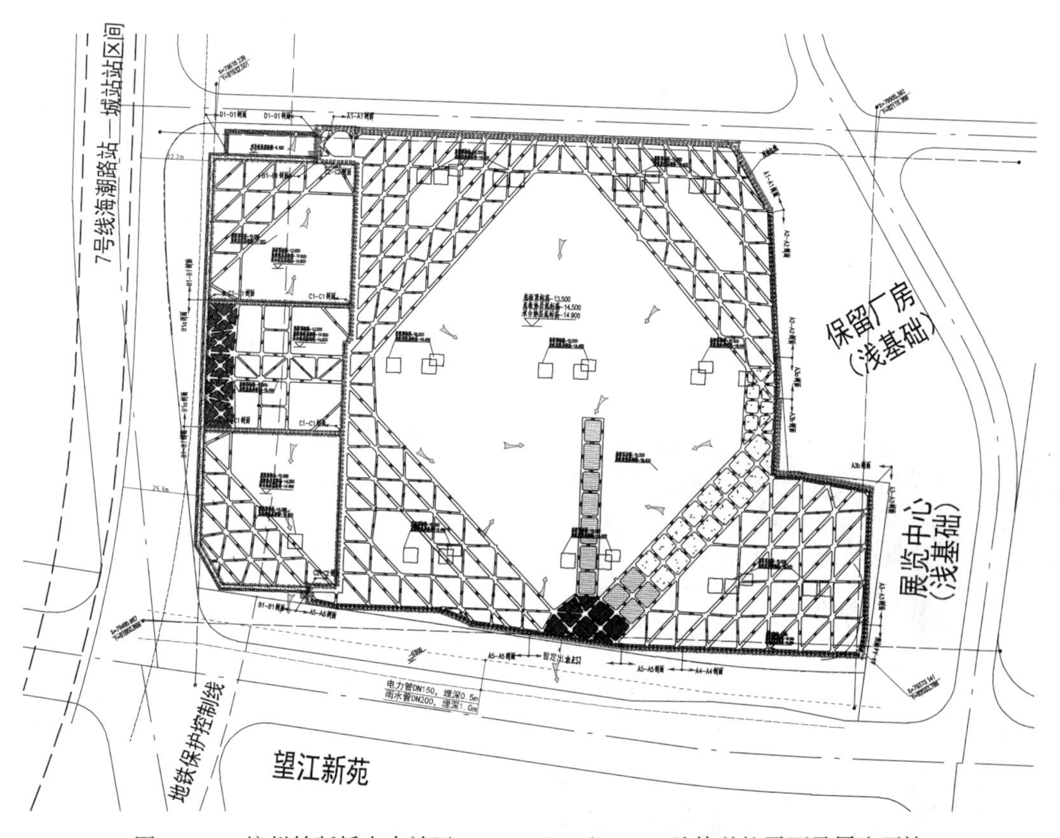

图 4.4.9　杭州始版桥未来社区 SC0402-R21/R22-06 地块基坑平面及周边环境

基坑西侧采用带伺服加载装置的双围檩混凝土支撑系统（图 4.4.11），通过对内支撑结构多次伺服加载，实现了对邻近地铁盾构隧道一侧支护结构的变形主动控制，最终使该侧地下连续墙最大侧向变形小于 10mm，有效解决了深厚软弱地基基坑变形控制的难题，确保了地铁设施和周边环境安全。

从挡墙外侧土体深层水平位移曲线（图 4.4.12）看，由于第二、第三道支撑采用了伺服加载，挡墙最大侧向位移发生在上部，第二、三道支撑点的挡墙侧移很小，坑底附近侧移也很小。而常规基坑挡墙最大侧移一般发生在坑底附近。因此，本工程挡墙侧向变形曲线形态与常规基坑具有显著不同。同时，由于伺服加载，拆撑工况下挡墙侧移相对较大。

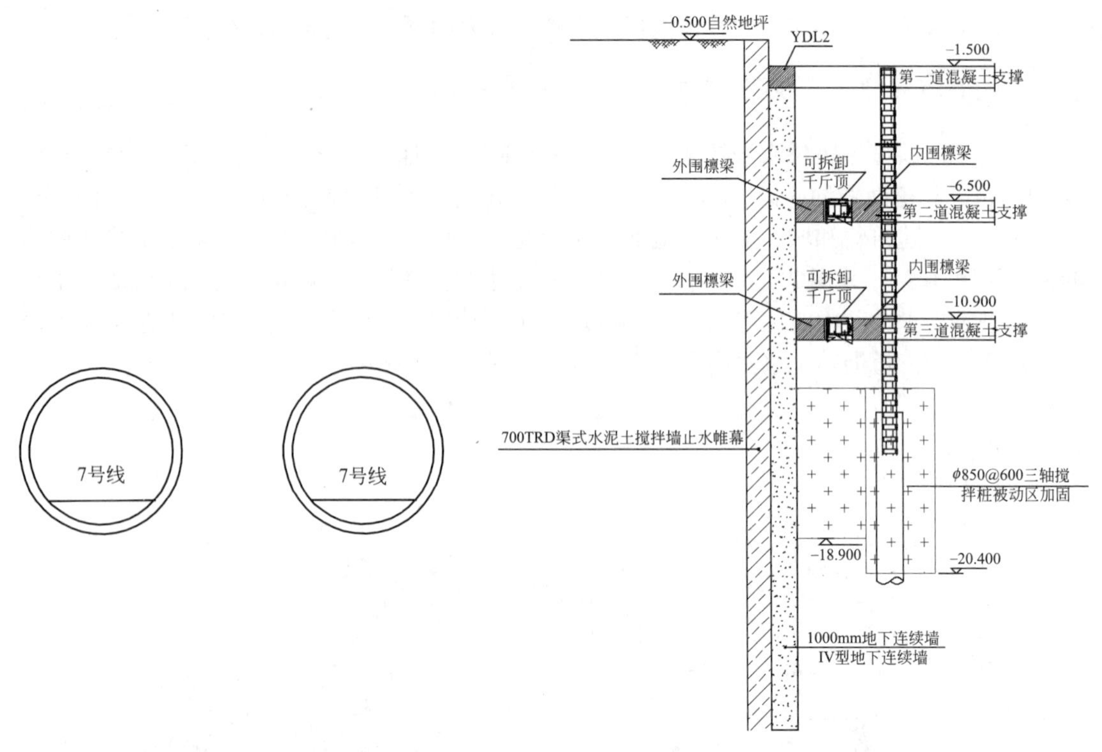

图 4.4.10　杭州始版桥未来社区 SC0402-R21/R22-06 地块基坑西侧支护剖面

图 4.4.11　基坑西侧双围檩混凝土支撑伺服装置

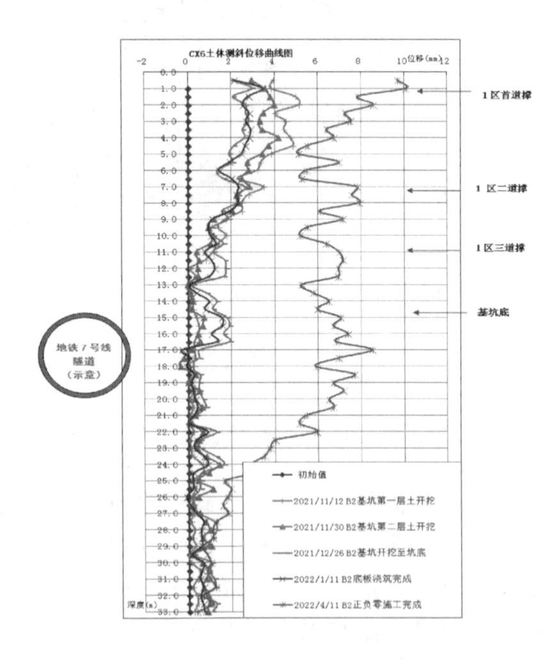

图 4.4.12　西侧 CX6 号测斜孔监测曲线

由于岩土参数取值的准确性、基坑支护结构与土体共同工作计算模型的合理性、基坑开挖工况的复杂性等方面存在的问题，支护结构内力变形计算结果与实测值之间往往存在

较大差异，基坑支护设计不能如上部结构一样做到“一步到位、一次完成”，需要实行基坑施工全过程的动态设计[3]。

利用基坑自动化监测技术与智能监控系统，可方便得到基坑变形的大量实时监测数据。基于基坑变形反演技术，可实现对各土层的关键土工参数（如 c、φ 值）及挡墙位移相关主动土压力等参数（如主动土压力极限值所需的侧向位移 S_a）的反演分析，并用于下一步开挖工况的基坑变形预测，可使预测结果与实测变形更接近。如预测变形超过控制变形，可提前对混凝土支撑结构体系进行伺服加载，根据反演参数计算确定伺服加载比例，达到对基坑挡墙和周边环境变形的主动控制。基于基坑工程自动化监测、软土基坑变形的快速反演技术和混凝土支撑结构的伺服加载技术，可形成软土地基基坑工程“监测-反演-伺服加载”变形的主动控制技术。这里以杭州恒隆广场深基坑工程为例，介绍支护结构变形主动控制技术的应用。

杭州恒隆广场（图 4.4.13）位于武林商业中心核心区、体育场路与延安路交汇处的东南侧（图 4.4.14），设 5 层地下室，基坑开挖深度约 30m，基坑开挖面积约为 44320m^2，周长约为 1072m。基坑周边环境极其复杂，北侧紧邻体育场路，南面为百井坊巷，西侧为杭州百货大楼、杭州武林银泰、标力大厦和广发银行，东侧为天水苑住宅小区，大多为建于 20 世纪 80～90 年代的天然浅基建筑，以及两幢有 300 年历史的天主教堂，属于文保建筑。

图 4.4.13 杭州恒隆广场效果图

场地土质条件较差，属于典型的淤泥质软土地基，典型地质剖面见图 4.4.15，各土层主要物理力学参数指标见表 4.4.2。

基坑围护方案采用地下连续墙结合混凝土内支撑的支护形式。地连墙厚度东侧为 1200mm，其余为 1000mm。整个基坑工程划分为 A、B、C 三个区（图 4.4.14），采用分坑施工，先施工 A 区基坑，后同时施工 B 区和 C 区基坑。

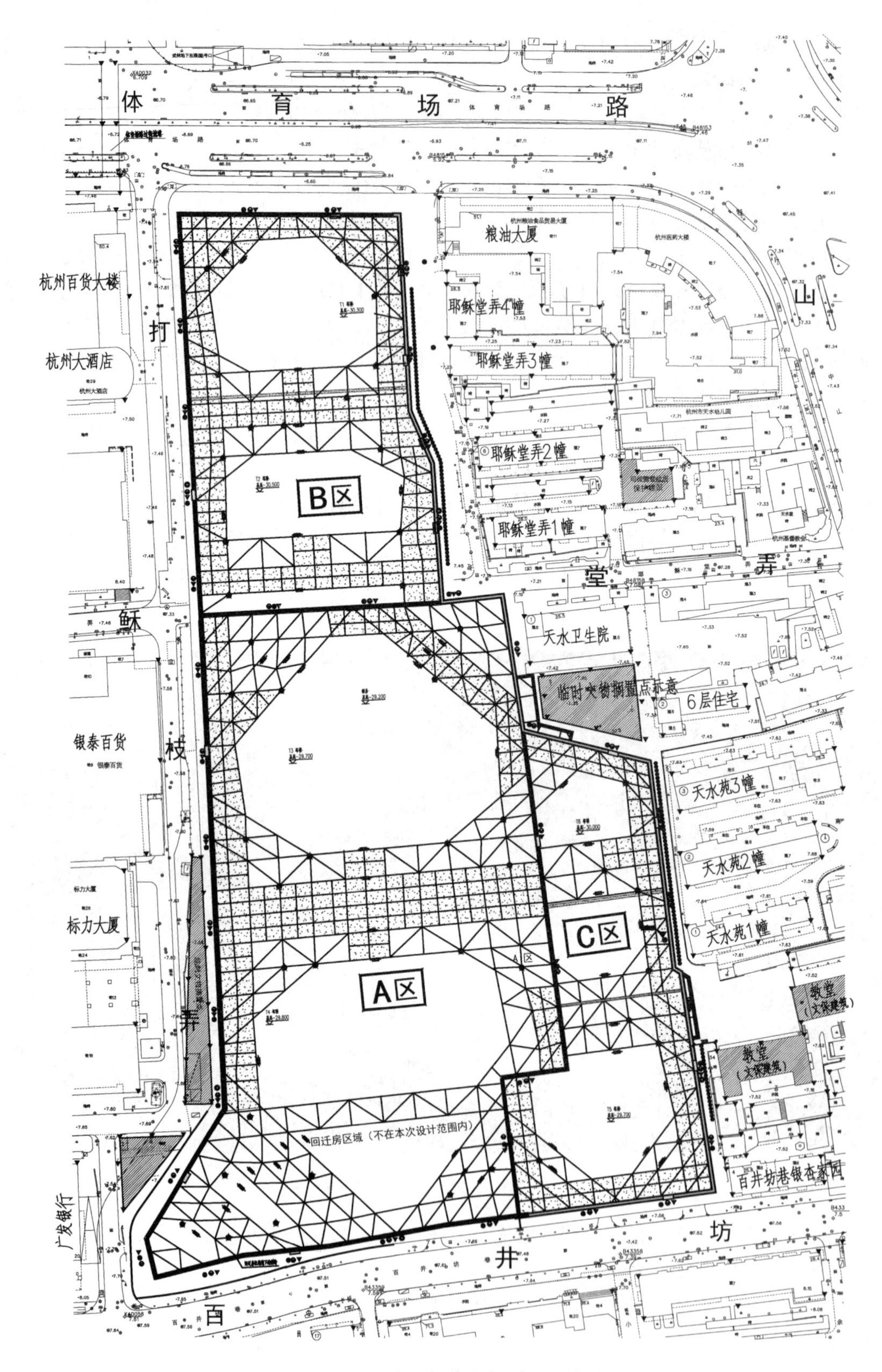

图 4.4.14　杭州恒隆广场周边环境总图

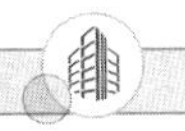

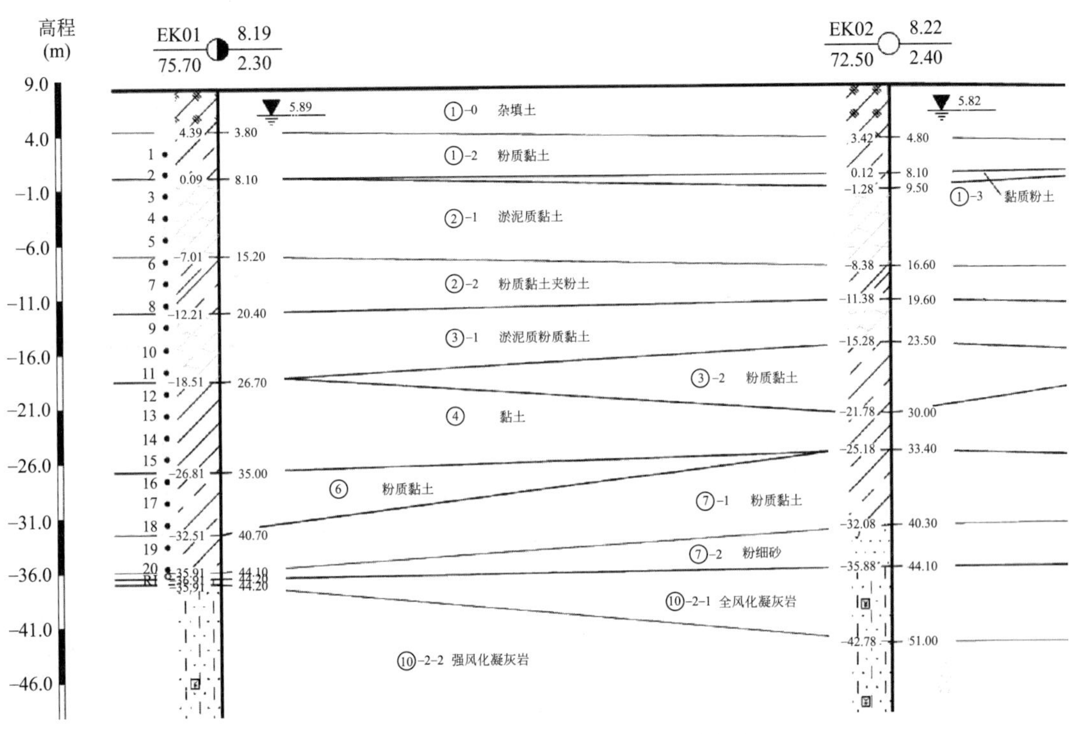

图 4.4.15 杭州恒隆广场典型地质剖面

杭州恒隆广场各土层主要物理力学参数指标 **表 4.4.2**

层号	岩土名称	天然含水量	土的重度	天然孔隙比	压缩系数	渗透系数		抗剪强度指标(峰值)标准值								土体侧向基床比例系数
								直剪固快		不固结不排水 UU		固结不排水 CU				
								内摩擦角	黏聚力	内摩擦角	黏聚力	内摩擦角	黏聚力	有效内摩擦角	有效黏聚力	
		w_0	γ	e_0	$a_{1\text{-}2}$	垂直	水平	φ	c	φ	c	φ	c	φ	c	m
		%	kN/m^3		MPa^{-1}	cm/s	cm/s	°	kPa	°	kPa	°	kPa	°	kPa	kN/m^4
1-0	杂填土					*0.006	*0.005	*7	*3							1000
1-1	淤泥质填土	49.7	16.80	1.403	1.26	2.2E-07	2.8E-07	*6	*9							1200
1-2	粉质黏土	31.6	18.52	0.893	0.39	4.1E-06	5.4E-06	16.4	27.5	*0.9	*25	16.4	22.5	25.0	12.5	2000
1-3	黏质粉土	29.2	18.68	0.832	0.21	6.7E-0.5	7.8E-05	23.3	12.5	*24.5	*9.0	*30.4	*31.5	*36.1	*18	2300
2-1	游泥质黏土	45.7	17.12	1.294	1.00	3.1E-06	3.8E-07	9.4	13.8	0.3	11.4	10.5	13.6	25.2	4.2	1400
2-2	粉质黏土夹粉土	32.3	18.26	0.924	0.41	3.0E-05	2.9E-05	17.7	17.6	1.8	13.8	13.9	10.9	26.0	5	1800
3-1	淤泥质粉质黏土	41.8	17.26	1.202	0.90	2.9E-07	3.8E-07	10.0	15.0	*0.5	*12	13.8	11.3	26.2	5.5	1600

续表

层号	岩土名称	天然含水量	土的重度	天然孔隙比	压缩系数	渗透系数		抗剪强度指标(峰值)标准值								土体侧向基床比例系数
								直剪固快		不固结不排水 UU		固结不排水 CU				
								内摩擦角	黏聚力	内摩擦角	黏聚力	内摩擦角	黏聚力	有效内摩擦角	有效黏聚力	
		w_0	γ	e_0	a_{1-2}	垂直	水平	φ	c	φ	c	φ	c	φ	c	m
		%	kN/m^3		MPa^{-1}	cm/s	cm/s	°	kPa	°	kPa	°	kPa	°	kPa	kN/m^4
3-2	粉质黏土	34.3	18.11	0.987	0.44	4.3E-06	5.5E-06	15.5	26.7	*1.2	*23	14.5	20.7	30.0	17.5	2000
4	黏土	31.9	18.48	0.910	0.36	4.2E-06	5.3E-06	21.0	46.7	5.0	58.3	21.1	50.1	31.5	33.2	5500
6	粉质黏土	27.0	19.06	0.776	0.29	4.8E-06	5.9E-06	21.5	46.8	5.5	58.5	21.1	47.6	32.6	23.7	6000
7-1	粉质黏土	29.0	18.84	0.826	0.33	4.9E-06	6.3E-06	20.4	40.1	*4.4	*42.5	18.4	33.4	28.3	21.2	5500
7-2	粉细砂	21.8	19.34	0.664	0.16	2.8E-03	3.3E-03	30.6	6.2							6300
7-3	圆砾					*0.0028										12000
10-1-1	全风化泥质粉砂岩	23.8	19.62	0.678	0.25	5.5E-06	6.8E-06	22.7	46.2	*6	*62					6000

图 4.4.16 为 A 区基坑施工照片，开挖至坑底时，地连墙的最大侧向变形为 106mm（图 4.4.18）。当 A 区基坑开挖至第二道支撑标高时，A 区基坑东北侧的下城区天水卫生院产生不均匀沉降，且整体往西倾斜。该建筑距基坑边约 5.6m，原为凤起中学教学楼，建造于 20 世纪 90 年代初，于 2015 年改为社区卫生门诊和住院部（图 4.4.17）。该楼为地上 5 层砖混结构，建筑高度 17.25m，总建筑面积约 3200m^2。天然地基浅基础，墙下条基。为确保房屋安全与正常，采用了锚杆静压钢管桩进行托换控沉加固（图 4.4.19），并采用持荷封桩技术，在 A 区基坑底板浇筑完成，基坑变形稳定后，再进行钢管桩的封桩处理。

图 4.4.16　杭州恒隆广场 A 区基坑施工照片

图 4.4.17　下城区天水卫生院
（5 层砖混结构，天然浅基础）

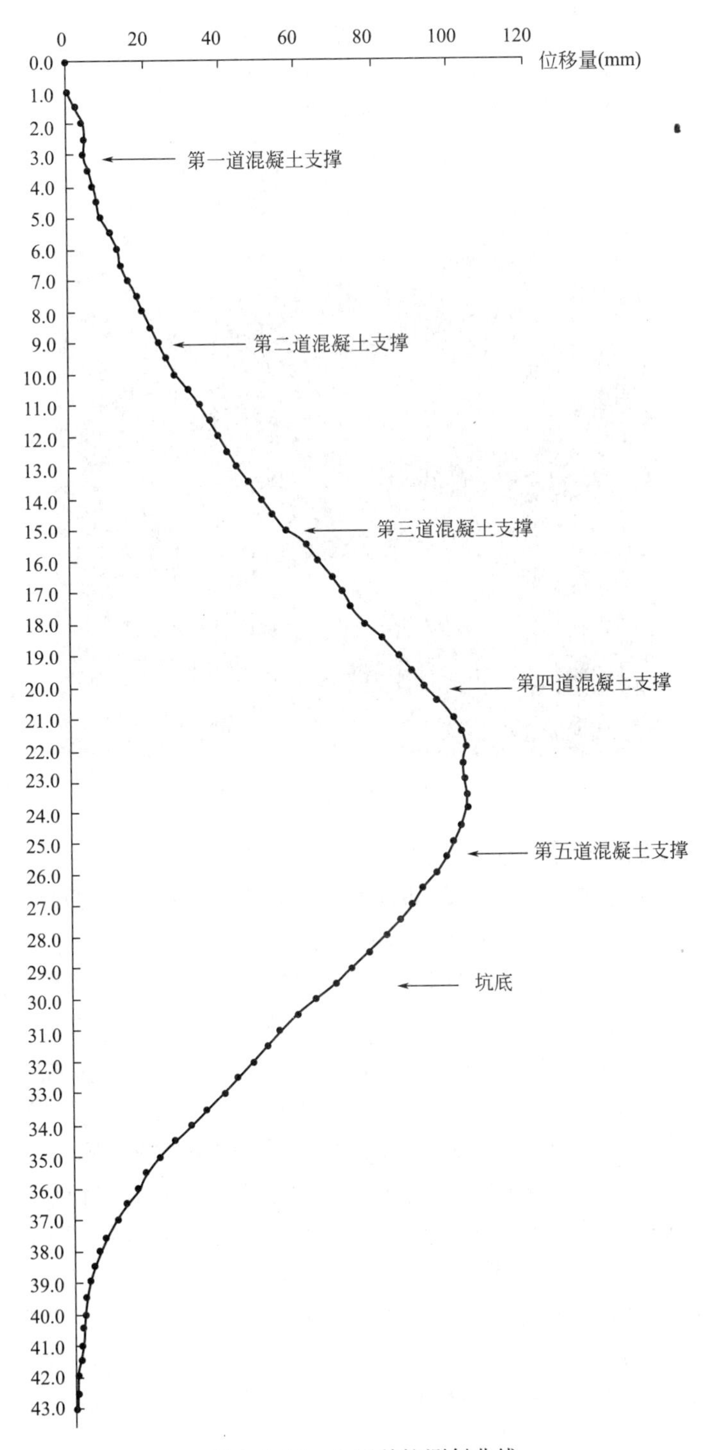

图 4.4.18　A 区基坑测斜曲线

图 4.4.19 天水卫生院基础预加固照片

B 区基坑东侧紧贴耶稣堂弄住宅小区，C 区基坑东侧紧贴天水苑住宅小区和教堂，上述建筑大多建于 20 世纪 80～90 年代，基本为天然地基浅基础或搅拌桩复合地基，对变形十分敏感。为控制基坑变形，B 区、C 区基坑东侧采用带伺服加载装置的双围檩支撑体系，图 4.4.20 为 B 区、C 区东侧典型支护剖面。图 4.4.21 为双围檩施工照片，图 4.4.22 为双围檩之间安装的伺服加载装置照片，图 4.4.23 为 B 区基坑现场施工照片。

图 4.4.24 为双围檩伺服加载一侧测斜孔（测点 ZQT-04）的深层水平位移随深度的变化曲线（测斜曲线），图 4.4.25 为无伺服加载一侧测斜孔（测点 ZQT-28）的深层水平位移随深度的变化曲线。根据地连墙侧向位移监测结果，伺服加载一侧与无伺服加载部位的测斜曲线形态显著不同，伺服加载一侧地连墙的侧向变形具有以下特点：

（1）伺服区围护结构变形相对非伺服区减小约 2.5 倍，增量减小约 3 倍；

（2）伺服区最大位移发生在开挖面附近，而非伺服区最大位移发生在开挖面以上；

（3）伺服支撑加载后，该支撑所在标高处的水平位移不再扩大，甚至减小，曲线呈 S 形特点（测点 ZQT-04）；

（4）非伺服区各支撑所在标高处围护结构水平位移不受混凝土支撑控制，随基坑开挖不断扩大，曲线呈鼓肚子状（测点 ZQT-28）。

图 4.4.26 为测点 ZQT-04 最大侧向位移-时间曲线，可以发现，在第 2、3、4 道伺服系统加载前位移持续增加，伺服加载后立即出现拐点，甚至产生负位移。

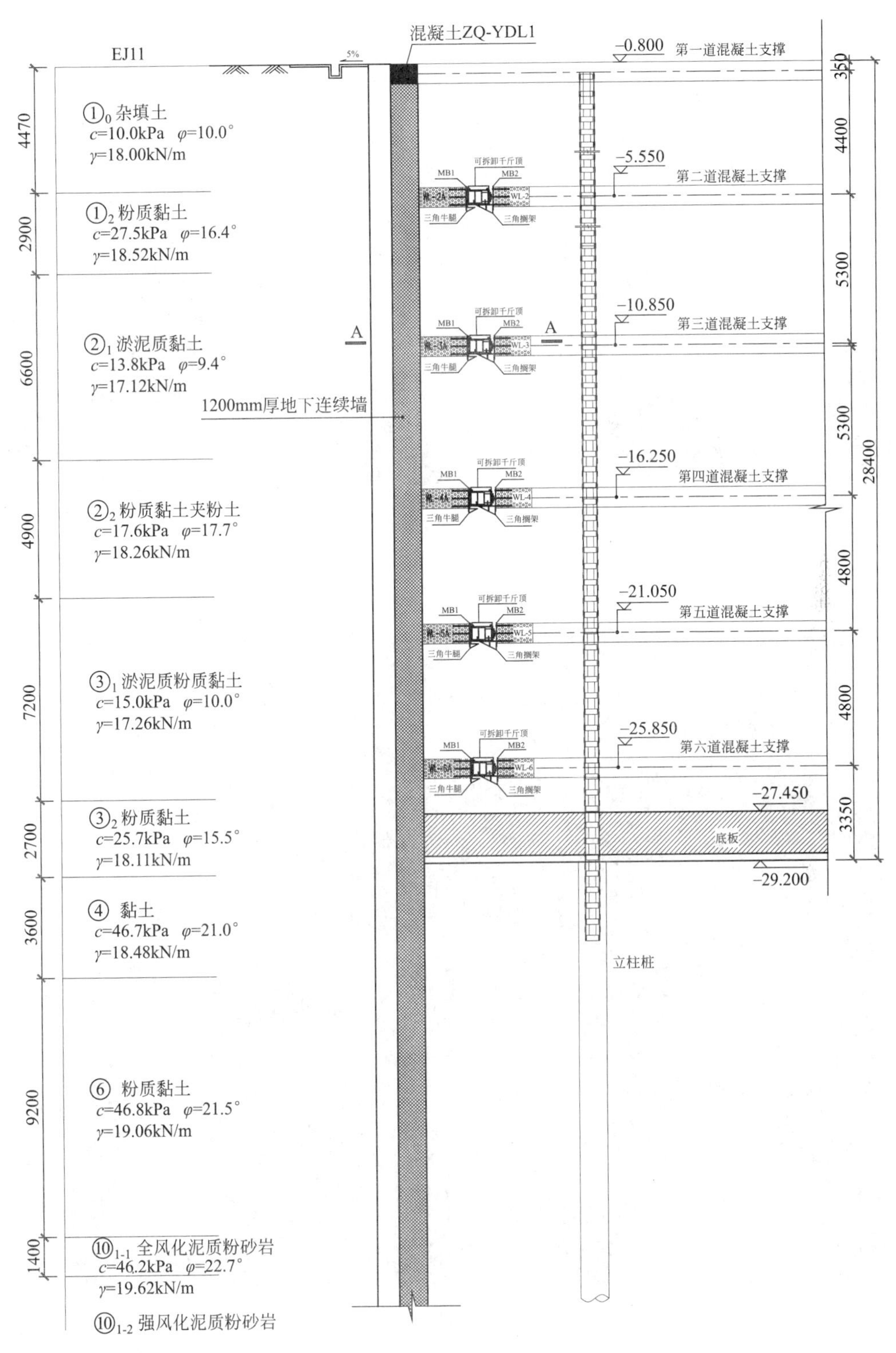

图 4.4.20　B 区、C 区东侧典型支护剖面（带伺服加载装置的双围檩体系）

图 4.4.21　双围檩施工

图 4.4.22　双围檩伺服加载装置

图 4.4.23　B 区基坑现场施工照片

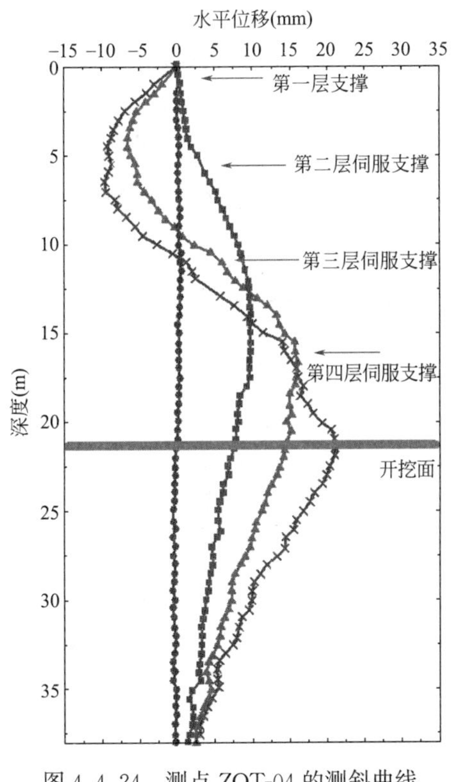

图 4.4.24　测点 ZQT-04 的测斜曲线

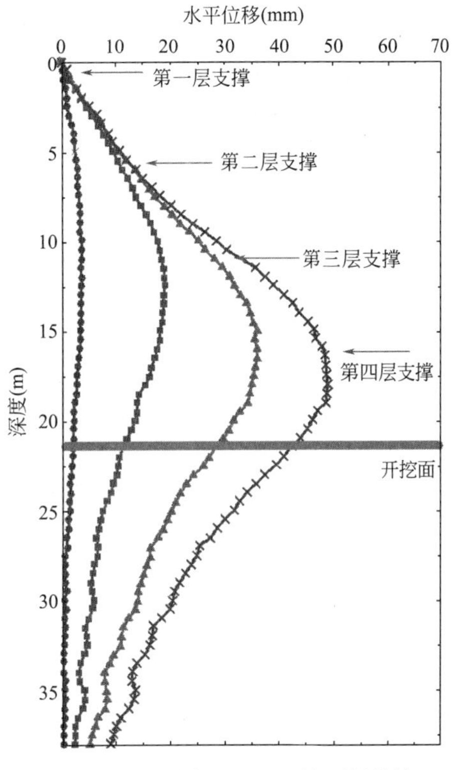

图 4.4.25　测点 ZQT-28 的测斜曲线

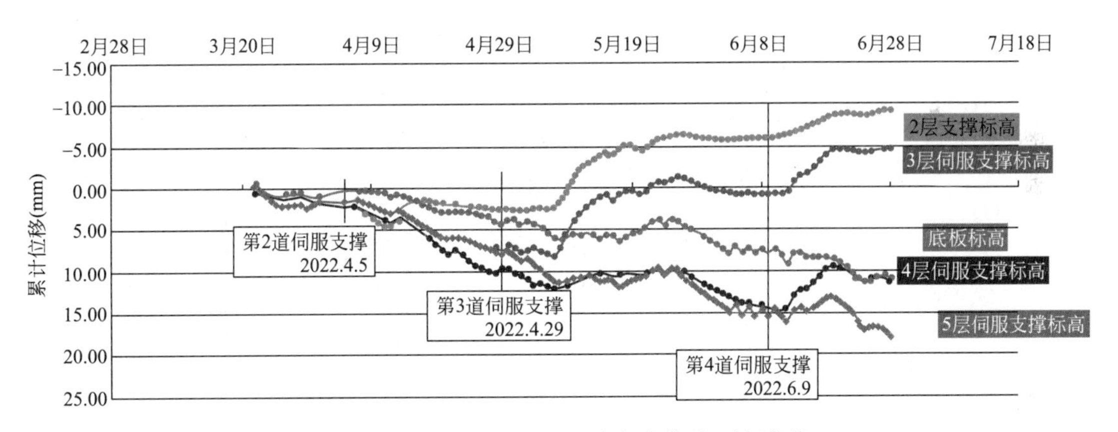

图 4.4.26　测点 ZQT-04 最大侧向位移-时间曲线

参考文献

[1] 浙江省住房和城乡建设厅．建筑基坑工程逆作法技术规程：DB33/T 1112-2015 [S]．北京：中国计划出版社，2015.

[2] 杨学林，周平槐．逆作地下室设计中的若干关键问题 [J]．岩土工程学报，2010，32（S1）：238-244.

[3] 杨学林．基坑工程设计、施工和监测中应关注的若干问题［J］．岩石力学与工程学报，2012，31（11）：2327-2333.

[4] 浙江省建筑设计研究院，浙江大学，同济大学，等．软土地层逆作基坑施工变形控制关键技术及应用［R］．2021.

第5章　周边围护墙（桩）结构设计

5.1　逆作基坑周边围护结构选型

逆作工程中的基坑周边挡墙与顺作基坑围护结构形式类似。逆作基坑周边挡墙宜采用与主体结构相结合、作为地下室永久外墙或永久外墙的一部分。地下连续墙抗弯刚度大，整体性好，止水效果优，两墙合一地下连续墙作为逆作基坑工程的围护挡墙，工程应用最为普遍，适用于开挖深度深、环境保护要求较高的基坑工程。

灌注桩、咬合灌注桩等排桩式挡墙，在逆作基坑工程中，既可以作为临时挡墙，也可以作为地下室外墙的一部分在永久使用阶段发挥作用，进一步提高其经济性。

型钢水泥土墙集围护结构和隔水帷幕于一体，由于H型钢造价较高，在基坑施工完成后拔出内插型钢进行重复利用，减少资源浪费，多作为临时围护结构；但当内插型钢不拔除时，也可以作为地下室外墙的一部分。根据具体的工程情况和当地经验，也可通过设计计算采用其他可行的基坑围护结构。型钢水泥土墙可采用三轴水泥土搅拌桩、渠式切割水泥土连续墙或铣削深搅水泥土搅拌墙内插型钢的形式。

近年来，预制地下连续墙和预制-现浇咬合地下连续墙在工程中得到一定应用，且应用效果良好，具有较好的推广前景，本章在这方面也将作一些介绍。

逆作基坑周边挡墙的设计计算应包含下列内容：

（1）挡墙的选型与布置；

（2）内力及变形分析；

（3）截面计算与构造设计；

（4）当挡墙作为主体结构外墙或外墙的一部分时，与主体结构之间的节点连接设计。

5.1.1　地下连续墙

1. 地下连续墙的厚度和深度

地下连续墙是目前深基坑逆作工程中最常用的一种挡墙形式。地下连续墙厚度一般为600～1200mm，随着挖槽设备大型化和施工工艺的改进，地下连续墙厚度在不断增加，如日本东京湾新丰洲地下变电站圆筒形地下连续墙的厚度达到了2400mm[1]。地下连续墙厚度的确定，应综合考虑成槽机的规格、工程地质与水文地质条件、成槽施工环境影响、墙体受力性能、变形控制和防渗要求等因素，并应符合标准化和模数化的原则。地下连续墙的常见厚度有600mm、800mm、1000mm、1200mm和1500mm，确定墙厚时，尚需考虑厚度与墙体深度之间的匹配性，宜符合表5.1.1的要求[2]。

地下连续墙墙体厚度与深度的关系　　表 5.1.1

序号	墙体深度(m)	墙体厚度(mm)
1	＜40	600、800、1000、1200
2	≥40	800、1000、1200
3	≥60	1000、1200、1500
4	≥80	1200、1500

地下连续墙的入土深度，大多在 15～60m 范围内。杭州恒隆广场，设 5 层地下室，地下连续墙深度达到 53m；杭州中心 6 层地下室，地下连续墙深度为 52m；杭州钱江新城 D-09 地块浙商银行大楼，5 层地下室，地下连续墙平均入土深度达到 65m。随着成槽设备的不断改进和工艺技术的发展，目前地下连续墙的最大深度已达到 150m。

地下连续墙作为基坑工程中承受侧向水土压力的支护挡墙，同时又兼隔水防渗帷幕的作用，因此，作为挡土结构，地下连续墙入土深度需满足各项承载力和稳定性的要求；作为隔水防渗帷幕，又需根据地下水控制要求进行计算确定。

作为抵抗水土压力荷载的围护挡墙，地下连续墙底部需插入基底以下足够深度并进入较好的土层，以满足嵌固深度和基坑各项稳定性要求。如杭州恒隆广场 5 层地下室，基坑开挖深度 29.6m，地下连续墙进入强风化粉砂岩，插入深度 19.3～23.8m，插入比为 0.65～0.80。杭州中心设 6 层地下室，局部 1～3 层地下室，6 层地下室基坑开挖深度 30.2m，地下连续墙进入中风化泥质粉砂岩 0.5m，插入深度 20.4m，插入比为 0.68；局部 3 层地下室范围，开挖深度 19.2m，由于上部均为性质较差的淤泥质土和软黏土，根据受力计算，地下连续墙也需进入岩层，插入深度为 32.5m，插入比达到 1.7 左右。

地下连续墙作为隔水防渗帷幕，需根据基底以下的水文地质条件和地下水控制确定入土深度，当根据地下水控制要求需隔断地下水或增加地下水绕流路径时，地下连续墙底部需进入隔水层隔断坑内外潜水及承压水的水力联系，或插入基底以下足够深度以确保形成可靠的隔水边界。如杭州钱江新城于 2010 年开始建造的 D-09 地块项目，设 3～5 层地下室，其中 4～5 层地下室范围采用地下连续墙二墙合一支护挡墙，基坑开挖深度 23～27m。上部土层以粉砂土为主，下部为圆砾、卵石层，若根据基坑受力和稳定要求，地下连续墙的插入比 0.6～0.7 即可满足要求。但为隔断深层承压水，地下连续墙须穿透 25～30m 厚的圆砾和卵石层，墙底进入强风化岩层，地下连续墙平均入土深度达到 65m，实际插入比达到 1.4～1.8。根据支护结构计算，挡墙受力需要长度以下的部分（19～25m），仅起隔水帷幕的作用，采用构造配筋。

2. 地下连续墙的平面形式

地下连续墙的槽段形状主要有一字形、L 形、T 形、Z 形和折线形（钝角），如图 5.1.1 所示。

地下连续墙的槽段划分（分幅图）应综合考虑结构性能要求、工程地质和水文地质条件、机械设备、成槽工艺、槽壁稳定性、环境条件等因素，并应符合下列规定：

（1）直线段宜采用一字形槽段；当需要较大的墙体刚度，且场地和环境条件允许时，可采用 T 形槽段。

（2）不同方向的墙体交接处不宜采用一字形槽段。当不同方向的墙体呈 L 形相交时，

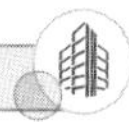

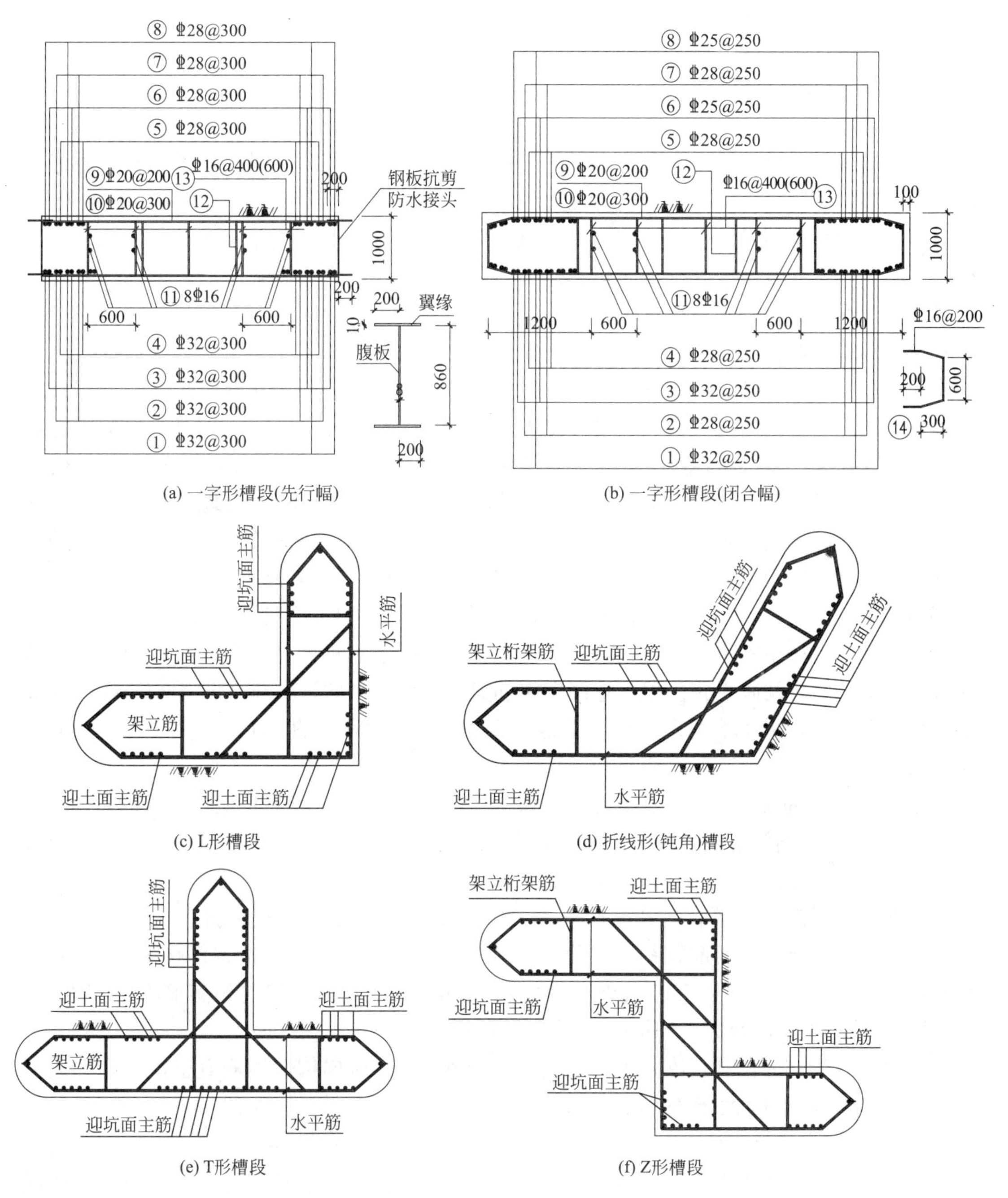

(a) 一字形槽段(先行幅)　(b) 一字形槽段(闭合幅)

(c) L形槽段　(d) 折线形(钝角)槽段

(e) T形槽段　(f) Z形槽段

图 5.1.1　地下连续墙槽段平面形式

墙体交接处宜采用 L 形槽段；当 T 形相交时，墙体交接处宜采用 T 形槽段。

（3）一字形槽段宽度不宜大于 6m，L 形、T 形、折线形等槽段各肢宽度总和不宜大于 6m。当环境保护要求较高时，宜采用较小的单元槽段长度。

（4）T 形槽段外伸腹板宜设置在迎土面一侧，以防止影响主体结构施工。

由于地下连续墙采用分幅施工，墙顶应设置通长的顶圈梁（又称压顶梁），以利于增强地下连续墙的整体性。压顶梁宜与地下连续墙迎土面平齐，以便保留导墙，对墙顶以上土体起到挡土护坡的作用，避免对周边环境产生不利影响。压顶梁的高度和宽度由计算确定，且宽度不宜小于地下连续墙的厚度。

3. 地下连续墙构造

（1）墙身混凝土

地下连续墙混凝土强度等级不应低于 C30，水下浇筑时混凝土强度等级按相关规范要求提高。墙体和槽段接头应满足防渗设计要求，地下连续墙混凝土抗渗等级不宜小于 P6 级。地下连续墙主筋保护层在基坑内侧不宜小于 50mm，基坑外侧不宜小于 70mm。地下连续墙的混凝土浇筑面宜高出设计标高以上 300～500mm，凿去浮浆层后的墙顶标高和墙体混凝土强度应满足设计要求。

（2）钢筋笼构造

地下连续墙钢筋笼由纵向钢筋、水平钢筋、封口钢筋和构造加强钢筋构成。

纵向钢筋沿墙身均匀配置，且可按受力大小沿墙体深度分段配置，墙身受力范围内通长配置的纵向受力钢筋数量不宜少于全部钢筋的 50%。纵向钢筋宜采用 HRB400 级和 HRB500 级钢筋，直径不宜小于 20mm，钢筋净距不宜小于 75mm。当地下连续墙纵向钢筋配筋量较大，钢筋布置无法满足净距要求时，可采用将相邻两根钢筋合并绑扎（并筋）的方法调整钢筋净距，以确保混凝土浇筑密实。采用并筋设计时，钢筋的锚固长度、抗裂验算等，应符合现行《混凝土结构设计规范》GB 50010 的相关规定。

水平钢筋直径不宜小于 16mm。封口钢筋直径宜同水平钢筋，竖向间距宜同水平钢筋或按水平钢筋间距间隔设置。地下连续墙钢筋笼封头钢筋形状应与施工接头相匹配。封头筋与水平筋连接宜采用单面焊，长度不应小于 $10d$（d 为钢筋直径）；水平筋与工字钢连接应采用双面焊，焊接长度不应小于 $5d$。

钢筋笼两侧的端部与接头管（箱）或相邻墙段混凝土接头面之间应留有不大于 150mm 的间隙，钢筋下端 500mm 长度范围内宜按 1∶10 收成闭合状，且钢筋笼的下端与槽底之间宜留有不小于 500mm 的间隙。

纵向受力钢筋与水平筋交叉处应均匀间隔点焊，钢筋笼表面宜设置一定数量的剪刀撑。应根据吊装过程中钢筋笼的整体稳定性和变形要求，配置架立桁架等构造加强钢筋，桁架筋宜采用 HRB400 级钢筋，直径不宜小于 20mm，钢筋笼主筋与桁架筋夹角宜为 45°～60°，连接宜采用双面焊，焊接长度不应小于 $5d$。

当墙体底端部分仅有隔渗要求，无受力性能要求时，竖向构造钢筋直径宜与上部受力钢筋相同，间距不应大于 600mm；横向构造钢筋直径不应小于 16mm，间距不宜大于 300mm。

L 形墙幅水平钢筋锚入对边墙体内的长度应满足锚固长度要求，且宜与对边水平钢筋焊接，转角处宜设计斜向加强钢筋。

T 形墙幅外伸腹板宜设置在迎土面一侧，外伸腹板长度不宜小于成槽设备最小成槽长度；外伸腹板与翼板之间宜设置加强筋。

钢筋笼吊筋的长度应根据实测导墙标高确定，吊点周边 1m 范围的钢筋连接应满焊。

单元槽段的钢筋笼宜在加工平台上装配成一个整体，一次性整体沉放入槽。当单元槽段的钢筋笼必须分段装配沉放时，上下段钢筋笼的连接宜采用机械连接，并采取地面预拼装措施，以便于上下段钢筋笼的快速连接，接头的位置宜选在受力较小处，并相互错开。

4. 地下连续墙接头类型和选用

（1）接头类型

地下连续墙单元槽段之间的连接接头，根据受力特性可分为柔性接头和刚性接头。柔性接头不能承受弯矩和水平拉力，刚性接头能够承受一定的弯矩、剪力和水平拉力。

1）柔性接头

工程中常用的柔性接头主要有圆形（或半圆形）锁口管接头、楔形接头、预制混凝土接头、工字形型钢接头、橡胶止水带接头等。柔性接头抗剪、抗弯能力较差，一般适用于对槽段施工接头抗剪、抗弯能力要求不高的工程[1]。

锁口管接头可分为圆形或半圆形锁口管接头、波形管（双波管、三波管）接头，是地下连续墙中最常用的接头形式。锁口管在地下连续墙混凝土浇筑时作为侧模，可防止混凝土的绕流，同时在槽段端头形成半圆形或波形面，增加了槽段接缝位置地下水的渗流路径。锁口管接头构造简单，施工适应性较强，止水效果可满足一般工程的需要。

预制混凝土接头一般采用工字形截面，在地下连续墙施工流程中取代锁口管的位置和作用，沉放后无需顶拔，作为地下连续墙的一部分。由于预制接头无需拔除，简化了施工流程，提高了效率。

工字形型钢接头是采用钢板拼接的工字形型钢作为施工接头，型钢翼缘钢板与先行槽段水平钢筋焊接，后续槽段可设置接头钢筋深入到接头的拼接钢板区。该接头不存在无筋区，形成的地下连续墙整体性好。先后浇筑的混凝土之间由钢板隔开，加长了地下水渗透的绕流路径，止水性能良好。工字形型钢接头的施工避免了常规槽段接头施工中锁口管或接头箱拔除的过程，降低了施工难度，提高了施工效率。

2）刚性接头

刚性接头可传递槽段之间的竖向剪力，当槽段之间需要形成刚性连接时，常采用刚性接头。在工程中应用的刚性接头主要有一字或十字穿孔钢板接头、钢筋搭接接头和十字型钢插入式接头。

十字穿孔钢板接头是以开孔钢板作为相邻槽段间的连接构件，开孔钢板与两侧槽段混凝土形成嵌固咬合作用，可承受地下连续墙垂直接缝上的剪力，并使相邻地下连续墙槽段形成整体共同承担上部结构的竖向荷载，协调槽段的不均匀沉降。

钢筋搭接接头采用相邻槽段水平钢筋凹凸搭接，先行施工槽段的钢筋笼两面伸出搭接部分，通过采取施工措施，浇灌混凝土时可留下钢筋搭接部分的空间，先行槽段形成后，后施工槽段的钢筋笼一部分与先行施工槽段伸出的钢筋搭接，然后浇灌后施工槽段的混凝土。

十字型钢插入式接头是在工字形型钢接头上焊接两块 T 形型钢。T 形型钢锚入相邻槽段中，进一步增加了地下水的绕流路径，在增强止水效果的同时，增加了墙段之间的抗剪性能，形成的地下连续墙整体性好。

（2）接头选用原则

由于地下连续墙施工接头种类和数量众多，在实际工程中在满足受力和止水要求的前提下，应结合地区经验尽量选用施工简便、工艺成熟的施工接头，以确保接头的施工质量。

由于锁口管柔性施工接头施工方便，构造简单，一般工程中在满足受力和止水要求的条件下，地下连续墙槽段施工接头宜优先采用锁口管柔性接头。实际工程中，锁口管接头应用非常广泛，如杭州国际金融会展中心、杭州中国银行大楼等工程均采用了锁口管接头。

当地下连续墙入土深度较深，如墙深超过 50m 时，顶拔锁口管难度增加，此时宜采用十字钢板接头、工字形型钢接头和套铣接头。近年来，工字形型钢接头在浙江等省市得到了较广泛的应用，如杭州恒隆广场、杭州钱江新城中信银行等深基坑工程均采用了此类接头。

当根据结构受力要求需形成整体或当多幅墙段共同承受竖向荷载，墙段间需传递竖向剪力时，槽段间宜采用刚性接头，并应根据实际受力状态验算槽段接头的承载力。十字穿孔钢板接头是地下连续墙工程中最常用的刚性接头形式，如杭州国大城市广场、杭州凯悦大酒店、浙江财富中心等工程中均采用了十字钢板刚性接头。

5.1.2 预制-现浇咬合地下连续墙

1. 传统全现浇地下连续墙存在的问题

作为逆作深基坑支护工程中最为常见的挡墙形式，地下连续墙是一种需要连续施工的地下墙体。但在城区施工，受夜间施工、环保控制、早晚高峰混凝土不能连续供应等外部环境干扰，使得地下连续墙不能连续施工，如遇早晚高峰时段，因混凝土不能供应一般需暂停施工累计 6h；因夜间施工审批难，使地下连续墙施工暂停 8h 以上；泥浆、土方外运不及时，也常导致现场暂停施工。碎片化的施工容易导致槽壁坍塌，使地下连续墙墙面出现露筋现象（图 5.1.2）。

图 5.1.2　地下连续墙墙面露筋

先行幅槽段开挖每个接头至少需多开挖 700mm 以安放锁口管，锁口管背后需回填土，但难以回填密实（图 5.1.3）；由于锁口管阻挡混凝土宽度有限，先行幅槽段混凝土易向锁口管背后绕流。混凝土绕流导致地下连续墙接缝位置难于处理干净，常发生接缝夹泥现象，成为基坑渗漏水的薄弱部位，见图 5.1.4。

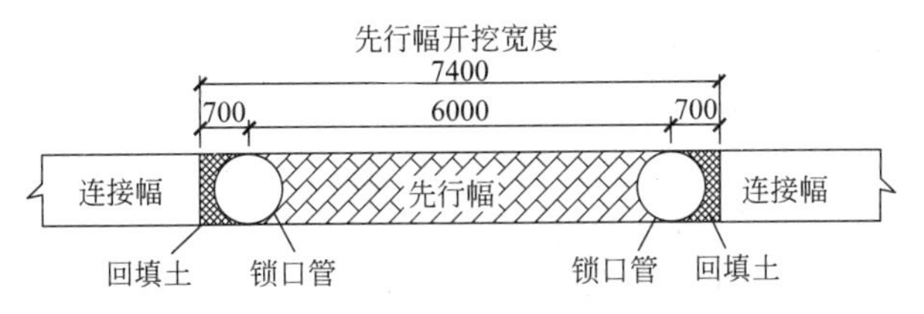

图 5.1.3　地下连续墙施工锁扣管平面布置示意图

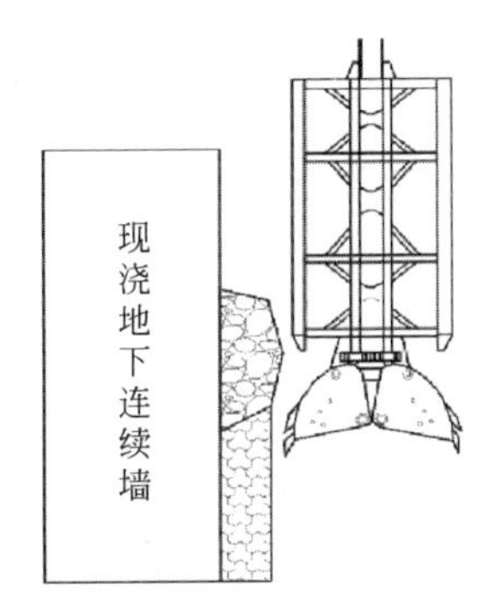

图 5.1.4　混凝土绕流及接缝处夹泥缺陷

锁扣管安放和回收，大大增加了地下连续墙槽壁的暴露时间，显著影响槽壁稳定性，增加土体变形，并导致沉渣过厚。混凝土在灌注过程中，沉渣过厚会阻碍混凝土的上升，沉渣会被混凝土挤至两侧的接缝处，被混凝土包裹，进一步加剧接缝处的夹泥现象（图 5.1.5）。影响地下连续墙墙身质量的主要因素如图 5.1.6 所示。

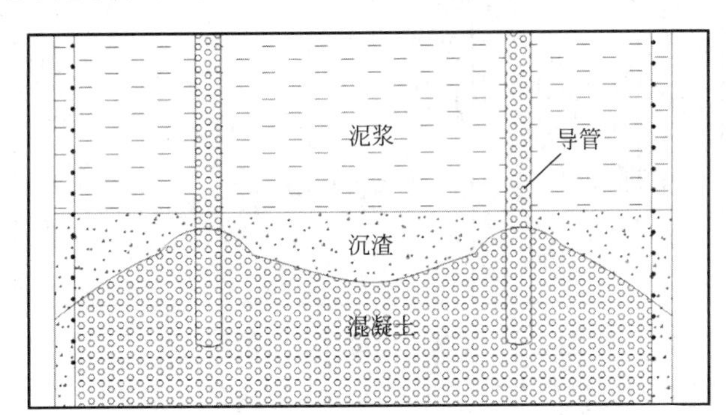

图 5.1.5　沉渣对水下混凝土浇筑的影响

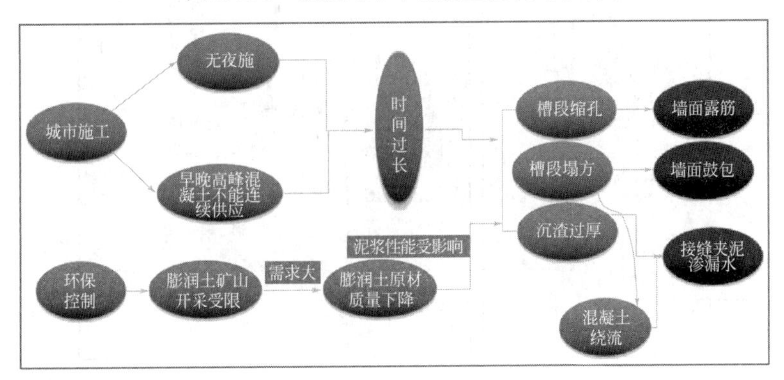

图 5.1.6　影响地下连续墙墙身质量的主要因素

2. 预制-现浇咬合地下连续墙技术

预制-现浇咬合地下连续墙是在原有全现浇的基础上进行改进的一种地下连续墙技术[3]，由浙江地矿和浙江省建筑设计院等单位联合研发并应用于实际工程，符合国家绿色建筑及装配式建筑向地下建筑延伸的相关政策，可以解决原有方案始终难以克服的相关质量问题，加快施工进度，减少现场劳务用工，进行工厂化生产、标准化施工的工艺。

预制墙段采用预应力薄壁箱体结构，预制墙体内部镂空，以减轻运输和吊装荷重。预制墙段分为底节、中节和顶节，单节长度 12～15m，宽度为 2.4m。为使预制墙段顺利沉放入槽，预制地下连续墙墙体厚度一般较成槽宽度小 20mm 左右，常用墙厚有 780mm 和 980mm。顶节预埋打拔钢板，用于预制墙下放到位后将墙体高频震动插入墙底土体。标准节规格见图 5.1.7～图 5.1.9。预制墙段侧面设计为凹凸榫构造，与现浇段墙体互相咬合连接，形成装配整体式地下连续墙。

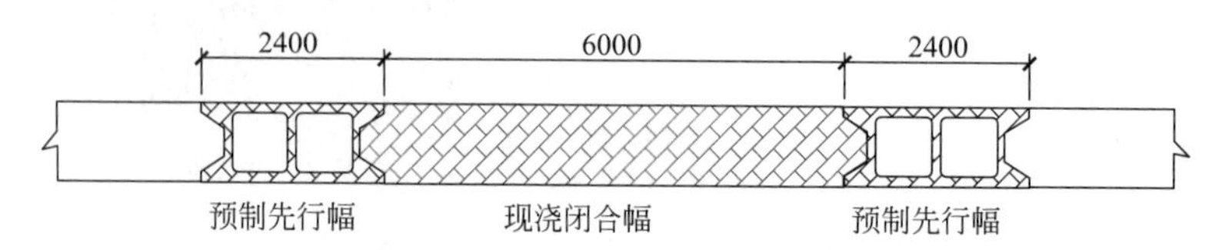

图 5.1.7　预制-现浇咬合地下连续墙平面示意

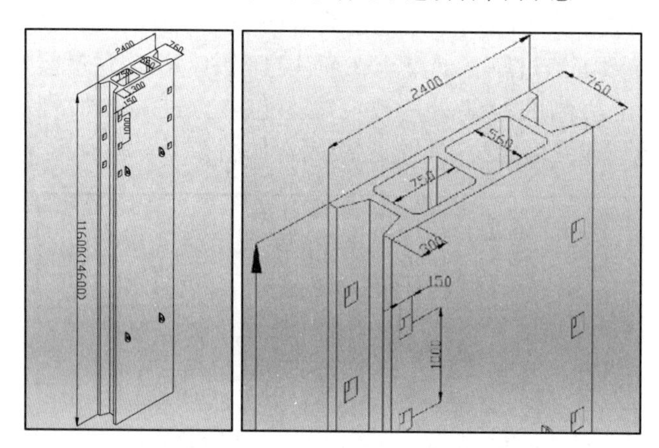

图 5.1.8　预制墙段标准节截面示意

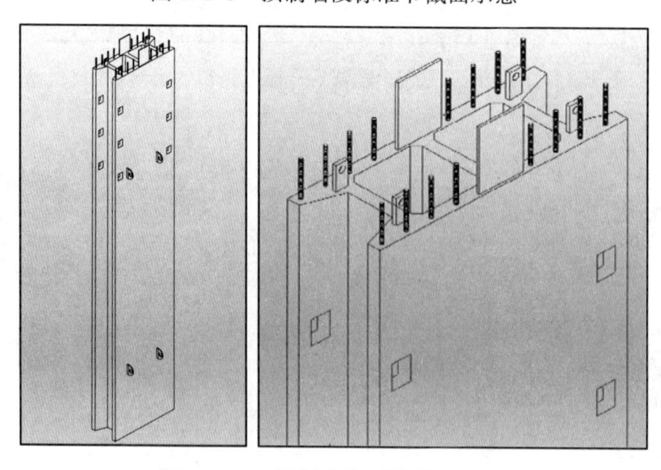

图 5.1.9　预制墙段顶节截面示意

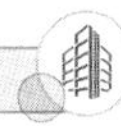

预制-现浇咬合地下连续墙具有以下主要优点：

(1) 有效缩短工程工期。预制地下连续墙采用工厂化、标准化生产，运输至现场后可直接吊放施工，缩短了现场准备时间，加快了预制墙现场装配施工速度，同时无需吊放、顶拔锁口管或反力箱，也加快了现浇嵌幅地下连续墙的施工，使得整体施工速度加快，缩短了工期。

(2) 施工质量更加可控。本技术有效解决了传统现浇工艺始终难以解决的混凝土绕流问题，保障了接缝质量，减少了现浇墙的墙面露筋、鼓包等质量通病发生；同时可通过先张法及高压蒸汽养护等手段，提高预制构件强度等级。

(3) 降低工程建设成本。传统地下连续墙的接缝大多采用 H 型钢或十字钢板接头，预制-现浇咬合地下连续墙的接头为凹榫设计，直接与现浇墙的混凝土连接，防渗路径长，效果好，省去了 H 型钢或十字钢板的材料及加工费用，同时施工速度快，降低了施工期间人工、机械等施工成本。

(4) 显著减小成槽诱发的土体变形，有利于周边环境保护。传统地下连续墙单元槽段施工期间，由于成槽完成后槽段搁置时间较长，对周边敏感环境的变形保护不利，本技术地下连续墙施工速度快，槽段搁置时间短，更有利于对周边环境的保护及控制。

3. 预制墙段的墙身和连接接头设计

(1) 墙身设计

预制墙段的墙身验算主要包括：墙身整体的承载力和变形验算；墙体局部受弯承载力、局部受剪承载力验算；兼作永久结构时的墙身抗裂验算等。

根据基坑挡墙的受力特点，坑底附近为墙身受力最大的部位。为提高预制墙受剪承载力，预制地下连续墙的空腔内可根据需要灌注素混凝土，一般可在空腔内自墙顶至坑底以下 5.0m 范围灌注混凝土，坑底 5.0m 以下部分采用碎石回填处理。

(2) 连接接头验算

预制地下连续墙根据设计深度分节预制，上下节之间采用螺栓连接，预制墙幅与幅之间采用现浇凹凸榫咬合连接，形成整体性好、刚度足够的整体地下连续墙，如图 5.1.10 所示。

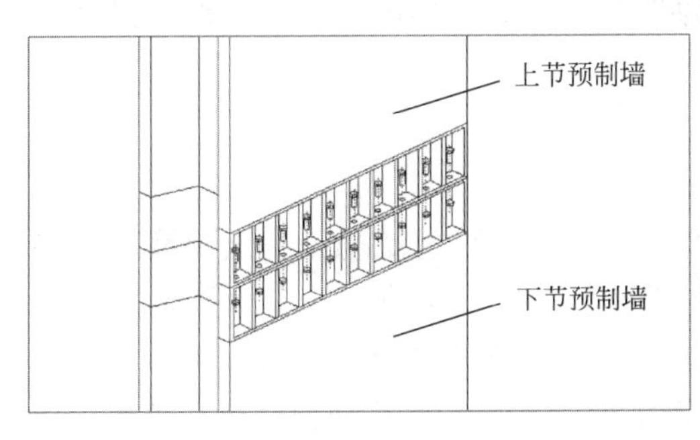

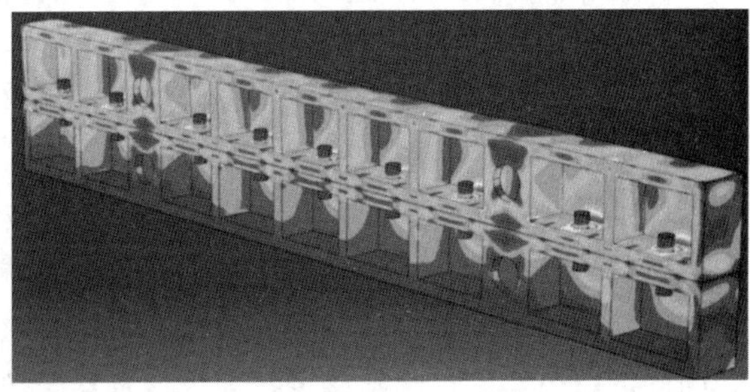

图 5.1.10　预制墙段顶节截面示意

4. 专用调垂装置和刷壁器

预制地下连续墙的定位和垂直度控制、预制与现浇部分之间的泥浆清除，是确保预制-现浇咬合地下连续墙质量的现场施工关键工序之一。为此，需要研发适用于预制墙段定位和调垂的专用装置，其主要功能为水平定位、垂直度调控及搁置连接操作平台，如图 5.1.11 所示。完成定位和调垂后，利用高频液压震动锤将预制墙插入墙趾 1.0m 左右至设计标高（图 5.1.12）。同时开发了与预制墙段侧壁凹凸榫相配套的专用刷壁器，如图 5.1.13 所示。

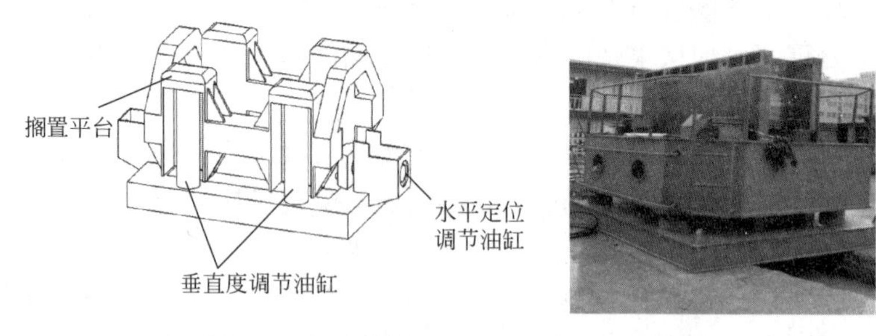

图 5.1.11　预制地下连续墙定位调垂装置

图 5.1.12　震动锤高频激振下沉

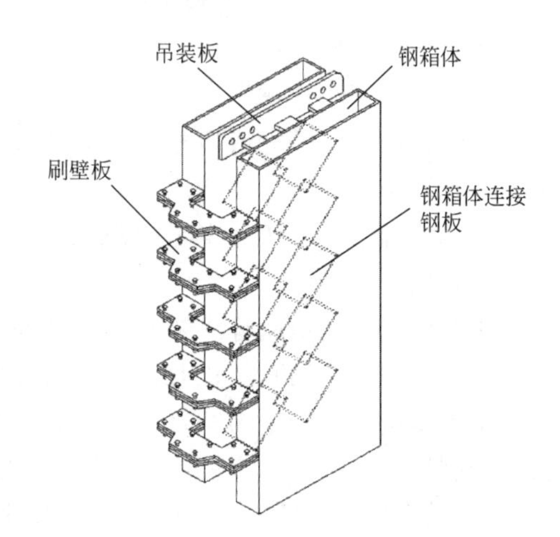

图 5.1.13　预制-现浇咬合地下连续墙专用刷壁器

5. 预制-现浇咬合地下连续墙的工艺流程

预制-现浇咬合地下连续墙中的预制墙段作为先行幅，现浇槽段作为闭合幅，具体施工作业流程如下：

（1）测量放样，制作导墙，预制墙段成槽开挖。

（2）将定位调垂架吊至槽口就位。

（3）吊装预制墙。起吊预制墙时，用主吊和副吊履带起重机抬吊，将预制墙水平吊起，然后主吊起升、并将副吊下放，将预制墙凌空吊直。

（4）吊运预制墙至槽口的定位架后，调整水平定位，缓缓下放并进行垂直度调整，然后用搁置扁担穿入预制墙搁置孔内，搁置在定位调垂架上。吊运、移动预制墙必须单独使用主吊，必须使预制墙呈垂直悬吊状态。

（5）预制墙搁置在调垂架后，涂抹聚氨酯遇水膨胀止水胶，同时吊装另一节预制墙至槽口，采用高强度螺栓连接。

（6）重复吊装、连接、下放预制墙，直至将预制墙全部连接完成并下放至槽底，采用高频液压振动锤将预制墙插入墙趾 1.0m 左右至设计标高。

（7）现浇墙段成槽开挖至墙底。

（8）刷壁、换浆，下放现浇段钢筋笼。

（9）水下灌注现浇段混凝土，形成咬合整体地下连续墙。

6. 工程应用

（1）余政储出2018（40）号地块项目（二期）一标段（杭州城北万象城）项目

项目位于杭州市余杭区杭运路与良运路交汇处，建筑面积47万m^2，框架-剪力墙结构，2019年12月开工，2020年11月完工。基坑北侧B-1区局部采用预制-现浇咬合整体地下连续墙，靠近地铁1号线采用1000mm/800mm厚地下连续墙分坑，支撑形式为一道混凝土支撑和三道钢管支撑，地下连续墙深度33～43m，地下3层，基坑深度15.65～18.15m，预制地下连续墙长度33m，分为3节，每节长度11m。地质情况依次为杂填土、粉质黏土夹粉土、淤泥质粉质黏土夹粉土、淤泥质粉质黏土、粉质黏土、黏土。由于采用“预制-现浇咬合地下连续墙技术”，缩短了现场准备时间，显著加快了现浇闭合幅的施工速度，缩短了地下连续墙工程整体施工工期，同时有效解决了传统现浇工艺始终难以解决的混凝土绕流问题，保障了接缝质量，加快了施工速度，减少了现浇墙的墙面露筋、鼓包等质量通病发生。预制地下连续墙的接头为凹榫设计，与传统地下连续墙的接缝大多采用H型钢或十字钢板接头相比，节省了材料，降低了人工、机械成本。施工速度快，槽段搁置时间短，周边环境污染少，更有利于对周边环境的保护及控制，做到了绿色环保施工。

图5.1.14为预制墙工厂预制时进行模具和芯模安装；图5.1.15为预制墙浇筑成型后的成品；图5.1.16为预制墙段吊装入槽；图5.1.17为预制墙段入槽进行定位和调垂；图5.1.18为预制墙段上下节进行螺栓连接；图5.1.19为利用高频激振锤将预制墙高频激振下沉最后1m进入稳定土层；图5.1.20为在咬合部位取芯抽检的芯样照片，芯样质量良好。

图5.1.14 预制墙工厂预制（模具安装和芯模安装）

图5.1.15 预制墙浇筑成型（成品）

图 5.1.16 预制墙段吊装入槽

图 5.1.17 预制墙段定位调垂

图 5.1.18 预制墙段上下节螺栓连接

图 5.1.19 高频激振下沉最后 1m

图 5.1.20 咬合部位取芯抽检

（2）苏州312国道改扩建工程园区段YQ312-SG1标段

项目位于苏州市阳澄湖大道（阳澄湖大桥西端至京沪高铁交叉口）。全长2180m，箱体结构，2019年6月开工，2021年12月完工，Ⅰ-1区采用预制-现浇咬合整体地下连续墙，设计墙厚800mm，墙深22m，预制墙11m/节，采用三道支撑，第一道为钢筋混凝土支撑，第二、三道为钢支撑，地质情况依次为杂填土、粉质黏土、粉土、粉砂夹粉土、粉质黏土，开挖第一、二、三层土方墙体最大测斜位移分别为2.9mm、4.0mm、6.4mm。

图5.1.21为基坑开挖后的预制墙效果，可见预制段和现浇段之间接缝处咬合良好，无渗漏水现象；图5.1.22为传统全现浇地下连续墙的照片，接缝处夹泥、渗漏水现象频发。工程应用证明，预制-现浇咬合地下连续墙技术，可显著提高接缝质量，较好地解决夹泥、渗漏水问题。

图5.1.21 开挖后的预制墙效果，接缝处咬合好，无渗漏水现象

图5.1.22 全现浇地下连续墙接缝处夹泥、渗漏水现象频发

5.1.3 预制地下连续墙

全装配预制地下连续墙在国内已有成功实践。预制地下连续墙植入土层的施工工法目前主要有两种：一种是TAD施工工法，即在渠式切割水泥土连续墙施工工程中，植入混凝土预制板材，混凝土预制板材之间可靠连接，形成集挡土与隔水功能于一体的钢筋混凝土连续墙，简称TAD墙[4]；另一种是采用普通泥浆护壁成槽，插入预制构件并在构件间

采用现浇混凝土将其连成一个完整的墙体，然后用水泥浆液置换成槽泥浆[5]。预制地下连续墙具有墙面光洁、墙体质量好、强度高等优点。

1. 渠式切割装配式地下连续墙（TAD墙）

我国于2010年左右从日本引进渠式切割水泥土墙（TRD墙）技术以来，TRD墙已在大量工程中得到应用。工程实践证明，TRD工法具有施工速度快、墙体截水性能好、环境影响小等优点。渠式切割装配式地下连续墙技术，由浙江吉通联合浙江省建筑设计研究院、浙江大学等单位于2018年联合研发，该技术是在渠式切割水泥土连续墙施工工程中，植入混凝土预制板材形成的集挡土与截水功能于一体的钢筋混凝土连续墙，简称TAD墙。TAD墙具有节地、施工高效、成墙施工环境影响小、墙体性能好等特点[4]。

适用的地基条件与渠式切割水泥土墙（TRD墙）相同。随着渠式切割机的性能改进和施工工艺提升，目前国内TRD墙施工深度已达到90m，结合旋挖组合施工工艺，已能在深厚碎石土层以及存在深层地下障碍物的复杂地层进行施工。

渠式切割水泥土连续墙的厚度宜取600～850mm，混凝土预制板材应全截面位于水泥土墙内，板材单侧水泥土厚度不宜小于70mm；TAD墙的平面布置应充分考虑TRD墙的施工工艺特点，平面形状尽量简单、规则，宜采用直线布置，减少转角，圆弧段的曲率半径不宜小于60m；在转角外，为防止由于链状刀具的垂直度偏差以及边缘部位搅拌不充分等问题导致的搭接不良，应双向适当延长施工，延伸长度不宜小于2m，实际工程出现的少许渗漏水问题大多发生在转角部位；水泥土墙及其内插混凝土预制板材的垂直度偏差不应大于1/300，且平面偏差不应大于30mm，墙顶标高偏差不应大于50mm。

混凝土预制板材通常在工厂采用离心工艺制作，常用的混凝土强度等级为C80，预应力筋采用预应力钢棒，非预应力筋采用热轧带肋钢筋，箍筋采用低碳钢热轧圆盘条或混凝土制品用冷拔低碳钢丝。按照通用化、模数化、标准化的要求，以少规格、多组合的原则，实现混凝土预制板材及其连接件的系列化和多样化。考虑运输等原因，混凝土预制板材的长度不宜超过15m，横截面形状宜为矩形，宽度不宜小于600mm，厚度不宜小于300mm，采用离心工艺制作时，最小有效壁厚不应小于60mm。预制板材结构配筋和横截面型式如图5.1.23和图5.1.24所示，板材截面宽度宜为600～1000mm，厚度宜为320～600mm。为减小自重，板材中间宜留孔洞，内径可为200～450mm。

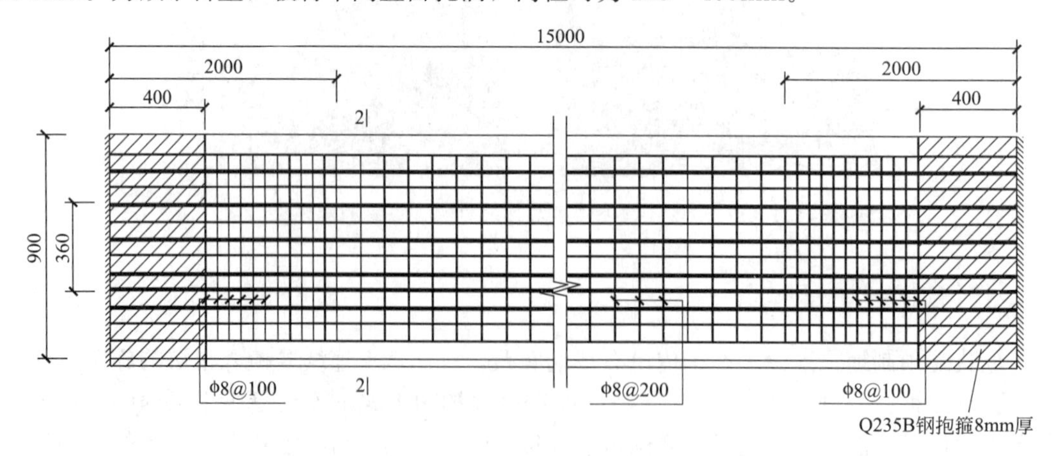

图5.1.23　混凝土预制板材结构级配筋图

TAD 墙遇基坑转角，应设置异形截面预制板材，异形截面预制板材应与相邻混凝土预制板材相适应。

混凝土预制板材的竖向连接接头应满足墙体承载力要求，可采用端板焊接、端头预埋连接套筒等方式进行连接。采用端板焊接连接时，端板可采用 Q235B 钢材，端板最小厚度不应小于 20mm，端板之间宜采用不少于 3 层的分层满焊。为提高连接接头承载力，可在预制板材两端增设钢抱箍，现场采用钢板与钢抱箍进行贴焊，如图 5.1.25 所示。预制板材竖向连接接头宜设置在墙身受力较小部位，相邻板材接头位置宜相互错开，错开距离不小于 1m。

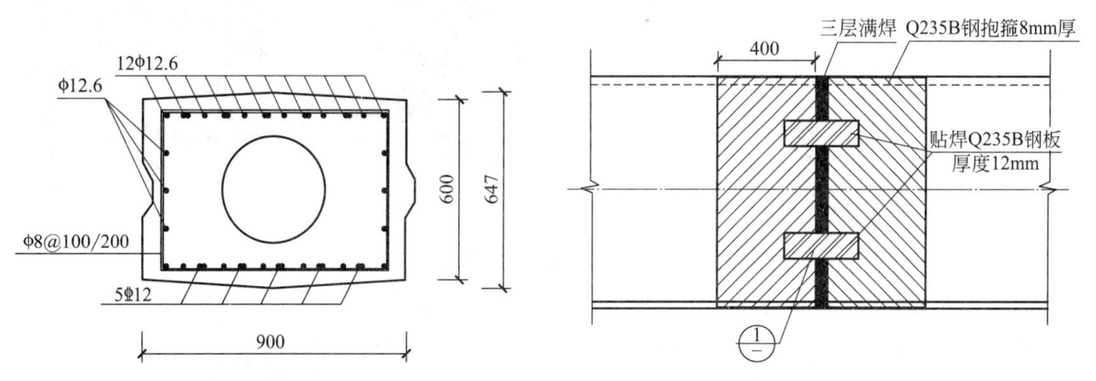

图 5.1.24　混凝土预制板材横截面图　　　图 5.1.25　混凝土预制板材上下节连接示意

混凝土预制板材之间的接头，应满足墙体隔水防渗功能。一种接头形式为预制板材的两侧设置凹榫，相邻墙幅凹榫对齐，其形成的空腔通过高压灌浆填实以提高接头防水性能；另一种是采用榫卯接头，如图 5.1.26 所示。混凝土预制板材的顶部应设置钢筋混凝土冠梁（压顶梁），以增强墙体的整体性，离心成型的混凝土孔芯应进行灌芯处理，灌芯混凝土内的插筋应锚入压顶梁内，实现预制板材与压顶梁之间的连接，如图 5.1.27 所示。图 5.1.28 为围檩梁与预制板材之间的连接示意。

图 5.1.26　混凝土预制板材榫卯接头

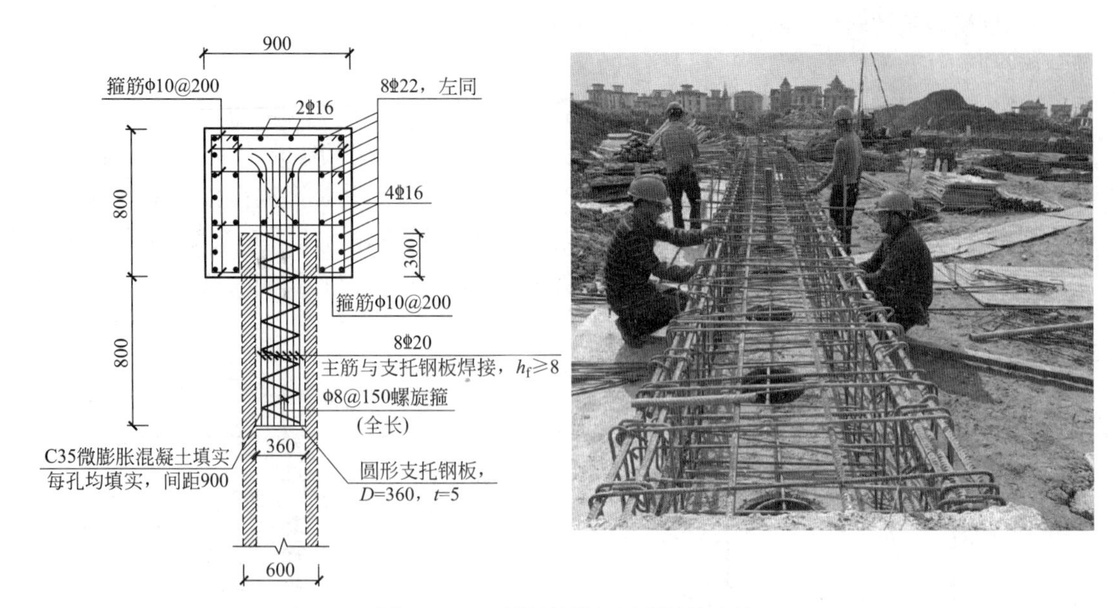

图 5.1.27 预制板材与压顶梁的连接

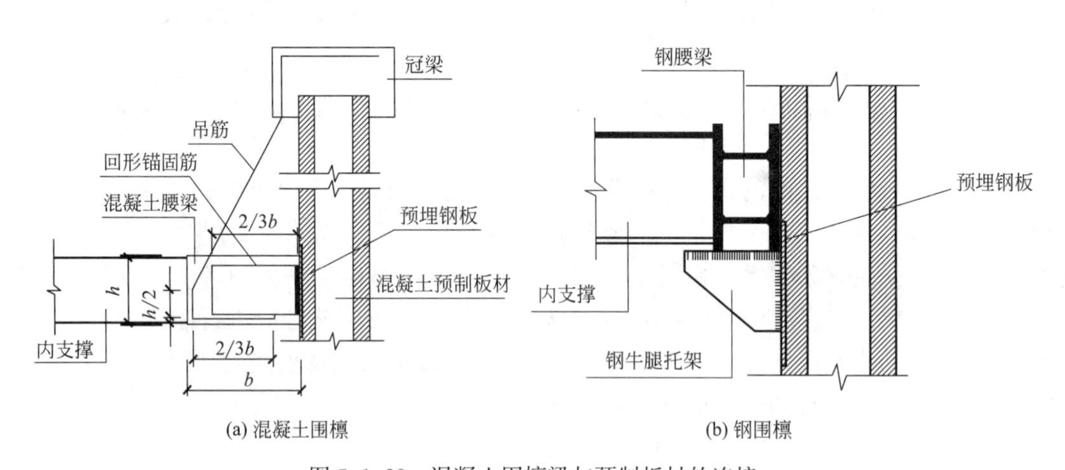

图 5.1.28 混凝土围檩梁与预制板材的连接

TAD 墙施工过程中，TRD 渠式切割水泥土墙应连续施工，并与混凝土预制板材吊装入槽同步穿插进行。如遇停机后再次接续施工，应回行切割已施工水泥土墙体至少500mm。混凝土预制板材插入水泥土连续墙应采用定位导向架，插入后应采取临时固定措施，保证墙顶标高和垂直度满足设计要求。

TAD 墙的施工作业流程大致为：场地平整、测量定位→预制板材工厂制作，运输至现场→TRD 台班施工→架设定位导向架→吊装预制板材→预制板材上下节拼接和焊接→完成单幅 TAD 墙的装配→相邻幅预制板材榫卯结构安插→完成 TAD 一个台班装配施工。

TAD 墙已在试点工程中得到了成功应用。德信空港城项目地下建筑面积约136000m^2，体量大，周边环境复杂。根据项目开发进度，整个基坑划分为一期和二期工程，其中二期基坑工程的西侧为地铁保护区，紧邻杭州地铁 7 号线机场西站地下车站，西侧局部采用了 TAD 装配式地连墙。图 5.1.29 为混凝土预制板材工厂制作并通过质量验收

后运至施工现场进行堆放；图 5.1.30 为 TRD 渠式切割形成水泥土连续墙；图 5.1.31（a）为同步吊装混凝土预制板材，插入水泥土墙内；图 5.1.31（b）为混凝土预制板材插入后进行定位固定的照片；图 5.1.32 为基坑开挖后的 TAD 装配式连续墙，可以看到，预制墙面和接缝的质量良好。

图 5.1.29　混凝土预制板材现场堆放

图 5.1.30　TRD 渠式切割形成水泥土墙

(a) 吊装入槽

(b) 定位固定

图 5.1.31　混凝土预制板材吊装入槽和定位固定

2. 泥浆护壁成槽预制地下连续墙

泥浆护壁成槽预制地下连续墙技术首先在上海地区研发和得到工程应用[5-7]。该地下连续墙是采用常规的泥浆护壁成槽，成槽后插入预制构件并在构件间采用现浇混凝土将其

图 5.1.32 基坑开挖后的 TAD 装配式连续墙

连成一个完整的墙体。其施工流程为：制作地下连续墙预制墙段，同时在现场构筑导墙→液压抓斗挖土成槽、静态泥浆护壁，成槽结束后进行清槽、泥浆置换工序→采用测壁仪检测槽段深度和垂直度进行检测，吊放预制墙段入槽→施工一定幅数的墙段后即对相邻预制墙段接头进行处理，并在墙底与墙背两侧注浆，形成整体预制混凝土地下连续墙。

预制地下连续墙有以下特点：(1) 工厂化制作可保证墙体的施工质量，墙体构件外观平整，可直接作为地下室的建筑内墙，不仅节约了成本，也增大了地下室面积；(2) 由于工厂化制作，预制地下连续墙与基础底板、剪力墙和结构梁板的连接处预埋件位置准确，不会出现钢筋连接器脱落现象；(3) 墙段预制时可通过采取相应的构造措施和节点形式达到结构防水的要求，并改善和提高了地下连续墙的整体受力性能；(4) 为便于运输和吊放，预制地下连续墙大多采用空心截面，减小了自重，节省材料，经济性好；(5) 可在正式施工前预制加工，制作与养护不占绝对工期，现场施工速度快，采用预制墙段和现浇接头，免掉了常规拔除锁口管或接头箱的过程，节约了成本和工期。

为使预制墙段顺利沉放入槽，预制地下连续墙墙体厚度一般较成槽宽度小 20mm 左右，墙段入槽时两侧可各预留 10mm 空隙，便于插槽施工，墙厚通常为 580mm、780mm。墙体截面形式见图 5.1.33。

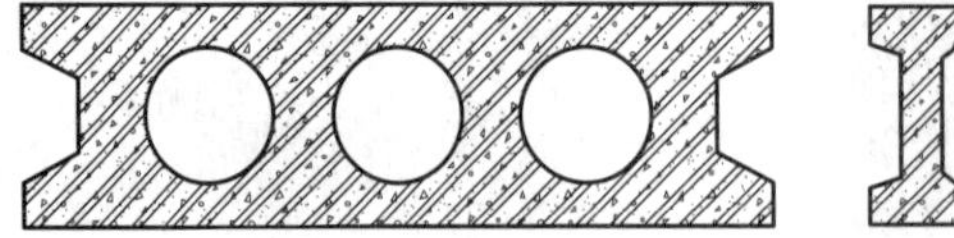

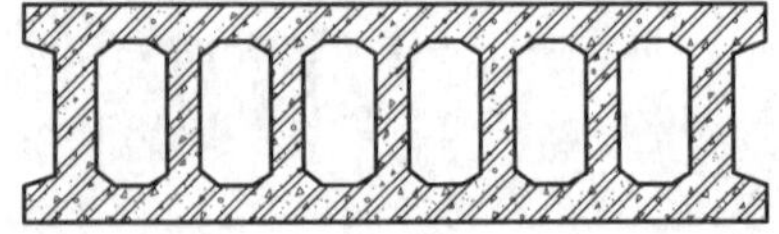

图 5.1.33 预制地下连续墙墙段典型截面图

由于预制地下连续墙在工厂或现场预制，然后起吊入槽，因此预制墙段的重量受到起吊和运输能力的限制。在设计时需控制墙段重量，一方面预制墙段采用空心截面，另一方面可减小墙段分幅长度。此外还可采取分节制作吊放的方法减轻起吊重量，但分节之间应有可靠的连接。预制地下连续墙进行起吊阶段的各项计算时，应考虑实际起吊方式、吊点或支承点位置以及台座吸力等相关因素的影响。

由于预制地下连续墙需分幅插入槽内，墙段之间的接头处理既要满足止水抗渗要求又要满足传递墙段之间的剪力要求，是预制地下连续墙设计和施工的关键。预制墙段施工接头可分为现浇钢筋混凝土接头和升浆法树根桩接头。现浇钢筋混凝土接头是待两幅墙段均入槽固定就位后，在墙缝接头处用小钻机配置专用钻头旋转，并换浆清孔至孔底，再吊放钢筋笼、安放导管、浇筑混凝土，用以连接两幅墙段，其深度同预制地下连续墙；同时为进一步提高槽段接缝处的止水可靠性，可在预制墙幅接缝部位内侧增设现浇钢筋混凝土扶壁柱（图5.1.34）。升浆法树根桩接头与现浇钢筋混凝土接头施工方法相似，区别在于树根桩接头是在接缝的凹口当中下钢筋笼，以碎石回填后再注入水泥浆液，用以连接两幅墙段。

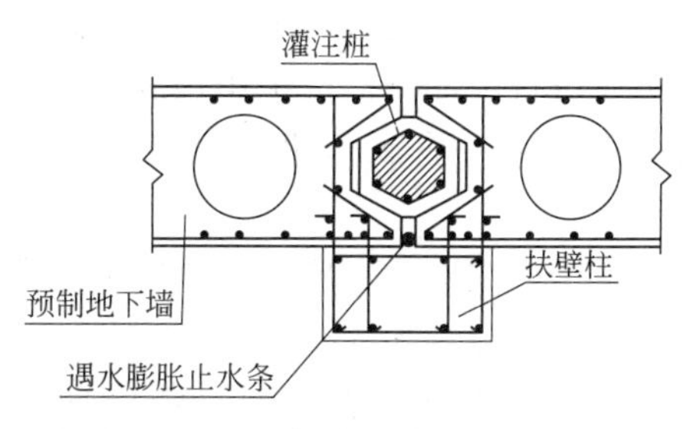

图5.1.34 预制墙段接头构造示意图

当预制连续墙墙体较深较厚时，在满足结构受力的前提下，综合考虑起重设备的起重能力以及运输等方面的因素，可将预制地下连续墙沿竖向设计成为上、下两节或多节，分节位置尽量位于墙身反弯点位置。由于反弯点位置剪力最大，因此必须重点进行抗剪强度验算。通常可采用钢板接头连接，即将预埋在上下两节预制墙段端面处的连接端板采用坡口焊连接并结合钢筋锚接连接。工厂制作墙段时，在上节预制墙段底部实心部位预留一定数量的插筋，在下节墙段顶部实心部位预留与上节插筋相对应的钢筋孔。现场对接施工时，先在下节墙段预留孔内灌入胶结材料，然后将上节墙段下放使钢筋插入预留孔中，形成锚接，再将连接端板采用坡口焊连接。钢板连接节点构造示意见图5.1.35。

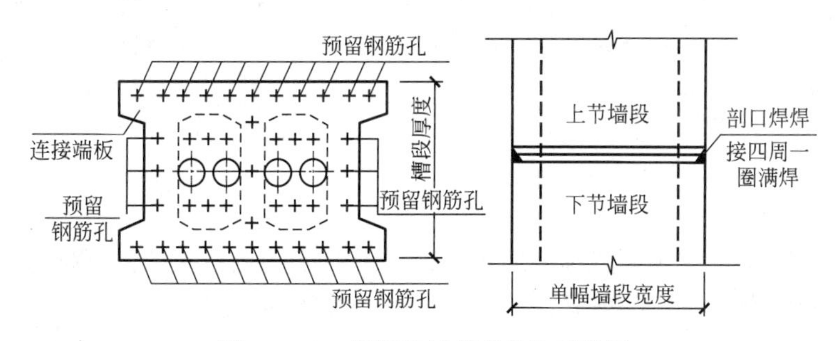

图5.1.35 钢板连接节点构造示意图

在预制地下连续墙的成槽施工过程中，为便于墙板顺利入槽，墙侧和墙底通常都与土体之间留有空隙，使预制地下连续墙的端阻力和侧摩阻力产生了一定损失。因此需采取措施恢复墙底土体端承力和墙体侧壁摩阻力。为便于墙底土体承载力的恢复，一方面在成槽结束后及墙段入槽之前，往槽底投放适量的碎石，使碎石面标高高出设计槽底5～10cm，待墙段吊放后，依靠墙段的自重压实槽底碎石层及土体以提高墙端承载力；另一方面则通过在单幅墙板内预先设置的两根注浆管，在墙段就位后进行注浆，直至槽内成槽泥浆全部被置换，从而加固墙底和墙侧土体，提高端阻力和侧壁摩阻力，满足预制地下连续墙作为主体地下结构的受力和变形要求。

上海地区预制地下连续墙技术先后在建工活动中心、明天广场、达安城单建式地下车库和瑞金医院单建式地下车库等工程中实施和应用。其中建工活动中心和明天广场两项工程中仅进行了部分槽段采用预制地下连续墙的试验研究工作，达安城单建式地下车库和瑞金医院单建式地下车库工程中，则较全面实施了预制地下连续墙技术，并取得良好的效果。

瑞金医院地下车库全预制地下连续墙工程地处上海市瑞金医院内，为单建式单层地下车库，车库埋深为5.8m，平面尺寸约为40m×90m。基坑支护设计采用预制地下连续墙，并作为正常使用阶段的地下室结构外墙，即“两墙合一”。该工程地下结构采用逆作法施工，施工阶段利用地下结构梁、板等内部结构作为水平支撑构件，采用一柱一桩即钻孔灌注桩内插型钢格构柱作为竖向支承构件。预制地下连续墙厚度为600mm，槽段墙板深度12m，槽段宽度为3.0～4.05m，共有73幅槽段。

本工程在每两幅墙体的接缝处均设置壁柱，并在墙顶设置压顶梁与结构顶板整浇。地下连续墙在与底板连接位置设计成实心截面，并在墙段内预埋接驳器与底板钢筋相连，同时沿接缝设置一圈水平钢板止水带以防止接缝渗水。每幅预制地下连续墙墙底设置两个注浆管，总注浆量不小于2m³且应上泛至墙顶，该措施有效控制了墙身的沉降，工程结束后经检测地下连续墙墙身累计沉降量较小。典型预制墙段配筋如图5.1.36所示，预制墙段基础底板预埋件详图如图5.1.37所示。

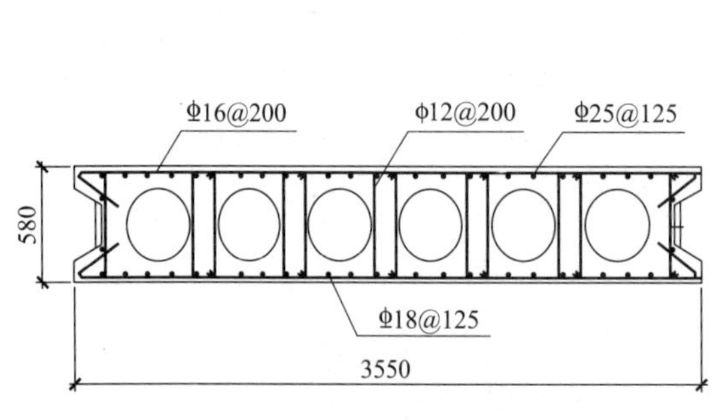

图5.1.36　典型预制墙段配筋图

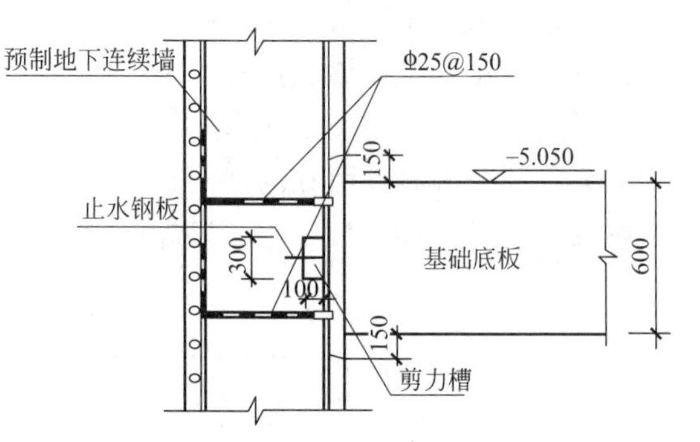

图5.1.37　预制墙段基础底板预埋件详图

工程实施过程中，在预制连续墙墙体内设置了2个测点，对墙体侧移进行了监测。从测斜数据的变化情况来看，随着开挖深度的增加，墙体的侧移逐渐增大。在开挖到基坑底部位置的时候侧移值最大，达到了10.84mm（位于地面下约6.5m深度处）。

5.1.4　灌注桩排桩墙

实际工程采用混凝土灌注桩排桩墙作为基坑支护挡墙，所占比例较大。根据施工工艺不同，常用的混凝土灌注桩有钻孔灌注桩、旋挖成孔灌注桩或冲击成孔灌注桩等，具体成桩工艺的选择，应根据水文地质条件、环境条件、成桩深度、地区经验等综合确定。在一些地下水位低、土质条件好的地区，也有采用人工挖孔桩作为围护墙的成功案例。沉管灌注桩具有较强的挤土效应，软土地层和环境条件要求较高时，应慎用。混凝土灌注桩的构造宜满足下列要求：

（1）桩身混凝土强度等级不宜低于C25；

（2）纵向受力钢筋宜选用HRB400级及以上规格的钢筋，数量不宜少于8根，钢筋净

距不应小于60mm；纵向受力钢筋伸入压顶梁的锚固长度应符合现行国家标准《混凝土结构设计规范》GB 50010的规定；当不满足锚固长度要求时，钢筋末端可采取机械锚固措施；

（3）箍筋宜采用螺旋式箍筋，直径不应小于纵向受力钢筋最大直径的1/4，且不应小于6mm；间距宜取100～200mm，且不应大于400mm及桩的直径；

（4）加强箍筋应满足钢筋笼起吊安装要求，间距宜取1000～2000mm；

（5）纵向受力钢筋的保护层厚度不应小于35mm；采用水下灌注混凝土工艺时，不应小于50mm；

（6）纵向受力钢筋宜沿截面周边均匀布置，当非均匀布置时，受压区的纵向钢筋根数不应少于5根；

（7）纵向受力钢筋可根据计算内力包络图沿深度分段配筋，钢筋连接应符合现行国家标准《混凝土结构设计规范》GB 50010的相关规定。

当地下水位较高，且坑内外存在水头差时，灌注桩排桩墙后侧应设置截水帷幕。截水帷幕的常用形式有普通水泥搅拌桩、高压旋喷桩、三轴水泥土搅拌桩、TRD渠式切割水泥连续墙等。当基坑周边环境保护要求较高时，应采取措施避免桩间土流失，可采取设置水泥搅拌桩、高压旋喷桩等措施，并与截水帷幕相结合，也可采取设置钢筋网或钢丝网喷射混凝土面层等措施，钢筋网或钢丝网应与灌注桩主筋进行可靠连接。

灌注桩排桩墙顶部应设置冠梁（压顶梁）。压顶梁作为排桩结构不可或缺的组成部分，起到将支护桩连接成整体的作用。压顶梁的宽度不应小于桩径，高度不宜小于桩径的0.6倍。压顶梁与水平支撑结构连为整体时，以支撑平面内受弯为主，通常应按多跨连续梁进行设计计算。当压顶梁位置不设置支撑结构或锚杆时，可仅按构造要求进行配筋和设计。

实际工程中，为提高挡墙刚度，有时会采用双排桩的形式。采用双排桩时，前后排桩压顶梁之间应设置连梁形成整体，连梁应具有足够的强度和刚度，以保证前、后排桩的共同作用，连梁中心距不宜大于后排桩中心距的2倍，连梁宽度不宜小于桩径，高度不宜小于桩径的0.8倍；压顶梁和连梁之间也可用混凝土板相连，不仅提高前后排桩的连接效果，也有利于场地标化、文明施工和地面排水。

当双排桩的桩间土为软土、松散砂层时，宜对桩间土进行加固。前后排桩之间的土体加固可采用水泥土搅拌桩、高压喷射注浆或注浆等方法，应采取措施保证加固体与排桩紧密接触。当采取水泥土搅拌桩加固时，宜先施工水泥土搅拌桩，然后施工排桩，采用原位施工，使排桩设置在水泥土加固体之内，效果更佳；当排桩采用挤土型桩，如沉管灌注桩时，应先施工排桩，然后进行桩间土加固，并通过注浆或高压喷射注浆措施，使加固体与双排桩连为一体。

5.1.5 咬合桩排桩墙

咬合桩排桩墙通过相邻两根桩之间的咬合，既能作为挡土构件承受土压力作用，又具有隔水功能。咬合式排桩施工工艺振动小、噪声低，且对周边地层扰动较常规工艺小很多，特别有利于在环境保护要求较高的环境施工。咬合式排桩施工过程中，套筒全程跟进，对于工程地质和水文地质条件特别复杂的工程都较适用，孔壁不会坍塌，流土、流砂现象也比较容易控制，充盈系数较小，成桩质量可靠。

先行间隔施工的被咬合的混凝土灌注桩称为A序桩，后续插入并咬合相邻A序桩的混凝土灌注桩称为B序桩。咬合式排桩平面布置可采用有筋桩和无筋桩搭配、有筋桩和有筋桩搭配两种形式。对于有筋桩和有筋桩密排组合形式，A序桩通常采用矩形钢筋笼桩或型钢加筋桩，B序桩通常采用圆形钢筋笼桩。如A序桩采用矩形钢筋笼，钢筋笼下放时，可采用在钢筋笼两侧绑扎强度较低易切割的PVC管等材料，确保精确就位，以防止安装偏差造成后续咬合切割损伤钢筋。如图5.1.38和图5.1.39所示。

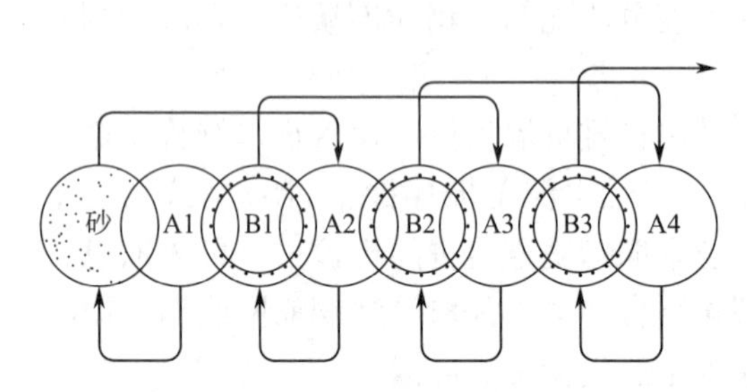

图5.1.38 全套管咬合桩施工次序图

图5.1.39 全套管咬合桩排桩墙开挖后的照片

咬合式排桩自身能够起到隔水作用，可以不另设隔水帷幕，但必须确保相邻两根桩有一定的咬合量，因此对咬合式排桩的施工垂直度有严格的要求，避免桩与桩之间产生间隙。咬合式排桩垂直度允许偏差应为1/300；相邻桩咬合宽度不宜小于150mm，考虑施工偏差后的桩底最小咬合量不应小于50mm。随着桩长的增加，应对咬合式排桩垂直度、平面定位、咬合量提出更为严格的要求，或者在咬合式排桩外侧设置辅助隔水措施。

咬合式排桩分为硬切割与软切割两种施工方法。硬切割是指B序桩在相邻A序桩混凝土终凝后对其切割成孔的施工方法，具有在成孔过程中结合清障的技术特点，适用于硬质地下障碍物密集的复杂地质条件，硬切割咬合式排桩应采用全套管全回转钻机配备双壁钢套管进行成孔施工。软切割是指B序桩在相邻A序桩混凝土初凝前对其切割成孔的施工方法，相比硬切割工艺，清障能力有所不足，但经济性显著，适用于普通软土地质条件下的咬合式排桩施工。软法工艺在工程中普遍采用，但施工应严格控制相邻桩的施工时间，其中的素混凝土桩宜采用强度等级不低于C20的超缓凝混凝土。

咬合式排桩施工前，应在桩顶上部沿咬合式排桩两侧先施工钢筋混凝土导墙。导墙应采用现浇钢筋混凝土结构，并应符合承载力及稳定性的要求。混凝土达到设计强度后，重型机械设备才能在导墙附近作业或停留。导墙结构形式应根据地质条件和施工荷载等经计算确定，且导墙厚度不宜小于200mm，混凝土强度等级不宜低于C20。导墙上应设置定位孔，其直径宜比桩径大20～40mm。导墙顶面宜高出地面100mm，以防止地表水流入桩孔内。

5.1.6 型钢水泥土连续墙

型钢水泥土连续墙可采用水泥土搅拌桩、高压旋喷桩、渠式切割水泥土墙、双轮铣削

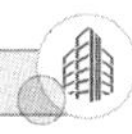

水泥土墙等水泥土连续墙内插型钢的形式。工程中应用最多的是采用三轴水泥土搅拌桩中插入H型钢形成的型钢水泥土搅拌墙，也有工程采用内插T形或工字形预制混凝土构件、槽钢、钢管等劲性材料，形成支挡连续墙结构。

水泥土搅拌桩适用于填土、淤泥质土、黏性土、粉土、砂土等，三轴水泥土搅拌桩的搅拌深度一般不宜大于30m，五轴水泥土搅拌桩的搅拌深度一般不宜大于45m；渠式切割水泥土连续墙除适用上述地层外，也可用于粒径不大于100mm的卵砾石土以及饱和单轴抗压强度不大于5MPa的岩层，施工深度一般不宜大于60m；双轮铣削水泥土搅拌墙可用于粒径不大于200mm的卵砾石土以及饱和单轴抗压强度不大于20MPa的岩层，施工深度一般不宜大于55m。

型钢水泥土连续墙的内插型钢宜采用H型钢，并应满足下列要求：

(1) 当型钢采用钢板焊接而成时，应按照现行行业标准《焊接H型钢》YB/T 3301的有关要求焊接成型；

(2) 当需采用分段焊接时，应采用坡口等强焊接；对接焊缝的坡口形式和要求应符合现行国家标准《钢结构焊接规范》GB 50661的有关规定，焊缝质量等级不应低于二级；

(3) 转角处的型钢，宜按角度平分线方向布置；

(4) 内插型钢应预先采用减摩措施，以便拔除回收。

型钢水泥土连续墙的水泥掺量一般不小于20%，对淤泥、淤泥质土宜适当增加水泥掺量；型钢及墙体垂直度偏差不宜超过1/250。型钢水泥土搅拌墙的内插型钢回收后，水泥土往往破损比较严重，截水性能无法保证，因此，设计和施工应充分论证型钢的回收时机，避免回收过程及回收后的地下水土流失和环境影响。型钢拔除回收后，水泥土墙不应再作为截水帷幕使用。

型钢水泥土连续墙的施工设备重量都比较大，如三轴水泥土搅拌桩机的自重一般在130～150t，渠式切割水泥土连续墙机械自重一般在132～155t（36m深切割箱），铣削深搅水泥土搅拌墙设备自重约120～190t。因此在水泥土搅拌桩（墙）施工范围内，应进行清障和场地平整，地基承载力应满足成桩或成墙机械、起重机等重型机械安全作业和平稳移位的要求，施工道路宜铺设钢板，必要时还需对地基进行加固。施工渠式切割水泥土连续墙时，宜设置导墙，防止槽壁坍塌。

1. 三轴搅拌型钢水泥土墙

三轴水泥土搅拌桩在国内工程中已得到广泛应用，常用桩径形式主要有650mm、850mm和1000mm三种，其中由国外引进的施工设备主要为直径650mm和850mm两种，国内经过改进研制了可以施工直径1000mm水泥土搅拌桩的国产化施工设备。

三轴搅拌型钢水泥土墙，是在连续套接的三轴水泥土搅拌桩内插入型钢形成的复合挡土截水结构。型钢水泥土搅拌墙中型钢的间距和平面布置形式应根据计算确定，常用的型钢布置形式有密插、插二跳一和插一跳一三种（图5.1.40）。图5.1.41为三轴水泥土搅拌桩设备，图5.1.42为杭州某基坑开挖后的三轴搅拌型钢水泥土墙。采用三轴水泥土搅拌桩形成的型钢水泥土搅拌墙，其设计、施工与检测尚应符合现行行业标准《型钢水泥土搅拌墙技术规程》JGJ/T 199的规定[8]。

三轴水泥土搅拌桩应保持匀速下沉或提升，提升时不应在孔内产生负压，搅拌下沉速

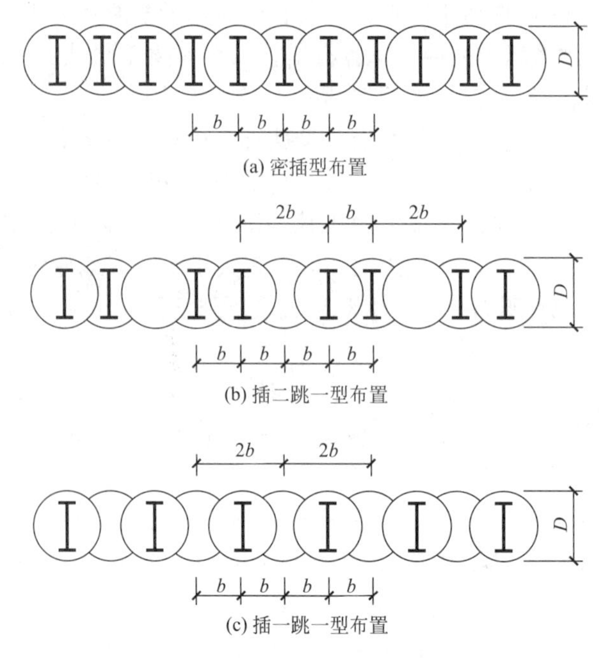

图 5.1.40　搅拌桩和内插型钢的平面布置

度宜为 0.5～1.0m/min，提升速度在黏性土中宜为 1.0～2.0m/min，在粉土和砂土中不宜大于 1.0m/min。

图 5.1.41　三轴水泥土搅拌桩设备

图 5.1.42　基坑开挖后的三轴搅拌型钢水泥土墙

常规三轴水泥土搅拌桩受制于桩架高度，施工深度最大只能达到 30m，且遇到标贯击数大于 30 击的硬质土层施工效率很低，虽然超过 30m 时可采用一次到底的超深三轴水泥土搅拌桩设备，也可采用加接钻杆的方式或采用先行钻孔再加接钻杆的工艺，施工深度也可达 50m，但施工速度较慢。实践表明，采用超深三轴水泥土搅拌桩由于受钻杆刚度、顺直度及桩架垂直度等综合影响，易造成搭接开叉等问题。

随着土木工程施工机械装备性能的不断提升，在水泥搅拌法施工领域出现了功率更高的五轴水泥土搅拌桩施工机械。根据机械设备工艺的不同，可分为置换式五轴水泥土搅拌桩和强制搅拌式五轴水泥土搅拌桩。

置换式五轴水泥土搅拌桩是沿用三轴水泥土搅拌桩的成桩机理及工艺参数，采用大水灰比及较高水泥掺量的施工工艺，是在原有三轴水泥土搅拌机械设备的基础上发展而来，增加了两根钻杆，施工的功率大幅提高。但置换土多的问题仍然存在，置换量通常是加固量的35%～60%。目前该类设备桩径多为850mm，钻孔中心距离为600mm。

强制搅拌式五轴水泥土搅拌桩在固化剂注入后利用钻杆驱动的搅拌叶片将土体和固化剂在原位进行高强度充分拌合。在此过程中土体与固化剂的混合物通常不具备较好的流动性。固化剂分布的均匀性则是通过改进喷浆模式及加大搅拌强度来实现的。强制搅拌式五轴水泥土搅拌桩桩径有700mm、800mm、900mm、950mm，钻孔中心距为500mm、600mm。

2. 渠式切割型钢水泥土连续墙

渠式切割水泥土连续墙（TRD墙）技术是从日本引进，经国内消化、改进后发展起来。该技术通过链状刀具的横向移动、刀具链条上刀头对地基土的切割开挖，同时垂直方向上进行固化液与切割地基土的混合与搅拌，形成墙壁状的固化体地下连续墙。

TRD施工设备兼有自行掘削和混合搅拌固化液的功能，与三轴水泥土搅拌桩采用垂直轴纵向切削和搅拌施工方式不同，该技术通过将链锯形刀具插入地基至设计深度后，在全深度范围内对成层地基土整体上下回转切割喷浆搅拌，并持续横向推进，构筑成上下强度均一的高品质等厚度水泥土搅拌墙。渠式切割水泥土连续墙技术自2009年在杭州下沙某基坑工程中第一次得到应用以来，已在浙江、上海、天津、江西、江苏等地得到推广和应用，应用形式主要为超深隔水帷幕，或内插型钢作为基坑支护结构兼隔水帷幕，或用于混凝土地下连续墙的槽壁加固等。图5.1.43为TRD水泥土连续墙施工设备，图5.1.44为杭州某基坑开挖后的TRD型钢水泥土墙。

图5.1.43　TRD水泥土连续墙施工设备

图5.1.44　基坑开挖后的TRD型钢水泥土墙

TRD墙施工成墙厚度和深度视设备型号不同而异，成墙厚度一般为450～900mm，成墙深度可达到60m。随着渠式切割机的性能改进和施工工艺提升，目前国内TRD墙施工深度最深已达到90m，结合旋挖组合施工工艺，已能在深厚碎石土层以及存在深层地下障碍物的复杂地层进行施工。与三轴水泥土搅拌桩和混凝土地下连续墙技术相比，主要具有如下的优点：

（1）施工设备稳定性好。通过低重心设计，机械设备高度控制在10m左右，施工安全性高。

（2）高精度施工。自身携带多段式测斜系统，可以在水平方向和垂直方向进行高精度的施工。

（3）突出的开挖能力和经济性。对于坚硬地基（砂砾、泥岩、软岩等）具有较高的切割能力，可以大大缩短工期、减少工程造价。

（4）垂直方向均匀的质量。在垂直方向进行整体的混合与搅拌，即使对于性质存在差异的成层地基也能够在深度方向形成强度较高的均质墙体。

（5）墙体的连续性。墙体整体性好，连续性强，施工缝少，止水性能优异。

（6）墙体芯材间距可任意设定。由于墙体等厚，芯材可以以任意间距插入。

（7）施工过程的噪声、振动小，环境影响小。

TRD构建的墙体水泥土搅拌均匀、连续无接缝，相比传统的三轴水泥土搅拌桩在相同地层条件下可节省水泥20%～25%，且墙身范围内水泥土完整性、均一性、强度和隔水性能更好。根据国内不同地区十余项工程水泥土墙体强度和渗透性试验统计数据，水泥土28d龄期无侧限抗压强度在0.8～3.2MPa范围，普遍大于1.0MPa；水泥土墙体渗透系数可达10^{-7}cm/s量级。

采用渠式切割水泥土连续墙形成的型钢水泥土搅拌墙，其设计、施工与检测尚应符合现行行业标准《渠式切割水泥土连续墙技术规程》JGJ/T 303的规定[9]。

TRD墙的施工方法有一步施工法、两步施工法和三步施工法三种。一步施工法：通过切割、搅拌、混合，主机一步完成施工的施工方法；两步施工法：通过切割、搅拌、混合，主机经往返两步完成施工的施工方法；三步施工法：通过切割、搅拌、混合，主机经往、返、往三步完成施工的施工方法。

施工方法的选用应综合考虑土质条件、墙体性能、墙体深度和环境保护要求等因素，当切割土层较硬、墙体深度深、墙体防渗要求高时宜采用三步施工法。施工长度较长、环境保护要求较高时不宜采用两步施工法；当土体强度低、墙体深度浅时可采用一步施工法。

TRD墙施工工法实际工程中大多采用三步施工法。三步施工法中第一步横向前行时注入挖掘液切割掘削，一定距离后切割终止；主机反向回行（第二步），即向相反方向移动，移动过程中链状刀具旋转，使切割土进一步混合搅拌，此工况可根据土层性质选择是否再次注入挖掘液；主机正向回位（第三步），链状刀具底端注入固化液，使切割土与固化液混合搅拌。在基坑转角处，应在墙体外拔出切割箱，形成“十”字形接头。

3. 双轮铣削等厚度型钢水泥土连续墙

采用铣削式施工设备形成等厚度水泥土搅拌墙的施工方法又称CSM工法（Cutter Soil Mixing），是在德国双轮铣深层搅拌技术基础上经过改进创新研发的一种新型深层搅拌技术。该技术采用双轮旋转对搅对施工现场的原状土体进行切削，同时注入水泥浆液和气体形成等厚度水泥土地下连续墙，用于止水帷幕、挡土墙或地层改良，具有地层适应能力强、施工速度快、成墙质量高等优点。

对铣削式施工设备通过调整组内两片铣轮之间的间距控制成墙厚度，常用的墙体厚度范围一般为640～1200mm，并应根据铣轮间距调整的模数选用墙厚。

目前国内现有的铣削式设备施工形成的单幅墙长度为2.8m，通过幅与幅之间的咬合搭接形成连续的搅拌墙体。为了确保相邻墙段之间形成可靠的搭接，后施工的墙段与先施工墙段咬合搭接尺寸不应小于300mm，并应根据成墙深度和墙体平面内的垂直度偏差综合确定。

目前国内自主研制的导杆式成墙设备在实际工程中最大施工深度接近60m；由德国进口的悬吊绳索式设备设计最大施工深度可达80m。具体成墙深度尚需根据工程地质情况、设备性能通过现场试成墙试验确定。双轮铣削搅拌提升时，应确保施工的连续性，如因故浆液中断或停止施工，恢复施工后，应将铣轮重新铣削下沉至上次停工标高面以下至少0.5m后，再次喷浆搅拌提升。

墙体深度不大于20m，且无深厚砂层等复杂地层时，可采用顺槽式施工顺序（图5.1.45），相邻两幅之间的间隔时间不宜过长，二期墙体的施工应在一期墙体终凝之前完成。当穿越深厚砂层、杂填土较厚等复杂地层，或墙体深度超过20m时，为确保墙段之间的铣削搭接效果，避免顺幅施工两个铣轮铣削强度（一侧铣削水泥土墙体，一侧铣削原位土体）不同造成墙体偏位的情形，铣削式水泥土搅拌墙作业应采用跳槽式施工顺序（图5.1.46），幅间咬合搭接不应小于0.3m，相邻墙段的施工间隔时间不宜大于10h，成墙搅拌下沉速度宜为0.5～1.0m/min，提升速度宜为0.3～0.8m/min。

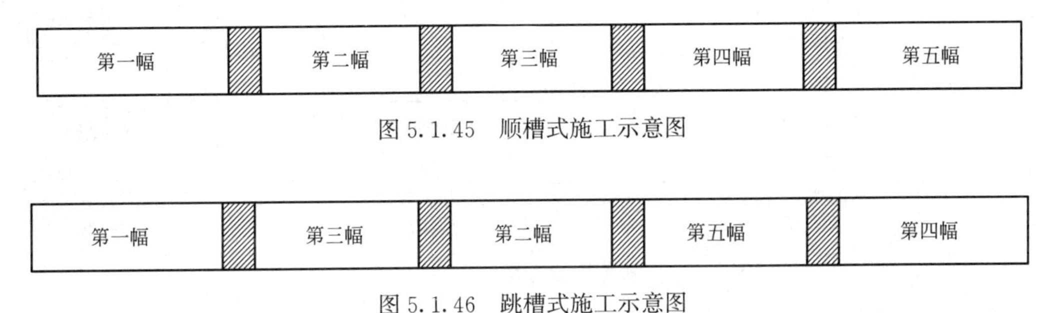

图5.1.45 顺槽式施工示意图

图5.1.46 跳槽式施工示意图

铣削深搅水泥土搅拌墙施工可采用一次注浆或两次注浆工艺。当地层复杂、墙体深度较深时，宜采用一次注浆工艺，即搅拌下沉过程中注入膨润土浆液，搅拌提升过程中注入水泥浆液；当地层较软弱、墙体深度小于20m时，宜采用两次注浆工艺，即搅拌下沉和提升过程中均注入水泥浆液。铣削深搅水泥土搅拌墙在密实砂土、卵砾石等硬质地层中作业时，下沉和提升速度应降缓。采用单次注浆工艺作业时，仅在提升过程中注入水泥浆液，提升速度应适当降缓，确保水泥浆液和土体充分搅拌。

双轮铣削等厚度型钢水泥土连续墙的厚度和深度应满足型钢的插入要求，墙体厚度宜大于芯材垂直于基坑边线的截面高度100mm，墙体深度宜比芯材的插入深度深0.5～1.0m；型钢宜沿水泥土搅拌墙中心线等间距布置，且相邻芯材之间的净距不宜小于200mm；型钢垂直于基坑边线平面定位偏差不应大于10mm，平行于基坑边线平面定位偏差不应大于20mm；型钢芯材在平面内和平面外的垂直度偏差均不应大于1/250；对于周边环境条件要求较高或对墙体抗裂和抗渗要求较高时，宜增加型钢插入密度；单根型钢连接接头不宜超过2个，接头的位置应避免设在支撑位置或开挖面附近等构件受力较大处；相邻型钢的接头竖向位置宜相互错开，错开距离不宜小于1m，且接头距离基坑底不宜小于2m。

5.2 地下连续墙“二墙合一”构造设计

5.2.1 地下连续墙“二墙合一”的结构形式

地下连续墙“两墙合一”是指地下连续墙在施工阶段作为基坑支护挡墙、使用阶段作为地下室结构外墙或结构外墙的一部分。地下连续墙“两墙合一”可采用单一墙、复合墙和叠合墙等形式[10]，如图 5.2.1 所示。

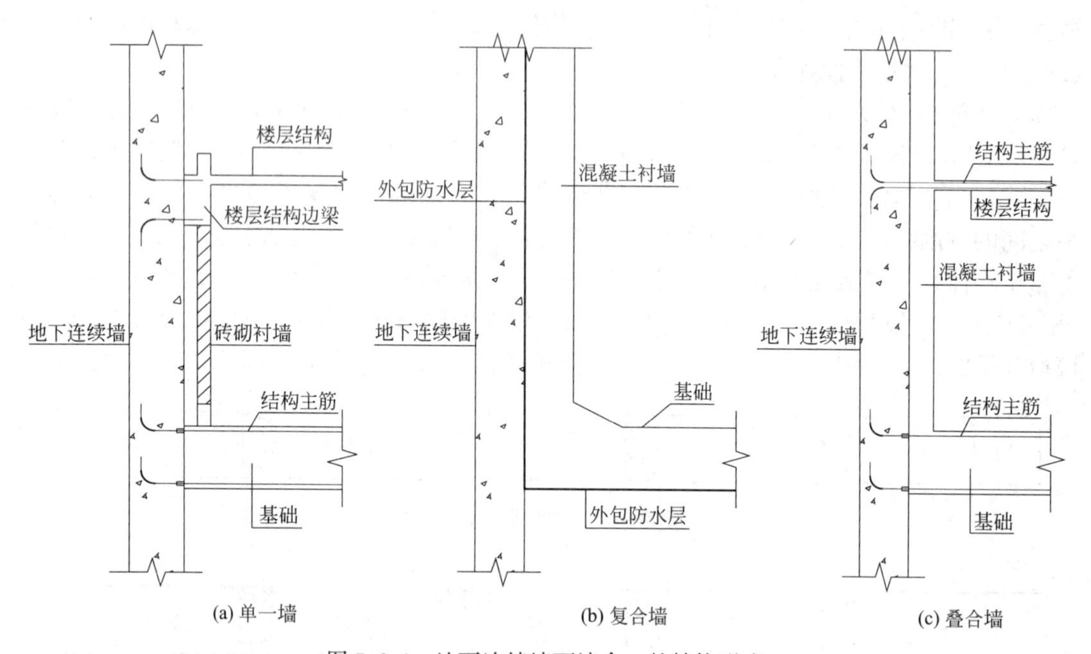

图 5.2.1 地下连续墙两墙合一的结构形式

（1）单一墙：地下连续墙全部承担施工阶段和使用阶段的作用。

（2）复合墙：基坑土方开挖结束后，基底进行防水施工，并延伸至经平整后的地下连续墙表面，以地下连续墙作为模板，施工钢筋混凝土衬墙；地下连续墙与钢筋混凝土衬墙之间的结合面不承受剪力，使用阶段墙体内力可按地连墙和内衬墙的刚度比进行分配。

（3）叠合墙：地下连续墙表面凿毛处理后，通过预埋筋与钢筋混凝土衬墙、地下结构梁板等构件相连，地下连续墙与内衬墙结合面可承受剪力，使用阶段设计的墙体厚度可取地下连续墙与内衬墙厚度之和。

单一墙一般应用在地下水位低、地基土体渗透性能弱、地下室埋深浅等情况，其内侧常设置砌体衬墙，并在各楼层设置导流沟，万一有渗漏水情况，可通过排水管引流至底板集水坑内；复合墙一般应用于地下室防水要求高、主体结构与围护墙受力相对比较独立的情况；当围护墙与主体结构的整体性要求较高时，宜采取叠合墙形式。按复合墙设计时，地连墙和内衬墙之间在水平方向可起相互支撑作用，竖向可自由沉降，但由于地下连续墙表面往往凹凸不平，地连墙和内衬墙之间的竖向差异变形会导致防水层破坏，故应考虑内衬墙自身的防渗要求，宜具有自防水功能。

采用两墙合一时，地下连续墙的结构安全等级应符合现行行业标准《建筑基坑支护技术规程》JGJ 120[11] 的规定，且不应低于主体结构的安全等级；地下连续墙的混凝土强度等级不宜低于 C35，抗渗等级应符合现行国家标准《地下工程防水技术规范》GB 50108 的规定。

当地下连续墙作为竖向承重构件时，可采取下列措施协调地下连续墙与主体结构之间的差异沉降：

（1）应选择压缩性较低的土层作为墙端持力层，且应采取墙底注浆加固措施；

（2）宜靠近地下连续墙设置工程桩；

（3）可采用带支腿的地下连续墙。

5.2.2　地下连续墙“二墙合一”的计算

地下连续墙采用二墙合一设计时，其承载力、稳定性和变形验算，应分别满足逆作施工阶段和永久使用阶段的承载力极限状态和正常使用极限状态的计算要求，按不利工况进行包络设计，并满足主体结构设计规范的有关构造要求。

1. 侧向荷载作用下的内力变形计算

（1）施工阶段

施工阶段作用在地下连续墙上的侧向荷载主要包括土压力和水压力。地下连续墙在水土压力作用下的内力变形，一般可采用平面弹性地基梁法或挡墙-水平支撑结构整体分析法进行计算。计算应能反映土方分层开挖、水平支撑结构分层设置、分层换撑和拆撑的实际工况流程，考虑水平结构“跳层”逆作、周边预留土坡和设置斜抛撑等因素的影响，每一步开挖工况的计算深度应考虑水平支撑结构施工短排架支模引起的超挖高度。当采用平面弹性地基梁法时，应考虑水平支撑结构和地下连续墙之间的变形协调问题。

（2）使用阶段

主体地下结构建成、基坑肥槽回填后，作用在地下连续墙上的侧向荷载和边界条件将会发生变化，主要反映在以下两个方面：

1）基坑工程施工结束后，开挖卸荷效应产生的土体变形逐渐趋于稳定状态，土压力渐渐转变为静止土压力；地下水位逐渐回复到常年静止水位。

2）地下各层水平结构和基础底板已经形成，改变了地下连续墙的侧向支承条件；地下连续墙内侧的边梁和壁柱或混凝土内衬墙，也将改变地下连续墙的受力方式。因此，正常使用阶段地下连续墙的边界条件会产生显著变化，后续的内力变形计算须考虑上述变化。

对于二墙合一的地下连续墙，若是单一墙，正常使用阶段应按地下连续墙承担全部外墙荷载进行设计；对于复合墙，永久使用阶段水平荷载作用下，地下连续墙与内衬墙的内力应按刚度比例进行分配；对于叠合墙，内衬墙施工前的侧向荷载，由地下连续墙承担，叠合后增量荷载，由地下连续墙与内衬墙按整体墙承担，即结构外墙厚度取地下连续墙与内衬墙厚度之和，使用阶段新增侧向荷载作用下按整体墙计算。

2. 竖向承载力计算

地下连续墙在竖向荷载作用下，应满足下列要求：

（1）地下连续墙的竖向承载力应满足作用于其上的竖向荷载要求，竖向承载力特征值宜根据现场静载荷试验确定；

(2) 地下连续墙的沉降宜与主体结构的沉降协调一致，地下连续墙与主体结构的连接构造应能适应其不均匀变形；

(3) 宜选择压缩性较低的土层作为地下连续墙持力层，并宜采取墙底注浆的加固措施；

(4) 当主体结构采用桩基础时，在满足施工要求的前提下边桩宜靠近地下连续墙布置；

(5) 墙顶受竖向偏心荷载作用时，应按偏心受压构件计算正截面受压承载力。

地下连续墙的竖向承载机理比较复杂，其竖向承载力宜通过静载荷试验数据确定。李桂花等 1993 年[12] 对地下连续墙垂直承载力进行了现场试验研究，分析了地下墙在承受竖向荷载时的荷载传递机理，得到了如下主要结论：(1) 地下连续墙的垂直承载力由地下连续墙的侧壁摩阻力与端阻力共同负担。侧壁摩阻力的大小取决于周围土性参数及墙土相对位移，而端阻力的发挥需要较大的墙土相对位移，因此侧壁摩阻力与端阻力不是同时得到充分发挥。一般在加载初期，荷载大部分由侧壁摩阻力负担，传递到墙底的荷载很小，当侧壁摩阻力达到极限后，墙顶荷载增量主要由端阻力负担。在墙体达到极限荷载时，端阻力分担垂直荷载的 20%～40%，侧壁摩阻力分担 60%～80%。本次试验地下墙侧壁摩阻力达到极限值时墙体位移为 6mm 左右，端阻力充分发挥的位移值为 10mm 左右。(2) 地下连续墙垂直承载力的计算可参照钻孔灌注桩的设计规范进行计算，并考虑尺寸效应。墙的侧壁摩阻力和端阻力与钻孔桩有相同性质，可取同类性质承载力的平均值。(3) 地下连续墙垂直承载力计算时不能忽略位移的影响，端阻力和侧壁摩阻力均需要根据位移大小进行修正。端阻力和侧壁摩阻力在承载力计算中可采用不同的安全系数。

考虑到实际工程中地下连续墙静载荷试验难度相对较大，试验成本也较高，为方便工程应用，综合已有工程经验，提出如下估算公式：

$$R_{\mathrm{a}}=\alpha q_{\mathrm{pa}}b+2\sum q_{\mathrm{sia}}l_{i} \tag{5.2.1}$$

式中，R_{a} 为单位延米长度地下连续墙承载力特征值 (kN/m)；α 为墙端端阻力调整系数，采取墙端注浆措施时取 0.8～1.0，不采取墙端注浆措施时取 0.3～0.8，墙端端阻力高、沉渣厚时取低值，并结合地区经验综合确定；q_{pa}、q_{sia} 分别为墙端端阻力、墙侧摩阻力特征值 (kPa)，按泥浆护壁钻孔灌注桩的相应指标取值，宜采用根据单桩静载荷试验结果修正后的参数；b 为地下连续墙厚度 (m)；l_i 为地下连续墙插入坑底以下深度范围内各土层的厚度 (m)。

上述关于地下连续墙的竖向承载力计算公式，考虑了以下因素：

(1) 与泥浆护壁灌注桩施工工艺相比，由于槽壁自稳性能差，需要采取更为可靠的泥浆护壁措施，墙体施工完成后，混凝土与槽壁土体之间的泥皮较厚，因此，墙侧摩阻力一般略小于钻孔灌注桩；

(2) 承载力计算公式没有考虑坑底以上墙侧摩阻力的有利作用，这是考虑到基坑开挖后，墙体产生一定的侧向变形，墙体外侧土压力由静止土压力逐渐减小并趋于主动土压力，法向压力减小会相应降低墙体侧阻力，故不考虑坑底以上的墙体侧阻力，形成一定的安全储备；

(3) 地下连续墙的墙底沉渣厚度与水文地质条件、成槽工艺、成槽宽度及深度、成墙

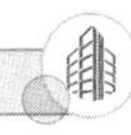

时间、清渣工艺等因素有关，直接影响墙端阻力的发挥，采取墙端注浆措施，可改善墙端承载性能。

综合考虑上述因素，经大量工程试算，提出的承载力计算公式能满足地下连续墙竖向承载力安全度的要求。实际应用时，应结合地下连续墙的承重要求、与主体结构的连接构造、与工程桩的承载力差异等因素，合理计算承载力，并加强与主体结构的连接构造，尽量将竖向荷载传递到邻近工程桩。

3. 墙身抗裂验算

作为两墙合一的地下连续墙，应分别进行逆作施工阶段和永久使用阶段的抗裂验算。地下连续墙是比较特殊的构件，永久使用阶段墙体一侧表面接触室内干燥空气，另一侧表面接触水或湿润土体，因此两侧表面应按照不同的环境作用等级确定最大裂缝宽度限值。一般环境条件下，在永久地下水位以下的地下连续墙迎土面处于长期湿润环境，最大裂缝宽度限值可取0.3mm；地下连续墙迎坑面和在永久地下水位以上的迎土面处于干湿交替环境，最大裂缝宽度限值宜为0.2mm。

对于地下水位较高的地区，地下连续墙受力较大的位置一般位于稳定的地下水位以下，迎坑面处于非干湿交替的室内环境，符合现行国家标准《混凝土结构耐久性设计标准》GB/T 50476中规定的一般环境条件，裂缝宽度可按0.3mm控制，保护层厚度在大于30mm时可取30mm。

现行国家标准《混凝土结构设计规范》GB 50010的裂缝计算公式中考虑了荷载的长期作用。因此，在应用该公式验算裂缝宽度时，对于施工阶段的墙体裂缝计算，可根据基坑施工时间等因素，考虑荷载短期作用的影响，或根据施工时间对裂缝宽度限值作适当放宽；对于使用阶段的墙体裂缝计算，应按规范公式考虑荷载作用的长期效应。

5.2.3　地下连续墙“二墙合一”的连接构造

由于地下连续墙表面凹凸不平，地连墙和内衬墙之间设置防水层、按复合墙设计，实际效果并不好，当地连墙和内衬墙之间产生差异沉降时，会导致防水层破坏。因此内衬墙必须具有足够的厚度，以满足墙体自防水的功能。对于高地下水位地区，若按复合墙设计，内衬墙厚度基本由抗渗要求控制，内衬墙厚度一般都较大，无法体现二墙合一在造价和节省空间等方面的优势，故在高水位软弱土地层，二墙合一的地连墙大多采用单一墙或叠合墙的结构形式。一般情况下，地下室埋深浅时，可采用单一墙的形式，埋深较深时宜采用叠合墙的形式。如杭州国大城市广场5层地下室，地下1～3层采用单一墙，地下4～5层采用叠合墙；杭州钱江新城D-09金融地块5层地下室，地下1～5层均采用叠合墙的结构形式。

采用地下连续墙二墙合一设计时，先行施工的地下连续墙与后期施工的地下室主体结构之间合理、可靠的连接构造，是地下连续墙参与主体结构共同工作并满足正常使用要求的重要保证。地下连续墙与地下室主体结构之间的连接构造设计，须重点解决以下问题[13]：(1) 地下连续墙与主体结构间的差异沉降问题；(2) 使用阶段地下连续墙的渗漏水问题。

1. 地下连续墙与主体结构间的差异沉降问题

地下连续墙墙底持力层与工程桩的桩端持力层往往不是同一性质的土层，地下连续墙的入土深度主要由基坑稳定和变形控制，工程桩的深度主要由主体建筑结构的竖向荷重、单桩承载力和桩基沉降所决定，两者底部支承土性质往往差异较大。如20世纪90年代建造的杭州凯西雅大厦地下 3 层，基坑支护挡墙采用地下连续墙二墙合一的形式，主体建筑基础采用钻孔灌注桩，其中主楼范围桩径为 800～1000mm，以中风化基岩为桩端持力层（入岩深度不小于 1 倍桩径），裙楼桩径为 650mm（抗拔桩），以⑦-3 圆砾层为桩端持力层。由于受当时施工设备限制，地下连续墙成槽穿越圆砾、卵石层进入下部中风化岩层较困难，另考虑经济性因素，选择④淤泥质粉质黏土或⑤-2 粉质黏土为地下连续墙的持力层。

地连墙和工程桩之间持力层性质的差异，可能导致地连墙与由工程桩支承的主体结构之间产生差异沉降；同时，地下连续墙的清底工作较困难，底部沉渣厚度远大于工程桩，也加剧了二者之间的差异沉降，最终可能导致地下连续墙与主体结构之间产生较大的集中应力，甚至开裂。为解决两者间的差异沉降问题，在连接构造设计方面可采取以下措施：

（1）避免地下连续墙直接承受主楼结构的荷重，地下室各楼层及上部结构荷载尽可能通过主体结构的柱和墙直接传至工程桩。

（2）墙底注浆加固。在每幅地下连续墙的钢筋笼中预埋注浆管，待地下连续墙施工结束并达到一定强度后，对地下连续墙底部进行高压注浆，以消除墙底沉渣过厚的影响，同时可加固墙底土体，提高墙端支承土承载力和墙侧摩阻力。

（3）墙顶设置刚度较大的冠梁（压顶梁）。在基坑开挖前，将墙体顶部的疏松混凝土凿去，露出地下连续墙主筋，再在地下连续墙顶部施工压顶梁，并留出压顶梁与地下室顶板结构的连接钢筋。

（4）加强基础底板与地下连续墙之间的连接构造。在基础底板与地下连续墙连接部位设置贯通的基础边梁，基础边梁与地下连续墙之间应通过预埋钢筋、钢筋接驳器、剪力槽等方式进行连接（图 5.2.2），底板钢筋锚固于基础边梁内；基础梁上、下纵筋与地下连续墙均通过预埋钢筋接驳器进行连接，如图 5.2.3 所示。当无基础梁，基础筏板较厚时，筏板主筋宜直接通过接驳器与地连墙进行连接。

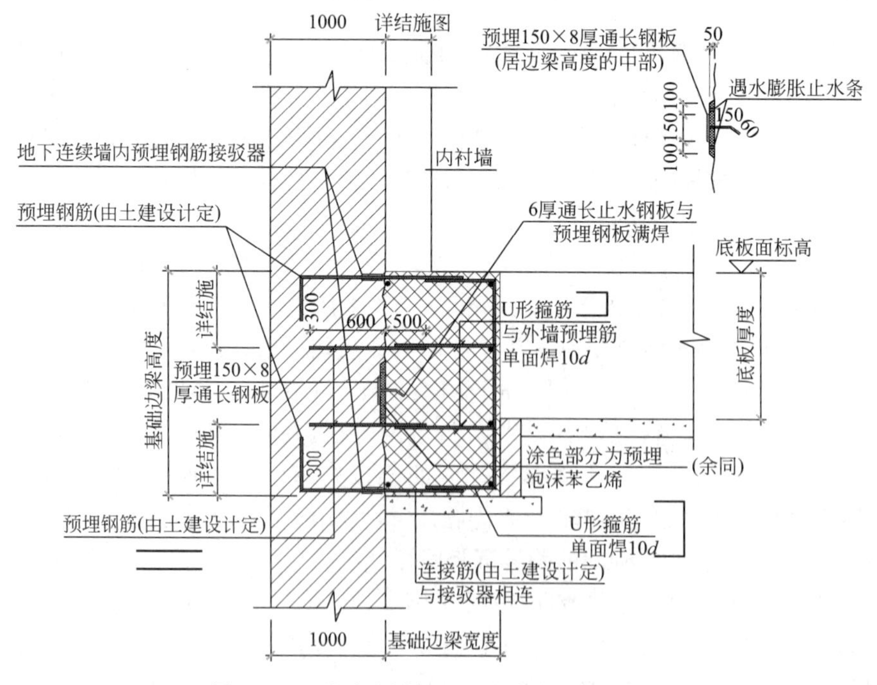

图 5.2.2　基础边梁与地下连续墙的连接构造

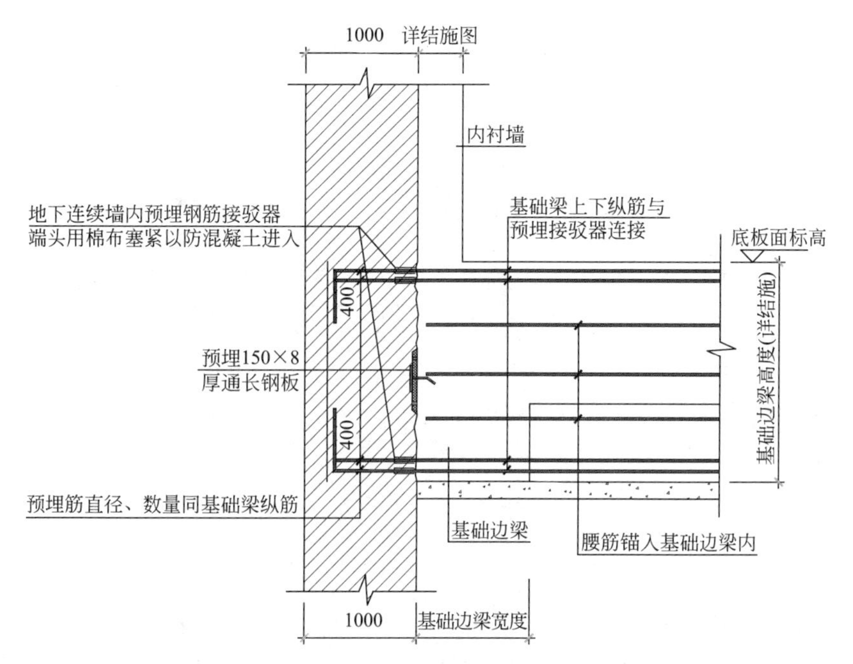

图 5.2.3 基础梁与地下连续墙的连接构

预埋钢筋直径不宜大于 20mm，并应采用 HPB300 级钢筋；当需连接的主体结构构件钢筋直径大于 20mm 时，宜采用预埋钢筋接驳器进行连接。设计时应根据允许施工偏差合理确定埋件位置及数量。剪力槽应设置于地下连续墙纵筋的内侧，剪力槽的宽度不宜小于 100mm，高度不宜小于 150mm；地下连续墙上的预埋钢筋和接驳器不应贯穿全截面，其端部与地下连续墙迎土面外表面的距离不宜小于 200mm。

(5) 加强地下室各楼层与地下连续墙之间的连接构造。在地下室各楼层与地下连续墙连接处设置贯通的结构边梁，边梁与地下连续墙之间通过预埋钢筋、剪力槽等方式进行连接。预埋钢筋应采用 HPB300 级钢筋，水平扳直后与边梁 U 形箍筋进行焊接连接（图 5.2.4），楼板钢筋锚固于边梁内；地下室各楼层的框架主梁上、下纵筋与地下连续墙均通过预埋钢筋接驳器进行连接，如图 5.2.5 所示。

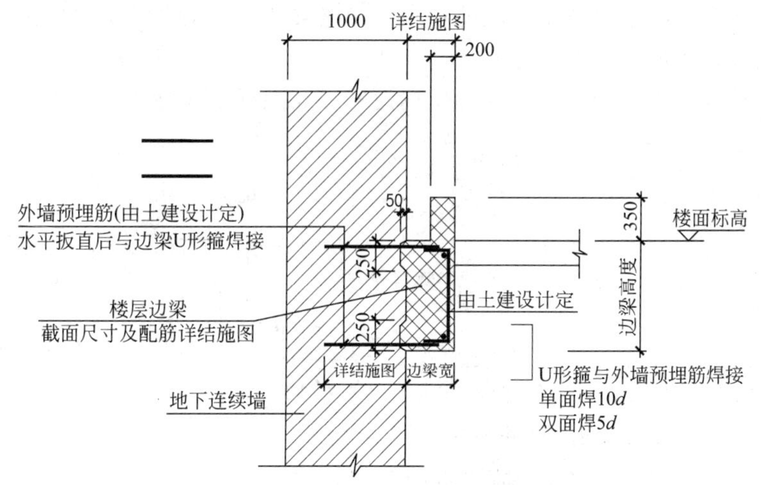

图 5.2.4 结构边梁与地连墙的连接构造

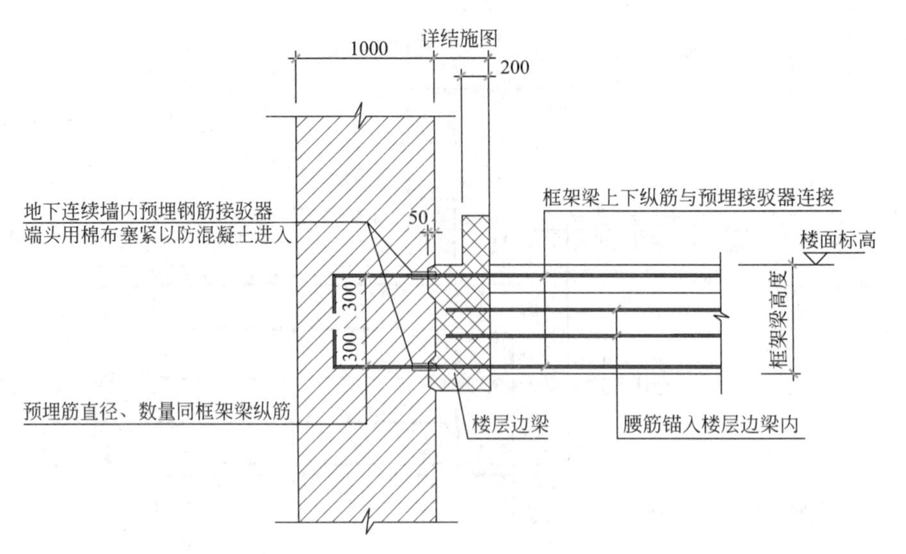

图 5.2.5　主梁与地连墙的连接构造

（6）内衬墙采用混凝土叠合墙时，叠合面应设置抗剪钢筋，确保叠合效果。抗剪钢筋宜采用 HPB300 级钢筋，事先预埋于地连墙内，水平板直后锚入内衬墙，抗剪筋直径不宜小于 12mm，间距不宜大于 600mm。内衬墙施工前，应对地下连续墙表面进行清理和凿毛，如接缝等处存在渗漏水现象，应采取注浆封堵后再浇筑内衬墙混凝土。

2. 地下连续墙二墙合一的渗漏水问题

由于地下连续墙是分幅施工的，两幅墙间的接缝位置往往成为出现渗漏水的薄弱环节。造成此种现象的主要原因有：（1）刷壁机清理不到位，使前幅地下连续墙端部的泥皮、沉渣或悬浮固化物被夹裹在新老混凝土接缝区，形成渗漏隐患；（2）各单元槽幅施工定位达不到应有精度，导致墙体接头平面错位，形成渗水通道；（3）施工或使用阶段，相邻两幅地下连续墙在水、土压力作用下产生的侧向变形不一致，导致接缝部位局部开裂渗漏。

针对上述原因，在连接构造设计方面可采取以下措施：

（1）墙段之间接头采用十字穿孔钢板接头等刚性防水接头。基坑开挖后的实践证明，此种接头形式的止水效果较好。

（2）施工阶段，通过设置抗弯刚度较大的围檩梁及压顶梁，减小相邻两幅地下连续墙在水、土压力作用下的侧向变形差异。

（3）使用阶段，在每个槽段的接缝位置设置钢筋混凝土壁柱（图 5.2.6），与各楼层的

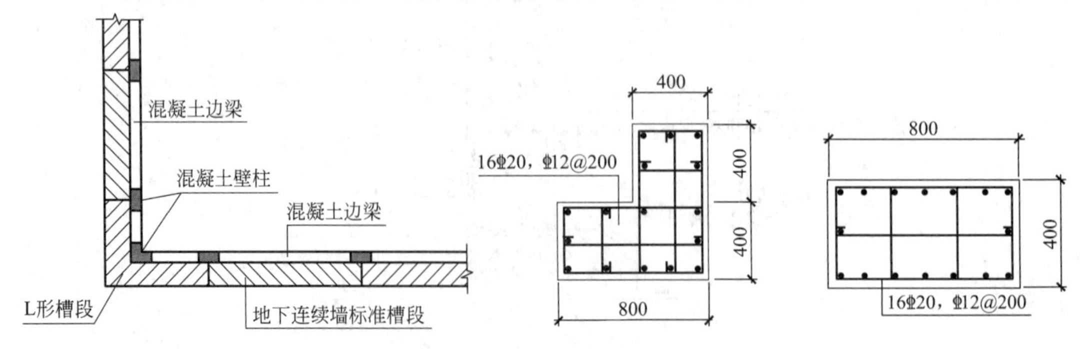

图 5.2.6　地下连续墙接缝处设置混凝土壁柱示意

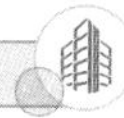

连接边梁一起构成壁式框架，延长接缝位置的渗水路径，加强地下连续墙接缝部位与主体结构的连接构造。图 5.2.7 为壁柱钢筋绑扎的照片。

图 5.2.7　地下连续墙接缝处的壁柱钢筋

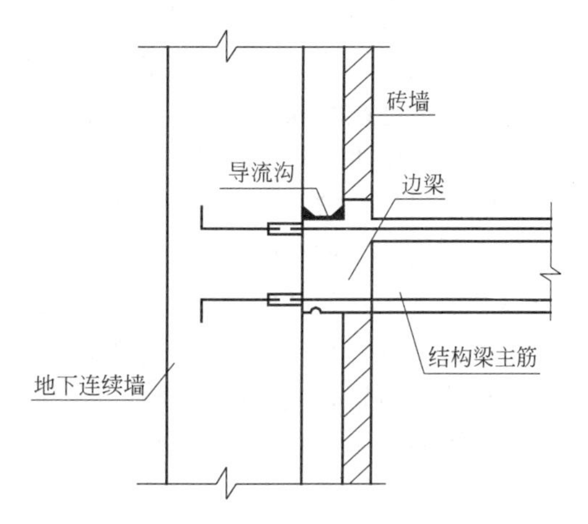

图 5.2.8　砖衬墙做法

（4）地下水位较高且地下室埋深较深时，如地下室深度超 3 层，宜采用叠合墙的结构形式，叠合的内衬墙厚度不宜小于 400mm。内衬墙施工前，应仔细检查地下连续墙质量，如存在墙面渗漏水情况，应事先进行注浆封堵，待墙面无渗水后再浇筑内衬墙混凝土。

（5）采用单一墙的结构形式时，为保证地下室的永久干燥，在离地下墙内侧 20～30cm 处砌筑一道砖衬墙，砖衬墙内壁做防潮处理（边砌边做），砖衬墙与地下墙之间在每一楼面处设置导流沟，见图 5.2.8 和图 5.2.9。各层导流沟用竖管连通，当外墙有细微渗漏水进入时，可通过导流沟和竖管引至集水坑统一排出。图 5.2.10 为地下连续墙内侧砌筑完成的砖衬墙。

图 5.2.9　地下连续墙内侧的导流沟照片

图 5.2.10　地下连续墙内侧砌筑完成的砖衬墙

（6）地下连续墙与基础底板、顶板等连接部位可根据地下结构的防水要求，采取设置刚性止水片、遇水膨胀止水条和预埋注浆管等措施，各墙幅接缝处在坑外侧可采取增设三轴水泥搅拌桩、高压旋喷桩等防渗止水措施。

5.2.4 支腿式地下连续墙

支腿式地下连续墙施工工法是在常规地下连续墙施工技术基础之上进行创新而成，通过在地下连续墙墙底处增设灌注桩，使灌注桩桩端落至特定持力层上，并使之受力，通过支腿与地下连续墙联合作用，达到满足承重、嵌岩、抗渗、截水、挡土等功能，解决地下连续墙嵌岩困难、承载力低、沉降大、入土深度不足时导致基坑挡墙抗滑移和抗倾覆稳定无法满足设计要求等技术难题，具有性价比高、环境影响小等优点。

支腿式地下连续墙在浙江等地已有较多成功应用。如杭州国大城市广场，地上 130m，下设 5 层地下室，开挖深度 28.5～32m，采用二墙合一的地下连续墙进行基坑支护，上部主楼部分结构柱直接落至地下连续墙顶，对地连墙的竖向承载力提出较高要求。由于主楼工程桩为嵌岩桩，地下连续墙入岩代价大，为此设计采用了支腿式的地下连续墙，每幅地下连续墙设 2 条支腿，采用旋挖工艺成孔，支腿嵌入稳定的中风化岩层，有效提高了地下连续墙的竖向承载能力，解决了主楼结构柱轴力作用下地连墙的沉降问题。

又如杭州黄龙饭店扩建工程，设 4 层地下室，开挖深度约 20m，部分区域坑底已接近中风化基岩，采用了支腿式的地下连续墙，成果解决了地下连续墙入岩困难，插入深度不足，作为基坑挡墙的抗滑移和抗倾覆稳定无法满足设计要求的技术难题。图 5.2.11 为支腿式地下连续墙的支腿配筋示意，图 5.2.12 为杭州黄龙饭店扩建工程支腿式地下连续墙的钢筋笼制作照片，图 5.2.13 为支腿式地下连续墙钢筋笼起吊入槽的照片。

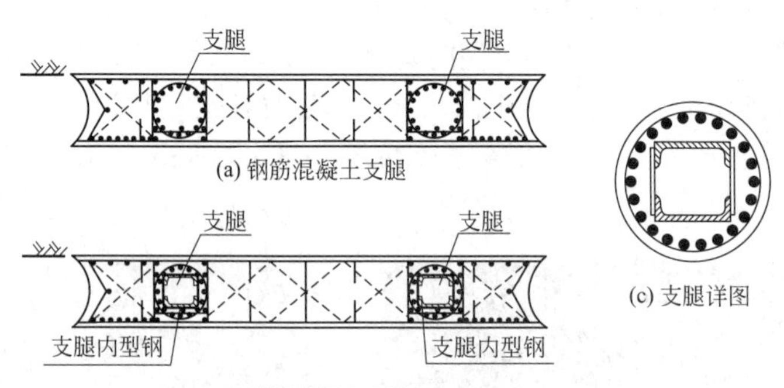

图 5.2.11 支腿式地下连续墙的支腿配筋示意

图 5.2.12 支腿式地下连续墙钢筋笼制作

图 5.2.13 支腿式地下连续墙钢筋笼起吊入槽

实际工程中，遇下列情况下可采用支腿式地下连续墙：

（1）下伏基岩埋深浅，地下连续墙墙端须进入坚硬岩层，嵌入施工难度大，挡墙插入深度无法满足基坑抗倾覆、抗滑移稳定要求；

（2）直接作用于地下连续墙顶部的主体结构竖向荷载大，地下连续墙竖向承载性能不满足要求；

（3）地下连续墙与工程桩之间差异沉降控制要求高的工程。

支腿式的地下连续墙设计应符合下列规定：

（1）每幅墙的支腿数量宜为2个；

（2）支腿位置应对应墙体的混凝土浇注孔，支腿中心距的确定应考虑混凝土灌注时的影响半径，并不宜小于3倍墙厚；

（3）当采用支腿式地下连续墙作为竖向承重结构时，支腿端部应采取后注浆措施。

支腿式地下连续墙的竖向承载力计算需综合考虑墙侧阻力、墙端阻力及支腿承载力综合发挥性能。当墙端持力层与支腿持力层承载力差异较大或墙端沉渣控制有困难时，建议墙端阻力调整系数适当降低；设计需要墙端阻力充分发挥时，应对支腿之外的墙端采取注浆措施。当支腿嵌岩时，单幅墙的竖向承载力特征值可按下式计算：

$$R_{aq}=0.5nQ_{rk}+\alpha q_{pa}l_b b+2l_a\sum q_{sia}l_i \tag{5.2.2}$$

式中，R_{aq} 为单幅墙承载力特征值（kN）；q_{sia} 为墙侧摩阻力特征值（kPa）；l_a 为单幅墙的水平长度（m）；l_b 为单幅墙扣除支腿尺寸后的水平长度（m）；l_i 为地下连续墙插入坑底以下深度范围内各土层的厚度（m）。n 为单幅墙的支腿数量；Q_{rk} 为支腿嵌岩段总极限阻力（kN），可根据现行《建筑桩基技术规范》JGJ 94的有关规定计算。

5.3 临时围护桩（墙）设计

5.3.1 临时围护桩（墙）的结构形式

逆作基坑工程，大多采用地下连续墙作为基坑支护挡墙，并兼作地下室的结构外墙或外墙的一部分，即“二墙合一”。如杭州西湖凯悦大酒店、杭州中国丝绸城、杭州国际金融会展中心、萧山国际机场三期交通中心、杭州武林广场地下商城、解百新世纪商城、富力杭州未来中心等工程，均采用地下连续墙“二墙合一”的支护方案。

采用临时围护桩（墙）作为基坑支护挡墙的工程较少，但也有少数工程采用。如浙江慈溪财富中心工程，地下3层，基坑挖深约13m（最深处16.67m），地下结构采用逆作施工，基坑周边支护挡墙采用钻孔灌注桩排桩墙，为临时支护结构。杭州临安滨湖新城城中街地下车库工程，市政道路横穿项目地块中央，采用先施工道路范围的地下室结构顶板，快速形成道路路面并通车，一年后再开挖道路下方土体，与道路两侧形成整体地下室，道路范围地下室结构局部采用逆作，道路两侧的基坑支护挡墙采用了钻孔灌注桩排桩墙（图1.3.15～图1.3.18）。杭州甘水巷3号组团既有建筑地下逆作开挖增层工程，基坑采用了高压旋喷桩内插毛竹构成的重力式挡墙进行临时支护。

实际上，基坑工程的四大支护结构形式都可用于逆作工程：（1）围护桩（墙）＋内支撑体系；（2）围护墙＋锚杆（索）体系；（3）悬臂式围护墙体系（单排桩、双排桩）；

(4) 自立式挡土体系（土钉墙、复合土钉墙、重力式挡墙等）。上述4种支护结构体系中，第（2）～（4）类支护结构体系的周边挡墙与逆作结构之间不产生传力关系，各自相对比较独立；第（1）种支护结构体系，一般是利用地下水平结构兼作基坑的内支撑结构，地下水平结构逆作施工时，应同步施工地下水平结构与围护桩（墙）之间的换撑板带等水平传力构件，使作用在临时围护桩（墙）上的水土压力，通过换撑板带等水平传力构件传递给地下结构。

临时围护桩（墙）一般采用混凝土灌注桩排桩，如钻孔灌注桩、旋挖成孔灌注桩、人工挖孔桩、咬合式灌注桩等，或采用型钢水泥土连续墙，如三轴搅拌型钢水泥土墙、TRD型钢水泥土连续墙、双轮铣削等厚度型钢水泥土连续墙等。当然，也可采用地下连续墙作为临时围护挡墙。临时支护的地连墙一般采用现浇地连墙，也可采用预制-现浇咬合地连墙或预制地连墙。由于临时挡墙仅需满足施工阶段的挡土和隔水功能，当采用全现浇地连墙时，可考虑采用构造相对简单的锁口管柔性接头。

5.3.2 临时围护桩（墙）的计算

1. 内力和变形计算

临时围护桩（墙）只需要进行施工阶段的计算，作用在围护桩（墙）的荷载主要是土压力和水压力。围护桩（墙）的内力和变形计算目前应用最多的是平面弹性地基梁法，该方法计算简便，可适用于绝大部分常规工程；而对于具有明显空间效应的深基坑工程，宜采用临时围护桩（墙）-水平支撑结构整体分析法进行计算；对于复杂的基坑工程需采用连续介质有限元法进行计算。

临时围护桩（墙）的计算模型，应能反映土方分层开挖、水平支撑结构分层设置、分层换撑和拆撑的实际工况流程，考虑水平结构“跳层”逆作、周边预留土坡和设置斜抛撑等因素的影响，每一步开挖工况的计算深度应考虑水平结构施工短排架支模引起的超挖高度。当采用平面弹性地基梁法时，应考虑水平支撑结构和地下连续墙之间的变形协调问题，采用根据水平支撑结构单位荷载作用下计算位移反算得到的刚度，作为水平支撑的弹簧刚度，当周边水平线荷载不平衡时（如坑内挖土面有高差的情况），应考虑刚体位移对支撑刚度计算的影响。有关临时围护桩（墙）的计算，详见本书第2章阐述。

型钢水泥土连续墙的内力及变形分析，宜仅考虑型钢的作用，不考虑水泥土的有利作用。对于重复利用的型钢，应根据其使用状况确定其有效截面尺寸。工程实践表明，由于水泥土的约束作用，型钢水泥土连续墙中型钢刚度的发挥高于预期，不考虑水泥土作用，计算结果偏于安全。在进行基坑抗隆起、抗倾覆、整体稳定性等各项指标验算时，围护结构的嵌固深度应取型钢的插入深度。

当逆作基坑采用桩-锚式支护体系、悬臂桩（墙）式支护体系、自立式支护体系时，支护体系与逆作结构之间不产生传力关系，各自相对独立，此时支护结构体系应按照现行行业标准《建筑基坑支护技术规程》JGJ 120和各地地方标准的相关规定进行计算分析。

2. 截面承载力计算

临时围护桩（墙）应进行正截面受弯承载力和斜截面受剪承载力的计算，一般可不进行截面抗裂验算。临时围护桩（墙）通常按受弯构件考虑，即主要承受水平力，而忽略轴

向力的作用，但对同时承受竖向荷载的特殊挡墙，如设置竖向斜撑、大角度锚杆或顶部承受较大竖向荷载的围护墙，必要时应进一步按偏心受压或偏心受拉构件考虑。对于圆筒形地下连续墙，除需进行正截面受弯、斜截面受剪和竖向受压承载力验算外，尚需进行环向受压承载力验算。

临时围护桩（墙）截面承载力计算时，应采用施工阶段各工况下的计算内力包络值，作为内力设计值。临时围护桩（墙）的正截面受弯、受压、斜截面受剪承载力及配筋设计计算应符合现行国家标准《混凝土结构设计规范》GB 50010 的相关规定。排桩的正截面和斜截面承载力应按行业标准《建筑基坑支护技术规程》JGJ 120 的相关规定进行计算。其纵向受力钢筋可根据计算内力包络图沿深度分段配筋，钢筋连接应符合现行国家标准《混凝土结构设计规范》GB 50010 的相关规定。

型钢水泥土连续墙的正截面受弯和斜截面受剪承载力计算，不考虑水泥土的有利作用，仅考虑型钢作用，对于重复利用的型钢应根据其使用状况确定其实际强度和尺寸。

型钢水泥土连续墙弯矩全部由型钢承担，其正截面受弯承载力按下式计算：

$$\frac{\gamma_0\gamma_F M_{0k}}{W}\leqslant f \tag{5.3.1}$$

式中，γ_0 为支护结构重要性系数；γ_F 为临时支护构件基本组合的综合分项系数，取 1.25；M_{0k} 为作用于型钢水泥土连续墙的弯矩标准值（N·mm）；W 为型钢沿弯矩作用方向的截面模量（mm^3）；f 为型钢的抗弯、抗拉强度设计值（N/mm^2），对重复使用的型钢，应根据实际情况考虑相应折减。

作用于型钢水泥土连续墙的剪力应全部由型钢承担，其斜截面受剪承载力按下式计算：

$$\frac{\gamma_0\gamma_F V_{0k} S}{I t_s}\leqslant f_v \tag{5.3.2}$$

式中，V_{0k} 为作用于型钢水泥土连续墙的剪力标准值（N）；S 为型钢计算剪应力处以上截面对中和轴的面积矩（mm^3）；I 为型钢沿弯矩作用方向的毛截面惯性矩（mm^4）；t_s 为型钢腹板厚度（mm）；f_v 为型钢的抗剪强度设计值（N/mm^2），对重复使用的型钢，应根据实际情况考虑相应折减。

另外，型钢之间的水泥土如产生破坏，围护墙的截水性能丧失，基坑将产生渗漏、管涌现象，因此，水泥土强度应满足承载力要求。在满足规定的型钢间距条件下，水泥土的抗弯、抗压性能一般能满足要求，但应对型钢之间的水泥土进行抗剪验算。

对于等厚度的渠式切割型钢水泥土连续墙和双轮铣削等厚度型钢水泥土连续墙，型钢之间的水泥土局部受剪承载力可按下列公式进行验算[9]（图 5.3.1）：

$$\tau_1\leqslant\tau \tag{5.3.3}$$

$$\tau_1=\frac{\gamma_0\gamma_F V_{1k}}{d_{e1}} \tag{5.3.4}$$

$$V_{1k}=\frac{q_k L_1}{2} \tag{5.3.5}$$

$$\tau=\frac{\tau_{ck}}{1.6} \tag{5.3.6}$$

式中，τ_1 为作用于型钢与水泥土之间的错动剪应力设计值（N/mm²）；V_{1k} 为作用于型钢与水泥土之间单位深度范围内的错动剪力标准值（N/mm）；q_k 为作用于型钢水泥土连续墙计算截面处的侧压力强度标准值（N/mm²）；L_1 为相邻型钢翼缘之间的净距（mm）；d_{e1} 为型钢翼缘处水泥土墙体的有效厚度（mm）；τ 为水泥土抗剪强度设计值（N/mm²）；τ_{ck} 为水泥土抗剪强度标准值（N/mm²），可取水泥土 28d 龄期无侧限抗压强度标准值的 1/3。

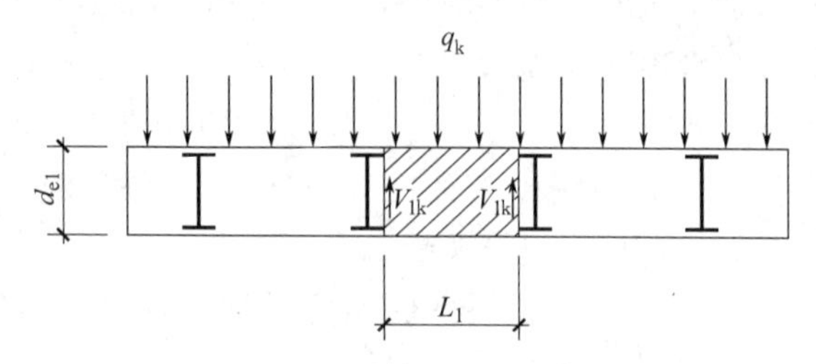

图 5.3.1　连续墙局部抗剪计算示意图

三轴搅拌型钢水泥土墙中水泥土局部受剪承载力包括型钢与水泥土之间的错动受剪承载力和水泥土最薄弱截面处的局部受剪承载力（图 5.3.2），可按以下规定进行验算[8]：

（1）型钢与水泥土之间的错动受剪承载力可按下式验算：

$$\tau_1 \leqslant \tau \tag{5.3.7}$$

$$\tau_1 = \frac{\gamma_0 \gamma_F V_{1k}}{d_{e1}} \tag{5.3.8}$$

$$V_{1k} = \frac{q_k L_1}{2} \tag{5.3.9}$$

$$\tau = \frac{\tau_{ck}}{1.6} \tag{5.3.10}$$

式中，τ_1 为作用于型钢与水泥土之间的错动剪应力设计值（N/mm²）；V_{1k} 为作用于型钢与水泥土之间单位深度范围内的错动剪力标准值（N/mm）；q_k 为作用于型钢水泥土搅拌墙计算截面处的侧压力标准值（N/mm²）；L_1 为相邻型钢翼缘之间的净距（mm）；d_{e1} 为型钢翼缘处水泥土墙体的有效厚度（mm）；τ 为水泥土抗剪强度设计值（N/mm²）；τ_{ck} 为水泥土抗剪强度标准值（N/mm²），可取水泥土 28d 龄期无侧限抗压强度标准值的 1/3。

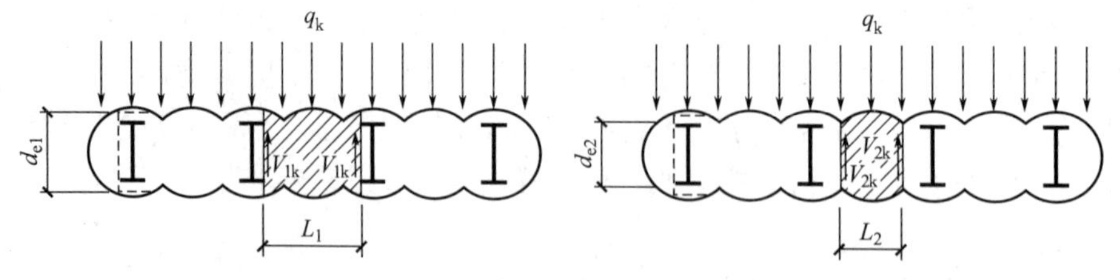

图 5.3.2　搅拌桩局部抗剪计算示意图

（2）在型钢间隔设置时，可按下式进行水泥土搅拌桩最薄弱断面的局部受剪承载力验算：

$$\tau_2 \leqslant \tau \tag{5.3.11}$$

$$\tau_2 = \frac{\gamma_0 \gamma_F V_{2k}}{d_{e2}} \tag{5.3.12}$$

$$V_{2k} = \frac{q_k L_2}{2} \tag{5.3.13}$$

式中，τ_2 为作用于水泥土最薄弱截面处的局部剪应力设计值（N/mm^2）；V_{2k} 为作用于水泥土最薄弱截面处单位深度范围内的剪力标准值（N/mm）；L_2 为水泥土相邻最薄弱截面的净距（mm）；d_{e2} 为水泥土最薄弱截面处墙体的有效厚度（mm）。

5.3.3　临时围护桩（墙）与水平结构的连接构造

逆作法施工基坑若采用临时围护结构，则围护墙和结构外墙分开，结构外墙顺作施工。考虑到结构受力、防水等构造要求，结构外墙与相邻结构梁板必须整体连接，因此要求逆作施工地下各层结构的边跨时，应内退一定距离；待逆作施工结束后，结构外墙和相邻梁板一次性浇筑。

慈溪财富中心采用逆作法施工，围护结构选用钻孔灌注桩。逆作施工阶段在地下室外墙相应位置设置框架边梁；为传递水平力，在边梁和钻孔灌注桩之间设置临时板带，如图 5.3.3（a）所示。逆作施工结束后浇筑地下室外墙，同时延伸结构梁板，形成使用阶段地下室结构，如图 5.3.3（b）所示。逆作施工阶段桩和边梁之间的临时板带做法如图 4.3.6（a）和图 8.5.18 所示，为了减少从临时钢立柱外挑悬臂梁的内力和变形，可增设吊筋，吊筋与围护桩主筋焊接连接，如图 8.5.18 所示。

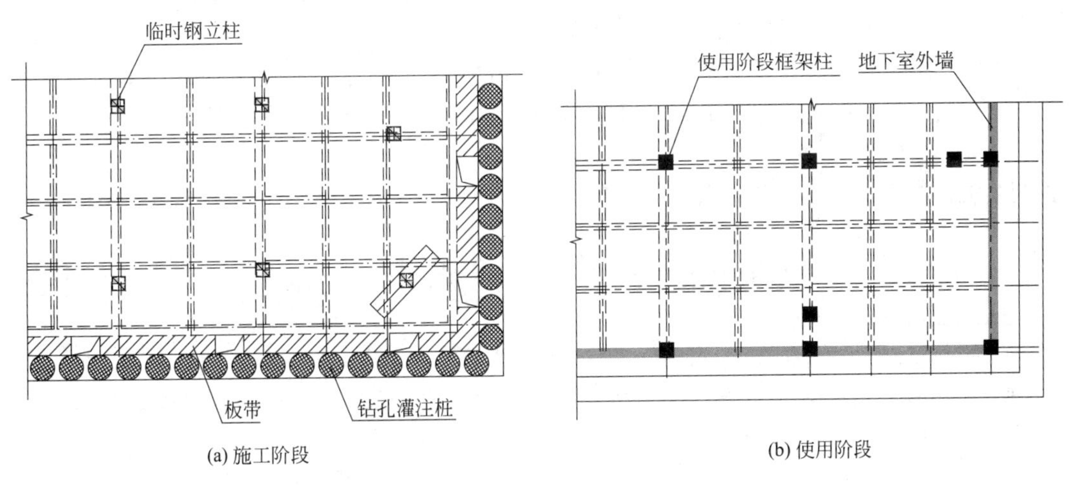

(a) 施工阶段　　(b) 使用阶段

图 5.3.3　逆作法施工采用临时围护结构时的平面布置

5.4　“桩墙合一”构造设计

当基坑挡墙采用排桩墙或型钢水泥土墙时，大多作为基坑支护的临时挡墙，兼作结构外墙的“桩墙合一”设计案例并不多见。如需采用“桩墙合一”设计时，排桩挡墙作为主体地下结构外墙的一部分时，一般需应符合下列规定：

（1）围护墙内侧表面应设置喷射混凝土或现浇细石混凝土面层，面层厚度不宜小于100mm，混凝土强度等级不宜低于C30，面层内应设置钢筋网或钢丝网；当桩间土有流失现象时，应在面层施工阶段填实桩间空隙；

（2）围护墙内侧应设置现浇混凝土外墙，厚度不应小于300mm，混凝土强度等级不宜低于C30；外墙可紧贴灌注桩面层，也可在混凝土外墙与灌注桩面层之间设置保温、防水等衬垫层；

（3）永久使用阶段的墙体内力宜按后施工混凝土外墙与排桩的刚度比例进行分配；

（4）围护墙与主体结构之间应有可靠连接，当承受竖向荷载较大时，对灌注桩和咬合桩应采取桩端后注浆措施；

（5）应满足主体结构耐久性要求。

当灌注桩排桩作为主体地下结构外墙的一部分时，应符合下列构造要求：

（1）排桩之间的净距不宜超过300mm；

（2）主筋保护层厚度不应小于50mm；

（3）排桩的垂直度偏差不应超过1/200；

（4）混凝土强度等级不应低于C30；

（5）排桩外侧应设置截水帷幕。

咬合桩作为主体地下结构外墙的一部分时，相邻桩宜采用硬法咬合工艺施工，桩身混凝土强度等级不应低于C30。桩墙合一的咬合式排桩承受竖向荷载时，咬合式排桩宜进行桩端后注浆。

型钢水泥土搅拌墙作为主体地下结构外墙的一部分时，应符合下列要求：

（1）H型钢不应回收，表面不应涂刷减摩剂；

（2）围护墙受弯、受剪计算时，仅考虑型钢的作用，不宜计入水泥土的作用；

（3）型钢设计时应根据建筑使用年限预留腐蚀厚度，预留腐蚀厚度不应小于2mm。

参考文献

[1] 王卫东，王建华．深基坑支护结构与主体结构相结合的设计、分析与实例［M］．北京：中国建筑工业出版社，2007.

[2] 浙江省住房和城乡建设厅．基坑工程地下连续墙技术规程：DB33/T 1233-2021［S］．杭州，2021.

[3] 浙江省建筑设计研究院，浙江大学，同济大学，等．软土地层逆作基坑施工变形控制关键技术及应用［R］．2021.

[4] 浙江省产品与工程标准化协会．渠式切割装配式地下连续墙技术规程：T/ZS 0029-2019［S］．北京：中国建筑工业出版社，2019.

[5] 王卫东，邸国恩，黄绍铭．预制地下连续墙技术的研究与应用［J］．地下空间与工程学报，2005，1（4）：569-573.

[6] 许亮，王卫东，林斌．上海地下空间开发利用中若干基础工程问题及其对策的探讨［C］//海峡两岸岩土工程和地工技术交流研讨会论文集．上海，2002：35-43.

[7] 韩银华，罗叠峰．新型预制地下连续墙设计与施工技术［J］．施工技术，2018，47（7）：71-75.

[8] 中华人民共和国住房和城乡建设部．型钢水泥土搅拌墙技术规程：JGJ/T 199-2010［S］．北京：中国建筑工业出版社，2010.

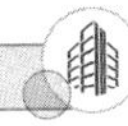

[9] 中华人民共和国住房和城乡建设部．渠式切割水泥土连续墙技术规程：JGJ/T 303-2013［S］. 北京：中国建筑工业出版社，2014.
[10] 浙江省住房和城乡建设厅．建筑基坑工程逆作法技术规程：DB33/T 1112-2015［S］. 北京：中国计划出版社，2015.
[11] 中华人民共和国住房和城乡建设部．建筑基坑支护技术规程：JGJ 120-2012［S］. 北京：中国建筑工业出版社，2012.
[12] 李桂花，周生华，周纪煌，等．地下连续墙垂直承载力试验研究［J］. 同济大学学报，1993，21（4）：575-580.
[13] 杨学林，益德清．地下连续墙“二墙合一”技术在粉砂土地基中的应用研究［J］. 岩土工程学报，2006，28（S）：1724-1729.

第 6 章　逆作施工

基坑工程逆作法技术本质上是一种地下结构的施工工法，因而需要设计与施工的密切配合；逆作技术利用主体结构构件兼作基坑支护结构，大量地下主体结构的构件截面设计是由施工阶段工况控制的。施工是决定逆作基坑能否顺利实施的关键因素之一，施工关键点包括竖向支承结构的施工、水平支撑结构的施工、取土口设置和土方开挖、运土路线和施工栈桥设计、周边挡墙施工及与逆作水平结构之间的衔接、地下作业环境控制等。

6.1　竖向支承结构施工

基坑逆作施工期间，地下结构和地上计划施工楼层的结构自重及施工荷载，均由竖向支承结构承担，因此竖向支承结构施工是逆作基坑施工的重要内容。竖向支承结构一般由竖向立柱和立柱桩组成，立柱和立柱桩的垂直度控制是逆作施工的核心环节。竖向立柱插入立柱桩的方式可采用先插法或后插法，当立柱桩采用人工挖孔桩干作业成孔时，也可采用在立柱桩的顶部预埋定位基座后再安装立柱的方法。立柱的垂直度偏差应满足主体结构柱的要求，且不应大于 1/300。

6.1.1　竖向立柱先插法施工工法

先插法施工工法，是指竖向支承结构施工过程中，先安放竖向立柱和立柱桩的钢筋笼，再整体浇筑立柱桩混凝土的竖向支承结构施工方式。竖向立柱采用先插法施工时，应符合下列规定：

（1）竖向立柱安插到位，调垂至设计垂直度控制要求后，应在孔口固定牢靠。

（2）用于固定导管的混凝土浇筑架宜与调垂架分开，导管应居中放置，并应控制混凝土的浇筑速度，确保混凝土均匀上升。

（3）钢管内混凝土的强度等级不低于 C50 时，宜采用高流态、无收缩、自密实混凝土。

（4）钢管混凝土竖向立柱内的混凝土应与立柱桩的混凝土连续浇筑完成；竖向立柱外部混凝土的上升高度应符合立柱桩混凝土超灌高度要求。

（5）浇筑钢管内混凝土过程中，应人工对钢管柱外侧均匀回填碎石和砂，分次回填至自然地面；然后利用预先埋设的注浆管分批次对已回填的立柱桩桩孔进行填充注浆，水泥浆注入量不应小于回填体积的 20%。

当竖向立柱内充填混凝土与立柱桩混凝土强度等级不同时，不同强度等级混凝土的施工交界面宜设置在竖向立柱底部之下 2～3m 位置处，并采取措施阻止和控制竖向立柱外部混凝土的上升高度，可采用砂石对钢管柱外侧进行回填。竖向立柱可以采取包裹土工布或塑料布等措施，以减少开挖后凿除外包混凝土砂石的工作量。参考作业程序如下：

(1) 当立柱桩低强度等级混凝土液面上升至设计桩顶标高以下3.5m时停止浇筑，开始浇筑钢管内高强度等级混凝土。高强度等级混凝土浇筑至钢管柱底端口上下各1m时放慢浇筑速度，泵车开启最低档或间断浇筑，尽可能减小对钢管柱产生扰动。

(2) 高强度等级混凝土停止浇筑后，拆除两节导管，使导管底口位于钢管柱底口以上3m，开始回填碎石到1/3的高度。

(3) 高强度等级混凝土停止浇筑静置约1.5h后继续浇筑高强度等级混凝土，同时测绳从四周量测回填碎石面的上升情况，若碎石上升，则停止浇筑混凝土继续回填石子，直至钢管柱外混凝土面稳定且碎石面不再上升，再继续浇筑，及时根据两侧的钢管柱内混凝土面标高拆拔导管，埋深始终保持在6～10m。

(4) 待钢管柱内残存的低强度等级混凝土全部从钢管柱顶部的溢浆口溢出见到高强度等级混凝土石子后方可停止浇筑，此时钢管柱内低强度等级混凝土全部被高强度等级混凝土置换完毕，高强度等级混凝土停止浇筑时混凝土面应高出设计柱顶标高20～30cm。

(5) 混凝土浇筑完后，继续对钢管柱外侧回填碎石砂，回填至自然地面。回填时，需人工沿孔周边对称、均匀回填。同时，分批次对已回填的桩孔利用预先埋设的注浆管进行填充注浆，采用42.5级普通硅酸盐水泥按水灰比0.55拌制，水泥浆注入量为回填体积的20%。

6.1.2 竖向立柱后插法施工工法

后插法施工工法，是指竖向支承结构施工中，先浇筑竖向立柱桩混凝土，在混凝土初凝前，采用专用设备插入竖向立柱的竖向支承结构施工方式。

后插法是近年来开始应用的一种逆作法竖向立柱施工工法。相对于桩柱一体化施工的先插法，后插法中竖向立柱是在立柱桩混凝土浇筑完毕及初凝之前采用专用设备进行插入，该施工方法具有施工精度更高、竖向立柱内充填混凝土质量更能保证等显著优势。

后插法施工流程为：通过地面上后插法装置及孔内的导向纠偏装置，将钢立柱垂直向下插到立柱桩中，边插边利用安装在钢立柱上的测斜仪随时监测钢立柱的垂直度，全程实行动态监控适时调整，在立柱桩混凝土初凝前将永久钢立柱垂直插入到设计标高。竖向立柱采用后插法施工时，应符合下列规定：

(1) 立柱桩混凝土宜采用缓凝混凝土，并具有良好的流动性，缓凝时间应根据施工操作流程综合确定，且初凝时间不宜小于36h，粗骨料宜采用5～25mm连续级配的碎石。

(2) 钢管柱底部宜加工成锥台形，锥形中心应与钢管柱中心对应；应控制竖向立柱起吊时的变形和挠曲。

(3) 应根据钢立柱长度、重量和尺寸，选择合适的定位调垂架。立柱插放过程中，应及时进行调垂，并复核桩位中心与钢管柱中心的定位偏差，符合设计垂直度要求后，固定牢固。

(4) 钢管内混凝土强度等级不低于C50时，宜采用高流态、无收缩、自密实混凝土。

(5) 钢管内混凝土浇筑完成后，应人工对钢管柱外侧均匀回填碎石和砂至自然地面；同时利用预先埋设的注浆管对已回填的立柱桩桩孔进行填充注浆，水泥浆注入量不应小于回填体积的20%。

6.1.3 竖向立柱调垂定位技术

竖向立柱是逆作法施工中重要的竖向支承构件，其定位和垂直度必须严格满足要求，否则影响结构柱位置的正确性，在承重时会增加附加弯矩并在外包混凝土时发生困难。立柱的平面定位中心偏差不应大于5mm，垂直度偏差不应大于1/300。立柱桩的平面定位中心偏差不应大于5mm，垂直度偏差不应大于1/200。

钢立柱须采用专门设备进行定位和调垂。钢立柱的调垂方法主要有气囊法、地面校正架调垂法、导向套筒法、底部定位器调垂法、HPE或HDC高精度液压插管调垂工法等[1-5]。

1. 气囊法

气囊法调垂是在立柱上端X向和Y向分别安装一个传感器，并在下端四边外侧各安放一个气囊，气囊随立柱一起下放到钻孔中，并固定于受力较好的土层中。每个气囊通过进气管与电脑控制室相连，传感器的终端同样与电脑相连，形成监测和调垂全过程智能化施工的监控体系。系统运行时，首先由垂直传感器将立柱的偏斜信息传输到电脑，由电脑程序自动进行分析，然后打开倾斜方向的气囊进行充气，从而推动立柱下部纠偏，当立柱达到规定的垂直度范围内，即刻关闭气阀停止充气，停止推动立柱。立柱两个方向的垂直度调整可同时进行控制。待混凝土灌注至离气囊下方1m左右时，可拆除气囊，并继续灌注混凝土至设计标高[4]。

气囊法适用于各种类型立柱（宽翼缘H型钢柱、钢管柱、格构柱等）的调垂，且调垂效果好，有利于控制立柱的垂直度。但气囊有一定的行程，若立柱与孔壁间距过大，立柱就无法调垂至设计要求。

2. 地面校正架调垂法

地面校正架调垂法的原理是两点一线定位原理（图6.1.1）。地面校正架法调垂系统主要由传感器、校正架、调节螺栓等组成。在立柱上端X和Y方向上分别安装传感器，立柱固定在校正架上，立柱上设置2组调节螺栓，每组共4个，两两对称，两组调节螺栓有一定的高差，以便形成扭矩。测斜传感器和上下调节螺栓在东西、南北各设置一组。若立柱下端向X正方向偏移，X方向的两个上调节螺栓一松一紧，使立柱绕下调节螺栓旋转，当立柱进入规定的垂直度范围后，即停止调节螺栓；同理Y方向通过Y向的调节螺栓进行调垂。

校正架法费用较低，但只能用于刚度较大立柱（如钢管立柱等）的调垂。对刚度较小的立柱，在上部施加扭矩时立柱弯曲变形过大，不利于立柱的调垂。

3. 导向套筒法和底部定位器调垂法

导向套筒法[1]是把校正立柱转化为校正导向套筒。导向套筒的调垂可采用气囊法和校正架法。待导向套筒调垂结束并固定后，从导向套筒中间插入立柱，导向套筒内设置滑轮以利于立柱的插入，然后浇筑立柱桩混凝土，直至混凝土能固定立柱后拔出导向套筒。由于套筒比立柱短故调垂较易，效果较好，但由于导向套筒在立柱外，势必使孔径变大。导向套筒法适用于各种立柱（宽翼缘H型钢、钢管、格构柱等）的调垂。

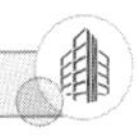

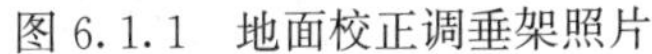
图 6.1.1 地面校正调垂架照片

图 6.1.2 下孔定位器照片

底部定位器调垂法的原理也是两点一线定位原理，是待下部混凝土灌注桩（立柱桩）施工完毕后，先安放通长的钢管护筒至立柱桩的桩顶标高，抽干护筒内的泥浆，工人下孔至立柱桩桩顶处，安装钢立柱底端的定位器（图 6.1.2），固定在立柱桩桩顶，然后吊装钢管立柱下方孔内，钢管立柱下端插入定位器进行固定，同时通过调节钢管立柱上端与钢护筒之间的花篮螺栓，对钢管立柱垂直度进行调节。该法具有费用低廉、垂直度控制效果好的优点，但存在高地下水位地区操作难度大、人工下孔作业危险性高的问题。

4. HPE、HDC 高精度液压插管调垂机

HPE、HDC 高精度液压垂直插入工法，也是根据二点一线定位原理，通过液压垂直插入机机身上的两个液压垂直插入装置，在立柱桩混凝土浇筑后、混凝土初凝前将底端封闭的永久性钢管柱垂直插入立柱桩混凝土中，直到插入至设计标高。垂直度控制的实施监控及钢管柱状态的实时调整系统是整个 HPE 液压下插钢管柱工序的核心，垂直度控制基本原理就是利用高精度倾角传感器安装在钢管柱上的法兰盘上，倾角传感器用来测量法兰盘水平面的倾角变化量，并通过控制水平面的倾角变化量达到控制钢管柱垂直度的目的。

HPE、HDC 高精度液压垂直插入调垂技术是数字传感技术与逆作调垂工艺的有机结合，代表着当今世界最先进的新一代竖向支承桩柱调垂技术，具有可靠度高、自动化程度高、调垂精度高等特点，其调垂精度可以达到 1/500～1/2000，但其调垂成本高昂。另外，它属于后插法的范畴，可以实现竖向钢立柱内混凝土干作业，质量更可靠。在杭州 1 号线地铁武林广场站项目中，挖深 28m，钢管柱直径 ϕ900mm，钢管柱长度 25.85～28.5m，设计要求垂直度偏差不超过 $L/500$，且不大于 25mm。施工后对部分钢管柱开挖检测，结果显示钢管立柱垂直度偏差都控制在 1/500 以内，部分钢管立柱垂直度偏差不超过 1/1200。图 6.1.3 为 HPE 液压垂直插入工法示意，图 6.1.4 为 HPE 液压调垂插入机施工照片。

图 6.1.3 HPE 液压垂直插入工法示意

图 6.1.4 HPE 液压调垂插入机施工

6.1.4 立柱桩施工

对于逆作基坑工程，在基础承台和底板形成之前，对立柱桩的承载力和沉降控制要求非常高，因而须严格控制立柱桩的沉渣厚度。当立柱桩的桩端位于砂土、碎石、圆砾等土层时，二次清孔宜采用气举反循环工艺。如桩身范围内存在深厚的粉砂土层时，成孔过程中宜采用膨润土泥浆护壁，可选用优质钠基膨润土人工造浆，新造泥浆需静置膨胀 24h 以上方可使用，施工过程中需根据实测泥浆指标及时抽除废浆，补充新浆。在砂性土中，泥浆中含砂率相对较高，导致泥浆相对密度偏高，必要时宜采用除砂器除砂，清孔时应同时检测泥浆相对密度、黏度、含砂率等泥浆指标。

为提高立柱桩承载力，减小沉降，宜进行桩端后注浆，注浆管根数不少于 2 根，注浆管应采用钢管，壁厚不小于 3mm，接头处采用丝扣套筒连接，注浆器应采用单向阀，以防止泥浆及混凝土浆液的涌入，注浆管下端应伸至桩底以下 200～500mm。注浆应分次进行，并采用注浆压力和注浆量双控原则，注浆量和注浆压力应满足设计要求。

应采取措施控制立柱桩的垂直度偏差，保证垂直度偏差不大于 1/200，平面定位中心偏差不应大于 5mm。

立柱桩钢筋笼内径应大于钢立柱的外径或对角线长度。立柱插入立柱桩的部分一般设置抗剪栓钉，立柱调垂需要一定的空间，当立柱采用后插法施工时，立柱与立柱桩钢筋笼之间的水平净距应根据立柱和立柱桩的垂直度偏差控制要求以及相关构造要求综合确定，且不应小于 150mm。当竖向立柱与立柱桩钢筋笼主筋之间的净间距不满足 150mm 时，可对立柱插入深度范围内的桩段进行扩径处理，扩径部位以下应设过渡段，斜率不应超过 1∶6，过渡段及上下各 1.5m 范围内的箍筋应加密，箍筋直径不应小于 10mm，间距不应大于 100mm。

竖向立柱在下部立柱桩混凝土超灌高度以上的桩孔空隙内，应采用碎石回填密实，并宜留设注浆管进行注浆填充。

单桩竖向承载力静载荷试验一般在基坑开挖前进行，为此需将试验桩的桩顶标高延伸至自然地坪，承载力试验结果应扣除基坑开挖段的土体侧摩阻力。考虑到立柱桩的上部为钢立柱，在地面进行静载荷试验有困难，为此可利用相邻的工程桩（非立柱桩）的试桩结果作为立柱桩单桩承载力的取值依据。

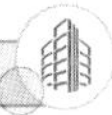

6.2 水平支撑结构施工

逆作基坑工程需要利用地下水平结构兼作基坑支护结构的水平内支撑体系，因此地下结构中先施工的主要为水平结构，但柱、墙以及墙、梁等节点部位的施工，一般也与水平结构施工同步完成。水平结构施工前应事先考虑好后期回筑结构构件的施工方法，针对回筑构件施工可在水平结构上设置浇捣孔，浇捣孔可采用预埋 PVC 管，首层结构楼板等有防水要求的结构需采用止水钢板等措施。

逆作地下结构的钢筋混凝土楼盖作为永久结构，同上部结构一样要求，施工中具有良好的模板体系。由于逆作暗挖条件的限制，往往使其支承模板难以达到较高要求。实际逆作工程中，通常采取土胎模（地面直接施工）、短钢管排架模板、无排吊模三种形式。模板工程设计应考虑尽量减少临时排架的材料使用量，以及模板系统拆除时的作业要求，支架及支架底部的地基应具有足够的承载力和刚度。

6.2.1 短排架模板施工

采用钢管短排架支撑模板施工时，排架支撑模板的排架高度宜为 1.2～1.8m。考虑排架高度，土方开挖须超挖相应的高度，在支护挡墙受力计算时必须考虑这一超挖高度。采用盆式开挖时周边留坡坡体斜面应修筑成台阶状，且台阶边缘与支承柱间距不宜小于 500mm。浇筑梁板结构混凝土时，竖向构件（柱或墙）需同时向下延伸一定高度，一般可延伸 500mm，并预留出水平施工缝处柱纵筋的连接插筋。

排架搭设前，应事先在开挖面设置垫层。垫层一般采用素混凝土，垫层厚度不宜小于 100mm，混凝土强度宜采用 C20，待梁板浇筑完毕，开挖下层土时垫层随土一同挖去。另外一种加固方法则是铺设砂垫层，上铺枕木以扩大支承面积，这样上层墙柱钢筋可插入砂垫层，以便与下层后浇筑结构的钢筋连接。

对淤泥、淤泥质土等软弱土层，当垫层下地基承载力和变形不满足支模要求时，应预先对地基进行加固处理，避免水平结构施工时产生过大沉降，而造成结构变形。地基加固可采用土体注浆、高压旋喷桩或搅拌桩等方式。

图 6.2.1 和图 6.2.2 为短排架模板示意图和 BIM 模型图。当水平结构中个别梁高度大，局部梁底净高较小而无法搭设钢管支架时，可采用砖砌墩台支承，如图 6.2.3 所示。图 6.2.4 和图 6.2.5 为实际工程的短排架模板施工照片，图 6.2.6 为杭州国际金融会展中心逆作界面层（B0 板）短排架模板拆除后的照片。

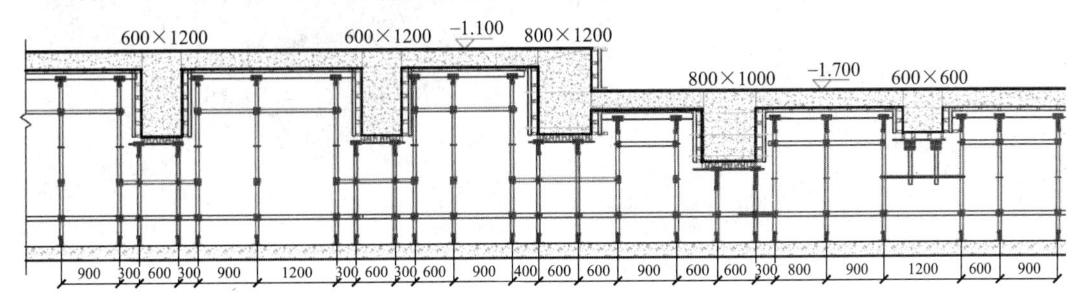

图 6.2.1 短排架模板示意图

图 6.2.2　短排架模板 BIM 模型图

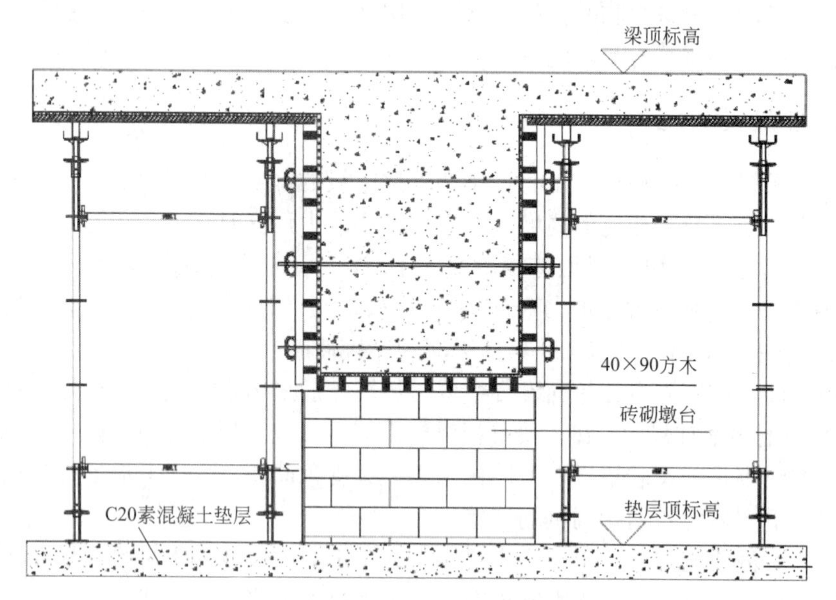

图 6.2.3　梁底砖砌墩台示意图

图 6.2.4　萧山机场三期交通中心短排架模板照片

图 6.2.5　杭州中国丝绸城短排架模板照片

图 6.2.6 杭州国际金融会展中心逆作界面层（B0 板）短排架模板拆除后的照片

6.2.2 无排模板施工

对于首层梁板或地下各层梁板，开挖至其设计标高后，将土面整平夯实，浇筑一层 50～100mm 厚的素混凝土（土质较好时亦可抹一层砂浆），然后刷一层隔离层，即成结构楼板的模板。对于基础梁模板，土质好时可直接采用土胎模，按梁断面挖除沟槽即可；土质较差时可用模板搭设梁模板，如图 6.2.7 所示。逆作结构柱的节点处，宜在楼面梁板施工的同时，向下延伸施工约 500mm 高度，以利于下部柱子逆作时的混凝土浇筑。因此，施工时可先把柱子处的土挖至梁底以下约 500mm 的深度，设置柱子模板，为使下部柱子易于浇筑，该模板宜呈斜面安装，柱子钢筋穿越模板向下伸出插筋长度，在施工缝模板上面组立柱子模板与梁板连接。

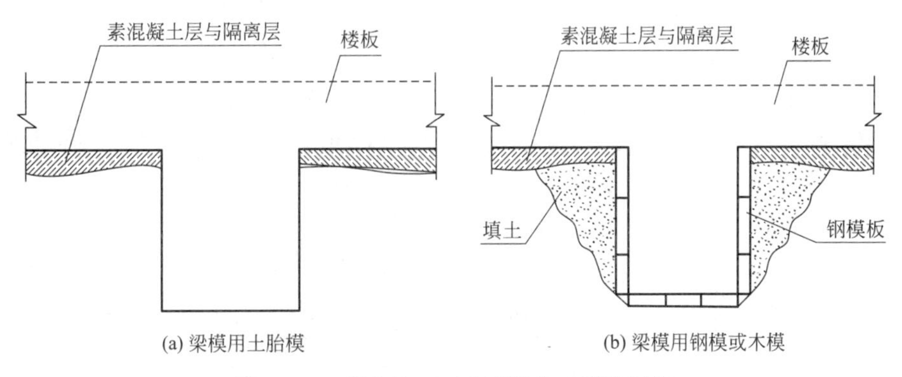

图 6.2.7 逆作施工时水平结构的无排模板

采用无排模板施工，可免去短排架模板的搭设和拆除，节省模板费用，加快水平结构施工速度；同时避免了水平支撑结构下方的超挖高度，有利于支护结构受力和挡墙变形控制。但水平结构的施工质量较排架模板稍差。另外，无排模板对土体承载力和变形要求较高，设计时应考虑地基土的压缩变形对楼板结构产生的竖向挠曲。对淤泥、淤泥质土等软弱土层，当垫层下地基承载力和变形不满足支模要求时，应预先对地基进行加固处理，避免水平结构施工时产生过大沉降而造成结构变形。如杭州武林广场地下商城，由于地处深厚淤泥质土层，为确保逆作水平楼板结构的浇筑质量及土方开挖施工方便，对地下 B1 层楼板和 B2 层楼板下方土体采用高压旋喷桩进行加固，加固深度为 2.0m（图 6.2.8）。

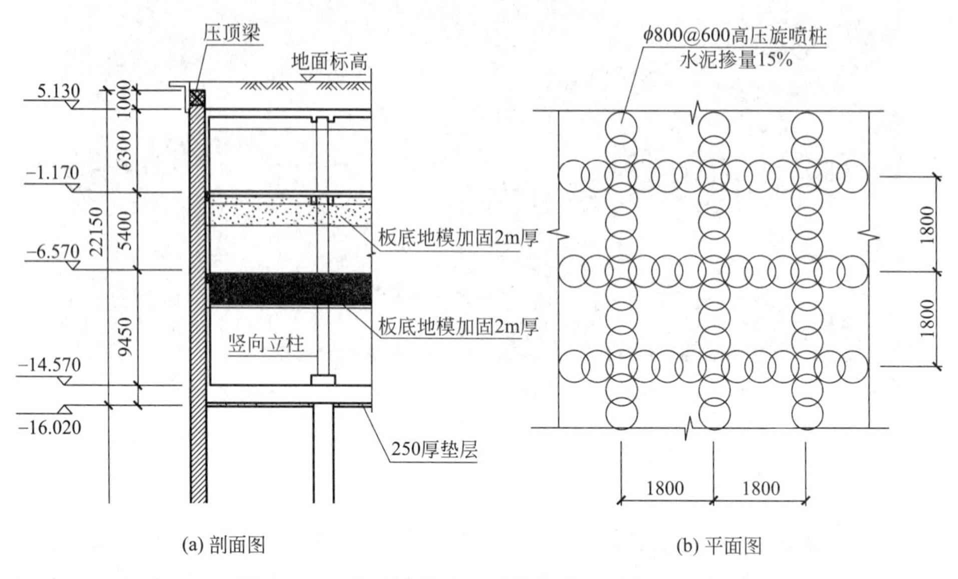

图 6.2.8 水平结构施工时的坑内地基加固示意

6.2.3 无排垂吊模板施工

垂吊模板是指浇筑地下水平结构混凝土所采用的悬挂在上层结构上的模板系统。采用无排垂吊模板施工工艺时，挖土深度同利用土模施工方法基本相同，不同之处在于在垫层上铺设模板时，采用预埋的对拉螺栓将模板吊于浇筑后的楼板上，土方开挖到位后将模板下移至下一层梁板设计标高，在下一层土方开挖时用于固定模板，如图 6.2.9 所示。

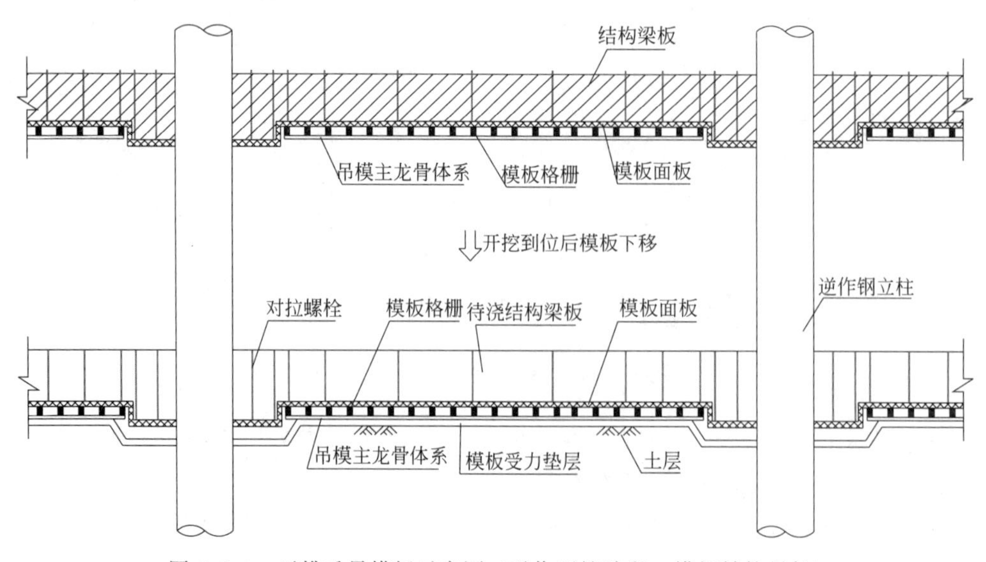

图 6.2.9 无排垂吊模板示意图（逆作开挖阶段，模板结构吊拉）

采用垂吊模板时，应复核上层水平结构的承载能力，吊具必须检验合格，吊设装置需满足相应的荷载要求，垂吊装置应具备安全自锁功能。

无排垂吊模板逐次转用于下层，能够减少使用的临时材料和模板材料，大幅度减少搬入搬出工作，节约成本和工期。同时也避免了排架模板施工时水平支撑结构下方的超挖高度，有利于支护结构受力和挡墙变形控制，且水平结构施工质量与排架模板一样可得到保证。

6.2.4 竖向构件回筑和水平接缝处理

1. 地下竖向混凝土构件回筑

逆作地下室结构中，需要回筑的竖向构件包括：结构柱、剪力墙、外墙（包括地连墙的内衬墙、壁柱）、人防墙等。逆作界面层以下的这些竖向构件，在完成基础底板后逐层由下向上进行回筑。

逆作阶段施工水平构件的同时，应将竖向构件在板面和板底预留上下插筋，竖向构件回筑时纵向受力钢筋与预留插筋采用机械连接或焊接进行连接。图 6.2.10（a）为地下结构柱在水平结构逆作时预留插筋的照片，图 6.2.10（b）为结构柱回筑时纵筋与预留插筋采用机械连接的照片，图 6.2.11 为地下室结构外墙回筑时的竖向钢筋与预留插筋连接的照片。

(a) 预留插筋

(b) 柱纵筋与预留插筋机械连接

图 6.2.10 地下结构柱回筑时的钢筋连接

墙、柱等竖向构件的预留插筋上下均应留设，上下层预留插筋的平面位置要对应，柱插筋宜通过梁板施工时模板的预留孔控制插筋位置的准确性。竖向构件的插筋接头应按设计及规范要求错开设置，当无法错开时，应采用一级机械连接接头。土方开挖和施工过程中应对预留插筋采取有效的保护措施，避免因挖土造成钢筋破坏。竖向构件回筑前，应对

图 6.2.11　地下室结构外墙回筑时的钢筋连接

接缝部位进行清理，并对预留的钢筋、机械接头、浇捣孔等进行整修，对预埋钢筋进行检查，如存在预埋遗漏或损坏缺失，应按设计要求进行补强。

墙、柱等竖向构件回筑时，混凝土浇筑方式一般采用顶置浇捣口进行浇筑。为便于混凝土浇筑和保证连接处的密实性，水平结构逆作施工时，应在柱、墙的侧上方楼板上或柱、墙中心处预留浇筑孔，浇筑孔应设置在板上，避开柱及主梁，预留孔大小为 120～220mm。柱、墙模板顶部宜设置喇叭口，并与浇捣孔位置对应。喇叭口混凝土浇筑面的高度应高于施工缝标高 300mm 以上。

顶置浇捣口应根据结构柱尺寸与墙板厚度确定浇筑孔的数量，每个结构柱的浇捣孔一般设置在柱四角的楼板处，数量宜为 4 个，不应少于 2 个，如图 6.2.12 所示。剪力墙回筑时，宜沿墙侧楼板或墙中心设置浇捣孔，浇捣孔间距宜为 1200～2000mm，如图 6.2.13 和图 6.2.14 所示。首层结构楼板预留的浇捣孔有防水要求，宜采用螺纹管成孔。

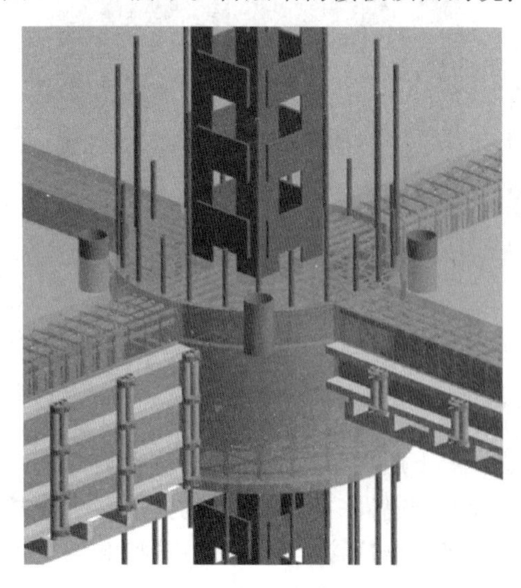

图 6.2.12　地下结构柱预留浇捣口设置

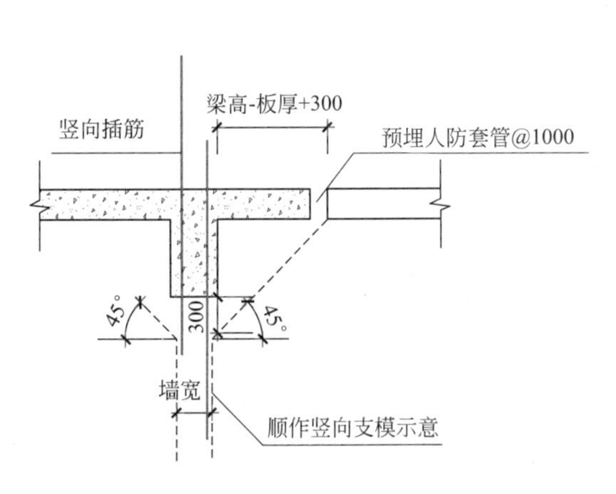

图 6.2.13 剪力墙预留浇捣口设置

除顶置浇捣口外，也可采用侧置浇筑孔方式。侧置浇筑孔一般设置在浇捣面以下500～1000mm处，利用泵送混凝土压力将混凝土压入模板内，其模板刚度及混凝土流动性能均应满足相应压力的要求。

图 6.2.14 地下连续墙内侧混凝土叠合墙的预留浇筑管设置

柱、墙等竖向构件的模板体系，应根据逆作施工特点进行加工与制作。模板体系应具有足够的承载能力、刚度和稳定性，能承受浇筑混凝土的重量、侧压力以及施工等荷载。当一次混凝土浇筑高度超过4m时，宜在模板侧面增加振捣孔或采取分段施工。

竖向构件宜采用高流态低收缩混凝土，混凝土配合比应根据逆作法特点配置，浇捣前应对混凝土配合比及浇筑工艺进行现场试验。混凝土在现场应做好坍落度试验，并应制作抗压抗渗试块及同条件养护试块。竖向结构混凝土浇筑前应清除模板内各种垃圾并浇水湿润，浇筑时应连续浇捣，不应出现冷缝；宜通过浇捣孔用振动棒对混凝土进行内部振捣，无法振捣部位可在外侧使用挂壁式振捣器组合振捣，钢筋密集处应加强振捣，分区分界交接处宜向外延伸振捣范围不少于500mm。

2. 竖向构件水平接缝处理

地下结构竖向构件在回筑时的水平接缝处理十分重要。由于逆作自身特点，接缝部位容易产生以下质量问题：（1）后浇混凝土收缩，易在水平接缝处产生缝隙；（2）竖向构件混凝土侧压力造成侧模变形，使混凝土浇筑面下沉，导致水平接缝处产生缝隙；（3）混凝土表面产生离析水和气泡，产生气体不容易排出，影响水平接缝处的混凝土密实度。

竖向构件回筑时，应采取措施确保水平接缝的密实度。常用的水平接缝处理方式有超灌法与注浆法两种，应结合工程实际情况选用合适的接缝处理方式。

超灌法是指利用混凝土流动压力，直接由浇捣孔浇捣的施工方法。采用超灌法时，竖向构件混凝土宜采用高流态低收缩混凝土。柱、墙等竖向构件的模板顶部应设置喇叭口，并与浇捣孔位置对应，喇叭口混凝土浇筑面的高度应高于施工缝标高 300mm 以上，以保证混凝土流动压力作用下水平接缝的密实度。

注浆法是指在接缝部位设置注浆管，待后浇混凝土初凝后进行注浆填缝的施工方法。当竖向构件承载力和变形要求较高时，可采用注浆法处理。注浆前，需在接缝处预埋专用注浆管，注浆管间距宜控制在 600mm 左右，待竖向构件施工完成，混凝土达到初凝后，采用灌浆料对水平接缝处进行注浆处理。灌浆料宜采用高流态低收缩材料，其强度应高于混凝土一个等级。除预先埋设专用注浆管注浆外，也可采用钻孔注浆，即在混凝土强度达到设计值后，在接缝部位用钻头引洞，采用安装有单向功能的注浆针头进行定点注浆。

6.3 地下连续墙施工

6.3.1 地下连续墙施工要点

1. 准备工作

地下连续墙成槽施工和钢筋笼吊装需要大型的机械设备，施工工艺较复杂，施工设备进场前应做好场平布置，准备工作主要包括施工道路、泥浆系统、钢筋笼制作平台、土方消纳系统等。

施工道路路基承载力应满足施工要求，必要时应预先进行地基处理；施工道路宜沿地下连续墙边线环形布置，道路宽度不宜小于 10m，转弯半径不宜小于 15m；无法环形设置的单边道路，道路宽度不宜小于 12m；当采用套铣接头工艺时，施工道路应结合泥浆系统预留泥浆管道的过路沟。

泥浆系统应包括制浆、新浆、循环和废弃等单元，宜采用封闭式泥浆系统。泥浆储存可根据实际情况合理选用泥浆池、泥浆箱或泥浆筒仓等。

钢筋笼制作场地应采用混凝土地坪，地基承载力应满足施工要求；制作平台宜采用型钢制作，并应满足钢筋笼平整度要求。

地下连续墙成槽前应构筑导墙，其强度、刚度和稳定性应满足施工作业要求。导墙顶面应高出地下水位 500mm 以上，且高出地面；墙底宜进入原状土或改良土体 200mm 以上；导墙内侧面应垂直，其净距宜大于地下连续墙墙体厚度 30～50mm；当采用现浇混凝土结构时，混凝土强度等级不应低于 C20，厚度不应小于 200mm；主筋应采用钢筋 HRB400 及以上规格的钢筋，直径不应小于 12mm，间距不应大于 200mm。当开挖施工导墙时，应采取可靠的基槽支护措施，遇暗浜或松散填土等不良地质时，应在导墙施工前对土体预加固；导墙钢筋宜与混凝土路面钢筋连接，导墙拆模后回填前应设置临时支撑，临时支撑宜采用木撑、砌砖或现浇混凝土撑。

2. 槽壁加固

位于暗浜区、扰动土区、淤泥、浅部砂土、粉土中或邻近有保护要求的建筑物时，地下连续墙两侧宜进行槽壁加固。地下连续墙槽壁加固宜根据加固深度要求采用双轴水泥土搅拌桩、三轴水泥土搅拌桩、渠式切割水泥土搅拌墙或铣削深搅水泥土搅拌墙，桩体或墙体的垂直度允许偏差不应超过 1/200。槽壁加固深度一般低于基坑开挖面以下不小于 3m，桩体直径宜为 650～850mm，槽壁加固与地下连续墙的间隙根据加固深度及施工能力等综合确定，一般为 50～100mm。特殊情况下，如工作面狭小、限高等，无法满足搅拌桩设备施工需要，可考虑采用旋喷、摆喷等加固形式。

3. 泥浆

泥浆配合比应按土层情况试配和试成槽确定，初步泥浆配合比可参照表 6.3.1 选用[6]；当遇土层极松散、颗粒粒径较大及有盐水或化学污染的地下水时，应经试验确定泥浆配合比。

泥浆配合比（%） **表 6.3.1**

土层类型	膨润土	增黏剂 CMC	纯碱 Na_2CO_3
黏性土	5～10	0～0.02	0～0.5
砂性土	8～12	0～0.05	0～0.5

新拌制的泥浆应充分水化后储存 24h 以上方可使用。成槽时泥浆的供应及处理系统应符合泥浆使用量的要求，应采用泥浆检测仪器检测泥浆指标，槽段开挖结束后及钢筋笼入槽前应对槽底泥浆和沉淀物进行置换。循环泥浆应采取再生处理措施，泥浆含砂率大于 7%时应采用除砂器除砂。泥浆分离净化通常采用机械、重力沉降和化学处理的方法。除砂器选择应根据砂的颗粒大小及需处理的泥浆方量来确定。

4. 成槽施工

地下连续墙成槽可选用液压抓斗成槽、冲抓成槽、钻抓成槽、铣削成槽和抓铣成槽等工艺，应采用具有纠偏功能的成槽设备。成槽工艺的确定应综合考虑工程地质和水文地质条件、墙体深度、墙体厚度、周边环境条件和接头性能要求等因素。当地下连续墙成槽深度范围内遇下列情况，可采用抓-铣结合的成槽工艺：

（1）成槽深度超过 60m；

（2）穿越标贯击数 N 大于 50 的密实砂层、圆砾层、卵石层等；

（3）墙底进入较坚硬的岩层。

应根据工程地质和水文地质条件、成槽工艺、槽段形状及尺寸等因素评估地下连续墙成槽施工对周边环境的影响，地下连续墙成槽施工过程宜对槽壁土体进行深层水平位移和水位变化的全过程监测。

地下连续墙墙幅划分应符合下列规定：（1）当采用套铣接头工艺时，一字形墙幅首开幅长度不宜大于 7.2m，闭合幅长度宜为 2.4m 或 2.5m；L 形和 T 形等墙幅各肢长度总和不宜大于 7.2m；墙幅之间的搭接宽度不宜小于 200mm；（2）当采用其他接头工艺时，一字形墙幅长度宜为 4～6m，L 形和 T 形等墙幅各肢长度总和宜为 4～6m。地下连续墙的垂直度允许偏差应满足设计要求，且不应大于 1/300。

地下连续墙施工前应通过试成槽确定成槽施工各项技术参数，选择适合场地土质条件、满足设计要求的机械设备、工艺参数等。试成槽过程中应定时检测护壁泥浆指标，记录成槽过程中的情况及成槽时间等；成槽至设计标高后应按设计要求的时间间隔进行槽壁垂直度、槽底沉渣厚度的检测。地下连续墙的混凝土浇筑前墙底沉渣厚度不应大于150mm，两墙合一时不应大于100mm。

当环境条件复杂时，单元槽段宜采用跳槽的间隔施工顺序或缩短单元槽段长度，相邻槽段施工时间间隔不宜小于24h。L形和T形等槽段的成槽施工宜在相邻槽段施工完成后进行。

采用液压抓斗成槽时，成槽过程中应及时纠偏，成槽时槽壁前后和左右垂直度均应满足要求；当采用三抓开挖时，宜按照先两边后中间顺序开挖；抓斗下放和提升时应保持平稳、竖直和匀速，速度不宜过快，悬吊机具的钢索不应松弛。

采用冲抓成槽时，应严格控制松绳长度，冲锤和提升钢丝绳之间应可靠连结；开孔和地层变化处应采用低冲程进行施工；冲孔过程应加强返浆，冲孔完成后应使用方锤或抓斗修整孔壁；施工过程中宜每进尺2m测量一次冲孔垂直度，并应随时纠偏。

采用钻-抓结合成槽工艺时，钻孔中心间距宜与液压抓斗一抓宽度一致，施工过程中宜每进尺2m，测量一次钻孔垂直度，并应随时纠偏。

采用抓-铣结合成槽工艺时，铣槽机的铣轮和铣齿应根据地质情况进行配备，泥浆泵和管路的输送及循环能力应和铣槽机相匹配，铣槽机成槽前应防止钢筋、螺栓、钢板和编织物等异物落入槽内。抓斗成槽的深度应控制在垂直度可控范围内。

采用套铣成槽工艺时，成槽前应对槽段进行精确定位，闭合幅成槽应使用导向架；套铣接头的垂直度偏差不应大于1/500；首开幅可采用一铣或三铣方式，三铣方式成槽时中间留土长度不应小于600mm，留土高度不宜大于40m；当闭合幅铣槽时，导墙面以下8m范围铣削速度不宜超过3m/h；首开幅采用液压抓斗成槽的深度不宜大于15m。

带支腿地下连续墙应采用钻抓结合或抓铣结合的成槽工艺，支腿位置的测量定位应准确，施工垂直度偏差应小于1/300。

地下连续墙成槽后，应对槽段接头部位进行清刷，刷壁器应与接头形式匹配，刷壁次数不宜少于10次，且刷壁器上应无泥；刷壁深度宜到槽段底部。刷壁完成后应进行清基，清基宜采用气举反循环法或泵举反循环法，清基后槽底沉渣和泥浆指标应符合相关规定。

5. 钢筋笼制作和吊装

地下连续墙钢筋笼制作场地应平整，平面尺寸应符合制作和拼装要求；采用分节吊放的钢筋笼应在场地同胎制作，并应进行试拼装；钢筋笼上的预埋钢筋、钢筋接驳器和剪力槽应符合安装精度要求。

钢筋笼宜整体制作并吊装；采用分节吊装的钢筋笼应在同一平台上一次制作成型；分节对接部位，HRB400及以上级别的钢筋应采用机械连接；吊环和吊筋等应采用HPB300级钢筋或钢板；钢筋笼内应预留纵向混凝土浇筑导管位置，宜设置导向筋，并应上下贯通；钢筋笼应设保护层垫块，其厚度应满足设计要求，纵向间距应为3～5m，横向设置数量不应少于2块，垫块宜采用4～6mm厚钢板制作，并应与主筋焊接，每片垫块与槽壁的接触面积不宜小于250cm^2；预埋件应与主筋连接牢固，连接点不应少于2点，钢筋接驳器螺纹外露处应包扎严密；吊环与主桁架钢筋焊接长度不应小于$10d$，搁置钢板与主筋应满焊，焊缝高度应大于钢筋直径的70%。

含玻璃纤维筋的钢筋笼可采用U形夹具或卸扣连接，连接数量应根据计算确定；吊装含玻璃纤维筋的钢筋笼宜采用可拆卸式桁架，在入槽过程中解除临时桁架与钢筋笼的连接，并应随入槽过程逐渐割除临时桁架。带支腿地下连续墙的支腿钢筋笼宜与墙身钢筋笼整体制作、吊装。闭合幅或异形槽段钢筋笼制作前应对槽位进行复核，并应根据复核结果作相应调整。钢筋笼的吊装应符合下列规定：

(1) 起重机的选用应满足起重量、起重高度及工作半径的要求，起重臂的最小杆长应满足跨越障碍物进行起吊时的操作要求，主吊和副吊选用应根据计算确定；

(2) 当起重机行走时，起重荷载不得大于其自身额定起重能力的70%；

(3) 当双机抬吊时，每台起重机分配质量的负荷不应超过自身额定起重能力的80%。

钢筋笼吊点布置应根据吊装工艺和计算确定，并应对钢筋笼整体起吊的刚度进行验算，按计算结果配置相应的吊具、吊点加固钢筋和吊筋等。吊筋长度应根据实测导墙顶标高及钢筋笼顶设计标高确定。钢筋笼起吊前应保证行程范围内钢筋笼周边800mm内无障碍物，并应进行试吊。钢筋笼应在槽段接头清刷、清槽和换浆合格后及时吊放入槽，不得强行入槽；吊装和沉放过程中钢筋笼不应产生塑性变形。异形槽段钢筋笼起吊前宜对转角处进行加强处理，并应随入槽过程逐渐割除加强构件。

当钢筋笼分段沉放入槽时，下节钢筋笼应临时固定于导墙上，钢筋接头经检查合格后，方可继续下放；钢筋笼整体就位后应临时固定于导墙，并应采取防止钢筋笼下沉或上浮的措施。

逆作法施工对预埋的插筋和接驳器标高要求高，成槽过程中由于槽壁坍方等原因可能导致导墙沉降。为确保预埋插筋、接驳器标高的准确，钢筋笼吊放前需测量导墙标高并根据实测标高确定吊筋长度。

6. 水下混凝土浇筑

水下浇筑的混凝土应具备良好的和易性，现场混凝土坍落度宜为200±20mm。水下混凝土应采用导管法连续浇筑，导管管节连接应密封且牢固，施工前应试拼并进行水密性试验，初灌时导管内应放置隔水栓，导管水平布置间距不宜大于3m，距槽段两端端部不应大于1.5m，导管下端与槽底的距离宜为300～500mm。

钢筋笼吊放就位后应及时灌注混凝土，间隔时间不应超过4h。初灌混凝土后，混凝土中导管埋深应大于500mm。混凝土浇筑应均匀连续，当出现异常中断时，间隔时间不宜超过30min。导管埋入混凝土深度宜为2～6m，严禁拔空导管，相邻两导管间混凝土高差应小于500mm。

混凝土宜浇筑至设计墙顶标高500mm以上，并应伸入导墙内，确保施工期间导墙的稳定性，凿去浮浆后的墙顶混凝土强度应满足设计要求。当墙顶设计标高低于自然地面2m以上时，墙顶设计标高以上部分宜采用低强度等级混凝土或水泥砂浆隔幅填充，剩余槽段可采用碎石或砂土填实。

7. 墙底注浆

墙底注浆时，注浆管应采用钢管，壁厚不宜小于3.2mm，内径不宜小于25mm；注浆管间距不宜大于3m，且单一墙幅注浆管的数量不宜少于2根；注浆管宜设置于钢筋笼厚度方向的中间位置或沿钢筋笼两侧交互布置，注浆管应与钢筋笼绑扎，并应固定牢靠，绑扎点竖向间距不宜大于 2m；注浆管长度应确保注浆器伸至槽底；浆液水灰比应根据土的级配、饱和度和渗透性确定。

注浆施工前，宜选择有代表性的墙幅进行注浆试验，注浆压力、注浆速率和注浆量等施工技术参数应通过试验确定。注浆器应采用单向阀，能承受的静水压力应根据注浆器的设置深度确定，且不宜小于 1MPa；注浆器外部保护层应确保注浆前注浆器功能完好。混凝土初凝后终凝前采用清水打通注浆管路。

注浆宜在成墙 48h 后且墙身混凝土强度达到设计强度 70%后进行。当注浆压力持续低于正常值或地面出现冒浆情况时，应改为间歇注浆或调低浆液水灰比；当改为间歇注浆时，间歇时间宜为 30～60min。当注浆压力大于终止注浆压力并持续 3min，且注浆量达到设计注浆量的 80%时，可终止注浆。

当注浆过程中注浆管堵塞时，可采取下列补救措施：当一根注浆管堵塞时，可将其注浆量增加至其相邻注浆管；当相邻两根注浆管均堵塞时，可采取补管注浆等措施，补管施工应防范承压水上涌风险。

6.3.2 地连墙成槽施工环境影响的现场试验研究

逆作法基坑工程周边挡墙多数采用地下连续墙"二墙合一"。地下连续墙开挖成槽、泥浆护壁、混凝土浇筑等过程不可避免引起槽侧周围土体扰动，如杭州地铁 1 号线武林广场站采用地下连续墙"二墙合一、盖挖逆作"的设计方案，1200mm 厚地下连续墙在槽壁加固和成槽施工过程中，引起软土地基扰动导致周边建筑沉降变形，在基坑开挖之前，周边历史保护建筑浙江展览馆东南角已产生累计沉降 36.2mm（图 6.3.1），且至基坑开始挖土时沉降变形尚未收敛。

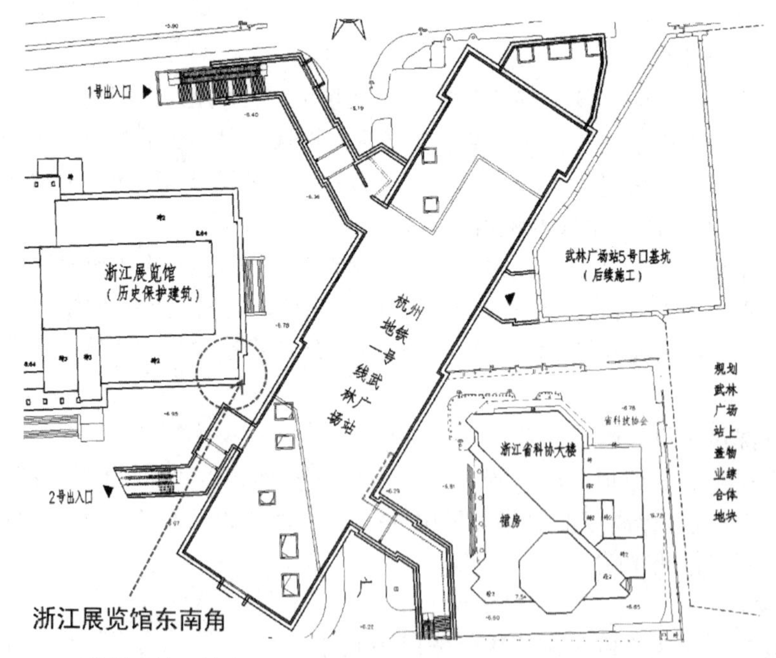

图 6.3.1 杭州地铁 1 号线武林广场站地连墙施工引起浙江展览馆东南角变形沉降

有关成果表明，地下连续墙成槽施工引起的侧移和沉降可占后期总侧移和沉降量的30%～50%。浙江位于软土分布较广的长三角区域，主要以淤泥、淤泥质土、黏性土和粉细砂土层为主，成槽过程中的槽壁稳定控制更为关键。即使未坍塌，由于开挖卸荷造成的土体扰动及软土的流变固结效应也会使周边地层产生较大变形，当槽段距建筑物或管线较近时，易造成管线破裂、建筑物倾斜等严重的不良后果，对变形控制严格的周边城市环境造成较大影响。在当前城市建设密集施工整体趋势下，深大基坑地下连续墙施工引起的环境问题正逐步凸显并日益受到关注。

本节主要依托钱江新城D09号地块金融中心、杭州国大城市广场的地连墙成槽施工试验段的监测数据进行分析。其中，杭州钱江新城D09号地块金融中心毗邻钱塘江，5层地下室，基坑挖深23～26m，工程地质和水文地质变化复杂，连续墙平均成槽深度约64m；杭州国大城市广场位于杭州武林商圈核心区，5层地下室，基坑挖深28～32m，主要土层为杭州典型淤泥质软土。上述两个项目能较好地代表杭州不同类型的典型地质条件，具有较高研究意义。基于实测数据的整理分析，结合不同场地地质及工况变化进行研究，探讨两种杭州典型地质条件下地连墙成槽变形和环境影响[7]。

1. 钱江新城D09号地块金融中心地下连续墙施工监测分析

(1) 工程概况

本工程为钱江新城D09号地块金融中心项目，地处杭州钱江新城核心区，由四家金融单位（中国工商银行股份有限公司浙江省分行营业部、华融金融租赁股份有限公司、浙江新华期货经纪有限公司、浙商银行股份有限公司）投资建设，总建筑面积282456m^2。工商、华融三层地下室范围：ϕ1100钻孔灌注桩加三道钢筋混凝土支撑围护结构形式；金融、浙商四层和五层地下室范围：1m厚地下连续墙加五道钢筋混凝土支撑围护结构形式。

根据钻探揭露及原位测试和室内试验结果，依据工程特性及成因条件，将场区地基土划分为9个工程地质层，22个亚（夹）层。根据钱江新城金融中心地质勘查资料和勘探点分布的平剖面图，确定监测区域土层地质条件：0～0.5m，杂填土①1；0.5～4m，素填土①3；4～5.1m，砂质粉土②1；5.1～8.5m，砂质粉土②2；8.5～15.5m，砂质粉土②3；15.5～16.6m，粉砂夹砂质粉土②4；16.6～19m，砂质粉土②5；19～24m，淤泥质黏土⑤；24～33.1m，粉质黏土⑥1；33.1～34.5m，含砂粉质黏土⑥2；34.5～36.8m，粉砂⑩1；36.8～41.4m，中砂⑫1；41.4～46.8m，圆砾⑫3；46.8～47.6m，含砾中砂⑫32；47.6～60.5m，圆砾⑫3；60.5～62.4m，砾砂⑫4。

场地无地表水体。根据钻探揭露：勘探深度范围内地下水类型主要可分为松散岩类孔隙潜水（以下简称潜水）和松散岩类孔隙承压水（以下简称承压水）。潜水主要赋存于上部①填土层及②粉土、砂土层中。本次详勘期间测得潜水水位埋深在1.20～3.90m，相当于85国家高程2.38～4.55m。年水位变幅1.0～3.0m。承压水主要分布于深部的⑩1粉砂和⑫层砂砾层中。

(2) 现场试验

地下连续墙成槽施工环境效应现场监测试验主要包括施工时槽侧水平位移和土压力、槽外水压力和地表沉降4个方面。经现场踏勘，确定地连墙幅段E11作为工程监测试验幅，选择该幅连续墙主要是因为：1）该侧相邻幅段地连墙还未施工，土体变形受已完成连续墙抑制作用较小；2）该幅地连墙位置较开阔，外侧紧靠工商大楼基坑开挖土体侧，内侧适于监测布点；3）槽壁未加固，无须考虑加固体对土体变形的遮拦效应，能通过监测数据真实反映单纯成槽施工引起的土体变形规律。

图 6.3.2 为地下连续墙试验幅段的总平面图和监测布点的分布详图，其中 KY1、KY2、KY3 分别和 TY2、TY3、TY4 重合。监测主要沿地下连续墙试验幅槽壁两侧布点，综合考虑施工现场的空间分布，就水平位移观测点而言，在槽段成槽机械侧分布 2 个监测点 CX1 和 CX2，槽距分别为 4.3m 和 1.3m。在该侧地表覆盖有混凝土硬化地坪，贯通施工现场机械吊车行驶、堆载、构件堆放等主要干道。在成槽机械对面侧分布有 4 个监测点

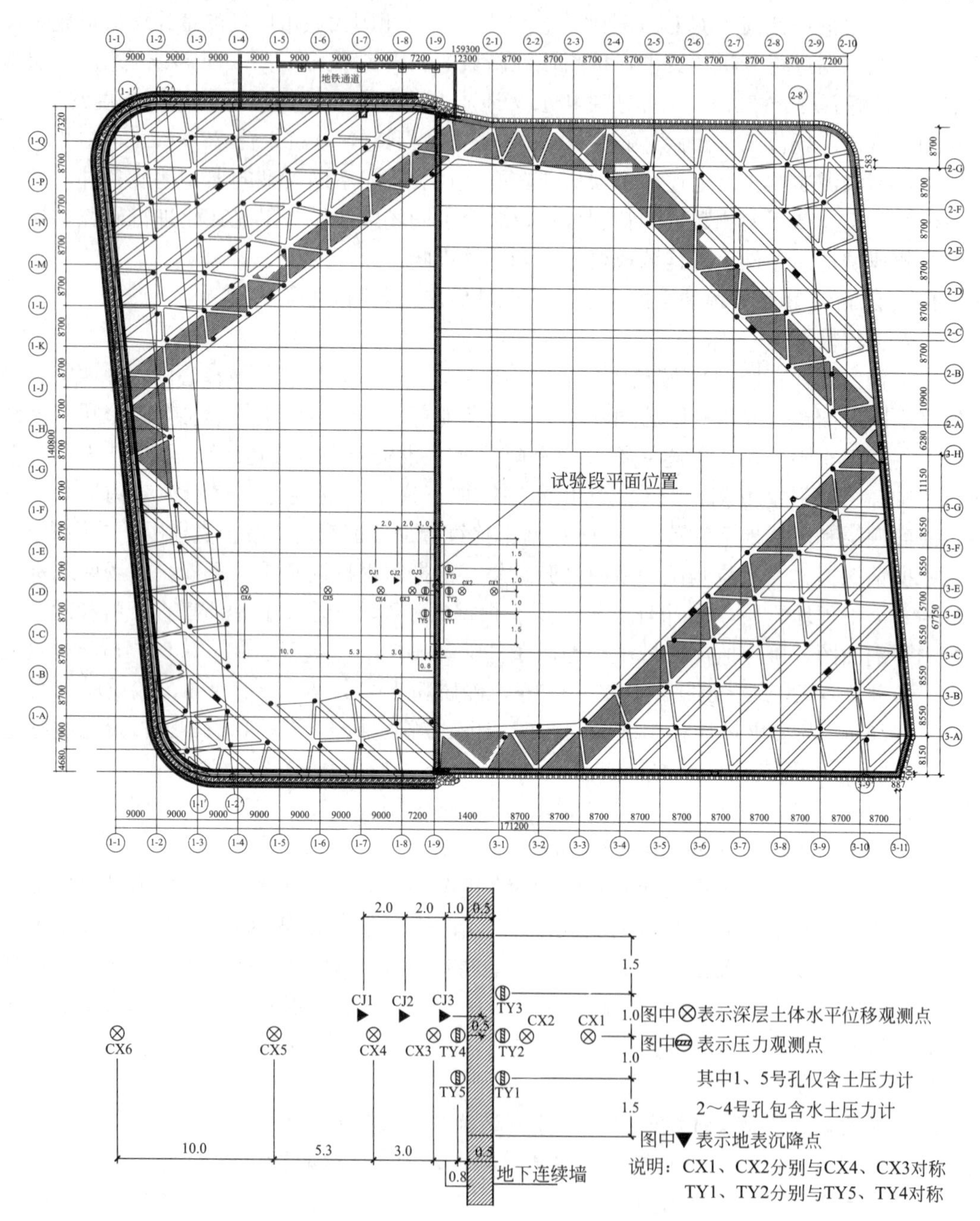

图 6.3.2　地下连续墙（E11 试验幅）布置总图和测点分布详图

CX3、CX4、CX5、CX6，主要位于场地基坑待施工区域，槽距分别为 1.3m、4.3m、9.6m、19.6m。其中 CX1 和 CX3、CX2 和 CX4 分别为对称监测点。CX1～CX6 均位于槽长中心线连线上；就土压力观测点而言，在槽段成槽机械侧分布有 3 个监测点 TY1、TY2、TY3，槽距均为 0.5m，TY2 位于槽长中心线连线上，TY1 和 TY3 以 TY2 为基点两边对称分布，与 TY2 距离均为 1.0m。在成槽机械对面侧分布有 2 个监测点 TY4 和 TY5，其中，TY4 和 TY2 对称分布。TY5 和 TY1 对称分布；就孔隙水压观测点而言，在槽段成槽机械侧分布有 2 个监测点 KY1 和 KY2，在成槽机械对面侧分布有 1 个监测点 KY1，为研究水土压力变化间联系的规律特征，将 KY1、KY2、KY3 分别与 TY2、TY3、TY4 重合；就水平位移观测点而言，主要在槽段成槽机械侧分布 3 个监测点 CJ1、CJ2 和 CJ3，槽距分别为 1m、3m 和 5m。出于观测需要，测点距槽长中心线连线 0.5m。

(3) 监测成果分析

如图 6.3.3～图 6.3.7 所示，随挖土量逐步增加，卸荷效应逐步发展，拱效应逐步削弱，CX1 土体侧移由上至下逐步发挥，浅部土层受施工扰动影响侧移值及波动较大。由于深层土体有承压水，加之降雨入渗影响，水力条件变化显著，增强了侧移变形的离散性，⑤淤泥质黏土受卸荷历时效应影响较明显，变形发展较大。浇筑混凝土后，受侧压影响侧移有一定程度回复，混凝土硬化后由于回缩继续向槽内有一定变形。

如图 6.3.8～图 6.3.12 所示，由于距槽壁较近，同时由于成槽机械侧压推动，CX2 较 CX1 向槽内变形有更大程度发展，随开挖进行拱效应不断削弱，侧向应力释放导致变形不断发展，浅部土层受施工扰动影响侧移值及波动较大。随开挖进行侧移由上至下逐步发展，在淤泥质软土层表现显著，变形曲线在该位置逐步呈外凸特性。中段土体挖除使整体临空面形成，侧移发挥显著。最大侧向位移发生在墙顶，约为 5.5mm（3 月 23 日测试结果）。

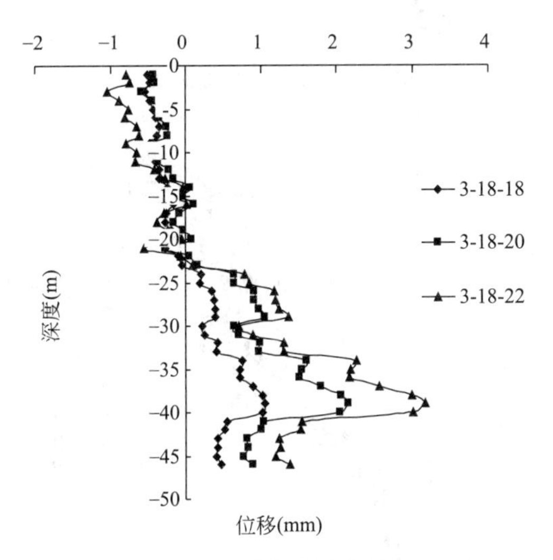

图 6.3.3　CX1 侧向变形曲线（3.18）

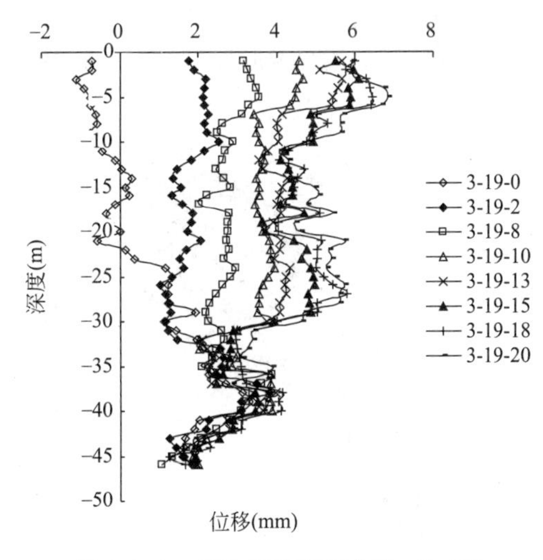

图 6.3.4　CX1 侧向变形曲线（3.19）

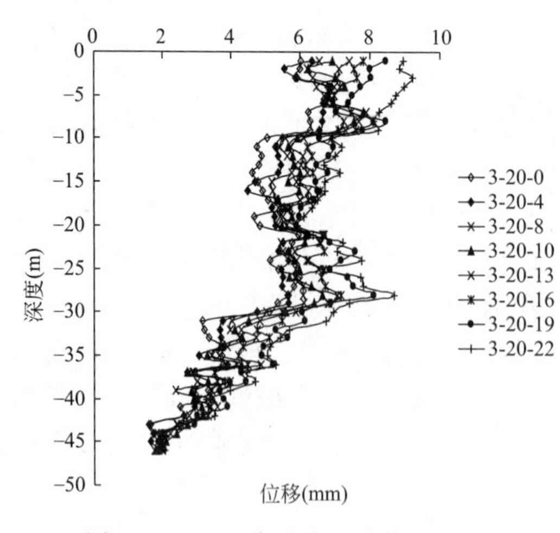

图 6.3.5　CX1 侧向变形曲线（3.20）

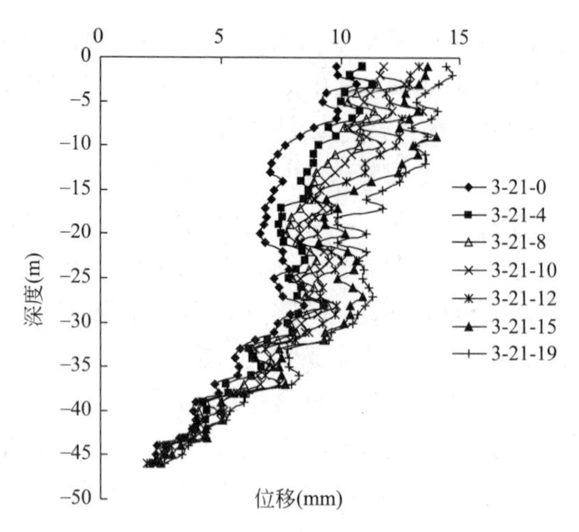

图 6.3.6　CX1 侧向变形曲线（3.21）

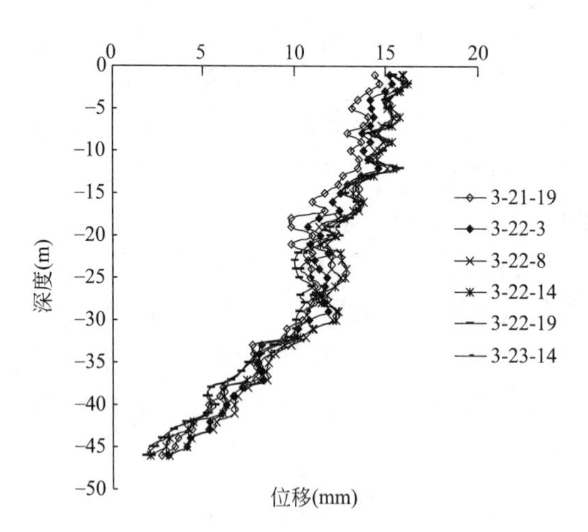

图 6.3.7　CX1 侧向变形曲线（3.22、3.23）

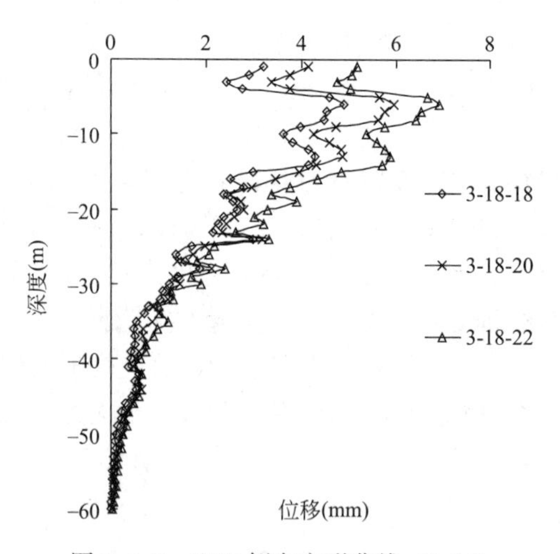

图 6.3.8　CX2 侧向变形曲线（3.18）

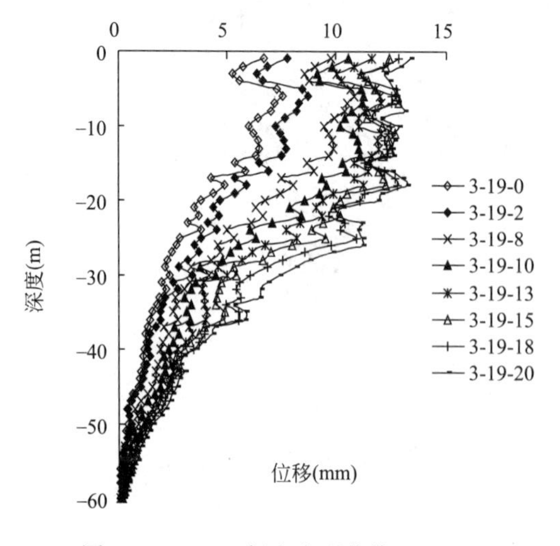

图 6.3.9　CX2 侧向变形曲线（3.19）

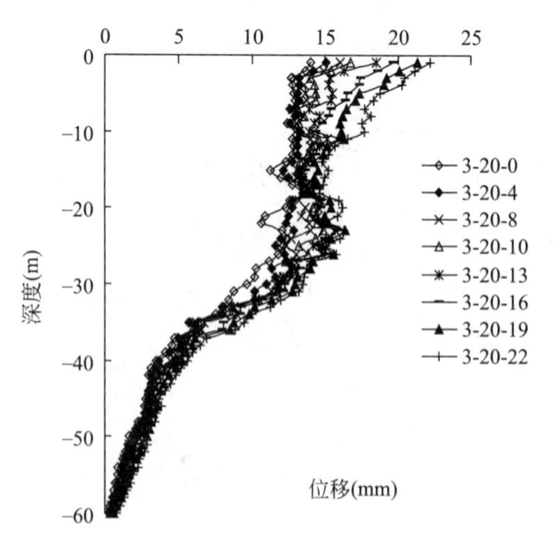

图 6.3.10　CX2 侧向变形曲线（3.20）

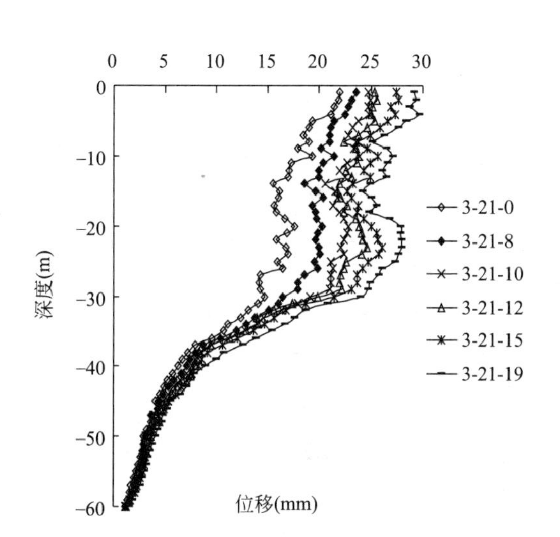

图 6.3.11 CX2 侧向变形曲线（3.21）

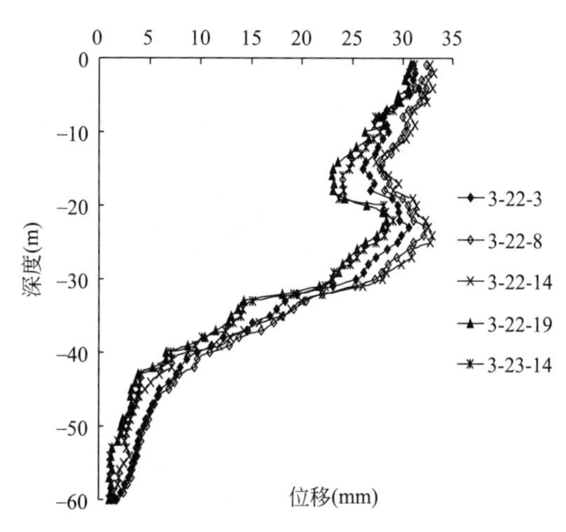

图 6.3.12 CX2 侧向变形曲线（3.22、3.23）

CX3 侧向变形规律与对称监测点 CX2 较相似，由于未受成槽机械压重影响，侧移整体发挥较小，由于未受混凝土地坪影响，侧移沿深度离散性较 CX1 大。随开挖进行卸荷效应逐步发挥主导，中段开挖后，整体临空面形成，侧移有很大发展。在机械停置及开挖结束后泥浆静置阶段，变形因卸荷历时有较大发展，混凝土浇筑及硬化对使土体侧移产生回复及进一步向槽内变形趋势，见图 6.3.13。

由于未受成槽机械反压作用影响，CX4 侧向变形在初始开挖时与对称监测点 CX1 有所差异，变形更具规律性，随开挖进行变形规律逐渐趋于相似，浅部土层受施工影响变形较大，侧移整体较 CX3 有所降低，卸荷作用由于槽距较远有所削弱，混凝土流态侧压及硬化回缩仍对该处土体侧移有一定影响，见图 6.3.14。

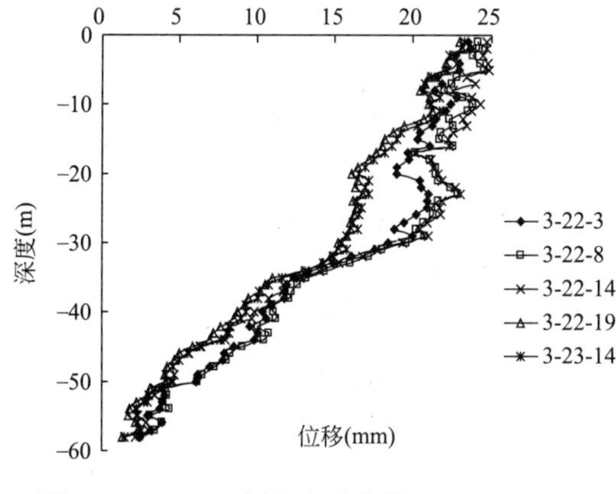

图 6.3.13 CX3 侧向变形曲线（3.22、3.23）

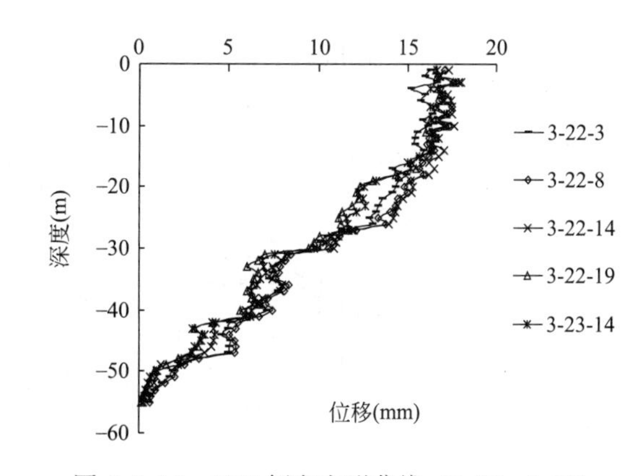

图 6.3.14 CX4 侧向变形曲线（3.22、3.23）

如图 6.3.15～图 6.3.18 所示，地下连续施工时槽侧土压随深度基本呈增加趋势，浅部土层受施工扰动影响波动较显著，初始土压有一定增加，在开挖引起应力释放作用下整体趋于衰减，浇筑混凝土的侧向应力补偿使土压有所增加。

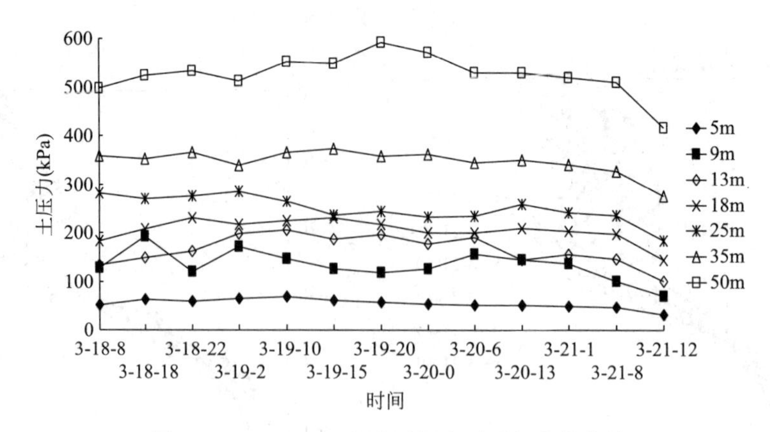

图 6.3.15　TY1 土压力随深度及时间变化曲线

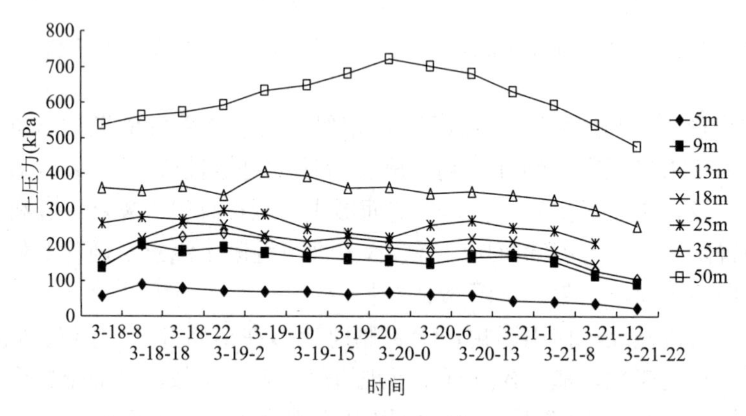

图 6.3.16　TY2 土压力随深度及时间变化曲线

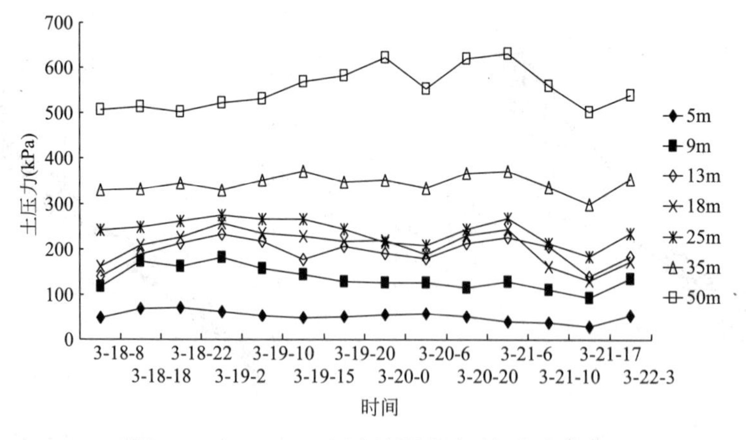

图 6.3.17　TY3 土压力随深度及时间变化曲线

如图 6.3.19～图 6.3.21 所示，地连墙施工时水压变化波动较明显。孔压对开挖速度、开挖位置、机械重压、泥浆冲压、混凝土浇筑等施工因素变化很敏感，而场地砂性土质较多，水力变化频繁，降雨入渗、承压水等因素也加剧了孔压变化，使其易受施工扰动影响产生变化。

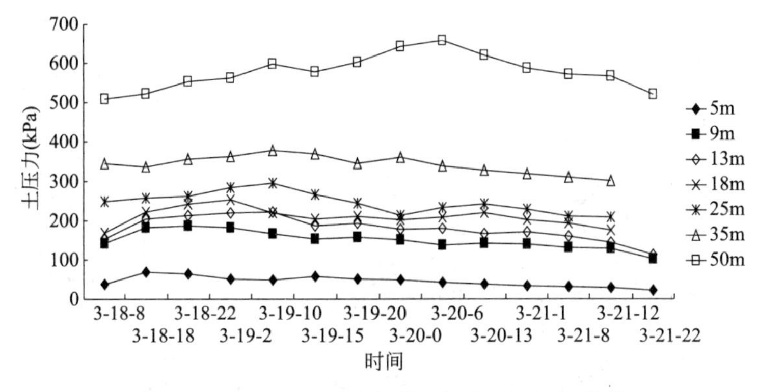

图 6.3.18　TY4 土压力随深度及时间变化曲线

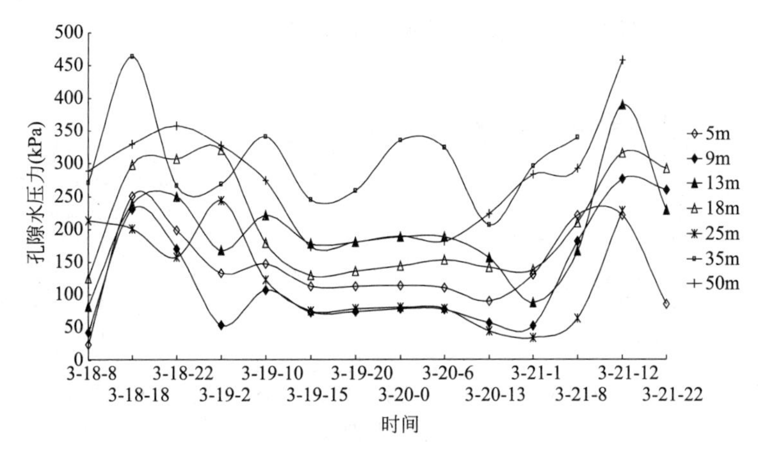

图 6.3.19　KY1 孔隙水压随深度及时间变化曲线

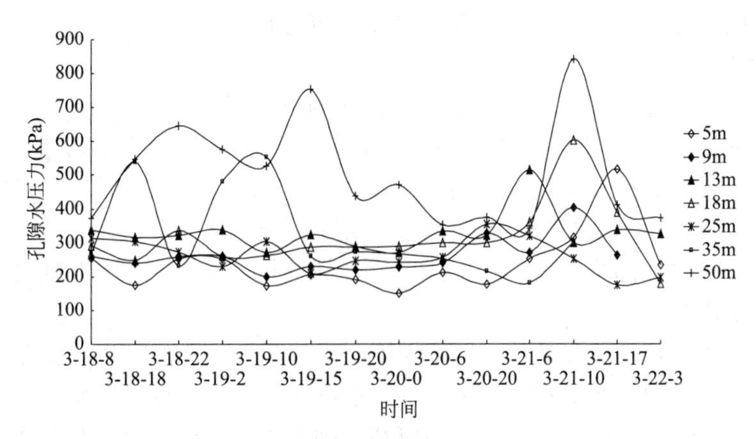

图 6.3.20　KY2 孔隙水压随深度及时间变化曲线

如图 6.3.22 所示，沉降随槽距增加有所加大，说明峰值出现在距槽外一定范围处。因开挖引起应力损失，沉降开始缓步增长，至地连墙中段开挖后，整体临空面形成使沉降加速且有大幅增加。浇筑混凝土的侧压作用使槽侧一定范围沉降产生恢复补偿。

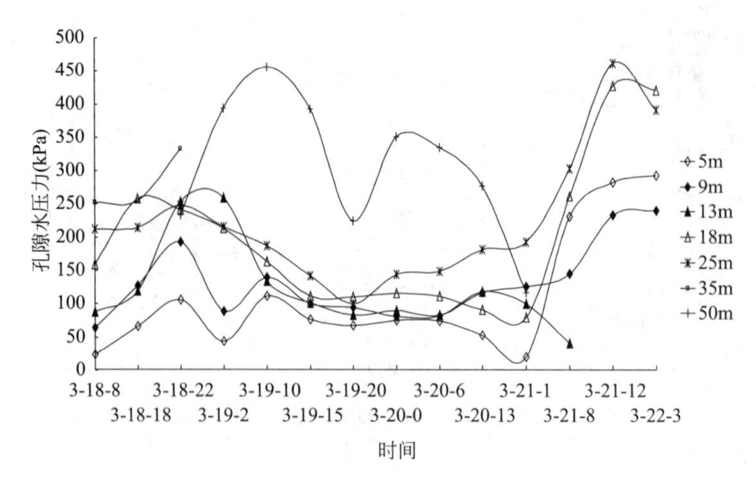

图 6.3.21　KY3 孔隙水压力随深度及时间变化曲线

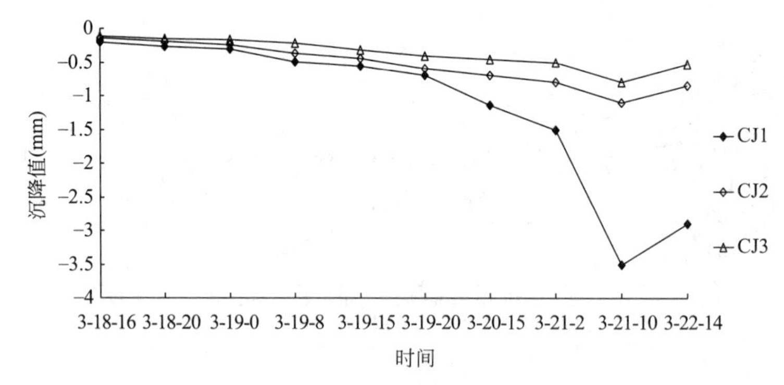

图 6.3.22　监测点地面沉降变化曲线

2. 杭州国际大厦改造工程地下连续墙施工监测分析

（1）工程概况

本工程为杭州国际大厦改造项目工程，位于杭州市中心最核心位置，总用地面积为 $14333m^2$。工程地下 5 层，地上主楼 28 层、裙房 10 层，建筑高度 130m。5 层地下室深基坑支护采用地下连续墙“二墙合一”，墙厚 1m，墙深 44.1～49m。设置 5 道钢筋混凝土内支撑。基坑开挖深度 28.5～32m，基坑周边位置小，施工布置难度大。基坑北侧及西南角位置与地下连续墙之间部位采用 ϕ850@600 三轴搅拌桩和 ϕ800 高压旋喷桩进行被动土加固（外侧槽壁加固）。

本工程地下水埋藏和赋存条件可划分为第四系松散岩类孔隙潜水、孔隙承压水和基岩裂隙水。场地内浅部地下水属孔隙潜水类型，水位埋藏浅，随季节性变化，勘察期间测得地下水位埋深 1.05～3.70m，据水文地质资料，地下水位年变化幅度在 1.00～2.00m。基坑内开挖土层主要为③$_1$～③$_3$ 层饱和淤泥质软土，具高压缩性、低强度、弱透水性、高灵敏度，易产生流变和触变现象。

（2）现场监测试验

施工地点位于杭州市商业中心核心区，由于场地内密集有序的施工活动进行，使得监测布点的空间受到很大程度限制。本监测试验确定地连墙幅段 A6 作为试验幅，试验幅槽长5.5m，宽为1.0m，设计槽深48m，外侧槽壁采用ϕ850@600三轴搅拌桩和ϕ800高压旋喷桩进行加固。采用成槽机械是金泰SG-60系列液压导板抓斗成槽机。施工时将成槽区域分两部分，采用两序成槽，依次开挖，开挖过程实测垂直度并及时纠偏。选择该幅连续墙作为试验幅主要因为：1）该连续墙为先行幅，相邻侧还未施工，土体变形受周边已成完成连续墙抑制作用较小；2）该幅地连墙所处位置较为开阔，适于监测布点。

图6.3.23是地下连续墙试验幅段监测布点的总平面图，图6.3.24是监测布点的分布详图，其中测点KY1、KY2、KY3分别和TY1、TY2、TY3重合。考虑到施工场地之前已埋设有现成的测斜管，出于节省监测成本考虑，可结合试验需要充分利用现场已有的测斜管。本次监测试验利用现场已有的两根测斜管进行试验，分别为CX1和CX5。CX1外侧为马路，无法再进行布点，CX5为另一槽段槽侧监测点。对槽段A6，就水平位移观测点而言，在槽段成槽机械侧分布3个监测点CX2、CX3和CX4，槽距分别为1.5m、4.5m和9.5m。在该侧地表覆盖有混凝土硬化地坪，贯通施工现场机械吊车行驶、堆载、构件堆放等主要干道。在成槽机械侧对面分布1个已有监测点CX1，槽距为1.5m。CX2、CX3和CX4均位于槽长中心线连线上，CX1距槽长中心线1.75m；就土压力观测点而言，在槽段成槽机械侧分布有2个监测点TY1和TY2，槽距均为1m，TY2位于槽长中心线连线上，与TY1距离1.5m。在成槽机械对面侧分布有2个监测点TY3和TY4，其中，TY1和TY3对称分布，TY2和TY4对称分布；就孔隙水压观测点而言，在槽段成槽机械侧分布有2个监测点KY1和KY2，在成槽机械对面侧分布有1个监测点KY3，为研究水土压力变化间联系的规律特征，将KY1、KY2、KY3分别与TY1、TY2、TY3重合；就水平位移观测点而言，主要在槽段成槽机械侧分布3个监测点CJ1、CJ2和CJ3，槽距分别为1m、3m和5m。出于观测需要，测点距槽长中心线连线0.5m。

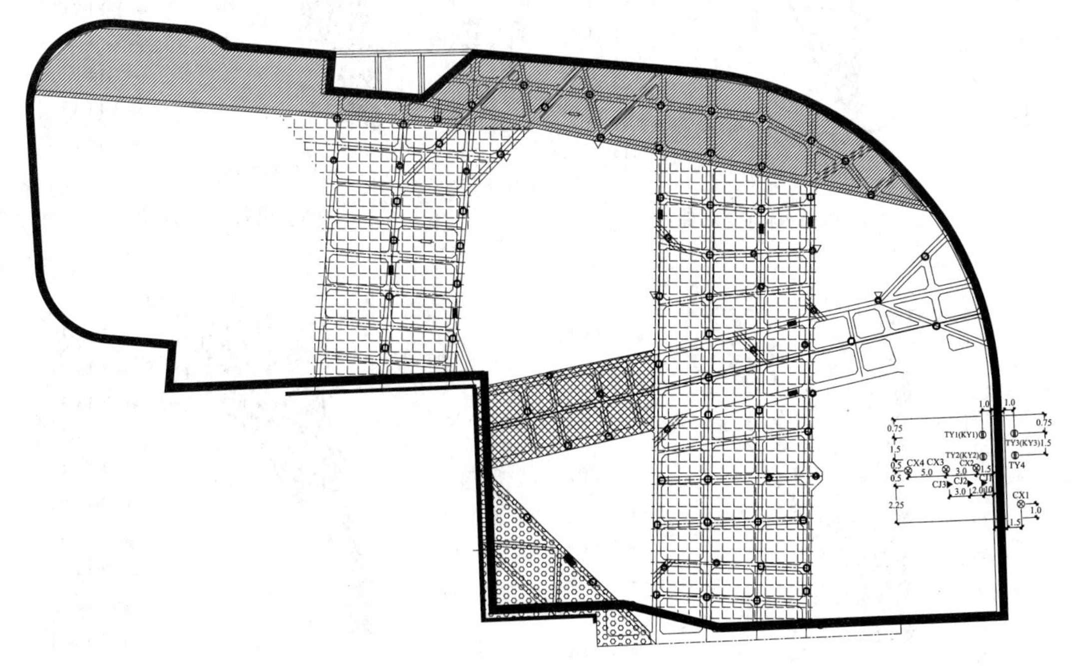

图6.3.23 地下连续墙（A6试验幅）施工监测测点分布总平面图（单位：m）

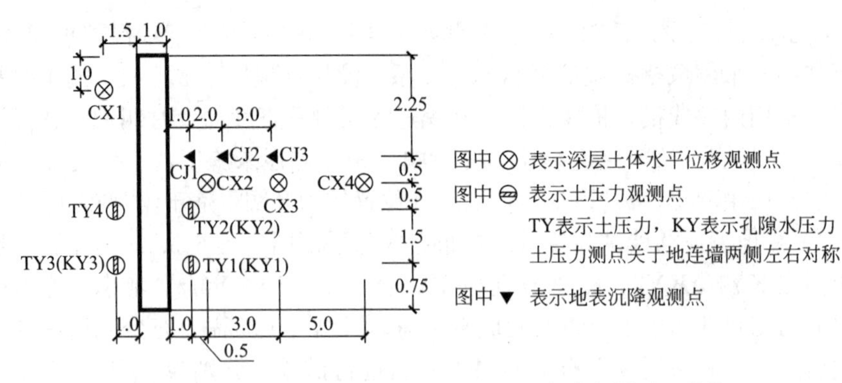

图 6.3.24　地下连续墙（A6 试验幅）监测测点分布详图（单位：m）

(3) 监测成果分析

图 6.3.25～图 6.3.28 是监测点在地连墙施工过程中的侧向变形曲线。从图可看出，由于场地以黏土层为主，整体软弱但较稳定，侧移规律明显，浅层土性质不稳，易受扰动产生较大变形，随施工侧移逐步向中下部土层发展。侧移极值超过 25mm，机械压重对不同位置侧移起促进或阻碍作用，泥浆静置阶段卸荷历时显著，槽壁加固削弱了土体受混凝土压力的回复趋势。

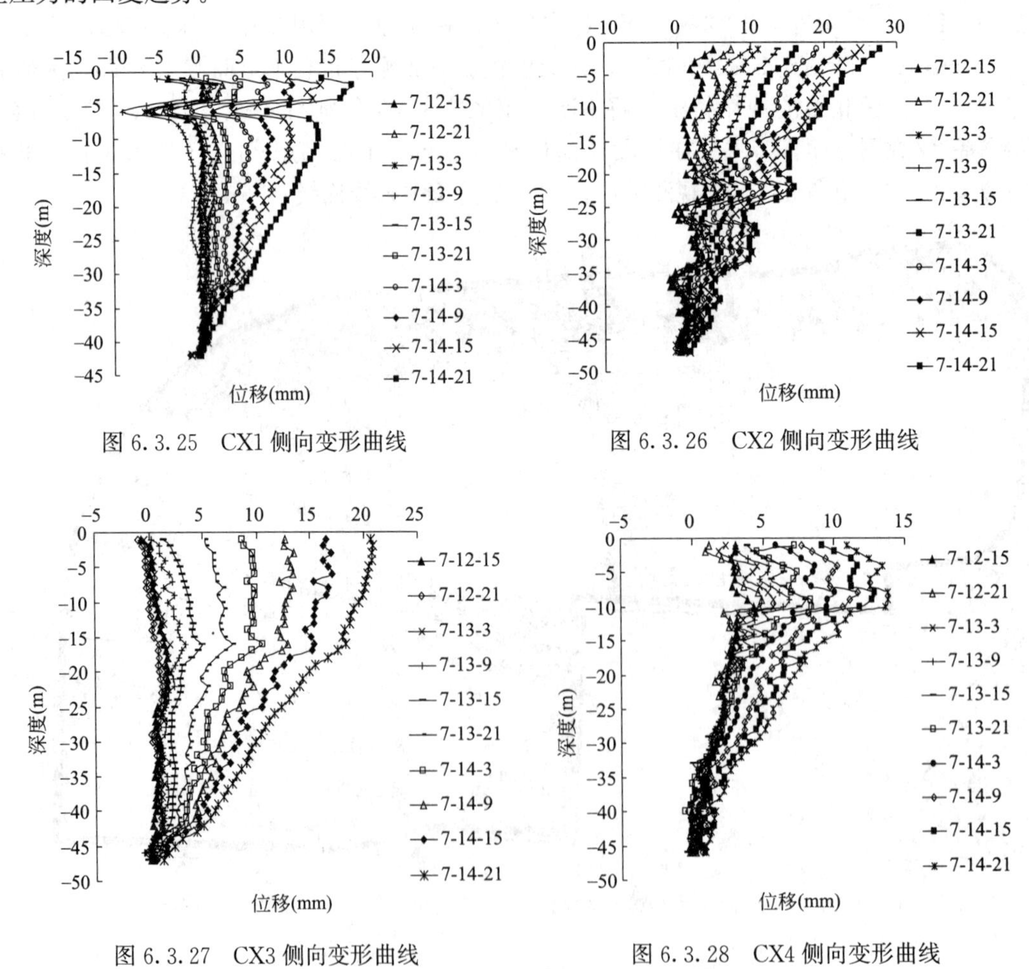

图 6.3.25　CX1 侧向变形曲线

图 6.3.26　CX2 侧向变形曲线

图 6.3.27　CX3 侧向变形曲线

图 6.3.28　CX4 侧向变形曲线

如图 6.3.29～图 6.3.32 所示，施工时槽外土压沿深度基本呈增加趋势，较金融中心试验幅变化更平缓，主要因为场地黏性土层性质相对稳定。开挖应力释放使土压逐步衰减，而黏土流变效应使土压变化存在滞后。浅部土层土压受施工影响波动较显著，流态混凝土侧压使土压有一定恢复。

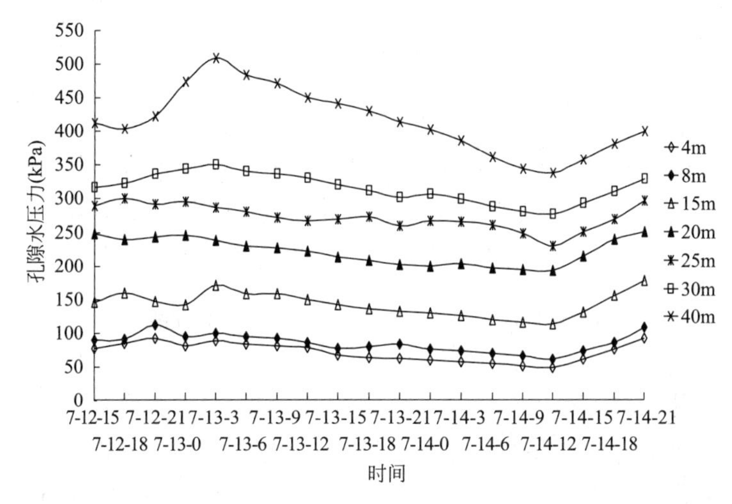

图 6.3.29 TY1 土压力随深度及时间变化曲线

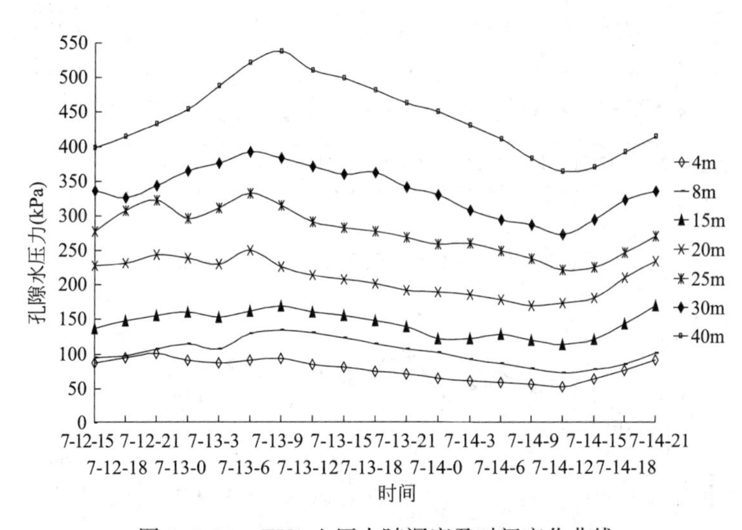

图 6.3.30 TY2 土压力随深度及时间变化曲线

如图 6.3.33 所示，地连墙施工时槽侧孔压变化较金融中心试验幅更平缓，基本随深度呈缓步增长。浅部土层孔压因施工扰动，变化较深部土层更显著。在淤泥质土层中因施工时易产生超孔压，局部变动较显著。

如图 6.3.34 所示，槽侧沉降值随槽距增加有所加大，说明其峰值出现在距槽壁外一定距离处，沉降并非在任意距离内随槽距增加整体衰减。连续墙北段开挖后，整体临空面形成，沉降趋于加速且整体有较大增加。由于浇筑混凝土的流态侧压作用，使地表沉降产生一定恢复补偿。

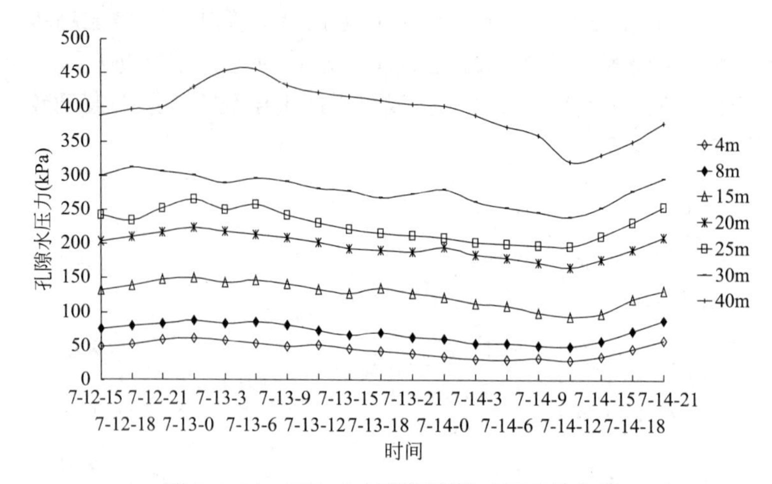

图 6.3.31　TY3 土压随深度及时间变化曲线

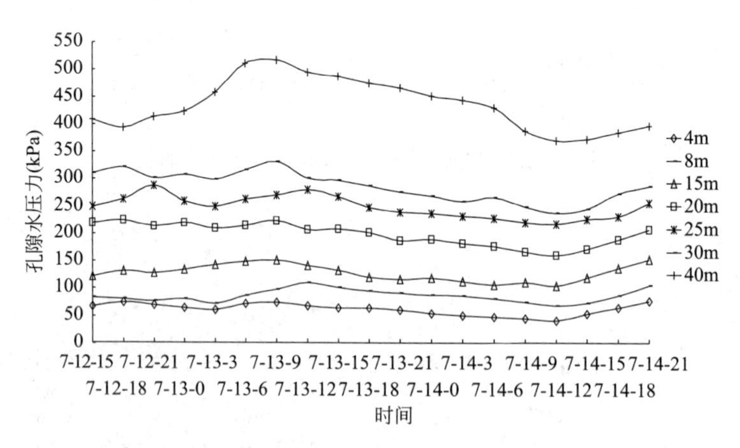

图 6.3.32　TY4 土压随深度及时间变化曲线

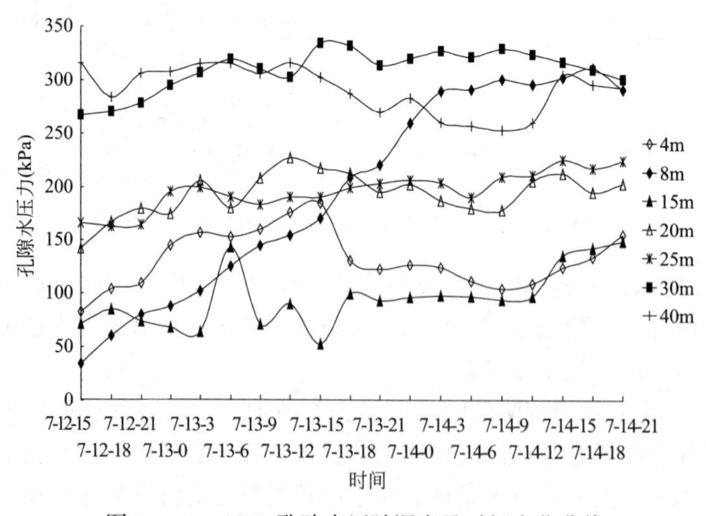

图 6.3.33　KY1 孔隙水压随深度及时间变化曲线

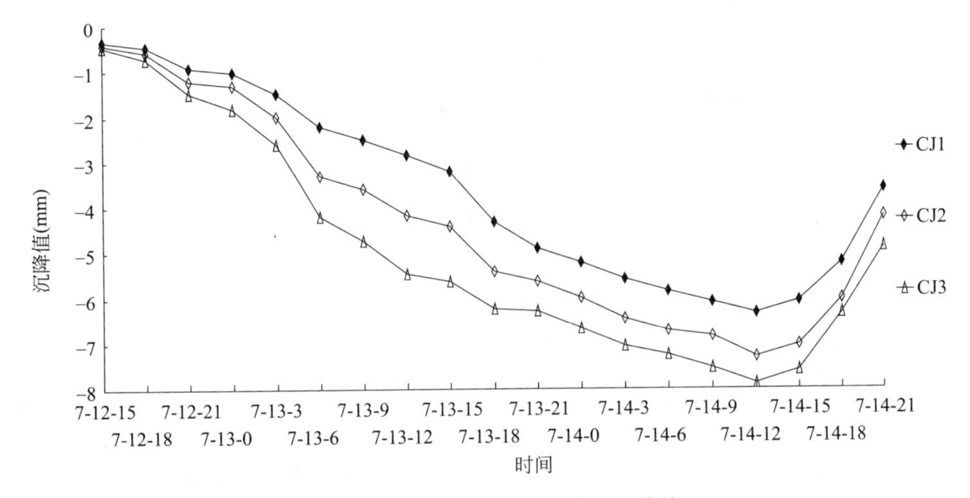

图 6.3.34 监测点地面沉降变化曲线

6.3.3 预制-现浇咬合地连墙施工

预制-现浇咬合地下连续墙应先根据设计图纸和施工工艺划分槽段，明确各单元槽段的施工时序。预制墙板应较两侧现浇墙加深 1m，墙趾插入土体不宜小于 0.5m。施工前应进行试成槽，施工工艺及参数应经试成槽确定。

预制-现浇咬合地下连续墙的场地平整、槽壁加固、泥浆和成槽施工，以及现浇闭合幅的钢筋笼制作和吊装、水下混凝土浇筑等，与全现浇地下连续墙施工基本相同。现浇墙段成槽完成后，应采用与预制墙板凹榫相匹配的专用刷壁器对预制墙侧壁进行刷壁处理。

预制墙板的制作应符合下列规定：

(1) 模具应具有足够的承载力、刚度和稳定性，保证预制墙生产时，能可靠承受混凝土的重量、侧压力及施工荷载；

(2) 模具应按拼装顺序进行组装，且支、拆方便，便于钢筋安装、混凝土浇筑、养护；模具表面应光滑，不宜有划痕，不应有生锈、氧化层脱落等现象，浮锈应擦除；

(3) 脱模剂应具有良好的隔离效果，不应影响混凝土强度、耐久性和脱模后混凝土表面的后期装饰；用作底模的台座应平整光洁，不应下沉、开裂、起砂或起鼓；

(4) 模具部件与部件之间应拼接牢固，安装在模具上的预埋件有可靠固定措施；

(5) 预制墙板应采取可靠的成品保护措施，防止在生产、运输、存放过程中受到损坏或污染；

(6) 预制墙底部 200mm 长度范围内宜按 1∶5 收口，便于预制墙顺利安放；二墙合一的预制墙板预埋件应根据设计要求进行预埋。

预制墙板贮存堆放应符合下列规定：

(1) 堆放场地应坚实平整，必要时进行加固处理，预制墙板堆放层数应满足地基承载力和构件强度要求；

(2) 预制墙板堆放两支点宜设在距墙两端 0.21L 处，堆放层数不得超过 3 层，各层间设置的垫木应上下对齐；

(3) 堆放宜按槽段编号归类，并应采取相应的保护措施。

预制墙板运输和吊装应符合下列规定：

(1) 堆放层数应满足车辆载重及墙板强度要求；

(2) 各层间设置的垫木应上下对齐，并应保证材质一致，同层垫木应保持同一平面；

(3) 预制墙板吊装和运输应在混凝土到达设计强度的100%后进行；

(4) 吊点位置应符合设计要求，吊点位置允许偏差不应大于100mm；

(5) 运输和吊装连接接头应采取有效的保护措施。

预制-现浇咬合地连墙的接头螺栓连接应符合下列规定：

(1) 螺栓的拧紧应从中间顺序向两端进行；同一接头的螺栓安装方向应保持一致；

(2) 螺母拧紧至和连接板紧贴后，应采用专用扭矩扳手拧紧，终拧扭矩应符合设计要求，施工用的扭矩扳手应进行校正；

(3) 高强度螺栓连接副应在同批内配套使用；同一接头的高强度螺栓连接副性能等级及规格应相同；

(4) 高强度螺栓长度应保证在终拧后，螺栓外露丝扣为2～3扣。

预制墙板墙趾应插入槽底稳定土体不小于500mm，插入原状土时可采用高频液压振动辅助下沉。预制墙需要灌芯时，应采用导管法水下灌注，并有可靠的防止底部混凝土串流措施。预制墙板安放就位后，应采用定位和调垂的专用装置（图5.1.11）进行定位和调垂，达到规定的垂直度要求后，在墙顶采取可靠的固定措施，防止墙板发生位移和侧斜。预制墙板安装的允许偏差应符合规定[8]。

6.4 地下水控制

地下水控制可采用集水明排、截水、降水以及地下水回灌等方法，具体应根据逆作法基坑规模、土层与含水层性质、施工工况及对周边影响程度等，结合基坑支护方案综合分析确定。在基坑施工期间，应对基坑内外地下水位的控制效果及其环境影响进行动态监测，并根据监测数据指导施工。

6.4.1 截水帷幕

基坑可采用设置竖向或水平向截水帷幕等措施进行截水。竖向截水帷幕可采用水泥土连续墙、咬合桩、地下连续墙等。当地质条件和环境条件复杂时，可采用多种截水方法组合。当有可靠工程经验时，也可采用冻结法阻截地下水。

基坑工程遇下列情况时，应设置截水帷幕：

(1) 地下水位高，地基土体渗透性强，且周边环境条件不允许采取坑外降水措施；

(2) 降水难度大，完全采取降水措施不能满足基坑施工的水位要求；

(3) 基坑与周边河流、江、湖等距离较近，存在倒灌危险时。

截水帷幕选型应综合考虑帷幕深度、土质条件、地下障碍物状况、环境条件等因素。普通单轴或双轴搅拌桩适用于软黏土地基，深度一般不宜超过15m，粉砂土地基宜采用三轴水泥土搅拌桩；地下障碍物埋藏深、成分复杂且难以清除时，可采用全套管咬合桩；深度超过30m时，截水帷幕可采用地下连续墙、渠式切割水泥土连续墙、全套管咬合桩。

帷幕应具有较好的隔渗性能和一定的抵抗变形的能力，防止帷幕体破坏削弱隔渗效果。截水帷幕的渗透系数应小于 1×10^{-7}cm/s，厚度应满足防渗要求。截水帷幕与基坑支护挡墙之间宜紧密相贴，防止截水帷幕在水土作用下造成破损。

竖向截水帷幕的插入深度应按行业标准《建筑基坑支护技术规程》JGJ 120-2012 的规定计算确定[9]。

水平向截水帷幕的厚度和强度应根据地下水顶托力的大小和防渗要求确定，在与支护结构结合处宜增加帷幕厚度。水平向封底可用于隔断含水层向上的渗流，也可加固坑底软弱不透水层，提高抗承压水突涌的能力，两种情况均受地下水浮托力的作用。封底的自重、封底与含水层间的土重、封底与围护桩和工程桩之间的摩擦力等均有抵抗浮托力的作用。当浮托力较大时，有时需要同时采用降水减压措施。

6.4.2　降水和回灌

基坑降水可采用轻型井点、自流深井、真空深井等。以黏性土、淤泥质土为主等渗透性较弱的地层中，可选用轻型井点降水、喷射井点降水和真空管井降水等；以砂土、粉土为主等渗透性较强的地层中，可采用轻型井点降水、管井、自流深井降水等。

周边环境或水文地质条件复杂的逆作法基坑，应事先进行预降水试验，根据预降水试验结果，评估基坑周边隔渗帷幕的隔渗效果及降水对周边环境的影响程度。

逆作基坑开挖前，疏干降水的持续抽水时间应根据基坑面积、开挖深度及地质条件等因素综合确定，黏性土中的持续抽水时间不宜少于 30d，砂性土中的持续抽水时间不宜少于 15d。基坑开挖过程中地下水位不应高于开挖面以下 500mm。

降水井的停降时间应满足设计对地下结构抗浮稳定的要求。停止降水后，应对降水管井采取可靠的封井措施。停止降水后井管内稳定水位低于基础底板底的降水管井，可在浇筑底板垫层间将井口割低至垫层地面位置，井管内采用黏性土或混凝土充填密实，井口采用钢板焊封后浇筑在垫层面以下。

基础底板浇筑前后仍需保留并持续降排水的管井，基础底板浇筑前，首先应将穿越基础底板部位的过滤器更换为同规格的钢管，钢管外部焊接一道环形止水钢板。降水结束后，井管内可采取水下浇灌混凝土或注浆的方法进行内封闭。内封闭完成达到止水效果后，将基础底板面以上的井管割除。在残留井管内部管口下方约 200mm 处及管口处分别采用钢板焊封，该两道内止水钢板间浇筑混凝土或注浆。井管管口焊封后，用水泥砂浆填入基础底板面预留孔洞、抹平。

当基坑周边有建（构）筑物或地下管线等需保护，且坑外水位降深较大时，可采取回灌措施。浅层回灌宜采用回灌砂井或回灌砂沟，深层回灌宜采用回灌井。

回灌井点与降水井点之间应保持一定的距离，否则水流彼此干扰大，往往达不到降水和回灌效果，回灌井与降水井的间距不宜小于 6.0m。回灌井的埋设深度应根据隔水层的深度和降水曲线的深度而定，宜进入稳定降水曲线以下不小于 1.0m，并位于渗透性较好的土层中，同时不宜超过截水帷幕的深度。

回灌井的间距应根据降水井的间距和被保护对象的平面位置通过计算确定。回灌水量可通过水位观测值进行调节，保持抽、灌的平衡，不宜超过原水位标高。回灌井过滤器部位宜扩大孔径或采用双层过滤结构，过滤器的长度宜大于降水井过滤器的长度。

回灌砂井的灌砂量应取井孔体积的95%，填料宜采用含泥量小于3%、不均匀系数在3～5之间的纯净中粗砂，不均匀系数和含泥量均应保证砂井具有良好的透水性，使注入的水尽快向四周渗透。

6.4.3 承压水控制

基坑坑底土体在承压水作用下的破坏形式与坑底土层的渗透性有关，当坑底为不透水层时，突涌常常表现为坑底被顶破，出现网状或树枝状裂缝，地下水从裂缝中涌出，并带出下部土颗粒。其机理是隔水层土单元在水头压力作用下发生大的变形或应力承受水平急剧降低，坑底土呈现屈服或塑性流动破坏。在突涌前，坑底土体整体承受承压水水头压力，即承压水水头是由坑底土体的重力和潜在破坏面的抗剪强度共同平衡的。

当坑底以下存在承压含水层时，应进行坑底土体抗承压水稳定性验算。坑底土体抗承压水突涌稳定性可按本书第2章第2.5.4节提出的方法进行验算，该方法同时考虑了基坑空间效应、坑底土体的抗剪强度和坑底工程桩的有利作用。公式中的空间效应系数β为破坏体侧面积与顶面积的比值，破坏体的侧面积为坑中坑的平面周长与承压水含水层顶面至坑底的土层厚度的乘积。当β小于1时，坑底土体在承压水作用下因中部挠度过大而破坏的可能性较大，实际破坏模式可能不符合该公式的应用条件，应用时应引起注意。实际工程中，当坑底采取满堂加固措施时，加固体与坑底工程桩形成整体，此时考虑土体抗剪强度和工程桩作用对抗承压水安全系数的提高是合理可行的。

当抗承压水突涌稳定验算不满足时，可采取设置竖向和水平向截水帷幕、承压水减压等措施。截水帷幕可采用三轴搅拌桩、高压旋喷桩、地下连续墙、渠式切割水泥连续墙等。大量工程实践和现场监测结果也表明，地层条件复杂时，在地下连续墙的接缝和墙端，往往存在承压水的渗漏通道，因此，采取完全截断措施时，坑内仍然需要适当设置减压井。

承压水的水头大小与含水层厚度、渗透性能、上游补给条件等因素有关，设置减压井时，现有的计算理论较难真实地模拟实际状况，通过勘察得到的计算参数也与实际情况存在一定差距，因此，对于需要降低承压水头的基坑工程，宜通过现场承压水抽水试验，获取降水影响范围内的含水层或含水层组的水文地质参数，并进行专项降水设计。

采取减压井降承压水应注意环境影响，承压含水层的水头变化会影响其承载性能，曾有工程出现过降承压水引起邻近超高层建筑沉降的案例。因此，承压水减压降水设计应结合开挖工况，根据“按需减压”的原则，确定降水运行的要求。同时，考虑到承压水水头随季节有一定的变化，现场应配备一定数量的备用井，备用井（含观测井）的数量不宜少于降水设计所需减压井数量的20%。

6.5 土方开挖

6.5.1 取土口设置

逆作法施工是在界面层楼板封闭后，再进行土方开挖和地下各层结构的施工。为了解决土方外运和钢筋、混凝土、排架、模板等材料的运输，需要在地下各层楼板结构上设置

上下连通的垂直洞口。取土口布置应满足下列要求：

（1）地下各层楼板与顶板洞口位置宜上下相对应；

（2）取土口设置的数量、间距应根据土方开挖量、挖土工期、运输方式及基坑平面形状综合确定；

（3）开设洞口后的水平结构应能满足逆作条件下的受力和变形控制要求，必要时可对不作为施工洞口的建筑永久洞口采取临时加固或临时封闭措施；

（4）取土口留设时应结合结构的预留洞口进行布置，取土口的位置宜设置在各挖土分区的中部位置，且不宜紧贴基坑的围护结构；

（5）取土口周边应设置防护上翻梁和防护栏杆，上翻梁截面尺寸不宜小于 200mm（宽）×300mm（高）；

（6）楼板临时开洞作为取土口时，洞口结构预留钢筋接头宜采用机械连接；采用全断面机械连接时应采用Ⅰ级接头；接驳器外伸长度不宜超过 300mm，且应采取保护措施；

（7）有防水要求的结构部位，取土口施工缝位置应采取防渗漏措施。

预留洞口的位置应根据主体结构平面布置以及施工平面组织等综合确定，尽量利用主体结构设计的无楼板区域、电梯间以及楼梯间。当已有结构孔洞不能满足运输要求和支撑受力要求时，需对楼板结构进行临时开洞，开洞的数量应满足日出土量的需求。

挖土机的有效半径一般在 8m 左右，地下土方驳运时，一般控制在翻驳二次为宜，避免多次翻土引起下方土体扰动；地下自然通风有效距离一般在 15～20m 左右，故一般取土口间距宜为 30～40m，结合长臂挖机的作业需要，大型基坑每个取土口的面积一般不应小于 $60m^2$。为方便钢筋等材料运输，长度方向一般不宜小于 9m，对于局部区域无法满足长度要求时，则洞口对角线长度不应小于 9m。

为提高逆作开挖出土速度和施工效率，在满足水土压力可靠传递、水平支撑结构承载力和变形能得到有效保证的前提下，宜尽量缩小逆作范围，扩大施工洞口尺寸。采用大开口水平结构作为逆作基坑的水平支撑，或基坑周边区域逆作、中间区域顺作的“顺逆结合”方式，是近年来逆作技术的发展趋势。如杭州武林广场地下商城在三层水平结构中间区域开设大洞口，作为逆作施工期间的出土栈桥坡道，另周边根据施工需要设置若干大小不一的出土口，如图 4.1.25 所示；又如杭州国际金融会展中心，逆作阶段在地下 3 层结构板的中部共设置 5 个大开口，大开口面积约占楼板总面积的 1/4，利用大开口设置下坑出土坡道，施工车辆可通过下坑坡道直接下至坑底挖运土方，大大提高了出土效率，如图 4.1.26 和图 4.1.27 所示。

6.5.2 土方开挖与运输

逆作法基坑工程土方及混凝土结构量大，无论是基坑开挖，还是结构施工形成支撑体系，相应工期较长，这势必会增大基坑施工的风险。为了有效控制基坑的变形，基坑土方开挖和结构施工时，应采取分块开挖和分块施工，并采取以下措施：

（1）合理划分各层分块大小。界面层以上明挖施工，挖土速度比较快，相应基坑暴露时间短，因此土层开挖划分可相对大一点；界面层以下属于逆作暗挖，速度比较慢，为减小每块开挖的基坑暴露时间，分块面积应相对小一些，缩短每块的结构施工时间，从而使围护结构的变形减小。

（2）盆式开挖方式。针对大面积逆作深基坑，为兼顾基坑变形控制及土方开挖效率，可采用盆式开挖，即周边土方暂时保留（图 6.5.1 和图 6.5.2），先开挖中间大部分土方，待中间水平结构完成后，再开挖周边土方。周边土方宜分小块采用“跳挖”，控制每小块土方开挖后的暴露时间。

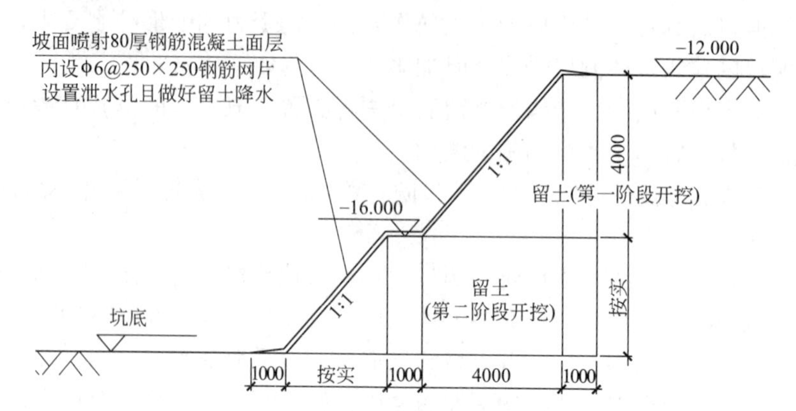

图 6.5.1　基坑周边保留土方示意图

图 6.5.2　基坑周边保留土方照片

（3）周边增设临时斜抛撑。逆作底板土方开挖时，底板厚度通常较大，支撑到挖土面的净空比较大，尤其是在层高较高或基坑紧邻重要保护环境设施时，对基坑控制变形不利。此时宜采取中心岛开挖方式，在先施工完成的中部底板上设置斜抛撑，然后再按一定间距间隔开挖边坡土方，并分块浇捣基础底板。

土方开挖过程中应采取以下措施：

（1）应对立柱采取保护措施，立柱两侧土方高差不应大于 1.5m。

（2）应根据边坡稳定性验算确定临时边坡的坡度及坡高，坡体的坡率宜不大于 1∶2，坡顶与坡脚之间高差不宜大于 1.5m；对高流塑性软土，应采取相应土坡保护措施。

（3）每层土开挖时土层面宜平整，平整度宜控制在 5%以内。逆作施工水平结构时一般采用土模或短排架支模，挖土至模板松动时，必须先拆除模板和其他坠落物，然后继续开挖，严禁在未拆除的垫层及模板下站人，防止垫层或模板坠落伤人。

（4）开挖过程中应严格保护成品如井点管、立柱桩、监测元件及预留插筋等。

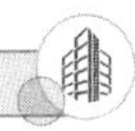

暗挖作业环境较差，选择有效的施工挖土机械将大大提高效率。逆作挖土施工常采用坑内小型挖土机作业，地面采用反铲挖掘机、抓铲挖掘机、吊机、取土架等设备进行挖土。其中反铲挖掘机是应用最为广泛的土方挖掘机，具有操作灵活、回转速度快等特点。可根据实际需要选择普通挖掘深度的挖掘机，也可选择较大挖掘深度的接长臂、加长臂、伸缩臂或滑臂挖掘机。

逆作土方的坑内开挖面水平运输可采用挖机翻运、水平传输带传输、推土机推土、小型装载机装运、翻斗车装运、卡车装运等方式进行。下坑栈桥、坡道应综合考虑运输车辆的型号、载重、车辆爬坡能力等进行专项设计，下坑栈桥应有防滑、防撞措施及车辆缓冲平台。

在地面层取土时，可选用长臂挖机、滑臂挖机、抓斗、取土架、传输带等将土方垂直提升至地面层后再装车外运。当进行地下地上同步施工条件下的挖土时，应为垂直取土机械留设足够的作业空间。土方运输的垂直升降设备系统及车辆出入平台应进行专项设计，升降系统应通过相关安全部门的验收合格后方可使用。

当逆作土方水平运输的施工作业层利用地下结构楼板和临时内支撑体系时，应复核施工作业层结构在施工阶段实际荷载作用下的受力和变形，必要时采取加固措施。逆作结构板的加固区应结合周边环境条件、原建筑结构设计以及取土口的位置等因素综合考虑进行专项设计，顶板落深或高出地面应设计汽车坡道，坡道的坡度不宜大于1∶8，并应满足运土车辆及挖土机的进出要求。加固区域应能保证施工期间的荷载要求及逆作期间施工对场地的要求，确保车辆能在结构楼板上顺利通行。土方等重型车辆通行区域，竖向立柱之间可采取设置临时剪刀撑等措施，提高竖向支承体系的承载力和稳定性（图6.5.3）。

图6.5.3 重型车辆通行区域钢立柱设置剪刀撑的照片

6.5.3 水冲法开挖施工

水冲法是基坑土方开挖和运输的方式之一，水冲法工艺是通过取水管道从外部引入清水至项目现场基坑内，通过泵体加压用水枪将高压水流射入现场待挖区土方，土体遇水制配成泥浆，待挖区泥浆坑放置抽浆泵，对泥浆进行增压，基坑外铺设泥浆管至卸土点，泥浆通过铺设管道输送至卸土点，完成场内土方外运工作。

这里以杭州萧山国际机场三期项目陆侧交通中心逆作基坑工程为例，介绍水冲法挖土和运输的特点[11]。该工程卸土点距离较远，为保证泥浆增压稳定，每 3～4km 位置设置 1 台增压泵，每组泥浆泵送系统泥浆输送量到日出土量可达 4000m³/组，共投入 2 组管道，水冲法日出土量最大可达 8000m³。与传统土方外运方式相比，水冲法土方开挖可减轻土方外运交通压力，同时无扬尘产生，符合绿色环保要求。

根据泵送工艺要求，取土现场设置 1 处增压泵房（增压泵房，内部设置 1 台套 250kW 增压泵及 1 台套清水泵），现场抽浆管道及清水管道在道路位置均采用预埋形式。两条外运管道泵管安装由施工现场沿河道铺设至卸土点，铺设完成沉至河底，不影响航道通行及市政绿化，其中每 3～4km 设置一处增压泵，最终管道排放至卸土点，卸土点端部设置混凝土围堰，保证冲砂不破坏河堤。图 6.5.4 为水冲法工艺示意图。

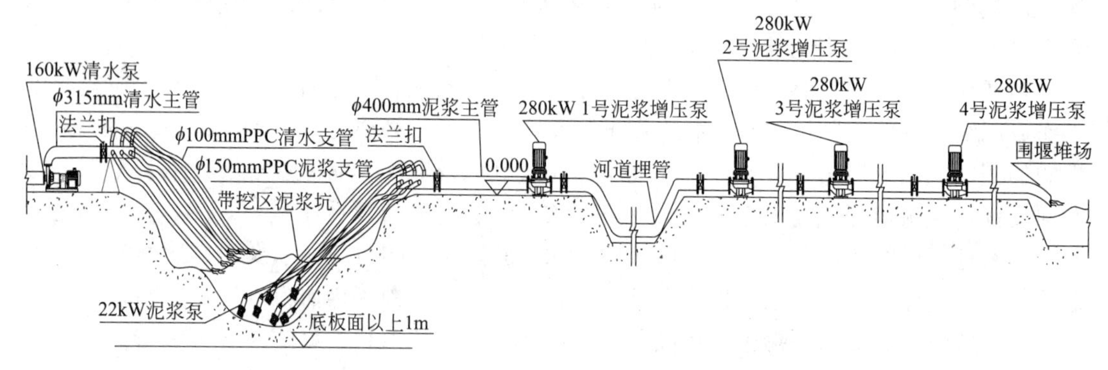

图 6.5.4　水冲法工艺示意图

（1）待挖区制浆

按照挖土施工顺序，在开挖区域设置 2 台 22kW 的泥浆泵，泥浆泵位置为待出土区域的中心并随着出土区域的变化而移动，由 6～10 名工人用清水出水管从四周向中心冲土形成 1∶3（水∶泥）泥浆。配制而成的泥浆再由 22kW 泥浆泵通过管道输送至坑外 ϕ400mmPPC 主管，主管连接 280kW 泥浆增压泵进行增压后开始远距离输送。喷枪冲水压力一般要求达到 0.6MPa 以上，冲击水流与所开挖土面呈 30°～60°角方向冲向土体，连续均匀冲刷，泥水流由冲刷点向泥浆泵部位行进，使冲刷下来的泥水向泥浆泵部位呈锅底状集中外排，要避免同一部位冲刷时间过长使高差过大。水冲开挖深度宜分层施工，每层厚度控制在 3m 以内。开挖工作面的高差应尽可能保持一致，最多不超过 1m。

考虑基坑边坡施工、工作面流水施工等情况，水力冲挖半径及深度如下：深度为开挖完成面以上 1m，开挖坡度 1∶1，砂类土无支护坡度要求。为避免冲挖滑坡，冲挖时边坡起坡处距离基坑围护区域至少 5m，该位置土方处置最终根据现场情况确定。

（2）浆液输送

泥浆管道采用 ϕ400mm 抗压 1.2MPa 的 PPC 管作为主输浆管，连接接口采用 2cm 厚法兰连接，法兰盘采用 12 套 M20 规格螺栓进行固定。管道铺设从出土点沿河铺设，直至卸土点，考虑距离较远，沿途由项目取土点开始共设置约 9 处增压泵，分别为 1 号增压泵、2 号增压泵、3 号增压泵，4 号增压泵等，其中 1 号增压泵设置于现场内，其余 8 处增

压泵为沿途增压泵，现场增压泵通过现场电箱供电，沿途增压泵通过附近电站租赁供电。

非作业时管道将保持满蓄水（清水）状态，通过管道自重使其沉入水中。输送泥浆时依靠泥砂自重使其沉入水中，全程管道不露出水面以保护沿线美观。

泥浆由1号增压泵输出后，2号增压泵控制阀见有清水流出时开启，同理依次开启3号、4号等沿线增压泵。增压泵全部开启时，应保证供电畅通。

泥浆最终由尾泵管道排出，排出管采用ϕ400mmPPC管，排放地选择钱塘新区，为保证卸土点围堰不因冲刷发生决堤等问题，围堰采用混凝土或铺设厚度较大土工膜来加固。

沿途增压泵房设置一台套增压泵，增压泵两端设置压力仪表，随时监控管道内压力情况。同时在泵房附近设置一处泥浆沉淀箱或者沉淀池，进行应急备用。电力由附近变压器提供。

（3）水冲法施工范围竖向分层

水冲法竖向分层，结合土方施工整体竖向分层部署（竖向分四层），单层最大取土高度为3m。每层土底部1m范围内采用机械开挖，为支撑及逆作区支模架垫层施工提供较好的工作面。−19.250m标高以下土方以及首层土方，土质不适合采用水冲法，采用机械开挖。为确保取土过程的施工效率及施工安全，本工程采用机械开挖结合水冲法取土二级开挖的方式，挖机布置在放坡平台将上层原状土倒运至下层，水冲法设备在底部冲刷倒运后松散土方，配置成泥浆外运，见图6.5.5和图6.5.6。

图6.5.5 杭州萧山国际机场T4航站楼陆侧交通中心逆作区水冲法开挖照片

图6.5.6 机械开挖结合水冲法取土二级开挖现场照片

(4) 水冲法安全技术措施

1) 泥浆泵抽浆口设置孔径 3cm 的铁丝滤网，对泥浆内掺杂的垃圾、土块、石块进行过滤，现场配有专门人员对泥浆进行清理，防止泥浆泵、管道的堵塞。

2) 所有沿河道高压泥浆管道均采用法兰连接到位，开始输浆前进行抽水试运行，巡视人员对所有管道进行检查，一旦发现管道漏气、喷水等情况马上检查管道法兰连接处、管壁，待无泄漏后才能开始输浆。

3) 作业时安排专人沿河道巡视，一旦发现泥浆外漏等异常情况，立即停止输送作业，采取应急措施，必要时更换设备，避免泥浆渗出污染市政河道。

4) 沿河道中每 3～4km 设置的增压泵均由专人看守，且现场配置 2 台备用泵，一旦出现泵体异常作业，立即通知停止输送，并截断下游输送管道防止回灌，避免停泵泥浆污染。泵管安装完成后应先进行闭水试验，试验合格后开始土方输送。

5) 围堰设置必须牢固，围堰采用砂袋装填砂石外围打底，内侧采用编织袋填沙土封堵，保证围堰不渗漏，无泄洪风险，必要时冲水面采用混凝土或者加厚土工膜防护。所有泥浆在进入卸土点围堰后，须经自然沉淀后，方可外抽进行第二次沉淀排入排水系统。

6) 排沙口泵管加固应牢固，不得出现泵管口部无加固或加固不牢情况，避免造成泥浆外漏或泵管脱位情况。

7) 基坑开挖施工严格按照设计及相关方要求分区安排施工。现场内制浆坑必须距离基坑围护、已完成主体或防水区域 5m 间距，该位置 5m 范围土方可由挖掘机施工，防止出现滑坡现象。应加强施工监测的信息化，及时对数据进行上报、分析及处理。

6.6 通风和照明

6.6.1 通风排气

逆作法工程都是在地下室顶板施工完毕后，接着施工地下室其他各楼层，因此通风是施工措施中的重要组成部分。浇筑地下室各层楼板时，应结合挖土行进路线预留好通风口，及时将工作场所机械排放的废气及时排出室外，同时送进新鲜空气，确保施工人员健康，防止废气中毒。

施工前应排摸地下有毒、有害气体的分布情况。在浇筑地下室各层楼板时，按挖土行进路线应预先留设通风口，随地下挖土工作面的推进，通风口露出部位应及时安装通风及排气设施，地下室空气成分应符合国家有关安全卫生标准。

通风及排气设施应结合基坑规模、施工季节、地质情况、风机类型和噪声等因素综合选择。施工通风应采取压入式机械通风，通风排气设施宜采用轴流风机，风机应具有防水、降温和防雷击设施。风机表面应保持清洁，进、出风口不得有杂物，应定期清除风机及管道内的灰尘等杂物。

风管的直径应根据最大送风量、风管长度等计算确定，风管应敷设牢固、平顺，接头严密，不漏风，风管不应妨碍运输、影响挖土及结构施工，风管使用中应有专人负责检查、养护。基坑施工应采取通风、洒水等防尘措施，搞好个人防护，并定期测试粉尘和有害气体的浓度。应定期测试通风的风量、风速、风压，检查通风设备的供风能力和动力消耗。

6.6.2 照明及电力设施

逆作法施工自然采光不满足施工要求时应编制单独照明用电方案，每层地下室应根据施工方案及相关规范要求装置足够的照明设备及电力插座。逆作法地下室施工时自然采光条件差，结构复杂，尤其是节点构造部位，需加强局部照明设施。

逆作法地下室施工应设一般照明、局部照明和混合照明。在一个工作场所内，不得只设局部照明，必须和一般照明混合配置。通常情况下，线路水平预埋在楼板中，也可利用永久使用阶段的管线，竖向线路可在立柱上的预埋管路。

逆作地下室施工阶段，应设置专门的线路用于动力和照明，专用电箱应固定在柱上，不能随意移动。现场照明应采用防爆、防潮、高光效、长寿命、低能耗的照明光源。对需大面积照明的场所，应采用高压汞灯、高压钠灯或混光用的卤钨灯等。照明器具和器材的质量应符合国家现行有关强制性标准的规定，不得使用绝缘老化或破损的器具和器材。所有线路和电箱均应防水。为防止突发停电事故，各层板的应急通道应设置应急照明系统，并采用单独线路。应急灯应能保持较长的照明时间，以便于停电后施工人员的安全撤离。

参考文献

[1] 吴献，唐彪．逆作法中几种支撑柱的调垂方法 [J]．建筑技术，2004，35 (2)：137-138.

[2] 周圣平，杨剑，赵超，等．逆作法工程桩内插钢立柱的施工技术研究 [J]．建筑施工，2013，35 (4)：267-269.

[3] 龙莉波．逆作法竖向支承柱调垂技术的回顾及展望 [J]．建筑施工，2013，35 (1)：7-10.

[4] 吴献，李定江，张卫江．逆作法施工中支承格构柱采用气囊法智能调垂施工技术 [J]．建筑施工，2003，25 (1)：12-14.

[5] 张凤龙．HPE 地面液压垂直插入钢管柱施工技术 [J]．建筑施工，2011，33 (7)：546-549.

[6] 浙江省住房和城乡建设厅．基坑工程地下连续墙技术规程：DB33/T 1233-2021 [S]．杭州，2021.

[7] 浙江省建筑设计研究院，浙江大学，同济大学，等．软土地层逆作基坑施工变形控制关键技术及应用 [R]．2021.

[8] 浙江省土木建筑学会．预制-现浇咬合地下连续墙技术规程：T/ZCEAS 1002-2002 [S]．杭州，2022.

[9] 中华人民共和国住房和城乡建设部．建筑基坑支护技术规程：JGJ 120-2012 [S]，北京：中国建筑工业出版社，2012.

[10] 浙江省住房和城乡建设厅．建筑基坑工程技术规程：DB33/T 1096-2014 [S]．杭州：浙江工商大学出版社，2014.

[11] 陈东，杨学林，刘晓燕，等．杭州萧山国际机场三期工程陆侧交通中心基坑逆作法设计 [J]．建筑结构，2022，52 (15)：135-141.

第 7 章　既有建筑地下逆作开挖增层关键技术

7.1　工艺原理及关键技术问题

7.1.1　既有建筑地下逆作增层的工艺原理

既有建筑地下开挖增层技术可避免当前大拆大建的建设模式，是城市地下空间开发建造的一条新途径。对市内、特别是城市中心地带的既有建筑进行增层或增建地下空间等方面的改造，可充分利用现有城市设施，节省城市配套设施费，节省拆迁、建筑垃圾清运和征地成本，且施工周期短，对周边环境影响小。若能与抗震加固和改造技术相结合，可在增加建筑使用面积、提升建筑使用功能的同时，还可改善既有建筑的结构受力性能，增强房屋抗震能力。因此，从节约资源、提升功能、保护环境等方面综合考虑，在保留既有建筑的前提下，采用增层或增建地下空间的改造方式代替过去的大拆大建模式是城市建设发展的一个合理选择，对促进我国新型城市化进程具有重要意义。

目前国内外已有多个利用逆作技术在既有建筑下方进行开挖和增建地下空间的工程案例，如德国柏林波兹坦 Huth 酒店于 1912 年实施了地下增层，北京市音乐堂（原中山音乐堂）在 20 世纪 90 年代后期改扩建时向下扩建了地下室[1-2]，中国工商银行扬州分行办公楼辅楼于 2011 年进行了地下空间二次开发[3]，济南商埠区某医院于 2014 实施了地下增层[4]。杭州市玉皇山南综合整治工程甘水巷 3 号组团由前后 3 幢建筑组成，建设于 2009 年，采用现浇钢筋混凝土框架结构体系，原建筑不设地下室，天然地基基础，该项目于 2014 年进行了地下开挖增层，增建了一层整体地下室；杭州百货大楼于 2020 年在原地下一层基础底板下方开挖增建了局部地下空间，通过设置自动扶梯与北侧已建地下过街道连通。关于国内外既有建筑地下开挖增层的现状，详见本书第 1 章第 1.4 节的介绍。

既有建筑地下开挖增建整体地下室或局部地下空间，可视为基坑工程逆作法技术应用的延伸，其总体作业流程也是先施工周边围护结构和竖向支承体系（即基础托换系统），再逆作开挖下部土方，边开挖边施工地下结构（兼作基坑水平支撑结构），开挖至基底标高时浇筑基础底板，最后回筑地下室外墙及竖向承重构件（框架柱、剪力墙等）。当地下室竖向构件达到设计强度后，凿除新建地下室层高范围内的临时托换构件（如锚杆静压桩、原工程桩等），完成新建地下室的增建工作。

可以看出，既有建筑增建地下空间技术充分借鉴了逆作法技术的工艺原理和作业流程，因此可视为逆作法技术应用的延伸。两者不同的地方是，常规逆作法技术是针对地下结构和地上结构同步施工，竖向支承体系承担的总荷重是随施工进程逐步增加的，而既有建筑增建地下空间技术是在上部结构已先期施工完成的前提下实施的，上部结构总荷重在

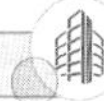

下部土方逆作开挖前需全部托换转移至竖向支承体系（即托换系统）上。

既有建筑地下开挖增层工程的主要流程为：

（1）既有建筑检测和鉴定；

（2）托换结构施工，包括托换桩和水平托换结构的施工；

（3）侧向支护结构施工；

（4）地下分层开挖土方，分层施工新增地下室水平梁板结构；开挖至坑底时，施工基础承台和底板结构；

（5）回筑新建地下室的墙、柱等竖向构件；

（6）拆除临时托换桩和临时支承构件，完成既有建筑地下增层。

既有建筑检测和鉴定应包括对既有建筑设计图纸、岩土工程勘察报告、施工和竣工验收等工程资料的收集和分析。当地勘资料不全或不满足地下增层设计要求时，需进行补充勘察；应根据检测结果，对既有建筑结构进行必要的分析计算，当结构承载力和稳定性不满足要求时，应在地下开挖增层前采取针对性的加固措施。

7.1.2 需解决的关键技术问题

由于既有建筑增建地下空间技术是在上部建筑物已先期施工完成的前提下进行地下逆作开挖，因而其实施难度与常规逆作法工程相比要大得多，主要体现在：

（1）地下开挖阶段的竖向支承体系（托换结构体系）受力复杂，设计和施工难度比常规逆作法工程更大，是既有建筑地下逆作增层能否成功实施的最核心、最关键的环节之一。前面提到，常规逆作法工程竖向支承体系承担的竖向荷重是随地下结构和地上结构施工层数的增加而逐步增加的，而既有建筑地下增层时，既有建筑物荷重一开始就要全部由竖向支承体系（即托换系统）来承担；常规逆作法工程在逆作阶段的上部结构施工层数，可根据其竖向支承体系的承载力事先进行优化和控制，如西湖凯悦大酒店上部结构施工层数在基础底板完成前控制不超过6层，以确保竖向支承体系的受力安全，但既有建筑地下增层工程无法做到这一点。

另外，由于受施工空间条件限制，大型施工设备无法进入既有建筑内部进行施工，因此既有建筑地下增层工程大多采用锚杆静压桩等小型桩来进行托换，其承载力和稳定性相对较小，一般仅用于上部层数较少的既有建筑。当既有建筑层数较多或为高层建筑时，尚须采用承载性能更高的竖向支承体系。

某些项目要求在地下逆作增层阶段上部建筑处于不停业状态，此时竖向支承体系不仅要求在承载力方面能绝对保证上部结构安全，同时还要严格控制立柱之间的差异变形（沉降），使上部结构不至于产生过大附加内力和附加变形而引起结构开裂或影响其正常使用功能。

（2）地下土方开挖难度比常规逆作法工程更大。常规逆作法工程在利用地下结构楼板作为基坑水平支撑结构时，可结合建筑平面布置设置多个尺寸较大的预留洞口，作为地下逆作施工阶段土方运输、材料和机械设备进出的施工临时洞口，也有的逆作法工程采用顺逆结合的设计方案，即裙楼区域逆作、主楼区域顺作，主楼顺作区域作为地下逆作施工阶段的临时施工出土口。而对于既有建筑地下增层工程来说，往往难以按需要留设临时施工洞口，一般情况下需采用小型挖机配合人工挖土，有时甚至以人工开挖方式为主，因而下部土方逆作开挖难度更大。

(3) 基础底板结构和竖向承重构件与临时托换构件和上部既有结构之间的连接构造十分复杂，如何确保新增地下室墙、柱等竖向承重构件顶部与既有建筑基础之间的连接和传力可靠，如何保证新浇筑混凝土承台、地梁或底板与托换系统的立柱桩（如锚杆静压桩或利用原工程桩）之间的抗剪连接和防水可靠，这些都是既有建筑增建地下空间的核心技术。

另外，新增地下室的墙、柱等竖向承重构件施工前，上部结构及地下结构的所有荷重均由锚杆静压桩等竖向支承体系承担。施工结束后，需要将上述全部荷重托换转移至新增的竖向承重构件上，并最终将地下室层高范围内的临时托换桩切断凿除，以确保新增地下室的有效使用功能。上述荷载转移过程中，新浇筑的墙和柱在重力荷载作用下将产生一定的压缩变形量，墙、柱混凝土本身的收缩徐变效应也将进一步增大其压缩变形，而且这种压缩变形在柱与柱之间、柱与墙之间不可能是相等和同步的，这将引起在上部既有结构中产生不同程度的附加内力和变形，对上部结构受力产生不利影响。如何控制或减轻上述不利影响的程度，也是设计时需要解决的关键问题之一。

根据以上分析，既有建筑地下增层或局部增建地下空间，实施难度比常规逆作法工程更大。既有建筑地下开挖增层工程的设计计算应包括下列内容：

(1) 托换结构选型与布置；

(2) 托换结构承载力和稳定性计算、托换结构构件连接构造、托换桩的承载力和沉降计算、托换桩沉降对上部建筑影响分析等；

(3) 侧向支护结构设计，包括侧向支护体系选型与布置、支护结构内力变形计算、侧向变形对托换结构受力的影响分析，含地下水控制；

(4) 增建地下室结构设计，含新建基础承台、底板和地下结构构件设计以及与竖向托换桩之间的连接构造等。

设计计算中需解决的关键技术问题主要有：

(1) 开挖工况下，托换结构体系（竖向支承体系）的竖向和水平向承载力与变形问题；

(2) 对桩基础既有建筑，地下开挖卸荷对既有工程桩承载特性的影响问题；新增托换桩与既有工程桩的协调变形和协同工作问题；

(3) 托换构件（如既有工程桩和新增托换桩等）凿除后，所有上部结构荷载将全部转移至新增地下室的竖向构件上，若墙、柱等竖向构件之间的变形差异过大，对上部结构产生不利影响，故需解决如何减小影响、如何控制变形等问题。

7.2 托换结构布置与开挖工况下的稳定性分析

新增地下室框架柱、剪力墙等竖向承重构件施工前，既有建筑物的全部荷重及施工荷载均由托换结构（施工阶段的竖向支承体系）承担。因此，托换结构必须具有足够的刚度和承载力，确保上部既有建筑在竖向荷重及侧向荷载（如风荷载等）作用下的承载力和稳定性要求。

7.2.1 托换结构布置方案

既有建筑托换结构应综合考虑施工阶段、正常使用阶段全过程的承载力和变形控制要求、施工可行性、经济性等因素综合分析确定。托换结构体系一般由托换桩和水平托换构件组成。根据是否对托换结构预施加荷载，可分为主动托换和被动托换[5]。主动托换是指对原基础托换之前，通过千斤顶对新增托换结构预加荷载，以消除或部分消除托换结构体系的变形，分级分步实施荷载转移，使托换后桩和结构的变形控制在较小的范围内；被动托换是对原基础托换之前，对新增托换结构体系不预加荷载，当原基础拆除后，通过被托换构件产生一定变形使新增托换结构体系发挥作用，达到托换目的。

托换结构构件按其使用功能可分为临时托换构件和永久托换构件。对于临时托换构件，仅需满足施工阶段的承载力、稳定性及变形要求；对于永久托换构件，需同时满足施工阶段和正常使用阶段的承载力、稳定性及变形要求。

对于单建式地下建筑或荷载不大的地上建筑可采用被动托换形式；对于高层建筑、对变形控制要求高的建筑或需要抬升标高的建筑，地下开挖增层时宜采用主动托换。既有建筑托换结构应按上部结构、既有地下室或基础、地基变形协调的原则进行承载力、变形验算。

既有建筑地下增层基础托换宜采用桩基托换，可选用的桩型为锚杆静压桩、钻孔灌注桩、人工挖孔桩、树根桩、高喷扩径锚杆静压复合桩、水泥土复合钢管桩等。托换桩布置时，宜使桩群承载力合力点与竖向荷载合力作用点重合，并使基桩受水平力和力矩较大方向有较大抗弯截面模量。桩位宜采用对称方式布桩，减少偏心。当无法对称布桩时，可采用增大基础面积、加深桩长等进行基础托换。

当既有建筑为框架结构并采用天然地基独立基础或筏板基础时，托换桩应尽量靠近柱集中布置。当既有建筑边界临近基坑边界时，可利用基坑支护排桩或地下连续墙代替局部托换桩。

新增托换桩宜在建筑平面范围内布置，当不具备在建筑物室内布桩条件时，可在建筑物外围布桩，但基础整体刚度及新旧基础的传力构造应满足桩基整体共同作用的性能要求；新增托换桩与既有桩基的中心距不宜小于 $3.0d$（d 为较大桩径），当施工中采取减小挤土效应的可靠措施时，可根据当地经验适当减小。

当既有建筑为砌体结构并采用条形基础时，宜在砌体墙两侧分散均匀布置小截面托换桩，上部结构荷载通过水平托换梁传递到托换桩（图7.2.1）；当既有建筑荷载较轻、地下增层层数较多或为加快基坑开挖效率时，也可在建筑外围和中部设置大直径托换桩和大刚度水平托换梁，桩位的布置应结合施工阶段及正常使用阶段受力、施工机械的操作空间、永久结构框架梁柱的位置等综合确定。

根据不同的结构类型和受力大小，与托换桩相连接的水平托换构件可按下列规定选型：

（1）既有建筑为框架结构时，柱托换节点宜采用封闭抱柱梁式托换，抱柱梁可采用钢筋混凝土结构或型钢。

（2）既有建筑为砌体结构或剪力墙结构时，墙托换节点宜采用夹墙梁式托换，夹墙梁可采用钢筋混凝土结构、型钢、型钢混凝土组合梁、预应力混凝土梁等形式。

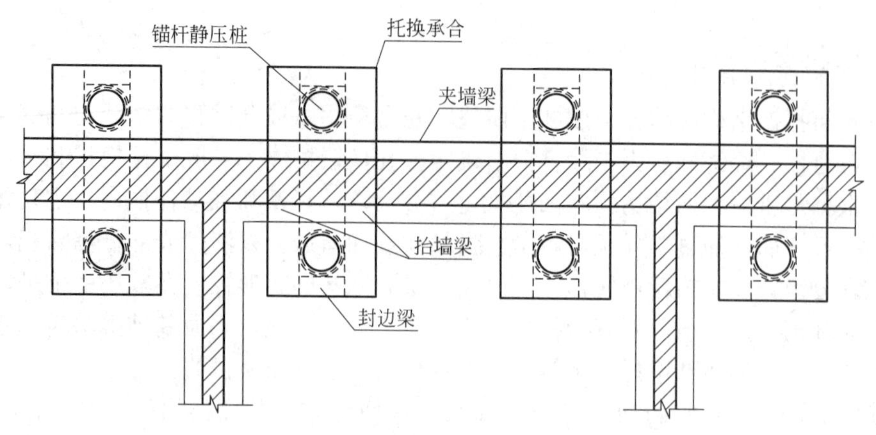

图 7.2.1　砌体结构条形基础托换示意图

（3）当利用既有建筑的基础作为水平托换构件时，应复核基础承载力，当基础承载力或构造不满足要求时，应采取加固措施。

当既有建筑混凝土柱采用封闭抱柱梁式托换时，托换节点的受弯、受冲切、受剪承载力验算可参照现行国家标准《建筑地基基础设计规范》GB 50007 中第 8.5.19 条相关规定计算。采用钢筋混凝土夹墙梁进行基础托换时，夹墙梁高度宜取计算跨度的 1/8～1/12，宽度应考虑托换桩的施工及与托换桩的连接需求，夹墙梁计算跨度取相邻支座形心之间的距离；两侧夹墙梁之间应设置横向拉梁，拉梁间距宜为 1～1.5m，拉梁采用钢筋混凝土梁时，截面宽度不宜小于 200mm，高度不宜小于 2/3 夹墙梁高度。

考虑到既有建筑内部施工空间限制，托换结构体系中的托换桩大多只能采用锚杆静压桩等小型桩，如杭州甘水巷 3 号组团和中国工商银行扬州分行办公楼辅楼分别采用锚杆静压钢管桩和锚杆静压预制方桩，作为既有建筑基础以下逆作开挖增层施工阶段的竖向支承体系。

锚杆静压桩应按“对称布置、受力均衡”的原则，以一根框架柱为一组，采用“一柱两桩”“一柱四桩”等形式进行布置。每组锚杆桩的顶部应设置混凝土转换承台，上部结构柱的柱底反力（轴力、弯矩和剪力）通过转换承台传递给下部锚杆桩，使每组锚杆桩能整体受力、共同工作。混凝土承台可利用原柱下独立基础，当原基础尺寸偏小或承载力不足时，应事先进行加固，如中国工商银行扬州分行办公楼辅楼锚杆桩施工前，对原柱下独立基础的平面尺寸和高度均进行了加大处理（图 7.2.2 和图 7.2.3）[3]。

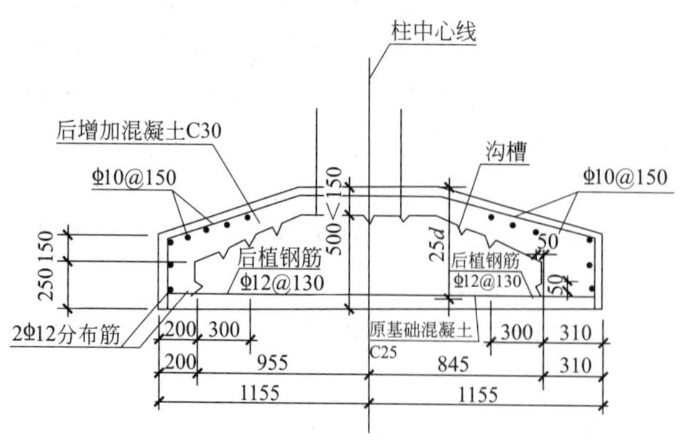

图 7.2.2　原柱下独立基础加固

图 7.2.3　加固后的独立柱基开孔和锚杆种植

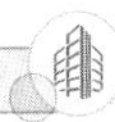

当利用原柱下独立基础作为每组锚杆桩共同工作的转换承台时，不利于后期新增地下室内部结构柱的施工，新浇筑的柱顶部与原结构柱的底端之间的连接处理相对比较困难。为方便后期新增地下室结构柱施工，杭州甘水巷3号组团采用了在原独立柱基的上方另行浇筑混凝土转换承台的方式，如图7.2.4所示。

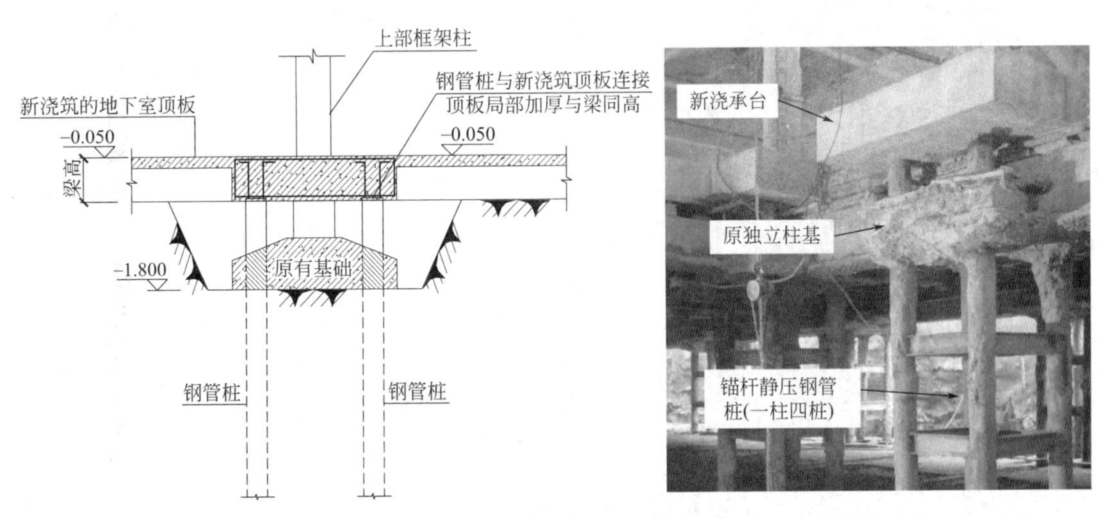

图7.2.4 杭州甘水巷3号组团逆作开挖增建地下室的竖向支承体系

当既有建筑原基础为桩基础时，应尽可能利用原工程桩作为施工阶段的托换结构体系，但原工程桩的承载力取值不能简单套用原设计时采用的单桩承载力特征值，应根据原工程桩的桩型、打桩记录、静载荷试验及完整性检测结果，结合工程地质和水文地质条件对原桩基质量及承载能力等情况进行评估，并充分考虑后期土方开挖卸荷对既有工程桩承载性能的影响。

既有建筑下方土体开挖对原工程桩竖向承载力将产生不利影响。一方面，原基础底板下方土体开挖引起原工程桩侧摩阻力降低；另一方面，超深开挖产生的卸载效应，会显著减小桩身法向应力，导致桩侧摩阻力下降，从而使桩的极限承载力显著降低。因此，当既有建筑采用桩基础时，托换前应评估原基础桩的受力性能及在地下增层过程中的承载力变化。考虑到地下增建结构的新增荷载及施工荷载作用，施工阶段原工程桩承担的荷载比施工前一般会有所增加，后期逆作开挖卸荷效应又会降低原工程桩的竖向抗压刚度和极限承载力，因此，此时既有工程桩承载力可能无法满足上部建筑荷重的要求，通常情况下需在开挖前事先增补锚杆静压桩进行补强，由新增托换桩和既有工程桩共同承担增层过程中的全部荷载，新增桩与原有工程桩的承载力合力中心宜与上部结构竖向荷载的合力中心重合，并应采取措施确保新增桩与既有工程桩之间的协同工作。如浙江饭店采用原工程桩（直径600～900mm钻孔灌注桩）及后增锚杆静压钢管桩共同作为地下逆作增层的竖向支承体系（图7.2.5和图7.2.6）[6]。

土体向下开挖过程中，既有工程桩在开挖段失去土体约束，其受力状态由原来的低承台桩转变为高承台桩，因此开挖工况下应进行既有工程桩和新增托换桩的稳定性计算。当托换桩稳定性不满足要求时，可通过增加截面或增设侧向支撑的方式提高其稳定性；当增设多层地下室，土方开挖至每层地下室梁板设计标高时，宜立即施工梁板，形成对托换桩

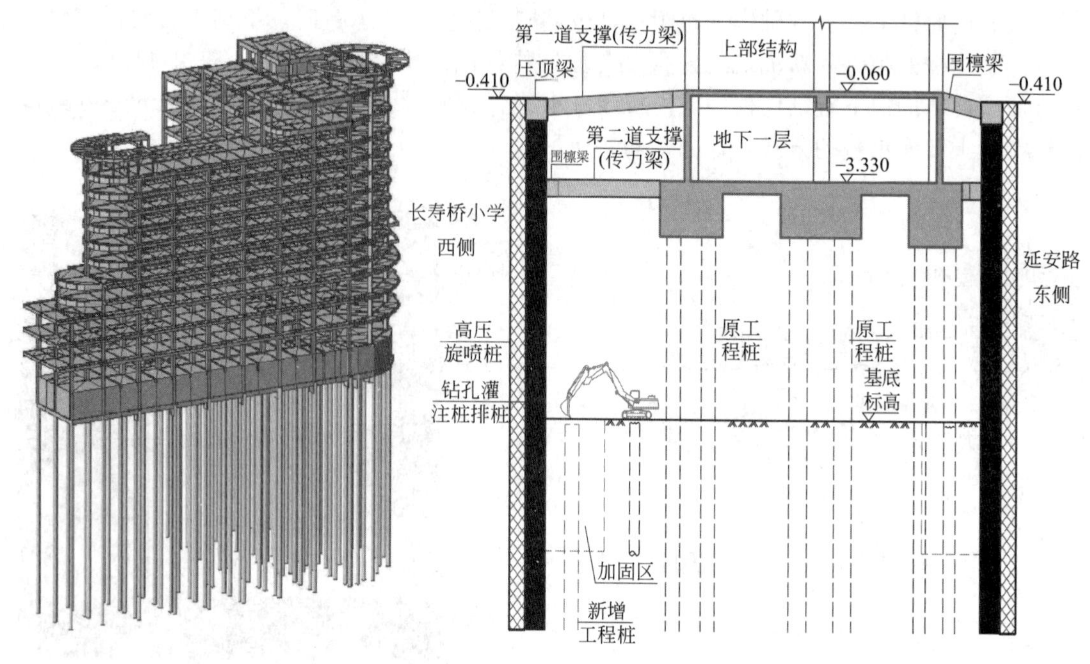

图 7.2.5　浙江饭店原工程桩示意

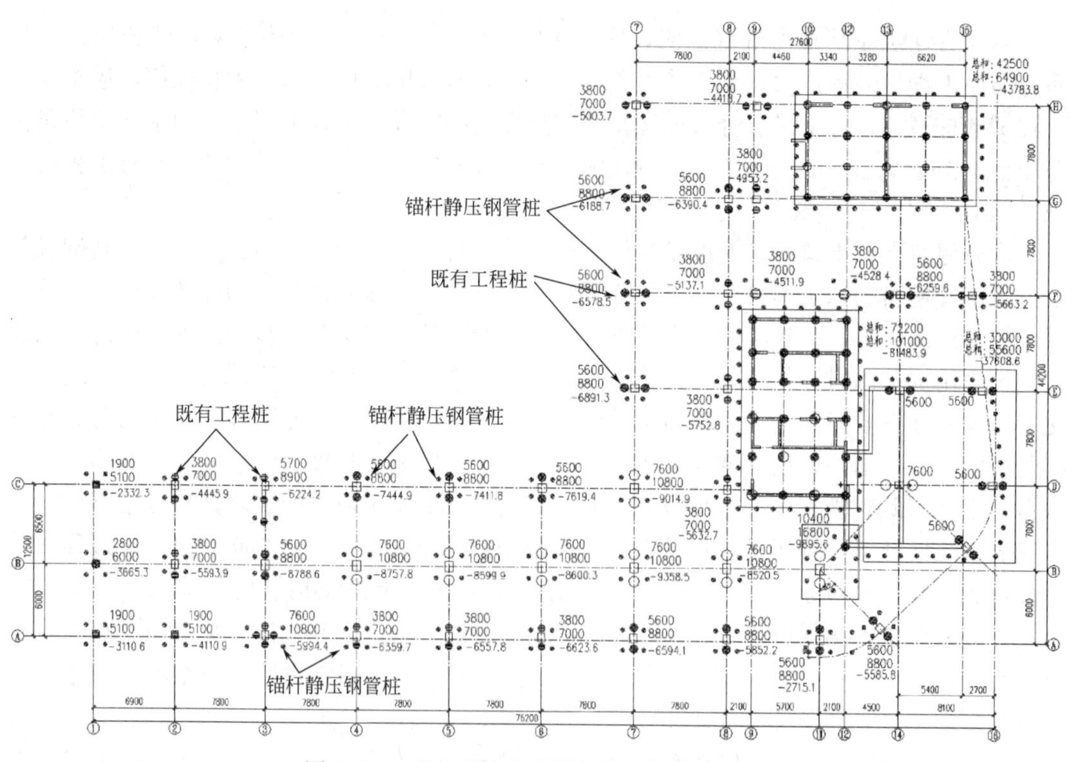

图 7.2.6　浙江饭店新增锚杆静压钢管桩示意

的有效水平约束。

托换桩承载力验算时，应考虑既有建筑下方土体开挖对桩竖向承载的不利影响，详见

本章第 7.3 节的相关阐述。

地下增层完成后的最终沉降量和差异沉降量，应包含地下增层前已完成的部分和地下增层后二次产生的部分。地下增层完成后最终沉降量和差异沉降量应符合《建筑地基基础设计规范》GB 50007 相关要求。

当地下增层托换桩为摩擦型桩时，桩基沉降计算可采用考虑桩径影响的明德林解计算土层沉降，并计入桩身压缩变形。桩基沉降计算宜考虑开挖卸荷和土体回弹的影响。

7.2.2 周边无约束条件下托换结构的稳定性分析

侧向约束是决定托换桩稳定承载力的主要因素。不同土方开挖阶段、不同施工工况条件下锚杆静压桩的侧向约束是变化的，其稳定承载力也是不断变化的，因此其计算长度确定和稳定承载力计算必须按照不同工况条件、不同侧向约束条件分别进行分析，并按最不利工况进行截面设计。本节采用线性特征值屈曲（分支失稳）分析方法研究地基土分步开挖、侧向约束动态变化下竖向支承结构的承载力和稳定性。

1. 计算模型的建立

以杭州甘水巷 3 号组团逆作开挖增建地下室的竖向支承体系为例（工程详细情况见本书第 8 章介绍），每根框架柱下采用 4 根一组的锚杆静压钢管桩组进行竖向支承，考虑地基土动态施工条件变化，分析不同施工条件时钢管桩组的屈曲临界荷载和计算长度系数的变化情况。矩形布置的钢管桩组（4 根一组）可平面简化为 2 根的钢管桩组进行分析，考虑地基土开挖至底板位置情况进行分析。根据锚杆静压桩桩顶连接构造不同，分别考虑以下两种计算模型[7]。

模型 1：锚杆静压桩与原独立柱基连接。钢管混凝土桩截面 $\phi250\times8$，Q235B 钢，内灌 C30 混凝土，弹性模量为 E_{sc}，截面惯性矩为 I_{sc}，顶端铰接于原有基础上；原有基础简化为混凝土梁，两端自由，C30 混凝土，矩形截面 600mm×800mm，弹性模量 $E_{b1}=3.00\times10^4$MPa，截面惯性矩 I_{b1}，长度 $L_{b1}=2.2$m；土的深度为 h，随动态施工条件而变化，原有基础中节点承受竖向集中荷载 P 作用。考虑钢管桩计算段 L_{sc} 的稳定承载力，计算模型见图 7.2.7（a）。

模型 2：锚杆静压桩与新增转换承台连接。钢管桩顶端锚接于转换承台，转换承台可简化为混凝土梁，两端自由，C30 混凝土，矩形截面 500mm×800mm，弹性模量 $E_b=3.00\times10^4$MPa，截面惯性矩 I_b，长度 $L_b=2.2$m；采用钢管桩，截面 $\phi250\times8$，Q235B 钢，内灌 C30 混凝土，弹性模量为 E_{sc}，截面惯性矩为 I_{sc}，顶端铰接于转换承台上；原独立柱基简化为混凝土梁，与钢管桩之间采用混凝土封孔填实，可视为固支连接，C30 混凝土，矩形截面 600mm×800mm，弹性模量 $E_{b1}=3.00\times10^4$MPa，截面惯性矩 I_{b1}，有效长度 $L_{b1}=1.4$m。土的深度为 h，随动态施工条件而变化，转换承台中节点承受竖向集中荷载 P 作用。考虑钢管桩计算段 L_{sc} 的稳定承载力，计算模型见图 7.2.7（b）。

钢管桩入土部分受到周边土体的水平弹性抗力，可视为横向分布的弹簧，假定桩侧土弹簧刚度随深度呈线性增加，并采用 m 法计算，具体参照本书第 3.2.2 节。图 7.2.8 为有限元模型，图 7.2.9 为当 $m=1.0\text{MPa/m}^2$ 时钢管桩组的第 1 阶屈曲模态。

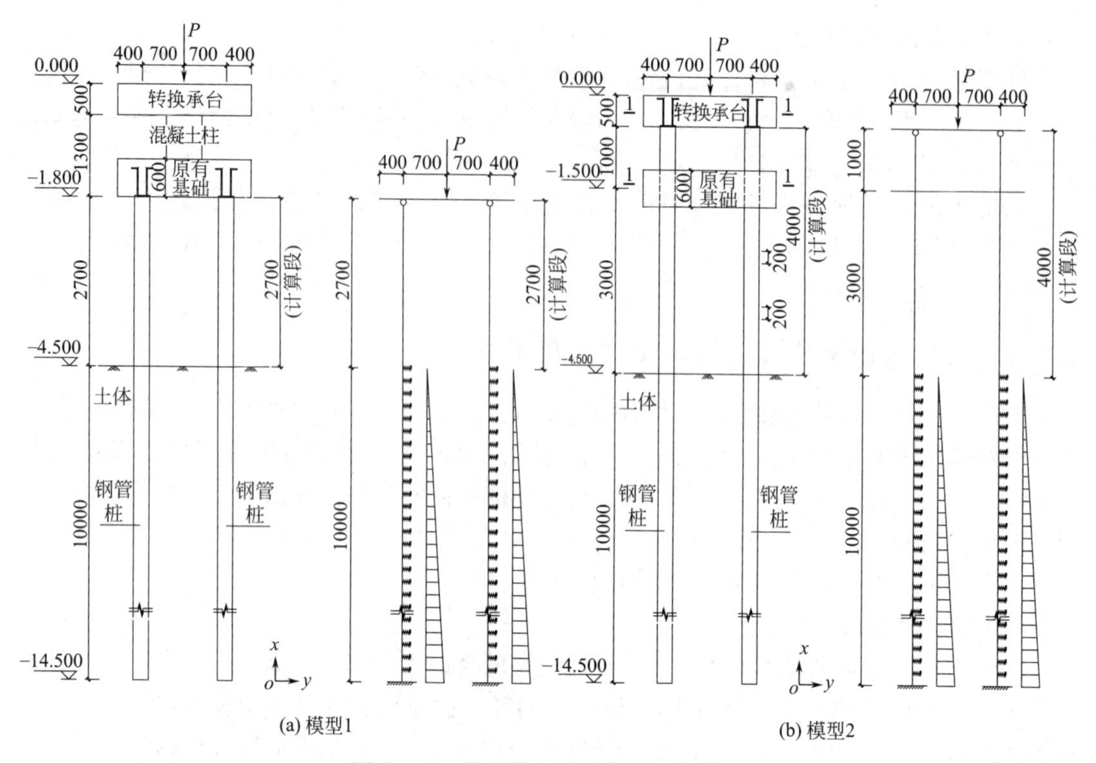

图 7.2.7　钢管桩支承结构及计算模型

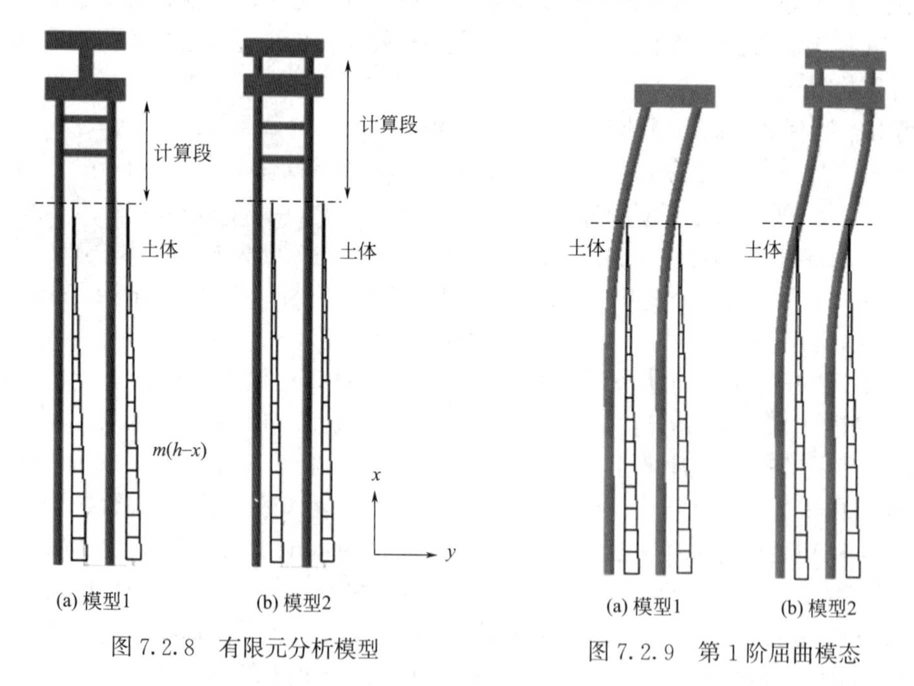

图 7.2.8　有限元分析模型

图 7.2.9　第 1 阶屈曲模态

2. 开挖工况托换桩的承载力和稳定性分析

(1) 地基土比例系数的影响

土体对钢管桩组的侧向约束作用通过土体水平抗力系数 m 值确定。实际工程中非岩石地基土体的 m 值一般为 0.5～6.0MPa/m^2。图 7.2.10 和图 7.2.11 分别为不同 m 值时

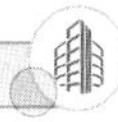

钢管桩组的临界轴压荷载系数和计算长度系数的变化情况，对应临界轴压荷载 $P_{cr}=\alpha\cdot P$ 和计算长度 $L_{cr}=\mu\cdot L_{sc0}$。桩的几何计算段长度分别取最终开挖面至原独立柱基底面（模型1）和转换承台底面（模型2）之间的长度。

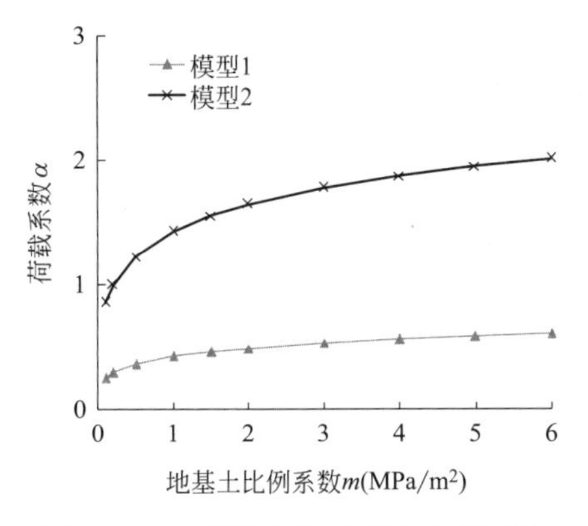

图 7.2.10 荷载系数-地基土比例系数

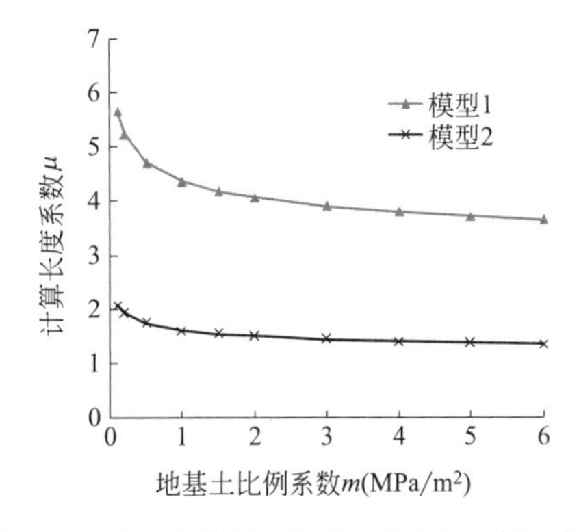

图 7.2.11 计算长度系数-地基土比例系数

可见，不同模型时，α 均随 m 值增大而增大，μ 则随 m 值增大而减小，变化趋势基本相同；当 $m>2.0\text{MPa/m}^2$ 时，α、μ 的变化均较小。这是由于 m 值增大时，地基土对钢管桩组的侧向约束增大，计算段下端（土体表面位置）侧移减小，继而引起计算长度系数减小，轴压承载能力则增大。

模型2相对模型1的轴压稳定承载力有较大提高，计算长度系数则相应有较大减小。以 $m=1.0\text{MPa/m}^2$ 为例，承载力系数分别为0.426（模型1）、1.429（模型2），对应的计算长度系数分别为4.369（模型1）、1.609（模型2）。

（2）原有基础抗弯刚度的影响

模型1的原有基础与钢管桩组铰接，其抗弯刚度不影响轴压稳定性，因而这里仅针对模型2进行研究。原有基础的抗弯刚度是通过对钢管柱桩中部位置的转动约束而影响其轴压稳定性。考虑一般的地基土比例系数 $m=1.0\text{MPa/m}^2$ 为例。本例中原有基础-钢管桩的线刚度比 $k_0=i_b/i_{sc}=(E_bI_b/L_b)/(E_{sc}I_{sc}/L_{sc0})=86.14$，因而本节选取 $k_0=i_b/i_{sc}=0.1\sim100$ 进行参数化分析。图7.2.12和图7.2.13分别给出了不同线刚度比 k_0 时，临界轴压荷载系数和计算长度系数 μ 的变化情况。

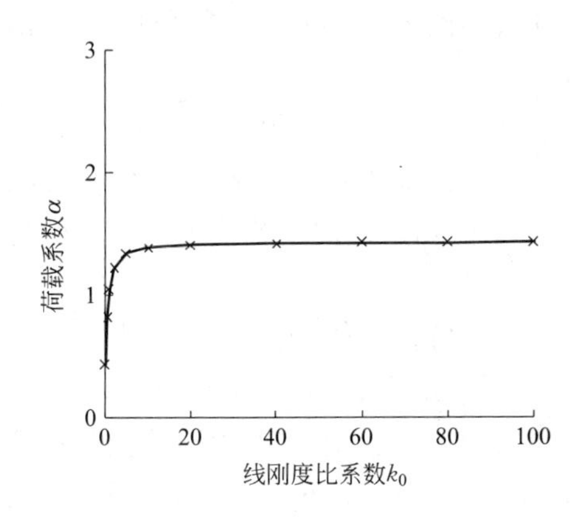

图 7.2.12 荷载系数-线刚度比系数

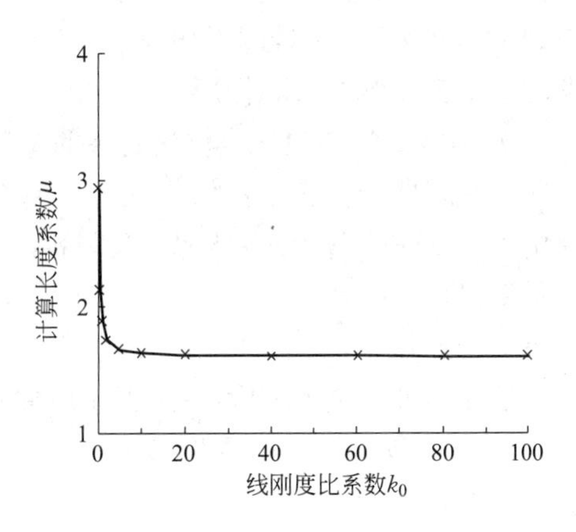

图 7.2.13 计算长度系数-线刚度比系数

可见，α 随 k_0 值增大而增大，μ 则随 k_0 值增大而减小，变化趋势基本相同；当 $k_0>10$ 时，α 、μ 的变化均很小，已可视为刚性基础。这是由于 k_0 值增大时，原有基础对钢管桩组中部的转动约束增大，计算长度系数减小，轴压承载能力则增大。

(3) 临时水平支撑作用分析

下面来分析锚杆静压桩之间设置临时水平支撑的作用，如甘水巷 3 号组团工程，4 根钢管桩之间共设置上下两道水平钢支撑。钢支撑的抗弯刚度是通过对钢管桩中部的侧向约束从而影响其轴压稳定性。考虑一般的地基土比例系数 $m=1.0\text{MPa/m}^2$ 为例，钢支撑与钢管柱的连接分别考虑铰接、刚接两种情况（实际应为半刚接连接），本例中钢支撑-钢管桩的线刚度比 $k_1=i_{b1}/i_{sc}=(E_{b1}I_{b1}/L_{b1})/(E_{sc}I_{sc}/L_{sc0})=0.734$，因而本节选取 $k_1=i_{b1}/i_{sc}=0.05\sim5$ 进行参数化分析。图 7.2.14 和图 7.2.15 分别给出了不同线刚度比 k_1 时，临界轴压荷载系数和计算长度系数 μ 的变化情况。

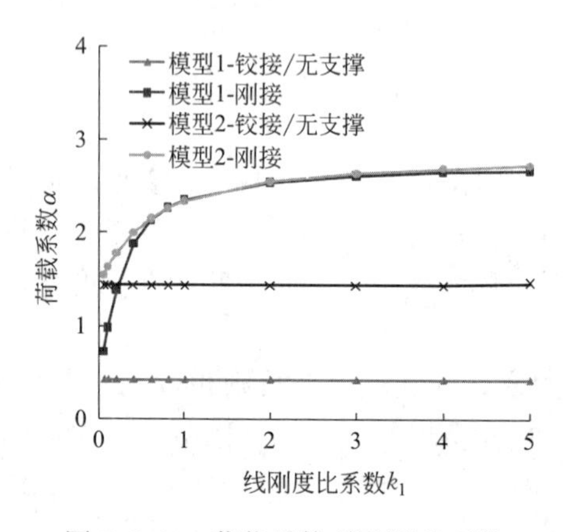

图 7.2.14　荷载系数-线刚度比系数

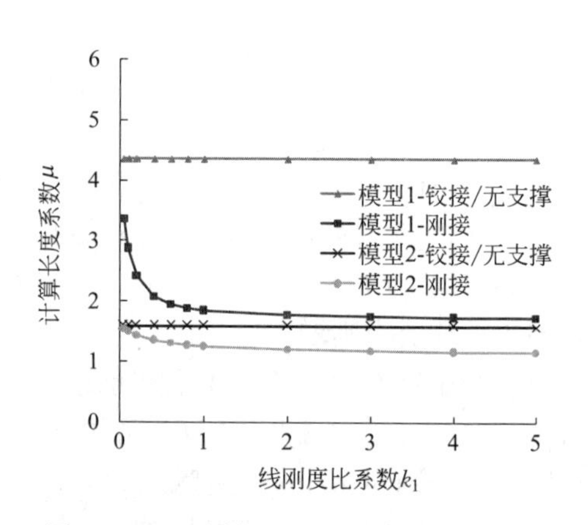

图 7.2.15　计算长度系数-线刚度比系数

可见，支撑铰接时其对钢管桩组的轴压稳定性基本不产生影响。支撑刚接时，不同模型下，α 均随 k_1 值增大而增大，μ 则随 k_1 值增大而减小，变化趋势基本相同；当 $k_1>1.0$ 时，α 、μ 的变化均很小。

对于模型 1，设置水平钢支撑可显著提高钢管桩的竖向承载力和稳定性，减小钢管桩的计算长度系数；而对于模型 2，水平钢支撑的作用相对较小，计算长度系数减小不明显。考虑到实际水平钢支撑与钢管桩之间节点构造介于刚接和铰接之间，对于模型 2，一般可不考虑水平钢支撑的有利作用。

3. 几何初始缺陷对托换桩稳定性的影响

非线性屈曲分析属于极值点失稳，在分析中考虑了几何大位移对临界屈曲荷载的影响。由于构件失稳前后的变形形态不一致，需施加一定的初始几何缺陷才可获得构件失稳后的平衡路径。

考虑初始缺陷的钢管桩组实际承载力一般要比理想特征值轴压荷载小一些。一致缺陷模态法是以钢管桩组的第一阶轴压屈曲模态作为初始几何缺陷，最大变形取为缺陷幅值。考虑一般地基土比例系数 $m=1.0\text{MPa/m}^2$，考虑开挖至底板位置，不计临时钢支撑的影响，按钢管桩组总长度为 14m，缺陷幅值分别取 $w=15\text{mm}$、45mm、75mm 进行分析。

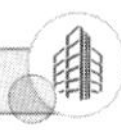

图7.2.16和图7.2.17分别给出了模型1、模型2在不同缺陷幅值情况下，临界轴压荷载系数α和计算长度系数μ随钢管桩组顶部节点轴向位移v的变化情况。

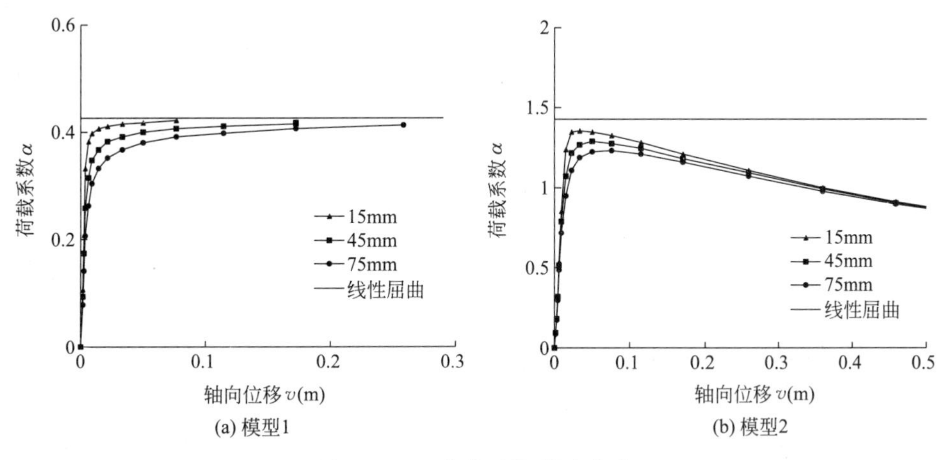

图7.2.16 荷载系数-轴向位移

由图7.2.16和图7.2.17可知，一致缺陷模态法的荷载-位移曲线为极值点屈曲过程。对于模型1和模型2，随着轴压荷载的增大，不同缺陷幅值情况下均具有较为明显的拐弯点（即极值点），含初始缺陷的钢管桩组的非线性临界屈曲荷载均稍小于线性特征值屈曲荷载值，对应的非线性计算长度系数则稍大于线性计算长度系数。实际工程中的钢管桩组一般不可避免会存在各种初始几何缺陷，因而非线性屈曲分析获得的临界轴压荷载更为接近实际情况。相同模型时，临界屈曲荷载随着初始缺陷幅值的增大而逐渐减小，即初始缺陷越大，钢管桩组的轴压稳定性能越差。

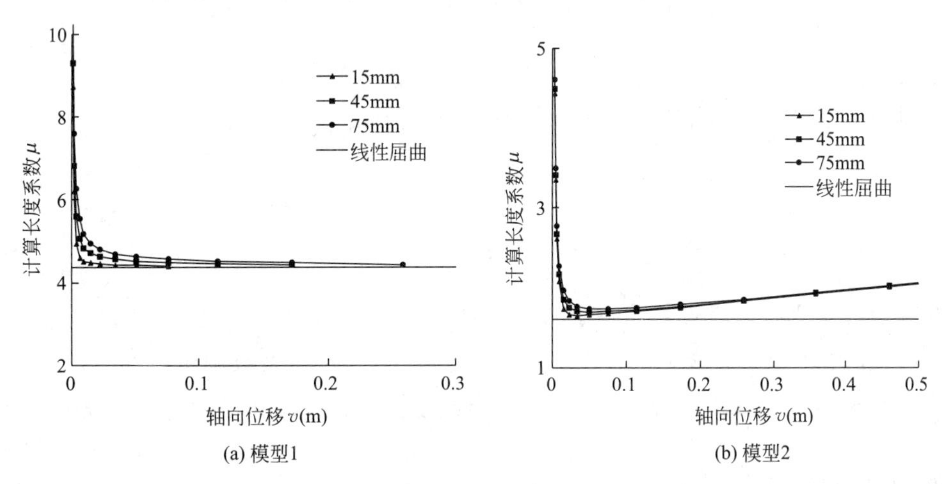

图7.2.17 计算长度系数-轴向位移

本例中各缺陷幅值w＝15mm、45mm、75mm时的临界轴压荷载系数和临界计算长度系数如表7.2.1所示。由表可知，缺陷幅值15～75mm时非线性计算长度系数约为线性计算长度系数的1.01～1.08倍（模型1）、1.03～1.10倍（模型2）。实际工程中的初始缺陷幅值一般小于75mm，因而实际工程中可对钢管桩组计算长度乘以放大系数1.10，以考虑几何初始缺陷的影响。

不同缺陷幅值时的临界荷载系数和临界计算长度系数　　表 7.2.1

工况		模型 1			模型 2		
缺陷幅值(mm)		15	45	75	15	45	75
非线性	轴压位移(m)	0.033			0.033		
	荷载系数	0.415	0.391	0.368	1.355	1.270	1.186
	长度系数	4.426	4.558	4.699	1.653	1.707	1.767
线性	荷载系数	0.426			1.429		
	长度系数	4.369			1.609		

4. 开挖后托换桩的侧向刚度和变形分析

(1) 钢管桩的侧向刚度分析

按土方开挖至设计基底标高进行分析，分别在模型 1 的原有基础位置、模型 2 的转换承台位置施加水平侧向力 $P=1\text{kN}$，求出对应位置的侧向位移 w_1、w_2，两种模型钢管桩组支承的侧向刚度比 $\beta=K_2/K_1=w_1/w_2$。图 7.2.18 为水平侧向力作用下的变形示意图。

图 7.2.19 给出了不同地基土比例系数 m 时侧向刚度比 β 的变化情况。可知，当 $m>0.1\text{MPa/m}^2$ 时，侧向刚度比 β 随 m 的增大而减小；即 m 值较大时，模型 2 的侧向刚度提高程度下降；其中 $m=0.1\text{MPa/m}^2$ 时，$\beta=2.85$。因而，模型 2 相对模型 1 的侧向刚度有较大的提高。

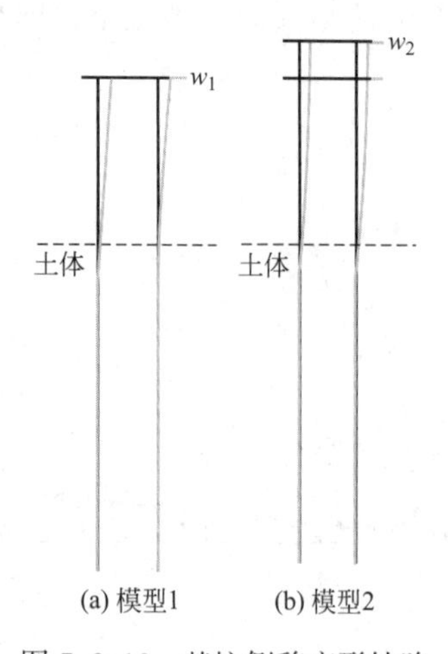

图 7.2.18　基坑侧移变形缺陷

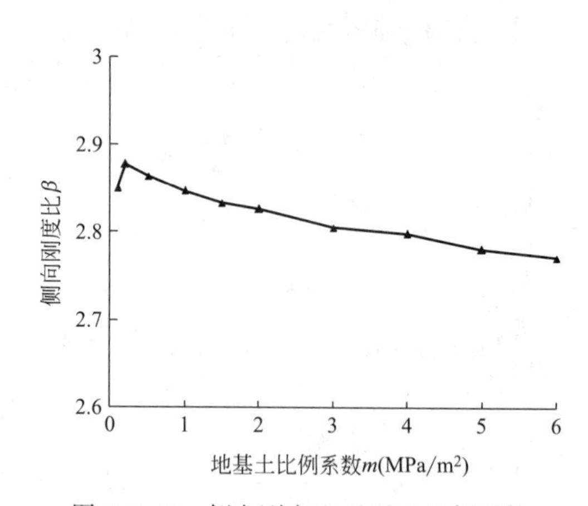

图 7.2.19　侧向刚度比-地基土比例系数

(2) 风荷载作用下的侧向位移

下面来分析开挖工况条件下，上部结构在水平风荷载作用下的侧向位移。上部结构 2 层，斜坡屋面，钢筋混凝土框架结构，层高 4.0m，考虑结构自重的楼面荷载一层为 9.4kN/m^2，二层为 6.6kN/m^2，屋面为 7.2kN/m^2。基本风压 $w_0=0.45\text{kN/m}^2$，两侧体型系数+0.8（风压）、−0.5（风吸），地面粗糙度为 B 类。根据坑底以下土层的性质，土体水平抗力系数 m 值取 2.0MPa/m^2。结构模型见图 7.2.20。

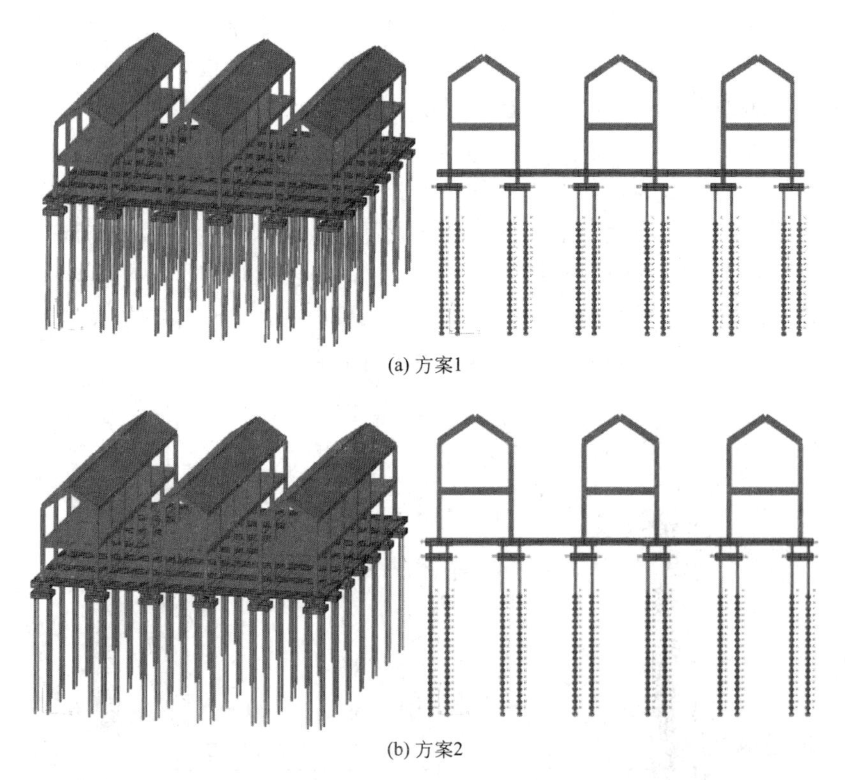

(a) 方案1

(b) 方案2

图 7.2.20 结构分析模型

图 7.2.21 给出了方案 1、方案 2 在风荷载作用下的整体模型侧向变形图。可知，方案 1 和方案 2 在一层楼面处的侧向位移 w_1、w_2 分别为 49.61mm、13.33mm，方案 2 相对方案 1 的侧向刚度比 $K_2/K_1=w_1/w_2=3.72$。因而，采用方案 2 进行逆作增建对结构的整体抗侧刚度有明显提高，有效减小侧向变形对钢管桩组稳定承载力的影响。

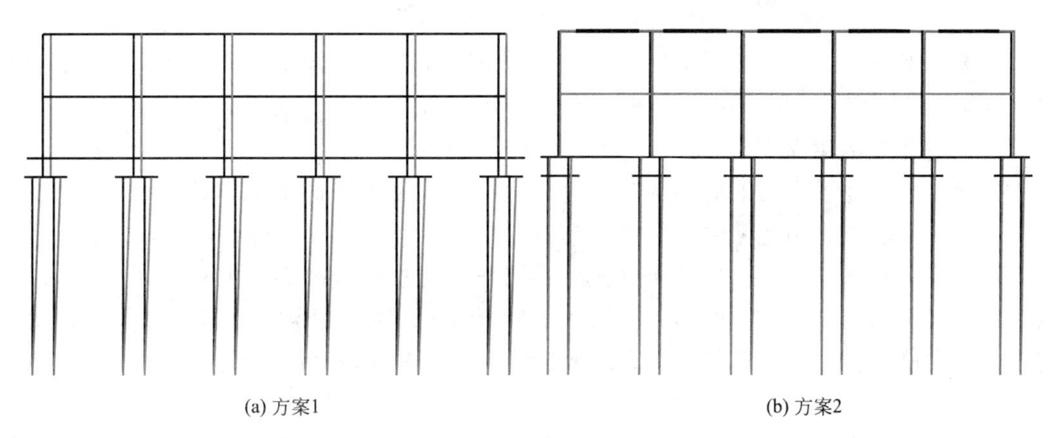

(a) 方案1

(b) 方案2

图 7.2.21 整体模型变形图

7.2.3 周边约束条件下托换结构的稳定性分析

当上部主体建筑高度较高或为高层建筑时，仅依靠竖向支承结构来抵抗风荷载等侧向荷载，其侧向刚度和上部建筑的水平位移均较难满足规范要求。此时，可利用基坑周边围护结构（如地下连续墙或钻孔灌注桩排桩墙等）作为上部主体建筑和竖向支承体系的侧向约束。如浙江饭店地下增层工程，原建筑建于1997年，地上13层，地下1层，拟考虑在原地下一层的下方增建地下二层，层高5.27～6.77m。采用原工程桩（钻孔灌注桩）和新增锚杆静压钢管桩共同作为逆作开挖阶段的竖向支承体系，图7.2.22为逆作开挖阶段支的护剖面示意图，分别在原地下室顶板标高处设置第一道水平内支撑（与周边围护桩压顶梁连接），在原地下室底板标高处设置第二道内支撑（通过围檩梁与周边围护桩连接）。这样，主体建筑竖向支承体系受到周边围护挡墙的水平约束，与周边围护挡墙和内支撑之间形成一个整体，共同抵抗竖向荷载和风荷载等水平荷载。

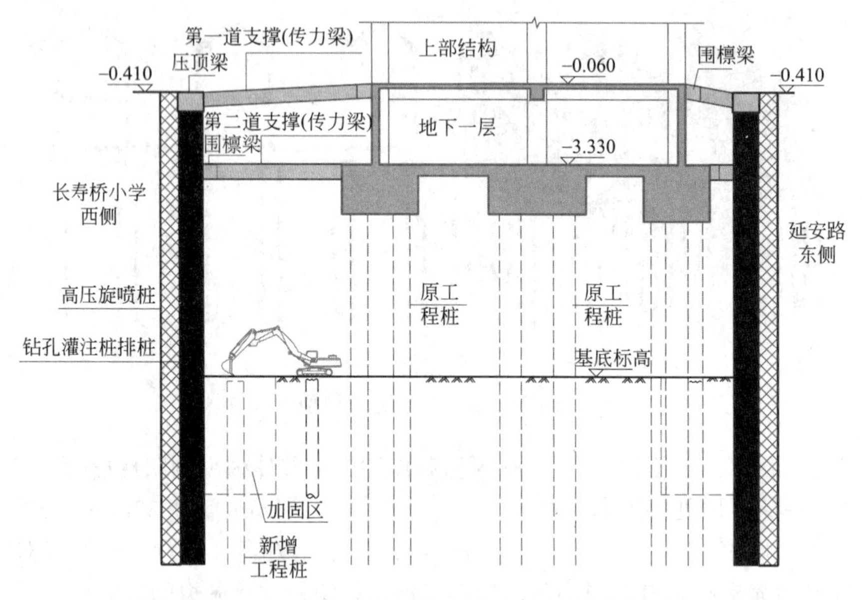

图7.2.22　浙江饭店逆作开挖阶段支护剖面示意

如上，当竖向支承体系与周边挡墙连为一体时，必须保证基坑支护结构具有足够的刚度，控制挡墙的变形，并考虑开挖条件下挡墙侧向变形对竖向支承结构受力的影响。

1. 计算模型的建立

以浙江饭店地下增层工程为例，研究周边约束条件下竖向支承结构的稳定性分析。浙江饭店原工程桩为钻孔灌注桩，桩径为分别为600mm、700mm和900mm，地下增层时利用既有工程桩和后增锚杆静压钢管桩共同作为托换结构体系（竖向支承体系），既有工程桩及新增锚杆桩的平面布置如图7.2.6所示。下面来分析桩在开挖和动态施工条件下的屈曲临界荷载和计算长度系数的变化情况，考虑开挖至坑底标高这一状态为计算工况。

设既有工程桩桩径为D，混凝土强度等级C30，弹性模量$E_{sc}=3.00\times10^4$MPa，截面惯性矩I_{sc}，底部嵌入中风化岩层，考虑桩顶与承台为铰接和刚接两种计算模型。计算模型如图7.2.23所示。桩在开挖面以下受到周边土体的水平弹性抗力，可视为横向分布的弹簧，假定桩侧土弹簧刚度随深度呈线性增加，并采用m法计算（参见本书第3.2.2节）。

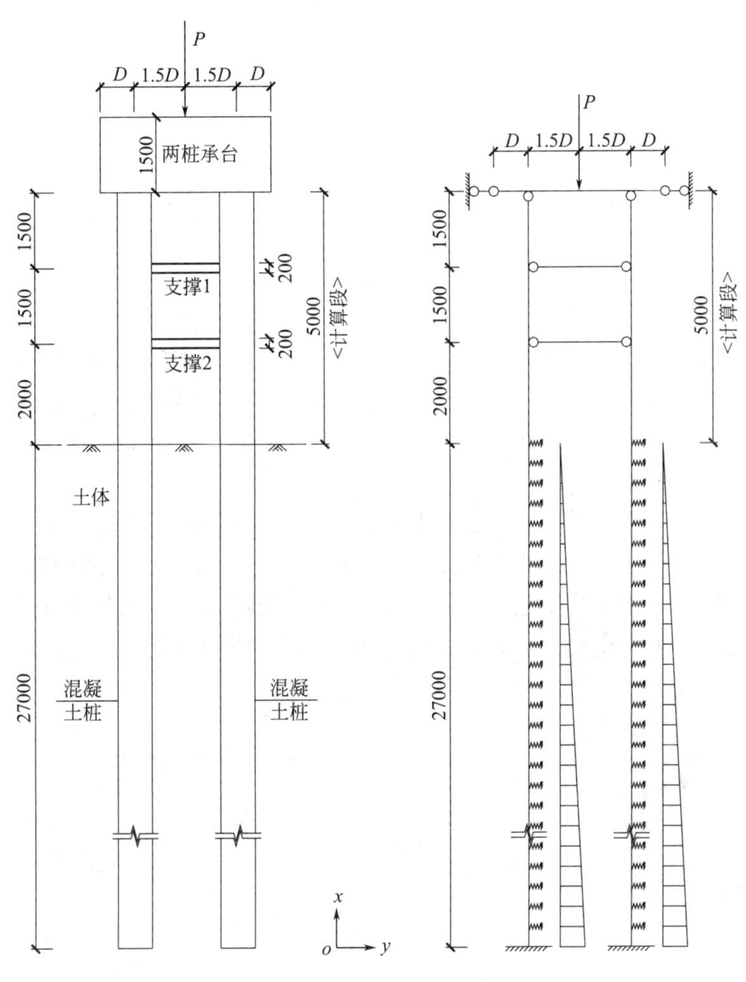

图 7.2.23　两桩支承结构及计算模型

2. 开挖后既有工程桩的屈曲稳定和承载力分析

(1) 地基土比例系数的影响

土体对既有工程桩的侧向约束作用通过土体水平抗力系数 m 值确定。实际工程中地基土 m 值一般为 0.1～6.0MPa/m^2。以桩径 600mm 为例进行分析，不计临时钢支撑的作用（作为设计安全储备）。图 7.2.24、图 7.2.25 分别为不同 m 值时两桩支承的临界轴压荷载系数 α 和计算长度系数 μ 的变化情况，对应临界轴压荷载 $P_{cr}=\alpha \cdot P$ 和计算长度 $L_{cr}=\mu \cdot L_{sc0}$，其中 $P=8086$kN，$L_{sc0}=5.0$m。

可见，不同桩顶连接时，α 均随 m 值增大而增大，μ 则随 m 值增大而减小，变化趋势基本相同；当 $m>2.0$MPa/m^2 时，α、μ 的变化均较小。这是由于 m 值增大时，地基土对两桩支承的侧向约束增大，计算段下端（土体表面位置）侧移减小，继而引起两桩支承计算段的反弯点上升，计算长度系数减小，轴压承载能力增大。

桩顶刚接相对桩顶铰接的轴压稳定承载力有较大提高，计算长度系数则相应有较大减小。以 $m=1.0$MPa/m^2 为例，荷载系数分别为 8.4389（铰接）、13.573（刚接），计算长度系数分别为 1.486（铰接）、1.172（刚接）。

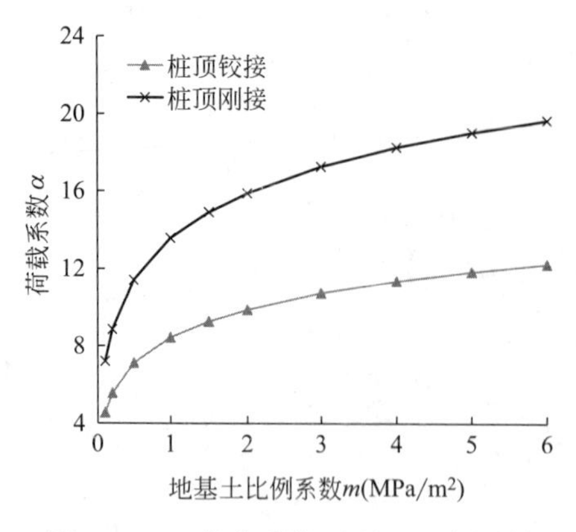

图 7.2.24　荷载系数-地基土比例系数

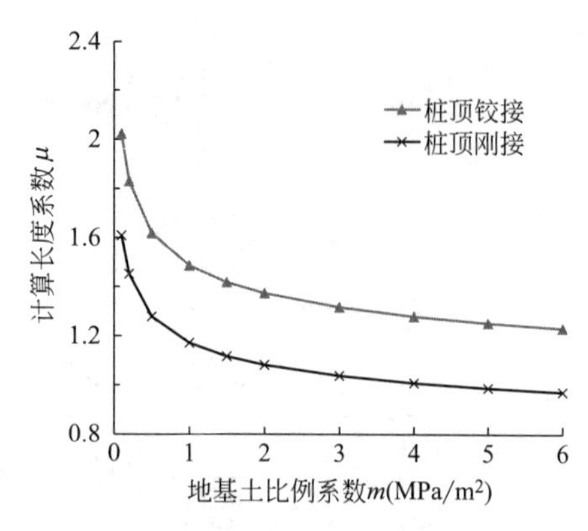

图 7.2.25　计算长度系数-地基土比例系数

（2）桩身直径的影响

考虑一般的地基土比例系数 $m=1.0\text{MPa/m}^2$ 为例，桩身直径则选取工程中常用的 $D=$ 600～900mm 进行分析。图 7.2.26 和图 7.2.27 分别给出了不同桩身直径 D 时，临界轴压荷载系数 α 和计算长度系数 μ 的变化情况。可见，不同桩顶连接时，桩径 D 对轴压稳定承载力和计算长度系数的影响均较大，且 α 和 μ 均随桩径 D 的增大而增大，变化趋势基本相同。

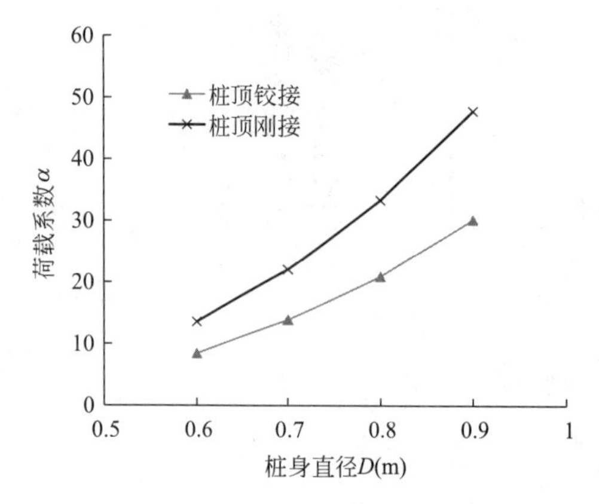

图 7.2.26　荷载系数-线刚度比系数

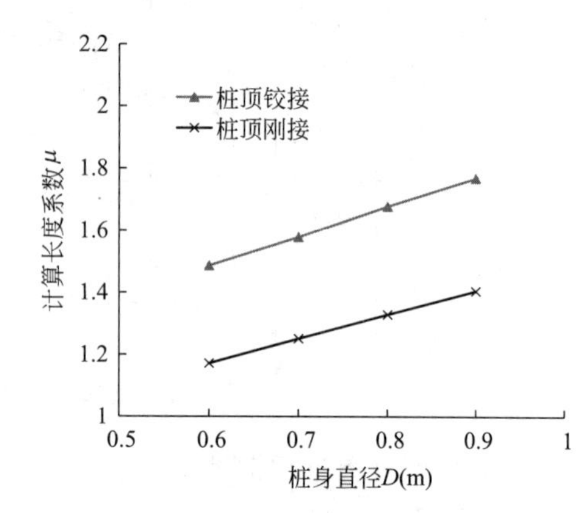

图 7.2.27　计算长度系数-线刚度比系数

3. 几何初始缺陷对既有工程桩稳定性的影响分析

取地基土比例系数 $m=1.0\text{MPa/m}^2$，桩径 $D=600\text{mm}$ 进行分析，分析桩顶铰接（模型 1）和桩顶刚接（模型 2）两种情况。工程桩的初始几何缺陷按一致缺陷模态考虑，即以第一阶轴压屈曲模态作为其初始几何缺陷，最大变形取为缺陷幅值，结合工程桩的桩长和施工允许偏差，缺陷幅值取为 $w=35\text{mm}$、100mm、160mm 进行分析。

图 7.2.28 和图 7.2.29 分别给出了不同缺陷幅值情况下，临界轴压荷载系数 α 和计算长度系数 μ 随钢管桩组顶部节点轴向位移 v 的变化情况。

分析结果表明，一致缺陷模态法的荷载-位移曲线为极值点屈曲过程。对于模型 1 和模型 2，随着轴压荷载的增大，不同缺陷幅值情况下均具有较为明显的拐弯点（即极值点），含初始缺陷的两桩支承的非线性临界屈曲荷载均稍小于线性特征值屈曲荷载值，对应的非线性计算长度系数则稍大于线性计算长度系数。实际工程中的两桩支承一般不可避

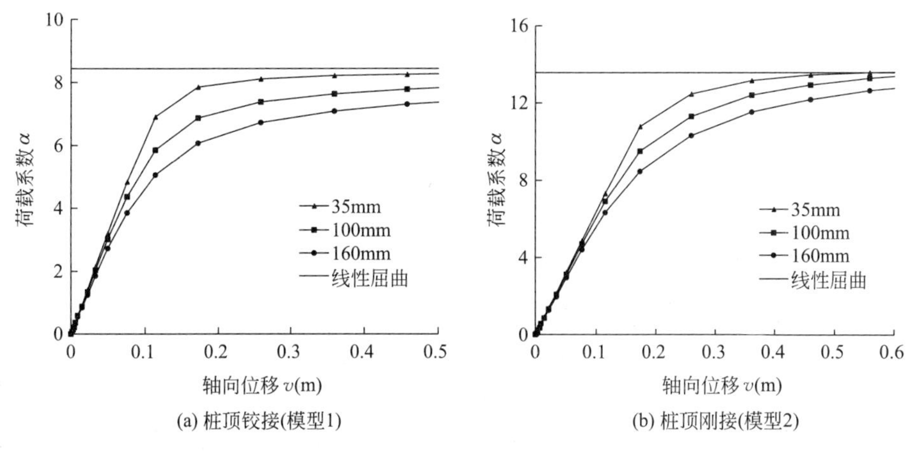

(a) 桩顶铰接(模型1)　　(b) 桩顶刚接(模型2)

图 7.2.28　荷载系数-轴向位移

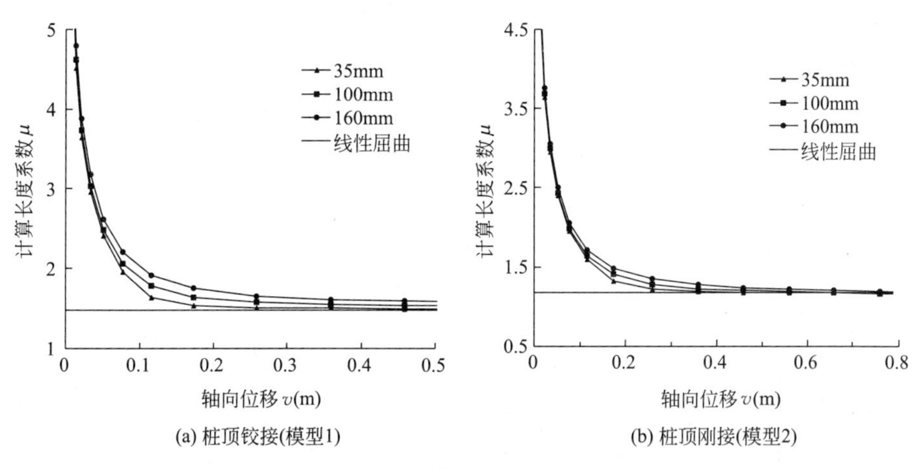

(a) 桩顶铰接(模型1)　　(b) 桩顶刚接(模型2)

图 7.2.29　计算长度系数-轴向位移

免会存在各种初始几何缺陷，因而非线性屈曲分析获得的临界轴压荷载更为接近实际情况。相同模型时，临界屈曲荷载随着初始缺陷幅值的增大而逐渐减小，即初始缺陷越大，两桩支承的轴压稳定性能越差。

本例中各缺陷幅值 w = 35mm、100mm、160mm 时的临界轴压荷载系数和临界计算长度系数如表 7.2.2 所示。由表可知，缺陷幅值 35～160mm 时非线性计算长度系数约为线性计算长度系数的 1.04～1.18 倍（模型 1）、1.04～1.15 倍（模型 2）。实际工程中的初始缺陷幅值一般小于 150mm，因而实际工程中可对钢管桩计算长度乘以放大系数 1.20，以考虑初始缺陷的影响。

不同缺陷幅值时的临界轴压荷载系数和临界计算长度系数　　表 7.2.2

工况		模型 1			模型 2		
缺陷幅值(mm)		35	100	160	35	100	160
非线性	轴压位移(m)	0.17	0.17	0.17	0.26	0.26	0.26
	荷载系数	7.861	6.864	6.060	12.463	11.297	10.291
	长度系数	1.540	1.648	1.754	1.223	1.284	1.346

续表

工况		模型 1	模型 2
线性	荷载系数	8.4389	13.573
	长度系数	1.486	1.172

4. 基坑挡墙侧移对既有工程桩稳定承载力的影响

同样取地基土比例系数 $m=1.0\mathrm{MPa/m^2}$，桩径 $D=600\mathrm{mm}$ 进行分析，分析桩顶铰接（模型 1）和桩顶刚接（模型 2）两种情况。因基坑周边挡墙侧向变形引起的工程桩缺陷幅值分别取 $w=35\mathrm{mm}$、100mm、160mm 进行分析。

本例中各缺陷幅值 $w=35\mathrm{mm}$、100mm、160mm 时的临界轴压荷载系数和临界计算长度系数如表 7.2.3 所示。由表可知，缺陷幅值 35～160mm 时非线性计算长度系数约为线性计算长度系数的 1.01～1.06 倍（模型 1）、1.02～1.05 倍（模型 2）。实际工程中的初始缺陷幅值一般小于 150mm，因而实际工程中可对钢管桩组计算长度乘以放大系数 1.10，以考虑初始缺陷的影响。

不同缺陷幅值时的临界轴压荷载系数和临界计算长度系数　　表 7.2.3

工况		模型 1			模型 2		
缺陷幅值(mm)		35	105	175	35	105	175
非线性	轴压位移(m)	0.17	0.17	0.17	0.26	0.26	0.26
	荷载系数	8.283	7.915	7.585	13.150	12.682	12.386
	长度系数	1.500	1.534	1.567	1.190	1.212	1.227
线性	荷载系数	8.4389			13.573		
	长度系数	1.486			1.172		

5. 工程实例

浙江饭店新增地下二层位于原地下一层的正下方，开挖深度约 8m。地下二层逆作开挖阶段，需利用原有工程桩及新增锚杆静压钢管桩联合作为上部结构的竖向支承体系（基础整体托换系统）。原工程桩采用钻孔灌注桩，桩径分别为 600mm、700mm 和 900mm，持力层为 8-2 中风化安山岩（靠延安路一侧）和 9-2 中风化泥灰质粉砂岩（靠凤起路一侧），桩端分别进入持力层 8-2 层不小于 1m、进入 9-2 层不小于 2m。桩身混凝土强度等级 C30。

地下二层土层开挖后，原桩基承台下方处于临空状态，工程桩处于高承台桩的受力状态，且设计开挖标高以下仍为深厚淤泥质软弱土层。不难判断，当下部土方开挖至基底设计标高，但新建地下二层的基础垫层和承台底板尚未施工这一阶段，是竖向支承体系的最不利受力工况。

根据前述关于开挖后既有工程桩的屈曲稳定和承载力分析，当开挖至设计基底标高时，不考虑基坑挡墙侧移影响和考虑基坑挡墙侧移的工程桩屈曲稳定计算长度系数列于表 7.2.4。为工程设计安全起见，单桩压曲计算长度系数按桩顶铰接考虑，则单桩桩身轴向稳定承载力计算结果见表 7.2.5。

开挖条件下既有工程桩单桩计算长度系数　　　表7.2.4

桩径			600mm	700mm	900mm
桩顶承台连接方式	桩顶铰接	不考虑基坑侧移影响	1.45	1.57	1.78
		考虑基坑侧移影响	1.595	1.727	1.958
	桩顶固接	不考虑基坑侧移影响	1.17	1.23	1.42
		考虑基坑侧移影响	1.287	1.353	1.562

开挖条件下既有工程桩轴向稳定承载力计算结果　　　表7.2.5

桩径(mm)	计算长度系数	L_c/d	稳定系数	桩身强度 $\psi f_c A$(kN)	计入压屈的稳定承载力 $\varphi\psi f_c A$(kN)
ϕ600	1.595	21.267	0.641	3030.9	1942.8
ϕ700	1.727	19.737	0.682	4125.3	2874.9
ϕ900	1.958	15.664	0.803	6819.5	5476.1

7.3 开挖卸荷条件下既有工程桩的变形和承载性状分析

7.3.1 开挖卸荷对既有工程桩变形性状的影响分析

既有桩基承台下方土体开挖前，既有工程桩桩顶受上部建筑和基础结构传来的荷载作用，且桩顶荷载等于桩侧摩阻力和桩端阻力之和，处于平衡状态。土体开挖后，开挖面以下土体将产生卸荷回弹，引起桩周土体应力场和位移场发生改变。由于既有工程桩的存在，开挖面以下土体卸荷回弹受到抑制，隆起量较无工程桩作用时明显减小。

随着土方开挖，开挖面以下土体的卸荷回弹使既有工程桩的桩侧正摩阻力不断增大，直至达到极限摩阻力，同时桩端阻力相应减小。假设开挖卸荷前，既有工程桩在上部建筑荷重作用下其沉降变形已趋于稳定，若以该状态为起始状态，则开挖卸荷后，工程桩总体上呈上抬趋势。

这里仍以浙江饭店地下增层工程为例。场地位于杭州典型的软土地区，场地土层分布及物理力学参数如表7.3.1所示。地下水统一考虑在地表下1m。既有地下室埋深为5m，增层开挖深度为8m。采用平面应变有限元模型进行分析，根据对称性取地下室横截面的一半。桩长均为34m，靠近坑中心的2根桩直径均为900mm，间距2.25m；靠近坑边的2根桩直径均为600mm，间距1.5m。桩顶均作用大小为其承载力特征值的集中力。模型宽度为50m，高度为60m，开挖宽度为12m。土体采用能很好地反映开挖卸荷引起土体应力状态变化的硬化土模型，并假定桩土之间不会发生相对滑移。

具体计算步骤如下：首先计算桩-土体系重力加载，将重力场计算结果作为初始条件，同时忽略初始位移场，开挖地下一层5m。由于该项目竣工已近20年，既有的地下一层开挖卸荷影响已消除，所以在模拟开挖地下二层8m时忽略开挖地下一层的位移场。

计算结果如图7.3.1所示，当不考虑既有工程桩作用时，坑底土体回弹明显，隆起量最大为30mm；考虑既有工程桩的抑制作用，坑底土体隆起量明显减小，同时工程桩总体表现为向上抬升，从坑中到坑边，4 根工程桩所在位置的上抬值（桩顶）分别为 3.5mm、3.5mm、2.5mm 和 2.5mm，可见位于基坑中部工程桩的上抬量大于坑边，这与桩在上部荷载作用下的沉降变形趋势刚好相反。因此开挖卸荷引起既有工程桩一定程度的上抬，可抵消前期建造时因桩基不均匀沉降引起上部结构的一部分附加内力。

土层物理力学参数 **表 7.3.1**

层号	名称	层厚 (m)	重度 (kN/m^3)	渗透系数 (m/d)	黏聚力 (kPa)	内摩擦角 (°)	压缩模量 (MPa)	泊松比
①$_2$	素填土	5.1	17.7	5.3×10^{-4}	9.0	12.0	40	0.35
③$_2$	淤泥质粉质黏土	11.5	17.9	2.2×10^{-4}	11.2	19.5	35	0.35
	淤泥质黏土	6.0	17.1	1.3×10^{-4}	19.6	7.0	30	0.35
④$_3$	黏土	5.0	19.0	3.0×10^{-4}	37.0	14.5	73	0.35
⑤	粉质黏土	5.0	18.9	3.9×10^{-4}	35.0	16.0	70	0.35
⑥$_1$	黏土	5.4	18.0	3.0×10^{-4}	52.5	9.0	45	0.35
⑧$_2$	中风化安山岩	—	22.0	7.8×10^{-2}	450.0	53.0	150	0.25

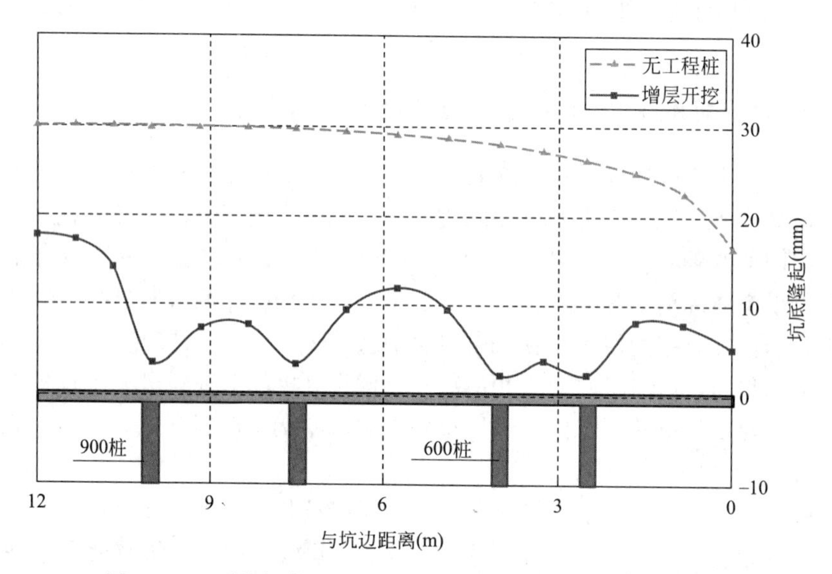

图 7.3.1 开挖卸荷对坑底土体及既有工程桩变形形状的影响

7.3.2 开挖卸荷对既有工程桩竖向抗压承载力的影响分析

土体开挖对既有工程桩极限承载力的影响，一方面，反映在原基础底板下方土体开挖引起桩侧摩阻力降低，即在计算桩侧总摩阻力时，应扣除开挖面以上段土体的侧摩阻力；另一方面，超深开挖产生的卸载效应，会显著减小桩身法向应力，导致桩侧摩阻力下降，从而使桩的极限承载力（抗压、抗拔）显著降低。

假定既有建筑原基础以下土体已固结完成，土中超静孔隙水压力已充分消散，则开挖前桩侧土的侧压力系数 K 可取静止土压力系数 K_0。

假设开挖前土体已固结，计算点深度 z 处的竖向有效应力为：

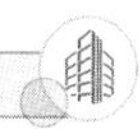

$$\sigma'_{v0}=\bar{\gamma}'z+q \tag{7.3.1}$$

式中，z 为自基础底面起算的计算点深度；$\bar{\gamma}'$ 为原基础底面至计算点深度范围内土层的平均有效重度；q 为原基础底面的土体压力。

对于无限尺寸的基坑，开挖卸荷产生的竖向附加有效应力为：

$$\Delta\sigma'_{v(R=\infty)}=-(\bar{\gamma}'h+q) \tag{7.3.2}$$

式中，h 为原基础底面以下土方开挖深度。

将式（7.3.2）改写为以下形式：

$$\Delta\sigma'_{v(R=\infty)}=-\bar{\gamma}'h' \tag{7.3.3}$$

式中，h' 为考虑原基础底面土反力（考虑土体应力历史）后的折算开挖深度。

对于有限尺寸的基坑，由式（3.4.62）～式（3.4.65）得到开挖面以下不同深度、不同平面位置各计算点的竖向附加应力可采用下式表达：

$$\Delta\sigma'_{v}=-\bar{\gamma}'h'\cdot\bar{\xi}(m,n)\cdot\alpha_{z,a\times a}(m,k) \tag{7.3.4}$$

式中，附加应力系数 $\alpha_{z,\ a\times a}(m,\ k)$、$\bar{\xi}(m,\ n)$ 按表3.4.3～表3.4.6查表计算得到，开挖深度应取折算开挖深度 h'。

开挖面以下不同深度、不同平面位置各计算点的竖向有效应力可采用下式表达：

$$\sigma'_{v1}=\bar{\gamma}'z+q-\bar{\gamma}'h'\cdot\bar{\xi}(m,n)\cdot\alpha_{z,a\times a}(m,k) \tag{7.3.5}$$

式中，z 为原基础底面起算的计算点深度。

根据开挖面以下不同深度、不同平面位置各计算点的竖向有效应力 σ'_{v1} 和开挖前该计算点的竖向有效应力 σ'_{v0}，即可得到不同深度处开挖后的桩侧摩阻力折减系数：

$$\frac{f_{s1}}{f_{s0}}=\frac{\sigma'_{v1}}{\sigma'_{v0}}\cdot OCR^{\xi\cdot\sin\varphi'} \tag{7.3.6}$$

7.3.3 工程实例

浙江饭店位于延安路与凤起路交叉口的西南角，建于1997年，建筑平面呈L形，长76.20m，宽44.20m，地上13层，地下1层，屋顶标高44.960m，机房顶标高48.500m。首层±0.000标高相当于黄海高程+8.350m。上部结构体系采用钢筋混凝土框架-剪力墙结构，框架柱网以7.0m×7.8m为主。新增地下二层位于原地下一层的正下方（图7.2.5），开挖深度约8m。地下二层逆作开挖阶段，利用原工程桩及新增锚杆静压钢管桩联合作为上部结构的竖向支承体系。原工程桩采用钻孔灌注桩，以⑧-2中风化安山玢岩和⑨-2中风化泥灰质粉砂岩为持力层，桩端进入⑧-2土层不少于1m，进入⑨-2土层2m，桩长34～40m，桩径分别为600mm、700mm、900mm，对应的承载力特征值分别为2600kN、3200kN和4330kN。原工程桩桩位平面布置如图7.2.6所示。

根据当年的岩土工程勘察报告，场地地层分为9大层17亚层，各土层性质描述如下：

①-1杂填土：灰褐、黑灰色，湿至饱和，松散，含瓦砾碎石约25%，局部含大块石，少量有机质，BH10孔0.5～1.4m为空洞。

①-2素填土：黑灰、灰褐色，饱和，松散。含少量砖瓦屑、有机质。

②粉质黏土：褐黄夹灰、浅灰色，软塑。含少量氧化铁。

③-1淤泥质黏土：灰色，流塑。含有机腐殖质，少量植物残体。

③-2淤泥质粉质黏土混淤泥质粉土：灰色，流塑。含有机腐殖质，夹粉土薄层，少量

云母碎屑。

③-3 淤泥质粉土：灰色，流塑。含有机腐殖质、少量植物残体。

④-1 粉质黏土夹粉土：褐黄灰、灰褐色，软塑。含少量有机质、植物残体。

④-2 黏土夹粉土：褐黄色，硬可塑。含少量氧化铁，夹少量粉土薄层。

④-3 黏土：褐黄色，硬可塑。含少量氧化铁，夹少量粉土薄层。

⑤粉质黏土：褐黄、浅灰黄色，可塑。含少量氧化铁，夹少量粉土薄层。

⑥-1 黏土：灰白夹黄色，软塑。含少量氧化铁。

⑥-2 黏土：灰绿夹黄，硬可塑。含少量氧化铁。

⑦含砂砾粉质黏土：灰黄、灰绿色，可塑。含少量粉细砂及砾石，少量氧化铁。

⑧-1 强风化安山岩。

⑧-2 中等风化安山岩：分布在场地东南侧。

⑨-1 强风化泥灰质粉砂岩。

⑨-2 中等风化泥灰质粉砂岩：分布在场地西北侧。

由地质剖面可知，本场地表层为性质较差的①人工填土层，层厚 3.7～5.6m，以下为性质一般的②粉质黏土“硬壳”层，层厚 0.8～2.8m，其下即为高压缩性的深厚软弱土层，即③淤泥质黏土层，层厚 13.4～17.3m，③层以下为性质相对较好的④层粉质黏土、黏土夹粉土、黏土层，层厚 3.7～8.3m，⑤粉质黏土层，层厚 2.9～6.1m，⑥黏土层，层厚 5.0～7.4m，⑦含砂砾粉质黏土层，层厚 0.2～1.3m，下卧基岩由⑧安山岩、⑨泥灰质粉砂岩组成，基岩有明显的风化带。各土层物理力学指标详见表 7.3.2。

各土层物理力学指标 **表 7.3.2**

土类	层号	含水量（%）	重度（kN/m³）	天然孔隙比	黏聚力（kN/m²）	内摩擦角（°）	压缩系数（MPa⁻¹）
杂填土	①-1		(18)		(16)	(7)	
素填土	①-2		17.7	1.152	(9)	(12)	0.52
粉质黏土	②	31.3	18.7	0.869	22.3	13.6	0.38
淤泥质黏土	③-1	38.8	17.7	1.098	14.5	8.5	0.75
淤泥质粉质黏土	③-2	35.6	17.9	1.011	11.2	19.5	0.54
淤泥质黏土	③-3	43.8	17.1	1.251	19.6	7.0	0.76
粉质黏土夹粉土	④-1	25.1	18.4	0.803			0.40
黏土夹粉土	④-2	29.0	19.1	0.817	36	12.5	0.21
黏土	④-3	29.3	19.0	0.825	37	14.5	0.25
粉质黏土	⑤	28.8	18.9	0.822	35	16	0.20
黏土	⑥-1	36.7	18.0	1.048	52.5	9	0.20
黏土	⑥-2	23.7	19.6	0.693	36	16	0.25

注：括号内数值为经验值。

浙江饭店增建地下二层工程，需在原地下一层板底再向下开挖 8m。考虑原基础底面土体会产生一定的反力，假设原基础底面土体压力为 $q=35$kPa，地下水位为地表下 1.0m，基坑开挖折算深度为 $h'=13$m。考虑基坑平面形状和尺寸，根据式（7.3.4）～式

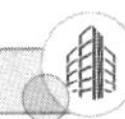

（7.3.6）采用查表法可计算得到开挖面以下不同深度计算点的卸荷应力、有效应力和桩侧摩阻力折减系数。基坑中心点开挖后桩侧摩阻力折减系数 f_{s1}/f_{s0} 的计算过程见表 7.3.3。

开挖前后桩侧摩阻力折减系数 f_{s1}/f_{s0} 的计算表　　**表 7.3.3**

土层名称	层厚(m)	有效内摩擦角 φ'(°)	有效重度(kN/m³)	计算厚度(m)	层底标高(m)	计算点深度(m)	σ_{y0}	相对深度	系数 α_1	$\Delta\sigma_{y1}$	σ_{y1}	OCR	$\sin\varphi'$	OCR^{α}	f_{s1}/f_{s0}
		—	0	0	0	0	0.00								
杂填土	2.2	—	8	1.00	1	0.50	4.00								
		—	8	1.20	2.2	1.60	12.80								
素填土	2.6	—	7.7	1.30	3.50	2.85	22.61								
		—	7.7	1.30	4.80	4.15	32.62								
粉质黏土	0.8	—	8.7	0.80	5.60	5.20	41.10								
淤泥质粉质黏土	12.4	—	7.7	2.00	7.60	6.60	52.28								
		—	7.7	2.00	9.60	8.60	67.68								
		—	7.7	2.00	11.60	10.60	83.08	挖深 $h=$							
		—	7.7	1.40	13.00	12.30	96.17	13.000	101.5600						
		11	7.7	2.00	15.00	14.00	109.26	0.077	0.8253	−83.82	25.44	4.294	0.191	1.320	0.307
		11	7.7	1.50	16.50	15.75	122.74	0.212	0.7940	−80.64	42.10	2.916	0.191	1.226	0.421
		11	7.7	1.50	18.00	17.25	134.29	0.327	0.7656	−77.75	56.53	2.375	0.191	1.179	0.496
淤泥质黏土	4.6	9	7.1	1.60	19.60	18.80	145.74	0.446	0.7349	−74.64	71.10	2.050	0.156	1.119	0.546
		9	7.1	1.50	21.10	20.35	156.75	0.565	0.7028	−71.38	85.37	1.836	0.156	1.100	0.599
		9	7.1	1.50	22.60	21.85	167.40	0.681	0.6702	−68.07	99.33	1.685	0.156	1.085	0.644
黏土	4.9	16	9	1.50	24.10	23.35	179.47	0.796	0.6382	−64.82	114.65	1.565	0.276	1.131	0.723
		16	9	1.50	25.60	24.85	192.97	0.912	0.5812	−59.03	133.94	1.441	0.276	1.106	0.768
		16	9	1.90	27.50	26.55	208.27	1.042	0.5687	−57.76	150.51	1.384	0.276	1.094	0.790
粉质黏土	3.8	18	8.9	1.90	29.40	28.45	225.28	1.188	0.5341	−54.24	171.03	1.317	0.309	1.089	0.827
		18	8.9	1.90	31.30	30.35	242.19	1.335	0.4992	−50.70	191.49	1.265	0.309	1.075	0.850
黏土	4	12	8	2.00	33.30	32.30	258.64	1.485	0.4636	−47.08	211.56	1.223	0.208	1.043	0.853
		12	8	2.00	35.30	34.30	274.64	1.638	0.4274	−43.41	231.23	1.188	0.208	1.036	0.873
黏土	3.3	19	9.6	1.30	36.60	35.95	288.88	1.765	0.3688	−37.46	251.42	1.149	0.325	1.046	0.911
		19	9.6	2.00	38.60	37.60	304.72	1.892	0.3670	−37.27	267.45	1.139	0.325	1.043	0.916
强风化岩	2	35	9.9	2.00	40.60	39.60	324.22	2.046	0.3352	−34.04	290.18	1.117	0.573	1.066	0.954
中风化岩	1.2	45	10.00	1.20	41.80	41.20	340.12	2.169	0.3189	−32.39	307.73	1.105	0.707	1.073	0.971

计算结果可以看出，开挖卸荷引起的基底土体竖向附加应力随深度不断减小，桩侧摩阻力折减系数随深度增大，至桩底部位接近于 1.0。开挖前后不同桩径的单桩承载力比较

见表7.3.4，计算结果表明，考虑开挖和卸荷影响后，各种桩径的工程桩的单桩承载力特征值下降区间在10%～25%范围内。

开挖前后不同桩径的单桩承载力比较（kN） **表7.3.4**

桩径		$\phi600$	$\phi700$	$\phi900$
开挖前	承载力特征值 R_0	2807～3529	3495～4502	5058～6778
	承载力特征值(平均)	3177.2	4001.6	5903.2
	侧摩阻力特征值(平均)	1660.7	1937.4	2491.0
开挖后	开挖引起桩侧摩阻力减小值(平均)	580	676	870
	承载力特征值 R_1	2225～2985	2816～3867	4188～5908
开挖前后单桩承载力比较	R_1/R_0	79.2%～84.6%	80.6%～88.9%	82.8%～87.2%

7.4 新增锚杆静压桩与既有工程桩协同工作分析

7.4.1 新增锚杆静压桩与既有工程桩协同工作

对于采用桩基础的既有建筑，当利用新增静压锚杆桩和既有工程桩联合作为地下开挖增层阶段的竖向支承结构时，由于锚杆静压桩施工前，上部既有建筑物及其基础的全部荷重均已作用在既有工程桩上，如何在后期开挖阶段确保新增锚杆桩与原工程桩之间做到变形协调、协同工作，是设计需要考虑和解决的另一个问题。浙江饭店地下逆作增层设计时，为保证锚杆静压钢管桩与原钻孔灌注桩之间能协调作用，要求钢管桩静压到位后，通过设置临时反力架使钢管桩桩顶封孔前保留一定的预压力，即"持荷封桩"，使新增锚杆桩与原工程桩之间能整体受力，共同承担上部既有结构的竖向荷载，如图7.4.1所示。

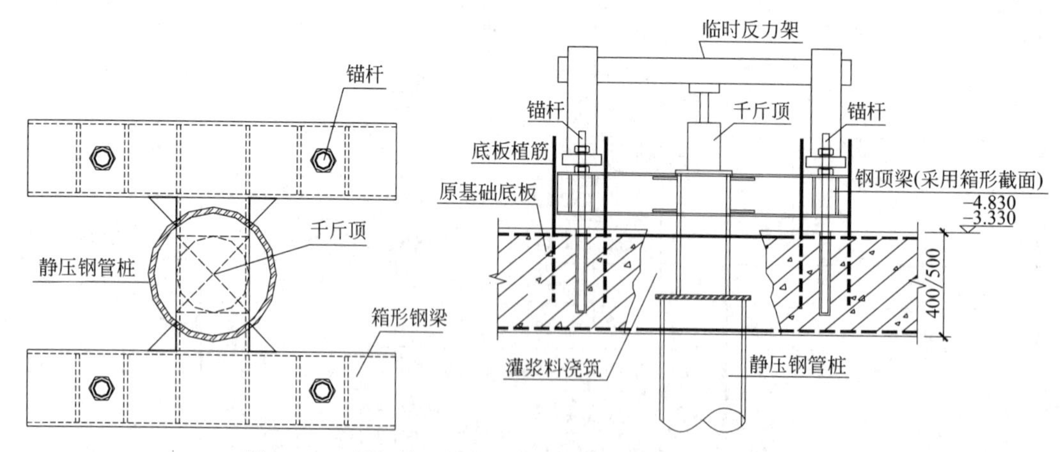

图7.4.1 锚杆静压钢管桩临时反力架示意（保留预压力）

假设某一框架柱下，原工程桩 n_1 根，新增锚杆静压桩 n_2 根。锚杆静压桩施工前，柱轴向荷载 P_0（含原基础承台荷载）均由原工程桩承担，锚杆静压桩施工完成并封桩后，

P_0 由原工程桩和锚杆静压桩共同承担，即：

$$n_1F_{p0}+n_2F_{m0}=P_0 \tag{7.4.1}$$

式中，F_{p0}、F_{m0} 分别为原工程桩和锚杆静压桩的桩顶反力（假设刚性承台下相同桩的桩顶反力相同）。逆作开挖和新增地下室完成后，有下式：

$$n_1F_p+n_2F_m=P_0+\Delta P \tag{7.4.2}$$

式中，F_p、F_m 分别为逆作开挖和新增地下室完成后工程桩和锚杆静压桩的桩顶反力，ΔP 为该轴线框架柱考虑新增结构及施工荷载等因素新增的轴向荷载。假设在 ΔP 作用下每根桩的桩顶反力按其承载力大小呈比例增加，则有：

$$n_1F_p=n_1F_{p0}+\alpha\cdot\Delta P \tag{7.4.3}$$

$$\alpha=\frac{n_1R_{k1}}{n_1R_{k1}+n_2R_{k2}} \tag{7.4.4}$$

式中，R_{k1} 和 R_{k2} 分别为考虑开挖卸荷效应影响后，原工程桩和新增锚杆静压桩的承载力特征值。由式（7.4.1）和式（7.4.3）得到：

$$F_p=\frac{1}{n_1}(P_0-n_2F_{m0}+\alpha\cdot\Delta P) \tag{7.4.5}$$

工程桩的桩顶反力 F_p 不应超过其单桩承载力特征值，故有：

$$F_p=\frac{1}{n_1}(P_0-n_2F_{m0}+\alpha\cdot\Delta P)\leqslant R_{k1} \tag{7.4.6}$$

从而得到：

$$F_{m0}\geqslant\frac{\beta}{n_2}(P_0+\alpha\cdot\Delta P-n_1R_{k1}) \tag{7.4.7}$$

式中，F_{m0} 即为锚杆静压桩封桩时需保留的预压力；β 为考虑锚杆静压桩因沉降变形松弛采用的超压系数，可根据桩长、持力层性质等因素确定，一般可取 $\beta=1.2\sim1.5$。

另一方面，锚杆静压桩的桩顶反力 F_m 不应超过其单桩承载力特征值 R_{k2}，故有：

$$F_m\leqslant R_{k2} \tag{7.4.8}$$

可进一步得到：

$$F_{m0}\leqslant R_{k2}-\frac{1-\alpha}{n_2}\cdot\Delta P \tag{7.4.9}$$

据上，锚杆静压桩封桩时的预加载压力 F_{m0} 应同时满足式（7.4.7）和式（7.4.9）的要求。

7.4.2　工程实例

浙江饭店地下逆作开挖增层工程采用既有工程桩（直径600～900mm钻孔灌注桩）及后增锚杆静压钢管桩共同作为增层施工阶段的基础整体托换系统，新增锚杆静压钢管桩布置见图7.2.6。以（B）轴线中间某一柱2桩承台为例。

该柱轴向荷载 P_0（含原基础承台荷载）为：$P_0=8600.3\text{kN}$；经计算，新增荷载为 $\Delta P=0.15\quad P_0=1290\text{kN}$。

原工程桩为2根900mm直径钻孔灌注桩，考虑开挖卸荷影响后单桩承载力特征值为 $R_{k1}=3800\text{kN}$，锚杆静压钢管桩的单桩承载力特征值为 $R_{k2}=800\text{kN}$。故：

$$\alpha=\frac{2\times3800}{2\times3800+4\times800}=0.704$$

若取锚杆静压钢管桩的超压系数 $\beta=1.20$，则由式（7.4.7）得：

$$F_{m0}\geqslant\frac{\beta}{n_2}(P_0+\alpha\cdot\Delta P-n_1R_{k1})$$

$$=\frac{1.2}{4}\times(8600.3+0.704\times1290-2\times3800)=572.5\text{kN}$$

则由式（7.4.9）得：

$$F_{m0}\leqslant R_{k2}-\frac{1-\alpha}{n_2}\cdot\Delta P=800-\frac{1-0.704}{4}\times1290=704.5\ \text{kN}$$

根据上述结果，结合工程实际情况，最后取锚杆静压钢管桩封桩时的预加载压力为 $F_{m0}=600\text{kN}$。

7.5 新增地下室承重构件竖向差异变形计算及控制

地下开挖阶段，上部结构及地下结构的所有荷重均由托换桩承担，新增地下室基础底板施工完成后，需要拆除地下室内部的托换桩，包括锚杆静压桩和既有工程桩以确保新增地下室的有效使用功能。托换桩的拆除过程，实际上就是上部结构荷重由托换桩逐步转移至新增地下室竖向构件上的过程。上述荷载转移过程中，新浇筑的墙和柱在重力荷载作用下将产生一定的压缩变形量，墙、柱混凝土本身的收缩徐变效应也将进一步增大其变形，这种变形在柱与柱之间、柱与墙之间往往存在较大的差异，如差异变形过大，将导致上部结构产生不同程度的附加内力和变形，并引起构件开裂等不利影响。所以，必须严格控制新增竖向承重构件之间的差异变形量。本节以浙江饭店逆作开挖增建地下二层为背景，研究新增地下室中竖向承重构件（墙、柱）竖向变形的计算方法及其差异变形的控制技术。

7.5.1 竖向承重构件（柱、墙）的变形分析

1. 瞬时弹性压缩

竖向构件在轴向压力作用 N 下，钢筋（或钢骨）和混凝土协同作用。定义混凝土弹性模量 E_c，钢筋弹性模量 E_s，构件截面积为 A，其中钢筋或钢骨面积 A_s，混凝土面积 A_c，含钢率 $\rho=A_s/A$，钢筋与混凝土弹模之比 $n=E_s/E_c$。计及钢筋作用，则该时刻力满足平衡方程：

$$N=\varepsilon_0(E_cA_c+E_sA_s)\tag{7.5.1}$$

式中，ε_0 为 t_0 时刻的钢筋混凝土弹性应变。则有：

$$\varepsilon_0=\frac{N}{E_cA}\cdot\frac{1}{1+n\rho-\rho}\tag{7.5.2}$$

其中，定义 $\mu=\frac{N}{f_cA}$ 为其名义轴压比，在不同含钢率下，钢筋（钢骨）参与竖向承压，构件实际轴压比将有所变化，将名义轴压比代入式（7.5.2），可得：

$$\varepsilon_0=\frac{\mu f_c}{E_c}\cdot\frac{1}{1+n\rho-\rho}\tag{7.5.3}$$

因此，t_0 时刻钢筋混凝土与钢筋（或钢骨）弹性应力为：

$$\sigma_{0c}=E_c\varepsilon_0=\frac{\mu f_c}{1+n\rho-\rho} \tag{7.5.4}$$

$$\sigma_{0s}=E_s\varepsilon_0=\frac{n\mu f_c}{1+n\rho-\rho} \tag{7.5.5}$$

2. 考虑构件含钢率影响的收缩、徐变效应分析

新增地下室竖向构件加载以后，混凝土将发生收缩和徐变，收缩与徐变前期发展较快，后期发展较慢，并逐步趋于稳定。由于受到钢筋（钢骨）的约束，在轴向压力作用下，混凝土部分的应力逐渐减小，钢筋（钢骨）部分应力逐渐增大，混凝土和钢筋（钢骨）之间内力发生重分布。

目前，国内外对混凝土收缩徐变的研究已较为成熟，较为常用的有欧洲 CEB-FIP90 模式以及美国 ACI-PCA 模式。根据 CEB-FIP90[8]，假设混凝土在 t_0 时刻开始收缩，则 t 时刻的收缩应变 $\varepsilon_{cs}(t, t_0)$ 为：

$$\varepsilon_{cs}(t,t_0)=\varepsilon_{cs0}(t,t_0)\beta_s(t-t_0) \tag{7.5.6}$$

式中，$\varepsilon_{cs0}(t, t_0)$ 为名义收缩系数；$\beta_s(t-t_0)$ 为收缩进程时间函数。

假设混凝土在 t_0 时刻开始加载，则 t 时刻的徐变系数 $\varphi(t, t_0)$ 为：

$$\varphi(t,t_0)=\varphi_0\beta_c(t-t_0) \tag{7.5.7}$$

式中，φ_0 为名义徐变系数；$\beta_c(t-t_0)$ 为徐变进程时间函数。

实际工程应用中，一般认为当压应力小于 0.4 倍混凝土抗压强度时，材料非线性影响较小，可以忽略。而当压应力大于 0.7 倍混凝土抗压强度时，在长期荷载作用下将发生徐变破坏[9]。欧洲规范 FIP90 根据大量试验规律总结，给出了应力介于 0.4～0.6 倍抗压强度下的徐变系数增大系数[8]。

$$\beta(\sigma)=\begin{cases}\exp\left[\alpha\left(\dfrac{|\sigma|}{f_{cm}}-0.4\right)\right] & \left(0.4<\dfrac{|\sigma|}{f_{cm}}\leqslant 0.6\right)\\ 1 & \left(\dfrac{|\sigma|}{f_{cm}}\leqslant 0.4\right)\end{cases} \tag{7.5.8}$$

从 t_0 时刻加载开始，至 t 时刻，钢和混凝土之间产生大小相等、方向相反的次内力 ΔN 。此时，混凝土在初始应力作用下的徐变应变为 $\varepsilon_0\varphi(t, t_0)$，在次内力作用下的弹性应变和徐变应变为 $\dfrac{\Delta N(t)}{E_\varphi A_c}$，叠加收缩应变后，得到混凝土在初始应力、变应力以及收缩作用下的应变为：

$$\varepsilon_c=\beta(\sigma)\varepsilon_0\varphi(t,t_0)-\frac{\Delta N(t)}{E_\varphi A_c}+\varepsilon_{cs}(t,t_0) \tag{7.5.9}$$

式中，$E_\varphi=\dfrac{E_0}{1+\lambda\varphi(t, t_0)}$ 为按龄期调整的有效模量；λ 为老化系数，应变不变时，混凝土中的应力随时间的增长而逐渐衰减的现象称为应力松弛，Trost 利用松弛条件近似确定了老化系数，$\lambda=0.5\sim1.0$，一般取 0.8。龄期调整有效模量法就是用老化系数来考虑混凝土老化对最终徐变值的影响。

钢筋在次内力作用下的应变为：

$$\varepsilon_s=\frac{\Delta N(t)}{E_sA_s} \tag{7.5.10}$$

混凝土与钢筋（钢骨之间）满足变形协调关系 $\varepsilon_c = \varepsilon_s$，也即：

$$\frac{\Delta N(t)}{E_s A_s} = \beta(\sigma)\varepsilon_0 \varphi(t,t_0) - \frac{\Delta N(t)}{E_\varphi A_c} + \varepsilon_{cs}(t,t_0) \tag{7.5.11}$$

将 σ_{0c}、σ_{0s} 代入，可得：

$$\Delta N(t) = E_c A \frac{n\rho(1-\rho)}{1+n\rho-\rho+\lambda\varphi \cdot n\rho}[\beta(\sigma)\varepsilon_0\varphi(t,t_0)+\varepsilon_{cs}(t,t_0)] \tag{7.5.12}$$

收缩徐变过程中，混凝土以及钢筋应变分别为：

$$\varepsilon_c = \varepsilon_s = \frac{(1-\rho)}{1+n\rho-\rho+\lambda\varphi \cdot n\rho}[\beta(\sigma)\varepsilon_0\varphi(t,t_0)+\varepsilon_{cs}(t,t_0)] \tag{7.5.13}$$

3. 轴压比、含钢率对差异变形的影响

假定混凝土的加载龄期为 7d，计算龄期为 20 年，新增墙、柱混凝土强度等级为 C45，钢筋采用 HRB400 级钢，$E_c = 3.35 \times 10^4 \text{N/mm}^2$，$E_s = 2.0 \times 10^5 \text{N/mm}^2$，分别对名义轴压比 μ 为 0.3、0.5、0.8 条件下，配筋率 ρ 为 1%、2%、3%、4%、6%、8%以及无配筋收缩徐变状态下 700mm×800mm 框架柱的收缩与徐变进行分析。

图 7.5.1～图 7.5.3 为不同轴压比时构件配筋率对收缩、徐变变形的影响。计算龄期至 20 年时混凝土最终的收缩徐变变形详见表 7.5.1。

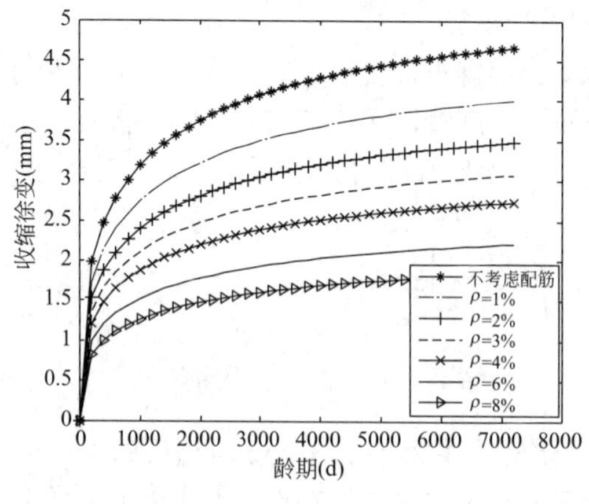

图 7.5.1　配筋率对收缩徐变的影响（$\mu=0.3$）

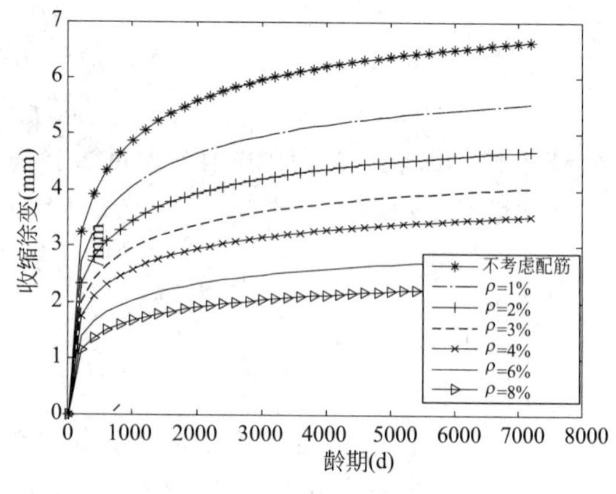

图 7.5.2　配筋率对收缩徐变的影响（$\mu=0.5$）

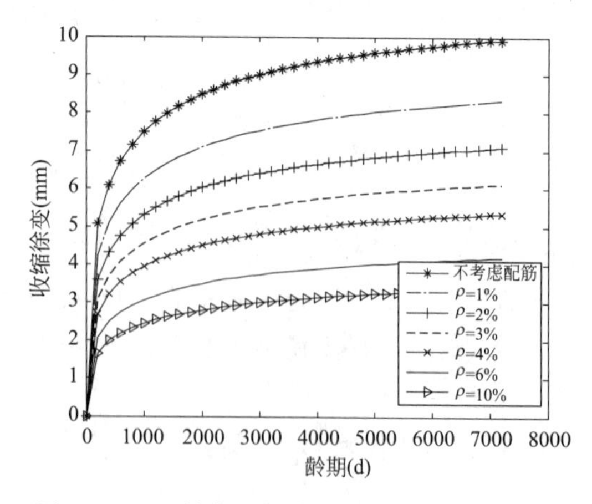

图 7.5.3　配筋率对收缩徐变的影响（$\mu=0.8$）

由图 7.5.1～图 7.5.3 可知，随着柱轴压比的增加，混凝土收缩徐变变形逐步增加，在无配筋收缩徐变以及低含钢率状态下，混凝土的收缩徐变增长幅度与轴压比提高幅度大致接近。

由表 7.5.1 可知，在相同轴压比条件下，当配筋率较低时，提高配筋率可显著减小收缩与徐变变形；当配筋率较大时，提高配筋率对限制混凝土收缩徐变效果不明显。

龄期为 20 年时收缩徐变变形（mm）与含钢率和轴压比关系　　表 7.5.1

含钢率(%)	轴压比		
	μ=0.3	μ=0.5	μ=0.8
0	4.64	5.92	9.92
1.0	4.11	5.13	8.32
2.0	3.68	4.50	7.09
3.0	3.32	3.99	6.12
4.0	3.02	3.57	5.34
5.0	2.76	3.22	4.71
6.0	2.53	2.94	4.19
7.0	2.33	2.70	3.75
8.0	2.16	2.49	3.38

在不同轴压比状态下，随着含钢量的提高，混凝土的收缩徐变变形受到明显抑制。当含钢率为 8%时，轴压比从 0.3 到 0.8，混凝土应力提高了 166%倍，而收缩徐变从 2.16mm 增长至 3.38mm，增加了 56%。这说明，随着轴压比的增加，柱内钢材对其收缩徐变变形的约束更为明显。

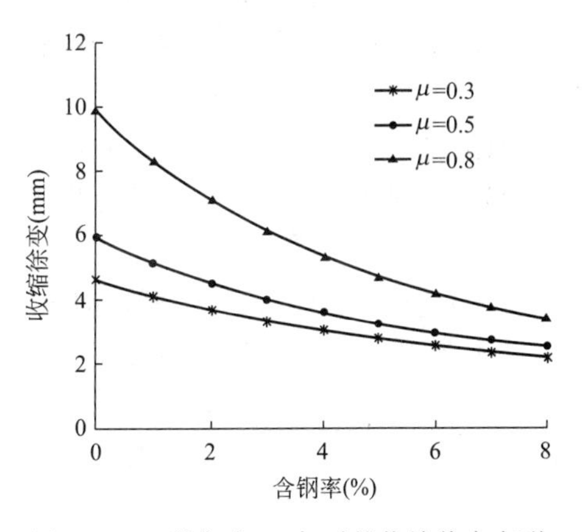

图 7.5.4　龄期为 20 年时的收缩徐变变形

图 7.5.4 为计算龄期至 20 年时混凝土最终的收缩徐变与含钢量和轴压比的关系图。由图可以看出配筋率提高对收缩徐变的限制作用，并且其限制作用在较高轴压比状态下更为明显。同时也表明，通过在混凝土柱内埋设型钢，以降低混凝土部分压应力以及提高含钢量的方式可以有效减小后增竖向构件的收缩和徐变变形。

图 7.5.5 为不同含钢率下混凝土应力随收缩徐变发展的变化图。随着配筋率的增加，混凝土在收缩徐变过程中应力逐步减小。对于混凝土轴压比为 0.3 的竖向构件，当配置钢骨含钢量达到 7%左右时，经收缩徐变，混凝土将产生拉应力；对于混凝土轴压比为 0.5 的竖向构件，当配置钢骨含钢量达到 10%左右时，混凝土将产生拉应力；对于混凝土轴压比为 0.8 的竖向构件，当配置钢骨含钢量达到 14%左右时，混凝土将产生拉应力。因此，当含钢率过高时，混凝土的不断收缩徐变可能导致混凝土中产生拉应力，此时由钢骨承受所有竖向荷载，钢骨压缩变形即为竖向构件的变形。

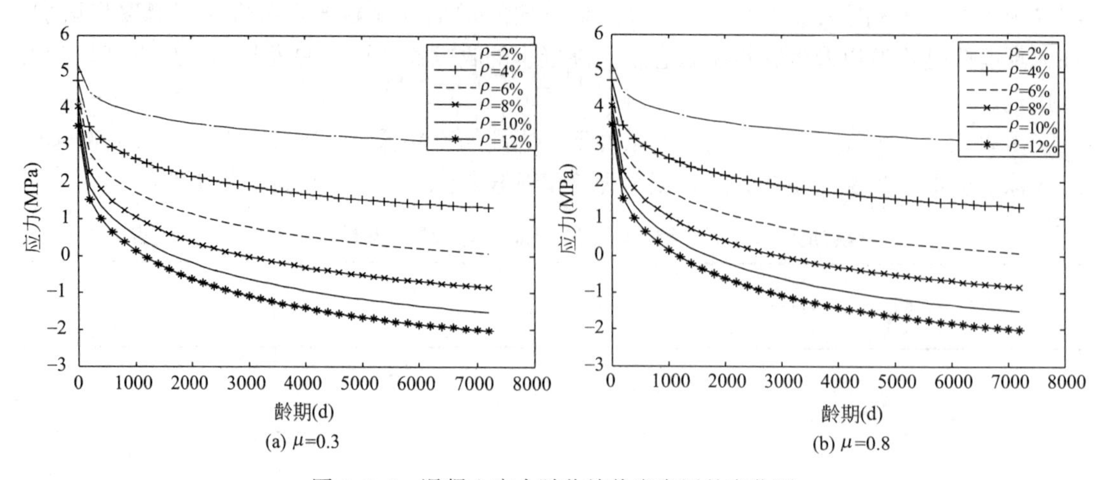

图 7.5.5　混凝土应力随收缩徐变发展的变化图

7.5.2　减小竖向构件之间差异变形的方法

1. 考虑内置型钢预加载的竖向变形计算

式（7.5.13）为钢筋（钢骨）与混凝土同时加载条件下，钢筋（钢骨）和混凝土的应变关系。此时，钢骨的作用与普通型钢混凝土柱类似，主要作用为降低混凝土部分的应力。为减小托换过程中新增竖向构件（墙、柱）在重力荷载作用下的变形，可将托换分两步进行，安装柱内型钢后，在型钢柱底部设置顶紧装置，使型钢柱先受力，再浇筑型钢混凝土柱的混凝土部分，实现共同受力。

如预先采用型钢进行托换，并定义型钢预先托换的竖向荷载为 αN（N 为柱总轴力），则托换后的钢骨混凝土初始弹性应变为：

$$\varepsilon_0' = (1-\alpha)\varepsilon_0 \tag{7.5.14}$$

式中，α 为内置型钢的预加载率，即内置型钢轴向预加载力与该竖向构件总轴向力的比值。

托换构件加载后总的竖向应变为：

$$\varepsilon = \frac{(1-\rho)}{1+n\rho-\rho+\lambda\varphi\cdot n\rho}[\beta(\sigma)(1-\alpha)\varepsilon_0\varphi(t,t_0)+\varepsilon_{cs}(t,t_0)]+(1-\alpha)\varepsilon_0 \tag{7.5.15}$$

图 7.5.6 为含钢率为 8%时，实际轴压比 0.6 条件下钢骨荷载托换率对竖向构件变形的影响。由图可知，当托换率从 0.1 提高到 0.9 时，竖向变形由 6.8mm 减小到 1.5mm。因此，实际工程中，当竖向承重构件的轴压比和含钢率确定的情况下，可通过调整内置型钢的预加载率，来实现对墙柱总竖向变形的控制。

图 7.5.7 为轴压比为 0.6，含钢率为 8%时，钢骨托换 40%与不托换条件下钢骨应力图。由图可知，由于采用预先托换，在初始加载阶段，钢骨便具有较高的应力，应力达到 170MPa；如不采用钢骨托换，其应力仅有 92MPa 左右。后期收缩徐变过程中，前者应力增加了约 100MPa，后者增加了近 150MPa，说明收缩徐变过程向钢骨转移的应力减小了约 50%，可见，此时钢骨托换对收缩徐变的抑制作用显著。

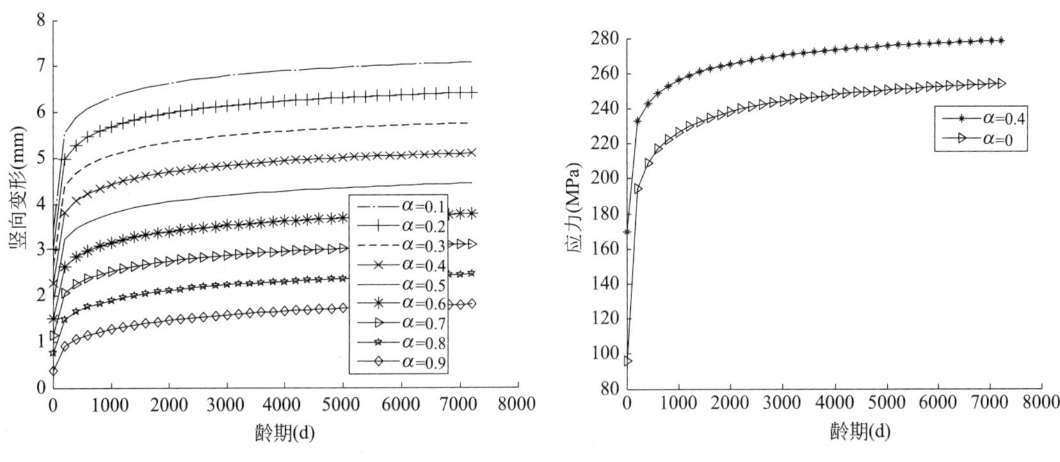

图 7.5.6 内置型钢预加载率 α 对竖向总变形的影响

图 7.5.7 托换前后钢骨应力对比

2. 内置型钢预加载方法及装置

为使内置型钢预加载，需先安装内置型钢柱，并在型钢柱底部设置顶紧装置，使型钢柱先受力，即先将上部结构的一部分重力荷载转移至型钢柱上，再浇筑混凝土柱，如图7.5.8和图7.5.9所示。

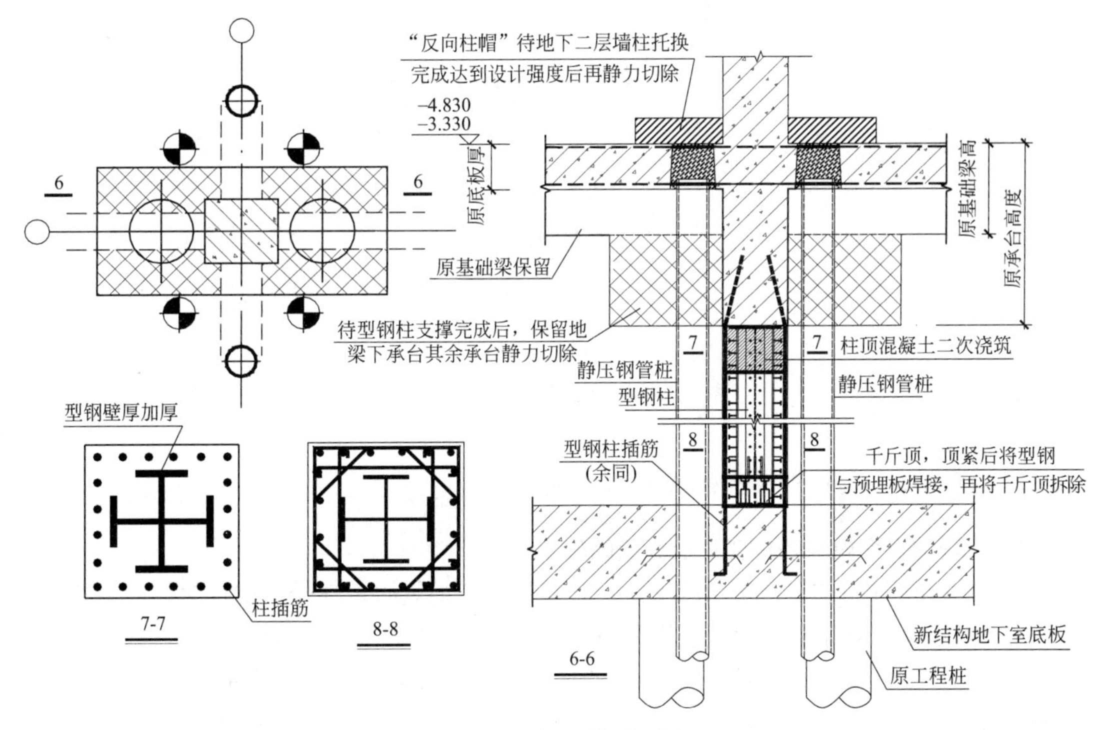

图 7.5.8 内置型钢柱示意

型钢柱底端的预加载通过对称布置的千斤顶来实现，加载完毕后，千斤顶可拆除重复使用。千斤顶上部的横向贯通加劲板厚度，应根据千斤顶数量、位置及预加载轴力经计算确定。为保证新增柱顶部混凝土的浇筑质量，柱顶混凝土采用二次浇筑工艺，即将二次浇

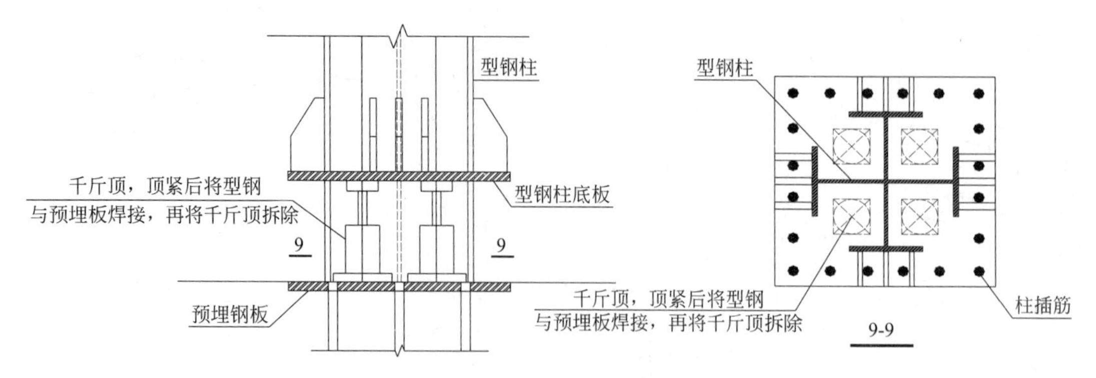

图 7.5.9　型钢柱下端的顶紧装置示意图

筑段的柱内型钢壁厚加厚，待原基础承台需切除部分先进行静力切割后，再浇筑该段混凝土。承台混凝土切除和混凝土二次浇筑阶段，须保留周边托换装置。柱顶混凝土二次浇筑完成后，应及时安装柱顶钢套箍，对柱顶上部节点进行加强（图 7.5.10）。

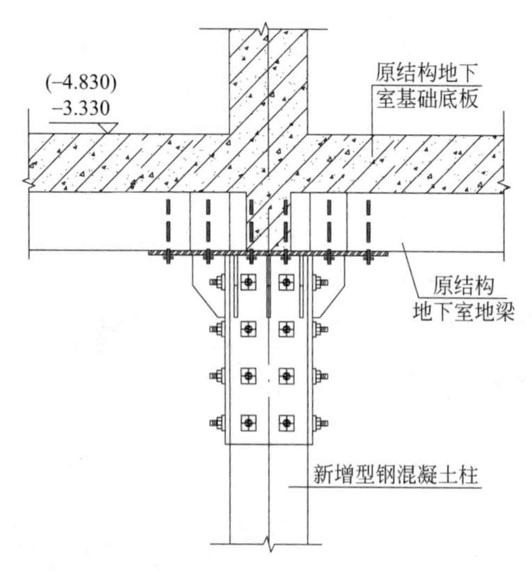

图 7.5.10　柱顶钢套箍加强示意图

7.5.3　新增地下室内部墙柱的变形控制

1. 新增地下室内部墙柱变形控制值的确定

为确保上部建筑的正常使用或安全，必须控制新增竖向构件托换过程中的差异变形。高层建筑中，为了评估长期荷载作用下墙、柱等构件的受力状态，基于混凝土瞬时压缩和收缩徐变，其竖向变形已有较为深入的研究[10-11]，而地下增层过程所产生的差异变形以及控制措施，目前尚未有相关研究。

高层建筑地下增层过程中，由于上部结构荷载大，竖向构件间差异变形一次形成，并随着混凝土后期的收缩和徐变不断加大。

一般高层建筑建造过程中，由于层层找平，其弹性压缩、收缩和徐变变形均呈鱼腹状规律分布，中间大、两端小，图 7.5.11、图 7.5.12 为某典型高层建筑的竖向徐变与收缩

变形图。各竖向构件间的轴压比差异将在梁、柱（或墙）内引起附加内力，对水平构件而言，该附加内力呈相同变化趋势。

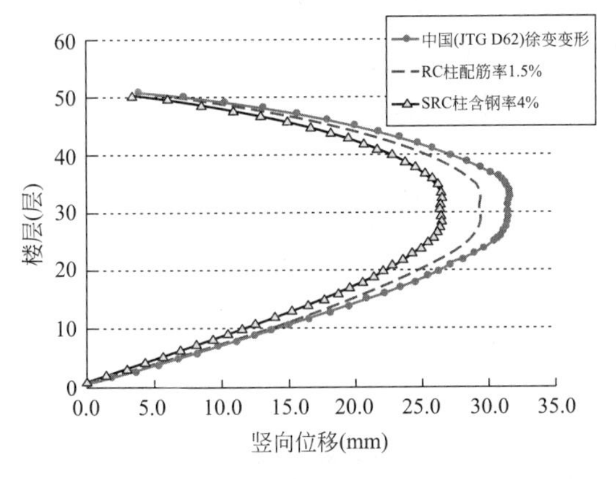

图 7.5.11　不同含钢率时框架柱的徐变变形

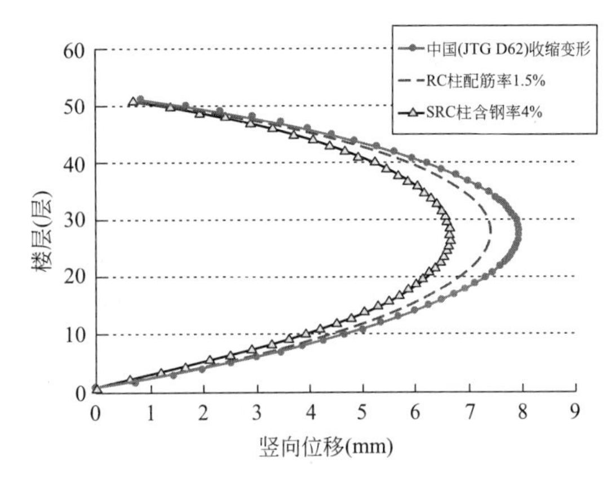

图 7.5.12　不同含钢率时框架柱的收缩变形

地下增层后，其差异变形相当于在既有建筑竖向构件底部施加了初始缺陷位移，新旧变形的叠加，将进一步加剧上部结构的附加内力。由于不存在施工过程的层层找平问题，其幅度将大于新建过程中最下层竖向构件的差异变形对上部的影响。

图 7.5.13 所示两端固定等截面杆发生竖向相对位移后，杆端弯矩为：

$$M_A = 4i\theta_A + 2i\theta_B - 6i\frac{\Delta}{l} + M_{AB}^F \quad (7.5.16)$$

$$M_B = 2i\theta_A + 4i\theta_B - 6i\frac{\Delta}{l} + M_{BA}^F \quad (7.5.17)$$

式中，$i = EI/l$ 为线刚度，θ_A、θ_B 为杆端截面转角，M_{AB}^F、M_{BA}^F 为固端弯矩。

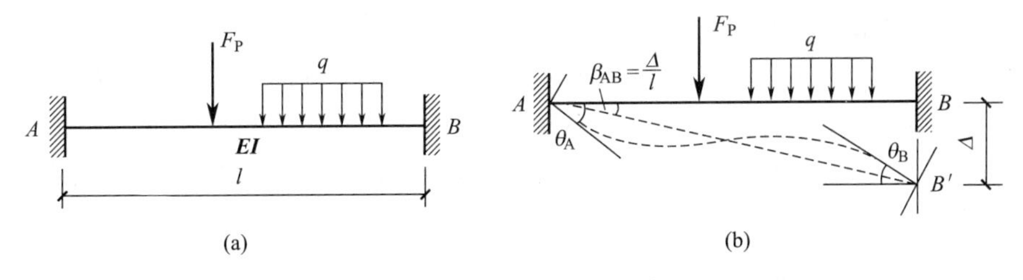

图 7.5.13　两端固结梁示意图

显然，竖向差异位移后，杆端弯矩将发生 $6i\Delta/l$ 的变化。当然，建筑物作为一个空间结构体系，在空间形态以及梁柱刚度比上存在很大差异，这将导致竖向移位后结构内力更为复杂。

考虑到混凝土构件一般带裂缝工作，对其弹性模量作 0.6 倍的折减[12]，计算表明，梁端弯矩受差异变形影响较大，当差异变形为 3mm 时，标准层中间支座弯矩减少约 8%，边支座弯矩则增加约 10%；当差异变形为 5mm 时，标准层中间支座弯矩减少约 15%，边支座弯矩则增加约 16%。此外，受梁柱刚度的影响，如梁刚度较大，差异变形引起的弯矩变化幅度将更大。

根据上述分析，差异变形对已经处于使用状态的建筑的结构安全、装饰构件的保护均会产生不利作用，浙江饭店地下增层时控制竖向构件差异变形在5mm之内。

2. 新增竖向构件之间差异变形的控制

以浙江饭店地下增层（增建地下二层）为例，新增地下二层内部的竖向承重构件包括框架柱、核心筒墙肢，框架柱有“一柱一桩”“一柱两桩”或“一柱多桩”等布置形式。由于新增竖向构件的位置、托换方式、受力大小不同，其竖向变形也存在较大差异。

对于“一柱一桩”形式的新增框架柱，只是将原工程桩钢筋笼外侧的保护层凿除并凿毛，再在其外侧外包混凝土，形成新增的永久结构柱（图 7.5.14）。由于建筑物服役时间较长，原桩身混凝土的收缩和徐变变形已基本完成。

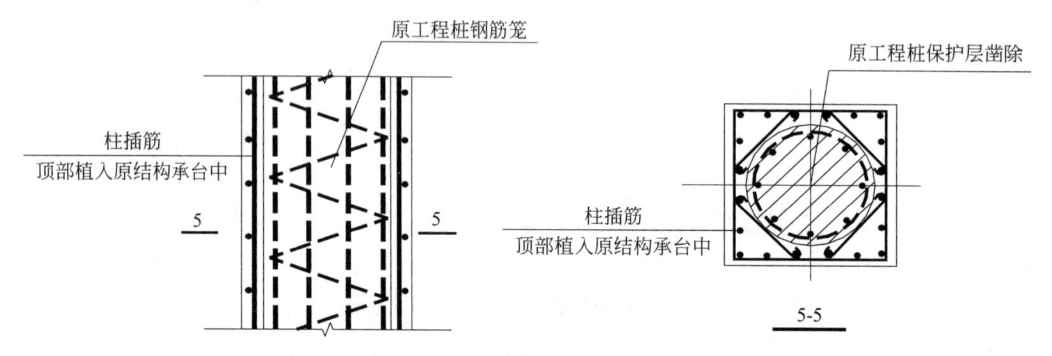

图 7.5.14 “一柱一桩”式框架柱托换示意

对于“一柱两桩”或“一柱多桩”的情况（图 7.5.15），由于工程桩不在结构柱的轴线位置，结构柱托换过程中，需要将逆作施工阶段由工程桩承担的全部荷重转移至新的结构柱上。由于新增柱的轴压比较高（名义轴压比约为 0.8），计算结果表明，当柱纵筋配筋率为 1%时，考虑收缩徐变后的总变形可达 11mm 左右。与相邻的“一柱一桩”形式的新增框架柱之间的差异变形将超过 10mm。

为减小柱的竖向变形，柱内设置型钢，含钢率为 8%，此时柱的实际轴压比降为 0.6。经计算，该柱考虑收缩、徐变后的总变形约为 7.2mm，仍然偏大。为此，采取对内置型钢进行预加载的措施，经计算，当柱内型钢预加载率达到 $\alpha=0.4$ 时，柱竖向变形将减小至 5.0mm 以内（图 7.5.6）。

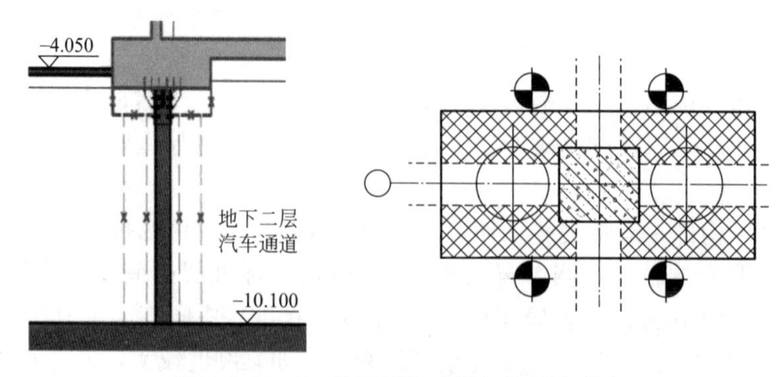

图 7.5.15 “一柱两桩”式框架柱托换示意

参考文献

[1] 邱仓虎，詹永勤，等．北京市音乐堂改扩建工程的结构设计 [J]．建筑科学，1999，15 (6)：28-32.
[2] 北京城建第七建设工程有限公司．整体基础托换与地下加层施工工法（YJGF09-2000）[J]．施工技术，2002，31 (5)：45-46.
[3] 文颖文，胡明亮，韩顺有，等．既有建筑地下室增设中锚杆静压桩技术应用研究 [J]．岩土工程学报，2013，35 (S2)：224-229.
[4] 贾强，张鑫，夏风敏，等．济南商埠区历史建筑地下增层工程设计与施工 [J]．山东建筑大学学报，2014，29 (5)：464-469.
[5] 中国工程建设标准化协会．既有建筑地下增层技术规程（征求意见稿）[S]．2022.
[6] 杨学林，祝文畏，周平槐．某既有高层建筑下方逆作开挖增建地下室设计关键技术 [J]．岩石力学与工程学报，2018，37 (S1)：3775-3786.
[7] 王震，杨学林，赵阳，等．动态逆作开挖下有侧移钢管桩组支承的整体稳定性能研究 [J]．建筑结构学报，2021，42 (S1)：492-504.
[8] Comite Euro-International du Beton. CEB-FIP model code 1990 [S]. Thomas Telford Services Ltd., 1993.
[9] 黄海东，向中富．混凝土结构非线性徐变计算方法研究 [J]．工程力学，2014，31 (2)：97-102.
[10] 李烨，王建，周建龙．超高层建筑施工模拟分析的非荷载效应应用研究 [J]．建筑结构，2012，42 (5)：159-163.
[11] 周建龙，闫峰．超高层结构竖向变形及差异问题分析与处理 [J]．建筑结构，2007，37 (5)：100-103.
[12] 中华人民共和国住房和城乡建设部．高层建筑混凝土结构技术规程：JGJ 3-2010 [S]．北京：中国建筑工业出版社，2010.

第8章　逆作工程实例

8.1　西湖凯悦大酒店

8.1.1　工程概况

杭州西湖凯悦大酒店（图8.1.1）坐落于西湖风景区的东岸，东贴东坡路，南为平海路，西临湖滨路，北靠学士路，主要由宾馆区、商场和公寓区组成。宾馆区采用弧形柱网，柱距8～12m；商场公寓区采用矩形柱网，柱距为10.6m×10.6m。由于建筑物紧邻西湖，建筑高度受到严格限制，宾馆区8层，标准层层高3m，檐口高度27.3m；商场公寓区7层（局部8层），标准层层高2.8m，檐口高度31m。地下室2～3层，按功能分为两个区，主要为地下车库、机械设备用房、大型宴会厅等。主体结构基础设计采用大直径钻孔灌注桩基础，桩径为ϕ800、ϕ1000两种桩径，桩尖进入中风化安山玢岩持力层2.2m，单桩承载力特征值分别为3400kN、5000kN。对应于宾馆区位置设三层地下室，底板面标高−12.500m，基坑开挖深度约14.65m；商场公寓区设两层地下室，底板面标高−10.500m，基坑开挖深度约12.65m。基坑平面尺寸大，土方开挖面积约17500m^2。图8.1.2为本工程地下室基坑分区示意图，图8.1.3为建筑总平面布置图。

图8.1.1　杭州西湖凯悦大酒店实景照片

8.1.2　工程地质条件及周边环境情况

1. 工程地质和水文地质条件

根据浙江省综合勘察研究院提供的本工程岩土工程勘察报告（详勘），本场地土层可划分为9个大层、17个亚层。在基坑开挖深度及围护桩（墙）插入深度所及范围内，土层分布依次为：

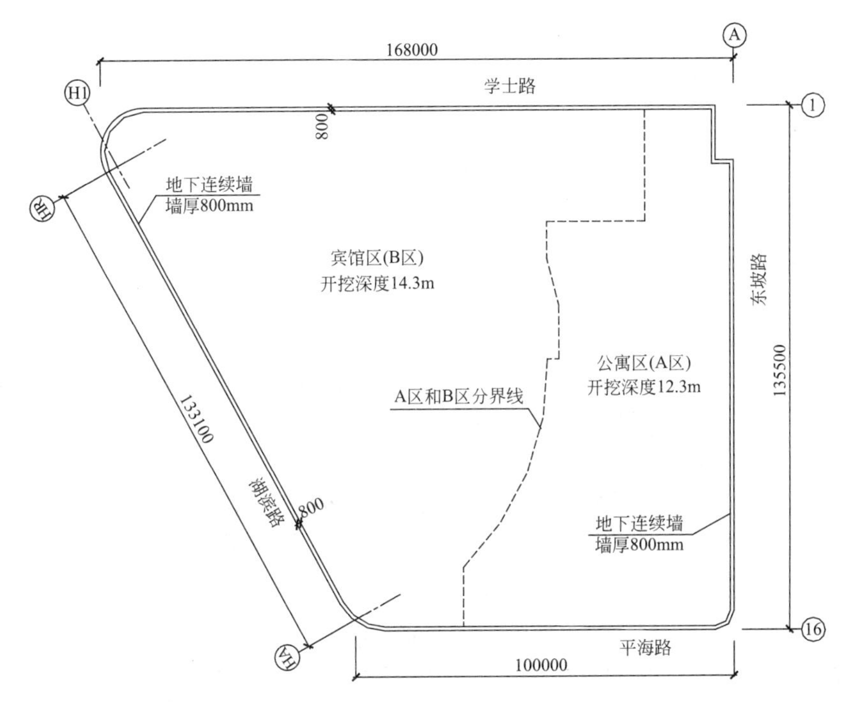

图 8.1.2　杭州西湖凯悦大酒店基坑分区图

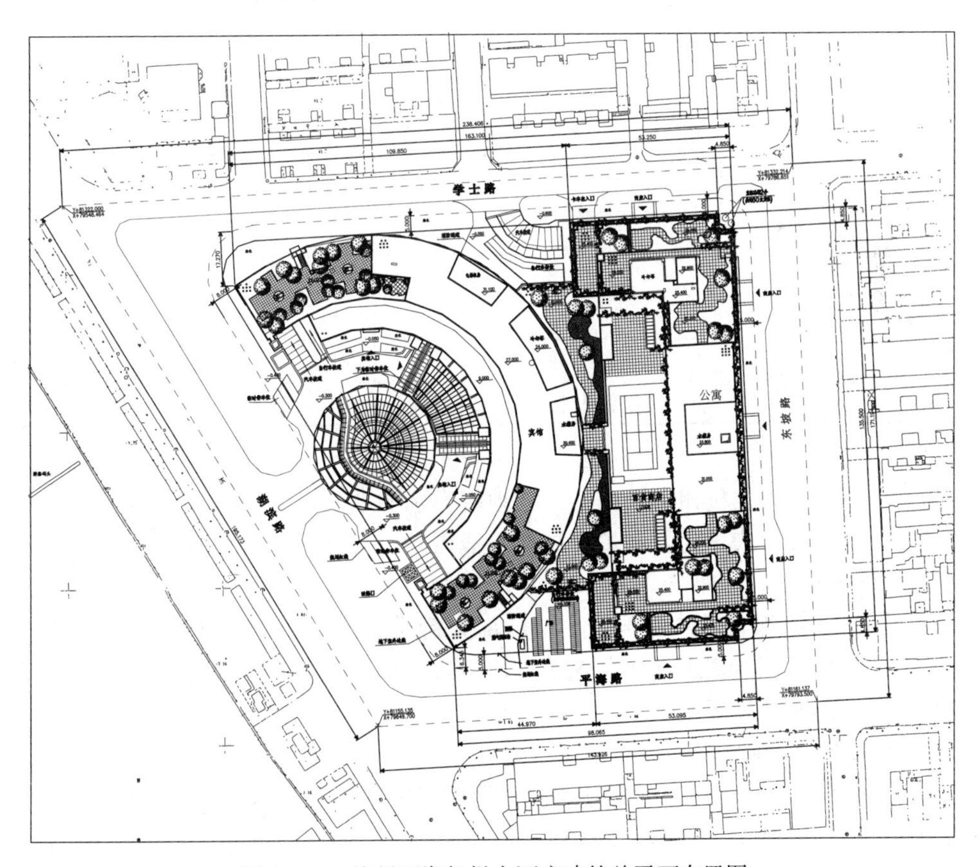

图 8.1.3　杭州西湖凯悦大酒店建筑总平面布置图

①填土：填土层上部为砖瓦石块含黏性土，厚约 1m；下部为黑色湖积泥（俗称西湖泥）夹 30%左右的砖瓦屑。

②-1a 粉土：含云母、粉砂及少量黏性土，饱和，稍密，局部夹淤泥质土。

②-1b 粉土：含云母、粉砂及多量黏性土，饱和，松散—稍密。

②-2 粉质黏土：软塑，局部为黏土，含氧化铁及有机质，夹粉土。

③-1 淤泥质黏土：流塑，含有机质及腐殖土，局部为淤泥质粉质黏土和淤泥。

③-1a 淤泥质粉质黏土：流塑，含云母、粉砂。

③-2 淤泥质粉质黏土：流塑，含云母、粉砂。

③-3 淤泥质黏土：流塑，含有机质、腐木及贝壳屑，局部为淤泥质粉质黏土。

④黏土：可塑，含氧化铁及铁锰质结核。

⑤黏土：软塑，含有机质。

⑥-1 粉质黏土：软塑—可塑，含有机质及少量粉砂，局部含已风化的贝壳屑。

⑥-2 粉质黏土：硬可塑，含少量粉砂、腐木，偶见小砾石。

各土层主要物理力学指标详见表 8.1.1。

各土层主要物理力学指标 **表 8.1.1**

土类	层号	含水量（%）	重度（kN/m^3）	摩擦角 φ（°）	黏聚力 c（kPa）	渗透系数（10^{-8}cm/s）	层厚（m）
填土	①	67.0	15.1			3110	3～7
粉土	②-1a	31.0	18.9	30.0	5.0	6910	4～16
粉土	②-1b	34.5	18.4	31.5	2.0	2490	
粉质黏土	②-2	31.1	19.1	18.5	10.0	9.48	
淤泥质黏土	③-1	45.5	17.4	14.3	11.0	8.21	20
淤泥质粉质黏土	③-1a	37.0	18.1	22.0	1.0		
淤泥质粉质黏土	③-2	38.0	18.0	20.7	5.3		
淤泥质黏土	③-3	43.9	17.3	14.2	10.7		
黏土	④	28.3	19.4	17.6	55.0		
黏土	⑤	39.1	18.2	10.3	44.0		

注：表中 c、φ 值为固结快剪峰值。

从地理位置看，根据杭州市第四纪地质地貌类别的划分，本场地位于湖东旧城区，也称人工填土区，其突出表现为上部填土层厚，浅层地基分布不均匀。填土层层厚达 2.7～6.8m，且土质不均匀，土性差，透水性强，现场注水试验揭示填土层渗透系数最大达 6.92×10^{-3}cm/s；第②大层以粉土为主（局部为粉质黏土），分布厚度起伏大，在 2.5～10.5m 之间；第③大层为淤泥质土，该土层厚度大，属杭州地区典型的高压缩性、高灵敏度、低强度、弱透水性软弱土层。

2. 周边环境条件情况

本工程周边环境十分复杂。根据建筑总平面布置（图 8.1.3），建筑物紧临西湖，场地四周均为城市道路。其中，西侧为城市中心区南北向主干道湖滨路，地下室距湖滨路约 16m（距该侧规划红线约 8m），其余三侧距规划红线均为 5.0m，其中南侧距平海路约

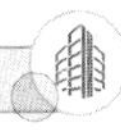

7.5m，东侧距东坡路约15m，北侧距学士路约5m。根据周围道路及管线布置图，四周地下市政管线分布密集，湖滨路人行道下方还埋设有压力煤气管道。另外，场地四周均建有紧贴建筑红线的临时街面房，二层高，砖混结构，天然浅基础，施工期间需确保该房屋的安全和正常使用。因此，本工程基坑支护结构除需满足常规的挡土止水及施工要求外，尚应严格控制变形，控制坑底隆起及坑外地面的变形沉降，确保周围建筑物、道路及其地下市政管线设施的安全。

8.1.3 逆作流程及工况设计

综合分析场地地理位置、水文地质、开挖深度及周围环境条件，本工程基坑具有以下特点：

(1) 基坑平面尺寸大、开挖深度深。基坑南北向长达110～170m，东西向宽约135m，土方开挖面积达17500m^2，开挖深度12.65～14.65m。

(2) 基坑最深开挖面位于③层淤泥质土层上，该土层属高压缩性、高灵敏度、低强度、弱透水性软弱土层，且层厚近20m，对围护结构的内力和变形控制十分不利。

(3) 基坑四周均紧邻城市道路，并埋设有大量市政管线设施，其中西侧湖滨路人行道下还埋设有大量煤气管道。另外，场地四周均建有紧贴建筑红线的临时街面房，2层砖混结构，基础形式均为天然地基浅基础，基坑工程施工期间需保证街面房的安全和正常使用。

(4) 地处西湖东侧的老城区，浅层地质复杂，地下障碍物多，表层填土层和下面的②-1a、②-1b粉土层透水性强，加之基坑邻近西湖，地下水位高，因而坑壁的防渗止水也是需重点考虑的问题之一。

(5) 地下室各楼层均存在错层，标高变化多，楼板面标高有－4.000、－5.000、－6.000、－8.000、－10.550、－12.550等多种，给基坑内支撑系统设计带来很大难度。

基坑围护方案：

根据基坑工程特点，设计采用地下连续墙“二墙合一”、逆作法施工的围护方案。地下连续墙在施工阶段作为基坑开挖的挡土结构和防渗帷幕，在正常使用阶段作为地下室的永久外墙。地下连续墙设计厚度800mm，按不同部位坑深和土质不同，以④层或⑤层为墙端持力层。地下连续墙均为一字形墙段，各墙段之间的接头采用十字形钢板抗剪防水接头。

本工程场地地下室水位埋深较浅，且紧临西湖，根据场地土层分布，局部土层渗透性较强，为此采用真空深井进行降水。综合考虑深井泵滤头的埋设深度、土层渗透系数、开挖深度等因素，按每口深井的抽水影响半径9.0m计算，共布设75口深井。深井长度分两种，宾馆区域19.5m，商场及公寓区域为17m。

地下连续墙与主体结构的差异沉降控制是“二墙合一”设计的关键点之一。与工程桩相比，地连墙的清底工作较困难，底部沉渣厚度远大于工程桩，从而使得地连墙与由工程桩承重的主体结构之间产生差异沉降；另一方面，由于受施工条件的限制，地连墙深度一般不及工程桩，使地连墙底部与工程桩底部的支承土性质不同，加剧了二者之间的差异沉降，最终使地连墙与主体结构之间的连接部位产生应力集中，严重时将导致开裂渗漏。

为解决两者间的差异沉降问题，本工程采取以下设计措施：(1) 墙底进行注浆加固，即在地连墙钢筋笼中预埋注浆管，待地下墙混凝土浇筑完成并具有一定强度后，对墙底进行高压注浆，以消除墙底沉渣过厚的影响，同时可加固墙底土体，提高墙底支承土承载力；(2) 避免地连墙直接承受主体结构竖向荷重，地下室各楼层及上部结构的荷重全部由工程桩承担；(3) 加强地连墙与主体结构的连接构造，基础梁及地下室各楼层框架梁与地连墙之间均按刚接节点进行设计（图 8.1.4 和图 8.1.5）；(4) 墙顶设置刚度较大的冠梁（压顶梁)，并与地下室顶板结构一起整浇。

根据基坑平面分区、上下结构同步施工及业主对建设工期的要求，本工程地下室及上部结构逆作法施工的作业流程可分如下 7 种典型工况：

工况 1：为加快进度，先明挖至地下一层楼板（标高−4.000m、−5.000m、−6.000m）底，周边放坡保留三角土，以控制地下连续墙侧向变形。如图 1.1.2（a）所示。

工况 2：施工±0.000 层楼板（地下室顶板）及地下连续墙压顶梁，安装地面出土架。如图 1.1.2（b）所示。

工况 3：±0.000 层楼板混凝土达到设计强度后，施工地下一层楼板（标高−4.000m、−5.000m、−6.000m）的中心部位；当中心部位达到设计强度后，分段、对称开挖周边保留的三角土，边开挖边施工周边楼板；同时施工地面以上第 1～2 层结构。如图 1.1.2（c）所示。

工况 4：地下一层楼板混凝土达到设计强度后，继续开挖宾馆区土方至地下二层楼板（标高−8.000m）底，周边放坡保留三角土；浇筑宾馆区地下二层中心部位−8.000m 标高楼板；待达到设计强度后，分段、对称开挖周边保留的三角土，边开挖边施工周边−8.000m 标高楼板；同时施工地面以上第 3～4 层。如图 1.1.2（d）所示。

工况 5：−8.000m 标高楼板混凝土达到设计强度后，继续开挖土方，宾馆区开挖至−14.650m 标高，商场公寓开挖至−12.650m 标高，周边放坡保留三角土，以控制地下连续墙侧向变形；浇筑中心部位的底板混凝土；同时施工地面以上第 5 层结构。如图 1.1.2（e）所示。

工况 6：中心部位底板混凝土达到设计强度后，周边设置临时钢斜撑，上端支承在地下连续墙上，下端支承于中心部位的底板上；同时施工地面以上第 6 层结构。如图 1.1.2（f）所示。

工况 7：分段、对称开挖周边保留的三角土，边开挖边浇筑周边−12.500m、−10.500m 标高的底板混凝土；底板达到设计强度后，同时施工地面以上第 7～8 层结构。如图 1.1.2（g）所示。

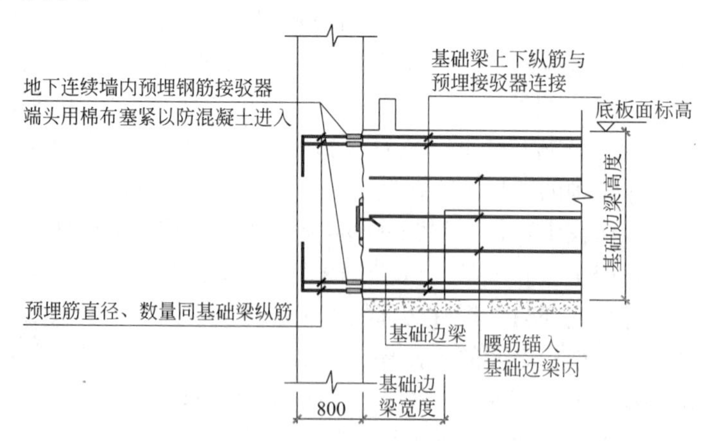

图 8.1.4　基础梁与地连墙之间的连接构造

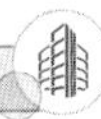

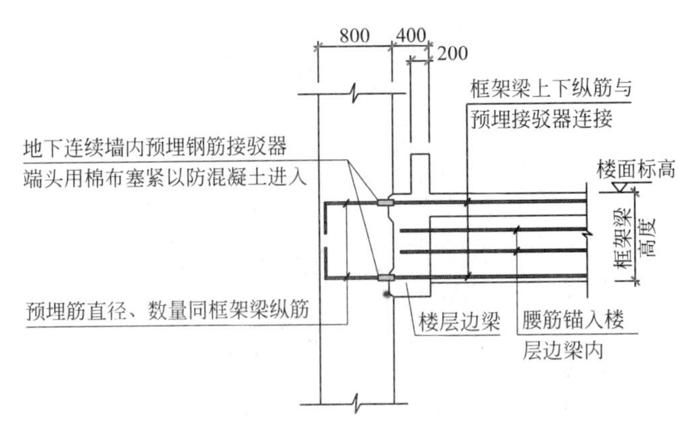

图 8.1.5　框架主梁与地连墙之间的连接构造

8.1.4　竖向支承结构设计

竖向支承体系的设计是基坑“逆作法”设计的关键环节之一。在地下室逆作期间，由于基础底板尚未封底，地下室墙、柱等竖向结构构件尚未形成，地下各层和地上计划施工楼层的结构自重及施工荷载，均需由竖向支承体系承担。

组成竖向支承体系的钢立柱的位置和数量，须根据地下室的结构布置和承受的最大荷重经计算确定。本工程地下室逆作施工期间，地面以上按施工 6 层考虑上部结构自重及施工活载。因此，在宾馆及公寓主楼部位，按“一柱四桩”设计（图 8.1.6），即一根结构柱对应设置四根井形钢格构柱；广场区域，由于竖向荷载较小，按“一柱二桩”设计竖向支承体系。井形钢格构柱下部插入工程桩内 2.5m。钢立柱顶部设置临时钢筋混凝土承台，利用承台将施工阶段的全部竖向荷载传给钢立柱，再由钢立柱传递给下部的 4 根工程桩，当底板封底、地下各层结构柱、墙施工完毕后，即可割除临时钢立柱，完成逆作施工阶段的荷载转换，施工期间和使用阶段割除前后的实景照片如图 8.1.7 和图 8.1.8 所示。

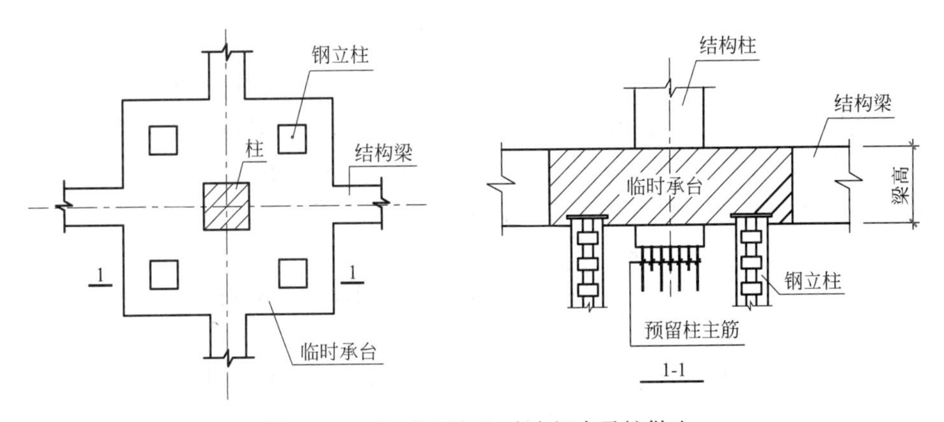

图 8.1.6　“一柱四桩”式中间支承桩做法

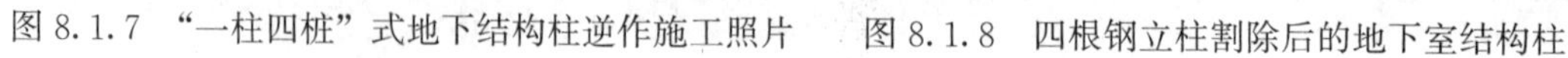

图 8.1.7 “一柱四桩”式地下结构柱逆作施工照片

图 8.1.8 四根钢立柱割除后的地下室结构柱

竖向立柱是逆作施工阶段的重要受力构件，在基础底板封底之前，竖向立柱承担全部的结构自重和施工荷载，因此支承柱的承载力计算是逆作地下室设计的关键问题之一。竖向立柱作为典型的偏心受压构件，其承载力计算涉及结构的稳定问题，侧向约束状态是决定支承柱稳定承载力的主要因素。作为逆作施工期间的竖向支承柱，其上部受已施工完成楼盖结构的侧向约束，下部受未开挖土体的侧向约束。

由于竖向立柱侧向约束状态的复杂性，其计算长度的确定和稳定承载力的计算目前尚无准确方法。采用梁单元模拟支承柱和下部混凝土支承桩，采用弹簧单元模拟周围土体的侧向约束作用，据此建立有限元模型，并考虑按第一阶屈曲模态来模拟因施工等原因造成的初始缺陷，对支承柱和下部立柱桩进行几何非线性屈曲分析，可相对准确地计算支承柱的稳定承载力。另外，由于逆作法作业流程的复杂性，不同土方开挖阶段、不同施工工况条件下支承柱所处的侧向约束状态是不同的、变化的，支承柱的稳定承载力也是不断变化的，因此，支承柱的计算长度确定和稳定承载力计算必须按照不同工况条件下依据不同的侧向约束状态分别进行分析，并按最不利工况进行截面设计。

8.1.5 水平支撑结构及节点构造

本工程水平支撑系统利用地下室自身结构层的梁板作为基坑围护的内支撑，以±0.000 层为起始面，由上而下进行地下结构的“逆作”施工。对地下室坡道、楼板开洞及错层位置，均设置临时支撑进行补强，如图 8.1.9 所示；对出土孔、调物孔等孔洞的周边，以及施工机械（如挖土机、卡车等）需在±0.000 层楼板上一定区域内行驶的相应范围内的结构梁板均进行补强处理。采用地下结构梁板代替钢筋混凝土内支撑，由于其平面内刚度非常大，而且可避免因后期内支撑拆除引起的附加侧向变形，因而对控制地下连续墙侧向变形、保护基坑周边环境非常有利。

淤泥质软土具有“时空效应”，为减少基坑暴露时间，控制地下连续墙侧向变位的发展，本工程土方逆作开挖时，均保留基坑周边 15～20m 的三角土，先浇筑基坑中心区域的各层楼板，待其混凝土达到一定强度后，按照“分段、对称、限时”的原则开挖周边三角土，边开挖边浇筑周边楼板混凝土。

“逆作法”施工以地下室各层梁板结构作为内支撑，因而无法像“顺作法”那样对内支

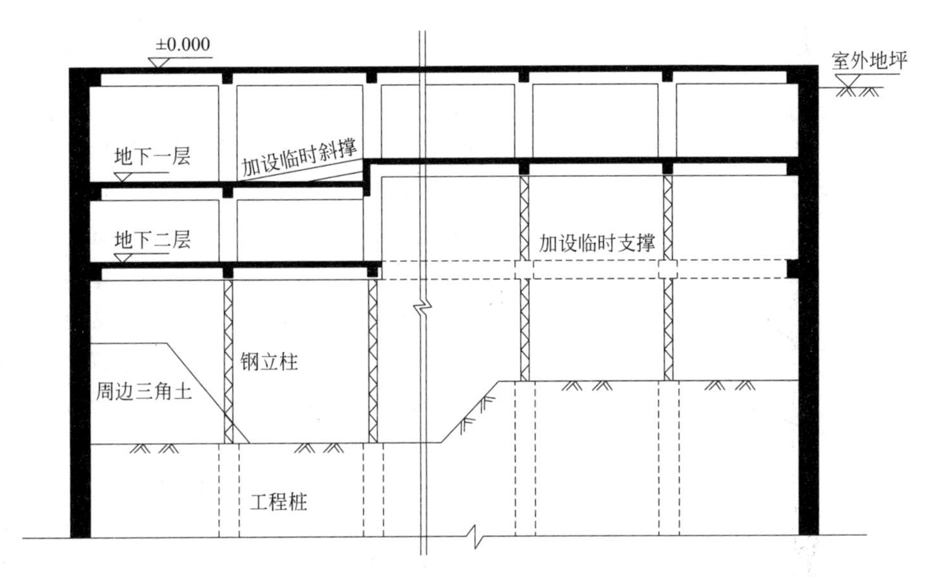

图 8.1.9 楼板缺失、错层位置设置临时支撑

撑的上下位置进行调整。本工程在基础底板未封底之前，地连墙在地下二层楼板（相当于第二道内支撑）以下的暴露高度过大，容易产生过大的水平变位。为此，设计采用类似“中心岛”的方法处理，即在地连墙周边留出一定宽度的被动土（即三角土），先施工基坑中间部分底板混凝土，并在地连墙与已完成的底板之间设置钢管斜支撑后，再按照“分段、对称、限时”的原则开挖周边三角土，边开挖边施工周边余下部分的基础底板。斜撑设置方式如图 8.1.10 所示。

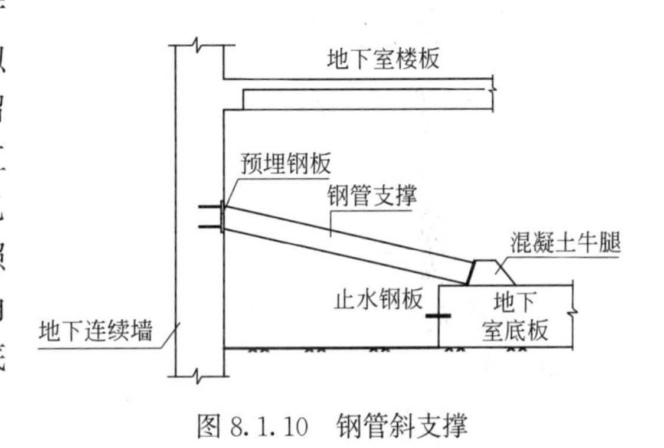

图 8.1.10 钢管斜支撑

8.1.6 基坑监测

本工程地下室施工结束后，基坑各测点的最大侧向变形约 15cm，最小变形也接近 10cm。图 8.1.11 给出了测点 CX2 在各施工工况的侧向位移发展图。可以看出，±0.000 楼层及地下一层楼层施工结束后（对应工况 3），地下墙的最大侧向变形约 8cm，其位置在桩顶；地下二层楼层施工结束后（对应工况 4），地下墙的最大侧向变形约 10.6cm，其位置在地表以下 12.5m；全部地下室施工结束后，地下墙的最大侧向变形约 15cm，其位置在地表以下 12.5m。

此外，从各个测点的墙顶位移数值来看，各工况的位移实测值均超过相应设计控制值。主要原因有以下几点：

（1）基坑暴露时间过长。如第一阶段盆式挖土结束后，由于种种原因，一个月后才进行±0.000 楼层结构的施工，基坑比预期多暴露了近一个月，此间基坑变形以近 1mm/d 的速率增长。

（2）关键工况的土方超挖造成实际开挖深度与计算开挖深度之间有较大偏差，普遍偏差达 1～2m。

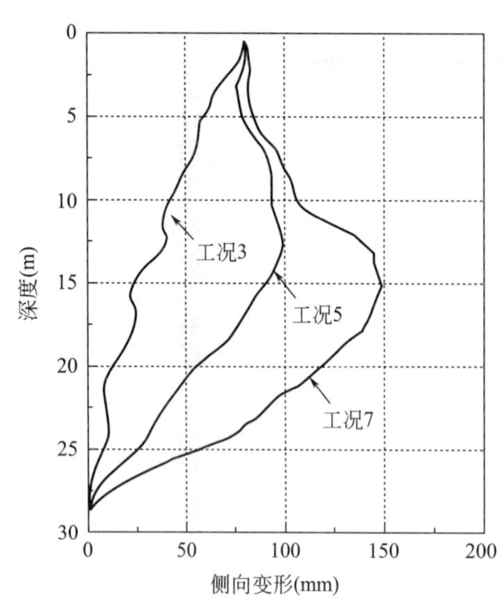

图 8.1.11　CX2 测点各工况地下连续墙沿深度侧向位移发展曲线

(3) 某些工况下坑内水位没有控制到位，部分区域降水过度，造成被动区水压力减小。在监测过程中，曾经发现在工况 2 某一段时间内，部分测斜孔测得的位移发展太快，难以查明原因，后来从刚安装不久的水位管发现，该处的地下水位已被降至－10.500m 标高，立即停止降水后，围护体位移即趋于稳定。

(4) 楼板平面尺寸很大时，混凝土的收缩引起地下墙侧向变形的增大。各测点在±0.000 楼层混凝土浇筑前后的变形增量最大值达 9.8mm。

(5) 大基坑的“时空效应”。尽管地下墙局部测点的累计侧向位移数值比较大，但从总体上看，变形发展速率还是得到了较好的控制。当地下一层施工结束时，平均变形速率约为 0.36mm/d；地下二层施工结束时，平均变形速率约为 0.35mm/d；基础底板施工结束时，平均变形速率约为 0.25mm/d。整个施工过程中，最大变形速率均控制在 0.5mm/d 以内。

8.2　中国丝绸城

8.2.1　工程概况

中国丝绸城项目位于杭州市凤起路与新华路交叉口，主楼地上 8 层，地下 3 层，由商业用房和地下停车库组成，总建筑面积 79932m^2，其中地上建筑面积 48927m^2，地下建筑面积 31005m^2，图 8.2.1 为建筑效果图。基坑开挖深度为 14.05m，基坑设计安全等级为一级。

图 8.2.1　中国丝绸城建筑效果图

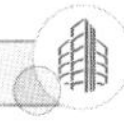

本工程周边环境复杂，东靠新华路，北侧为文龙巷，西邻三角荡巷，南侧为凤起路。基坑周边紧邻多幢既有建筑，其中西侧和北侧为十五家园小区，夯扩桩基础，距离基坑最近约 16m。基坑东北角为民宅（属于历史保护建筑），一层木结构，距离基坑最近约 22m。东侧为新华坊小区和国信房产大厦，其中新华坊小区基础为夯扩桩基础，国信房产大厦基础为钻孔灌注桩基础。

周边道路地下市政管线分布密集，主要有热力管、自来水管、电信管、煤气管、雨水管和污水管等，管线埋深一般均在 3m 以内。周边环境详见图 8.2.2。

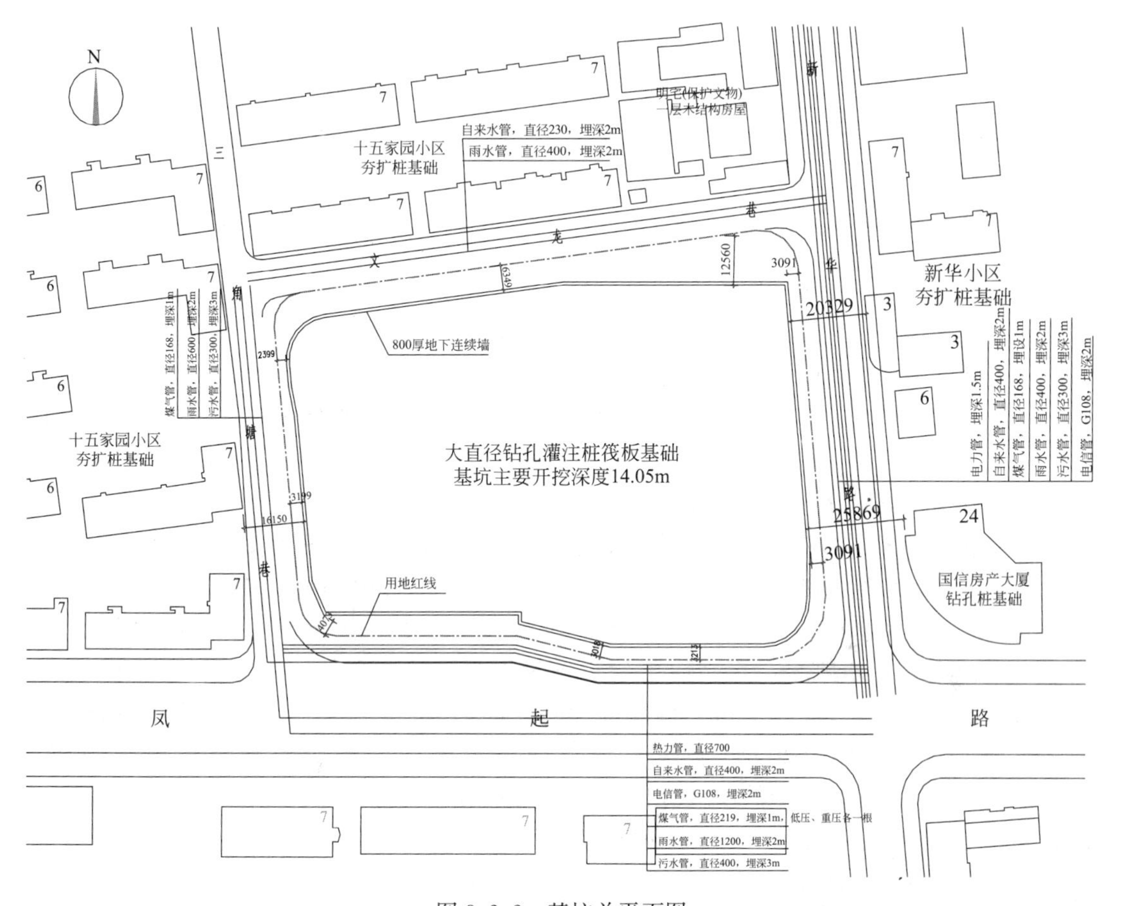

图 8.2.2 基坑总平面图

场地主要土层及其物理力学性质指标见表 8.2.1。由表可知，①-1 杂填土土性较差；①-2 淤填土土性较差，该处原为水塘，因回填时未清淤，经堆填挤压后形成；③-2 砂质粉土夹粉砂土性较好，承载力较高，属强渗透性土层；⑦粉质黏土土性较好，承载力较高，可作为地下连续墙持力层。

场地浅部有潜水含水层，地下水位在地面以下 2.00～2.65m，该层潜水主要受大气降水和地表径流影响，地下水位年变化幅度约 1.00m，对基坑侧壁止水要求高。

场地主要土层及其物理力学指标 表 8.2.1

土层	层厚(m)	w(%)	I_L	e	γ(kN/m³)	c_{cu}(kPa)	φ_{cu}(°)	渗透系数(cm/s)	
								K_v	K_h
①-1 杂填土	2.2～3.5	—	—	—	—	—	—	—	—
②-2 淤填土	1.8	—	—	—	—	—	—	—	—
③-1 黏质粉土	2～5.7	30.9	0.959	0.89	18.78	8.6	28.0	1.5E-4	1.5E-4
③-2 砂质粉土夹粉砂	7.9～11.9	26.8	0.983	0.77	19.33	6.8	34.3	8.3E-4	8E-4
⑤黏质粉土	1.2～5.3	30.4	0.974	0.88	18.81	8.7	31.1	7.5E-5	7.0E-5
⑥淤泥质粉质黏土	0.8～6.1	38	1.160	1.07	18.16	20.0	12.7	—	—
⑦粉质黏土	3.9～10.6	30.2	0.489	0.86	19.03	37.3	19.8	—	—
⑧黏土	1.8～8.1	39.8	0.798	1.10	18.27	23.6	15.0	—	—

8.2.2 基坑支护方案

本工程基坑开挖深度 14.05m，开挖深度较大，且基坑周边距离用地红线均比较近，四周红线外均为道路或既有建筑物，道路下埋设有大量市政管线，环境保护要求高。根据工程经验，本工程采用围护墙（桩）加支撑形式较为合适。若采用顺作法施工，根据开挖深度，需沿竖向设置三道钢筋混凝土水平内支撑。主体结构需待基坑土方全部完成后方可施工，地下室施工过程中，还需要拆除临时支撑，难以满足建设单位的工期进度要求。

经多方案讨论研究，综合考虑技术性、经济性等因素，最终确定采用地下连续墙“二墙合一”的全逆作法围护方案，利用三层地下室的结构梁板作为基坑水平内支撑。利用三层地下室结构梁板作为基坑水平内支撑，上部 8 层结构和地下结构同步施工。

周边围护结构采用地下连续墙“二墙合一”的方案，地下连续墙在基坑开挖阶段作为基坑的围护墙和止水帷幕，正常使用阶段作为地下室的永久外墙。地下连续墙厚度为 800mm，有效长度 26.3～26.8m，墙底持力层为⑦粉质黏土层。地下连续墙槽幅之间采用十字形钢板接头，槽幅接头处设置扶壁柱与楼板、梁相连接，以增加地下室的整体刚度，同时改善地下连续墙接头处的渗漏情况。地下连续墙墙顶适当落低，以方便室内外设备管道进出。地下连续墙顶部设置贯通压顶圈梁，以增强地下连续墙的纵向整体刚度。地下连续墙内预埋插筋和钢筋接驳器，以便与地下一层、地下二层及基础底板受力钢筋可靠连接。为控制逆作施工阶段地下连续墙槽幅之间以及地下连续墙与一柱一桩之间的差异沉降，地下连续墙墙底采用后注浆工艺进行加固。图 8.2.3 为逆作法基坑支护典型剖面。

由于工程地处杭州典型的粉砂土地层，地下水位高，渗透性较强，为解决地下连续墙二墙合一在接缝位置的渗漏水问题，在连接构造设计方面采取了以下措施：

（1）墙段之间接头采用十字形穿孔钢板接头刚性防水接头。

（2）施工阶段，通过设置抗弯刚度较大的围檩梁及压顶梁，减小相邻两幅地下连续墙在水、土压力作用下的侧向变形差异。

（3）地下连续墙与基础底板连接部位的渗漏水风险较大，底板受力钢筋与地下连续墙之间通过接驳器进行可靠连接，同时采取设置刚性止水片、遇水膨胀止水条和预埋注浆管等措施，并在墙段接缝处外侧增设三轴水泥搅拌桩，加强防渗止水措施。如图 8.2.4 所示。

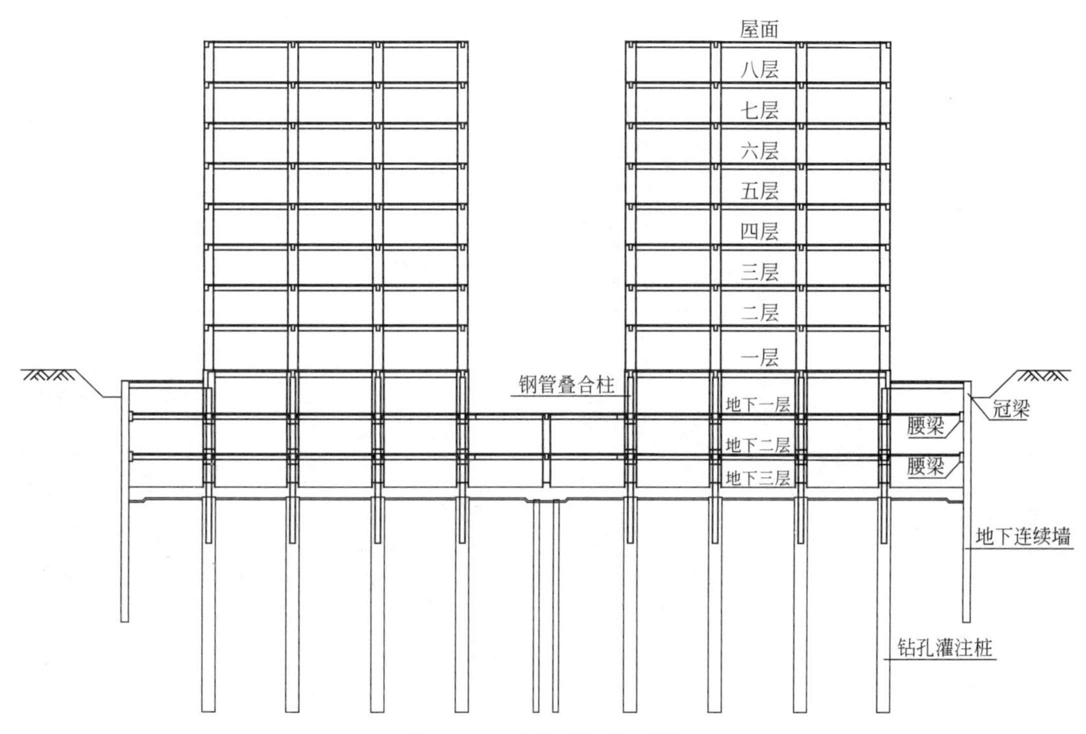

图 8.2.3　逆作基坑典型剖面

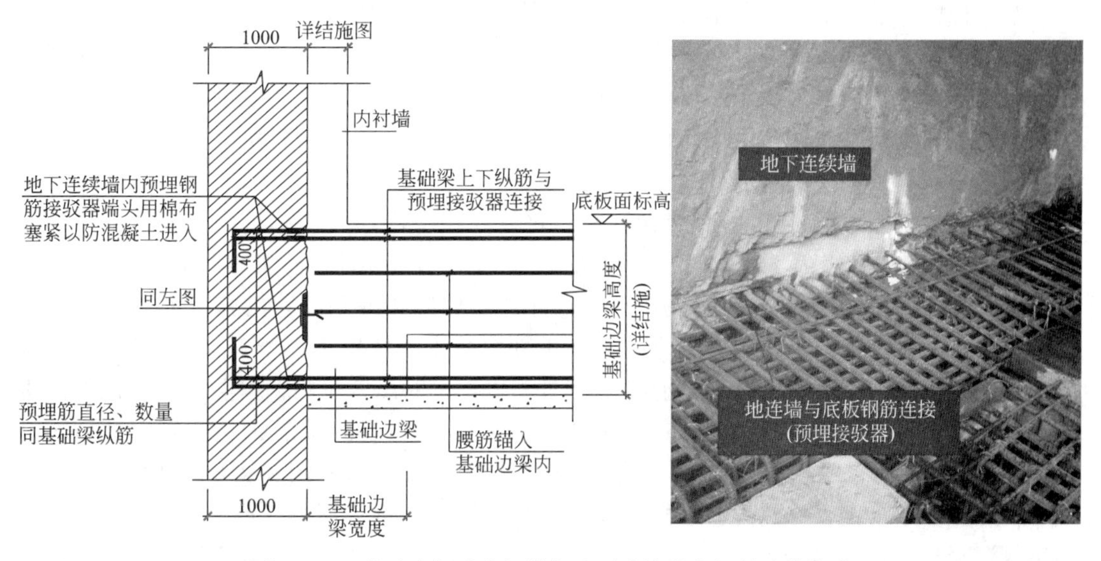

图 8.2.4　基础底板受力钢筋与地下连续墙之间的连接构造

（4）使用阶段在每个槽段的接缝位置设置钢筋混凝土壁柱，与各楼层的连接边梁一起构成壁式框架，延长接缝位置的渗水路径，加强地下连续墙接缝部位与主体结构的连接构造。

（5）为保证地下室的永久干燥，在离地下墙内侧 20～30cm 处砌筑一道砖衬墙，砖衬墙内壁做防潮处理（边砌边做），砖衬墙与地下墙之间在每一楼面处设置导流沟。各层导流沟用竖管连通，当外墙有细微渗漏水进入时，可通过导流沟和竖管引至集水坑统一排出。如图 8.2.5 所示。

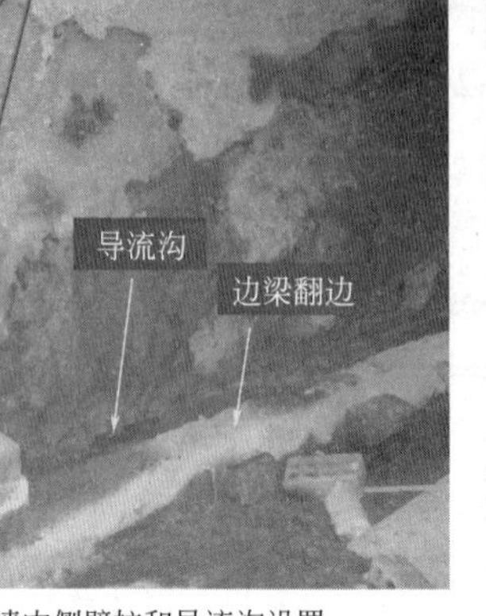

(a) 地下连续墙内侧壁柱和导流沟设置

(b) 砖衬墙设置

图 8.2.5　地下连续墙内侧砖衬墙与排水沟设置

8.2.3　竖向支承体系设计

本工程设计过程中通过对基坑逆作实施阶段和永久使用阶段的多个工况的计算，确定采用“一柱一桩”形式作为竖向支承体系。在基坑逆作实施阶段由钢管混凝土柱作为施工期竖向支承构件。在永久使用阶段，钢管混凝土柱外包混凝土形成劲性混凝土柱作为主体结构框架柱。将钢管立柱与主体结构框架柱、下部工程桩有机结合，可使其同时满足基坑逆作实施阶段和永久使用阶段的受力要求。

钢管立柱采用直径 ϕ650 钢管混凝土柱，钢管立柱下部插入工程桩内。由于采用“一柱一桩”形式，单桩荷载较大，工程桩均采用大直径钻孔灌注桩，直径 ϕ1000～ϕ1500mm，桩端进入中等风化泥质粉砂岩，并采用桩端和桩侧注浆措施以提高立柱桩的承载力和控制立柱桩的沉降。钢管立柱插入下部混凝土立柱桩不小于 5m，钢管立柱底端以下 3m 起至桩顶段采用 C60 水下混凝土，图 8.2.6 为钢管立柱柱脚与混凝土立柱桩连接详图，当立柱桩直径小于 1300mm 时，采用局部扩径处理（图 8.2.6a）；钢管立柱插入段设置栓钉（图 8.2.7），确保立柱轴力均匀传递给混凝土立柱桩；图 8.2.8 为开挖后的钢管立柱，图 8.2.9 为钢管立柱外包混凝土形成永久结构柱（钢管混凝土叠合柱）；图 8.2.10 为钢管混凝土立柱典型节点详图，基础底板钢筋与钢管立柱之间采用接驳器进行连接，地下室结构梁纵筋与钢管立柱之间通过焊接钢牛腿进行连接，钢管立柱在焊接接驳器和钢牛腿处，预先加焊外贴钢板进行加强，图 8.2.11 为钢管立柱与混凝土梁之间的连接钢牛腿及钢筋连接照片。

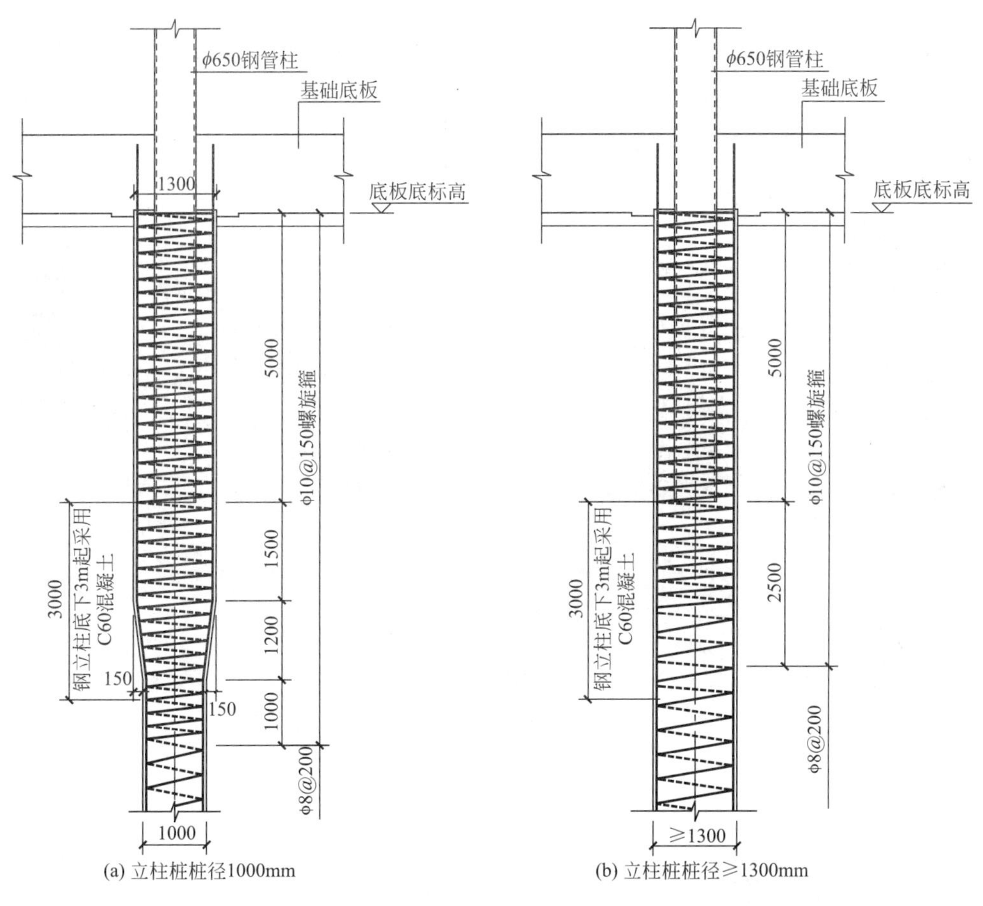

图 8.2.6　钢管立柱柱脚与混凝土立柱桩详图

图 8.2.7　钢管立柱插入段设置栓钉

图 8.2.8　开挖后的钢管立柱

图 8.2.9　钢管立柱外包混凝土形成永久结构柱（钢管混凝土叠合柱）

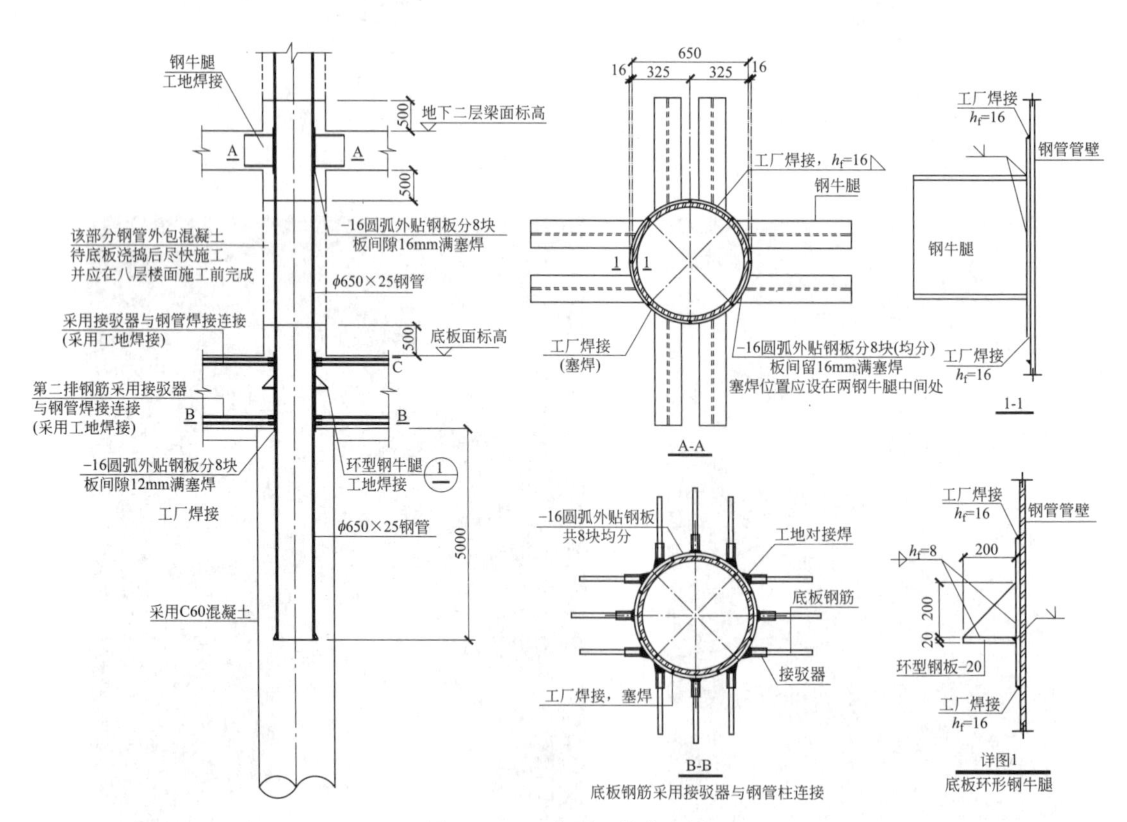

图 8.2.10　典型立柱节点图

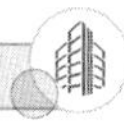

图 8.2.11　钢管立柱与混凝土梁之间的连接钢牛腿及钢筋连接照片

8.2.4　水平支撑结构及节点构造

地下室各层楼板在逆作施工阶段兼作水平支撑体系，地下室顶板兼作施工栈桥，顶板上堆放钢筋、土方，同时施工车辆也在其上通行。地下室结构在满足结构正常使用阶段的设计要求外，还应满足各施工工况下内力和变形的要求。逆作施工阶段，土方、钢筋以及其他施工材料的竖向运输主要通过在地下室楼板预留的出土口和临时施工洞口。地下室三层楼板平面布置图见图 8.2.12，地下一层与地下二层楼板平面布置与地下室三层大致相同。利用地下各层楼板的大型中庭（尺寸为 18m×33.6m）作为主出土口，另在东西两侧

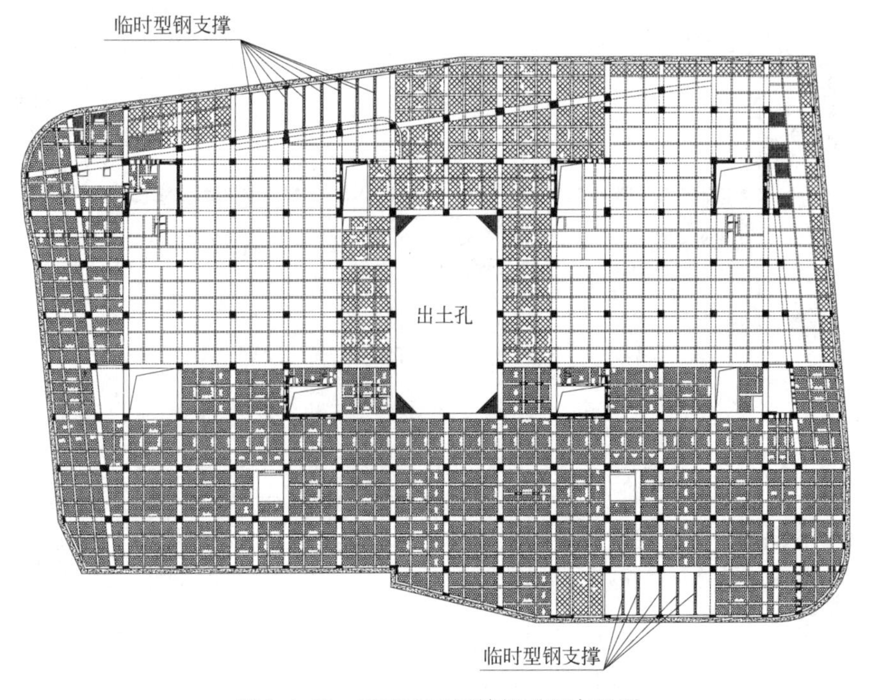

图 8.2.12　地下室三层楼板平面布置图

配设 2 个辅助出土口。从后期的施工情况，施工单位在中庭位置设置履带输送机作为运土设备，出土效果良好。在地下室南北两侧的两个汽车坡道位置，为保证水平支撑刚度，设置了临时型钢支撑（图 8.2.12）。

8.2.5 基坑逆作典型工况

本工程施工总体流程为地上结构、地下结构同时实施的立体交叉施工。2007 年 7 月开始地下连续墙及桩基施工，2008 年 3 月开始地下室开挖，2008 年 12 月开挖至基底，2009 年主体结构结顶。基坑开挖主要分以下 6 个阶段进行：

工况 1：开挖至－2.200m 标高，浇捣地下连续墙顶部冠梁。首层土方采用盆式开挖，基坑周边悬臂挖土至－5.600m，中部挖土至－6.650m 后，施工地下一层的梁板结构，如图 8.2.13（a）、（b）所示。

工况 2：施工地下室±0.000 层梁板混凝土并进行养护，如图 8.2.13（c）所示。

工况 3：基坑盆中挖土至－11.150m 标高，浇筑 100mm 厚素混凝土垫层，同时进行上部 1～2 层结构施工，如图 8.2.13（d）所示。

工况 4：基坑盆边挖土至－11.150m 标高，浇筑 100mm 厚素混凝土垫层，搭设排架、模板，施工地下二层梁板结构并进行养护，同时进行地上层 3～4 层楼面结构施工，如图 8.2.13（e）所示。

工况 5：盆中挖土至－14.500m 标高，浇筑 200mm 厚配筋垫层，搭设排架、模板，施工中部区域的基础底板，同时进行上部 4～5 层楼面结构施工，如图 8.2.13（f）所示。

工况 6：开挖基坑周边土方至－14.500m 标高，浇筑 200mm 厚有筋垫层，搭设排架、模板，施工地下室周边的基础底板，同时进行上部 6～7 层楼面结构的施工，如图 8.2.13（g）所示。

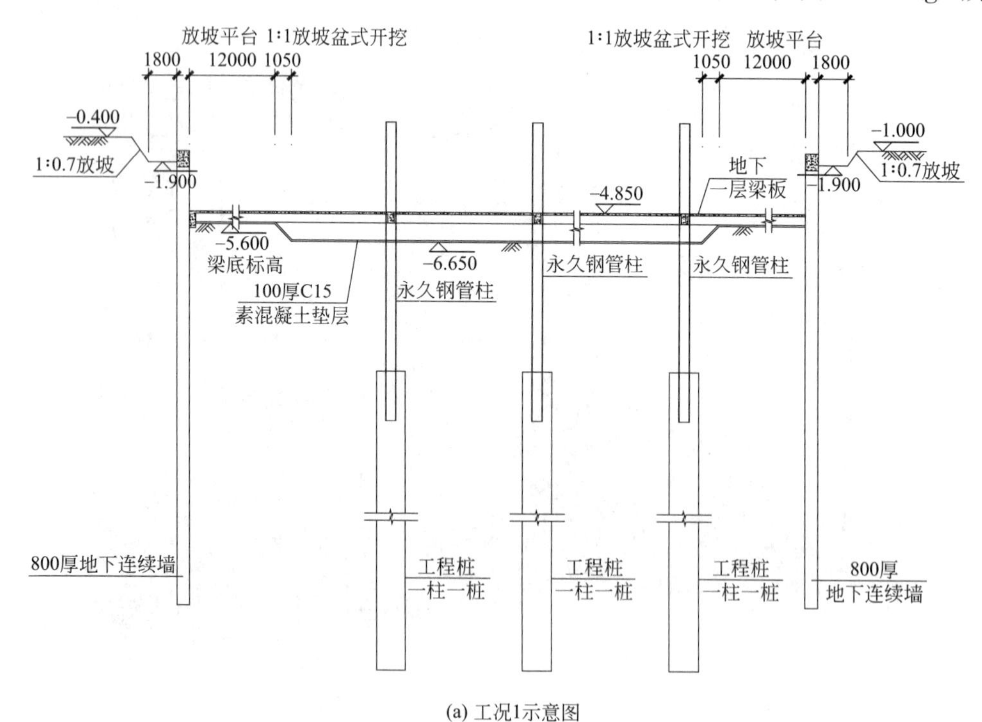

(a) 工况1示意图

图 8.2.13 地下室结构与地上结构同步逆作施工工况示意图

(b) 工况1施工照片

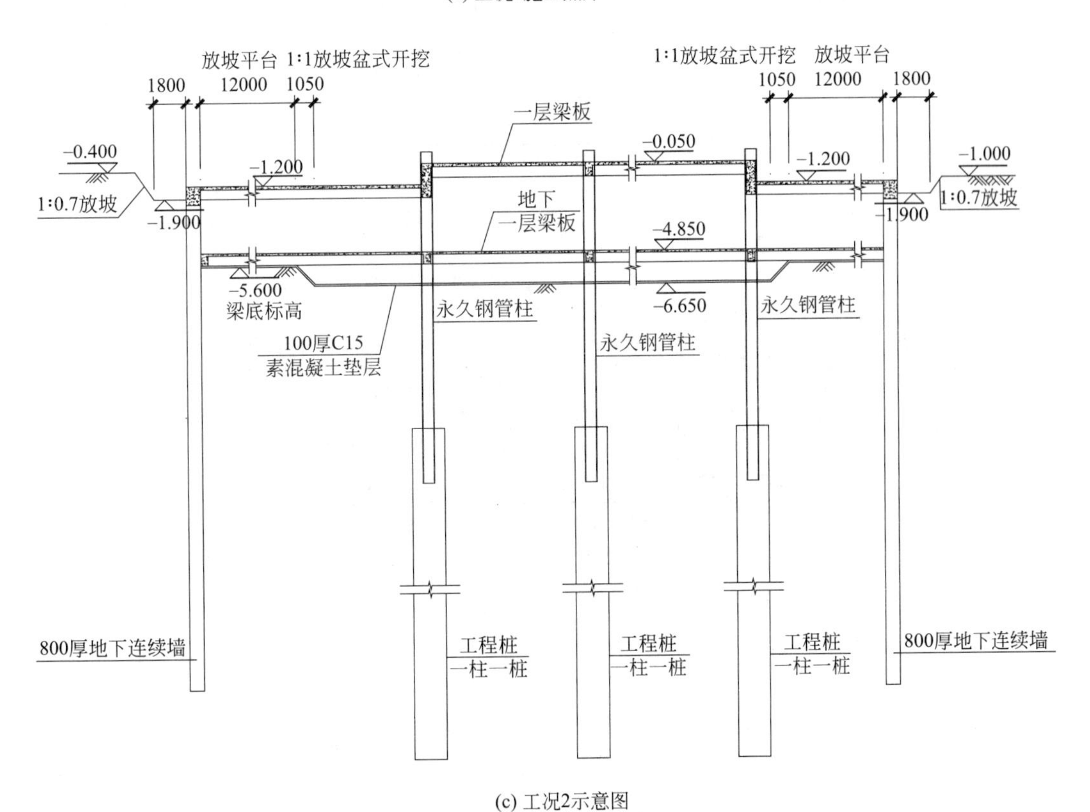

(c) 工况2示意图

图 8.2.13　地下室结构与地上结构同步逆作施工工况示意图（续图）

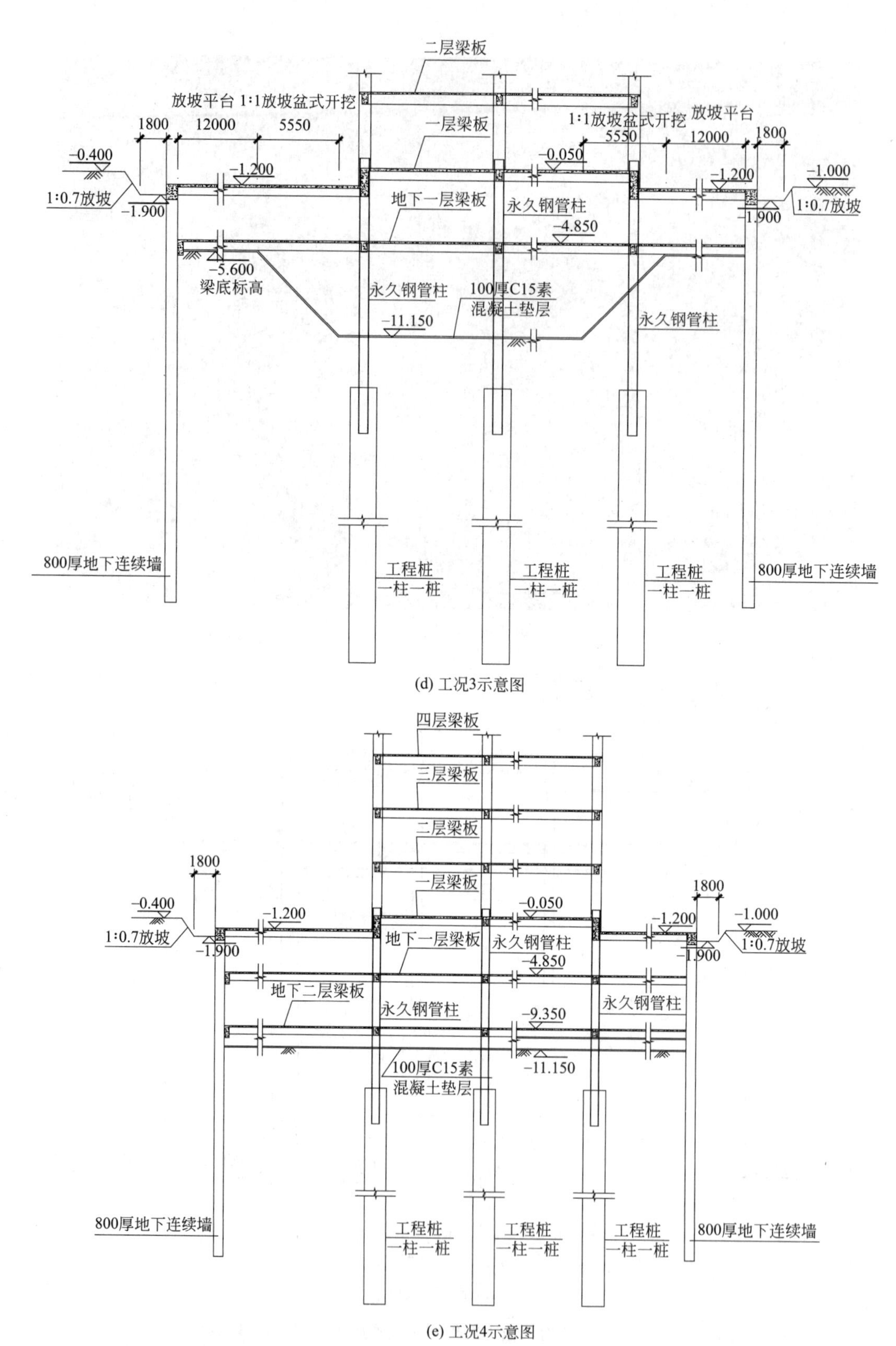

(d) 工况3示意图

(e) 工况4示意图

图 8.2.13　地下室结构与地上结构同步逆作施工工况示意图（续图）

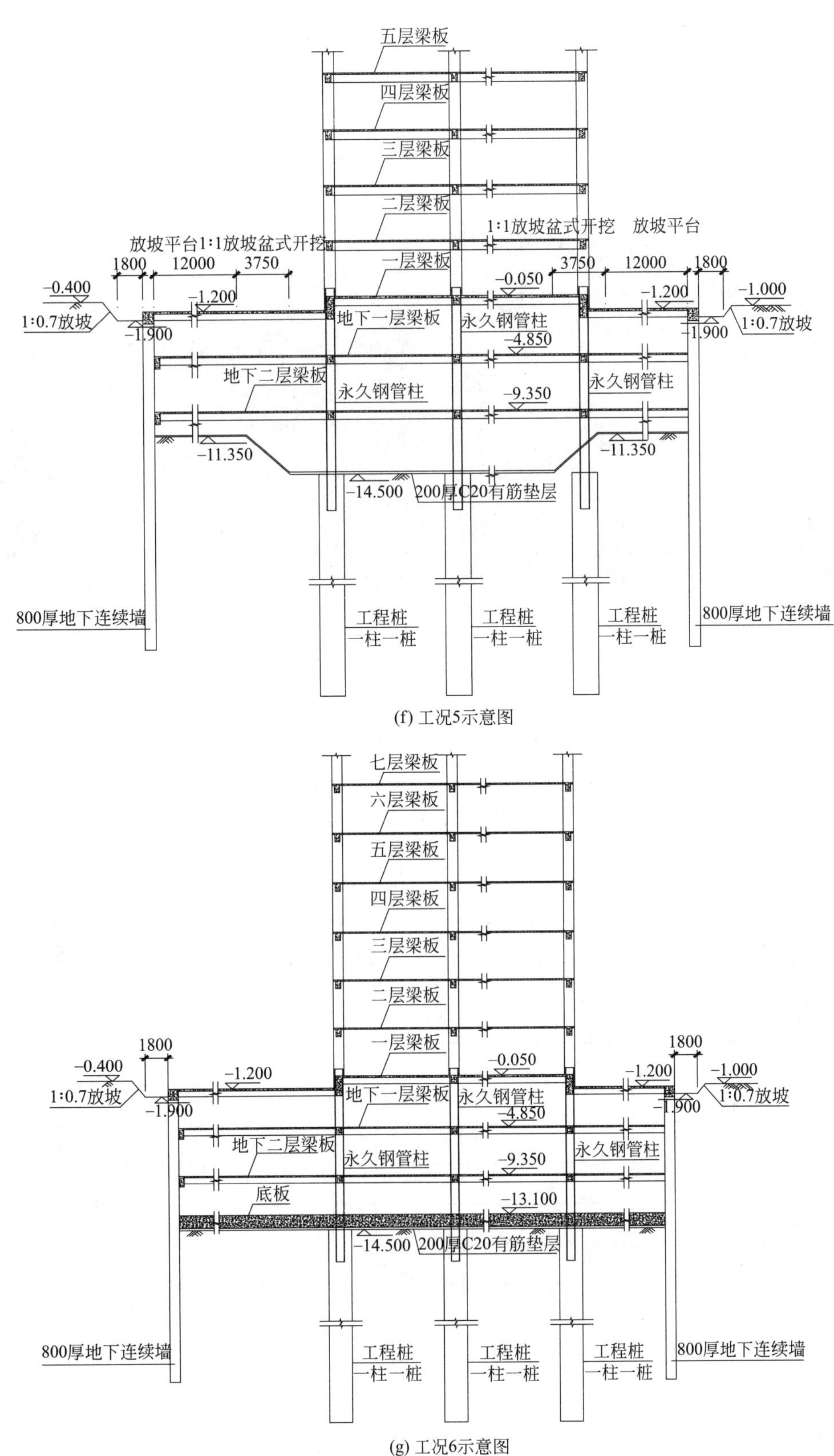

(f) 工况5示意图

(g) 工况6示意图

图 8.2.13　地下室结构与地上结构同步逆作施工工况示意图（续图）

8.2.6 基坑监测

利用地下室建筑中庭布置 18m×33.6m 的施工洞口，作为土方逆作开挖和出土的主出入口，并采用履带输送方式进行土方外运。图 8.2.14 为土方逆作开挖的现场施工照片，图 8.2.15 为履带输送机外运土方的现场照片。

图 8.2.14 土方逆作开挖施工照片

图 8.2.15 中庭位置主出土口采用履带输送机运土

为确保基坑开挖的安全和本工程地下结构施工的顺利进行，对土体深层位移、地下水位等进行全过程监测，监测内容及监测点布置详见图 8.2.16。

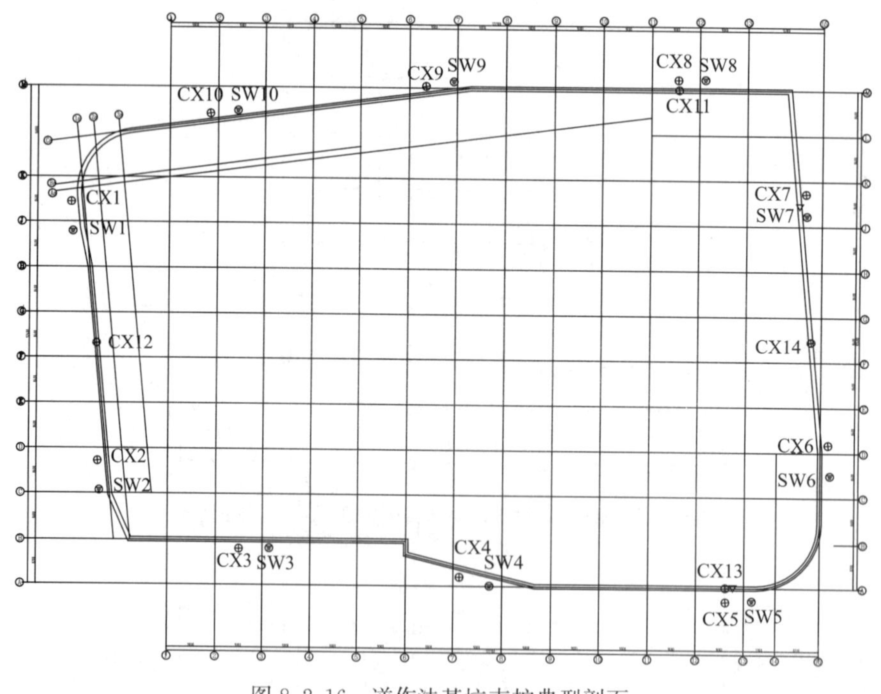

图 8.2.16 逆作法基坑支护典型剖面

图 8.2.17 分别为 CX7、CX11 两个测点的深层土体水平位移分布图，图 8.2.18 为整

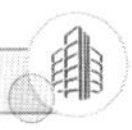

个施工过程中CX7、CX11两个测点位置的最大位移随时间的变化。测点CX7为典型的基坑深层土体位移，如图8.2.17所示，在工况2悬臂开挖阶段，地下连续墙出现较大位移，但待工况3地下一层、地上一层楼板施工结束后，地下连续墙上部位移有一定减小，出现了恢复的现象。测点CX11位置在工况2悬臂开挖阶段，坑外侧由于超载过大，产生了较大的位移；在工况4开挖到坑底附近，地下连续墙出现了漏水，坑底附近产生了较大的位移，最大位移达75mm。

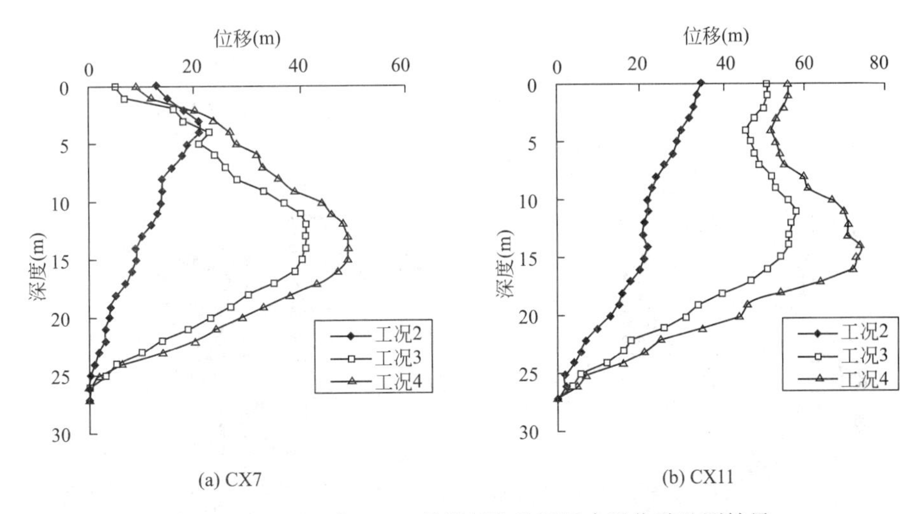

图8.2.17 CX7和CX11号测斜孔的深层水平位移监测结果

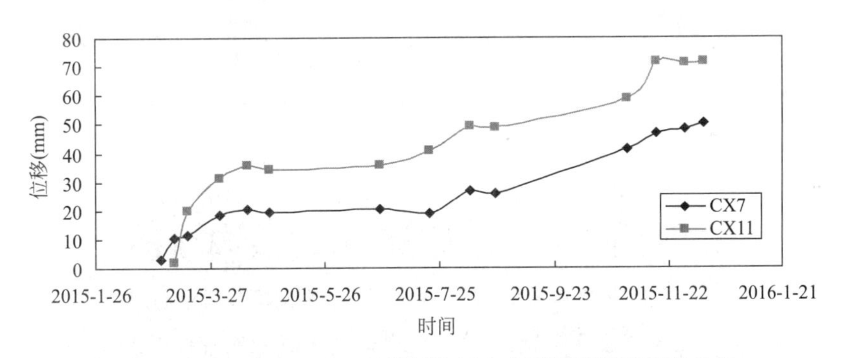

图8.2.18 CX7、CX11号测斜孔最大水平位移随时间变化图

8.3 杭州萧山国际机场三期工程陆侧交通中心

8.3.1 工程概况

杭州萧山国际机场三期项目是为配合杭州2022亚运会，完成国家建设京津冀、长三角和珠三角三大世界级机场群战略任务的重点工程，其中的陆侧交通中心工程建成后将成为集“空地铁”于一体的复合式大型综合交通枢纽，新建、扩建机场航站楼及综合交通换乘中心（简称机场GTC），将进一步提高杭州及浙江省航空与运输保障能力。

交通中心工程西侧为同步建设的新建 T4 航站楼，东侧为使用中的 T1 和 T3 航站楼，东南侧为运行中的 T2 航站楼，北侧为新建地铁站，南侧为新建高铁站，为客流主要疏散枢纽，平面位置见图 8.3.1 示意。交通中心总建筑面积约 64 万 m^2，其中地下建筑面积 39.3 万 m^2，地上公共交通面积 8.7 万 m^2，旅客过夜用房（A、B 楼）8.6 万 m^2，配套业务用房（C、D 楼）7.4 万 m^2。图 8.3.2 为交通中心地面以上建筑模型图，图 8.3.3 为南北向剖面图。

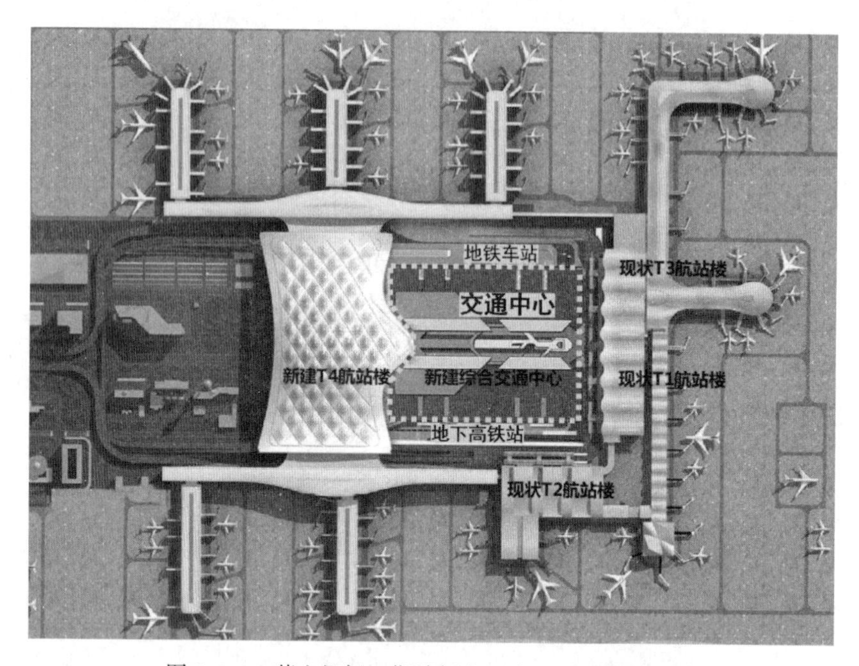

图 8.3.1　萧山机场三期陆侧交通中心平面位置示意

图 8.3.2　陆侧交通中心地上建筑模型图

工程整体设 4 层地下室，基坑开挖深度约 18.6m，基坑平面面积约 11.2 万 m^2。工程体量大、工期紧、周边环境复杂。为满足项目施工组织、交通组织，以及机场及地铁“不停航、不停运”的要求，基坑东部临近现有航站楼部分范围采用逆作施工。逆作区基坑平面面积约 4.1 万 m^2，东西向长度约 150m，南北向长度约 280m。

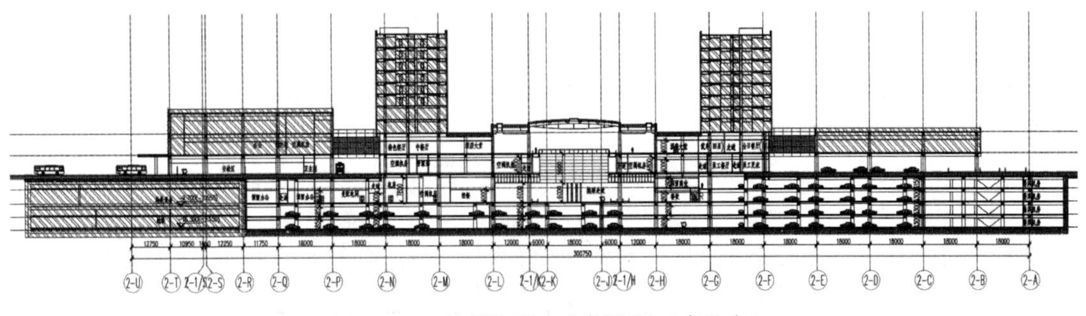

图 8.3.3　陆侧交通中心剖面图（南北向）

交通中心工程逆作区（C 区）北侧为已建地铁车站，挖深约 20.0m，车站南侧地连墙与本项目共用；东侧为已建航站楼和站前拼宽高架，在本项目施工期间要求不停航不停运，保护要求非常高。其中已建航站楼距离基坑约 30m，一层地下室，工程桩为 15m 长的管桩；站前拼宽高架距离基坑约 15m，钻孔灌注桩基础；南侧为同时建造的地下高铁车站，挖深约 26m，采用地下连续墙及多道内支撑支护；西侧为交通中心顺作区（B 区）。基坑周边环境如图 8.3.4 所示。

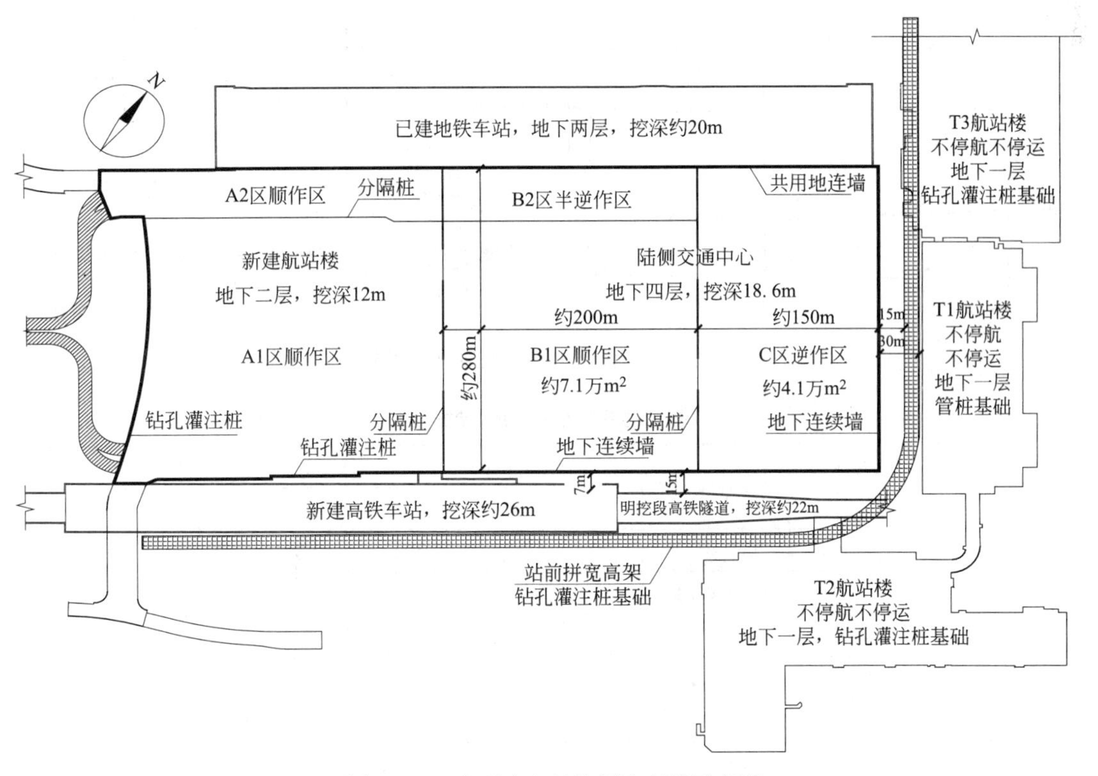

图 8.3.4　交通中心基坑周边环境示意图

8.3.2　地质条件

在勘探深度范围内各岩土层自上而下为：$①_1$ 杂填土、$①_2$ 素填土、$①_4$ 淤泥质填土、

③$_1$ 砂质粉土、③$_2$ 粉砂夹砂质粉土、③$_3$ 粉砂、③$_4$ 粉砂夹淤泥质粉质黏土、③$_5$ 粉砂夹粉质黏土、⑥$_{1-1}$ 淤泥质粉质黏土、⑥$_{1-2}$ 淤泥质粉质黏土、⑧$_1$ 粉质黏土、⑩$_1$ 粉质黏土、⑫$_1$ 粉砂、⑫$_3$ 粉质黏土、⑫$_4$ 圆砾。典型地质剖面见图 8.3.5，各土层主要物理力学参数见表 8.3.1。

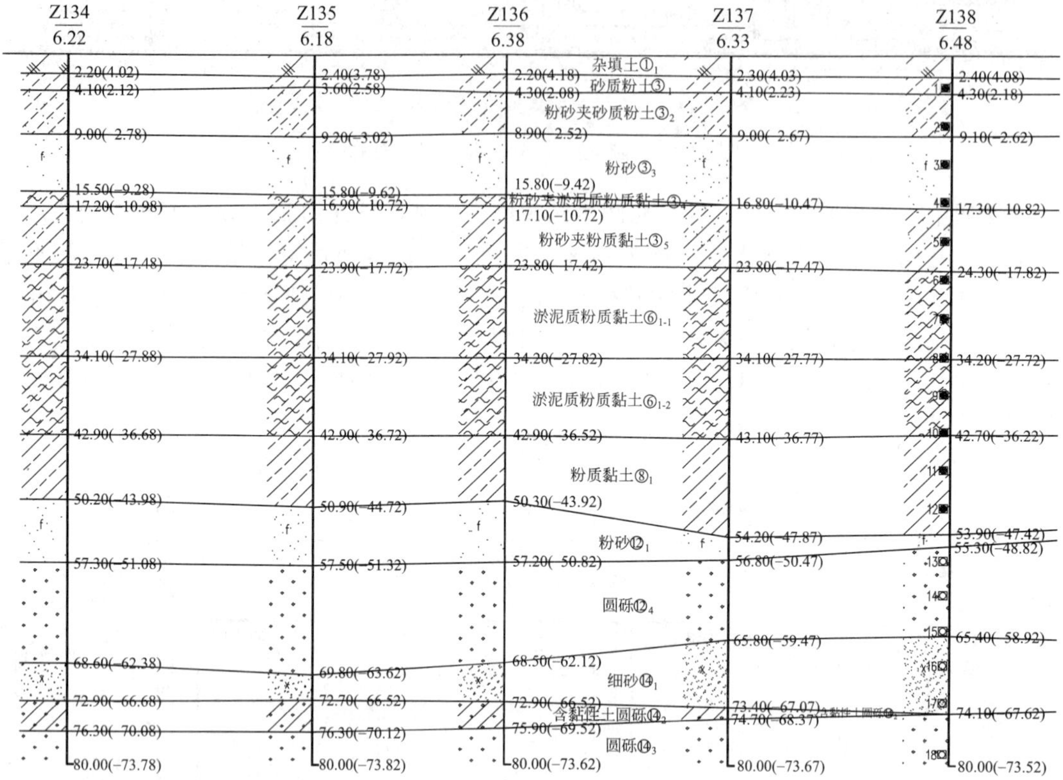

图 8.3.5　交通中心典型地质剖面图

各土层主要物理力学参数表　　　　**表 8.3.1**

层号	重度 γ (kN/m^3)	土层厚度(m)	固快		渗透试验(cm/s)	
			c(kPa)	φ(°)	k_v	k_h
①$_1$	(19.0)	0.7～4.3	—	—	—	—
①$_2$	(19.0)	0.8～2.4	—	—	—	—
①$_4$	(18.0)	0.6～3.1	—	—	—	—
③$_1$	19.3	1.6～7.8	4	23	3.6E-4	2.9E-4
③$_2$	19.9	1.8～9.6	3	29	7.6E-4	5.6E-4
③$_3$	20.0	1.8～9.6	2	31	1.8E-3	1.4E-3
③$_4$	19.6	1.3～6.1	4	18	1.1E-3	8.9E-4
③$_5$	19.4	1.5～7.9	5	24	8.6E-4	5.2E-4
⑥$_{1-1}$	17.8	6.9～13.0	11	9	1.3E-6	8.6E-7
⑥$_{1-2}$	17.9	4.9～14	14	10	3.0E-7	2.3E-7

续表

层号	重度γ (kN/m^3)	土层厚度(m)	固快		渗透试验(cm/s)	
			c(kPa)	φ(°)	k_v	k_h
⑧$_1$	18.4	1.3～10	20	14	—	—
⑩$_1$	19.1	0.9～7.6	21	15	—	—
⑫$_1$	19.9	0.6～6.3	3	31	—	—
⑫$_3$	18.7	0.6～4.6	23	14	—	—

孔隙性潜水主要赋存于表层填土、③层砂质粉土、粉砂中，粉土粉砂层厚约18m，地下水位较高、水量丰富、渗透性强；其下为淤泥质粉质黏土层，土质较差，渗透性较差。孔隙承压水分布于深部的⑫、⑭层中，承压水位埋深约为3.5m。坑底土体承压水突涌稳定性验算满足规范要求。

8.3.3 逆作工艺设计

1. 逆作难点分析

本工程基坑平面尺寸大、开挖深度深，同时考虑到工程的周边环境、工期及施工组织要求、人防结构施工、型钢混凝土和预应力构件施工等，本工程具有以下突出难点：

(1) 作为规模较大的逆作法基坑，须考虑逆作楼板形成时间长所造成的基坑暴露时间长，以及逆作楼板施工造成土方超挖所引起的“时空效应”减弱，导致基坑实际变形较理论计算值更大。

(2) 工程南侧高铁站、北侧地铁站、西侧顺作区均在基坑施工期间先后实施或投入使用，并考虑到东侧航站楼“不停航不停运”要求，工程须考虑基坑群施工相互影响问题，并与有关各方充分沟通，充分考虑外部环境相互影响。

(3) 场地土质条件复杂，开挖范围土质以渗透性较强的粉土为主，但是开挖至坑底后进入土质较差的淤泥质土层，因此既要采取合理降水止水措施，围护结构也要有一定刚度控制变形。

(4) 基坑工程量大，工期又较为紧张。为工程顺利实施，设置楼板栈桥、逆作施工洞口既要便于施工快速实施，也要满足基坑安全及结构要求。

(5) 工程有大量人防面积，人防对结构缝的设置有严格要求，且工程北侧与地铁车站共用墙、西侧与顺作区连接，造成本工程有大量连接节点，可以说节点设计也是工程逆作法成败的关键。

2. 逆作法剖面设计

逆作施工顺序为B0、B2和B3层楼板、底板，然后向上作业时再施工B1层楼板。除了北侧与地铁车站共用地下连续墙外，西侧与B区之间设置钻孔灌注桩及三轴水泥搅拌桩作为分隔桩，南侧和东侧采用1000mm厚“二墙合一”地下连续墙作为挡土止水结构。地下墙外侧采用TRD工法桩作为地墙槽壁加固并兼做加强止水帷幕。B区的支护结构为大直径钻孔灌注桩或1000mm厚“二墙合一”地下连续墙结合三道钢筋混凝土水平内支撑。C区逆作典型支护剖面如图8.3.6所示。

为确保基坑主要保护对象，东侧的使用中航站楼安全，采用了三维有限元软件进行了

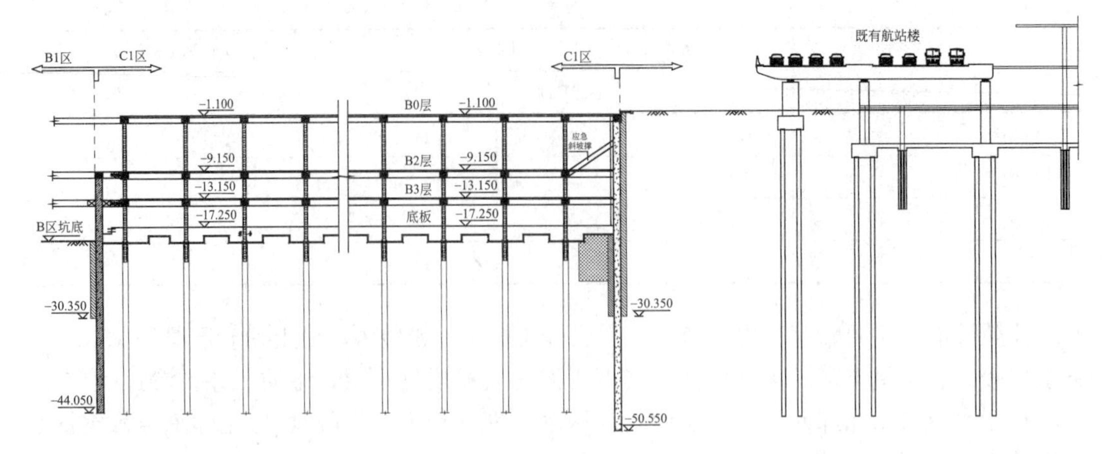

图 8.3.6　C 区典型支护剖面剖面图

整体建模分析。分析结果表明，采用以上围护结构，基坑开挖对航站楼的变形影响较小，各个工况下航站楼及站前拼宽高架的水平及竖向变形均可控制在 1cm 以内。同时采用了地下连续墙及 TRD 工法止水帷幕，坑外仅进行控制性降水，也可避免坑内降水对坑外的影响。

3. 逆作楼板设计

逆作法楼层板既要承受使用阶段荷载，也要考虑施工阶段承受水平荷载以及竖向栈桥及堆场等施工荷载。楼层板设计应是使用阶段及施工阶段的包络设计。本工程特别之处还在于逆作区西侧楼板支点为 B 区顺作区的水平角撑，刚度相对较弱，交通中心的整体施工平面如图 8.3.7 所示。在东侧土压力作用下，楼层板有整体向西变形趋势；同时还要考虑到施工阶段的竖向构件为逆作的型钢立柱，相较于使用状态下的结构柱刚度差异很大，再结合施工阶段楼板开洞等因素，因此在施工阶段地下室结构的东西向侧向刚度是偏弱的，对东侧变形控制不利。为此，采取了以下四个措施增强施工阶段的结构东西向侧向刚度：

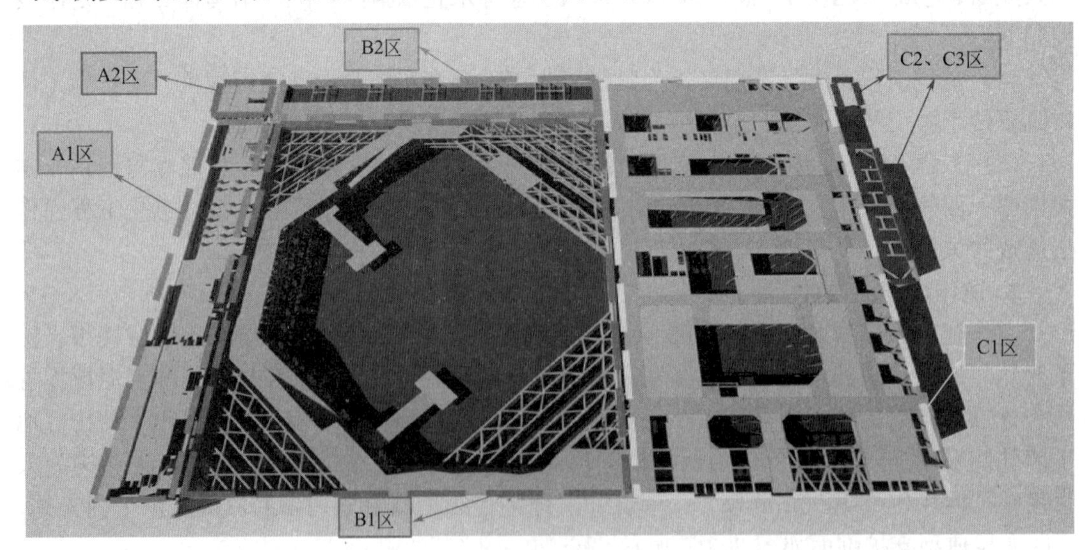

图 8.3.7　交通中心基坑群平面示意图

措施一：增加临时钢立柱，减少柱跨。原有结构柱网主要为 9m×12m，局部有柱跨达到 18m，增加钢立柱后，柱网基本控制在 9m×6m。

措施二：合理布置洞口，并采取适当的洞口加固措施。结合楼板已有洞口、楼梯，以及施工要求布置洞口。洞口开设遵循“小且密”的原则，以分散布置的多个小尺寸洞口取代一个大尺寸洞口，洞口开设的间距不超过 30m。南侧为人防区，存在较多人防口部，均作为施工洞口处理，逆作施工阶段不施工，待顺作施工阶段整体一次性施工。因此在基坑南侧周边出现连续开洞，这些范围均采用临时支撑进行加强。图 8.3.8 为结构楼板平面图和施工阶段逆作楼板平面布置图的对比。

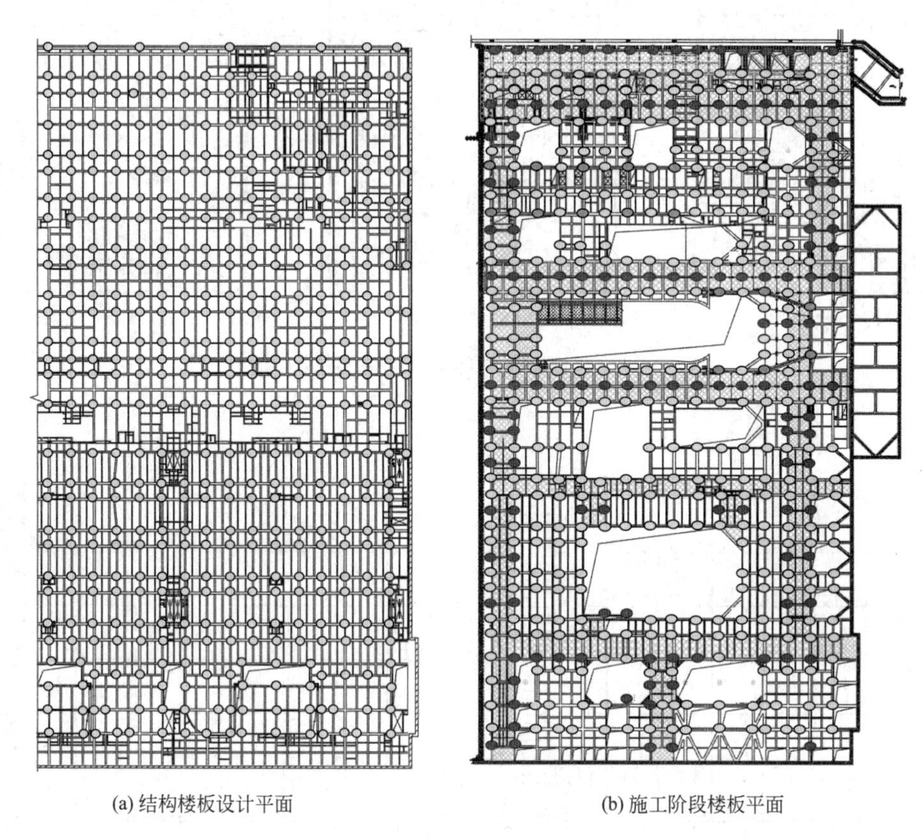

(a) 结构楼板设计平面　　(b) 施工阶段楼板平面

图 8.3.8　结构设计楼板及施工阶段楼板平面图

措施三：对逆作区东北角及东南角特定区域楼板、临时支撑做进一步加强，同时也要求施工顺序上该两部分楼板能够最早形成，以期形成两个角撑体系，减少整体向西侧的变形。洞口加强后逆作楼板在东侧水土压力作用下的传力路径如图 8.3.9（c）所示。

设计采用了平面杆系有限元对楼板承受水平荷载下的变形进行了分析，分析结果如图 8.3.10 所示。模型 a 为西侧无约束工况，模型 b 为增加角撑工况。计算结果表明：通过设置角撑，逆作结构整体位移可得到有效控制。考虑到平面杆系有限元无法考虑施工工况、周边环境、土压力变化、空间效应等因素，因此还采用了三维连续介质有限元模型研究逆作区结构变形与内力。分析结果也表明，设置角撑后地下室结构的整体侧向刚度得到加强，东侧变形得到较好控制。

措施四：为严格控制永久立柱的侧向位移，在部分区域立柱间设置剪刀撑以提高立柱

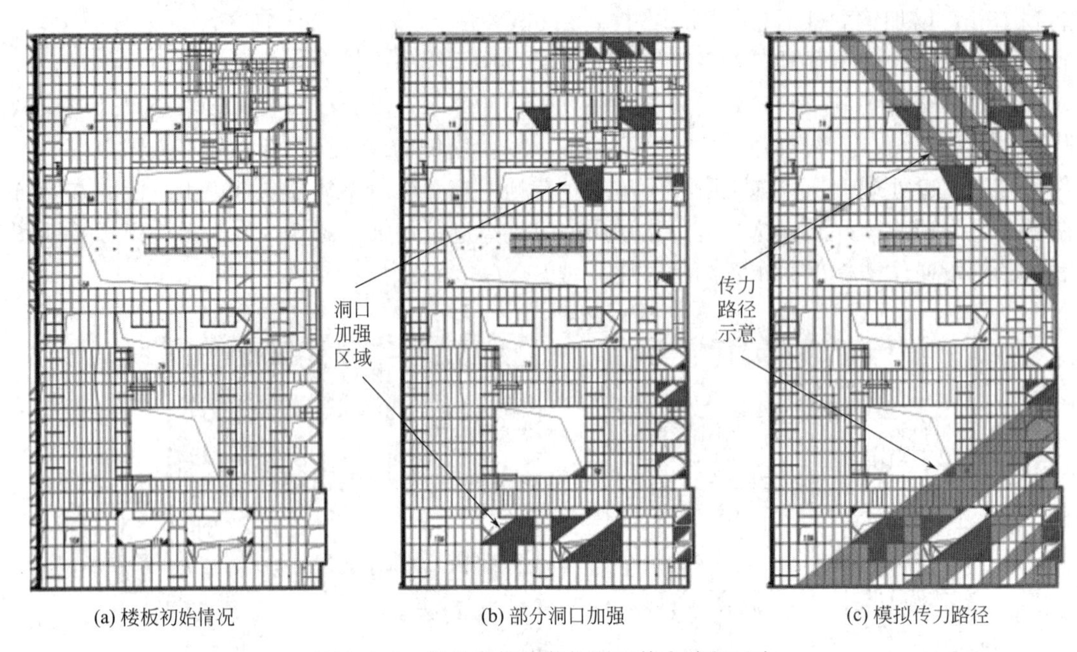

(a) 楼板初始情况　(b) 部分洞口加强　(c) 模拟传力路径

图 8.3.9　设置角撑后楼板平面传力路径示意

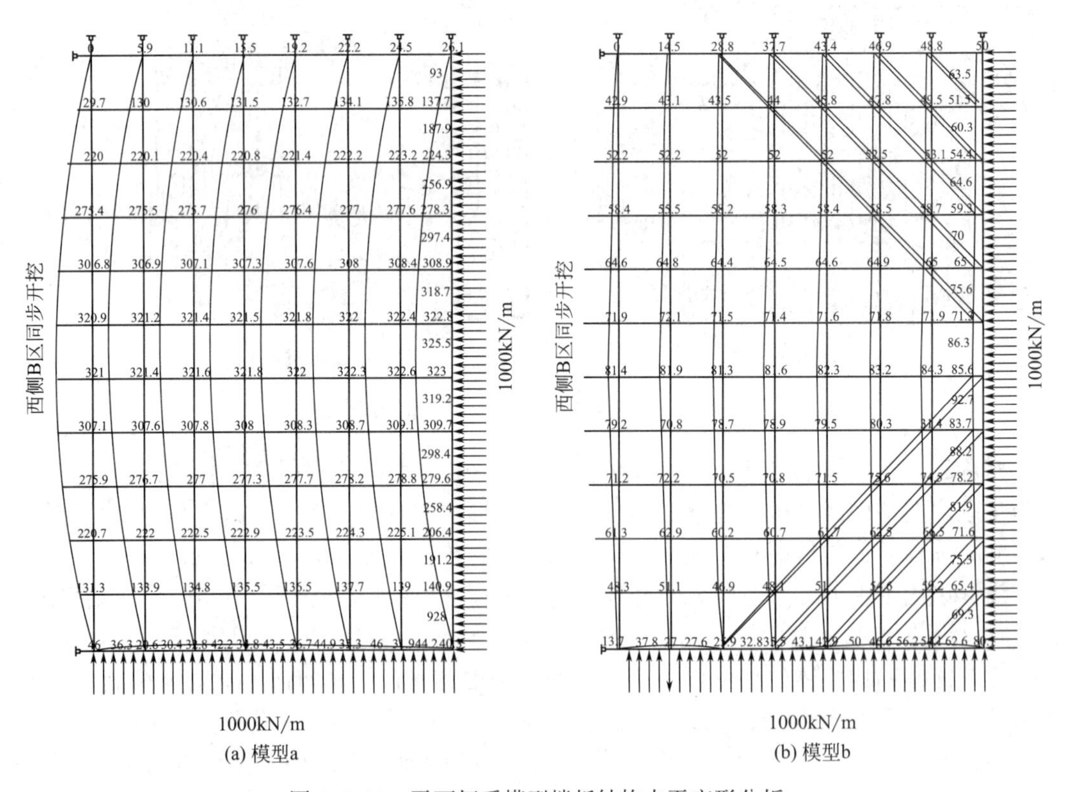

(a) 模型a　(b) 模型b

图 8.3.10　平面杆系模型楼板结构水平变形分析

整体侧向刚度。

竖向立柱因逆作区结构整体水平向位移趋势，由竖向受力转变成水平与竖向双向受力，因此采取相关计算分析复核了立柱稳定性。根据复核结果，主要在东西向栈桥区域立柱间设置了剪刀撑。

4. 栈桥设计

整个陆侧交通中心工程基坑土方量高达 180 万 m^3，由于逆作法楼板需先施工，空间受限，土方开挖存在一定难度。施工中除了采用“水冲法”提高挖土效率外，还考虑到 B0 层至 B2 层间高差 9 米，存在足够的车辆行走空间，因此将 B0 层、B2 层均作为主要施工操作层，均设置了栈桥及堆场，采用了双层栈桥体系以提高施工效率，见图 8.3.11。

围护设计结合施工栈桥要求，采用结构分析软件对结构楼板进行了复核，根据复核结果进一步调整栈桥及洞口位置，同时对栈桥范围梁板、立柱进行加强。根据计算结果，对栈桥进行限载要求。为提高栈桥下方钢格构柱的稳定性，在东西向栈桥区域立柱间设置剪刀撑进行加强（图 8.3.12）。为确保安全，还在重车道下方立柱安装了应力及沉降监测系统，实时监控立柱安全。

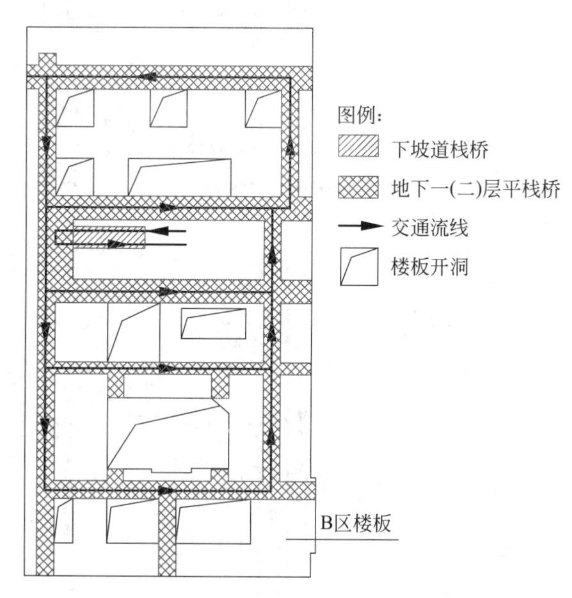

图 8.3.11　B0 及 B2 板栈桥及交通流线图

图 8.3.12　现场栈桥立柱间剪刀撑布置

8.3.4　竖向支承结构设计

竖向支承结构采用“一柱一桩”形式布置，其中立柱包括钢格构柱和钢管混凝土柱两种，钢格构柱主要为 500mm×500mm 的角钢格构式立柱（图 8.3.13），钢管混凝土立柱直径为 800mm（图 8.3.14）。图 8.3.15 和图 8.3.16 分别为钢格构式立柱和钢管混凝土立柱的现场找平。由于结构柱网尺寸较大，主要为 9m×12m，局部达到 18m，为此逆作施工期间在跨度较大部位的跨中设置临时钢格构柱，使施工阶段的柱网尺寸基本控制在 9m×6m。

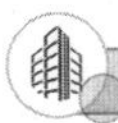

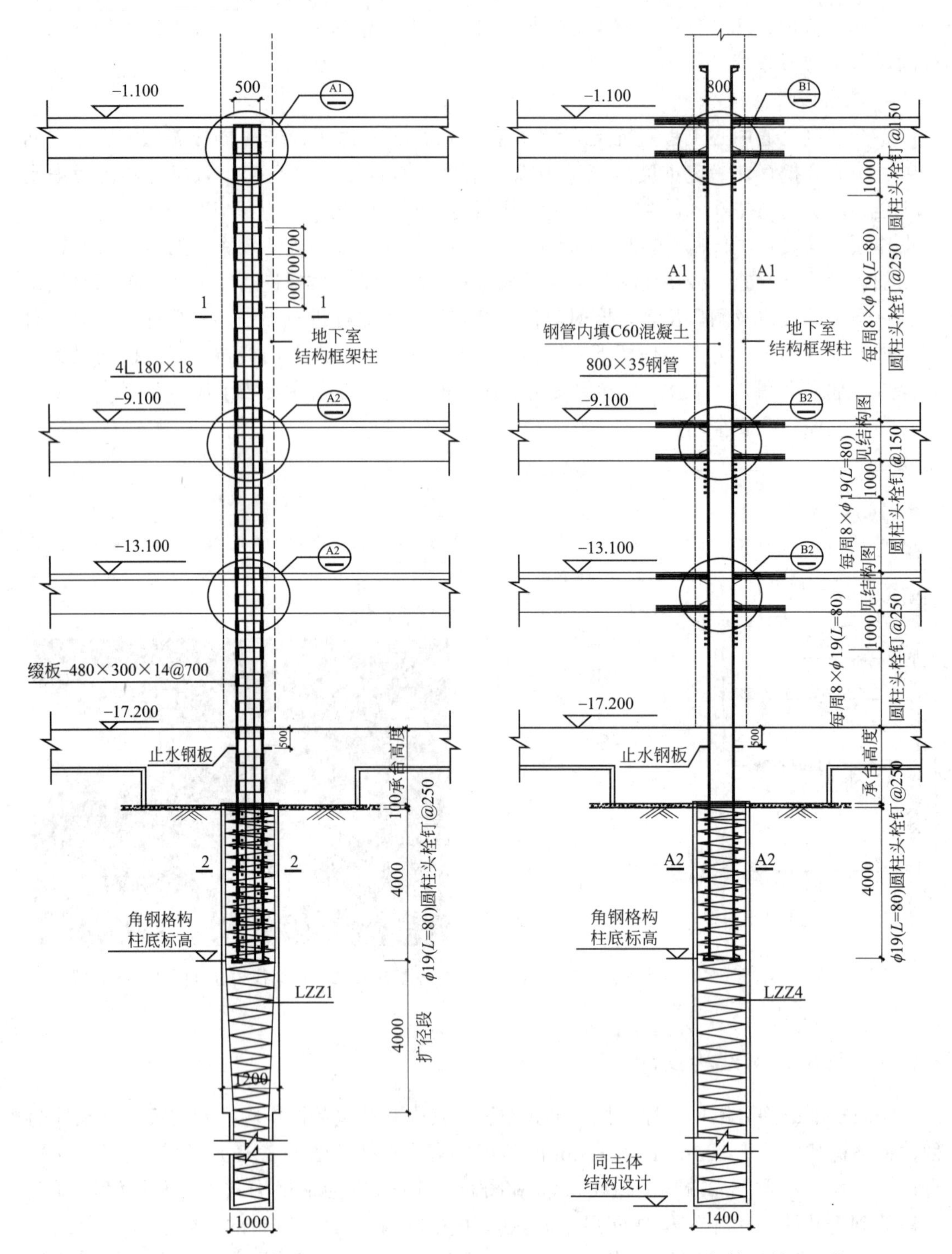

图 8.3.13 格构式立柱

图 8.3.14 钢管混凝土立柱

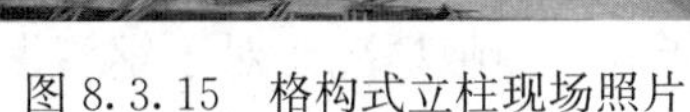

图 8.3.15　格构式立柱现场照片

图 8.3.16　钢管混凝土立柱现场照片

立柱桩采用旋挖成孔灌注桩，根据受荷大小，分别进入⑫$_4$ 圆砾层和⑭$_3$ 圆砾层，并进行桩端后注浆。单桩承载力取值考虑了深基坑开挖卸荷的影响。

8.3.5　水平支撑结构及节点构造

节点设计是逆作法设计的关键内容。特别是本工程由于周边环境的特殊性，除逆作法常见的梁柱节点、洞口加固节点等外，还有与北侧地铁车站共墙交界面节点、西侧与顺作法交界节点等。以下对一些关键节点设计进行介绍。

1. 楼板后浇带处理

按常规设计，超长地下结构需设置较多的后浇带，包括收缩后浇带和沉降后浇带。逆作施工中须在后浇带两侧增设立柱桩对悬挑梁进行支撑，以确保施工中结构安全，且为了形成整体传力体系，还要在后浇带内设置传力型钢或采取其他水平传力措施，工序复杂、成本较高、对工期影响较大。经过综合分析比较后，对后浇带设置进行优化。一是采用跳仓法施工，减小温度应力，控制变形与裂缝，取消收缩后浇带；二是通过桩基差异沉降施工控制及基础刚度调平设计，减小差异沉降，同时在主楼周边有意识地加大梁板结构的跨度（12～18m），进一步减小沉降差对水平结产生的附加内力，最终取消沉降后浇带的设置，从而大大方便了水平结构的逆作施工，有效保证了施工工期。

2. 梁柱节点

本工程大部分竖向立柱为角钢格构柱，并有很大一部分是为减小柱跨而设置的临时格构柱。由于结构梁宽尺寸种类较多，梁柱节点也出现了多种形式。初步设计考虑在梁宽大于格构式立柱边长时，梁可直接穿越立柱；在梁宽小于或等于格构式立柱边长时，则采用

梁加腋形式，使梁钢筋能穿越立柱，见图 8.3.17。

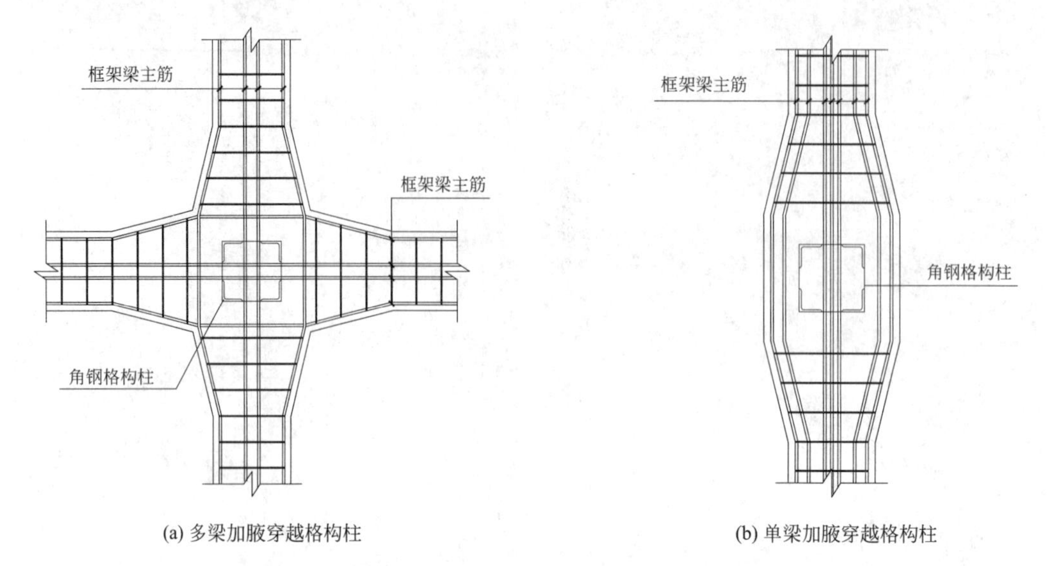

图 8.3.17　格构式立柱梁柱节点图

但在实际施工中发现加腋处钢筋、模板加工复杂，对工效影响很大，且直梁加腋后影响美观。经设计分析后，对部分梁宽进行加宽，尽可能减少加腋情况。对于钢管混凝土立柱，对应柱跨达到 18m，由于两端弯矩较大，梁柱节点均采用环梁形式，见图 8.3.18。图 8.3.19 为梁柱节点现场实施照片。

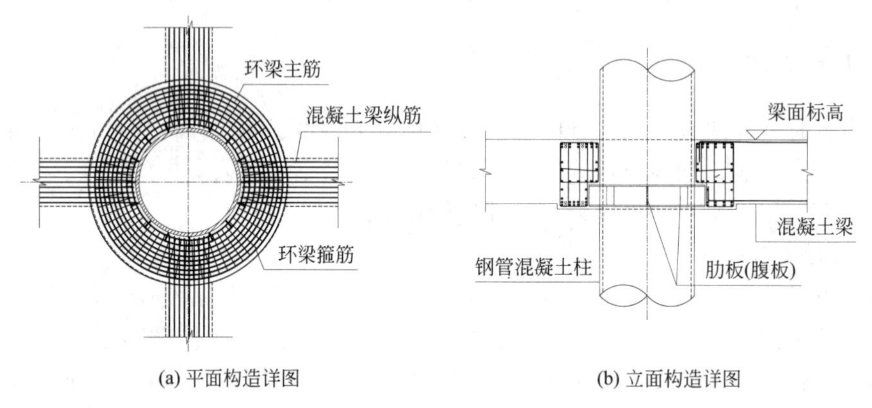

图 8.3.18　钢管立柱环梁式梁柱节点图

8.3.6　施工与监测

1. 施工过程

整个交通中心工程 2019 年 5 月开始全面进行桩基施工，2019 年 10 月逆作区进行第一层土方开挖，至 2020 年 2 月 B0 板基本施工完成；2020 年 5 月开始进行 B2 板施工至 7 月施工完成；2020 年 10 月部分区域开挖至基底开始施工底板，至 2021 年 2 月，逆作区地下室结构基本施工完毕。整个施工周期约一年四个月，基本达到了工期要求。自桩墙施工开

(a) 格构柱节点

(b) 钢管混凝土柱节点

图 8.3.19 梁柱节点现场实施照片

始，整个施工过程中均对土体变形、周边环境等进行了监测。

2. 水冲法挖土

本工程共计需出土约 190 万 m^3，根据施工进度安排，高峰期日出土量需达到 $15000m^3$，因机场交通负荷有限，传统的机械取土外运方式无法满足基坑施工进度。因本工程基坑土质多为砂性土，综合考虑后，本标段土方外运采用机械开挖渣土车外运以及水冲法土方外运两种方式相结合的方式。图 8.3.20 为水冲法工艺原理示意图。

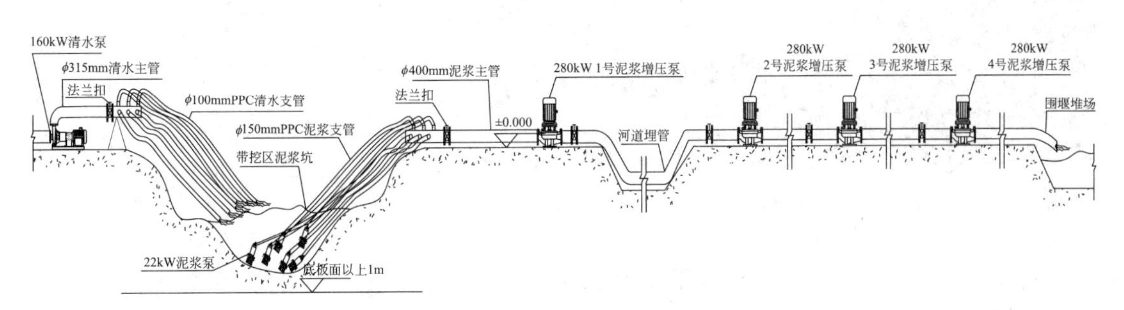

图 8.3.20 水冲法工艺示意图

本工程投入 2 套水冲法管线设备，24h 施工，水冲法日出土量达 $8000m^3$。减轻了机场场区交通压力，实现绿色施工无扬尘，同时保证了土方施工工期，确保了工程整体进度。现场水冲法取土见图 8.3.21。

为确保取土过程的施工效率及施工安全，本工程采用机械开挖结合水冲法取土二级开挖的方式，挖机布置在放坡平台将上层原状土倒运至下层，水冲法设备在底部冲刷倒运后松散土方，配置成泥浆外运。图 8.3.22 为机械开挖结合水冲法取土二级开挖现场照片。

3. 监测情况

交通中心逆作区深层土体水平位移与高架桥墩沉降监测点平面布置如图 8.2.23 所示。C 区基坑施工工况主要分为五个阶段，依次为：桩墙施工（Stage0），B0 板施工（Stage1），B2 板施工（Stage2），B3 板施工（Stage3）以及底板施工（Stage4）。

图 8.3.21　现场水冲法取土照片

图 8.3.22　机械开挖结合水冲法取土二级开挖现场照片

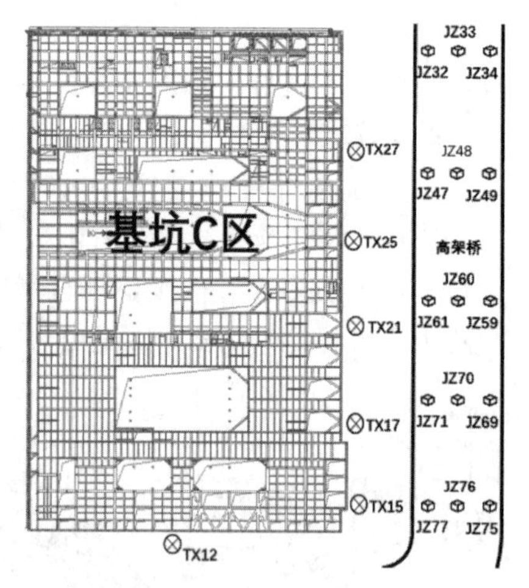

图 8.3.23　主要监测点布置图

地连墙外侧深层土体水平位移随工况的典型变化曲线如图 8.3.24 所示，正值表示移动方向朝坑内。不同测点的深层土体水平位移曲线整体表现为朝向基坑内部的内凸状，最大值所处深度均位于开挖面附近。与丁智等提出的基坑深层土体水平位移表现为“阶梯鼓肚形”曲线不同，本书曲线更符合张立明等提出的“平滑鼓肚形”曲线。仔细分析 TX21 在不同工况的深层土体水平位移曲线，Stage2 到 Stage3 的位移产生较大跳跃，即 B2 层板直至开挖到底，占总变形量的 80.6%。

图 8.3.25 为 C 区东侧 5 个测斜点的深层土体最大水平位移平面分布图，常规基坑分布情况是“中间大，两边小”，而本项目仅表现为中间略大于两边，说明结构刚度加强对变形控制有效果。

高架桥墩沉降变化曲线如图 8.3.26 和图 8.3.27 所示，正值为隆起，负值为沉降。高架桥墩沉降在 Stage3 和 Stage4 发展最快，如 JZ60 测点在该阶段的变形占总变形量的 47.27%。高架沉降变形呈现出远离基坑侧的变形最大，而靠近基坑侧的变形最小的特点，可能原因是靠近基坑侧的高架桥墩下为嵌岩桩，远离基坑的两排桩相对较短且未入岩。嵌岩桩因桩底土层好，受基坑开挖影响较小。

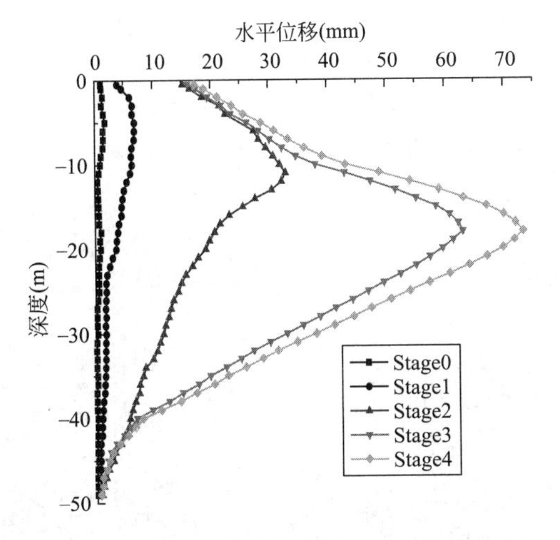

图 8.3.24 深层土体水平位移曲线（测点 TX21）

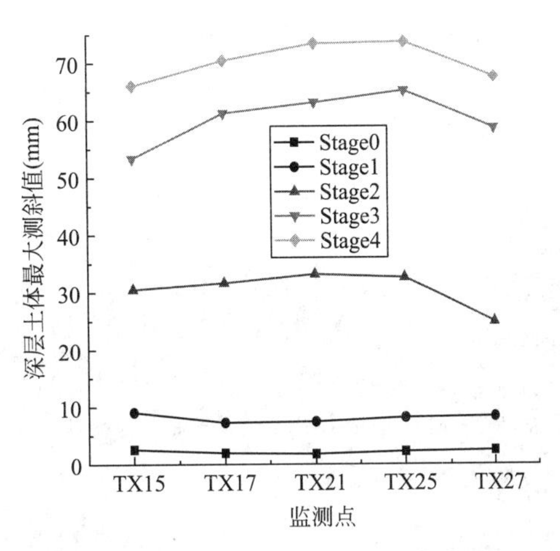

图 8.3.25 深层土体最大水平位移平面分布

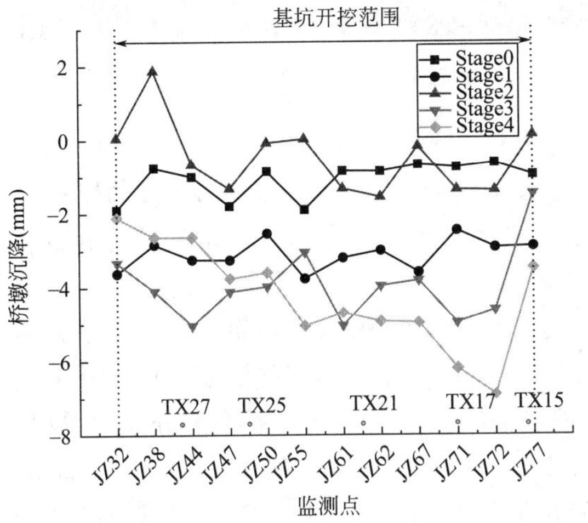

图 8.3.26 高架桥墩沉降监测曲线图

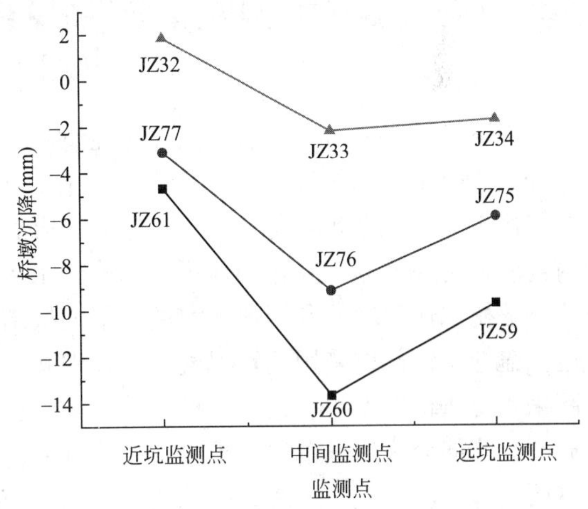

图 8.3.27 高架桥墩沉降断面图

8.4 杭州武林广场地下商城

8.4.1 工程概况

杭州武林广场地下商城位于武林广场地块内（图 8.4.1），主体结构东西向长约 220m，南北向宽约 190m。除局部出地面风亭、楼电梯出入口外，均为地下建筑。地面以上为广场景观及绿化，局部设有下沉式广场，地下室顶板覆土厚度 1.5～2.8m。地下共 3 层（场地中央地下一层上方设局部夹层，夹层顶部为广场喷泉和雕塑），其中地下一层、地下二层为商场，地下三层为停车库及地铁车间。地下一层总建筑面积 35000m^2，地下二层总建筑面积 31000m^2，地下三层总建筑面积 28000m^2；地铁 3 号线区间建筑面积约

3100m²。地下3层的层高分别为：地下一层6m，地下二层5.4m，地下三层除地铁1号线区间和地铁3号线区间部分外，层高均为7.5m。地铁1号线区间（已建）总高约13.0m，地铁3号线区间（同期建设）总高约13.0m。地下一层上部局部夹层层高2.9m（3.1m）。地铁3号线区间结构下基础底板底埋深约27.0m，其余部位埋深约为23.0m。

图8.4.1　杭州武林广场地下商城地面景观

地下建筑的结构形式均采用现浇钢筋混凝土框架结构，标准柱距尺寸为9.0m×9.0m。地下商城结构总体上采用盖挖逆作的施工方法（局部采用明挖顺作），周边围护结构采用1.2m厚地下连续墙，逆作施工完成后在地连墙内侧增设一道300mm厚的混凝土内衬墙，与地连墙一起作为地下室结构的永久外墙。

盖挖逆作阶段，利用地下室的各层楼板结构作为基坑的水平支撑体系，从上而下共三道。盖挖逆作部位采用钢管混凝土柱，中间明挖顺作部位采用普通钢筋混凝土柱。标准柱网采用普通钢筋混凝土梁，盖挖逆作部位采用钢筋混凝土双梁、明挖顺作部分采用单梁，局部大跨部分采用型钢混凝土梁。立柱桩采用AM桩，“一柱一桩”基础，桩径1600mm，下面进行二次扩底，扩底直径均为2.8m。为满足地下结构整体抗浮稳定性要求，在基础底板下增设1.0m直径钻孔灌注桩。地下室底板采用平板型筏形基础，柱下设柱墩。

8.4.2　基坑周边环境及地质条件

1. 基坑周边环境条件

基坑东侧为浙江省电信分公司，主楼21层，钻孔灌注桩基础（持力层为中风化基坑基岩），最小净距约30m；西侧为杭州大厦及杭州剧院，最小净距33.6m；南侧为城市交通主干道体育场路。基坑东侧的武林广场东通道、西侧的武林广场西通道以及南侧的体育场路，均分布有大量的电力、污水、电信、给水、燃气、雨水等地下市政管线设施，部分管线在本基坑施工前需作改迁处理。基坑周边环境及总平面布置如图8.4.2所示。

基坑东北角接地铁1号线武林广场站，商城地下二层与车站站厅层接驳。基坑北侧紧临浙江省展览馆，最小净距约16.0m。展览馆为历史保护建筑，始建于1968年，为地上2~3层框架结构，基础为筏形与条形相结合的基础形式。基础下方设砂桩，混凝土桩尖，桩长35m，全场范围内重锤夯实。

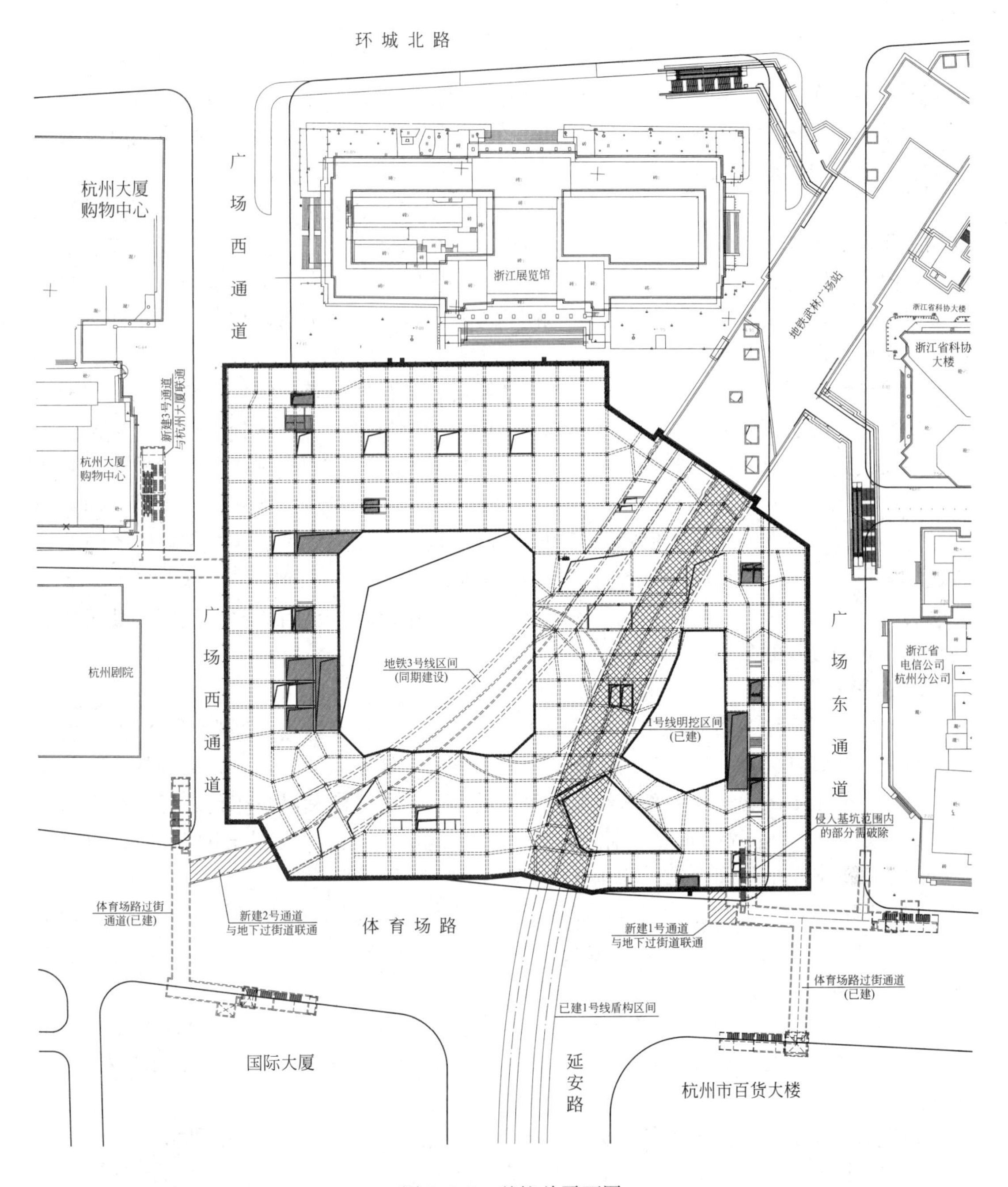

图 8.4.2　基坑总平面图

基坑东南角为既有体育场路地下过街东通道，该通道平面形状复杂，共设 4 个出入口，其中 1 个出入口侵入本基坑范围内，本工程地连墙施工前，需先将该口部破除，并按要求予以回填，以满足地连墙的沉槽施工要求。

基坑西南角为既有体育场路地下过街西通道，该通道呈“L”形平面，距本基坑最小净距为 12.77m。地下商城西侧拟新建 3 号地下通道，与杭州大厦地下室联通；西南角和东南角拟新建 2 号和 1 号地下通道，分别与体育场路地下过街西通道和地下过街东通道联通。

地下商城基坑与地铁 1 号线凤—武明挖区间隧道的位置关系：地铁 1 号线武林广场站位于本基坑的东北角，车站站厅层与地下商城的地下二层接驳。已建成的地铁 1 号线明挖区间段顶板与地下商城的地下二层楼板结构相结合。地铁 1 号线明挖区间段先已投入运营，其上部三道钢筋混凝土水平内支撑尚未拆除。

地下商城基坑与地铁 1 号线凤—武区间盾构隧道的位置关系：武林广场地下商城用地红线南侧紧贴地铁 1 号线武—凤盾构区间隧道（该段区间为 1 号线武—凤明挖区间隧道南侧后续段），地下商城围护结构施工及基坑开挖对盾构隧道变形产生一定的影响。鉴于盾构隧道抗变形能力差等特点，为控制盾构隧道变形，武林广场地下商城围护施工前需对盾构隧道采取加固等保护措施。

地下商城基坑与地铁 3 号线武—武区间盾构隧道的位置关系：地铁 3 号线为杭州市中期实施的地铁线路，武林广场站—武林门站区间局部段穿过武林广场地下商城，该段区间隧道平面大致呈东北方向布置，一端与武林广场站对接，另一端紧邻体育场路，右线长度 212.7m，坡度 0.3%，左线长度 207.7m，坡度 2.85%。区间结构为矩形断面，区间宽约 12.7～21.3m，高约 13.0m，顶板埋深约 13.5m，底板埋深约 27.3m（最深处约 28.0m），总建筑面积 3100m^2。根据杭州市地铁建设统筹规划要求，该区间段与武林广场地下商城同期实施，区间顶板与武林广场地下商城二层楼板相结合，端头盾构井需预留一井盾构始发及一井盾构接收的条件。

2. 工程地质和水文地质条件

本场地浅部土层主要为海相沉积的软土，中部主要为河流湖相和冲洪积相沉积的黏性土、砂性土和碎石类土，基岩为白垩系的泥质粉砂岩、侏罗系的凝灰岩。依据钻探取芯描述、结合室内土工试验、静力触探等原位测试试验，地基土依其沉积年代、成因类别和强度特征共分为 12 个工程地质层，细分为 25 个工程地质亚层。场地各岩土层的特征自上而下分述如下（典型地质剖面见图 8.4.3）：

①-1 层：杂填土。杂色，松散，稍湿。主要成分为碎石块、混凝土、三合土等，含量一般大于 30%，粒径大小不一，一般为 2.00～15.00cm 为主，下部含量变少，黏性土含量变高，全场分布。

①-2 层：淤填土。灰色—深灰色，松软（软塑—流塑），湿。主要成分为淤泥混少量碎砾石、碎砖、碎混凝土等，含量一般小于 20%，粒径小于 3.00cm。局部含少量黏性土。大部分地段分布。

②-1 层：粉质黏土。黄灰色—灰色，软塑—可塑，饱和。含氧化斑，局部粉性稍强，性质近黏质粉土状。无摇振反应，稍有光泽，干强度中等，韧性中等。局部地段分布。

②-2 层：粉质黏土。黄灰色—灰色，稍密，局部呈中密状，饱和。含云母片，黏粒含量稍高，局部为粉质黏土含少量砂质。摇振反应迅速，无光泽反应，干强度低，韧性低。局部地段分布。

③层：淤泥质黏土。灰色，流塑，饱和。局部夹少量粉土薄层。无摇振反应，有光泽，干强度中等，韧性中等。全场分布。

⑤-1 层：淤泥质粉质黏土夹粉土。灰色，流塑，饱和。含少量有机质和腐殖物，夹较多粉土薄层，局部粉土富集，含少量贝壳碎屑。无摇振反应，稍有光泽，干强度中等，韧

性中等。全场分布。

⑤-2层：淤泥质粉质黏土。灰色，流塑，饱和。含少量有机质和腐殖物，局部夹少量粉砂或粉土薄层，含少量贝壳碎屑。无摇振反应，稍有光泽，干强度中等，韧性中等。全场分布。

⑥-1层：粉质黏土夹粉土。灰黄，局部夹青灰色，可塑，饱和。含较多氧化斑，夹30%左右粉土薄层，层厚0.20～0.50cm。无摇振反应，稍有光泽，干强度中等，韧性中等。局部地段分布。

⑥-2层：黏土。栗黄色，硬可塑，饱和。含较多氧化斑和结核，性质较好，为超固结土，可见少量竖向裂纹。无摇振反应，有光泽，干强度高，韧性高。全场分布。

⑦层：粉质黏土。灰色，软塑，饱和。含少量腐殖物，偶含砂。无摇振反应，稍有光泽，干强度中等，韧性中等。部分地段分布。

⑧-1层：粉质黏土。灰绿色，青夹黄，可塑，饱和。质不均一，局部粉砂含量较高。无摇振反应，稍有光泽，干强度中等，韧性中等。大部分地段分布。

⑧-2层：粉砂。色较杂，以绿灰色、浅灰色、灰黄夹绿色为主，中密，饱和。主要成分为长石、石英，云母次之，含少量砾，局部含砾达30%左右。局部分布。

⑨层：黏土。灰色，褐灰色，软塑—可塑，饱和。局部含少量砂质，含少量腐木屑。无摇振反应，有光泽，干强度高，韧性高。局部地段分布。

⑩-1层：粉质黏土。浅灰色，灰绿夹黄色，肉红夹青，可塑，饱和。粉粒含量较高，局部以粉砂为主。无摇振反应，稍有光泽，干强度中等，韧性中等局部地段分布。

⑩-2层：粉砂。色较杂，以浅灰色、绿灰色为主，中密，饱和。质不均一，主要成分为长石、石英，云母次之，含少量砾，局部含砾10%～30%。局部地段分布。

⑩-3层：圆砾。色较杂，以灰黄、青灰色为主，中密—密实，饱和。砾石一般以圆形—次圆形为主，成分以石英砂岩、凝灰岩为主，砾径一般为0.50～3.00cm，少量大于6.0cm，含量40%～55%不等。钻进时钻机跳动明显，伴有声响。大部分地段分布。

⑪层：黏土。灰褐色，青灰色，可塑，局部软塑，饱和。无摇振反应，有光泽，干强度高，韧性高。个别地段分布。

⑫-1层：全风化泥质粉砂岩。灰绿色夹紫红色，岩性风化成土状及砂砾状，钻进平稳，干钻可以钻进。手易捏碎，具塑性。局部分布。

⑫-2层：强风化泥质粉砂岩。紫红色，岩性风化强烈，岩芯呈柱状，手易折断，钻进平稳，干钻可以钻进。

⑫-3层：中风化泥质粉砂岩。紫红色，岩芯呈碎块或短柱状，机械破碎严重，属极软岩，含少量砾，遇水易软化。局部分布。

⑬-1层：全风化凝灰岩。灰绿色为主，局部混紫红色，岩石风化成土夹砂砾状，钻进平稳，干钻可以钻进。手易捏碎，灰绿色多为火山灰成分。大部分地段分布。

⑬-2A层：强风化（绿色）凝灰岩。灰绿色，多夹紫红色，岩石风化强烈，岩芯呈碎块状、柱状，岩芯取出后失水易开裂。成分以火山灰为主。小刀易刻划，小刀易刮成微细粉末状。有滑感。干钻难钻进，三翼钻钻进时易“糊钻”。主要分布于场地西北角，杭州大厦附近。

⑬-2B层：强风化晶屑熔结凝灰岩。棕红夹少量灰绿色，岩芯呈短柱状与碎块状，手

不能折断，锤击易碎，可见晶屑和少量角砾。火山灰含量少。干钻难钻进。大部分地段分布。

⑬-2C 层：强风化凝灰岩。灰绿夹灰，少量棕红色，岩石风化强烈，火山灰含量高，小刀易刻划，有滑感，岩芯取出后多呈短柱状和碎块状，易开裂，风化不均一，夹较多中风化岩块。干钻不能钻进，三翼钻钻进时易“糊钻”。主要分布于场地西北角杭州大厦附近。

⑬-3 层：中风化晶屑熔结凝灰岩。棕红色，岩石成大块状，岩芯取出时多呈碎块或短柱状。岩质致密坚硬，性稍脆，凝灰质结构，块状构造，熔结程度低。岩芯裂隙稍发育，多呈张性，节理裂隙面多见石英薄片。钻探揭示该层从北往南方向性质趋好。大部分地段分布。

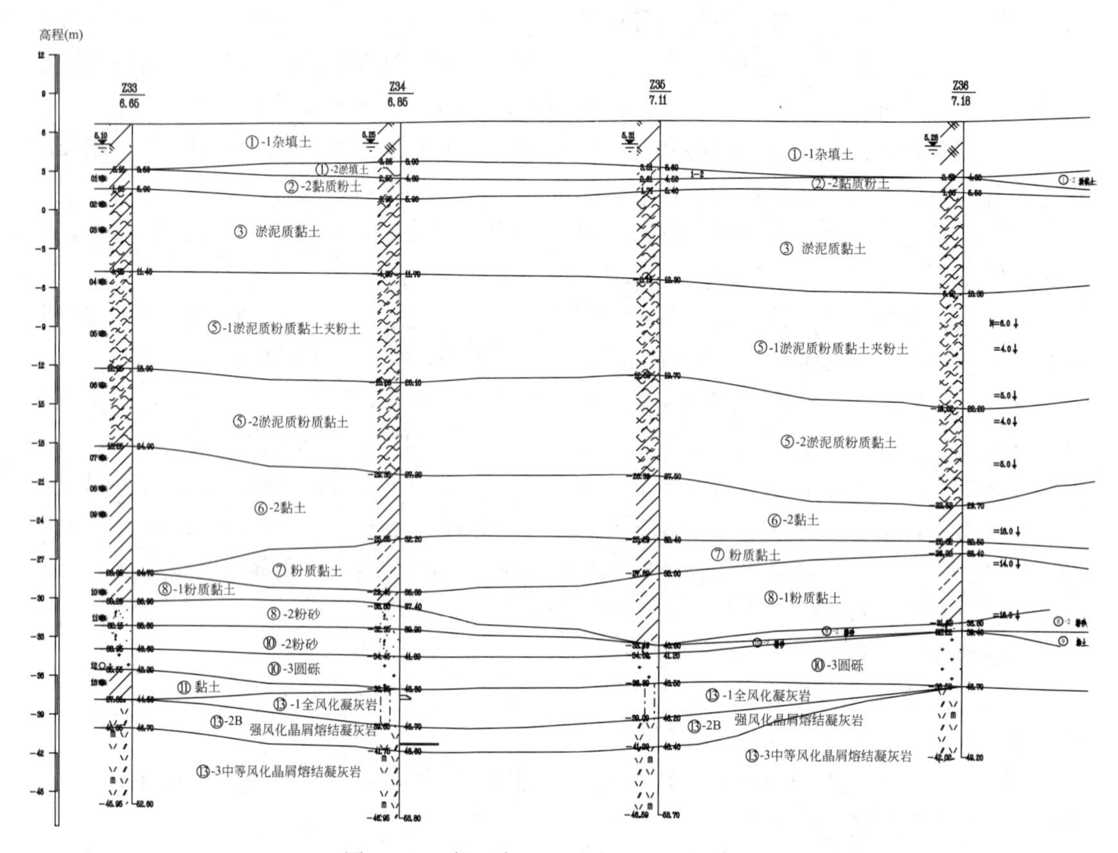

图 8.4.3　场地各土层分布及典型地质剖面

水文地质条件：场地地下水主要为第四系松散岩类孔隙水、孔隙性承压水和基岩裂隙水等三大类。孔隙性潜水：存在于本场地浅部地层的地下水性质属松散孔隙性潜水，主要赋存于①层填土、②层黏质粉土和淤泥质黏土夹粉土中，水量较小，联通性稍好。详勘期间在勘探孔内测得地下水位埋深在现地表下 2.50～5.00m，相当于国家高程的 1.20～3.37m 之间。

承压水：场地中部为微承压水，主要赋存于⑩-2 层粉砂、⑩-3 层圆砾。其含水层顶标高为－34.19～－30.83m，含水层厚度 0.6～5.9m，地下水水量丰富（单井开采量约

1000～3000m^3/d)，联通性好。主要受同层侧向地下水补给。地下水水位较为稳定。本次勘察Z18号孔测得承压水含水层（粉细砂、圆砾层）水头埋深约在地表下6.25m，相当于高程0.58m，承压水头34.75m。基岩裂隙水：场地深部为基岩裂隙水，主要赋存于风化基岩的裂隙之中，通过钻探时揭示，该场地内基岩泥质、凝灰质含量高，风化裂隙不甚发育，相对上部微承压水而言为隔水层，地下水水量极小，地下水联通性极差，其主要受上部微承压水补给，水位稳定。

8.4.3 基坑特点及支护方案

1. 基坑工程特点

综合分析场地地理位置、土质条件、基坑开挖深度及周围环境等多种因素，该基坑具有如下几个特点：

(1) 开挖深度深，开挖面积大，土方开挖对周边环境影响范围广。基坑大面积开挖深度超过23.0m，其中地铁3号线明挖区间段（即坑中坑）挖深达到27.3m。基坑开挖面积达到36800m^2。

(2) 在基坑开挖范围内存在深厚淤泥质黏土层，属于杭州地区典型的高压缩性、高灵敏度、低强度软弱土层。软土的流变效应十分显著。

(3) 基坑周边距离道路、在建或已建的建筑物以及用地红线很近，场地条件紧张，环境条件复杂，位于城市繁华地带，社会影响大。

(4) 紧贴周边市政道路，沿道路分布大量的管线（电力、污水、电信、给水管、污水管、雨水管），且距基坑外边线较近。

(5) 基坑东南侧和西南侧分别与体育场路地下过街东通道和西通道相连，其中东通道的一部分侵入本基坑范围内，需事先破除，地下结构完成后再予以联通。

(6) 地铁1号线区间和地铁3号线区间均下穿本基坑，其中地铁1号线区间已先于本地下室施工，地铁3号线区间与本工程同步建设。

2. 基坑支护方案

根据基坑开挖深度、工程地质和水文地质条件、周边环境和保护要求等因素，本工程采用地下连续墙“二墙合一”的支护方案，即地下连续墙在施工阶段作为基坑周边的围护墙，在正常使用阶段作为地下室的永久结构外墙。采用地下连续墙“二墙合一”的支护方案，既可以有效控制基坑变形，又可保证基坑的防渗止水效果，确保周边环境的安全。另外，采用“二墙合一”技术，可减小基坑面积，增大场地面积及地下室面积，减少土方量及换撑量。

综合考虑基坑周边环境变形控制要求及业主对建设工期的要求，决定利用地下室结构楼板作为基坑的水平内支撑体系（自上而下共三道），采用盖挖逆作法施工。其中在基坑平面的中部留设大洞作为施工洞口，该洞口范围地下结构采用顺作法施工。

地下连续墙厚度1.2m，墙底进入中风化岩层不小于0.5m，当⑬-2B层强风化晶屑熔结凝灰岩较厚时，则进入该层不小于2.0m。地下连续墙每幅槽段之间采用十字钢板连接接头。为减小地连墙与立柱桩之间的差异沉降，墙底进行后注浆，每幅墙段预埋3根注浆管，注浆浆液采用42.5级普通硅酸盐水泥配制，水灰比1∶1，每延米地连墙注浆量不少于1.5m^3。

基坑周边地下连续墙布置如图 8.4.4 所示；典型基坑支护剖面见图 8.4.5 和图 8.4.6。

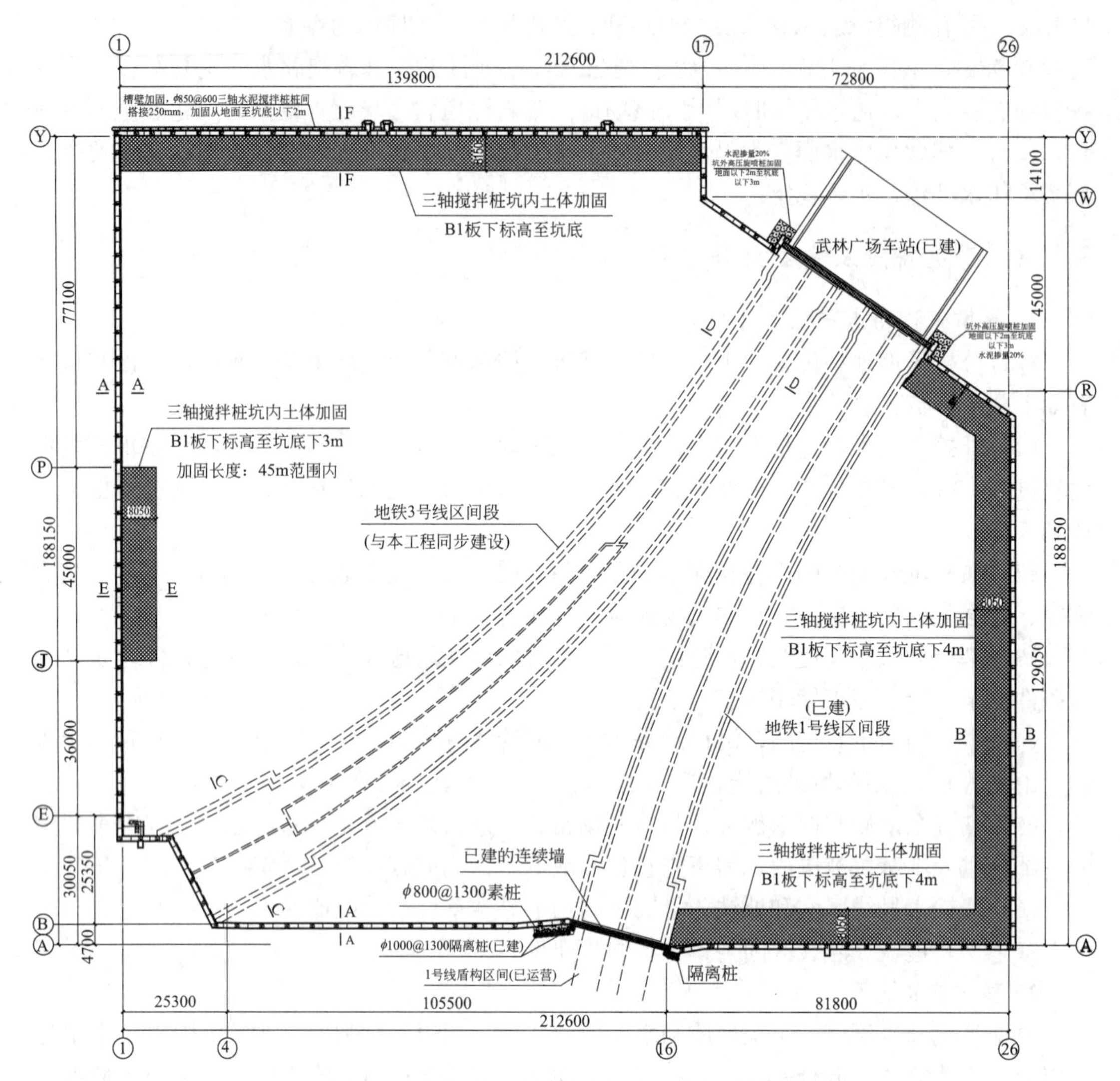

图 8.4.4　基坑周边地连墙及坑内土体加固平面图

地铁 3 号线明挖区间段开挖深度 4.6m，局部为 5.6m。该区间段（坑中坑）两侧采用钻孔灌注桩排桩墙支护，桩径 600mm，间距 750mm，支护剖面见图 8.4.7 和图 8.4.8。

由于地下三层基坑开挖净高达 9m，故考虑采取“盆式开挖”，充分利用基坑时空效应以减小围护结构变形。盆式开挖时，保留周边三角土，即在基坑周边留设 10m 宽、6m 高的土坡，待基坑中部开挖至基底并完成基础底板后，再分小块开挖周边土坡，边挖边施工周边垫层。当发现基坑实测变形较大时，拟考虑设置斜向钢抛撑，钢支撑上端与地连墙预埋钢板焊接，下端与基础底板混凝土牛腿连接，见图 8.4.9。

考虑到基坑东侧和西侧中部淤泥质软弱土层分布较厚，拟采用三轴水泥搅拌桩进行基坑内侧被动区加固；基于对浙江省展览馆历史建筑的保护要求，基坑北侧也进行坑内被动区加固。坑内被动区加固范围如图 8.4.4 所示。加固范围内的三轴搅拌桩，采用裙边＋墩的形式进行布置，如图8.4.10所示。为确保逆作法楼板结构的浇筑质量及土方开挖施

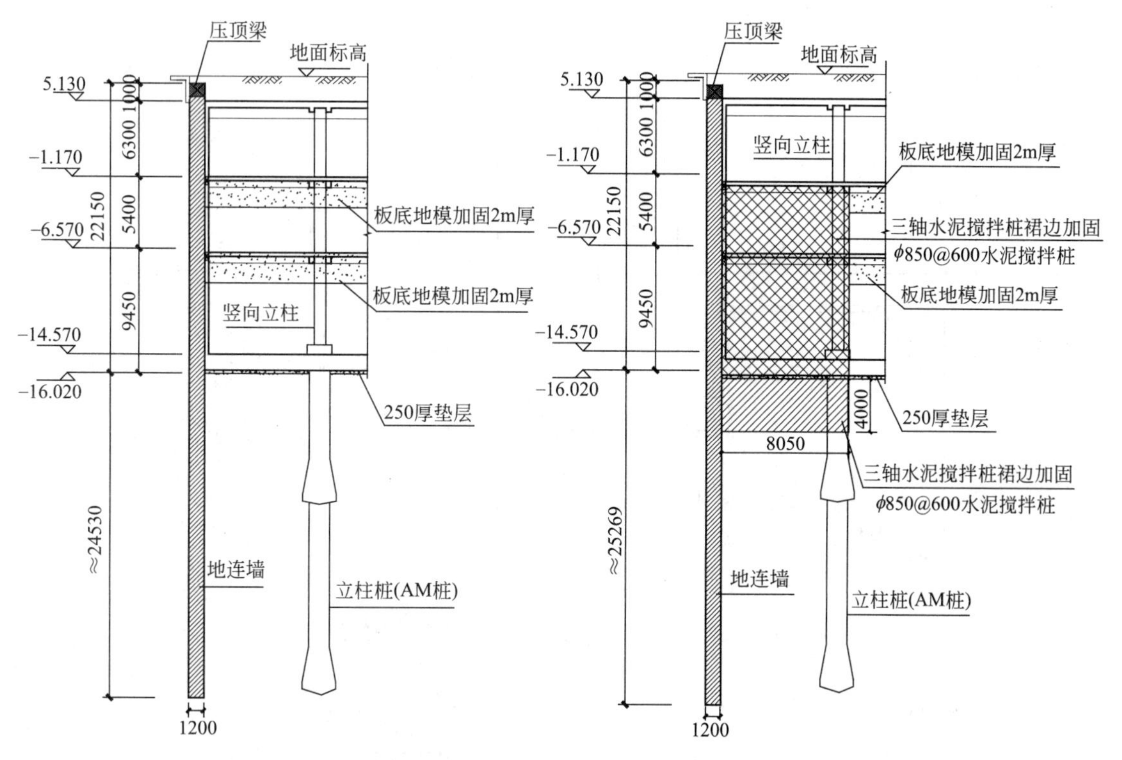

图 8.4.5　逆作基坑支护剖面 A-A　　　　图 8.4.6　逆作基坑支护剖面 B-B

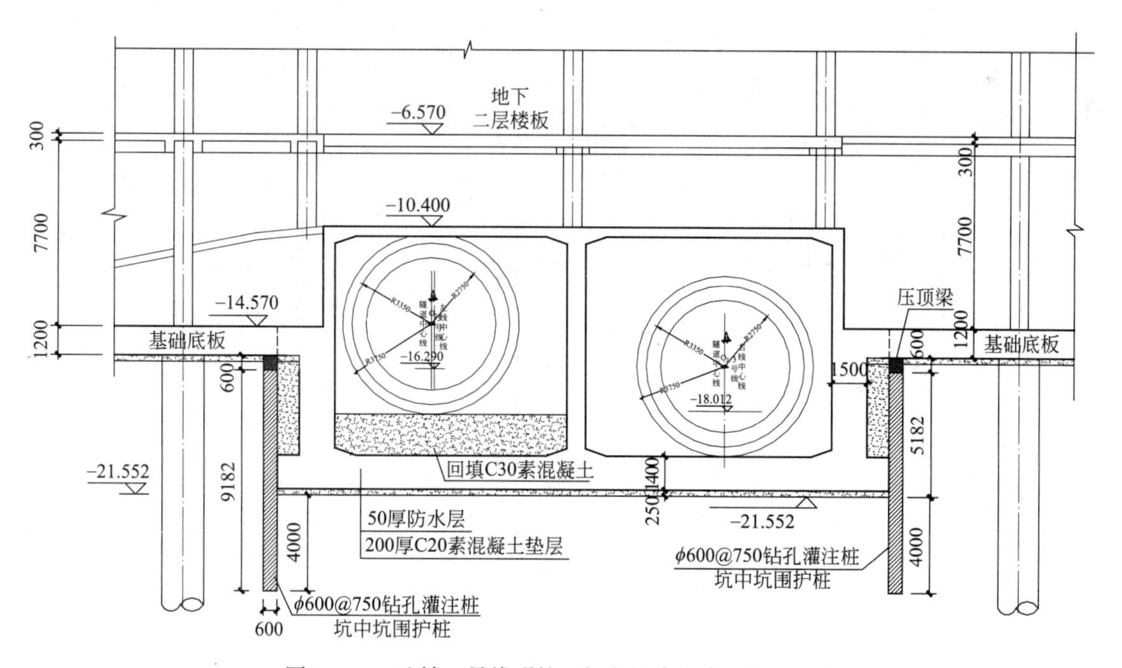

图 8.4.7　地铁 3 号线明挖区间段坑中坑支护剖面 C-C

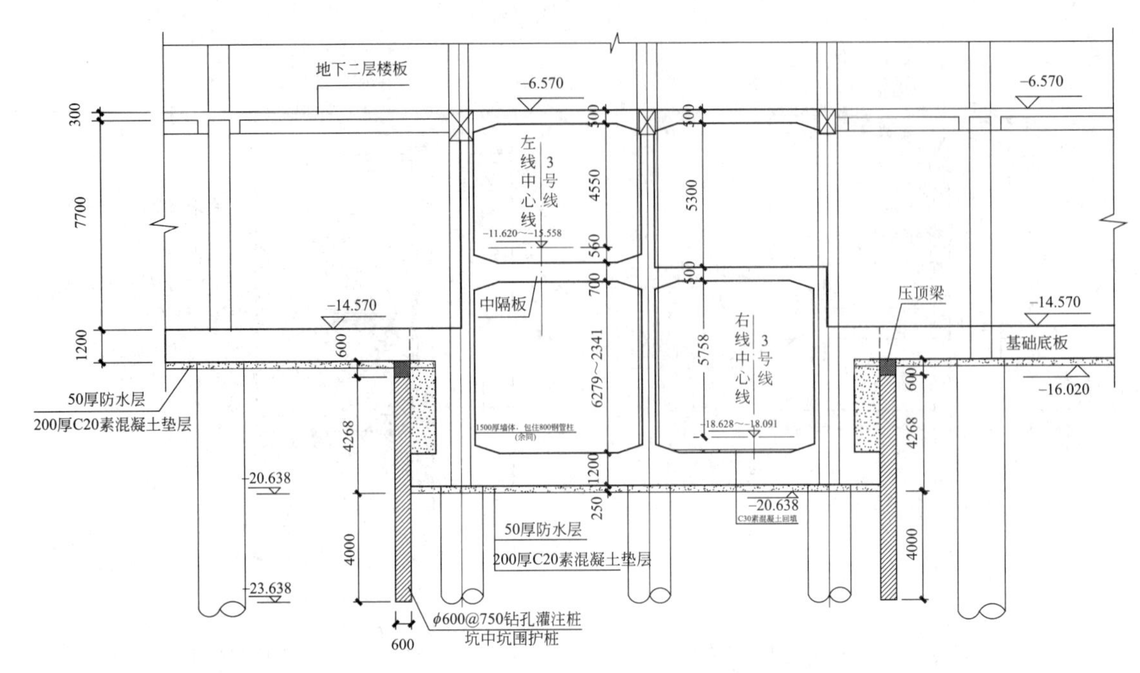

图 8.4.8 地铁 3 号线明挖区间段坑中坑支护剖面 D-D

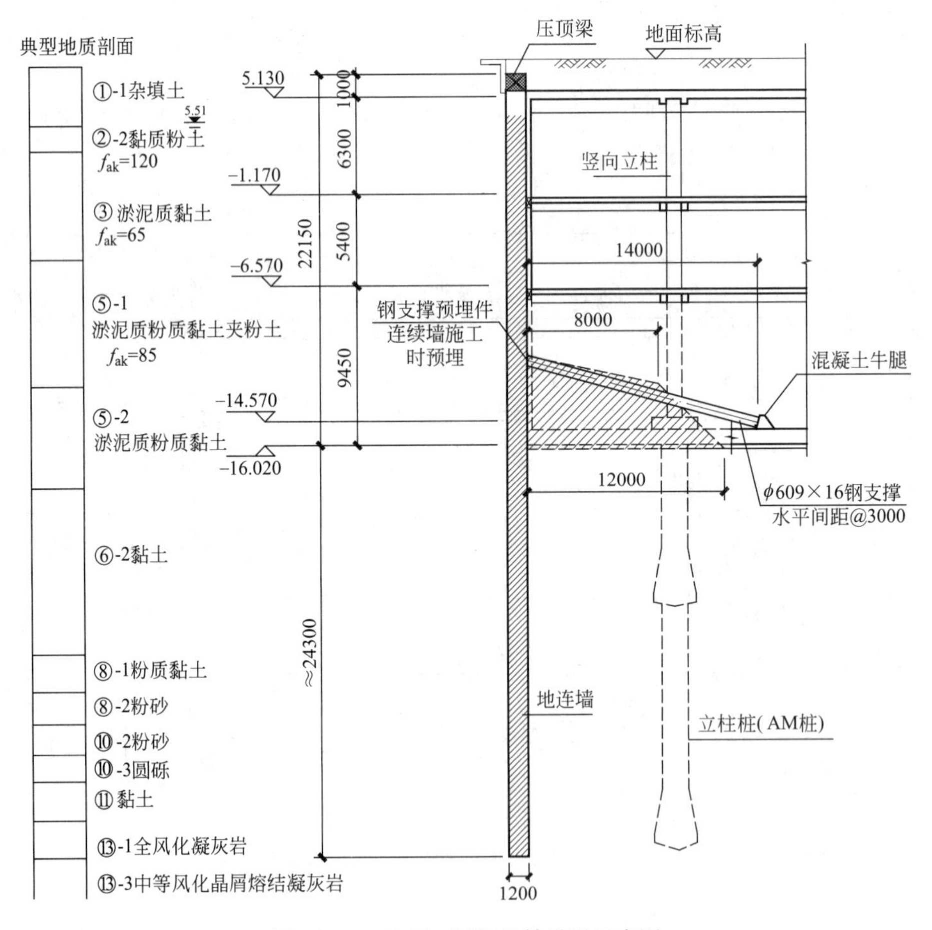

图 8.4.9 地下三层钢抛撑设置示意图

工方便，拟对地下 B1 层楼板和 B2 层楼板下方土体采用高压旋喷桩进行加固，加固深度为 2.0m，详见图 8.4.10。

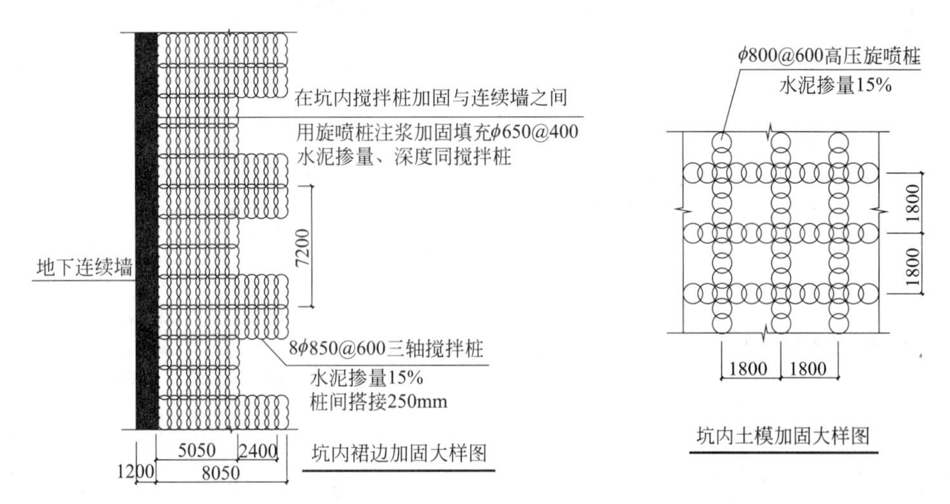

图 8.4.10　坑内土体裙边加固及坑内土模加固大样图

竖向支承结构采用“一柱一桩”的形式，其中竖向立柱采用钢管混凝土柱，下部立柱桩采用大直径钻孔灌注桩，以中风化岩层为持力层，桩径 1600mm，桩底扩径至 2800mm（AM 桩）。

逆作阶段施工荷载的控制：地下室顶板（B0 板），即第一道水平支撑结构，考虑施工荷载 50kPa，地下一层楼板（B1 板，第二道水平支撑结构）和地下二层楼板（B2 板，第三道水平支撑结构），考虑施工荷载 5kPa。

8.4.4　逆作流程与工况设计

根据基坑分期实施、上下结构同步施工及业主对建设工期的要求，本工程地下室及上部结构逆作法施工的作业流程与工况设计如下：

（1）工况 1：施工地连墙、地基加固、AM 桩（钢管混凝土柱）。同时顺作浇筑 1 号线明挖区间上部主体结构，往上浇筑时依次凿除 1 号线明挖区间上部第三、二、一道混凝土支撑。为避免 1 号线明挖区间原连续墙凿除时的施工振动对地铁 1 号线运营带来不利影响，要求 1 号线明挖区间连续墙采取切割方式破除（图 8.4.11a）。

（2）工况 2：基坑开挖至地下一层顶板底标高下 150mm，浇筑地下一层顶板（B0 板），板下模板采用 150mm 厚 C20 垫层。当 B0 板强度达到设计强度后，回填覆土 0.5m，硬化场地（图 8.4.11b）。

（3）工况 3：采用逆作法进行基坑开挖（需确保 1 号线明挖区间两侧土体同时卸载），开挖至地下一层楼板下 150mm，浇筑地下一层楼板（B1 板）、地下一层侧墙。当 B1 板结构达到设计强度的 90%时，继续开挖下一层土体（图 8.4.11c）。

（4）工况 4：采用逆作法进行基坑开挖（需确保 1 号线明挖区间两侧土体同时卸载），开挖至地下二层楼板下 150mm，浇筑地下二层楼板（B2 板）、地下二层侧墙。当 B2 板结构达到设计强度的 90%时，继续开挖下一层土体（图 8.4.11d）。

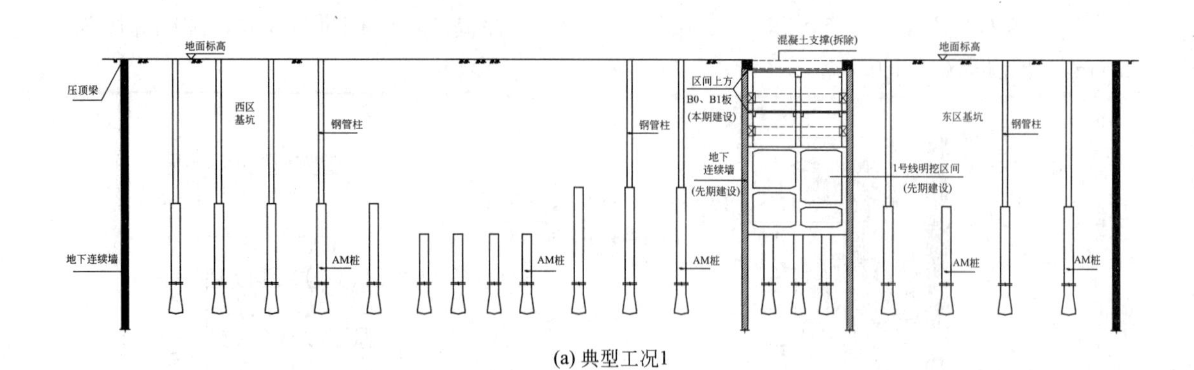

(a) 典型工况1

(b) 典型工况2

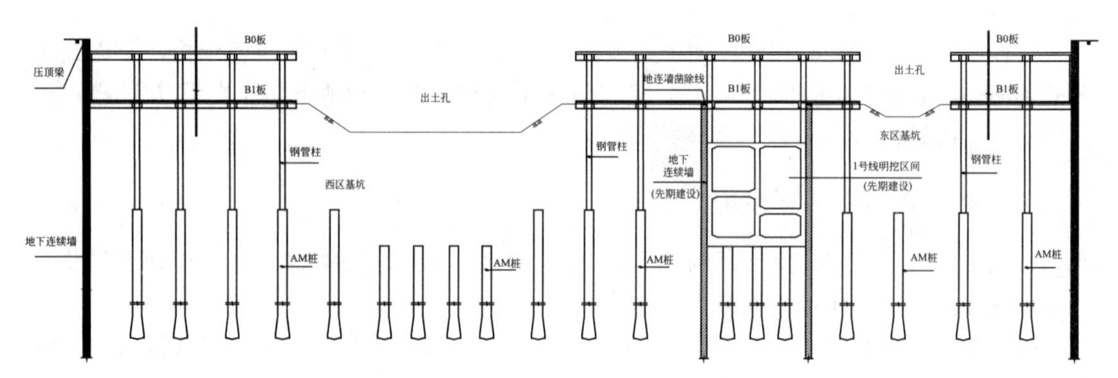

(c) 典型工况3

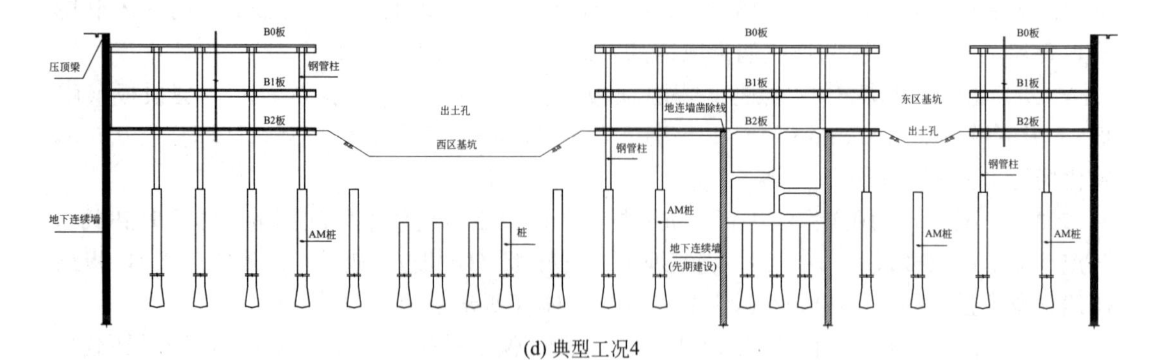

(d) 典型工况4

图 8.4.11　逆作阶段典型工况示意图

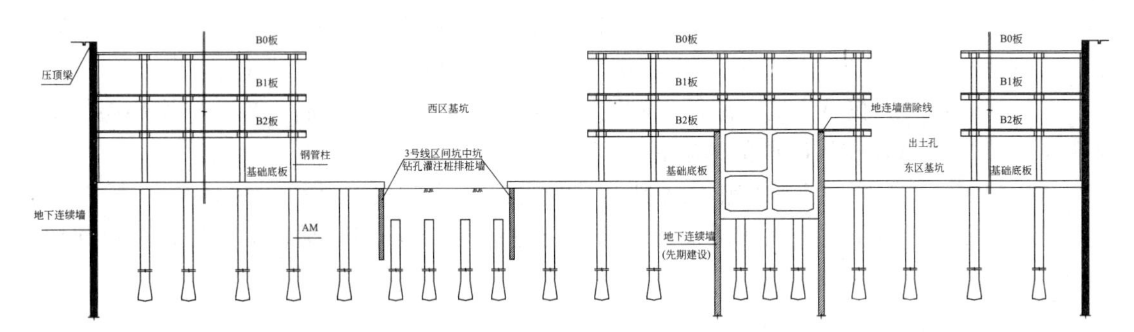

(e) 典型工况5

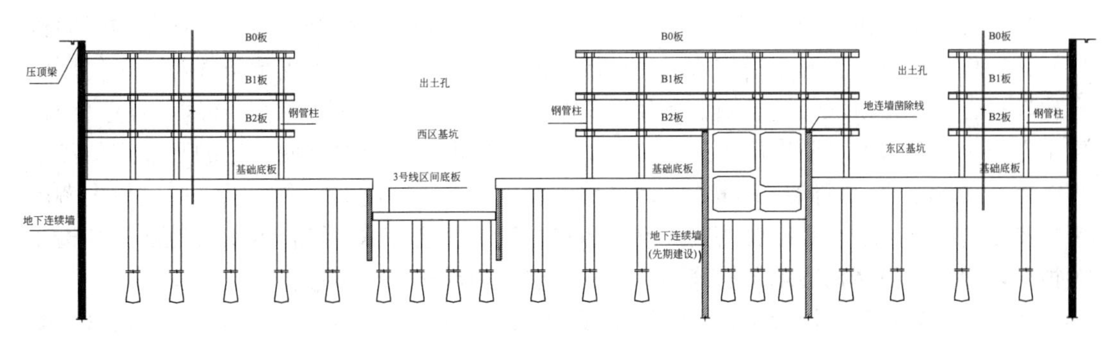

(f) 典型工况6

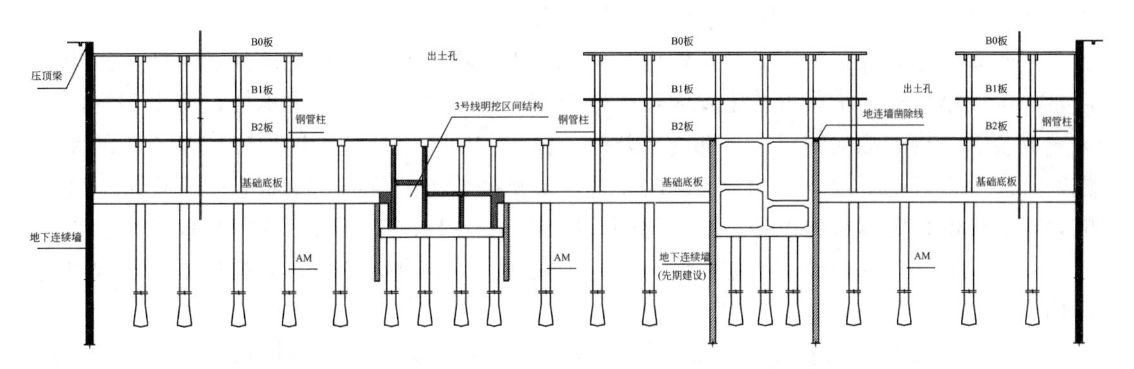

(g) 典型工况7

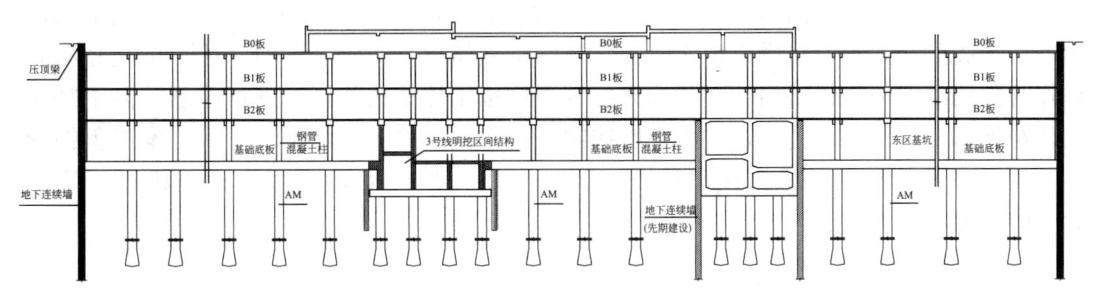

(h) 典型工况8

图 8.4.11　逆作阶段典型工况示意图（续图）

（5）工况5：采用逆作法进行基坑开挖（需确保1号线明挖区间两侧土体同时卸载），开挖至地下三层基坑底标高，施作坑中坑围护结构（钻孔灌注桩排桩墙）、施作垫层、防水层、地下三层的基础底板及地下三层侧墙（图8.4.11e）。

（6）工况6：开挖坑中坑（地铁3号线明挖区间段）至设计基底标高，施作垫层、防水层，施工3号线明挖区间段的基础底板（图8.4.11f）。

（7）工况7：自下而上顺作施工地铁3号线明挖区间段结构（图8.4.11g）。

（8）工况8：自下而上顺作浇筑逆作开洞部分结构，施工B0板以上夹层；顶板回填覆土至设计标高（图8.4.11h）。

8.4.5 竖向支承结构设计

竖向支承结构由竖向立柱和下部立柱桩组成。立柱和立柱桩结合地下主体结构竖向构件及其工程桩进行布置时，逆作阶段先期施工的地下主体水平结构支承条件与永久使用状态比较接近，逆作阶段结构自重、施工荷载的传力路径直接，结构受力合理，且造价省，施工方便；另一方面，随着施工工艺和施工技术的发展，目前对竖向立柱的平面定位和垂直度控制精度已完全可满足其作为主体结构的设计要求。因此，竖向支承结构宜优先考虑与主体结构柱（或墙）相结合的方式进行布置。基于上述考虑，结合本项目地下室结构布置情况，逆作阶段竖向支承结构采用“一柱一桩”的形式进行布置。

竖向立柱采用钢管混凝土柱，钢管直径750mm，壁厚25mm。图8.4.12为钢管混凝土立柱立面详图、钢管混凝土立柱与地下室水平结构板及基础底板节点核心区内设置剪力键的相关详图。图8.4.13为基坑开挖后的钢管混凝土立柱照片。

竖向立柱作为典型的偏心受压构件，其承载力计算涉及结构的稳定问题，侧向约束状态是决定支承柱稳定承载力的主要因素。作为逆作施工期间的竖向支承柱，其上部受已施工完成楼盖结构的侧向约束，下部受未开挖土体的侧向约束。由于逆作法作业流程的复杂性，不同土方开挖阶段、不同施工工况条件下支承柱所处的侧向约束状态是不同的、变化的，支承柱的稳定承载力也是不断变化的，因此，支承柱的计算长度确定和稳定承载力计算必须按照不同工况条件下依据不同的侧向约束状态分别进行分析，并按最不利工况进行截面设计。

下部立柱桩采用大直径钻孔灌注桩，以中风化岩层为持力层，桩径1600mm，采用二次扩底技术，扩底直径均为2800mm（图8.4.14），采用AM工法施工。钢管混凝土立柱插入下部混凝土桩内2.45m，插入范围内钢管壁设置栓钉（图8.4.15）。施工偏差等原因造成的初始缺陷将严重影响竖向立柱的承载能力，逆作阶段的一柱一桩式竖向立柱作为使用阶段的主体结构柱，其垂直度偏差应按主体结构的要求进行控制。由于竖向立柱与下部工程桩一起施工，其垂直度控制是逆作施工的关键和难点之一。本工程钢管立柱插入下部钻孔灌注桩采用“后插法”工艺，利用HPE液压垂直插入机进行施工（图8.4.16）。

8.4.6 水平支撑结构设计

本工程利用地下室的地下室顶板（B0层楼板）、地下一层楼板（B1层楼板）、地下二层楼板（B2层楼板）分别作为逆作基坑的三道水平内支撑。结合建筑平面功能特点，三

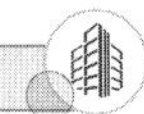

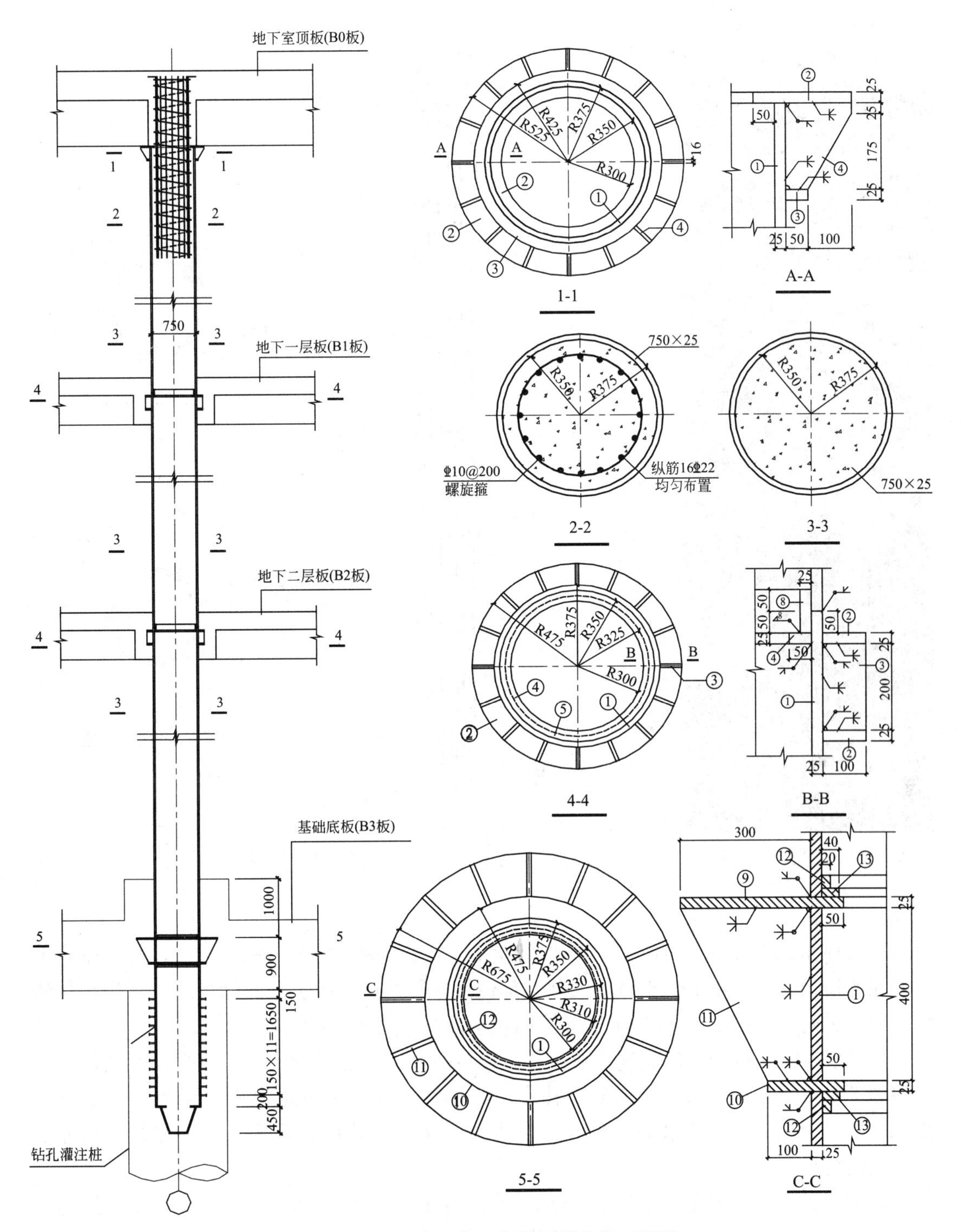

图 8.4.12　竖向立柱（钢管混凝土柱）详图

图 8.4.13　开挖后的钢管混凝土立柱

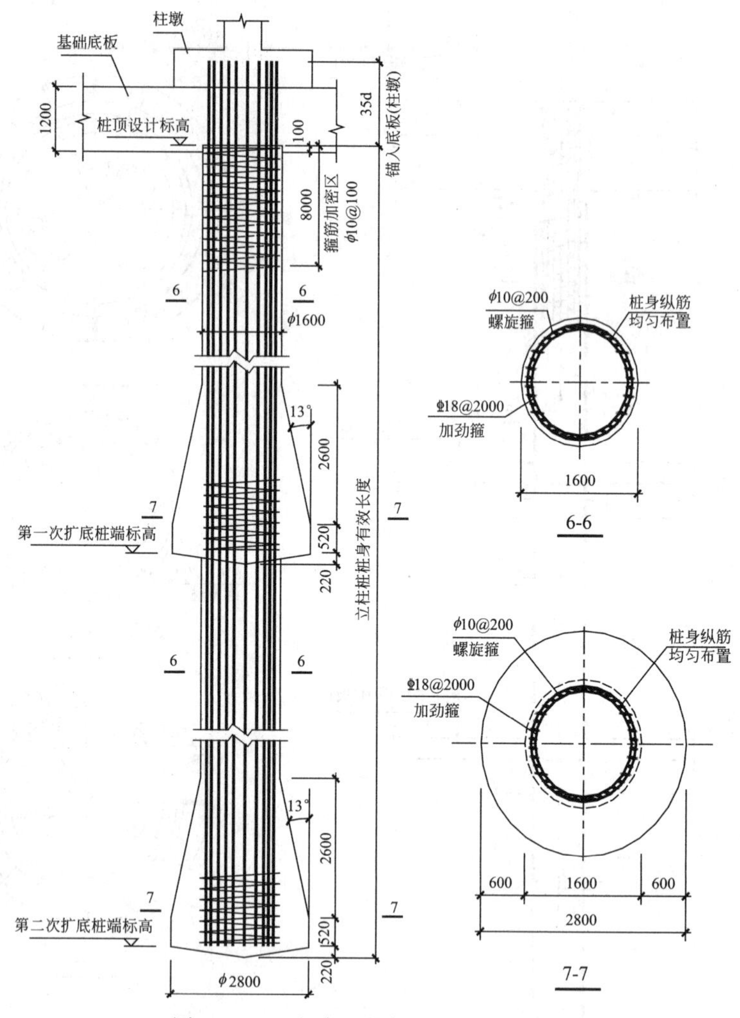

图 8.4.14　竖向立柱桩（AM 桩）详图

道水平支撑结构均开设左右两个大洞口，作为逆作施工期间的出土栈桥坡道，另根据施工需要在周边设置若干小的出土口。大开洞部位结构待基坑开挖至基底标高后，采用顺作法自下而上进行浇筑施工。B0 层水平支撑结构平面布置见图 8.4.17。

为确保水平结构与竖向立柱节点核心区连接可靠，钢管混凝土柱在各楼层标高位置设置剪力键，水平结构梁与钢管混凝土柱之间采用环梁或双梁节点构造，详见图 8.4.18～图 8.4.22。水平结构板存在高差时，为确保水平侧向荷载可靠传递，高差部位采用加腋的方法进行加强（图 8.4.23）。

地下三层基坑开挖净高达 9m，采取“盆式开挖”，保留周边三角土，即在基坑周边留设 10m 宽、6m 高的土坡，待基坑中部开挖至基底并完成基础底板后，再分小块开挖周边土坡，边挖边施工周边垫层。当发现基坑实测变形较大时，拟考虑设置斜向钢抛撑（图 8.4.9），以减小地连墙的无支暴露高度。

图 8.4.15　钢管插入段栓钉设置

图 8.4.16　竖向立柱后插法垂直插入机

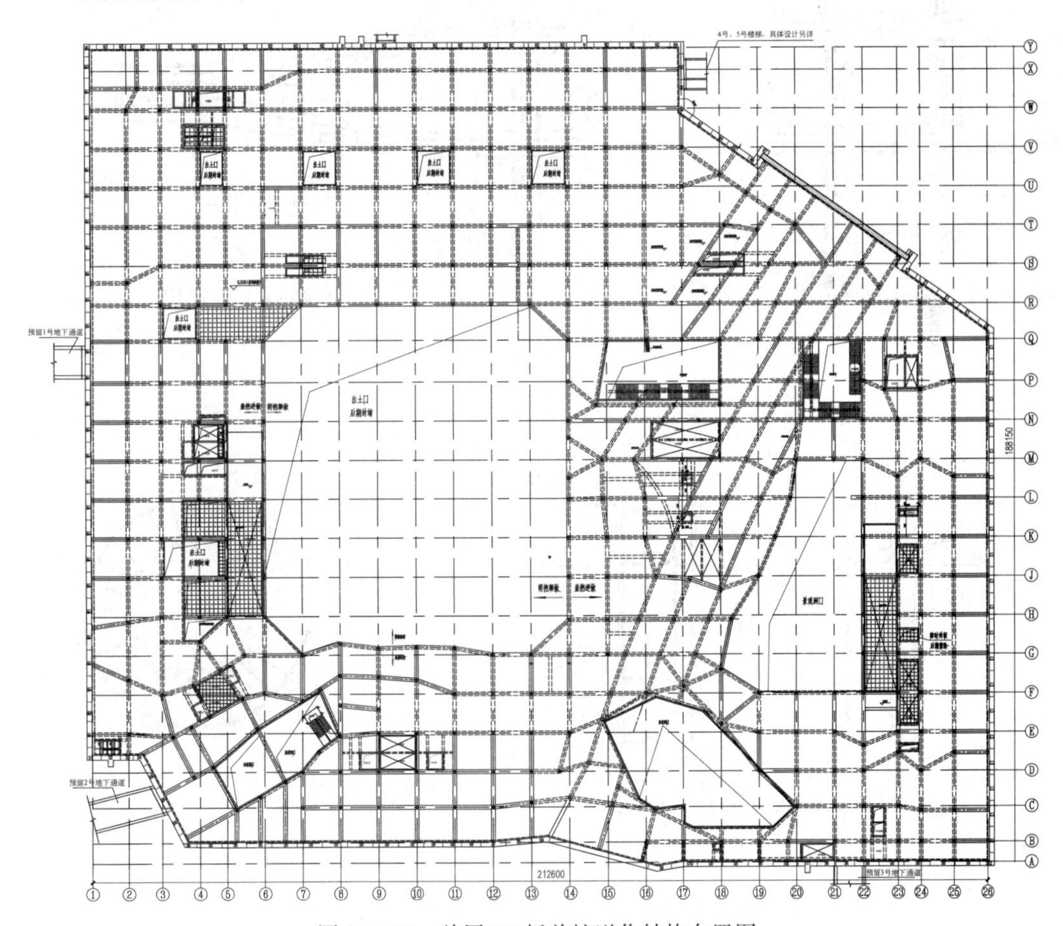

图 8.4.17　首层 B0 板盖挖逆作结构布置图

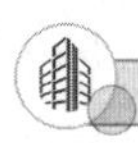

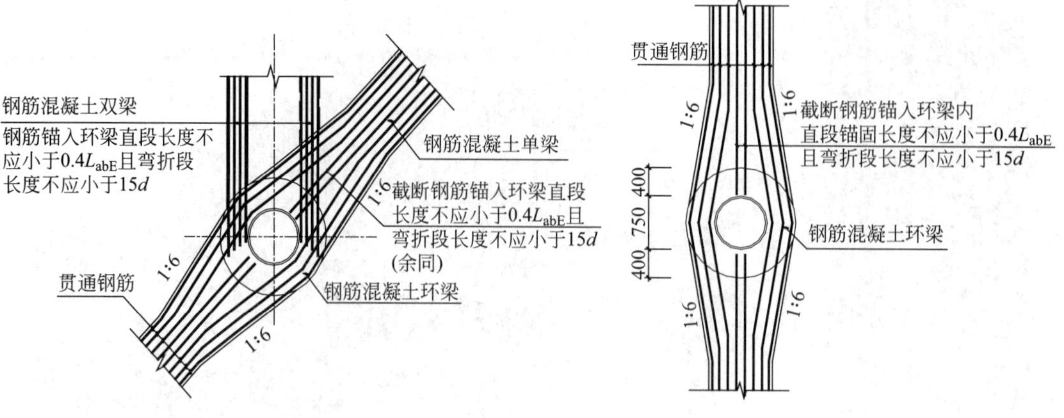

图 8.4.18 单梁与双梁节点连接构造

图 8.4.19 单梁节点连接构造

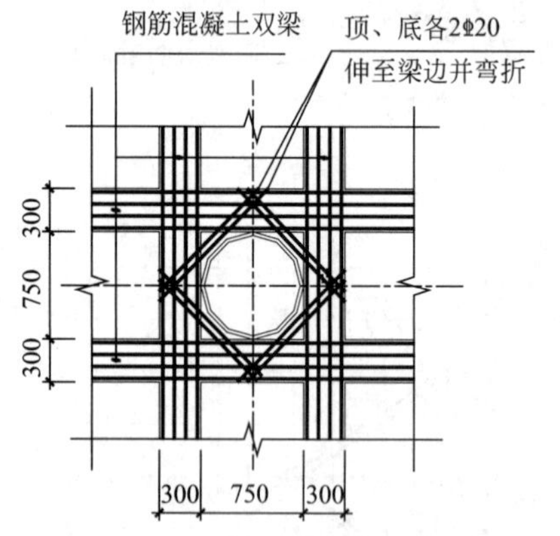

图 8.4.20 标准双梁节点连接构造

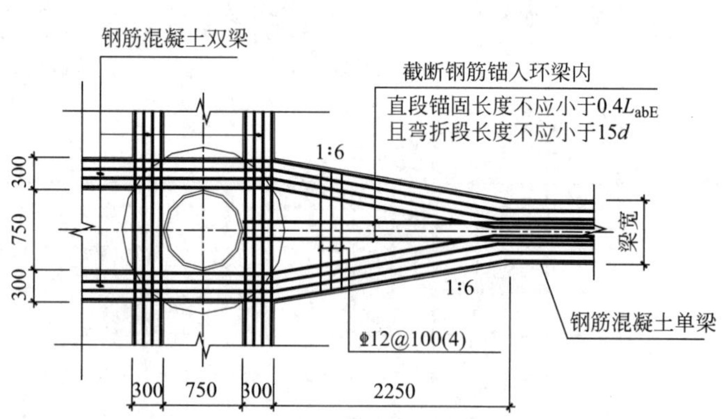

图 8.4.21 单梁与双梁节点连接构造

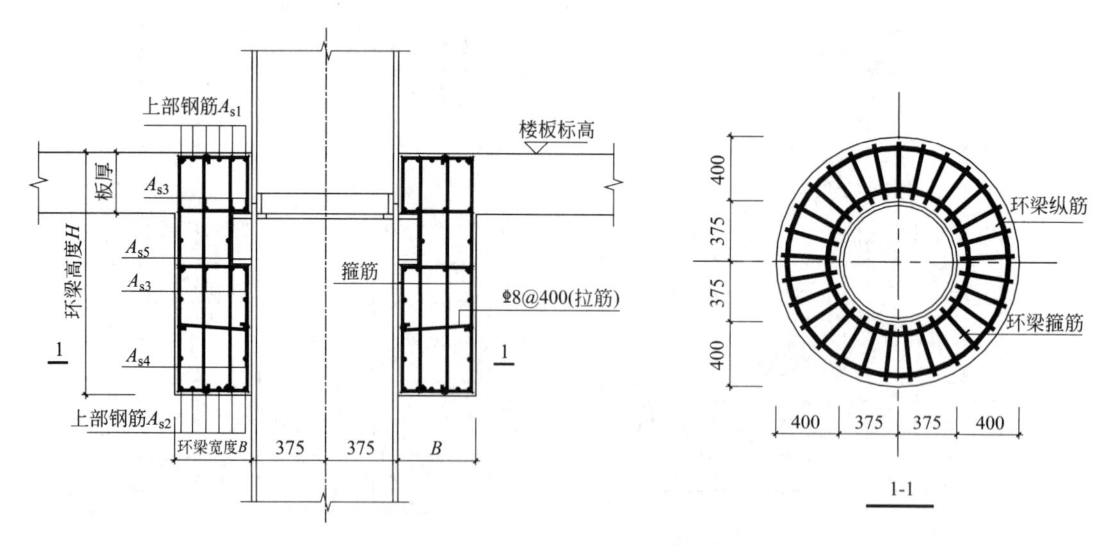

图 8.4.22 竖向立柱与楼层梁之间的环梁节点构造

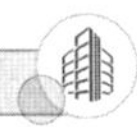

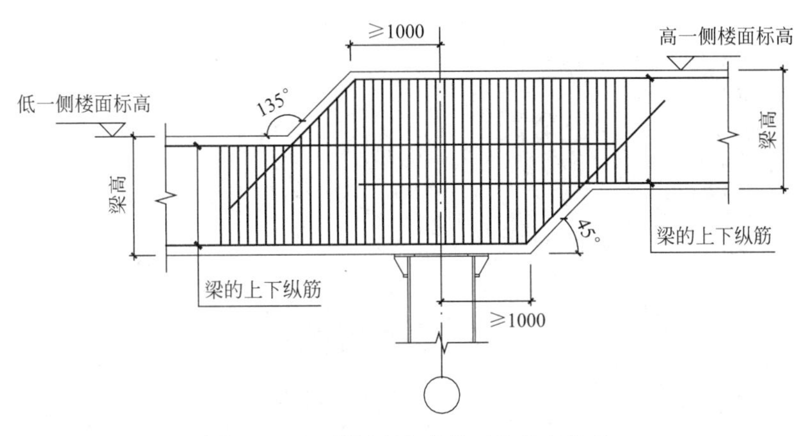

图 8.4.23　楼板存在高差时的节点处理

图 8.4.24 和图 8.4.25 为基坑中部顺作区域作为出土通道和设置施工栈桥的照片；图 8.4.26 为地下三层基础底板的施工照片；图 8.4.27 为 B2 层结构双梁节点实景照片。

图 8.4.24　基坑中部顺作区域作为出土通道

图 8.4.25　基坑中部顺作区域设置施工栈桥

图 8.4.26 地下三层基础底板施工

图 8.4.27 地下二层楼板（B2 板）双梁节点

8.4.7 基坑监测

1. 监测内容

本工程基坑周边环境条件极其复杂，基坑开挖变形对周边建筑物、道路及地下管线设施影响十分敏感。基坑北侧紧临浙江省展览馆，该建筑为历史保护建筑，始建于 1968 年，为地上 2～3 层框架结构，浅基础建筑。基坑南侧紧贴交通要道体育场路，地下市政管线设施分布密集，且在基坑西南角和东南角分别与既有体育场路地下过街西通道和东通道相连。按基坑周边环境条件分析，南、北侧基坑变形控制保护等级为一级，东西侧为二级。为确保施工的安全和开挖的顺利进行，在整个施工过程中必须进行全过程监测，实行动态管理和信息化施工。

主要监测内容为：（1）周围环境监测：包括周围道路路面、周边建筑物沉降和倾斜、裂缝的产生与开展情况，周边道路及地下管线设施的变形、沉降等；（2）地下连续墙及坑后土体沿深度的侧向位移监测；（3）地下连续墙墙顶位移监测；（4）地下连续墙内力和侧向土压力监测；（5）水平结构（包括临时水平支撑杆件）的内力监测及随时间的变化情况；（6）竖向立柱的内力和变形监测；（7）立柱桩的沉降（或上抬）监测；（8）逆作施工阶段一柱一桩之间、立柱桩与周边地连墙之间的差异沉降。

2. 部分监测结果

体育场路靠地铁1号线测斜点CX1监测结果如图8.4.28所示，省科协大楼门口靠地铁1号线出口测斜点CX15监测结果如图8.4.29所示，水平累计位移最大值分别为81.5mm和45.5mm。地铁1号线轨道水平变形和竖向沉降监测结果分别见图8.4.30～图8.4.33，其最大水平变形为4.8mm，最大沉降为6.8mm。

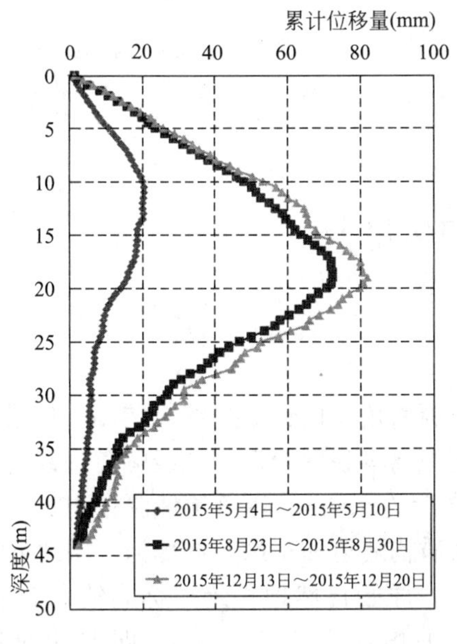

图8.4.28 测斜点CX1监测结果

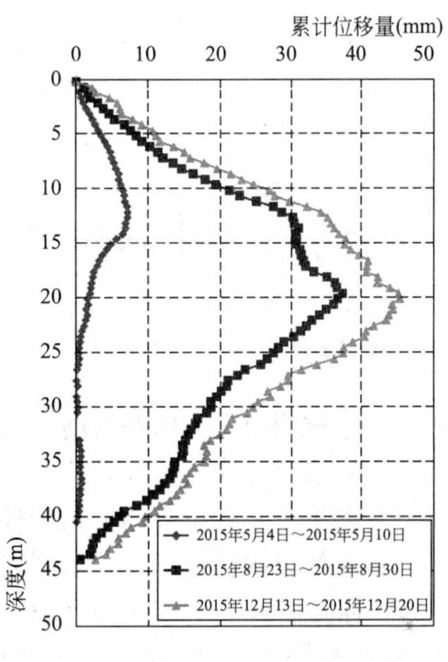

图8.4.29 测斜点CX15监测结果

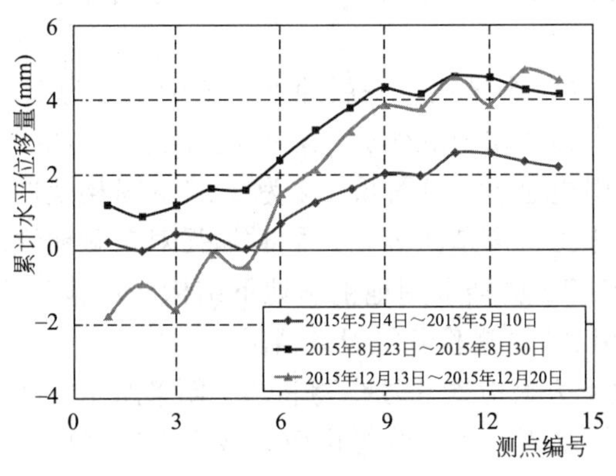

图8.4.30 地铁1号线上行轨道水平变形监测结果

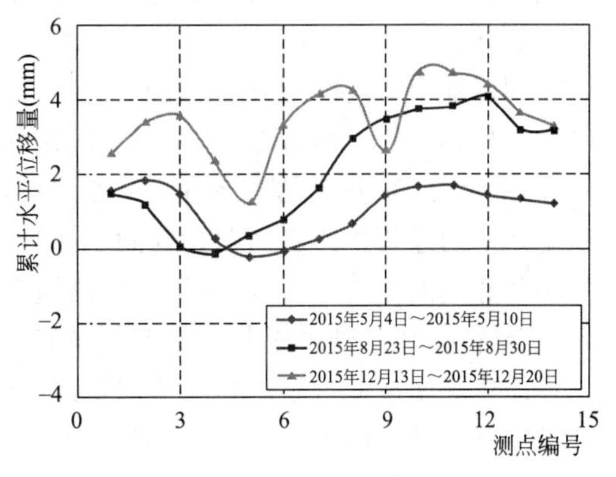

图8.4.31 地铁1号线上行轨道水平变形监测结果

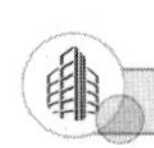

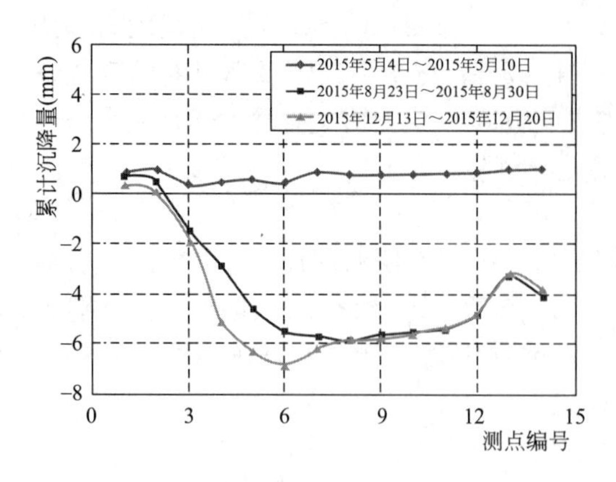

图 8.4.32　地铁 1 号线上行轨道沉降监测结果

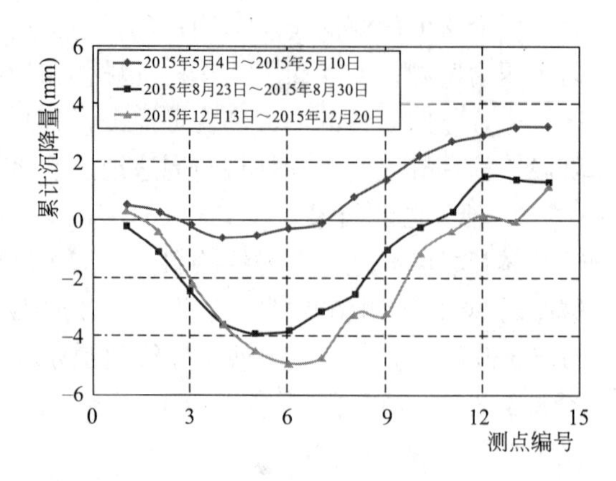

图 8.4.33　地铁 1 号线上行轨道沉降监测结果

注：本项目由杭州武林广场地下商城建设有限公司开发建造，杭州市勘测设计研究院勘察，北京城建设计研究总院有限责任公司设计，宏润建设集团股份有限公司等单位施工。

8.5　富力杭州未来科技城项目 T2 塔楼

8.5.1　工程概况

本项目位于杭州市文一西路与创景路交叉口西南角，地铁 5 号线葛巷站—创景路站区间隧道西侧。隧道分左线、右线，其中左线隧道距离本基坑较近，左线隧道边线与本项目东侧用地红线基本重合，距离围护结构外边线最近约 8.0m，隧道顶埋深在 10.5～14.5m 左右。本工程整体设四层地下室，东侧临近地铁盾构隧道和车站，局部为一层地下室。

±0.000 标高相当于 1985 国家高程 6.000m。原始自然地坪绝对标高约 5.500m，则自然地坪相对标高约－0.500m，东北侧场地平均标高为 5.000m，即取相对标高为－1.000m。其余侧场地平均标高为 4.900m，即取相对标高为－1.100m。四层地下室范围开挖深度为 18.550m，塔楼电梯井开挖深度为 26.70m；东侧局部一层地下室范围开挖深度 6.25m。

四层地下室范围划分为 A1 区、A2 区和 A3 区三个区块，一层地下室范围划分为 B1 区与 B2 区，共 5 个区块，其中 A1 区逆作施工，其余均为顺作施工，基坑分区平面如图 8.5.1 所示。A1 区范围包含了 T2 和 T3 塔楼及周边地下室，图 8.5.2 为 T2/T3 塔楼及周边地下室的建筑整体剖面图。为满足 T2 塔楼的施工进度节点要求，同时加强对东侧地铁车站和隧道的保护，A1 区采用逆作法施工，其中 T2 塔楼采用地上和地下结构同步施工，T3 塔楼待完成基础底板顺作施工。本节主要介绍 A1 区逆作基坑设计情况。

周边环境条件：东侧为已建创景路，创景路下方为地铁 5 号线葛巷站—创景路站区间隧道及葛巷站（已运营），创景路下设燃气管、给水管、污水管等市政管线设施，基坑边线（基坑内边线，以下余同）距离该侧用地红线约 9.3m；南侧为爱橙街，道路下设有电力管（距离围护边线最近约 5.8m，埋深约 1.5m）、燃气管（距离围护边线最近约 9.7m，埋深约 2.5m）、给水管及污水管等，基坑边线距离用地红线约 3.3m；西侧为现有河道，基坑边线局部位于河道内，需对河道进行清淤回填，河道宽度约 16～30m，河道水位在地

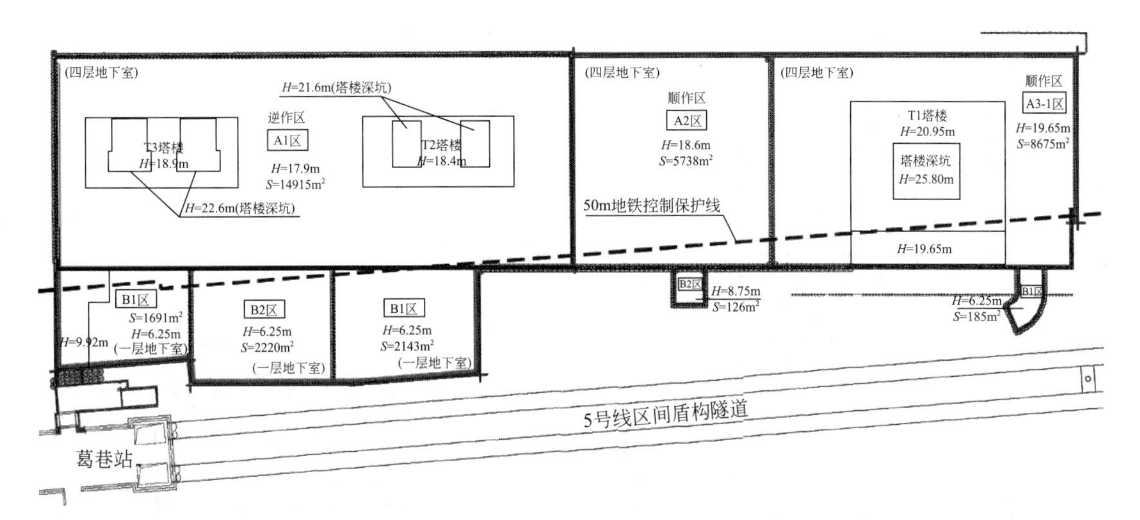

图 8.5.1 富力杭州未来科技城项目基坑平面分区示意

表下约 1.5m，河道深度约 3.5m；北侧为文一西路及其绿化带，绿化带下埋设有通信管、电力管等，基坑边线距离该侧用地红线最近约 1.8m。图 8.5.3 为 A1 区逆作基坑周边环境示意图。

8.5.2 地质条件

根据本工程勘察资料、基坑开挖影响范围内主要地层情况如下：

①层：杂填土，以黄灰色为主，松散，稍湿，为新近堆填，土质不均匀，层厚 0.7～8.60m。

②$_1$ 层：粉质黏土夹粉土，软可塑，含少量植物腐殖物，其粉土薄层的厚度在 1～3mm 之间，粉质黏土薄层的厚度在 4～9mm 之间，层厚 0.50～4.30m。

②$_2$ 层：淤泥质黏土，灰色，流塑，含少量植物腐殖质，有臭味，该层工程力学性质差，具高压缩性，高灵敏度，高触变性，层厚 0.60～11.60m。

③$_1$ 层：粉质黏土，黄褐色、灰黄色，软可塑，层厚 0.7～11.40m。

③$_2$ 层：淤泥质黏土，灰色，流塑，含少量植物腐殖质，有臭味，该层工程力学性质差，具高压缩性，高灵敏度，高触变性，层厚 0.60～6.60m。

④$_1$ 层：粉质黏土，蓝灰色，青灰色，硬可塑，局部呈软可塑状，层厚 0.60～10.30m。

④$_2$ 层：含砂粉质黏土，黄灰色、蓝灰色，硬可塑，局部呈软可塑状，层厚 0.50～8.30m。

⑤$_1$ 层：粉质黏土，黄灰色，蓝灰色，硬可塑，局部呈硬塑状，层厚 1.10～11.30m。

⑤$_2$ 层：含砂粉质黏土，黄灰色、蓝灰色，硬可塑，局部呈软可塑状，层厚 0.60～7.50m。

⑥$_1$ 层：粉质黏土，蓝灰色，青灰色，硬可塑，局部呈软可塑状，层厚 0.80～5.80m。

⑨$_1$ 层：圆砾，灰黄色、灰色，密实状，饱和，卵石含量约占 23%，圆砾含量约占 20%，砂含量约占 20%，其余为黏性土。颗粒粒径一般在 0.5～20mm 之间，个别粒径大

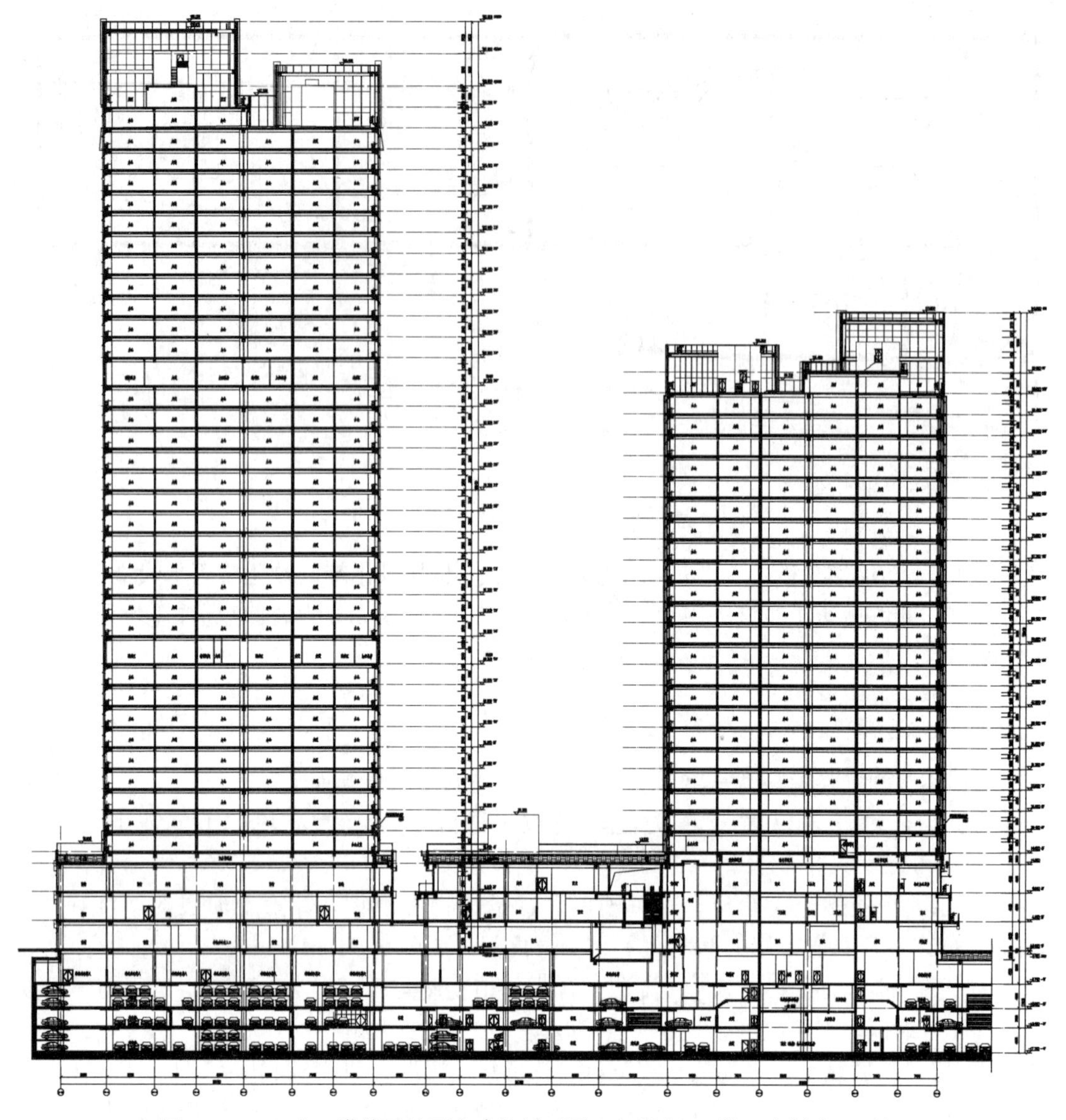

图 8.5.2　T2/T3 塔楼及地下室建筑剖面图（左侧为 T3 楼、右侧为 T2 楼）

于 30mm，层厚 0.50～7.60m。

⑩$_1$ 层：全风化泥质粉砂岩，褐红色，原岩组织结构已完全破坏，岩芯呈硬塑的黏性土状，手折易断，岩体较破碎，干钻可钻进，层厚 0.80～8.20m。

⑩$_2$ 层：强风化泥质粉砂岩，紫红色，原岩组织结构已强烈破坏，岩芯多呈碎块状，该层工程力学性质较好，具中低压缩性，层厚 0.50～11.60m。

⑩$_3$ 层：中等风化泥质粉砂岩，紫红色，具砂泥质结构，厚层状构造，属极软岩，本次勘探最大揭露厚度为 19.5m。

⑪$_1$ 层：全风化砂砾岩，紫红色，层厚 1.20～9.00m。

⑪$_2$ 层：强风化砂砾岩，褐红色，层厚 0.50～9.90m。

⑪$_3$ 层：中等风化砂砾岩，褐红色，具砂砾质结构，厚层状构造，属软岩。

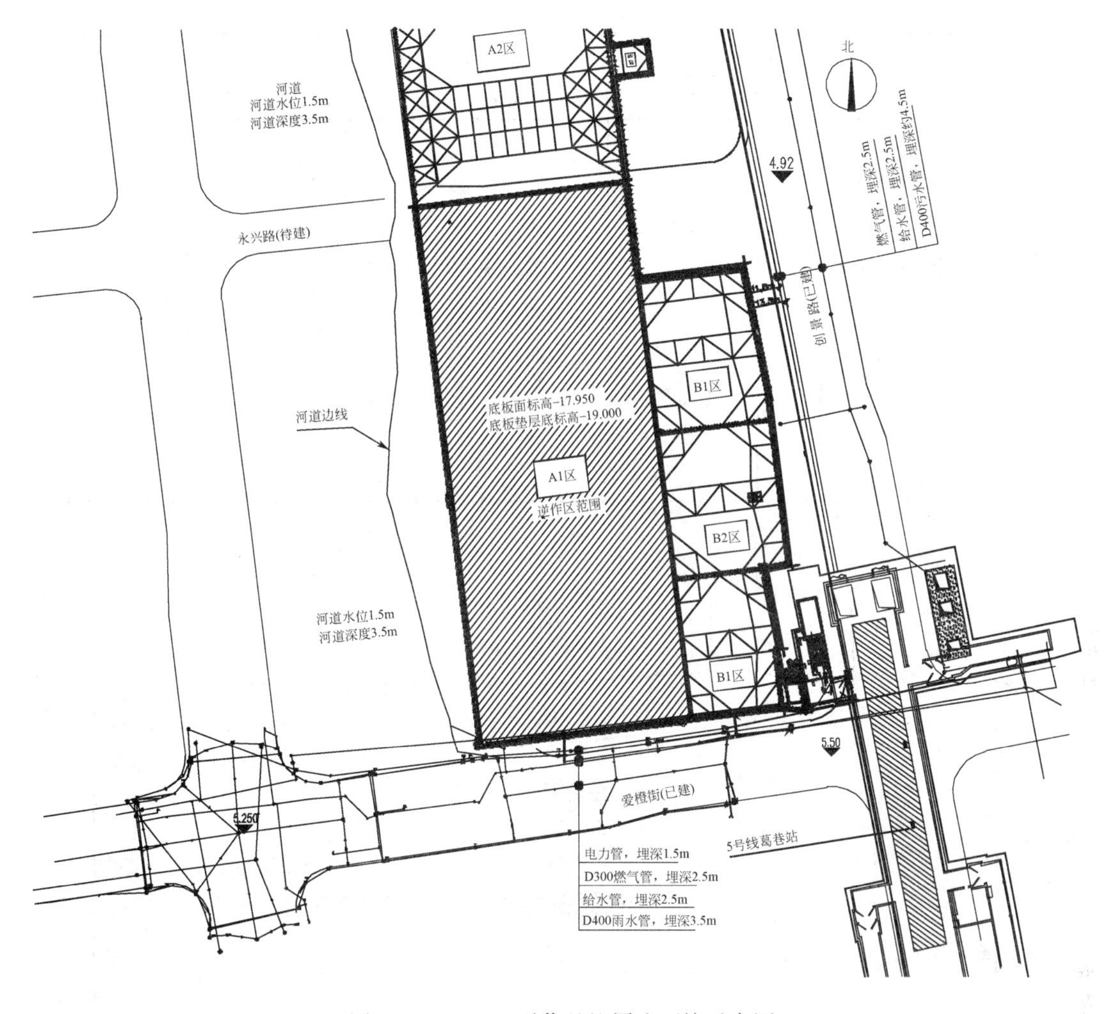

图 8.5.3　A1 区逆作基坑周边环境示意图

图 8.5.4 为场地各土层分布典型地质剖面，表 8.5.1 为各土层主要物理力学参数表。

场地地层物理力学参数表　　表 8.5.1

土层编号	岩土名称	湿重度	抗剪强度指标		渗透系数(10^{-6}cm/s)	
		γ(kN/m^3)	黏聚力(kPa)	内摩擦角(°)	水平渗透系数	竖向渗透系数
①	杂填土	(19)	(4)	(15)	(300)	(200)
$②_1$	粉质黏土夹粉土	19.1	24.8	13.6	3.09	2.55
$②_2$	淤泥质黏土	17.6	11.4	8.8	0.08	0.07
$③_1$	粉质黏土	19.3	31.7	14.3	4.31	3.40
$③_2$	淤泥质黏土	18.3	17.3	10.8	0.35	0.29
$④_1$	粉质黏土	19.8	29.1	15.9	6.02	4.97
$④_2$	含砂粉质黏土	20.2	25.1	16.1	20.00	14.80
$⑤_1$	粉质黏土	20.1	33.7	16.5	6.87	6.30

续表

土层编号	岩土名称	湿重度	抗剪强度指标		渗透系数(10^{-6}cm/s)	
		γ(kN/m³)	黏聚力(kPa)	内摩擦角(°)	水平渗透系数	竖向渗透系数
⑤$_2$	含砂粉质黏土	20.4	24.6	18.4	9.75	7.30
⑥$_1$	粉质黏土	19.8	23.8	14.9	—	—
⑨$_1$	圆砾	(20)	(1)	(35)	—	—
⑩$_1$	全风化泥质粉砂岩	20.4	15	16.9	—	—
⑩$_2$	强风化泥质粉砂岩	(20.5)	(30)	(25)	—	—
⑩$_3$	中等风化泥质粉砂岩	(20.5)	(80)	(35)	—	—
⑪$_1$	全风化砂砾岩	(20.5)	(15)	(18)	—	—
⑪$_2$	强风化砂砾岩	(20.5)	(40)	(30)	—	—
⑪$_3$	中等风化砂砾岩	(20.5)	(100)	(35)	—	—

注：本表中括号内数值为经验值。

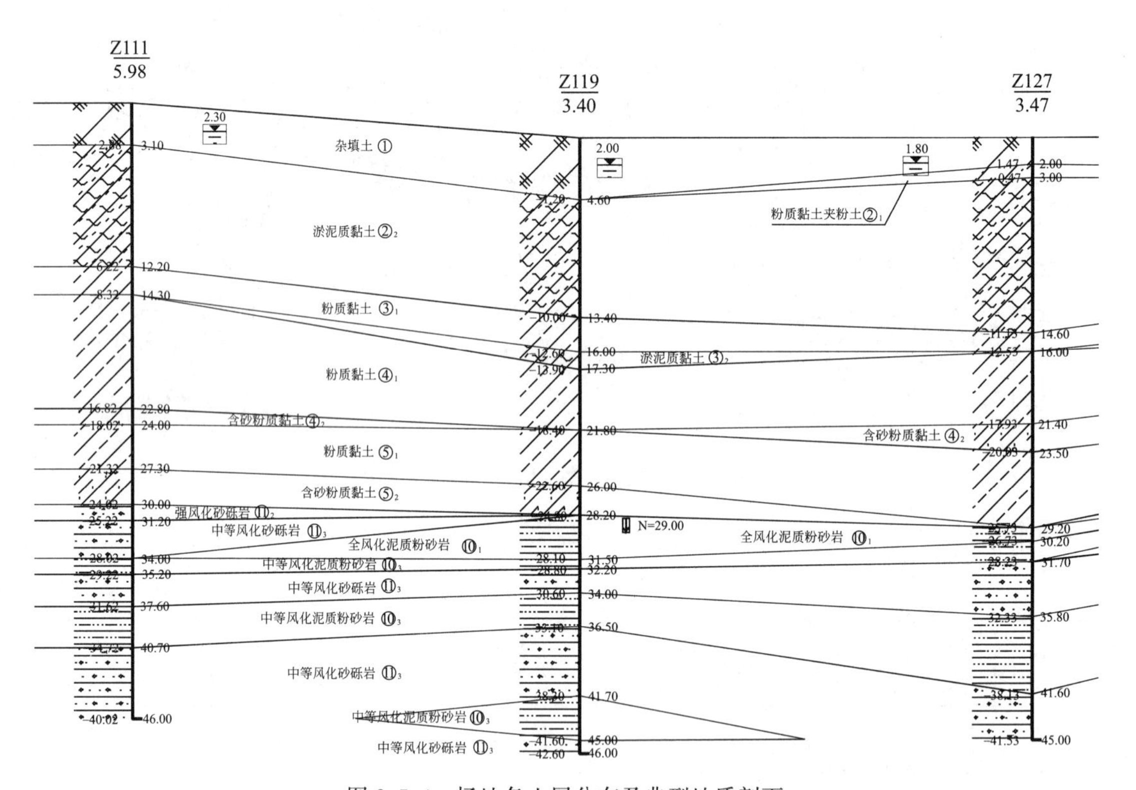

图 8.5.4 场地各土层分布及典型地质剖面

8.5.3 基坑支护设计

本工程基坑南北向长约 385m，东西向宽约 120m，基坑开挖面积约 37000m²，支护结构延长米约 1020m，共划分为 5 个分坑（图 8.5.1）。为满足 T2 塔楼施工进度节点要求，同时加强对东侧地铁车站和隧道的保护，A1 区采用逆作法施工，利用地下室结构梁板作为水平支撑，采用支承立柱和立柱桩作为竖向承重构件，其中 T2 塔楼地上和地下结构同

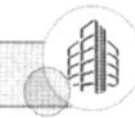

步施工，逆作阶段地上控制层数15层；T3塔楼待地下室底板完成后向上施工。各层结构梁板留设的结构洞口作为下坑挖土和材料运输通道，并在各层结构梁板上均匀布设取土口。结合结构洞口和取土口布置，在地下室顶板（B0层）留设施工行车通道和施工平台。为方便地下开挖和提高出土效率，B0层和地下B1层、B2层的水平结构采用逆作，B3层水平结构采用顺作（即跳板施工）。

A1逆作基坑南北向长约195m，东西向宽约78m，东侧围护墙采用1200mm厚地下连续墙（二墙合一），墙底进入⑩$_3$中等风化泥质粉砂岩；其余三侧采用钻孔灌注桩排桩墙支护，排桩直径均为1200mm，桩中心距1400mm，其中南侧和西侧坑后设置ϕ850mm三轴水泥搅拌桩作止水帷幕，搅拌桩桩底位于⑤$_1$粉质黏土层中，北侧在圆砾分布范围设置600mm厚TRD水泥土连续墙作止水帷幕，桩底进入⑩$_2$强风化泥质粉砂岩。图8.5.5为东侧支护剖面，图8.5.6为西侧支护剖面。

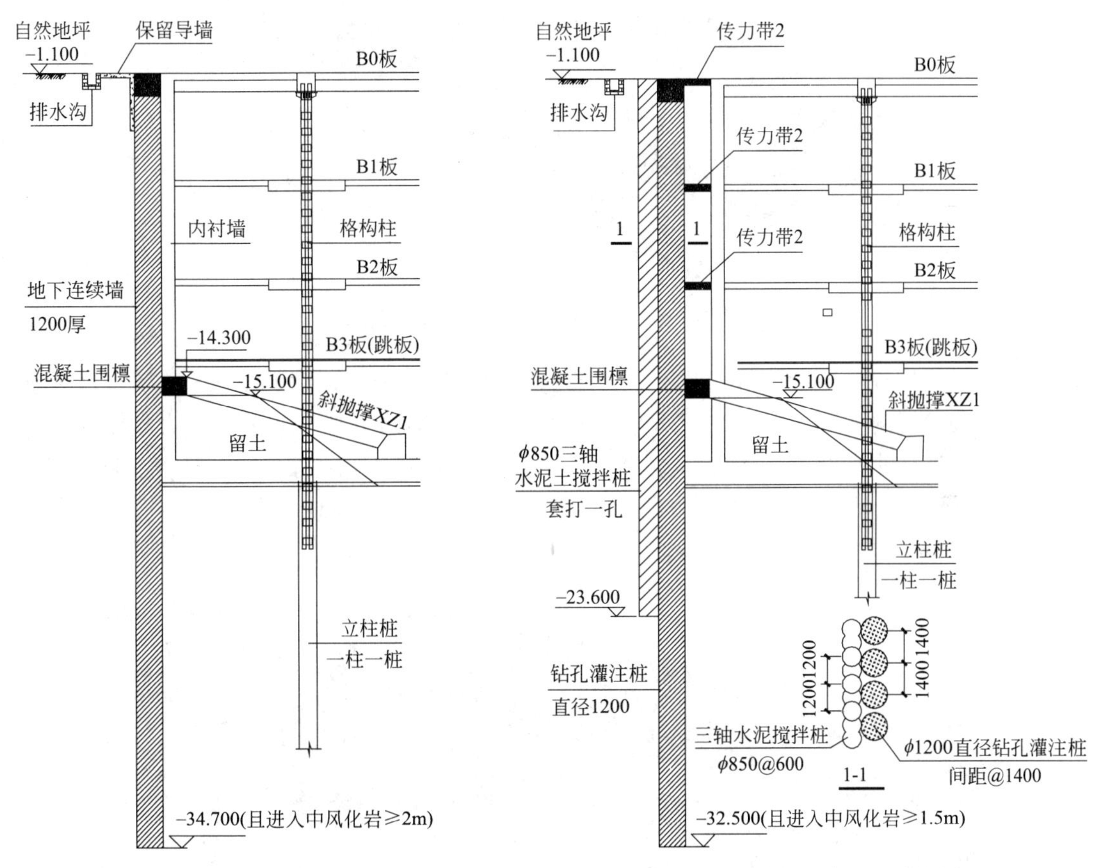

图8.5.5 东侧支护剖面（地连墙）　　图8.5.6 西侧支护剖面（排桩墙）

基坑支护结构计算采用空间弹性地基梁法，地下水平结构、竖向立柱和上部结构均参与整体模型计算，图8.5.7为A1区基坑和T2塔楼结构三维分析模型。地下连续墙和排桩墙采用板单元模拟，水平结构梁和临时支撑构件采用空间梁单元模拟，结构板采用平面应力单元，立柱采用梁单元模拟，立柱底部设置铰支座，周边挡墙底部仅设置竖向约束，挡墙内侧开挖面以下采用土弹簧模拟土体作用。作用于支护结构上的荷载包括周边水平荷载和竖向荷载，水平荷载为作用在挡墙外侧的水土压力，竖向荷载包括地下和地上结构的自重及施工荷载。

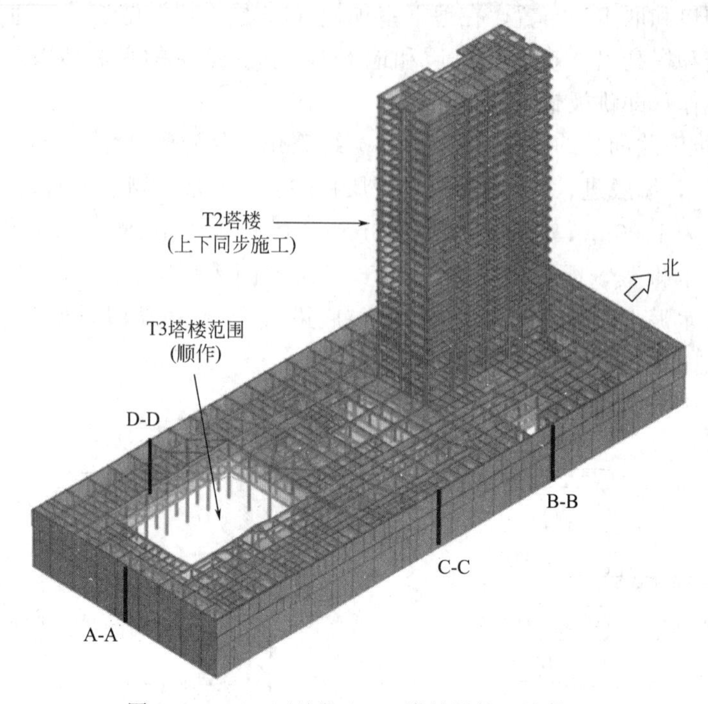

图 8.5.7 A1 区基坑和 T2 塔楼结构三维模型

根据逆作流程和工况设计（见 8.5.4 节），采用增量法计算，模拟分步开挖、水平支撑结构分层设置的实际情况，实现对基坑开挖和上部结构同步施工的全过程力学模拟。计算时，考虑逆作水平结构采用短排架模板施工，短排架模板高度按 1.8m 计算。图 8.5.8 为 A1 基坑开挖至坑底时周边挡墙的三维变形图，图 8.5.9 为不同剖面位置挡墙的侧向变形图。

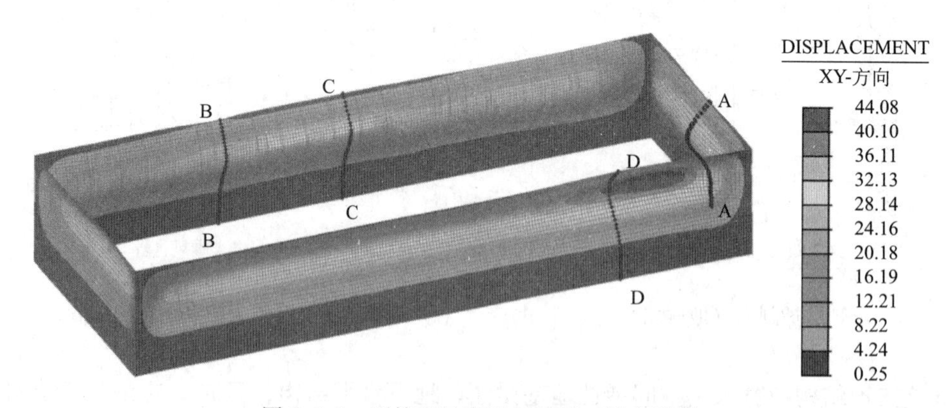

图 8.5.8 开挖至坑底时的挡墙三维变形图

计算结果表明，基坑东侧由于采用地下连续墙支护，挡墙刚度较大，侧向变形较小，其中 B-B 剖面最大侧向变形为 21mm，C-C 剖面最大侧向变形为 23.5mm；南侧和北侧边长较小，由于空间效应，短边侧向变形也较小，如南侧的 A-A 剖面的最大侧向变形为

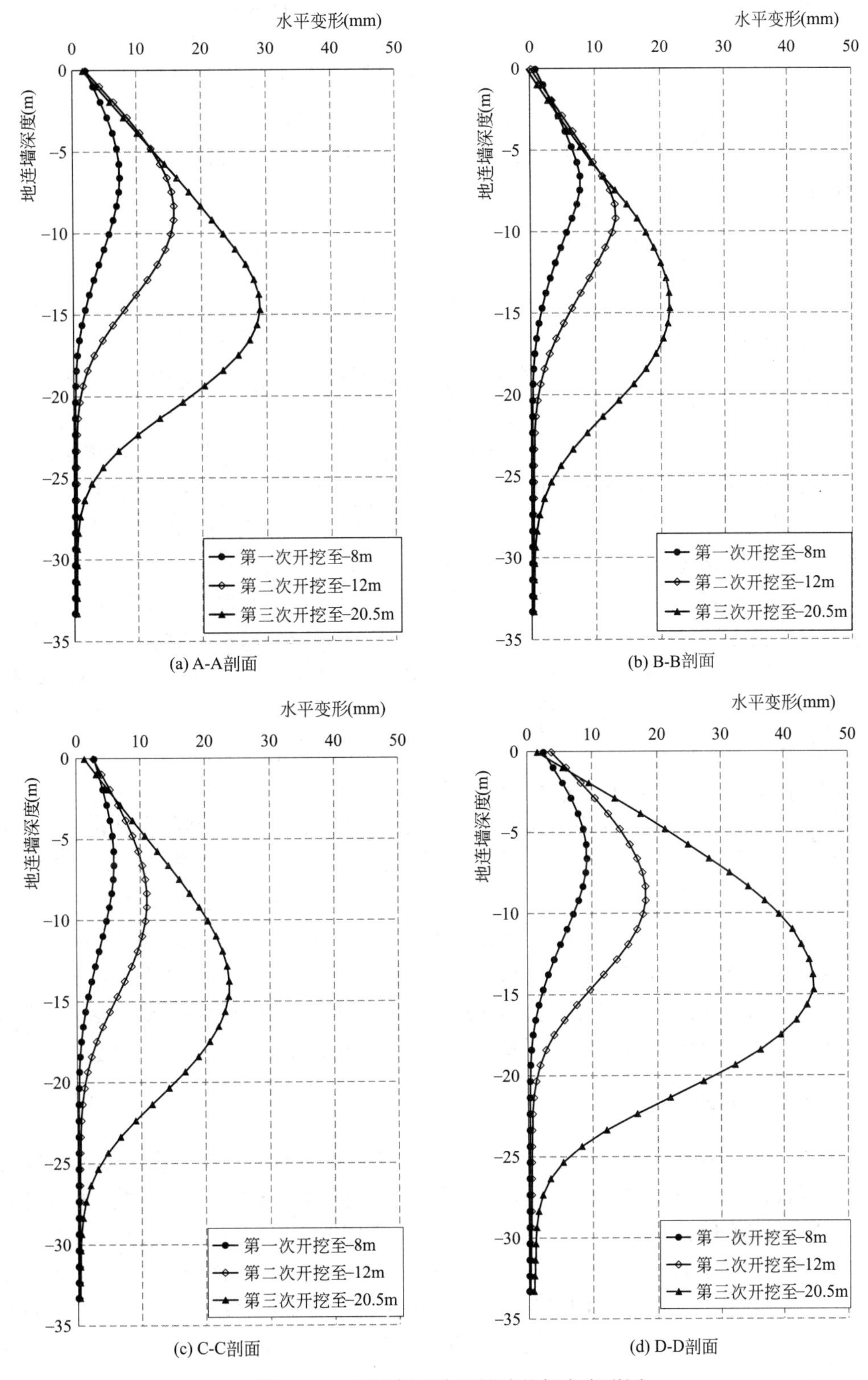

图 8.5.9　不同剖面位置挡墙的侧向变形图

29mm；西侧由于边长达到195m，排桩墙的侧向变形相对较大，特别是西侧靠南的位置（D-D剖面）的挡墙最大侧向变形达到44mm。

另外，挡墙最大侧向变形位置基本处在B2层和坑底标高的中间部位，及地表下约15m深度处，与基坑支护挡墙最大侧向变形大多出现在坑底附近的规律有显著不同，究其原因，是由于B3层水平结构采用“跳层”施工，尽管增设了斜抛撑，但其水平向刚度与水平结构相比存在显著差异。

8.5.4 逆作流程及工况设计

图8.5.10为A1基坑地下结构逆作和上部结构同步施工过程的典型工况示意，逆作流程主要工况设计如下：

工况1：施工地连墙、立柱和立柱桩；施工B0层周边水平梁板结构。B0层周边水平结构既是第1道水平支撑，同时也是逆作的界面层。

工况2：开挖T2塔楼范围的土方；施工T2塔楼B1层水平结构。T2塔楼B1层水平结构既是塔楼地下和地上结构同步施工的界面层，也是上部核心筒结构的转换层。

工况3：顺作施工T2塔楼地下一层竖向构件，施工T2塔楼B0层水平结构，并与B0层周边水平结构形成整体；同步开挖地下一层土方（T2塔楼范围以外）。

工况4：逆作施工B1层水平结构（T2塔楼范围以外），形成完整的B1层水平结构；回筑地下一层核心筒、柱、外墙等竖向构件；同步施工T2塔楼地上结构。

工况5：向下盆式开挖，逆作施工B2层水平结构；继续同步施工T2塔楼地上结构。

工况6：分小块并以“跳挖”方式，开挖地下二层的周边土方，分块逆作施工B2层周边水平结构，形成完整的B2层水平结构；B2层水平结构达到设计强度后，开挖至坑底（坑边留土）；继续同步施工T2塔楼地上结构。

工况7：施工基础底板，设置坑边斜抛撑；继续同步施工T2塔楼地上结构。

工况8：分小块并以“跳挖”方式开挖坑边留土，分块施工周边基础底板；继续施工T2塔楼地上结构。基础底板施工完成前，T2塔楼上部施工层数控制15层内。

工况9：回筑地下四层竖向构件，包括结构柱、核心筒剪力墙、地下室外墙。

工况10：顺作施工B3层水平结构。

工况11：回筑地下三层、二层的竖向构件，包括结构柱、核心筒剪力墙、地下室外墙。

工况12：继续施工T2塔楼16层及以上结构至结构封顶。

8.5.5 竖向支承结构设计

T2塔楼上部结构为采用框架-剪力墙体系，剪力墙由左右两个核心筒组成，标准层结构平面如图8.5.11所示。T2塔楼的竖向支承结构由立柱和立柱桩组成，立柱采用格构式钢立柱和钢管混凝土立柱两种，其中结构柱下方均采用钢管混凝土立柱支承，核心筒由于剪力墙厚度不大，为方便钢筋施工，采用角钢格构式立柱支承。T2塔楼范围的逆作界面层为B1层水平结构，上部结构同步施工的核心筒在B1层设置转换层，图8.5.12为转换层结构平面，图8.5.13为核心筒转换层结构剖面图。为满足核心筒建筑平面布置，下部格构式立柱与上部核心筒剪力墙偏心布置，为平衡偏心荷载，核心筒内部也设置了与转换梁相垂直的临时混凝土梁，待地下室核心筒剪力墙回筑完成后再予以拆除。

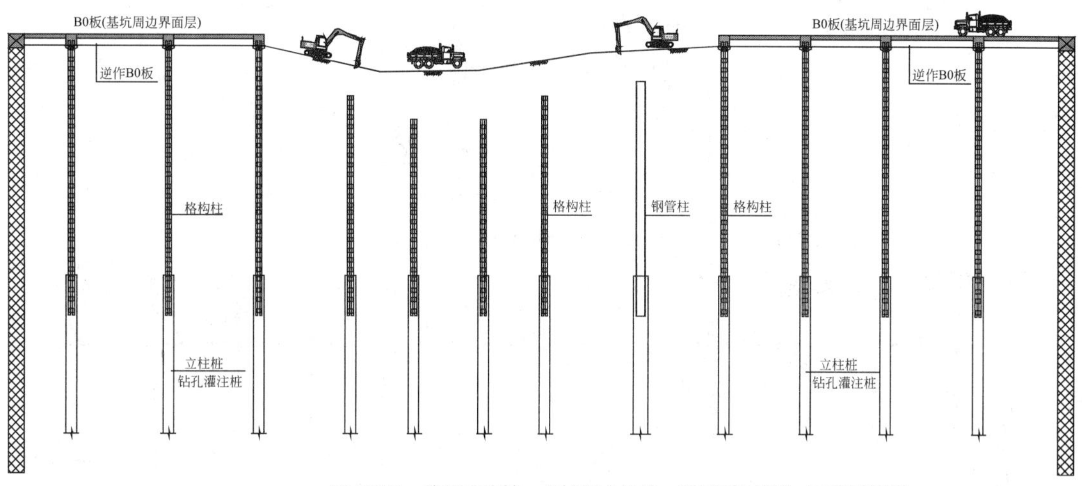

(a) 工况1：施工地连墙、立柱和立柱桩；施工B0层周边水平梁板结构

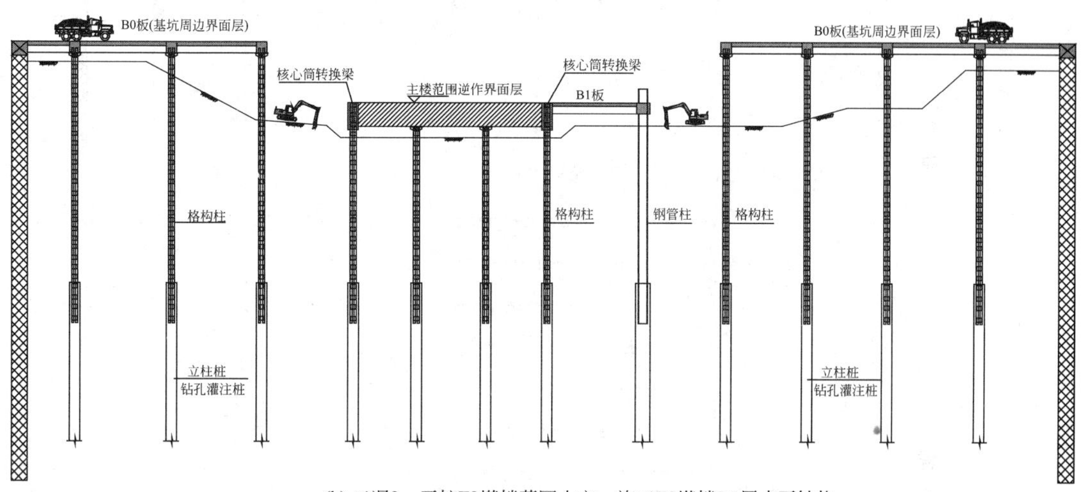

(b) 工况2：开挖T2塔楼范围土方；施工T2塔楼B1层水平结构

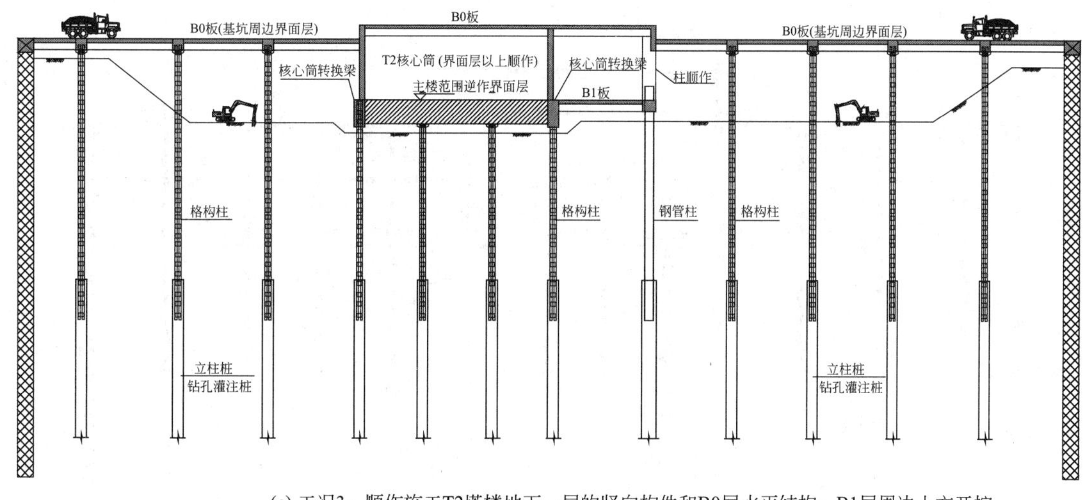

(c) 工况3：顺作施工T2塔楼地下一层的竖向构件和B0层水平结构；B1层周边土方开挖

图 8.5.10　地下结构逆作和上部结构同步施工过程典型工况示意

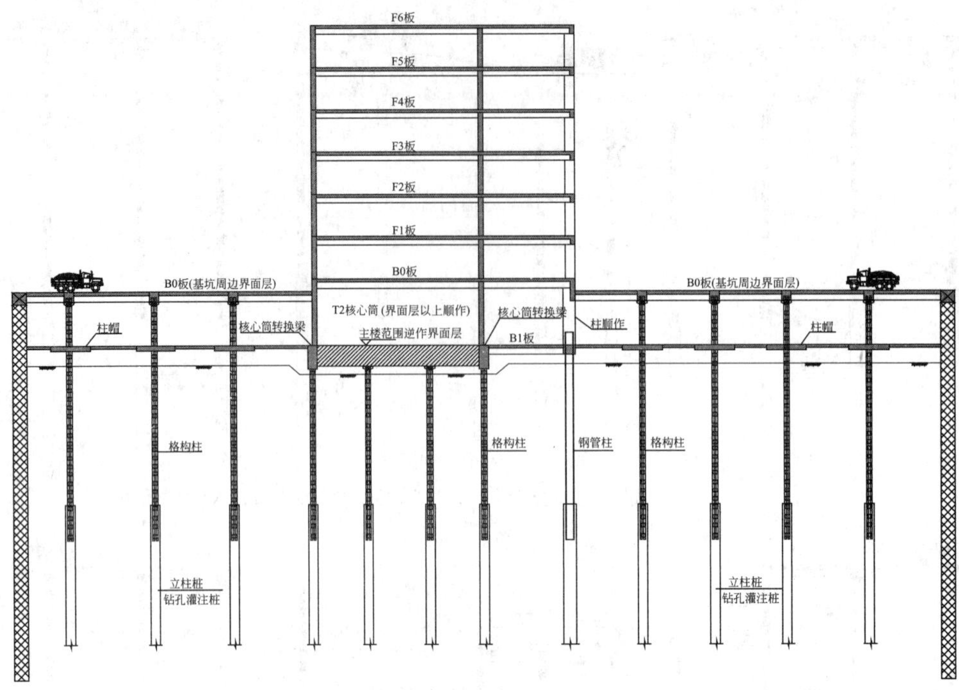

(d) 工况4：逆作施工B1层塔楼以外范围的水平结构；施工T2塔楼地上结构

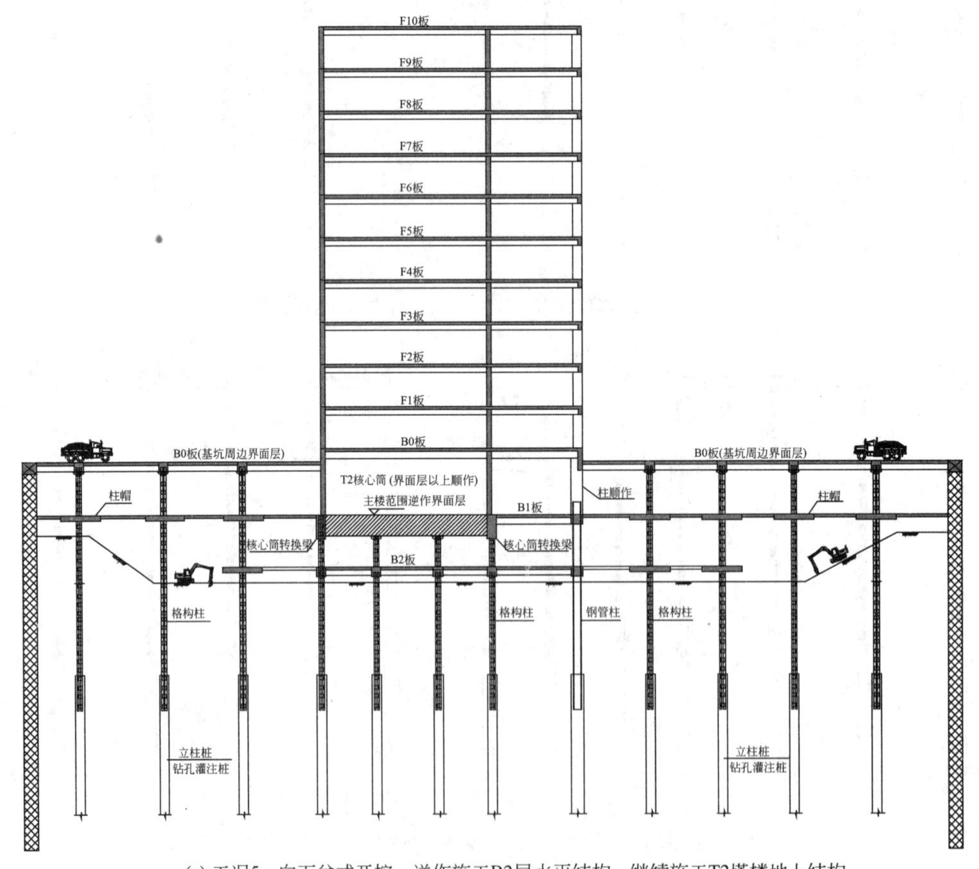

(e) 工况5：向下盆式开挖，逆作施工B2层水平结构；继续施工T2塔楼地上结构

图 8.5.10 地下结构逆作和上部结构同步施工过程典型工况示意（续图）

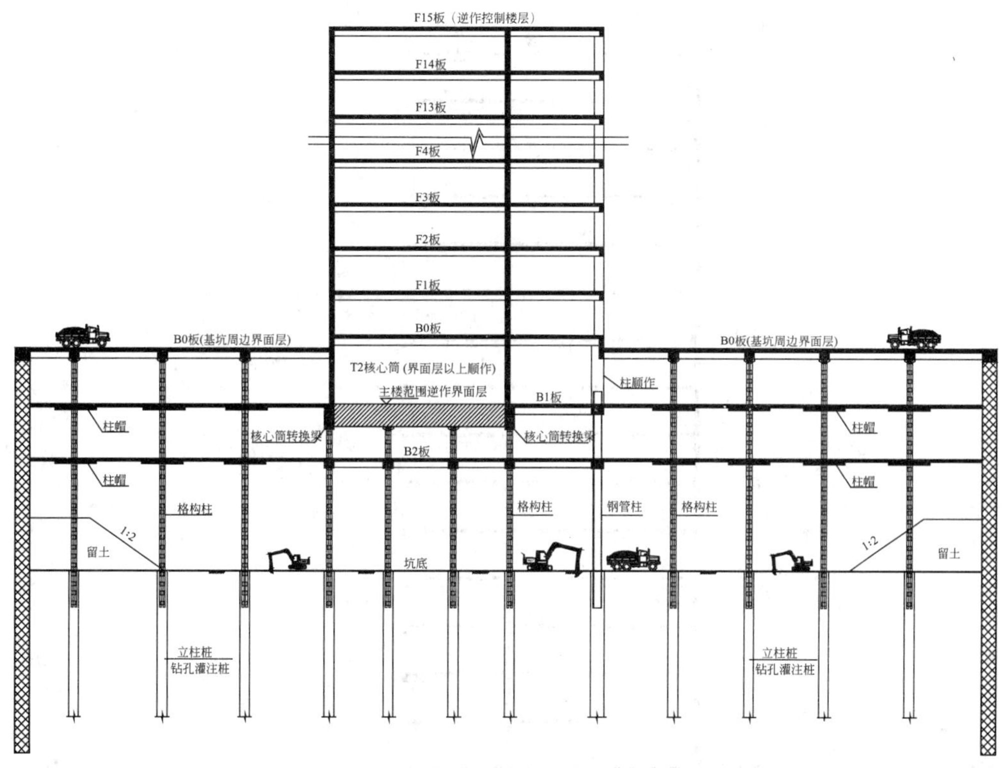

(f) 工况6：逆作施工B2层周边水平结构；开挖至坑底（坑边留土）；继续施工T2塔楼地上结构

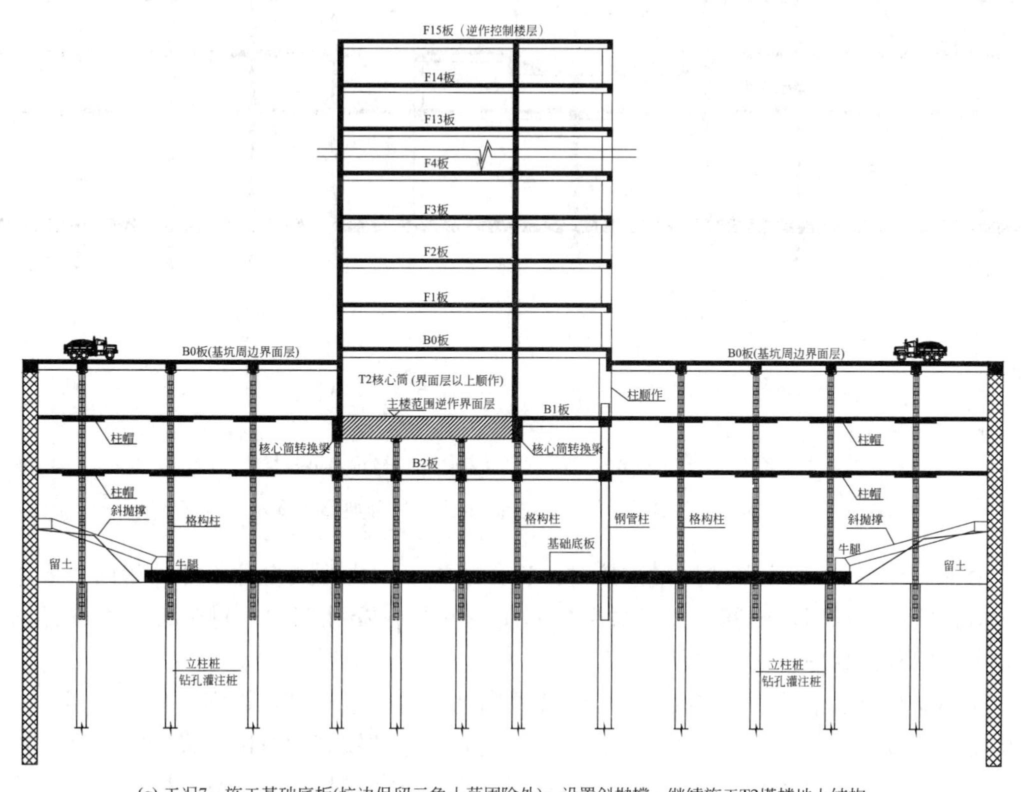

(g) 工况7：施工基础底板(坑边保留三角土范围除外)；设置斜抛撑；继续施工T2塔楼地上结构

图 8.5.10 地下结构逆作和上部结构同步施工过程典型工况示意（续图）

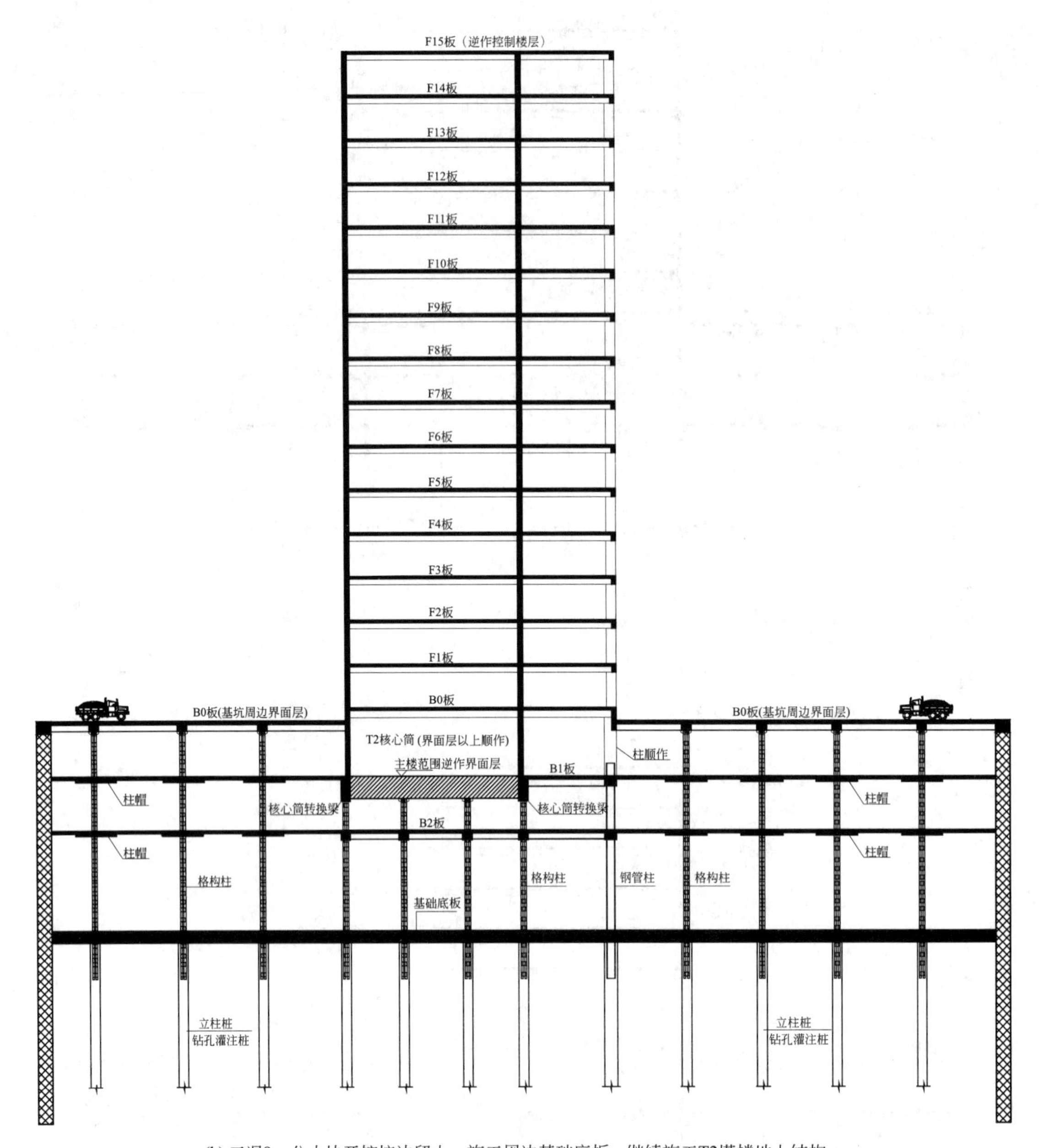

(h) 工况8：分小块开挖坑边留土，施工周边基础底板；继续施工T2塔楼地上结构

图 8.5.10 地下结构逆作和上部结构同步施工过程典型工况示意（续图）

竖向立柱与 B0 层水平结构梁连接时，为方便施工，格构式立柱不伸入梁内，采用锚筋方式进行可靠锚固，锚筋与立柱顶部的封头钢板进行穿孔塞焊，封头板下部设置加劲板，节点间构造如图 8.5.14 所示。

竖向立柱与水平结构梁连接时，立柱在梁高范围内设置栓钉，提高立柱与混凝土梁界面的受剪承载力。竖向立柱与无梁楼盖柱帽连接时，除柱帽高度范围内设置栓钉外，柱帽采用平板柱帽，柱帽底部设置承托板，承托板下方加设加劲板加强，节点构造如图 8.5.15 所示。

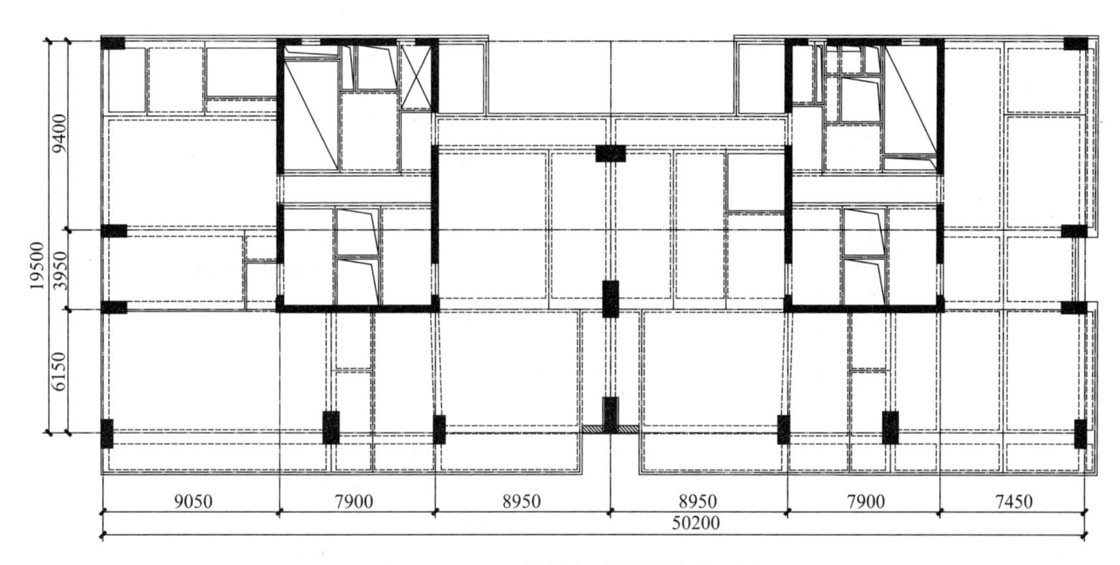

图 8.5.11 T2 塔楼标准层结构平面图

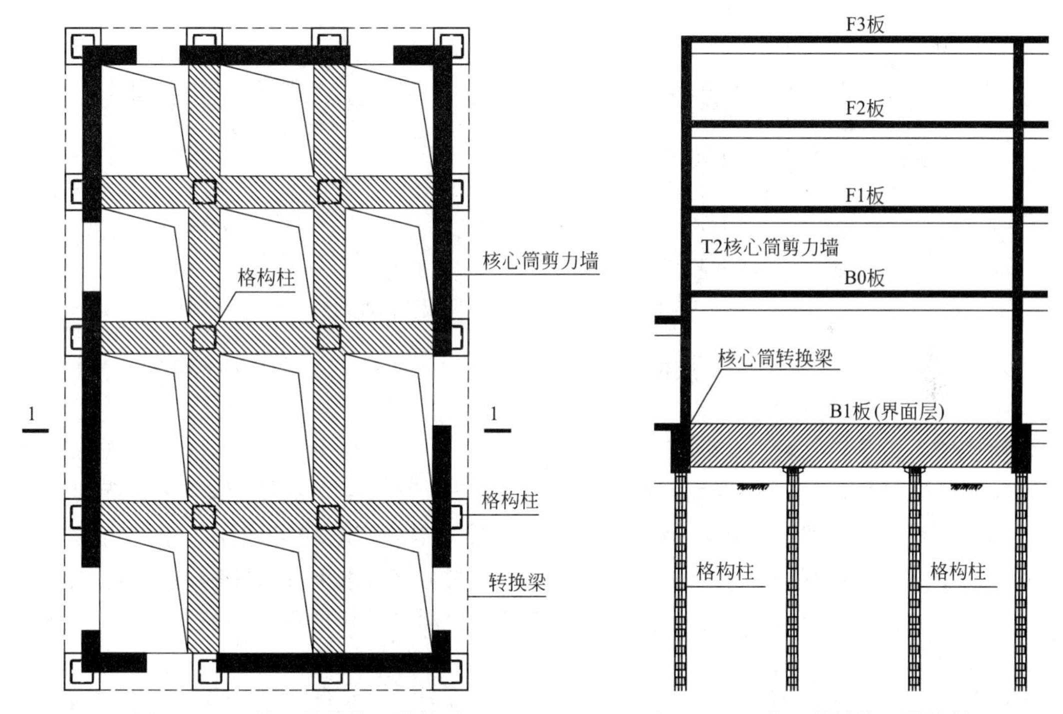

图 8.5.12 核心筒转换层结构平面

图 8.5.13 核心筒转换层结构剖面（1-1）

8.5.6 水平支撑结构及节点构造

逆作基坑的水平支撑结构包括 B0 板、B1 板、B2 板，还包括支撑于结构底板上的坑边斜抛撑。B0 层水平结构为梁板结构，B1 层、B2 层 T2 塔楼范围内为梁板结构，其余均为带柱帽的无梁楼盖结构。

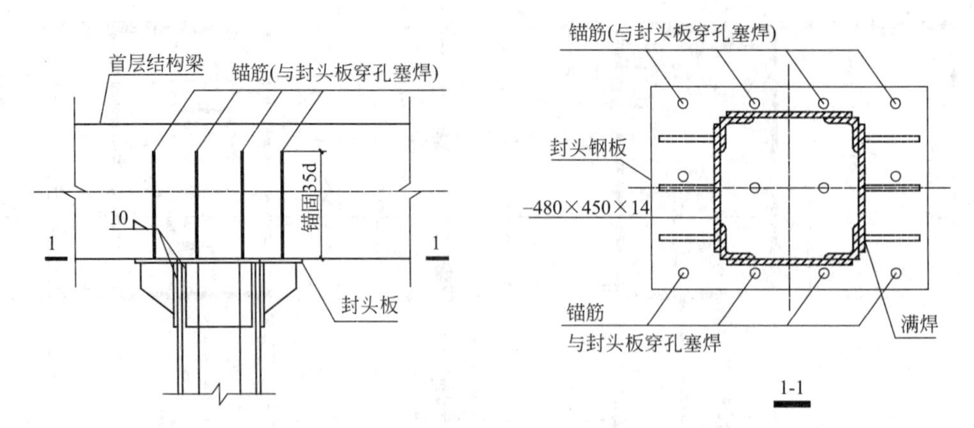

图 8.5.14　框架梁跨中位置角钢格构柱与首层结构梁连接详图

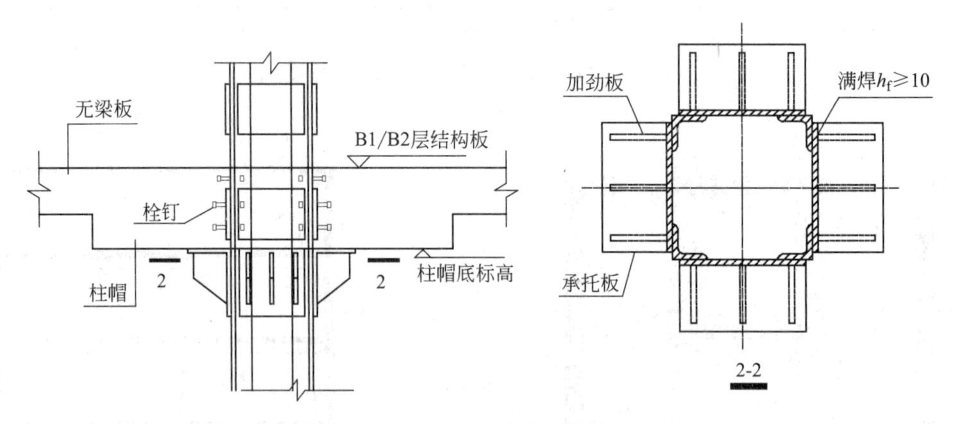

图 8.5.15　核心筒转换层结构平面

本工程的逆作界面层为 B0 层的周边水平结构和 B1 层的 T2 塔楼水平结构。为控制第一层土方开挖时，周边挡墙在悬臂工况下的变形，先施工 B0 层的周边结构，作为基坑支护结构的第一道水平支撑，再开挖土方，施工中间 T2 塔楼区域的 B1 层板，也就是利用 B0 层板的周边结构、B1 层板的中间区域结构，联合作为上下结构同步施工的界面层。

水平混凝土结构梁与格构式钢立柱连接时，根据梁的宽度和格构柱尺寸等实际情况，分别采用梁端水平加腋法和钻孔钢筋连接法进行连接。梁端水平加腋是通过梁侧面水平加腋的方式扩大梁柱节点位置梁的宽度，使梁主筋从角钢之间和角钢格构柱侧面绕行贯通的方法，绕筋的斜度不应大于 1/6，并应在梁变宽度处设置附加箍筋；钻孔钢筋连接法是在角钢格构柱的缀板或角钢上钻孔穿钢筋，适用于梁宽度小、主筋直径较小且数量不多的情况，其钻孔的位置、数量应通过计算确定，考虑钻孔损失后的截面应满足承载力要求。

水平混凝土结构梁与钢管混凝土立柱连接时，主要采用混凝土环梁节点，即在钢管立柱的周边设置一圈刚度较大的钢筋混凝土环梁，形成一个刚性节点区，利用这个刚性区域的整体工作来承受和传递梁端的弯矩和剪力。环梁和钢管柱通过钢筋及栓钉形成整体连接，结构梁主筋锚入环梁。另一种连接方式是设置钢牛腿，梁纵向钢筋与钢牛腿直接进行焊接连接，如图 8.5.16 所示。由于钢管混凝土立柱处于受力状态，钢牛腿不应直接与立柱的柱壁进行焊接，设计时采用外贴钢环板进行加强，外贴钢板加强带需在工厂加工制

作，如图 8.5.17 所示。

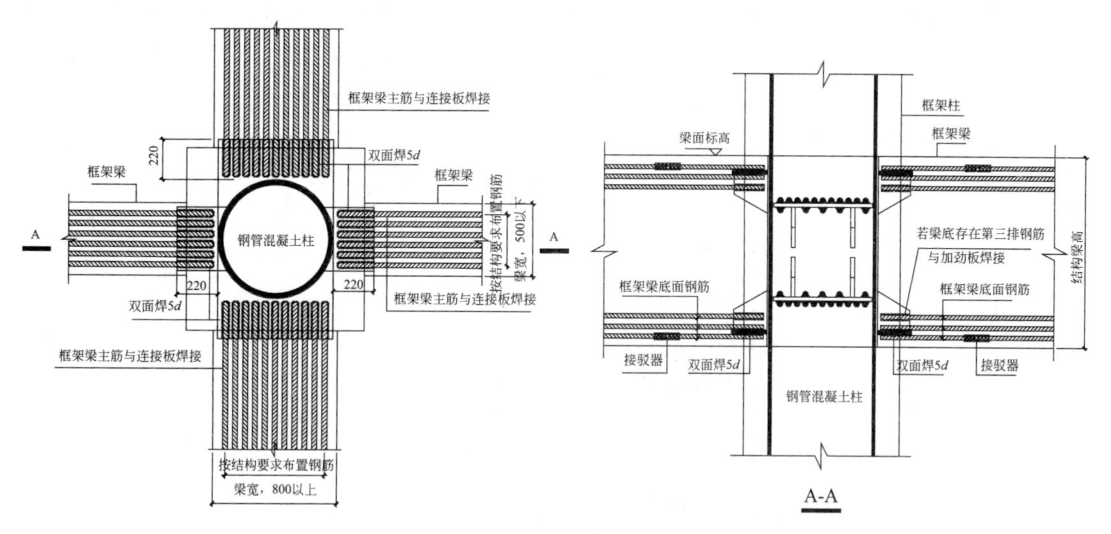

图 8.5.16　水平结构梁与钢管混凝土立柱连接节点

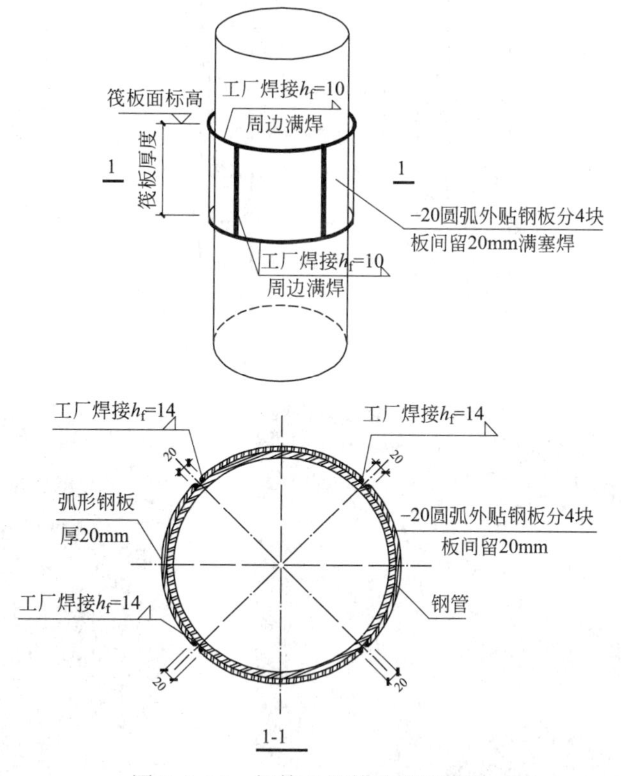

图 8.5.17　钢管立柱外贴弧形钢板

本工程东侧支护挡墙为地下连续墙二墙合一，地下连续墙内侧设置混凝土内衬墙，内衬墙与地连墙之间事先预埋抗剪钢筋（开挖后扳直锚入后浇墙内），保证叠合面抗剪承载力。水平结构板钢筋直接锚入叠合墙内即可，各楼层框架主梁受力纵筋与地连墙通过预埋接驳器进行连接，水平结构逆作施工时，与地连墙连接节点处应预留内衬墙竖向钢筋的插筋。

其余三侧的支护挡墙均为钻孔灌注桩排桩墙，外墙采用逆作，结构外墙先期施工段与水平梁板结构一起浇筑，并预留好外墙的上下插筋和止水钢板，如图 8.5.18 所示。先期施工外墙段的外侧与排桩墙之间同步施工水平传力板带，确保水土压力可靠传递。图 8.5.19 为地下水平结构与排桩之间的连接节点照片，图 8.5.20 为外墙逆作时预留的连接钢筋照片。

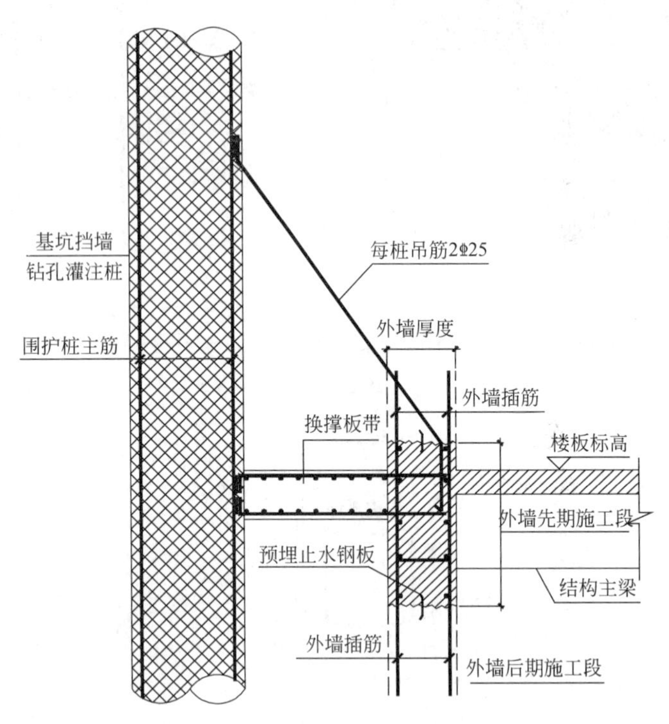

图 8.5.18　水平结构与排桩连接节点

图 8.5.19　水平结构与排桩连接节点照片

图 8.5.20　结构外墙逆作时预留连接钢筋

8.6 湖滨三期西湖电影院周边地块

8.6.1 工程概况

湖滨三期西湖电影院周边地块位于杭州市湖滨特色街区，东为延安路，北为平海路，西靠东坡路，南为仁和路。原上部建筑为西湖电影院及东坡剧院（杭州文化中心）。下设整体三层地下室，工程桩采用钻孔灌注桩。由于拆迁等因素，整个项目分期建设，本次基坑围护针对西湖电影院部分，与东坡剧院之间设置分隔墙。图 8.6.1 为本项目的建筑效果图。

图 8.6.1 湖滨三期西湖电影院周边地块项目建筑效果图

结构±0.000 标高相当于绝对标高 8.500，根据周边道路标高情况，自然地坪取绝对标高 8.200，即相对标高－0.300。地下室基础面标高－13.900，综合考虑室内外高差以及基础、垫层厚度后，基坑开挖深度约为 15.4m，局部电梯井范围开挖深度 17.8m。

根据建筑总图（图 8.6.2），地下室基本紧贴用地红线，周边设置多个地下通道与一期、二期及三期已建项目连通。基坑北侧为平海路，年底将整治完成，该道路下埋设有大量的市政管线，包括 ϕ600 污水管（埋深 3.26m），燃气、给水、通信等管线，该侧设置地下通道与龙翔里项目连通（龙翔里一侧通道已建，临近本项目一侧通道未建）。基坑南侧为现东坡剧院，地下一层，采用预制方桩（350×350，桩长 15～23m，持力层为黏土层，桩顶标高约－6.000m）。基坑西侧为东坡路，东坡路下也设置地下通道与一期项目连通（未建）。基坑东侧为城市的主干道延安路，刚刚整治完成，保护标准较高，道路下设置大量市政管线（包括电力、给水、污水、煤气等），该侧连接湖滨二期项目的地下过街通道已建成。该过街通道采用明挖顺筑法施工，围护结构采用 ϕ1000@800mm 钻孔咬合桩加一道混凝土内支撑的形式，在两条地铁隧道外侧采用长桩，桩长 20m，桩边距离隧道 1.5m，隧道上部采用短桩，桩长 8.35m，咬合桩底距隧道上方 1.0m，短桩外侧采用三轴搅拌桩进行加固，加固体与短桩形成重力式挡墙。基坑东侧延安路下布有地铁 1 号线盾构隧道，与盾构管片外边界最小距离约 7.6m，位置关系见图 8.6.2，盾构变形控制标准高，类似项目按 5mm（盾构结构水平变形不超过 5mm）控制。

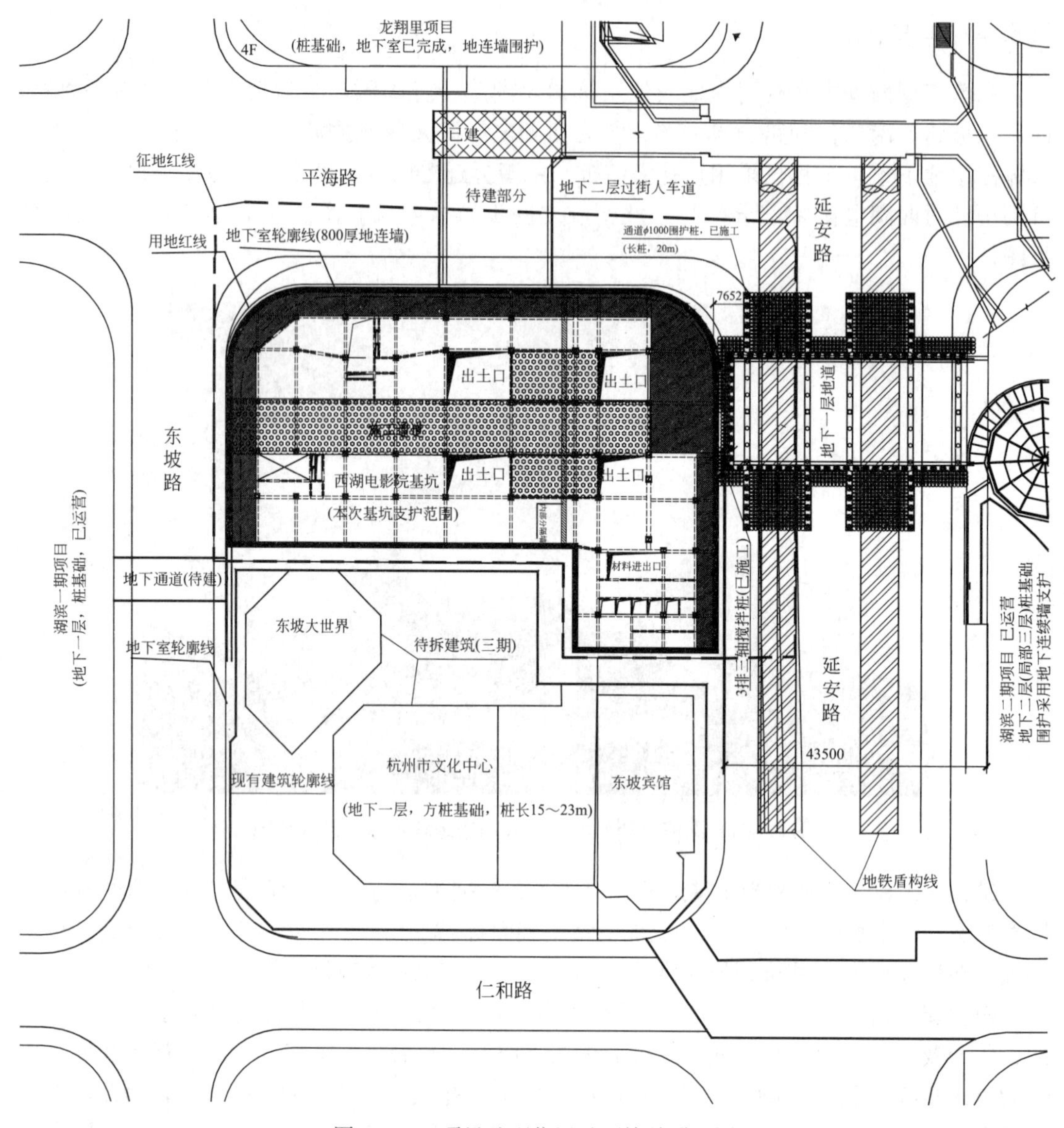

图 8.6.2　项目地理位置及环境总平面图

8.6.2　地质条件

根据外业勘探和室内土工试验成果、结合场地土成因类型，在地表向下 52.0m 勘探深度范围内岩土层可划分为 9 个工程地质层，细分为 14 个工程地质亚层。场地各岩土层的特征自上而下分述如下：

①-1 杂填土：褐灰色、杂色，松散，主要由建筑垃圾组成，含大量砖瓦碎片及少量黏性土和生活垃圾。

①-2 素填土：灰黄色、灰色，稍密，以黏质粉土为主，含少量有机质和腐殖物。

①-3 淤填土：灰黑色，流塑，含腐殖物，少量碎石。

②粉质黏土：灰黄色，可塑，含云母、氧化铁，夹粉土。

③黏质粉土：灰黄色、灰色，很湿，稍密，含云母，夹少量薄层状粉质黏土。

④-1 淤泥：灰色，流塑，含腐殖质和未完全分解的植物残骸及少量贝壳碎片。

④-2 淤泥质粉质黏土：灰色，流塑，含云母碎片、少量贝壳碎屑、腐殖质和未完全分解的植物残骸。

⑤粉质黏土：灰黄色，可塑，夹薄层状粉土，含高岭土团块和氧化铁斑点。

⑥粉质黏土：灰色，软塑，含有机质。

⑦粉质黏土：灰色、灰黄色，可塑，含高岭土团块和氧化铁斑点。

⑨砾砂：黄灰色，稍密，粒径大于 2mm 颗粒含量约占 35%～45%，呈亚圆形，粒径一般为 0.5～2.0cm，最大直径大于 3cm，成分为石英砂岩和安山玢岩，其间充填中粗砂及黏性土，局部中粗砂含量较高，部分地段已相变为圆砾，该层在纵向和横向均有所变化。

⑩-a 全风化安山玢岩：紫红色，硬可塑—可塑，风化后呈黏土状，原岩结构已破坏。

⑩-b 强风化安山玢岩：紫红色，颜色多样，岩石强烈风化，呈颗粒和碎块状，裂隙发育，手掰易碎，母岩成分已强烈风化，但其结构可见，局部夹中等风化岩块。

⑩-c 中等风化安山玢岩。

拟建场地勘探孔位置处均未发现不良地质体及不良地质作用，拟建场地旧房基础较深，填土较厚，局部存在块石。

本场地上部地下水为潜水，潜水埋藏较浅，主要赋存于场地内的填土、粉土层中，潜水水化学类型为 Cl、SO_4^{2-}、Na、Ca 型，在勘察期间在钻孔内测得其埋深在地表下 1.04～2.00m，该层潜水主要受大气降水的影响，地下水位年变幅为 1.0～2.0m 之间。

场地各土层分布及典型地质剖面见图 8.6.3，基坑开挖及影响深度范围内各土层主要物理力学指标见表 8.6.1。

场地各土层主要物理力学指标 **表 8.6.1**

层号	土层名称	重度 γ (kN/m^3)	摩擦角 (°)	黏聚力 c (kPa)	压缩模量 E_s (MPa)	含水量 (%)
①-1	杂填土	(18.0)	(12)	(12)	—	—
①-2	素填土	(18.0)	(15)	(12)	—	—
②	粉质黏土	18	15	28	4.4	33.8
③	黏质粉土	18.2	27	9.6	5.8	31.4
④-1	淤泥	16.2	9	9.7	1.8	55.4
④-2	淤泥质黏土	17.3	12	12.6	2.6	42.3
⑤	粉质黏土	18.6	18.2	38.8	6.5	31.1
⑥	粉质黏土	18	15.2	27.9	3.6	35.4
⑦	粉质黏土	19	20.1	38.3	9.0	27.6

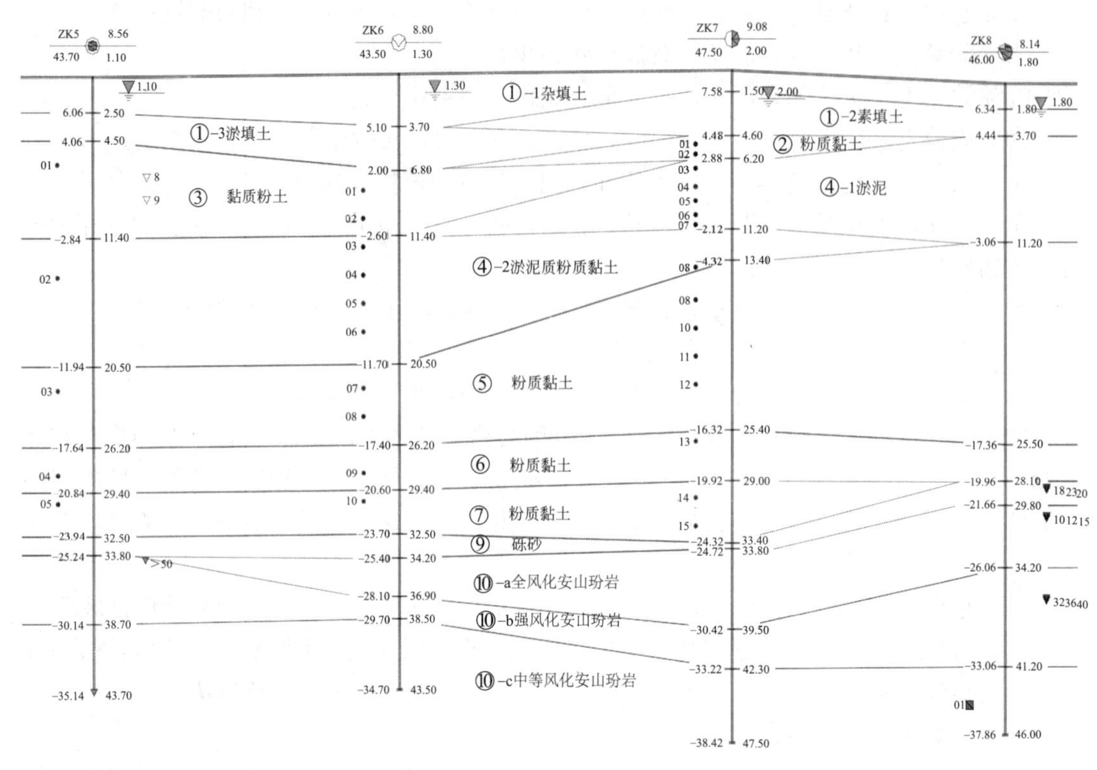

图 8.6.3 场地各土层分布及典型地质剖面

8.6.3 基坑支护设计方案

1. 基坑工程特点

综合分析场地地理位置、土质条件、基坑开挖深度及周围环境等多种因素，该基坑具有如下几个特点：

(1) 本基坑开挖深度深，基坑开挖对周边环境影响范围大。

(2) 在基坑开挖范围内存在深厚淤泥质黏土层，属于杭州地区典型的高压缩性、高灵敏度、低强度软弱土层。

(3) 基坑周边距离道路、在建或已建的建筑物以及用地红线很近，场地条件紧张，环境条件复杂，位于城市繁华地带，社会影响大。

(4) 东侧地铁 1 号线已运行，盾构保护要求高，与盾构管片外边界最小距离仅 7.6m (计算至地连墙内边线)。

(5) 本基坑周边均为市政道路，沿道路分布大量的管线（电力、污水、电信、给水管、污水管、雨水管），且距基坑外边线较近。

(6) 周边存在多个地下一二层通道与地铁及周边地块相通，涉及先后施工及连接点的防渗止水等，难度较高。

(7) 因拆迁因素及地块自身特点，需分期分块实施，同时项目建设工期紧。

2. 基坑支护方案

根据基坑规模、开挖深度、工程地质和水文地质条件、周边环境和保护要求，本工程

采用地下连续墙“二墙合一”的支护方案，即地下连续墙在施工阶段作为基坑周边的围护墙，在正常使用阶段作为地下室的永久结构外墙。采用地下连续墙“二墙合一”的支护方案，既可以有效控制基坑变形，又可保证基坑的防渗止水效果，确保周边环境的安全。另外，采用“二墙合一”技术，可减小基坑面积，增大场地面积及地下室面积，减少土方量及换撑量。

综合考虑基坑周边环境变形控制要求及业主对建设工期的要求，决定利用地下室结构楼板作为基坑的水平内支撑体系，采用盖挖逆作法施工。

由于地下连续墙内边线距离东侧地铁1号线盾构管片外边界最小距离仅7.6m，根据地铁相关规定，盾构外侧5m范围内禁止任何桩基施工，且延安路刚整治完成，无施工作业面，坑外设置隔离桩的保护措施无法实施，如按常规设计施工，无法确保盾构安全（盾构变形控制在5mm以内）。

为此，结合基坑平面形状，在坑内近邻⑧轴线位置设置分隔墙，将基坑划分为一期和二期基坑，沿延安路地铁盾构一侧形成小基坑，利用基坑时空效应减小基坑变形，同时在小基坑内采用三轴水泥搅拌桩进行满堂加固，以进一步控制变形，确保运营地铁盾构的安全。分隔墙采用800mm厚地下连续墙，先施工东侧靠近延安路一侧的小基坑（一期基坑），后施工西侧的二期基坑。一期和二期基坑逆作完成后，再将地下室深度范围内的分隔墙分层凿除，使一期和二期基坑连为整体地下室。

一期和二期基坑的分界位置如图8.6.4所示。典型支护剖面分别见图8.6.5～图8.6.7，剖面的平面位置示意见图8.6.4。基坑东侧支护剖面如图8.6.8所示。

确保延安路地铁盾构的运营安全是本基坑工程顺利实施的关键和难点，主要保护措施如下：

（1）基坑分期实施，坑内设置分隔墙，临盾构一侧基坑仅22m×58m，便于基坑快速施工。为进一步控制基坑东侧变形，参照第三方评估报告意见建议，一期小基坑内另行增设800mm厚支撑墙（图8.6.4），以确保安全。基坑采用分区逆作后，对于靠近地铁一侧的小基坑，其空间效应大大增强，对于基坑变形控制有利。

（2）结合分隔墙布置，对一期小基坑坑内土体满堂加固，加固采用850mm直径三轴水泥搅拌桩，以进一步控制基坑变形，减小对地铁盾构的影响程度（图8.6.9）。

（3）支撑系统采用结构楼板，整体刚度大，控制变形能力强，局部落深处设置临时混凝土水平内支撑（即第四道内支撑，见图8.6.4），提高安全度。

（4）动态化监测，根据监测结果及时调整设计和施工流程，确保盾构安全。

为评估基坑开挖对东侧延安路地下盾构隧道及已施工地下A通道结构的影响，建立了土体-支护结构三维有限元分析模型（图8.6.10），根据计算结果，盾构变形在允许范围内，开挖引起左侧盾构隧道最大水平位移约3.5mm（图8.6.11），最大竖向变形（沉降）约2.6mm（图8.6.12）。同时经复核该侧A通道围护图纸，盾构与本地下室之间设置有1000mm直径钻孔咬合桩（通道围护桩，桩长20m，平面上沿延安路方向布置约40m），同时咬合桩前后均已打设三轴搅拌桩加固（见基坑总图8.6.2），该范围的通道围护桩对盾构变形也起到较好的控制作用。

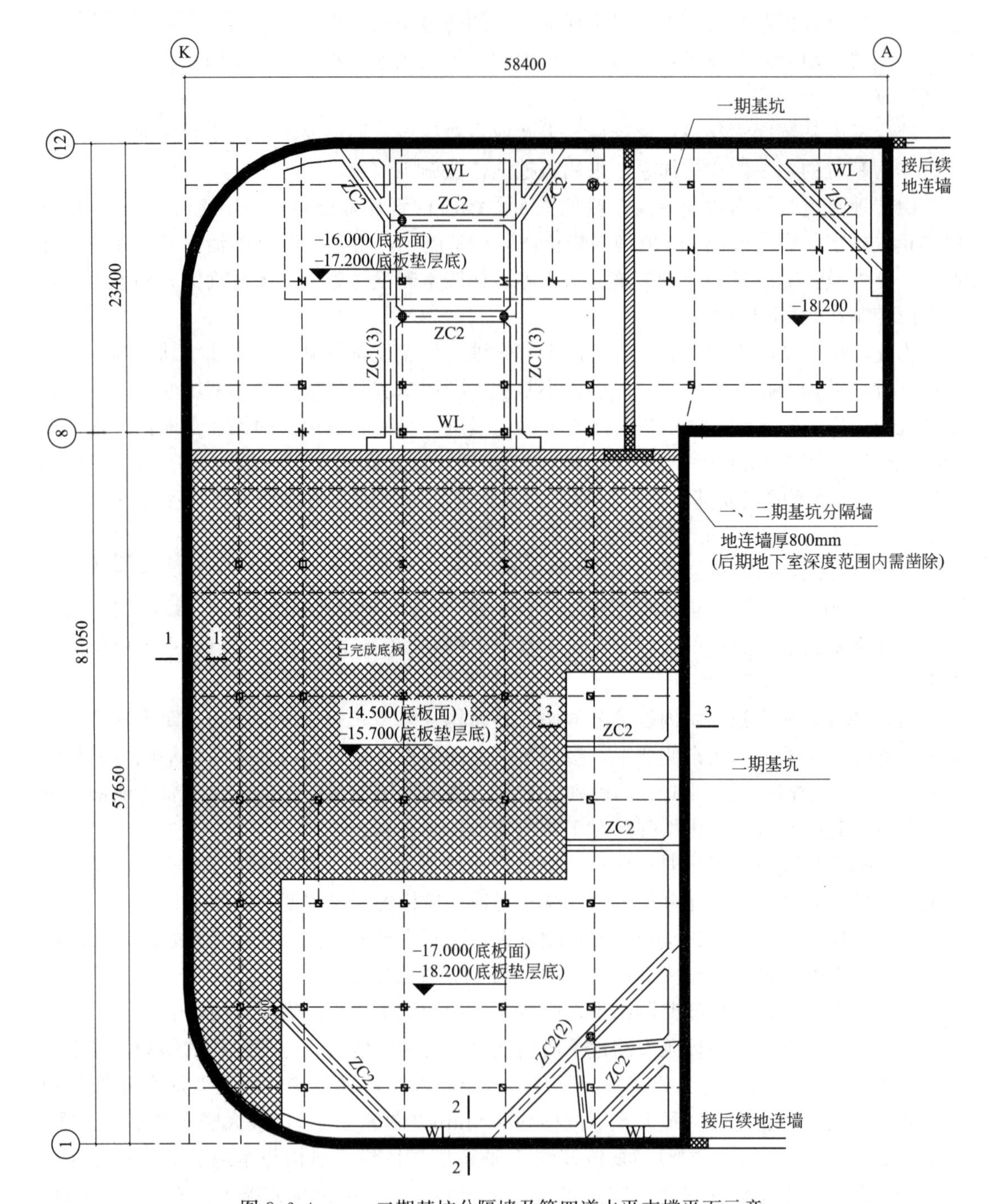

图 8.6.4　一、二期基坑分隔墙及第四道水平支撑平面示意

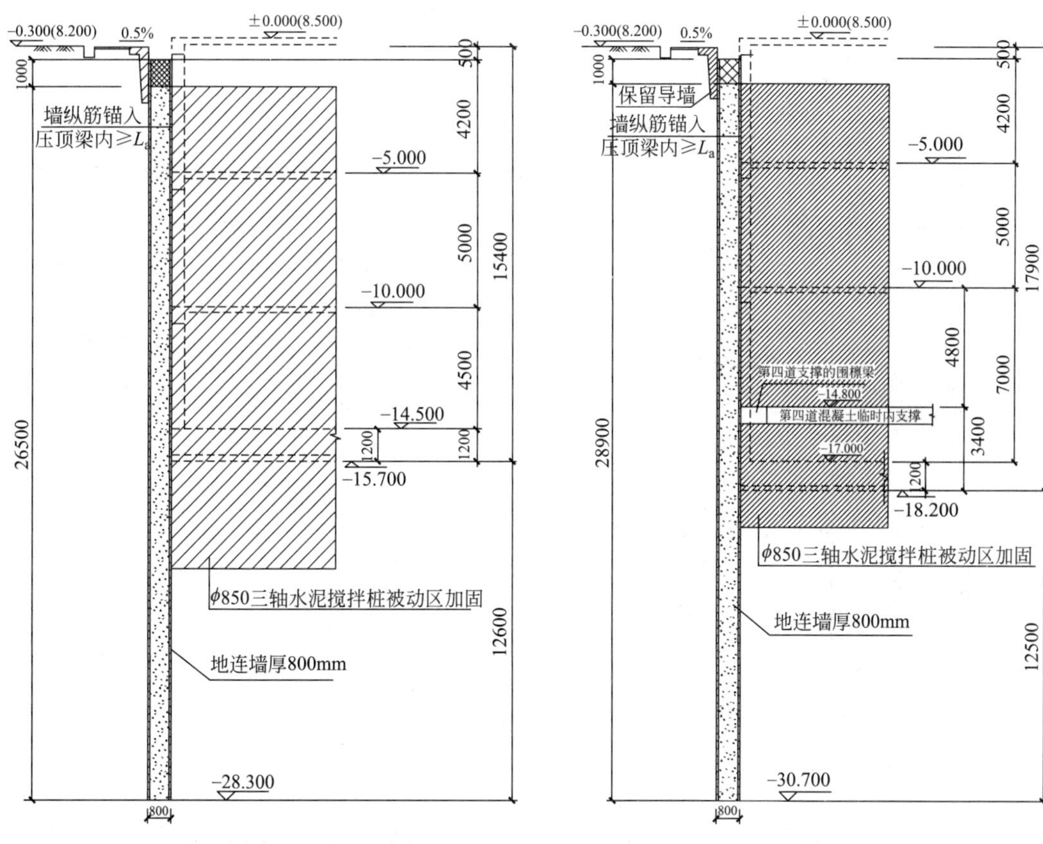

图 8.6.5 逆作基坑支护剖面（1-1 剖面）

图 8.6.6 逆作基坑支护剖面（2-2 剖面）

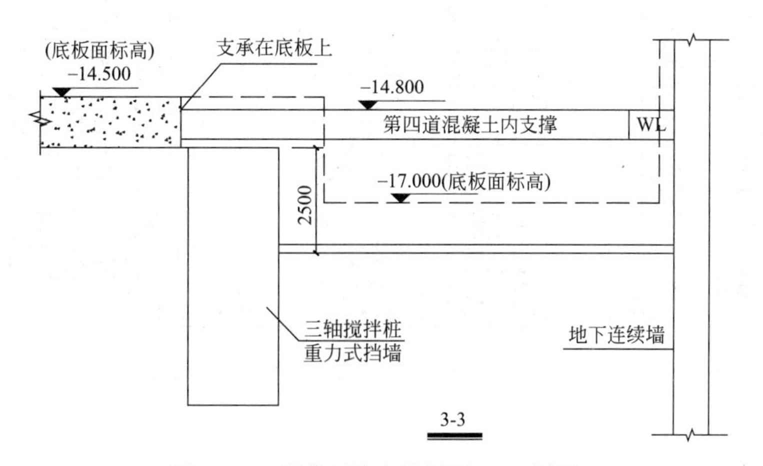

图 8.6.7 逆作基坑支护剖面（3-3 剖面）

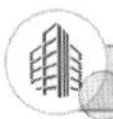

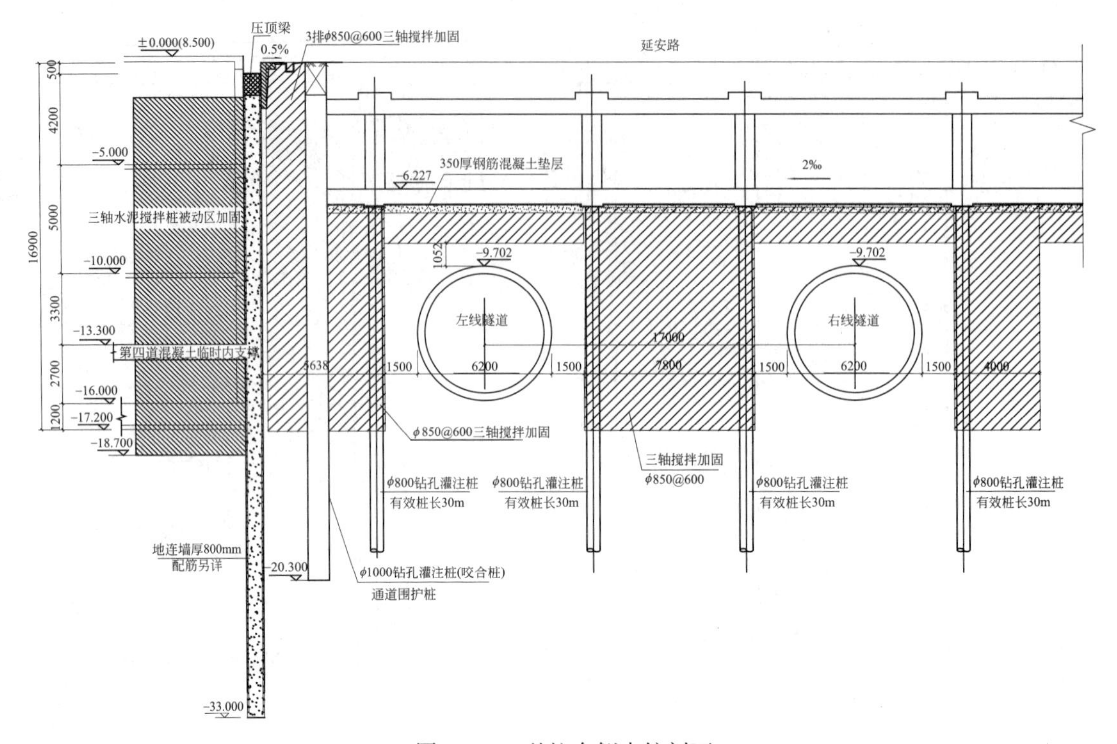

图 8.6.8 基坑东侧支护剖面

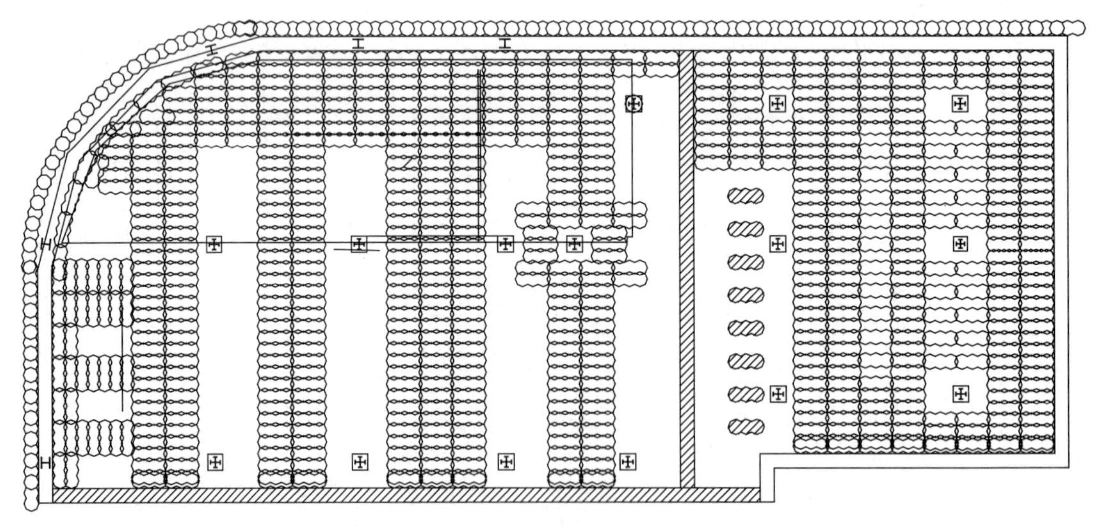

图 8.6.9 东侧一期小基坑坑内土体满堂加固示意

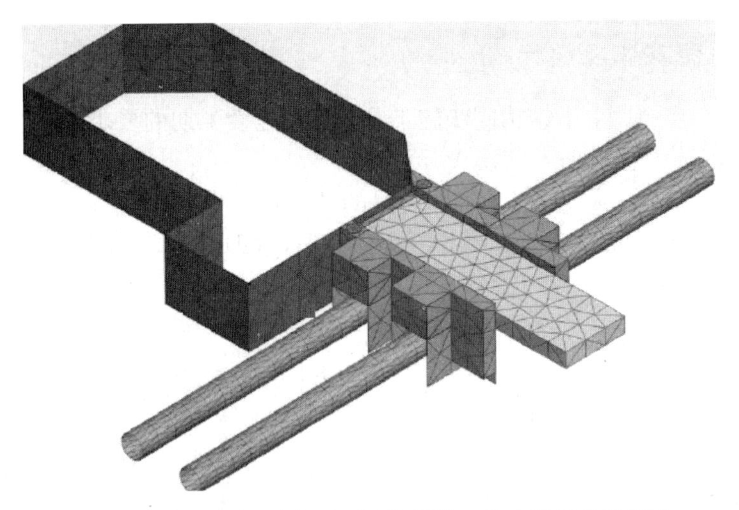

图 8.6.10 基坑及东侧地下盾构隧道三维有限元分析模型

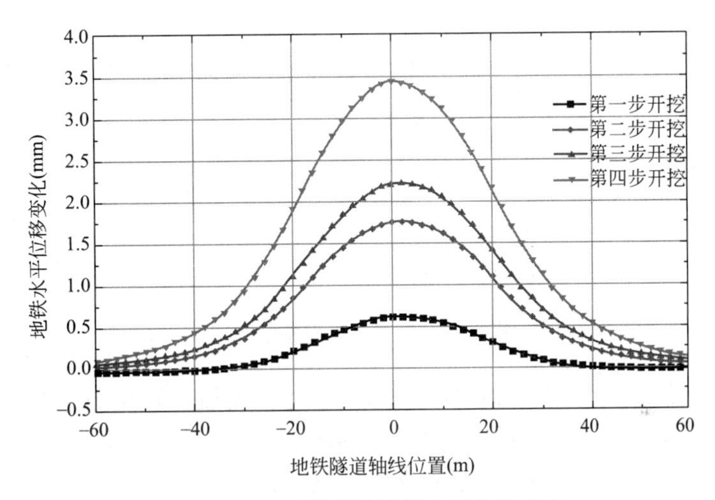

图 8.6.11 地铁隧道计算水平位移变化

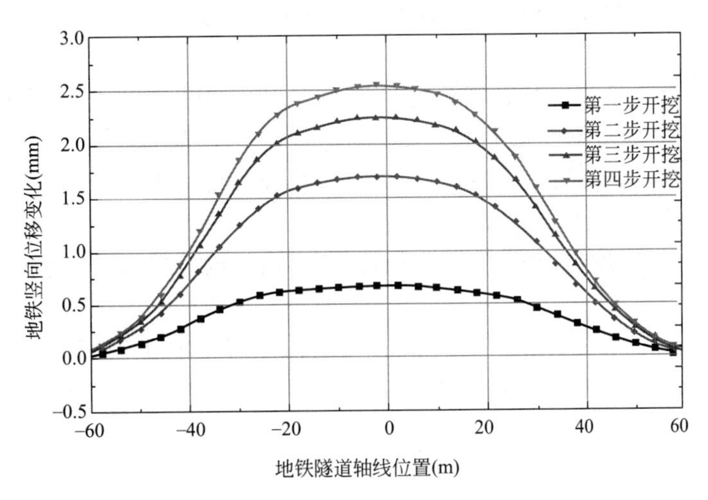

图 8.6.12 地铁隧道计算竖向位移变化

8.6.4 逆作流程及工况设计

根据基坑分期实施、上下结构同步施工及业主对建设工期的要求，本工程地下室及上部结构逆作法施工的作业流程与工况设计如下：

（1）工况 1：施工主体工程桩、逆作阶段的“一柱一桩”、地下连续墙、被动区加固；开挖第一层土（挖深不超过 1.5m），施工地下室顶板（即 B0 板）结构（图 8.6.13）。

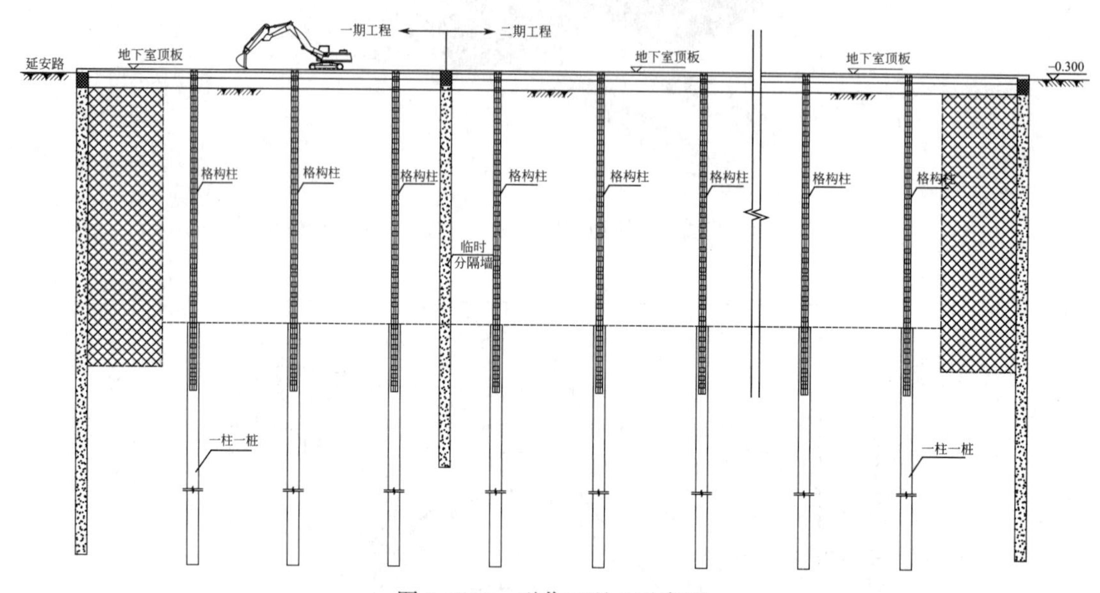

图 8.6.13　逆作工况 1 示意图

（2）工况 2：待 B0 层结构梁板混凝土达到设计强度后，开挖一期基坑至地下一层底标高，施工地下一层结构梁板，同时进行上部结构的施工（图 8.6.14）。

（3）工况 3：待一期基坑地下一层结构梁板达到设计强度后，开挖至地下二层底标高，施工地下二层结构梁板，同时进行上部结构的施工（图 8.6.15）。

（4）工况 4：待一期基坑地下二层结构梁板达到设计强度后，开挖至基底，施工基础底板（图 8.6.16）。

（5）工况 5：待一期基坑基础底板达到设计强度后，开挖二期基坑至地下一层底标高，施工地下一层结构梁板（图 8.6.17）。

（6）工况 6：待二期基坑地下一层结构梁板达到设计强度后，开挖至地下二层底标高，施工地下二层结构梁板（图 8.6.18）。

（7）工况 7：待二期基坑地下二层结构梁板达到设计强度后，开挖至基底，施工基础底板（图 8.6.19）。

（8）工况 8：待一期、二期地下室结构全部施工完毕，自上而下逐层凿除中部临时分隔墙，依次连接两侧结构梁板（图 8.6.20）。

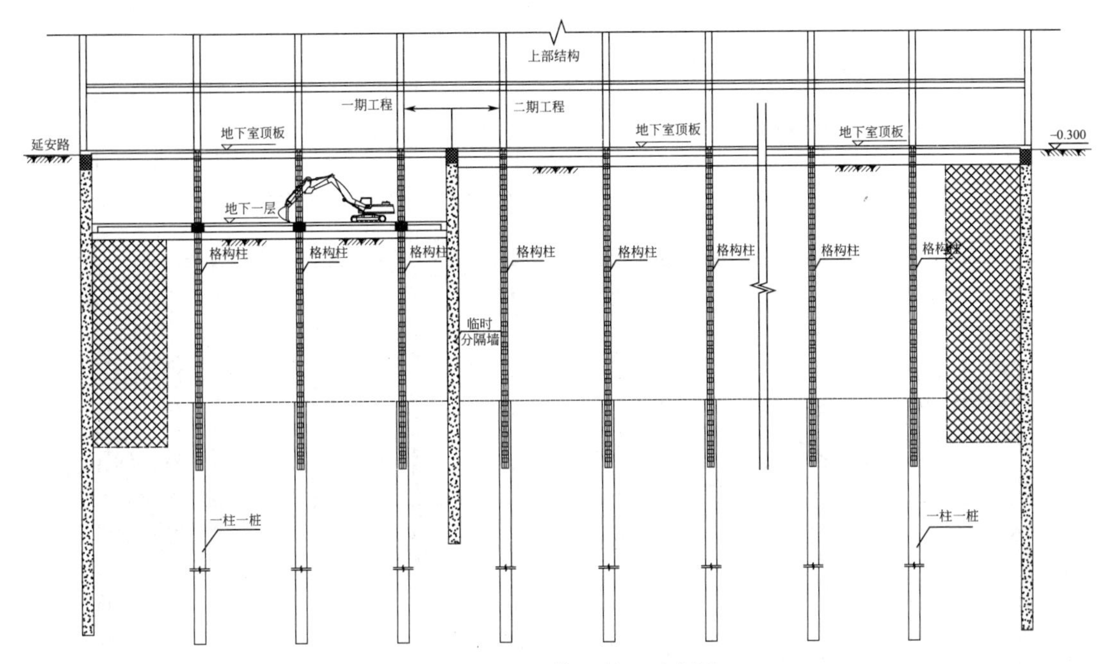

图 8.6.14　逆作工况 2 示意图

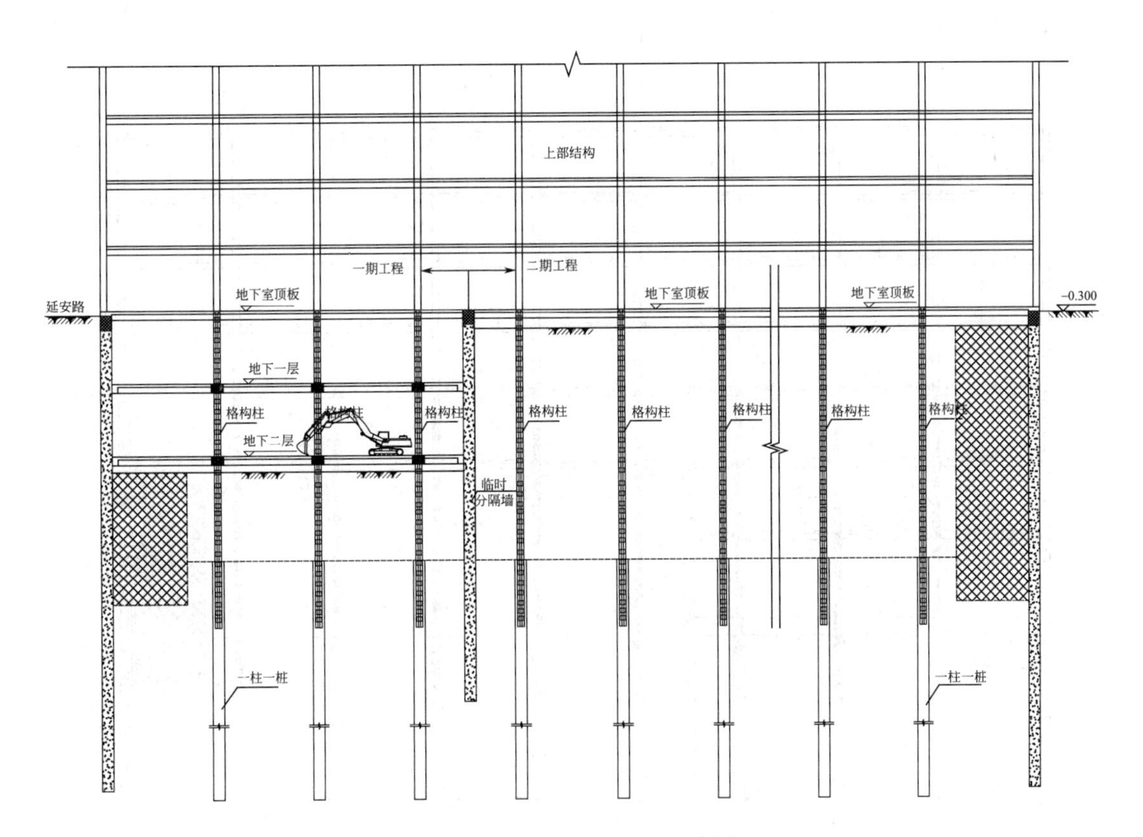

图 8.6.15　逆作工况 3 示意图

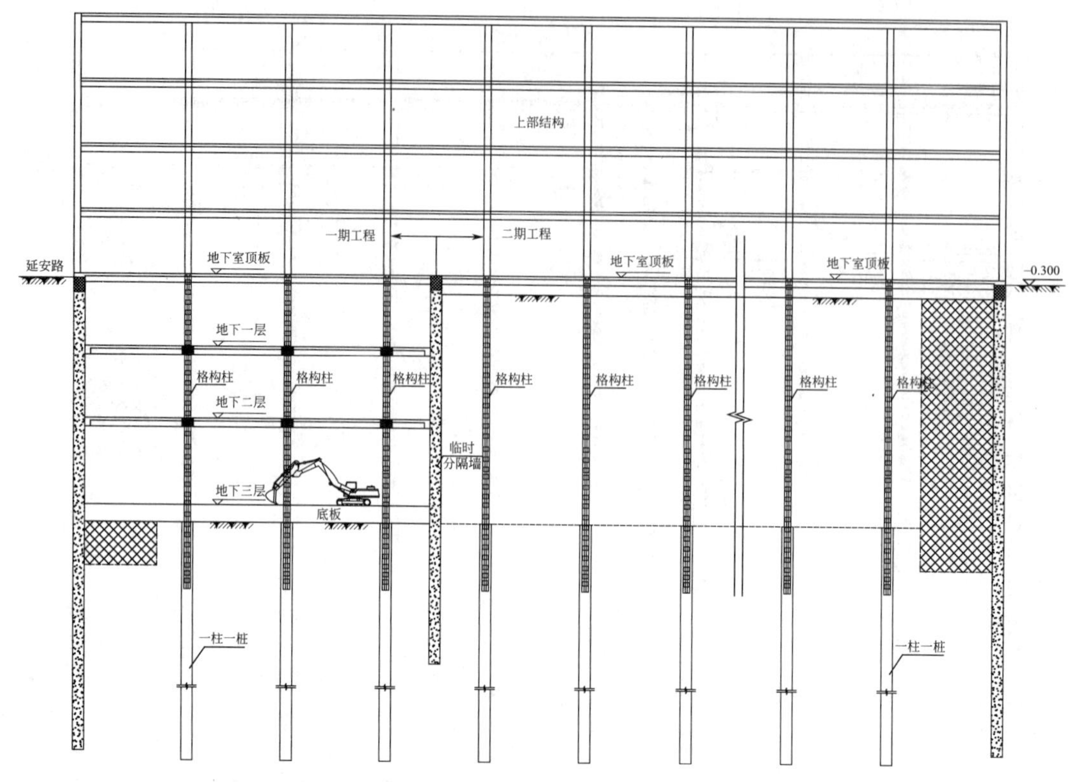

图 8.6.16 逆作工况 4 示意图

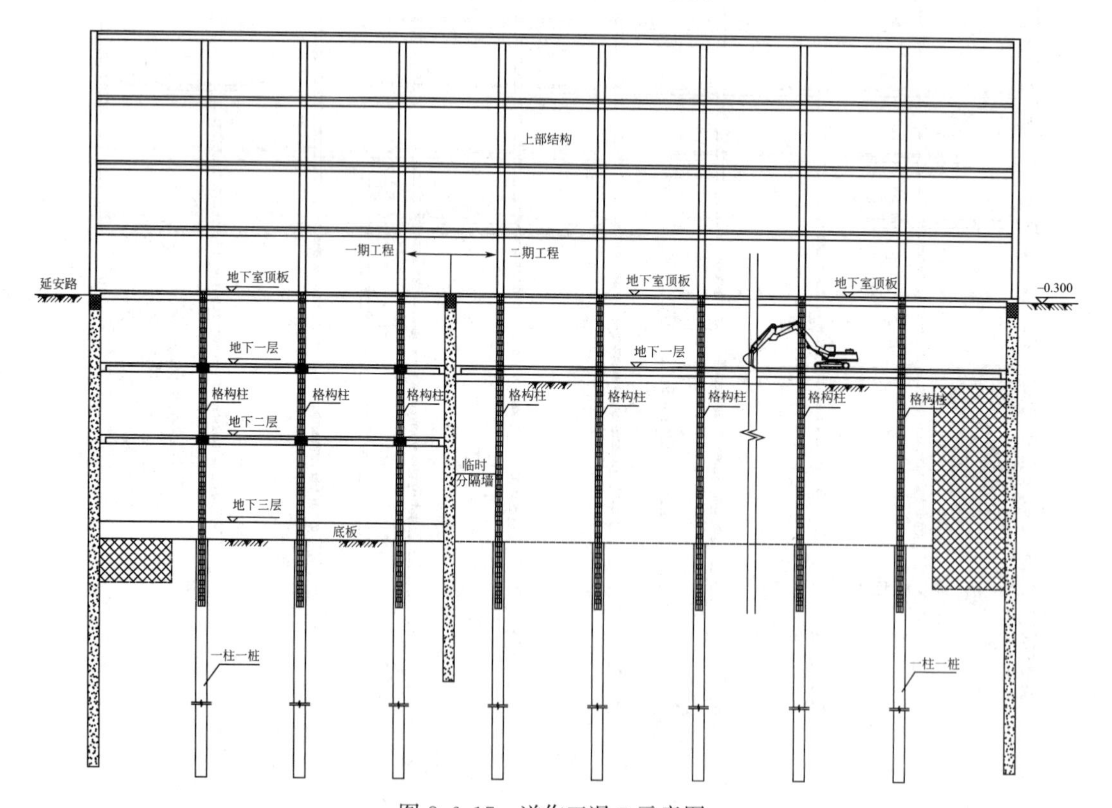

图 8.6.17 逆作工况 5 示意图

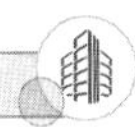

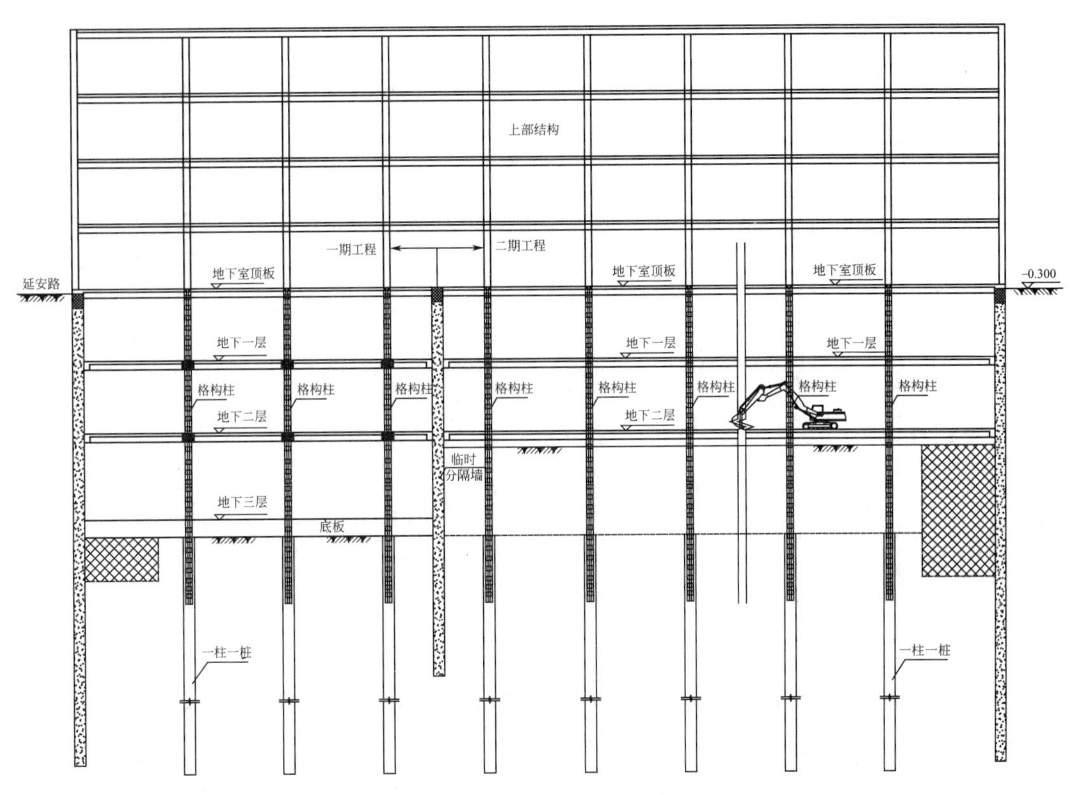

图 8.6.18 逆作工况 6 示意图

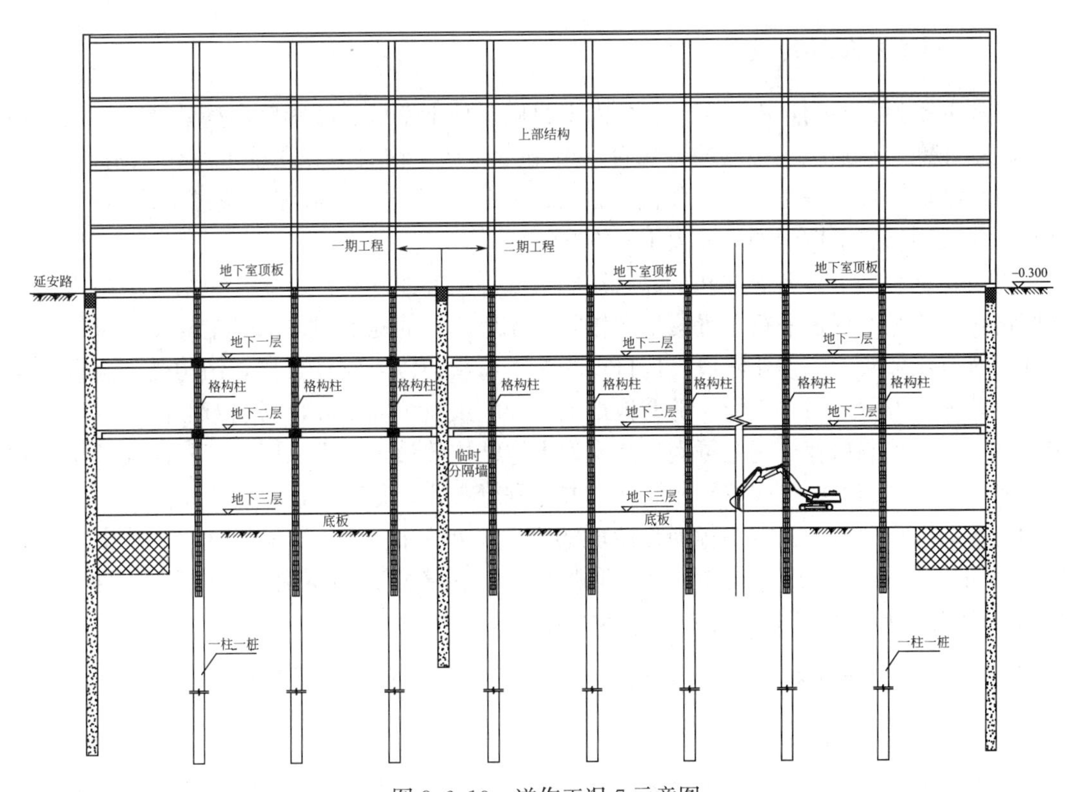

图 8.6.19 逆作工况 7 示意图

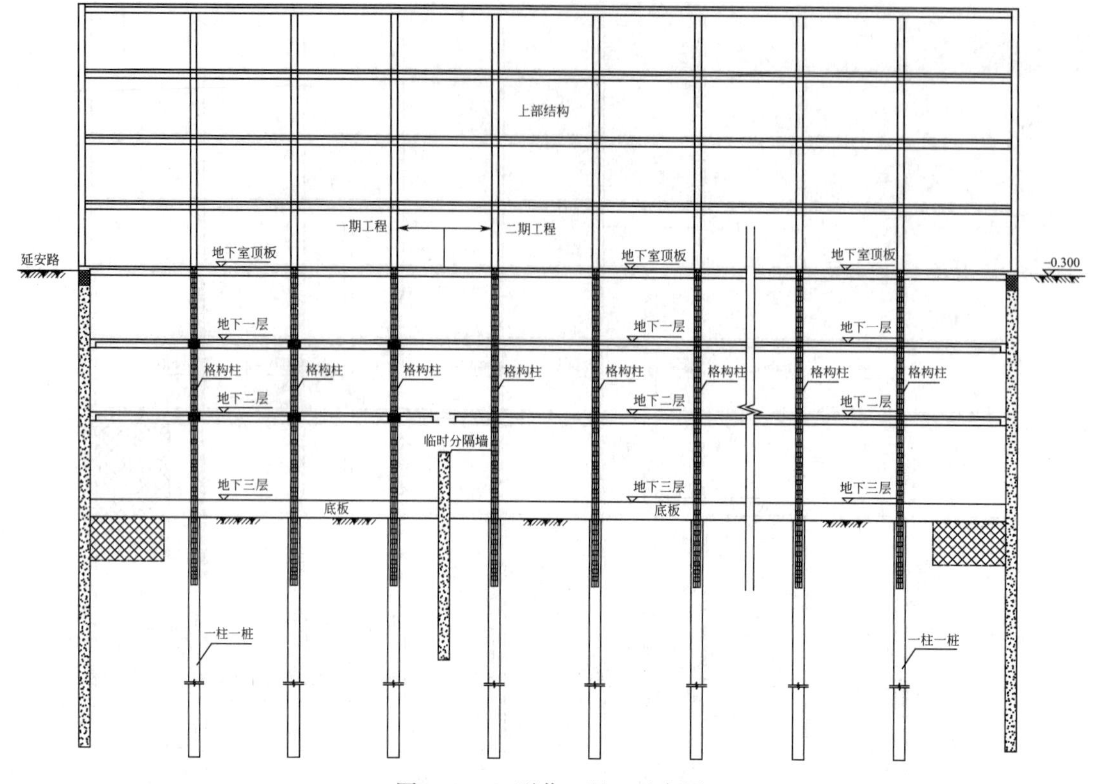

图 8.6.20　逆作工况 8 示意图

8.6.5　竖向支承结构设计

在地下室逆作期间，由于基础底板尚未封底，地下室墙、柱等竖向构件尚未形成，地下各楼层和地上计划施工楼层的结构自重及施工荷载，均需由竖向支承结构承担，因此，竖向支承结构的设计是基坑“逆作法”设计的关键环节之一，需综合考虑主体结构布置、逆作形式及逆作施工期间的受荷大小等因素。

竖向支承结构由竖向立柱和下部立柱桩组成。一方面，立柱和立柱桩结合地下主体结构竖向构件及其工程桩进行布置时，逆作阶段先期施工的地下主体水平结构支承条件与永久使用状态比较接近，逆作阶段结构自重、施工荷载的传力路径直接，结构受力合理，且造价省，施工方便；另一方面，随着施工工艺和施工技术的发展，目前对竖向立柱的平面定位和垂直度控制精度已完全可满足其作为主体结构的设计要求。因此，竖向支承结构宜优先考虑与主体结构柱（或墙）相结合的方式进行布置。基于上述考虑，结合本项目地下室和上部结构布置情况，本工程逆作阶段的竖向支承结构采用“一柱一桩”，其中竖向立柱采用角钢格构柱和钢管混凝土柱两种形式，下部立柱桩采用大直径钻孔灌注桩。图 8.6.21 为竖向立柱与立柱桩之间的连接构造示意。

8.6.6　水平支撑结构及节点构造

1. 水平支撑结构布置

水平支撑结构在逆作阶段承受周边围护结构传至的水土压力，同时承受竖向自重及施

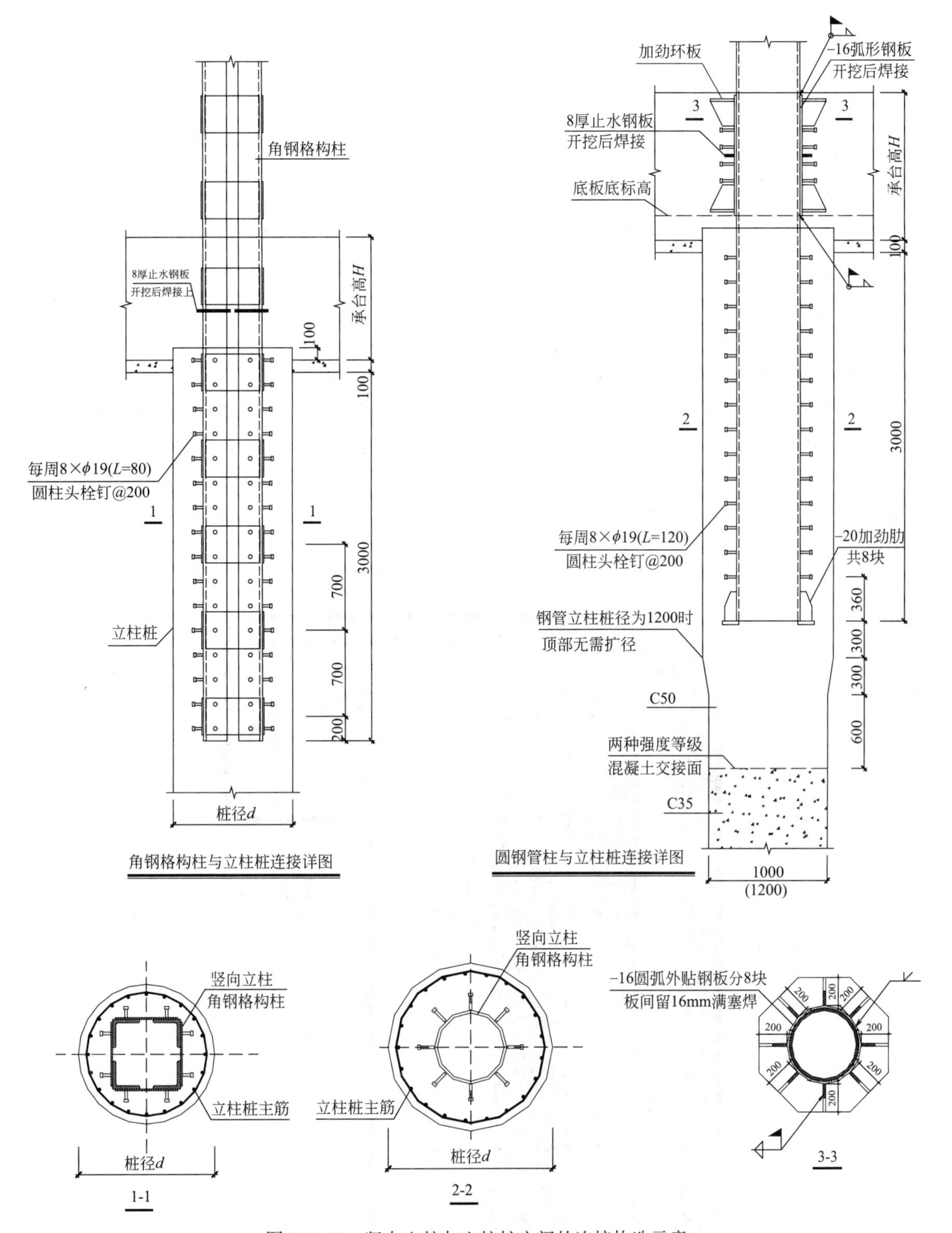

图 8.6.21　竖向立柱与立柱桩之间的连接构造示意

工荷载等，因此水平结构应具有直接的、完整的传力体系。逆作施工阶段利用地下结构的楼板作为水平支撑体系，平面刚度大，对控制基坑侧向变形十分有利，同时可对结构楼板

(特别是逆作界面层）适当加固后作为施工栈桥，可在一定程度上解决施工场地紧张的问题。对水平支撑结构中利用主体结构的构件，应分别满足逆作施工阶段和永久使用阶段的承载力极限状态和正常使用极限状态的设计要求。

本工程利用地下室的首层顶板（B0 层楼板）、地下一层楼板（B1 层楼板）、地下二层楼板（B2 层楼板）分别作为逆作基坑的三道水平内支撑。逆作阶段的临时出土口、材料进出与通风口，洞口周边的梁和板钢筋需预留，待地下室施工完成后二次浇筑混凝土；预留钢筋施工期间如长时间外露应定期刷水泥砂浆或其他保护材料防锈；二次浇筑梁板，新老混凝土交接面需凿毛，清理干净并刷混凝土界面剂；若该范围有型钢梁，应做好型钢外露牛腿的防护工作。结构楼板中的坡道等留洞，在地下室逆作法施工阶段需按普通楼板临时封堵，待地下室施工完成后再予以凿除。

考虑到一期和二期基坑内，局部位置基底标高有落深，B2 层楼板（即第三道水平支撑）距最终开挖面垂直距离较大，为有效控制周边地连墙的侧向变形，拟在落深部位局部设置临时混凝土水平内支撑（即第四道内支撑），其平面布置见图 8.6.4，竖向剖面见图 8.6.6。

图 8.6.22 为首层 B0 结构板（第一道水平支撑）平面布置图。图 8.6.23 和图 8.6.24 分别为圆钢管混凝土柱（竖向立柱）、角钢格构柱与水平结构梁的连接构造。

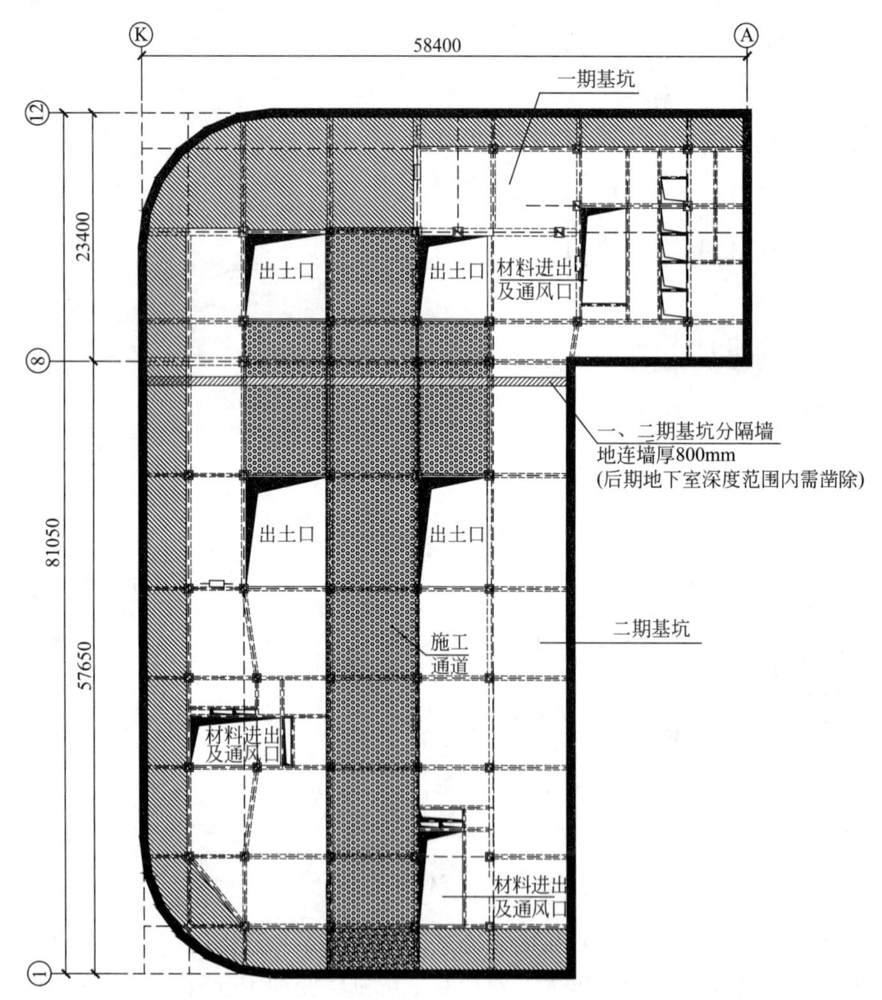

图 8.6.22 首层 B0 结构板（第一道水平支撑）平面布置

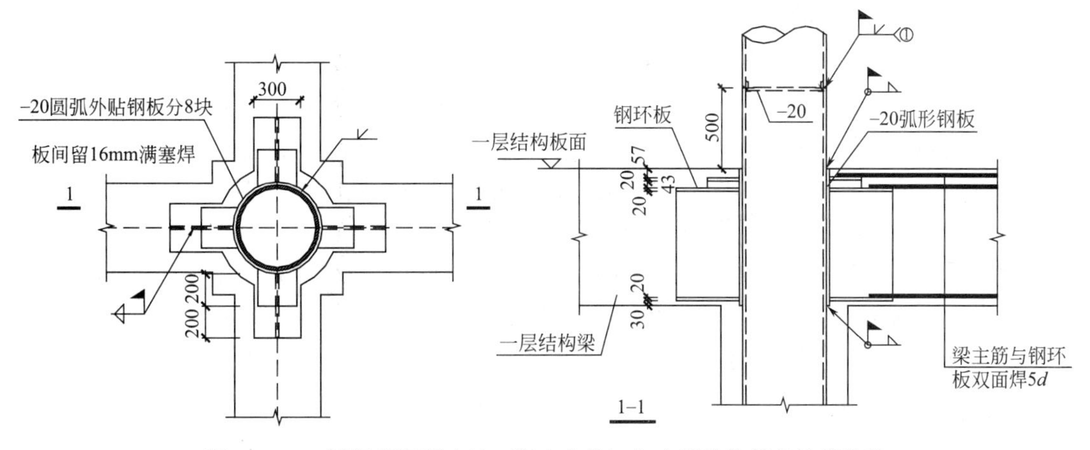

图 8.6.23 圆钢管混凝土柱（竖向立柱）与水平结构梁的连接构造

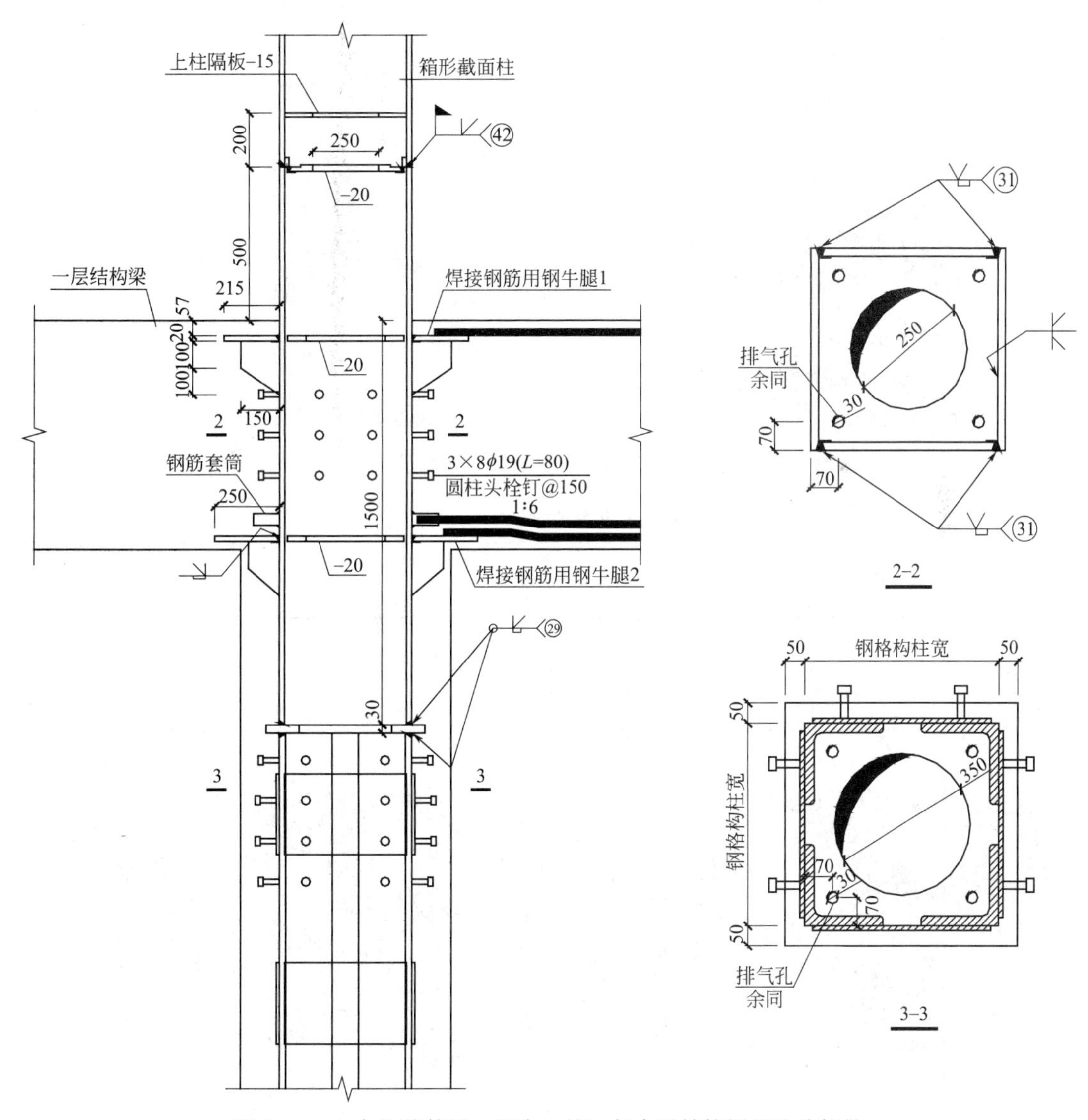

图 8.6.24 角钢格构柱（竖向立柱）与水平结构梁的连接构造

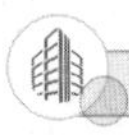

2. 水平支撑结构计算

根据基坑施工顺序，基坑分为一期和二期两部分。因此，水平支撑结构分析也分别按一期和二期基坑分别进行建模计算。采用梁单元模拟楼板中的平面梁和框架柱，采用板单元模拟楼板和地连墙，忽略 200mm×300mm 的小梁。由于本次分析重点考察水土压力作用下楼板结构体系的受力性能，因此仅建立地下室高度范围内的地连墙，同时根据平面计算结果将水土压力转化为线荷载施加到相应楼层处。

图 8.6.25 和图 8.6.26 为 B2 结构板的水平变形和等效应力计算结果，表 8.6.2 为一期基坑水平支撑结构计算结果汇总；图 8.6.27 和图 8.6.28 为二期基坑 B2 结构板的水平变形和等效应力计算结果，表 8.6.3 为二期基坑水平支撑结构计算结果汇总。

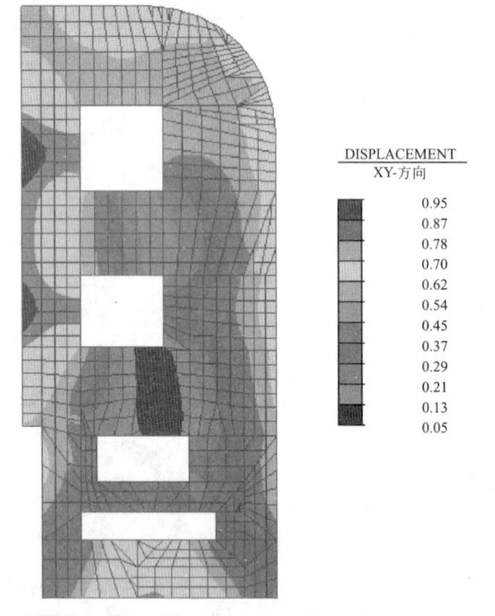

图 8.6.25　B2 结构板水平变形（mm）

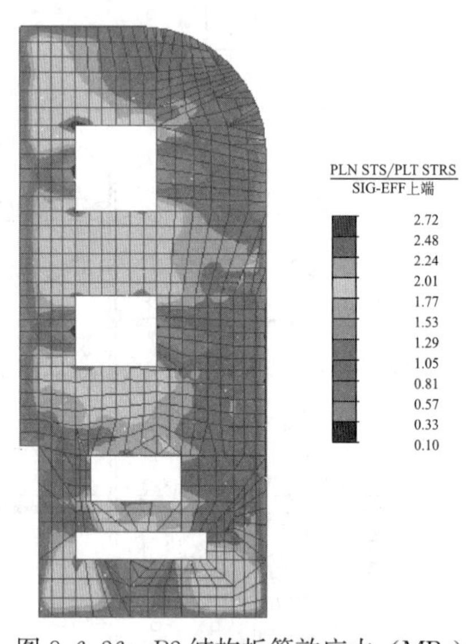

图 8.6.26　B2 结构板等效应力（MPa）

一期基坑水平支撑结构计算结果汇总　　表 8.6.2

楼层	变形(mm)		楼板拉应力(MPa)		楼板压应力(MPa)	
	x 向	y 向	x 向	y 向	x 向	y 向
首层 B0 板	0.38	0.45	0.27	0.29	0.85	0.86
地下一层 B1 板	0.72	0.86	0.38	0.63	2.04	1.84
地下二层 B2 板	0.91	0.81	0.31	0.58	2.76	2.24

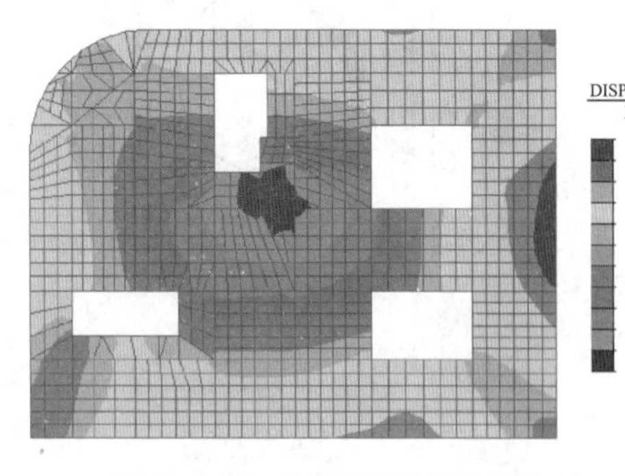

图 8.6.27　B2 结构板水平变形（mm）

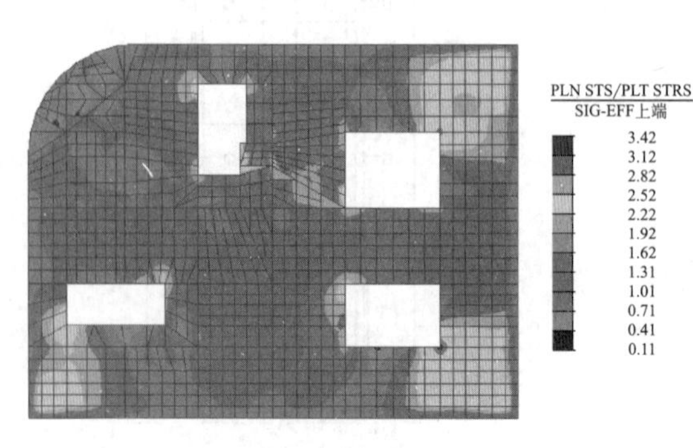

图 8.6.28　B2 结构板等效应力（MPa）

二期基坑水平支撑结构计算结果汇总 表 8.6.3

楼层	变形(mm)		楼板拉应力(MPa)		楼板压应力(MPa)	
	x 向	y 向	x 向	y 向	x 向	y 向
首层 B0 板	0.43	0.43	0.33	0.45	0.97	1.11
地下一层 B1 板	0.92	1.03	0.75	1.00	2.21	2.79
地下二层 B2 板	1.18	1.05	0.76	0.96	2.57	2.74

8.6.7 施工与监测

2015 年 12 月 23 日基坑土方开始分层分区开挖，至 2016 年 12 月 26 日地下室基本完成。由于基坑开挖深度较大，开挖期间各测孔变形随挖土深度的深入而逐渐增大，但累计变形不大，其中基坑东侧延安路地下盾构隧道及已建地下通道为保护重点，该侧地连墙累计侧向变形均小于 20mm，见图 8.6.29。其余各测点位移变化也较为平缓，累计位移均控制在设计警戒值以内，基坑处于安全状态。

由于本基坑围护采用了逆作技术、桩墙微扰动施工技术、分期分坑技术、地中墙技术控制基坑活动对地铁隧道设施的影响，通过上述措施及现场信息化施工，实现了临近轨道隧道变形小于 5mm 的控制目标。在整个监测过程中 1 号线地铁隧道定安路站至龙翔桥站区间上行线、下行线隧道各断面沉降和水平位移变化较平稳。根据监测结果，上行线最大沉降 3.4mm，最大水平位移 1.7mm；下行线最大沉降 2.6mm，最大水平位移 3.6mm。各监测点数据均未超出设计报警值。

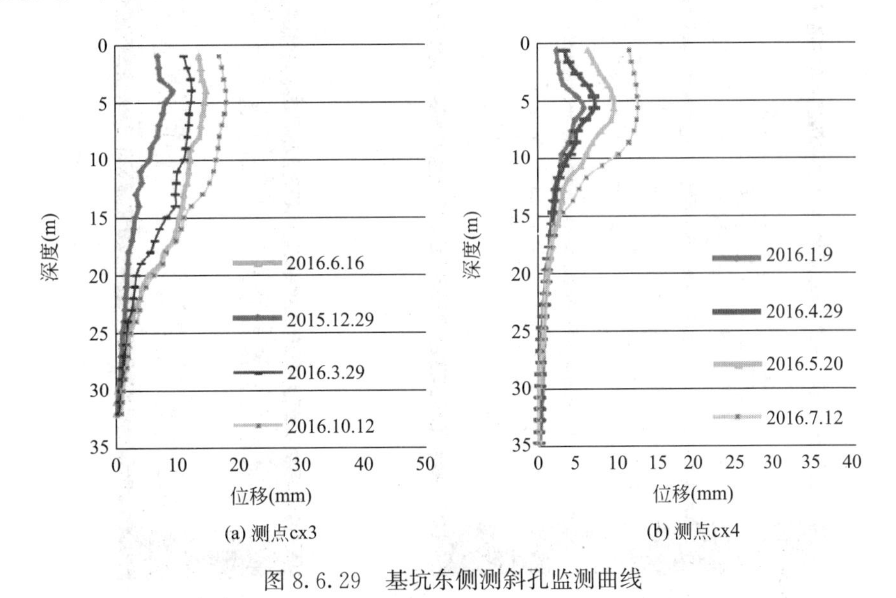

图 8.6.29 基坑东侧测斜孔监测曲线

8.7 杭州景芳园地下立体停车库

8.7.1 工程概况

老旧城区停车难是城市的痛点，也是城市老旧小区改造的重点。老旧城区建设用地狭

小和稀缺，因此新建大型地下室的可能较小，而利用零星用地建造超深地下立体车库具备可行性。国内近年已有多例超深地下立体车库建成和投用。该种形式的车库平面尺寸小，而开挖深度一般超过 30m，根据平面形状的不同，圆形的称为圆筒式地下车库，矩形的称为井筒式地下车库。

圆筒式地下车库在国内已有多例。相比圆筒式地下车库，井筒式地下车库土地利用效率更高。不考虑外墙，圆筒式地下车库平均每辆车占地面积约 31.4m^2，井筒式地下车库平均每辆车占地面积约 26.1m^2，即圆筒式比井筒式多占地面积 20%。因此，对用地面积狭小且周边环境复杂的老城区而言，井筒式地下车库的适用性更好。本工程地下室为立井式地下车库（图 8.7.1），地下机械车位总计 144 个。地上部分为 1 层框架结构，主要有机房、管理用房及设备平台，屋面处设门球场。建筑高度为 5.54m。±0.000 对应绝对标高 6.991m。

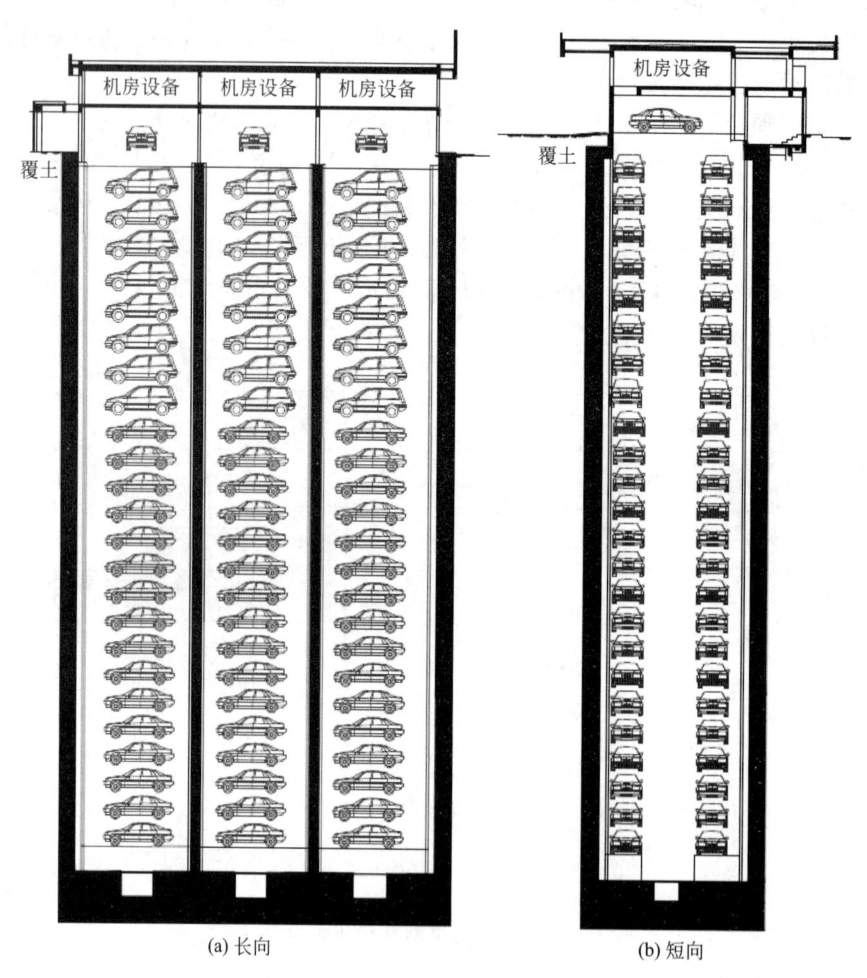

图 8.7.1　井筒式地下车库场剖面

该项目场地属冲海积平原地貌单元，上部为新近堆积的填土、冲海积的粉土以及海相沉积的淤泥质软土层，中、下部为河流相沉积的黏性土层、圆砾层和泥质粉砂岩。场地浅层地下水属孔隙性潜水，主要赋存于表层填土和浅部粉土层中，水头埋深一般为 1.20～2.10m。场地承压水主要分布于深部的⑫-4 层圆砾，水量较丰富，隔水层为上部的淤泥质

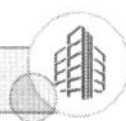

土和黏性土层，主要接受古河槽侧向径流补给，实测水头埋深为 7.30m。圆砾层较厚，且坑底处于圆砾层中。图 8.7.2 为场地各土层分布及典型地质剖面；表 8.7.1 为场地地层物理力学参数表。

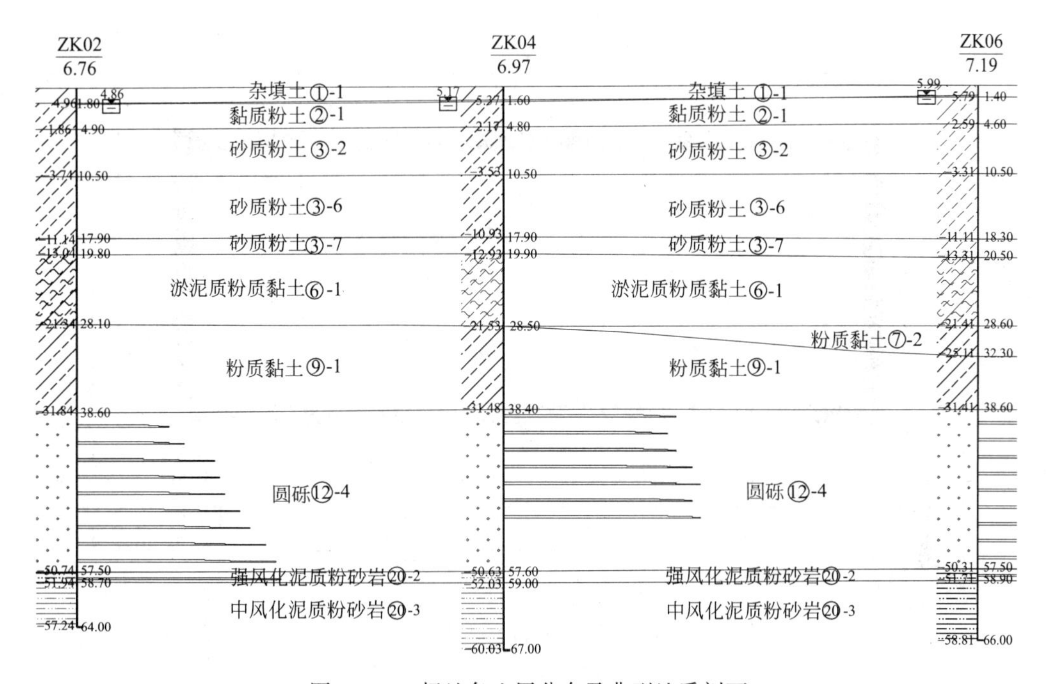

图 8.7.2 场地各土层分布及典型地质剖面

场地地层物理力学参数表 **表 8.7.1**

层序	土名	厚度(m)	重度(kN/m³)	含水量(%)	固结快剪峰值		室内渗透系数		比例系数(MPa/m²)
					c(kPa)	φ(°)	k_h(cm/s)	k_v(cm/s)	
①-1	杂填土	1.9	17.0						1.0
②-1	黏质粉土	2.7	19.1	26.5	5	20	6.5×10^{-5}	5.0×10^{-5}	2.0
③-2	砂质粉土	5.4	19.1	25.7	3	26	7.5×10^{-4}	6.5×10^{-4}	3.6
③-6	砂质粉土	7.8	19.3	24.2	2	29	8.0×10^{-4}	7.0×10^{-4}	4.8
③-7	砂质粉土	2.2	19.0	27.5	3	37	8.5×10^{-4}	7.5×10^{-4}	3.8
⑥-1	淤泥质粉质黏土	8.3	17.4	39.2	13	8	8.0×10^{-6}	6.0×10^{-6}	1.5
⑦-2	粉质黏土	2.8	18.4	32.1	31	14	3.5×10^{-6}	2.4×10^{-6}	3.6
⑨-1	粉质黏土	7.4	19.6	23.4	42	18	9.0×10^{-7}	8.0×10^{-7}	6.5
⑫-4	圆砾	19.0	20.5		0	35	3.0×10^{-1}	1.5×10^{-1}	16.0
⑳-2	强风化泥质粉砂岩	1.8	20.0	27.2	25	26	9.0×10^{-5}	8.0×10^{-5}	9.0
⑳-3	中风化泥质粉砂岩		24.0		200	35	6.0×10^{-6}	5.0×10^{-6}	27.0

8.7.2 基坑支护方案

本工程地下室底板面标高为－43.000m，底板厚度为 3.1m，基坑开挖深度 46.2m（含垫层）。基底位于⑫-4 圆砾层。基坑支护采用地下连续墙两墙合一、利用混凝土内隔墙和内衬墙兼作基坑支撑系统，内隔墙和内衬墙采用逆作施工，基坑支护平面和剖面分别如

图 8.7.3 和图 8.7.4 所示。

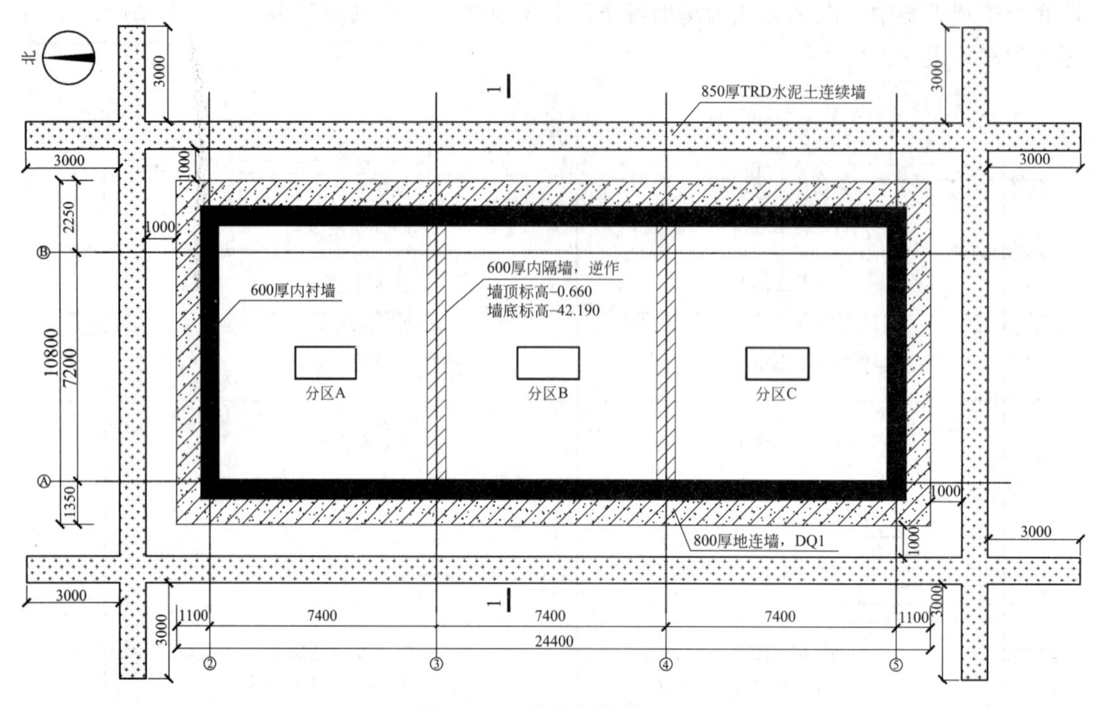

图 8.7.3 基坑支护平面图

地下连续墙为 800mm，混凝土内衬墙和内隔墙厚度均为 600mm。考虑到粉砂土地基渗透性较强，为加强止水效果，另增设 850mm 厚 TRD 水泥土连续墙作止水帷幕。TRD 水泥土连续墙深度 60.37m，墙底进入中风化岩层，采用 P.O.42.5 级普通硅酸盐水泥，水泥掺量为 20%，膨润土掺量不小于 5%，水灰比为 1.0～2.0，并采用旋挖钻机引孔后再 TRD 切割施工。

地下连续墙共计 16 幅，墙顶标高－0.660m，墙底标高－60.370m。地下连续墙不仅作为基坑支护墙，在结构使用阶段与 600mm 厚的内衬墙联合承受外侧水土压力，墙底进入中等风化基岩。为确保开挖阶段的止水效果，地连墙施工采用铣槽工艺。坑内布设 2 口减压降水井，坑外不降水。施工顺序为先施工水泥土连续墙，再施工地下连续墙，然后分层挖土和分层逆作施工内衬墙和中隔墙。土方开挖分为 11 层，第 1 层高度为 5.0m，其余每层高度约 4.0m；内衬墙和中隔墙的分层高度相同，均为 4.0～4.5m。内衬墙与地下连续墙之间通过植筋方法刚性连接，形成整体受力的叠合墙。

跟常规逆作基坑不同的是，井筒式地下室无水平结构板，而是利用两道混凝土内隔墙代替水平支撑结构，其作用类似于两道对撑，受力非常直接。由于井筒式地下室结构平面尺寸非常小，基坑支护结构空间效应尤为明显，若采用平面弹性地基梁法计算，无法考虑基坑效应这种有利因素，设计过于保守。为此采用空间弹性地基梁法进行计算（图 8.7.5），并采用土-结构共同工作的三维有限元模型进行校核。分析结果表明，考虑空间效应后的支护结构内力和变形显著小于平面弹性地基梁法。平面弹性地基梁法计算的地连墙最大侧向变形为 70mm，最大弯矩为 3022kN·m；空间弹性地基梁法计算的地连墙最大侧向变形为 30mm，最大弯矩为 1742kN·m，见图 8.7.6。

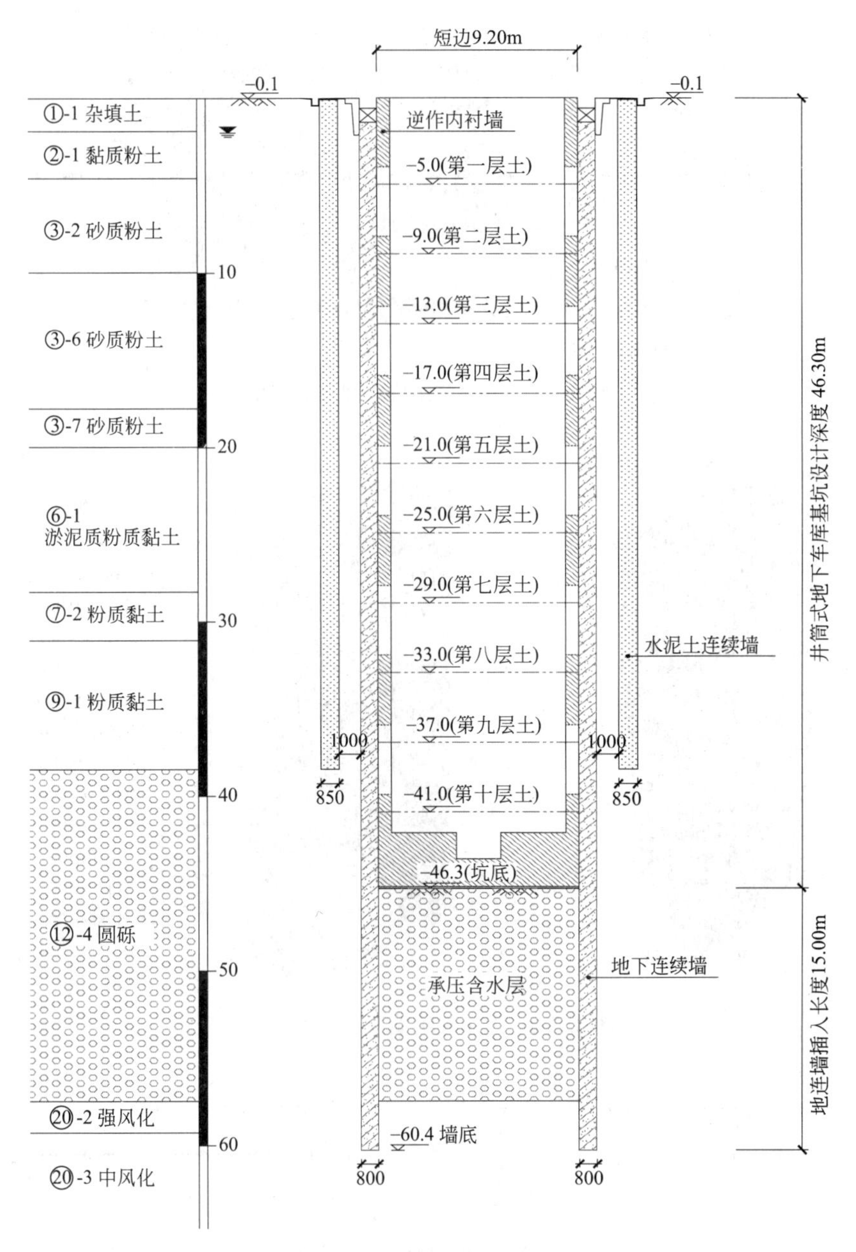

图 8.7.4　基坑支护剖面（1-1）

图 8.7.7 为地连墙插入深度与墙底水平位移和墙身水平的关系。当地连墙墙底进入基岩 2.0m，即插入长度为 16m 时，墙底水平位移约为 2.5mm；插入长度为 10～14m 时，墙底处于圆砾层，墙底水平位移随插入深度的减小而增加；插入长度为 2～10m 时，墙底处于圆砾层，墙底水平位移基本相同，约为 6.5mm。图 8.7.8 为地连墙插入深度与墙身最大水平位移关系。纵坐标为不同插入深度的墙身最大水平位移（δ）与插入长度为 16m 时墙身最大水平位移（δ_{min}）的比值。与图 8.7.7 显示的墙底水平位移变化规律类似，当地连墙墙底处于圆砾层时，即插入长度为 2～12m 时，墙身最大水平位移基本相同；当地连墙墙底进入基岩时，即插入长度 16m 时，墙身最大水平位移略有减小，约 2mm。

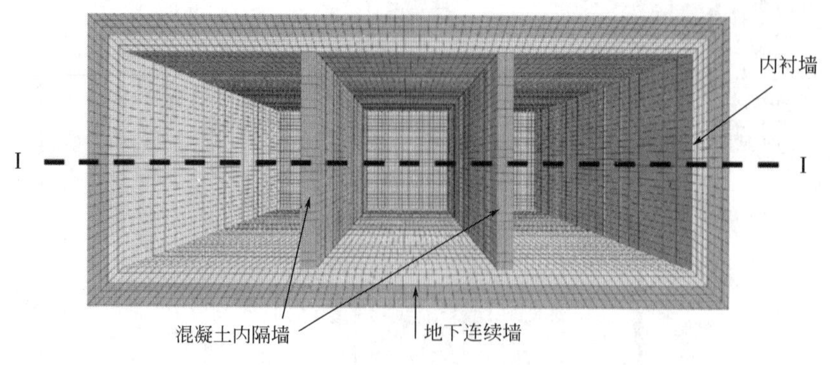

图 8.7.5 井筒式结构空间分析模型

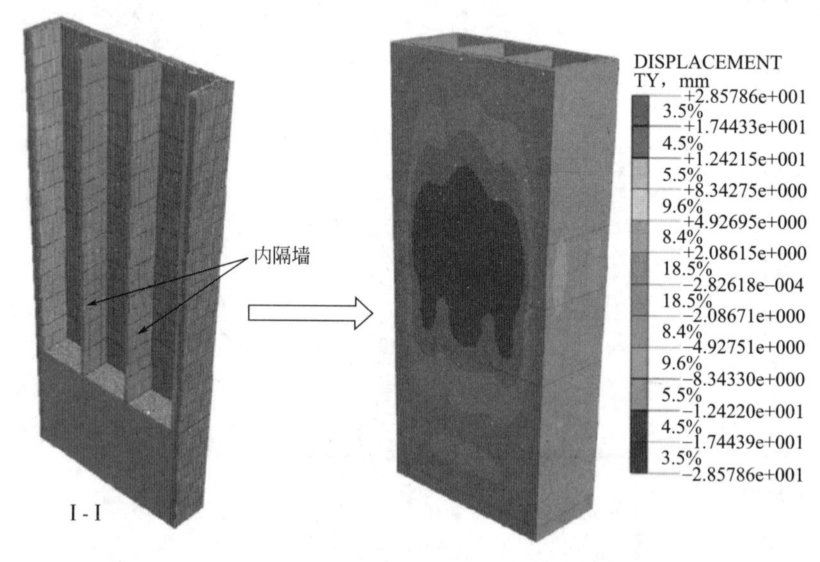

图 8.7.6 地下连续墙变形计算结果

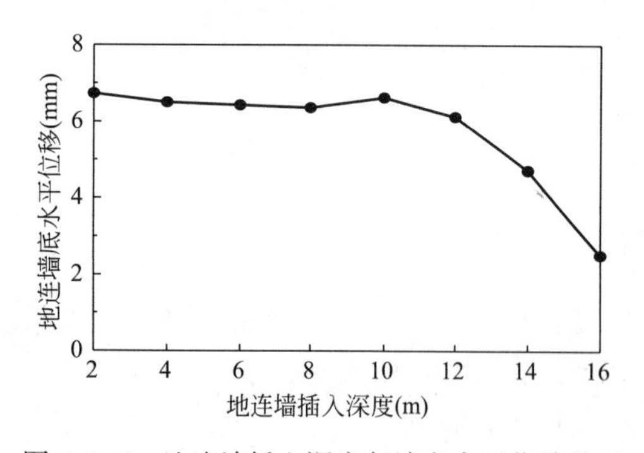

图 8.7.7 地连墙插入深度与墙底水平位移关系

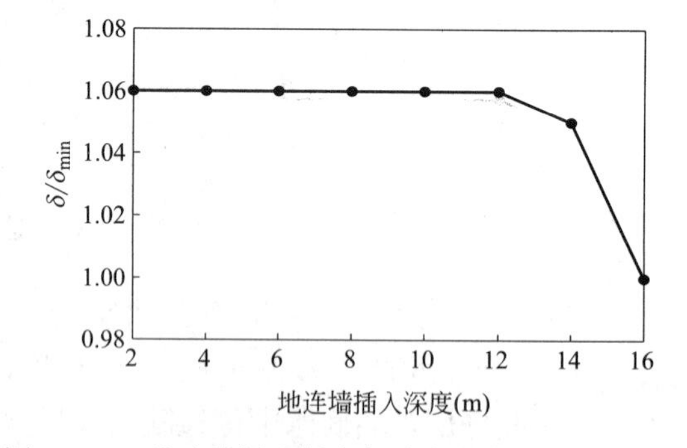

图 8.7.8 地连墙插入深度与墙身最大水平位移关系

8.7.3 逆作流程及工况设计

如图 8.7.9 所示，逆作施工流程总体上为：先施工 TRD 水泥土连续墙和地下连续墙，

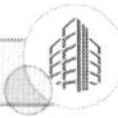

施工墙顶压顶梁和临时支撑，然后开挖至－5.000m 标高，第 1 段（－4.000～0.090m 标高段）内衬墙及内隔墙采用顺作；待第一段内衬墙及内隔墙养护达到设计强度要求后，继续挖土至－9.000m 标高，逆作施工第 2 段（－8.000～－4.000m 标高段）的内衬墙和内隔墙；以此类推，－24.000m 标高以上按每段 4m 分段，－24.000m 标高以下按每段 4.5m 分段，直至开挖至坑底标高，最后一段－42.000m 标高以下内衬墙及内隔墙与基础底板一起浇筑。

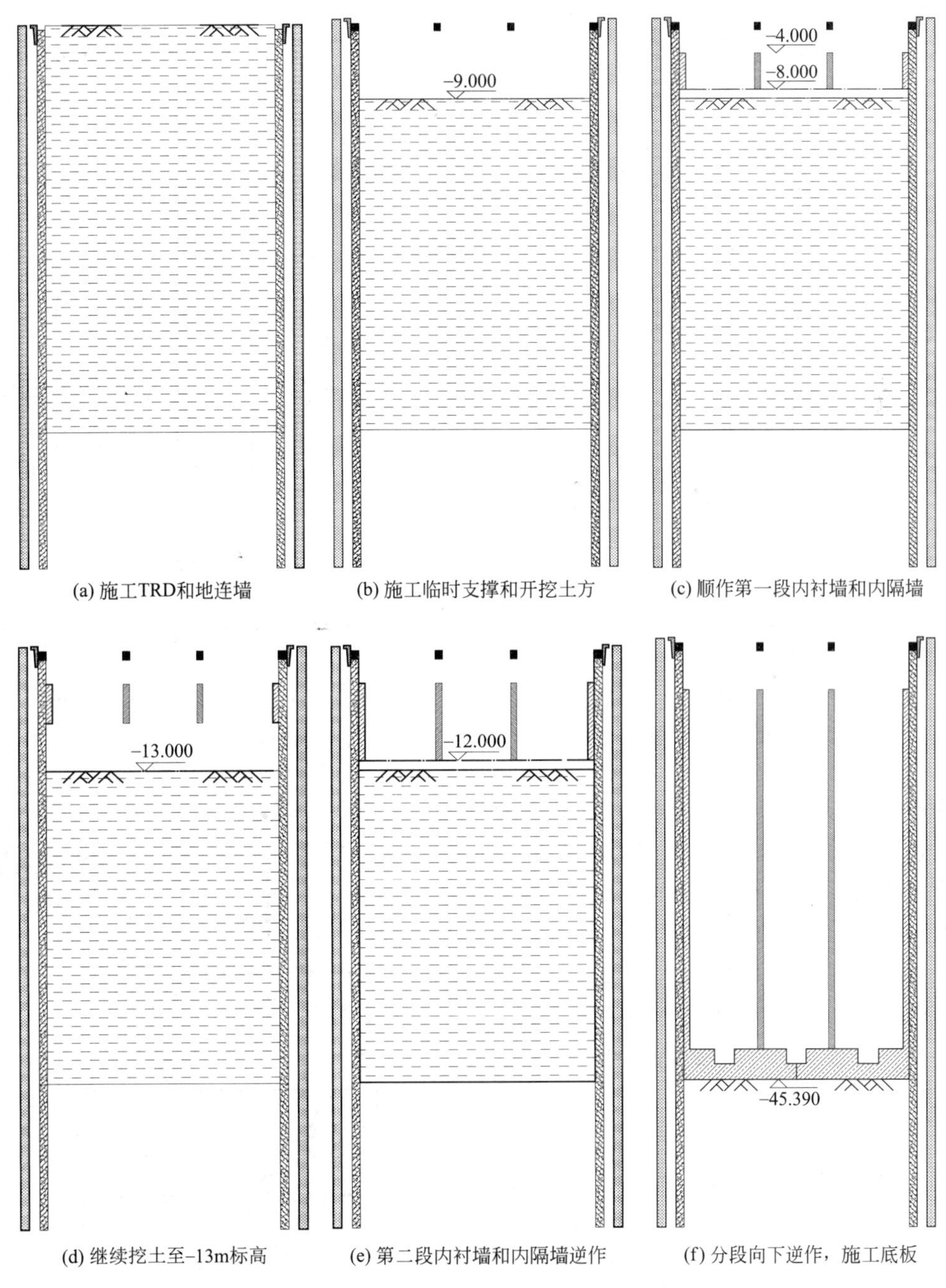

图 8.7.9　地下结构逆作典型工况示意

8.7.4 节点构造设计

节点连接设计包括内衬墙与地下连续墙之间、基础底板与地下连续墙之间的节点构造。内衬墙采用单侧支模，施工前先对地下连续墙内侧表面凿毛处理，露出新鲜混凝土；内衬墙与地下连续墙之间设置抗剪钢筋，形成叠合混凝土墙，后续开挖工况和使用工况下的土压力增量由叠合墙承担。抗剪钢筋事先预埋在地下连续墙内，待开挖后水平扳直锚入内衬墙内，确保叠合面抗剪承载力，节点构造如图 8.7.10 所示。

内衬墙逆作时，应预留下段内衬墙的插筋，并预埋注浆导管，待下段内衬墙混凝土浇筑完毕，可视有无渗漏水情况进行注浆处理，如图 8.7.11 所示。

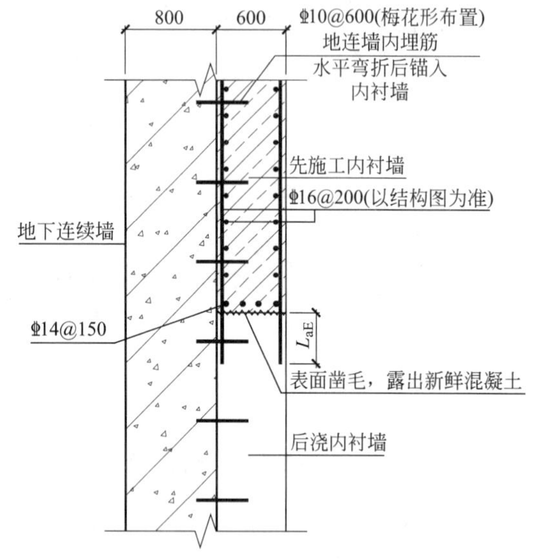

图 8.7.10 逆作内衬墙上下段连接（配筋）详图

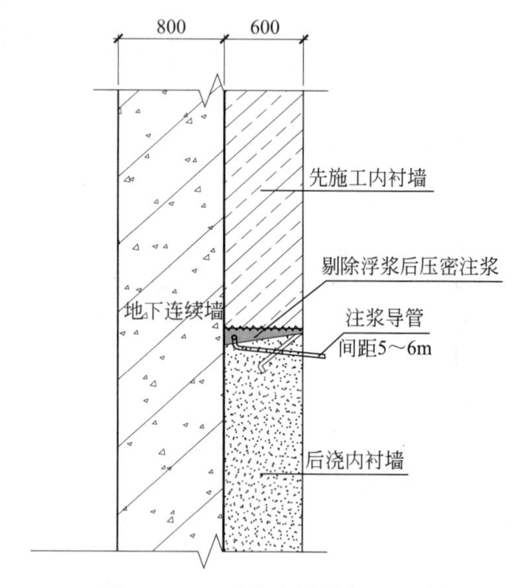

图 8.7.11 逆作内衬墙与地连墙连接（配筋）详图

由于本工程基础埋深特别深，底板与地下连续墙的连接节点（图 8.7.12）除应保证受力外，应重点考虑防渗漏水措施。主要措施一是最下段内衬墙与基础底板整体浇筑，二是地连墙内侧预埋通长钢板，开挖后加焊止水钢板；三是预埋注浆管（图 8.7.13），待底板混凝土浇筑完成后进行注浆，确保底板与地连墙接合面密实。

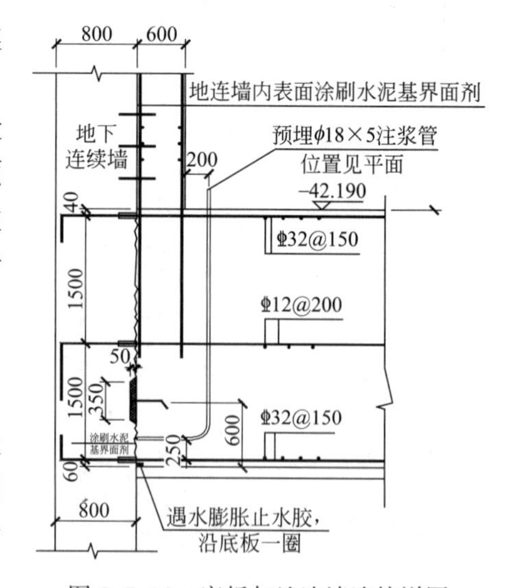

图 8.7.12 底板与地连墙连接详图

8.7.5 施工与监测

地下连续墙共分 16 幅，整幅钢筋笼长 59.21m，采用 300T 履带吊和 180T 履带吊双机同时抬吊。钢筋笼分两节制作及吊装，分别为 35.21m＋24m。

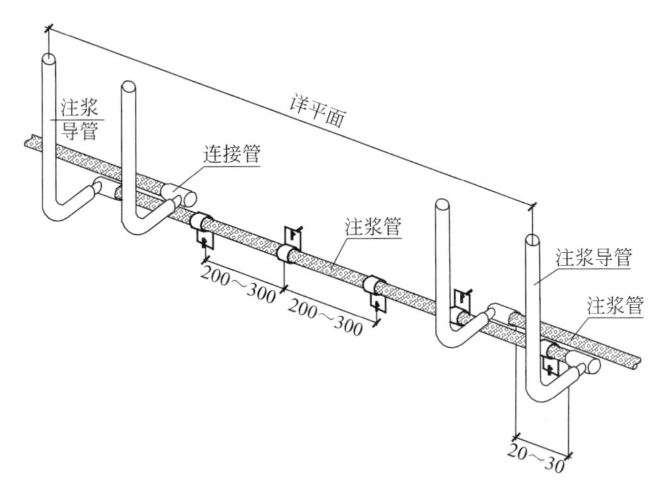

图 8.7.13　注浆管安装示意图

TRD水泥土地下连续墙进入中风化岩层，深度达到60.37m，采用P.O.42.5级普通硅酸盐水泥，水泥掺量不小于20%，膨润土掺量不小于5%，水灰比1.0～2.0。TRD设备在进入圆砾层后切割难度大，为此采用旋挖钻机先进行引孔，再进行渠式切割机施工。

由于基坑平面尺寸小，深度深，土方开挖难度大，出土效率低。为此－8.0m以上采用长臂挖机停在基坑外侧开挖，－8.0m以下采用小挖机在基坑内翻土（图8.7.14），龙门吊将渣土吊出基坑（图8.7.15）。

图 8.7.14　坑内小挖机翻土

内衬墙和内隔墙逆作施工时，水平施工缝出预先留出连接钢筋（图8.7.15），与下端连接钢筋进行连接，墙体混凝土采用55m/62m臂汽车泵进行浇筑，并采用超灌法进行浇筑。施工人员上下采用定型化钢楼梯，地面安装，分段吊运至基坑下用螺栓与墙壁固定，梯段中部用钢管斜撑加固。坑内空间小，施工施工阶段通风采用一台正压送风机向基坑内送风，功率 2.2kW，风量 $5000m^3/h$，风压 1000Pa。

施工期间进行了全过程监测，图 8.7.16 为地下连续墙最大侧向位移监测曲线，随着开挖深度加大，位移逐渐变大，最大侧向位移约 45mm，位于 25m 深度处，深度 40m 以下的位移量和变化量都非常小，这与常规基坑挡墙最大侧向变形通常发生在坑底附近的规律不同。另外，地下连续墙墙身弯矩最大实测值约 1500kN·m，与空间弹性地基梁法计算结果较为接近。

图 8.7.15　混凝土内衬墙和内隔墙预留插筋

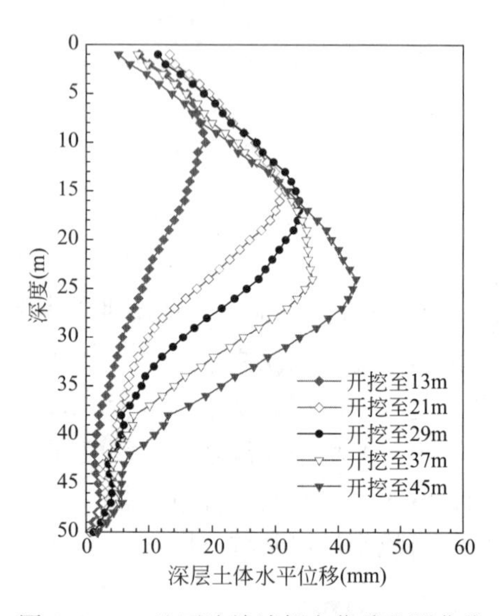

图 8.7.16　地下连续墙侧向位移监测曲线

8.8　杭州甘水巷 3 号组团既有建筑地下逆作增层

8.8.1　工程概况

杭州市玉皇山南综合整治工程位于杭州市上城区白塔岭东、复兴大道北侧，规划总用地面积为 $1693.4m^2$，属商业用地。其中的甘水巷 3 号组团建设于 2009 年，其北侧为同期建设的 2 号组团，相距约 10～12m，为 2 层框架结构（局部一层），天然浅基础，埋深约 3.00m；南侧为同期建设的 5 号组团，相距约 12m，2 层框架结构（局部一层），天然基础，埋深约 2.50m；西侧为甘水巷，靠近山脚下部分有多幢旧民居，多为 2 层砖房；东侧为待建的 4 号组团。建筑物周边总平面布置如图 8.8.1 所示。

甘水巷 3 号组团建筑为地上二层框架坡屋顶结构，局部一层，层高一层为 3.3m，二层为 2.6m，坡屋顶起坡高度约 2m，见图 8.8.2。建筑物基础为天然地基柱下独立基础，持力层为②-2 黏质粉土层，地基承载力特征值为 150kPa。基础底标高－1.800m，独立柱基间设置基础梁，梁底标高－1.800m。填充墙±0.000 以上采用 Mu15 页岩多孔砖，M10 混合砂浆砌筑；±0.000 以下采用 Mu15 页岩实心砖，M10 水泥砂浆砌筑。基础及上部结构混凝土强度等级均为 C25。结构抗震设防烈度为 6 度，基本地震加速度值为 $0.05g$，设

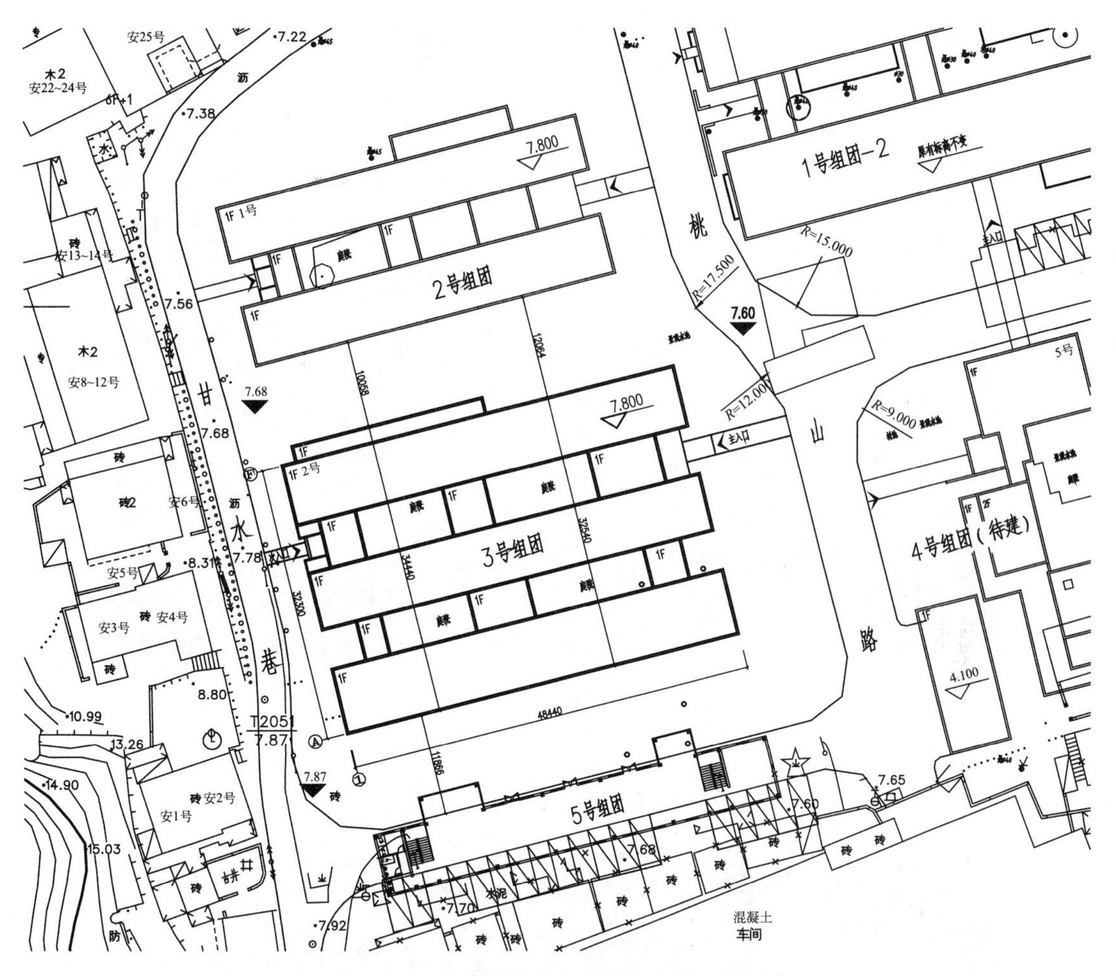

图 8.8.1　甘水巷 3 号组团周边环境总图示意

计地震分组为第一组，建筑场地类别为Ⅱ类，设计特征周期为 0.35s，建筑重要性类别为丙类，框架结构抗震等级均为四级。建筑物主体结构设计使用年限为 50 年，结构安全等级为二级。

本项目为 3 号组团增建地下室工程，即在已建的 3 号组团建筑物下方开挖增建一层地下室，以提升该组团建筑整体使用功能。新增建地下室建筑面积约 1700m^2，图 8.8.3 为增建地下室后的 3 号组团建筑效果图。

8.8.2　工程地质和水文地质条件

工程场地位于甘水巷东侧，西侧距白塔岭约 30m，地形起伏较小，地面标高为 7.100～7.900m 左右。场地地貌属山前坡麓残坡积与冲海积平原过渡地带。根据勘探揭示，按地基土的岩性、成因时代、埋藏分布特征、物理力学质，结合原位测试资料及室内土工试验分析，将勘探深度（22.0m）内地基土划分为 5 个工程地质层和 10 个工程地质亚层。场地各岩土层的特征自上而下分述如下：

①-1 层：杂填土。杂色，稍湿，稍密。堆填时间 50 年以上，主要由碎石、块石、黏

图 8.8.2　甘水巷 3 号组团建筑实景

图 8.8.3　甘水巷 3 号组团增建地下室工程效果图

性土和建筑垃圾组成，局部含少量生活垃圾，硬杂物含量占 30%～50%，密实度不均匀。全场分布，层顶标高 7.130～7.870m，层厚 0.70～2.60m。

①-2 层：素填土。灰色，流塑—软塑。堆填时间 50 年以上，主要由淤泥质土组成，含碎石和少量建筑垃圾组成，局部含少量生活垃圾，硬杂物含量占 5%～10%。主要分布于场地东北部，层顶标高 5.330～7.000m，层厚 0～1.80m。

②-1 层：粉质黏土。灰色，软可塑。切面较光滑，干强度、韧性中等，摇震反应无，含少量铁锰质斑点。仅分布于场地西北部 Z1、Z2 孔，层顶标高 4.950～5.530m，层厚 0～1.20m。

②-2 层：黏质粉土。灰色，湿，稍密—中密。干强度低，韧性低，摇震反应迅速，切

面粗糙，无光泽。主要由云母碎屑组成。近全场分布，仅 Z1 孔缺失，层顶标高 3.950～6.250m，层厚 0～6.80m。

③层：淤泥质黏土。灰色，流塑。切面较光滑，干强度、韧性高，摇震反应无，含腐殖质和泥炭质。主要分布于场地东部，层顶标高－1.200～0.750m，层厚 0～10.40m。

③夹层：粉砂。灰色，中密。颗粒级配较好，含少量黏性土。主要分布于场地东部，层顶标高－3.950～－1.800m，层厚 0～3.30m。

④-1 层：含砾粉质黏土。灰黄色，硬可塑。切面粗糙，干强度、韧性中等，摇震反应无，砾石含量一般 10%～30%，粒径 2～10mm，最大约 20mm，棱角状，母岩成分为砂岩。局部分布于场地中部，层顶标高－8.750～0.490m，层厚 0～3.50m。

④-2 层：碎石混黏土。灰黄色，中密。碎砾石含量一般 50%～60%，粒径 2～3cm，最大约 8cm，棱角状，母岩成分为石英砂岩；余为黏土填充，胶结一般。主要分布于场地东部，层顶标高－11.600～4.080m，层厚 0～4.80m。

⑤-1 层：全风化砂岩。紫红色，岩石风化强烈，原岩风化不可见，呈土状或砂土状，结构完全破坏。主要分布于场地西部，层顶标高－6.250～2.780m，层厚 0～2.30m。

⑤-2 层：强风化砂岩。紫红色，风化强烈，岩石结构大部分遭到破坏，岩石破碎呈碎块状，节理裂隙发育，裂隙面有铁锰质渲染，局部夹中风化岩块，敲击易碎。主要分布于场地西部，层顶标高－7.750～4.330m，最大控制厚度 5.30m。

场地地下水埋藏条件：场地地下水类型上部属孔隙潜水，下部碎石混黏土中含孔隙承压水。孔隙潜水赋存于场地浅部杂填土和黏质粉土中，其富水性和透水性具有各向异性，均一性差，水量不大。孔隙潜水主要受大气降水竖向入渗补给及地表水下渗补给为主，径流缓慢，以蒸发和向附近河塘侧向径流排泄为主，水位随季节气候动态变化明显，与地表水体具一定的水力联系。实测潜水位埋深 0.800～1.400m（黄海高程为 6.130～6.680m）。据附近资料，丰水期时，地下水位接近地表，年变化幅度在 1.00～1.50m。

孔隙承压水赋存于碎石混黏土中，被黏土充填，导水性差，水量微弱，对工程影响小。

场地各土层主要物理力学指标见表 8.8.1。

场地各土层主要物理力学指标　　表 8.8.1

层号	岩土名称	含水率(%)	天然重度(kN/m³)	固快		渗透系数		地基承载力特征值(kPa)
				黏聚力(kPa)	内摩擦角(°)	k_h (10^{-4}cm/s)	k_v (10^{-4}cm/s)	
①-1	杂填土	—	18.2	(8)	(12)	—	—	80
①-2	素填土	—	17.0	(8)	(8)	—	—	60
②	砂质粉土	27.5	18.6	11.8	27.5	1.65	2.02	150
③	淤泥质黏土	43.3	17.3	(9)	(7.9)	0.00205	0.00185	70
④-1	含砾粉质黏土	—	(19.5)	(35)	14	—	—	150
④-2	碎石混黏土	—	(20)	(25)	(38)	—	—	400
⑤-1	全风化砂岩	—	(20.6)	(25)	(20)	—	—	300
⑤-2	强风化砂岩	—	(23)	(25)	(30)	—	—	800

8.8.3 竖向支承结构（托换结构）体系设计

本工程可视为地下空间逆作法技术的一个特例，即上部结构先施工，待上部结构施工完成若干年后再逆作施工地下室结构。在地下室逆作开挖和施工期间，由于基础底板尚未封底，地下室墙、柱等竖向结构构件尚未形成，已建的上部结构荷重及逆作阶段的施工荷载，均需由临时竖向支承结构来承担，因此竖向支承结构体系（即既有建筑基础托换系统）的设计是逆作法设计的关键环节之一。

本工程设计采用锚杆静压钢管桩作为逆作施工阶段上部结构的临时竖向支承结构体系。在基础底板及地下室竖向承重构件（框架柱、周边外墙）施工前，上部结构及地下结构的全部荷重均由临时竖向支承结构承担。施工结束后，需要将上述全部荷重托换转移至新增地下室的竖向承重构件上，并最终将地下室层高范围内的临时竖向支承结构凿除，以确保新增地下室的有效使用功能。上述托换施工技术要求高、难度大、节点复杂，目前国内外尚无成功案例可供参考。

锚杆静压钢管桩平面布置见图 8.8.4。钢管桩直径 250mm，壁厚 8mm，内灌细石混凝土。钢管桩桩端进入⑤-1 全风化砂岩层至⑤-2 层强风化砂岩层面，单桩竖向抗压承载力特征值约 400kN。以每根框架柱为一组，每组布置 4 根钢管桩（图 8.8.4），以原柱下独立基础为静压施工作业面。

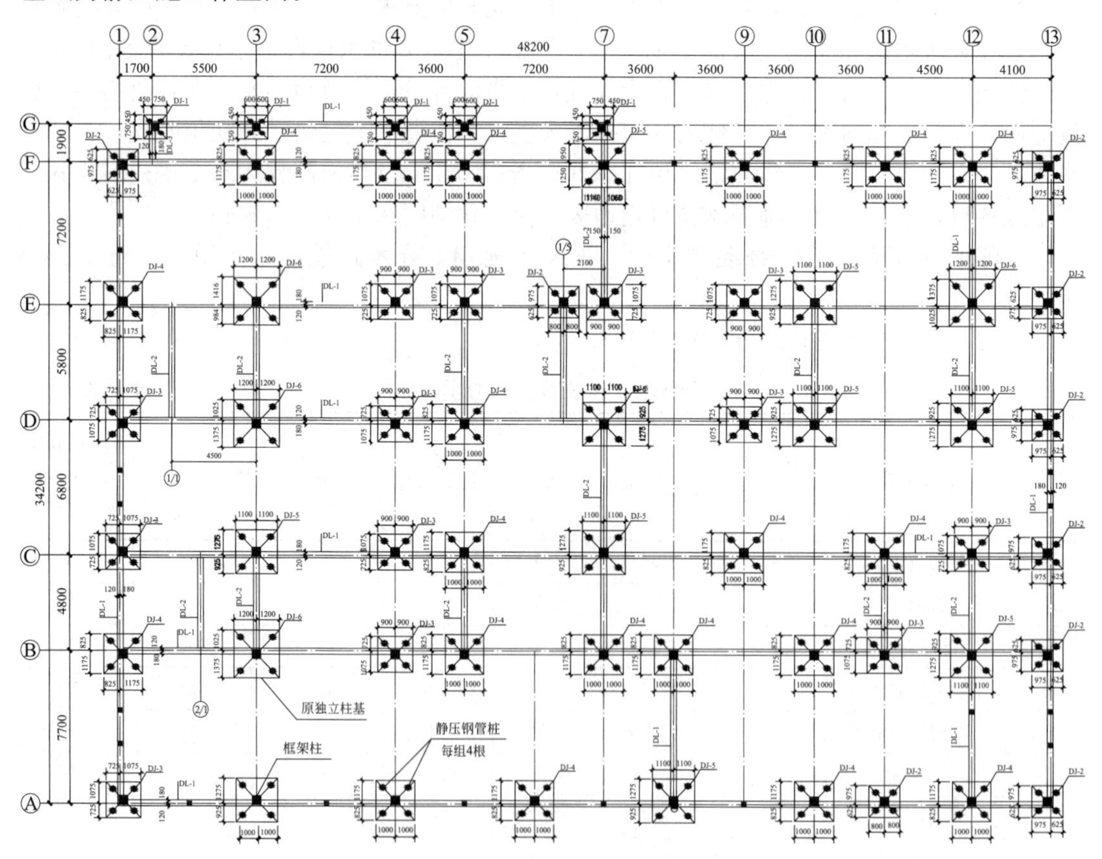

图 8.8.4 临时竖向支承体系（锚杆静压钢管桩）平面布置

由于原建筑首层室内地面为实土夯实地坪，为确保建筑物下部土方开挖阶段上部结构的受力和稳定要求，拟先施工地下室的顶板结构（顶板结构平面布置见图 8.8.5），待完成地下室顶板结构混凝土浇筑并达到设计强度后，再开挖下部土方进行地下室的逆作施工。

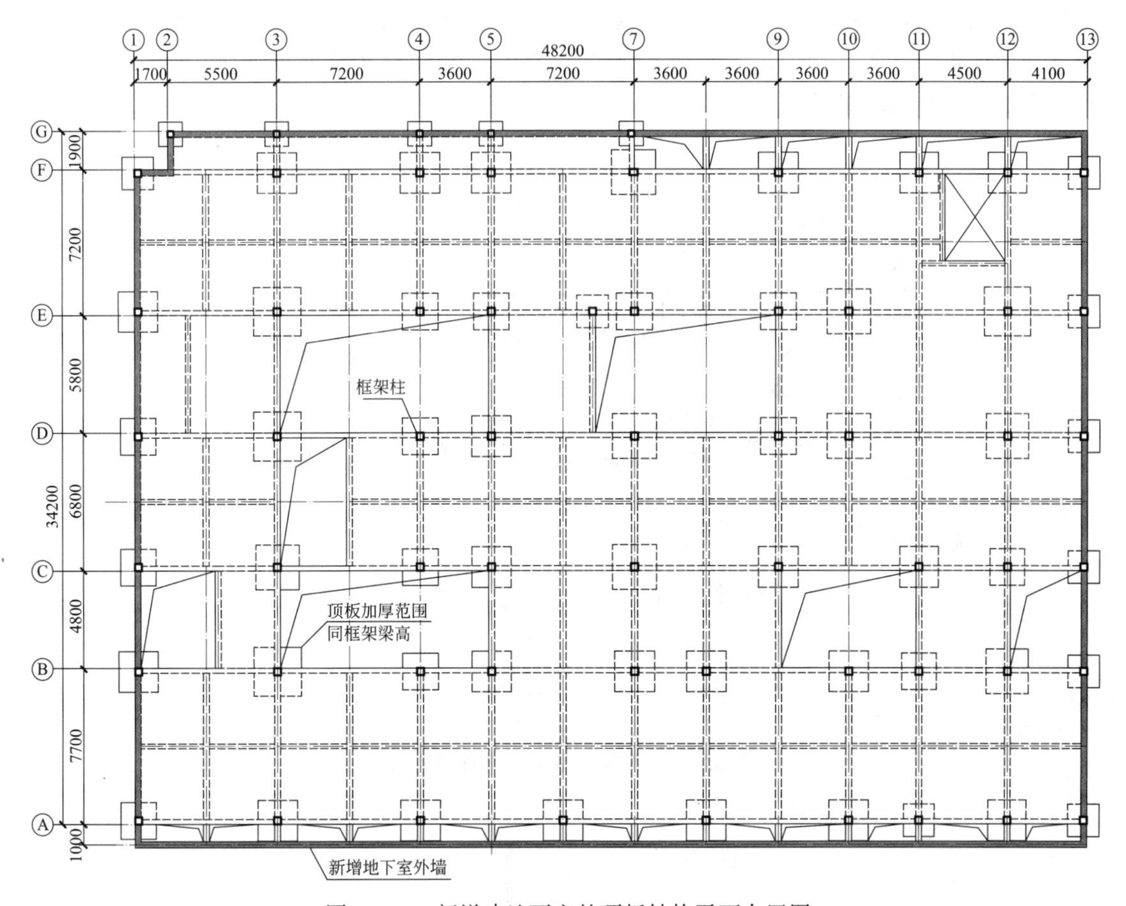

图 8.8.5 新增建地下室的顶板结构平面布置图

新增地下室顶板结构梁与原框架柱连接节点如图 8.8.6 所示。梁上下纵筋的角部钢筋

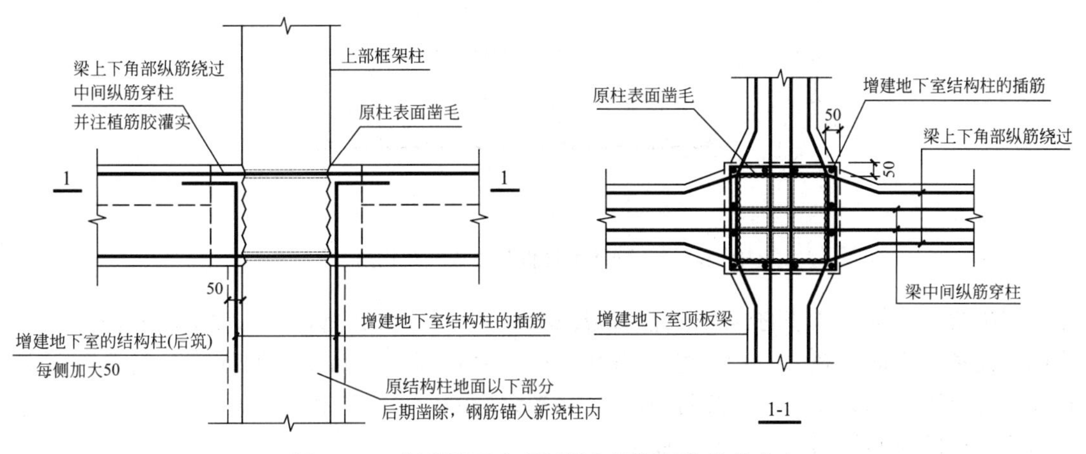

图 8.8.6 新增地下室顶板梁与原框架柱连接节点

绕过原结构柱，中间纵筋对穿原结构柱。顶板结构施工时，预留下部地下室结构柱的竖向插筋。

每组静压钢管桩顶部伸至地下室顶板结构并与加厚顶板结构连为一体，形成整体受力的竖向支承体系，如图 8.8.7 所示。静压钢管桩与后期施工的基础底板结构之间增设剪力键，并加焊止水钢板，如图 8.8.8 所示。图 8.8.9 和图 8.8.10 为临时竖向支承体系（锚杆静压钢管桩）的现场照片。

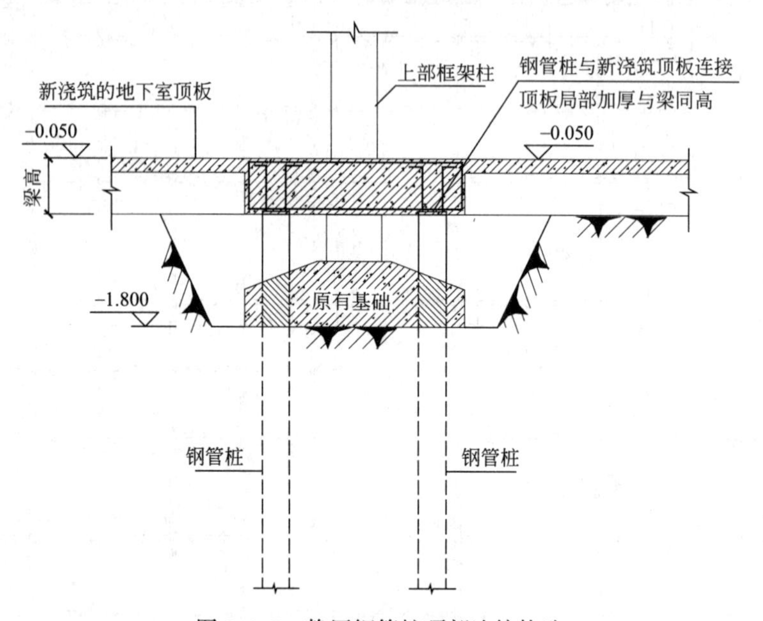

图 8.8.7　静压钢管桩顶部连接构造

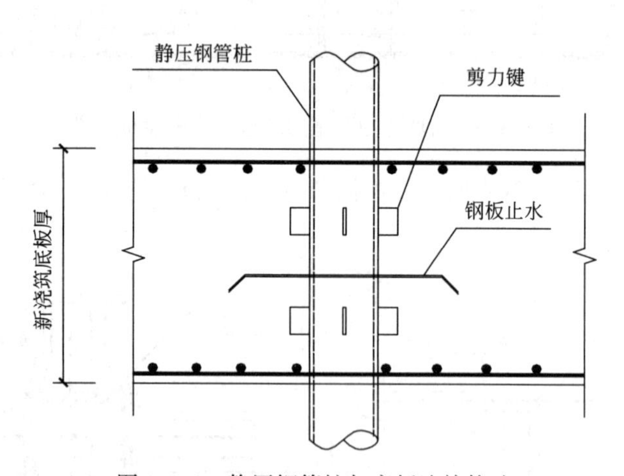

图 8.8.8　静压钢管桩与底板连接构造

根据第 7 章第 7.2 节的相关研究，静压钢管桩伸至顶板标高，可有效提高竖向支承结构的竖向和水平向承载力及稳定性。当开挖至基底标高时，钢管桩的计算长度系数可取 1.80（详见第 7.2.2 节），考虑钢管桩的初始缺陷影响，最终计算长度系数可取 2.0（不考虑水平支撑的有利作用，作为安全储备）。

图 8.8.9　临时竖向支承体系（锚杆静压钢管桩）现场照片一

图 8.8.10　临时竖向支承体系（锚杆静压钢管桩）现场照片二

取上部建筑的基本风压为 $w_0=0.45\text{kN/m}^2$，迎风面和背风面的体型系数分别取+0.8和−0.5，则当土方开挖至设计基底标高时，上部结构与托换桩的结构模型如图 8.8.11 所示，在风荷载作用下的侧向变形见图 8.8.12，若钢管桩不向上延伸至顶板（模型 1），则最大侧向变形达到 49.61mm，位移偏大。考虑钢管桩顶部延伸至新浇筑的顶板结构（模型 2），则最大侧向位移为 13.33mm，满足规范要求。

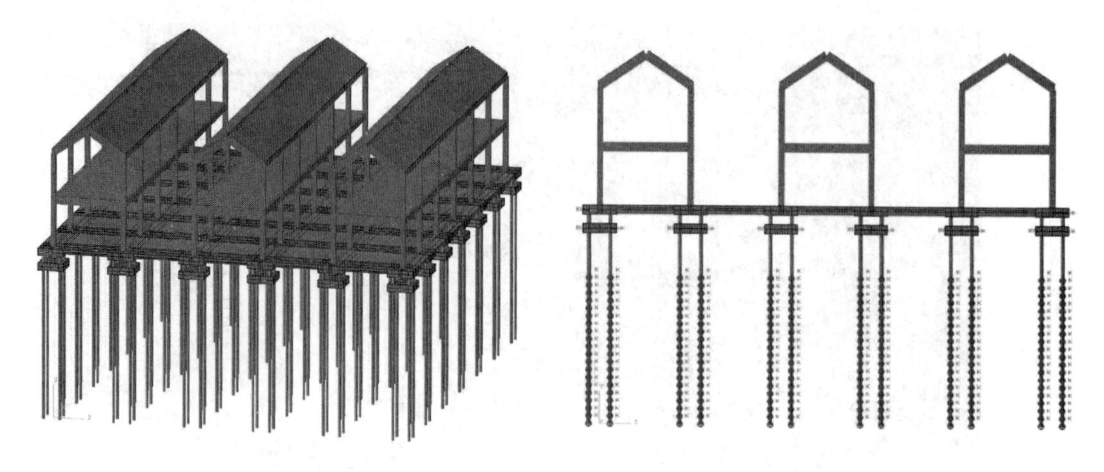

图 8.8.11　结构分析模型

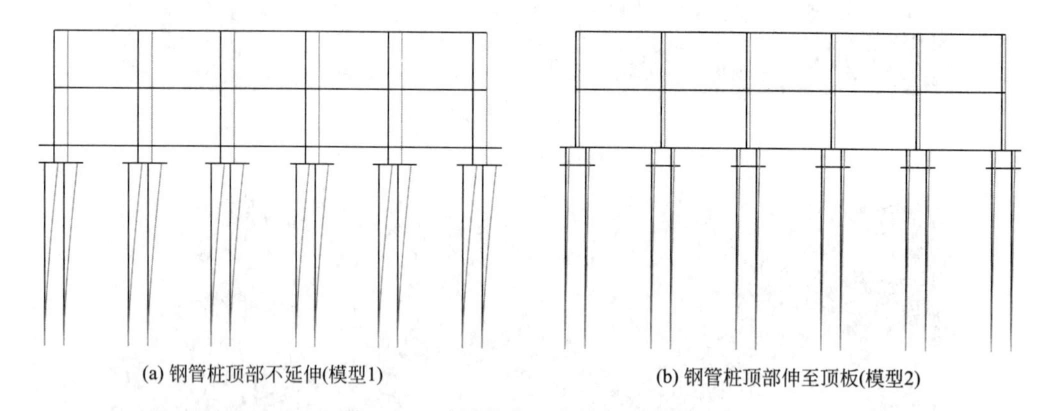

(a) 钢管桩顶部不延伸(模型1)　　(b) 钢管桩顶部伸至顶板(模型2)

图 8.8.12　风荷载下的结构侧向变形

由于场地地下水位较浅，增建地下室结构尚应满足抗浮稳定性要求。除静压钢管桩可作为正常使用阶段地下室结构的抗浮桩以外，尚需一定数量的抗浮锚杆。经计算，共需布置 107 根直径 130mm 的抗浮锚杆，单根锚杆抗拔承载力特征值 150kN。

8.8.4　周边围护结构设计

根据地下室基础埋深、基坑开挖深度、水文地质条件及周边环境情况，设计采用高压旋喷桩重力式挡墙作为周边围护结构。基坑周边围护结构平面如图 8.8.13 所示。重力式挡墙采用格构式布置，宽度 1.5～2.58m，基底标高以下插入深度 3.1～5.1m。高压旋喷桩直径 600mm，桩间搭接长度 150mm，水泥掺合量 20%。为提高挡墙整体受力性能，挡墙顶部设置 150mm 厚钢筋混凝土压顶，并在挡墙内插入毛竹进行加强，毛竹顶部伸入混凝土压顶内，如图 8.8.14 所示。

8.8.5　增建地下室的作业流程及典型工况设计

本工程新增地下室处于原二层建筑的正下方，其下部土方开挖和地下室结构施工的作业流程可视为基坑工程逆作法技术应用的延伸。总体上说，其作业流程为先施工周边围护

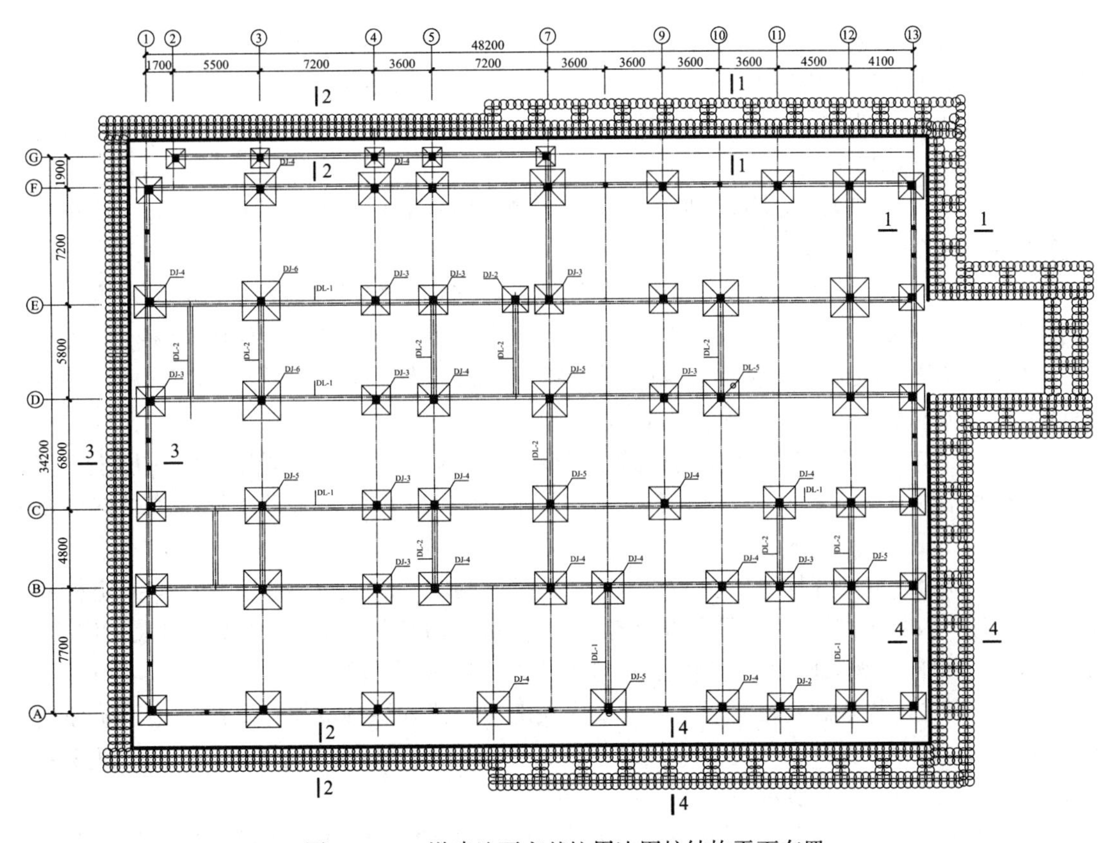

图 8.8.13 增建地下室基坑周边围护结构平面布置

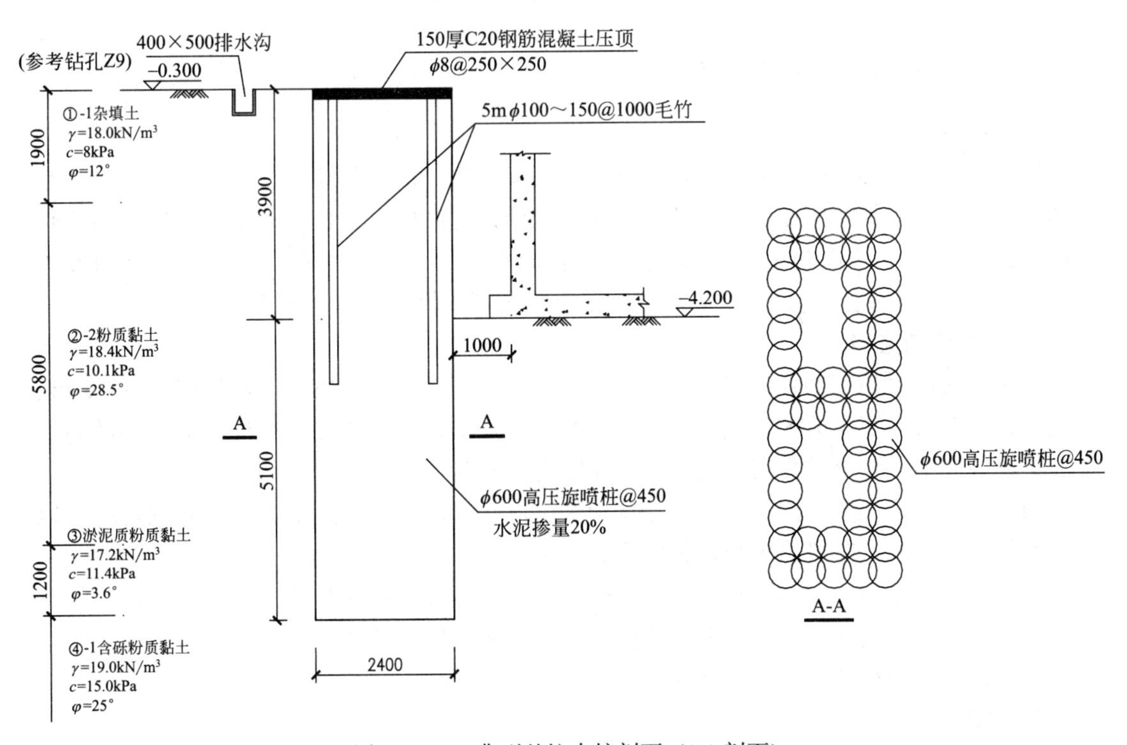

图 8.8.14 典型基坑支护剖面（1-1 剖面）

结构，然后采用暗挖逆作方式进行土方开挖，待开挖至设计基底标高后，施工基础底板，再进行地下室外墙和结构柱等竖向承重构件的托换施工，最后凿除地下室层高范围内的临时竖向支承结构（即钢管桩）。从基坑围护、土方开挖到结构托换施工，整个作业流程可设计为以下 6 个典型工况：

（1）工况 1：迁移管线。凿除原室内地面，挖除原独立柱基上方的填土，施工锚杆静压钢管桩。如图 8.8.15（a）所示。

（2）工况 2：静压钢管桩施工完成后与原独立柱基钢筋进行临时焊接、并采用混凝土封孔填实；钢管桩内浇灌细石混凝土；施工新建地下室的顶板结构；每组钢管桩（4 根一组）顶部与新浇筑的地下室顶板结构连为整体，该部位顶板加厚（与结构梁等高），形成整体受力的竖向支承体系。如图 8.8.15（b）所示。

（3）工况 3：待地下室顶板结构混凝土强度达到设计强度后，开挖下部第一层土方至第一道桩间临时支撑底标高处，施工第一道桩间临时钢支撑，使每组 4 根钢管桩连成整体。如图 8.8.15（c）所示。

（4）工况 4：继续开挖第二层土方至第二道桩间临时支撑底标高处，施工第二道桩间临时钢支撑；继续开挖最后一层土方至基底设计标高，最后 30cm 土方宜采用人工修土；施工抗浮锚杆桩，浇筑地下室基础底板。如图 8.8.15（d）所示。

（5）工况 5：待基础底板混凝土达到设计强度后，凿除原独立基础，腾出地下室新增结构柱的施工空间；施工新增地下室的结构柱，并与上部柱子插筋整体连接；施工地下室外墙。如图 8.8.15（e）所示。

（6）工况 6：拆除桩间临时钢支撑；截除地下室层高范围内的钢管桩。如图 8.8.15（f）所示。

8.8.6 监测内容及主要监测结果

1. 基坑围护监测

监测内容应包括：（1）周围环境监测：周围建筑物、道路的路面沉降、裂缝的产生与发展等。（2）围护体沿深度的侧向位移监测，特别是坑底以下的位移大小和随时间的变化情况。围护体最大侧向位移控制值为：累计位移 30mm，连续三天侧向位移控制值为 3mm/d。（3）基坑内外的地下水位观测。水位变化警戒值＋1000mm/d。

2. 主体结构监测

施工期间应对建筑物的沉降、整体水平位移、倾斜及上部和地下结构典型构件变形、裂缝等进行全过程实时监测。地下室结构柱托换施工时，应对被托换构件、新增构件的变形、裂缝等内容进行全过程实时监测。具体监测内容包括：

（1）主体建筑沉降监测：锚杆静压钢管桩压桩和封桩阶段、地下室土方开挖阶段、地下室结构柱托换施工阶段均应全过程监测。

（2）钢管桩轴力、变形监测：每柱不少于 1 根，并应全过程监测。

（3）上部结构变形监测：原上部结构框架柱监测数量应不少于 20％。

（4）地下室新增结构柱内力和变形监测：宜全数监测。

3. 主要监测结果

主体建筑沉降监测从2014年11月12开始，贯穿锚杆静压钢管桩施工、地下室土方

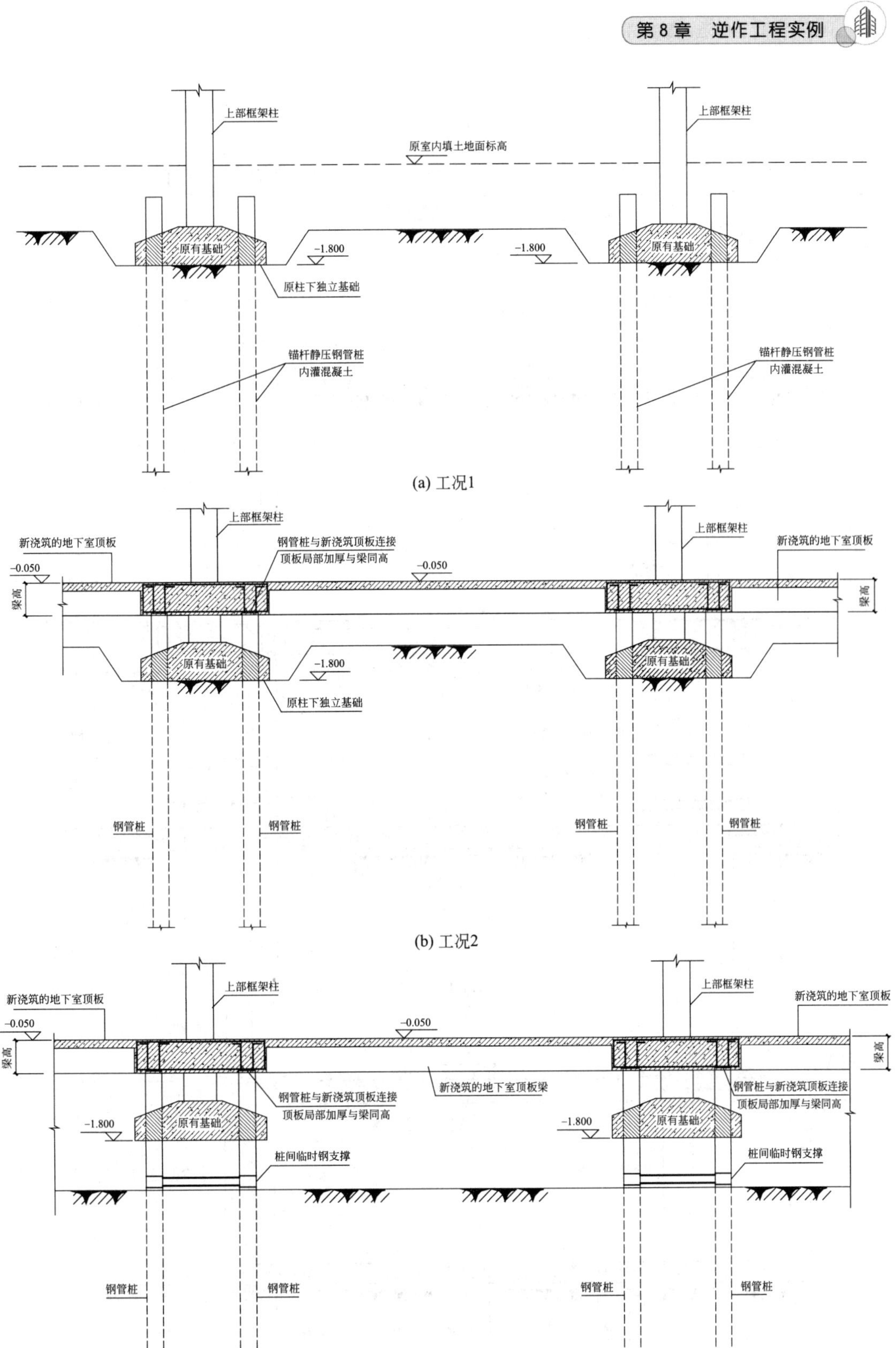

图 8.8.15 地下开挖增层的典型工况（一）

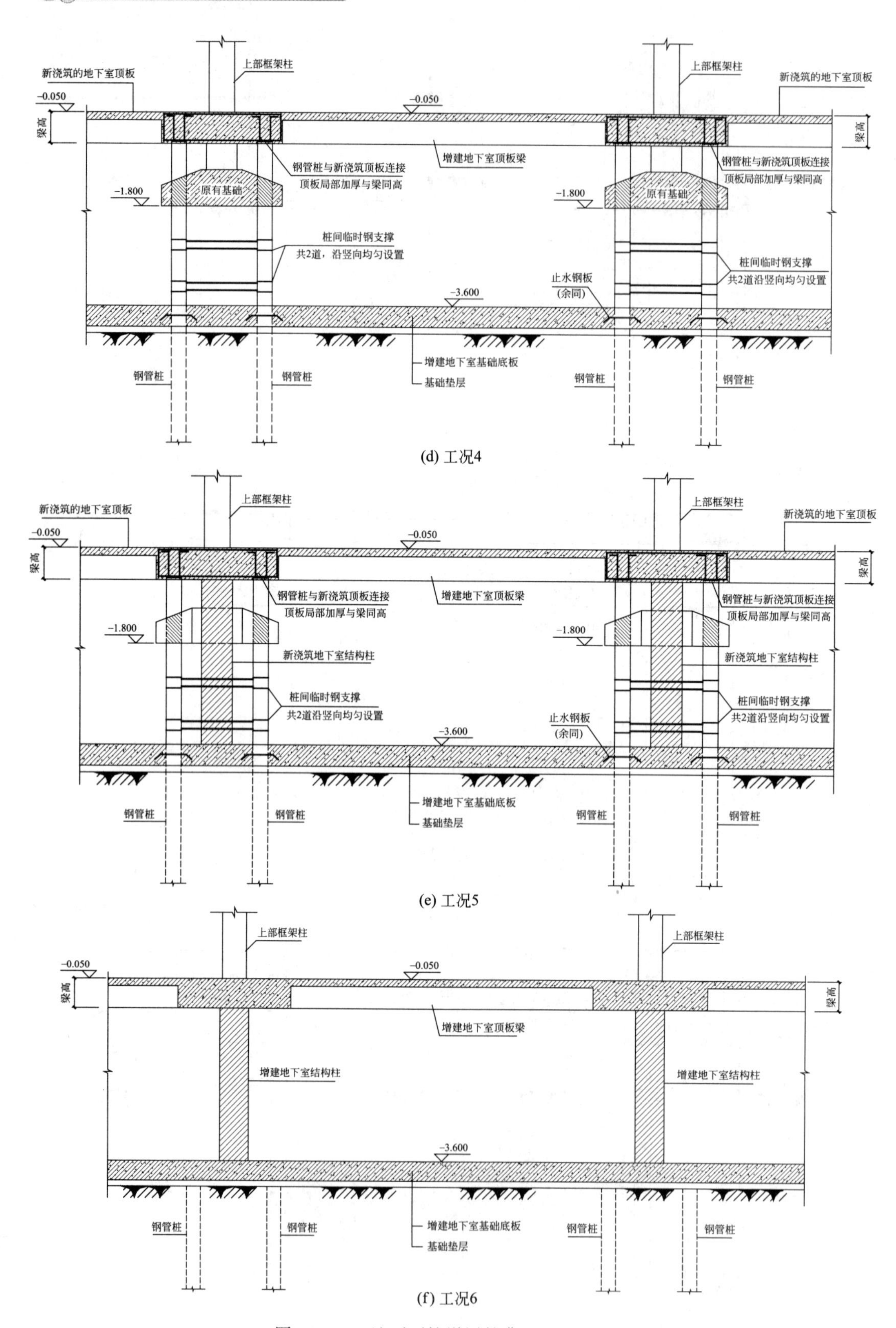

图 8.8.15　地下开挖增层的典型工况（二）

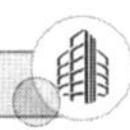

开挖和地下室结构柱托换施工等整个施工过程。图 8.8.16 为其中四个测点至 2015 年 7 月 17 日的沉降监测结果，可见开挖阶段沉降速率相对较快，开挖结束后沉降逐渐趋于稳定，最大沉降量在 6mm 以内，且各观测点的沉降变化趋势基本一致，沉降差异较小，最大差异沉降在 2mm 以内。

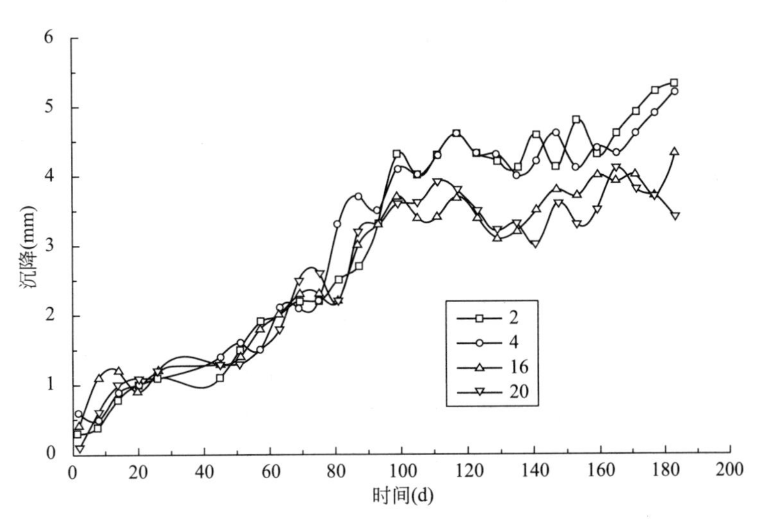

图 8.8.16 主体建筑沉降监测结果

新增地下室结构柱浇筑完成并达到设计强度后，可截除每根柱对应位置的 4 根钢管桩。图 8.8.17 和图 8.8.18 分别为钢管桩截除阶段，某新增结构柱下承台底的土压力和柱内钢筋应力监测结果，可见，随着截桩的进行，原先由钢管桩承担的上部荷载逐步转移至新增结构柱上，柱下承台底的土压力和柱内钢筋应力同步增大，当第 4 根钢管桩被截除后，土压力和钢筋应力达到最大值。

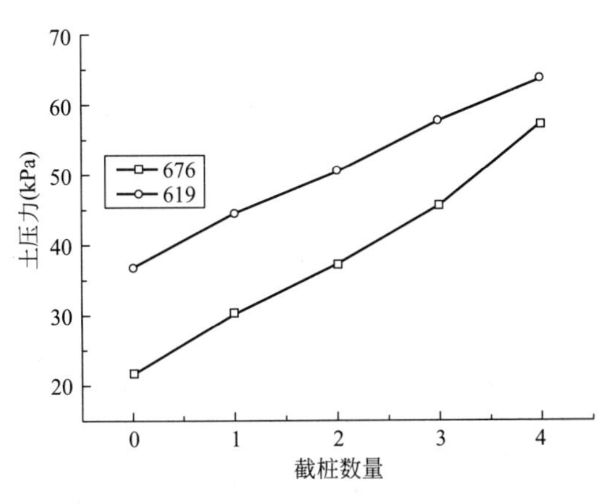

图 8.8.17 截桩阶段基底土压力监测

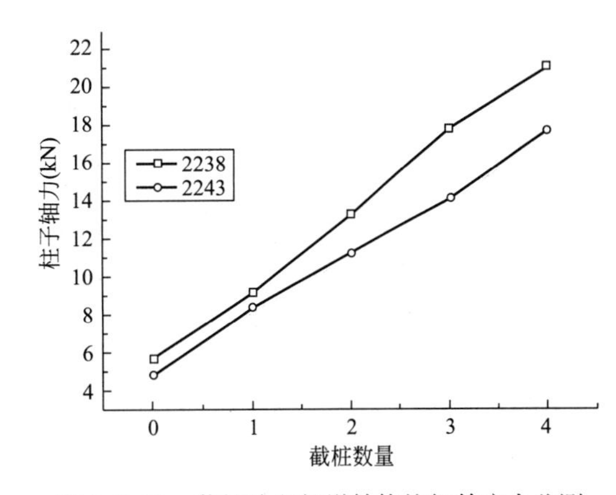

图 8.8.18 截桩阶段新增结构柱钢筋应力监测

图 8.8.19 为截桩阶段对应位置的上部结构柱应变变化情况的监测结果，可见，随着下部新增地下室结构柱周边钢管桩被截除，对应位置上部结构柱内力变形也产生一定程度的变化，但变化幅度不大，最大应变幅值一般在 300$\mu\varepsilon$ 以内，表明下部截桩作业对上部结

构扰动程度较小，上部结构始终处于安全状态。

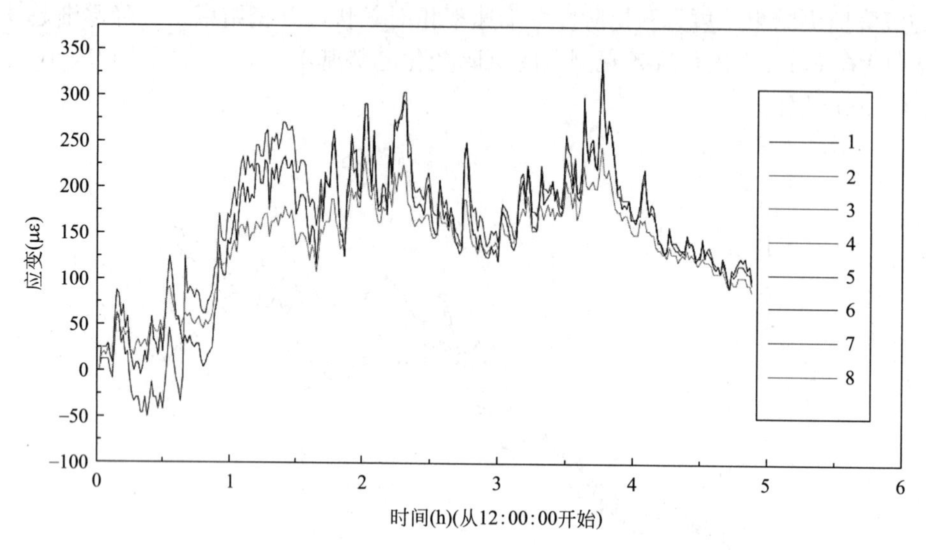

图 8.8.19 截桩阶段对应位置上部结构柱应变变化监测结果